高等院校电脑美术教材

3ds Max 2014 中文版基础教程

康金兵　编著

清华大学出版社
北　京

内容简介

本书由浅入深、循序渐进地介绍了3ds Max 2014的使用方法和操作技巧。全书共18章，分别介绍了3ds Max 2014的工作环境、3ds Max 2014操作基础、二维图形的创建与编辑、三维模型的创建、三维编辑修改器、创建复合物体、多边形建模、材质与贴图、摄影机与灯光、渲染与特效、后期合成、动画技术、空间扭曲与粒子系统等内容。在本书的后面有5章项目指导，涉及3ds Max在影视广告、电视台以及装饰装修等行业应用领域中的案例制作，以增强读者或学生就业的实践性。本书每一章都围绕综合实例来介绍，便于提高和拓宽读者对3ds Max 2014基本功能的掌握与应用。

本书内容翔实，结构清晰，语言流畅，实例分析透彻，操作步骤简洁实用，适合广大初学3ds Max 2014的用户使用，也可作为各类高等院校相关专业的教材。

图书在版编目(CIP)数据

3ds Max 2014中文版基础教程/康金兵编著. --北京：清华大学出版社，2014（2017.1重印）
(高等院校电脑美术教材)
ISBN 978-7-302-36669-0

Ⅰ. ①3… Ⅱ. ①康… Ⅲ. ①三维动画软件—高等学校—教材 Ⅳ. ①TP391.41

中国版本图书馆CIP数据核字(2014)第112979号

责任编辑：张彦青
装帧设计：杨玉兰
责任校对：王　晖
责任印制：王静怡

出版发行：清华大学出版社
网　　址：http://www.tup.com.cn，http://www.wqbook.com
地　　址：北京清华大学学研大厦A座　　邮　　编：100084
社 总 机：010-62770175　　邮　　购：010-62786544
投稿与读者服务：010-62776969，c-service@tup.tsinghua.edu.cn
质 量 反 馈：010-62772015，zhiliang@tup.tsinghua.edu.cn
课 件 下 载：http://www.tup.com.cn,010-62791865
印 刷 者：北京鑫丰华彩印有限公司
装 订 者：三河市溧源装订厂
经　　销：全国新华书店
开　　本：185mm×260mm　　印　张：28　　字　　数：679千字
(附DVD1张)
版　　次：2014年7月第1版　　印　　次：2017年1月第2次印刷
印　　数：3501～4500
定　　价：58.00元

产品编号：057917-01

前　言

1. 3ds Max 2014 简介

随着计算机技术的飞速发展，计算机技术的应用领域也越来越广，三维动画技术也在各个方面得到广泛应用，伴随着的是动画制作软件的层出不穷，3ds Max 是这些动画制作软件中的佼佼者。使用 3ds Max 可以完成多种工作，包括影视制作、广告动画、建筑效果图、室内效果图、模拟产品造型设计和工艺设计等。

最新的 3ds Max 2014 版本在建模技术、材质编辑、环境控制、动画设计、渲染输出和后期制作等方面日趋完善；内部算法有很大的改进，提高了制作和渲染输出的速度，渲染效果达到工作站级的水准；功能和界面划分更合理，更人性化，各功能组有序的组合大大提高了三维动画制作的工作效率，以全新的风貌展现给爱好三维动画制作的人士。

2. 本书内容介绍

全书共 18 章，循序渐进地介绍了 3ds Max 2014 的基本操作和功能，详细讲解了 3ds Max 2014 的建模、材质、灯光、动画及特效等五大主体内容，具体内容介绍如下。

第 1 章　作为 3ds Max 的初级用户，学习软件的相关基础知识是非常必要的。

第 2 章　本章介绍文件的操作、对象的选择以及如何复制、阵列对象等，通过本章的学习，相信读者将会对 3ds Max 的基本操作有个简单的了解。

第 3 章　二维图形是指由一条或多条样条线构成的平面图形，或由两个及两个以上节点构成的线/段所组成的组合体。本章介绍二维图形的创建与编辑，其中主要包括创建直线、圆弧、矩形、文本、螺旋线等。二维图形建模是三维造型的一个重要基础，所以通过本章的学习，将为以后的学习奠定良好的基础。

第 4 章　本章通过介绍具体操作方法和操作过程，使初学者切实掌握创建模型的基本技能。通过本章的学习，读者可以对三维模型的创建有初步的了解。

第 5 章　通过创建命令面板直接创建的标准几何体和扩展几何体，不能满足实际造型的需要。可以通过三维编辑修改器，对创建的几何体进行编辑和修改，使其达到要求。本章重点介绍修改命令面板及常用修改器的使用方法，其中包括弯曲、锥化、扭曲、噪波、拉伸等修改器。

第 6 章　本章介绍创建复合物体的方法，重点介绍布尔运算工具和放样工具，其中包括如何连接物体、布尔对象、图形合并、放样、放样变形等。

第 7 章　在 3ds Max 2014 有 3 种不同的高级建模方法，即多边形建模、面片建模和 NURBS 建模，本章对多边形建模进行详细的介绍，其中包括多边形建模的原理、编辑网格、编辑多边形等。

第 8 章　材质是三维世界的一个重要概念，是对现实世界中各种材料视觉效果的模拟，但通过材质自身的参数控制可以模拟现实世界中的种种视觉效果。本章将主要介绍材质与贴图，其中包括标准材质、复合材质以及贴图类型等。

第 9 章　本章主要对摄影机、灯光的类型以及摄影机、灯光的参数进行讲解，其中包括摄影机参数的控制、摄影机的放置、灯光的类型、光度学灯光以及太阳光和日光系统等。

第 10 章　在 3ds Max 2014 中最终都要通过渲染的手段来显示最后的效果，在渲染过程中还可以使用各种特技效果，增加透视感和运动感。本章主要介绍渲染与特效，其中包括渲染输出、渲染特效、环境特效等。

第 11 章　本章主要介绍视频后期处理，其中包括视频后期处理对话框、镜头效果光斑、镜头效果光晕、镜头效果高光以及镜头效果焦点等。

第 12 章　本章主要介绍基本的动画设计技术，包括如何创建基本动画、常用动画控制器的使用和轨迹视图等内容。

第 13 章　在 3ds Max 2014 中，通过空间扭曲工具和粒子系统可以实现影视特技中更为壮观的爆炸、烟雾，以及数以万计的物体运动等，使原本场景逼真、角色动作复杂的三维动画更加精彩。本章介绍空间扭曲与粒子系统，其中包括力空间扭曲、导向器空间扭曲、粒子流源、喷射、粒子阵列以及超级喷射等。

第 14 章　本章主要介绍常用三维文字的制作。通过本章的学习，可以掌握金属质感、浮雕质感、玻璃质感、激光质感的制作、修改、编辑等操作。

第 15 章　本章主要介绍材质的设置与其表现方法，其中包括瓷器质感、玻璃质感、大理石地面质感、木纹质感、砖墙质感以及金属质感等。

第 16 章　本章主要介绍文字动画的制作方法。通过对文字标版、光影文字、火焰崩裂字三个案例的学习，可以掌握关键帧的使用及各种材质的设置。

第 17 章　本章介绍电视台片头动画的制作。本例将介绍一个片头动画的制作。该例的制作比较复杂，主要通过为实体文字添加动画，并创建粒子系统和光斑作为发光物体，并为它们设置特效。

第 18 章　本章介绍制作家装效果图。本章的制作学习过程可使用用户临摹与掌握室内效果图制作的思路与方法，并结合实际制作出大众化的简易室内模型，从而奠定了更深入化的室内空间制作思路。

3. 本书约定

为便于阅读理解，本书的写作风格遵从如下约定：

- 本书中出现的中文菜单和命令将用【】括起来，以示区分。此外，为了使语句更简洁易懂，本书中所有的菜单和命令之间以竖线|分隔，例如，单击【编辑】菜单，再选择【移动】命令，就用【编辑】|【移动】来表示。
- 用加号(+)连接的两个或三个键表示组合键，在操作时表示同时按这两个或三个键。例如，Ctrl+V 是指在按住 Ctrl 键的同时，按 V 字母键；Ctrl+Alt+F10 是指在按住 Ctrl 键和 Alt 键的同时，按功能键 F10。
- 在没有特殊指定时，单击、双击和拖曳是指用鼠标左键单击、双击和拖曳，右击

是指用鼠标右键单击。

本书内容充实，结构清晰，功能讲解详细，实例分析透彻，适合 3ds Max 的初级用户全面了解与学习。本书同样可作为各类高等院校相关专业以及社会培训班的教材。

本书主要由康金兵、郑艳、张林、于海宝、王玉、李娜、李乐乐、徐伟伟、张云和弥蓬、任龙飞、刘峥、刘晶编写，其他参与编写、校对以及排版的还有陈月娟、陈月霞、刘希林、黄健、黄永生、田冰、徐昊，北方电脑学校的温振宁、黄荣芹、刘德生、宋明、刘景君老师，山东德州职业技术学院的胡静、张锋、相世强老师，感谢你们在书稿前期材料的组织、版式设计、校对、编排，以及大量图片的处理等方面所做的工作。

编　者

[illegible]

[illegible] 3ds Max [illegible]

[illegible]

目　　录

第 1 章　3ds Max 2014 的工作环境

本章主要介绍 3ds Max 的应用范围，以及 3ds Max 在各行业中的应用情况。通过本章的学习，读者可以对 3ds Max 有个初步的了解。

1.1　什么是三维动画

三维动画又称 3D 动画，是近年来随着计算机软硬件技术的发展而产生的一种新兴技术。三维动画软件在计算机中首先建立一个虚拟的世界，设计师在这个虚拟的三维世界中按照要表现的对象的形状尺寸建立模型以及场景，再根据要求设定模型的运动轨迹、虚拟摄影机的运动和其他动画参数，最后按要求为模型赋上特定的材质，并打上灯光。当这一切完成后就可以让计算机自动运算，生成最后的画面。

1.1.1　3ds Max 2014 简介

3ds Max 的雏形是当时运行在 DOS 系统下的 3DS，在 1996 年正式转型为 Windows 操作系统下的桌面程序后，被命名为 3d Studio Max。1999 年，Autodesk 公司将收购的 Discreet Logic 公司和旗下的 Kinetix 公司合并，吸收了 3d Studio Max 的设计人员，并成立了 Discreet 多媒体分公司，专业致力于提供用于视觉效果。3D 动画、特效编辑、广播图形和电影特技的系统和软件。2005 年 3 月 24 日，Autodesk 宣布将其下属分公司 Discreet 正式更名为 Autodesk 媒体与娱乐部，而软件的名称也由原来的 Discreet 3ds Max 更名为 Autodesk 3ds Max。

2013 年年初，Autodesk 发布了 3ds Max 2014 的有关信息。Autodesk 3ds Max 2014 版本仍然包括两个产品：一个是用于游戏以及影视制作的 Autodesk 3ds Max 2014，如图 1.1 所示；另一个是用于建筑、工业设计以及视觉效果制作的 Autodesk 3ds Max Design 2014。

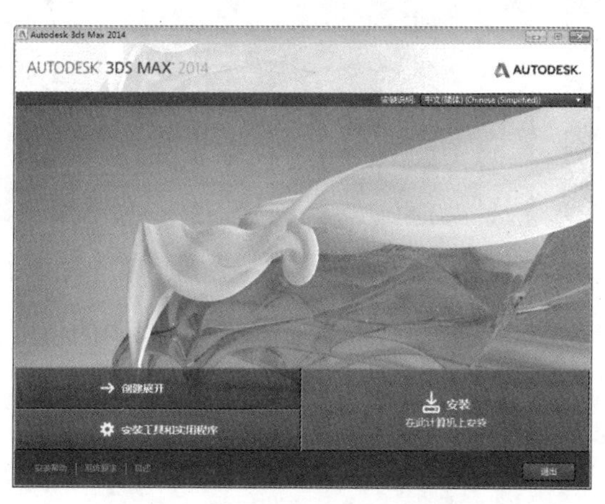

图 1.1　Autodesk 3ds Max 2014

1.1.2 认识三维动画

三维动画的应用领域非常广泛。不论是刚刚接触三维动画软件的新手，还是制作视觉效果的高手，在面对挑战性的创作要求时，3ds Max 都给予了很大的技术支持。

下面通过一些影片的花絮和文字叙述，学习和掌握三维动画的概念。

从目前的一些电影中，可以看到其实三维动画早就伴随在人们身边，并早已跻身影视制作行业。

在 1991 年拍摄的《魔鬼终结者》第二集，发明并第一次使用三维动画和动态捕捉技术后，电影制作中便开始大量使用数字特技技术。

在 1993 年《侏罗纪公园》影片中，恐龙的再现大量使用了计算机三维图形生成恐龙角色，并且获得奥斯卡最佳视觉效果奖。之后又有很多像《变形金刚》、《2012》、《木乃伊归来》等令观众津津乐道的好作品，如图 1.2 和图 1.3 所示。

图 1.2 《变形金刚》剧照

图 1.3 《2012》剧照

而 1995 年制作完成的第一部全电脑制作的三维动画片《玩具总动员》，则开辟了计算机电影制作技术的新篇章，如《别惹蚂蚁》、《功夫熊猫》、《神偷奶爸》都是全电脑制作的三维动画片，如图 1.4～图 1.6 所示。

图 1.4 《别惹蚂蚁》剧照

图 1.5 《功夫熊猫》剧照

图 1.6 《神偷奶爸》剧照

随着电脑技术以及硬件的发展，三维动画技术在电影中的使用也越来越广泛了。例如《钢铁侠》、《阿凡达》等都是采用电脑三维技术与传统影视结合的产物，同时也使电脑角色动画技术又向前发展一大步，如图 1.7 和图 1.8 所示。

图 1.7　《钢铁侠》剧照

图 1.8　《阿凡达》剧照

三维动画，是随着时代的发展和科技的进步，以及计算机硬件的不断更新、功能的不断完善而新兴的一门可以形象地描绘虚拟及超现实实物或空间的动画制作技术。

三维动画的制作是采用了复杂的光照模拟技术，在 X、Y 和 Z 三度空间中制作出真假难辨的动画影像，较二维卡通片更加的形象生动和吸引人，如图 1.9～图 1.12 所示。而同样使用三维技术制作的其他领域的模型也足以以假乱真。

图 1.9　使用三维软件制作的老鼠

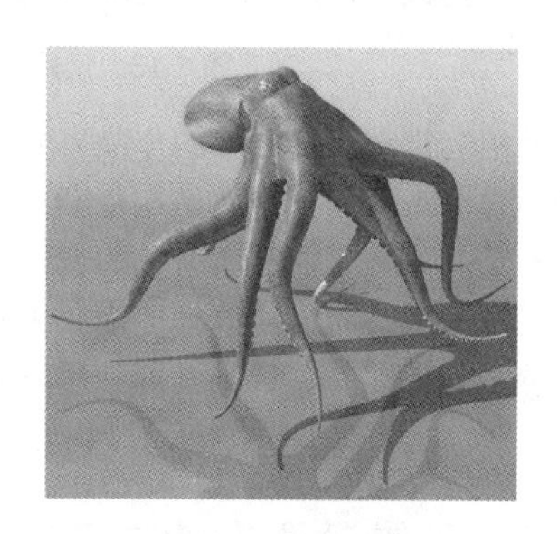

图 1.10　使用三维软件制作的章鱼

图 1.11　使用三维软件制作的摩托车

图 1.12　使用三维软件制作的坦克

如果将二维定义为一张纸的话，同样地给三维一个定义，它就是一个盒子。而三维中所涉及的透视则是一门几何学，它可以将一个空间或物体准确地表现在一个二维平面上。

一个手臂抬起的动作如果使用三维技术进行制作，只需要几个简单的步骤：首先在软件中创建手的模型，然后进行材质调整并赋予当前手模型，再打上灯光和摄像机，最后设置手的运动路径并进行渲染就可以制作完成。

在日常生活和工作环境中，如显示器、键盘、书桌以及喝水的杯子、手中拿着的书等都可以使用三维软件表现出来；同时在电视、电影中都可以发现三维动画已经充斥着整个视频影视媒体。我们存在于一个三维的空间里，同样也可以生动形象地用计算机技术将三维的空间里的一切模拟出来。如图 1.13 所示，这是三维动画技术中常见的室内外效果图，通过计算机三维技术不但可以逼真地模拟出其外观，同时还可以加上制作者的创意，使其艺术化。

图 1.13　使用 3ds Max 制作完成的室内外效果图

使用三维动画所制作的作品有着立体感，不再是平面地表现的动画形式。其写实能力增强，表现力大，使一些结构复杂的形体，如机器产品内部结构、工作原理以及人们平时不能看见的部分也能轻而易举的表现。

另外，三维动画的清晰度高、色彩饱和度好。一个优秀的三维动画作品具有非常强的视觉冲击力；同时三维动画的使用有利于提高画面的视觉效果，而且制作时可利用的素材也非常多。

1.1.3　三维动画专业就业范围

(1) 在广告公司、影视公司、电视台、影视后期制作公司、各类制造业、服务业等各类企业从事影视特效工作。

(2) 电视台栏目制作人员。

(3) 在建筑咨询类公司从事建筑效果图、建筑动画的制作。

(4) 在制片厂、电视剧制作中心等各类事业单位从事影片特效、影片剪辑等工作。

(5) 在影视公司、电视台、动画制作公司从事二维动画和三维动画制作等工作。

1.2　三维动画的应用范围

随着计算机三维影像技术的不断发展，三维图形技术越来越被人们所看重。因为三维动画比平面图更直观，更能给观赏者以身临其境的感觉，尤其适用于那些尚未实现或准备实施的项目，可提前领略实施后的结果。

1.2.1　建筑领域

3D 技术在我国的建筑领域得到了广泛的应用。早期的建筑动画由于 3D 技术上的限制和创意制作上的单一，制作出的建筑动画只是简单的摄影及运动动画。

随着 3D 技术的提升与创作手法的多元化，建筑动画从脚本创作到精良的模型制作、后期的电影剪辑手法以及原创音乐音效、情感式的表现方法，使得建筑动画制作综合水准越来越高，建筑动画费用也比以前低，如图 1.14 和图 1.15 所示。

图 1.14　三维建筑漫游动画

图 1.15　使用三维软件制作的建筑模型

建筑漫游动画包括房地产漫游动画、小区浏览动画、楼盘漫游动画、三维虚拟样板房、楼盘 3D 动画宣传片、地产工程投标动画、建筑概念动画、房地产电子楼书、房地产虚拟现实等。

1.2.2　规划领域

规划领域的规划效果图及动画制作，包括道路、桥梁、隧道、立交桥、街景、夜景、景点、市政规划、城市规划、城市形象展示、数字化城市、虚拟城市、城市数字化工程、园区规划、场馆建设、机场、车站、公园、广场、报亭、邮局、银行、医院、数字校园建设、学校等，如图 1.16 和图 1.17 所示。

图 1.16　园区规划图

图 1.17　体育馆规划图

1.2.3　三维动画制作

三维动画技术模拟真实物体的方式使其成为一个有用的工具。由于其精确性、真实性和无限的可操作性，目前被广泛应用于医学、教育、军事、娱乐等诸多领域。在影视广告制作方面，这项新技术能够给人耳目一新的感觉，因此受到了众多客户的欢迎。三维动画可以用于广告和电影电视剧的特效制作(如爆炸、烟雾、下雨、光效等)、特技(撞车、变形、虚幻场景或角色等)、广告产品展示、片头飞字等，如图 1.18 所示。

图 1.18　使用动画制作电视台栏目片头

1.2.4　园林景观领域

园林景观动画涉及景区宣传、旅游景点开发、地形地貌表现，国家公园、森林公园、自然文化遗产保护、历史文化遗产记录，园区景观规划、场馆绿化、小区绿化、楼盘景观等动画表现的制作。

园林景观 3D 动画是将园林规划建设方案，用 3D 动画表现的一种方案演示方式。其效果真实、立体、生动，是传统效果图所无法比拟的。如图 1.19 所示，园林景观动画将传统的规划方案，从纸上或沙盘上演变到了电脑中，真实还原了一个虚拟的园林景观。目前，动画在三维技术制作大量植物模型上有了一定的技术突破和制作方法，使得用 3D 软件制作出的植物更加真实，动画在植物种类上也积累了大量的数据资料，从而使园林景观植物动画更生动。

图 1.19　楼盘景观动画

1.2.5　产品演示

产品动画涉及：工业产品动画，如汽车动画、飞机动画、轮船动画、火车动画、舰艇动画、飞船动画；电子产品动画，如手机动画、医疗器械动画、监测仪器仪表动画、治安防盗设备动画；机械产品动画，如机械零部件动画、油田开采设备动画、钻井设备动画、发动机动画；产品生产过程动画，如产品生产流程、生产工艺等三维动画制作，如图 1.20 和图 1.21 所示。

图 1.20　使用三维软件制作的飞机模型

图 1.21　使用三维软件制作的汽车

1.2.6　模拟动画

模拟动画制作，通过动画模拟一切过程，如制作生产过程、交通安全演示动画(模拟交通事故过程)、煤矿生产安全演示动画(模拟煤矿事故过程)、能源转换利用过程、水处理过程、水利生产输送过程、电力生产输送过程、矿产金属冶炼过程、化学反应过程、植物生长过程、施工过程等演示动画的制作。

1.2.7　片头动画

片头动画制作，包括宣传片片头动画、游戏片头动画、电视片头动画、电影片头动画、节目片头动画、产品演示片头动画、广告片头动画等。

1.2.8　广告动画

动画广告是广告普遍采用的一种表现方式。动画广告中有一些画面是纯动画的，还有一些画面是实拍和动画结合的。在表现一些实拍无法完成的画面效果时，就要用到动画来完成或将两者结合。比如广告用的一些动态特效就是采用 3D 动画完成的。现在很多广告，从制作的角度看，几乎都或多或少地用到了动画。

1.2.9　影视动画

影视三维动画涉及影视特效创意、前期拍摄、影视 3D 动画、特效后期合成、影视剧特效动画等。随着计算机在影视领域的延伸和制作软件的增加，三维数字影像技术扩展了影视拍摄的局限性，在视觉效果上弥补了拍摄的不足，在一定程度上电脑制作的费用远比实拍所产生的费用要低得多，同时减少受外景地天气、季节变化的影响。

制作影视特效动画的计算机设备硬件均为 3D 数字工作站。制作人员专业有计算机、影视、美术、电影、音乐等。影视三维动画从简单的影视特效到复杂的影视三维场景都能表现得淋漓尽致。

1.2.10　角色动画

角色动画制作涉及：3D 游戏角色动画、电影角色动画、广告角色动画、人物动画等。

电脑角色动画制作一般通过以下步骤完成。

根据创意剧本绘制出画面分镜头运动，为三维制作做铺垫。

(1) 在 3ds Max 中建立故事的场景、角色、道具的简单模型。

(2) 将 3D 简单模型根据剧本和分镜故事板简单渲染，制作出 3D 故事板。

(3) 在三维软件中进行角色模型、3D 场景、3D 道具模型的精确制作。

(4) 根据剧本的设计对 3D 模型进行色彩、纹理、质感等的设定工作。

(5) 根据故事情节分析，对 3D 中需要动画的模型(主要为角色)进行动画前的一些动作设置。

(6) 根据分镜故事板的镜头和时间，给角色或其他需要活动的对象制作出每个镜头的表演动画。

(7) 对动画场景进行灯光的设定，以渲染气氛。

(8) 动画特效的设定。

(9) 后期将配音、背景音乐、音效、字幕和动画一一匹配合成，最终完成整部角色动画片制作。

1.2.11 虚拟现实

虚拟现实(Virtual Reality，VR)，也称灵境技术或人工环境。应用于旅游、房地产、大厦、别墅公寓、写字楼、景点展示、观光游览、酒店饭店、宾馆餐饮、园林景观、公园展览展示、博物馆、地铁、机场、车站、码头等行业项目展示、宣传。虚拟现实的最大特点是用户可以与虚拟环境进行人机交互，将被动式观看变成更逼真的体验互动。

360 度实景、虚拟漫游技术已在网上看房、房产建筑动画片、虚拟楼盘电子楼书、虚拟现实演播室、虚拟现实舞台、虚拟场景、虚拟写字楼、虚拟营业厅、虚拟商业空间、虚拟酒店、虚拟现实环境表现等诸多项目中广泛采用。

1.2.12 医疗卫生

三维动画可以形象地演示人体内部组织的细微结构和变化，如图 1.22 所示，给学术交流和教学演示带来了极大的便利。可以将细微的手术放大到屏幕上，进行观察学习，对医疗事业具有重大的现实意义。

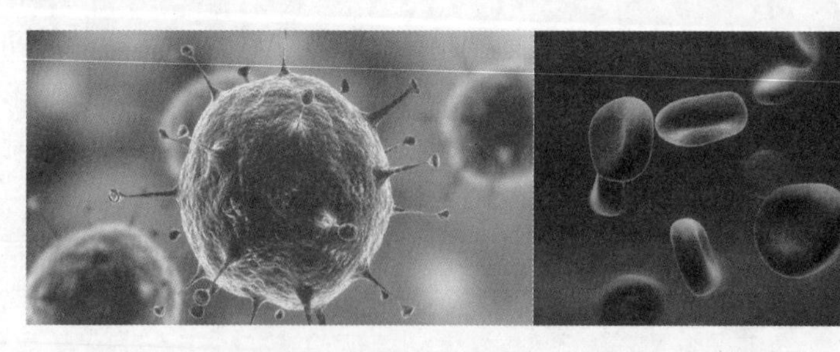

图 1.22 三维在医疗卫生领域中模拟表现的人体骨骼结构效果

1.2.13 军事科技及教育

三维技术最早应用于飞行员的飞行模拟训练。除了可以模拟现实中飞行员要遇到的恶

劣环境，同时也可以模拟战斗机飞行员在空战中的格斗以及投弹等训练。

现在三维技术的应用范围更为广泛，不单单可以使飞行学习更加安全，同时在军事上，三维动画用于导弹弹道的动态研究、爆炸后的爆炸强度以及碎片轨迹研究等。此外，在军事上还可以通过三维动画技术来模拟战场，进行军事部署和演习，航空航天以及导弹变轨等技术上，效果如图 1.23 所示。

图 1.23　三维技术在航空航天中的应用

1.2.14　生物化学工程

生物化学领域很早就引入了三维技术，用于研究生物分子之间的结构组成。复杂的分子结构无法靠想象来研究，所以三维模型可以给出精确的分子构成，相互组合方式可以利用计算机进行计算，简化了大量的研究工作，效果如图 1.24 所示。遗传工程利用三维技术对 DNA 分子进行结构重组，产生新的化合物，给研究工作带来了极大便利。

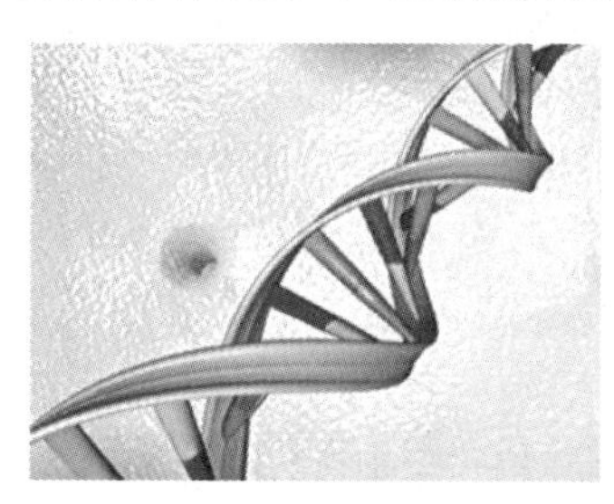
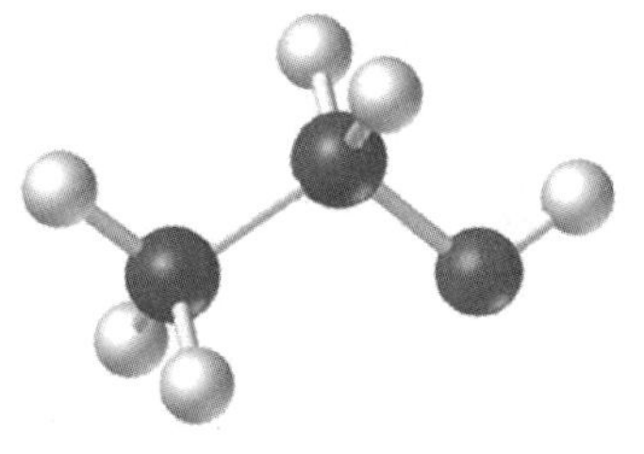

图 1.24　三维技术在生物化学工程领域中模拟的 DNA 分子

1.3　三维动画发展前景

三维动画业是新兴行业，也可称为 CG 行业(Computer Graphics 的缩写)。的确，做三维动画是很有前途的。纵观三维动画的发展历程，相信不久的将来，三维将进入千家万户，不再是大电影厂和专业影视制作公司垄断的专利。这几年做三维和学三维的人日益增多。三维平台的趋势由高端过渡到低端，不再需要几十万的工作站，一般家庭电脑就可以做出很专业的三维作品。三维动画制作的收费也日趋合理，想当年 20 000 元/秒的天价(广告级标版)到现在 500 元/秒都有人做。三维建筑、室内效果图也下降了很多。所以想靠做三维发大财已成为虚拟的幻境。国内电影业不景气，加之外国大片的冲击，如何有效率地提高国人的创作、制作水平和规范制作准则是摆在我们同行面前的不容忽视的课题。

三维动画作为电脑美术的一个分支，是建立在动画艺术和电脑软硬件技术发展基础上而形成的一种相对独立的新型的艺术形式。它早期主要应用于军事领域。直到 20 世纪 70 年代后期，随着 PC 的出现，计算机图形学才逐步拓展到诸如平面设计、服装设计、建筑装潢等领域。20 世纪 80 年代，随着电脑软硬件的进一步发展，计算机图形处理技术的应用得到了空前的发展，电脑美术作为一个独立学科真正开始走上了迅猛发展之路。

运用计算机图形技术制作动画的探索始于 20 世纪 80 年代初期，当时三维动画的制作主要是在一些大型的工作站上完成的。在 DOS 操作系统下的 PC 上，3D Studio 软件处于绝对垄断地位。1994 年，微软推出 Windows 操作系统，并将工作站上的 Softimage 移植到 PC 上。1995 年，Windows 95 出现，3DS 出现了超强升级版本 3ds Max 1.0。1998 年，Maya 的出现可以说是 3D 发展史上的又一个里程碑。一个个超强工具的出现，也推动着三维动画应用领域不断地拓宽与发展，从建筑装潢、影视广告片头、MTV、电视栏目，直到全数字化电影的制作。在各类动画当中，最有魅力并应用最广的当属三维动画。三维动画软件功能愈来愈强大，操作起来也愈来愈容易，这使得三维有了更广泛的运用。假如你喜欢访问个人主页，会很容易看到一些简单的三维动画，制作人也许刚刚学会用电脑。毕竟我们的世界是立体的，只有三维才让我们感到更真实。

今天，电脑的功能愈来愈强大，以至我们不仅可以看到电视台的栏目包装及广告中充满电脑动画特技，更有不少电脑爱好者在自己的个人电脑上玩起了动画制作。

1995 年，由迪士尼公司发行的《玩具总动员》上映，这部纯三维制作的动画片取得了巨大的成功。三维动画迅速取代传统动画成为最卖座的动画片种。迪士尼公司在其后发行的《玩具总动员 2》、《恐龙》、《怪物公司》、《虫虫特工队》都取得了巨大成功。另外，梦工厂发行的《小蚁雄兵》、《怪物史莱克》等三维动画片，也获得了巨大的商业成功。三维动画在电影中的运用更是神乎其技，如《蜘蛛侠》、《泰坦尼克号》、《终结者》、《魔戒》等可以说电影已经不能离开三维动画的参与了。现今三维动画的运用可以说无处不在，网页、建筑效果图、建筑浏览、影视片头、MTV、电视栏目、电影、科研、电脑游戏等。

1.4 三维动画的制作原理与流程

随着科技的不断发展，动画艺术已由传统的手工绘制，演变到至今的电脑制作。也由于电脑提供给了动画制作者更多发挥空间，因此动画制作这个充满着希望的行业已被视为未来社会与经济发展中不可或缺的重要角色。

人的眼睛在看过一个图像后，1/16 秒内仍能存有这个图像的残留视觉，这种生理现象叫作“视觉暂留”。也就是说在残留视觉还没有消失前，如果在 1/16 秒内再呈现第二个图像，那么第一个和第二个图像，给我们的感觉就好像彼此连续一样。也就是因为这简单的原理，才能使得静态图画变成生动活泼的动画影片，效果如图 1.25 所示。这个动画效果是由数幅不同嬉笑的图像组成，通过快速播放就形成了如图 1.25 所示的效果。

在三维动画中，不需要像制作二维动画那样需要画多幅效果不同的画面。在三维动画软件中只需要将特定的动画对象设定关键帧就可以了。

图 1.25　视觉残留所形成的动画效果

三维动画的每一帧画面都是真实的三维场景，无论从任何角度看，都是真实的三维空间。由于三维动画软件引用了运动学理论，使得三维动画不需要将每一帧都画出，大大减少了工作量。如果用 3ds Max 制作动画，用户并不需要做出每一帧的场景，而是只需要做出运动的关键点的场景，即关键帧的画面，这样既节省了工作量，也使动画看上去更流畅。

因此，利用 3ds Max 制作三维动画，你只需要制作出静态的模型或场景，然后再根据运动学原理加入动画效果，就会形成三维动画了。

在了解了三维动画的制作原理后，下面介绍其制作三维动画的过程。首先是建立模型，然后编辑模型，然后为其指定材质、设置灯光、设置动画，最后渲染合成。

建模在整体制作过程中是最重要的一步，因为其后的灯光、材质等元素的添加都要以三维模型为基础。如果模型的创建有问题，则以后工作的难度将大大增加。在实践工作中，往往前一道工序的弊端在以后的工作流程中是难以修复的。可以说建模是万丈高楼的地基，只有地基坚固，才会为后继工作打下坚实的基础。

1.5　常用文件格式

在没有正式进入主题之前，首先讲一下有关计算机图形图像格式的相关知识，因为它在某种程度上将决定你所设计创作的作品输出质量的优劣。另外在制作影视广告片头时，你会用到大量的图像以用于素材、材质贴图或背景。当你将一个作品完成后，输出的文件格式也将决定你所制作作品的播放品质。

在日常的工作和学习中，你还需要收集和发现并积累各种文件格式的素材。需要注意的一点是，所收集的图片或图像文件各种格式的都有，这就涉及一个图像格式转换的问题。而如果我们已经了解了图像格式的转换，则在制作中就不会受到限制，并且还可以轻松地将所收集的和所需的图像文件转为己用。

在作品的输出过程中，我们同样也可以从容地将它们存储为所需要的文件格式，而不必再因为播放质量或输出品质的问题而受到困扰了。

下面我们就将对日常生活中所涉及的图像格式进行简单介绍。

BMP 格式

BMP(Windows Bitmap)，是微软公司 Paint 的自身格式，可以被多种 Windows 和 OS/2 应用程序所支持。Photoshop 中，最多可以使用 16 兆的色彩渲染 BMP 图像。因此，BMP

格式的图像可以具有极其丰富的色彩。

GIF 格式

GIF(Graphics Interchange Format)图形交换格式。此类格式是一种压缩的 8 位图像文件。正因为它是经过压缩的，而且又是 8 位的，所以这种格式的文件大多用在网络传输上，速度要比传输其他格式的图像文件快得多。

此格式的文件最大缺点是最多只能处理 256 种色彩。它绝不能用于存储真彩的图像文件。也正因为其体积小而曾经一度被应用在计算机教学、娱乐等软件中，也是人们较为喜爱的 8 位图像格式。

TGA 格式

TGA(Targa)，是由 True Vision 设计的图像格式。此种格式支持 32 位图像，其中包括 8 位 Alpha 通道用于显示实况电视。此种格式已经广泛地应用于 PC 领域，而且该种格式的文件使 Windows 与 3ds Max 相互交换图像文件成为可能。你可以在 3ds Max 中生成色彩丰富的 TGA 文件，然后在 Windows 的应用程序中，Photoshop、Freeherd、Painter 等，都可调出此种格式文件进行修改、渲染。

在 3ds Max 中你可以将当前场景渲染成为含有 Alpha 通道的 16 位、24 位、32 位图像。另外，由于 TGA 是一种无损压缩格式，所以在对画面质量要求较高时可以采用该格式输出。特别是在一些要求非常高的视频输出的前提下，往往不是渲染生成 AVI 视频文件，而是将动态的画面逐张渲染生成单独的“TGA 序列”。

JPEG 格式

JPEG(Joint Photographic Experts Group)，直译为联合图片专家组。JPEG 是 Macintosh 机上常用的存储类型，但是，无论你是从 Photoshop、Painter、FreeHand、Illustrator 等平面软件还是在 3DS 或 3ds Max 中都能够开启此类格式的文件。

JPEG 格式是所有压缩格式中最卓越的。在压缩前，你可以从对话框中选择所需图像的最终质量，这样，就有效地控制了 JPEG 在压缩时的损失数据量。并且可以在保持图像质量不变的前提下，产生惊人的压缩比率，在没有明显质量损失的情况下，它的体积能降到原 BMP 图片的 1/10。这样，可使你不必再为图像文件的质量以及硬盘的大小而头疼苦恼了。

另外，用 JPEG 格式，可以将当前所渲染的图像输入到 Macintosh 机上做进一步处理。或将 Macintosh 制作的文件以 JPEG 格式再现于 PC 上。总之 JPEG 是一种极具价值的文件格式。

TIFF 格式

TIFF(Tag Image File Format)，直译为标签图像文件格式。由 Aldus 为 Macintosh 机开发的文件格式。目前，它是 Macintosh 和 PC 上使用最广泛的位图格式。它也是桌面印刷系统通用格式。文件占用空间较大，但图像质量非常好，主要用于分色印刷和打印输出等用途，属于 C、M、Y、K 型。

在 Photoshop 中，TIFF 格式已支持到了 24 个通道，它是除 Photoshop 自身格式外唯一能存储多个四个通道的文件格式。

另外，在 3ds Max 中你也可以渲染生成 TIFF 格式的文件。由于 TIFF 的诸多特性，尤其是它在压缩时绝不影响图像像素这一点上，TIFF 文件多被用于存储一些色彩绚丽、构思奇妙的贴图文件。而且你还能够将图像渲染成单色显示，使其可以产生一种黑白照片的效果。现在，它将 3ds Max、Macintosh、Photoshop 有机地结合到了一起。

PNG 格式

现在有越来越多的程序设计人员建立以 PNG 格式替代 GIF 格式的倾向。像 GIF 一样，PNG 也使用无损压缩方式来减小文件的尺寸。越来越多的软件开始支持这一格式，不久的将来它将可能会在整个 Web 上流行。

PNG 图像可以是灰阶的(位深可达 16bit)或彩色的(位深可达 48bit)，为缩小文件尺寸，它还可以是 8-bit 的索引色。PNG 使用新的高速交替显示方案，可以迅速地显示，只要下载 1/64 的图像信息就可以显示出低分辨率的预览图像。与 GIF 不同，PNG 格式不支持动画。在 3ds Max 中既可以渲染也可以使用此种模式用作效果贴图。

PSD 格式

PSD 文件是 Adobe Photoshop 的专用格式，可以储存成 RGB 或 CMYK 模式，更能自定颜色数目储存，还可以将不同的物件以层级分离存储，以便于修改和制作各种特效。

EPS 格式

EPS(Encapsulated PostScript)格式是专门为存储矢量图形而设计的，用于 PostScript 输出设备上的打印。

Adobe 公司的 Illustrator 是绘图领域中一个极为优秀的程序。它既可用来创建流动曲线、简单图形，也可以用来创建专业级的精美图像。它的作品一般存储为 EPS 格式。通常它也是 CorelDraw 等软件支持的一种格式，在 3ds Max 中一般很少使用。

AVI 格式

AVI(Audio Video Interleaved(Microsoft 标准))格式是 Windows 平台内置的支持视频文件的格式，采用 Audio Video Interleaved 方式(视频音频交织方式 AVI)。AVI 支持灰度、8-bit 彩色和插入声音，还支持与 JPEG 相似的变化压缩方法，是一种通过 Internert 传送多媒体图像和动画的常用格式。

另外，此种文件格式可以作为下载用的格式(Windows Only)。

FLC、FLI 格式

早期标准的 8 位(256 色)PC 动画格式，由 3ds、Autodesk Animator、Animator Pro、Animator Studio 等制作生成，而现在的 3ds Max 同样也可以设置渲染此类型文件。目前很少使用此种类型的文件进行动画渲染存储了。

而 FLI 则是 Autodesk Animator 所生成的文件，它只局限于 320×320 个像素点，不同的是，其他的 FLC 文件可适用于任意的分辨率。

CEL 格式

Autodesk Animator 系列软件生成的一种胶片格式，它在图像质量上与 FLC、FLI 格式相同，只是能尽量减少文件的尺寸，使得占用内存小，播放更加容易。另外贴图时也会大量用到这种文件。

MOV 格式

MOV 原来是苹果公司开发的专用视频格式，后来被移植到 PC 上。它与 AVI 大体上属于同一级别(画面的品质、压缩比等)。同样，它与 AVI 都属于网络上的视频格式之一。但是在 PC 上不如 AVI 普及，因为播放 MOV 要用专用的软件 QuickTime。另外，IE4.0 等网络浏览器也都支持 MOV。

WAV 格式

WAV 是 Windows 记录声音用的文件格式。

1.6 常 用 术 语

下面介绍一些基础的影视术语，进而建立一些基本的概念，以利于以后的学习。

1.6.1 NTSC 制式

它是 1952 年由美国国家电视标准委员会指定的彩色电视广播标准。它采用正交平衡调幅的技术方式，所以也称为正交平衡调幅制。中国台湾地区、美国、日本、中美洲等国家和地区使用这种制式。

1.6.2 PAL 制式

它是前联邦德国在 1962 年指定的彩色电视广播标准。它采用逐行倒相正交平衡调幅的技术方法，克服了 NTSC 制式相位敏感造成色彩失真的缺点。前联邦德国、英国等一些西欧国家，以及新加坡、中国、澳大利亚等国家采用这种制式。

另外，PAL 制式中根据不同的参数细节，又可以进一步划分为 G、I、D 等制式，其中 PAL-D 制式是我国大陆采用的制式。

1.6.3 SECAM 制式

SECAM 是法文的缩写，它的含义是为顺序传送彩色信号与存储恢复彩色信号制，是由法国在 1956 年提出、1966 年制定的一种新的彩色电视格式。它也克服了 NTSC 制式相位失真的缺点，并采用时间分隔法来传送两个色差信号。使用 SECAM 制的国家主要集中在法国、东欧和中东一带。

1.6.4 SMPTE 时间编码

其表示方式为 Hours：Minutes：Seconds：Frames(时:分:秒:帧)。在一定的时间基准下，时间编码描述片段的持续时间，并且可以精确地指出片段中画面的时间位置。例如，时间基准为 30 帧/秒，则延时为 00:02:31:15 的片段，表示其可以播放 2 分 31 秒又 15 张画面，即可以播放 2 分 31.5 秒。

1.6.5　RGB 颜色

RGB 是色光的彩色模式，R 代表红色，G 代表绿色，B 代表蓝色。三种色彩相叠加形成了其他色彩。因为三种颜色每一种都有 256 个亮度水平级，所以三种色彩叠加就能形成 1670 万种颜色了(通常称为“真彩”)。

RGB 模式因为是由红、绿、蓝相叠加形成其他颜色，因此该模式也叫加色模式。在该色彩模式下，每一种原色将单独形成一个色彩通道(Channel)，在各通道上颜色的亮度分为 256 阶，即 0～255。再由三个单色通道组合成一个复合通道——RGB 通道。图像各部位的色彩均由 RGB 三个色彩通道上的数值决定。当 RGB 色彩数值均为 0 时，该部位为黑色；当 RGB 色彩数值均为 255 时，该部位为白色。

在我们日常的应用中，显示器、投影设备以及扫描仪等许多电器设备都是依赖于这种加色模式来显示颜色的。就编辑图像而言，RGB 色彩模式是首选的色彩模式。但是在印刷中 RGB 色彩模式并不是最佳的。因为 RGB 模式所提供的有些色彩已经超出了打印色彩范围，因此在打印一幅真彩的图像时，就必然会损失一部分亮度，并且比较鲜明的色彩肯定会失真。这主要是因为打印所用的是 CMYK 模式，而 CMYK 模式所定义的色彩要比 RGB 模式定义的色彩要少得多。在打印时系统会自动将 RGB 模式转换成 CMYK 模式，这样就不可避免地损失一部分颜色和降低一定的亮度了，因此打印后的失真现象将非常严重，如图 1.26 所示。

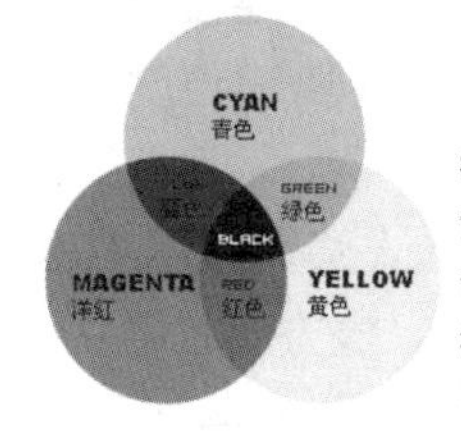

洋红 (Magenta) + 黄色(Yellow) = 红色 (Red)
黄色 (Yellow) + 青色 (Cyan) = 绿色 (Green)
青色 (Cyan) + 洋红 (Magenta) = 蓝色 (Blue)
洋红 (Magenta) + 黄色 (Yellow) + 青色 (Cyan)
= 黑色 (Black)

图 1.26　RGB 颜色

1.6.6　CMYK 色彩模式

当阳光照射到一个物体上时，这个物体将吸收一部分光线，并将剩下的光线进行反射。反射的光就是你所看见的物体颜色。这是一种减色色彩模式，是与 RGB 色彩模式的根本不同之处。不但我们看物体的颜色时用到了这种减色模式，而且在纸上印刷时应用的也是这种减色模式。按照这种减色模式，演变出了适合于印刷的 CMYK 模式。CMYK 即代表印刷上用的 4 种油墨色，C 代表青色，M 代表洋红色，Y 代表黄色。因为在实际应用中，以上三色很难形成真正的黑色，最多不过是褐色，因此又引入了 K——黑色。黑色用于强化暗部的色彩。在 Photoshop 中这种色彩模式就形成了 4 个色彩通道，最后又由这 4 个通道组合形成了一个综合通道，如图 1.27 所示。

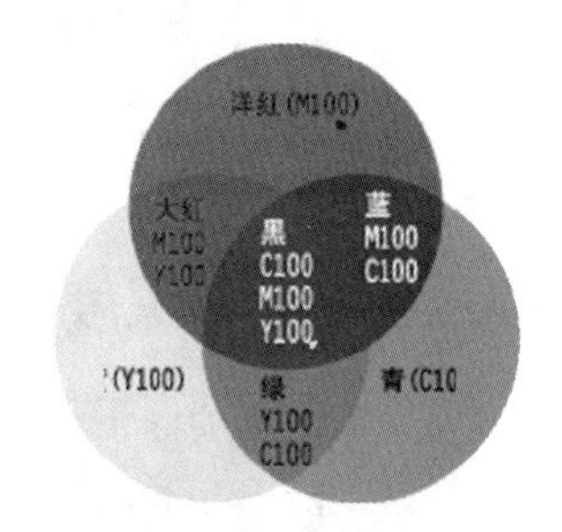

图 1.27　CMYK 色彩模式

1.6.7 Lab 色彩模式

Lab 是 Photoshop 中内建的一种标准色彩模式，它是由 Commission International d' Eclairage 委员会(CIF)于 1931 年制定出的一套国际色彩标准。

Lab 模式由 3 个通道组成，但不是 R、G、B 通道。它的一个通道是照度，即 L，另外两个是色彩通道，用 a 和 b 来表示。a 通道包括的颜色是从深绿(低亮度值)到灰(中亮度值)，再到亮粉红色(高亮度值)；b 通道则是从亮蓝色(低亮度值)到灰(中亮度值)，再到焦黄色(高亮度值)。因此这种彩色模式在混合后将产生明亮的色彩。

1.6.8 HSB 色彩模式

这是根据人体视觉而开发的一套色彩模式，算是最接近人类大脑对色彩辨认思考的模式。许多用传统技术工作的画家或设计者习惯使用此种模式。

在 HSB 色彩模式中，H 代表色相，S 代表饱和度，B 代表亮度。色相就是纯色，即组成可见光谱的单色，红色在 0 度，绿色在 120 度，蓝色在 240 度。它基本上是 RGB 模式全色度的饼状图。饱和度代表色彩的纯度，为零时即为灰色。白、黑和其他灰度色彩都没有饱和度。最大饱和度时是每一色相最纯的色光。亮度代表色彩的明亮度，为零时即为黑色。最大亮度是色彩最鲜明的状态。

在 HSB 模式中，S 和 B 的取值都是百分比，唯有 H 的取值单位是度，即角度，表示色相位于色相环上的位置。将我们前面学过的色相环加上角度标志就明白了。

如图 1.28 所示，从 0 度的红色开始，逆时针方向增加角度，60 度是黄色，180 度是青色等。360 度又回到红色。可以自己调节 H 滑块对照一下。

再看一下 Photoshop 的拾色器，拾色器的 H 方式其实就是 HSB 取色方式。色谱就是色相，而大框就包含了饱和度和明度(横方向是饱和度，竖方向是明度)，如图 1.29 所示。

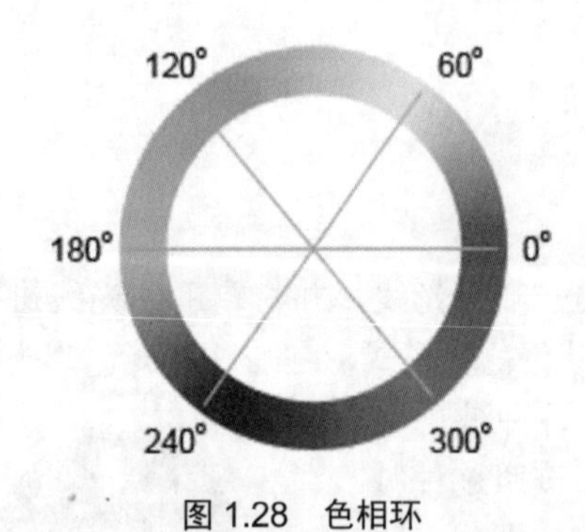

图 1.28　色相环

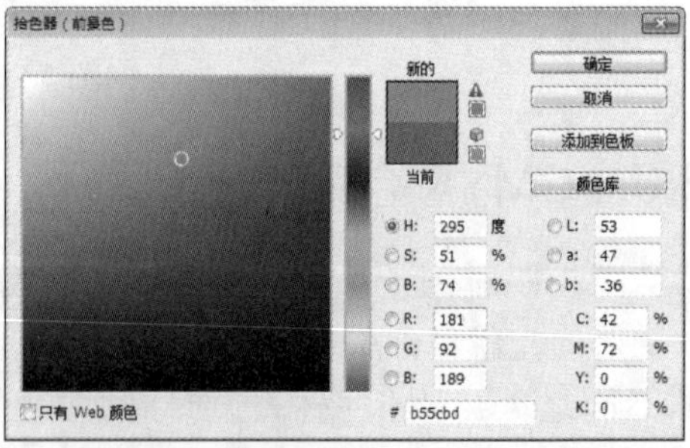

图 1.29　Photoshop 的拾色器

1.6.9 色彩深度 Color Depth

图像中每个像素点(pixel)中能够包含多少种颜色称为色彩深度，以 Bit 为单位。

①黑白 Bitmap 图像中每一个像素点中只可能是下面两种色彩之一，即黑或白($2=2^1$)，是 1 个 Bit 的色彩深度。②灰阶图像中每一个像素点中可能有 256 度灰阶($2^8=256$)，是 8 个 Bit 的色彩深度。③Indexed color 图像中每一个像素点中可能有 256 种色彩($2^8=256$)，是

8 个 Bit 的色彩深度。④RGB 彩色图像中每一个像素点在三个色彩通道(RGB)中都可能有 256 种色彩中的一种颜色，总共可以组成 1670 万种色彩($256\times256\times256=2^8\times2^8\times2^8=2^{24}$=16.7million)，俗称“真彩”，具有 24 个 Bit 的色彩深度。

1.6.10　真彩色

真彩色是指在组成一幅彩色图像的每个像素值中，有 RGB 三个基色分量，每个基色分量直接决定其基色的强度。这样，合成产生的彩色就是真实的原始图像的彩色。用 24 位来表示一种颜色，即三种信号均用 8 位来表示，共能表示大约 16.8 兆种颜色。而平时所说的 32 位真彩色，就是在 24 位之外，还有一个 8 位的 Alpha 通道，表示每个像素的 256 种透明度等级。

1.6.11　Frame Rate(帧速率)

帧速率决定了片段的播放速度。例如，30 帧/秒，即指一个片段每秒钟播放 30 帧画面。

1.6.12　Time Base(时间基准)

时间基准决定了所进行的编辑操作的时间精确度。虽然有时时间基准与帧速率采用相同的数值，但是时间基准与帧速率是不同的。不同的项目可以有不同的时间基准。一般而言，我们在电影院中所观看的电影的时间基准为 24 帧/秒；对于 PAL 和 SECAM 制式的视频，其时间基准为 25 帧/秒；对于 NTSC 制式的视频，其时间基准为 29.97 帧/秒；其他类型的视频大多为 30 帧/秒。

1.6.13　Compression(压缩)

它用于重组或删除数据以减小文件大小的算法。

1.6.14　Video for Windows

它是 Microsoft 公司制定的一种影像格式，即.avi，此种格式的文件可以直接在 PC 上播放。

1.6.15　Quick Time

它是 Apple 公司开发的一种影像格式，即.mov，此种格式的文件可以在 Mac OS 和 Windows 平台中播放。

1.6.16　Timebace(时基)

对于时基，大多数视频、音频编辑人员应该不会陌生，它是指用户建立的项目将以每秒几帧的速度播放。时基的使用将随着不同媒体、不同用途以及不同地区有所差异，如表 1.1 所示是一种选择性参考。

表 1.1　时基参考

媒体	NTSC	PAL	SECAM	Film(电影)	Multimedia(多媒体)
帧/秒	29.97	25	25	24	30
使用地区	中国台湾地区、美国、日本、中美洲等	英国、西欧、中东、中国香港、中国大陆、非洲等	东欧、俄罗斯等	全球适用	全球适用

1.7　3ds Max 2014 的安装与启动

安装 3ds Max 2014 的操作步骤如下。

(1) 将安装光盘放入光驱，运行 3ds Max 2014 的安装程序，执行 setup.exe，进入 3ds Max 2014 的安装界面。

(2) 在弹出的安装界面中单击【安装】按钮，如图 1.30 所示。

(3) 在弹出的如图 1.31 所示的对话框中选中右下角的【我接受】单选按钮，然后单击【下一步】按钮。

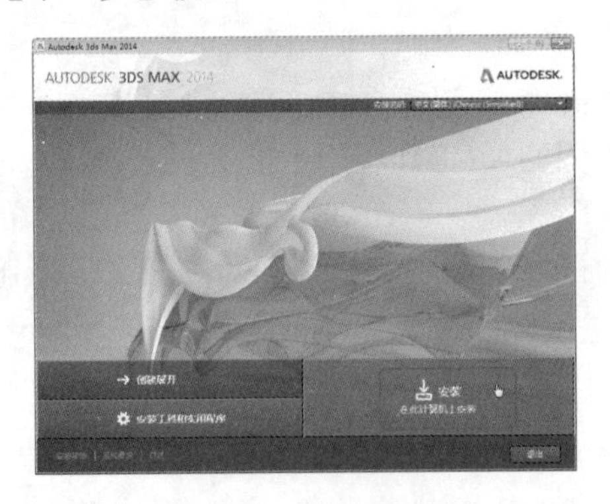

图 1.30　进入安装向导

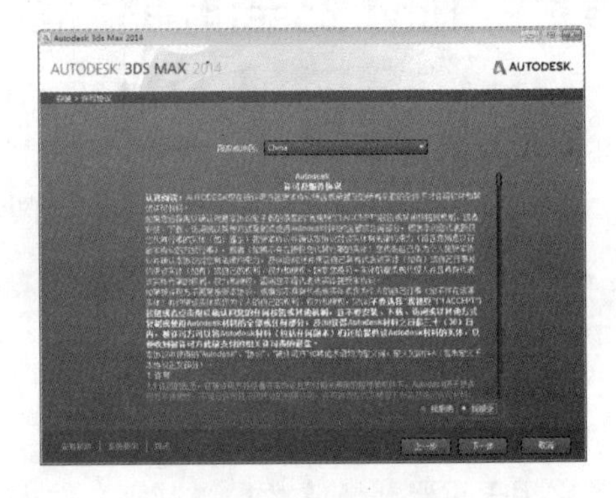

图 1.31　接受许可协议

(4) 在弹出的对话框中选中【我有我的产品信息】单选按钮，然后输入序列号和产品密钥，输入完成之后单击【下一步】按钮，如图 1.32 所示。

(5) 在弹出的对话框中设置产品的安装路径，单击【安装】按钮，如图 1.33 所示。

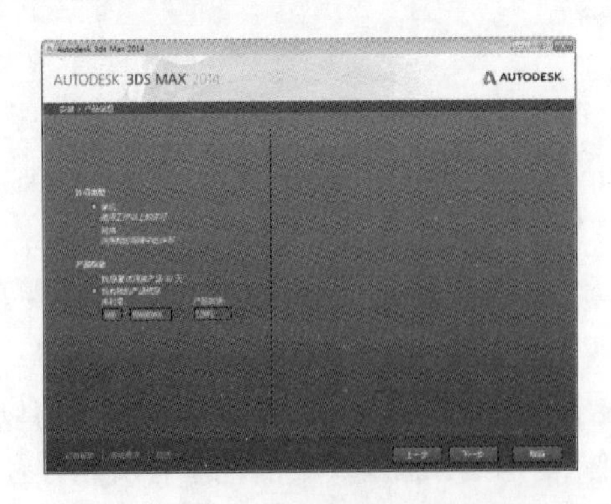

图 1.32　输入序列号

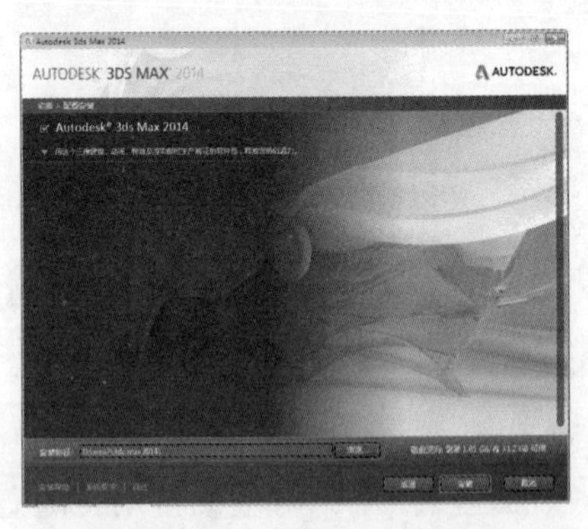

图 1.33　选择安装路径

(6) 弹出如图 1.34 所示的安装进度对话框。

(7) 安装完毕之后会弹出一个如图 1.35 所示的对话框，单击【完成】按钮即可。

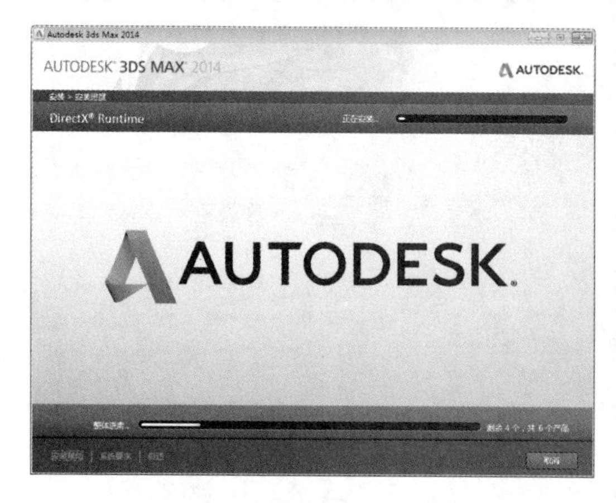

图 1.34　安装过程

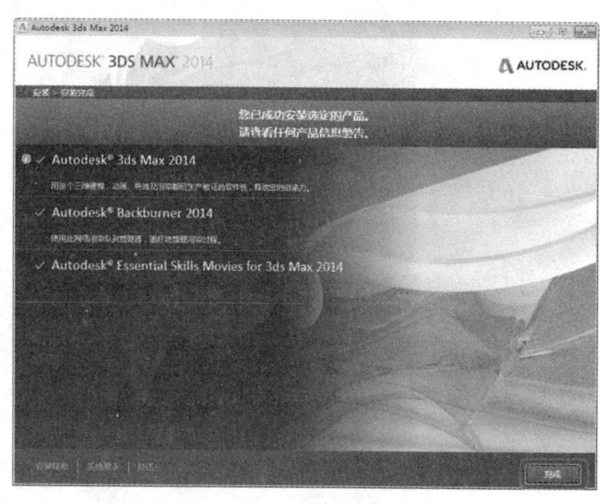

图 1.35　安装完成

安装完成后，即可启动 3ds Max 2014 软件了。单击桌面左下角的按钮，在弹出的菜单中选择【所有程序】| Autodesk | Autodesk 3ds Max 2014 | 3ds Max 2014 -Simplified Chinese 命令，如图 1.36 所示。也可以直接双击桌面上的快捷方式图标来启动，3ds Max 2014 的启动界面如图 1.37 所示。

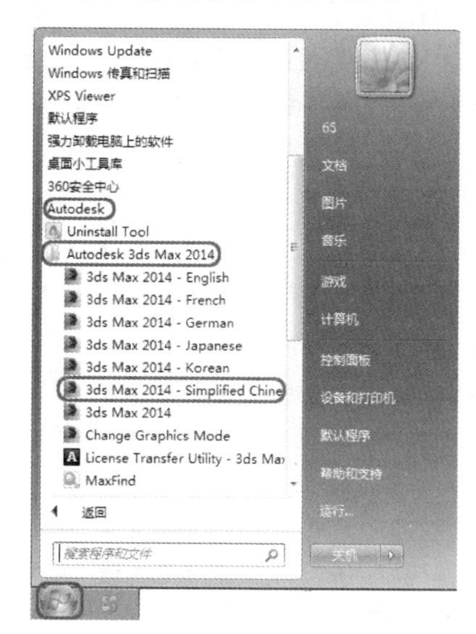

图 1.36　启动 3ds Max 2014 软件

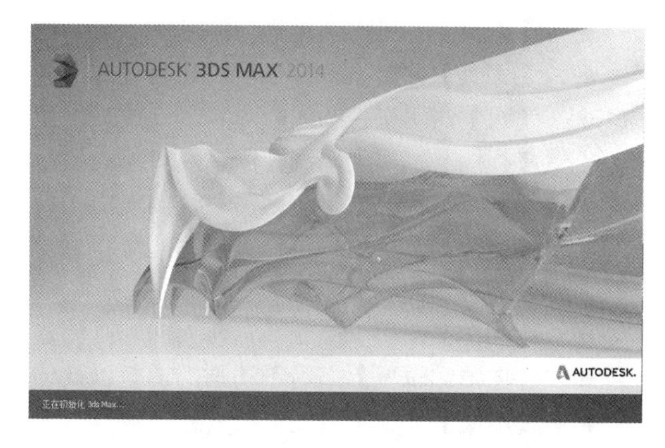

图 1.37　启动界面

1.8　3ds Max 2014 工作界面简介

熟悉了 3ds Max 的界面布局后，才能更熟练地进行操作，从而提高工作效率。3ds Max 2014 的操作界面如图 1.38 所示。

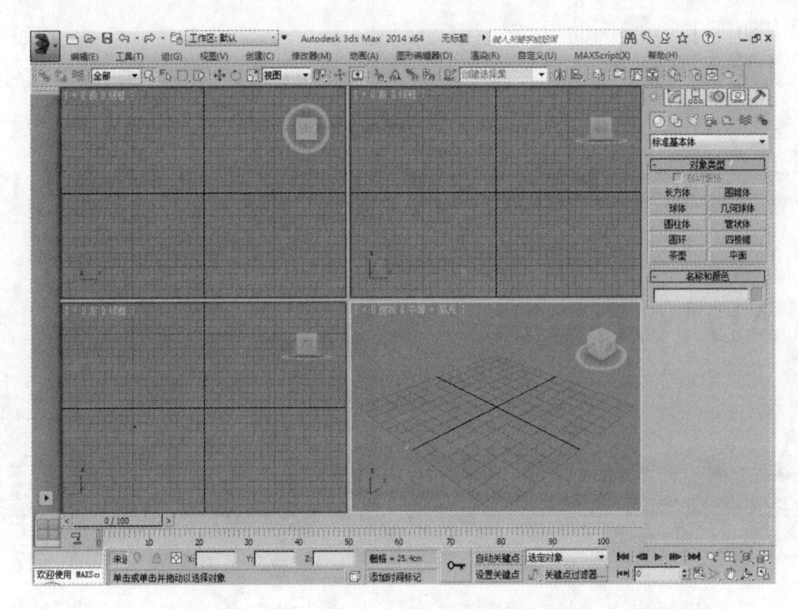

图 1.38　3ds Max 2014 的操作界面

1.8.1　菜单栏

菜单栏位于 3ds Max 2014 界面的顶端，其排列与标准的 Windows 软件中的菜单栏类似，其中包括【编辑】、【工具】、【组】、【视图】、【创建】、【修改器】、【动画】、【图形编辑器】、【渲染】、【自定义】、MAXScript 和【帮助】12 个项目。

下面对菜单栏中的每个项目分别进行介绍。

- 【编辑】：提供编辑物体的基本工具，例如【撤销】、【重做】等。
- 【工具】：提供多种工具，与顶行的工具栏基本相同。
- 【组】：用于控制成组对象。
- 【视图】：用于控制视图以及对象的显示情况。
- 【创建】：提供了与创建命令面板中相同的创建选项，同时也方便了操作。
- 【修改器】：用户可以直接通过菜单操作，对场景对象进行编辑修改，与修改命令面板相同。
- 【动画】：用于控制场景元素的动画创建，可以使用户快速便捷地进行工作。
- 【图形编辑器】：用于动画的调整以及使用图解视图进行场景对象的管理。
- 【渲染】：用于控制渲染着色、视频合成、环境设置等。
- 【自定义】：提供了多个让用户自行定义的设置选项，以使得用户能够依照自己的喜好进行调整设置。
- MAXScript：提供了供用户编制脚本程序的各种选项。
- 【帮助】：提供了用户所需要的使用参考以及软件的版本信息等内容。

1.8.2　工具栏

3ds Max 2014 的工具栏位于菜单栏的下方，由若干个工具按钮组成，分为主工具栏和标签工具栏两个部分。其中包含变动工具、着色工具等，还有一些是菜单中的快捷键按钮，可以直接打开某些控制窗口，例如材质编辑器、轨迹控制器等，如图 1.39 所示。

图 1.39　3ds Max 2014 的工具栏

在 3ds Max 中还有一些工具未在工具栏中出现，它们会以浮动工具栏的形式显示。在菜单栏中选择【自定义】|【显示 UI】|【显示浮动工具栏】命令，可以打开【轴约束】、【层】、【捕捉】等浮动工具栏，如图 1.40 所示。

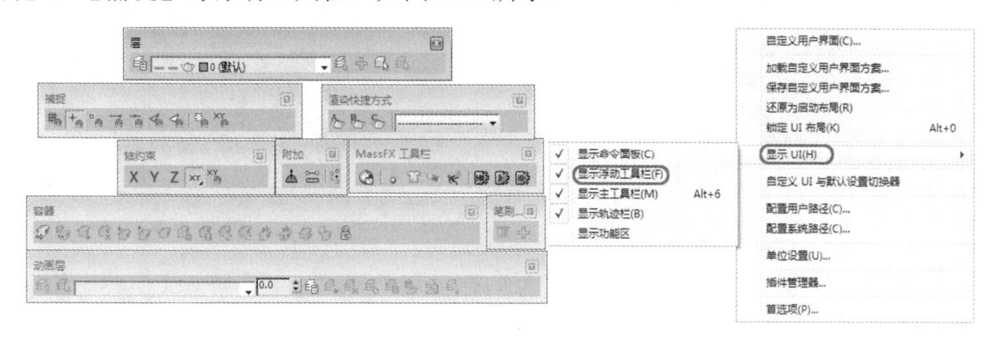

图 1.40　3ds Max 2014 的浮动工具栏

1.8.3　动画时间控制区

动画时间控制区位于状态行与视图控制区之间，它们用于控制动画的时间。通过动画时间控制区可以开启动画制作模式，可以随时对当前的动画场景设置关键帧，并且完成的动画可在处于激活状态的视图中进行实时播放，如图 1.41 所示为动画时间控制区。

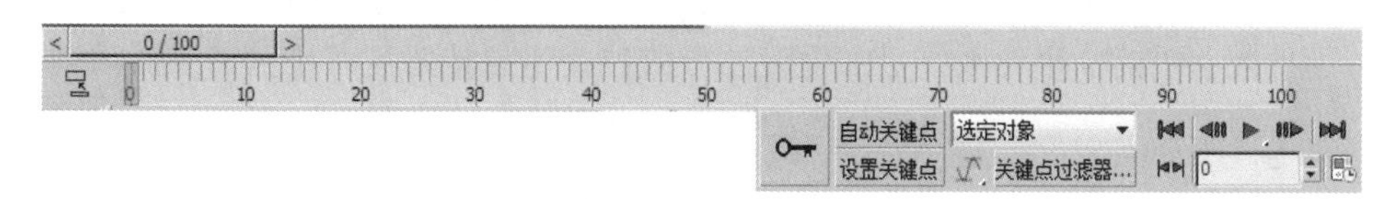

图 1.41　动画时间控制区

1.8.4　命令面板

命令面板由【创建】、【修改】、【层次】、【运动】、【显示】和【实用程序】6 个部分构成，这 6 个面板可以分别完成不同的工作。命令面板区包含大多数造型和动画命令，可以进行丰富的参数设置，如图 1.42 所示。

1.8.5　视图区

视图区在 3ds Max 操作界面中所占面积最大，是进行三维创作的主要工作区域。一般分为【顶】视图、【前】视图、【左】视图和【透】视图 4 个工作窗口，通过这 4 个工作窗口可以从不同的角度观察创建的各种造型。

1.8.6 状态行与提示行

状态行位于视图下方，分为当前状态行和提示信息行两个部分，用于显示当前状态及选择锁定方式，如图 1.43 所示。

图 1.42 命令面板

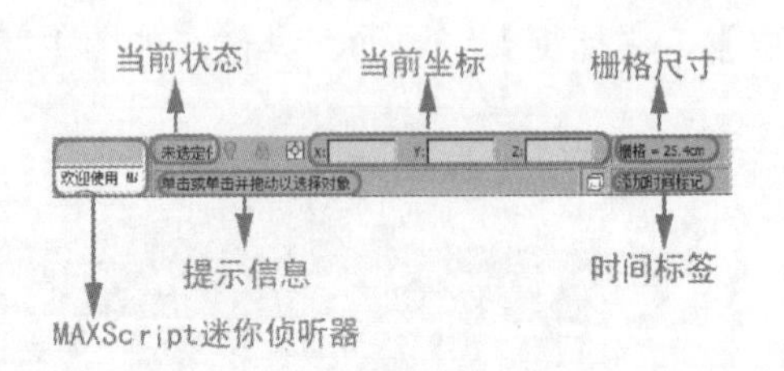

图 1.43 状态行与提示行

- 【当前状态】：显示当前选择对象的数目和类型。如果是同一类型的对象，它可以显示出对象的类别。图 1.43 中显示为【未选定任何对象】，表示当前没有物体被选择。如果场景中还有灯光等多个不同类型的对象被选择，则显示为【选择了实体】。
- 【提示信息】：针对当前选择的工具和程序，提示下一步的操作指导。如图 1.43 所示提示信息为【单击或单击并拖动以选择对象】。
- 【当前坐标】：显示的是当前鼠标指针的世界坐标值或变换操作时的数值。当鼠标指针不操作物体，只在视图上移动时，它会显示当前的世界坐标值；如果使用变换工具，将根据工具、轴向的不同而显示不同的信息。例如使用移动工具时它是依据当前的坐标系统显示位置的数值；使用旋转工具时显示当前活动轴上的旋转角度；使用缩放工具时显示当前缩放轴上的缩放比例。
- 【栅格尺寸】：显示当前栅格中一个方格的边长尺寸，它的值会随视图显示的缩放而变化。例如放大显示时，栅格尺寸会缩小，因为总的栅格数是不变的。
- 【MAXScript 迷你侦听器】：分为粉色和白色上下两个窗格，粉色窗格是【宏录制器】窗格，用于显示最后记录的信息；白色窗格是【脚本编写】窗格，用于显示最后编写的脚本命令，MAX 会自动执行直接输入到白色窗格中的脚本语言。
- 【时间标签】：这是一个非常快捷的方式，即通过文字符号指定特定的帧标记，使你能够迅速跳到想去的帧。未设定时它是个空白框，当单击或右击此处时，会弹出一个小菜单，有【添加标记】和【编辑标记】两个命令。选择【添加标记】命令，可以打开【添加时间标记】对话框，将当前帧加入到标签中，如图 1.44 所示。
    - 【时间】：显示标记要指定的当前帧。
    - 【名称】：在此文本框中可以输入一个文字串，即标签名称，它将与当前的帧号一起显示。
    - 【相对于】：指定其他标记，当前标记将保持与该标记的相对偏移。例如，在 10 帧指定一个时间标记，在 30 帧指定第二个标记，将第一个标记指定相对于到第二个标记。这样，如果第一个标记移至第 30 帧，则第二个标记自动移动到第 50 帧，以使两个标记之间保持 30 帧。这个相对关系是一种单方面的偏移，系统不允许建立循环的从属关系，如果第二个标记的位置发生变化，第一个标记不会受到影响。

◆ 【锁定时间】：勾选此复选框可以将标签锁定到一个特殊的帧上。

【编辑时间标记】对话框中的各选项与【添加时间标记】对话框中的各选项相同，这里不再介绍。【编辑时间标记】对话框如图 1.45 所示。

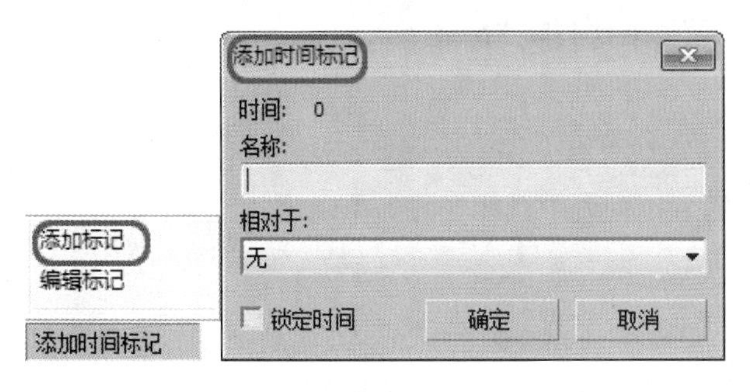

图 1.44　【添加时间标记】对话框

图 1.45　【编辑时间标记】对话框

1.8.7　视图控制区

视图控制区位于视图右下角，如图 1.46 所示。其中的控制按钮可以控制视图区各个视图的显示状态，例如视图的缩放、旋转、移动等。另外，视图控制区中的各按钮会因所用视图不同而呈现出不同状态，例如在摄影机视图、灯光视图中的视图控制区。

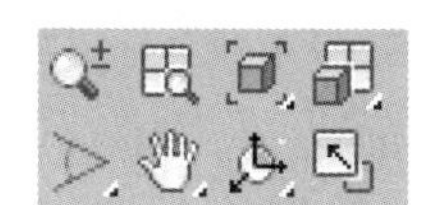

图 1.46　视图控制区

1.9　思考与练习

1. 命令面板由几个部分构成，分别是什么？
2. 菜单栏中的 12 个项目分别是什么？
3. HSB 色彩模式中 H、S、B 分别代表什么？

第 2 章　3ds Max 2014 操作基础

3ds Max 2014 属于单屏幕操作软件，它所有的命令和操作都在一个屏幕上完成，不用进行切换。这样可以节省大量的工作时间，同时创作也更加直观明了。作为 3ds Max 的初级用户，学习和适应软件的工作环境及基本的文件操作是非常必要的。

2.1　文件的操作

2.1.1　打开文件

单击【应用程序】按钮，在弹出的下拉列表中选择【打开】选项，在弹出的对话框中可以打开 3ds Max 2014 支持的场景文件。

提 示

Max 文件包含场景的全部信息，如果某个场景使用了当前 3ds Max 软件不具备的特殊模块，那么打开该文件时，这些信息将会丢失。

打开文件的具体操作步骤如下。

(1) 启动 3ds Max 2014 后，单击【应用程序】按钮。在弹出的下拉列表中选择【打开】选项，再在弹出的子菜单中选择【打开】选项，如图 2.1 所示。

(2) 在【打开文件】对话框中选择所需要打开的文件，单击【打开】按钮或者双击该文件名可打开文件，如图 2.2 所示。

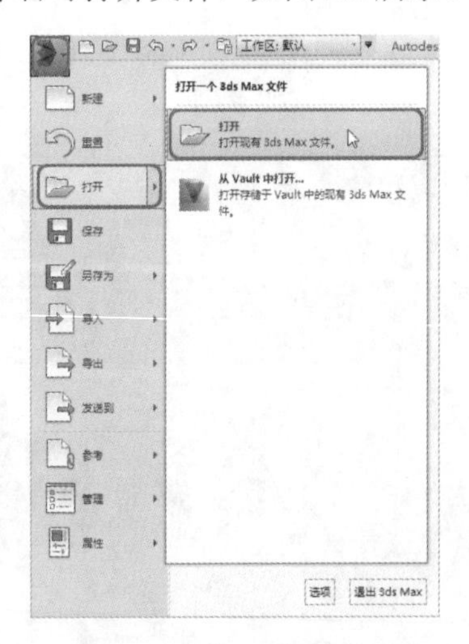

图 2.1　选择【打开】选项

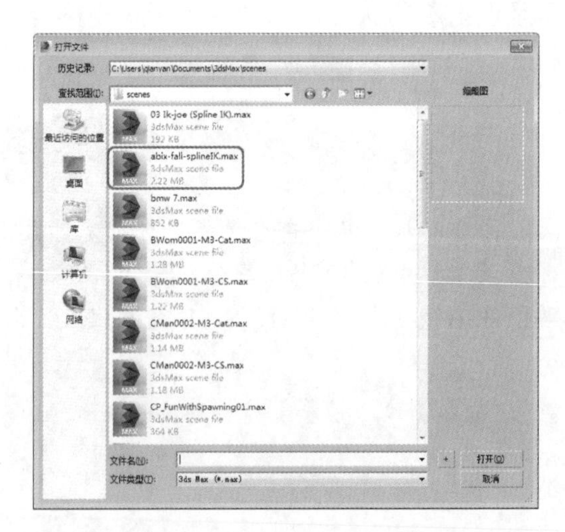

图 2.2　【打开文件】对话框

2.1.2　新建场景

单击【应用程序】按钮，在弹出的下拉列表中选择【新建】选项，可以清除当前屏幕内容，但保留当前系统设置。如视口配置、栅格和捕捉设置、材质编辑器、环境和效果等。

新建场景的具体操作步骤如下。

(1) 单击【应用程序】按钮，在弹出的下拉列表中单击【新建】选项右侧的按钮，再在子菜单中选择所需要的场景，或按 Ctrl+N 组合键，打开【新建场景】对话框，如图 2.3 所示。

(2) 指定要保留的对象类型，然后单击【确定】按钮。

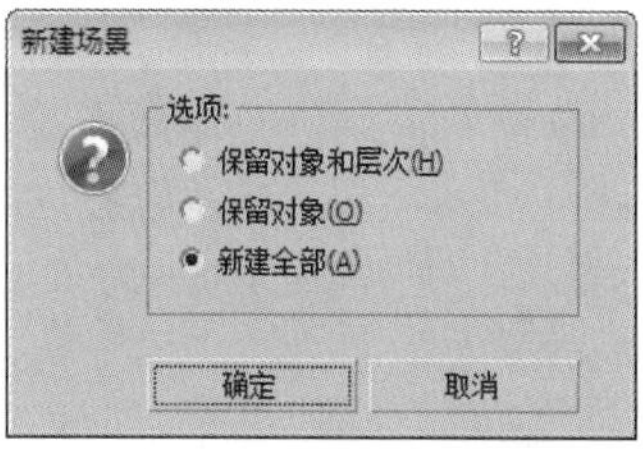

图 2.3　【新建场景】对话框

【新建场景】对话框中各选项的功能说明如下。

- 【保留对象和层次】：保留所有对象以及它们之间的层次连接关系，但是删除所有动画关键点，以便重新制作动画。
- 【保留对象】：保留当前场景中的全部对象，但是删除它们彼此之间的层次连接关系，以及动画关键点。
- 【新建全部】：清除所有对象以便重新开始，该选项为系统默认设置。

2.1.3　重置场景

单击【应用程序】按钮，在弹出的下拉列表中选择【重置】选项，可以清除所有的数据，恢复到系统初始的状态。

如果场景保存后又做了一些改动，则选择【重置】命令后，系统会提示是否保存当前场景，如图 2.4 所示。

图 2.4　提示是否保存更改

2.1.4　保存/另存为文件

【保存】命令同【另存为】命令，在 3ds Max 2014 中都用于对场景文件的保存，但它们在使用和存储方式上又有所不同。

选择【保存】命令，可以将当前场景快速保存，覆盖旧的同名文件，这种保存方法没有提示。如果是新建的场景，第一次使用【保存】命令和【另存为】命令的效果相同，系统都会弹出【文件另存为】对话框进行命名。

而使用【另存为】命令进行场景文件的存储时，可以以一个新的文件名称来存储当前场景，以便不改动旧的场景文件。其具体操作步骤如下。

(1) 单击【应用程序】按钮，在弹出的下拉列表中选择【另存为】选项，再在子菜单中选择【另存为】选项。

(2) 在打开的【文件另存为】对话框中输入所要保存的文件名称，如图 2.5 所示(也可用于第一次保存新文件)。

(3) 单击【保存】按钮进行保存。

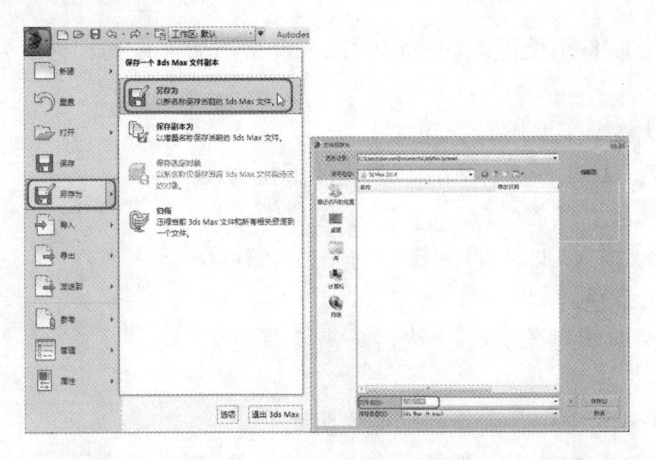

图 2.5 【文件另存为】对话框

注 意

在【文件另存为】对话框的右下方有一个 + 按钮，该按钮为递增按钮。如果直接单击 + 按钮，文件名会以“01”、“02”、“03”…序号自动命名，递增进行存储。

2.1.5 合并文件

在 3ds Max 中经常需要把其他场景中的一个对象加入到当前场景中，这称为合并文件。

单击【应用程序】按钮，在弹出的下拉列表中选择【导入】|【合并】选项，在弹出的【合并文件】对话框中选择要合并的场景文件，单击【打开】按钮，如图 2.6 所示。然后在弹出的【合并】对话框中选择要合并的对象，单击【确定】按钮完成合并，如图 2.7 所示。

图 2.6 【合并文件】对话框

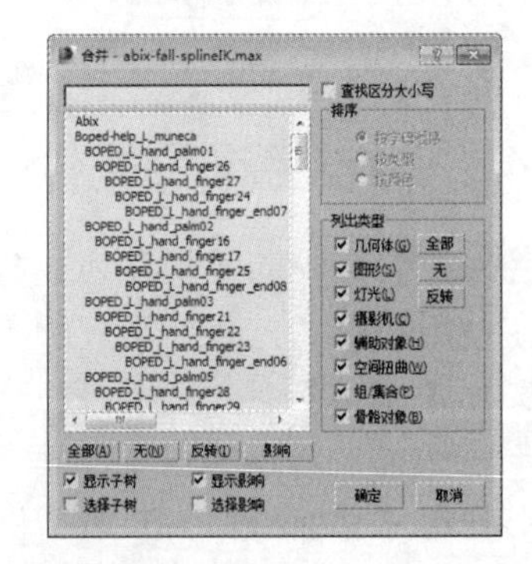

图 2.7 【合并】对话框

注 意

在列表中可以按住 Ctrl 键选择多个对象，也可以按住 Alt 键从选择集中减去对象。

2.1.6 导入与导出文件

要在 3ds Max 中打开非 MAX 类型的文件(如 DWG 格式等)，则需要用到【导入】命令；要把 3ds Max 中的场景保存为非 MAX 类型的文件(如 3DS 格式等)，则需要用到【导

出】命令。它们的操作与打开和文件另存为的操作十分类似，如图 2.8 所示。

在 3ds Max 中，可以导入的文件格式有 3DS、PRJ、AI、DEM、XML、DWG、DXF、FBX、HTR、IGE、IGS、IGES、IPT、IAM、LS、VW、LP、MTL、OBJ、SHP、STL、TRC、WRL、WRZ、XML 等。

在 3ds Max 中，可以导出的文件格式有 3DS、AI、ASE、ATR、BLK、DF、DWF、DWG、DXF、FBX、HTR、IGS、LAY、LP、M3G、MTL、OBJ、STL、VW、W3D、WRL 等。

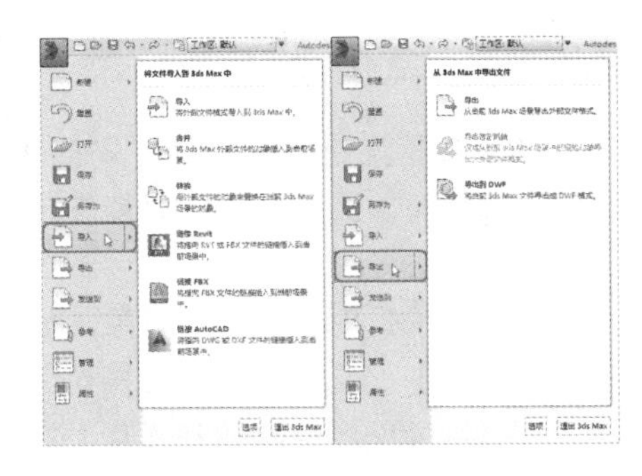

图 2.8　选择【导入】或【导出】命令

2.2　场景中物体的创建

在 3ds Max 2014 中创建一个简单的三维物体可以有多种方式。下面就以最常用的命令面板方式创建一个半径为 90 的半球体对象。

(1) 选择【创建】|【几何体】|【球体】工具。在【顶】视图中单击并拖曳鼠标指针，将其调整至适当位置处释放鼠标，完成几何球体的创建，效果如图 2.9 所示。

(2) 在【参数】卷展栏中将【半径】设置为 85，将【分段】设置为 5，如图 2.10 所示。

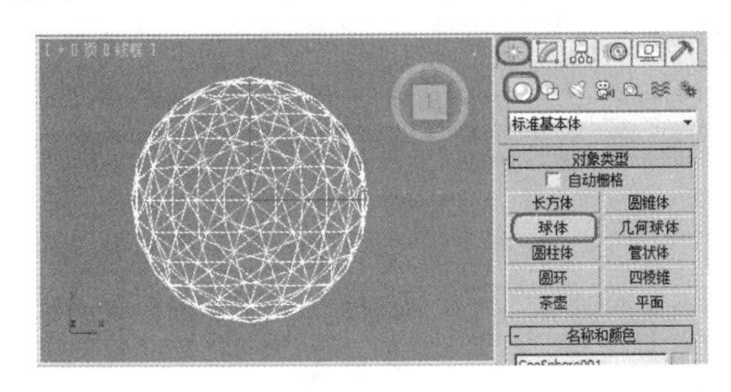

图 2.9　创建球体对象

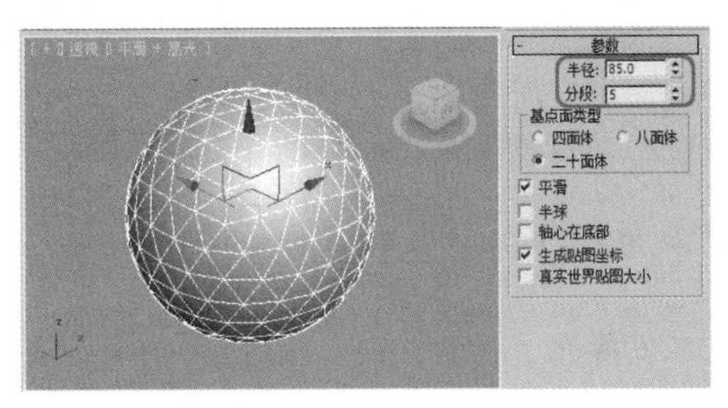

图 2.10　修改球体对象参数

3ds Max 中提供了多种三维模型创建工具。对于基础模型，可以通过【创建】命令面板直接建立几何体和几何图形，包括标准基本体、扩展基本体、样条线等。对于复杂的几何体，可以通过【放样】、【面片】、【曲面】、粒子系统等特殊造型方法以及变动命令面板中的参数进行创建。

2.3　对象的选择

选择对象可以说是 3ds Max 最基本的操作。无论对场景中的任何物体做何种操作、编辑，首先要做的就是选择该对象。为了方便用户，3ds Max 提供了多种对象选择的方式。

2.3.1 单击选择

单击选择就是使用工具栏中的【选择对象】工具，然后通过在视图中单击相应的物体来选择对象。单击一次只能选择一个对象或一组对象，按住 Ctrl 键再单击物体可以连续加入或减去多个对象。

(1) 在场景中创建两个对象，如图 2.11 所示。

(2) 单击工具栏中的【选择对象】工具，激活选择工具。

(3) 将鼠标指针移动到【顶】视图中的球体上，当鼠标指针变为十字形后单击，这样对象就可以被选中，如图 2.12 所示。

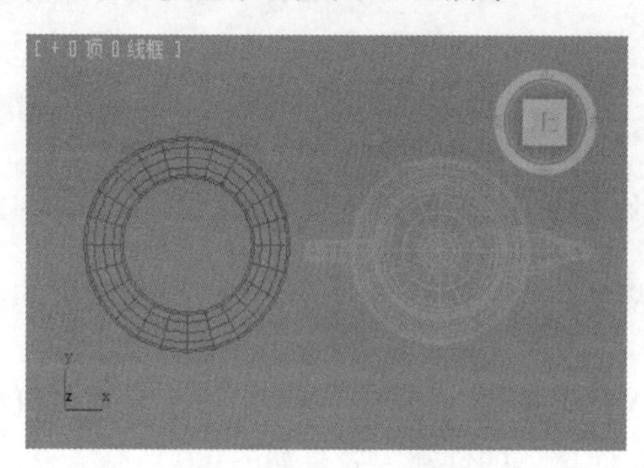

图 2.11 创建对象

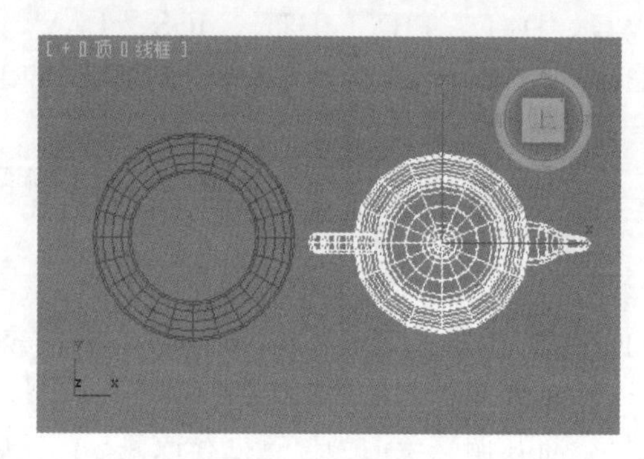

图 2.12 选择对象

技 巧

被选中的物体，在以线框方式显示的视图中以白色框架显示；在以光滑+高光模式显示的视图中，周围显示一个白色的框架。不管被选择对象是什么形状，这种白色的框架都以长方形的形式出现。

2.3.2 按名称选择

在选择工具中有一个非常好的工具，即【按名称选择】工具，选择该工具，会弹出【从场景选择】对话框，如图 2.13 所示。该工具可以通过对象名称进行选择，所以该工具要求对象的名称具有唯一性。这种选择方式快捷准确，通常用于选择复杂场景中的对象。

按键盘上的快捷键 H 也可以打开【从场景选择】对话框。

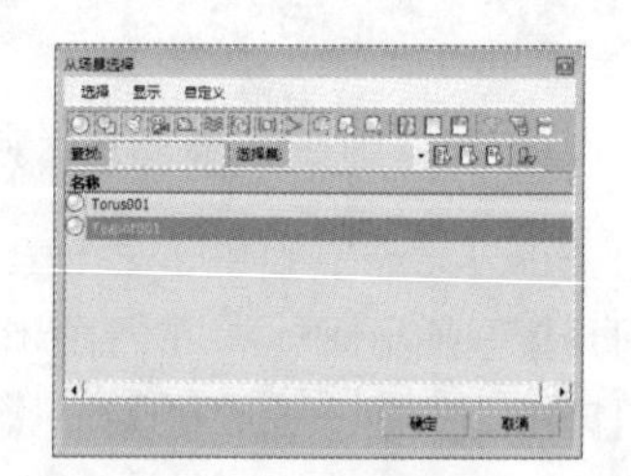

图 2.13 【从场景选择】对话框

2.3.3 工具选择

选择工具分为单选工具和组合选择工具。

(1) 单选工具：【选择对象】。

(2) 组合选择工具：【选择并移动】、【选择并旋转】、【选择并均匀缩放】、【选择并链接】、【断开当前选择链接】等。

2.3.4　区域选择

3ds Max 2014 中提供了 5 种区域选择工具，分别是【矩形选择区域】、【圆形选择区域】、【围栏选择区域】、【套索选择区域】和【绘制选择区域】。其中【套索选择区域】用来创建不规则选区，使用套索工具配合范围选择工具可以非常方便地将要选择的物体从众多交错的物体中选取出来。

2.3.5　范围选择

范围选择有两种，分别是【窗口范围选择】和【交叉范围选择】，通过 3ds Max 状态栏中的按钮可以切换两种选择方式。若选择【交叉范围选择】按钮，则在选择场景中的对象时，对象物体不管是局部还是全部被框选，只要有部分被框选，则整个物体将被选择。若选择【窗口范围选择】按钮，则在选择场景中的对象时，只有完全被框在鼠标指针所拖曳出的虚线框内的对象才能被选取，仅部分被框选的对象不能被选择。

2.4　组

组，顾名思义就是由多个对象组成的集合。成组以后不会对原对象做任何修改，但对组的编辑会影响到组中的每一个对象。成组以后，只要单击组内的任意一个对象，整个组就会被选择，如果想单独对组内对象进行操作，必须先将组暂时打开。组存在的意义就是使用户可以同时对多个对象进行同样的操作。

2.4.1　组的建立

在场景中选择两个以上的对象，然后在菜单栏中选择【组】|【成组】命令，在弹出的对话框中输入组的名称(默认组名为“组 001”，并自动按序递加)，单击【确定】按钮即可。

2.4.2　打开组

若要对组中的对象单独进行编辑则须将组打开。每执行一次【组】|【打开】命令只能打开一级群组。

选择菜单栏中的【组】|【打开】命令时，群组的外框会变成粉红色，这时就可以对其中的对象单独进行修改。移动其中的对象，则粉红色边框会随着变动，表示该物体正处在该组的打开状态中。

2.4.3　关闭组

在菜单栏中选择【组】|【关闭】命令，可将暂时打开的组关闭，回到初始状态。

2.4.4　附加组

先选择一个将要加入的对象(或一个组)，再选择菜单栏中的【组】|【附加】命令，然

后单击要加入的群组中的任何成员都可以把新的对象加入到群组中去。

2.4.5 解组

在菜单栏中选择【组】|【解组】命令，只将当前选择组的最上一级打散。

2.4.6 炸开组

在菜单栏中选择【组】|【炸开】命令，将打散所选择组的所有层级，不再包含任何组。

2.4.7 分离组

在菜单栏中选择【组】|【分离】命令，可将组中个别对象分离出组。

2.5 移动、旋转和缩放物体

在 3ds Max 中，对物体进行编辑修改时最常用到的操作就是移动、旋转和缩放。移动、旋转和缩放物体有 3 种方式。

第一种是直接在主工具栏中选择相应的工具：【选择并移动】、【选择并旋转】和【选择并均匀缩放】，然后在视图区中用鼠标实施拖曳操作。

第二种是通过【编辑】|【变换输入】菜单命令打开变换输入对话框，对对象执行精确的移动、旋转、缩放操作，如图 2.14 所示为【移动变换输入】对话框。

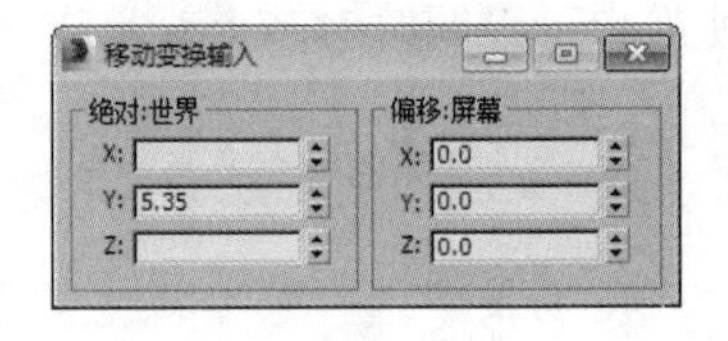

图 2.14 【移动变换输入】对话框

第三种是通过状态行输入调整坐标值，这也是一种方便快捷的精确调整方法，如图 2.15 所示。

图 2.15 中的按钮为相对坐标按钮，单击该按钮可完成相对坐标与绝对坐标的转换，如图 2.16 所示。

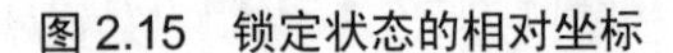

图 2.15 锁定状态的相对坐标

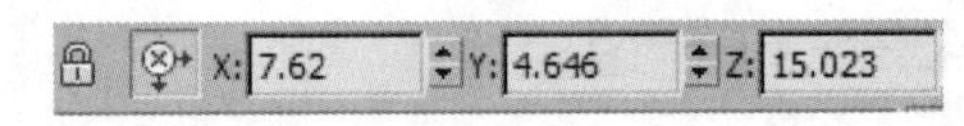

图 2.16 绝对坐标

2.6 坐 标 系 统

如果要灵活地移动、旋转、缩放对象，就要正确地选择坐标系统。在 3ds Max 2014 中提供了 9 种坐标系统可供选择，如图 2.17 所示。

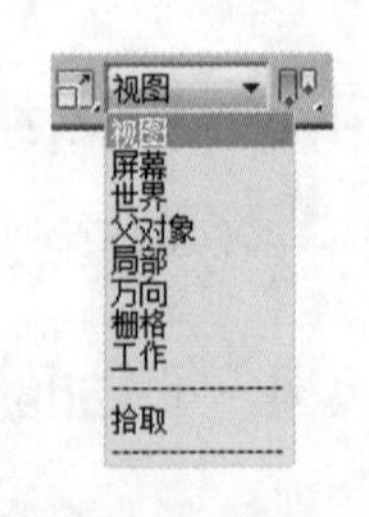

图 2.17 坐标系统

各个坐标系的功能说明如下。

- 【视图】坐标系统：这是默认的坐标系统，也是使用最普遍的坐标系统，实际上它是【世界】坐标系统与【屏幕】坐标系统的结合。在【正视图】中(如顶、前、左等)使用

【屏幕】坐标系统，在【透视】视图中使用【世界】坐标系统。

- 【屏幕】坐标系统：在所有视图中都使用同样的坐标轴向，即 X 轴为水平方向，Y 轴为垂直方向，Z 轴为景深方向，这正是我们所习惯的坐标轴向。它把计算机屏幕作为 X、Y 轴向，计算机内部延伸作为 Z 轴向。
- 【世界】坐标系统：在 3ds Max 中从前方看，X 轴为水平方向，Z 轴为垂直方向，Y 轴为景深方向。这个坐标方向轴在任何视图中都固定不变，以它为坐标系统在任何视图中都可以产生相同的操作效果。
- 【父对象】坐标系统：使用选择物体的父物体的坐标系统，可以使子物体保持与父物体之间的依附关系，在父物体所在的轴向上发生改变。
- 【局部】坐标系统：使用物体自身的坐标轴作为坐标系统。物体自身轴向可以通过【层次】命令面板中的【轴】|【仅影响轴】命令进行调节。
- 【万向】坐标系统：万向坐标系与 Euler XYZ 旋转控制器一同使用。它与【局部】类似，但其三个旋转轴不一定成直角。使用【局部】和【父对象】坐标系围绕一个轴旋转时，会更改两个或三个 Euler XYZ 轨迹。【万向】坐标系可避免这个问题：围绕一个轴的 Euler XYZ 旋转仅更改该轴的轨迹。这使得功能曲线编辑更为便捷。此外，利用【万向】坐标的绝对变换输入会将相同的 Euler 角度值用作动画轨迹(按照坐标系要求，与相对于【世界】或【父对象】坐标系的 Euler 角度相对应)。对于移动和缩放变换，【万向】坐标与【父对象】坐标相同。如果没有为对象指定 Euler XYZ 旋转控制器，则【万向】旋转与【父对象】旋转相同。Euler XYZ 控制器也可以是“列表控制器”中的活动控制器。
- 【栅格】坐标系统：以栅格物体的自身坐标轴作为坐标系统，栅格物体主要用来辅助制作。
- 【工作】坐标系统：使用工作轴坐标系。您可以随时使用坐标系，无论工作轴处于活动状态与否。工作轴启用时，即为默认的坐标系。
- 【拾取】坐标系统：选择屏幕中的任意一个对象，以它的自身坐标系统作为当前坐标系统。这是一种非常有用的坐标系统，例如要将一个球体沿一块倾斜的木板滑下，就可以拾取木板的坐标系统作为球体移动的坐标依据。

2.7　控制并调整视图

使用视图控制区中的工具可以控制并调整视图。

2.7.1　视图控制工具

在屏幕右下角有 8 个图形按钮，它们是当前激活视图的控制工具，实施各种视图的显示方式，根据视图种类的不同，相应的控制工具也会有所不同，如图 2.18 所示。

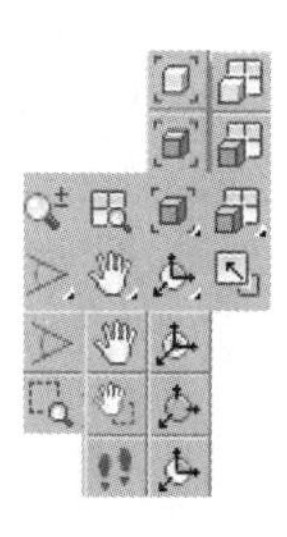

图 2.18　当前激活视图的控制工具

- 【缩放】按钮：在任意视图中单击并上下拖曳可拉近或推远视景。

- 【缩放所有视图】按钮：单击并上下拖曳，同时在所有标准视图内进行缩放显示。
- 【最大化显示】按钮：将所有物体以最大化的方式显示在当前激活视图中。
- 【最大化显示选定对象】按钮：将所选择的物体以最大化的方式显示在当前激活视图中。
- 【所有视图最大化显示】按钮：将所有视图以最大化的方式显示在全部标准视图中。
- 【所有视图最大化显示选定对象】按钮：将所选择的物体以最大化的方式显示在全部标准视图中。
- 【最大化视口切换】按钮：将当前激活视图切换为全屏显示，快捷键为 Alt+W。
- 【环绕】按钮：将视图中心用作旋转中心。如果对象靠近视图的边缘，它们可能会旋出视图范围。
- 【选定的环绕】按钮：将当前选择对象的中心用作旋转的中心。当视图围绕其中心旋转时，选定对象将保持在视图中的同一位置上。
- 【环绕子对象】按钮：将当前选定子对象的中心用作旋转的中心。当视图围绕其中心旋转时，当前选择子对象将保持在视图中的同一位置上。
- 【平移视图】按钮：单击并四处拖曳，可以进行平移观察，配合 Ctrl 键可以加速平移，快捷键为 Ctrl+P。
- 【穿行】按钮：使用穿行导航，可通过箭头方向键移动视图，正如在众多视频游戏中的 3D 世界中导航一样。该特性用于透视和摄影机视图，不可用于正交视图或聚光灯视图。
- 【视野】按钮：调整视图中可见的场景数量和透视张角量。
- 【缩放区域】按钮：在视图中框选局部区域，将它放大显示，快捷键为 Ctrl+W。

2.7.2 视图的布局转换

在默认状态下，3ds Max 使用 3 个正交视图和 1 个透视图来显示场景中的物体。

其实 3ds Max 共提供了 14 种视图配置方案，可以按照自己的需要来任意配置各个视图。在菜单栏中选择【视图】|【视口配置】命令，在弹出的【视口配置】对话框中切换到【布局】选项卡进行设置，如图 2.19 所示。

在 3ds Max 中，视图类型除默认的【顶】视图、【前】视图、【左】视图、【透视】视图外，还可以根据用户需求创建其他类型的视图，如：【底】视图、【摄影机】视图、【后】视图等十余种视图类型，如图 2.20 所示。

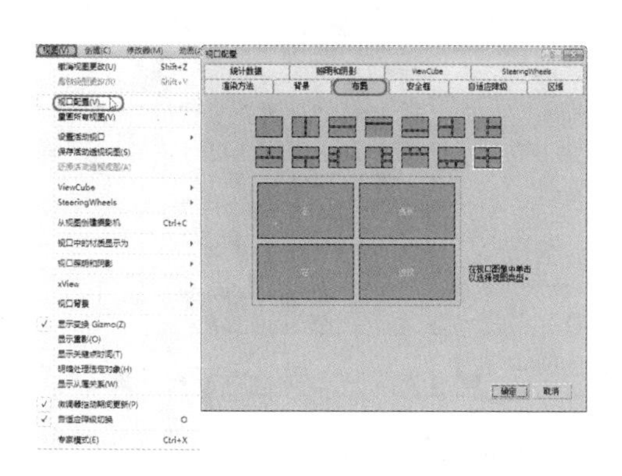

图 2.19　【视口配置】对话框

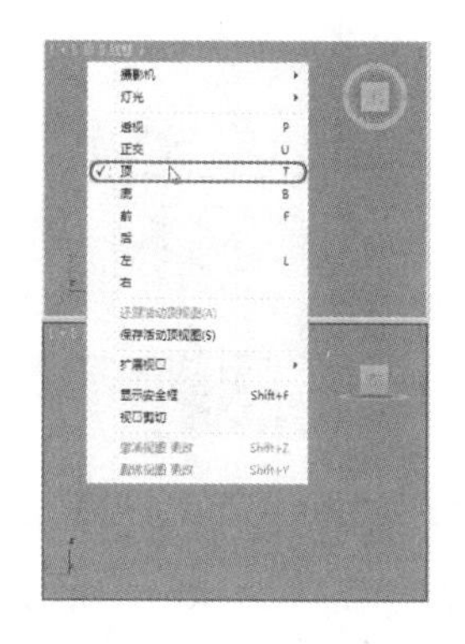

图 2.20　视图类型

2.7.3　视图显示模式的控制

在系统默认设置下，【顶】、【前】和【左】3个正交视图采用【线框】显示模式，透视图则采用【平滑+高光】的显示模式。【平滑+高光】模式显示的效果逼真，但刷新速度慢，【线框】模式只能显示物体的线框轮廓，但刷新速度快，可以加快计算机的处理速度，特别是当处理大型、复杂的效果图时，应尽量使用线框模式。只有当需要观看最终效果时，才将【平滑+高光】模式打开。

此外，3ds Max 2014 还提供了其他几种视图显示模式。单击视图左上角的显示模式，可以看到在弹出的下拉菜单中提供的显示模式，如图 2.21 所示。

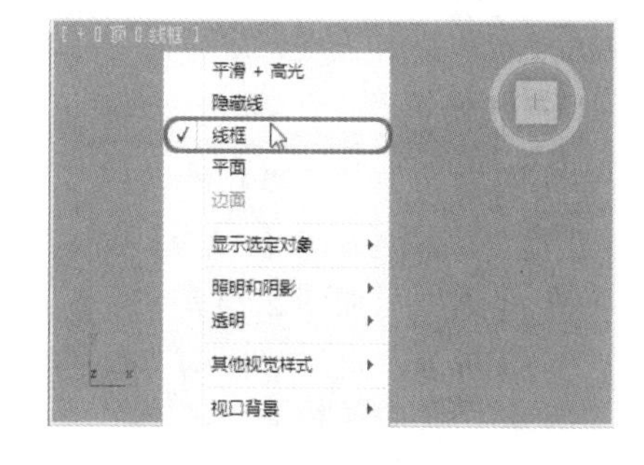

图 2.21　视图显示模式

2.8　复 制 物 体

在制作一些大型场景的过程中，有时会用到大量相同的物体，这就需要对一个物体进行复制，在 3ds Max 中复制物体的方法有许多种，下面分别进行介绍。

2.8.1　最基本的复制方法

选择所要复制的一个或多个物体，在菜单栏中选择【编辑】|【克隆】命令，打开【克隆选项】对话框，在该对话框中选择对象的复制方式，如图 2.22 所示。

按住 Shift 键，使用【选择并移动】工具拖曳物体也可对物体进行复制，如图 2.23 所示。

【克隆选项】对话框中各选项的功能介绍如下。

- 【复制】：将当前对象在原位置复制一份，快捷键为 Ctrl+V。
- 【实例】：复制物体与原物体相互关联，改变一个物体时另一个物体也会发生同样的改变。

图 2.22　执行【克隆】命令

图 2.23　【克隆选项】对话框

- 【参考】：以原始物体为模板，产生单向的关联复制品，改变原始物体时参考物体同时会发生改变，但改变参考物体时不会影响原始物体。
- 【副本数】：指定复制的个数并且按照所指定的坐标轴向进行等距离复制。

2.8.2　镜像复制

使用镜像复制可以方便地制作出物体的克隆效果。在场景中使用镜像命令在一个对象的对面复制出了另一个对象。

使用【镜像】工具可以移动一个或多个对象沿着指定的坐标轴镜像到另一个方向，同时也可以产生具备多种特性的复制对象。选择要进行镜像复制的对象，接着选择菜单栏中的【工具】|【镜像】命令，或者在工具栏中选择【镜像】工具，打开【镜像：世界 坐标】对话框，如图 2.24 所示。

【镜像：世界 坐标】对话框中各选项的功能介绍如下。

- 【镜像轴】：提供了 6 种对称轴用于镜像，每当进行选择时，视图中的选择对象就会显示出镜像效果。
- 【偏移】：指定镜像对象与原对象之间的距离，距离值是通过两个对象的轴心点进行计算的，若在偏移的文本框输入 50，即可进行偏移，如图 2.25 所示。

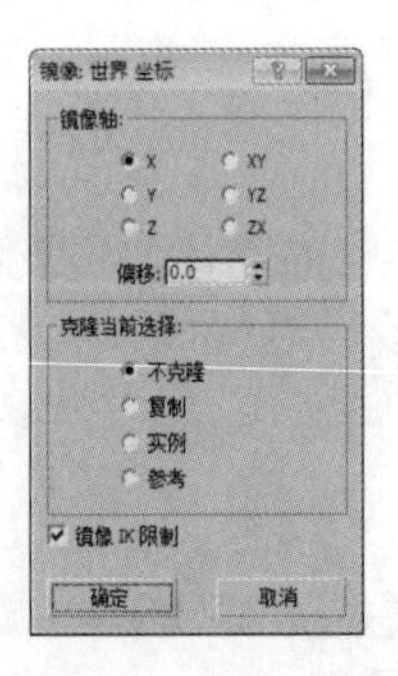

图 2.24　【镜像：世界 坐标】对话框

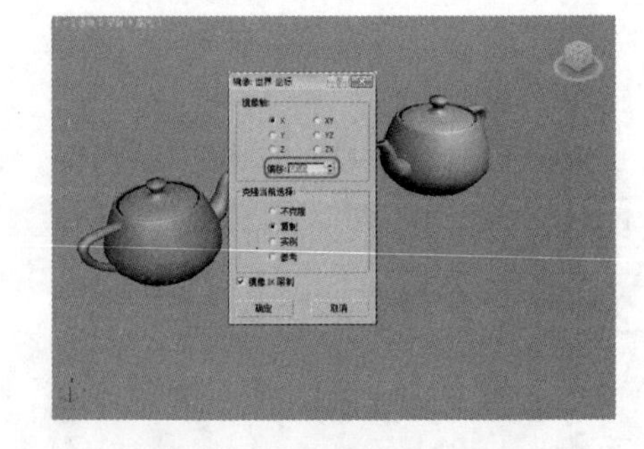

图 2.25　调整参数复制模型

- 【克隆当前选择】：确定是否复制以及复制的方式。
  - ◆ 【不克隆】：只镜像对象，不进行复制。
  - ◆ 【复制】：复制一个新的镜像对象。
  - ◆ 【实例】：复制一个新的镜像对象，并指定为关联属性，如果改变复制对象则对原始对象也产生作用。

◆ 【参考】：复制一个新的镜像对象，并指定为参考属性。

- 【镜像 IK 限制】：勾选该复选框，可以连同几何体一起对 IK 约束进行镜像。IK 所使用的末端效应器不受镜像工具的影响。所以想要镜像完整的 IK 层级的话，需要先在运动命令面板下的 IK 控制参数卷展栏中删除末端效应器。镜像完成之后再在相同的面板中建立新的末端效应器。

2.9　阵 列 工 具

使用【阵列】工具可以大量有序地复制对象，控制产生一维、二维、三维的阵列复制。如图 2.26 所示为使用【阵列】工具制作的分子模型。

选择要进行阵列复制的对象，然后选择菜单栏中的【工具】|【阵列】命令，即可打开【阵列】对话框，如图 2.27 所示。【阵列】对话框中各项的功能介绍如下。

- 【阵列变换】：用来设置在 1D 阵列中，3 种类型阵列的变量值，包括位置、角度和比例。左侧为增量计算方式，要求设置增量数量；右侧为总计计算方式，要求设置最后的总数量。如果想在 X 轴方向上创建间隔为 10 个单位一行的对象，就可以在【增量】下面的【移动】前面的 X 文本框中输入 10。如果想在 X 轴方向上创建总长度为 10 的一行对象，则在【总计】下面的【移动】右侧的 X 文本框中输入 10。

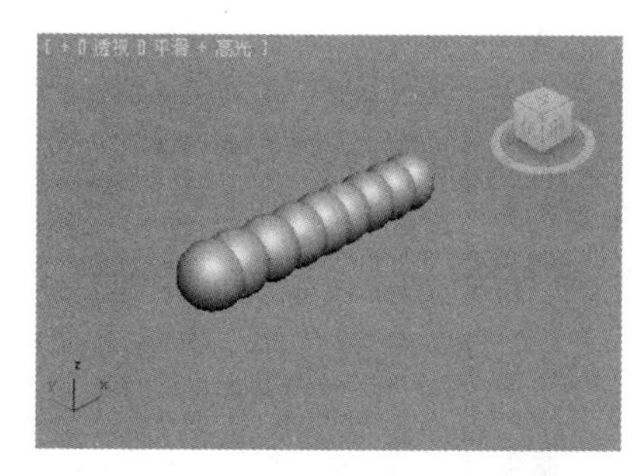

图 2.26　【阵列】工具制作的分子模型

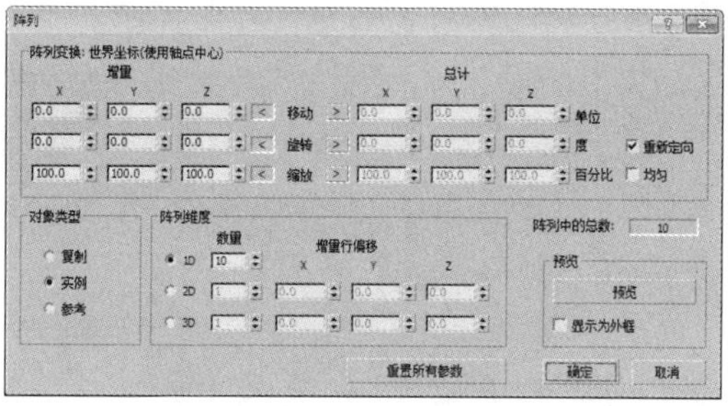

图 2.27　【阵列】对话框

◆ 【移动】：分别设置在 3 个轴向上的偏移值。

◆ 【旋转】：分别设置沿 3 个轴向旋转的角度值。

◆ 【缩放】：分别设置在 3 个轴向上缩放的百分比例。

◆ 【重新定向】：在以世界坐标轴旋转复制原对象时，同时也对新产生的对象沿其自身的坐标系进行旋转定向，使其在旋转轨迹上总保持相同的角度，否则所有的复制对象都与原对象保持相同的方向。

◆ 【均匀】：勾选该复选框后，在【增量】下的【缩放】文本框中，只有 X 文本框中允许输入参数，这样可以锁定对象的比例，使对象只发生体积的变化，而不产生变形。

- 【对象类型】：设置产生的阵列复制对象的属性。

◆ 【复制】：标准复制属性。

◆ 【实例】：产生关联复制对象，与原对象息息相关。

- ◆ 【参考】：产生参考复制对象。
- 【阵列维度】：增加另外两个维度的阵列设置，这两个维度依次对前一个维度产生作用。
  - ◆ 1D：设置第一次阵列产生的对象总数。
  - ◆ 2D：设置第二次阵列产生的对象总数，右侧 X、Y、Z 用来设置新的偏移值。
  - ◆ 3D：设置第三次阵列产生的对象总数，右侧 X、Y、Z 用来设置新的偏移值。
- 【阵列中的总数】：设置最后阵列结果产生的对象总数目，即 1D、2D、3D 3 个【数量】值的乘积。
- 【重置所有参数】：将所有参数还原为默认设置。

2.10 对 齐 工 具

【对齐】工具就是通过移动操作使物体自动与其他对象对齐，所以它在物体之间并没有建立特殊关系。

在【顶】视图中创建一个球体和一个圆环，选择球体，在工具栏中单击【对齐】按钮 ，然后在【顶】视图中选择圆环对象，打开【对齐当前选择(Torus001)】对话框，并使球体在圆环的中间，参数设置如图 2.28 所示。

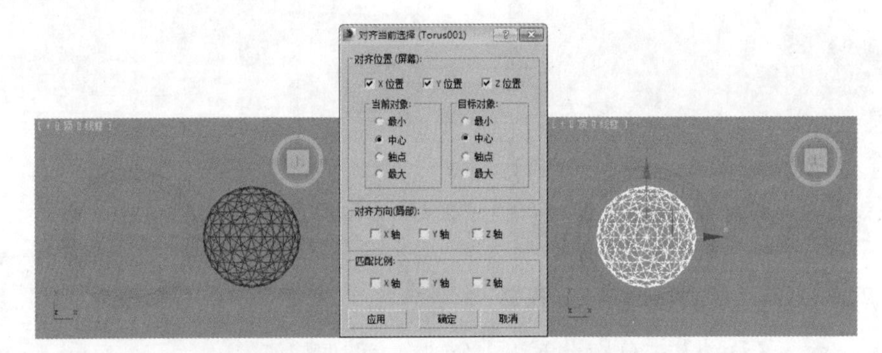

图 2.28 【对齐当前选择(Torus001)】对话框

【对齐当前选择】对话框中各选项的功能介绍如下。

- 【对齐位置(屏幕)】：根据当前的参考坐标系来确定对齐的方式。
  - ◆ X 位置/Y 位置/Z 位置：指定位置对齐依据的轴向，可以单方向对齐，也可以多方向对齐。
  - ◆ 【当前对象】/【目标对象】：分别用于当前对象与目标对象对齐的设置。
  - ◆ 【最小】：以对象表面最靠近另一对象选择点的方式进行对齐。
  - ◆ 【中心】：以对象的中心点与另一对象的选择点进行对齐。
  - ◆ 【轴点】：以对象的轴心点与另一对象的选择点进行对齐。
  - ◆ 【最大】：以对象表面最远离另一对象选择点的方式进行对齐。
- 【对齐方向(局部)】：特殊指定方向对齐依据的轴向，方向的对齐是根据对象自身坐标系完成的，3 个轴向可以任意选择。

- 【匹配比例】：将目标对象的缩放比例沿指定的坐标轴施加到当前对象上。要求目标对象已经进行了缩放修改，系统会记录缩放的比例，将比例值应用到当前对象上。

2.11　捕 捉 工 具

3ds Max 为我们提供了更加精确地创建和放置对象的工具——捕捉工具，即根据栅格和物体的特点放置光标的一种工具，使用捕捉可以精确地将光标放置到任意地方。下面就来介绍 3ds Max 的各种捕捉工具。

2.11.1　栅格和捕捉设置

只要在工具栏中右击按钮中的任意一个，就可以调出【栅格和捕捉设置】对话框，如图 2.29 所示。

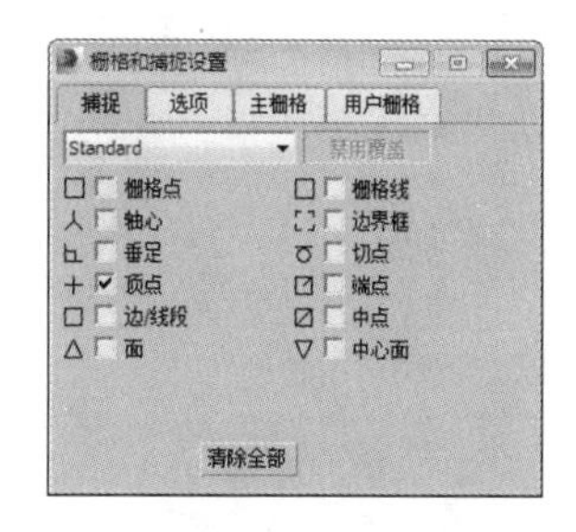

图 2.29　【栅格和捕捉设置】对话框

对于栅格和捕捉设置，可以从【捕捉】、【选项】、【主栅格】和【用户栅格】4 个方面进行设置。

依据造型方式可将捕捉类型分成 Standard 标准类型、Body Snaps 类型和 NURBS 捕捉类型。下面将对常用的 Standard 标准类型和 NURBS 捕捉类型进行介绍。

- Standard 标准类型(如图 2.29 所示)。
  - 【栅格点】：捕捉栅格的交点。
  - 【轴心】：捕捉物体的轴心点。
  - 【垂足】：在视图中绘制曲线的时候，捕捉与上一次垂直的点。
  - 【顶点】：捕捉网格物体或可编辑网格物体的顶点。
  - 【边/线段】：捕捉物体边界或边界上的点。
  - 【面】：捕捉某一面正面的点，背面无法进行捕捉。
  - 【栅格线】：捕捉栅格线上的点。
  - 【边界框】：捕捉物体边界框的 8 个角。
  - 【切点】：捕捉样条曲线上相切的点。
  - 【端点】：捕捉样条曲线或物体边界的端点。
  - 【中点】：捕捉样条曲线或物体边界的中点。
  - 【中心面】：捕捉三角形面的中心。
- NURBS 捕捉类型。

  NURBS 是一种曲面建模系统，对于它的捕捉类型，如图 2.30 所示。
  - CV：捕捉 NURBS 曲线或曲面的 CV 次物体。
  - 【曲线中心】：捕捉 NURBS 曲线的中心点。

◆ 【曲线切线】：捕捉 NURBS 曲线相切的切点。
◆ 【曲线端点】：捕捉 NURBS 曲线的端点。
◆ 【曲面法线】：捕捉 NURBS 曲面法线的点。
◆ 【点】：捕捉 NURBS 次物体的点。
◆ 【曲线法线】：捕捉 NURBS 曲线法线的点。
◆ 【曲线边】：捕捉 NURBS 曲线的边界。
◆ 【曲面中心】：捕捉 NURBS 曲面的中心点。
◆ 【曲面边】：捕捉 NURBS 曲面的边界。

【选项】选项卡用来设置捕捉的强度、范围等项目，如图 2.31 所示。【选项】选项卡中各选项的功能介绍如下。

- 【显示】：控制在捕捉时是否显示指示光标。

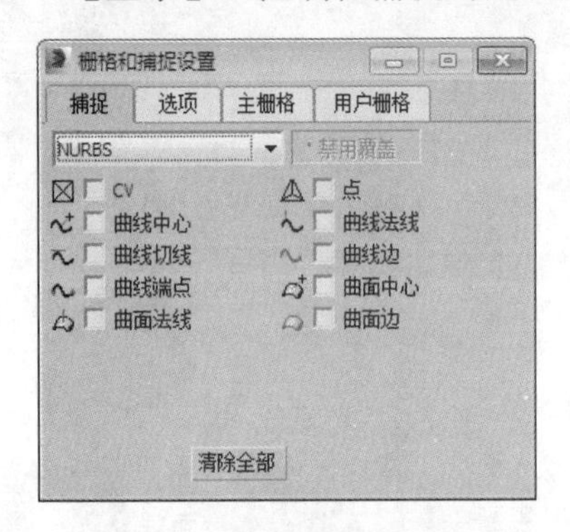

图 2.30　NURBS 捕捉类型

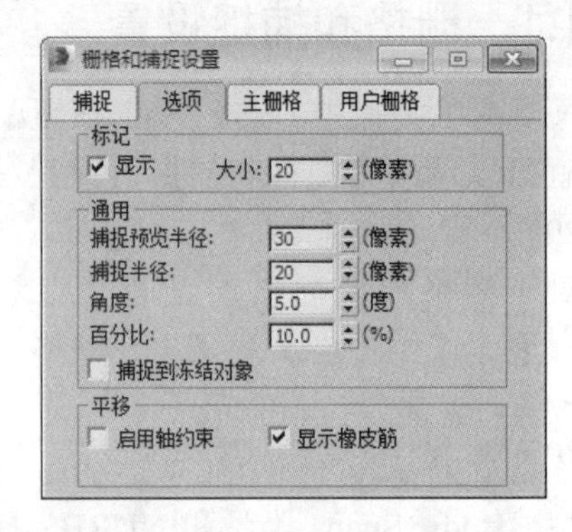

图 2.31　【选项】选项卡

- 【大小】：设置捕捉光标的尺寸大小。
- 【捕捉预览半径】：当光标与潜在捕捉到的点的距离在【捕捉预览半径】值和【捕捉半径】值之间时，捕捉标记跳到最近的潜在捕捉到的点，但不发生捕捉。默认设置是 30。
- 【捕捉半径】：设置捕捉光标的捕捉范围，值越大越灵敏。
- 【角度】：用来设置旋转时递增的角度。
- 【百分比】：用来设置放缩时递增的百分比。
- 【捕捉到冻结对象】：勾选该复选框后，将启用捕捉到冻结对象。默认设置为禁用状态。
- 【启用轴约束】：将选择的物体沿着指定的坐标轴向移动。
- 【显示橡皮筋】：当勾选此复选框并且移动一个对象时，在原始位置和鼠标位置之间显示橡皮筋线。

【主栅格】选项卡用来控制主栅格的特性，如图 2.32 所示。【主栅格】选项卡中各选项的功能介绍如下。

- 【栅格间距】：设置主栅格两根线之间的距离，以内部单位计算。
- 【每 N 条栅格线有一条主线】：栅格线有粗细之分，这里是设置每两根粗线之间有多少个细线。
- 【透视视图栅格范围】：设置透视图中粗线格所包含的细线格数量。

- 【禁止低于栅格间距的栅格细分】：勾选时，在对视图放大或缩小时，栅格不会自动细分。取消勾选时，在对视图放大或缩小时栅格会自动细分。
- 【禁止透视视图栅格调整大小】：勾选时，在对透视图放大或缩小时，栅格数保持不变。取消勾选时，栅格会根据透视图的变化而变化。
- 【活动视口】：改变栅格设置时，仅对激活的视图进行更新。
- 【所有视口】：改变栅格设置时，所有视图都会更新栅格显示。

【用户栅格】选项卡用来控制用户创建的辅助栅格对象，如图 2.33 所示。【用户栅格】选项卡中各选项的功能介绍如下。

- 【创建栅格时将其激活】：勾选此复选框，用户栅格在创建时就处于激活状态。
- 【世界空间】：设定物体创建时自动与世界空间坐标系统对齐。
- 【对象空间】：设定物体创建时自动与物体空间坐标系统对齐。

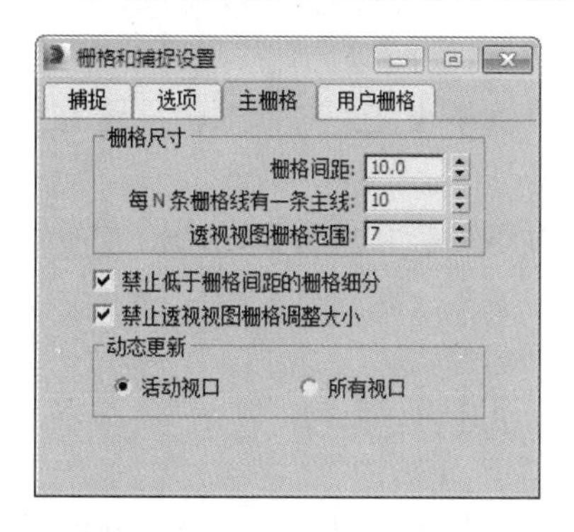

图 2.32　【主栅格】选项卡

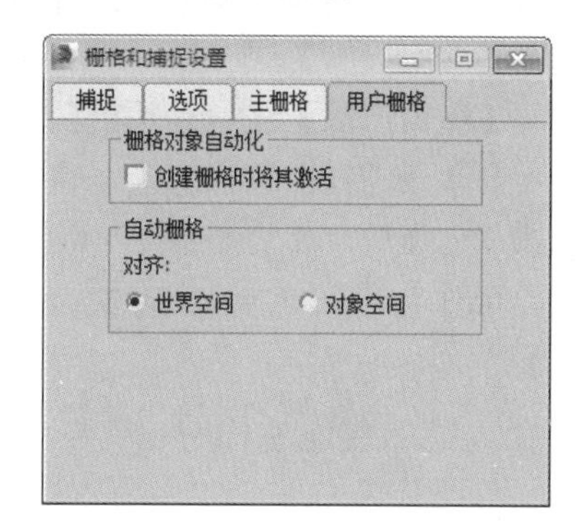

图 2.33　【用户栅格】选项卡

2.11.2　空间捕捉

3ds Max 为我们提供了 3 种空间捕捉的类型(2D、2.5D 和 3D)。使用空间捕捉可以精确地创建和移动对象。当用空间捕捉移动对象时，被移动的对象是移动到当前栅格上还是相对于初始位置按捕捉增量移动，就由捕捉的方式来决定了。

例如，只勾选【栅格点】复选框捕捉移动对象时，对象将相对于初始位置按设置的捕捉增量移动；如果将【栅格点】捕捉和【顶点】捕捉复选框都勾选后再移动对象，则对象将移动到当前栅格上或者场景中的对象的点上。

2.11.3　角度捕捉

【角度捕捉切换】主要用于精确地旋转物体和视图，可以在【栅格和捕捉设置】对话框中进行设置，其中的【选项】选项卡中的【角度】参数用于设置旋转时递增的角度，系统默认值为 5。

在不启用角度捕捉功能的情况下，在视图中旋转物体时，系统会以 0.5° 作为旋转时递增的角度。在大多数情况下，在视图中旋转物体时，系统旋转的度数为 30° 、45° 、60° 、90° 或 180° 等整数，激活角度捕捉功能可以为精确旋转物体提供方便。

2.11.4　百分比捕捉

【百分比捕捉切换】用于设置放缩或挤压操作时的百分比例间隔，在不启用百分比捕捉功能的情况下，进行缩放或挤压物体时系统将按默认的 1%的比例作为缩放的比例间隔。如果打开百分比捕捉，将以系统默认的 10%的比例进行变化。当然也可以打开【栅格和捕捉设置】对话框，利用【选项】选项卡内的【百分比】参数设置百分比捕捉。

2.12　渲染场景

在 3ds Max 中，可以通过选择菜单栏中的【渲染】|【渲染】命令开始渲染，或者是单击与渲染相关的两个按钮之一：【渲染设置】和【渲染产品】。

- 【渲染设置】：单击该按钮可以打开【渲染设置】对话框，设置渲染参数。
- 【渲染产品】：使用渲染产品可以按照【渲染设置】对话框中设置的参数对当前激活的视图进行渲染，执行起来比较方便。

当按 F9 键时，可以按照上一次的渲染设置进行渲染，它不会在意当前激活的是哪一个视图，这对于场景测试非常方便。

2.13　上机实践——制作扇子

下面介绍扇子的制作方法。扇子是由扇面、扇骨还有扇钉组成的。下面通过对创建的长方体进行阵列，创建扇骨，其效果如图 2.34 所示。

(1) 打开随书附带光盘中的 CDROM\ScenesCha02\扇子.max 场景文件，如图 2.35 所示。

图 2.34　完成后的效果

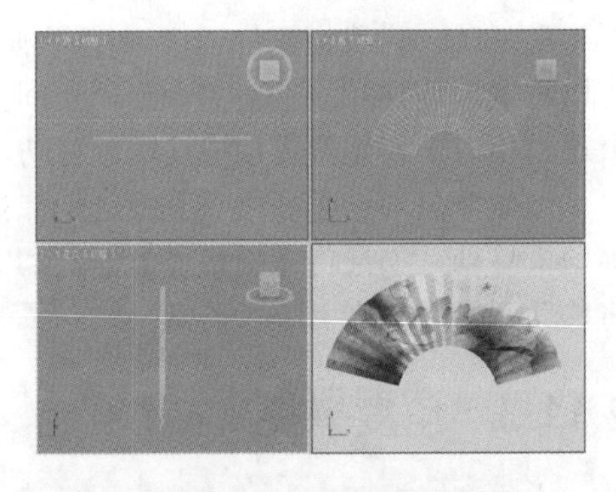

图 2.35　打开的场景文件

(2) 选择【创建】|【几何体】|【长方体】工具，在场景中创建一个【长度】、【宽度】、【高度】分别为 300、12、1 的长方体，并将其重命名为“扇骨 01”，如图 2.36 所示。

(3) 在场景中选择创建的“扇骨 01”对象并右击，在弹出的快捷菜单中选择【转换为可编辑多边形】命令，将其转换为可编辑多边形，将当前选择集定义为【顶点】，在场景中选择如图 2.37 所示的顶点。

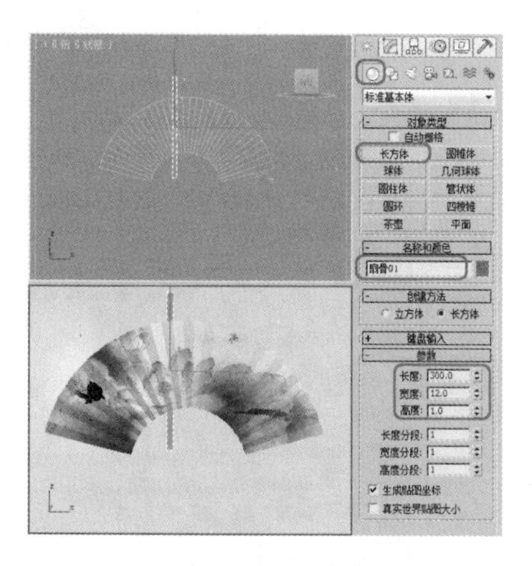

图 2.36　创建长方体

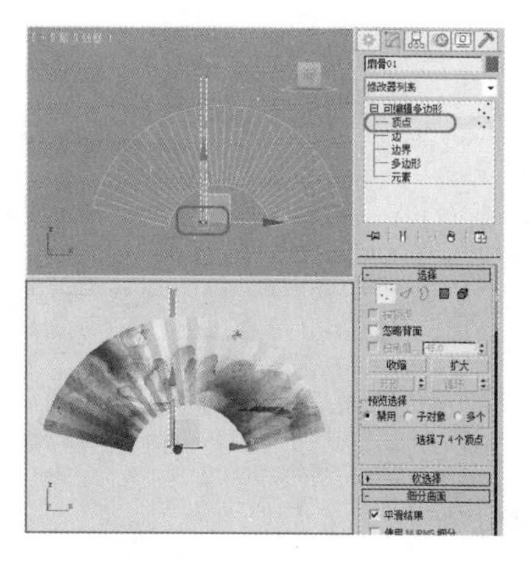

图 2.37　选择顶点

(4) 在工具箱中选择【选择并缩放】工具，在场景中对选择的顶点进行缩放，效果如图 2.38 所示。

(5) 退出当前选择集，在工具箱中选择【选择并旋转】工具，将“扇骨 01”旋转一定的角度，并将其调整至合适的位置，完成后的效果如图 2.39 所示。

图 2.38　缩放顶点

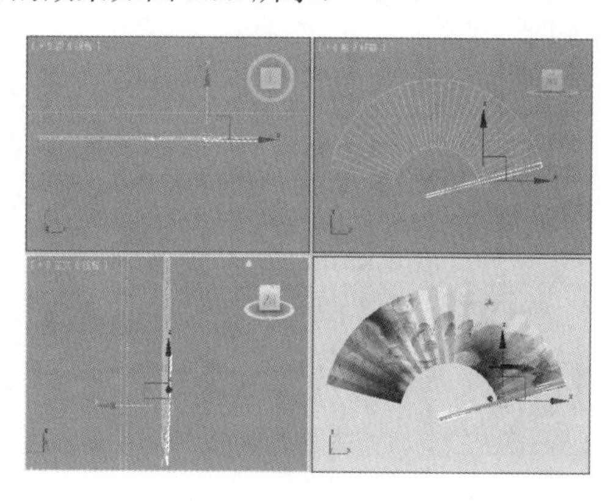

图 2.39　调整扇骨 01 对象

(6) 选择【创建】|【图形】|【线】工具，在场景中绘制一条直线，并将其调整至合适的位置，如图 2.40 所示。

(7) 选择创建的线，在工具箱中选择【镜像】工具，在弹出的【镜像：屏幕 坐标】对话框中选中【镜像轴】选项组中的 X 单选按钮，在【克隆当前选择】选项组中选中【复制】单选按钮，如图 2.41 所示。

(8) 设置完成后单击【确定】按钮，将复制后的线调整至合适的位置，如图 2.42 所示。

(9) 选择“扇骨 01”对象，切换至【层次】面板，在【调整轴】卷展栏中单击【仅影响轴】按钮，在视图中将轴中心调整至合适的位置，如图 2.43 所示。

(10) 退出【层次】面板，确认【前】视图处于选择的状态下，在菜单栏中选择【工具】|【阵列】命令，打开【阵列】对话框，在【阵列变换】选项组中，将【增量】中移动 Z 轴设置为-2.5，旋转 Z 轴设置为 10，在【对象类型】选项组中选中【实例】单选按钮，在【阵列维度】选项组中将 1D 数量设置为 16，如图 2.44 所示。

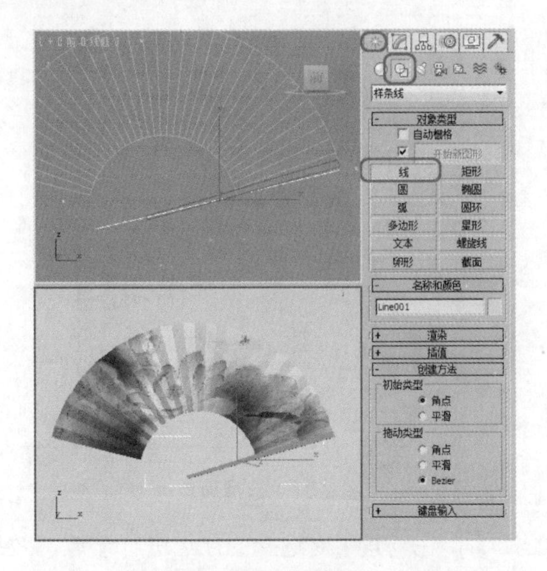

图 2.40　创建线

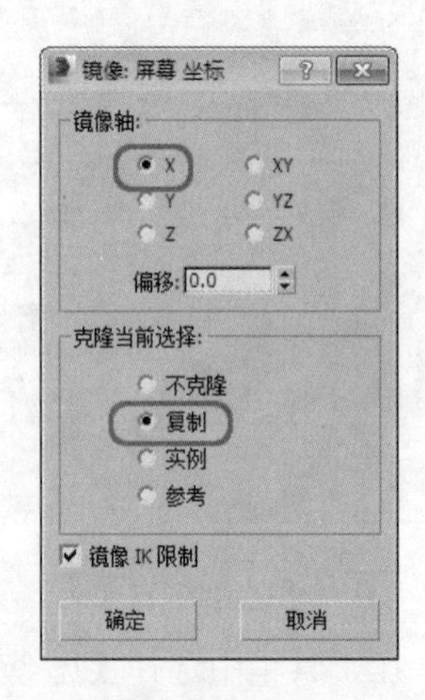

图 2.41　【镜像：屏幕 坐标】对话框

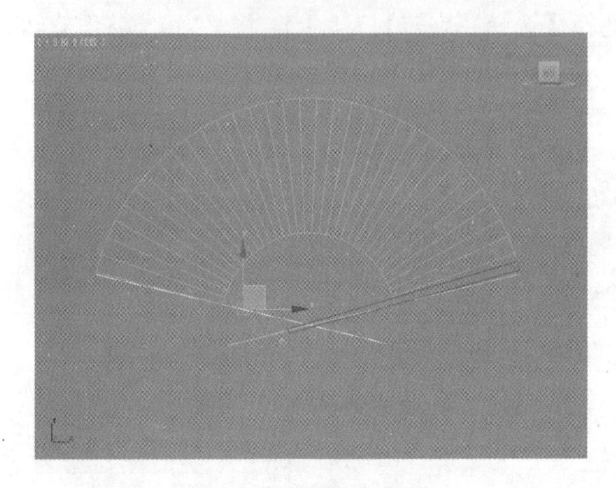

图 2.42　调整线的位置

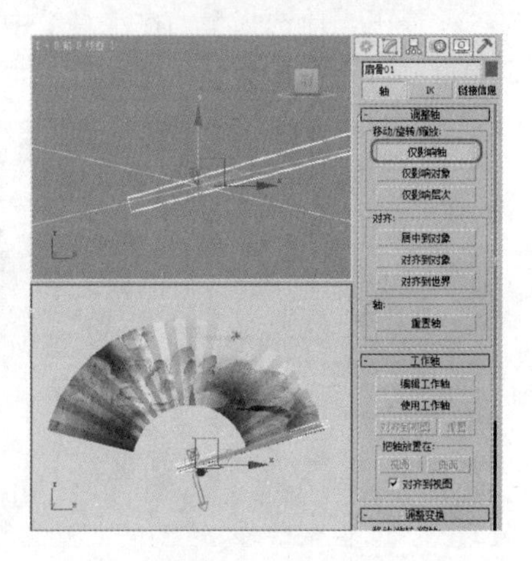

图 2.43　调整轴

(11) 设置完成后单击【确定】按钮，完成后的效果如图 2.45 所示。

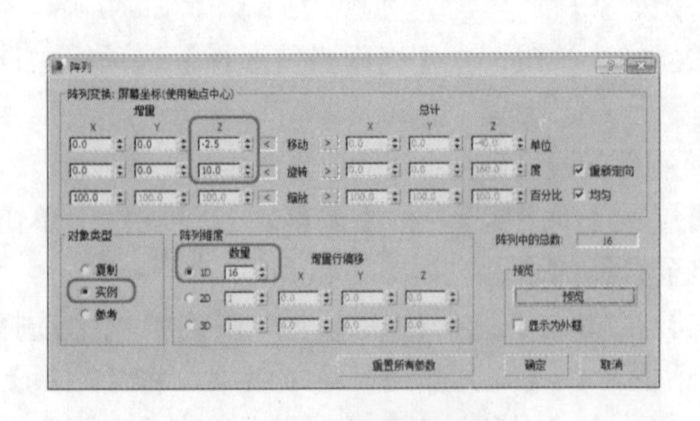

图 2.44　设置阵列参数

图 2.45　完成后的效果

(12) 选择扇面，使用【选择并旋转】工具将其旋转一定的角度，然后使用选择工具将其调整至合适的位置，并调整扇骨的位置，完成后的效果如图 2.46 所示。

(13) 在工具箱中选择【创建】|【几何体】|【圆柱体】工具，在【前】视图中创建一个【半径】为 2.8、【高度】为 44 的圆柱体，并将其调整至合适的位置，如图 2.47 所示。将该对象的颜色设置为白色。

图 2.46　完成后的效果

图 2.47　创建圆柱体

(14) 创建完成后打开【材质编辑器】，为场景中的对象指定材质，如图 2.48 所示。

(15) 选择【创建】|【灯光】|【标准】|【泛光】工具，在场景中创建一个泛光灯，将其调整至合适的位置，展开【强度/颜色/衰减】卷展栏，将其【倍增】设置为 0.2，如图 2.49 所示。并在视图中调整天光的位置。

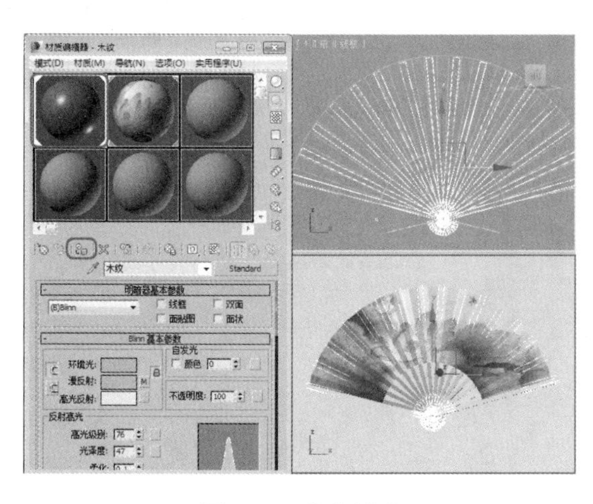

图 2.48　指定材质

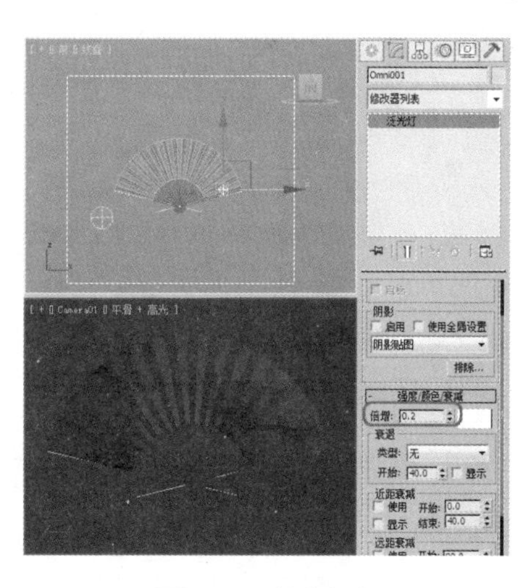

图 2.49　创建灯光

(16) 扇子场景制作完毕，保存场景，按 F9 键预览效果即可。

2.14 思考与练习

1. 保存与另存为的不同是什么？
2. 移动、旋转和缩放物体有几种方式？分别是什么？
3. 3ds Max 什么工具为我们提供了更加精确的创建和放置对象的工具？

第 3 章　二维图形的创建与编辑

二维图形是指由一条或多条样条线构成的平面图形，或由两个及两个以上节点构成的线/段所组成的组合体。二维图形建模是三维造型的一个重要基础。本章将详细为大家介绍二维图形的创建与编辑。

3.1　二维建模的意义

二维图形是建立三维模型的一个重要基础，它在制作中有以下用途。

(1) 作为平面和线条物体：对于封闭的图形，加入网格物体编辑修改器，可以将它变为无厚度的薄片物体，用做地面、文字图案、广告牌等，也可以对它进行点面的加工，产生曲面造型；并且在设置相应的参数后，这些图形也可以渲染。例如，以一卵形作为截面，可以产生带厚度的实体，并且可以指定贴图坐标，如图 3.1 所示。

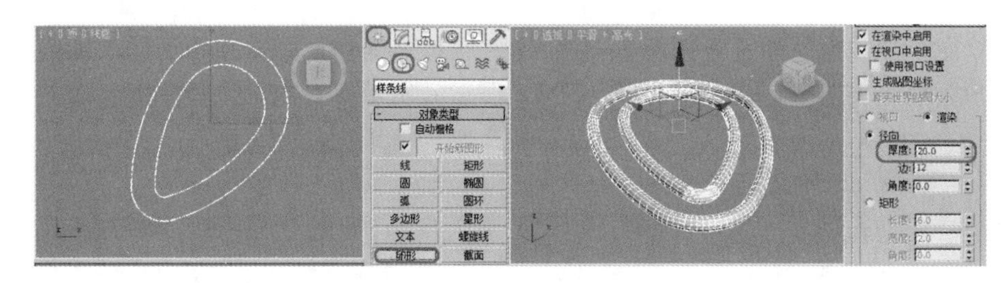

图 3.1　平面和线条物体

(2) 作为【挤出】、【车削】等加工成型的截面图形：图形可以经过【挤出】修改，增加厚度，产生三维框，还可以使用【倒角】加工成带倒角的立体模型；【车削】将曲线图形进行中心旋转放样，产生三维模型，如图 3.2 所示。

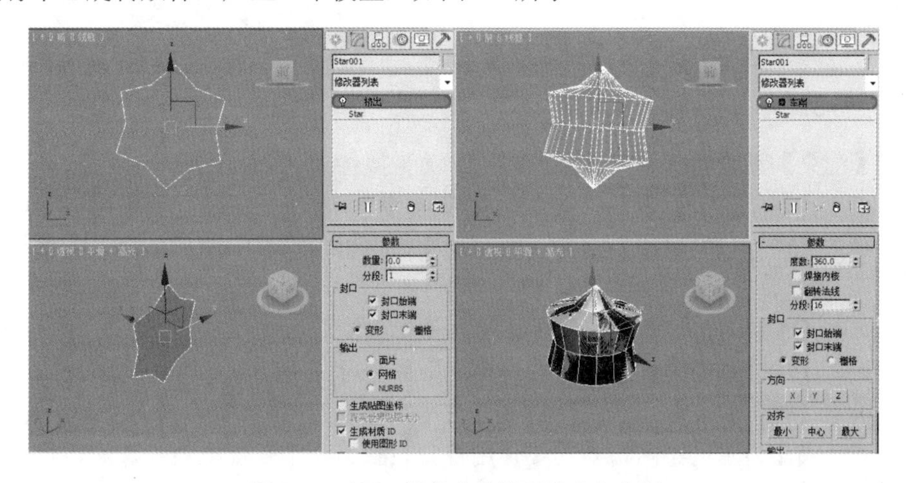

图 3.2　对同一样条曲线进行挤出和车削

(3) 作为放样物体使用的曲线：在放样过程中，使用的曲线都是图形，它们可以作为路径、截面图形，完成放样造型，如图 3.3 所示。

(4) 作为运动的路径：图形可以作为物体运动时的运动轨迹，使物体沿着它进行运动，如图 3.4 所示。

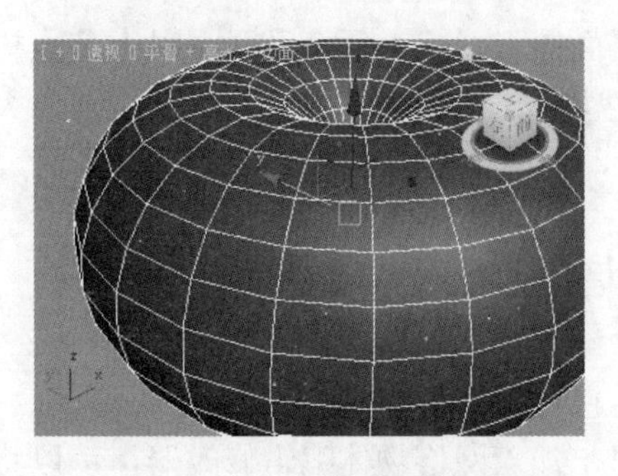

图 3.3　使用二维图形进行放样

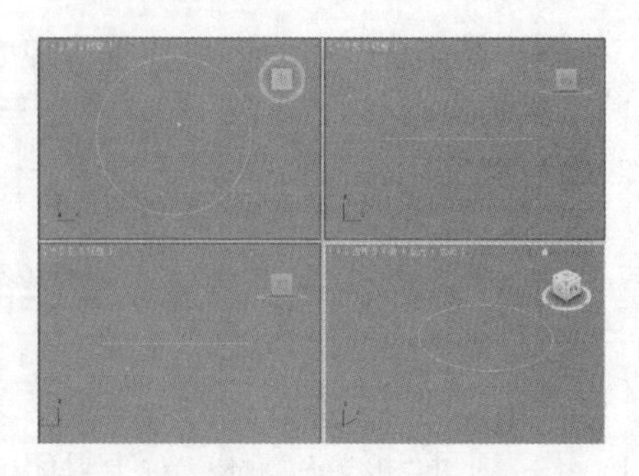

图 3.4　使用二维图形作为物体运动的路径

3.2　二维对象的创建

二维图形的创建是通过【创建】 | 【图形】面板下的选项实现的，如图 3.5 所示。大多数曲线类型都有共同的设置参数，如图 3.6 所示。下面对这些参数进行介绍。

图 3.5　创建图形命令面板

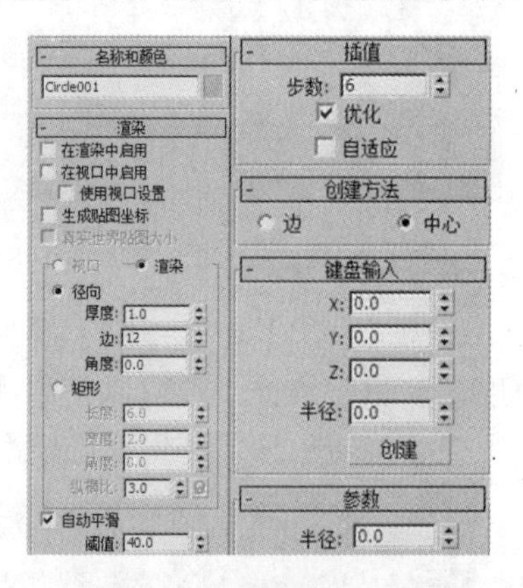

图 3.6　图形的通用参数

- 【渲染】卷展栏：用来设置曲线的可渲染属性。
    - ◆ 【在渲染中启用】：勾选此复选框，可以在视图中显示渲染网格的厚度。
    - ◆ 【在视口中启用】：勾选此复选框，可以使设置的图形作为 3D 网格显示在视口中(该选项对渲染不产生影响)。
    - ◆ 【使用视口设置】：控制图形按视图设置进行显示。
    - ◆ 【生成贴图坐标】：对曲线指定贴图坐标。
    - ◆ 【视口】：基于视图中的显示来调节参数(该单选按钮对渲染不产生影响)。当【显示渲染网格】和【使用视口设置】两个复选框被勾选时，该单选按钮可以被选中。
    - ◆ 【渲染】：基于渲染器来调节参数，当选中【渲染】单选按钮时，图形可以根据【厚度】参数值来渲染图形。

◆ 【厚度】：设置曲线渲染时的粗细大小。

◆ 【边】：设置可渲染样条曲线的边数。

◆ 【角度】：调节横截面的旋转角度。

● 【插值】卷展栏：用来设置曲线的光滑程度。

◆ 【步数】：设置两顶点之间由多少个直线片段构成曲线，值越高，曲线越光滑。

◆ 【优化】：自动检查曲线上多余的【步数】片段。

◆ 【自适应】：自动设置【步数】数值，以产生光滑的曲线，直线的【步数】设置为 0。

● 【键盘输入】卷展栏：使用键盘方式建立，只要输入所需要的坐标值、角度值以及参数值即可，不同的工具会有不同的参数输入方式。

另外，除了【文本】、【截面】和【星形】工具之外，其他创建工具都有一个【创建方法】卷展栏。该卷展栏中的参数需要在创建对象之前选择，这些参数一般用来确定是以边缘作为起点创建对象，还是以中心作为起点创建对象。只有【弧】工具的两种创建方式与其他对象有所不同。

3.2.1　创建线

使用【线】工具可以绘制任意形状的封闭或开放型曲线(包括直线)，如图 3.7 所示。

(1) 选择【创建】|【图形】|【样条线】|【线】工具，在视图中单击确定线条的第一个节点。

(2) 移动鼠标指针到达想要结束线段的位置单击创建一个节点，再右击结束直线段的创建。

提 示

在绘制线条时，当线条的终点与第一个节点重合时，系统会提示是否封闭图形，单击【是】按钮即可以创建一个封闭的图形；如果单击【否】按钮，则继续创建线条。在创建线条时，通过按住左键拖曳，可以创建曲线。

在命令面板中，【线】工具拥有自己的参数设置，如图 3.8 所示。这些参数需要在创建线条之前设置，【线】工具的【创建方法】卷展栏中各项功能介绍如下。

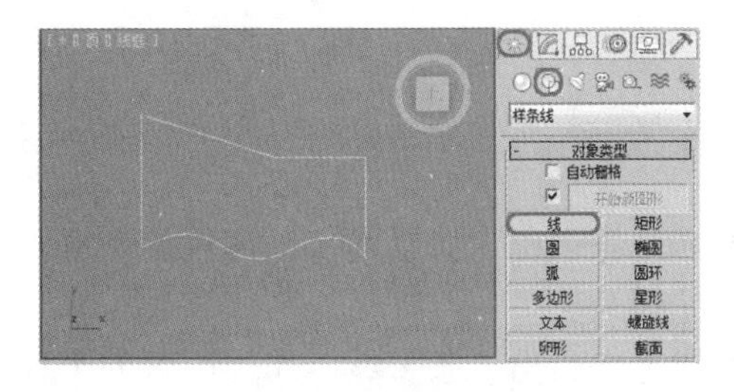

图 3.7　【线】工具

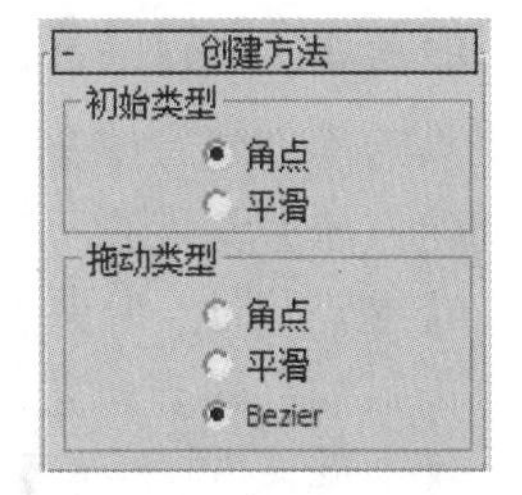

图 3.8　【创建方法】卷展栏

● 【初始类型】：单击后拖曳出的曲线类型，包括【角点】和【平滑】两种，可以绘制出直线和曲线。

- 【拖动类型】：单击并拖曳鼠标指针时引出的曲线类型，包括【角点】、【平滑】和 Bezier 三种，Bezier 曲线是最优秀的曲度调节方式，通过两个手控柄来调节曲线的弯曲。

3.2.2 创建圆

使用【圆】工具可以创建圆形，如图 3.9 所示。

选择【创建】|【图形】|【样条线】|【圆】工具，然后在场景中按住左键并拖曳来创建圆形。在【参数】卷展栏中只有一个半径参数可以设置，如图 3.10 所示。

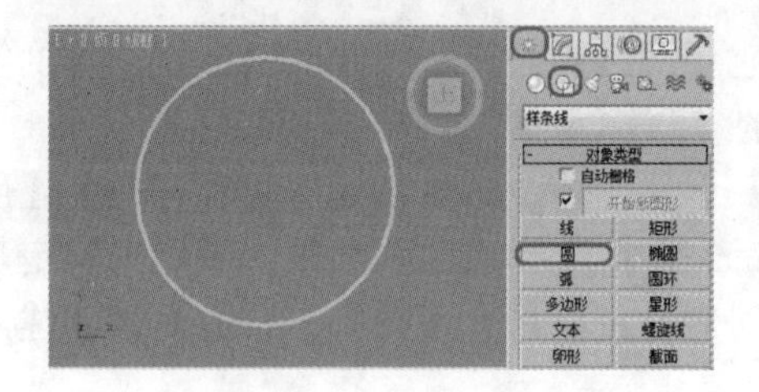

图 3.9 【圆】工具

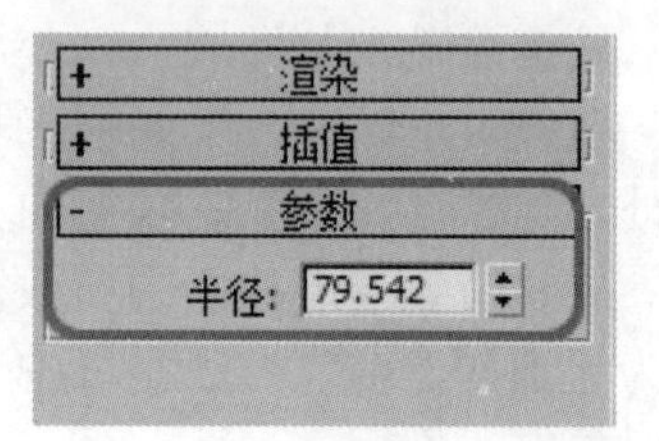

图 3.10 【参数】卷展栏

3.2.3 创建弧

使用【弧】工具可以制作圆弧曲线或扇形，如图 3.11 所示。

(1) 选择【创建】|【图形】|【样条线】|【弧】工具，在视图中按住左键并拖曳来绘制一条直线。

(2) 至合适的位置后释放左键，移动鼠标并在合适位置单击确定圆弧的半径。

完成对象的创建之后，可以在命令面板中对其参数进行修改，如图 3.12 所示。

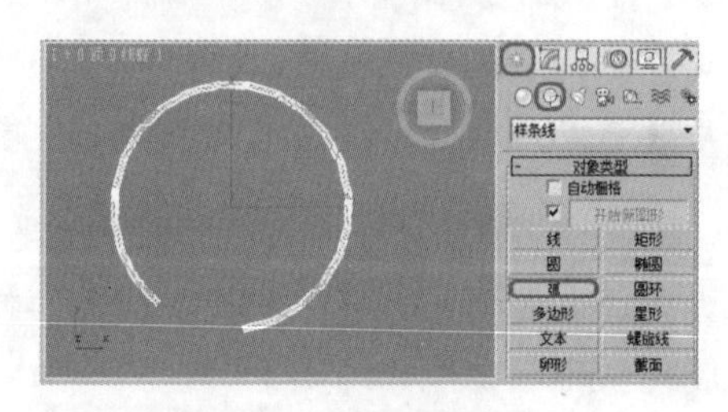

图 3.11 【弧】工具

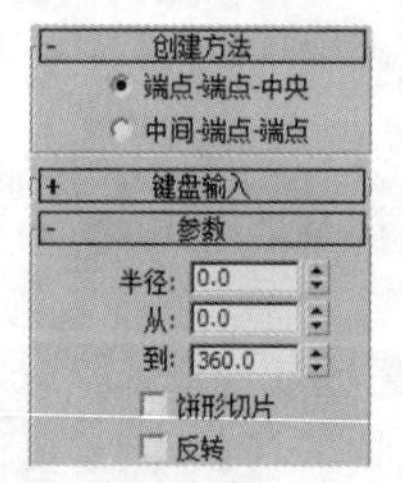

图 3.12 【创建方法】卷展栏和【参数】卷展栏

【弧】工具的【创建方法】卷展栏、【参数】卷展栏中各项功能介绍如下。

- 【创建方法】卷展栏
  - 【端点-端点-中央】：这种建立方式是先引出一条直线，以直线的两端点作为弧的两端点，然后移动鼠标，确定弧长。
  - 【中间-端点-端点】：这种建立方式是先引出一条直线，作为圆弧的半径，然后移动鼠标，确定弧长，这种建立方式对扇形的建立非常方便。
- 【参数】卷展栏
  - 【半径】：设置圆弧的半径大小。

◆ 【从】/【到】：设置弧起点和终点的角度。
◆ 【饼形切片】：勾选该复选框，将建立封闭的扇形。
◆ 【反转】：将弧线方向反转。

3.2.4　创建多边形

使用【多边形】工具可以创建任意边数的正多边形，可以产生圆角多边形，如图 3.13 所示。

选择【创建】|【图形】|【样条线】|【多边形】工具，然后在视图中按住左键并拖曳创建多边形。在【参数】卷展栏中可以对多边形的半径、边数等参数进行设置，其【参数】卷展栏如图 3.14 所示，该卷展栏中各项功能介绍如下。

- 【半径】：设置多边形的半径大小。
- 【内接】/【外接】：确定以外切圆半径还是内切圆半径作为多边形的半径。
- 【边数】：设置多边形的边数。
- 【角半径】：设置圆角的半径大小，可创建带圆角的多边形。
- 【圆形】：设置多边形为圆形。

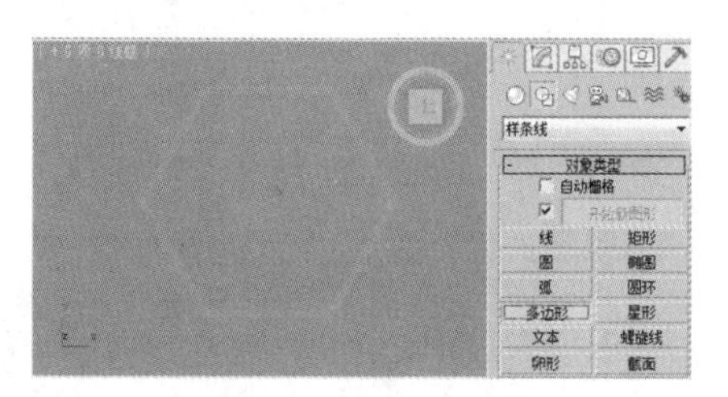

图 3.13　【多边形】工具

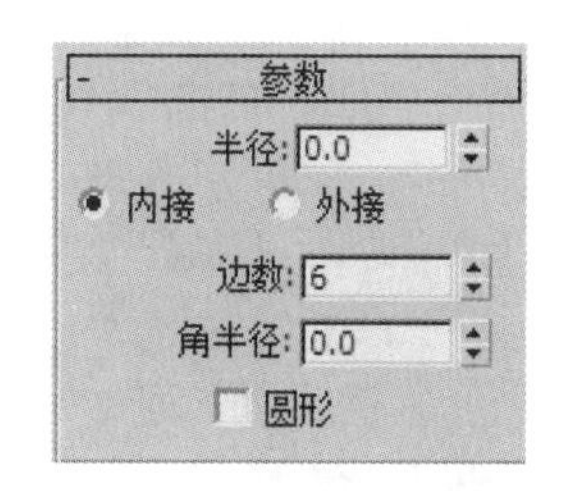

图 3.14　【参数】卷展栏

3.2.5　创建文本

使用【文本】工具可以直接产生文字图形，在中文 Windows 平台下可以直接产生各种字体的中文字形，字形的内容、大小、间距都可以调整，而且用户在完成动画制作后，仍可以修改文字的内容。

选择【创建】|【图形】|【样条线】|【文本】工具，在【参数】卷展栏中的文本框中输入需要的文本，在视图中单击左键即可创建文本图形，如图 3.15 所示。在【参数】卷展栏中可以对文本的字体、字号、间距以及文本的内容进行修改。【文本】工具的【参数】卷展栏如图 3.16 所示。该卷展栏中各项功能介绍如下。

- 【大小】：设置文字的大小尺寸。
- 【字间距】：设置文字之间的间隔距离。
- 【行间距】：设置文字行与行之间的距离。
- 【文本】：用来输入文本文字。
- 【更新】：设置修改参数后，视图是否立刻进行更新显示。遇到大量文字处理时，为了加快显示速度，可以勾选【手动更新】复选框，自行指示更新视图。

图 3.15 【文本】工具

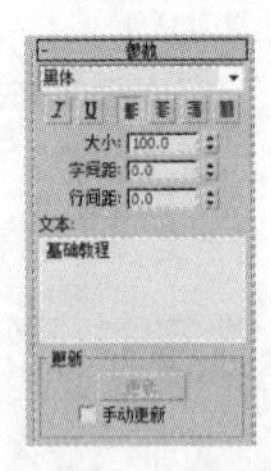

图 3.16 【参数】卷展栏

3.2.6 创建截面

使用【截面】工具可以通过截取三维造型的截面而获得二维图形，使用此工具建立一个平面，可以对其进行移动、旋转和缩放，当它穿过一个三维造型时，会显示出截获的截面。在命令面板中单击【创建图形】按钮，可以将这个截面制作成一个新的样条曲线。

下面来制作一个截面图形，具体操作步骤如下。

(1) 在场景中创建一个茶壶，大小可自行设置，如图 3.17 所示。

(2) 选择【创建】 |【图形】 |【样条线】|【截面】工具，在【前】视图中拖曳鼠标，创建一个平面，如图 3.18 所示。

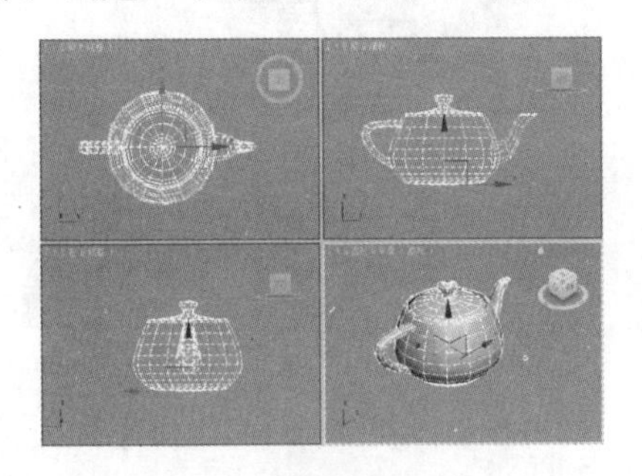

图 3.17 创建的场景文件

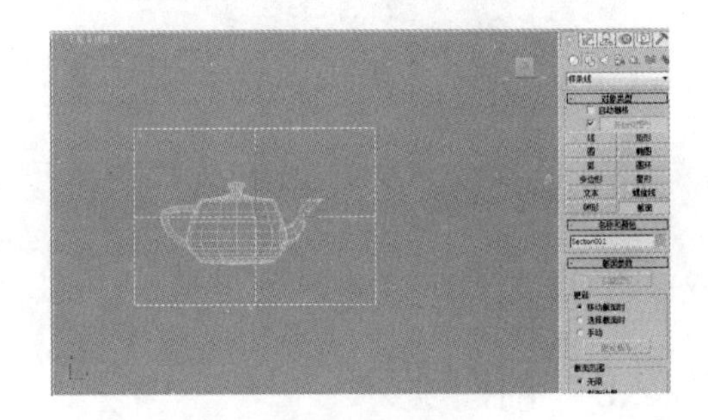

图 3.18 创建截面

(3) 在【截面参数】卷展栏中单击【创建图形】按钮，在打开的【命名截面图形】对话框中为截面命名，单击【确定】按钮即可创建一个模型的截面，如图 3.19 所示。

(4) 使用【选择并移动】工具调整模型的位置，可以看到创建的截面图形，如图 3.20 所示。

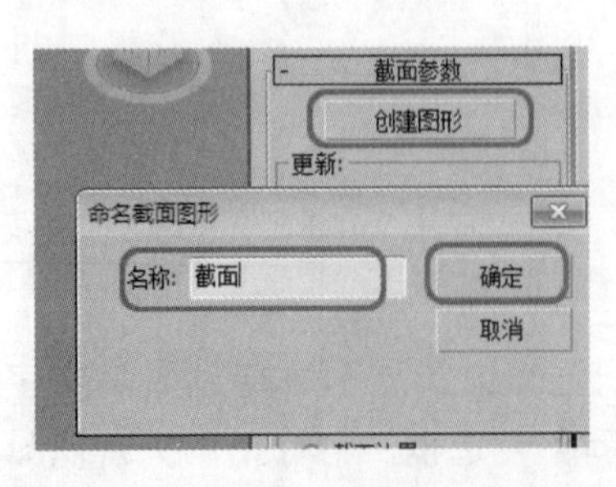

图 3.19 单击【创建图形】按钮

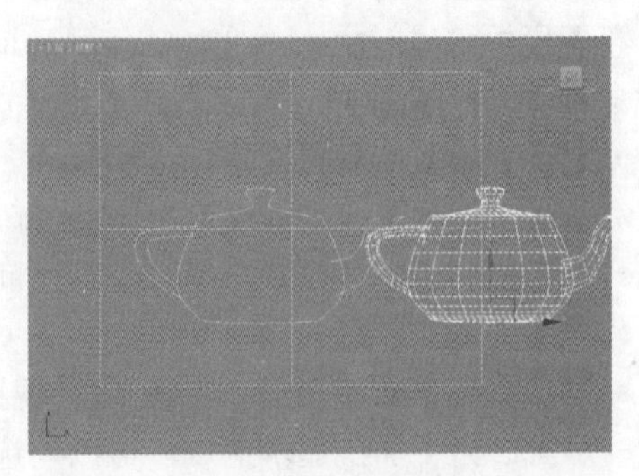

图 3.20 截面图形

3.2.7　创建矩形

【矩形】工具是经常用到的一个工具，可以用来创建矩形，如图 3.21 所示。

创建矩形与创建多边形时的方法基本一样，都是通过拖曳鼠标来创建。在【参数】卷展栏中包含 3 个常用参数，如图 3.22 所示。

图 3.21　【矩形】工具

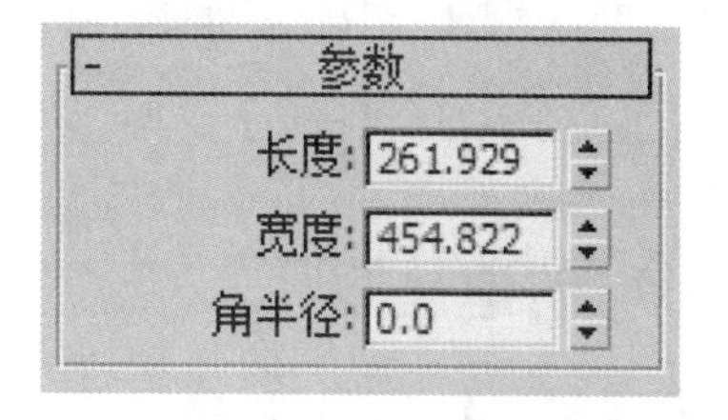

图 3.22　【参数】卷展栏

【矩形】工具的【参数】卷展栏中各项功能介绍如下。

- 【长度】/【宽度】：设置矩形的长宽值。
- 【角半径】：设置矩形的四个角是直角还是有弧度的圆角。

3.2.8　创建椭圆

使用【椭圆】工具可以绘制椭圆形，如图 3.23 所示。

同圆形的创建方法相同，只是椭圆形使用【长度】和【宽度】两个参数来控制椭圆形的大小形态。若勾选【轮廓】复选框并设置厚度值，即可创建如圆环的椭圆，其【参数】卷展栏如图 3.24 所示。

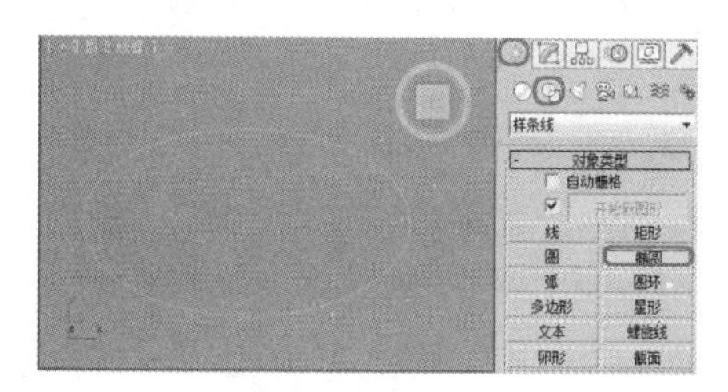

图 3.23　【椭圆】工具

图 3.24　【参数】卷展栏

3.2.9　创建圆环

使用【圆环】工具可以制作同心的圆环，如图 3.25 所示。

圆环的创建要比圆形麻烦一点，它相当于创建两个圆形。下面将创建一个圆环。

(1)　选择【创建】|【图形】|【样条线】|【圆环】工具，在视图中单击并拖曳鼠标，拖曳出一个圆形后释放鼠标。

(2)　再次移动鼠标，向内或向外再拖曳出一个圆形，至合适位置处单击即可完成圆环的创建。

在【参数】卷展栏中，圆环有两个半径参数(半径 1、半径 2)，分别用于控制两个圆形的半径，如图 3.26 所示。

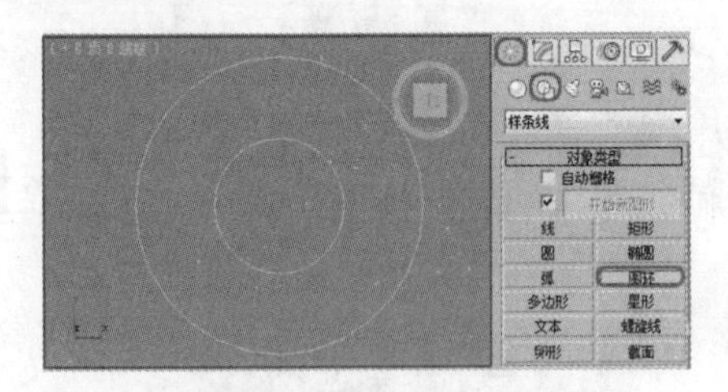

图 3.25 【圆环】工具

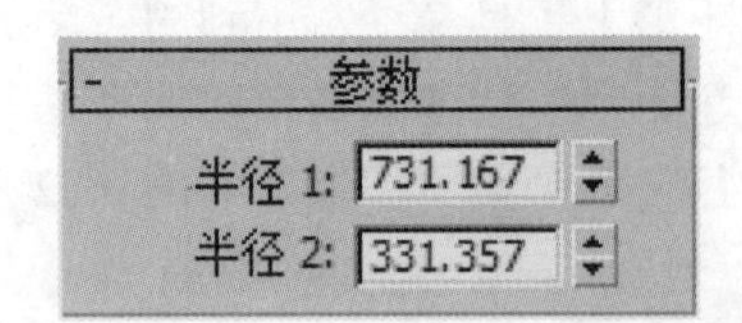

图 3.26 【参数】卷展栏

3.2.10 创建星形

使用【星形】工具可以建立多角星形，尖角可以钝化为圆角，制作齿轮图案；尖角的方向可以扭曲，产生倒刺状锯齿；参数的变换可以产生许多奇特的图案，因为可以对其进行渲染，所以图形即使交叉，也可以用作一些特殊的图案花纹，如图 3.27 所示。

星形的创建方法如下。

(1) 选择【创建】|【图形】|【样条线】|【星形】工具，在视图中单击并拖曳鼠标，拖曳出一级半径。

(2) 释放左键后，再次拖曳鼠标指针，拖曳出二级半径，单击完成星形的创建。

【星形】工具的【参数】卷展栏如图 3.28 所示，其各项功能介绍如下。

- 【半径 1】/【半径 2】：分别设置星形的内径和外径。
- 【点】：设置星形的尖角个数。
- 【扭曲】：设置尖角的扭曲度。
- 【圆角半径 1】/【圆角半径 2】：分别设置尖角的内外倒角圆半径。

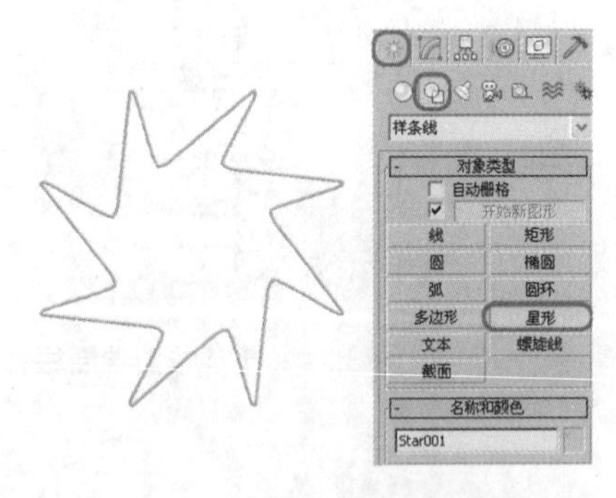

图 3.27 【星形】工具

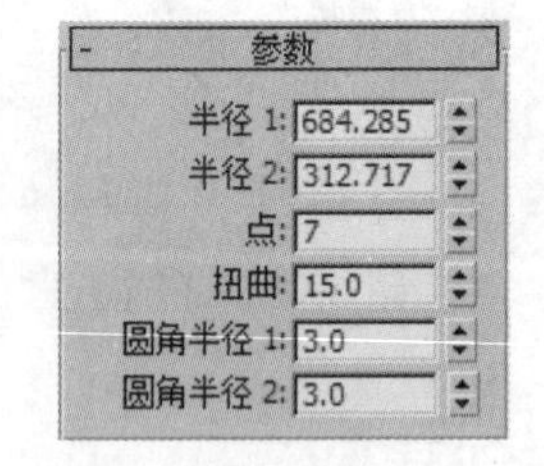

图 3.28 【参数】卷展栏

3.2.11 创建螺旋线

【螺旋线】工具用来制作平面或空间的螺旋线，常用于完成弹簧、线轴等造型，或用来制作运动路径，如图 3.29 所示。

螺旋线的创建方法如下。

(1) 选择【创建】|【图形】|【样条线】|【螺旋线】工具，在【顶】视图中单击

鼠标并拖曳，绘制一级半径。

(2) 释放左键后再次拖曳鼠标指针，绘制螺旋线的高度。

(3) 单击确定螺旋线的高度，然后再按住左键拖曳鼠标指针，绘制二级半径后单击，完成螺旋线的创建。

【螺旋线】工具的【参数】卷展栏如图 3.30 所示，其各项功能介绍如下。

- 【半径 1】/【半径 2】：设置螺旋线的内径和外径。
- 【高度】：设置螺旋线的高度，此值为 0 时，是一个平面螺旋线。
- 【圈数】：设置螺旋线旋转的圈数。
- 【偏移】：设置在螺旋高度上，螺旋圈数的偏向强度。
- 【顺时针】/【逆时针】：分别设置两种不同的旋转方向。

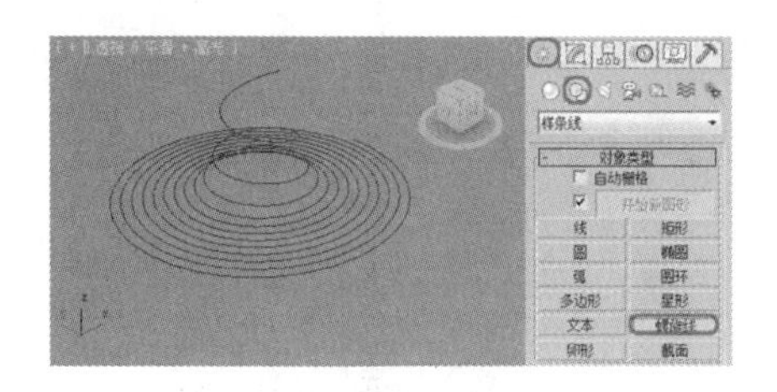

图 3.29　【螺旋线】工具

图 3.30　【参数】卷展栏

3.3　建立二维复合造型

单独使用以上介绍的工具一次只能制作一个特定的图形，如圆形、矩形等。当需要创建一个复合图形时，则需要在【创建】|【图形】命令面板中的【对象类型】卷展栏中取消勾选【开始新图形】复选框。在这种情况下，创建圆形、星形、矩形以及椭圆形等图形时，将不再创建单独的图形，而是创建一个复合图形，它们共用一个轴心点。也就是说，无论创建多少图形，都将作为一个图形对待，如图 3.31 所示。

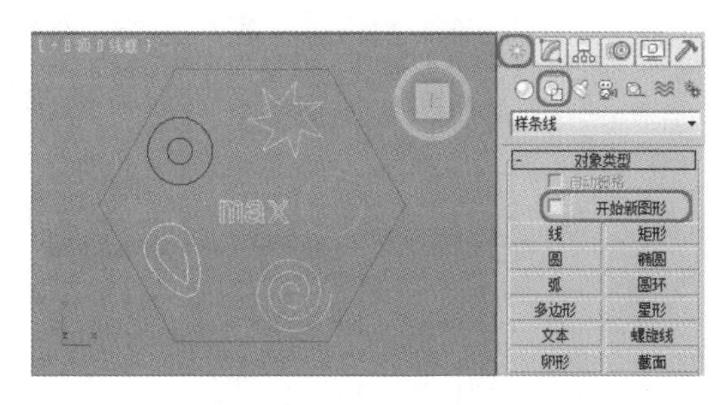

图 3.31　制作复合图形

3.4　【编辑样条线】修改器与【可编辑样条线】功能

【编辑样条线】修改器是为图形添加修改器，图形创建时的参数不丢失；而与其相似的【可编辑样条线】是将图形转换为可编辑样条线，转换后图形原来的创建参数将失去，应用于创建参数的动画也将同时丢失。

下面通过一个例子来学习为图形添加【编辑样条线】修改器的方法。

(1) 启动 3ds Max 2014，选择【创建】|【图形】|【样条线】|【多边形】工具，在【前】视图中单击并拖曳鼠标，创建一个多边形，如图 3.32 所示。

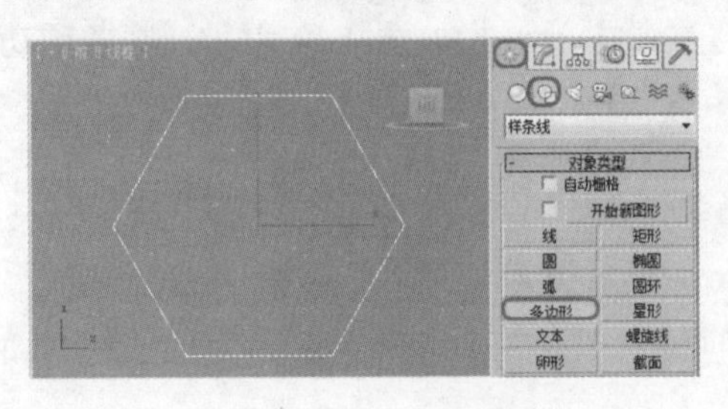

图 3.32　创建多边形

(2) 切换至【修改】命令面板，在【修改器列表】中选择【编辑样条线】修改器，如图 3.33 所示。为创建的星形添加【编辑样条线】修改器，如图 3.34 所示。

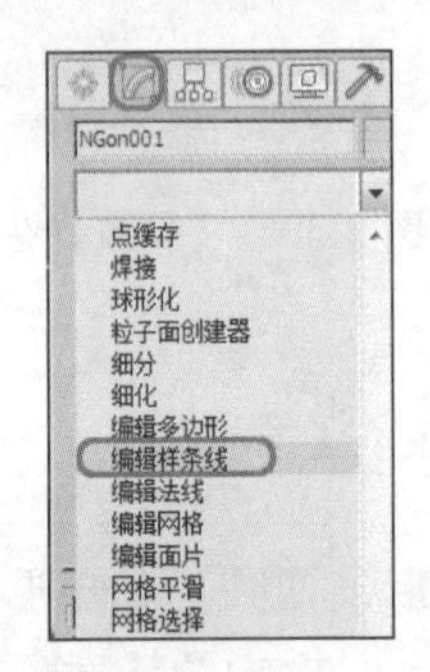

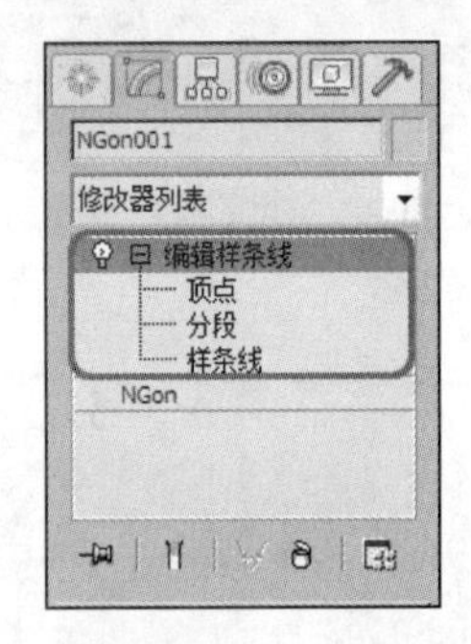

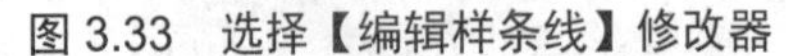

图 3.33　选择【编辑样条线】修改器　　图 3.34　添加【编辑样条线】修改器

将图形转换为可编辑样条线的方法很简单。例如，创建一个星形，然后在视图中创建的星形上右击，在弹出的快捷菜单中选择【转换为】|【转换为可编辑样条线】命令，如图 3.35 所示。然后，创建的星形即可被转换为可编辑样条线，如图 3.36 所示。

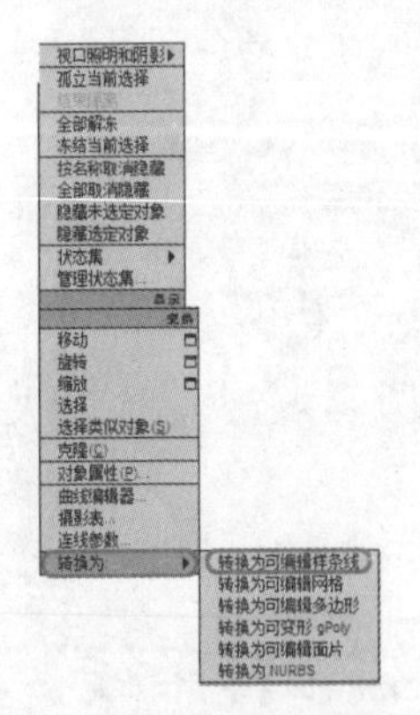

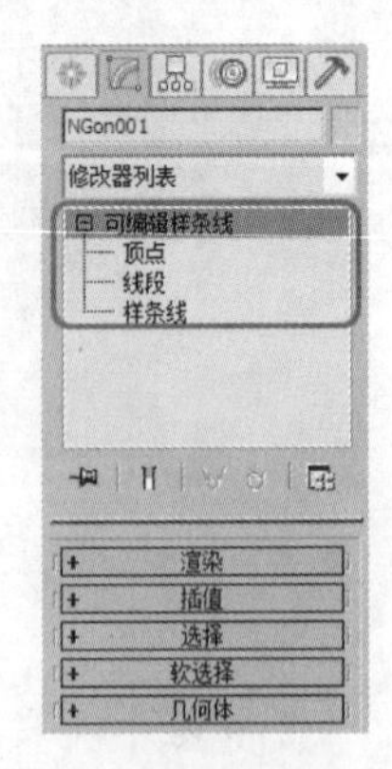

图 3.35　选择【转换为可编辑样条线】命令　　图 3.36　转换为可编辑样条线

在将图形转换为可编辑样条线后，在【修改】命令面板的下方会出现 5 个卷展栏。其中【渲染】和【插值】卷展栏与创建图形时的卷展栏相同，如图 3.37 所示。

【选择】卷展栏如图 3.38 所示。在该卷展栏的上方有 3 个子物体层级按钮、、，分别对应物体层级中的【顶点】、【线段】和【样条线】。单击 3 个子物体层级按钮中的一个就可进入相应的子物体层级。

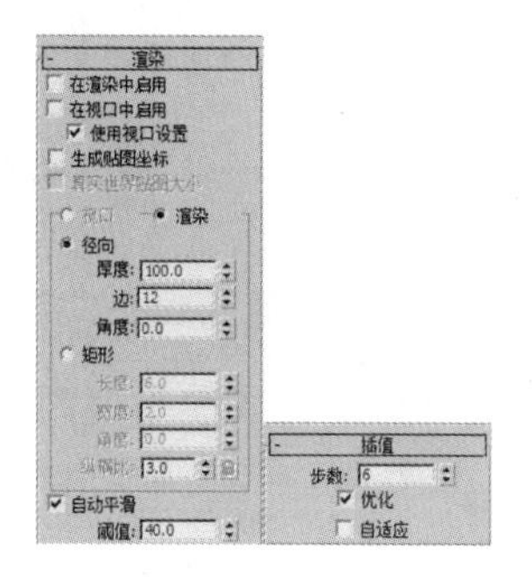

图 3.37　【渲染】与【插值】卷展栏

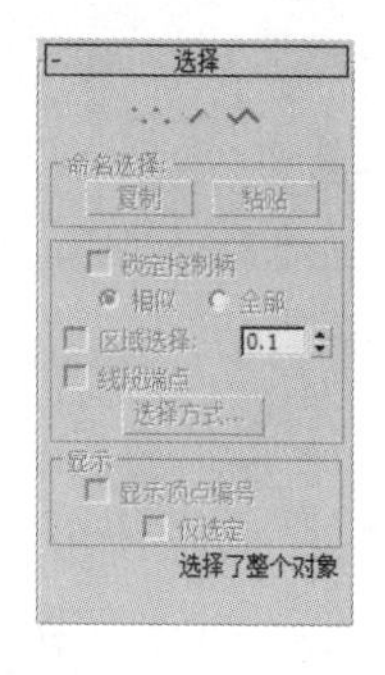

图 3.38　【选择】卷展栏

【软选择】卷展栏如图 3.39 所示。该卷展栏控件允许部分地选择相邻的子对象。在对选择的子对象进行变换时，在场景中被部分选定的子对象就会平滑地进行绘制，这种效果会因距离或部分选择的强度而产生衰减。

【几何体】卷展栏包含有比较多的参数，在父物体层级或不同的子物体层级下，该卷展栏中可用的选项不同。如图 3.40 所示为在父物体层级下的【几何体】卷展栏。

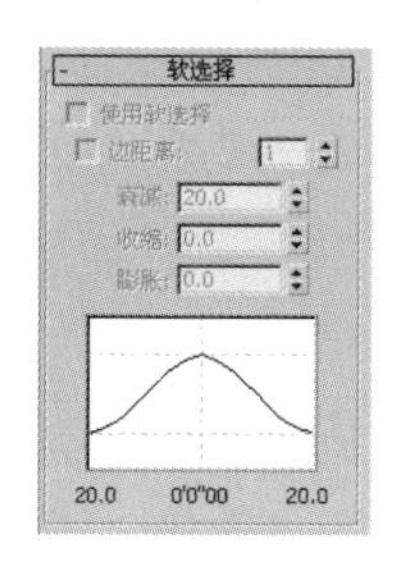

图 3.39　【软选择】卷展栏

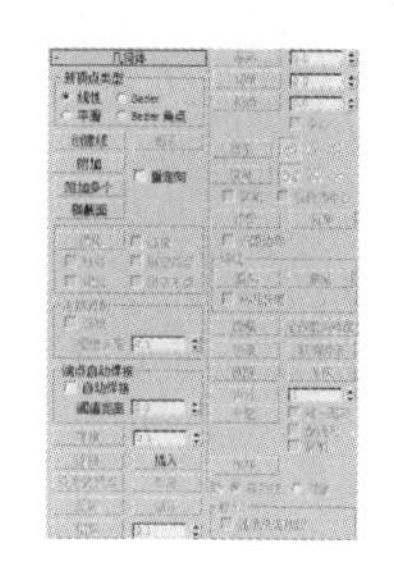

图 3.40　【几何体】卷展栏

3.5　父物体层级

在修改器堆栈中单击父物体层级的名称即可进入父物体层级，名称处显示灰色条。在父物体层级下，【几何体】卷展栏中只有部分命令按钮可以使用。

3.5.1　【创建线】按钮

使用【创建线】按钮可以创建样条线，使其成为原图形的一部分。下面介绍【创建线】按钮的使用方法。

(1)　启动 3ds Max 2014，选择【创建】|【图形】|【样条线】|【矩形】工具，在【前】视图中单击并移动鼠标，创建一个矩形，如图 3.41 所示。

(2)　切换至【修改】命令面板，在【修改器列表】中选择【编辑样条线】修改器，为矩形添加【编辑样条线】修改器，并选择父物体层级，如图 3.42 所示。

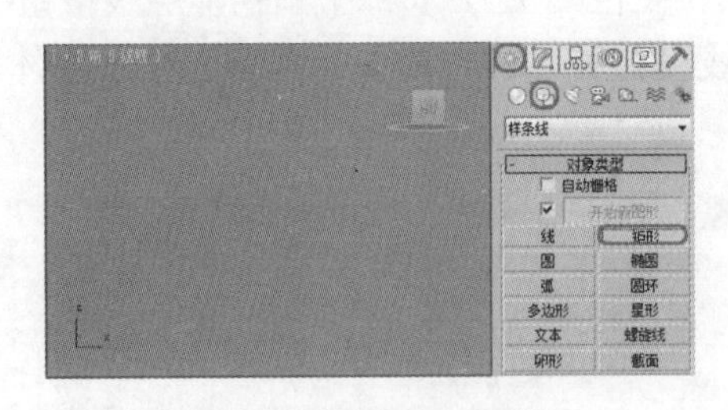

图 3.41　创建矩形

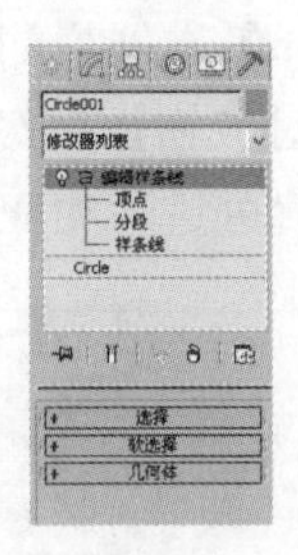

图 3.42　选择父物体层级

(3) 在【几何体】卷展栏中单击【创建线】按钮，然后在【前】视图中绘制线段，如图 3.43 所示。所绘制的线段与矩形组成一个图形，选择其中一个即可将图形全部选中，再次单击【创建线】按钮即可退出创建线。

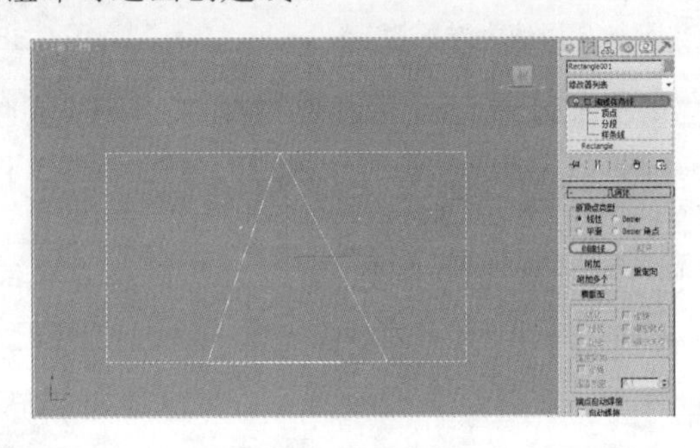

图 3.43　创建线

3.5.2　【附加】按钮

使用【附加】按钮可将其他样条线结合到当前编辑的样条线中。下面介绍【附加】按钮的使用方法。

(1) 在菜单栏中选择【文件】|【重置】命令，重置场景文件。

(2) 选择【创建】 |【图形】 |【样条线】|【圆形】工具，在【前】视图中单击并拖曳鼠标，创建一个圆形，然后选择【星形】工具，再创建一个星形，如图 3.44 所示。

(3) 在确定创建的圆形被选中的情况下，在【修改】命令面板为其添加【编辑样条线】修改器。

(4) 在【几何体】卷展栏中单击【附加】按钮，然后在视图中选择圆形，将圆形附加到星形中，如图 3.45 所示。

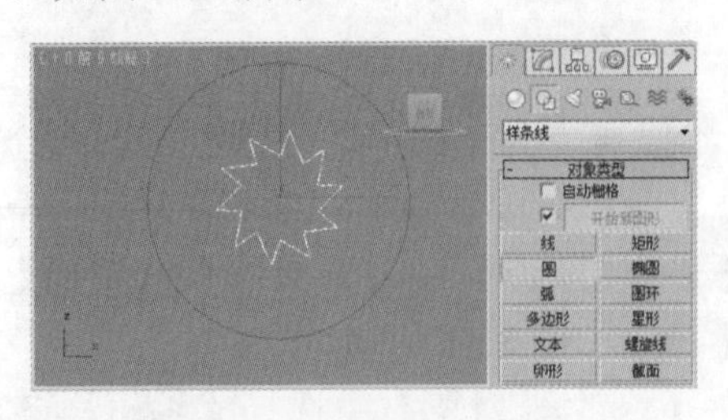

图 3.44　创建圆形和星形

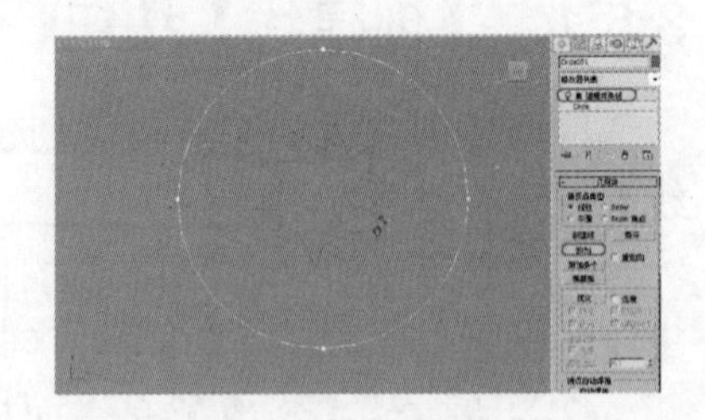

图 3.45　附加圆形

3.5.3 【附加多个】按钮

【附加多个】按钮的作用是可以将选择的多个样条线结合到当前编辑的样条线中。下面介绍【附加多个】按钮的使用方法。

(1) 在菜单栏中选择【文件】|【重置】命令，重置场景文件。

(2) 选择【创建】|【图形】|【样条线】|【椭圆形】工具，在【前】视图中创建多个椭圆形，如图 3.46 所示。

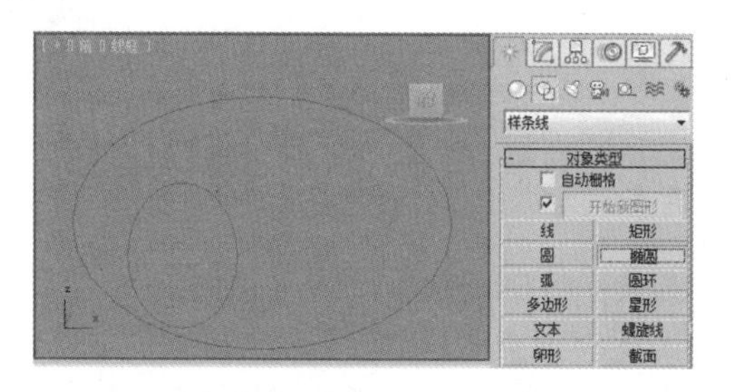

图 3.46　创建多个椭圆形

(3) 选择其中一个椭圆形，在【修改】命令面板中为其添加【编辑样条线】修改器。

(4) 在【几何体】卷展栏中单击【附加多个】按钮，打开【附加多个】对话框，在其中选择要附加的对象，如图 3.47 所示。

(5) 单击【附加】按钮，即可将选择的对象附加到当前编辑的椭圆形中，如图 3.48 所示。

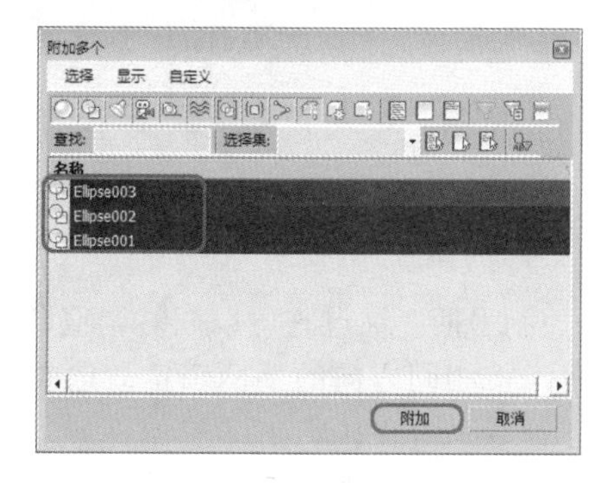

图 3.47　【附加多个】对话框

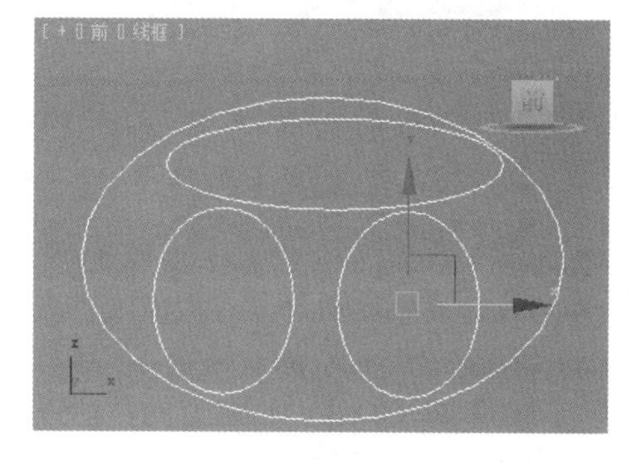

图 3.48　附加对象

3.5.4 【插入】按钮

使用【插入】按钮可向曲线中添加新的点并且可以改变曲线的形状。下面介绍【插入】按钮的使用方法。

(1) 重置场景后，在【前】视图中创建一个七边形，如图 3.49 所示。

(2) 为创建的七边形添加【编辑样条线】修改器，在【几何体】卷展栏中单击【插入】按钮，然后在七边形中单击即可插入顶点，拖曳鼠标顶点也会跟随移动。如果再次单击，又插入一个顶点，如图 3.50 所示。

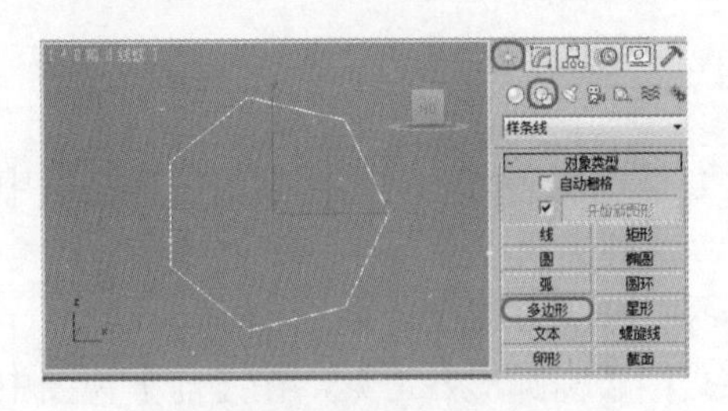

图 3.49　创建七边形

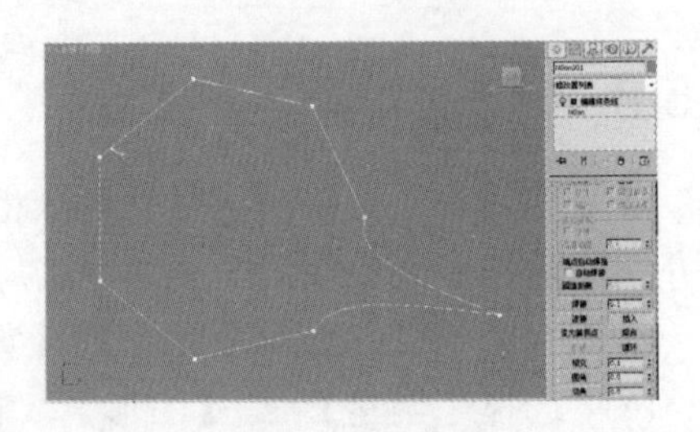

图 3.50　插入顶点

(3) 插入完顶点后，在视图中右击，即可退出插入状态。

3.6　【顶点】子物体层级

在对二维图形进行编辑操作时，最基本、最常用的就是对【顶点】选择集的修改，如图 3.51 所示为选择的圆环的所有顶点。

在进入【顶点】子物体层级之后，展开【选择】卷展栏，此卷展栏用于对选择物体的过程进行控制，如图 3.52 所示。其各项参数的作用介绍如下。

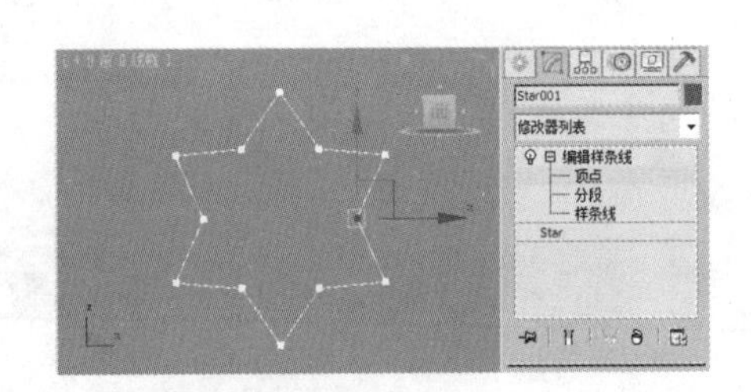

图 3.51　选择【顶点】子物体层级

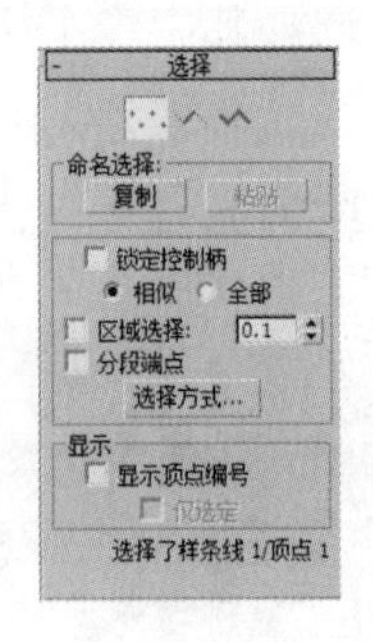

图 3.52　【选择】卷展栏

- 、和：用于 3 种层级的切换。
- 【锁定控制柄】：用来锁定所有选择点的控制手柄，通过它可以同时调整多个选择点的控制手柄；选中【相似】单选按钮，将相同方向的手柄锁定；选中【全部】单选按钮，将所有的手柄锁定。
- 【区域选择】：与其右侧的微调框配合使用，用来确定面选择的范围，在选择点时可以将单击处一定范围内的点全部选择。
- 【显示】：勾选【显示顶点编号】复选框时，在视图中会显示出节点的编号；勾选【仅选定】复选框时，只显示被选中的节点的编号。

在【顶点】子物体层级下，当选中一个顶点时，可以看到被选择的顶点都有两个控制手柄，在选择的顶点上右击，在弹出的快捷菜单中可以看到有 4 种类型的顶点：【Bezier 角点】、Bezier、【角点】和【平滑】。

- 【平滑】：创建平滑连续曲线的不可调整的顶点。平滑顶点处的曲率是由相邻顶点的间距决定的，如图 3.53 所示。
- 【角点】：创建锐角转角的不可调整的顶点，如图 3.54 所示。

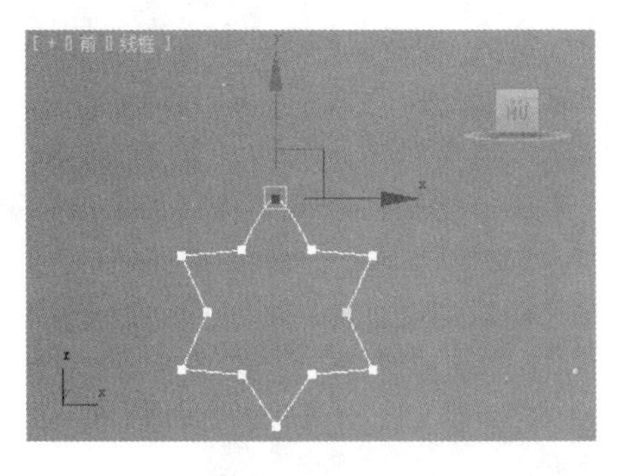

图 3.53　平滑

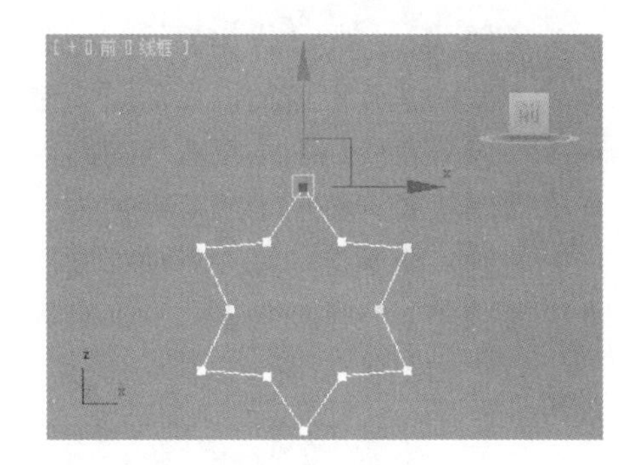

图 3.54　角点

- Bezier：带有锁定连续切线控制柄的不可调解的顶点，用于创建平滑曲线。顶点处的曲率由切线控制柄的方向和量级确定，如图 3.55 所示。
- 【Bezier 角点】：带有不连续的切线控制柄的不可调整的顶点，用于创建锐角转角。线段离开转角时的曲率是由切线控制柄的方向和量级设置的，如图 3.56 所示。

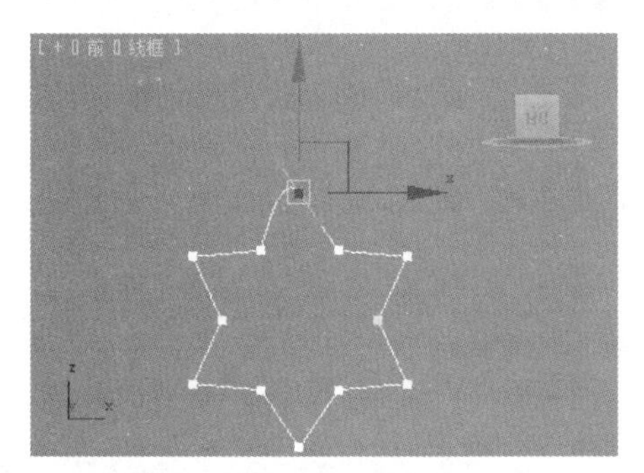

图 3.55　Bezier

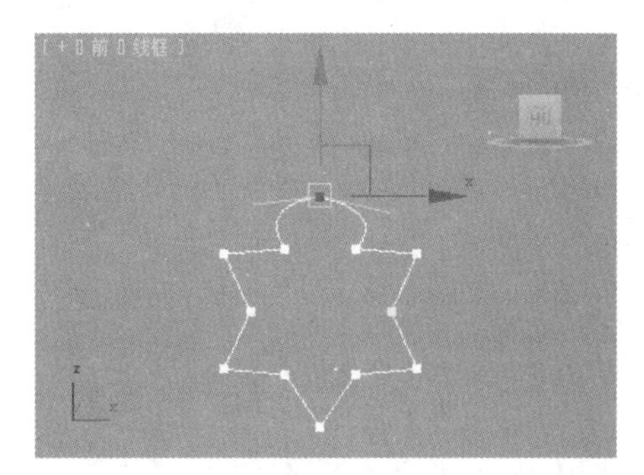

图 3.56　Bezier 角点

选择【顶点】子物体层级，除了经常用到【优化】按钮进行加点外，还有一些常用的命令，其功能介绍如下。

- 【优化】：允许为图形添加顶点，而不更改图形的原始形状，有利于修改图形，如图 3.57 所示为原始图形与使用【优化】增加顶点的效果。
- 【断开】：使点断开，将闭合的图形变为开放图形，如图 3.58 所示。

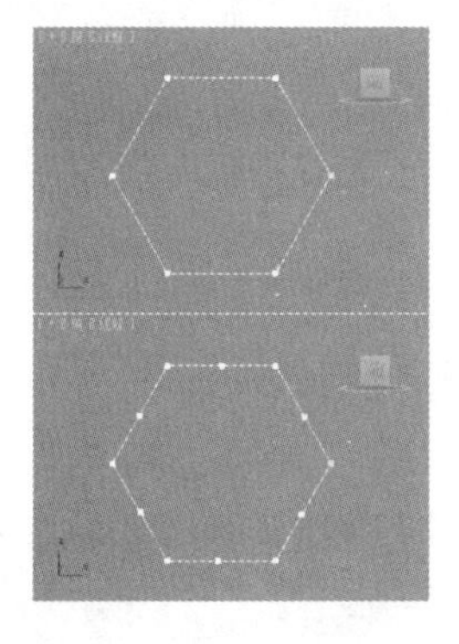

图 3.57　使用【优化】按钮

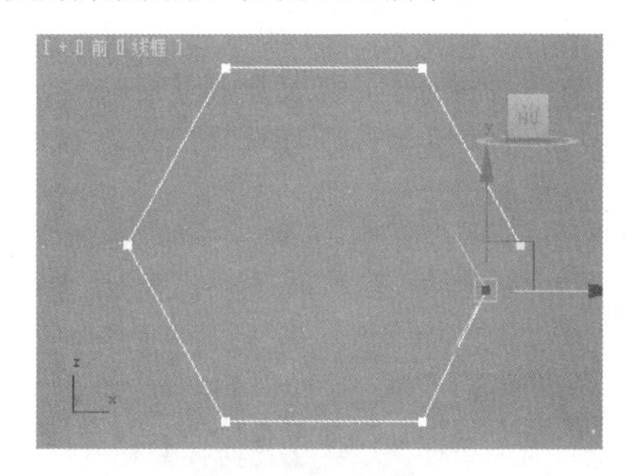

图 3.58　【断开】顶点

- 【插入】：与【优化】按钮相似，都是加点命令，只是【优化】是在保持原图形不变的基础上增加顶点，而【插入】是一边加点一边改变原图形的形状。
- 【设置首顶点】：将所选的顶点设为第一点。
- 【焊接】：将两个断点合并为一个点，通常在使用了样条线的【修剪】后，必须将顶点全部选中，并对顶点进行焊接。
- 【圆角】、【切角】：允许对选择的顶点进行圆角或切角操作，并增加新的控制点，如图 3.59 所示。

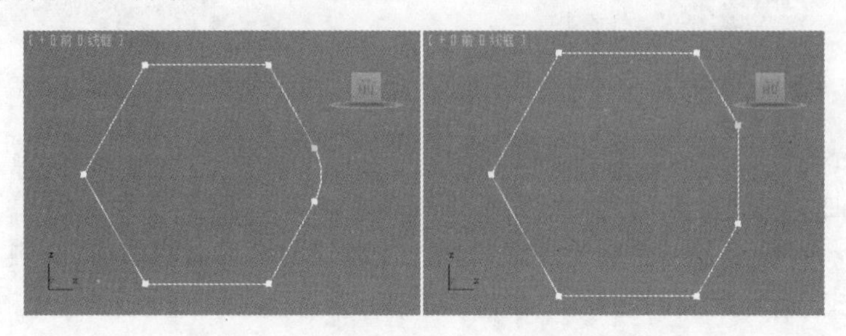

图 3.59 【圆角】与【切角】效果

3.7 【分段】子物体层级

【分段】是连接两个点之间的线段。当用户对线段进行变换操作时也相当于在对两端的点进行变换操作，如图 3.60 所示。

进入【分段】子物体层级后，在【几何体】卷展栏中提供了多个命令用来调整线段，其中比较常用的命令介绍如下。

- 【断开】：将选择的线段断开，类似于点的打断。
- 【隐藏】：将选择的线段隐藏。
- 【全部取消隐藏】：显示所有隐藏的线段。
- 【删除】：将选择的线段删除。
- 【拆分】：该命令和其后的微调按钮配合使用，用于在选择的线段中平均插入若干个点。

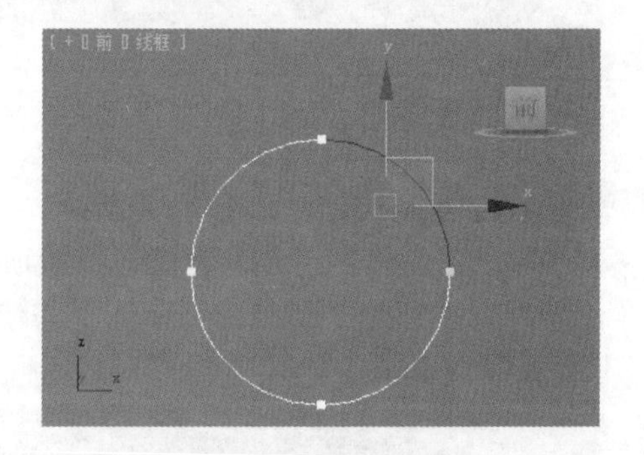

图 3.60 选择的分段

3.8 【样条线】子物体层级

【样条线】子物体层级是二维图形中另一个功能强大的次物体修改级别，相连接的线段即可为一条样条线。【几何体】卷展栏中常用的按钮介绍如下。

- 【轮廓】：制作样条线的副本，所有侧边上的距离偏移量由其右侧的【轮廓宽度】微调器指定。选择一个或多个样条线，然后使用微调器动态地调整轮廓位置，或单击【轮廓】后拖曳样条线。如果样条线是开口的，生成的样条线及其轮廓将生成一个闭合的样条线。

- 【布尔】：对二维图形进行布尔运算前用【附加】按钮将要进行运算的二维图形合并。布尔运算包括【并集】、【差集】和【相交】3 种方式。
- 【镜像】：将选择的样条线进行镜像变换，与工具栏中的工具类似，包括【水平镜像】、【垂直镜像】和【双向镜像】。
- 【反转】：将样条线节点的编号前后对调。

3.9　上机实践——吧椅的制作

下面通过简单的实例来介绍使用二维图形创建模型的基本操作，其中还会结合使用【网格平滑】、【编辑样条线】等修改器。渲染完成后的效果如图 3.61 所示。

图 3.61　渲染效果

(1) 选择【创建】|【图形】|【样条线】|【圆】工具，在【顶】视图和【前】视图中创建 3 个圆，将其半径都设置为 50，绘制完成后的效果如图 3.62 所示。

(2) 在场景中选择圆，切换至【修改】命令面板，在【渲染】卷展栏中勾选【在视口中启用】复选框和【在渲染中启用】复选框，将【厚度】设置为 6。使用同样的方法设置其他两个圆，设置完成后的效果如图 3.63 所示。

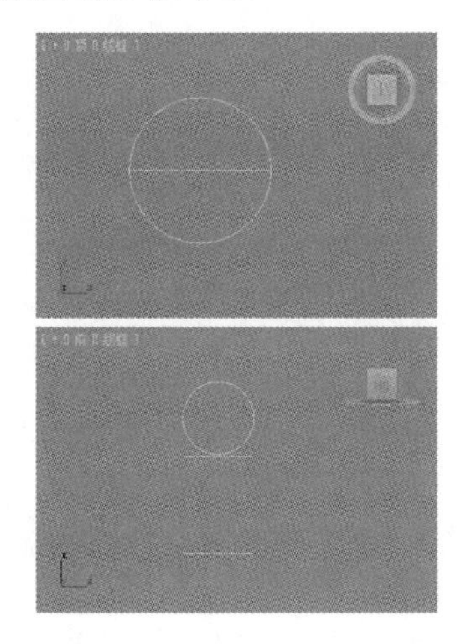

图 3.62　绘制完成后的效果

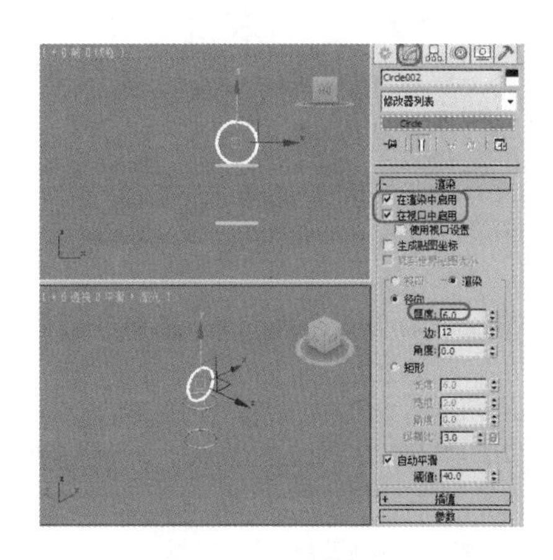

图 3.63　设置参数

(3) 选择【创建】|【图形】|【样条线】|【螺旋线】工具，在【顶】视图中创建螺旋线，在【渲染】参数卷展栏中勾选【在视口中启用】复选框和【在渲染中启用】复选框，将【厚度】设置为 6，将【半径 1】、【半径 2】、【高度】、【圈数】设置为 50、50、120、0.5，设置完成后使用【选择并移动】工具在视图中调整其位置，单击【角度捕捉切换】按钮，在弹出的对话框中将【角度】设置为 90，在【顶】视图中沿 Z 轴旋转螺旋线，调整完成后的效果如图 3.64 所示。

(4) 选择最底部的圆，切换至修改命令面板，在【修改器列表】中选择【编辑样条线】修改器，在【几何体】卷展栏中单击【附加多个】按钮，在弹出的对话框中选择所有对象，单击【附加】按钮，将当前选择集定义为顶点，在【几何体】卷展栏中单击【优化】按钮，在【前】视图中如图 3.65 所示的位置单击添加顶点。

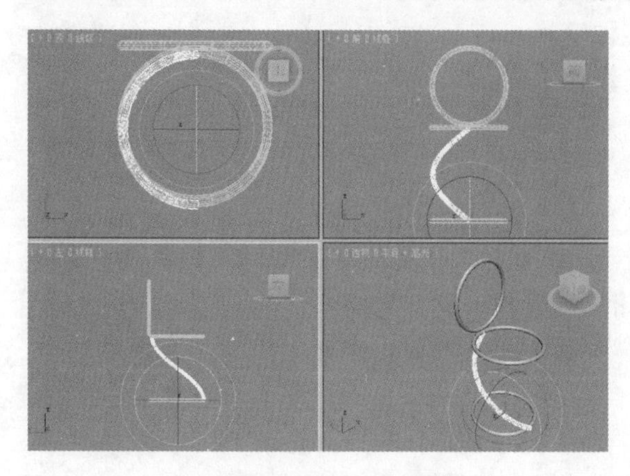

图 3.64　调整完成后的效果

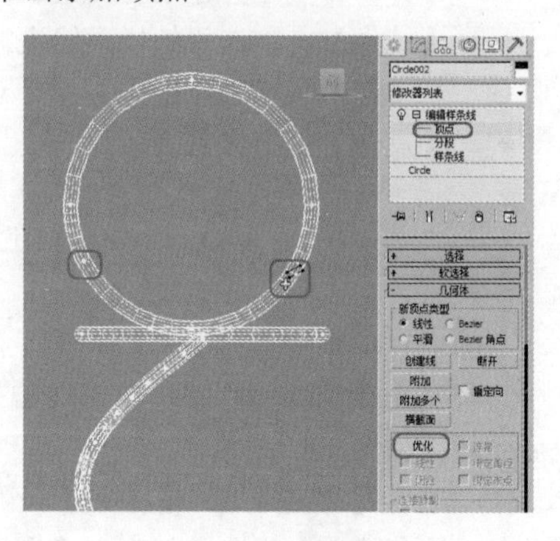

图 3.65　添加顶点

(5) 再次单击【优化】按钮，将当前选择集定义为【分段】，在【前】视图中选择线段，按 Delete 键将其删除，删除后的效果如图 3.66 所示。

(6) 使用同样的方法将其他线段删除并将其连接在一起，连接完成后的效果如图 3.67 所示。

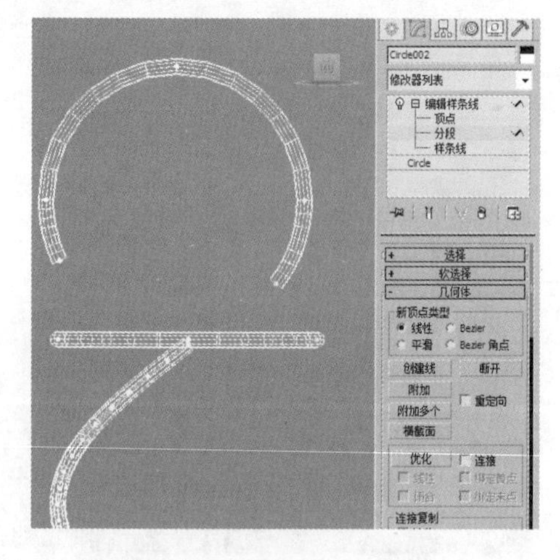

图 3.66　删除线段后的效果

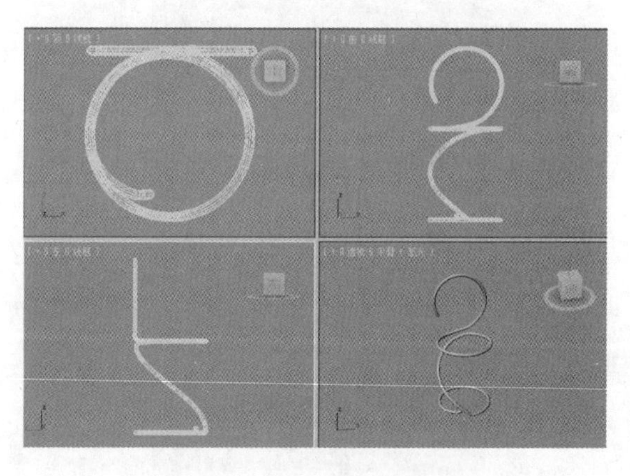

图 3.67　连接完成后的效果

(7) 确定对象处于选定状态，切换至修改命令面板，在【修改器列表】中选择【网格平滑】修改器，使用默认的参数。选择【创建】|【图形】|【弧】工具，取消勾选【开始新图形】复选框，在【前】视图中绘制如图 3.68 所示的弧。

(8) 切换至修改命令面板，将当期选择集定义为顶点，选择如图 3.69 所示的顶点，然后在【几何体】卷展栏中【焊接】右侧的文本框中输入 0.5，单击【焊接】按钮，将顶点焊接。

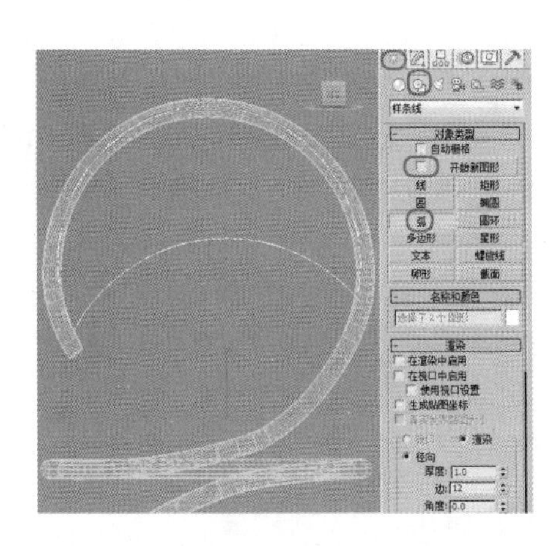

图 3.68　绘制弧

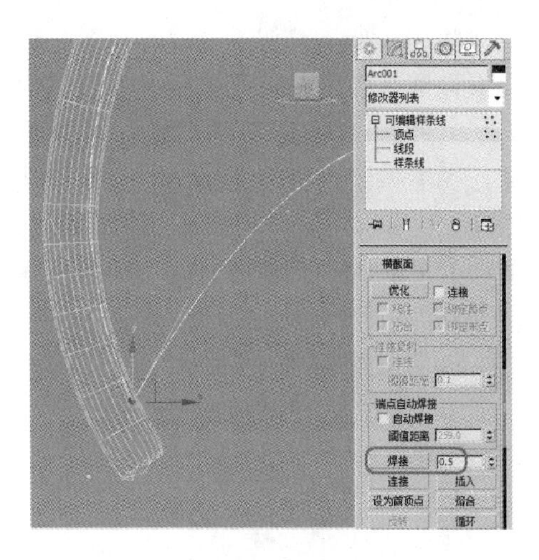

图 3.69　选择顶点

(9) 使用同样的方法对另外两个顶点进行焊接。在【几何体】卷展栏中单击【优化】按钮，在场景中添加顶点并调整顶点位置，调整完成后的效果如图 3.70 所示。

(10) 将当前选择集关闭，在【修改器列表】中选择【倒角】修改器，将【级别 1】、【级别 2】、【级别 3】高度分别设置为 2.0、2.0、3.0，将【级别 1】、【级别 3】的轮廓设置为 1.0、-1.5，如图 3.71 所示。

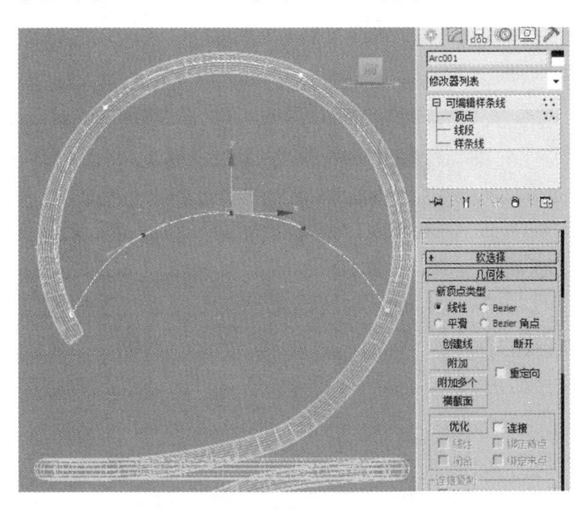

图 3.70　调整完成后的效果

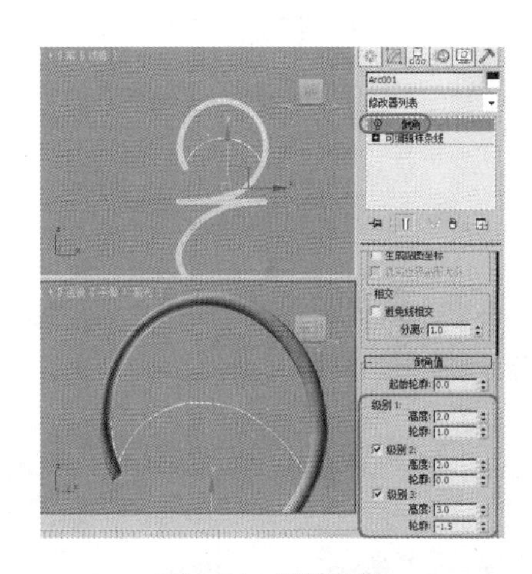

图 3.71　设置参数

(11) 在【修改器列表】中选择【松弛】修改器，在【参数】卷展栏中将【松弛值】设置为 1，将【迭代次数】设置为 4，设置完成后的效果如图 3.72 所示。

(12) 在【修改器列表】中选择【网格平滑】修改器，在【细分方法】卷展栏中将【细分方法】设置为四边形输出，如图 3.73 所示。

(13) 按 Ctrl＋V 组合键将其复制，在弹出的对话框中选中【复制】单选按钮，单击【确定】按钮，使用【选择并旋转】工具进行旋转并调整其位置，调整完成后的效果如图 3.74 所示。

(14) 按 M 键打开【材质编辑器】对话框，选择空白材质球将其名称设置为“金属”，将明暗器类型设置为【(M)金属】，取消【环境光】与【漫反射】的锁定。将【环境光】设置为黑色，将【漫反射】设置为白色，将【高光级别】、【光泽度】分别设置为100、80，展开【贴图】卷展栏，单击【反射】右侧的【无】按钮，在弹出的对话框中单击【位图】按钮，再在弹出的对话框中选择随书附带光盘中的 CDROM\Map\Metal01.tif，单击【打开】按钮，选中【纹理】单选按钮，取消勾选【使用真实世界比例】复选框，将【平铺】下的 U、V 都设置为 1，选中【环境】单选按钮，将【模糊偏移】设置为 0.07，如图 3.75 所示。

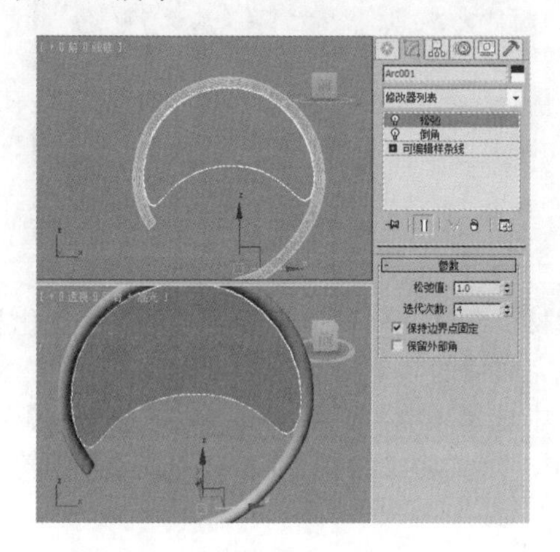

图 3.72　设置完成后的效果

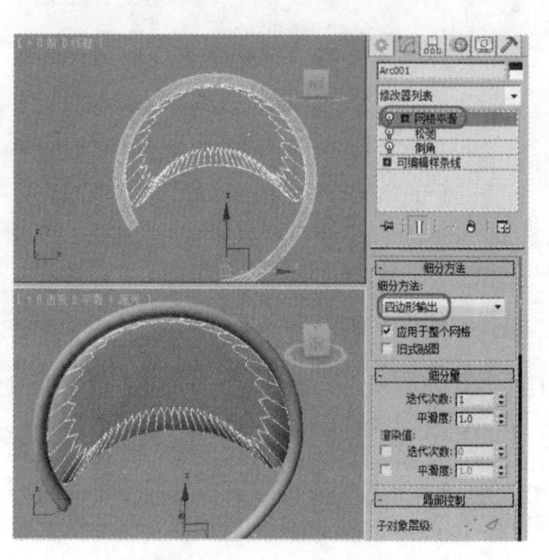

图 3.73　设置参数

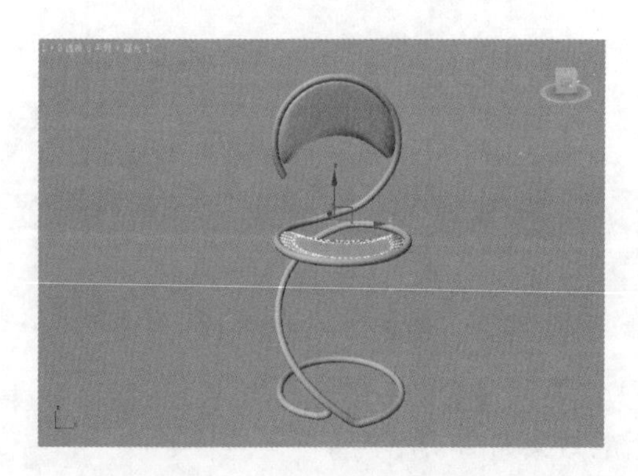

图 3.74　调整完成后的效果

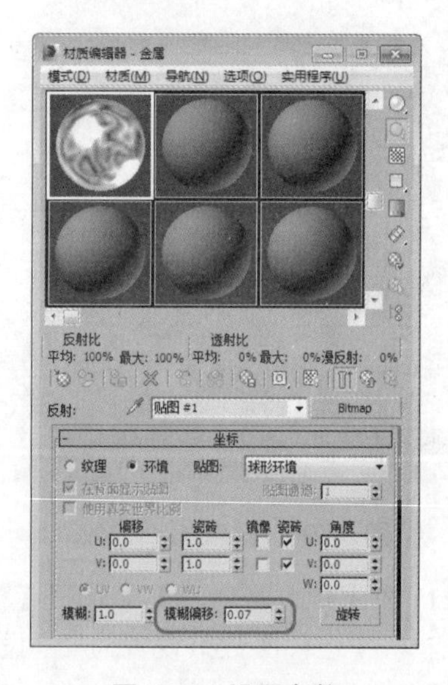

图 3.75　设置参数

(15) 在场景中选择 Cirde01，单击【将材质指定给选定对象】按钮。选择空白材质球，将其名称设置为皮革，展开【贴图】卷展栏，单击【漫反射颜色】右侧【无】按钮，在弹出的对话框中单击【位图】按钮，再在弹出的对话框中选择随书附带光盘中的 CDROM\Map\皮革 0017.jpg，取消勾选【使用真实世界比例】复选框，将【平铺】下的 U、V 都设置为 2，单击【转到父对象】按钮，将【高光级别】、【光泽度】分别设置

为 75、31，将【漫反射颜色】右侧的贴图拖曳至【凹凸】右侧的【无】按钮，在弹出的对话框中选中【实例】单选按钮，单击【确定】按钮，将【凹凸】的数量设置为 100，如图 3.76 所示。

(16) 在场景中选择 Arc001 和 Arc002，单击【将材质指定给选定对象】按钮，将材质指定给 Arc001 和 Arc002。选择【创建】|【几何体】|【长方体】工具，在【顶】视图中创建【长度】、【宽度】、【高度】分别设置为 400、600、1.0，并调整其位置并将其颜色设置为白色，设置完成后的效果如图 3.77 所示。

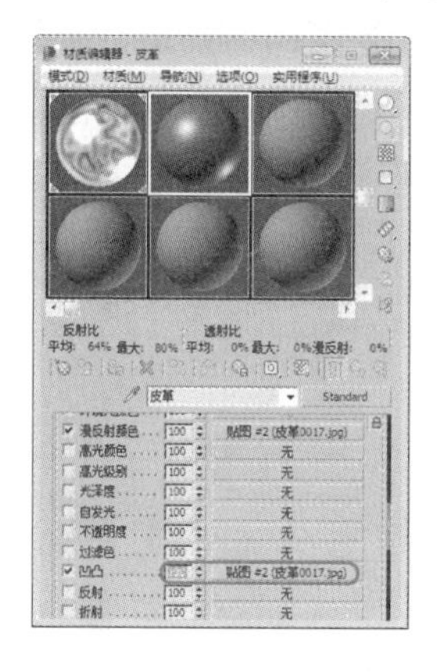

图 3.76　材质编辑器

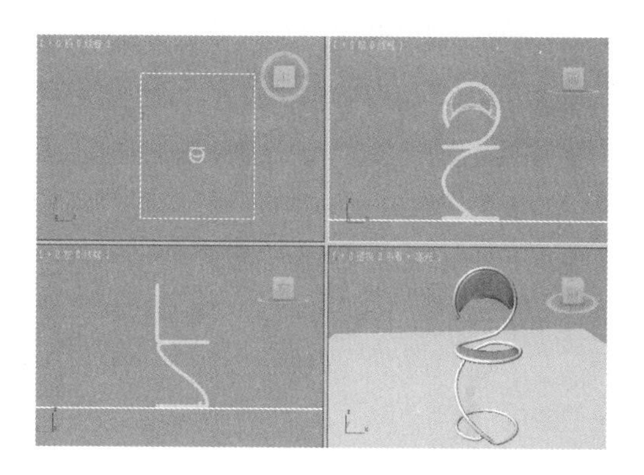

图 3.77　设置完成后的效果

(17) 选择【创建】|【摄影机】|【目标】摄影机，在【顶】视图中创建摄影机，激活【透视】视图，按 C 键将其转换为【摄影机】视图，并在其他视图调整其位置，调整完成后的效果如图 3.78 所示。

(18) 选择【创建】|【灯光】|【标准】|【泛光】工具，在【顶】视图中创建泛光灯并调整其位置，在【常规参数】卷展栏取消勾选【阴影】复选框，将阴影模式设置为【光线跟踪阴影】，在【强度/颜色/衰减】卷展栏将【倍增】设置为 0.2。选择【天光】工具，在【顶】视图中创建天光并调整其位置，单击【渲染设置】按钮，弹出【渲染设置：默认扫描渲染器】对话框，选择【高级照明】选项卡，在【选择高级照明】卷展栏中选择【光跟踪器】，切换至【公用】选项卡，将输出大小设置为 960×1200，并为【摄影机】视图添加安全框，设置完成后的效果如图 3.79 所示。

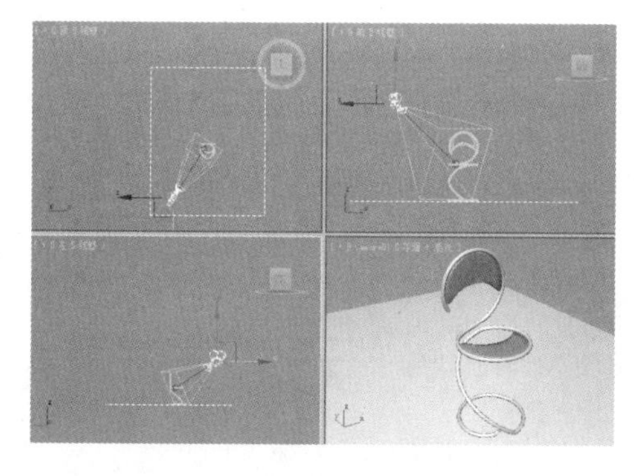

图 3.78　调整完成后的效果

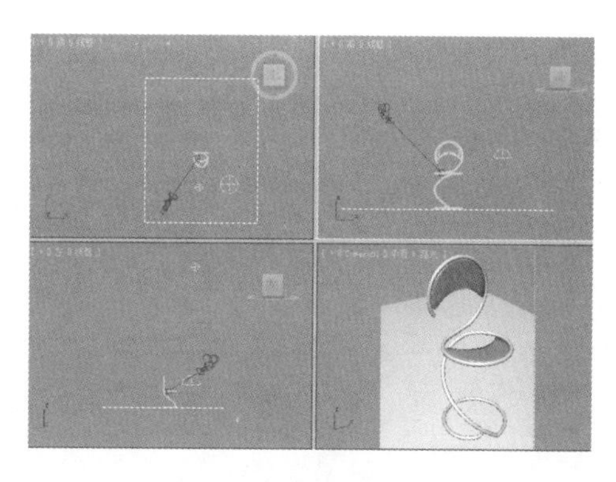

图 3.79　设置完成后的效果

(19) 激活【摄影机】视图，按 F9 键渲染场景，渲染完成后将场景进行保存。

3.10 思考与练习

1. 什么是二维图形?

2. 二维图形是建立三维模型的一个重要基础，那么二维图形在制作中具体有什么用途?

3. 介绍【创建线】按钮的具体使用方法以及如何绘制直线。

第 4 章　三维模型的创建

本章通过介绍具体操作方法和操作过程，使初学者切实掌握创建模型的基本技能。通过本章的学习，读者可以对三维模型的创建有个初步的了解。

4.1　认识三维模型

点、线、面构成几何图形，而众多几何图形相互连接则构成了三维模型。在 3ds Max 2014 中提供了创建三维模型的更简单快捷的方法，即通过命令面板下的创建工具在视图中拖曳就可以制作出漂亮的基本三维模型。

三维模型是三维动画制作中的主要模型，它的种类也是多种多样的，而制作三维模型的过程即是建模的过程。在基本三维模型的基础上通过多边形建模、面片建模及 NURBS 建模等方法可以组合成复杂的三维模型。如图 4.1 所示，这幅室内效果图便是用其中的多边形建模的方法完成的。

图 4.1　使用三维建模技术制作的三维室内效果图

4.2　几何体的调整

几何体的创建非常简单，只要选中创建工具然后在视窗中单击并拖曳，重复几次即可完成。

在创建简单模型之前我们先来认识一下创建命令面板。【创建】命令面板是其中最复杂的一个命令面板，内容巨大，分支众多，仅在【几何体】的次级分类项目里就有标准基本体、扩展基本体、复合对象、粒子系统、面片栅格、NURBS 曲面、门、窗、Mental ray、AEC 扩展、动力学对象、楼梯等十余种基本类型，同时又有【创建方法】、【对象类型】、【名称和颜色】、【键盘输入】、【参数】等参数控制卷展栏，如图 4.2 所示。

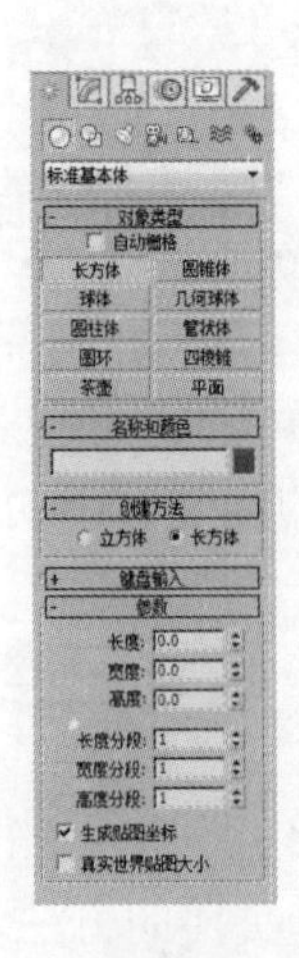

图 4.2 创建命令面板

1. 创建几何体的工具

在【对象类型】卷展栏下以按钮方式列出了所有可用的工具，单击相应工具按钮就可以建立相应的对象，如图 4.3 所示。

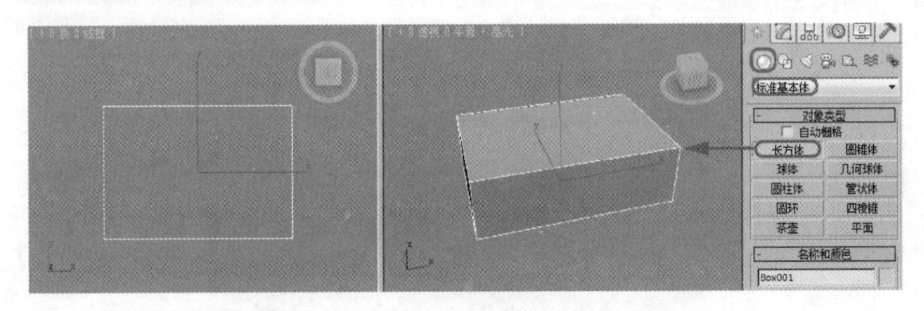

图 4.3 单击【长方体】按钮可以在场景中创建长方体

2. 对象的名称和颜色

在【名称和颜色】卷展栏下，左框显示对象名称，一般在视图中创建一个物体，系统会自动赋予一个表示自身类型的名称，如 Box01、Sphere03 等，同时允许自定义对象名称。名称右侧的颜色块显示对象颜色，单击它可以调出【对象颜色】对话框，如图 4.4 所示，在此可以为对象定义颜色。

3. 精确创建

一般都是使用拖曳的方式创建物体，这样创建的物体的参数以及位置等往往不会一次性达到要求，还需要对它的参数和位置进行修改。除此之外，还可以通过直接在【键盘输入】卷展栏中输入对象的坐标值以及参数来创建对象，输入完成后单击【创建】按钮，具有精确尺寸的造型就呈现在你所安排的视图坐标点上。其中【圆柱体】的【键盘输入】卷展栏如图 4.5 所示。

4. 参数的修改

在命令面板中，每一个创建工具都有自己的可调节参数，这些参数可以在第 1 次创建对象时在创建命令面板中直接进行修改，也可以在【修改】命令面板中修改。通过修改这些参数可以产生不同形态的几何体，如锥体工具就可以产生圆锥、棱锥、圆台、棱台等。大多数工具都有切片参数控制，允许像切蛋糕一样切割物体，从而产生不完整的几何体。

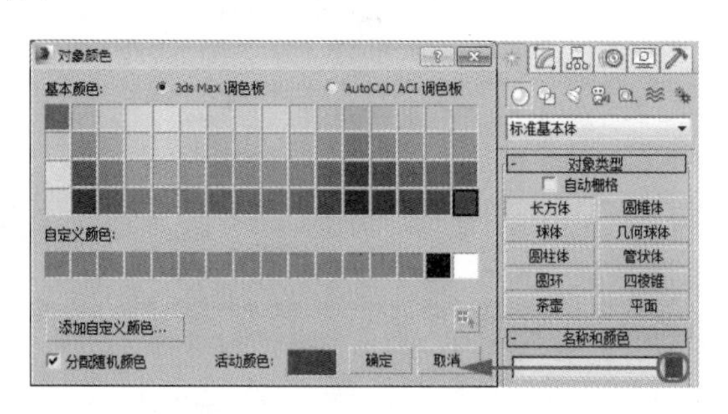

图 4.4　【对象颜色】对话框

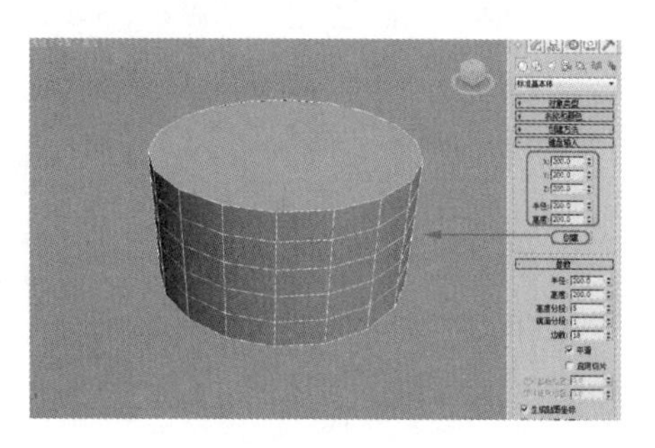

图 4.5　圆柱体的【键盘输入】卷展栏

4.3　标准基本体的创建

标准基本体非常容易建立，只要单击并拖曳鼠标指针，交替几次即可完成；或通过键盘输入来建立。建立标准的几何体是 3ds Max 的基础，一定要把它学扎实。

【标准基本体】面板如图 4.6 所示。其中各工具按钮介绍如下。

- 【长方体】：用于建立长方体的造型。
- 【球体】：用于建立球体的造型。
- 【圆柱体】：用于建立圆柱体的造型。
- 【圆环】：用于建立圆环的造型。
- 【茶壶】：用于建立茶壶的造型。
- 【圆锥体】：用于建立圆锥体的造型。
- 【几何球体】：用于建立简单的几何形的球面。
- 【管状体】：用于建立管状的对象造型。
- 【四棱锥】：用于建立金字塔形的造型。
- 【平面】：用于建立无厚度的平面形状。

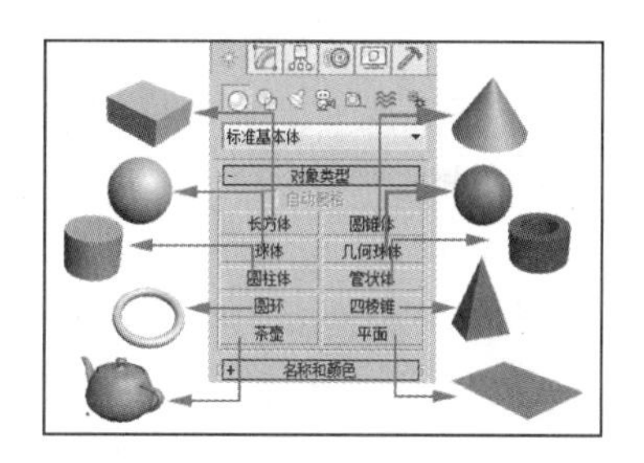

图 4.6　【标准基本体】面板

4.3.1　建立长方体造型

【长方体】工具可用来制作正六面体或矩形，如图 4.7 所示。其中，长、宽、高数值控制立方体的形状，如果只输入其中的两个数值，则产生矩形平面。片段划分可以产生栅格立方体，多用于修改加工原型物体，如波浪平面、山脉地形等。

(1) 选择【创建】|【几何体】|【长方体】按钮，在【顶】视图中拖曳出方体对象的长宽后单击【确定】按钮。

(2) 移动鼠标指针，拖曳出立方体的高度。

(3) 单击完成制作。

提 示

配合 Ctrl 键可以建立以正方形为底面的立方体。

在【创建方法】卷展栏下选中【立方体】单选按钮可以直接创建正方体模型。

完成对象的创建后，可在命令面板中对其参数进行修改，如图 4.8 所示。

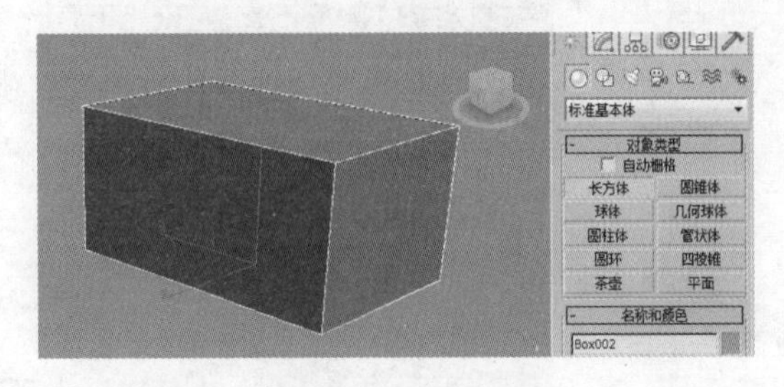

图 4.7 长方体

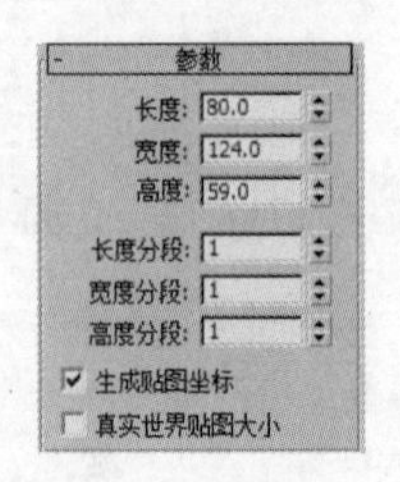

图 4.8 长方体设置参数

【长方体】工具各项参数的功能介绍如下。

- 长/宽/高：确定三边的长度。
- 分段数：控制长、宽、高三边的片段划分数。
- 【生成贴图坐标】：自动指定贴图坐标。
- 【真实世界贴图大小】：勾选该复选框，贴图大小将由绝对尺寸决定，与对象的相对尺寸无关；若不勾选，则贴图大小符合创建对象的尺寸。

4.3.2 建立球体造型

【球体】工具可用来制作球体，通过修改参数可以制作局部球体(包括半球体)，如图 4.9 所示。

选择【创建】 |【几何体】 |【球体】按钮即可在视图中创建球体。

(1) 在视图中拖曳，拉出球体。

(2) 释放鼠标，完成球体的制作。

(3) 修改参数，制作不同形状的球体。

【球体】工具的【参数】面板如图 4.10 所示，各项参数的功能介绍如下。

- 【半径】：设置半径大小。
- 【分段】：设置表面划分的段数，值越高，表面越光滑，造型也越复杂。

图 4.9 球体

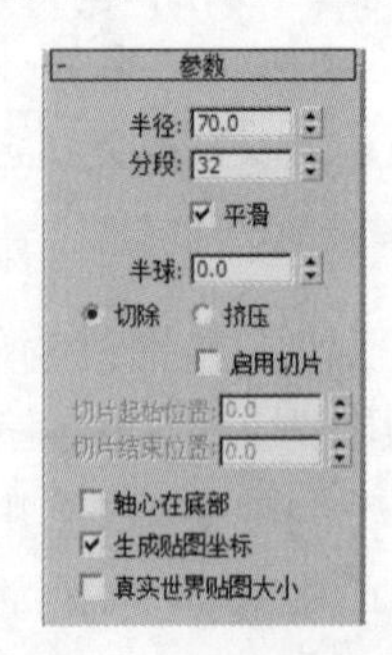

图 4.10 球体设置参数

- 【平滑】：是否对球体表面进行自动平滑处理(默认为开启)。
- 【半球】：值的范围由 0～1，默认为 0.0，表示建立完整的球体；增加数值，球体被逐渐减去；值为 0.5 时，制作出半球体；值为 1.0 时，什么都没有了。
- 【切除】：通过在半球断开时将球体中的顶点和面【切除】来减少它们的数量。默认设置为启用。
- 【挤压】：保持原始球体中的顶点数和面数，将几何体向着球体的顶部“挤压”，直到体积越来越小。
- 【轴心在底部】：在建立球体时，默认方式球体轴心设置在球体的正中央，勾选此复选框会将轴心设置在球体的底部。
- 【生成贴图坐标】：生成将与贴图材质应用于球体的坐标。默认设置为启用。
- 【真实世界贴图大小】：控制应用于该对象的纹理贴图材质所使用的缩放方法。默认设置为禁用状态。

4.3.3　建立圆柱体造型

使用【创建】|【几何体】|【圆柱体】工具可以制作圆柱体。通过修改参数可以制作出棱柱体、局部圆柱或棱柱体，如图 4.11 所示。

(1) 在视图中单击并拖曳鼠标，拉出底面圆形，释放鼠标后移动鼠标指针确定柱体的高度。

(2) 单击完成柱体的制作。

(3) 调节参数改变柱体类型。

【圆柱体】工具的【参数】面板如图 4.12 所示，各项参数的功能介绍如下。

- 【半径】：底面和顶面的半径。

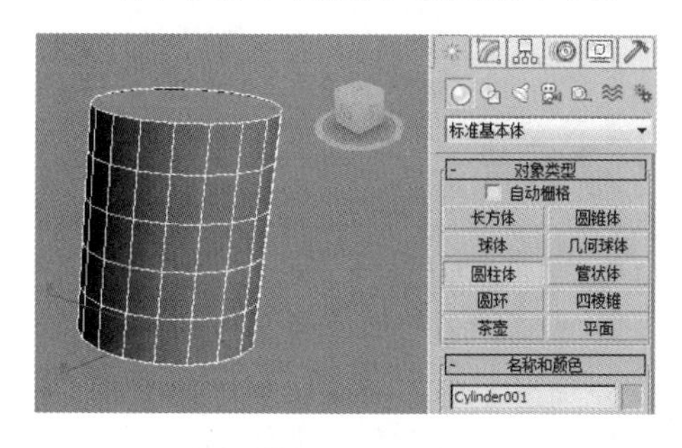

图 4.11　圆柱体

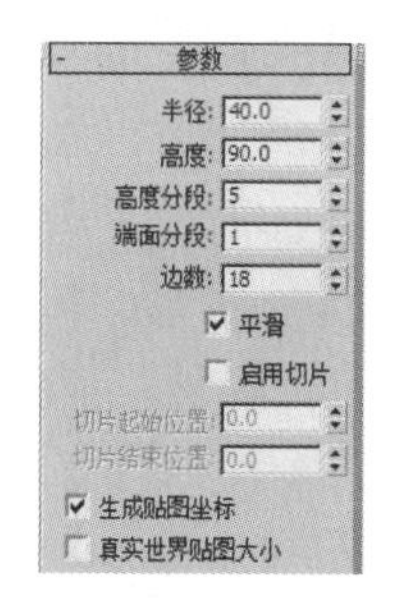

图 4.12　圆柱体设置参数

- 【高度】：确定柱体的高度。
- 【高度分段】：确定柱体在高度上的分段数。如果要弯曲柱体，高的分段数可以产生光滑的弯曲效果。
- 【端面分段】：设置围绕圆柱体顶部和底部的中心的同心分段数量。
- 【边数】：确定圆周上的片段划分数(即棱柱的边数)，对于圆柱体，边数越多越光滑。
- 【平滑】：是否在建立柱体的同时进行表面自动光滑，对圆柱体而言应将它选中，对棱柱体要将它取消选中。

- 【启用切片】：设置是否开启切片设置，选中它，可以在下面的微调框中调节柱体局部切片的大小。
- 【切片起始位置】/【切片结束位置】：控制沿柱体轴切片的度数。

4.3.4 建立圆环造型

【圆环】工具可用来制作立体的圆环，截面为正多边形，通过对正多边形边数、光滑度以及旋转等参数的控制来产生不同的圆环效果，调整切片参数可以制作局部的一段圆环，如图 4.13 所示。

选择【创建】|【几何体】|【圆环】按钮即可在视图中创建圆环模型。

(1) 在视图中拖曳鼠标指针，拉出一级圆环。

(2) 释放左键后移动鼠标指针，确定二级圆环，单击完成圆环的制作。

(3) 设置参数控制调整圆环效果。

【圆环】工具的【参数】面板如图 4.14 所示，各项参数的功能介绍如下。

- 【半径 1】：设置圆环中心与截面正多边形的中心距离。
- 【半径 2】：设置截面正多边形的内径。
- 【旋转】：设置每一片段截面沿圆环轴旋转的角度，如果进行扭曲设置或以不光滑表面着色，可以看到它的效果。
- 【扭曲】：设置每个截面扭曲的度数，产生扭曲的表面。
- 【分段】：确定圆周上片段划分的数目，值越大，得到的圆形越光滑，较小的值可以制作几何棱环，例如台球桌上的三角框。
- 【边数】：设置圆环截面的平滑度。变数越大越光滑。
- 【平滑】：设置光滑属性。
    - ◆ 【全部】：对整个表面进行光滑处理。
    - ◆ 【侧面】：光滑相邻面的边界。
    - ◆ 【无】：不进行光滑处理。
    - ◆ 【分段】：光滑每个独立的片段。
- 【启用切片】：是否进行切片设置。勾选此复选框可激活下面的选项，制作局部的圆环。
- 【切片起始位置】/【切片结束位置】：分别设置切片两端切除的幅度。

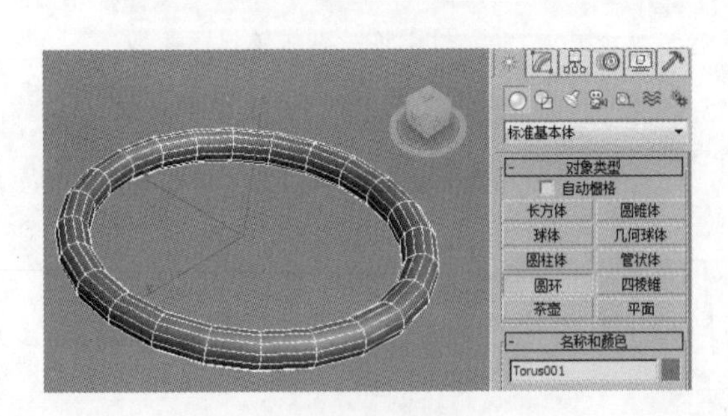

图 4.13 圆环

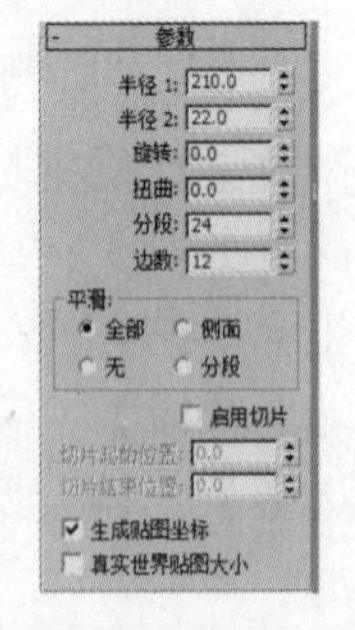

图 4.14 圆环设置参数

4.3.5　建立茶壶造型

茶壶因为它复杂弯曲的表面特别适合材质的测试以及渲染效果的评比，可以说是计算机图形学中的经典模型。用【茶壶】工具可以建立一只标准的茶壶造型，或者建立茶壶造型的一部分(如壶盖、壶嘴等)，如图 4.15 所示。

【茶壶】工具的【参数】面板如图 4.16 所示，各项参数的功能介绍如下。

- 【半径】：确定茶壶的大小。
- 【分段】：确定茶壶表面的划分精度，值越高，表面越细腻。
- 【平滑】：确定是否自动进行表面光滑。
- 【茶壶部件】：设置茶壶各部分的取舍，分为【壶体】、【壶把】、【壶嘴】、【壶盖】4 部分，在默认情况下，将启用所有部件，从而生成完整茶壶。

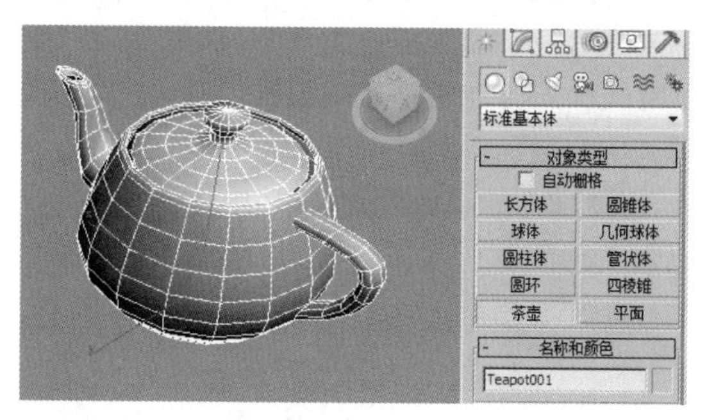

图 4.15　茶壶

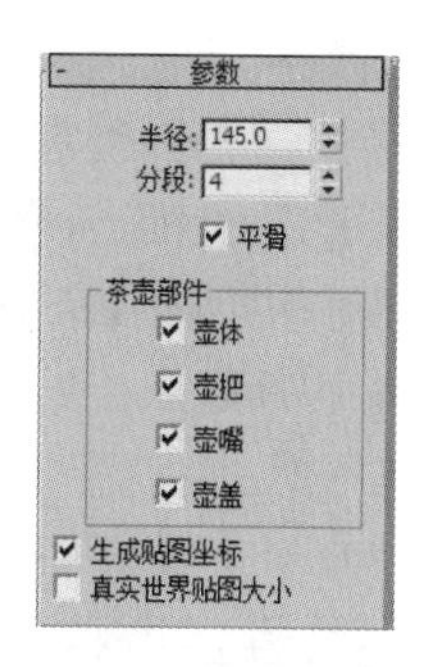

图 4.16　茶壶设置参数

4.3.6　建立圆锥体造型

【圆锥体】工具可以用来制作圆锥、圆台、棱锥、棱台，或者它们的局部(其中包括圆柱、棱柱体)，但用【圆柱体】工具更方便，也包括【四棱锥体】和【三棱柱体】工具，如图 4.17 所示。这是一个制作能力比较强大的建模工具。

选择【创建】|【几何体】|【圆锥体】按钮即可在视图中创建圆锥体，具体操作步骤如下。

(1)　在【顶】视图中拖动鼠标指针，拉出圆锥体的一级半径。

(2)　释放鼠标左键并向上移动，生成圆锥体的高。

(3)　向圆锥体的内侧或外侧拖曳鼠标指针，拉出圆锥体的二级半径。

(4)　单击完成圆锥体的创建。

【圆锥体】工具的【参数】面板如图 4.18 所示，各项参数的功能介绍如下。

- 【半径 1】/【半径 2】：分别设置锥体两个端面(顶面的底面)的半径。如果两个值都不为 0，则产生圆台或棱台体；如果有一个值为 0，则产生锥体；如果两值相等，则产生柱体。
- 【高度】：确定锥体的高度。
- 【高度分段】：设置锥体高度上的划分段数。
- 【端面分段】：设置两端平面沿半径辐射的片段划分数。

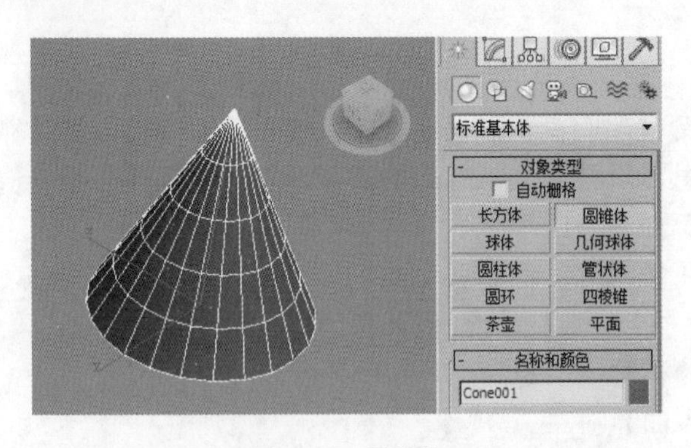

图 4.17　圆锥体

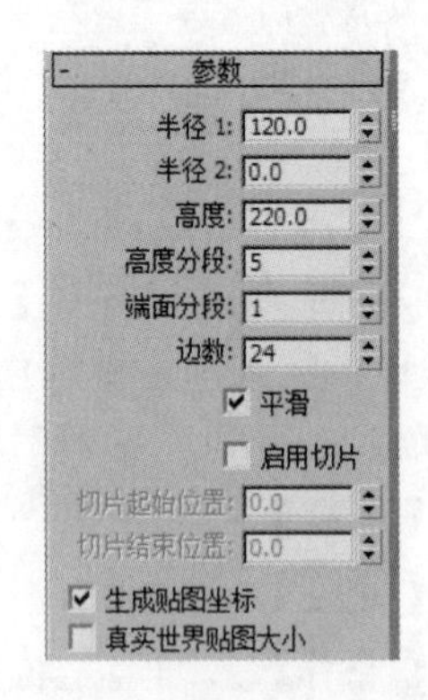

图 4.18　圆锥体设置参数

- 【边数】：设置端面圆周上的片段划分数。值越高，锥体越光滑。对棱锥来说，边数决定它属于几棱锥。
- 【平滑】：确定是否进行表面光滑处理。勾选它，产生圆锥、圆台；取消勾选，则产生棱锥、棱台。
- 【启用切片】：确定是否进行局部切片处理，制作不完整的锥体。
- 【切片起始位置】/【切片结束位置】：分别设定切片局部的起始和终止幅度。

4.3.7　建立几何球体造型

使用【几何球体】工具可以建立由三角面拼接而成的球体或半球体，如图 4.19 所示。它不像球体那样可以控制切片局部的大小。几何球体的长处在于：在点面数一致的情况下，几何球体比球体更光滑；它是由三角面拼接组成的，在进行面的分离特技时(如爆炸)，可以分解成三角面或标准四面体、八面体等。

【几何球体】工具的【参数】面板如图 4.20 所示，各项参数的功能介绍如下。

- 【半径】：确定几何球体的半径大小。

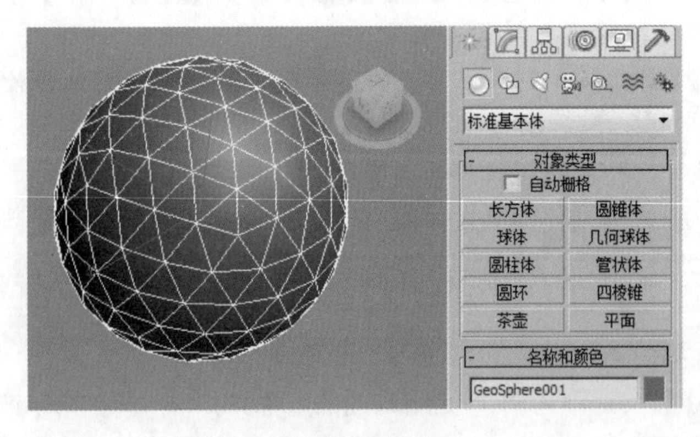

图 4.19　几何球体

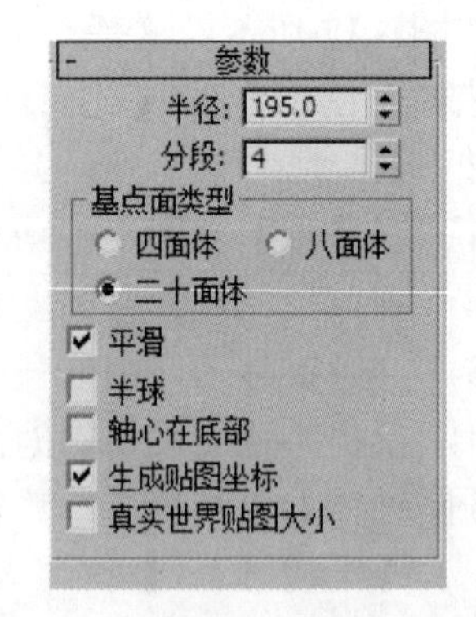

图 4.20　几何球体设置参数

- 【分段】：设置球体表面的划分复杂度，值越大，三角面越多，球体也越光滑。
- 【基点面类型】：确定由哪种类型的多面体组合成球体，包括【四面体】、【八面体】和【二十面体】，如图 4.21 所示。
- 【平滑】：确定是否进行表面光滑处理。

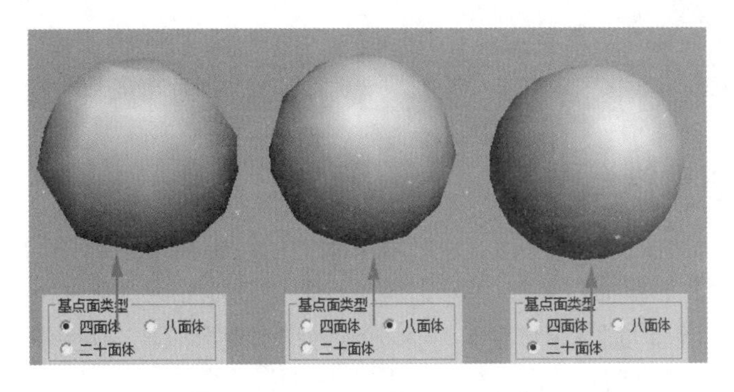

图 4.21　3 种不同类型的几何球体

- 【半球】：确定是否制作半球体。
- 【轴心在底部】：设置球体的轴心点位置在球体底部。该复选框对半球体不产生作用。

4.3.8　建立管状体造型

【管状体】工具用来建立各种空心管状物体，包括圆管、棱管以及局部圆管，如图 4.22 所示。其具体操作方法如下。

(1) 选择【创建】|【几何体】|【管状体】按钮，在视图中拖曳鼠标拉出一个圆形线圈。

(2) 释放鼠标左键后拖曳鼠标指针，确定圆环的大小。单击并拖曳鼠标指针，确定圆管的高度。

(3) 单击后完成圆管的制作。

【管状体】工具的【参数】面板如图 4.23 所示，各项参数的功能介绍如下。

- 【半径 1】/【半径 2】：分别确定圆管的内径和外径大小。

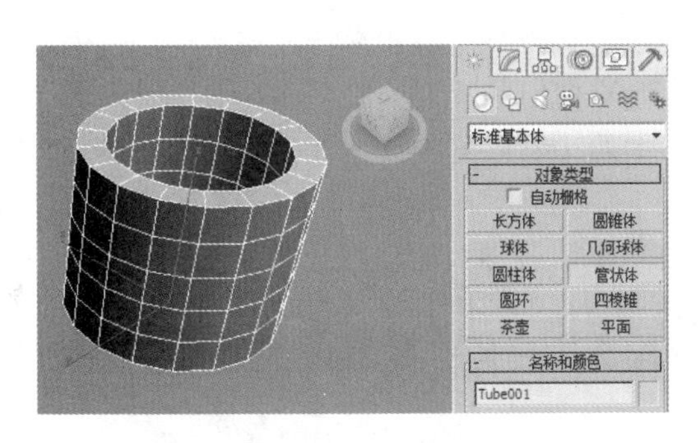

图 4.22　管状体

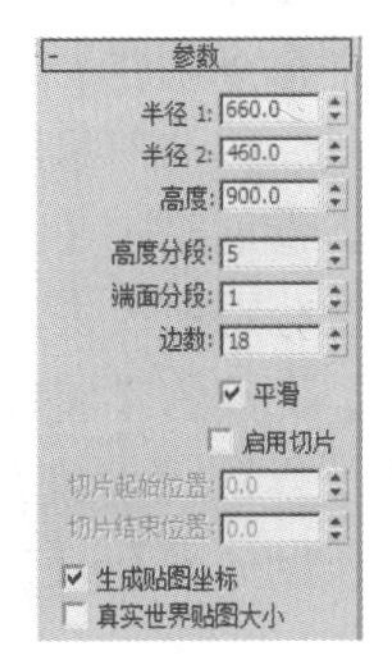

图 4.23　管状体设置参数

- 【高度】：确定圆管的高度。
- 【高度分段】：确定圆管高度上的片段划分数。
- 【端面分段】：确定上下底面沿半径轴的分段数目。
- 【边数】：设置圆周上边数的多少。值越大，圆管越光滑；对圆管来说，边数值决定它属于几棱管。
- 【平滑】：对圆管的表面进行光滑处理。

- 【启用切片】：确定是否进行局部圆管切片。
- 【切片起始位置】/【切片结束位置】：分别限制切片局部的幅度。

4.3.9 建立四棱锥造型

【四棱锥】工具用于建立类似于金字塔形状的四棱锥模型，如图 4.24 所示。【四棱锥】工具的【参数】面板如图 4.25 所示，各项参数的功能介绍如下。

- 【宽度】/【深度】/【高度】：分别确定底面矩形的长、宽以及锥体的高。
- 【宽度分段】/【深度分段】/【高度分段】：确定 3 个轴向片段的划分数。

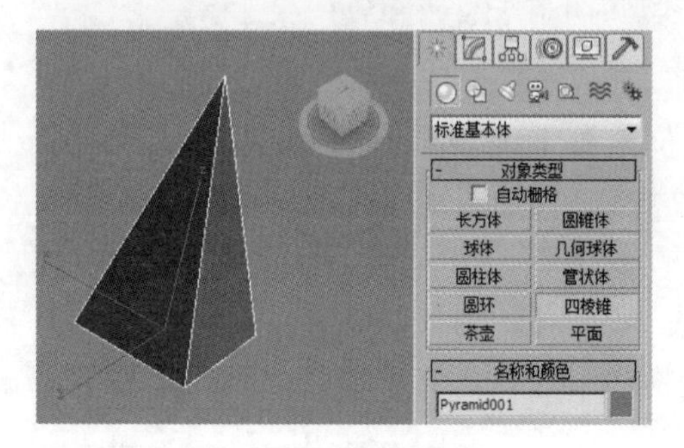

图 4.24 四棱锥

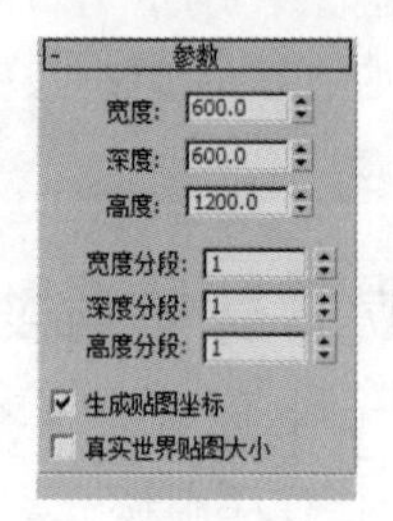

图 4.25 四棱锥设置参数

提 示

在制作底面矩形时，配合 Ctrl 键可以建立底面为正方体的四棱锥。

4.3.10 建立平面造型

【平面】工具用于创建平面，如图 4.26 所示，它是制造崎岖山脉的最好工具。与使用【长方体】命令创建平面物体相比较，【平面】命令显得非常特殊与实用。首先是使用【平面】工具制作的对象没有厚度；其次也允许使用参数来控制平面在渲染时的大小，如果将【参数】卷展栏中【渲染倍增】选项组中的【缩放】参数设置为 2，则在渲染时输出平面的长、宽分别被放大了 2 倍。

【平面】工具的【参数】面板如图 4.27 所示，各参数的功能介绍如下。

- 【长度】/【宽度】：确定长和宽两个边缘的长度。
- 【长度分段】/【宽度分段】：控制长和宽两个边上的片段划分数。

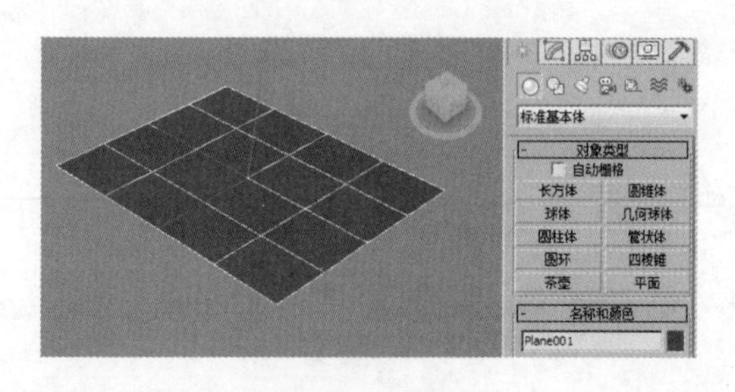

图 4.26 平面

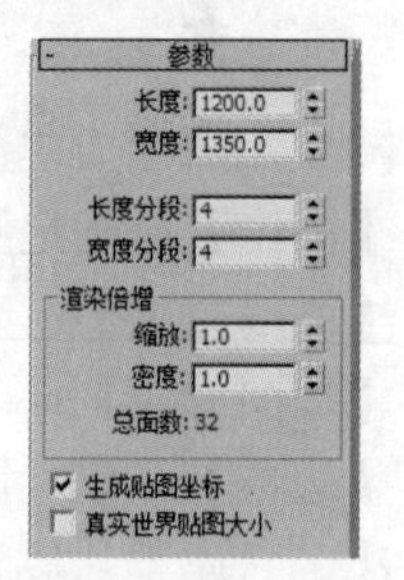

图 4.27 平面设置参数

- 【渲染倍增】：设置渲染效果缩放值。
- 【缩放】：设置当前平面在渲染过程中缩放的倍数。
- 【密度】：设置平面对象在渲染过程中的精细程度的倍数，值越大，平面将越精细。

4.4　建筑模型的创建

下面介绍建筑模型的创建。

4.4.1　建立门造型

使用提供的门模型可以控制门外观的细节，还可以将门设置为打开、部分打开或关闭，以及设置打开的动画。

1. 枢轴门

枢轴门只在一侧用铰链接合。还可以将门制作成双门，该门具有两个门元素，每个元素在其外边缘处用铰链接合，如图 4.28 所示。

创建枢轴门的具体操作步骤如下。

(1) 选择【创建】|【几何体】|【门】|【枢轴门】按钮。

(2) 在【顶】视图中拖曳出门的宽度，释放左键后移动鼠标指针调整门的高度，再次单击，创建枢轴门模型。

(3) 在卷展栏中设置门的参数，如图 4.29 所示。

图 4.28　枢轴门

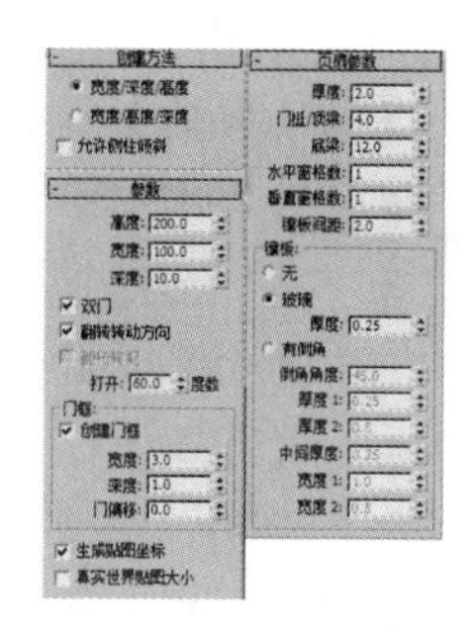

图 4.29　枢轴门设置参数

各项参数的具体功能介绍如下。

- 【创建方法】卷展栏
  - 【宽度/深度/高度】：前两个点定义门的宽度和门脚的角度。通过在视图中拖曳来设置这些点。第一个点(在拖曳之前单击并按住的点)定义单枢轴门和折叠门(两个侧柱在双门上都有铰链，而推拉门没有铰链)的铰链上的点。第二个点(拖曳后在其上释放左键的点)定义门的宽度以及从一个侧柱到另一个侧柱的方向。这样，就可以在放置门时使其与墙开口对齐。第三个点(移动鼠标指针后单击的点)指定门的深度。第四个点(再次移动鼠标指针后单击的点)指定高度。

◆ 【宽度/高度/深度】：与【宽度/深度/高度】单选按钮的作用方式相似，只是最后两个点首先创建高度，然后创建深度。
◆ 【允许侧柱倾斜】：勾选此选项，可以创建倾斜的门。默认为禁用状态。

注 意

该选项只有在启用 3D 捕捉功能后才生效，通过捕捉构造平面之外的点，创建倾斜的门。

- 【参数】卷展栏
  ◆ 【高度】：设置门装置的总体高度。
  ◆ 【宽度】：设置门装置的总体宽度。
  ◆ 【深度】：设置门装置的总体深度。
  ◆ 【双门】：勾选该复选框，所创建的门为对开双门。
  ◆ 【翻转转动方向】：勾选该复选框，将更改门转动的方向。
  ◆ 【翻转转枢】：在与门相对的位置上放置门转枢。此选项不能用于双门。
  ◆ 【打开】：使用枢轴门时，指定以角度为单位的门打开的程度。使用推拉门和折叠门时，指定门打开的百分比。
  ◆ 【门框】选项区：包含用于门框的控件。打开或关闭门时，门框不会移动。
  ◆ 【创建门框】：默认为勾选，以显示门框。取消勾选此复选框可以在视图中不显示门框。
  ◆ 【宽度】：设置门框与墙平行的宽度。只有勾选了【创建门框】复选框时可用。
  ◆ 【深度】：设置门框与墙投影的深度。只有勾选了【创建门框】复选框时可用。
  ◆ 【门偏移】：设置门相对于门框的位置。只有勾选了【创建门框】复选框时可用。
- 【页扇参数】卷展栏
  ◆ 【厚度】：设置门的厚度。
  ◆ 【门挺/顶梁】：设置顶部和两侧的面板框的宽度。仅当门是面板类型时，才会显示此设置。
  ◆ 【底梁】：设置门脚处的面板框的宽度。仅当门是面板类型时，才会显示此设置。
  ◆ 【水平窗格数】：设置面板沿水平轴划分的数量。
  ◆ 【垂直窗格数】：设置面板沿垂直轴划分的数量。
  ◆ 【镶板间距】：设置面板之间的间隔宽度。
  ◆ 【无】：门没有面板。
  ◆ 【玻璃】：创建不带倒角的玻璃面板。
  ◆ 【厚度】：设置玻璃面板的厚度。
  ◆ 【有倒角】：选中此单选按钮可以使创建的门面板具有倒角效果。
  ◆ 【倒角角度】：指定门的外部平面和面板平面之间的倒角角度。
  ◆ 【厚度 1】：设置面板的外部厚度。
  ◆ 【厚度 2】：设置倒角从该处开始的厚度。
  ◆ 【中间厚度】：设置倒角中间的厚度。

◆　【宽度 1】：设置倒角外框的宽度。

◆　【宽度 2】：设置倒角内框的宽度。

2. 推拉门

推拉门可以进行滑动，如图 4.30 所示，就像在轨道上一样。该门有两个门元素：一个保持固定，而另一个可以移动。

创建推拉门的具体操作步骤如下。

(1) 选择【创建】|【几何体】|【门】|【推拉门】按钮。

(2) 在【顶】视图中拖曳出门的宽度，释放左键后移动鼠标指针调整门的高度，再次单击，创建推拉门模型。

(3) 在卷展栏中设置门的参数，如图 4.31 所示。

图 4.30　推拉门

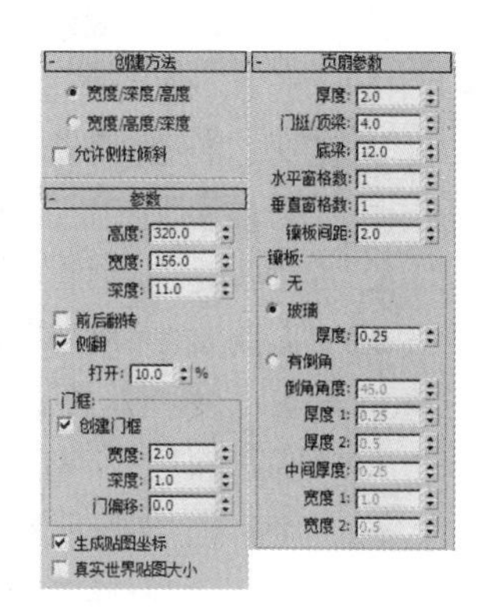

图 4.31　推拉门设置参数

推拉门的面板中的一些参数与枢轴门一样，这里就不再赘述了。只介绍【参数】卷展栏中的两个选项。

- 【前后翻转】：设置哪个元素位于前面，与默认设置相比较而言。
- 【侧翻】：将当前滑动元素更改为固定元素，反之亦然。

3. 折叠门

折叠门在中间转枢也在侧面转枢，该门有 2 个门元素。也可以将该门制作成有 4 个门元素的双门，如图 4.32 所示，其参数面板如图 4.33 所示。

图 4.32　折叠门

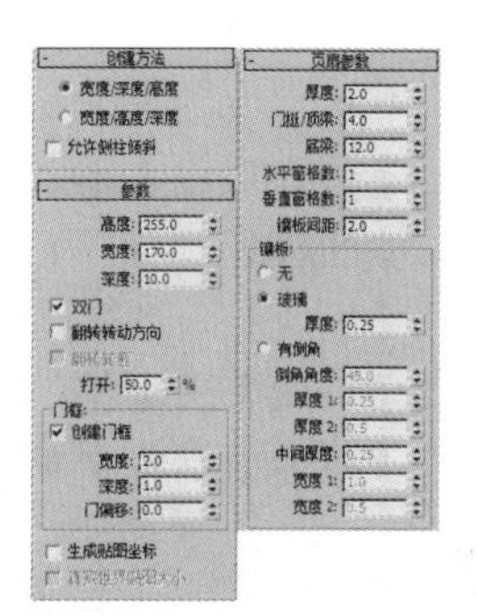

图 4.33　折叠门设置参数

【参数】卷展栏中部分选项介绍如下。

- 【双门】：将该门制作成有 4 个门元素的双门，从而在中心处汇合。
- 【翻转转动方向】：在默认情况下，以相反的方向转动门。
- 【翻转转枢】：在默认情况下，在相反的侧面转枢门。在勾选【双门】复选框的状态下，【翻转转枢】复选框不可用。

4.4.2 建立窗造型

使用窗对象，可以控制窗外观的细节。此外，还可以将窗设置为打开、部分打开或关闭，以及设置随时打开的动画，3ds Max 2014 提供了 6 种类型的窗户，它们拥有一些相同的参数，如图 4.34 所示。

各种类型窗的共用参数介绍如下。

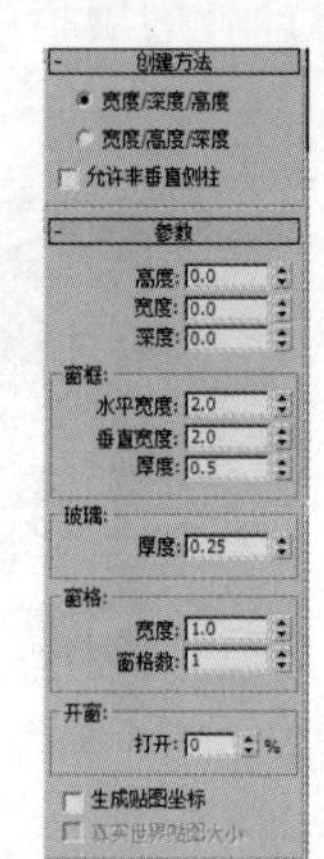

图 4.34　窗户的共用参数

- 【创建方法】卷展栏：可以使用 4 个点来定义每种类型的窗。拖曳前两个，后面两个跟随移动，然后单击，即可创建出窗户模型。设置【创建方法】卷展栏，可以确定执行这些操作时定义窗尺寸的顺序。
  - ◆ 【宽度/深度/高度】：前两个点用于定义窗底座的宽度和角度。通过在视图中拖曳鼠标来设置宽度、深度、高度，如创建窗的第一步中所述。这样，便可在放置窗时，使其与墙或开口对齐。第三个点(移动鼠标指针后单击的点)用于指定窗的深度，而第四个点(再次移动鼠标指针后单击的点)用于指定高度。
  - ◆ 【宽度/高度/深度】：与【宽度/深度/高度】选项的作用方式相似，只是最后两个点首先创建高度，然后创建深度。
  - ◆ 【允许非垂直侧柱】：勾选该复选框后可以创建倾斜窗。设置捕捉以定义构造平面之外的点。默认设置为禁用状态。
- 【参数】卷展栏。
  - ◆ 【高度】/【宽度】/【深度】：指定窗的大小。
  - ◆ 【窗框】选项组：包括 3 个选项，用于设置窗口框架。

    【水平宽度】：设置窗口框架水平部分的宽度(顶部和底部)。该设置也会影响窗宽度的玻璃部分。

    【垂直宽度】：设置窗口框架垂直部分的宽度(两侧)。该设置也会影响窗高度的玻璃部分。

    【厚度】：设置框架的厚度。该设置还可以控制窗框中遮篷或栏杆的厚度。
  - ◆ 【玻璃】选项组：用于设置窗玻璃。

    【厚度】：指定玻璃的厚度。

1. 遮篷式窗

遮篷式窗具有一个或多个可在顶部转枢的窗框，如图 4.35 所示。

遮篷式窗的参数如图 4.36 所示。

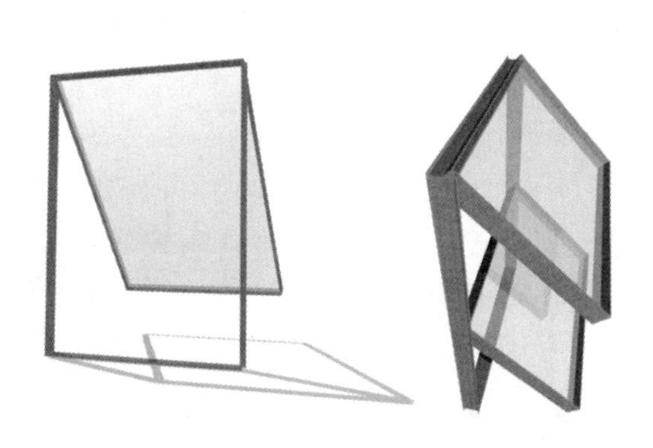

图 4.35　遮篷式窗

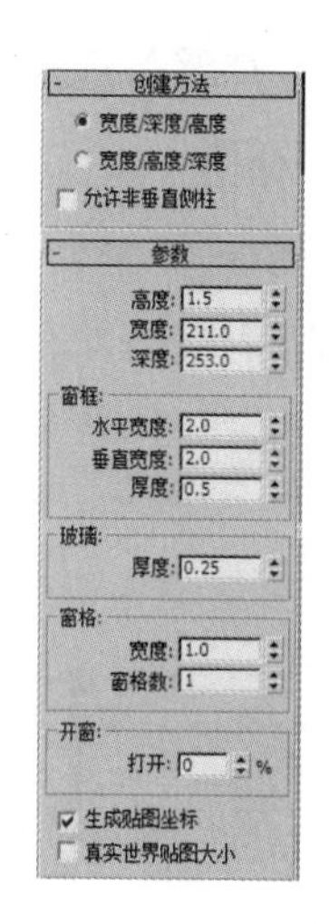

图 4.36　遮篷式窗设置参数

- 【窗格】选项组
  - 【宽度】：设置窗框中窗格的宽度(深度)。
  - 【窗格数】：设置窗中的窗框数。范围从 1～10。
- 【开窗】选项组

  【打开】：指定窗打开的百分比。此参数可设置动画。

2. 固定窗

固定窗不能打开，如图 4.37 所示，因此没有【开窗】控件。除了标准窗对象参数之外，固定窗还提供了【窗格】选项组，如图 4.38 所示。

图 4.37　固定窗

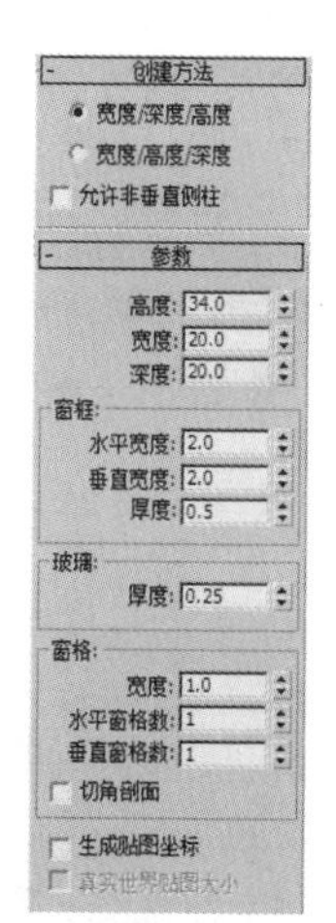

图 4.38　固定窗设置参数

- 【宽度】：设置窗框中窗格的宽度(深度)。
- 【水平窗格数】：设置窗框中水平划分的数量。
- 【垂直窗格数】：设置窗框中垂直划分的数量。
- 【切角剖面】：设置玻璃面板之间窗格的切角，就像常见的木质窗户一样。如果取消勾选【切角剖面】复选框，窗格将拥有一个矩形轮廓。

3. 伸出式窗

伸出式窗具有 3 个窗框：顶部窗框不能移动，底部的两个窗框像遮篷式窗那样旋转打开，但是打开方向相反，如图 4.39 所示。

伸出式窗的参数如图 4.40 所示。

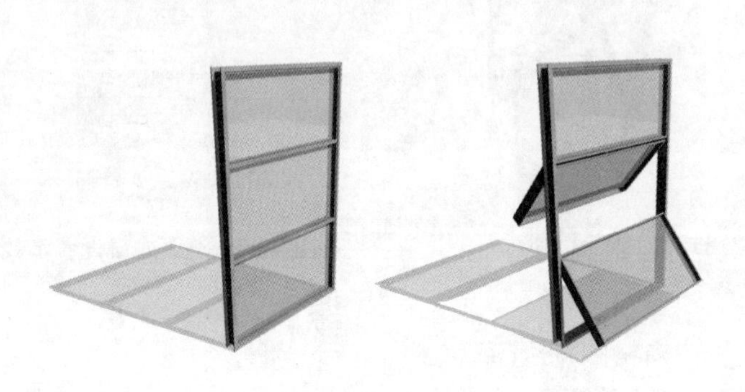

图 4.39　伸出式窗

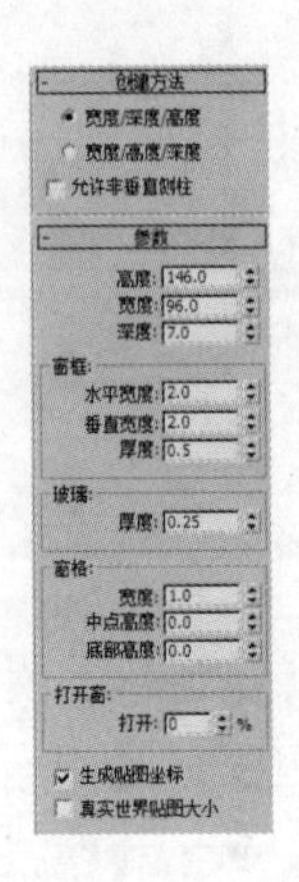

图 4.40　伸出式窗设置参数

- 【窗格】选项组
  - ◆ 【宽度】：设置窗框中窗格的宽度(深度)。
  - ◆ 【中点高度】：设置中间窗框相对于窗架的高度。
  - ◆ 【底部高度】：设置底部窗框相对于窗架的高度。
- 【打开窗】选项组

  【打开】：指定两个可移动窗框打开的百分比。此参数可设置动画。

4. 平开窗

平开窗具有一个或两个可在侧面转枢的窗框(像门一样)，如图 4.41 所示。

平开窗的参数如图 4.42 所示。

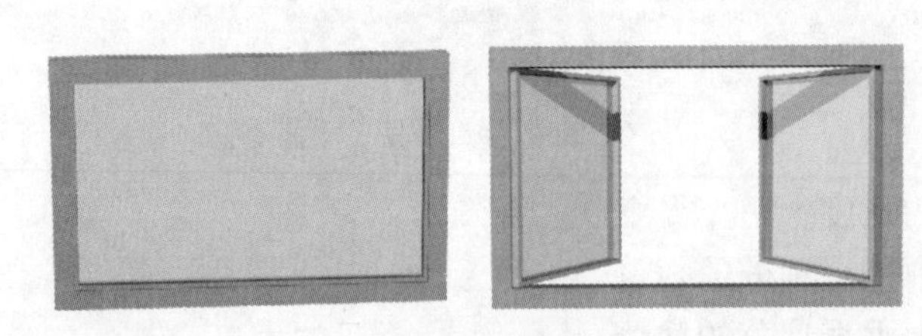

图 4.41　平开窗

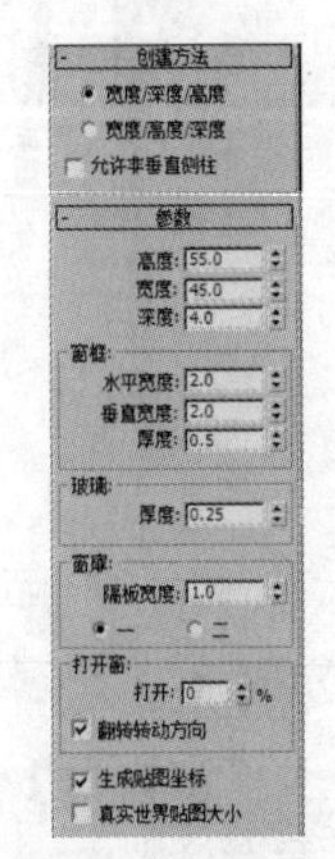

图 4.42　平开窗设置参数

- 【窗扉】选项组
  - ◆ 【隔板宽度】：在每个窗框内更改玻璃面板之间的大小。
  - ◆ 【一】/【二】：设置单扇或双扇窗户。
- 【打开窗】选项组
  - ◆ 【打开】：指定窗打开的百分比。此参数可设置动画。
  - ◆ 【翻转转动方向】：勾选此复选框可以使窗框以相反的方向打开。

5. 旋开窗

旋开窗只具有一个窗框，中间通过窗框接合，可以垂直或水平旋转打开，如图 4.43 所示。

旋开窗的参数如图 4.44 所示。

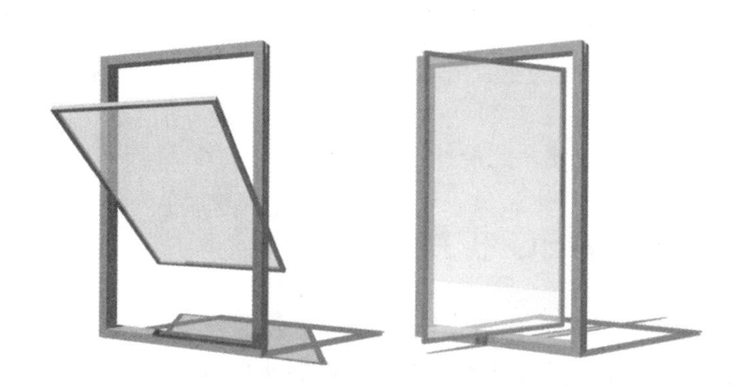

图 4.43　旋开窗

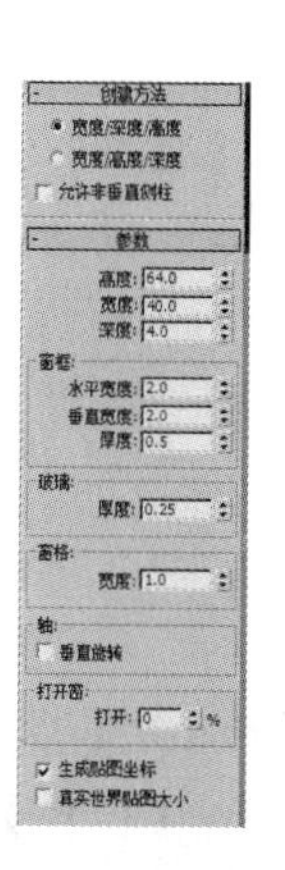

图 4.44　旋开窗设置参数

- 【窗格】选项组
  - ◆ 【宽度】：设置窗框中窗格的宽度。
- 【轴】选项组
  - ◆ 【垂直旋转】：将轴坐标从水平切换为垂直。
- 【打开窗】选项组
  - ◆ 【打开】：指定窗打开的百分比。此控件可设置动画。

6. 推拉窗

推拉窗具有两个窗框：一个是固定的窗框，一个是可移动的窗框，可以垂直移动或水平移动滑动部分，如图 4.45 所示。

推拉窗的参数如图 4.46 所示。

- 【窗格】选项组
  - ◆ 【窗格宽度】：设置窗框中窗格的宽度。
  - ◆ 【水平窗格数】：设置每个窗框中水平划分的数量。
  - ◆ 【垂直窗格数】：设置每个窗框中垂直划分的数量。
  - ◆ 【切角剖面】：设置玻璃面板之间窗格的切角，就像常见的木质窗户一样。如果取消勾选【切角剖面】复选框，窗格将拥有一个矩形轮廓。

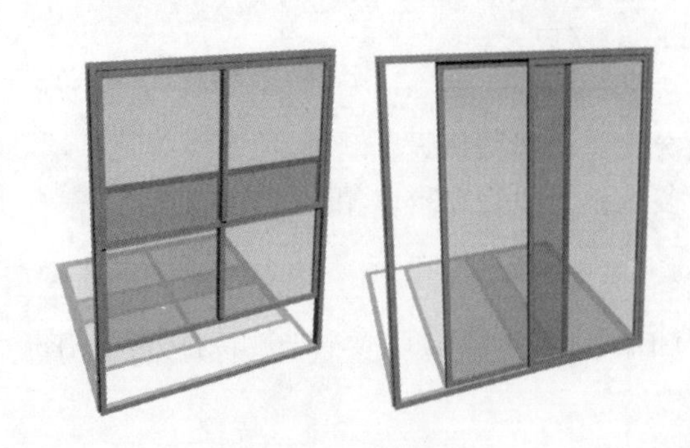

图 4.45　推拉窗

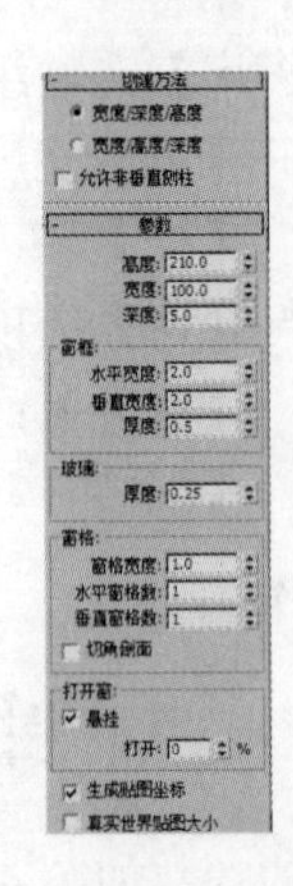

图 4.46　推拉窗设置参数

- 【打开窗】选项组
  - ◆ 【悬挂】：勾选该复选框后，窗将垂直滑动。取消勾选该复选框后，窗将水平滑动。
  - ◆ 【打开】：指定窗打开的百分比。此控件可设置动画。

4.5　AEC 扩展

【AEC 扩展】对象是专为在建筑、工程和构造领域中使用而设计的。【AEC 扩展】对象分为：【植物】、【栏杆】和【墙】。使用【植物】工具来创建平面；使用【栏杆】工具来创建栏杆和栅栏；使用【墙】工具来创建墙。

4.5.1　建立植物造型

使用【植物】工具可产生各种植物对象，并能以网格表现快速、有效的创建植物对象。可通过参数的调整，改变植物的高度、密度、修剪等。

要将植物添加到场景中，可执行以下操作步骤。

(1) 选择【创建】 |【几何体】 |【AEC 扩展】|【植物】命令。

(2) 单击【收藏的植物】卷展栏中的【植物库】按钮，打开【配置调色板】对话框。

(3) 双击要添加至调色板或从调色板中删除的每行植物，然后单击【确定】按钮。

(4) 在【收藏的植物】卷展栏中，选择植物并将该植物拖曳到视图中的某个位置。或者在卷展栏中选择植物，然后在视图中单击以放置植物。

(5) 在【参数】卷展栏中，单击【新建】按钮以改变植物的不同种子变体。

(6) 在【参数】卷展栏中，可以调整其他参数以改变植物的元素，如叶子、果实、树枝等。

【植物】对象中各组件的参数介绍如下。

【名称和颜色】卷展栏：通过该卷展栏，可以设置植物对象的名称、颜色和默认材质，如图 4.47 所示。

【收藏的植物】卷展栏：该卷展栏中有 3ds Max 2014 自带的 13 种植物造型，如

图 4.48 所示。在【收藏的植物】卷展栏中单击【植物库...】按钮，打开【配置调色板】对话框，里面有植物对象的详细信息。

图 4.47　【名称和颜色】卷展栏

图 4.48　【收藏的植物】卷展栏

- 【自动材质】：勾选该复选框可以为植物指定默认材质。
- 【植物库...】：单击此按钮可弹出【配置调色板】对话框。无论植物是否处于调色板中，在此都可以查看可用植物的信息，包括其名称、学名、类型、描述和每个对象近似的面数量。还可以向调色板中添加植物以及从调色板中删除植物、清空调色板(即从调色板中删除所有植物)，如图 4.49 所示。

【参数】卷展栏：用于设置植物的外貌，如图 4.50 所示。

- 【高度】：控制植物的近似高度。

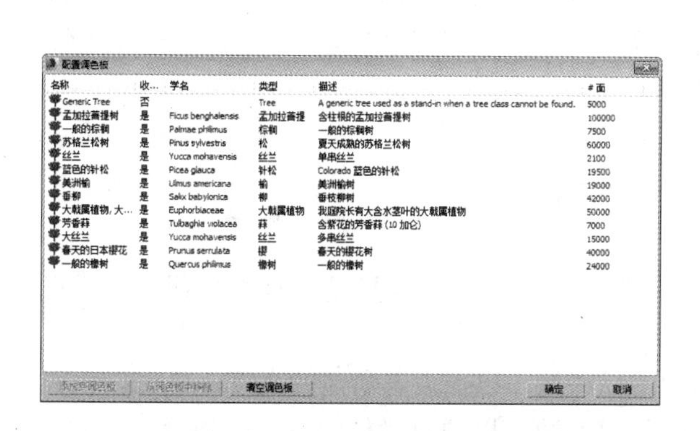

图 4.49　【配置调色板】对话框

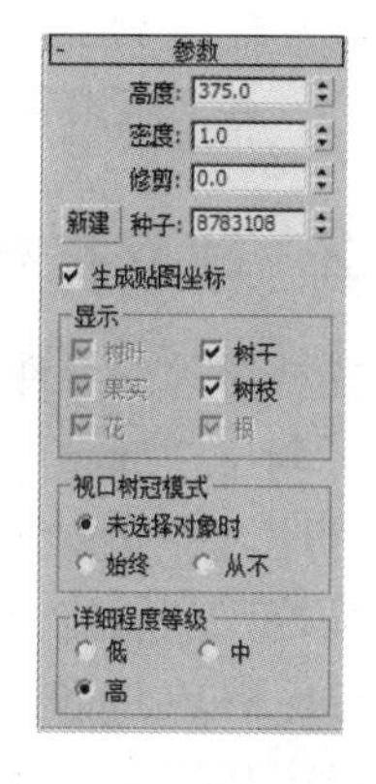

图 4.50　【参数】卷展栏

- 【密度】：控制植物上叶子和花朵的数量。值为 1 表示植物具有全部的叶子和花；值为 0.5 表示植物具有一半的叶子和花；值为 0 表示植物没有叶子和花，如图 4.51 所示。
- 【修剪】：只适用于具有树枝的植物。修剪参数将控制植物的修剪程度。值为 0 表示不进行修剪；值为 0.5 表示根据一个比构造平面高出一半高度的平面进行修剪；值为 1 表示尽可能修剪植物上的所有树枝。3ds Max 从植物上修剪何物取决于植物的种类。如果是树干，则永远不会进行修剪，如图 4.52 所示。

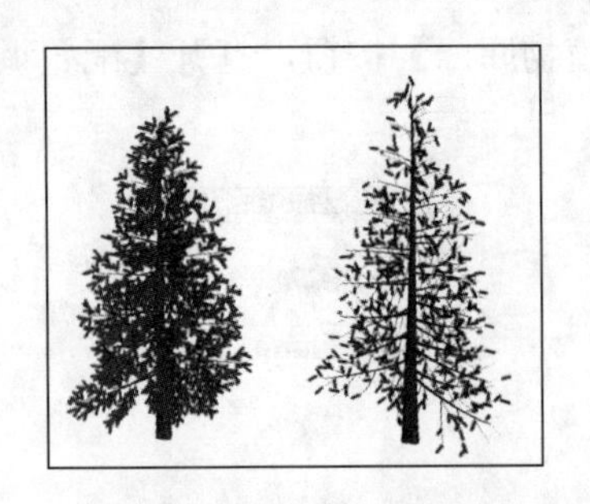

图 4.51　不同密度的树

图 4.52　不同修剪参数的树

- 【新建】：单击该按钮可显示当前植物的随机变体。
- 【种子】：介于 0 与 16 777 215 之间的值，表示当前植物可能的树枝变体、叶子位置以及树干的形状与角度。
- 【显示】选项组：控制植物的叶子、果实、花、树干、树枝和根的显示。选项是否可以使用取决于所选的植物种类。
- 【视口树冠模式】选项组：用于设置显示植物的方式。
  - ◆ 【未选择对象时】：未选择植物时以树冠模式显示植物。
  - ◆ 【始终】：始终以树冠模式显示植物。
  - ◆ 【从不】：从不以树冠模式显示植物。3ds Max 将显示植物的所有特性。
- 【详细程度等级】选项组：控制植物的渲染级别。
  - ◆ 【低】：以最低的细节级别渲染植物树冠。
  - ◆ 【中】：对减少了面数的植物进行渲染。3ds Max 减少面数的方式因植物而异，但通常的做法是删除植物中较小的元素，或减少树枝和树干中的面数。
  - ◆ 【高】：以最高的细节级别渲染植物的所有面。

4.5.2　建立栏杆造型

栏杆对象的组件包括栏杆、立柱和栅栏步骤。

要创建栏杆，可执行以下操作。

(1) 选择【创建】 |【几何体】 |【AEC 扩展】|【栏杆】按钮，在视图中单击并将栏杆拖曳至所需的长度。

(2) 释放左键，然后垂直移动鼠标指针，以便设置所需的高度，单击以完成。

(3) 如果需要的话，可以更改任何参数，以便对栏杆的分段、长度、剖面、深度、宽度和高度进行调整。

【栏杆】对象中各组件的参数介绍如下。

【栏杆】卷展栏如图 4.53 所示。

- 【拾取栏杆路径】：单击该按钮，然后单击视图中的样条线，可以将其用作栏杆路径。3ds Max 2014 中将样条线用作应用栏杆对象时所遵循的路径。
- 【分段】：设置栏杆对象的分段数。只有使用栏杆路径时，才能使用该微调框。
- 【匹配拐角】：在栏杆中放置拐角，以便与栏杆路径的拐角相符。

- 【长度】：设置栏杆对象的长度。拖曳鼠标指针时，长度会显示在微调框中。
- 【上围栏】选项组：可以生成上栏杆组件。
  - ◆ 【剖面】：设置上栏杆的横截面形状。
  - ◆ 【深度】：设置上栏杆的深度。
  - ◆ 【宽度】：设置上栏杆的宽度。
  - ◆ 【高度】：设置上栏杆的高度。创建时，可以使用视图中的鼠标指针将上栏杆拖曳至所需的高度。或者，可以通过键盘或使用微调框输入所需的高度。
- 【下围栏】选项组：控制下栏杆的剖面、深度和宽度以及其间的间隔。使用【下围栏间距】按钮，可以指定所需的下栏杆数。
- 【下围栏间距】按钮：设置下围栏的间距。单击该按钮时，将会显示【下围栏间距】对话框。在【下围栏间距】对话框中使用【计数】选项可以指定所需的下栏杆数。

【立柱】卷展栏：控制立柱的剖面、深度、宽度和延长以及其间的间隔。使用【立柱间距】按钮，可以指定所需的立柱数，如图 4.54 所示。

- 【延长】：设置立柱在上栏杆底部的延长量。
- 【立柱间距】：设置立柱的间距。单击该按钮时，将会显示【立柱间距】对话框。使用【计数】选项指定所需的立柱数。

【栅栏】卷展栏如图 4.55 所示。

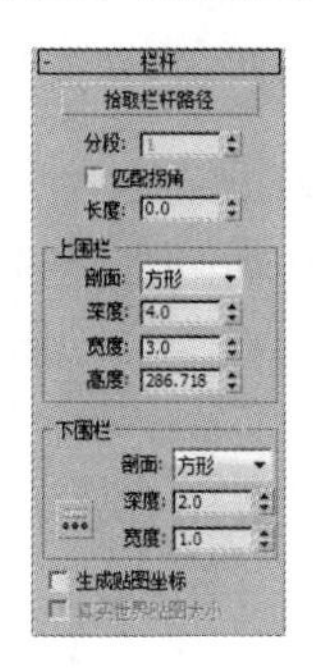

图 4.53　【栏杆】卷展栏

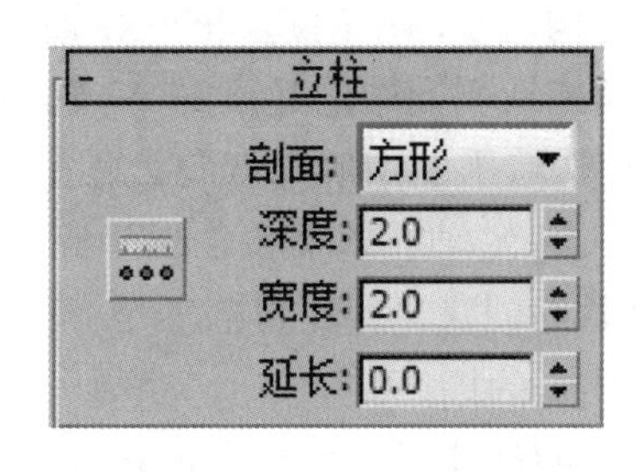

图 4.54　【立柱】卷展栏

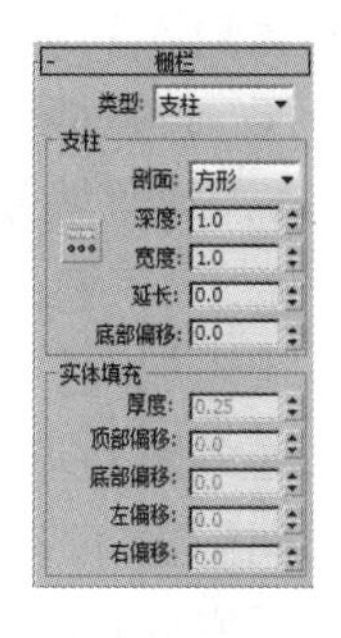

图 4.55　【栅栏】卷展栏

- 【类型】：设置立柱之间的栅栏类型：【无】、【支柱】或【实体填充】。
- 【支柱】选项组：控制支柱的剖面、深度和宽度以及其间的间隔。
  【底部偏移】：设置支柱与栏杆对象底部的偏移量。
- 【支柱间距】按钮：设置支柱的间距。单击该按钮时，将会显示【支柱间距】对话框。在【支柱间距】对话框中使用【计数】选项可以指定所需的支柱数。
- 【实体填充】选项组：控制立柱之间实体填充的厚度和偏移量。只有将【类型】设置为【实体】时，才能使用该选项组。
  - ◆ 【厚度】：设置实体填充的厚度。
  - ◆ 【顶部偏移】：设置实体填充与上栏杆底部的偏移量。
  - ◆ 【底部偏移】：设置实体填充与栏杆对象底部的偏移量。
  - ◆ 【左偏移】：设置实体填充与相邻左侧立柱之间的偏移量。
  - ◆ 【右偏移】：设置实体填充与相邻右侧立柱之间的偏移量。

4.5.3 建立墙造型

墙对象由 3 个子对象类型构成，这些对象类型可以在修改面板中进行修改。与编辑样条线的方式类似，同样也可以编辑墙对象，其顶点、分段以及轮廓。可以在任何视图中创建墙，但顶点墙只能使用【透视】、【摄影机】或【顶】视图创建。

要创建墙，可执行以下操作步骤。

(1) 设置墙的【宽度】、【高度】和【对齐】参数。

(2) 在视图中单击后移动鼠标指针，以设置所需的墙分段长度，然后再次单击。

此时，将会创建墙分段。可以右击结束墙的创建，或者继续创建另一个墙分段。

(3) 要添加另一个墙分段，请移动鼠标指针，以设置下一个墙分段的长度，然后再次单击。

如果通过结束分段在同一个墙对象的其他分段的端点创建房间，3ds Max 2014 中将会给出【是否要焊接点】对话框，如图 4.56 所示。通过该对话框，可将两个末端顶点转化为一个顶点，或者将两个末端顶点分开。

(4) 如果希望将墙分段通过该角焊接在一起，以便在移动其中一堵墙时另一堵墙也能保持与角的正确相接，则单击【是】按钮。否则，单击【否】按钮。

(5) 右击以结束墙的创建，或继续添加更多的墙分段。

【墙】对象中各组件的参数介绍如下。

【键盘输入】卷展栏如图 4.57 所示。

- X：设置墙分段在活动构造平面中的起点的 X 轴坐标位置。
- Y：设置墙分段在活动构造平面中的起点的 Y 轴坐标位置。
- Z：设置墙分段在活动构造平面中的起点的 Z 轴坐标位置。
- 【添加点】：根据输入的 X 轴、Y 轴和 Z 轴坐标值添加点。
- 【关闭】：结束墙对象的创建，并在最后一个分段的端点与第一个分段的起点之间创建分段，以形成闭合的墙。
- 【完成】：结束墙对象的创建，使之呈端点开放状态。
- 【拾取样条线】：将样条线用作墙路径。

【参数】卷展栏如图 4.58 所示。

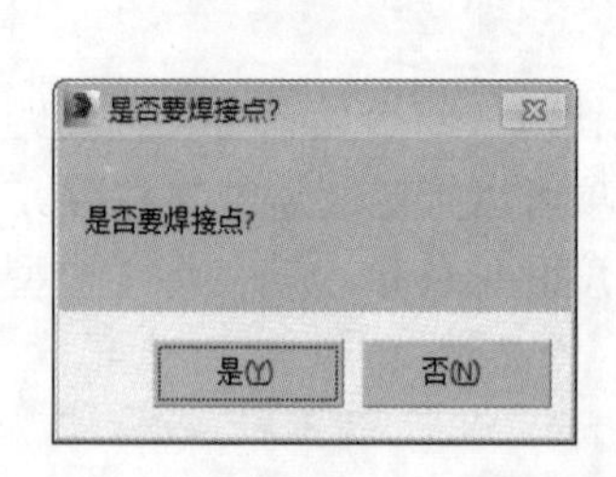

图 4.56 【是否要焊接点】对话框

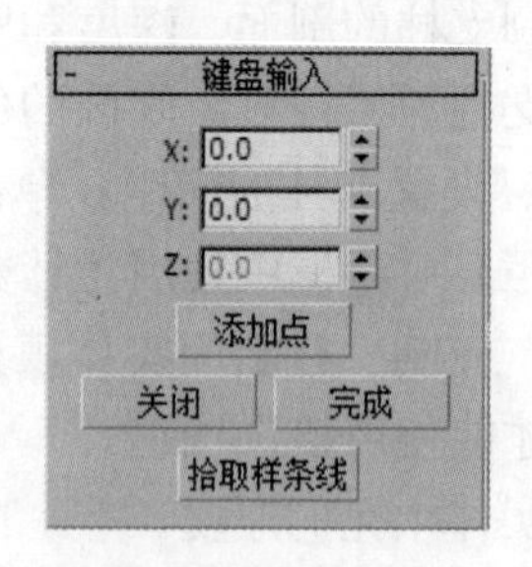

图 4.57 【键盘输入】卷展栏

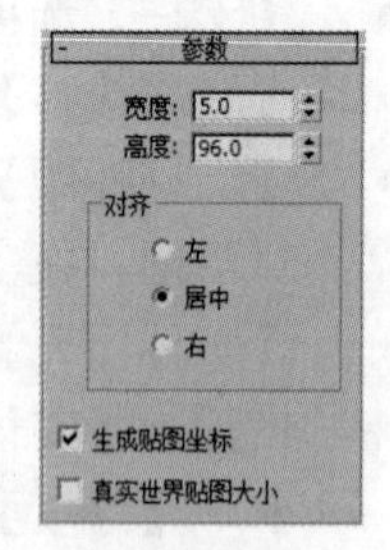

图 4.58 【参数】卷展栏

- 【宽度】：设置墙的厚度，范围从 0.01～100 000 个单位。默认设置为 5。
- 【高度】：设置墙的高度，范围从 0.01～100 000 个单位。默认设置为 96。

- 【对齐】选项组：设置墙的对齐方式。
  - ◆ 【左】：根据墙基线(墙的前边与后边之间的线，即墙的厚度)的左侧边对齐墙。如果勾选【栅格捕捉】复选框，则墙基线的左侧边将捕捉到栅格线。
  - ◆ 【居中】：根据墙基线的中心对齐。如果勾选【栅格捕捉】复选框，则墙基线的中心将捕捉到栅格线。这是默认设置。
  - ◆ 【右】：根据墙基线的右侧边对齐。如果勾选【栅格捕捉】复选框，则墙基线的右侧边将捕捉到栅格线。

4.5.4　建立楼梯造型

在 3ds Max 中可以创建 4 种不同类型的楼梯，如螺旋楼梯、直线楼梯、L 形楼梯和 U 形楼梯。

1. L 形楼梯

要创建 L 形楼梯，可执行以下操作步骤。

(1) 在任何视图中拖曳以设置第一段的长度。释放左键，然后移动光标并单击以设置第二段的长度、宽度和方向。

(2) 将鼠标指针向上或向下移动以定义楼梯的升量，然后单击结束，如图 4.59 所示。

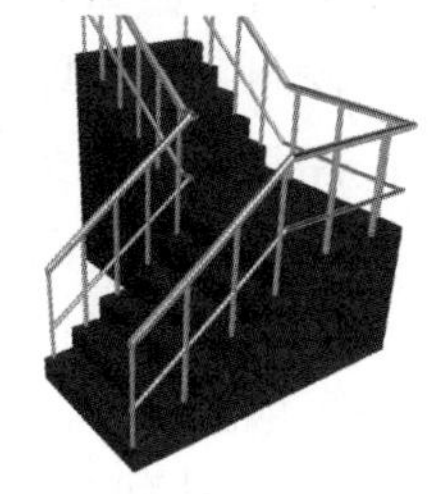

图 4.59　L 形楼梯

(3) 使用【参数】卷展栏中的选项调整楼梯。

【L 形楼梯】对象中各组件的参数介绍如下。

【参数】卷展栏如图 4.60 所示。

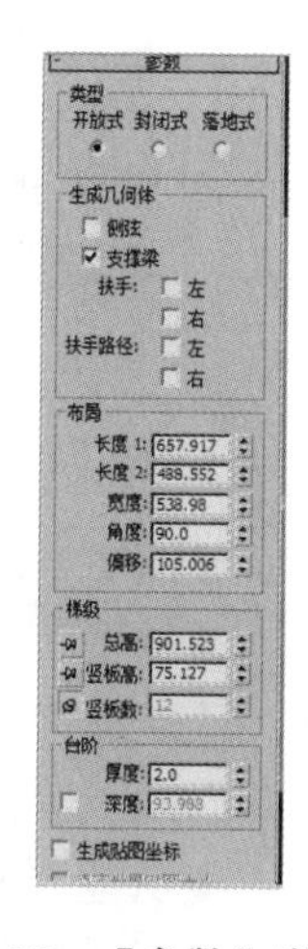

图 4.60　【参数】卷展栏

- 【类型】选项组
  - ◆ 【开放式】：创建一个开放式的梯级竖板楼梯，如图 4.59 左图所示。
  - ◆ 【封闭式】：创建一个封闭式的梯级竖板楼梯，如图 4.59 中图所示。
  - ◆ 【落地式】：创建一个带有封闭式梯级竖板和两侧有封闭式侧弦的楼梯，如图 4.59 右图所示。
- 【生成几何体】选项组
  - ◆ 【侧弦】：沿着楼梯的梯级的端点创建侧弦。
  - ◆ 【支撑梁】：在梯级下创建一个倾斜的切口梁，该梁支撑台阶或添加楼梯侧弦之间的支撑。

◆ 【扶手】：创建左扶手和右扶手。
◆ 【扶手路径】：创建楼梯上用于安装栏杆的左路径和右路径。

● 【布局】选项组
◆ 【长度 1】：控制第一段楼梯的长度。
◆ 【长度 2】：控制第二段楼梯的长度。
◆ 【宽度】：控制楼梯的宽度，包括台阶和平台。
◆ 【角度】：控制平台与第二段楼梯的角度，范围为-90 度至 90 度。
◆ 【偏移】：控制平台与第二段楼梯的距离，相应调整平台的长度。

● 【梯级】选项组
◆ 【总高】：控制楼梯段的高度。
◆ 【竖板高】：控制梯级竖板的高度。
◆ 【竖板数】：控制梯级竖板数。梯级竖板总是比台阶多一个。隐式梯级竖板位于上板和楼梯顶部台阶之间。

● 【台阶】选项组
◆ 【厚度】：控制台阶的厚度。
◆ 【深度】：控制台阶的深度。

【侧弦】卷展栏：只有在【参数】卷展栏的【生成几何体】选项组中勾选【侧弦】复选框时，这些控件才可用，如图 4.61 所示。

● 【深度】：控制侧弦离地板的深度。
● 【宽度】：控制侧弦的宽度。
● 【偏移】：控制地板与侧弦的垂直距离。
● 【从地面开始】：控制侧弦是从地面开始，还是与第一个梯级竖板的开始平齐，或是否延伸到地面以下。使用【偏移】选项可以控制侧弦延伸到地面以下的量。

【支撑梁】卷展栏：只有在【参数】卷展栏的【生成几何体】选项组中勾选【支撑梁】复选框时，这些控件才可用，如图 4.62 所示。

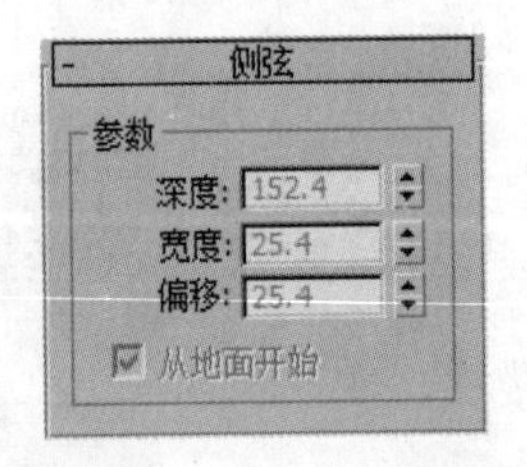

图 4.61 【侧弦】卷展栏

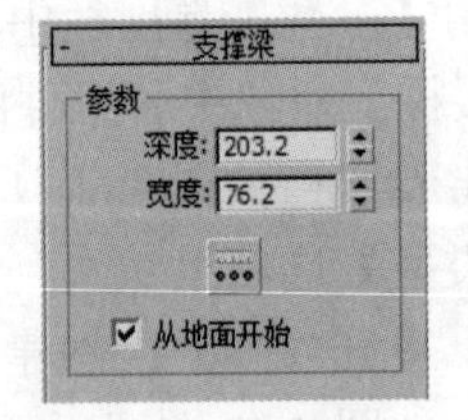

图 4.62 【支撑梁】卷展栏

● 【深度】：控制支撑梁离地面的高度。
● 【宽度】：控制支撑梁的宽度。
● 【支撑梁间距】按钮：设置支撑梁的间距。单击该按钮时，将会显示【支撑梁间距】对话框。使用【计数】选项指定所需的支撑梁数。
● 【从地面开始】：控制支撑梁是从地面开始，还是与第一个梯级竖板的开始平齐，或是否延伸到地面以下。使用【偏移】微调框可以控制支撑梁延伸到地面以下的量。

【栏杆】卷展栏：仅当在【参数】卷展栏的【生成几何体】选项组中勾选一个或多个【扶手】复选框或【扶手路径】复选框时，这些选项才可用。另外，如果勾选任何一个【扶手】复选框，则【分段】和【半径】不可用，如图 4.63 所示。

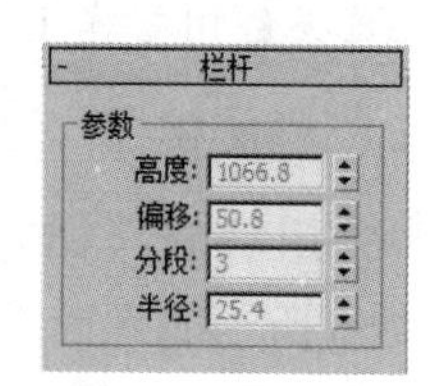

图 4.63　【栏杆】卷展栏

- 【高度】：控制栏杆离台阶的高度。
- 【偏移】：控制栏杆离台阶端点的偏移。
- 【分段】：指定栏杆中的分段数目。值越高，栏杆显得越平滑。
- 【半径】：控制栏杆的厚度。

2. 直线楼梯

使用直线楼梯对象可以创建一个简单的楼梯，侧弦、支撑梁和扶手可选。

要创建直线楼梯，可执行以下操作步骤。

(1) 在任一视图中，拖曳可设置长度。释放左键后移动指针并单击即可设置想要的宽度。

(2) 将鼠标指针向上或向下移动以定义楼梯的升量，然后单击【结束】按钮，如图 4.64 所示。

(3) 使用【参数】卷展栏中的选项调整楼梯。

其参数设置可参考 L 形楼梯的参数设置，这里不再介绍。

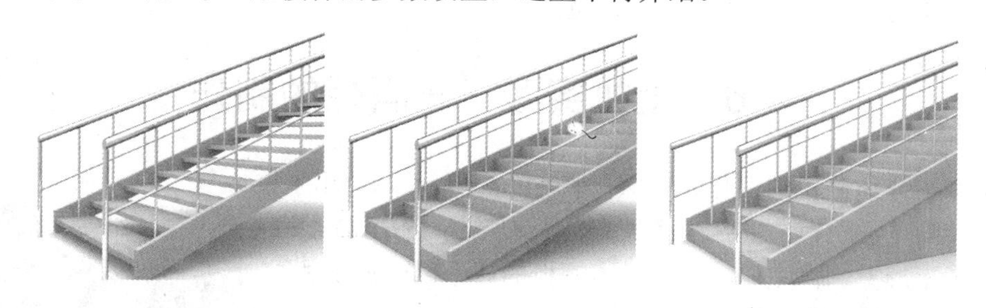

图 4.64　直线楼梯

3. U 形楼梯

要创建 U 形楼梯，可执行以下操作步骤。

(1) 在任一视图中单击并拖曳以设置第一段的长度。释放左键，然后移动指针并单击可设置平台的宽度或分隔两段的距离。

(2) 将鼠标指针向上或向下拖曳以定义楼梯的升量，然后单击结束，如图 4.65 所示。

图 4.65　U 形楼梯

(3) 使用【参数】卷展栏中的选项调整楼梯。

其参数可参考 L 形楼梯的参数设置。

4. 螺旋楼梯

使用螺旋楼梯对象可以指定旋转的半径和数量，添加侧弦和中柱，甚至更多，如图 4.66 所示的螺旋楼梯。

【参数】卷展栏中的【布局】选项组如图 4.67 所示。

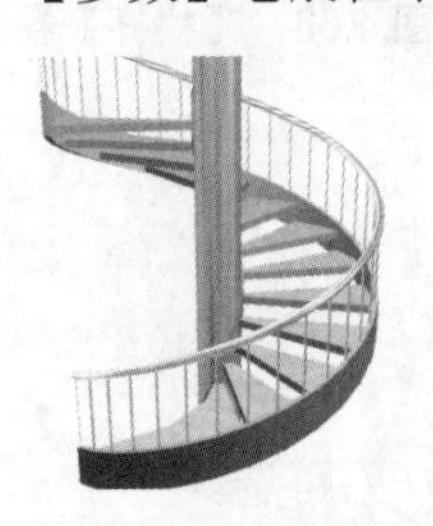

图 4.66　螺旋楼梯

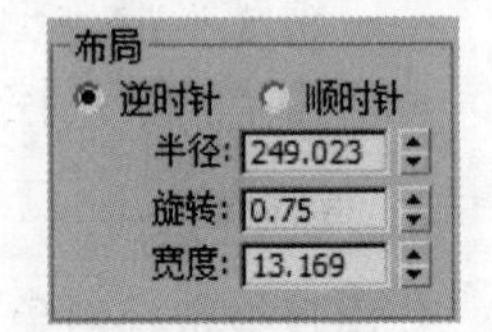

图 4.67　【布局】选项组

- 【逆时针】：使螺旋楼梯面向楼梯的右手端。
- 【顺时针】：使螺旋楼梯面向楼梯的左手端。
- 【半径】：控制螺旋的半径大小。
- 【旋转】：指定螺旋中的转数。
- 【宽度】：控制螺旋楼梯的宽度。

4.6　上机实践——酒柜的制作

本例要介绍酒柜的制作，效果如图 4.68 所示。该例的制作比较简单，酒柜主要是由【长方体】和添加【挤出】修改器的【矩形】制作完成的，最后为酒柜的各个部分添加相应的材质。其具体操作步骤如下。

图 4.68　酒柜效果图

(1) 选择【创建】|【几何体】|【长方体】工具，在【左】视图中绘制一个长方体，将【长度】设置为 327，【宽度】设置为 85，【高度】设置为 5，如图 4.69 所示。

(2) 在【左】视图中复制所绘制的长方体，然后使用相同的方法再创建一个长方体，将【长度】设置为 85，【宽度】设置为 45，【高度】设置为 4。调整视图中的长方体到适当位置，如图 4.70 所示。

(3) 切换至【前】视图，将创建的长方体进行复制并使用【选择并均匀缩放】工具将长方体适当缩放，调整后的效果如图 4.71 所示。

(4) 切换至【顶】视图，继续创建一个长方体，将其作为酒柜的顶部。【高度】设置为 6，【长度】和【宽度】的大小如图 4.72 所示。

(5) 在【前】视图中，将创建的长方体复制并使用【选择并均匀缩放】工具将长方体适当缩放，调整后的效果如图 4.73 所示。

(6) 在【前】视图中继续创建一个长方体作为底部挡板，【高度】设置为 7，【长度】和【宽度】的大小如图 4.74 所示。然后调整其位置。

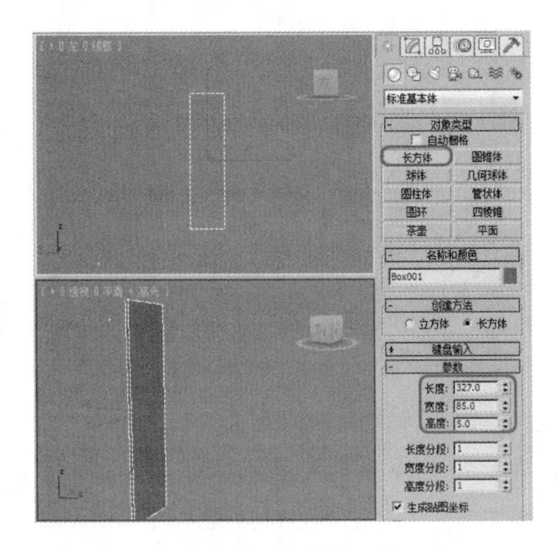

图 4.69　创建长方体

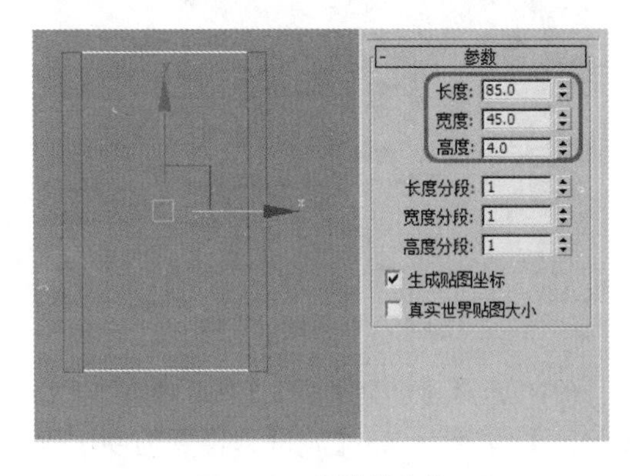

图 4.70　创建长方体

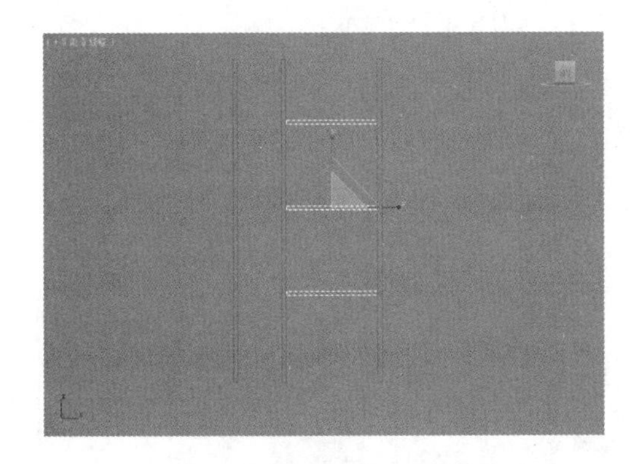

图 4.71　复制并调整长方体

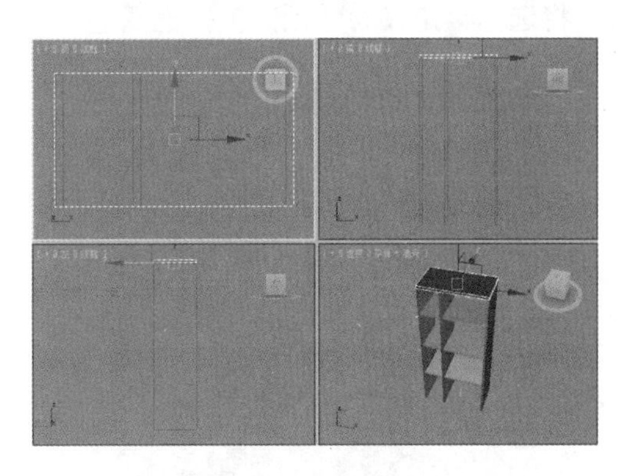

图 4.72　创建长方体

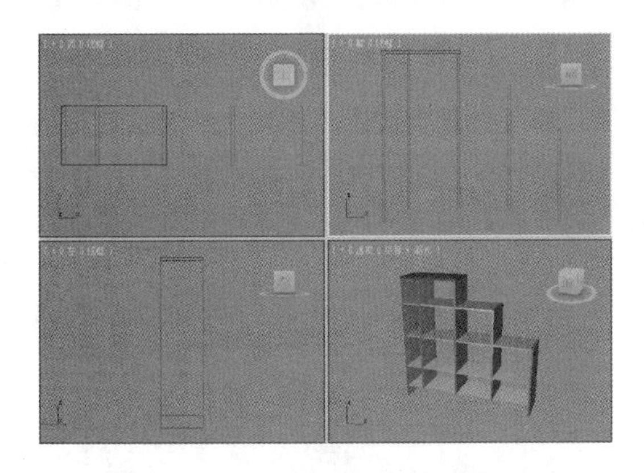

图 4.73　复制并调整长方体

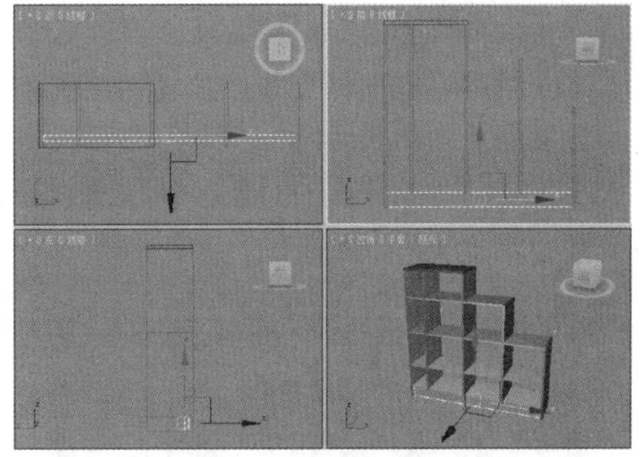

图 4.74　创建长方体

(7)　在【前】视图中，创建一个长方体作为酒柜的背面，将【高度】设置为 0，然后调整其位置，如图 4.75 所示。

(8)　按照相同的方法创建酒柜背面的其他部分并调整其到适当位置。调整后的效果如图 4.76 所示。

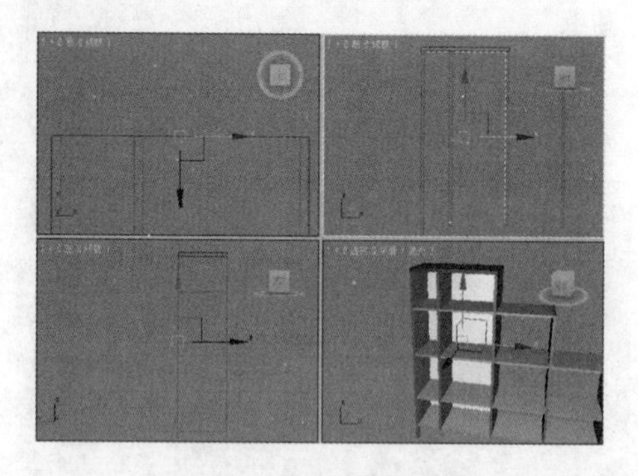

图 4.75　创建长方体

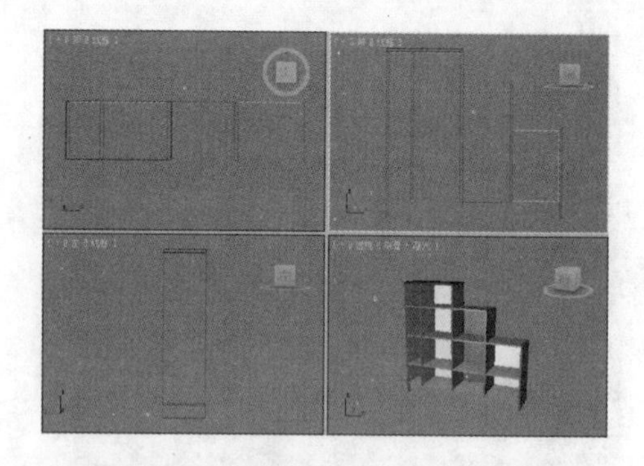

图 4.76　创建酒柜背面的其他部分

(9) 选择【创建】|【图形】|【矩形】工具，在【左】视图中绘制一个矩形，将【长度】设置为 7，【宽度】设置为 90，如图 4.77 所示。

(10) 调整矩形的位置，切换至【修改】面板，为矩形添加【编辑样条线】修改器。将选择集定义为【顶点】，然后适当调整顶点，如图 4.78 所示。

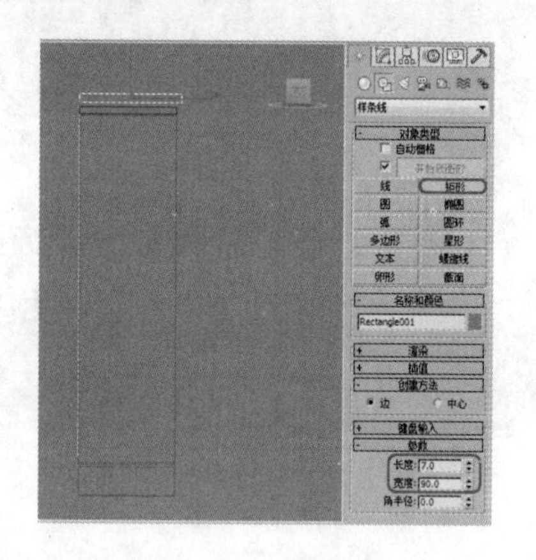

图 4.77　创建矩形

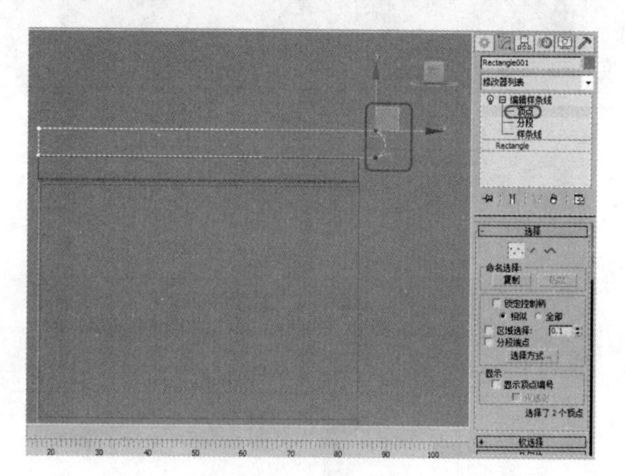

图 4.78　调整顶点

(11) 然后退出选择集并添加【挤出】修改器，将【数量】设置为适当大小并调整挤出后的对象位置，如图 4.79 所示。

(12) 复制两个挤出的对象，使用【选择并均匀缩放】工具将其缩放，然后调整到适当位置，如图 4.80 所示。

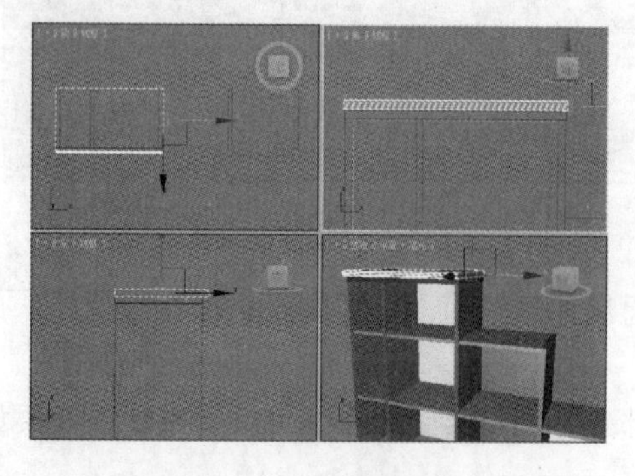

图 4.79　设置【挤出】

图 4.80　复制并调整挤出的对象

(13) 在【前】视图中，创建 4 个长方体，将其作为抽屉面，其【高度】都设置为 0，然后调整其位置，如图 4.81 所示。

(14) 选择【创建】 |【几何体】 |【圆柱体】工具，在【前】视图中的抽屉面处创建一个圆柱体，将其作为抽屉拉手。将【半径】设置为 5，【高度】设置为 3，然后调整其到适当位置，然后复制另外 3 个抽屉拉手并调整到适当位置，如图 4.82 所示。

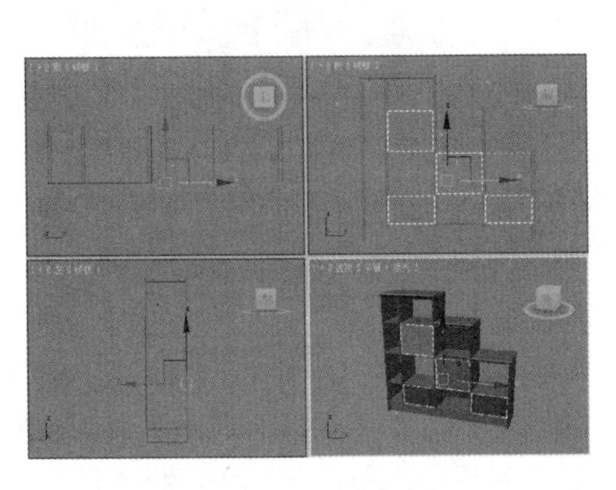

图 4.81　创建抽屉面

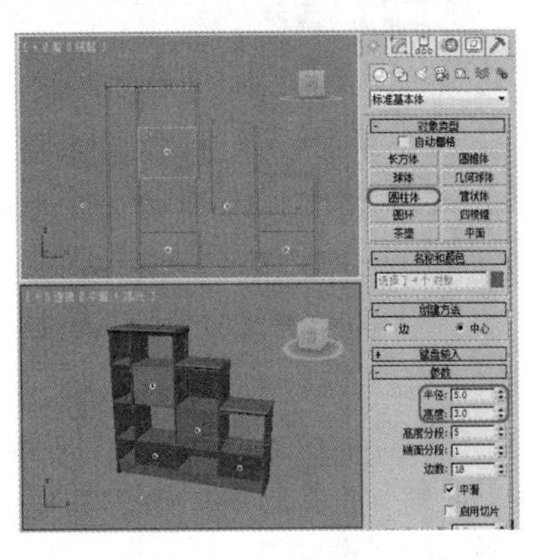

图 4.82　创建抽屉拉手

(15) 按 M 键打开【材质编辑器】窗口，选择一个标准材质球，将其命名为抽屉面。在【明暗器基本参数】卷展栏中，将阴影模式设置为 Phong。在【Phong 基本参数】卷展栏中，将【环境光】的 RGB 值设置为 204、185、56；【自发光】的【颜色】设置为 10；【高光级别】设置为 30，【光泽度】设置为 40，如图 4.83 所示。

(16) 在【贴图】卷展栏中，单击【漫反射颜色】右侧的【无】按钮。在弹出的【材质/贴图浏览器】窗口中，双击【标准】卷展栏中的【位图】贴图。在弹出的【选择位图图像文件】窗口中，选择随书附带光盘 CDROM\Map\ C-a-003.jpg 素材图片。进入【位图】贴图层，在【坐标】卷展栏中，将【角度】的 W 值设置为 61.0，如图 4.84 所示。

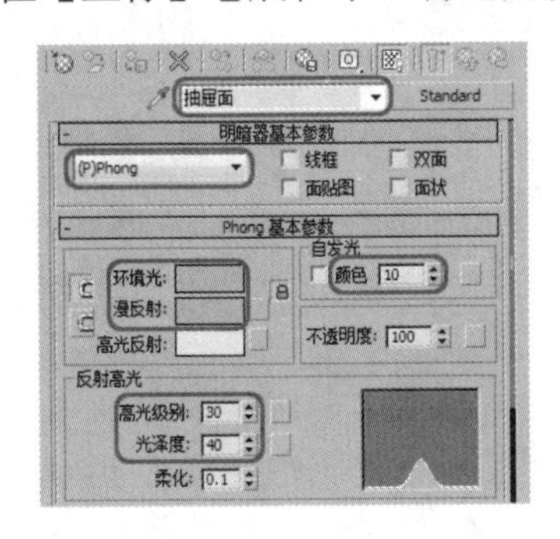

图 4.83　设置 Phong 基本参数

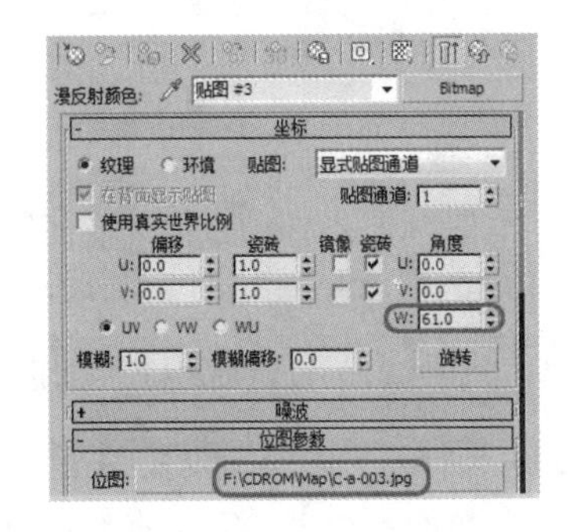

图 4.84　设置【角度】参数

(17) 选择一个新的标准材质球，将其命名为柜体。在【明暗器基本参数】卷展栏中，将阴影模式设置为 Phong。在【Phong 基本参数】卷展栏中，将【环境光】的 RGB 值设置为 204、164、78；【自发光】的【颜色】设置为 10；【高光级别】设置为 30，【光泽度】设置为 40，如图 4.85 所示。

(18) 在【贴图】卷展栏中，单击【漫反射颜色】右侧的【无】按钮。在弹出的【材质/贴图浏览器】窗口中，双击【标准】卷展栏中的【位图】贴图。在弹出的【选择位图图像文件】窗口中，选择随书附带光盘 CDROM\Map\Tutash.jpg 素材图片，单击【打开】按钮，进入【位图】贴图层，如图 4.86 所示。

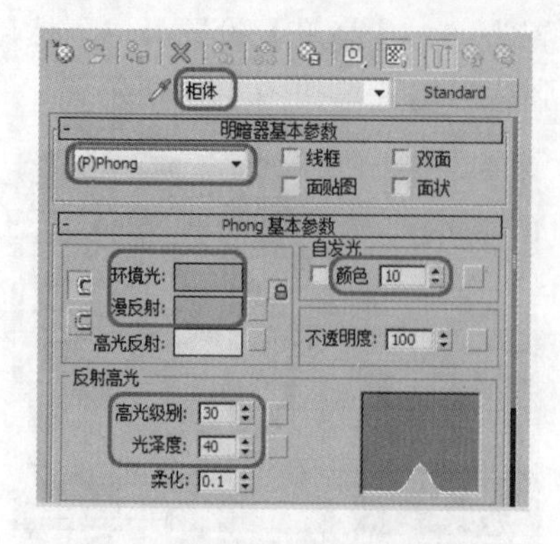

图 4.85　设置 Phong 基本参数

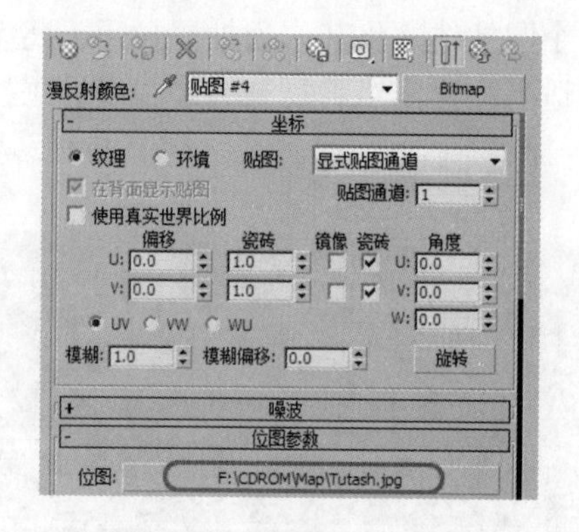

图 4.86　【位图】贴图层

(19) 选择一个新的标准材质球，将其命名为抽屉拉手。在【明暗器基本参数】卷展栏中，将阴影模式设置为金属。在【金属基本参数】卷展栏中，单击按钮，将【环境光】的 RGB 值设置为 89、51、89，【漫反射】的 RGB 值设置为 246、239、57；【高光级别】设置为 100，【光泽度】设置为 57，如图 4.87 所示。

(20) 单击【将材质指定给选定对象】按钮，分别将抽屉面、柜体和抽屉拉手材质指定给场景中的相应对象，并单击【在视口中显示标准材质】按钮，在场景中显示材质，如图 4.88 所示。

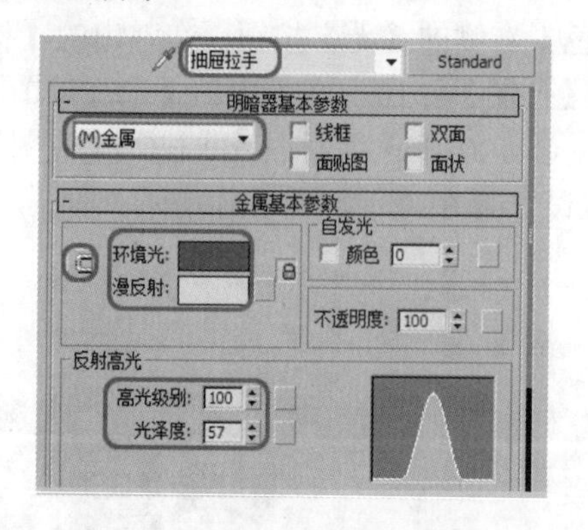

图 4.87　设置抽屉拉手材质

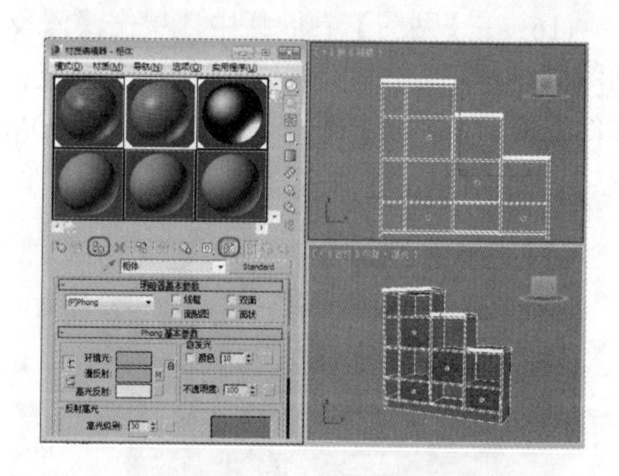

图 4.88　指定材质

(21) 选择【创建】|【图形】|【线】工具，在【左】视图中绘制 L 形线段，切换至【修改】面板，将当前选择集定义为【顶点】，在【几何体】卷展栏中单击【圆角】按钮，然后在【左】视图中调整顶点至如图 4.89 所示的形状。

(22) 退出选择集，为直线添加【挤出】修改器，将【数量】设置为 2000，并调整其到适当位置，如图 4.90 所示。

(23) 继续为其添加【壳】修改器，单击 Line001 右侧的对象颜色色块，在弹出的对话框中选择灰色，单击【确定】按钮，如图 4.91 所示。

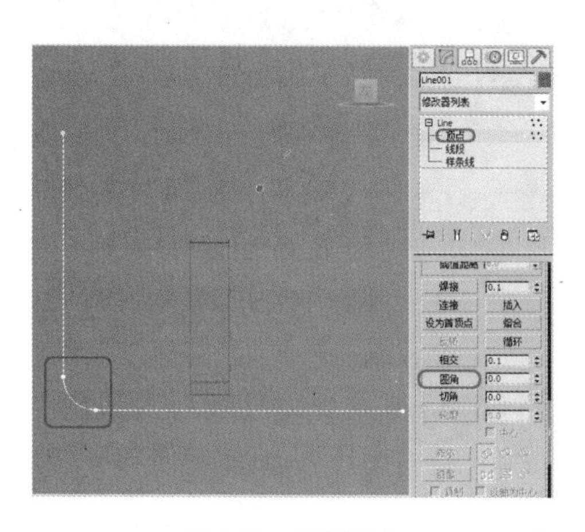

图 4.89　调整顶点

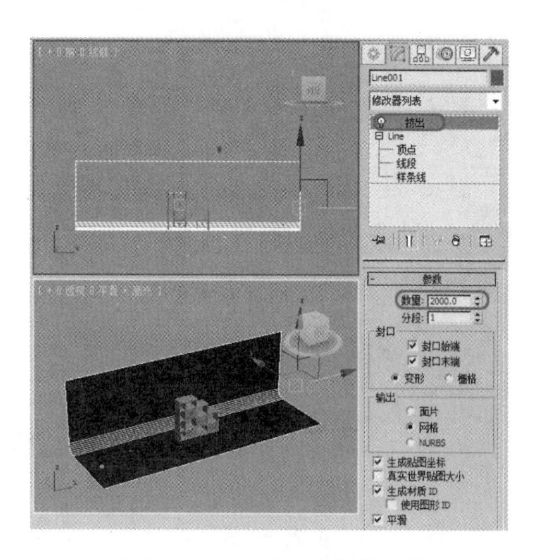

图 4.90　添加【挤出】修改器

(24) 选择【创建】 |【摄影机】 |【目标】工具，在【顶】视图中创建一架摄影机，激活【透视】图，按 C 键将其转换为【摄影机】视图，如图 4.92 所示。

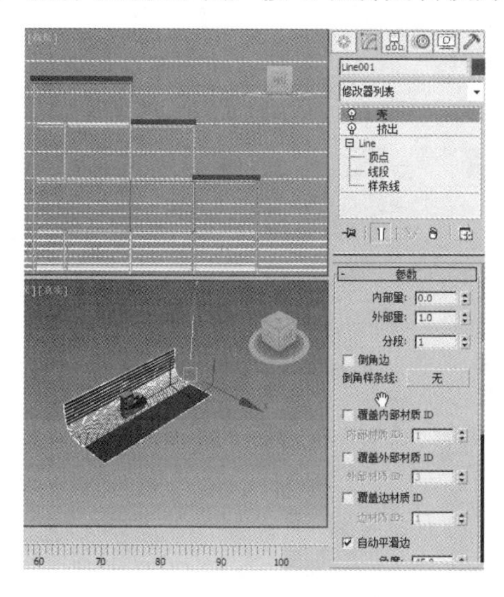

图 4.91　添加【壳】修改器

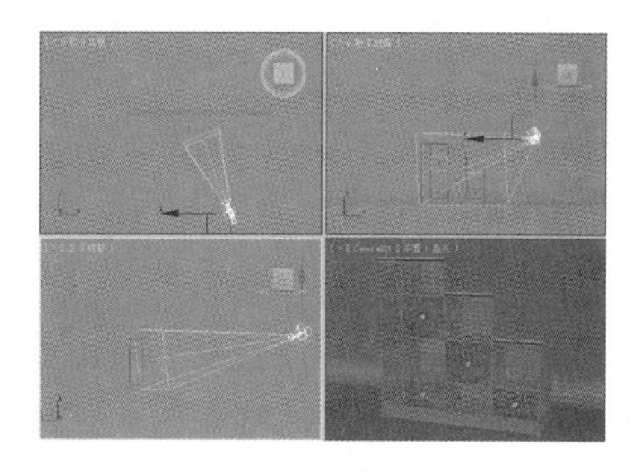

图 4.92　添加摄影机

(25) 选择【创建】 |【灯光】 |标准|【天光】工具，在【顶】视图中创建一盏天光灯并调整其位置，切换至【修改】面板，在【强度/颜色/衰减】卷展栏中将【倍增】设置为 1.2，并勾选【投射阴影】复选框，如图 4.93 所示。

(26) 选择【创建】 |【灯光】 |标准|【泛光】工具，在【顶】视图中创建一盏泛光灯，切换至【修改】面板，在【常规参数】卷展栏中单击【排除】按钮，将 Line001 对象排除。在【强度/颜色/衰减】卷展栏中将【倍增】设置为 0.7。然后在其他视图中调整其位置，如图 4.94 所示。

(27) 激活【摄影机】视图，按 F9 键对其进行渲染，将渲染完成后效果进行保存，并将场景文件保存。

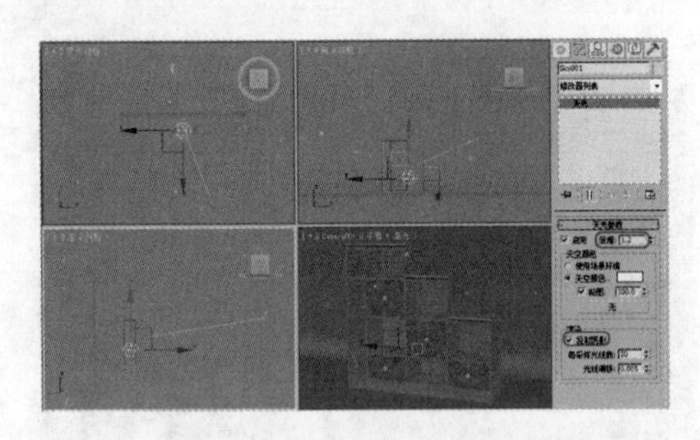

图 4.93 添加天光灯

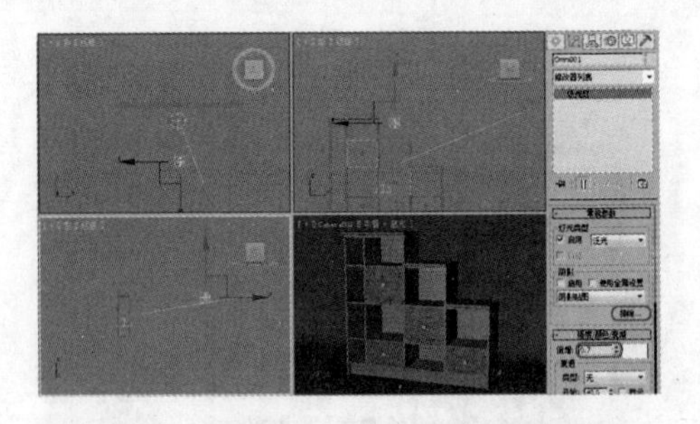

图 4.94 创建泛光灯并设置其参数

4.7 思考与练习

1. 什么面板是其中最复杂的一个命令面板？
2. 用什么工具可以制作圆锥、圆台、棱锥、棱台？
3. 在 3ds Max 中可以创建哪几种不同类型的楼梯？包括哪些？

第 5 章　三维编辑修改器

通过创建命令面板直接创建的标准几何体和扩展几何体，不能满足实际造型的需要。可以通过三维编辑修改器，对创建的几何体进行编辑和修改，使其达到要求。

在修改命令面板中，我们可以找到所要应用的修改器。本章重点介绍修改命令面板及常用修改器的使用方法。

5.1 【修改】命令面板

单击命令面板上的【修改】按钮，即可打开【修改】命令面板。整个【修改】命令面板包括 4 个部分，分别为【名称和颜色区】、【修改器列表】、【修改器堆栈】和【参数】卷展栏，如图 5.1 所示。

- 【名称和颜色区】：在 3ds Max 2014 中，每个物体在创建时，都会被系统赋予一个名称和颜色。系统为物体赋予名称是依据“名称+编号”的原则，而物体的颜色是系统随机产生的。如果物体最终没有被赋予材质或进行表面贴图，渲染后，图片中物体的颜色即是物体在视图中的表面色。可以依据创建物体在场景中的作用，在名称区为物体重新命名。单击颜色块可以更改物体的颜色。
- 【修改器列表】：选中视图的对象，单击修改器右边的下三角按钮，即可看到与被选中物体有关的所有修改器。这些修改器命令也可以在修改器菜单中找到。

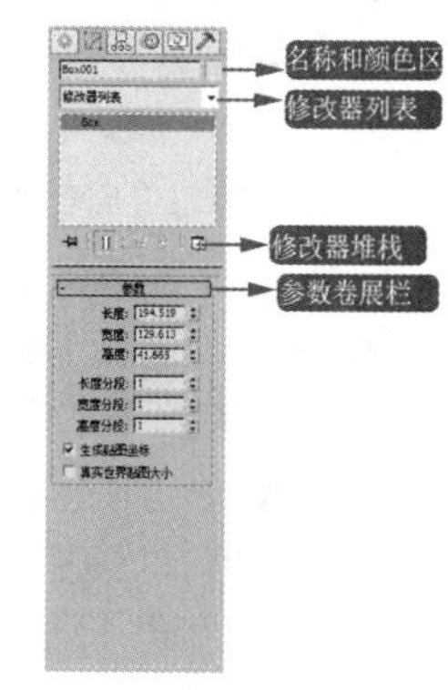

图 5.1　【修改】命令面板

- 【修改器堆栈】：在 3ds Max 2014 中，每一个被创建的物体的参数，及被修改的过程都会被记录下来，并显示在修改器堆栈里。在修改器堆栈里，可以对被选中物体的所有修改器进行顺序的改变，增加新的修改器，或是删除已有的修改器。
- 【参数】卷展栏：既可以显示物体的参数，也可以显示修改器的参数。在修改器堆栈中被选中的如果是对象，【参数】卷展栏显示的即是物体的参数。若被选中的是修改器，【参数】卷展栏显示的即是修改器的参数。

5.2 修改器堆栈

在视图中创建一个物体时，在修改器堆栈中会出现该对象的名称。然后考虑要通过哪些修改器来修改这个对象，使它达到理想的造型，依次在修改器列表框中选择修改器命令。最先选择的修改器，在修改器堆栈中排列在创建对象的上方，如图 5.2 所示。

图 5.2 修改器列表

在修改器堆栈中，某些修改器前会出现和两个按钮。

- 【修改器开关】：此状态表示此修改器的修改效果可以在视图中显示出来。当为状态时，此修改器的修改效果不会在视图中显示出来。单击可以切换按钮的状态。
- 【子对象开关】：此状态表示该修改器有子物体层级修改项目。当为状态时，子物体会出现在下方。单击可以切换按钮的状态。

在修改器堆栈的下方为工具栏，其中各按钮的功能介绍如下。

- 【锁定堆栈】：当此按钮被选中时，就可以锁定当前对象的修改器，即使再选择视图中的其他对象，修改器堆栈也不会改变，仍然显示被锁定的修改器。
- 【显示最终结果开/关切换】：单击此按钮，当变成状态时，只显示当前修改器及在它之前为对象增加的修改器的修改效果。
- 【使唯一】：当对一组选择物体加入修改命令时，该修改命令同时影响所有物体，以后在调节这个修改命令的参数时，会对所有物体同时产生影响，因为它们已经属于【实例】关联属性的修改命令了。单击此按钮，可以将这种关联的修改各自独立，将共同的修改命令独立分配给每个物体，使它们之间失去关联关系。
- 【删除当前修改层】：选中任意一个修改器，单击该按钮，可将选中的修改器删除，即取消这一修改效果。但对创建对象不能使用该按钮进行删除。
- 【配置修改器集】：可以改变修改器的布局。单击该按钮，在弹出的菜单中选择【配置修改器集】命令，可打开【配置修改器集】对话框，如图 5.3 所示。在对话框中可以设置编辑修改器列表中编辑修改器的个数以及将编辑修改器加入或者移出编辑修改器列表。用户可以按照使用习惯以及兴趣任意地重新组合按钮类型。在对话框中，【按钮总数】微调框用来设置列表中所能容纳的编辑修改器的个数，在左侧的编辑修改器的名称上双击，即可将该编辑修改器加入到列表中。或者直接拖曳，也可以将编辑修改器从列表中加入或删除。
  - ◆ 【显示按钮】：选择此命令可以在【修改器列表】下方显示所有编辑修改器，如图 5.4 所示。
  - ◆ 【显示列表中的所有集】：通常在 3ds Max 中编辑修改器序列默认的设置为 3 种类型：【选择修改器】、【世界空间修改器】和【对象空间修改器】。选择【显示列表中的所有集】命令可以将默认的编辑修改器中的编辑器按照功能的不同进行有效的划分，使用户在设置操作中便于查找和选择。

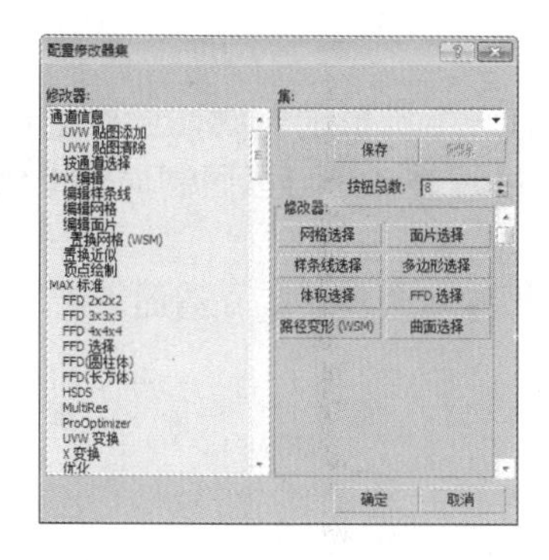

图 5.3　【配置修改器集】对话框

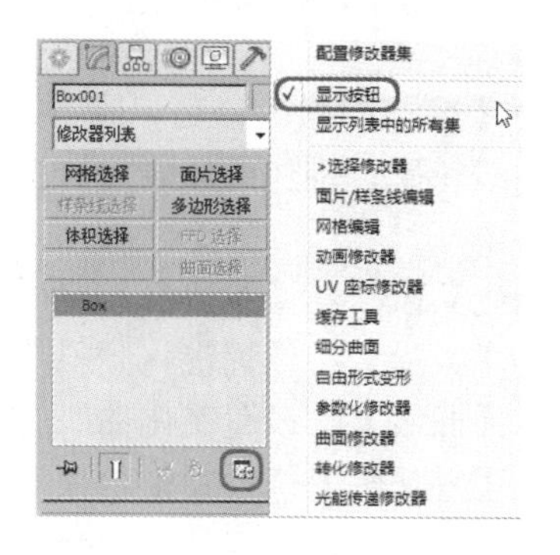

图 5.4　选择【显示按钮】命令

5.3　参数变形修改器

使用基本对象创建工具只能创建一些简单的模型。如果想修改模型，使其有更多的细节和增加逼真程度，就要用到编辑修改器。下面介绍 3ds Max 2014 中的常用编辑修改器。

5.3.1　【弯曲】修改器

【弯曲】修改器可以对物体进行弯曲处理，如图 5.5 所示，可以调节弯曲的角度和方向，以及弯曲依据的坐标轴向，还可以限制弯曲在一定区域内。

【弯曲】修改器【参数】卷展栏如图 5.6 所示。其各项参数功能介绍如下。

- 【角度】：设置弯曲的角度大小。
- 【方向】：用来调整弯曲方向的变化。
- 【弯曲轴】：设置弯曲的坐标轴向。
- 【限制效果】：对物体指定限制效果，影响区域将由下面的上、下限值来确定。
- 【上限】：设置弯曲的上限，在此限度以上的区域不会受到弯曲影响。
- 【下限】：设置弯曲的下限，在此限度与上限之间的区域都会受到弯曲影响。

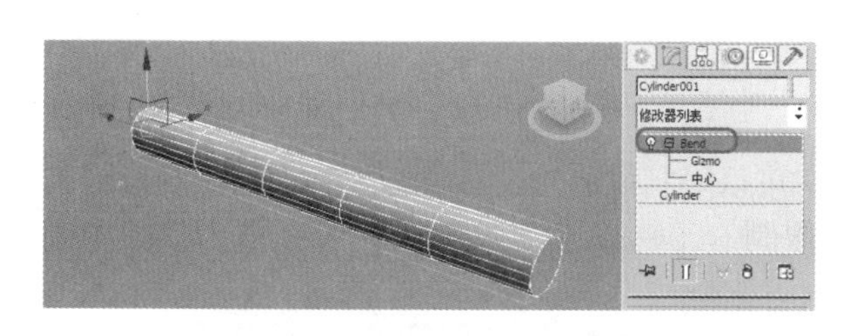

图 5.5　为圆柱体添加【弯曲】修改器

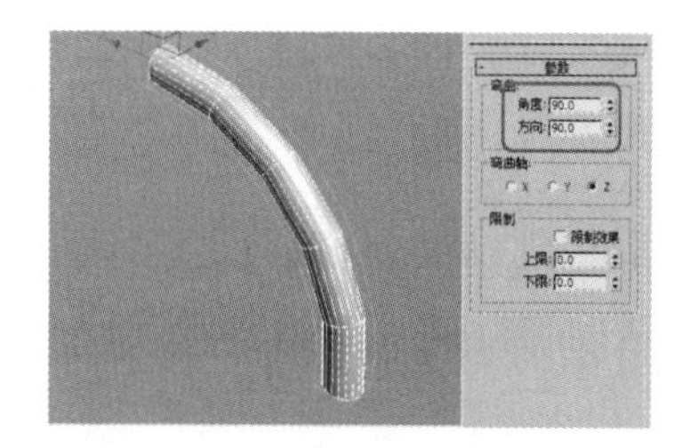

图 5.6　【参数】卷展栏

除了这些基本的参数之外，【弯曲】修改器还包括两个次物体选择集：Gizmo(线框)和【中心】。对于 Gizmo，可以对其进行移动、旋转、缩放等变换操作，在进行这些操作时将影响弯曲的效果。【中心】也可以被移动，从而改变弯曲所依据的中心点。

5.3.2 【锥化】修改器

使用【锥化】修改器可以通过缩放物体的两端而产生锥形的轮廓，同时还可以加入光滑的曲线轮廓，锥化的倾斜度和曲线轮廓的曲度可以调整，还可以限制局部锥化效果，如图 5.7 所示。

【锥化】修改器【参数】卷展栏如图 5.8 所示。其各项参数功能介绍如下。

- 【数量】：设置锥化倾斜的程度。
- 【曲线】：设置锥化曲线的弯曲程度。
- 【锥化轴】：设置锥化依据的坐标轴向。
- 【主轴】：设置基本依据的轴向。
- 【效果】：设置影响效果的轴向。
- 【对称】：设置一个对称的影响效果。
- 【限制效果】：选中该复选框，可以限制锥化对 Gizmo 物体上的影响范围。
- 【上限/下限】：分别设置锥化限制的区域。

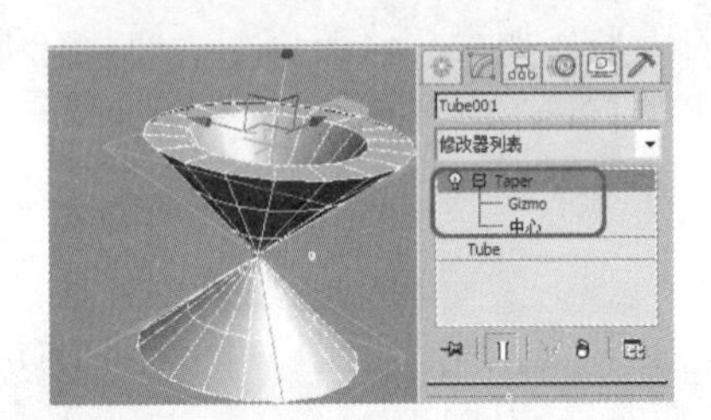

图 5.7　为管状体添加【锥化】修改器

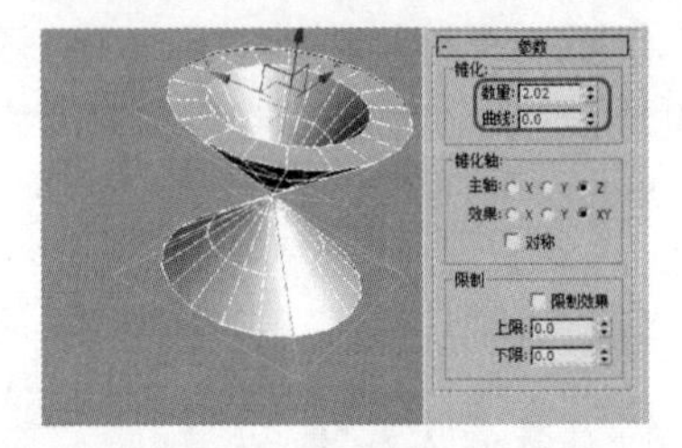

图 5.8　【参数】卷展栏

5.3.3 【扭曲】修改器

【扭曲】修改器可以在对象几何体中产生一个旋转效果，如图 5.9 所示。它可以控制任意 3 个轴上扭曲的角度，并设置偏移来压缩扭曲相对于轴点的效果，也可以对几何体的一段限制扭曲。

【扭曲】修改器【参数】卷展栏如图 5.10 所示。其各项参数功能介绍如下。

- 【角度】：设置扭曲的角度大小。
- 【偏移】：设置扭曲向上或向下的偏向度。
- 【扭曲轴】：设置扭曲依据的坐标轴向。
- 【限制效果】：勾选该复选框，可以限制扭曲对在 Gizmo 物体上的影响范围。
- 【上限/下限】：分别设置扭曲限制的区域。

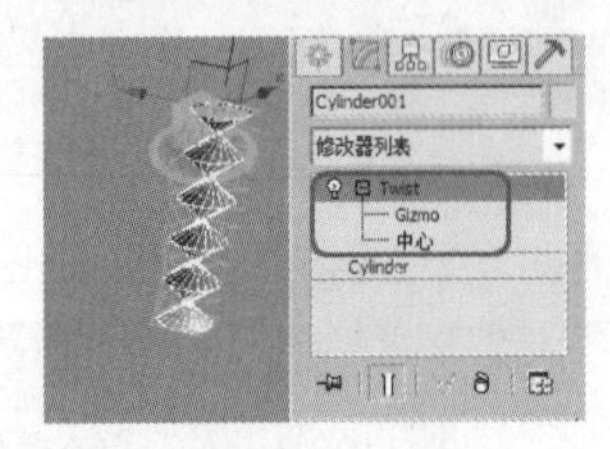

图 5.9　为圆柱体添加【扭曲】修改器

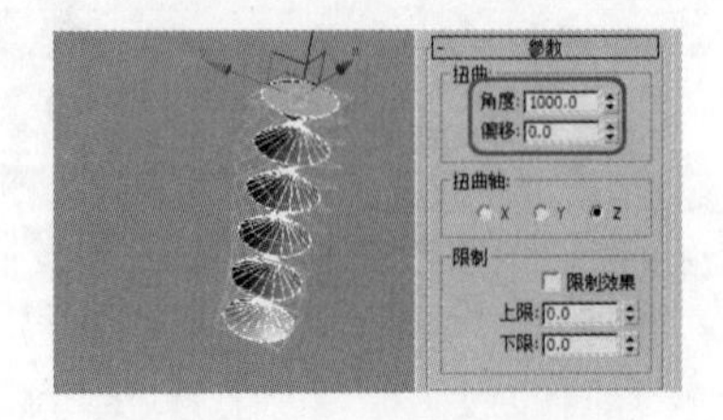

图 5.10　【参数】卷展栏

5.3.4　【噪波】修改器

【噪波】修改器可使对象表面产生凹凸不平的效果，多用来制作群山或表面不光滑的物体，如图 5.11 所示。【噪波】修改器沿着 3 个轴的任意组合调整对象顶点的位置，它是模拟对象形状随机变化的重要动画工具。

【噪波】修改器【参数】卷展栏如图 5.12 所示。其各项参数功能介绍如下。

- 【噪波】：控制噪波的出现，及其由此引起的在对象的物理变形上的影响。在默认情况下，控制处于非活动状态。
    - ◆ 【种子】：从设置的数中生成一个随机起始点。在创建地形时尤其有用，因为每种设置都可以生成不同的配置。
    - ◆ 【比例】：设置噪波影响(不是强度)的大小。较大的值产生更为平滑的噪波，较小的值产生锯齿现象更严重的噪波。默认值为 100。
    - ◆ 【分形】：根据当前设置产生分形效果。默认设置为禁用状态。如果勾选【分形】复选框，则激活【粗糙度】和【迭代次数】两个参数项。【粗糙度】决定分形变化的程度。较低的值比较高的值更精细。范围为 0～1.0，默认设置为 0。【迭代次数】控制分形功能所使用的迭代(或是八度音阶)的数目。较小的迭代次数使用较少的分形能量并生成更平滑的效果。【迭代次数】设置为 1.0 时的效果与取消勾选【分形】复选框的效果一致。

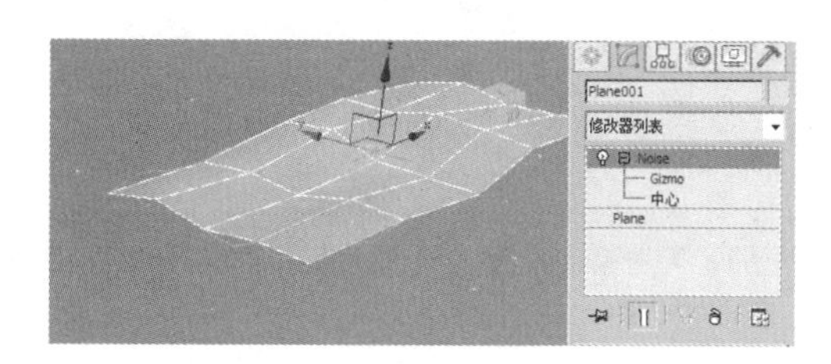

图 5.11　为平面添加【噪波】修改器

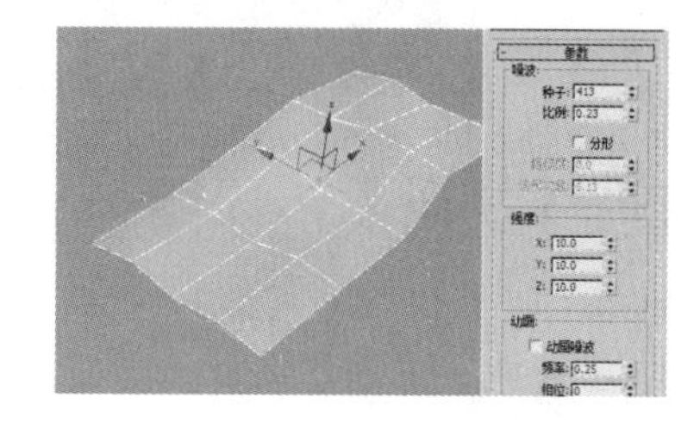

图 5.12　【参数】卷展栏

- 【强度】：控制噪波效果的大小。只有应用了强度后噪波效果才会起作用。
  X、Y、Z：可沿着 3 个不同的轴向设置噪波效果的强度，要产生噪波效果，至少要设置其中一个轴的参数。默认值为 0.0、0.0、0.0。
- 【动画】：通过为噪波图案叠加一个要遵循的正弦波形，控制噪波效果的形状。
    - ◆ 【动画噪波】：调节【噪波】和【强度】参数的组合效果。下列参数用于调整基本波形。
    - ◆ 【频率】：设置正弦波的周期。调节噪波效果的速度。较高的频率使噪波振动得更快。较低的频率产生较为平滑和更温和的噪波。
    - ◆ 【相位】：移动基本波形的开始和结束点。在默认情况下，动画关键点设置在活动帧范围的任意一端。

5.3.5　【拉伸】修改器

【拉伸】修改器可以模拟“挤压和拉伸”的传统动画效果。通过对【拉伸】修改器参数的设置，可以得到各种不同的伸展效果，如图 5.13 所示。

【拉伸】修改器【参数】卷展栏如图 5.14 所示。其各项参数功能介绍如下。

● 【拉伸】：包括【拉伸】和【放大】两个参数。

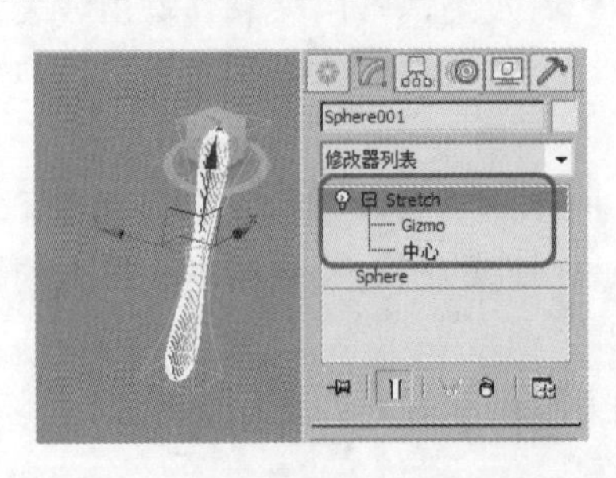

图 5.13　为圆柱体添加【拉伸】修改器

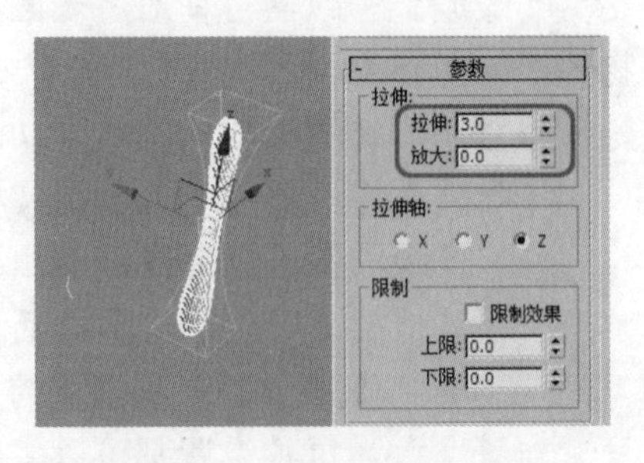

图 5.14　【参数】卷展栏

◆ 【拉伸】：用于设置对象伸展的强度，数值越大，伸展效果越明显。

◆ 【放大】：用于设置对象拉伸中部扩大变形的程度。

● 【拉伸轴】：用于选择 X、Y、Z 三个不同的轴向。

● 【限制】：通过设置【限制】参数，可以将拉伸效果应用到整个对象上，或限制到对象的一部分。

◆ 【限制效果】：勾选【限制效果】复选框，可以应用【上限】、【下限】参数。

◆ 【上限】：设置数值后，将沿着拉伸轴的正向限制效果。

◆ 【下限】：设置数值后，将沿着拉伸轴的负向限制效果。

5.3.6　【挤压】修改器

使用【挤压】修改器可以为对象应用挤压效果，在此效果中，与轴点最为接近的顶点会向内移动，如图 5.15 所示。

【挤压】修改器【参数】卷展栏如图 5.16 所示。其各项参数功能介绍如下。

● 【轴向凸出】：在默认情况下，沿着对象的 Z 轴应用凸起效果。

◆ 【数量】：控制凸起效果的数量。较高的值可以有效地拉伸对象，并使末端向外弯曲。

◆ 【曲线】：设置在凸起末端曲率的度数。可以控制凸起的形状。

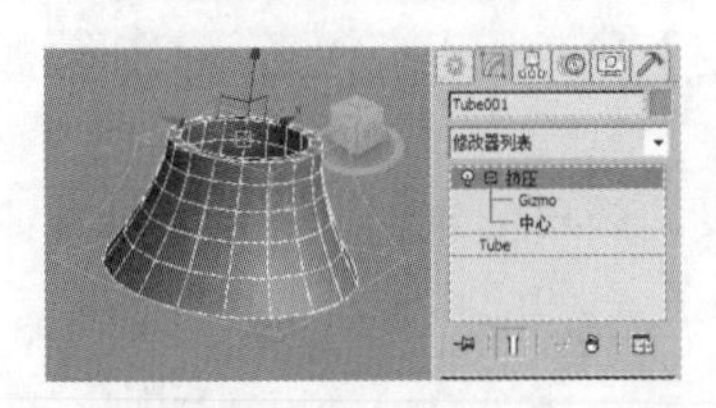

图 5.15　为管状体添加【挤压】修改器

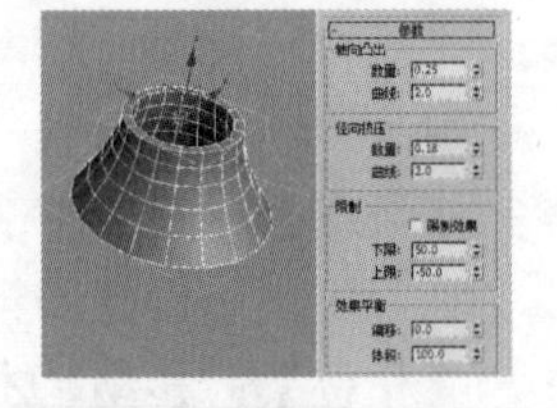

图 5.16　【参数】卷展栏

● 【径向挤压】：在默认情况下，沿着对象的 Z 轴应用挤压效果。

◆ 【数量】：控制挤压操作的数量。大于 0 的值将会压缩对象的中部，而小于 0 的值将会使对象中部向外凸起。

- ◆ 【曲线】：设置挤压曲率的度数。较低的值会产生尖锐的挤压效果，而较高的值则会生成平缓的、不太明显的挤压效果。
- 【限制】：用于限制沿着 Z 轴的挤压效果。
  - ◆ 【限制效果】：勾选【限制效果】复选框，可以应用【下限】、【上限】参数设置。
  - ◆ 【下限】：设置沿 Z 轴的正向限制。
  - ◆ 【上限】：设置沿 Z 轴的负向限制。
- 【效果平衡】：包含【偏移】和【体积】两个参数。
  - ◆ 【偏移】：在保留恒定对象体积的同时，更改凸起与挤压的相对数量。
  - ◆ 【体积】：增加或减少【挤压】或【凸起】的效果。

5.3.7 【波浪】修改器

【波浪】修改器用于在几何体上产生波浪的效果，如图 5.17 所示。

【波浪】修改器【参数】卷展栏如图 5.18 所示。其各项参数功能介绍如下。

- 【振幅 1】：设置数值后，沿 Y 轴产生波浪。
- 【振幅 2】：设置数值后，沿 X 轴产生波浪。与【振幅 1】产生的波浪的波峰和波谷的方向都一致。在正负之间切换值将反转波峰和波谷的位置。
- 【波长】：指定以当前单位表示的波峰之间的距离。
- 【相位】：在对象上变换波浪图案。正数在一个方向移动图案，负数在另一个方向移动图案。这种效果在制作动画时尤其明显。
- 【衰退】：控制波浪的衰减程度。

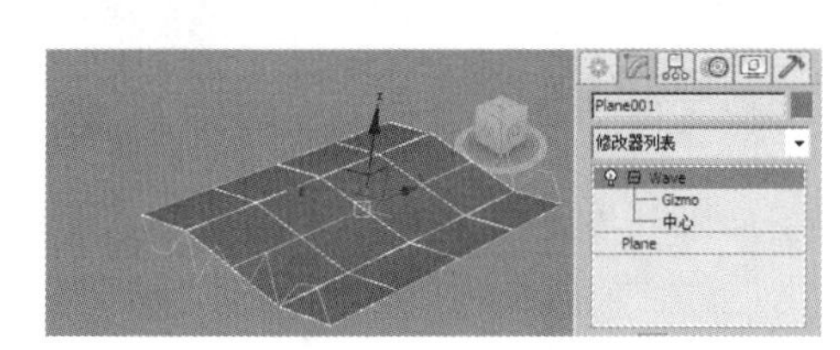

图 5.17　为平面添加【波浪】修改器

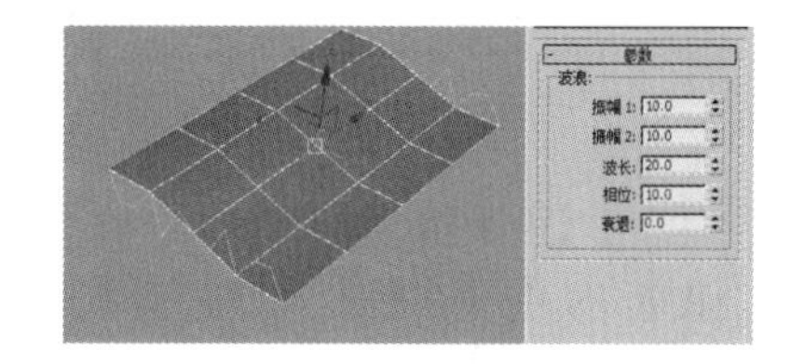

图 5.18　【参数】卷展栏

5.3.8 【倾斜】修改器

【倾斜】修改器在对象几何体中产生均匀的偏移，产生倾斜的效果，如图 5.19 所示。

【倾斜】修改器【参数】卷展栏如图 5.20 所示。其各项参数功能介绍如下。

- 【数量】：用于设置倾斜程度。
- 【方向】：相对于水平平面设置倾斜的方向。
- 【倾斜轴】：用于设置对象倾斜所依据的轴向。
- 【限制效果】：勾选【限制效果】复选框，则可以应用【下限】、【上限】参数设置。
- 【上限】：用世界单位从倾斜中心点设置上限边界，超出这一边界，倾斜将不再影响几何体。

- 【下限】：用世界单位从倾斜中心点设置下限边界，超出这一边界，倾斜将不再影响几何体。

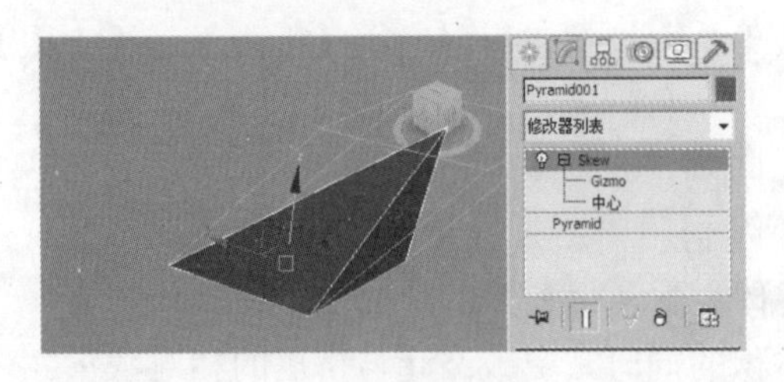

图 5.19　为几何体添加【倾斜】修改器

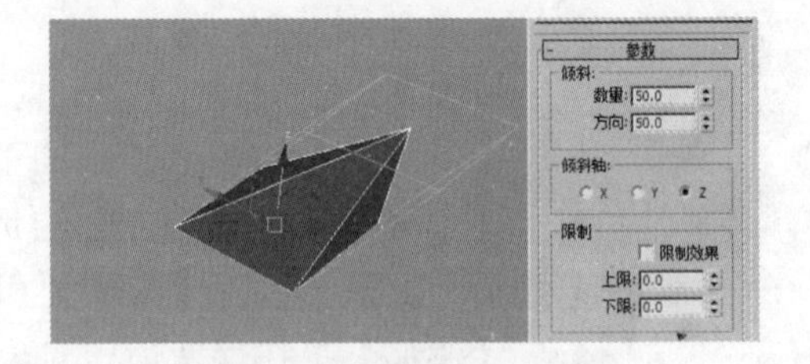

图 5.20　【参数】卷展栏

5.4　塌陷修改器堆栈

编辑修改器堆栈中的每一步都将占据内存。为了使被编辑修改的对象占用尽可能少的内存，我们可以在修改器堆栈中选择要塌陷的修改器，右击该修改器。在弹出的快捷菜单中选择【塌陷到】命令，可以将当前选择的修改器和在它下面的修改器塌陷。如果选择【塌陷全部】命令，则可以将所有堆栈列表中的编辑修改器对象塌陷。

提 示

通常在建模已经完成，并且不再需要进行调整时执行塌陷堆栈操作。塌陷后的堆栈不能进行恢复，因此执行此操作时一定要慎重。

5.5　车削编辑修改器

使用【车削】修改器可以通过旋转二维图形来产生三维模型，如图 5.21 所示，或通过 NURBS 曲线来创建 3D 对象。

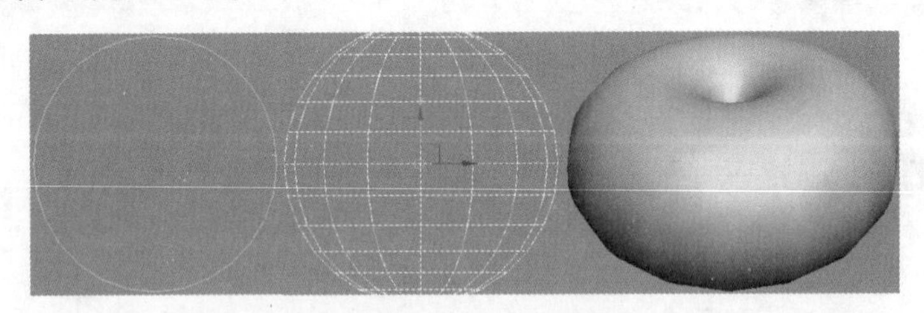

图 5.21　设置三维造型

在修改器堆栈中，将【车削】修改器展开，可以通过次物体选择集【轴】调整车削，如图 5.22 所示。

【轴】次物体选择集参数介绍如下。

【轴】：在此次物体层级上，可以进行变换和设置绕轴旋转动画。

如图 5.23 所示的【参数】卷展栏中各选项介绍如下。

- 【度数】：设置旋转成型的角度，360° 为一个完整环形，小于 360° 为不完整的扇形。

图 5.22　轴

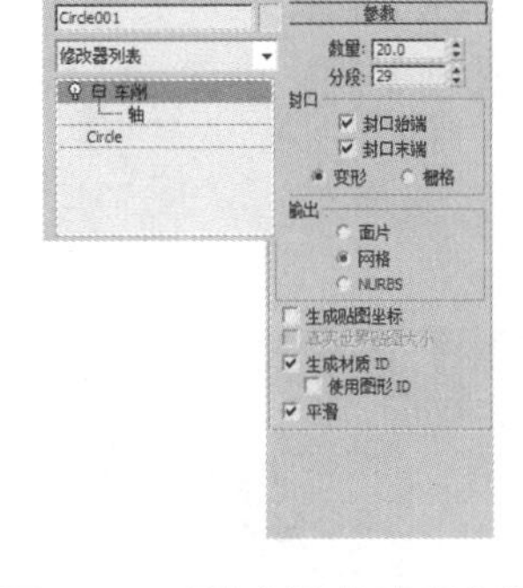

图 5.23　【车削】修改器参数

- 【焊接内核】：通过焊接旋转轴中的顶点来简化网格，如果要创建一个变形目标，取消勾选此复选框。
- 【翻转法线】：将模型表面的法线方向反向。
- 【分段】：设置旋转圆周上的片段划分数，值越高，模型越平滑。
- 【封口】选项组
  - ◆ 【封口始端】：将顶端加面覆盖。
  - ◆ 【封口末端】：将底端加面覆盖。
  - ◆ 【变形】：不进行面的精简计算，以便用于变形动画的制作。
  - ◆ 【栅格】：进行面的精简计算，不能用于变形动画的制作。
- 【方向】选项组中的 X、Y、Z 按钮分别用于设置不同的轴向。
- 【对齐】选项组
  - ◆ 【最小】：将曲线内边界与中心轴对齐。
  - ◆ 【中心】：将曲线中心与中心轴对齐。
  - ◆ 【最大】：将曲线外边界与中心轴对齐。
- 【输出】选项组
  - ◆ 【面片】：将放置成型的对象转化为面片模型。
  - ◆ 【网格】：将旋转成型的对象转化为网格模型。
  - ◆ NURBS：将放置成型的对象转化为 NURBS 曲面模型。
  - ◆ 【生成贴图坐标】：将贴图坐标应用到车削对象中。当【度数】值小于 360 并勾选【生成贴图坐标】复选框时，将另外的贴图坐标应用到末端封口中，并在每个封口上放置一个 1×1 的平铺图案。
  - ◆ 【真实世界贴图大小】：控制应用于该对象的纹理贴图材质所使用的缩放方法。
  - ◆ 【生成材质 ID】：为模型指定特殊的材质 ID，两端面指定为 ID1 和 ID2，侧面指定为 ID3。
  - ◆ 【使用图形 ID】：旋转对象的材质 ID 号分配以封闭曲线继承的材质 ID 值决定。只有在对曲线指定材质 ID 后才可用。
  - ◆ 【平滑】：勾选该复选框时自动平滑对象的表面，产生平滑过渡，否则会产生硬边。如图 5.24 所示为勾选与没勾选【平滑】复选框的效果。

使用【车削】修改器的具体操作步骤如下。

(1) 在【前】视图中使用【线】工具绘制一条如图 5.25 所示的样条线。

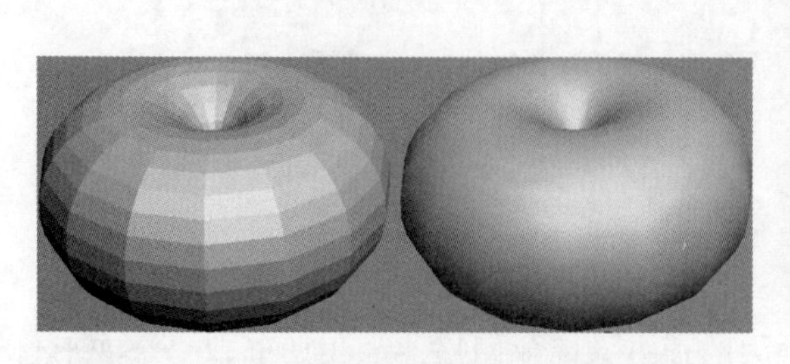

图 5.24 勾选与没勾选【平滑】复选框的效果

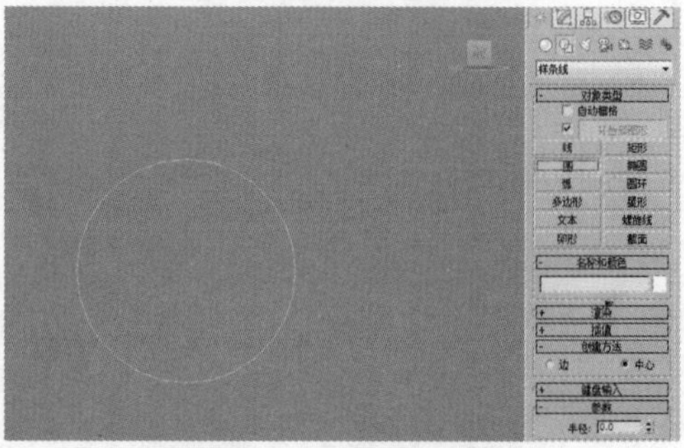

图 5.25 绘制二维图形

(2) 切换到【修改】命令面板，在【修改器列表】中选择【车削】修改器，如图 5.26 所示。

(3) 在【参数】卷展栏中单击【方向】选项组中的 Y 按钮，然后设置【分段】为 16，如图 5.27 所示。

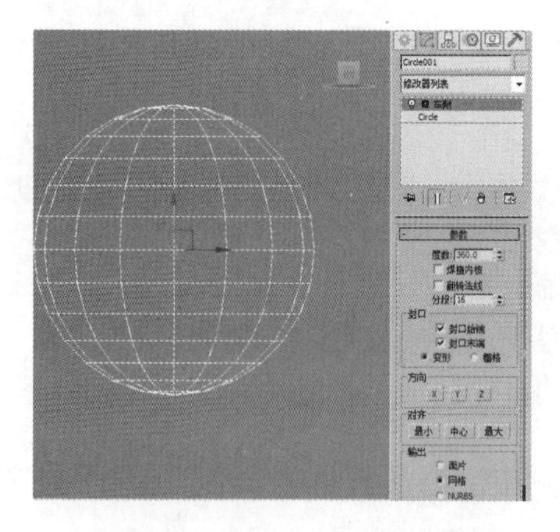

图 5.26 添加【车削】修改器

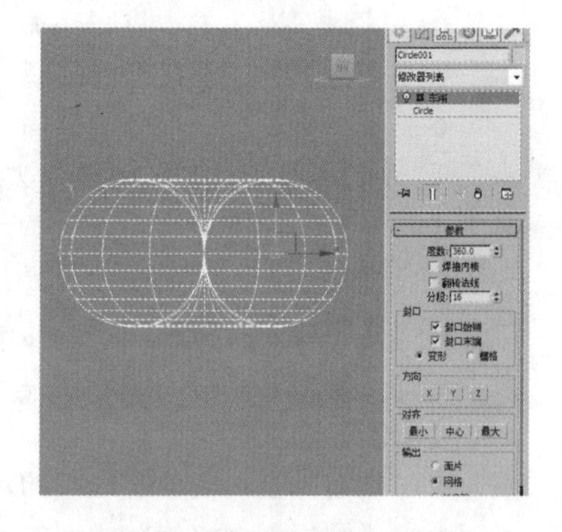

图 5.27 设置【参数】卷展栏

5.6 挤出编辑修改器

【挤出】修改器是将二维的样条线图形增加厚度，挤出成为三维实体，如图 5.28 所示。这是一个常用的建模方法，可以进行面片、网格对象和 NURBS 对象 3 类模型的输出。

在【修改】命令面板中，设置【挤出】修改器的【参数】卷展栏，如图 5.29 所示。

- 【数量】：设置挤出的深度。
- 【分段】：设置挤出厚度上的片段划分数。

【封口】选项组、【输出】选项组等的设置与【车削】修改器的参数设置相同，这里不再介绍。

图 5.28　将二维图形转换为三维图形

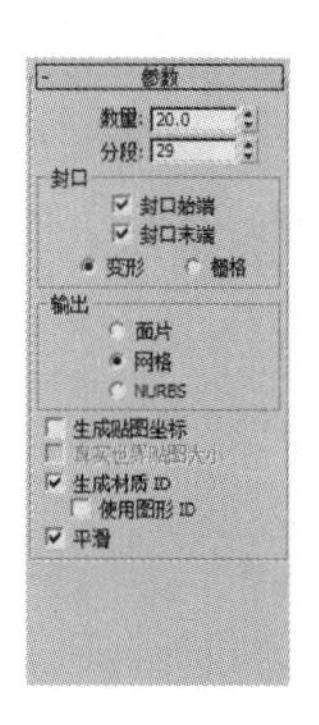

图 5.29　【挤出】修改器的设置

5.7　倒角编辑修改器

使用【倒角】修改器是通过对二维图形进行挤出成型的同时，在边界上加入直形或圆形的倒角，如图 5.30 所示，一般用来制作立体文字和标志。

在【倒角】修改器面板中包括【参数】和【倒角值】两个卷展栏，首先介绍【参数】卷展栏，如图 5.31 所示。

图 5.30　倒角效果

图 5.31　【参数】卷展栏

(1)　【参数】卷展栏

【封口】与【封口类型】选项组中的选项与前面介绍的【车削】修改器的选项含义相同，这里就不详细介绍了。

- 【曲面】选项组用于控制侧面的曲率、平滑度以及贴图坐标。
  - ◆ 【线性侧面】：选中此单选按钮后，级别之间会沿着一条直线进行分段插值。
  - ◆ 【曲线侧面】：选中此单选按钮后，级别之间会沿着一条 Bezier 曲线进行分段插值。
  - ◆ 【分段】：设置倒角内部的片段划分数。选中【线性侧面】单选按钮，设置【分段】的值，如图 5.32 所示，上面的【分段】值为 1，下面的【分段】值为 3；选中【曲线侧面】单选按钮，设置【分段】的值，如图 5.33 所示，上面的【分段】值为 1，下面的【分段】值为 3。多片段划分主要用于弧形倒角，如图 5.34 所示，右侧为弧形倒角效果。

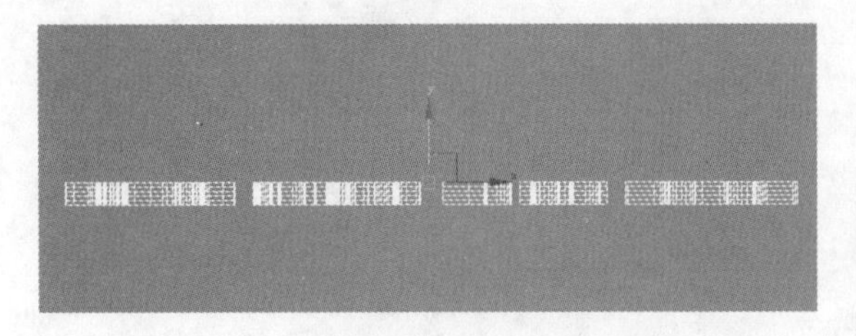

图 5.32　选中【线性侧面】单选按钮后设置不同【分段】值的效果对比

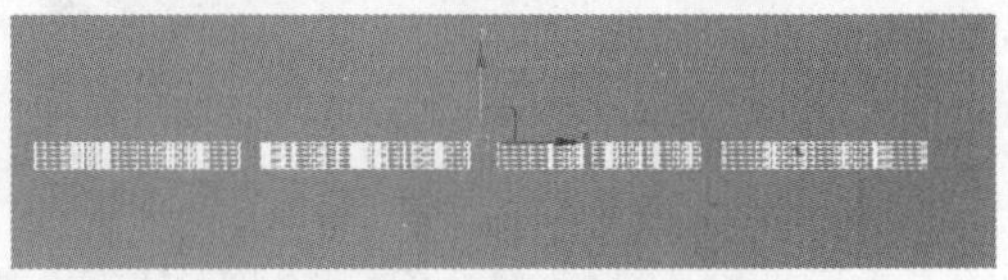

图 5.33　选中【曲线侧面】单选按钮后设置不同【分段】值的效果对比

图 5.34　弧形多片段的圆倒角效果

◆ 【级间平滑】：控制是否将平滑组应用于倒角对象侧面。顶面会使用与侧面不同的平滑组。勾选此复选框后，对侧面应用平滑组，侧面显示为弧状；取消选中此复选框后不应用平滑组，侧面显示为平面倒角。

◆ 【生成贴图坐标】：勾选该复选框，将贴图坐标应用于倒角对象。

◆ 【真实世界贴图大小】：控制应用于该对象的纹理贴图材质所使用的缩放方法。

● 【相交】选项组。在制作倒角时，有时尖锐的折角会产生突出变形，这里提供处理这种问题的方法。

◆ 【避免线相交】：勾选该复选框，可以防止尖锐折角产生的突出变形，如图 5.35 所示。左侧为突出现象，右侧为勾选该复选框后的修改效果。

◆ 【分离】：设置两个边界线之间保持的距离间隔，以防止越界交叉。

(2)　【倒角值】卷展栏

在【起始轮廓】选项组中包括级别 1、级别 2 和级别 3，它们分别设置 3 个级别的【高度】和【轮廓】，如图 5.36 所示。

图 5.35　选中【避免线相交】复选框前后的效果对比

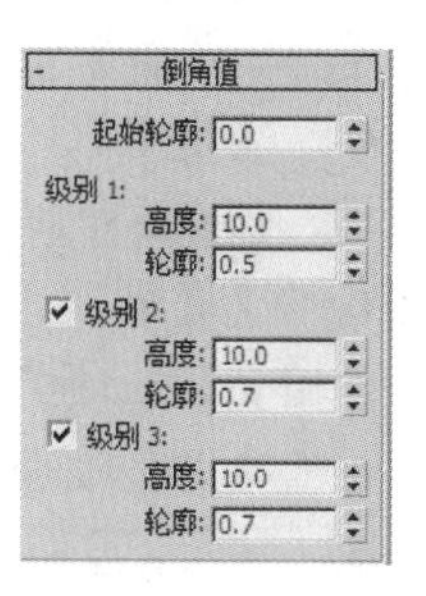

图 5.36　【倒角值】卷展栏

提 示

勾选【避免线相交】复选框会增加系统的运算时间，可能会等待很久，而且将来在改动其他倒角参数时也会变得迟钝，所以要尽量避免使用这个功能。如果遇到线相交的情况，最好返回到曲线图形中手动进行修改，将转折过于尖锐的地方调节圆滑。

5.8　倒角剖面编辑修改器

【倒角剖面】修改器使用另一个图形路径作为倒角截剖面来挤出一个图形。

【前】视图中要使用【倒角剖面】修改器，可执行以下操作步骤。

(1) 创建一个要倒角的图形(适宜于在【前】视图中)。

(2) 在【顶】视图中，创建一个图形用于倒角剖面。

(3) 选择图形并应用【倒角剖面】修改器。

(4) 单击【倒角剖面】修改器中的【拾取剖面】按钮，然后单击剖面图形，如图 5.37 所示。

【倒角剖面】修改器的【参数】卷展栏如图 5.38 所示。

图 5.37　倒角剖面制作的模型

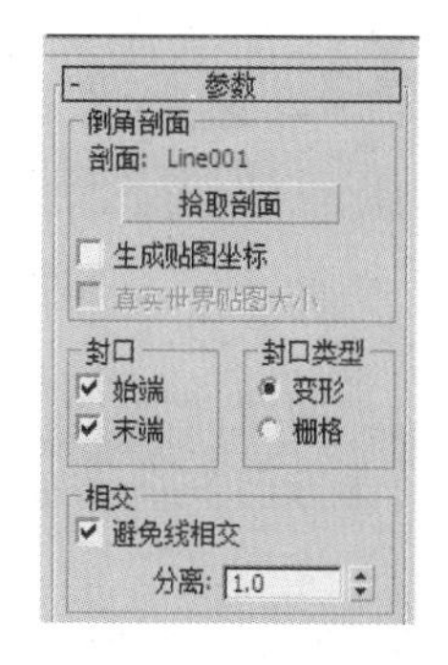

图 5.38　【参数】卷展栏

- 【倒角剖面】选项组

  【拾取剖面】：单击此按钮，可以选中一个图形或 NURBS 曲线用于剖面路径。

- 【封口】选项组
  - 【始端】：对挤出图形的底部进行封口。
  - 【末端】：对挤出图形的顶部进行封口。

- 【封口类型】选项组
  - ◆ 【变形】：选中一个确定性的封口方法，它为对象间的变形提供相等数量的顶点。
  - ◆ 【栅格】：创建更适合封口变形的栅格封口。
- 【相交】选项组
  - ◆ 【避免线相交】：打开此选项，可以防止尖锐折角产生的突出变形。
  - ◆ 【分离】：设定侧面为防止相交而分开的距离。

5.9 上机实践——制作咖啡杯

本例将介绍咖啡杯的制作方法。使用【线】工具创建出咖啡杯的截面图形，通过使用【车削】修改器车削出咖啡杯造型，完成的效果如图 5.39 所示。

(1) 运行 3ds Max 软件，单击按钮，在弹出的下拉列表中选择【重置】命令，重置当前场景，激活【前】视图，按 Alt+W 组合键将【前】视图最大化。选择【创建】|【图形】|【样条线】|【线】工具，在【前】视图中绘制一个杯体的截面图形，命名截面为“咖啡杯”，单击进入修改命令面板，将当前选择集定义为【顶点】，在场景中调整截面的形状，在【插值】卷展栏中设置【步数】为 15，效果如图 5.40 所示。

图 5.39 咖啡杯效果

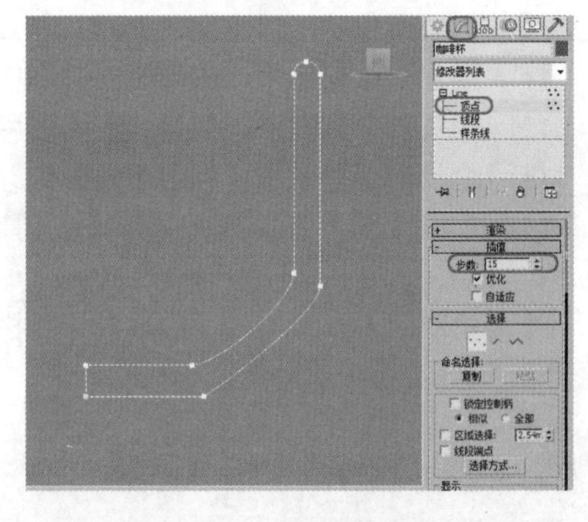

图 5.40 创建杯体截面效果

(2) 将当前选择集关闭，在【修改器列表】中选择【车削】修改器，设置【分段】为 32，然后将【方向】设置为 Y，单击【对齐】选项组下的【最小】按钮，完成后的效果如图 5.41 所示。

(3) 按 Ctrl+V 组合键对其进行复制，在弹出的对话框中选中【复制】单选按钮，将名称设置为“咖啡杯体装饰”，单击【确定】按钮，在修改命令面板中展开 Line 选择集，将当前选择集定义为【线段】，将不需要的线段删除。将当前选择集定义为【顶点】，调整线段的长度。然后将当前选择集定义为【样条线】，选择样条线，在【几何体】卷展栏中将【轮廓】设置为-1，将当前选择集关闭。设置完成后的效果如图 5.42 所示。

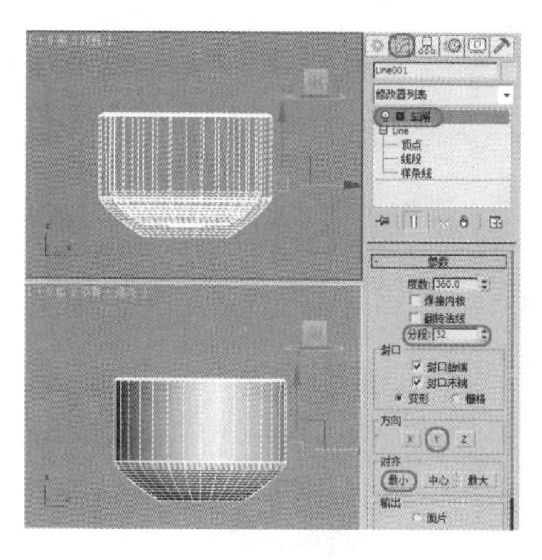

图 5.41　车削完成后的效果

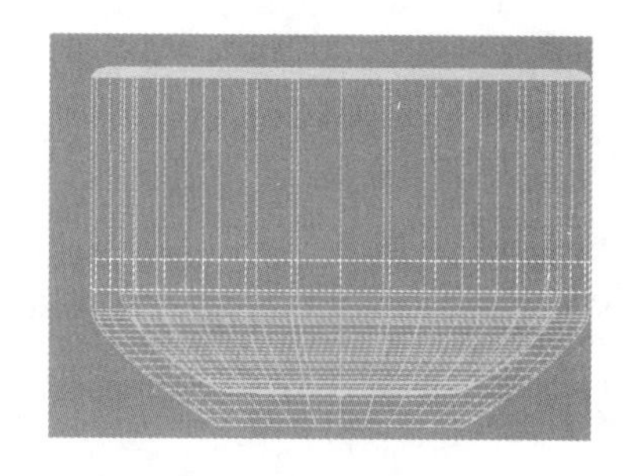

图 5.42　设置完成后的效果

(4) 选择【创建】 |【图形】 |【矩形】工具，在【前】视图中创建矩形，将【长度】、【宽度】、【角半径】分别设置为 130、180、60，使用【选择并均匀缩放】工具将其进行等比缩放，将其名称设置为“杯把”，使用【圆】工具，在矩形中绘制圆形，选择“杯把”，单击 按钮，进入修改命令面板，为其添加【编辑样条线】修改器，将当前选择集定义为【顶点】，调整顶点，关闭当前选择集，在【几何体】卷展栏中单击【附加】按钮，在场景中选择圆形，将其与杯把附加在一起，在修改器列表中选择【倒角】修改器，如图 5.43 所示。

(5) 在【倒角值】卷展栏中将【级别 1】下的【高度】和【轮廓】分别设置为 10、7，将【级别 2】下的【高度】设置为 15，将【级别 3】下的【高度】设置为 10，【轮廓】设置为-7，如图 5.44 所示。

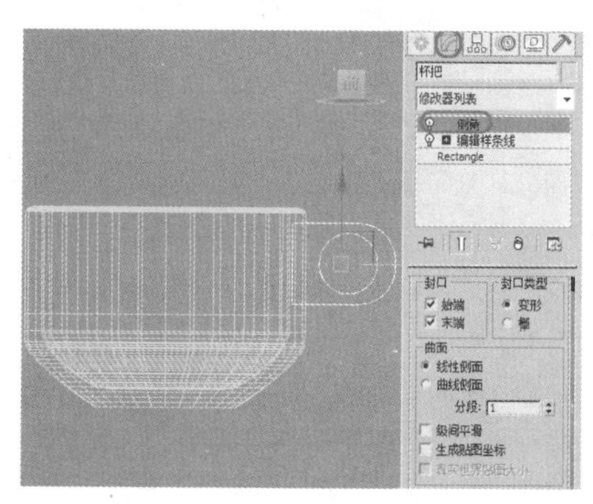

图 5.43　选择【倒角】修改器

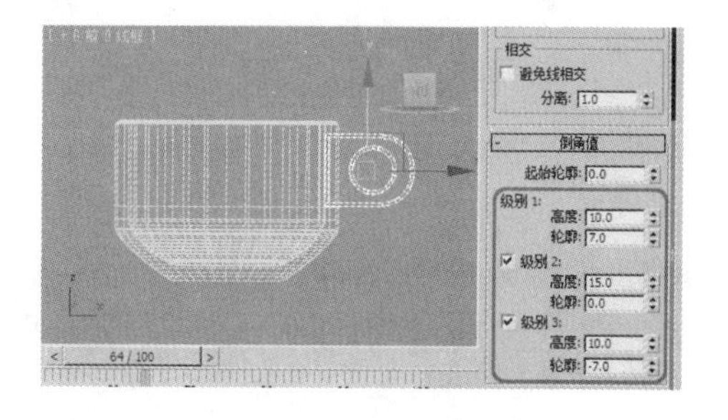

图 5.44　设置倒角值

(6) 选择【创建】|【图形】|【线】工具，在【前】视图中绘制托盘截面，将其命名为【托盘】，切换至修改命令面板，在【修改器列表】中选择【车削】修改器，在【参数】卷展栏中勾选【焊接内核】复选框，将【分段】设置为 32，在【方向】选项组中单击 Y 按钮，单击【对齐】选项组中的【最小】按钮，如图 5.45 所示。

(7) 确定托盘处于选中状态，按 Ctrl+V 组合键，在弹出的对话框中选中【复制】单选按钮，将【名称】设置为“托盘装饰”，单击【确定】按钮。将当前选择集定义为【线段】，选择如图 5.46 所示的选段，按 Delete 键将其删除。

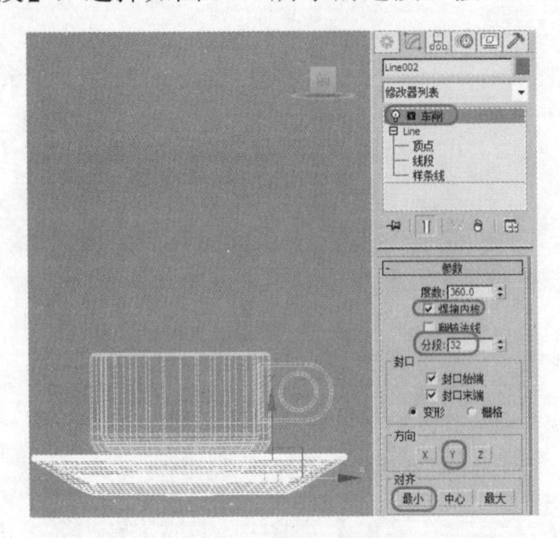

图 5.45　设置参数

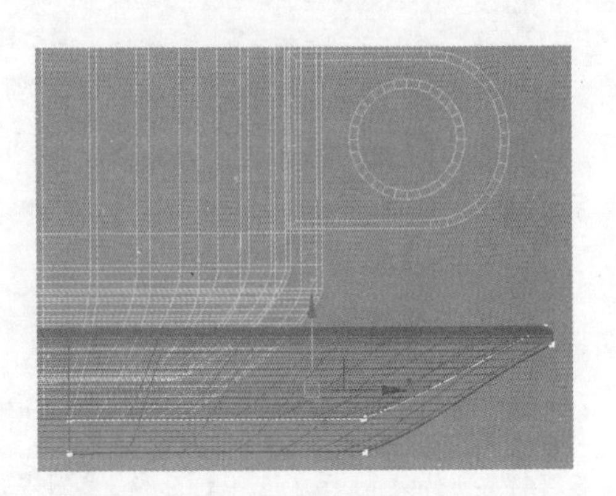

图 5.46　删除线段

(8) 将当前选择集定义为【顶点】，在【几何体】卷展栏中单击【优化】按钮，在如图 5.47 所示的位置添加两个顶点。

(9) 将当前选择集定义为【线段】，删除不需要的线段，将当前选择集定义为【样条线】，选择样条线，在【几何体】卷展栏中单击【轮廓】按钮，将数值设置为-1，如图 5.48 所示。

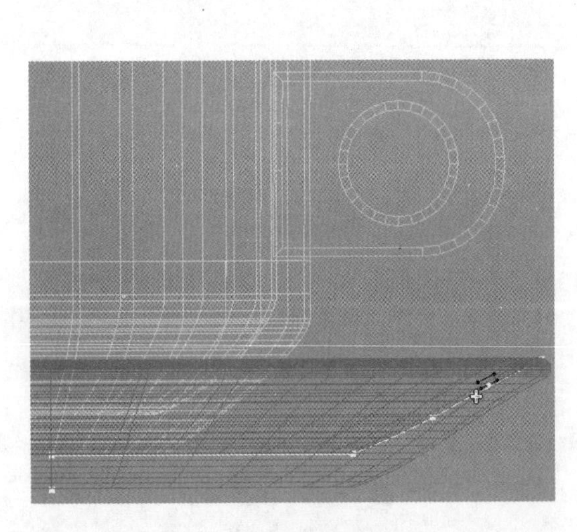

图 5.47　优化

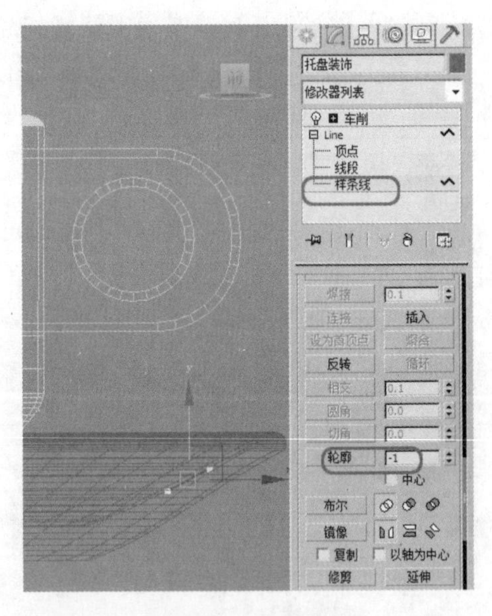

图 5.48　设置轮廓

(10) 关闭当前选择集，将当前选择集定义为【车削】，至此咖啡杯模型就制作完成了。按 M 键打开【材质编辑器】对话框，单击【获取材质】按钮，在弹出的对话框中单击【按名称搜索】文本框左侧的下三角按钮，在弹出的下拉列表中选择【打开材质库】命令，在打开的对话框中选择随书附带光盘中 CDROM\Scences\Cha05\咖啡杯.mat，单击【打开】按钮，将“咖啡杯”、“咖啡色杯饰”分别拖曳到两个空白材质球上，如图 5.49

所示。

(11) 将【材质/浏览器】对话框关闭，选择“咖啡杯”材质球，按 H 键打开【在场景中选择】对话框，在对话框中选择咖啡杯、杯把、托盘，单击【确定】按钮，单击【将材质指定给选定对象】按钮，在菜单栏中选择【编辑】|【反选】命令，选择“咖啡色杯饰”材质球，单击【将材质指定给选定对象】按钮，设置完成后的效果如图 5.50 所示。

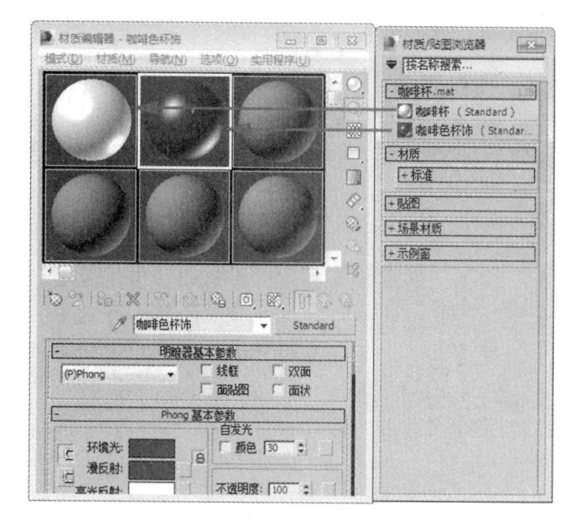

图 5.49　【材质编辑器】对话框

图 5.50　指定完材质后的效果

(12) 选择【创建】|【几何体】|【长方体】工具，在【顶】视图中创建地面，将【长度】、【宽度】、【高度】分别设置为 2380、3140、0，调整其位置，将其颜色设置为白色。选择【创建】|【摄影机】|【目标】，在【顶】视图中创建目标摄影机。激活【透视】视图，按 C 键转换为【摄影机】视图，在其他视图中调整其位置，设置完成后的效果如图 5.51 所示。

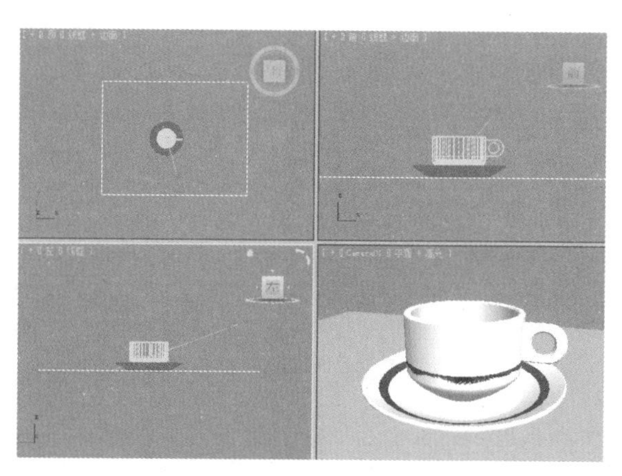

图 5.51　调整摄影机的位置

(13) 选择【创建】|【灯光】|【标准】|【泛光】工具，在【顶】视图中单击创建泛光灯，在其他视图中调整其位置。选择【天光】工具，在【顶】视图中单击并调整其位置，在【天光参数】卷展栏中勾选【渲染】选项组中的【投射阴影】复选框，调整完成后的效

果如图 5.52 所示。

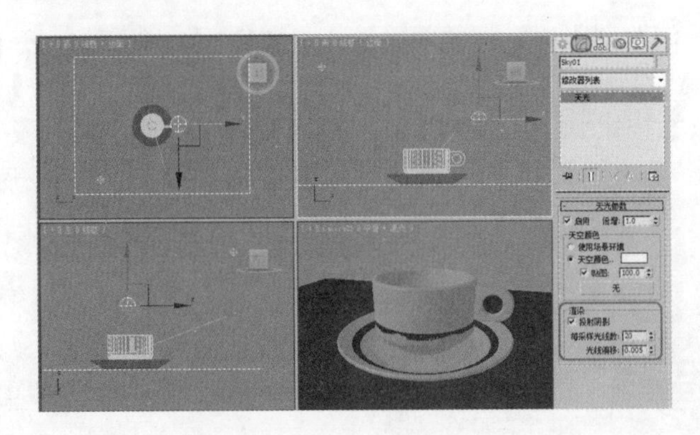

图 5.52　设置灯光

(14) 按 8 键打开【环境和效果】对话框，将背景颜色设置为白色，激活【摄影机】视图，按 F9 键进行渲染观察效果，渲染完成后将场景文件进行保存。

5.10　思考与练习

1. 整个修改命令面板包括几个部分？分别是什么？
2. 【锥化】修改器有什么作用？
3. 【挤出】修改器的用途是什么？

第 6 章　创建复合物体

3ds Max 2014 的基本内置模型是创建复合物体的基础，可以将多个内置模型组合在一起，从而产生出千变万化的模型。通过本章的学习，用户将会对如何创建复合物体有个简单的了解。

6.1　复合物体创建工具

复合物体就是两个及以上的物体组合而成的一个新物体。本章将学习使用复合物体的创建工具，主要包括【变形】、【连接】、【布尔】、【散布】、【图形合并】工具。

选择【创建】 |【几何体】 |【复合对象】选项，在如图 6.1 所示的命令面板中，利用各个按钮创建复合物体，也可以在菜单栏中选择【创建】|【复合】命令，在其子菜单中选择相应的命令，如图 6.2 所示。

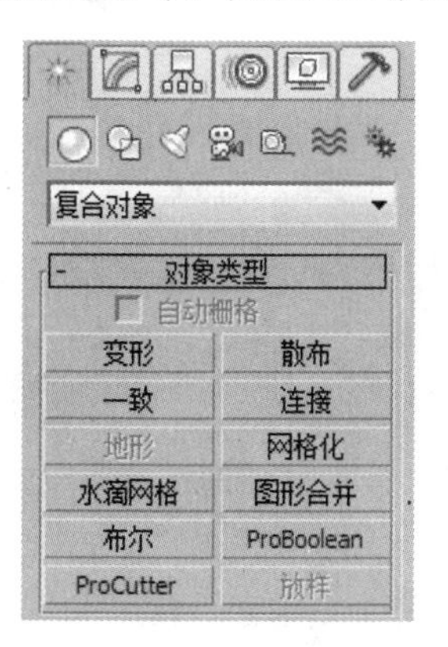

图 6.1　【复合对象】面板

图 6.2　【复合】子菜单

6.2　变形物体与变形动画

【变形】是制作动画的工具之一，它通过一个模型向另外一个目标模型的演变来产生物体表面的变形动画，一般用这种功能完成一些类似面部表情变化的动画。3ds Max 2014 中提供了制作表情变化的修改器。下面首先来介绍一下【变形】工具参数面板的组成，如图 6.3 所示。

- 【名称和颜色】卷展栏：用来设置物体的名称和颜色。
- 【拾取目标】卷展栏：用来设置物体是否参与变形以及参与变形的方式。其中，选中【参考】单选按钮，表示下一步拾取的运算对象作

图 6.3　【变形】工具参数面板

为原来物体的参考物体；选中【复制】单选按钮，表示下一步拾取的运算对象作为原来物体的复制物体；选中【实例】单选按钮，表示下一步拾取的运算对象作为原来物体的实例物体；选中【移动】单选按钮，表示下一步拾取的运算对象将不复存在，即拾取操作完成后，被拾取的对象在视图中消失。默认选中【实例】单选按钮。选择其中一种方式后，单击【拾取目标】按钮为变形选择对象。

- 【当前对象】卷展栏：用于显示变形的对象名称。其中【变形目标】列表框用于显示参与变形的关键帧物体。【变形目标名称】文本框用来显示当前选择关键帧物体的名称。单击【创建变形关键点】按钮增加与【变形目标】列表框中显示与关键帧物体相同的关键帧，单击【删除变形目标】按钮则可以删除关键帧物体。

6.2.1　制作变形物体

制作变形物体的具体操作步骤如下。

(1) 选择【创建】|【几何体】|【标准基本体】|【球体】工具，在【顶】视图中创建球体，如图 6.4 所示。

(2) 使用工具栏中的【选择并移动】工具，在场景中按住 Shift 键移动复制 2 个球体模型，如图 6.5 所示。

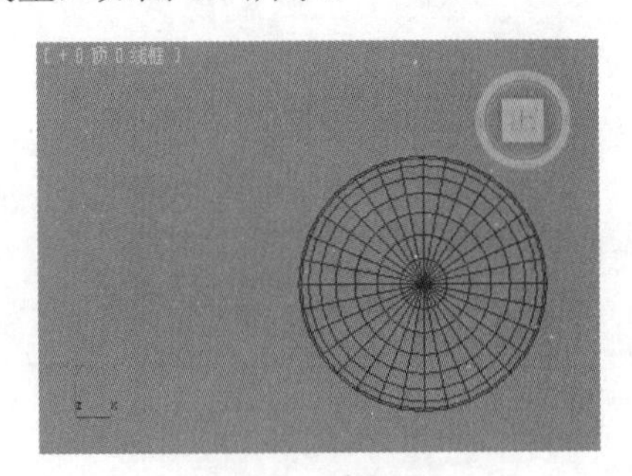

图 6.4　创建球体

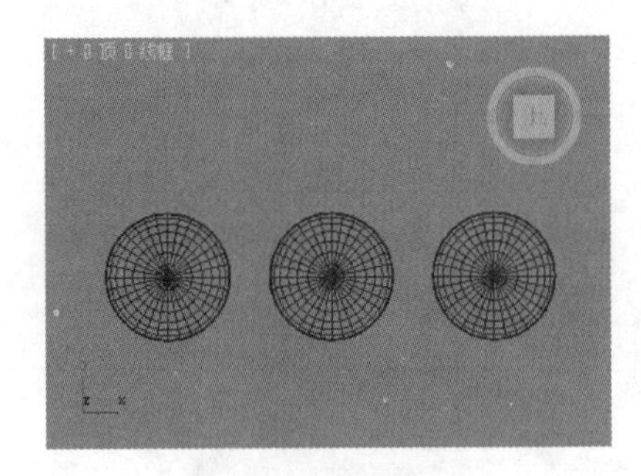

图 6.5　复制球体

(3) 选择第二个球体模型，切换到修改命令面板，在【修改器列表】中选择【挤压】修改器，在【参数】卷展栏中将【径向挤压】选项组中的【数量】设置为 5，选择第三个茶壶模型，在【修改器列表】中选择【挤压】修改器，在【参数】卷展栏中将【轴向凸出】中的【数量】设置为 1，如图 6.6 所示。

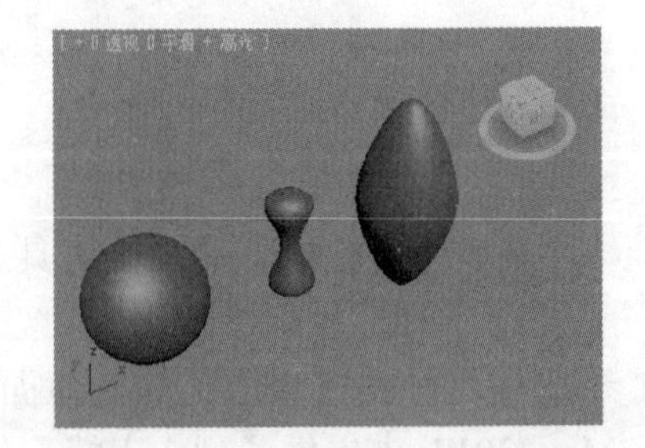

图 6.6　为球体施加【拉伸】修改器

6.2.2　制作变形动画

制作变形动画的具体操作步骤如下。

(1) 继续上面的操作，在【顶】视图中选择第一个球体模型，作为变形动画的基准体。

(2) 单击【自动关键点】按钮，选择【创建】|【几何体】|【复合对象】选项，在命令面板中单击【变形】按钮。

(3) 在【拾取目标】卷展栏中选择【移动】方式，并单击【拾取目标】按钮。

(4) 拖曳时间滑块至 50 帧，在【顶】视图的第二个球体模型上单击，然后拖曳时间滑块至 100 帧，在【顶】视图的第三个球体模型上单击，即可完成变形动画的制作。

(5) 激活【透视】图，单击动画控制工具栏中的【播放动画】按钮▶，即可观看制作的变形动画。

6.3 连 接 物 体

使用【连接】工具，可通过对象表面的“洞”连接两个或多个对象。要执行此操作，请删除每个对象的面，在其表面创建一个或多个洞，并确定洞的位置，以使洞与洞之间相对，然后应用【连接】工具。

【连接】工具的卷展栏如图 6.7 所示。

【拾取操作对象】卷展栏：用于选取一种连接方式来连接物体。方法是选中【参考】、【复制】、【移动】和【实例】4 个单选按钮中的一个，单击【拾取操作对象】按钮，再到视图中选择连接对象。

- 【操作对象】选项组中的列表框用于显示连接中用到的物体及其先后顺序。
- 【名称】文本框用来显示当前选择的形体。
- 【删除操作对象】按钮用来删除操作中的对象。
- 【提取操作对象】按钮可用来创建挤压复制连接前的物体，也可用来拉伸连接部分的形状。
- 【插值】选项组中的【分段】和【张力】微调框分别用于设置连接部分的分段数与凹凸形状。
- 【平滑】选项组中的【桥】和【末端】复选框分别用于对连接组件的连接部分与连接对象进行光滑处理。

下面对【显示/更新】卷展栏中的参数进行介绍。

- 【显示】选项组确定是否显示图形操作对象。选中【结果】单选按钮只显示操作结果。选中【操作对象】单选按钮只显示操作对象。
- 【更新】选项组用于确定何时重新计算复合对象的投影。由于复杂的复合对象会降低性能，因此可以使用所包含的选项避免常量计算。

如图 6.8 所示为连接物体前后的对比效果。

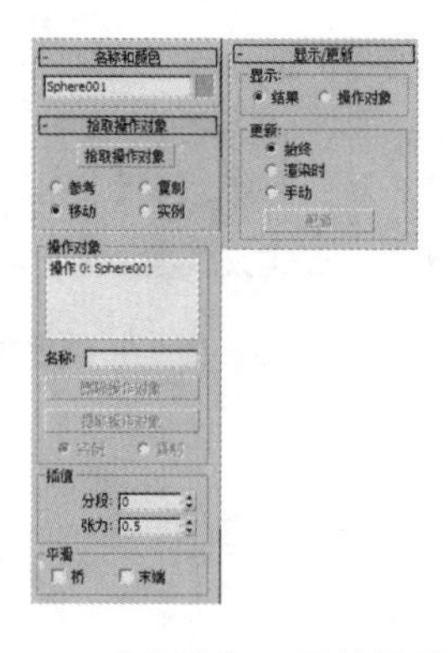

图 6.7　【连接】工具的卷展栏

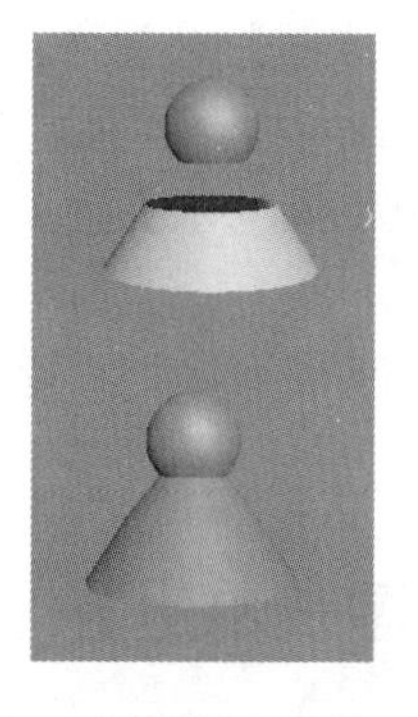

图 6.8　连接前后的对比效果

注 意

连接只能用于能够转换为可编辑表面的对象，例如可编辑网格。

6.4 布尔对象

布尔运算在数学上是指两个集合之间的相交、并集及差集运算，而在3ds Max 2014中是指两个物体之间的并、交及减运算。通过布尔运算可以制作出复杂的复合物体，还可以制作出严谨的动画。

布尔运算涉及的卷展栏如图6.9所示。

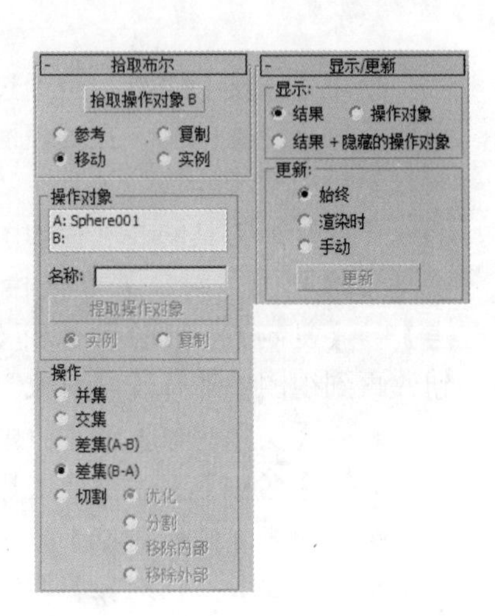

图6.9 布尔运算涉及的卷展栏

- 选择操作对象B时，根据在【拾取布尔】卷展栏中为布尔对象所做的选择，操作对象B可指定为参考、移动、复制或实例化。应根据创建布尔对象之后希望如何使用场景几何体来进行选择。
- 【参数】卷展栏中【操作对象】列表框显示操作的对象，分为A、B两种，【名称】文本框显示操作对象的名称；【操作】选项组用来确定布尔运算的并、交或差运算的运算方式。【并集】、【交集】、【差集】、【切割】为并运算、交运算、差运算和剪切运算。
- 【显示/更新】卷展栏用于设置布尔运算物体的显示与更新方式。

6.4.1 制作布尔运算物体

制作布尔运算物体的具体操作步骤如下。

(1) 重置一个新的场景文件。

(2) 选择【创建】|【几何体】|【标准基本体】|【球体】工具，在【顶】视图中创建一个球体，参数根据实际情况设置。

(3) 选择【圆柱体】按钮，在【顶】视图中创建圆柱体。

(4) 调整两个物体的位置，生成如图6.10所示的效果。

图6.10 创建并调整模型

6.4.2 创建布尔运算

创建布尔运算物体的具体操作步骤如下。

(1) 继续上一节中的操作，在场景中选择长方体，选择【创建】|【几何体】|【复合对象】|【布尔】工具。

(2) 在【拾取布尔】卷展栏中单击【拾取操作对象 B】按钮，在场景中拾取球体，得到如图 6.11 所示的效果。

(3) 在【参数】卷展栏中的【操作】选项组中选中【并集】单选按钮，得到如图 6.12 所示的效果。

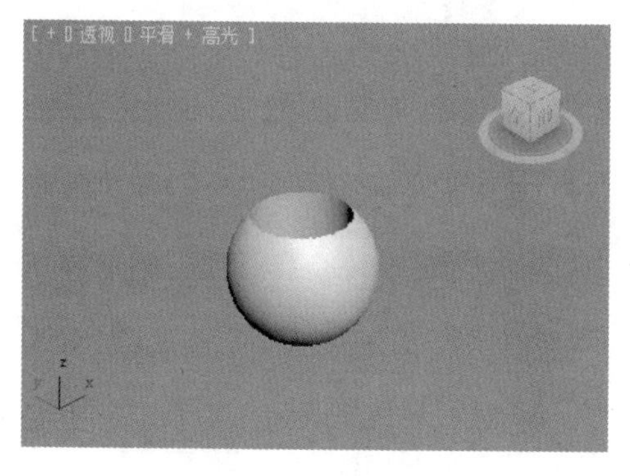

图 6.11　布尔后的模型

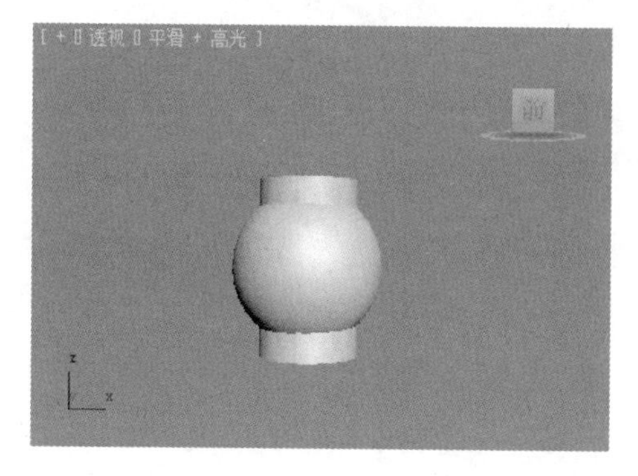

图 6.12　【并集】后的效果

(4) 在【操作】选项组中选中【交集】单选按钮，得到如图 6.13 所示的效果。

(5) 在【操作】选项组中选中【差集(A−B)】单选按钮，得到如图 6.14 所示的效果。

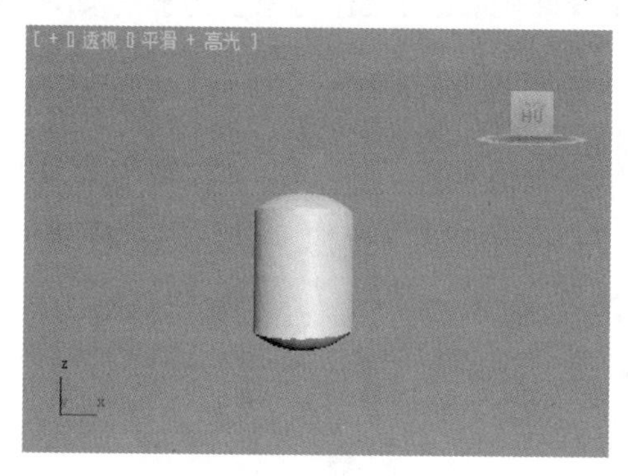

图 6.13　【交集】后的效果

图 6.14　【差集(A−B)】后的效果

6.4.3　制作布尔运算动画

制作布尔运算动画的具体操作步骤如下。

(1) 重置一个新的场景文件。

(2) 选择【创建】|【几何体】|【标准基本体】|【长方体】工具。

(3) 在【顶】视图中创建一个长方体，在【参数】卷展栏将【长度】、【宽度】、【高度】均设置 200，将【长度分段】、【高度分段】、【宽度分段】均设置为 4，得到一个长方体。

(4) 选择【创建】|【几何体】|【标准基本体】|【球体】工具，在【参数】卷展栏中将【半径】设置为 120，得到如图 6.15 所示的用于布尔运算的物体。

(5) 在场景中选择球体，选择【创建】|【几何体】|【复合对象】|【布尔】工具，如图 6.16 所示。

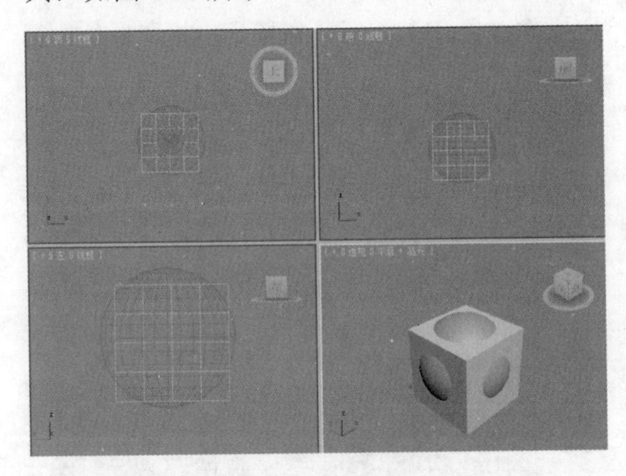

图 6.15　制作用于布尔运算动画的物体

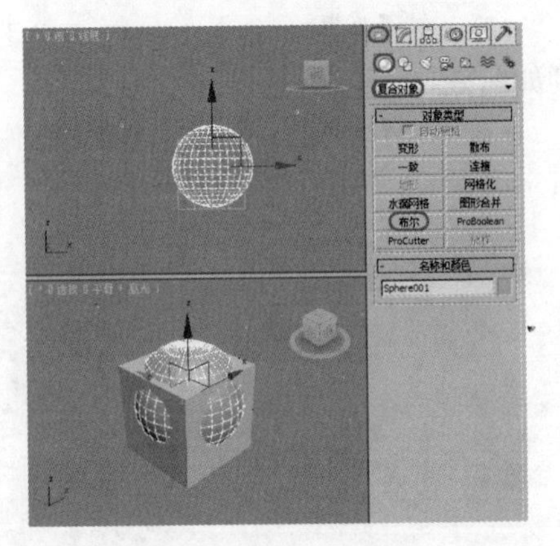

图 6.16　布尔对象后的效果

(6) 在【拾取布尔】卷展栏中选中【移动】单选按钮，在【参数】卷展栏中的【操作】选项组中选中【差集(B−A)】运算方式，单击【拾取操作对象 B】按钮，在任意视图中选择长方体，得到如图 6.17 所示的布尔差集(B−A)运算的物体。

(7) 切换到修改命令面板，在堆栈布尔的子物体层级选择【操作对象】，在【显示/更新】卷展栏中的【显示】选项组中选中【结果+隐藏的操作对象】方式，如图 6.18 所示。

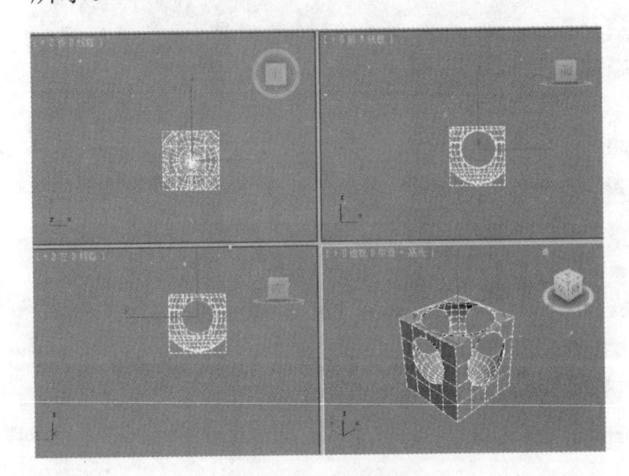

图 6.17　布尔物体

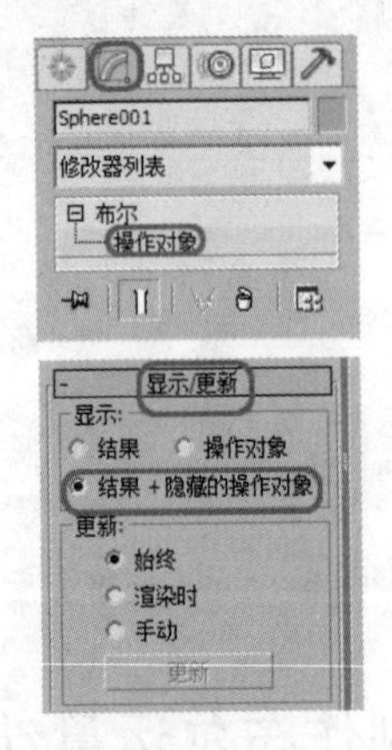

图 6.18　【显示/更新】卷轴栏

(8) 在【前】视图中选择球体，使其变为红色，如图 6.19 所示。

(9) 单击动画控制工具栏中的【自动关键点】按钮，将时间滑块拖曳到 100 帧。使用【选择并移动】工具，在【前】视图中选择在 Y 轴方向向上移动球体至长方体顶端，在【显示/更新】卷展栏中的【显示】选项组中选中【结果】单选按钮，如图 6.20 所示。

(10) 在【显示/更新】卷展栏中的【显示】选项组中选中【结果】单选按钮。

(11)激活【透视】图，单击动画控制工具栏中的【播放动画】按钮，观看动画效果，如图 6.21 所示。

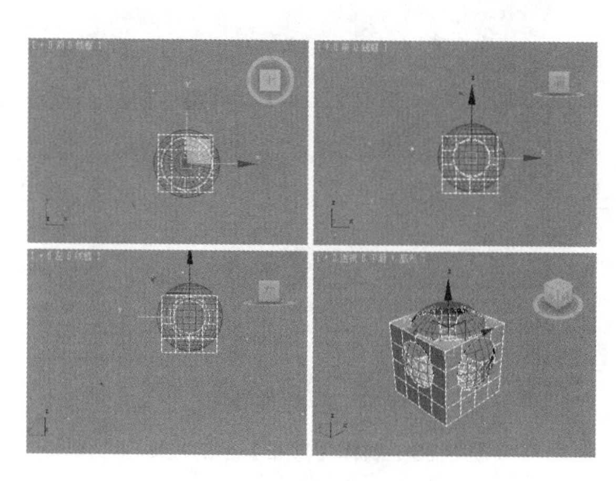

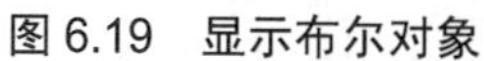

图 6.19　显示布尔对象

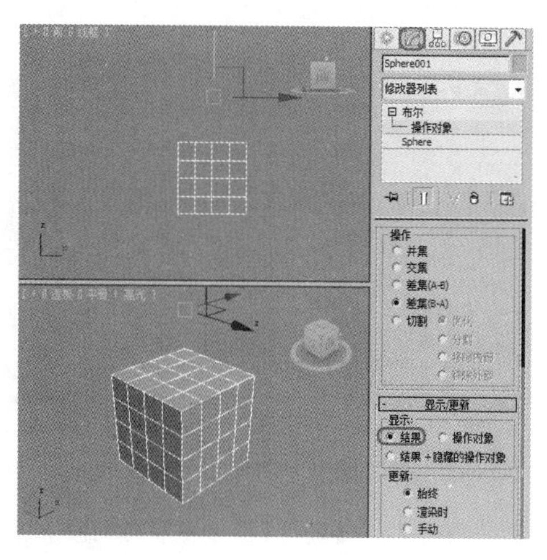

图 6.20　设置动画

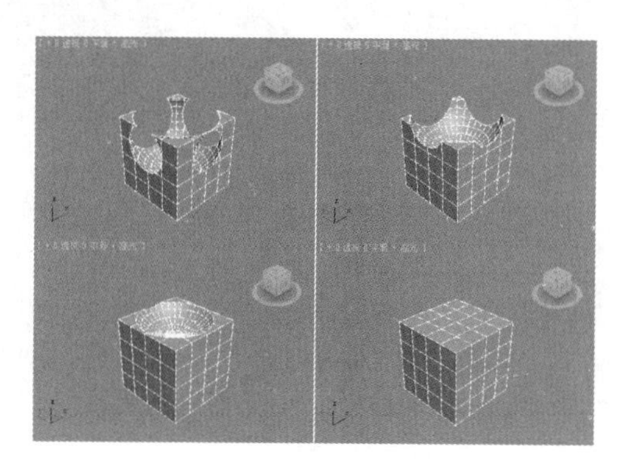

图 6.21　动画效果

6.5　散 布 工 具

在自然界中存在大量没有规律的物体，如乱石、树木等，在 3ds Max 2014 的复合类型中提供了一个【散布】工具，可以利用它来创建自然界场景，【散布】工具的参数面板如图 6.22 所示。

创建分散物体的具体操作步骤如下。

(1)　选择【创建】|【几何体】|【AEC 扩展】|【植物】工具，在【收藏的植物】卷展栏中单击【苏格拉松树】，然后在【顶】视图中单击左键，即可创建对象，如图 6.23 所示。

(2)　选择【创建】|【几何体】|【标准基本体】|【平面】工具，在【顶】视图中创建平面对象，对其进行适当的调整，如图 6.24 所示。

(3)　在场景中选择创建的植物对象，再选择【创建】|【几何体】|【复合对象】|【散布】工具，在【拾取分布对象】卷展栏中单击【拾取分布对象】按钮，在任意视图中选择平面，可以看到植物对象与平面结合为一个复合物体，如图 6.25 所示。

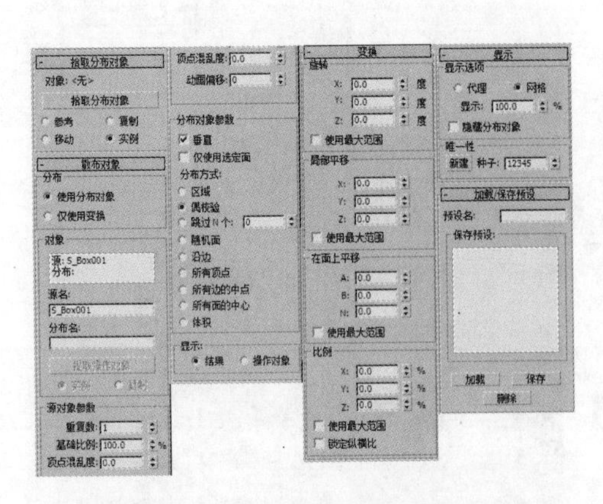

图 6.22 【散布】工具的参数面板

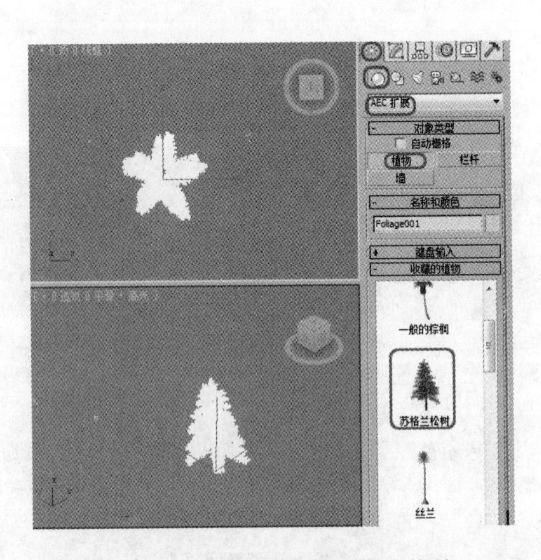

图 6.23 制作【散布】用的物体

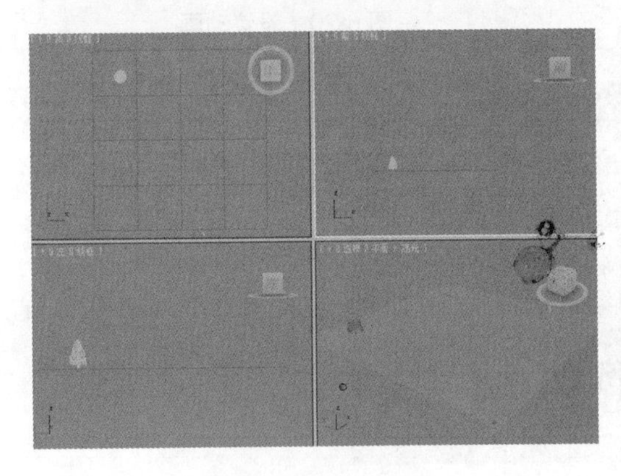

图 6.24 创建平面

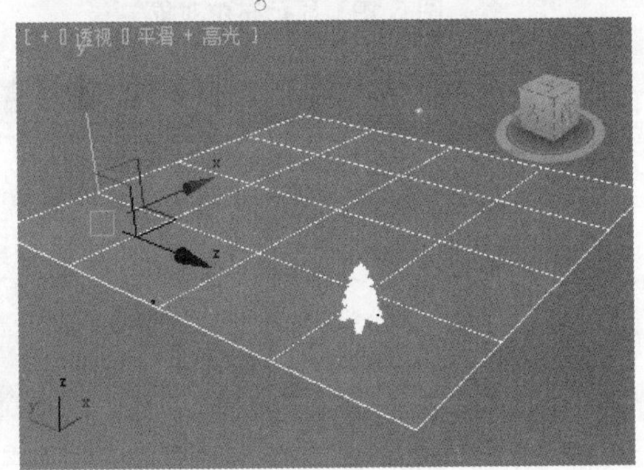

图 6.25 拾取分布对象

(4) 切换到修改命令面板，在【散布对象】卷展栏的【源对象参数】选项组中设置【重复数】为 15，则复制出如图 6.26 所示的 15 个植物对象。

(5) 在【分布对象参数】选项组的【分布方式】中选择一种方式，如选择【区域】方式，得到如图 6.27 所示的效果。

图 6.26 设置重复数

图 6.27 选择【区域】分布方式

(6) 可以通过【变换】卷展栏对这些物体的空间位置作进一步的变化。

6.6　图形合并工具

【图形合并】工具能够把任意样条物体投影到多边形物体表面上，从而在多边形物体表面制作凸起或镂空效果，如文字、图案、商标等。

【图形合并】工具涉及的卷展栏有 4 个，如图 6.28 所示。

- 【拾取操作对象】卷展栏：用于将一个二维图形投影到一个三维物体表面，从而产生相交或相减的效果。选择 4 种方式中的一种后，单击【拾取图形】按钮，即可以选择对象。
- 【参数】卷展栏：用于对合并形状的对象进行相关操作设置。【操作】选项组中的【饼切】与【合并】单选按钮用来确定合并的方式，其中【合并】为默认选项，可在物体上产生新的按照样条形状分布的情况。

创建【图形合并】物体的具体操作步骤如下。

(1) 创建一个圆柱体和星形，得到如图 6.29 所示的两个对象。

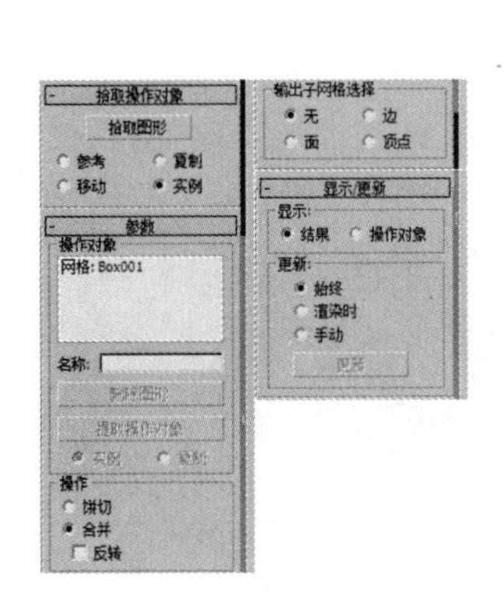

图 6.28　【图形合并】工具的卷展栏

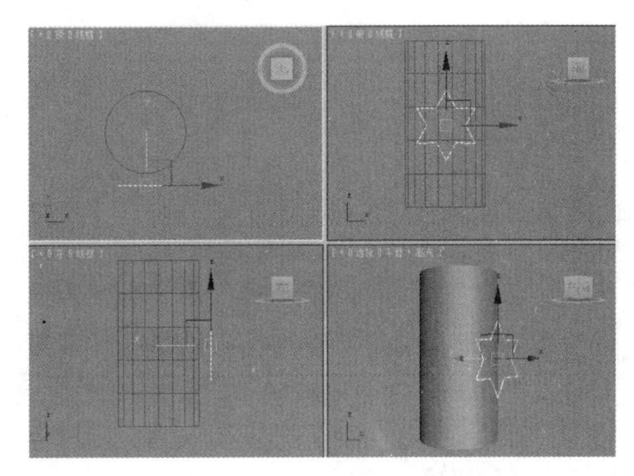

图 6.29　创建合并形状的两个物体

(2) 选择圆柱体对象，然后选择【创建】|【几何体】|【复合对象】|【图形合并】工具。

(3) 在【拾取操作对象】卷展栏中选择【移动】方式，在【参数】卷展栏中的【操作】选项组中选择【合并】方式，然后单击【拾取操作对象】卷展栏中的【拾取图形】按钮。

(4) 在【顶】视图中单击星形对象，稍等片刻后便得到了如图 6.30 所示的效果。

(5) 在【参数】卷展栏的【操作对象】列表中选择 Star001 选项，切换到修改命令面板，然后在【修改器列表】中选择【多边形选择】修改器，将当前选择集定义为【多边形】，在场景中选择的星形呈红色显示，如图 6.31 所示。

(6) 在【修改器列表】中选择【面挤出】修改器，在弹出的【参数】卷展栏中将【数量】设置为 10，则得到物体表面凸起的星形，如图 6.32 所示。

(7) 撤销到在第一步中制作的场景。

(8) 选择圆柱体对象，然后选择【创建】|【几何体】|【复合对象】|【图形合并】工具。

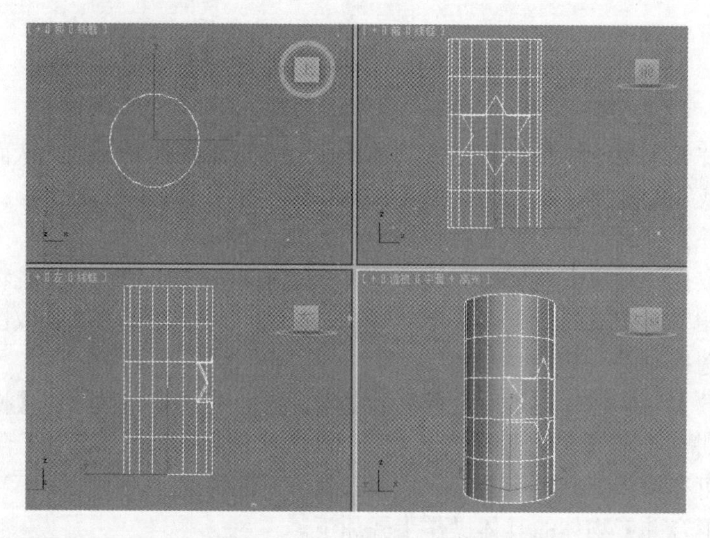

图 6.30　合并图形后的效果

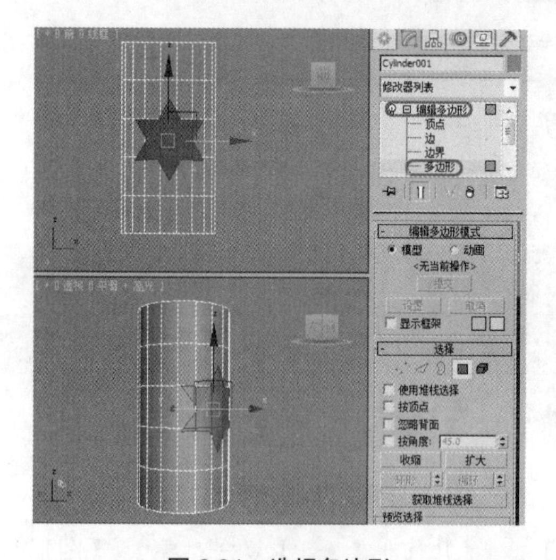

图 6.31　选择多边形

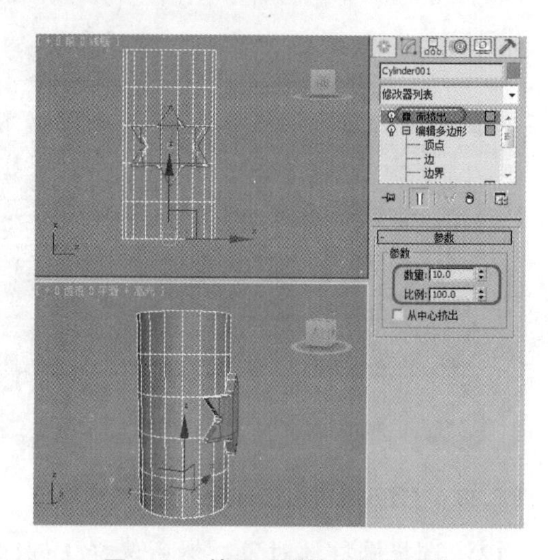

图 6.32　使用【面挤出】修改器

(9) 在【拾取操作对象】卷展栏中选择【移动】方式，在【参数】卷展栏中的【操作】选项组中选择【饼切】方式，然后单击【拾取操作对象】卷展栏中的【拾取图形】按钮。

(10) 在视图中单击星形对象，稍等片刻后便得到了如图 6.33 所示的镂空效果。

(11) 撤销到在第一步中制作的场景。

(12) 选择圆柱体对象，然后选择【创建】|【几何体】|【复合对象】|【图形合并】工具。

(13) 在【拾取操作对象】卷展栏中选择【移动】方式，在【参数】卷展栏中的【操作】选项组中选择【饼切】方式，并勾选【反转】复选框，然后单击【拾取操作对象】卷展栏中的【拾取图形】按钮。

(14) 在视图中单击星形对象，稍等片刻后便得到了如图 6.34 所示的反向镂空效果。

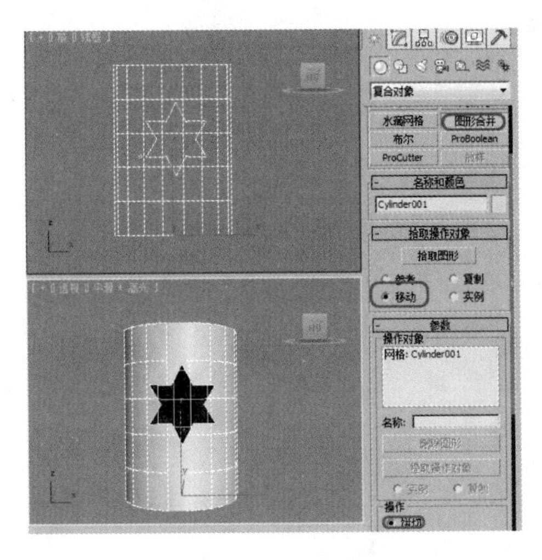

图 6.33　镂空的效果

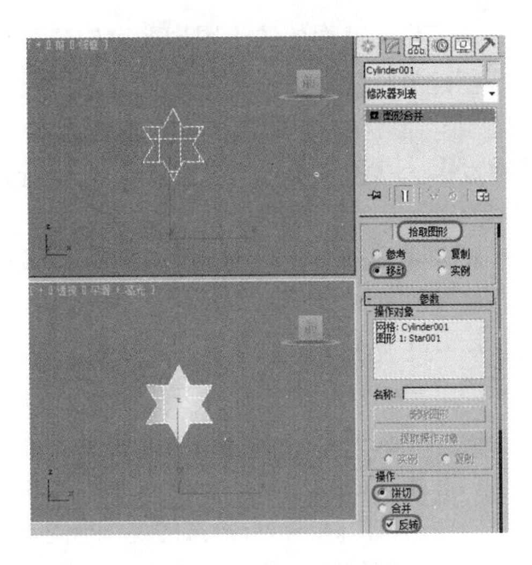

图 6.34　反向镂空的效果

6.7　放　　样

放样建模是 3ds Max 2014 中一种强大的建模方法，在放样建模中还可以对放样对象进行变形编辑，包括【缩放】变形、【扭曲】变形、【倾斜】变形、【倒角】变形和【拟合】变形。

放样建模是截面图形在一段路径上形成的轨迹，截面图形和路径的相对方向取决于两者的法线方向。

6.7.1　放样对象的基本概念

【放样】是指使二维图形沿用户自定义的放样路径产生三维模型。放样路径可以是任意形状的一条曲线，并且放样允许在放样路径上指定多个完全不同的二维图形作为截面图形，从而得到各种形状的三维模型。

在 3ds Max 2014 中提供了挤压修改器，它与放样有相似的地方，在挤压中，绘制一个截面二维图形，给出挤压高度即可得到三维模型。挤压的路径是一条与截面图形垂直的直线，没有放样灵活。放样是在挤压基础上的进一步发展。

在进行放样时，必须有适当的二维图形作为横截面和路径。作为路径的二维图形称为放样路径，在一个放样物体中只能有一个；而用做横截面的二维图形称为放样图形，可以用几个不同的二维图形作为横截面。路径和截面图形既可以是封闭的也可以是开放的。

6.7.2　创建放样物体的方法

创建放样物体的方法分为以下两种。

- 【获取路径】：先选择作为截面的二维图形，单击【获取路径】按钮，然后选择作为路径的二维图形即可创建放样物体。
- 【获取图形】：先选择作为路径的二维图形，单击【获取图形】按钮，然后选择作为截面的二维图形即可创建放样物体。

创建放样物体时，在【创建方法】卷展栏中可以看到，【获取路径】和【获取图形】按钮下有【移动】、【复制】和【实例】3 个单选按钮，如图 6.35 所示。

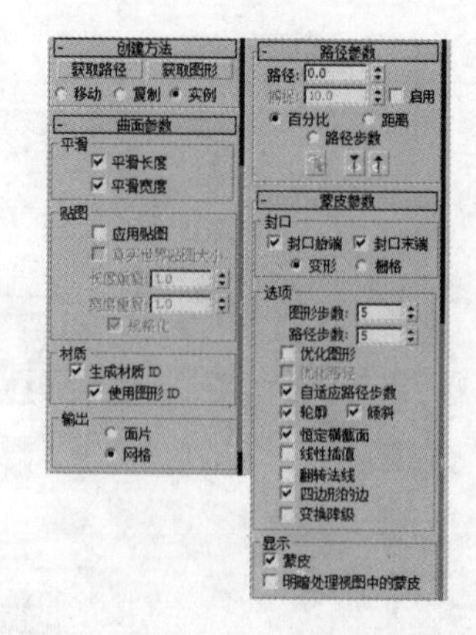

图 6.35 创建放样物体时的卷展栏

- 【移动】：选中此单选按钮，放样后原图形在场景中不存在。
- 【复制】：选中此单选按钮，放样后原图形在场景中仍然存在。
- 【实例】：选中此单选按钮，复制出来的路径或截面图形与原图形相关联，对原图形修改时，放样出来的物体也同时被修改。

使用【获取路径】方法创建放样物体的基本操作步骤如下。

(1) 在场景中创建放样的截面图形和路径。

(2) 选择创建的放样截面，然后选择【创建】|【几何体】|【复合对象】|【放样】工具，在【创建方法】卷展栏中单击【获取路径】按钮，在场景中单击作为路径的二维图形，就可以创建出放样物体。

使用【获取图形】方法创建放样物体的基本操作步骤如下。

(1) 在场景中创建放样的截面图形和路径。

(2) 选择创建的放样路径，然后选择【创建】|【几何体】|【复合对象】|【放样】工具，在【创建方法】卷展栏中单击【获取图形】按钮，在场景中单击作为截面的二维图形，就可以创建出放样物体。

提 示

在制作简单的放样物体时，比如只有一个截面图形时，两种方法的结果是一样的，但有多个截面图形时，应该采用第二种方法。

6.7.3 设置放样表面

控制放样物体的表面的选项主要在【蒙皮参数】卷展栏中。

切换到修改命令面板，展开【蒙皮参数】卷展栏，如图 6.36 所示。【蒙皮参数】卷展栏中主要参数的功能介绍如下。

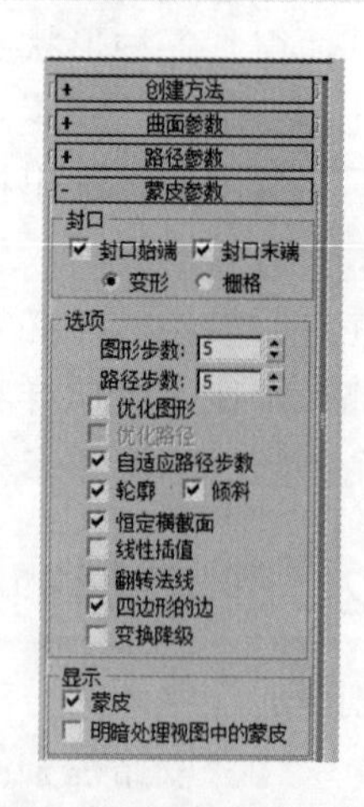

图 6.36 【蒙皮参数】卷展栏

- 【封口】：该选项组中的两个复选框用于打开或关闭顶盖的显示。
- 【图形步数】：该参数微调框用来设置图形截面定点间的步幅数，值越大纵向光滑度越高。
- 【路径步数】：该参数微调框用来设置路径定点间的步幅数，值越大横向光滑度越高。

- 【优化图形】：该复选框用来优化纵向光滑度，忽略图形步幅。
- 【自适应路径步数】：该复选框用来优化横向光滑度，忽略路径步幅。
- 【轮廓】：勾选该复选框后，每个图形都将遵循路径的曲率。
- 【蒙皮】：该复选框用来控制各视图中是否只显示放样物体的路径和截面。
- 【明暗处理视图中的蒙皮】：该复选框用来控制在【透视】图中是否显示放样物体。

6.7.4　带有多个截面的放样

下面介绍多个截面图形的放样。

在路径的不同位置摆放不同的二维图形主要是通过在【路径参数】卷展栏中的【路径】微调框中输入数值或单击微调按钮来实现，有 3 种定位方式。

- 【百分比】：此方式为沿路径的百分比放置二维图形。【路径】微调框中的数值表示路径的百分比。【路径】微调框中的值为 0，表示将在路径的起始点处添加第 1 个截面图形。它的取值范围为 0～100。
- 【距离】：此方式为沿路径的起点开始的绝对长度放置二维图形。【路径】微调框中的数值表示从路径第 1 个顶点开始的长度。取值范围从 0 到路径的最大长度。
- 【路径步数】：此方式为沿路径上的各个插值步数放置二维图形。【路径】微调框中的数值表示路径上的各个插值步数。

下面可以通过一个例子来练习一下。

(1) 重置一个新的场景文件。

(2) 在视图中创建两个放样截面图形和一条放样路径，如图 6.37 所示。

(3) 在视图中选择放样路径，然后选择【创建】 |【几何体】 |【复合对象】|【放样】工具。

(4) 在【路径参数】卷展栏中使用默认的【路径】参数为 0，单击【创建方法】卷展栏中的【获取图形】按钮，在圆形的放样图形上单击。

(5) 在【路径参数】卷展栏中设置【路径】参数为 100，单击【创建方法】卷展栏中的【获取图形】按钮，在场景中选择另一个放样图形。完成的模型效果如图 6.38 所示。

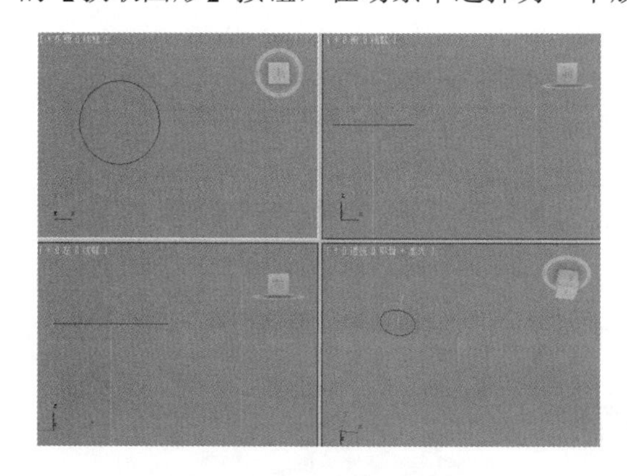

图 6.37　创建截面图形

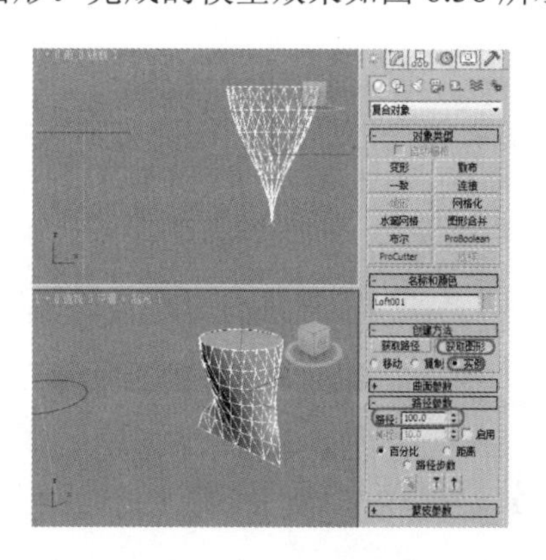

图 6.38　放样出的物体

6.7.5 对齐图形顶点

在制作放样物体时，如果路径上各个截面图形的顶点没有对齐就会造成放样物体的扭曲。要消除扭曲现象，需要将截面图形的起始点对齐。

对齐起始点的具体操作步骤如下。

(1) 继续使用在 6.7.4 节中制作的场景文件，切换到修改命令面板，在修改器堆栈中单击 Loft 修改器前面的加号，在展开的两个子物体中单击【图形】。

(2) 此时会出现【图形命令】卷展栏，单击【比较】按钮，将会弹出【比较】对话框，此时，对话框中没有任何截面图形，如图 6.39 所示。在该对话框中可以很容易地比较截面二维图形的起始点位置。

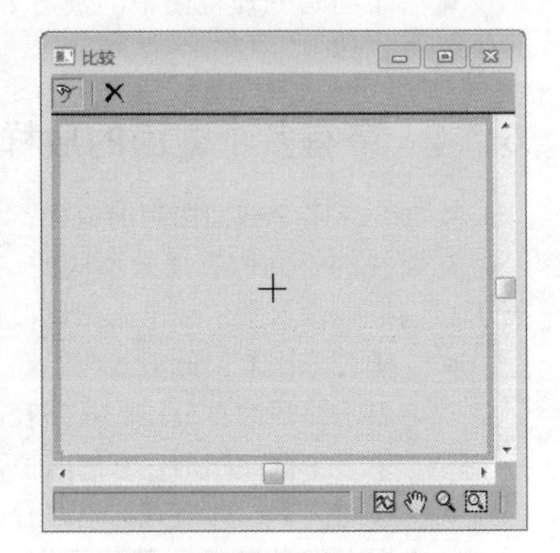

图 6.39 【比较】对话框

(3) 在【比较】对话框中单击【拾取图形】按钮，在视图中的放样物体上依次拾取放样的截面图形。

(4) 再次单击【拾取图形】按钮，结束截面图形的拾取工作，拾取截面图形后的效果如图 6.40 所示。

(5) 在工具栏中选择【选择并旋转】工具，将【透视】视图中的截面图形旋转，在旋转的同时观察【比较】对话框中各截面图形的起始点，使 2 个截面图形的起始点处于同一条直线，即可停止旋转，如图 6.41 所示。此时在视图中可以看到放样物体的扭曲现象已经消失了。

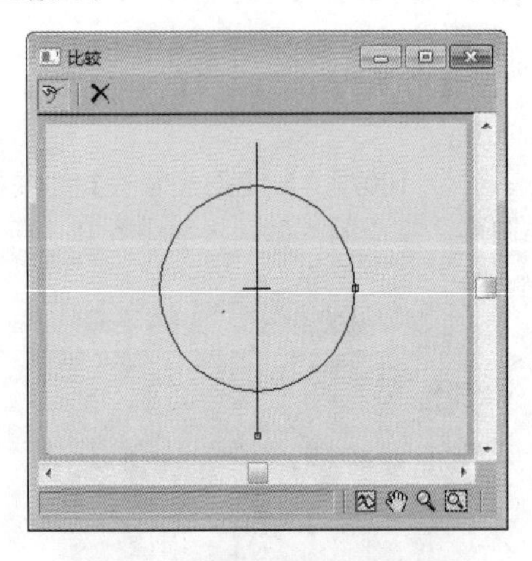

图 6.40 拾取截面图形后的效果

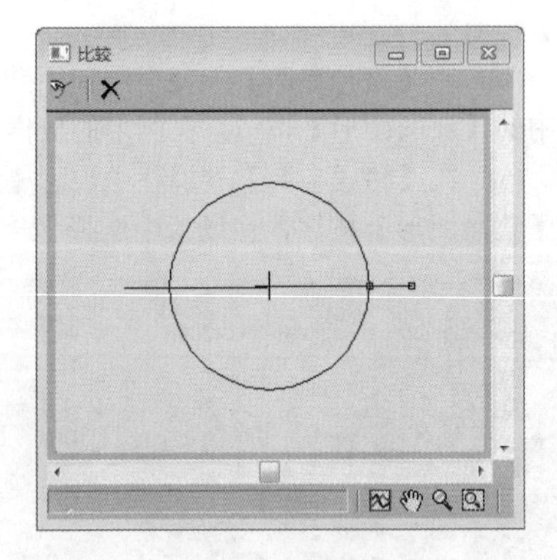

图 6.41 旋转图形

6.7.6 编辑和复制路径上的二维图形

可以通过编辑路径上的二维图形来修改放样物体，主要有移动、复制、旋转和缩放等

操作，下面分别介绍这几种操作。

1. 移动路径上的二维图形

移动路径上的二维图形的具体操作步骤如下。

(1) 参照 6.7.4 节中的方法，创建一个如图 6.42 所示的模型。

(2) 切换到修改命令面板，在修改器堆栈中单击 Loft 修改器前面的加号，在展开的两个子物体中单击【图形】，进入 Loft 的【图形】子物体层级。

(3) 在工具栏中选择【选择并移动】工具，再选择放样物体中的某个截面图形，对其进行移动，则放样物体也随之发生变化，如图 6.43 所示为移动前后的对比效果。

图 6.42　创建模型

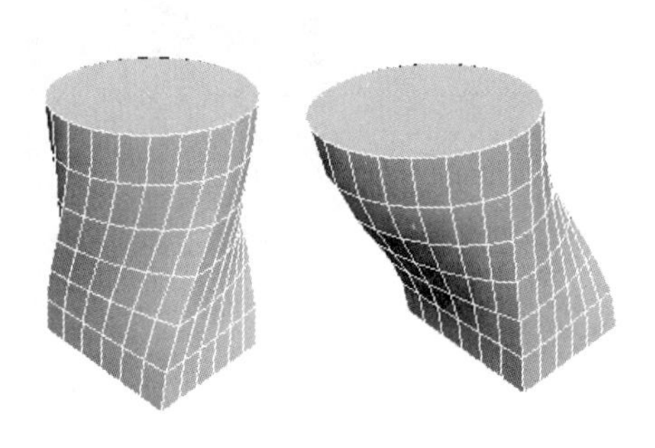

图 6.43　移动前后的对比效果

2. 缩放路径上的二维图形

缩放路径上的二维图形的具体操作步骤如下。

(1) 参照 6.7.4 节中的方法，创建一个如图 6.44 所示的模型。

(2) 切换到修改命令面板，在修改器堆栈中单击 Loft 修改器前面的加号，在展开的两个子物体中单击【图形】，进入 Loft 的【图形】子物体层级。

(3) 单击工具栏中的【选择并均匀缩放】按钮，再选择放样物体的长方形截面图形，对其进行缩放，则放样物体也随之发生变化，缩放前后的效果如图 6.45 所示。

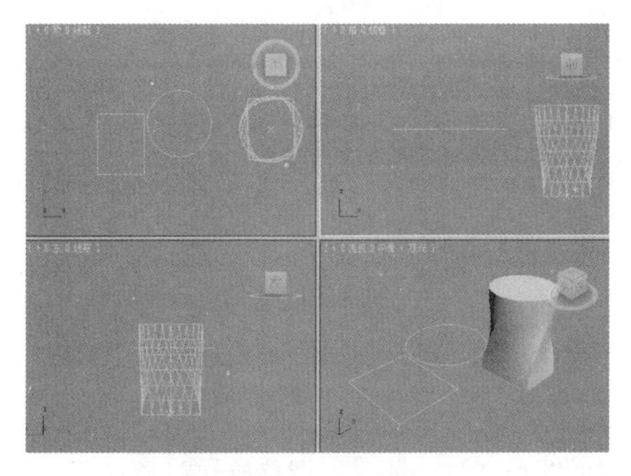

图 6.44　创建模型

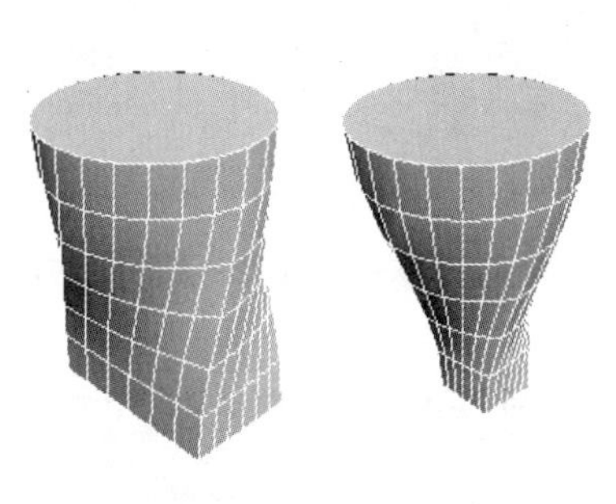

图 6.45　缩放前后的效果

3. 复制路径上的二维图形

复制路径上的二维图形的具体操作步骤如下。

(1) 参照 6.7.4 节中的方法，创建一个如图 6.46 所示的模型。

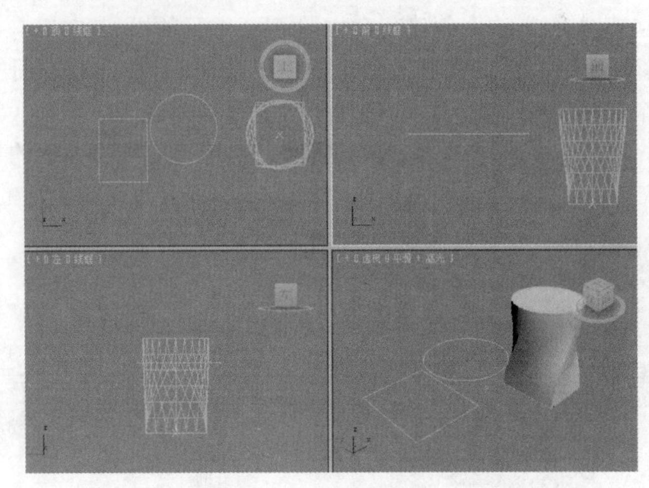

图 6.46 创建模型

(2) 切换到修改命令面板，在修改器堆栈中单击 Loft 修改器前面的加号，在展开的两个子物体中单击【图形】，进入 Loft 的【图形】子物体层级。

(3) 在工具栏中选择【选择并移动】工具，然后选择放样物体的圆形截面图形。

(4) 在【前】视图中按住 Shift 键的同时向下拖曳，拖曳到适当的位置释放鼠标，此时将会弹出一个【复制图形】对话框，选择一种复制类型方式，例如选择【复制】，如图 6.47 所示。

(5) 单击【确定】按钮，复制后的效果如图 6.48 所示。

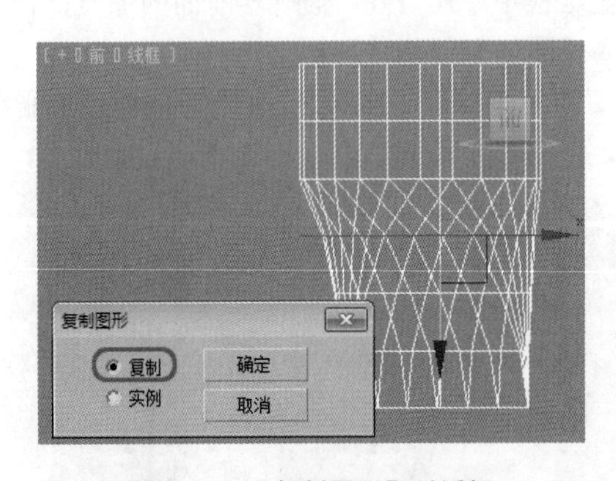

图 6.47 【复制图形】对话框

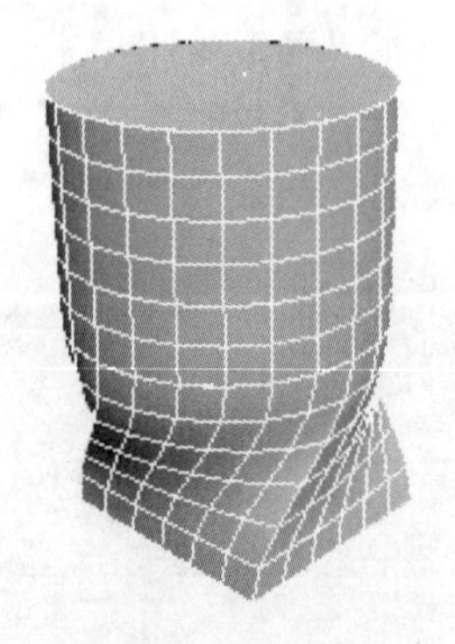

图 6.48 复制后的效果

6.7.7 调整放样路径

在修改放样物体时除了调整放样物体的截面图形之外，还可以调整放样路径。

调整放样路径的具体操作步骤如下。

(1) 参照 6.7.4 节中的方法，创建一个如图 6.49 所示的模型。

(2) 切换到修改命令面板，在【蒙皮参数】卷展栏中取消勾选【蒙皮】复选框，而勾选【明暗处理视图中的蒙皮】复选框，此时只在【透视】视图中显示放样物体。

(3) 在视图中选择放样路径，此时对该路径进行调整就会影响模型的形状，如图 6.50 所示。

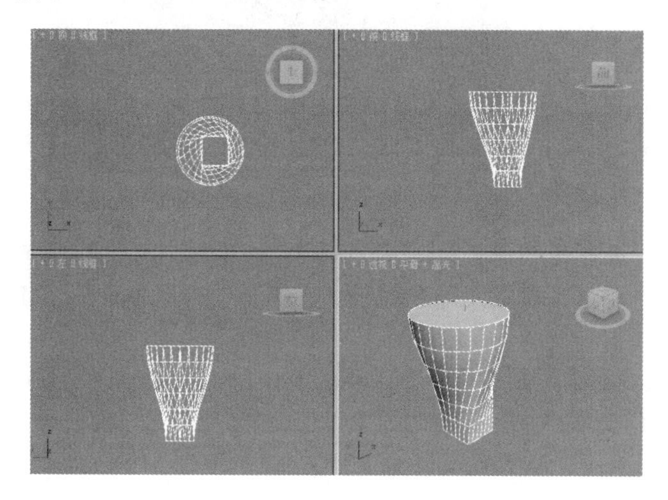

图 6.49　创建模型

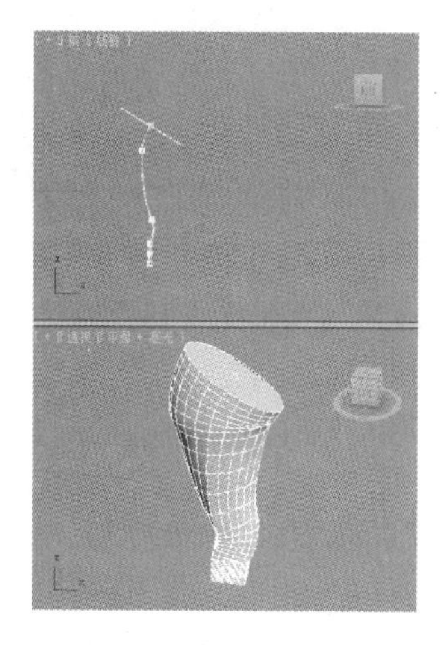

图 6.50　调整放样路径后的模型

提 示

在这里用户可以参照前面有关编辑样条曲线的内容对放样路径中的顶点进行编辑。

6.8　放 样 变 形

放样物体的【变形】卷展栏中列出了 3ds Max 2014 中可以施加给放样物体的变形工具。变形工具提供基于样条曲线的、由曲线所构成的图形，这些图形可以改变放样物体的横截面的形状与路径的关系。在 3ds Max 2014 中共有 5 种变形工具，分别是【缩放】、【扭曲】、【倾斜】、【倒角】和【拟合】。

6.8.1　【缩放】变形

【缩放】变形工具可以沿着 X 轴或 Y 轴方向对截面图形进行缩放，使放样物体的形状发生变化。

下面就用【缩放】变形制作一个非常经典而且简单的香蕉效果。

(1) 选择【创建】|【图形】|【多边形】工具，在【左 】视图中创建多边形，在【参数】卷展栏中设置【半径】为 35、【边数】为 6、【角半径】为 15，然后选中【外接】单选按钮，如图 6.51 所示。

(2) 使用【线】工具在【前】视图中绘制一条如图 6.52 所示的样条线。

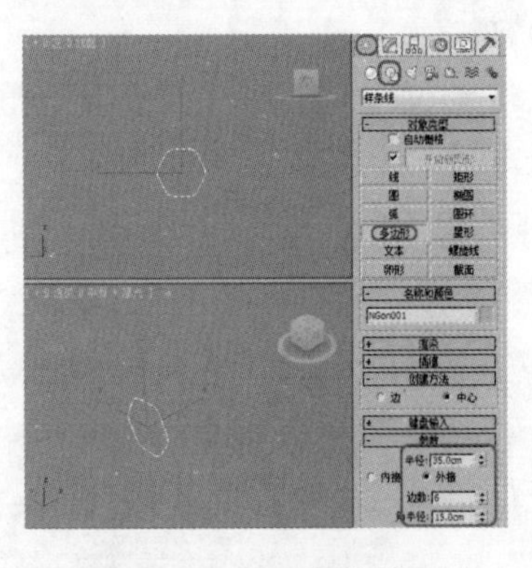

图 6.51　创建放样截面

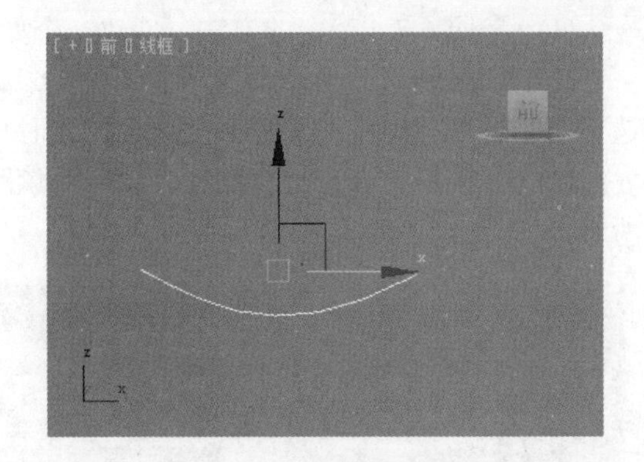

图 6.52　创建放样路径

(3) 在场景中选择样条线，然后选择【创建】|【几何体】|【复合对象】|【放样】工具，在【创建方法】卷展栏中单击【获取图形】按钮，在场景中拾取多边形，如图 6.53 所示。

(4) 切换到修改命令面板，在【变形】卷展栏中单击【缩放】按钮，在弹出的【缩放变形(X)】对话框中单击【插入角点】按钮，在控制曲线上单击添加控制点，如图 6.54 所示。

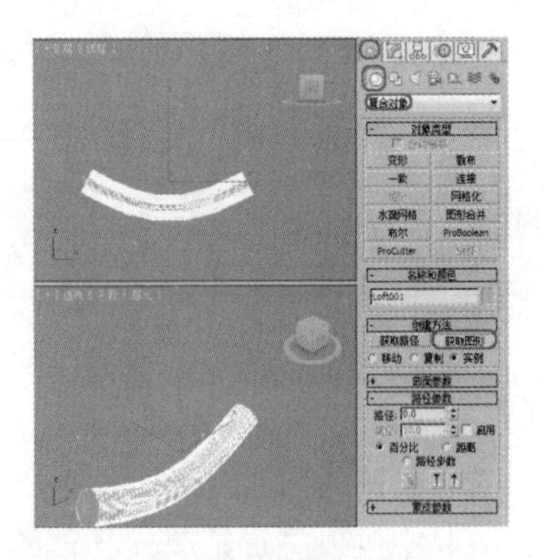

图 6.53　创建放样对象

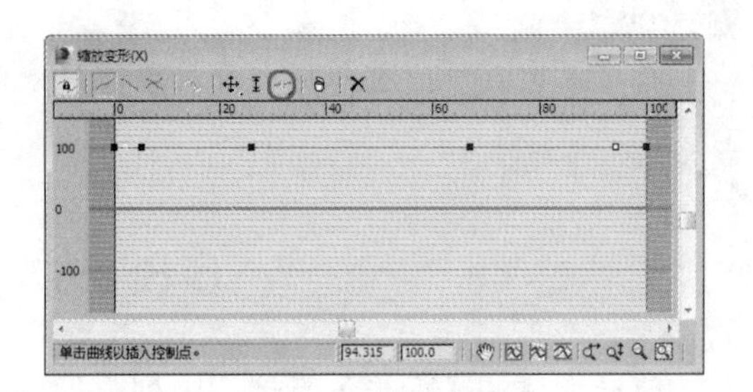

图 6.54　添加控制点

(5) 使用【移动控制点】工具调整控制点，在调整的同时右击控制点，在弹出的快捷菜单中选择控制点类型，并调整曲线的形状，如图 6.55 所示。

(6) 在调整曲线时，可以随时查看场景中的模型的变化，调整完成后的模型如图 6.56 所示。

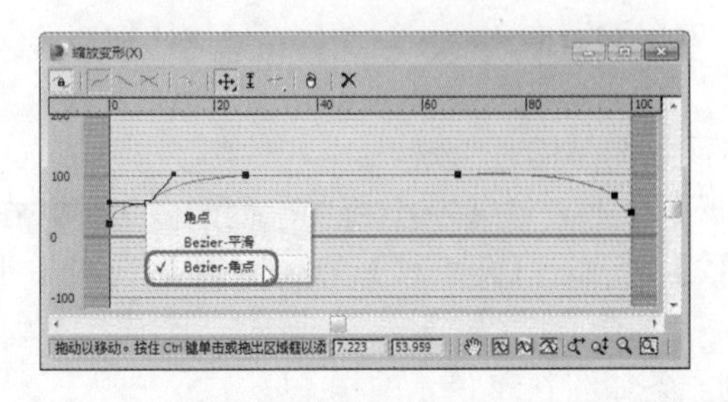

图 6.55　调整曲线的形状

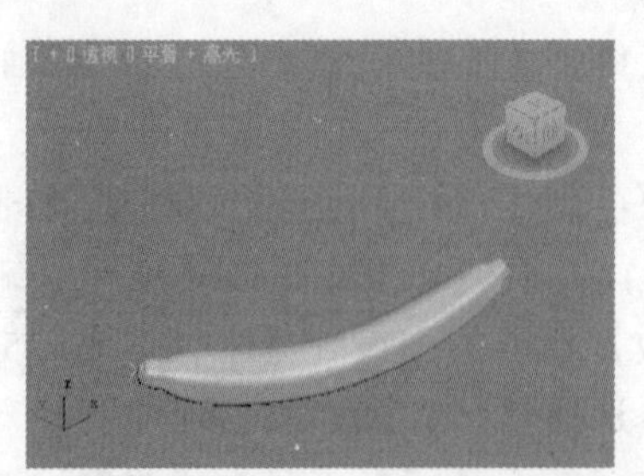

图 6.56　调整完成后的模型

6.8.2　【扭曲】变形

【扭曲】变形工具可以使截面二维图形绕着一定路径旋转指定的角度，从而使放样物体出现扭曲的效果。

下面使用【扭曲】变形工具制作简单的放样物体。

(1) 选择【创建】|【图形】|【圆】工具，在【顶】视图中创建圆形，在【参数】卷展栏中设置【半径】为 100，如图 6.57 所示。

(2) 单击【线】按钮，在【前】视图中创建放样路径，如图 6.58 所示。

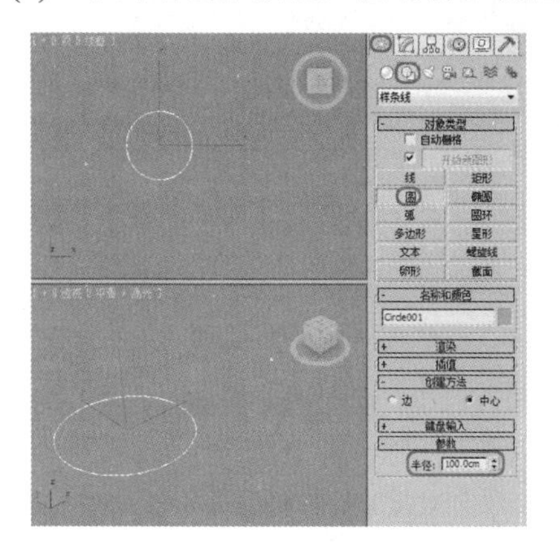

图 6.57　创建放样截面图形

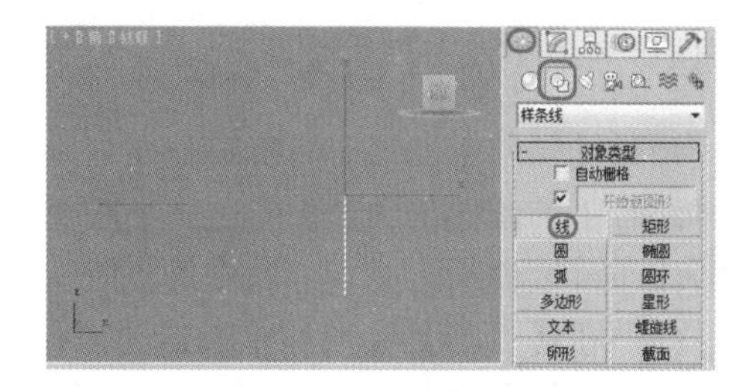

图 6.58　创建放样路径

(3) 在场景中选择圆形，选择【创建】|【几何体】|【复合对象】|【放样】工具，在【创建方法】卷展栏中单击【获取路径】按钮，在场景中拾取直线，如图 6.59 所示。

(4) 切换到修改命令面板，在【变形】卷展栏中单击【扭曲】按钮，在弹出的【扭曲变形】对话框中使用【移动控制点】工具，在场景中调整控制点的位置，扭曲模型，如图 6.60 所示。

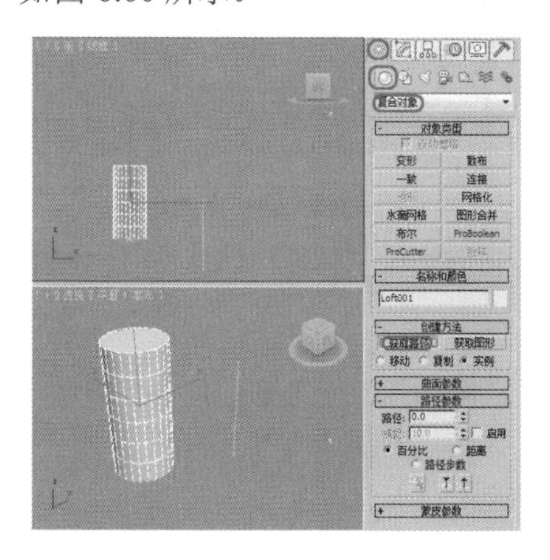

图 6.59　创建放样模型

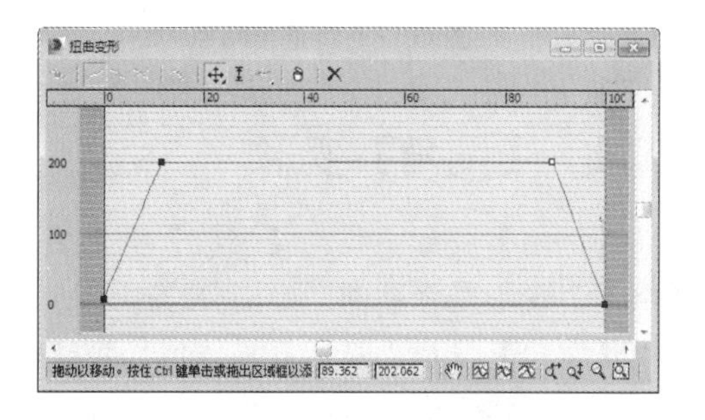

图 6.60　调整扭曲控制点

(5) 调整完成后的模型如图 6.61 所示。

图 6.61　调整完成后的模型

6.8.3 【倾斜】变形

通过【倾斜】变形工具能够让路径上的截面图形绕着 X 轴或 Y 轴旋转。使用它可使放样路径上的起始剖面产生倾斜。下面通过例子来学习使用【倾斜】变形工具的方法。

(1) 继续使用上一节中制作的场景文件。

(2) 在【变形】卷展栏中单击【倾斜】按钮，在弹出的【倾斜变形(X)】对话框中单击【插入角点】按钮，在控制曲线上单击添加控制点，然后使用【移动控制点】工具调整控制点，如图 6.62 所示。在视图中会看到放样物体已经变形，如图 6.63 所示。

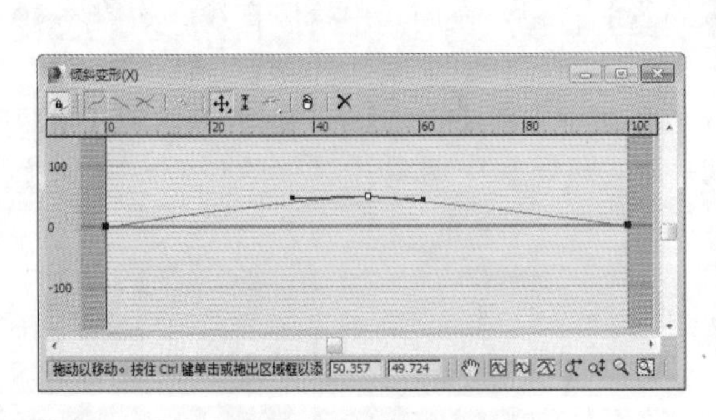

图 6.62　调整控制点

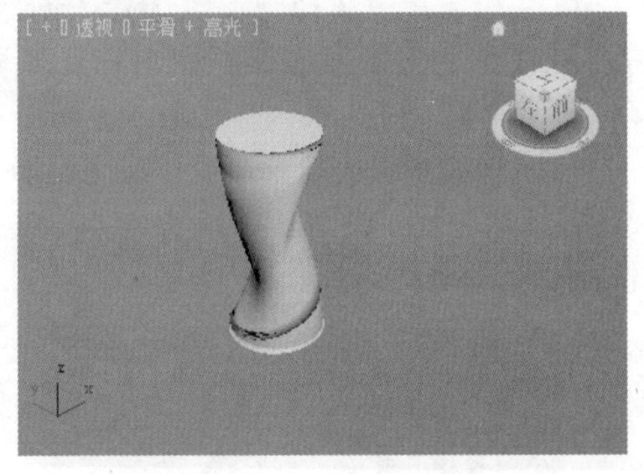

图 6.63　倾斜后的模型

6.8.4 【倒角】变形

【倒角】变形工具与【缩放】变形工具相似，它们都能改变截面图形的尺寸大小。但【倒角】变形是将截面图形沿 X 轴或 Y 轴作等量的变化处理。下面通过一个例子来学习使用【倒角】变形工具。其具体操作步骤如下。

(1) 创建一个文本的放样，如图 6.64 所示。

(2) 切换到修改命令面板，在【变形】卷展栏中单击【倒角】按钮，在弹出的对话框中添加并调整控制点的位置，如图 6.65 所示。调整完成后的效果如图 6.66 所示。

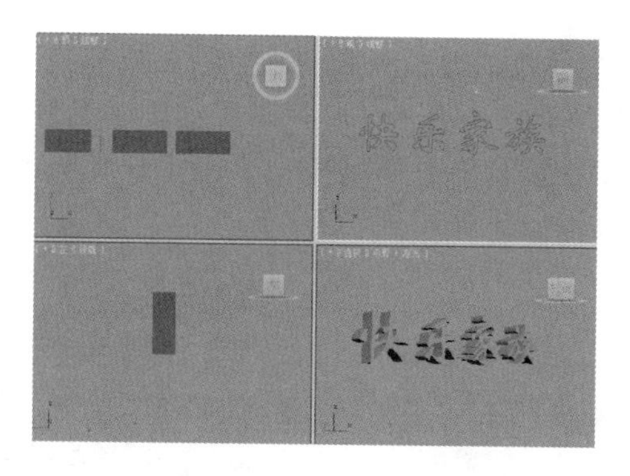

图 6.64　创建放样的文本

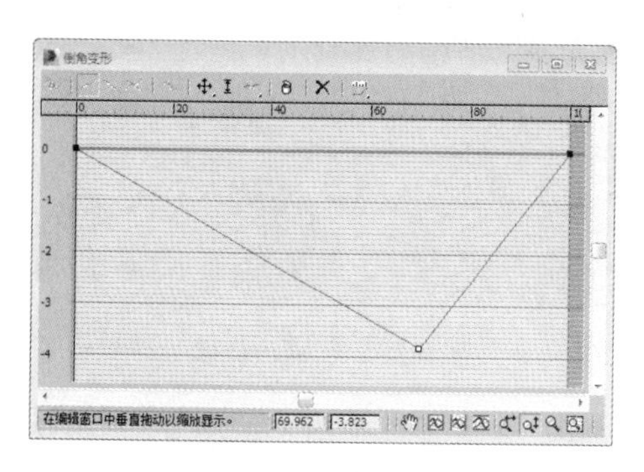

图 6.65　调整倒角曲线

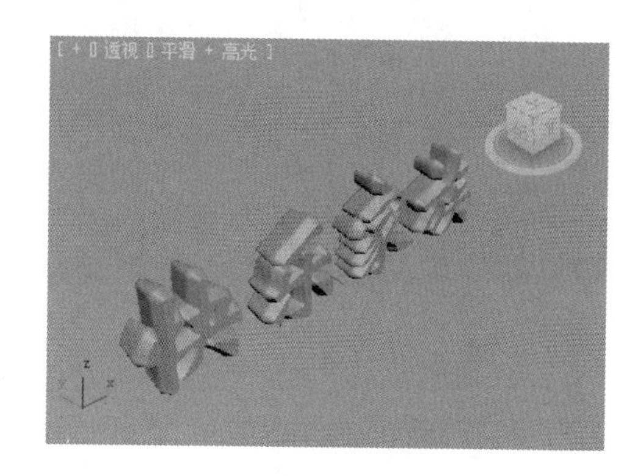

图 6.66　完成后的效果

6.8.5　【拟合】变形

【拟合】变形工具是 3ds Max 2014 提供的一个强大工具。它强大的功能体现在只要指定了视图中的轮廓，就能快速地创建复杂的物体。给出物体的轮廓，也就是给出物体在【顶】视图、【前】视图和【左】视图的造型，利用【拟合】变形工具可以生成想要的物体。

通过制作躺椅坐垫的雏形来学习使用【拟合】变形工具，具体操作步骤如下。

(1) 在【前】视图中使用【矩形】工具创建躺椅的截面，如图 6.67 所示。

(2) 在【左】视图中创建一个放样路径，如图 6.68 所示。

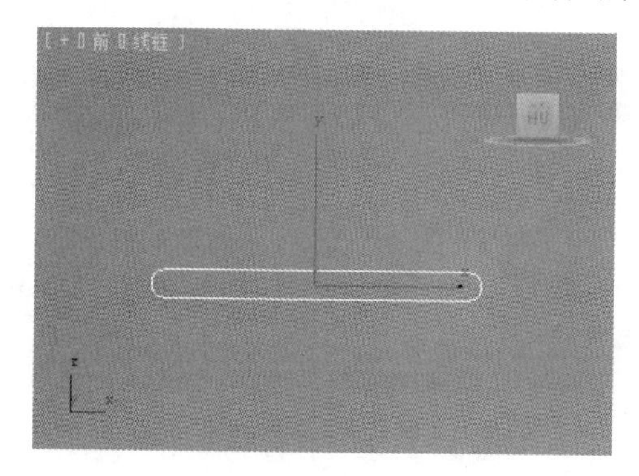

图 6.67　创建放样路径和放样截面

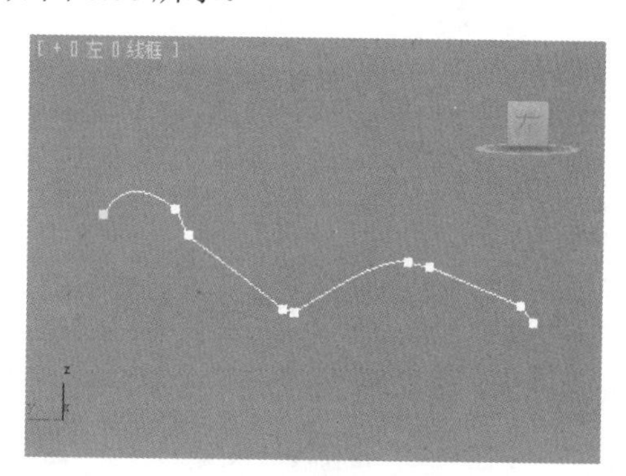

图 6.68　创建拟合图形

(3) 在【顶】视图中创建【拟合图形】，如图 6.69 所示。

(4) 在场景中选择作为放样的路径，然后选择【创建】|【几何体】|【复合对象】|【放样】工具，在【创建方法】卷展栏中单击【获取图形】按钮，在场景中拾取放样截面，创建的放样模型如图 6.70 所示。

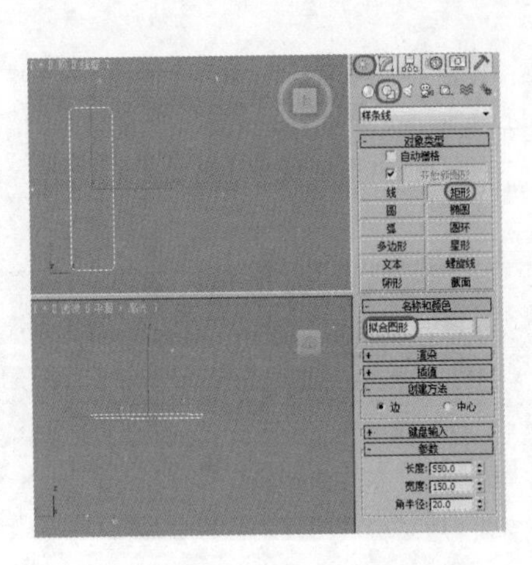

图 6.69 创建的拟合图形

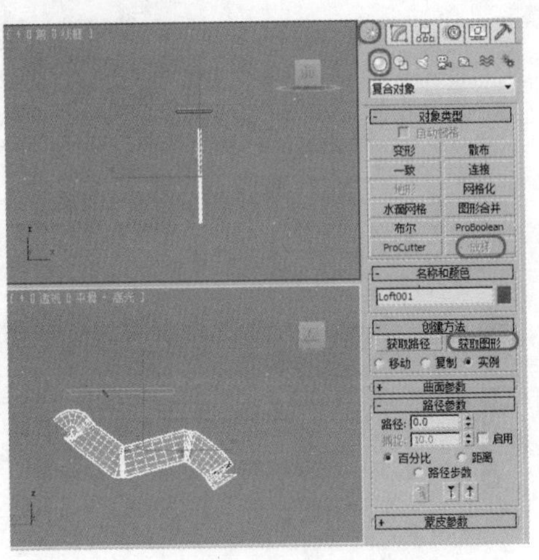

图 6.70 创建放样模型

(5) 切换到修改命令面板，在修改器堆栈中单击 Loft 修改器前面的加号，在展开的两个子物体中单击【图形】，然后在场景中框选图形。单击工具栏中的【选择并旋转】按钮和【角度捕捉切换】按钮，在【前】视图中沿 Z 轴将图形旋转 90 度，如图 6.71 所示。

(6) 关闭【图形】的选择，在【变形】卷展栏中单击【拟合】按钮，在弹出的对话框中单击【均衡】按钮，将其关闭，并单击【显示 Y 轴】按钮，然后单击【获取图形】按钮，在场景中拾取作为拟合的图形，并单击【逆时针旋转 90 度】按钮，如图 6.72 所示。

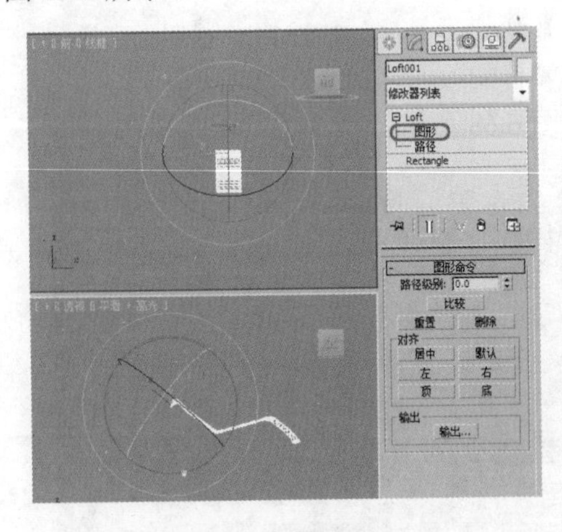

图 6.71 旋转图形角度

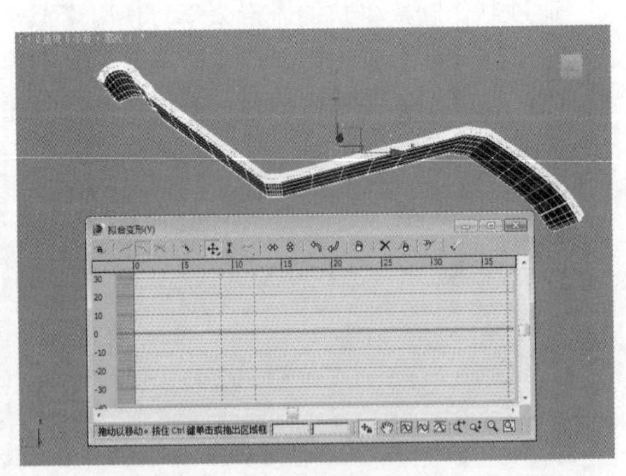

图 6.72 拾取拟合图形

6.9　上 机 实 践

6.9.1　休闲椅的制作

本例将要介绍休闲椅的制作，效果如图 6.73 所示。该例的制作比较简单，椅座是先用【线】工具绘制出截面图形，再通过【挤出】修改器挤出其宽度，然后使用【布尔】工具进行美化，椅架主要是通过【线】工具和【圆柱体】工具制作出来的。

图 6.73　休闲椅的效果

(1) 选择【创建】 |【图形】 |【线】工具，在【左】视图中绘制一条样条曲线，作为椅座的截面图形，然后切换到修改命令面板，将当前选择集定义为【顶点】，在视图中调整样条线，如图 6.74 所示。

(2) 关闭当前选择集，在【修改器列表】中选择【挤出】修改器，在【参数】卷展栏中将数量设置为 18，如图 6.75 所示。

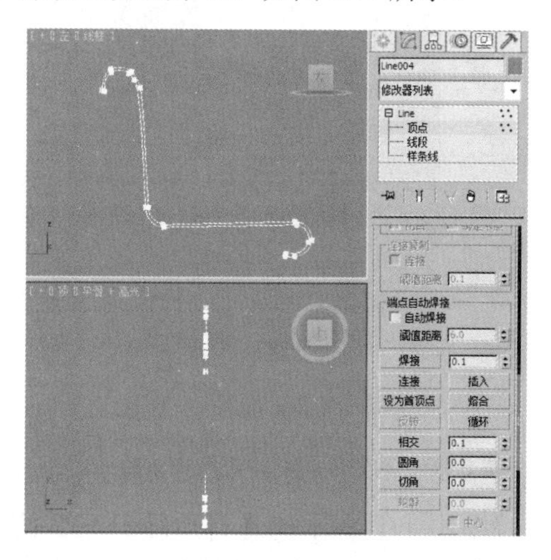

图 6.74　创建样条线

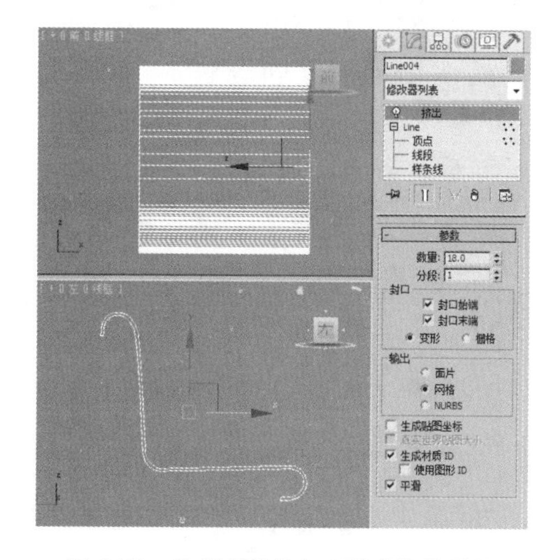

图 6.75　为样条线施加【挤出】修改器

(3) 选择【创建】 |【几何体】 |【圆柱体】工具，在【前】视图中创建圆柱体，在【参数】卷展栏中设置【半径】为 0.4、【高度】为 3，如图 6.76 所示。

(4) 使用工具栏中的【选择并移动】工具 ，并配合 Shift 键，对新创建的圆柱体进行复制，如图 6.77 所示。

(5) 选择椅座的截面图形，然后选择【创建】 |【几何体】 |复合对象|【布尔】工具，在【参数】卷展栏中选中【差集(A−B)】单选按钮，然后在【拾取布尔】卷展栏中单击【拾取操作对象 B】按钮，在视图中选择一个圆柱体进行布尔，如图 6.78 所示。

(6) 再次单击【布尔】按钮，然后在【拾取布尔】卷展栏中单击【拾取操作对象 B】按钮，在视图中选择另一个圆柱体进行布尔，使用同样的方法，对其他圆柱体进行布尔运算，完成后的效果如图 6.79 所示。

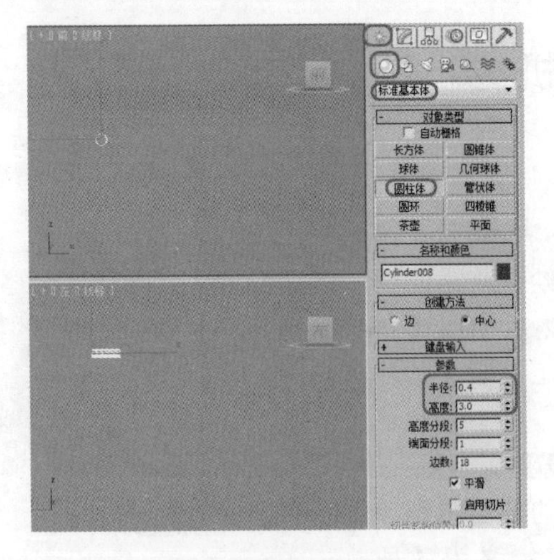

图 6.76　创建圆柱体

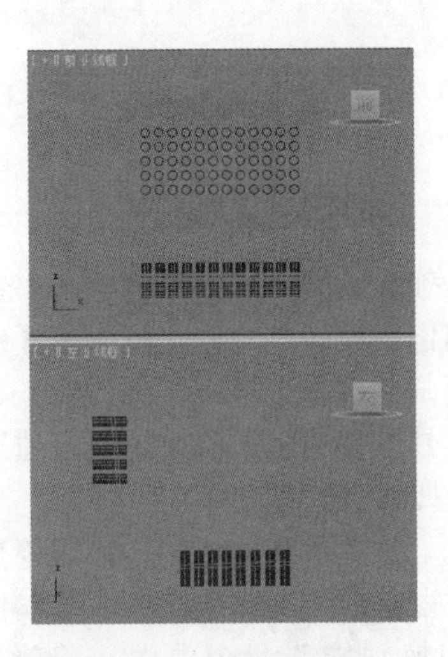

图 6.77　复制圆柱体

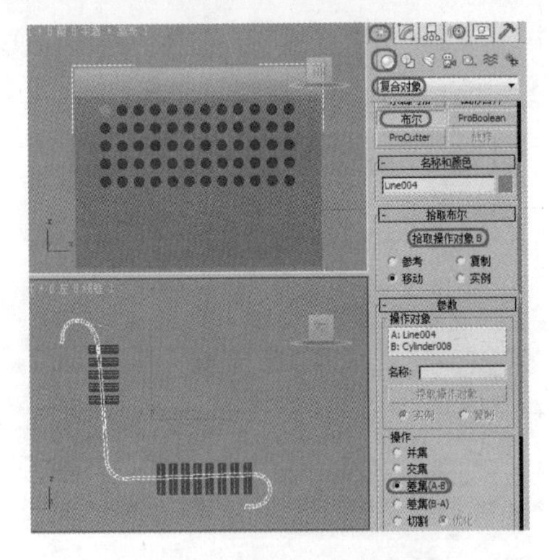

图 6.78　布尔后的效果

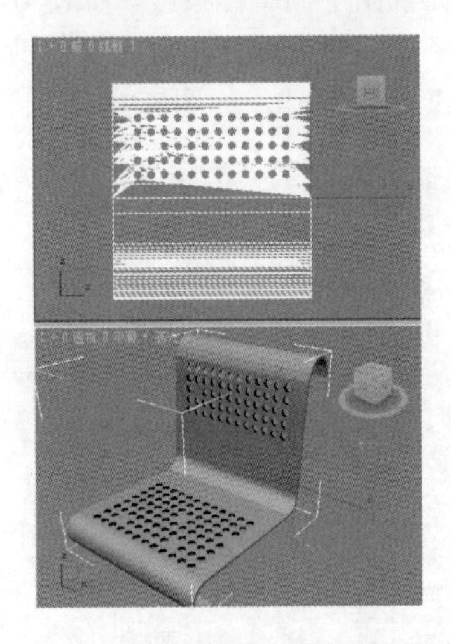

图 6.79　对其他圆柱体进行布尔后的效果

(7) 确定布尔运算后的图形处于选择状态，单击工具栏中的【材质编辑器】按钮，打开【材质编辑器】对话框，激活第一个材质样本球，在【明暗器基本参数】卷展栏中将明暗器类型定义为【(M)金属】，在【金属基本参数】卷展栏中将【环境光】和【漫反射】的 RGB 值设置为 235、140、55，将【自发光】区域下的【颜色】设置为 75，然后将【反射高光】区域中的【高光级别】、【光泽度】分别设置为 24、94，如图 6.80 所示。然后单击【将材质指定给选定对象】按钮。

(8) 选择【创建】|【图形】|【线】工具，在【左】视图中绘制样条线，然后切换到修改命令面板，将当前选择集定义为【顶点】，在视图中调整样条线，如图 6.81 所示。

(9) 关闭当前选择集，在【渲染】卷展栏中勾选【在渲染中启用】和【在视口中启用】复选框，将【厚度】设置为 0.6，如图 6.82 所示。

(10) 确定新绘制的样条线处于选择状态，使用工具栏中的【选择并移动】工具，并配合着 Shift 键，对其进行复制，如图 6.83 所示。

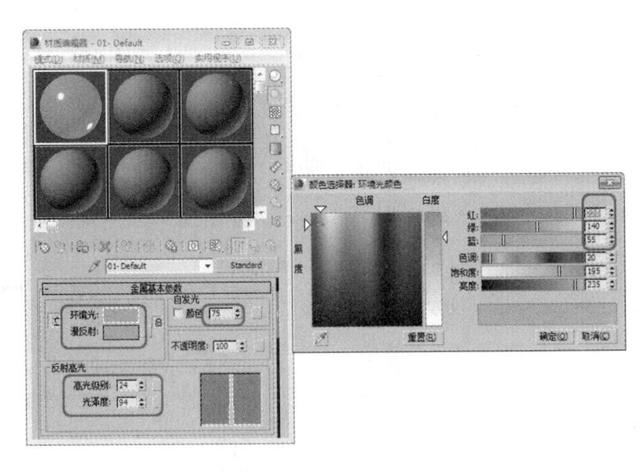

图 6.80　设置材质

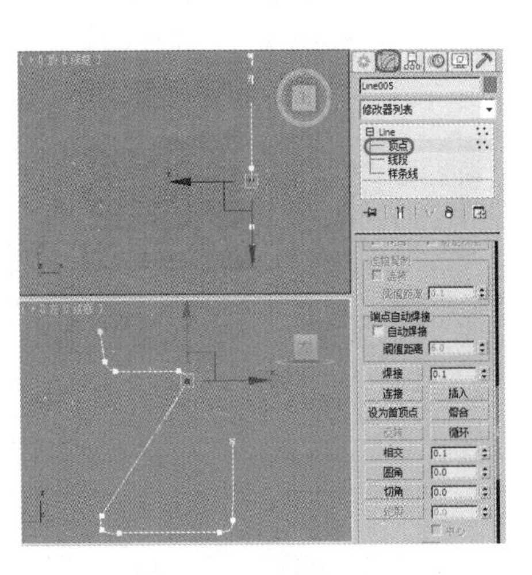

图 6.81　创建样条线

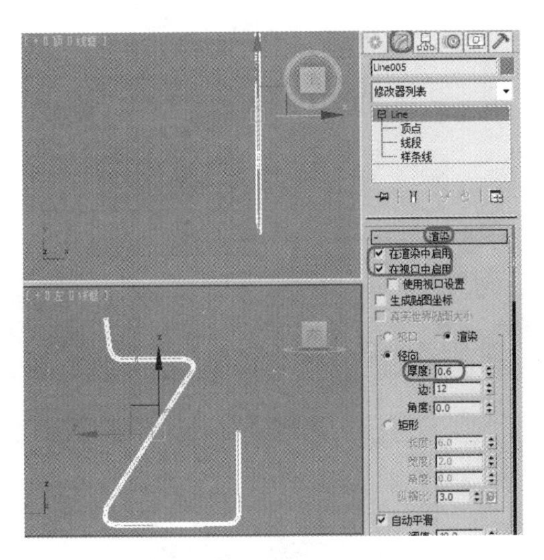

图 6.82　设置样条线为可渲染

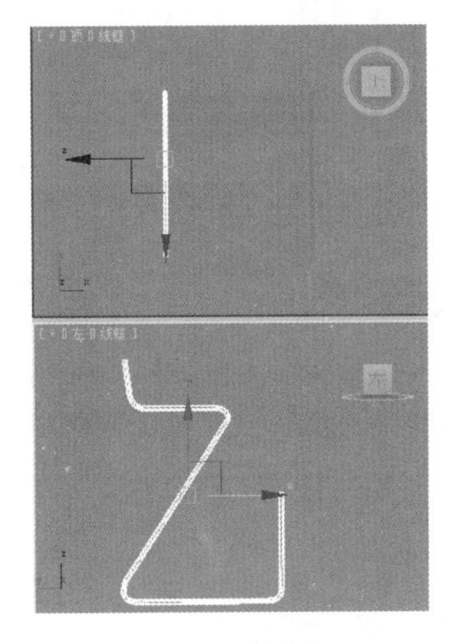

图 6.83　复制样条线

(11) 选择【创建】|【几何体】|【圆柱体】工具，在【左】视图中创建圆柱体，在【参数】卷展栏中设置【半径】为 0.3、【高度】为 19.9，如图 6.84 所示。

(12) 确定新绘制的圆柱体处于选择状态，使用工具栏中的【选择并移动】工具，并配合 Shift 键，在打开的【克隆选项】对话框中选中【复制】单选按钮，单击【确定】按钮对其进行复制，如图 6.85 所示。

(13) 选择【创建】|【几何体】|【圆柱体】工具，在【左】视图中创建圆柱体，在【参数】卷展栏中设置【半径】为 0.3、【高度】为 19.2，如图 6.86 所示。使用【选择并移动】工具移动圆柱体至合适的位置。

(14) 选择作为椅架的所有对象，按 M 键，打开【材质编辑器】对话框，激活第二个材质样本球，在【明暗器基本参数】卷展栏中将明暗器类型定义为【(M)金属】，在【金属基本参数】卷展栏中单击【环境光】左侧的按钮，将【环境光】的 RGB 值设置为 0、0、0，将【漫反射】的 RGB 值设置为 255、255、255，将【反射高光】区域中的【高光级别】和【光泽度】分别设置为 100 和 80，如图 6.87 所示。

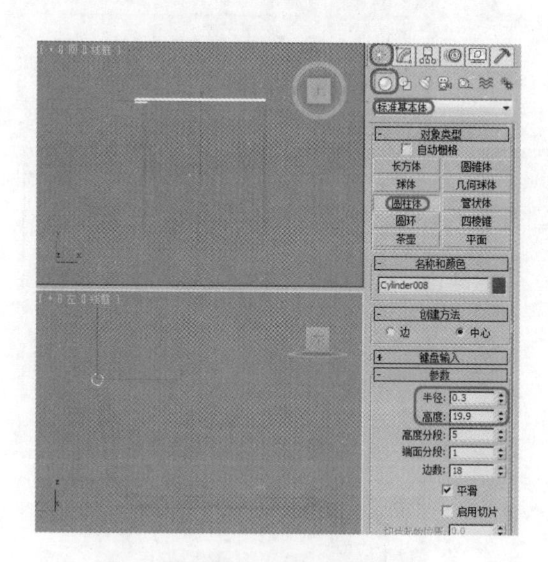

图 6.84　创建圆柱体

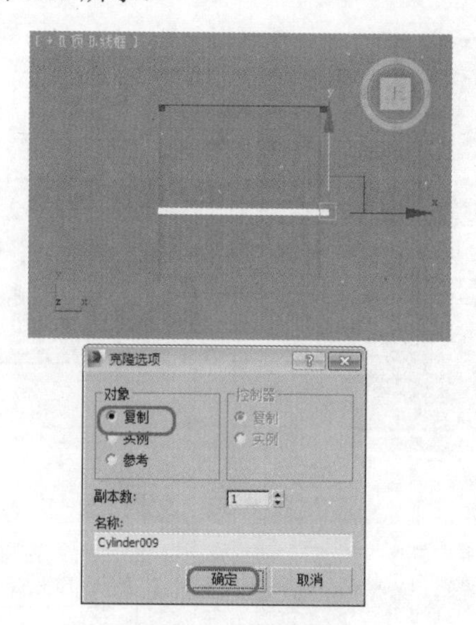

图 6.85　复制圆柱体

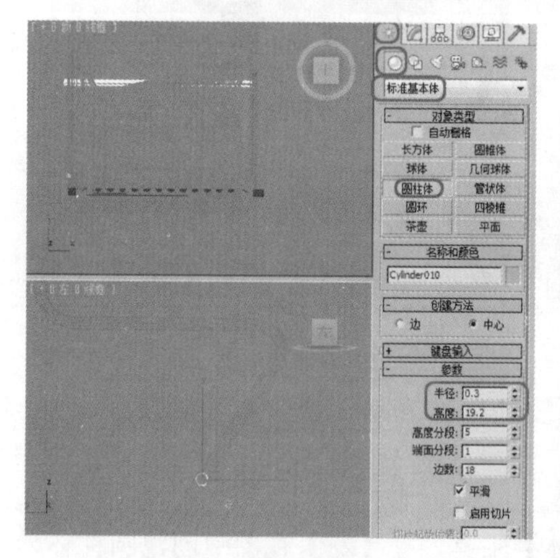

图 6.86　创建圆柱体

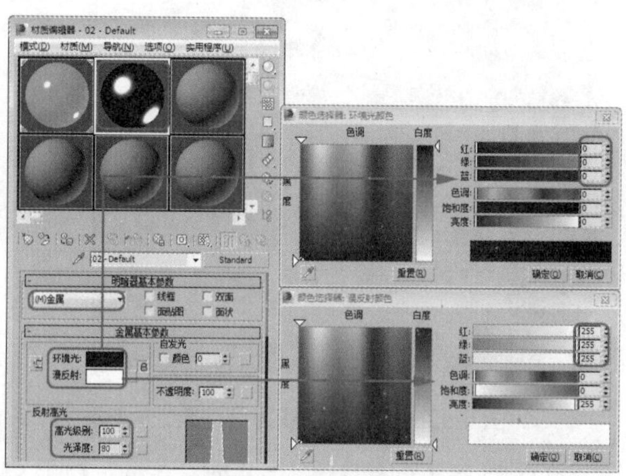

图 6.87　设置椅架材质 1

(15) 打开【贴图】卷展栏，单击【反射】通道右侧的【无】按钮，在弹出的【材质/贴图浏览器】对话框中选择【位图】贴图，单击【确定】按钮，再在打开的对话框中选择随书附带光盘中的 CDROM\Map\Bxgmap1.jpg 文件，单击【打开】按钮，在【坐标】卷展栏中选中【环境】单选按钮，在右侧的【贴图】下拉列表中选择【收缩包裹环境】选项，如图 6.88 所示。然后单击【将材质指定给选定对象】按钮。

(16) 选择【创建】|【几何体】|【圆柱体】工具，在【顶】视图中创建圆柱体，在【参数】卷展栏中设置【半径】为 0.4、【高度】为 0.3，如图 6.89 所示，使用【选择并移动】工具将其移动至合适的位置。

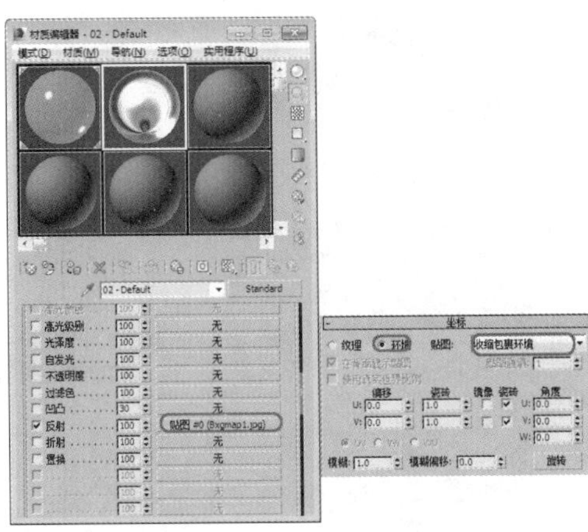
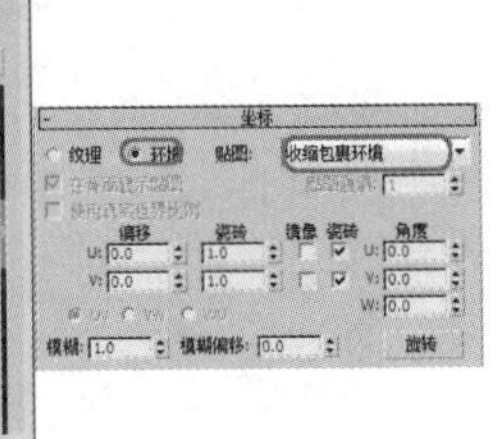

图 6.88　设置椅架材质 2

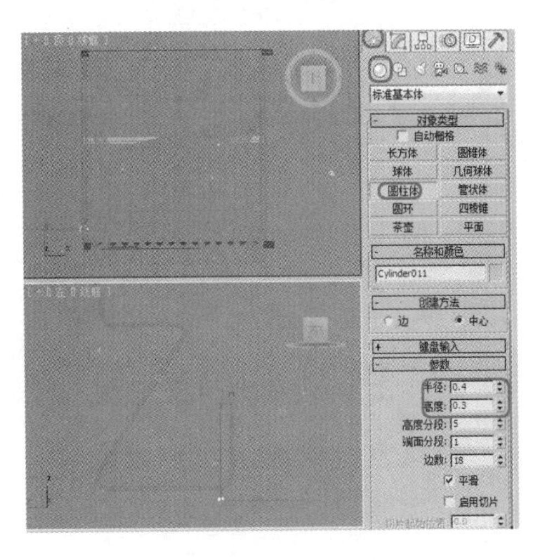

图 6.89　创建圆柱体

(17) 复制 3 个新创建的圆柱体，并调整其位置，如图 6.90 所示。

(18) 选择刚刚创建的 4 个圆柱体，按 M 键，打开【材质编辑器】对话框，激活第三个材质样本球，在【明暗器基本参数】卷展栏中将明暗器类型定义为 Blinn，在【Blinn 基本参数】卷展栏中将【环境光】和【漫反射】的 RGB 值设置为 0、0、0，如图 6.91 所示。然后单击【将材质指定给选定对象】按钮。

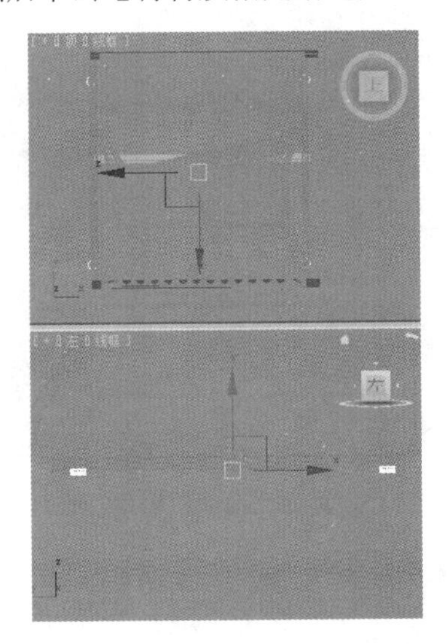

图 6.90　复制新创建的圆柱体

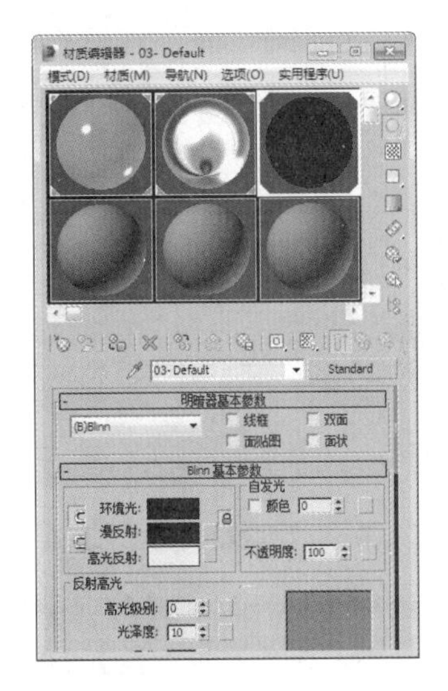

图 6.91　设置材质

(19) 选择【创建】|【图形】|【线】工具，在【左】视图中绘制如图 6.92 所示的线段。

(20) 单击【修改】按钮，进入修改命令面板，在【修改器列表】中选择【壳】，在修改器堆栈中单击 Line 前面的按钮，将当前选择集定义为【顶点】，在【几何体】卷展栏中单击【圆角】按钮，然后在【左】视图中调整顶点至如图 6.93 所示的形状。

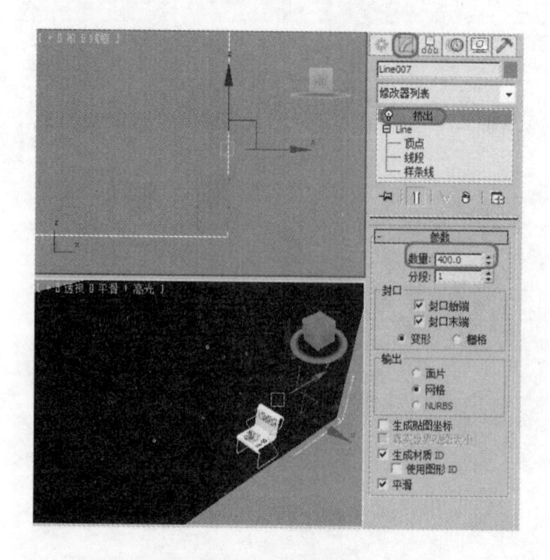

图 6.92　创建线段

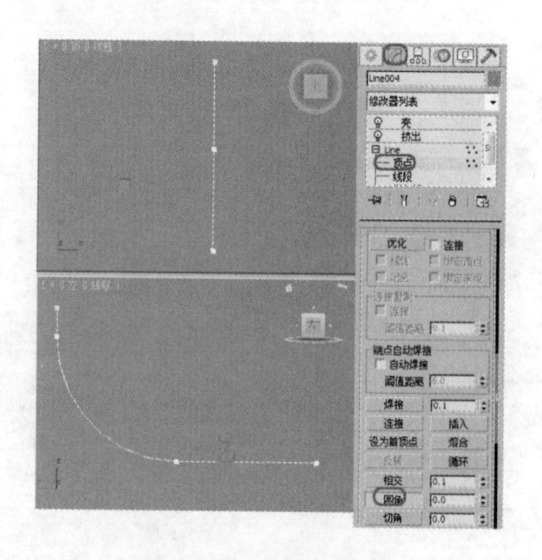

图 6.93　调整顶点

(21) 在修改器堆栈中选择【壳】，单击 Line007 右侧的对象颜色色块，在弹出的对话框中选择如图 6.94 所示的颜色，单击【确定】按钮，将颜色指定给 Line007。

(22) 选择【创建】|【摄影机】|【目标】工具，在【顶】视图中创建一架摄影机，激活【透视】视图，按 C 键将其转换为【摄影机】视图，然后按 Shift+F 组合键，显示安全框，并在其他视图中调整摄影机的位置，如图 6.95 所示。

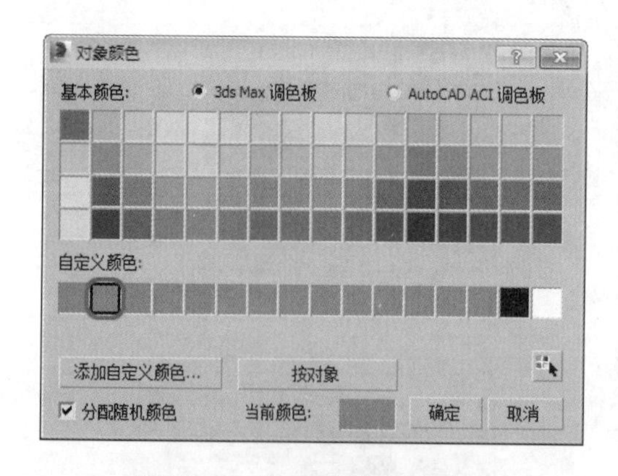

图 6.94　【对象颜色】对话框

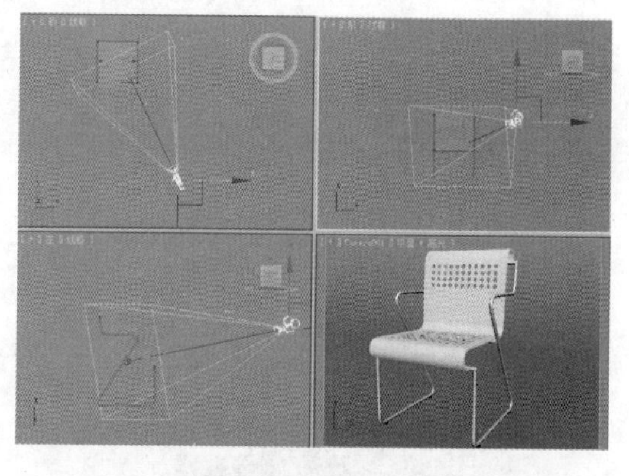

图 6.95　调整摄影机

(23) 选择【创建】|【灯光】|标准|【目标聚光灯】工具，在【顶】视图中创建一盏目标聚光灯，在【常规参数】卷展栏中勾选【阴影】区域中的【启用】复选框，并将阴影模式定义为【光线跟踪阴影】，在【聚光灯参数】卷展栏中将【聚光区/光束】和【衰减区/区域】设置为 78 和 80，在【强度/颜色/衰减】卷展栏中将【倍增】设置为 1，并在其他视图中调整其位置，如图 6.96 所示。

(24) 选择【创建】|【灯光】|标准|【泛光灯】工具，在【顶】视图中创建一盏泛光灯，在【强度/颜色/衰减】卷展栏中将【倍增】设置为 0.7，并在其他视图中调整其位置，如图 6.97 所示。

(25) 激活【摄影机】视图，按 F9 键对其进行渲染，将渲染完成后效果进行保存，并将场景文件保存。

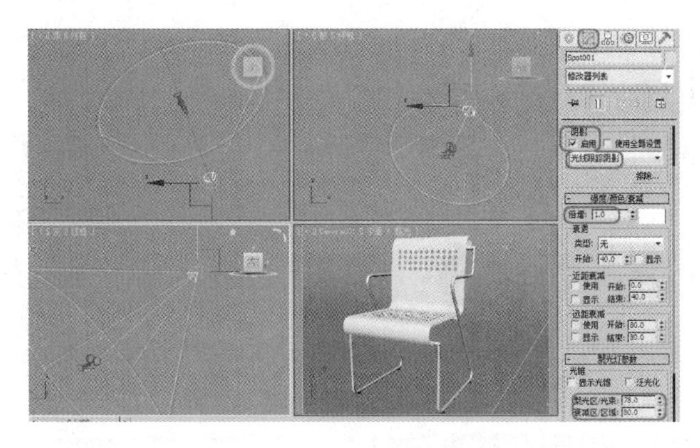

图 6.96　创建目标聚光灯

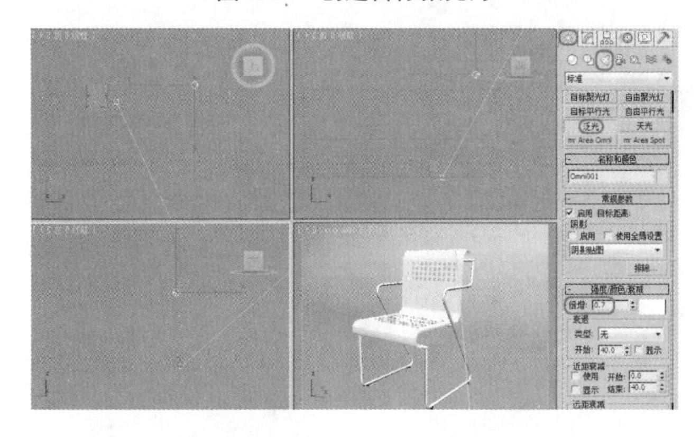

图 6.97　创建泛光灯并调整其位置

6.9.2　瓶盖的制作

本例介绍酒瓶盖的制作。放样建模的前提条件就是要有放样图形和放样路径，通过图形和路径将其结合为新的模型。本例就以简单的酒瓶盖为例向大家介绍放样建模。如图 6.98 所示为酒瓶盖的效果。

图 6.98　酒瓶盖的效果

(1) 选择【创建】|【图形】|【圆】按钮，在【顶】视图中绘制圆，在【参数】卷展栏中将【半径】设置为 60.0，并将其命名为“图形 01”，如图 6.99 所示。

(2) 切换到【修改】命令面板，在修改器列表中选择【编辑样条线】修改器，将当前选择集定义为【样条线】，在场景中选择圆形，在【几何体】卷展栏中设置【轮廓】参数为 2，按 Enter 键确定设置轮廓，如图 6.100 所示。

(3) 选择【创建】|【图形】|【星形】按钮，在【顶】视图中创建一个星形，在【参数】卷展栏中设置【半径 1】为 60.0、【半径 2】为 64.0、【点】为 20、【圆角半径 1】为 4.0、【圆角半径 2】为 4.0，命名星形为“图形 02”，如图 6.101 所示。

(4) 切换到【修改】命令面板，在修改器列表中选择【编辑样条线】修改器，将当前选择集定义为【样条线】，在场景中选择样条线，在【几何体】卷展栏中设置【轮廓】为 1，按 Enter 键确定设置轮廓，如图 6.102 所示。

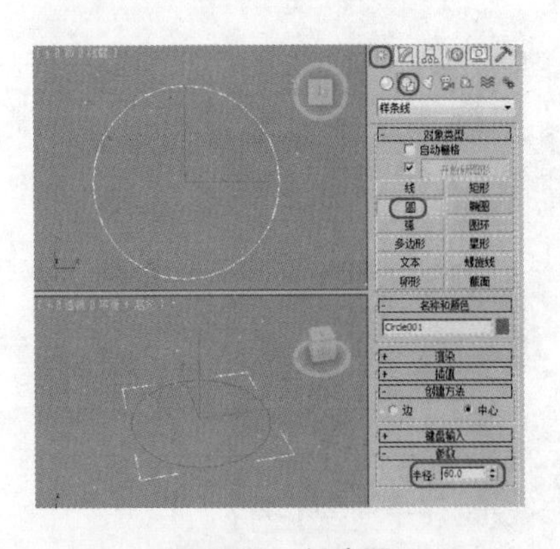

图 6.99　创建圆

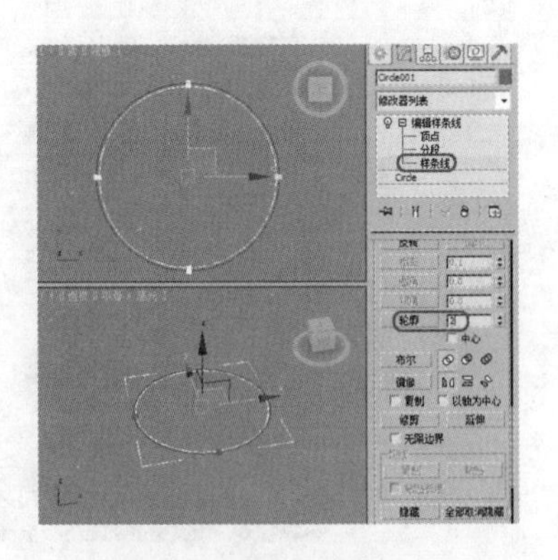

图 6.100　设置轮廓

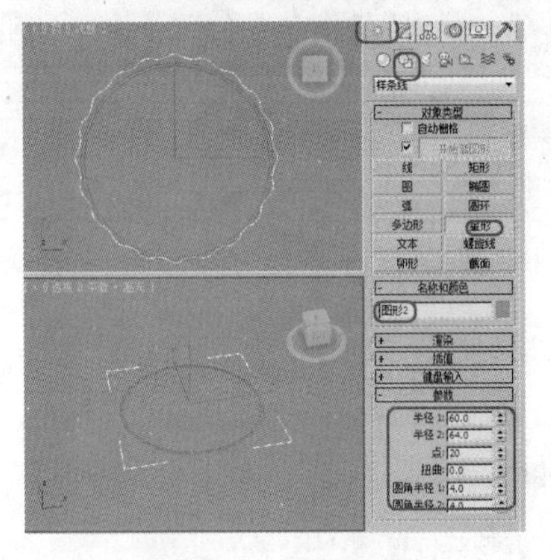

图 6.101　创建星形

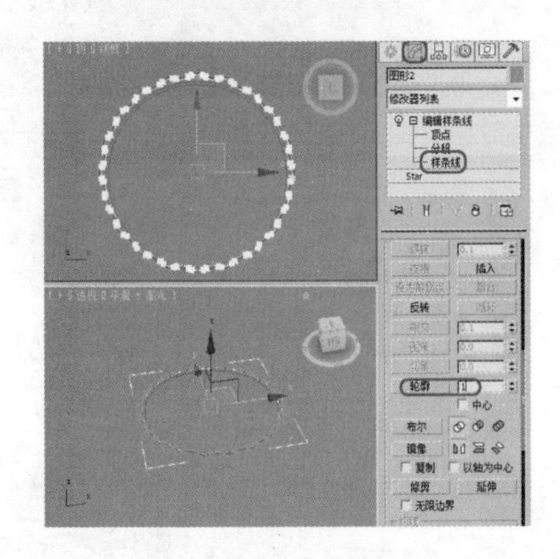

图 6.102　设置轮廓

(5) 选择【创建】|【图形】|【星形】工具，在【顶】视图中创建一个星形，在【参数】卷展栏中设置【半径 1】为 62.0、【半径 2】为 68.0、【点】为 20、【圆角半径 1】为 3.0、【圆角半径 2】为 3.0，命名星形为“图形 03”，如图 6.103 所示。

(6) 切换到【修改】命令面板，在修改器列表中选择【编辑样条线】修改器，将当前选择集定义为【样条线】，在场景中选择样条线，在【几何体】卷展栏中设置【轮廓】为 1，按 Enter 键确定设置轮廓，如图 6.104 所示。

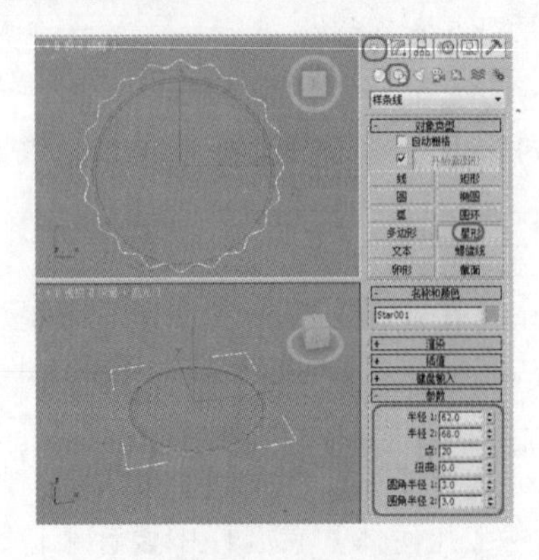

图 6.103　创建星形

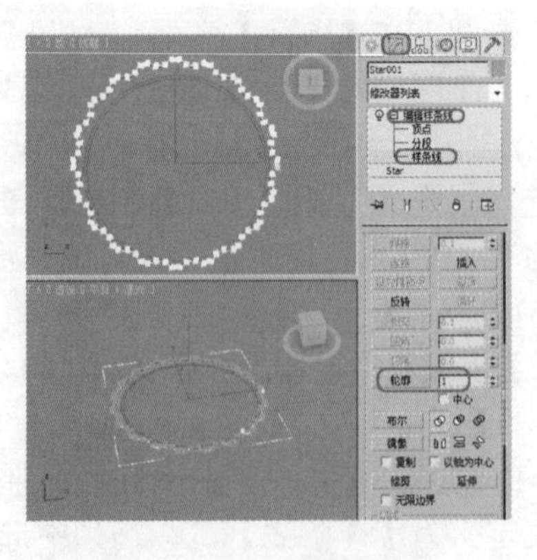

图 6.104　设置轮廓

(7) 选择【创建】|【图形】|【线】按钮，在【左】视图中从上向下创建垂直的样条线，命名样条线为【路径】，如图 6.105 所示。

(8) 确定新创建的路径处于选择状态，选择【创建】|【几何体】|【复合对象】|【放样】按钮，在【路径参数】卷展栏中设置【路径】为 48.0，在【创建方法】卷展栏中单击【获取图形】按钮，在场景中拾取“图形 01”对象，如图 6.106 所示。

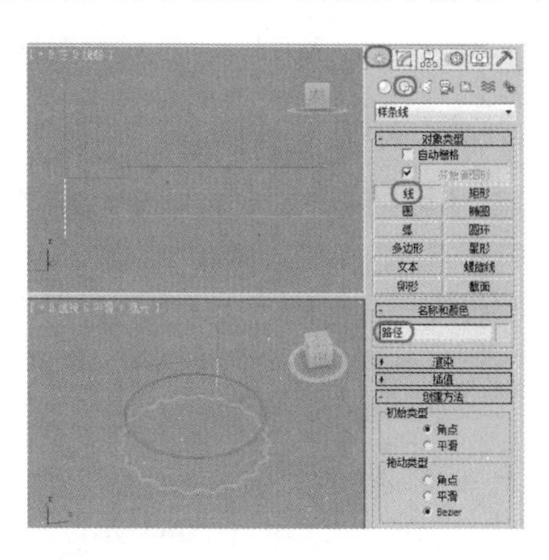

图 6.105　创建路径

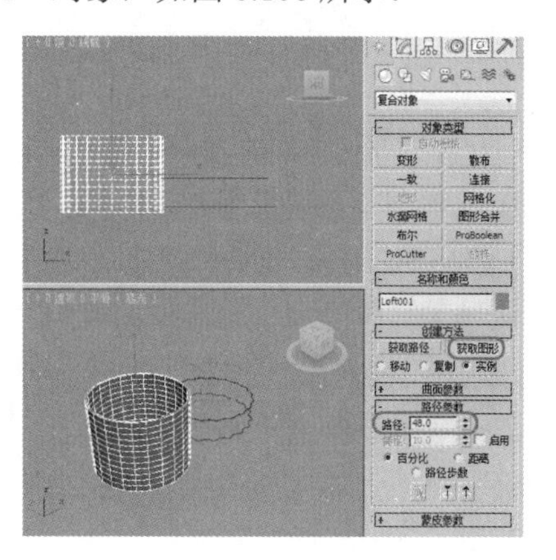

图 6.106　放样图形

(9) 设置【路径】为 66.0，单击【获取图形】按钮，在场景中拾取“图形 02”对象，如图 6.107 所示。

(10) 设置【路径】为 100，单击【获取图形】按钮，在场景中拾取“图形 03”对象，如图 6.108 所示。

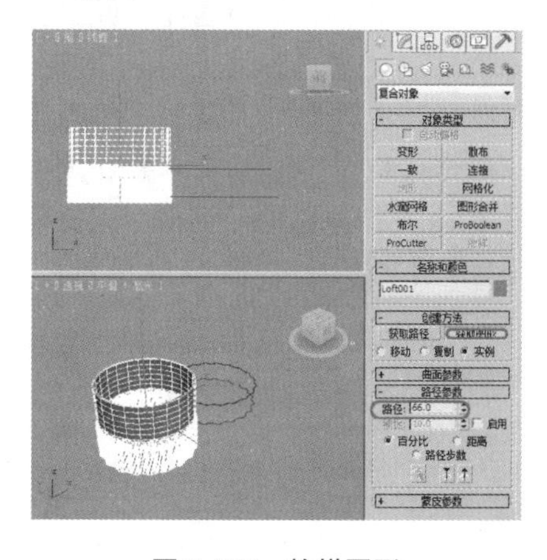

图 6.107　放样图形

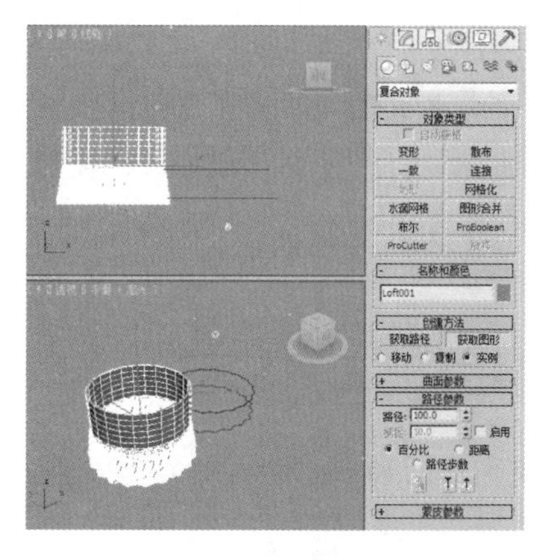

图 6.108　放样图形

(11) 确定 Loft01 对象处于选择状态，切换到【修改】命令面板，在【变形】卷展栏中单击【缩放】按钮，在弹出的对话框中单击【插入角点】按钮，在曲线上 16 的位置处添加控制点，如图 6.109 所示。

(12) 选择【移动控制点】工具，在场景中调整左侧顶点的位置，在信息栏中查看信息为(00)，如图 6.110 所示。

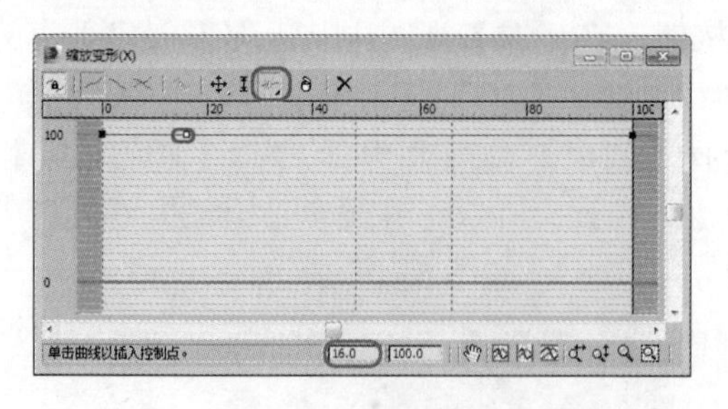

图 6.109　插入角点

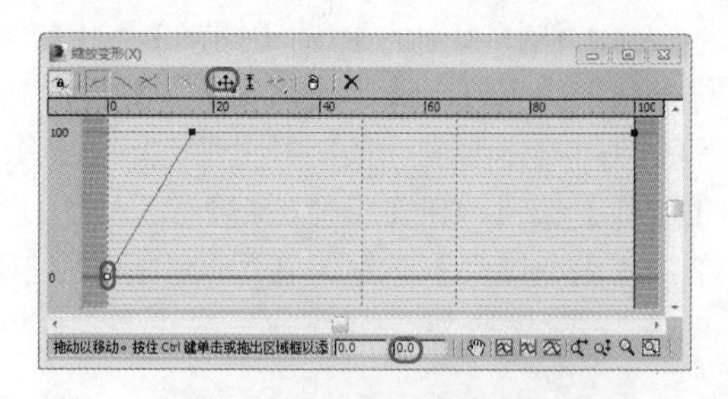

图 6.110　调整顶点的位置

(13) 选择顶点并右击，在弹出的对话框中选择【Bezier-角点】，调整各个顶点，如图 6.111 所示。

(14) 调整完形状后的效果如图 6.112 所示。

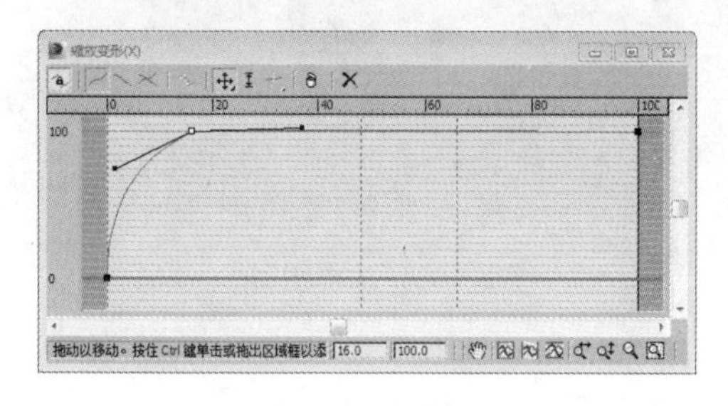

图 6.111　调整顶点

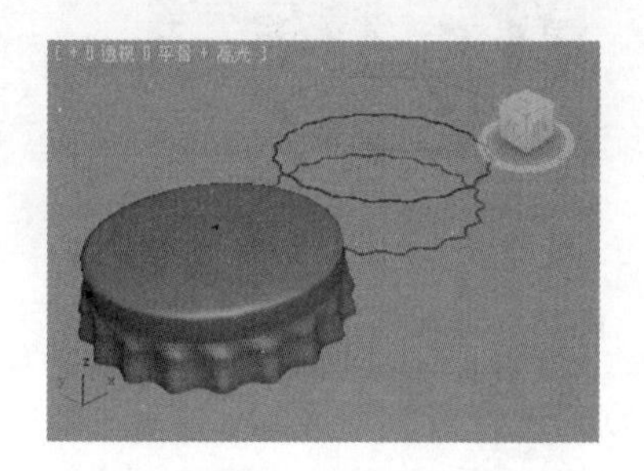

图 6.112　调整完成后的效果

(15) 关闭对话框，在修改器列表中选择【UVW 贴图】修改器，在【参数】卷展栏中选中【平面】单选按钮，在【对齐】选项组中选中 Y 单选按钮，单击【适配】按钮，如图 6.113 所示。

(16) 选择工具栏中的【材质编辑器】工具，打开【材质编辑器】，单击【获取材质】按钮，打开【材质/贴图浏览器】对话框，单击【按名搜索】文本框左侧的下三角按钮，在弹出的下拉列表中选择【打开材质库】命令，在弹出的对话框中选择随书附带光盘 CDROM\Scenes\Cha06\瓶盖材质.mat，单击【打开】按钮，如图 6.114 所示。

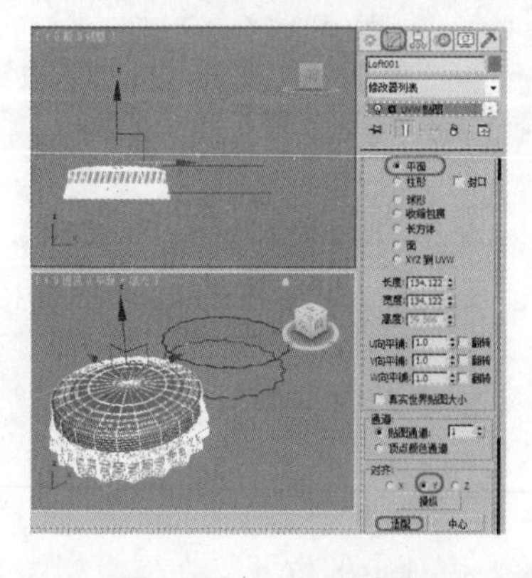

图 6.113　UVW 贴图

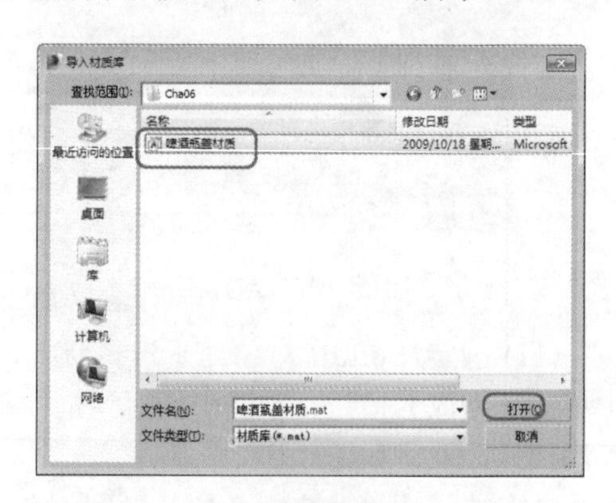

图 6.114　【导入材质库】对话框

(17) 将材质拖曳到材质编辑器中的样本球上，确定前面创建的图形处于选择状态，单击【将材质指定给选定的对象】按钮，将材质指定给场景中选择的对象，如图 6.115

所示。

(18) 确定图形处于选择状态，使用工具箱中的【选择并移动】工具，并配合 Shift 键对图形进行复制，在弹出的对话框中选中【实例】单选按钮，将【副本数】设置为 1，单击【确定】按钮，并调整图形的位置，完成后的效果如图 6.116 所示。

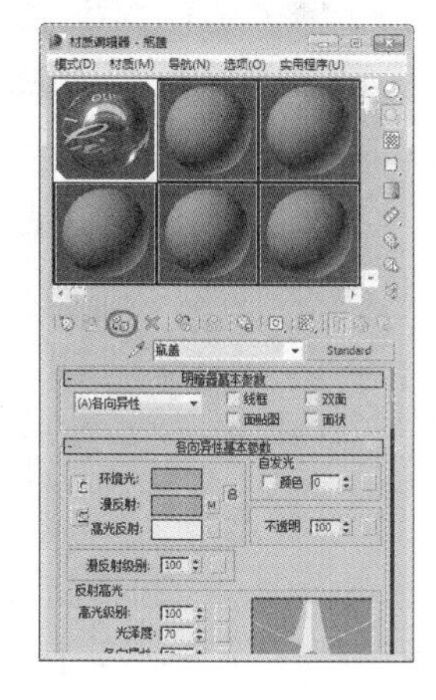

图 6.115　将材质指定给对象

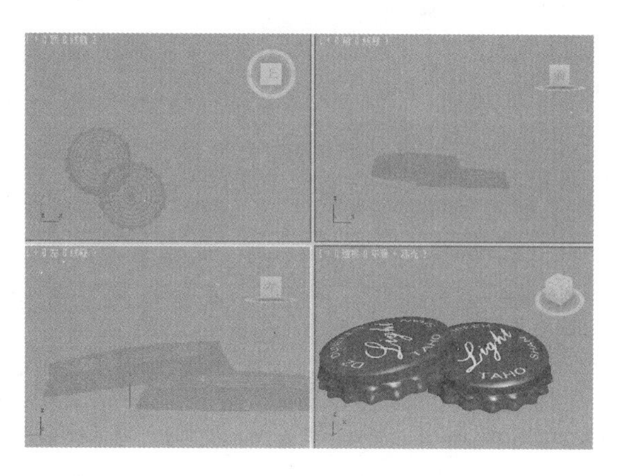

图 6.116　调整完成后的效果

(19) 激活【顶】视图，选择【创建】|【几何体】|【长方体】工具，在【顶】视图中创建一个长方体，在【名称和颜色】卷展栏中将其命名为【地面】，将颜色定义为白色，在【参数】卷展栏中将【长度】、【宽度】和【高度】分别设置为 700.0、600.0 和 0.0。在【前】视图中调整图形的位置，如图 6.117 所示。

(20) 选择【创建】|【摄影机】|【目标】摄影机，在【顶】视图中创建一架摄影机对象，在【参数】卷展栏中将【镜头】设置为 56.398，然后在场景中调整其位置，激活【透视】视图，按 C 键，将【透视】图转换为【摄影机】视图，如图 6.118 所示。

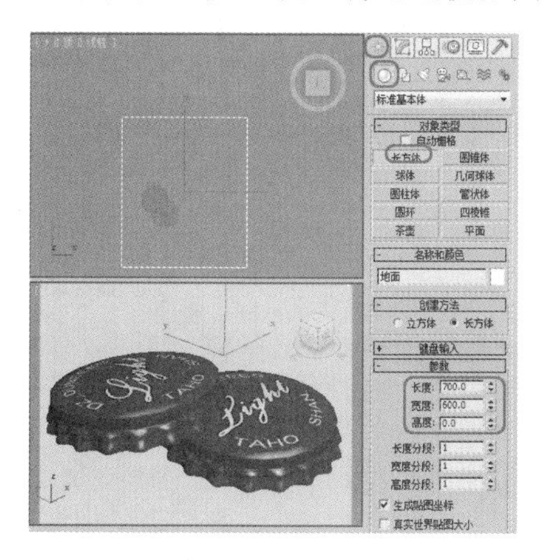

图 6.117　创建长方体

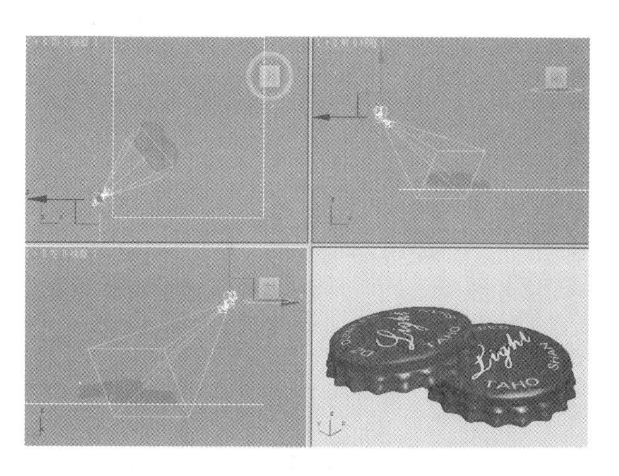

图 6.118　调整摄影机的位置

(21) 激活【摄影机】视图，按 Shift+F 组合键，为该视图添加安全框，按 F10 键，弹出【渲染设置】对话框，将【输出大小】选项组中的【宽度】和【高度】分别设置为 1500 和 1125，如图 6.119 所示。

(22) 激活【顶】视图，选择【创建】|【灯光】|【天光】工具，在【顶】视图中

创建天光，并调整其位置，如图 6.120 所示。

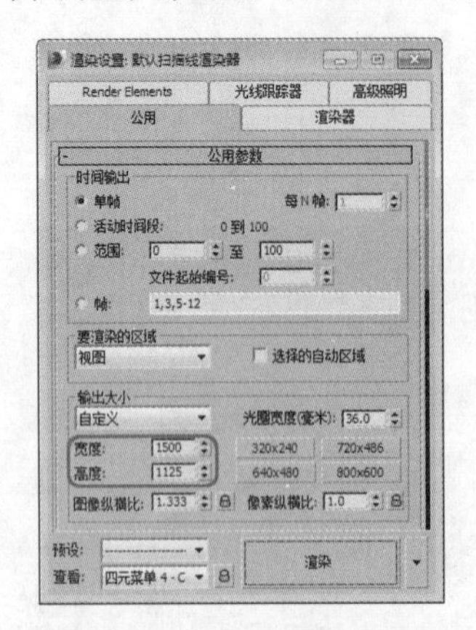

图 6.119　调整输出大小

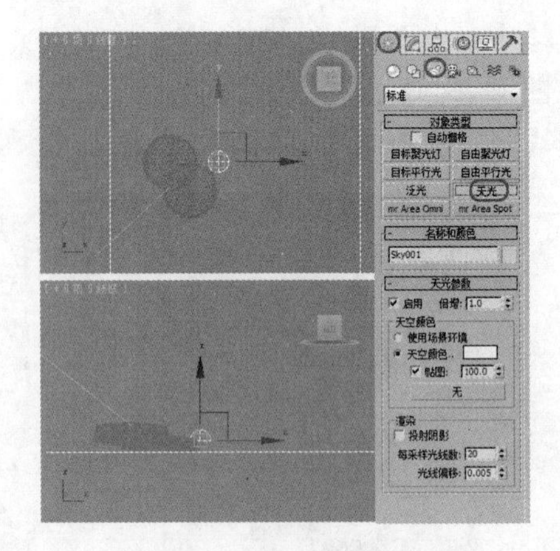

图 6.120 创建天光

(23) 按 F10 键，在弹出的对话框中选择【高级照明】选项卡，在【选择高级照明】卷展栏中单击黑色三角按钮，在弹出的下拉列表中选择【光跟踪器】选项，在【参数】卷展栏中将【光线/采样数】设置为 350，单击【渲染】按钮，渲染完成后将场景文件进行保存。

6.10　思考与练习

1. 简述【复合对象】中【变形】的概念。
2. 【布尔】中的操作有哪些？
3. 简述【放样】的基本概念。

第 7 章　多边形建模

3ds Max 2014 有 3 种不同的高级建模方法，即多边形建模、面片建模和 NURBS 建模。本章将对多边形建模进行详细的介绍。

多边形物体也是一种网格物体，它在功能及使用上几乎与【可编辑网格】相同，不同的是【可编辑网格】是由三角面构成的框架结构。在 Max 中将对象转换为多边形对象的方法有以下两种。

- 选择对象并右击，在弹出的快捷菜单中选择【转换为】|【转换为可编辑多边形】命令，如图 7.1 所示。
- 选择要转换的对象，切换到【修改】命令面板中，在修改器下拉列表中选择【编辑多边形】修改器，如图 7.2 所示。

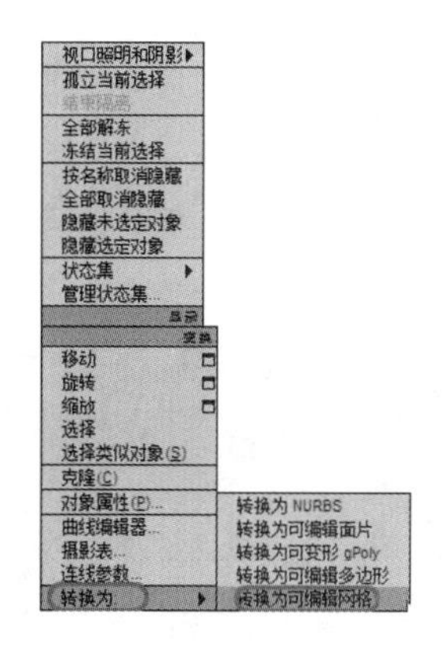

图 7.1　选择【转换为可编辑多边形】命令

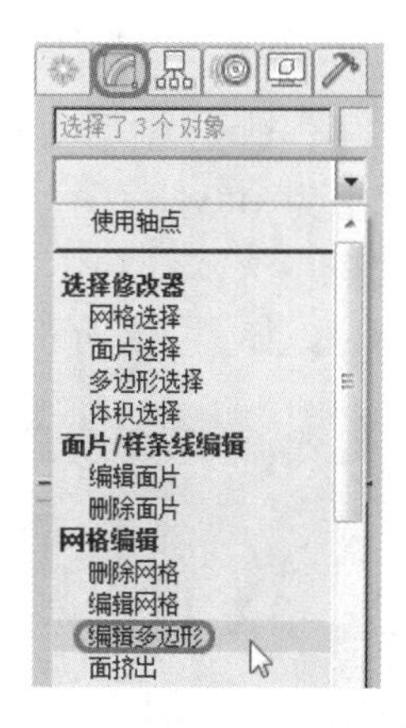

图 7.2　【编辑多边形】修改器

7.1　多边形建模的原理

多边形建模的基本原理是由点构成边，再由边构成多边形，通过多边形组合就可以制作成用户所要求的造型。以几何球体为例，如图 7.3 所示，可以看出，每一个经纬球都是由若干个三角面组成的，而每个面由 3 条边组成，每条边又是由 3 个点组成的。事实上每一个物体都可以抽象成由无数三角面按一定位置关系组合而成的三维对象。多边形模型的构造实质上是一系列点的连接。

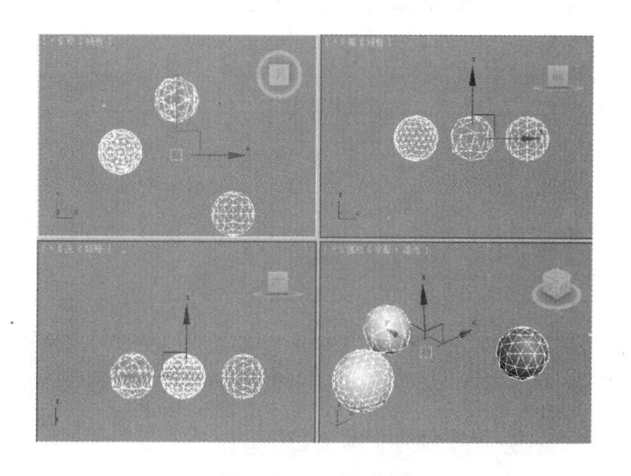

图 7.3　几何球体

如果模型中所有的面都至少与其他 3 个面共享一条边，那么该模型就是闭合的。如果模型中包含不与其他面共享边的面，该模型是开放的。开放多边形模型在二维平面上有较好的效果，如平坦的地面、地板及天花板、背景图片或海报等。实际建模时可以使用多边形建模的领域很宽，几乎所有物体都可以使用多边形建模。

多边形建模最重要的因素是面数越多所表现的细节也就越多，增加细节会使模型更加具体。但要看所需要的细节细到什么程度。如果制作的是远景目标，那么就没必要过多地表现细节。

7.2 【编辑网格】修改器

建造一个形体的方法有很多种，其中最基本也是最常用的方法就是使用【编辑网格】修改器来对构成物体的网格进行编辑创建。从一个基本网格物体，通过对它的子物体的编辑生成一个形态复杂的物体。

将模型转换为可编辑网格的操作有以下 3 种。

1. 通过快捷菜单转换物体为可编辑网格

(1) 选择【创建】|【几何体】|【标准基本体】|【茶壶】工具，在【顶】视图中创建一个【半径】为 100 的茶壶，如图 7.4 所示。

(2) 在视图中选择管状体并右击，在弹出的快捷菜单中选择【转换为】|【转换为可编辑网格】命令，如图 7.5 所示。

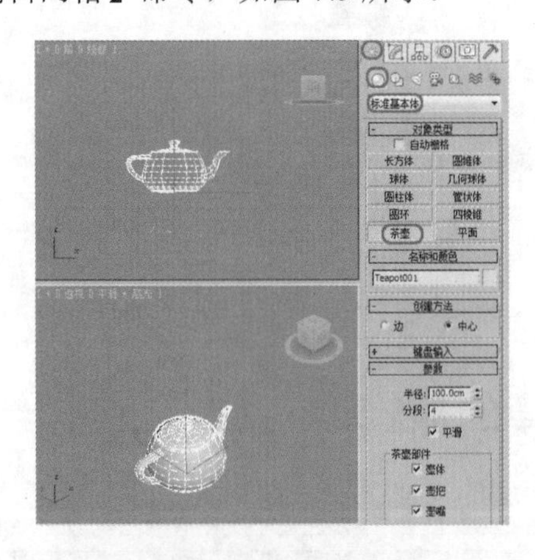

图 7.4 创建茶壶

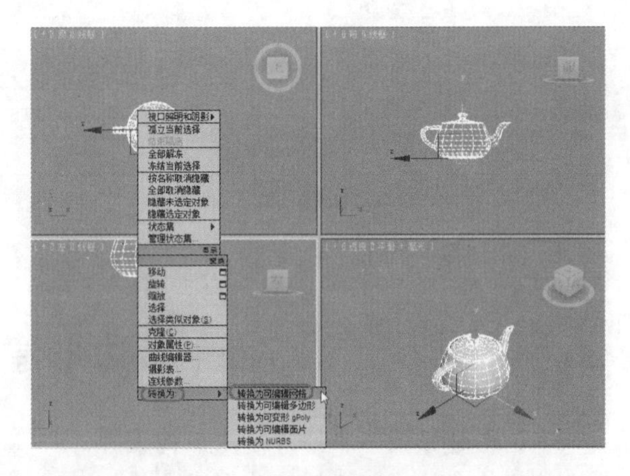

图 7.5 选择【转换为可编辑网格】命令

(3) 切换到修改命令面板，在修改器堆栈中可以看到该物体已经转换为可编辑网格，如图 7.6 所示。

2. 在修改器下拉列表中选择【编辑网格】修改器

(1) 在视图中选择物体。

(2) 切换到修改命令面板，在修改器下拉列表中选择【编辑网格】修改器，如图 7.7 所示，这样就可以对该物体进行网格编辑操作了。

3. 在堆栈中将其塌陷

(1) 在场景中选择物体。

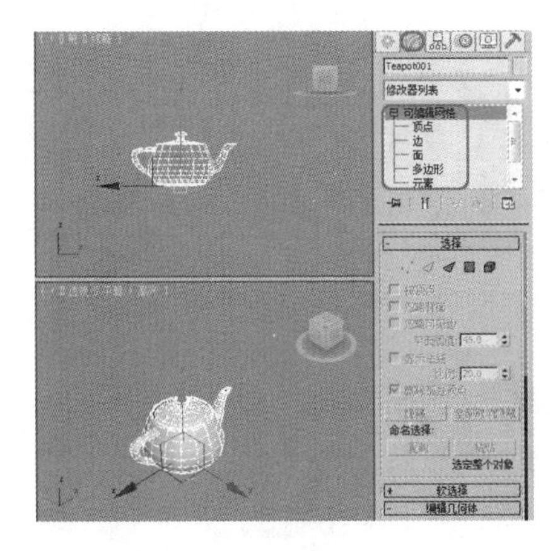

图 7.6　转换为可编辑网格

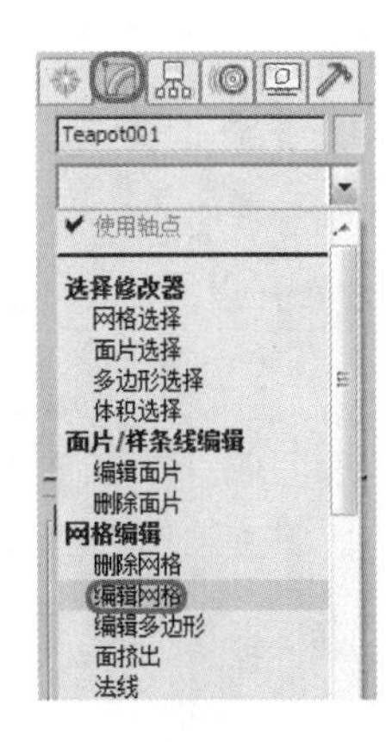

图 7.7　选择【编辑网格】修改器

(2) 切换到修改命令面板，在堆栈中右击，在弹出的快捷菜单中选择【可编辑网格】命令，如图 7.8 所示。

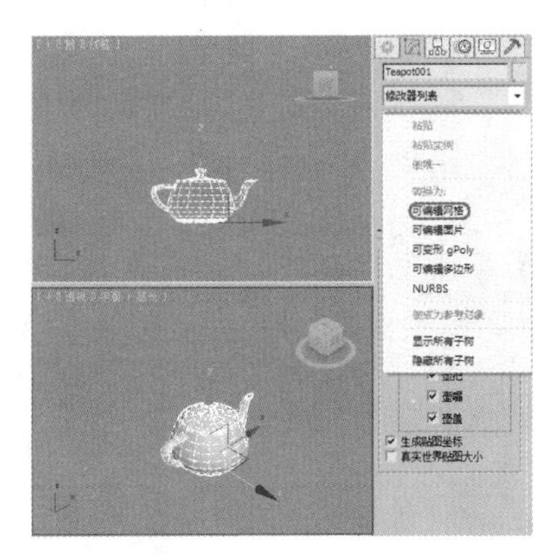

图 7.8　塌陷堆栈

(3) 这样该物体就转换为了可编辑网格模型。

7.2.1　【可编辑网格】与【编辑网格】

在为物体添加【编辑网格】修改器或将其塌陷成可编辑网格后，都在修改器堆栈中增加了层级，均可在修改器堆栈中选择合适的层级来处理对象，但两者的区别在于为物体添加【编辑网格】修改器后，物体创建时的参数仍然保留，可在修改器中修改它的参数；而将其塌陷成可编辑网格后，物体创建时的参数丢失，只能在子物体层级进行编辑。

7.2.2　网格子物体层级

在为物体添加了【编辑网格】修改器或将其塌陷成可编辑网格后，可在修改器堆栈中看到网格子物体有 5 种层级。

- 【顶点】：物体最基本的层级，移动时会影响它所在的面，如图 7.9 所示。
- 【边】：连接两个节点的可见或不可见的一条线，是面的基本层级，两个面可共享一条边，如图 7.10 所示。

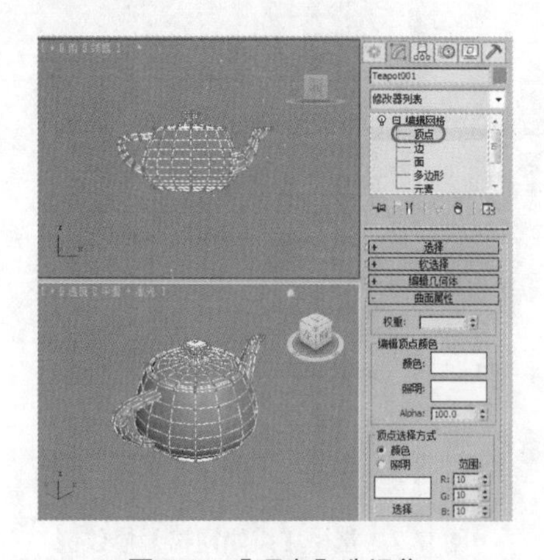

图 7.9 【顶点】选择集

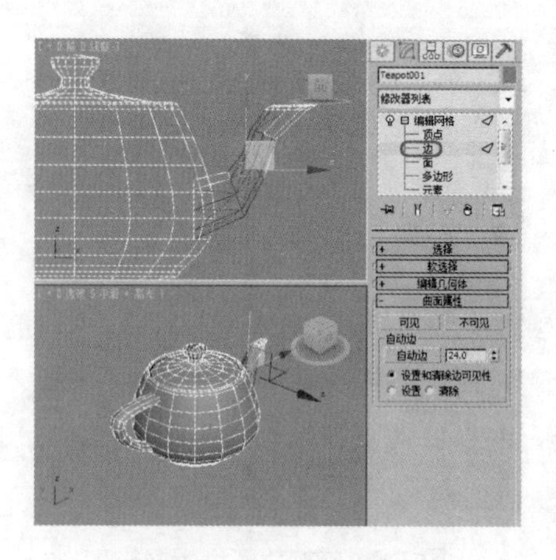

图 7.10 【边】选择集

- 【面】：由 3 条边构成的三角形，如图 7.11 所示。
- 【多边形】：由 4 条边构成的面，如图 7.12 所示。

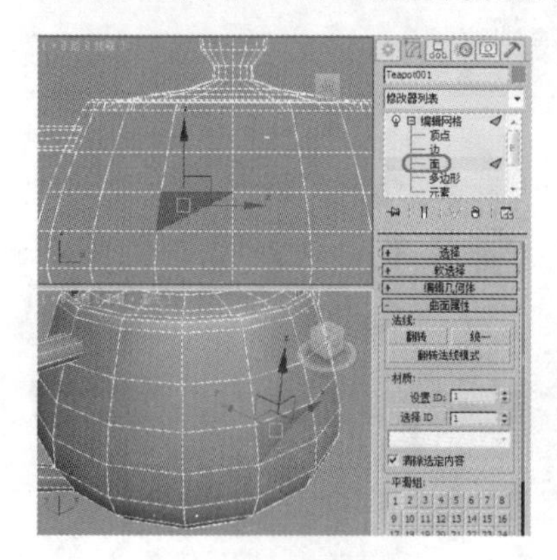

图 7.11 【面】选择集

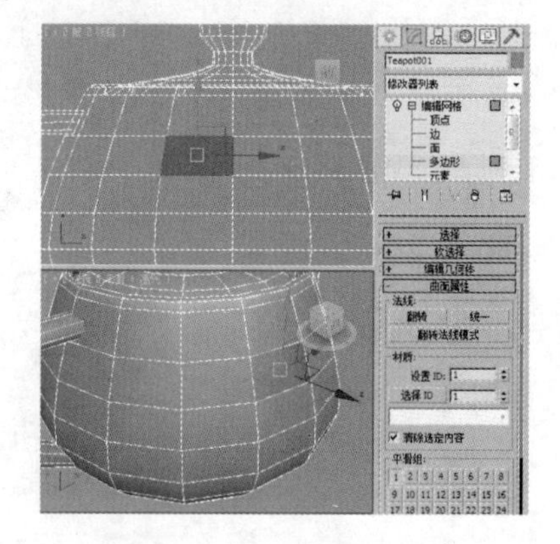

图 7.12 【多边形】选择集

- 【元素】：网格物体中以组为单位的连续的面构成元素，如茶壶是由 4 个元素构成的，如图 7.13 所示。

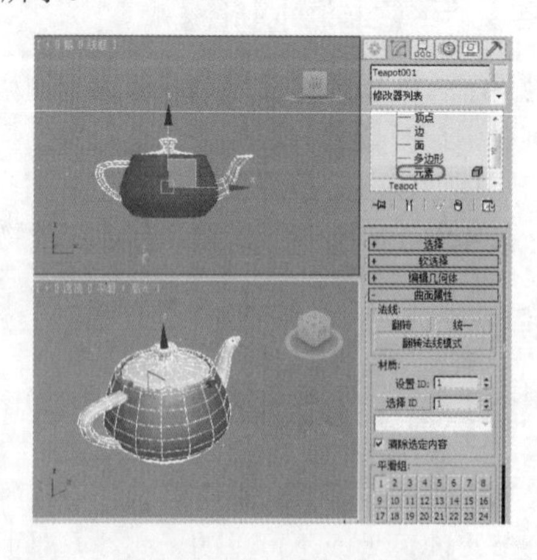

图 7.13 【元素】选择集

提 示

在渲染时是看不到节点和边的，看到的是面，面是构成多边形和元素的最小单位。

7.2.3　子物体层级的选择

3ds Max 2014 为用户在子物体层级中选择提供多种方法，常用的是以下几种。

- 在场景中创建一个物体，为其添加【可编辑网格】修改器后，在修改器堆栈中，单击【编辑网格】前面的+号，会看到 5 种子物体，单击相应的子物体名称，即可进入相应子物体层级的选择方式，子物体将以黄色高亮显示，如图 7.14 所示，同时【选择】卷展栏中的相应按钮被激活。
- 在场景中创建一个物体，为其添加【可编辑网格】修改器后，在【选择】卷展栏中会出现 5 种子物体选择按钮，单击相应的按钮即可进入相应的子物体的选择方式，如图 7.15 所示。

提 示

在子物体层级进行选择时，有时会选中物体另一面的子物体，而往往这不是需要的。要解决这个问题，可以勾选【选择】卷展栏中的【忽略背面】复选框，如图 7.15 所示。

除了以上两种方法，还常用【网格选择】修改器和【体积选择】修改器。

- 【网格选择】修改器同前面两种方法相似，但该修改器只能用于选择，不能对所选择的内容进行编辑修改，而是将内容定义为一个选择集通过修改器堆栈传递给其他修改器。
- 【体积选择】修改器用于点面子物体的选择，主要通过在物体周围框出一个体积，在体积内的所有子物体会作为一个选择集保存到修改器堆栈中，该修改器的优点在于修改点面的数目不会对体积内的物体产生影响。

【体积选择】修改器属于选择修改器，主要用于多边形网格物体的子物体层级，即点、边、面、多边形、元素的选择操作，用来和其他修改器配合对物体进行局部修改。

在场景中创建物体后，进入修改命令面板，在下拉列表框中选择【网格选择】选项，即为物体添加了【网格选择】修改器，同时会看到【网格选择参数】卷展栏，如图 7.16 所示。

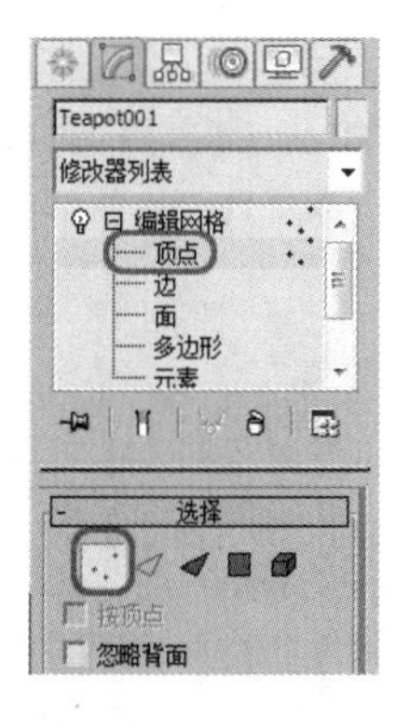

图 7.14　定义选择集

图 7.15　勾选【忽略背面】复选框

图 7.16　【网格选择参数】卷展栏

【体积选择】修改器用于点面子物体的选择，与【网格选择】修改器作用相同，也属于选择修改器，使用时可进入修改命令面板，在下拉列表框中选择【体积选择】选项，即可为物体添加【体积选择】修改器。单击【体积选择】前面的加号，如图 7.17 所示，其中的 Gizmo 用于子物体的选择，当选择此选项时，调整线框选择子物体。【中心】用于调整 Gizmo 旋转或缩放的中心。

【体积选择】修改器的【参数】卷展栏如图 7.18 所示。

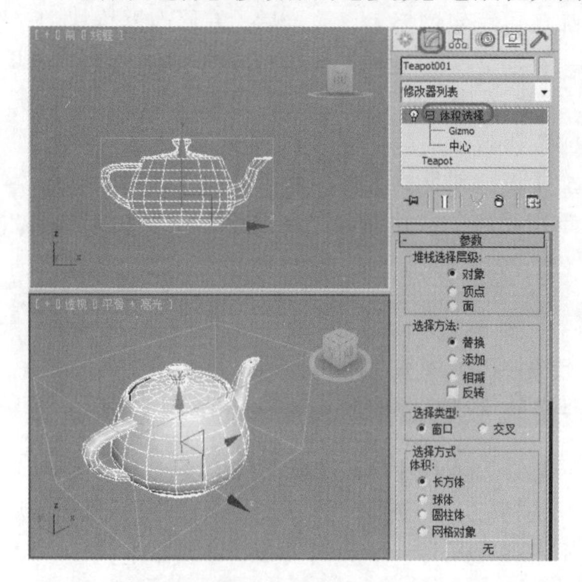

图 7.17　展开选择集

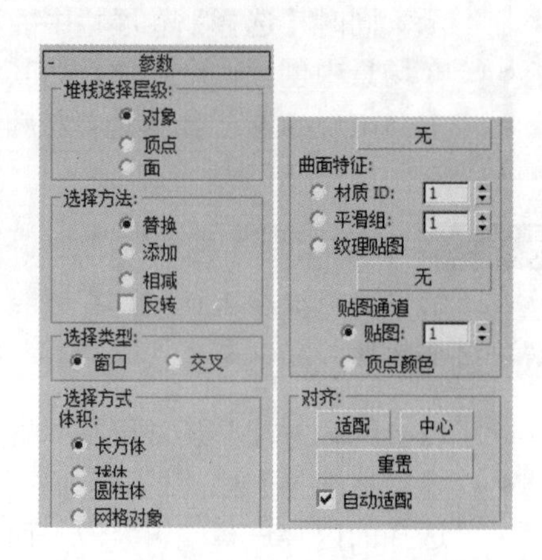

图 7.18　【参数】卷展栏

7.3　【可编辑多边形】修改器

可编辑多边形是后来发展起来的一种多边形建模技术。面板中的参数和【编辑网格】修改器的参数接近，但很多方面超过了【编辑网格】，使用可编辑多边形建模更加方便、效率更高。

这种建模技术没有对应的编辑修改器，只要将物体塌陷成可编辑多边形即可进行编辑。在可编辑多边形中多边形物体可以是三角、四边网格，也可是更多边的网格，这一点与可编辑网格不同。

将物体塌陷成可编辑多边形后，多边形物体的子物体包括【顶点】、【边】、【边界】、【多边形】和【元素】5 个子物体层级，如图 7.19 所示，可以进入任意一层子物体进行移动、旋转、缩放、复制等操作。

下面学习【可编辑多边形】修改器的一些参数的用法。

在【选择】卷展栏中，如图 7.20 所示不同的子物体层级可用的命令不同，其中【收缩】按钮用于对当前子物体层级进行收缩以减小选择集，效果如图 7.21 所示；【扩大】按钮用于对当前子物体的选择集向外围扩展以增大选择集。

图 7.19　【可编辑多边形】修改器

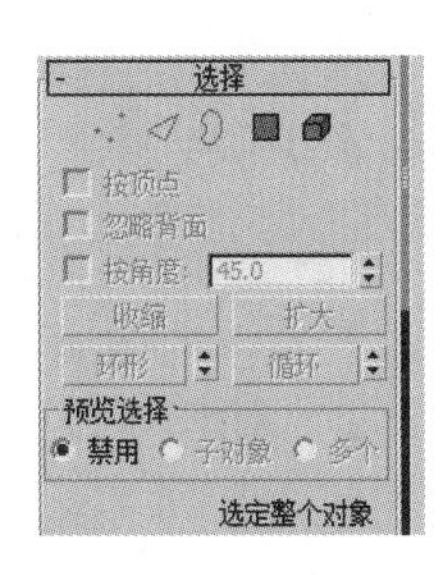

图 7.20　【选择】卷展栏

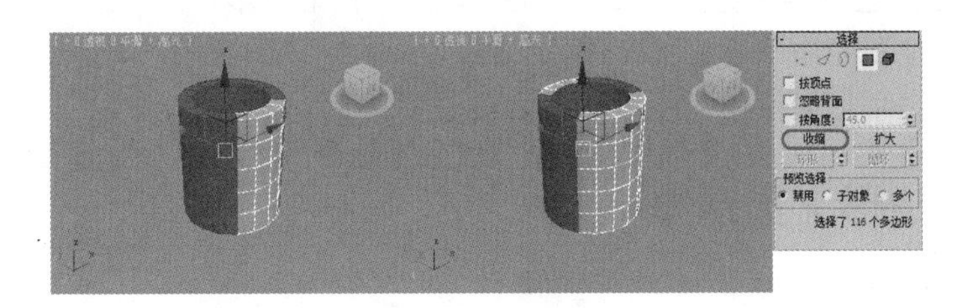

图 7.21　收缩选择集

7.3.1　【顶点】选择集

处于【顶点】选择集时，在【编辑顶点】卷展栏中提供了一些命令可以对顶点子物体进行编辑，如图 7.22 所示。

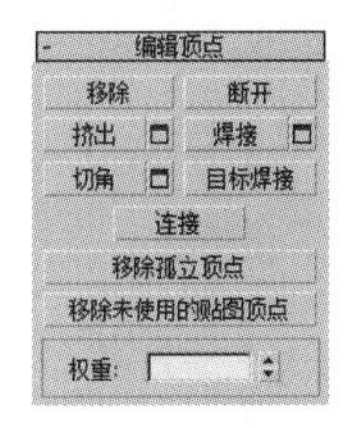

图 7.22　【编辑顶点】卷展栏

- 【移除】按钮用于将所选择的节点去除。
- 【断开】按钮用于在选择点的位置创建更多的顶点，每个多边形在选择点的位置有独立的顶点。
- 【挤出】按钮用于对视图中选择的点进行挤压操作，移动鼠标指针时创建出新的多边形表面。
- 【移除孤立顶点】按钮用于将所有的孤立点去除。
- 【移除未使用的贴图顶点】按钮用于将不能用于贴图的点去除。

单击命令按钮右侧的□按钮可设置相应命令的参数，单击后会弹出相应的命令设置对话框，调整其中的数值能对【顶点】子物体进行精确调整。

注 意

【移除】命令与前面学过的 Delete 键不同。Delete 键是在删除所选点的同时删除点所在的面；【移除】命令不会删除点所在的面，但可能会对物体的外形产生影响，如图 7.23 所示。

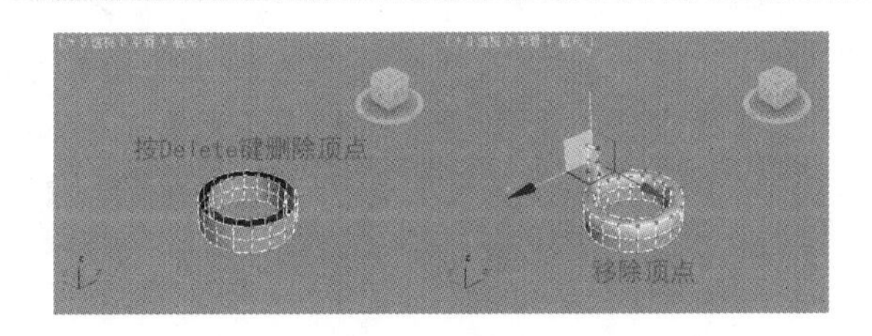

图 7.23　删除顶点和移除顶点的区别

7.3.2 【边】选择集

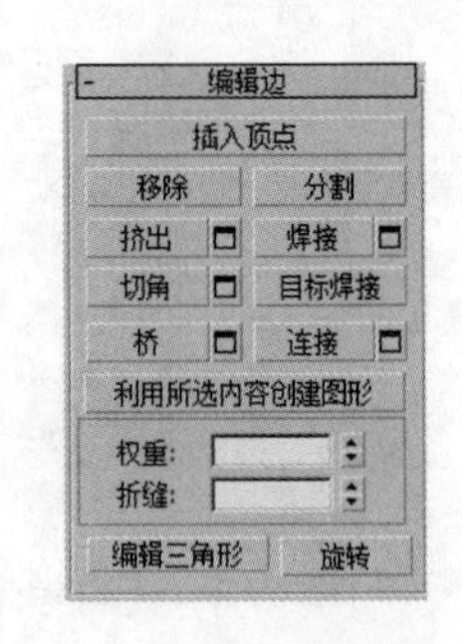

图 7.24 【编辑边】卷展栏

处于【边】选择集时，在【编辑边】卷展栏中提供了一些命令，可以对子物体进行编辑，该卷展栏如图 7.24 所示。

- 【分割】按钮用于沿选择的边将网格分离。
- 【插入顶点】按钮用于在可见边上插入点将边进行细分。
- 【利用所选内容创建图形】按钮用于选择一条或多条边创建新的曲线。
- 【编辑三角形】按钮用于四边形内部边的重新划分。

7.3.3 【多边形】选择集

处于【多边形】选择集时，在【编辑多边形】卷展栏中提供了一些命令，可以对多边形子物体进行编辑，如图 7.25 所示。

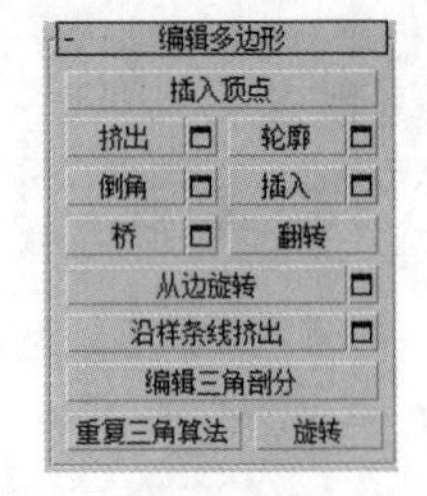

图 7.25 【编辑多边形】卷展栏

- 【轮廓】按钮用于将轮廓边的尺寸增大或减小。
- 【倒角】按钮对选择的多边形进行挤压或轮廓处理。
- 【插入】按钮拖曳产生新的轮廓边并由此而产生新的面。
- 【翻转】按钮用于反转多边形的法线方向。
- 【从边旋转】按钮指定多边形的一条作为铰链，将选择的多边形沿铰链旋转产生新的多边形。
- 【沿样条线挤出】按钮将选择的多边形沿指定的曲线路径挤压。
- 【编辑三角剖分】按钮使多边形内部隐藏的边以虚线的形式显示出来，单击对角线的顶点，移动鼠标指针到对角的顶点位置单击会将四边形的划分方式改变。
- 【重置三角算法】按钮自动对多边形内部的三角形面重新计算，形成更为合理的多边形划分。

7.4 上机实践——躺椅

本例将介绍躺椅的制作，效果如图 7.26 所示。其具体操作步骤如下。

(1) 选择【创建】|【几何体】|【扩展基本体】|【切角长方体】工具，在【前】视图中创建切角长方体，在【参数】卷展栏中设置【长度】为 300，【高度】为 350，【宽度】为 70，【圆角】为 10，【长度分段】为 15，【宽度分段】为 15，【高度分段】为 1，【圆角分段】为 3，将其命名为“靠背 01”，如图 7.27 所示。

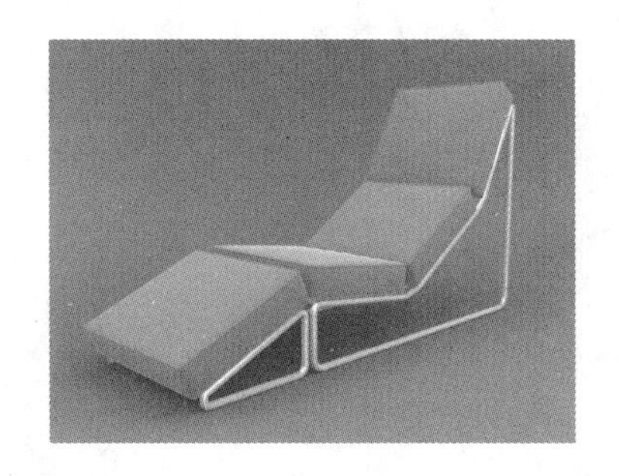

图 7.26　躺椅效果

(2) 选择【创建】|【图形】|【矩形】工具，在【前】视图中创建矩形，切换至【修改】命令面板，将其命名为“靠背边 01”，在【参数】卷展栏中设置【长度】为 296，【宽度】为 346，【角半径】为 5，在【渲染】卷展栏中勾选【在渲染中启用】和【在视口中启用】复选框，设置【厚度】为 5，在场景中调整模型的位置，如图 7.28 所示。

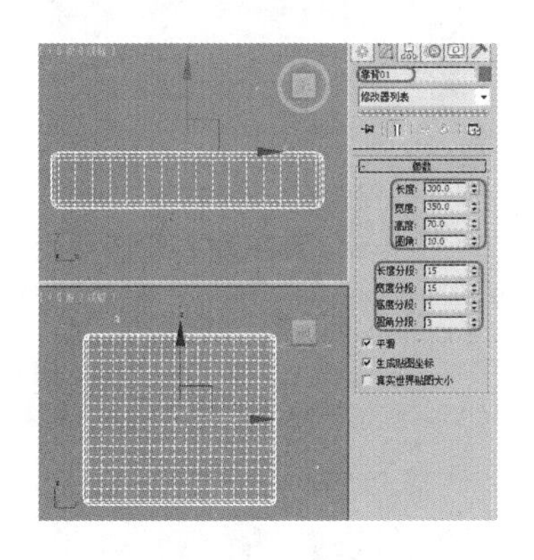

图 7.27　创建切角长方体

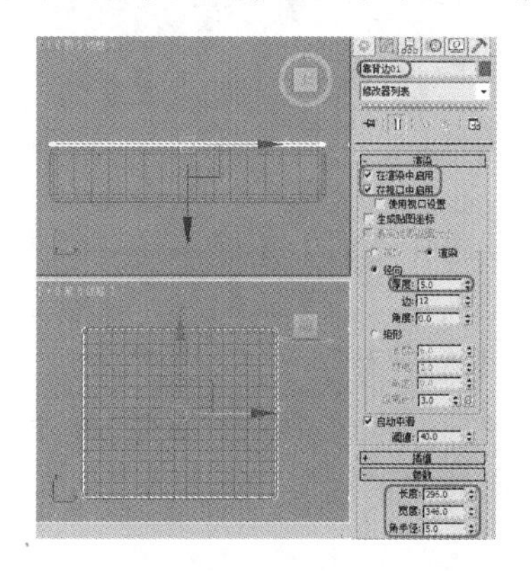

图 7.28　创建矩形

(3) 选中“靠背边 01”对象，在【顶】视图进行调整并复制，如图 7.29 所示。

(4) 在场景中选择“靠背 01”，切换至【修改】命令面板，在修改器列表中选择 FFD4×4×4 修改器，将当前选择集定义为【控制点】，在【前】视图中选择中间的 4 个控制点，在【顶】视图中调整控制点，如图 7.30 所示。

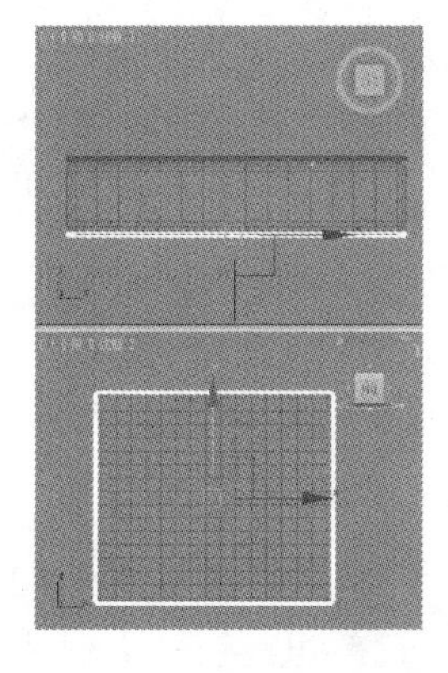

图 7.29　复制并调整模型

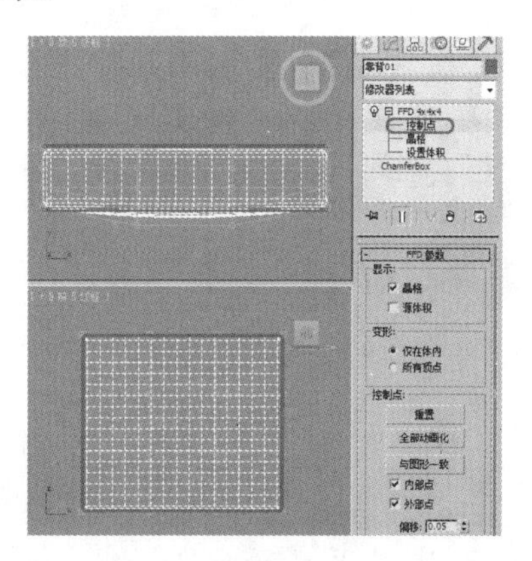

图 7.30　调整靠背的形状

(5) 在场景中选择“靠背 01”和“靠背边”，在菜单栏中选择【组】|【组】命令，在弹出的对话框中将其命名为“靠背组01”，单击【确定】按钮，如图7.31所示。

(6) 在场景中复制并调整模型，如图7.32所示。

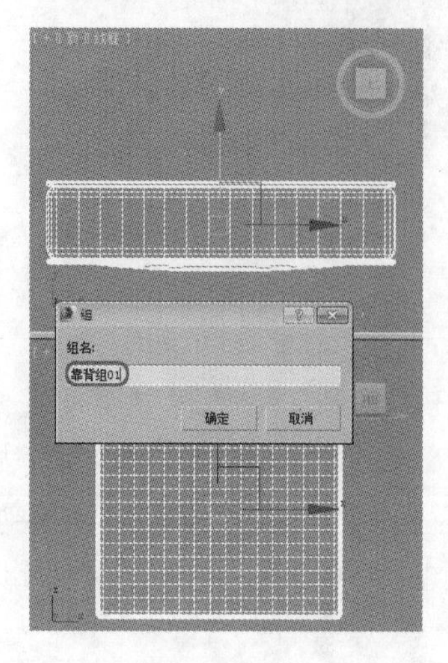

图7.31　选择多边形

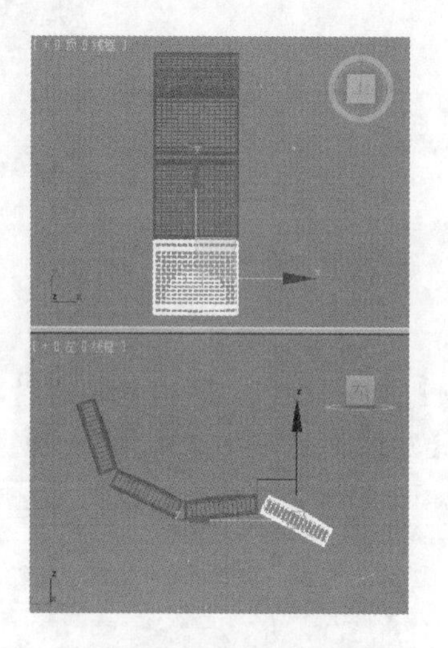

图7.32　复制并调整模型

(7) 选择【线】工具，在场景中创建可渲染的样条线，并将【厚度】设置为 15，在选择集定义为【点】，将模型进行调整，将其命名为“躺椅支架 01”，最后复制模型，效果如图7.33所示。

(8) 然后在场景中创建横向的支架，创建成可渲染的样条线，并将【厚度】设置为15，并在场景中复制并调整模型，如图7.34所示。

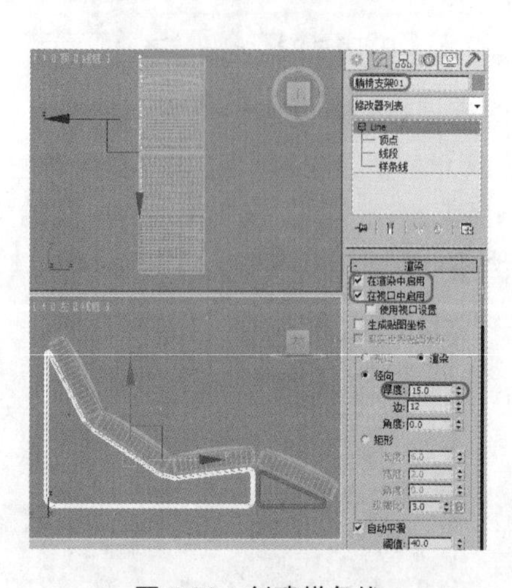

图7.33　创建样条线

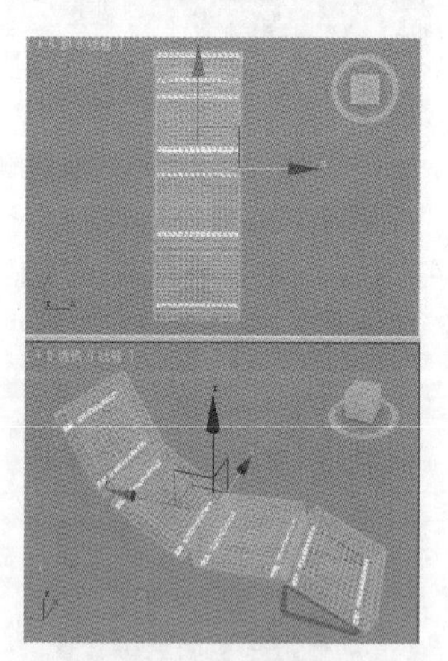

图7.34　创建横向支架

(9) 按 M 键，打开【材质编辑器】对话框，选择一个新的材质样本球，将其命名为“躺椅材质”，在【Blinn 基本参数】卷展栏中设置【自发光】选项组中的【颜色】为50，在【贴图】卷展栏中单击【漫反射颜色】后面的 None 按钮，在弹出的【材质/贴图浏览器】对话框中选择【衰减】贴图，单击【确定】按钮，进入贴图层级面板，在【衰减参数】卷展栏中设置【前】的 RGB 为 255、90、0，在【混合曲线】卷展栏中单击【添加点】按钮，在曲线上添加点，并使用【选择并移动】工具，调整曲线，将材质指定给“靠背组”对象，如图 7.35 所示。

(10) 在选择一个新的材质球，并其命名为【金属】，在【明暗器基本参数】卷展栏中单击【反射】后面的 None 按钮，在弹出的【材质/贴图浏览器】对话框中选择【位图】贴图，单击【确定】按钮，在弹出的对话框中选择随书附带光盘书稿素材\Map\123.jpg 文件，单击【打开】按钮，进入贴图层级面板，在【坐标】卷展栏选中【环境】单选按钮，选择【贴图】为【收缩包裹环境】，设置【瓷砖】的 U 为 1，V 为 1，将材质指定给如图 7.36 所示。

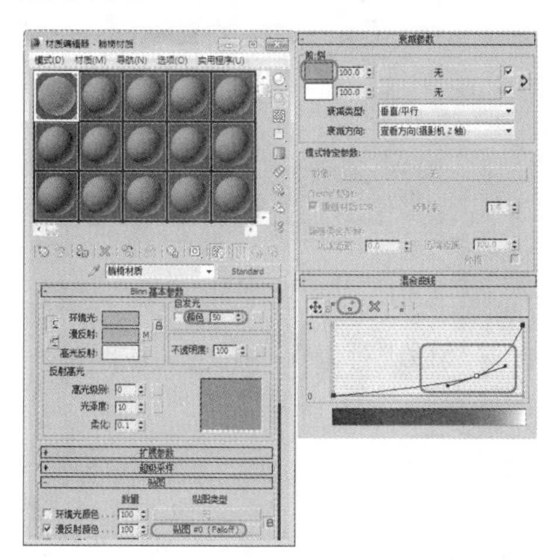

图 7.35　设置并指定材质

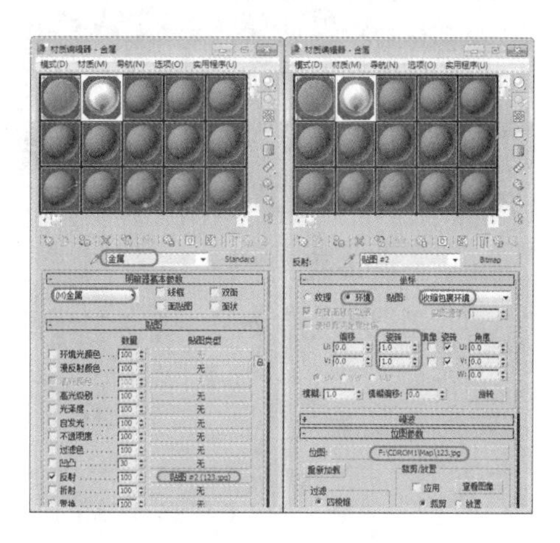

图 7.36　设置并指定材质

(11) 运用【线】工具，在场景中绘制图形，切换至【修改】命令面板，选择【挤出】修改器，在【参数】卷展栏中将【数量】设置为 4000，再次在修改器中选择【壳】命令，在【参数】卷展栏中将【内部量】设置为 1.85，在视图中进行调整，并选择颜色，如图 7.37 所示。

(12) 在场景中创建摄影机，并调整位置，将【透视图】转换为【摄影机】视图，如图 7.38 所示。

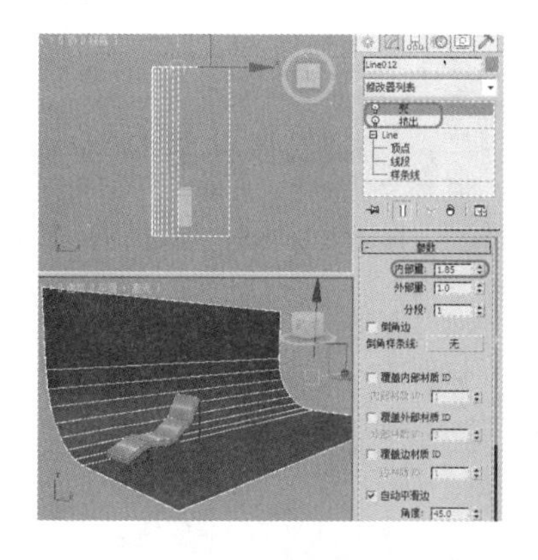

图 7.37　绘制图形

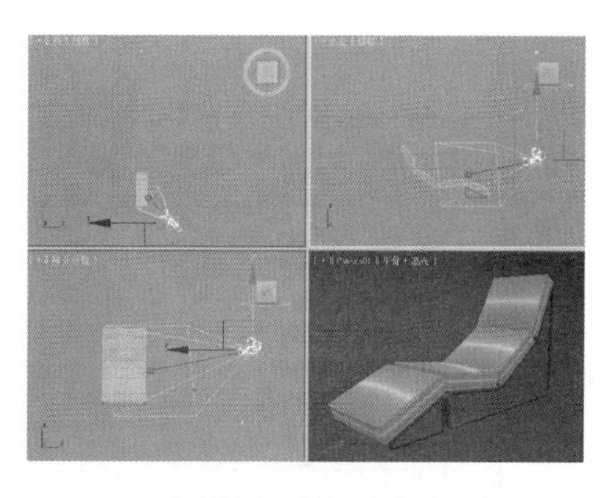

图 7.38　创建摄影机

(13) 在场景中创建泛光灯，放置合适的位置，【强度/颜色/衰减】卷展栏中将【倍增】值设置为 0.3，再次创建天光，放置合适的位置，如图 7.39 所示。

(14) 在工具栏中单击【渲染设置】按钮，在弹出的对话框中选择【高级照明】选项卡，在【选择高级照明】卷展栏中选择高级照明为【光跟踪器】，如图 7.40 所示。

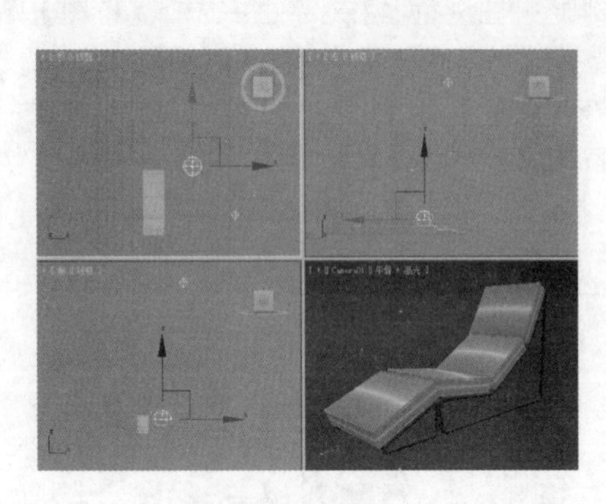

图 7.39　创建天光

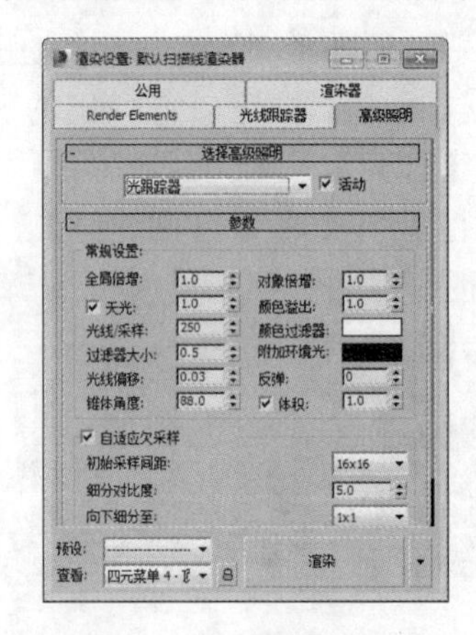

图 7.40　设置高级照明

(15) 并在【公用】选项卡中选择【输出大小】，最后进行渲染，并将文件保存。

7.5　思考与练习

1. 简述 3ds Max 2014 有哪 3 种不同的高级建模方法？
2. 简述将物体转换可编辑多边形后，多边形物体的子物体包括哪 5 个子物体层级？
3. 简述多边形建模的基本原理。

第 8 章　材质与贴图

材质是三维世界的一个重要概念，是对现实世界中各种材料视觉效果的模拟。这些视觉效果包括颜色、反射、折射、透明度、表面粗糙程度以及纹理等。在 3ds Max 中创建一个模型，其本身不具备任何表面特征，但通过材质自身的参数控制可以模拟现实世界中的种种视觉效果。本章将详细介绍材质编辑器、基本材质贴图的设置，希望通过本章的学习读者能够了解材质编辑器并掌握材质的制作。

8.1　材 质 概 述

材质的制作是一个相对复杂的过程，3ds Max 为材质制作提供了大量的参数与选项。在具体介绍这些参数之前，我们首先需要对材质的制作有一个全面的认识。材质主要用于描述对象如何反射和传播光线，材质中的贴图主要用于模拟对象质地、提供纹理图案、反射、折射等其他效果(贴图还可用于环境和灯光投影)。依靠各种类型的贴图，可以制作出千变万化的材质。对于材质的调节和指定，系统提供了材质编辑器和材质/贴图浏览器。材质编辑器用于创建、调节材质，并最终将其指定到场景中；材质/贴图浏览器用于检查材质和贴图。

8.2　材质编辑器与材质/贴图浏览器

材质编辑器与材质/贴图浏览器是材质设置中两个主要部分，材质编辑器提供创建和编辑材质及贴图的功能，而材质/贴图浏览器则用于选择材质、贴图。

8.2.1　材质编辑器

从整体上看，材质编辑器可以分为菜单栏、材质示例窗、工具按钮(又分为工具栏和工具列)和参数控制区 4 个部分，如图 8.1 所示。

1. 菜单栏

菜单栏位于材质编辑器的顶端，包括【模式】、【材质】、【导航】、【选项】和【实用程序】5 项菜单，如图 8.2 所示。

【模式】菜单用于选择材质编辑器界面，分为精简和 Slate 两种。

【材质】菜单提供了最常用的材质编辑器工具，如【获取材质】、【从对象拾取】、【生成预览】、【更改材质/贴图类型】等。

【导航】菜单提供了导航材质的层次的工具，共包含【转到父对象】、【前进到同级】和【后退到同级】3 项命令。

【选项】菜单提供了一些附加的工具和显示命令。

【实用程序】菜单提供了贴图渲染和按材质选择对象命令。

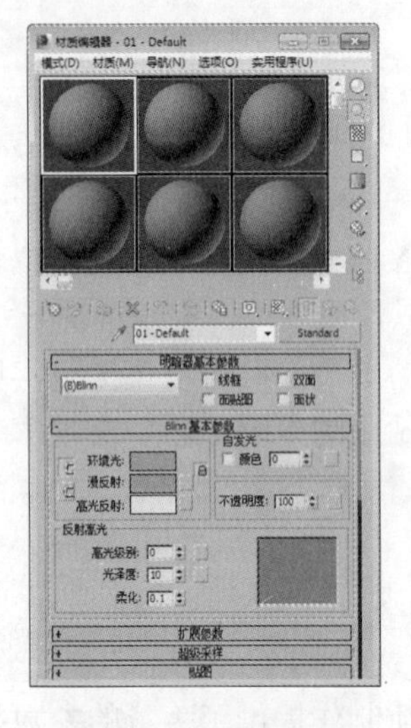

图 8.1 材质编辑器

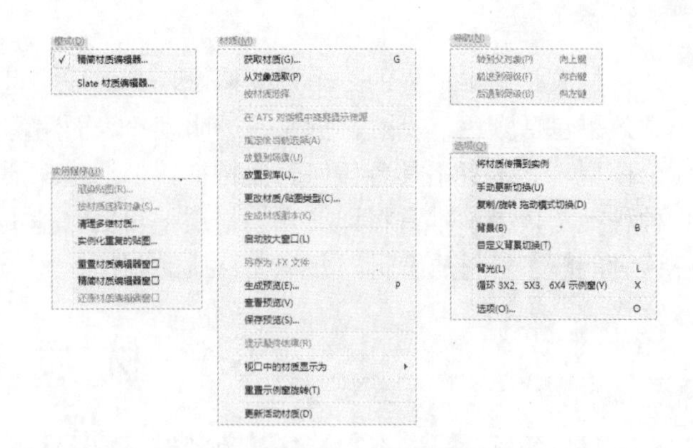

图 8.2 菜单

2. 材质示例窗

用来显示材质的调节效果，默认为 6 个示例球，当调节参数时，其效果会立刻反映到示例球上，用户可以根据示例球来判断材质的效果。示例窗中共有 21 个示例球，示例窗可以变小或变大。示例窗的内容不仅可以是球体，还可以是其他几何体，包括自定义的模型；示例窗的材质可以直接拖动到对象上进行指定。

- 窗口类型：在示例窗中，窗口都以黑色边框显示，如图 8.3 中左侧示例球所示。当前正在编辑的材质称为激活材质，它具有白色边框，如图 8.3 中右侧示例球所示。如果要对材质进行编辑，首先要在材质上单击，将其激活。对于示例窗中的材质，有一种同步材质的概念，当一个材质指定给场景中的对象，它便成了同步材质。特征是四角有三角形标记，如图 8.4 所示。如果对同步材质进行编辑操作，场景中的对象也会随之发生变化，不需要再进行重新指定。如图 8.4 右侧示例球所示使用该材质的对象在场景中未被选择。

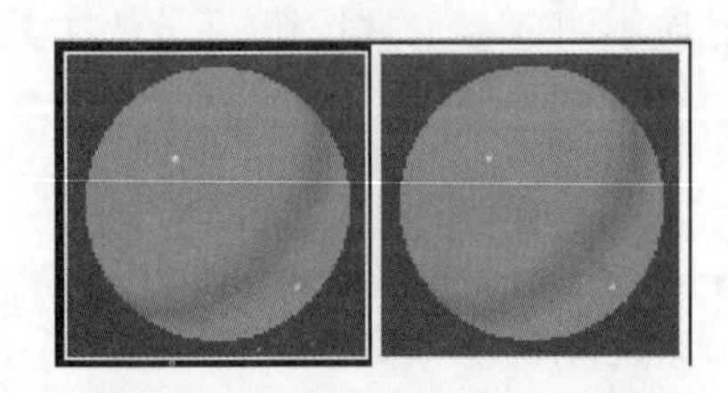

图 8.3 未激活与激活的示例窗

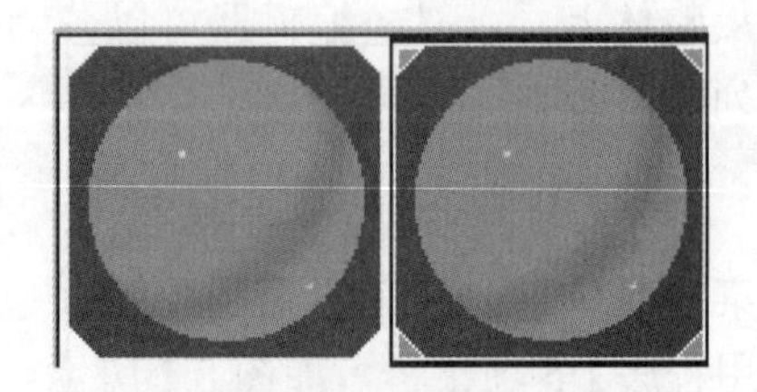

图 8.4 指定材质后的效果

- 拖动操作：示例窗中的材质可以方便地执行拖动操作，从而进行各种复制和指定活动。将一个材质窗口拖动到另一个材质窗口之上，释放左键，即可将它复制到新的示例窗中。对于同步材质，复制后会产生一个新的材质，它已不属于同步材质，因为同一种材质只允许有一个同步材质出现在示例窗中。
- 材质和贴图的拖动是针对软件内部的全部操作而言的，拖动的对象可以是示例窗、贴图按钮或材质按钮等，它们分布在材质编辑器、灯光设置、环境编辑器、贴图置换命令面板以及资源管理器中，相互之间都可以进行拖动操作。作为材质，还可以直接拖动到场景中的对象上，进行快速指定。

在激活的示例窗中右击，可以弹出一个快捷菜单，如图 8.5 所示。

- 【拖动/复制】：这是默认的设置模式，支持示例窗中的拖动/复制操作。
- 【拖动/旋转】：这是一个非常有用的工具，选择该命令后，在示例窗中拖动，可以转动示例球，便于观察其他角度的材质效果。示例球内的旋转是在三维空间上进行的，而在示例球外旋转则是垂直于视平面方向进行的。在具备三键鼠标和 NT 以上级别操作系统的平台上，可以在【拖动/复制】模式下单击中键来执行旋转操作，不必进入菜单中选择。如图 8.6 所示为旋转后的示例窗效果。

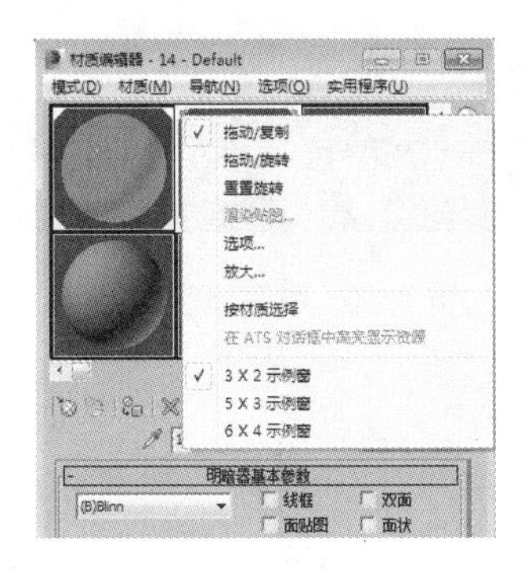

图 8.5　右键菜单

图 8.6　旋转后的示例窗效果

- 【重置旋转】：恢复示例窗中默认的角度方位。
- 【渲染贴图】：只对当前贴图层级的贴图进行渲染。如果是材质层级，那么该命令不可用。当贴图渲染为静态或动态图像时，会弹出一个【渲染贴图】对话框，如图 8.7 所示。
- 【选项】：选择该命令将弹出如图 8.8 所示的【材质编辑器选项】对话框，主要用于控制有关编辑器自身的属性。

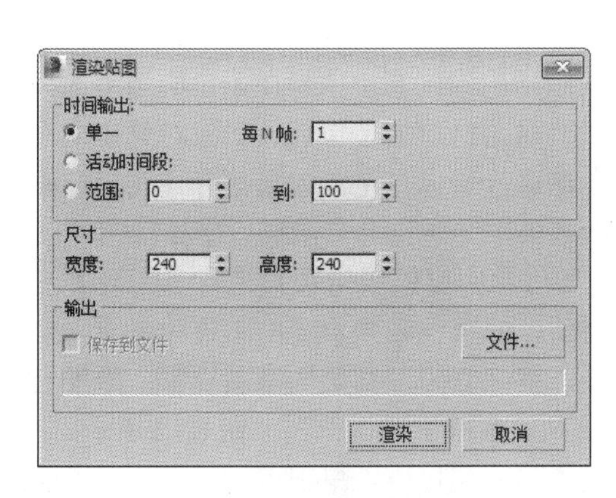

图 8.7　【渲染贴图】对话框

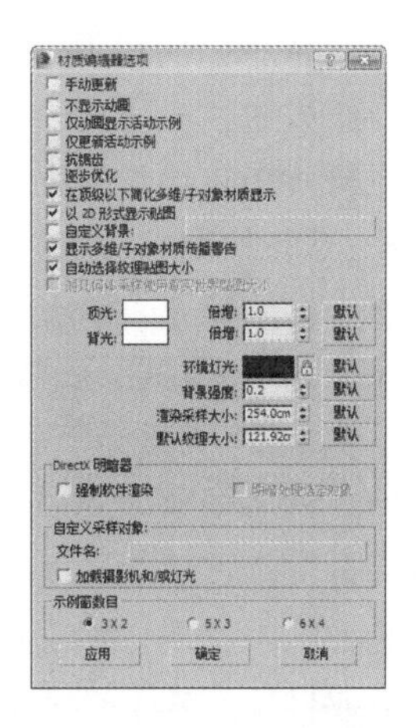

图 8.8　【材质编辑器选项】对话框

- 【放大】：可以将当前材质以一个放大的示例窗显示，它独立于材质编辑器，以浮动框的形式存在，这有助于更清楚地观察材质效果，如图 8.9 所示。

- 每一个材质只允许有一个放大窗口，最多可以同时打开 24 个放大窗口。通过拖动它的四角可以任意放大尺寸。这个命令同样可以通过在示例窗上双击来执行。
- 3×2 示例窗、5×3 示例窗、6×4 示例窗：用来设计示例窗的布局，材质示例窗中其实一共有 24 个小窗，当以 6×4 方式显示时，它们可以完全显示出来，只是比较小；如果以 5×3 或 3×2 方式显示，可以使用手形拖动窗口，显示出隐藏在内部的其他示例窗。示例窗的显示方式如图 8.10 所示。

图 8.9　放大示例窗

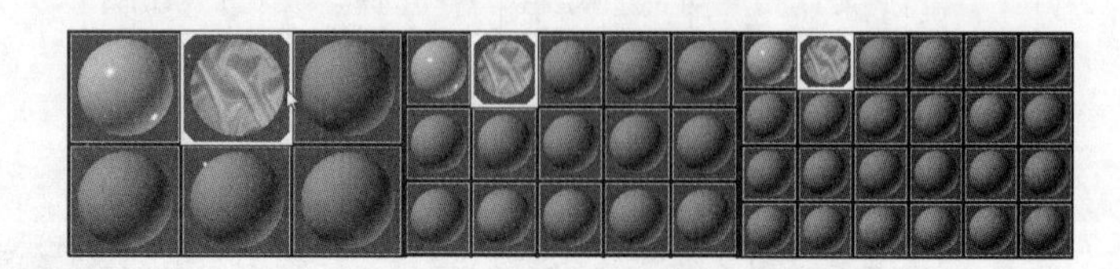

图 8.10　示例窗的不同显示方式

3. 材质工具按钮

围绕示例窗有横、竖两排工具按钮，它们用来控制各种材质，横向的工具按钮大多用于材质的指定、保存和层级跳跃。纵向的工具按钮大多针对示例窗中的显示。

在横向工具栏的下方是材质的名称，材质的起名很重要，对于多层级的材质，此处可以快速地进入其他层级的材质中；右侧是一个【类型】按钮，单击该按钮可以打开材质/贴图浏览器对话框。

工具栏如图 8.11 所示，工具栏中各按钮的功能如下。

- 【获取材质】：单击该按钮，打开【材质/贴图浏览器】对话框，可以进行材质和贴图的选择，也可以调出材质和贴图，从而进行编辑修改。
- 【将材质放入场景】：在编辑完材质之后将它重新应用到场景中的对象上。在场景中有对象的材质与当前编辑的材质同名或当前材质不属于同步材质时，即可应用该按钮。
- 【将材质指定给选定对象】：将当前激活的示例窗中的材质指定给当前选择的对象，同时此材质会变为一个同步材质。贴图材质被指定后，如果对象还未进行贴图坐标的指定，在最后渲染时也会自动进行坐标指定。如果打开【在视口中显示标准贴图】按钮，在视图中观看贴图效果，同时也会自动进行坐标指定。
- 【重置贴图/材质为默认设置】：对当前示例窗的编辑项目进行重新设置，如果处在材质层级，将恢复为一种标准材质，即灰色轻微反光的不透明材质，全部贴图设置都将丢失；如果处在贴图层级，将恢复为最初始的贴图设置；如果当前材质为同步材质，将会弹出【重置材质/贴图参数】对话框，如图 8.12 所示。
- 【生成材质副本】：该按钮只针对同步材质起作用。单击该按钮，会将当前同步材质复制成一个相同参数的非同步材质，并且名称相同，以便在编辑时不影响场景中的对象。

图 8.11　工具栏

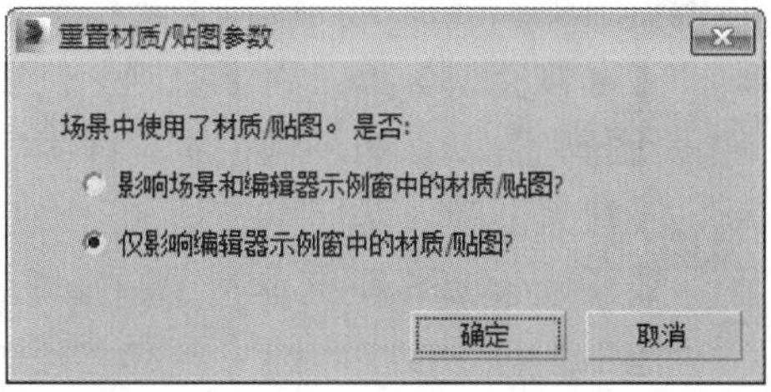

图 8.12　【重置材质/贴图参数】对话框

- 【使唯一】：该按钮可以将贴图关联复制为一个独立的贴图，也可以将一个关联子材质转换为独立的子材质，并对子材质重新命名。通过单击【使唯一】按钮，可以避免在对多维子对象材质中的顶级材质进行修改时，影响到与其相关联的子材质，起到保护子材质的作用。
- 【放入库】：单击该按钮，会将当前材质保存到当前的材质库中，单击该按钮后会弹出【放置到库】对话框，在此可以设置材质的名称，如图 8.13 所示。

图 8.13　【放置到库】对话框

- 【材质 ID 通道】：通过材质的特效通道可以在 Video Post 视频合成器和 Effects 特效编辑器中为材质指定特殊效果。
- 【在视口中显示标准贴图】：在贴图材质的贴图层级中此按钮可用，单击该按钮，可以在场景中显示出材质的贴图效果，如果是同步材质，对贴图的各种设置调节也会同步影响场景中的对象，这样就可以很轻松地进行贴图材质的编辑工作。
- 【显示最终结果】：此按钮是针对多维材质或贴图材质等具有多个层级嵌套的材质作用的，在子级层级中单击选中该按钮，将会保持显示出最终材质的效果(也就是顶级材质的效果)，取消选中该按钮会显示当前层级的效果。
- 【转到父对象】：向上移动一个材质层级，只在复合材质的子级层级有效。
- 【转到下一个同级项】：如果处在一个材质的子级材质中，并且还有其他子级材质，此按钮有效，可以快速移动到另一个同级材质中。
- 【从对象拾取材质】：单击此按钮后，可以从场景中某一对象上获取其所附的材质，此时鼠标指针会变为一个吸管，在有材质的对象上单击，即可将材质选择到当前示例窗中，并且变为同步材质，这是一种从场景中选择材质的好方法。
- 【材质名称下拉列表框】02 - Default：在编辑器工具行下方正中央，是当前材质的名称输入框，作用是显示并修改当前材质或贴图的名称，在同一个场景中，不允许有同名材质存在。
- 【类型】Standard：这是一个非常重要的按钮，在默认情况下显示 Standard，表示当前的材质类型是标准类型。通过它可以打开【材质/贴图浏览器】对话框，从中可以选择各种材质或贴图类型。如果当前处于材质层级，则只允许选择材质类型；如果处于贴图层级，则只允许选择贴图类型。选择后按钮会显示当前的材质或者贴图类型名称。

示例窗右侧纵向的工具按钮主要用于示例窗的显示设置，如图 8.14 所示。

- 【采样类型】：用于控制示例窗中样本的形态，包括球体、柱体、立方体。
- 【背光】：为示例窗中的样本增加一个背光效果，有助于金属材质的调节。
- 【背景】：为示例窗增加一个彩色方格背景，主要用于透明材质和不透明贴图效果的调节。在菜单栏中选择【选项】|【选项】命令，在打开的【材质编辑器选项】对话框中勾选【自定义背景】复选框，并单击其右侧的空白按钮，可以选择一个位图用作背景，如图 8.15 所示。显示背景的效果如图 8.16 所示。

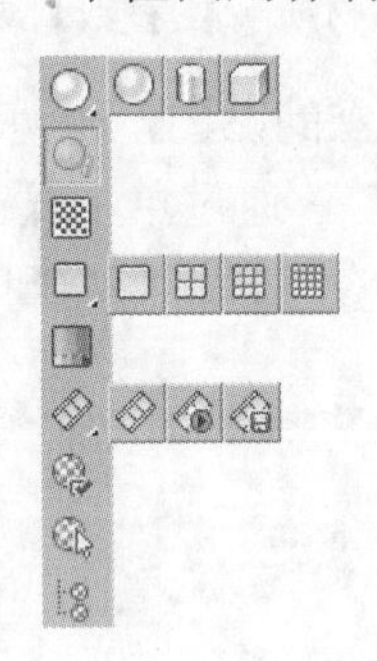

图 8.14　工具按钮

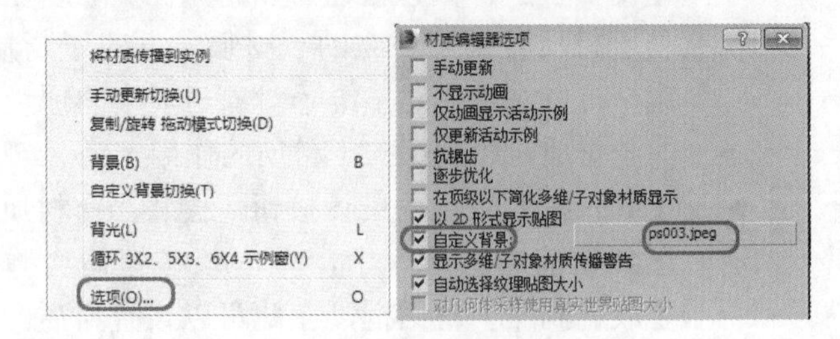

图 8.15　选择背景

- 【采样 UV 平铺】：用来测试贴图重复的效果，只是改变示例窗中的显示，并不对实际的贴图产生影响，其中包括几个重复级别，如图 8.17 所示。

图 8.16　指定背景效果

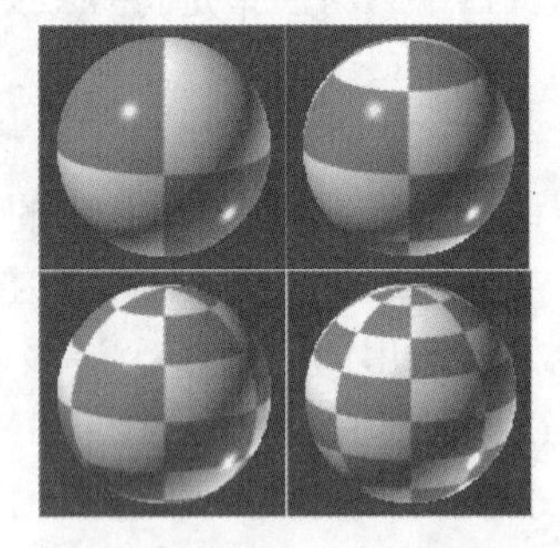

图 8.17　采样 UV 平铺

- 【视频颜色检查】：用于检查材质表面色彩是否超过视频限制，对于 NTSC 和 PAL 制视频，色彩饱和度有一定限制，如果超过这个限制，颜色转化后会变模糊，所以要尽量避免发生。不过单纯从材质避免还是不够的，因为最后渲染的效果还决定于场景中的灯光，通过渲染控制器中的视频颜色检查可以控制最后渲染图像是否超过限制。比较安全的做法是将材质色彩的饱和度降低到 85%以下。
- 【生成预览】：用于制作材质动画的预视效果，对于进行了动画设置的材质，可以使用它来实时观看动态效果，单击该按钮会弹出【创建材质预览】对话框，如图 8.18 所示。该对话框中的各项功能如下。

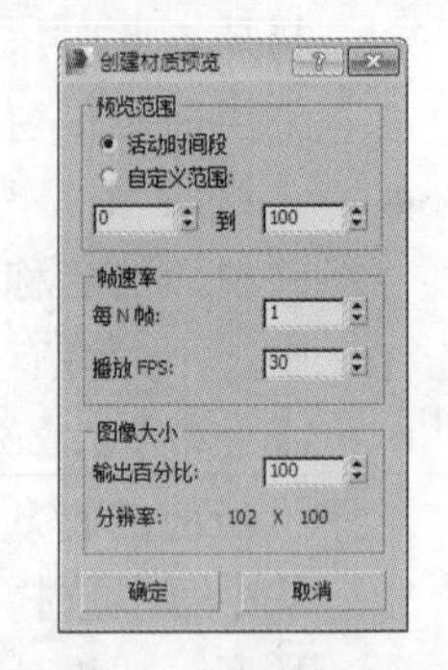

图 8.18　【创建材质预览】对话框

- ◆ 【预览范围】：设置动画的渲染区段。预览范围又分为【活动时间段】和【自定义范围】两个部分，选中【活动时间段】单选按钮可以将当前场景的活动时间段作为动画渲染的区段；选中【自定义范围】单选按钮，可以通过下面的文本框指定动画的区域，确定从第几帧到第几帧。
- ◆ 【帧速率】：设置渲染和播放的速度。在【帧速率】选项组中包含【每 N 帧】和【播放 FPS】两个微调框。【每 N 帧】微调框用于设置预视动画间隔几帧进行渲染；【播放 FPS】微调框用于设置预视动画播放时的速率，N 制为 30 帧/秒，PAL 制为 25 帧/秒。
- ◆ 【图像大小】：设置预视动画的渲染尺寸。在【输出百分比】文本框中可以通过输出百分比来调节动画的尺寸。

- 【选项】：单击该按钮即可打开【材质编辑器选项】对话框，与在菜单栏中选择【选项】|【选项】命令弹出的对话框相同。
- 【按材质选择】：这是一种通过当前材质选择对象的方法，可以将场景中全部附有该材质的对象一同选择(不包括隐藏和冻结的对象)。单击该按钮，打开【选择对象】对话框，全部附有该材质的对象名称都会高亮显示出来，单击【选择】按钮即可。
- 【材质/贴图导航器】：单击该按钮，会打开【材质/贴图导航器】对话框，如图 8.19 所示。这是一个可以通过材质、贴图层级或复合材质子材质关系快速导航的浮动对话框。在导航器中，当前所在的材质层级会高亮显示。如果在导航器中单击一个层级，材质编辑器也会直接跳到该层级，这样就可以快速地进入每一层级中进行编辑操作。用户还可以直接从导航器中将材质或贴图拖曳至材质球或界面的按钮上。

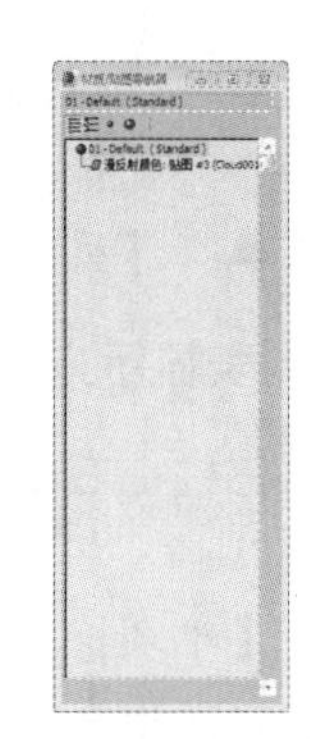

图 8.19　【材质/贴图导航器】对话框

4. 参数控制区

在材质编辑器下部是它的参数控制区，根据材质类型的不同以及贴图类型的不同，其内容也不同。一般的参数控制区包括多个项目，分别放置在各自的控制面板上，通过伸缩条展开或收起，如果超出了材质编辑器的长度可以通过手形指针进行上下滑动，与命令面板中的用法相同。

8.2.2　材质/贴图浏览器

【材质/贴图浏览器】对话框提供全方位的材质和贴图浏览选择功能，它会根据当前的情况而变化，如果允许选择材质和贴图，会将两者都显示在列表框中，否则会仅显示材质或贴图，如图 8.20 所示。

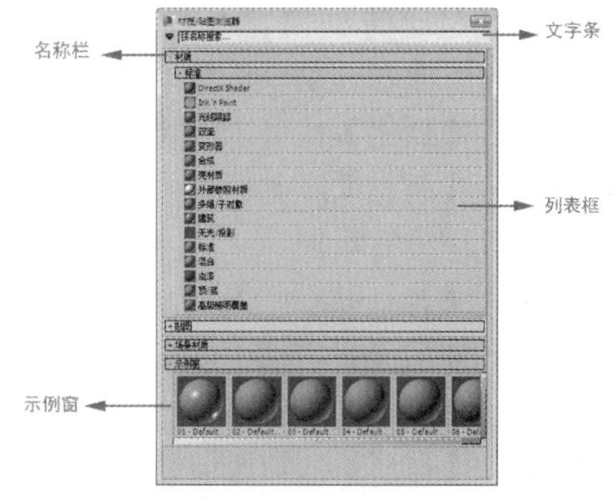

图 8.20　材质/贴图浏览器

1. 【材质/贴图浏览器】对话框功能区域

- 浏览并选择材质或贴图，双击选项后它会直接调入当前活动的示例窗中，也可以通过拖动/复制操作将它们拖动到允许复制的地方。
- 编辑材质库用于制作并扩充自己的材质库。
- 具备【材质/贴图导航】功能，与【材质/贴图导航器】相同。
    - ◆ 【文字条】：在左上角有一个文本框，用于快速检索材质和贴图，例如在其中输入 RGB，按 Enter 键，则以 RGB 开头的材质都会被选择。
    - ◆ 【名称栏】：文字条下方显示当前选择的材质或贴图的名称，子组内是其对应的类型。
    - ◆ 【示例窗】：与材质编辑器中的示例窗相同。每当选择一个材质或贴图后，它都会显示出效果，不过仅能以球体样本显示，它也支持拖动/复制操作。
    - ◆ 【列表框】：中间最大的空白区域就是列表框，用于显示材质和贴图。

2. 列表显示方式

在名称栏上右击，在弹出的快捷菜单中选择组和子组显示方式，这里提供了 5 种列表显示类型。

- 【小图标】：以小图标方式显示，并在小图标下显示其名称，当鼠标停留于其上时，也会显示它的名称。
- 【中等图标】：以中等图标方式显示，并在中等图标下显示其名称，当鼠标停留于其上时，也会显示它的名称。
- 【大图标】：以大图标方式显示，并在大图标下显示其名称，当鼠标停留于其上时，也会显示它的名称。
- 【图标和文本】：在文字方式显示的基础上，增加了小的彩色图标，可以模糊地观察材质或贴图的效果。
- 【文本】：以文字方式显示，按首字母的顺序排列。

在示例窗中的显示方式中设有【图标和文本】、【文本】两种显示方式。

3. ▼按钮的应用

在【材质/贴图浏览器】对话框中的左上角有一个▼按钮，单击该按钮会弹出一个下拉菜单，下面对该菜单进行详细介绍。

- 【新组】：可以创建一个新组，在新组的名称栏上右击即可对新组进行设置。
- 【新材质库】：可创建一个新的材质库，在新材质库的名称上右击即可对新材质库进行设置。
- 【打开材质库】：从材质库中获取材质和贴图，允许调入.mat 或.max 格式的文件。.mat 是专用材质库文件，.max 是一个场景文件，它会将该场景中的全部材质调入。
- 【材质】：勾选该选项后，可在列表框中显示出材质组。
- 【贴图】：勾选该选项后，可在列表框中显示出贴图组。
- 【示例窗】：勾选该选项后，可在列表框中显示出示例窗口。

- Autodesk Material Library：勾选该选项后，可在列表框中显示 Autodesk Material Library 材质库。
- 【场景材质】：勾选该选项后，可在列表框中显示出场景材质组。
- 【显示不兼容】：勾选该选项后，可在列表框中显示出与当前活动渲染器不兼容的条目。
- 【显示空组】：勾选该选项后，即使是空组也显示出来。
- 【附加选项】：选择该选项后，会弹出一个子菜单，其中包括【重置材质/贴图浏览器】、【清除预览缩略图缓存】、【加载布局】和【保存布局为】选项，用户可根据自己的需要进行设置。

8.3 标 准 材 质

标准材质是默认的通用材质。在现实生活中，对象的外观取决于它的反射光线。在 3ds Max 中，标准材质用来模拟对象表面的反射属性，在不使用贴图的情况下，标准材质为对象提供了单一均匀的表面颜色效果。

即使是【单一】颜色的表面，在光影、环境等影响下也会呈现出多种不同的反射结果。标准材质通过 3 种不同的颜色类型来模拟这种现象，它们是【环境光】、【漫反射】、【高光反射】，不同的明暗器类型中颜色类型会有所变化。【漫反射】是对象表面在最佳照明条件下表现出的颜色，即通常所描述的对象本色；在适度的室内照明情况下，【环境光】的颜色可以选用深一些的漫反射颜色，但对于室外或者强烈照明情况下的室内场景，【环境光】的颜色应当指定为主光源颜色的补色；【高光反射】的颜色不外乎与主光源一致或是高纯度、低饱和度的漫反射颜色。

标准材质的界面分为【明暗器基本参数】、【基本参数】、【扩展参数】、【超级采样】、【贴图】和【mental ray 连接】卷展栏，通过单击顶部的项目条可以收起或展开对应的参数面板，鼠标指针呈手形时可以进行上下滑动，右侧还有一个细的滑块可以进行面板的上下滑动，具体用法和修改命令面板相同。

8.3.1 【明暗器基本参数】卷展栏

共有 8 种不同的明暗器类型，【明暗器基本参数】卷展栏如图 8.21 所示。

- 【线框】：以网格线框的方式来渲染对象，它只能表现出对象的线架结构，对于线框的粗细，可以通过【扩展参数】卷展栏中的【线框】选项组来调节，【大小】值用于确定它的粗细，可以选择【像素】和【单位】两种单位，如果选择【像素】为单位，对象无论远近，线框的粗细都将保持一致；如果选择【单位】为单位，将以 3ds Max 内部的基本单元作为单位，会根据对象离镜头的远近而发生粗细的变化。如图 8.22 所示为线框渲染效果，如果需要更优质的线框，可以对对象使用结构线框修改器。
- 【双面】：将对象法线相反的一面也进行渲染，通常计算机为了简化计算，只渲染对象法线为正方向的表面(即可视的外表面)，这对大多数对象都适用，但有些敞开面的对象，其内壁看不到任何材质效果，这时就必须打开双面设置。如

图 8.23 所示左侧为取消勾选【双面】复选框时的渲染效果；右侧为勾选【双面】复选框时的渲染效果。

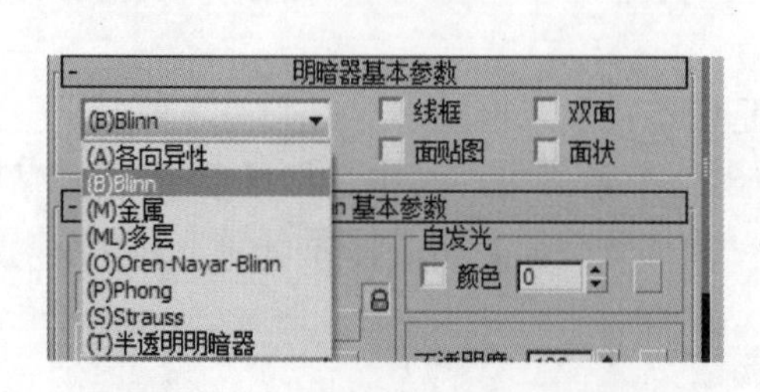

图 8.21 【明暗器基本参数】卷展栏

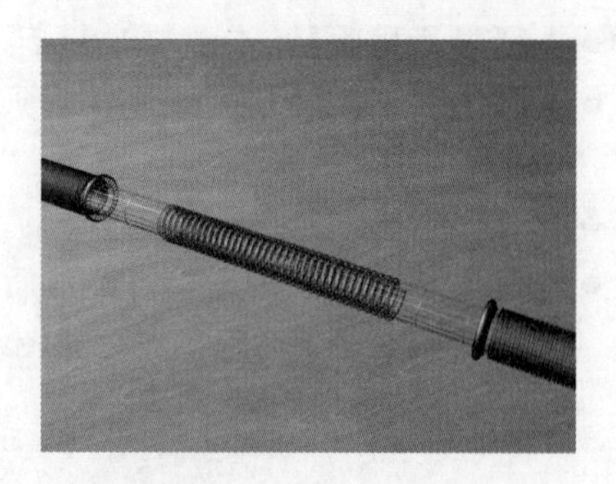

图 8.22 线框渲染效果

图 8.23 取消勾选和勾选【双面】复选框的效果对比

使用双面材质会使渲染变慢。最好的方法是对必须使用双面材质的对象使用双面材质，而不要在最后渲染时再打开渲染设置框中的【强制双面】渲染属性。

- 【面贴图】：将材质指定给造型的全部面，如果含有贴图的材质，在没有指定贴图坐标的情况下，贴图会均匀分布在对象的每一个表面上。
- 【面状】：将对象的每个表面以平面化进行渲染，不进行相邻面的组群平滑处理。

接下来对明暗器的 8 种类型进行详细介绍。

1. 各向异性

【各向异性】通过调节两个垂直正交方向上可见高光级别之间的差额，从而实现一种【重折光】的高光效果。这种渲染属性可以很好地表现毛发、玻璃和被擦拭过的金属等模型效果。它的基本参数大体上与 Blinn 相同，只在高光和漫反射部分有所不同，【各向异性基本参数】卷展栏如图 8.24 所示。

颜色控制用来设置材质表面不同区域的颜色，包括【环境光】、【漫反射】和【高光反射】，调节方法为在区域右侧色块上单击，打开颜色选择器，从中进行颜色的选择，如图 8.25 所示。

这个颜色选择器属于浮动框性质，只要打开一次即可，如果选择另一个材质区域，它也会自动去影响新的区域色彩。在色彩调节的同时，示例窗中和场景中都会进行效果的即时更新显示。

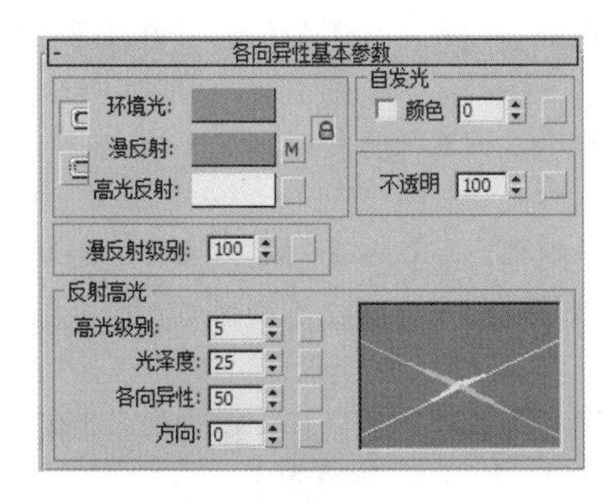

图 8.24　【各向异性基本参数】卷展栏

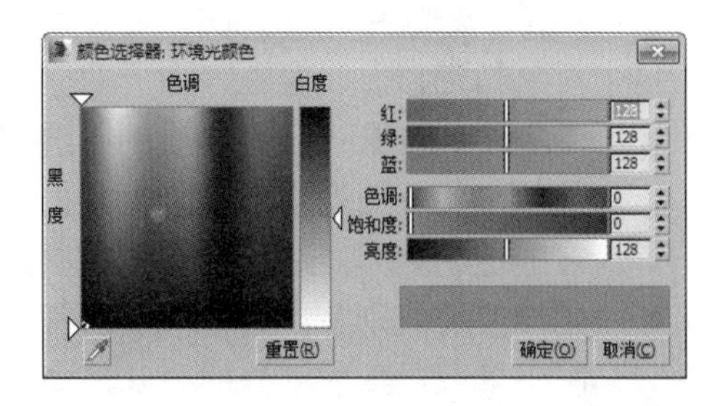

图 8.25　【颜色选择器：环境光颜色】对话框

在色块右侧有个小的空白按钮，单击它们可以直接进入该项目的贴图层级，为其指定相应的贴图，属于贴图设置的快捷操作，另外的 4 个与此相同。如果指定了贴图，小方块上会显示 M 字样，以后单击它可以快速进入该贴图层级。如果该项目贴图目前是关闭状态，则显示小写 m。

左侧有两个锁定钮，用于锁定【环境光】、【漫反射】和【高光反射】3 种材质中的两种(或 3 种全部锁定)，锁定的目的是使被锁定的两个区域颜色保持一致，调节一个时另一个也会随之变化，如图 8.26 所示。

- 【环境光】：控制对象表面阴影区的颜色。
- 【漫反射】：控制对象表面过渡区的颜色。
- 【高光反射】：控制对象表面高光区的颜色。

如图 8.27 所示为这 3 个标识区域分别指对象表面的 3 个明暗高光区域。通常我们所说的对象的颜色是指漫反射，它提供对象最主要的色彩，使对象在日光或人工光的照明下可视，环境光一般由灯光的光色决定。否则会依赖于漫反射、高光反射与漫反射相同，只是饱和度更强一些。

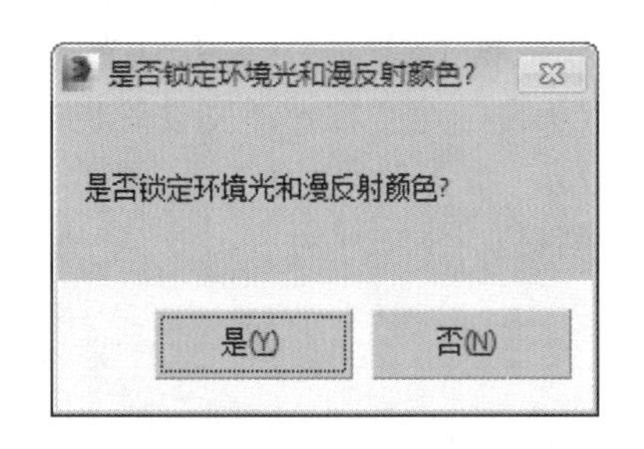

图 8.26　锁定提示框

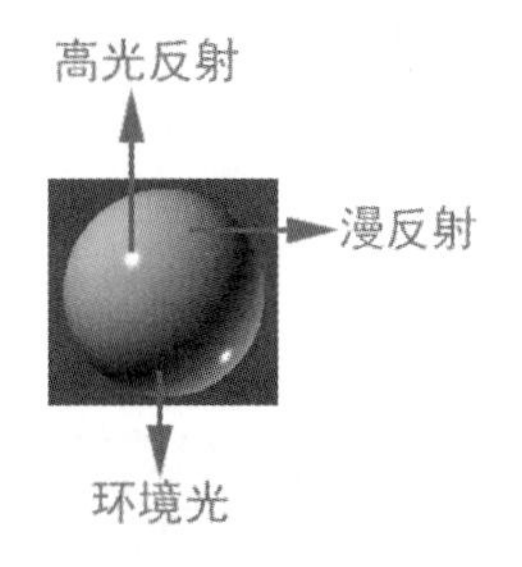

图 8.27　这 3 个色彩的区域

【自发光】：使材质具备自身发光效果，常用于制作灯泡、太阳等光源对象。100%的发光度使阴影色失效，对象在场景中不受来自其他对象的投影影响，自身也不受灯光的影响，只表现出漫反射的纯色和一些反光，亮度值(HSV 颜色值)保持与场景灯光一致。在 3ds Max 中，自发光颜色可以直接显示在视图中。

指定自发光有两种方式。一种是勾选前面的复选框，使用带有颜色的自发光；另一种是取消勾选复选框，使用可以调节数值的单一颜色的自发光，对数值的调节可以看作是对自发光颜色的灰度比例进行调节。

要在场景中表现可见的光源，通常是创建好一个几何对象，将它和光源放在一起，然后给这个对象指定自发光属性。

- 【不透明度】：设置材质的不透明度百分比值，默认值为 100，即不透明材质。降低值使透明度增加，值为 0 时变为完全透明材质。对于透明材质，还可以调节它的透明衰减，这需要在扩展参数中进行调节。
- 【漫反射级别】：控制漫反射部分的亮度。增减该值可以在不影响高光部分的情况下增减漫反射部分的亮度，调节范围为 0～400，默认值为 100。
- 【高光级别】：设置高光强度，默认值为 5。
- 【光泽度】：设置高光的范围。值越高，高光范围越小。
- 【各向异性】：控制高光部分的各向异性和形状。值为 0 时，高光形状呈椭圆形；值为 100 时，高光变形为极窄条状。反光曲线示意图中的一条曲线用来表示【各向异性】的变化。
- 【方向】：用来改变高光部分的方向，范围是 0～9999。

2. Blinn

Blinn 高光点周围的光晕是旋转混合的，背光处的反光点形状为圆形，清晰可见，如增大柔化参数值，Blinn 的反光点将保持尖锐的形态，从色调上来看，Blinn 趋于冷色。【Blinn 基本参数】卷展栏如图 8.28 所示。

使用【柔化】微调框可以对高光区的反光作柔化处理，使它变得模糊、柔和。如果材质反光度值很低，反光强度值很高，这种尖锐的反光往往在背光处产生锐利的界线，增加【柔化】值可以很好地进行修饰。

其余参数可参照【各向异性基本参数】卷展栏中的介绍。

3. 金属

这是一种比较特殊的明暗器类型，专用于金属材质的制作，可以提供金属所需的强烈反光。它取消了高光反射色彩的调节，反光点的色彩仅依据于漫反射色彩和灯光的色彩。

由于取消了高光反射色彩的调节，所以在高光部分的高光度和光泽度设置也与 Blinn 有所不同。【高光级别】文本框仍控制高光区域的亮度，而【光泽度】文本框变化的同时将影响高光区域的亮度和大小，【金属基本参数】卷展栏如图 8.29 所示。

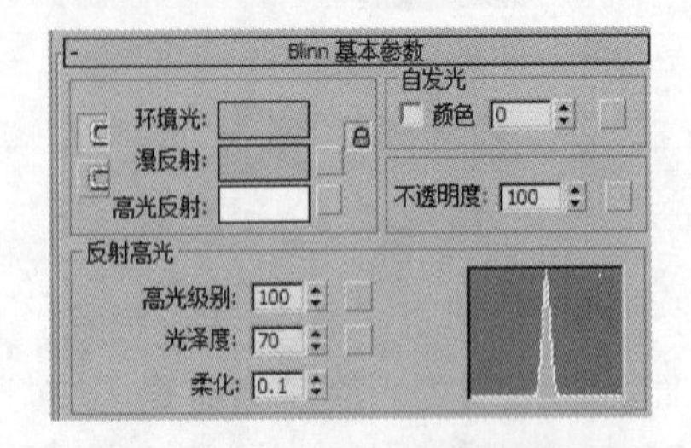

图 8.28 【Blinn 基本参数】卷展栏

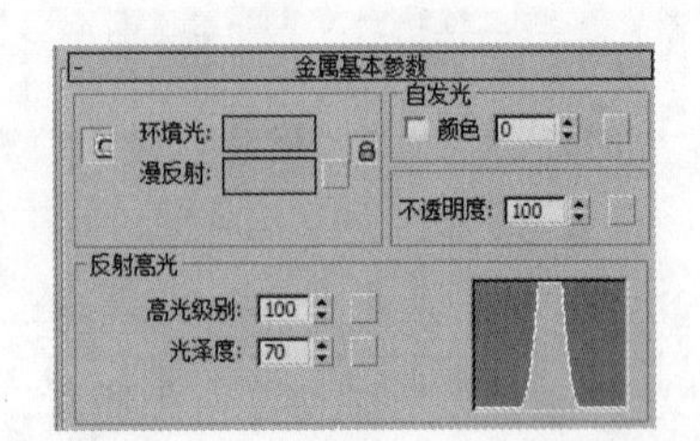

图 8.29 【金属基本参数】卷展栏

其余基本参数请参照前面的介绍。

4. 多层

【多层】明暗器与【各向异性】明暗器有相似之处，它的高光区域也属于【各向异性】类型，意味着从不同的角度产生不同的高光尺寸。当【各向异性】值为 0 时，它们根本是相同的，高光是圆形的，和 Blinn、Phong 相同；当【各向异性】值为 100 时，这种高光的各向异性达到最大程度的不同，在一个方向上高光非常尖锐，而另一个方向上光泽度可以单独控制。【多层基本参数】卷展栏如图 8.30 所示。

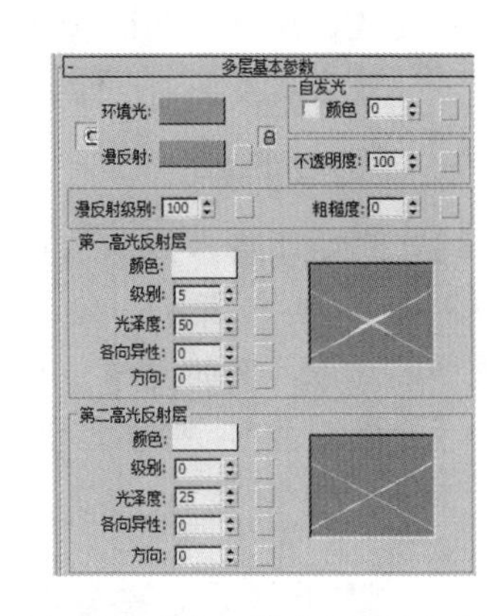

图 8.30　【多层基本参数】卷展栏

【粗糙度】：设置由漫反射部分向阴影色部分进行调和的快慢。提升该值时，表面的不光滑部分随之增加，材质也显得更暗更平。当值为 0 时，则与 Blinn 渲染属性没有什么差别，默认值为 0。

其余参数请参照前面的介绍。

5. Oren-Nayar-Blinn

Oren-Nayar-Blinn 明暗器是 Blinn 的一个特殊变量形式。通过它附加的【漫反射级别】和【粗糙度】设置，可以实现物质材质的效果。这种明暗器类型常用来表现织物、陶制品等不光滑粗糙对象的表面，【Oren-Nayar-Blinn 基本参数】卷展栏如图 8.31 所示。

6. Phong

Phong 高光点周围的光晕是发散混合的，背光处 Phong 的反光点为梭形，影响周围的区域较大。如果增大【柔化】参数值，Phong 的反光点趋向于均匀柔和的反光，从色调上看，Phong 趋于暖色，将表现暖色柔和的材质，常用于塑性材质，可以精确地反映出凹凸、不透明、反光、高光和反射贴图效果。【Phong 基本参数】卷展栏如图 8.32 所示。

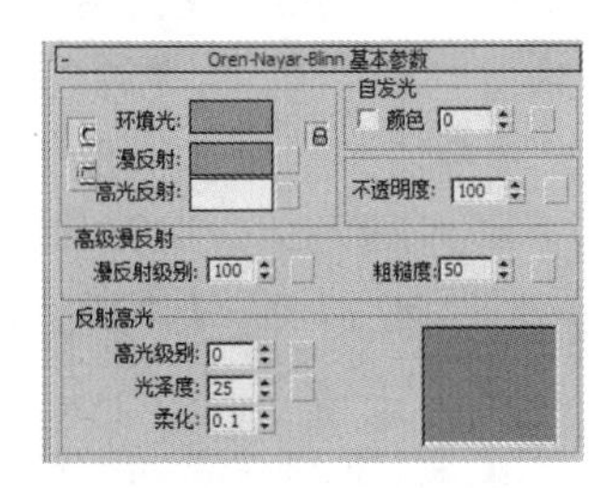

图 8.31　【Oren-Nayar-Blinn 基本参数】卷展栏

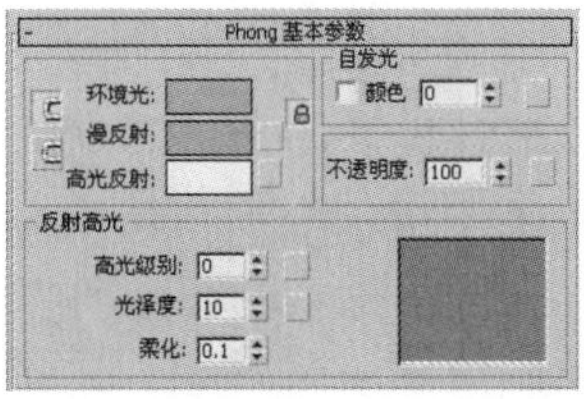

图 8.32　【Phong 基本参数】卷展栏

7. Strauss

Strauss 提供了一种金属感的表面效果，比【金属】明暗器更简洁，参数更简单。【Strauss 基本参数】卷展栏如图 8.33 所示。

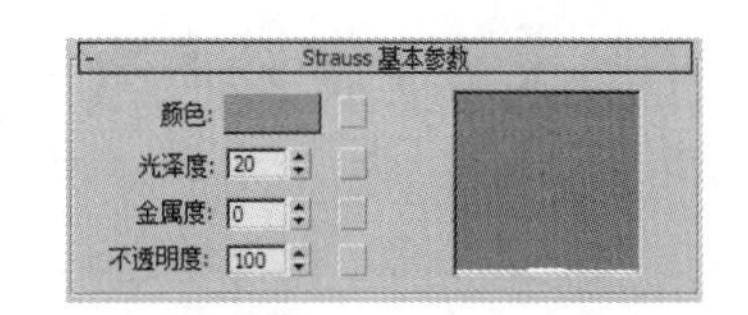

图 8.33　【Strauss 基本参数】卷展

相同的基本参数请参照前面的介绍。

- 【颜色】：设置材质的颜色。相当于其他明暗器中的漫反射颜色选项，而高光和阴影部分的颜色则由系统自动计算。
- 【金属度】：设置材质的金属表现程度。由于主要依靠高光表现金属程度，所以【金属度】需要配合【光泽度】才能更好地发挥效果。

8. 半透明明暗器

【半透明明暗器】与 Blinn 类似，最大的区别在于能够设置半透明的效果。光线可以穿透这些半透明效果的对象，并且在穿过对象内部时离散。通常【半透明明暗器】用来模拟很薄的对象，例如窗帘、电影银幕、霜或者毛玻璃等效果。如图 8.34 所示为半透明效果。【半透明基本参数】卷展栏如图 8.35 所示。

图 8.34　半透明效果

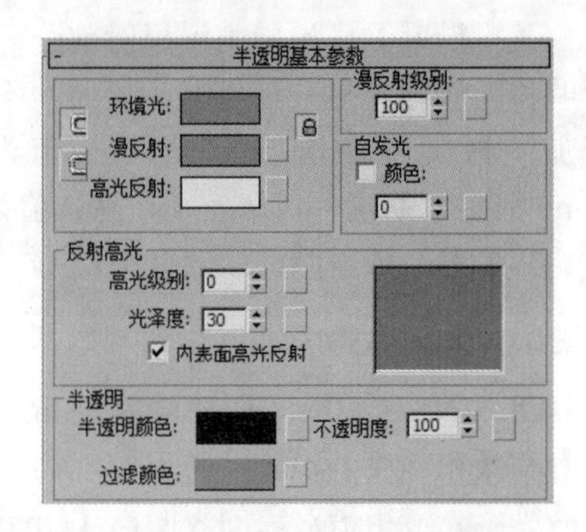

图 8.35　【半透明基本参数】卷展栏

相同的基本参数请参照前面的介绍。

- 【半透明颜色】：半透明颜色是离散光线穿过对象时所呈现的颜色。设置的颜色可以不同于过滤颜色，两者互为倍增关系。单击色块选择颜色，右侧的灰色方块用于指定贴图。
- 【过滤颜色】：设置穿透材质的光线的颜色。与半透明颜色互为倍增关系。单击色块选择颜色，右侧的灰色方块用于指定贴图。过滤颜色(或穿透色)是指透过透明或半透明对象(如玻璃)后的颜色。过滤颜色配合体积光可以模拟例如彩光穿过毛玻璃后的效果，也可以根据过滤颜色为半透明对象产生的光线跟踪阴影配色。
- 【不透明度】：用百分率表示材质的透明/不透明程度。当对象有一定厚度时，能够产生一些有趣的效果。

除了模拟很薄的对象之外，半透明明暗器还可以模拟实体对象次表面的离散，用于制作玉石、肥皂、蜡烛等半透明对象的材质效果。

8.3.2　【基本参数】卷展栏

基本参数主要用于指定对象贴图，设置材质的颜色、反光度、透明度等基本属性。选择不同的明暗器类型，【基本参数】卷展栏中就会显示出相应的控制参数，关于【基本参数】卷展栏的具体参数设置可参见 8.3.1 节。

8.3.3 【扩展参数】卷展栏

标准材质所有 Standard 类型的扩展参数都相同，选项内容涉及透明度、反射以及线框模式，还有标准透明材质真实程度的折射率设置。【扩展参数】卷展栏如图 8.36 所示。

1. 【高级透明】选项组

控制透明材质的透明衰减设置。

- 【内】：由边缘向中心增加透明的程度，类似玻璃瓶的效果。
- 【外】：由中心向边缘增加透明的程度，类似云雾、烟雾的效果。
- 【数量】：指定衰减的程度。
- 【类型】：确定以哪种方式来产生透明效果。
- 【过滤】：计算经过透明对象背面颜色倍增的【过滤色】。单击色块改变过滤色；单击灰色方块用于指定贴图。

过滤或透射颜色是穿过例如玻璃等透明或半透明对象后的颜色，将过滤色与体积光配合使用可以产生光线穿过彩色玻璃的效果。过滤色的颜色能够影响透明对象所投射的【光线跟踪阴影】颜色。如图 8.37 所示，玻璃板的过滤色设置为红色，在左侧的投影也显示为红色。

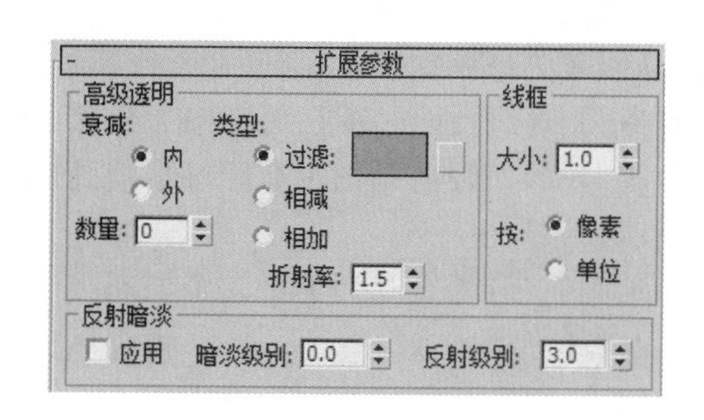

图 8.36 【扩展参数】卷展栏

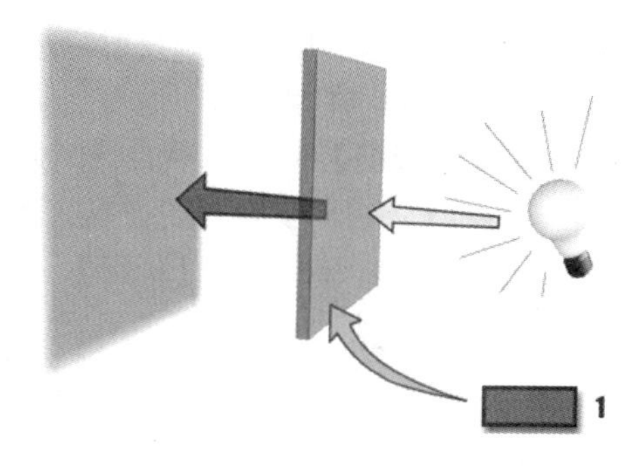

图 8.37 过滤色效果

- 【相减】：根据背景色做递减色彩的处理。
- 【相加】：根据背景色做递增色彩的处理，常用做发光体。
- 【折射率】：设置带有折射贴图的透明材质的折射率，用来控制材质折射被传播光线的程度。当设置为 1(空气的折射率)时，看到的对象像在空气中(空气也有折射率，例如热空气对景象产生的气浪变形)一样不发生变形；当设置为 1.5(玻璃折射率)时，看到的对象会产生很大的变形；当折射率小于 1 时，对象会沿着它的边界反射。

在真实的物理世界中，折射率是因为光线穿过透明材质和眼睛(或者摄影机)时速度不同而产生的，与对象的密度相关，折射率越高，对象的密度也就越大。

如表 8.1 所示是最常用的几种物质折射率。

表 8.1　常见物质折射率

材　质	折 射 率
真空	1
空气	1.0003
水	1.333
玻璃	1.5～1.7
钻石	2.419

只需记住这几种常用的折射率即可。其实在三维动画软件中，不必要严格地使用物理原则，只要能体现出正常的视觉效果即可。

2. 【线框】选项组

在该选项组中可以设置线框的特性。在【大小】微调框中设置线框的粗细，有【像素】和【单位】两种单位可供选择；如果选中【像素】单选按钮，对象运动时与镜头距离的变化不会影响网格线的尺寸，否则会发生改变。

3. 【反射暗淡】选项组

该组中的选项可使阴影中的反射贴图显得暗淡。

- 【应用】：启用以使用反射暗淡。禁用该复选框后，反射贴图材质就不会因为直接灯光的存在或不存在而受到影响。默认设置为禁用状态。
- 【暗淡级别】：阴影中的暗淡量。该值为 0 时，反射贴图在阴影中为全黑。该值为 0.5 时，反射贴图为半暗淡。该值为 1 时，反射贴图没有经过暗淡处理，材质看起来好像禁用【应用】一样。默认设置是 0。
- 【反射级别】：影响不在阴影中的反射的强度。【反射级别】值与反射明亮区域的照明级别相乘，用以补偿暗淡。在大多数情况下，默认值为 3 会使明亮区域的反射保持在与禁用反射暗淡时相同的级别上。

8.3.4 【贴图】卷展栏

【贴图】卷展栏包含每个贴图类型的按钮。单击该按钮可以打开【材质/贴图浏览器】对话框，但现在只能选择贴图，这里提供了 30 多种贴图类型，都可以用在不同的贴图方式上。当选择一个贴图类型后，会自动进入其贴图设置层级中，以便进行相应的参数设置，单击【转到父对象】按钮可以返回到贴图方式设置层级。这时该按钮上会出现贴图类型的名称，左侧复选框被勾选，表示当前该贴图方式处于活动状态；如果左侧复选框未被勾选，会关闭该贴图方式的影响。

【数量】文本框决定该贴图影响材质的数量，使用完全强度的百分比表示。例如，处在 100%的漫反射贴图是完全不透光的，会遮住基础材质。设置为 50%时，它为半透明，将显示基础材质(漫反射，环境光和其他无贴图的材质颜色)。【贴图】卷展栏如图 8.38 所示。

下面将对常用的【贴图】卷展栏中的选项进行介绍。

1. 环境光颜色

为对象的阴影区指定位图或程序贴图，默认是它与【漫反射】贴图锁定。如果想对它进行单独贴图，应先在基本参数区中打开【漫反射】右侧的锁定按钮，解除它们之间的锁定。这种阴影色贴图一般不单独使用，默认是它与【漫反射】贴图联合使用，以表现最佳的贴图纹理。需要注意的是，只有在环境光值设置高于默认的黑色时，阴影色贴图才可见。可以通过选择【渲染】|【环境】命令打开【环境和效果】对话框调节环境光的级别，如图 8.39 所示。

贴图	数量	贴图类型
环境光颜色	100	无
漫反射颜色	100	无
高光颜色	100	无
高光级别	100	无
光泽度	100	无
自发光	100	无
不透明度	100	无
过滤色	100	无
凹凸	30	无
反射	100	无
折射	100	无
置换	100	无

图 8.38　【贴图】卷展栏

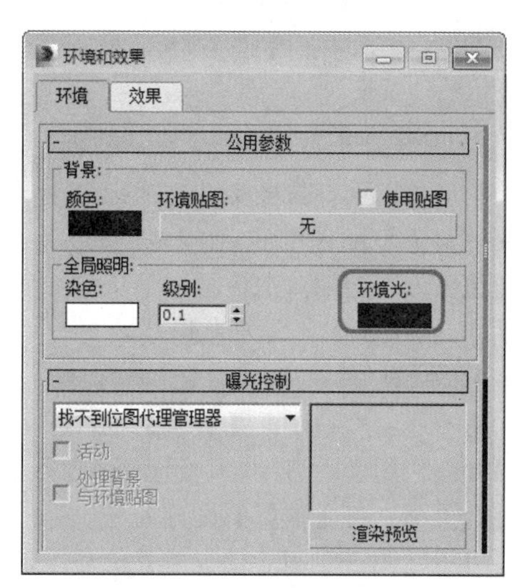

图 8.39　【环境和效果】对话框

2. 漫反射颜色

漫反射颜色主要用于表现材质的纹理效果。当值为 100%时，会完全覆盖漫反射的颜色，这就好像在对象表面油漆绘画一样，例如为墙壁指定砖墙的纹理图案，就可以产生砖墙的效果。制作中没有严格的要求非要将漫反射贴图与环境光贴图锁定在一起，通过对漫反射贴图和环境光贴图分别指定不同的贴图，可以制作出很多有趣的融合效果。但如果漫反射贴图用于模拟单一的表面，就需要将漫反射贴图和环境光贴图锁定在一起。

- 【漫反射级别】：该贴图参数只存在于【各向异性】、【多层】、Oren-Nayar-Blinn 和【半透明明暗器】4 种明暗器类型下，如图 8.40 所示。主要通过位图或程序贴图来控制漫反射的亮度。贴图中白色像素对漫反射没有影响，黑色像素则将漫反射亮度降为 0，处于两者之间的颜色依此对漫反射亮度产生不同的影响。
- 【漫反射粗糙度】：该贴图参数只存在于【多层】和 Oren-Nayar-Blinn 两种明暗器类型下，如图 8.41 所示。主要通过位图或程序贴图来控制漫反射的粗糙程度。贴图中白色像素增加粗糙程度，黑色像素则将粗糙程度降为 0，处于两者之间的颜色依此对漫反射粗糙程度产生不同的影响。

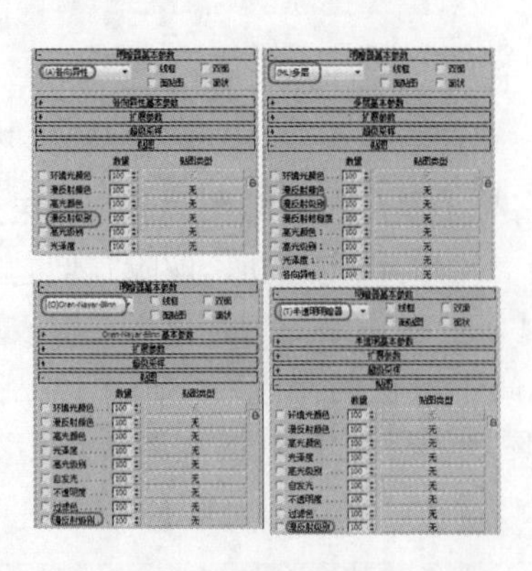

图 8.40　有【漫反射级别】的贴图情况

图 8.41　有【漫反射粗糙度】的贴图情况

3. 不透明度

用户可以选择位图文件生成部分透明的对象。贴图的浅色(较高的值)区域渲染为不透明，深色区域渲染为透明，之间的值渲染为半透明，如图 8.42 所示。

将不透明度贴图的【数量】设置为 100，应用于所有贴图，透明区域将完全透明。将【数量】设置为 0，等于禁用贴图。中间的【数量】值与【基本参数】卷展栏上的【不透明度】值混合，图的透明区域将变得更加不透明。

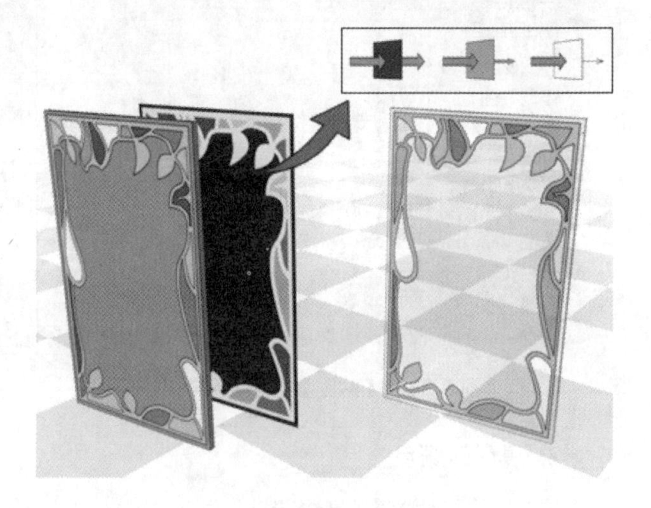

图 8.42　不透明度贴图效果

反射高光应用于不透明度贴图的透明区域和不透明区域，用于创建玻璃效果。如果使透明区域看起来像孔洞，也可以设置高光度的贴图。

4. 凹凸

通过图像的明暗强度来影响材质表面的光滑程度，从而产生凹凸的表面效果，白色图像产生凸起，黑色图像产生凹陷，中间色产生过渡。这种模拟凹凸质感的优点使渲染速度很快，但这种凹凸材质的凹凸部分不会产生阴影投影，在对象边界上也看不到真正的凹凸，对于一般的砖墙、石板路面，它可以产生真实的效果，如图 8.43 所示。但是如果凹凸对象很清晰地靠近镜头，并且要表现出明显的投影效果，应该使用置换，利用图像的明暗度可以真实地改变对象造型，但需要花费大量的渲染时间。

提 示

在视图中不能预览凹凸贴图的效果，必须渲染场景才能看到凹凸效果。

凹凸贴图的强度值可以调节到 999，但是过高的强度会带来不正确的渲染效果。如果发现渲染后高光处有锯齿或者闪烁，应使用【超级采样】进行渲染。

5. 反射

反射贴图是很重要的一种贴图方式，要想制作出光洁亮丽的质感，必须要熟练掌握反射贴图的使用，如图 8.44 所示。在 3ds Max 中有 3 种不同的方式制作反射效果。

图 8.43　凹凸贴图效果

图 8.44　反射贴图效果

- 基础贴图反射：指定一张位图或程序贴图作为反射贴图，这种方式是最快的一种运算方式，但也是最不真实的一种方式。对模拟金属材质来说，尤其是片头中闪亮的金属字，虽然看不清反射的内容，但只要亮度够高即可，它最大的优点是渲染速度快。
- 自动反射：自动反射方式根本不使用贴图，它的工作原理是由对象的中央向周围观察，并将看到的部分贴到表面上。具体方式有两种，即【反射/折射】贴图方式和【光线跟踪】贴图方式。【反射/折射】贴图方式并不像光线跟踪那样追踪反射光线，真实地计算反射效果，而是采用一种六面贴图方式模拟反射效果，在空间中产生 6 个不同方向的 90° 视图，再分别按不同的方向将 6 张视图投影在场景对象上，这是早期版本提供的功能。【光线跟踪】是模拟真实反射形成的贴图方式，计算结果最接近真实，也是最花费时间的一种方式。这是早在 3ds Max R2 版本时就已经引入的一种反射算法，效果真实，但渲染速度慢。目前一直在随版本更新进行速度优化和提升，不过比起其他第三方渲染器(例如 mental ray、Vray)的光线跟踪，计算速度还是慢很多。
- 平面镜像反射：使用【平面镜】贴图类型作为反射贴图。这是一种专门模拟镜面反射效果的贴图类型，就像现实中的镜子一样，反射所面对的对象，属于早期版本提供的功能。因为在没有光线跟踪贴图和材质之前，【反射/折射】这种贴图方式没法对纯平面的模型进行反射计算，因此追加了【平面镜】贴图类型来弥补这个缺陷。

设置反射贴图时不用指定贴图坐标，因为它们锁定的是整个场景，而不是某个几何体。反射贴图不会随着对象的移动而变化，但如果视角发生了变化，贴图会像真实的反射情况那样发生变化。反射贴图在模拟真实环境的场景中的主要作用是为毫无反射的表面添加一点反射效果。贴图的强度值控制反射图像的清晰程度，值越高，反射也越强烈。默认的强度值与其他贴图设置一样为 100%。不过对于大多数材质表面，降低强度值通常能获得更为真实的效果。例如一张光滑的桌子表面，首先要体现出的是它的木质纹理，其次才是反射效果。一般反射贴图都伴随着【漫反射】等纹理贴图使用，在【漫反射】贴图为100%的同时稍微加一些反射效果，可以制作出非常真实的场景。

在【基本参数】中增加光泽度和高光强度可以使反射效果更真实。此外，反射贴图还受【漫反射】、【环境光】颜色值的影响，颜色越深，镜面效果越明显，即便是贴图强度为 100 时。反射贴图仍然受到漫反射、阴影色和高光色的影响。

对于 Phong 和 Blinn 渲染方式的材质，【高光反射】的颜色强度直接影响反射的强度，值越高，反射也越强，值为 0 时反射会消失。对于【金属】渲染方式的材质，则是【漫反射】影响反射的颜色和强度，【漫反射】的颜色(包括漫反射贴图)能够倍增来自反射贴图的颜色，漫反射的颜色值(HSV 模式)控制着反射贴图的强度，颜色值为 255，反射贴图强度最大，颜色值为 0，反射贴图不可见。

6. 折射

折射贴图用于模拟空气和水等介质的折射效果，使对象表面产生对周围景物的映像。但与反射贴图所不同的是，它所表现的是透过对象所看到的效果。折射贴图与反射贴图一样，锁定视角而不是对象，不需要指定贴图坐标，当对象移动或旋转时，折射贴图效果不会受到影响。具体的折射效果还受折射率的控制，在【扩展参数】面板中【折射率】控制材质折射透射光线的严重程度，值为 1 时代表真空(空气)的折射率，不产生折射效果；大于 1 时为凸起的折射效果，多用于表现玻璃；小于 1 时为凹陷的折射效果，对象沿其边界进行反射(如水底的气泡效果)。默认设置为 1.5(标准的玻璃折射率)。不同参数的折射率效果如图 8.45 所示。

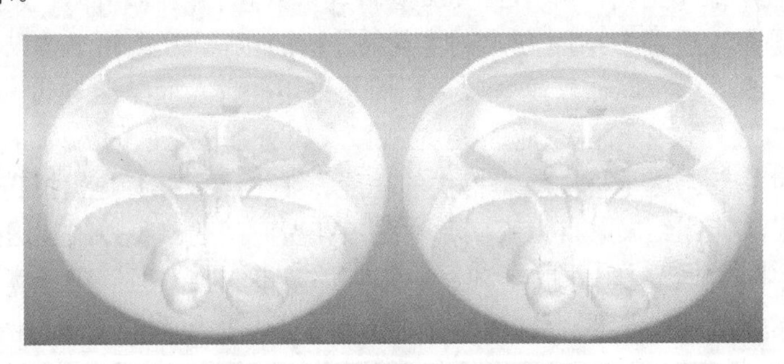

图 8.45　不同参数的折射率效果

在现实世界中，折射率的结果取决于光线穿过透明对象时的速度，以及眼睛或摄影机所处的媒介，影响关系最密切的是对象的密度，对象密度越大，折射率越高。在 3ds Max 中，可以通过贴图对对象的折射率进行控制，而受贴图控制的折射率值总是在 1(空气中的折射率)和设置的折射率值之间变化。例如，设置折射率的值为 3，并且使用黑白噪波贴图控制折射率，则对象渲染时的折射率会在 1～3 之间进行设置，高于空气的密度；而相同条件下，设置折射率的值为 0.5 时，对象渲染时的折射率会在 0.5～1 之间进行设置，类似于水下拍摄密度低于水的对象效果。

通常使用【反射/折射】贴图作为折射贴图，只能产生对场景或背景图像的折射表现，如果想反映对象之间的折射表现(如插在水杯中的吸管会发生弯折现象)，应使用【光线跟踪】贴图方式或【薄壁折射】贴图方式。

【薄壁折射】贴图方式可以产生类似于放大镜的折射效果。

8.4　复合材质

复合材质是指将两个或多个子材质组合在一起。复合材质类似于合成器贴图，但后者位于材质级别。将复合材质应用于对象可以生成复合效果。用户可以使用【材质/贴图浏览器】对话框来加载或创建复合材质。

使用过滤器控件，可以选择是否让浏览器列出贴图或材质，或两者都列出。

不同类型的材质生成不同的效果，具有不同的行为方式，或者具有组合了多种材质的方式。不同类型的复合材质介绍如下。

- 【混合材质】：可以在曲面的单个面上将两种材质进行混合。混合具有可设置动画的【混合量】参数，该参数可以用来绘制材质变形功能曲线，以控制随时间混合两个材质的方式。
- 【合成材质】：最多可以合成 10 种材质。按照在卷展栏中列出的顺序，从上到下叠加材质。使用相加不透明度、相减不透明度来组合材质，或使用数量值来混合材质。
- 【双面材质】：为对象内外表面分别指定两种不同的材质，一种为法线向外；另一种为法线向内。
- 【变形器材质】：与【变形】修改器相辅相成。它可以用来创建人物脸颊变红的效果，或者使人物在抬起眼眉时前额褶皱。借助【变形器】修改器的通道微调器，可以以变形几何体相同的方式来混合材质。
- 【多维/子对象材质】：可用于将多个材质指定给同一对象。存储两个或多个子材质时，这些子材质可以通过使用【网格选择】修改器在子对象级别进行分配。还可以通过使用【材质】修改器将子材质指定给整个对象。
- 【虫漆材质】：通过叠加将两种材质混合。叠加材质中的颜色称为【虫漆】材质，被添加到基础材质的颜色中。【虫漆颜色混合】参数控制颜色混合的量。
- 【顶/底材质】：使用顶/底材质可以向对象的顶部和底部指定两个不同的材质。可以将两种材质混合在一起。

8.4.1　混合材质

混合材质是指在曲面的单个面上将两种材质进行混合。可通过设置【混合量】参数来控制材质的混合程度。该参数可以用来绘制材质变形功能曲线，以控制随时间混合两个材质的方式。

混合材质的创建方法如下。

(1) 激活材质编辑器中的某个示例窗。

(2) 单击 Standard 按钮，在打开的【材质/贴图浏览器】对话框中选择【混合】选项，并单击【确定】按钮，如图 8.46 所示。

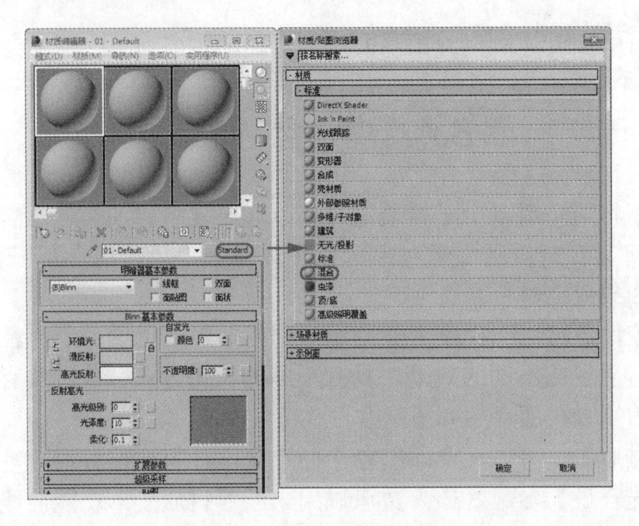

图 8.46　选择【混合】选项

(3)　打开【替换材质】对话框，如图 8.47 所示。该对话框询问用户将示例窗中的材质丢弃还是保存为子材质，在该对话框中选择某一选项，然后单击【确定】按钮。

(4)　进入【混合基本参数】卷展栏中，如图 8.48 所示。可以在该卷展栏中设置参数。

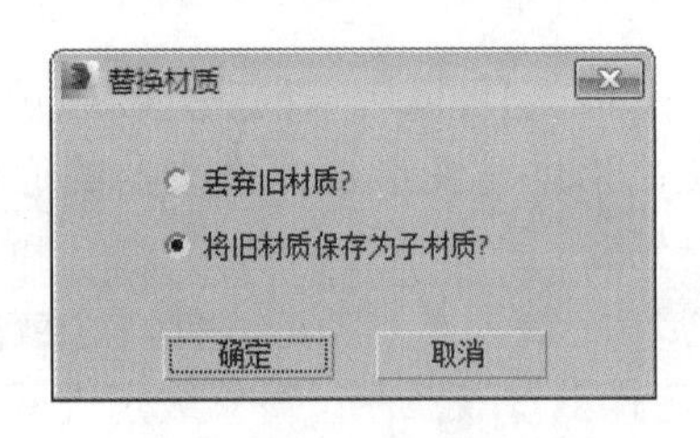

图 8.47　【替换材质】对话框

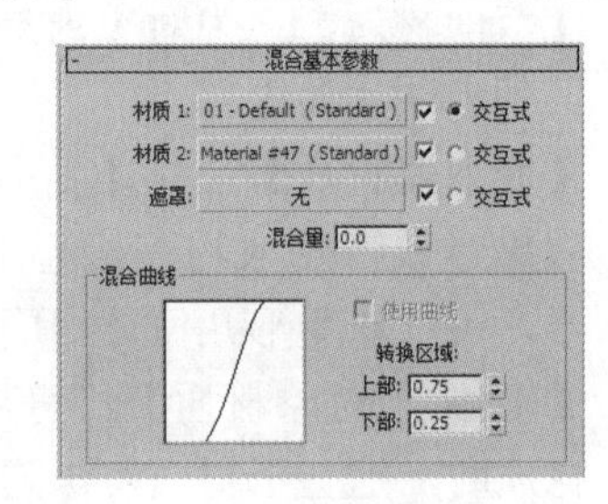

图 8.48　【混合基本参数】卷展栏

- 【材质 1/材质 2】：设置两个用来混合的材质。使用复选框来启用和禁用材质。
- 【交互式】：在视图中以平滑+高光方式交互渲染时，用于选择哪一个材质显示在对象表面。
- 【遮罩】：设置用做遮罩的贴图。两个材质之间的混合度取决于遮罩贴图的强度。遮罩的明亮(较白的)区域显示的主要为【材质 1】。而遮罩和较暗(较黑)区域则显示的主要为【材质 2】。使用复选框来启用或禁用遮罩贴图。
- 【混合量】：确定混合的比例(百分比)。0 表示只有【材质 1】在曲面上可见；100 表示只有【材质 2】可见。如果已指定遮罩贴图，并且勾选了【遮罩】的复选框，则不可用。
- 【混合曲线】选项组：混合曲线影响进行混合的两种颜色之间变换的渐变或尖锐程度。只有指定遮罩贴图后，才会影响混合。
    - ◆ 【使用曲线】：确定【混合曲线】是否影响混合。只有指定并激活遮罩时，该复选框才可用。
    - ◆ 【转换区域】：用来调整【上部】和【下部】的级别。如果这两个值相同，那么两个材质会在一个确定的边上接合。

8.4.2　多维/子对象材质

【多维/子对象】材质用于将多种材质赋予物体的各个次对象，在物体表面的不同位置显示不同的材质。该材质是根据次对象的 ID 号进行设置的。使用该材质前，首先要给物体的各个次对象分配 ID 号，如图 8.49 所示。

图 8.49　【多维/子对象材质】效果

【多维/子对象基本参数】卷展栏如图 8.50 所示，其中子材质 ID 不取决于列表的顺序，可以输入新的 ID 值。单击【材质编辑器】对话框中的【使唯一】按钮，允许将一个实例子材质构建为一个唯一的副本。

- 【设置数量】：设置构成材质的子材质的数量。在多维/子对象材质级别上，示例窗的示例对象显示子材质的拼凑，如果减少数目，会将已设置的材质移除。
- 【添加】：添加一个新的子材质。新材质默认的 ID 号在当前 ID 号的基础上递增。
- 【删除】：删除当前选择的子材质。可以通过撤销命令取消删除。
- ID：单击该按钮将列表排序，其顺序开始于最低材质 ID 的子材质，结束于最高材质 ID。
- 【名称】：单击该按钮后按名称栏中指定的名称进行排序。
- 【子材质】：按子材质的名称进行排序。

子材质列表中每个子材质有一个单独的材质项。该卷展栏一次最多显示 10 个子材质；如果材质数超过 10 个，则可以通过右边的滚动栏滚动列表。列表中的每个子材质包含以下控件。

- 材质球：提供子材质的预览，单击材质球图标可以对子材质进行选择。
- 【ID 号】：显示指定给子材质的 ID 号，同时还可以在这里重新指定 ID 号。如果输入的 ID 号有重复，系统会提出警告，如图 8.51 所示。

图 8.50　【多维/子对象基本参数】卷展栏

图 8.51　ID 号重复警告

- 【名称】：可以在这里输入自定义的材质名称。
- 【子材质】按钮：该按钮用来选择不同的材质作为子级材质。右侧颜色按钮用来确定材质的颜色，它实际上是该子级材质的【漫反射】值。最右侧的复选框可以对单个子级材质进行启用和禁用的开关控制。

8.4.3 光线跟踪材质

光线跟踪基本参数与标准材质基本参数内容相似，但实际上光线跟踪材质的颜色构成与标准材质大相径庭。

与标准材质一样，可以为光线跟踪颜色分量和各种其他参数使用贴图。色样和参数右侧的小按钮用于打开【材质/贴图浏览器】对话框，从中可以选择对应类型的贴图。这些快捷方式在【贴图】卷展栏中也有对应的按钮。如果已经将一个贴图指定给这些颜色之一，则在▇按钮上显示字母 M，大写的 M 表示已指定和启用对应贴图。小写的 m 表示已指定该贴图，但它处于非活动状态。【光线跟踪基本参数】卷展栏如图 8.52 所示。

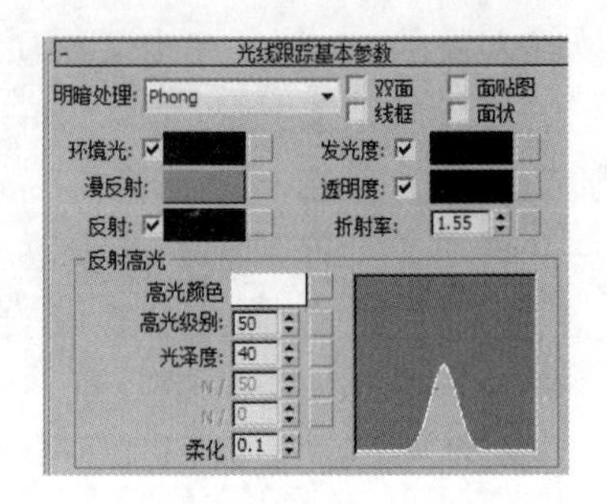

图 8.52 【光线跟踪基本参数】卷展栏

- 【明暗处理】：在下拉列表框中可以选择一种明暗器。选择的明暗器不同，则【反射高光】选项组中显示的明暗器的控件也会不同，包括 Phong、Blinn、【金属】、Oren-Nayar-Blinn 和【各向异性】5 种方式。
- 【双面】：与标准材质相同。勾选该复选框时，在面的两侧着色和进行光线跟踪。在默认情况下，对象只有一面，以便提高渲染速度。
- 【面贴图】：将材质指定给模型的全部面。如果是一个贴图材质，则无须贴图坐标，贴图会自动指定给对象的每个表面。
- 【线框】：与标准材质中的线框属性相同，勾选该复选框时，在线框模式下渲染材质。可以在【扩展参数】卷展栏中指定线框大小。
- 【面状】：将对象的每个表面作为平面进行渲染。
- 【环境光】：与标准材质的环境光含义完全不同，对于光线跟踪材质，它控制材质吸收环境光的多少。如果将其设为纯白色，则与在标准材质中锁定环境光与漫反射颜色相同。默认为黑色。勾选【环境光】复选框时，显示环境光的颜色，通过右侧的色块可以进行调整；取消勾选该复选框时，环境光为灰度模式，可以直接输入或者通过调节按钮设置环境光的灰度值。
- 【漫反射】：代表对象反射的颜色，不包括高光反射。反射与透明效果位于过渡区的最上层，当反射为 100%(纯白色)时，漫反射色不可见，默认为 50%的灰度。
- 【反射】：设置对象高光反射的颜色，即经过反射过滤的环境颜色，颜色值控制反射的量。与环境光一样，通过勾选或取消勾选【反射】复选框，可以设置反射的颜色或灰度值。此外，第二次勾选该复选框，可以为反射应用 Fresnel 效果，它可以根据对象的视角为反射对象增加一些折射效果。

- 【发光度】：与标准材质的自发光设置近似(取消勾选则变为自发光设置)，只是不依赖于漫反射颜色，用户可以为一个漫反射为蓝色的对象指定一个红色的发光色。默认为黑色。右侧的灰色按钮用于指定贴图。取消勾选【发光度】复选框时，【发光度】选项变为【自发光】选项，通过微调按钮可以调节发光色的灰度值。
- 【透明度】：与标准材质中的不透明度控件相结合，类似于基本材质的透射灯光的过滤色，它控制在光线跟踪材质背后经过颜色过滤所表现的色彩，黑色为完全不透明，白色为完全透明。将【漫反射】与【透明度】都设置为完全饱和的色彩，可以得到彩色玻璃的材质。如果光线跟踪已禁用(在【光线跟踪器控制】卷展栏中)，对象仍折射环境光，但忽略场景中其他对象的影响。右侧的灰块按钮用于指定贴图。取消勾选【透明度】复选框后，可以通过微调按钮调整透明色的灰度值。
- 【折射率】：设置材质折射光线的强度。
- 【反射高光】选项组：控制对象表面反射区反射的颜色，根据场景中灯光颜色的不同，对象反射的颜色也会发生变化。
    - ◆ 【高光颜色】：设置高光反射灯光的颜色，将它与【反射】颜色都设置为饱和色可以制作出彩色铬钢效果。
    - ◆ 【高光级别】：设置高光区域的强度。值越高，高光越明亮。
    - ◆ 【光泽度】：影响高光区域的大小。光泽度越高，高光区域越小，高光越锐利。
    - ◆ 【柔化】：柔化高光效果。
- 【环境】：允许指定一张环境贴图，用于覆盖全局环境贴图。默认的反射和透明度使用场景的环境贴图，一旦在这里进行环境贴图的设置，将会取代原来的设置。利用这个特性，可以单独为场景中的对象指定不同的环境贴图，或者在一个没有环境的场景中为对象指定虚拟的环境贴图。
- 【凹凸】：这与标准材质的凹凸贴图相同。单击该按钮可以指定贴图。使用微调器可更改凹凸量。

8.4.4　双面材质

使用双面材质可以为对象的前面和后面指定两个不同的材质。双面材质的对比效果如图 8.53 所示。

【双面基本参数】卷展栏如图 8.54 所示。

- 【半透明】：设置一个材质通过其他材质显示的数量。范围为 0～100%。设置为 100%时，可以在内部面上显示外部材质，并在外部面上显示内部材质。设置为中间的值时，内部材质指定的百分比将下降，并显示在外部面上。默认设置是 0。
- 【正面材质】：设置对象外表面的材质。
- 【背面材质】：设置对象内表面的材质。

图 8.53 双面材质对比效果

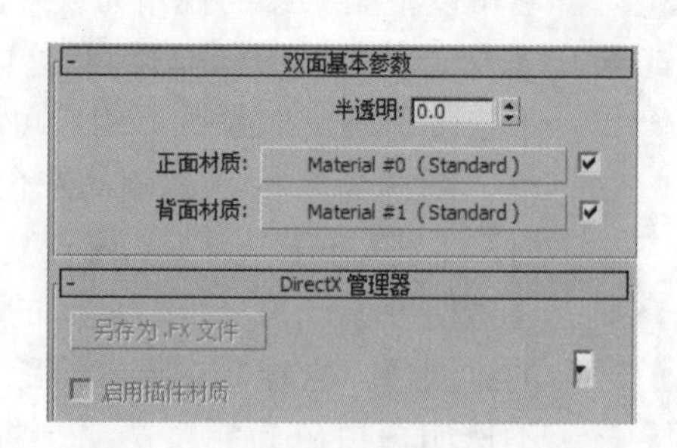

图 8.54 【双面基本参数】卷展栏

8.4.5 高级照明覆盖材质

使用【高级照明覆盖材质】可以直接控制材质的光能传递属性。高级照明覆盖材质通常是基础材质的补充，基础材质可以是任意可渲染的材质。高级照明覆盖材质对普通渲染没有影响。它影响光能传递解决方案或光跟踪。【高级照明覆盖材质】卷展栏如图 8.55 所示。

【高级照明覆盖材质】有两种主要的用途：一是调整在光能传递解决方案或光跟踪中使用的材质属性；二是产生特殊的效果，例如让自发光对象在光能传递解决方案中起作用。

与【高级照明覆盖材质】状态的卷展栏一样，不需要应用该材质来获取光能传递解决方案，同样大多数模型也不需要应用该材质。

1. 调节材质属性，优化图像

使用默认设置的材质会具有较高的反射率。这将导致曝光过度或造成褪色。通常来说，调整的最佳方法是减小材质颜色的【HSV 值(V)】；或者，对位图材质而言，通过减小【RGB 级别】来调整。在某些情况下，【光能传递覆盖】可以改善光能传递解决方案的外观。【光能传递覆盖】可以帮助的示例包括映色和大的暗色区域。

- 当面积很大的颜色(例如，具有白色墙壁的房间内的红色地毯)会产生过多的颜色溢出，使整个场景都笼罩在这种颜色当中。这时通过高级照明覆盖材质，适当降低反射率比例或颜色溢出，可以有效地改善图像效果。在图 8.56 中，左侧图片地面颜色向墙壁和天花板的颜色渗透得多，右侧图片光能传递覆盖材质减小，地板的映色变小。

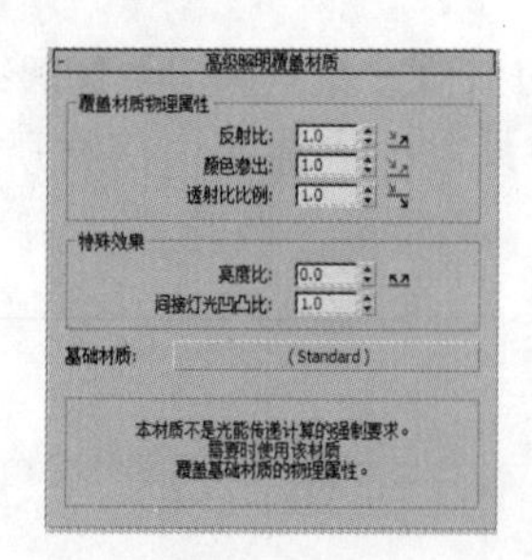

图 8.55 【高级照明覆盖材质】卷展栏

图 8.56 改善颜色溢出效果

- 当场景中含有大面积暗色部分(例如黑色地板)时，可能会导致高级照明求解结果偏暗。这时可以通过高级照明覆盖材质提高黑暗部分材质的反射率比例，在保持求解颜色的情况下，提高它的亮度。如图 8.57 所示，房间的照明只来自射向地面的聚光灯，增大地面的反射比例可提高整个房间的亮度。

2. 创建特殊效果

自发光使对象看起来在普通渲染中发光，但它对光能传递解决方案不起作用。要使光能传递处理考虑自发光材质，应使该材质成为【高级照明覆盖】的基础材质，然后增加【亮度比】的值。在图 8.58 中，左上角的图所示为默认情况下，自发光霓虹灯不影响场景灯光。右侧图所示为高级照明覆盖材质缩放霓虹灯的亮度，以便光能传递解决方案考虑自发光霓虹灯。

图 8.57　不同的反射比例效果

图 8.58　高级照明覆盖材质效果对比

【亮度】缩放考虑自发光贴图。可以使用该选项来实现例如黑暗房间中计算机监视器的模型效果。

【高级照明覆盖】材质的【特殊效果】选项组也含有调整间接照明区域中凹凸贴图质量的控件。

3. 【覆盖材质物理属性】选项组

该选项组中的参数直接控制基础材质的高级照明属性。

- 【反射比】：增大或降低材质反射的能量值，默认设置为 1。
- 【颜色渗出】：增加或减少反射颜色的饱和度，默认值为 1。
- 【透射比例】：增大或降低材质透射的能量值，默认设置为 1。

4. 【特殊效果】选项组

该组中的参数与基础材质中的特殊组件相关。

- 【亮度比】：该参数大于 0 时，缩放基础材质的自发光组件。使用该参数以便自发光对象在光能传递或光跟踪解决方案中起作用。不能小于 0。默认设置是 0。通常，值为 500 或更大可以获得较好效果。
- 【间接灯光凹凸比】：在间接照明的区域中，缩放基础材质的凹凸贴图效果。此值为 0 时，不会由于间接灯光产生任何凹凸贴图。增大【间接灯光凹凸比】的值会增大间接照明下的凹凸效果。在基础材质被直接照射的区域中，此值不影响凹凸量。不能小于 0。默认设置为 1。

5. 基础材质

单击以转到基础材质并调整其组件。也可以用不同的材质类型替换基础材质。要从基础材质返回【高级照明覆盖】层级，单击【转到父级】按钮。

8.5 贴图的类型

在 3ds Max 中包括 30 多种贴图，它们可以根据使用方法、效果等分为 2D 贴图、3D 贴图、合成器、颜色修改器、其他等六大类。在不同的贴图通道中使用不同的贴图类型，产生的效果也大不相同。下面介绍一下常用的贴图类型。在【贴图】卷展栏中，单击任何通道右侧的 None 按钮，都可以打开【材质/贴图浏览器】对话框，如图 8.59 所示。

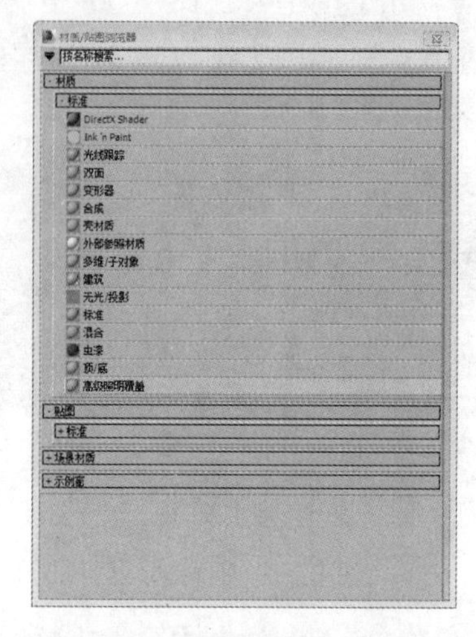

图 8.59 【材质/贴图浏览器】对话框

8.5.1 贴图坐标

材质可以由用户组合不同的图像文件，这样可以使模型呈现各种所需纹理以及各种性质，而这种组合被称为贴图，贴图就是指材质如何被【包裹】或【涂】在几何体上。所有贴图材质的最终效果是由指定在表面上的贴图坐标所决定的。

1. 认识贴图坐标

3ds Max 在对场景中的物体进行描述时使用的是 XYZ 坐标空间，但对位图和贴图来说使用的却是 UVW 坐标空间。位图的 UVW 坐标是表示贴图的比例。如图 8.60 所示是一张贴图使用不同的坐标所表现的 3 种不同效果。

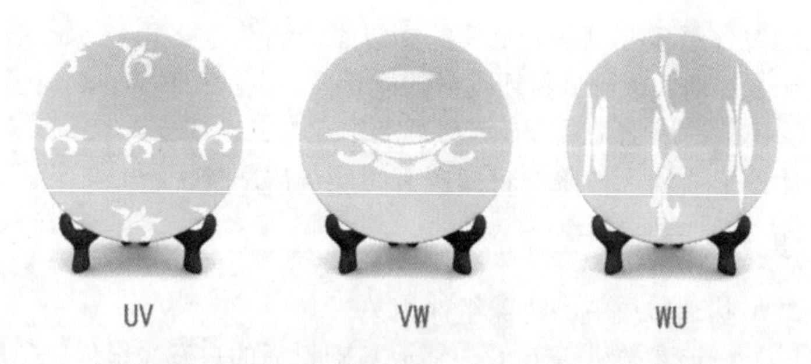

图 8.60 UV、VW、WU 表现的不同效果

在默认状态下，每创建一个对象，系统都会为它指定一个基本的贴图坐标，该坐标的指定是在创建物体时在【参数】卷展栏中对【生成贴图坐标】复选框的勾选。

如果需要更好地控制贴图坐标，可以切换至【修改】命令面板，然后选择修改器列表中选择【UVW 贴图】修改器，即可为对象指定一个 UVW 贴图坐标，如图 8.61 所示为指定 UVW 贴图坐标前后的对比效果。

2. 调整贴图坐标

贴图坐标既可以以参数化的形式应用，也可以在【UVW 贴图】修改器中使用。参数化贴图可以是对象创建参数的一部分，或者是产生面的编辑修改器的一部分，并且通常在对象定义或编辑修改器中的【生成贴图坐标】复选框被勾选时才有效。在经常使用的基本几何体、放样对象以及【挤出】、【车削】和【倒角】编辑修改器中有可能有参数化贴图。

大部分参数化贴图使用 1×1 的瓷砖平铺，因为用户无法调整参数化坐标，所以需要用材质编辑器中的【瓷砖】参数控制来调整。

当贴图是参数产生的时候，则只能通过指定在表面上的材质参数来调整瓷砖次数和方向，或者当选用 UVW 贴图编辑修改器来指定贴图时，用户可以独立控制贴图位置、方向和重复值等。然而，通过编辑修改器产生的贴图没有参数化产生贴图方便。

【坐标】卷展栏如图 8.62 所示，其各项参数的功能介绍如下。

- 【纹理】：将该贴图作为纹理贴图对表面应用。从【贴图】列表中选择坐标类型。

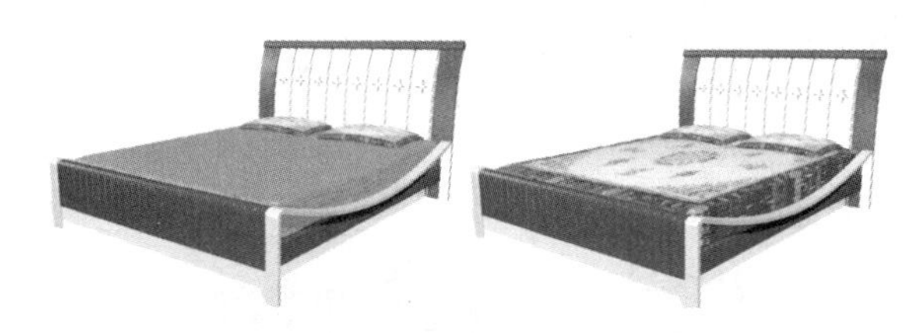

图 8.61　指定 UVW 贴图坐标前后的对比效果

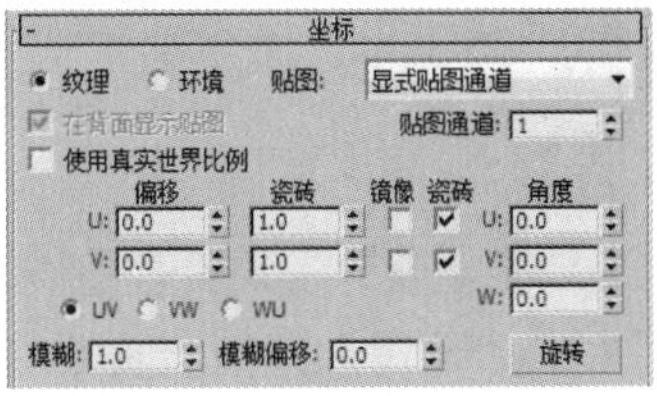

图 8.62　【坐标】卷展栏

- 【环境】：使用贴图作为环境贴图。从【贴图】列表中选择坐标类型。
- 【贴图】列表：其中包含的选项因选择纹理贴图或环境贴图而不同。
  - ◆ 【显式贴图通道】：使用任意贴图通道。选择该选项后，【贴图通道】字段将处于活动状态，可选择从 1~99 的任意通道。
  - ◆ 【顶点颜色通道】：使用指定的顶点颜色作为通道。
  - ◆ 【对象 XYZ 平面】：使用基于对象的本地坐标的平面贴图(不考虑轴点位置)。用于渲染时，除非勾选【在背面显示贴图】复选框，否则平面贴图不会投影到对象背面。
  - ◆ 【世界 XYZ 平面】：使用基于场景的世界坐标的平面贴图(不考虑对象边界框)。用于渲染时，除非勾选【在背面显示贴图】复选框，否则平面贴图不会投影到对象背面。
  - ◆ 【球形环境】、【柱形环境】或【收缩包裹环境】：将贴图投影到场景中与将其贴图投影到背景中的不可见对象一样。
  - ◆ 【屏幕】：投影为场景中的平面背景。
- 【在背面显示贴图】：如果勾选该复选框，平面贴图(对象 XYZ 平面，或使用【UVW 贴图】修改器)穿透投影，以渲染在对象背面上。取消勾选时，平面贴图不会渲染在对象背面，默认设置为勾选。
- 【偏移】：用于指定贴图在模型上的位置。
- 【瓷砖】：设置水平(U)和垂直(V)方向上贴图重复的次数，当然在右侧【瓷砖】复选框被勾选时才起作用，它可以将纹理连续不断地贴在物体表面。值为 1 时，贴图在表面贴一次；值为 2 时，贴图会在表面各个方向上重复贴两次，贴图尺寸会相应都缩小 1/2；值小于 1 时，贴图会进行放大。

- 【镜像】：设置贴图在物体表面进行镜像复制形成该方向上两个镜像的贴图效果。
- 【角度】：控制在相应的坐标方向上产生贴图的旋转效果，既可以输入数值，也可以按【旋转】按钮进行实时调节观察。
- 【模糊】：用来影响图像的尖锐程度，低的值主要用于位图的抗锯齿处理。
- 【模糊偏移】：产生大幅度的模糊处理，常用于产生柔化和散焦效果。

3. UVW 贴图

想要更好地控制贴图坐标，或者当前的物体不具备系统提供的坐标控制项时，就需要使用【UVW 贴图】修改器为物体指定贴图坐标。

注 意

如果一个物体已经具备了贴图坐标指定，在对它施加【UVW 贴图】修改器之后，会覆盖以前的坐标指定。

【UVW 贴图】修改器的【参数】卷展栏如图 8.63 所示。

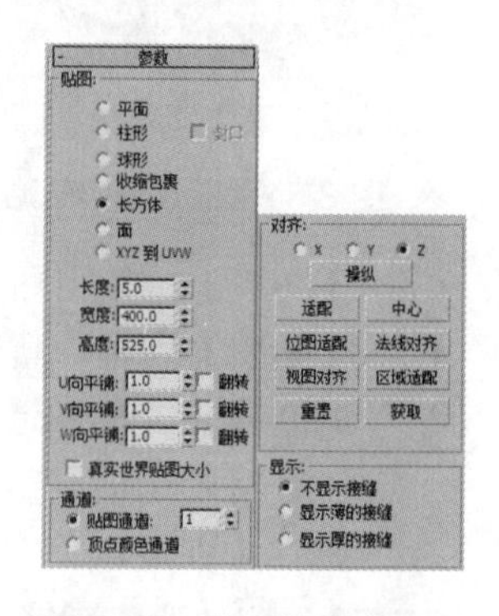

图 8.63 【参数】卷展栏

【UVW 贴图】修改器提供了许多将贴图坐标投影到对象表面的方法。最好的投影方法和技术依赖于对象的几何形状和位图的平铺特征。在【参数】卷展栏中包含有 7 种类型的贴图方式：【平面】、【柱形】、【球形】、【收缩包裹】、【长方体】、【面】和【XYZ 到 UVW】。

在【UVW 贴图】修改器的【参数】卷展栏中调节【长度】、【宽度】、【高度】参数值，即可对 Gizmo(线框)物体进行缩放。当用户缩放 Gizmo(线框)时，使用那些坐标的渲染位图也随之缩放，如图 8.64 所示。

Gizmo 线框的位置、大小直接影响贴图在物体上的效果，在编辑修改器堆栈中用户还可以通过选择【UVW 贴图】的 Gizmo 选择集来对线框物体进行单独操作，比如旋转、移动，还有缩放等。

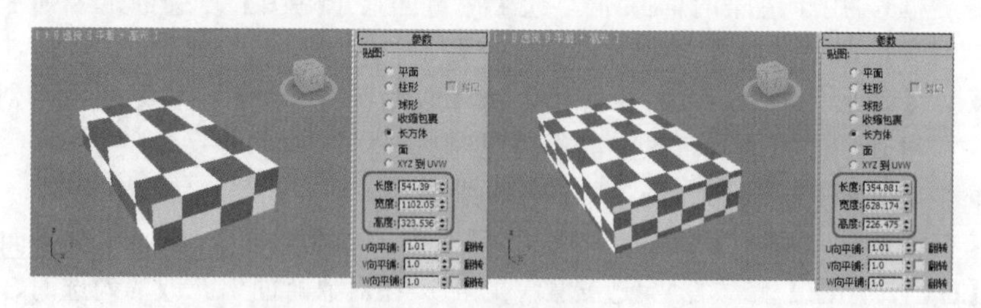

图 8.64 缩放线框

在制作中通常需要将所使用的贴图重复叠加，以达到预期的效果。当调节【U 向平铺】参数，水平方向上的贴图出现重复效果，再调节【V 向平铺】参数，垂直方向上的贴

图出现重复效果，与材质编辑器中的【瓷砖】参数相同。

而另一种比较简单的方法是通过材质的【瓷砖】参数控制贴图的重复次数，该方法的使用原理同样也是缩放 Gizmo(线框)。默认的【瓷砖】值为 1，它使位图与平面 Gizmo 的范围相匹配。【瓷砖】为 1 意味着重复一次，如果增加【瓷砖】值到 5，那么将在平面贴图 Gizmo(线框)中重复 5 次。

8.5.2　位图贴图

位图贴图就是将位图图像文件作为贴图使用，它可以支持各种类型的图像和动画格式，包括 AVI、BMP、CIN、JPG、TIF、TGA 等。位图贴图的使用范围非常广泛，通常用在漫反射颜色贴图通道、凹凸贴图通道、反射贴图通道、折射贴图通道中。

选择位图后，进入相应的贴图通道面板中，在【位图参数】卷展栏中包含 3 个不同的过滤方式：【四棱锥】、【总面积】、【无】，它们实行像素平均值来对图像进行抗锯齿操作，【位图参数】卷展栏如图 8.65 所示，设置后的效果如图 8.66 所示。

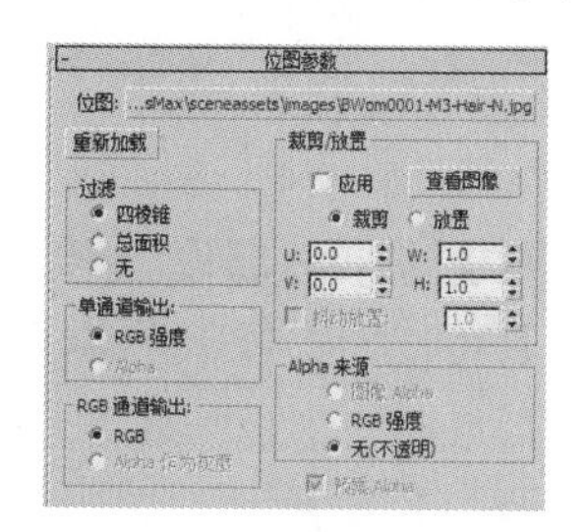

图 8.65　【位图参数】卷展栏

图 8.66　渲染后的效果

8.5.3　平铺贴图

平铺贴图是专门用来制作砖块效果的，常用在漫反射贴图通道中，有时也可在凹凸贴图通道中使用。在它的参数面板里的【标准控制】卷展栏中有个【预设类型】下拉列表框，里面列出了一些常见的砖块模式，如图 8.67 所示。在其下方的【高级控制】卷展栏中，可以在选择的模板的基础上，设置砖块的颜色、尺寸，以及砖缝的颜色、尺寸等参数，制作出个性的砖块，【高级控制】卷展栏如图 8.68 所示。

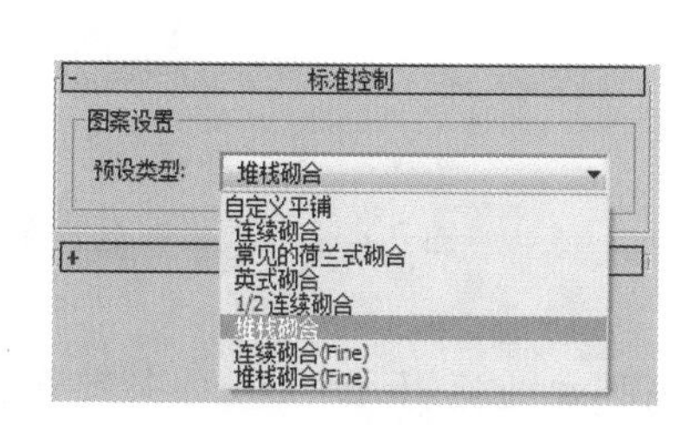

图 8.67　砖块模式

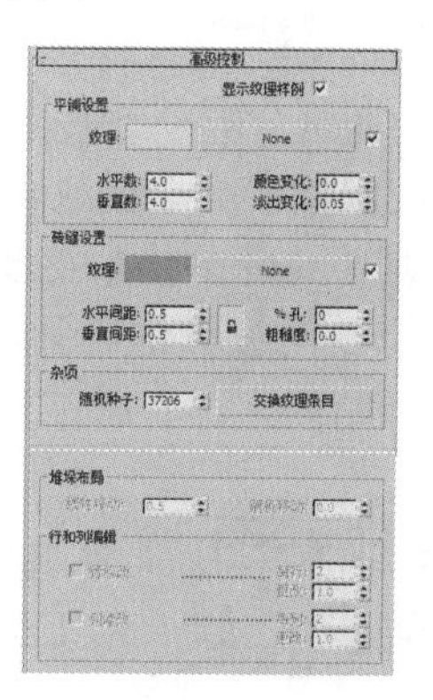

图 8.68　【高级控制】卷展栏

8.5.4 渐变坡度贴图

渐变坡度贴图是可以使用许多颜色的高级渐变贴图，常用在漫反射贴图通道中。在它的卷展栏里可以设置渐变的颜色及每种颜色的位置，如图 8.69 所示，而且还可以利用下面的【噪波】选项组来设置噪波的类型和大小，使渐变色的过渡看起来并不那么规则，从而增加渐变的真实程度，如图 8.70 所示。

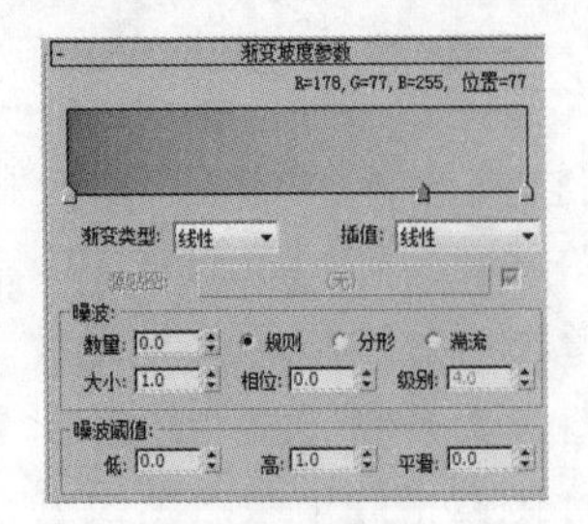

图 8.69 【渐变坡度参数】卷展栏

图 8.70 使用渐变制作的效果

8.5.5 噪波贴图

噪波一般在凹凸贴图通道中使用，可以通过设置【噪波参数】卷展栏制作出紊乱不平的表面，该参数卷展栏如图 8.71 所示。其中通过【噪波类型】可以定义噪波的类型，通过【噪波阈值】下的参数可以设置【大小】、【相位】等，下面的两个色块用来指定颜色，系统按照指定颜色的灰度值来决定凹凸起伏的程度，效果如图 8.72 所示。

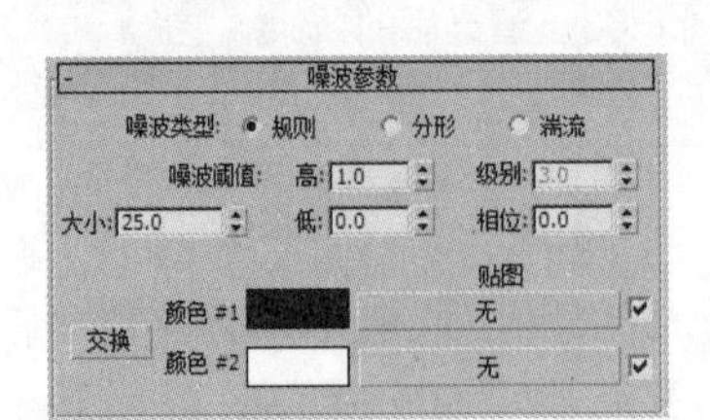

图 8.71 【噪波参数】卷展栏

图 8.72 噪波制作的水面效果

8.5.6 混合贴图

混合贴图和混合材质相似，是指将两个不同的贴图按照不同的比例混合在一起形成新的贴图，它常用在漫反射贴图通道中。【混合参数】卷展栏如图 8.73 所示，在该卷展栏中有个专门设置混合比例的参数【混合量】，它用于设置每种贴图在该混合贴图中所占的比重。

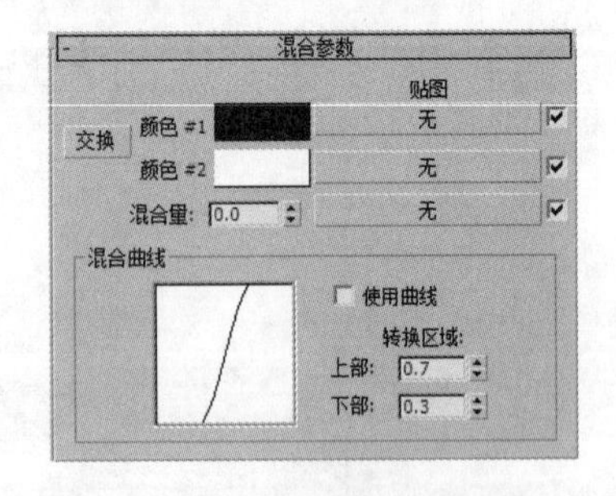

图 8.73 【混合参数】卷展栏

8.5.7 合成贴图

合成贴图类型由其他贴图组成，并且可以使用 Alpha 通道和其他方法将某层置于其他层之上。对于此类贴图，可使用已含 Alpha 通道的叠加图像，或使用内置遮罩工具仅叠

加贴图中的某些部分。【合成层】卷展栏如图 8.74 所示。

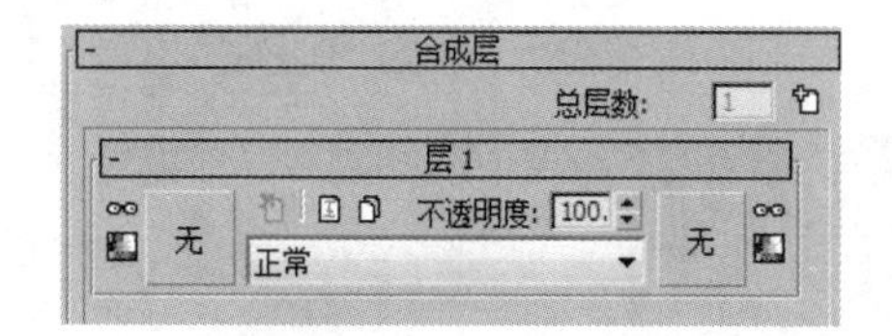

图 8.74　【合成层】卷展栏

合成贴图的控件包括用混合模式、不透明设置以及各自的遮罩结合的贴图的列表。

视图可以在合成贴图中显示多个贴图。如果想以多个贴图显示，显示驱动程序必须是 OpenGL 或者 Direct3D。软件显示驱动程序不支持多个贴图显示。

8.5.8　光线跟踪贴图

光线跟踪贴图主要被放置在反射或者折射贴图通道中，用于模拟物体对于周围环境的反射或折射，如图 8.75 所示。它的原理是：通过计算光线从光源处发射出来，经过反射，穿过玻璃，发生折射后再传播到摄影机处的途径，然后反推回去计算所得的反射或者折射结果。所以，它要比其他一些反射或者折射贴图来得更真实一些。

光线跟踪的参数如图 8.76 所示，一般情况下，可以不修改参数，采用默认参数即可。

图 8.75　光线跟踪效果

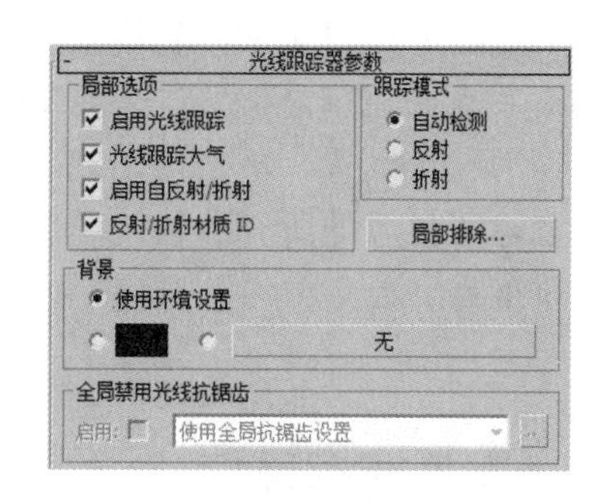

图 8.76　【光线跟踪器参数】卷展栏

8.6　上 机 实 践

8.6.1　冰块材质

本例介绍冰块材质的设置，首先设置反射高光，然后在【贴图】通道中设置【反射】的数量，并为其指定材质，效果如图 8.77 所示。

(1)　打开随书附带光盘中 CDROM\Scenes\Cha08\冰块材质.max 文件，如图 8.78 所示。

图 8.77　冰块材质效果

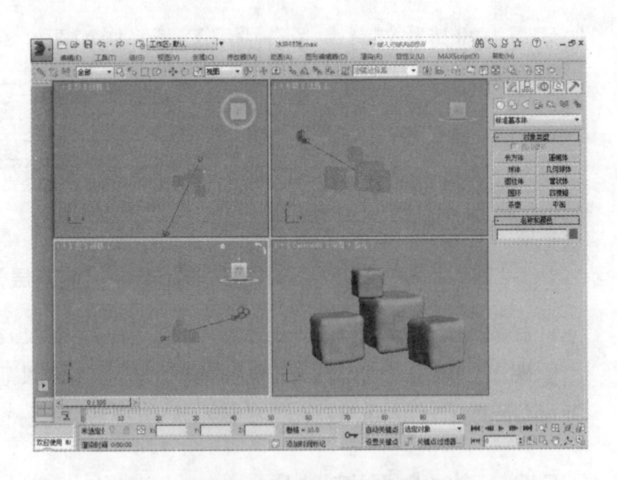

图 8.78　打开的场景文件

(2) 按 M 键打开【材质编辑器】，选择一个新的材质样本球，将明暗器类型设为【金属】，在【金属基本参数】卷展栏中将【高光级别】、【光泽度】分别设为 66、76，在【贴图】卷展栏中将【反射】数量设置为 60，并单击【反射】右侧的【无】按钮，在打开的对话框中双击【位图】选项，再在打开的对话框中选择随书附带光盘中 CDROM\Map\Chromic.jpg，单击【打开】按钮，在【位图参数】卷展栏中勾选【裁剪/放置】选项组中的【应用】复选框，将 U、V、W、H 分别设置为 0.225、0.209、0.427、0.791，如图 8.79 所示。

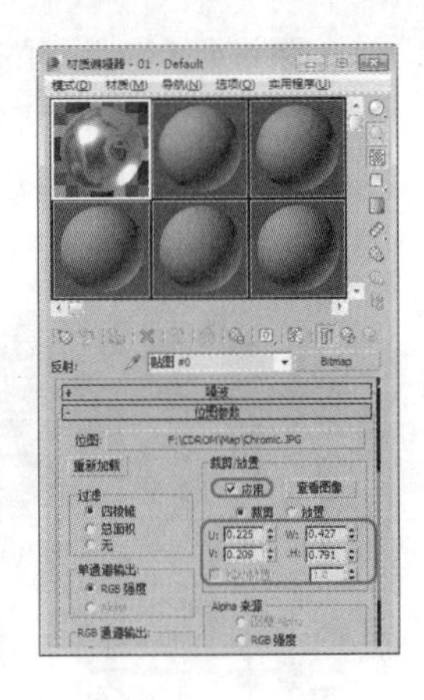

图 8.79　设置材质

(3) 单击【转到父对象】按钮，返回上一层级面板，单击【折射】右侧的【无】按钮，在弹出的对话框中双击【光线跟踪】，使用默认设置，单击【转到父对象】按钮，在场景中选中需要设置冰块材质的所有冰块，单击【材质编辑器】对话框中的【将材质指定给选定对象】按钮，最后对【摄影机】视图进行渲染。

8.6.2　皮革沙发材质

本例介绍皮革沙发材质的设置，在【贴图】通道中设置【凹凸】的数量，并为其指定皮革贴图来表现皮革质感，效果如图 8.80 所示。

图 8.80　皮革沙发材质效果

(1) 打开随书附带光盘中 CDROM\Scenes\Cha08\皮革沙发材质.max 文件，并在场景中选择对象，如图 8.81 所示。

(2) 按 M 键打开【材质编辑器】，选择一个新的材质样本球，在【Blinn 基本参数】卷展栏中将【反射高光】选项组中的【高光级别】、【光泽度】、【柔化】、分别设为 80、100、1.0，在【贴图】卷展栏中单击【漫反射颜色】右侧的【无】按钮，在打开的对话框中双击【位图】选项，再在打开的对话框中选择随书附带光盘中 CDROM\Map\凹凸.jpg，单击【打开】按钮，单击【转到父对象】按钮，将【凹凸】设置为 999 并单击其右侧【无】按钮，在打开的对话框中双击【位图】选项，在弹出的对话框中选择随书附带光盘中 CDROM\Map\凹凸.jpg，如图 8.82 所示。

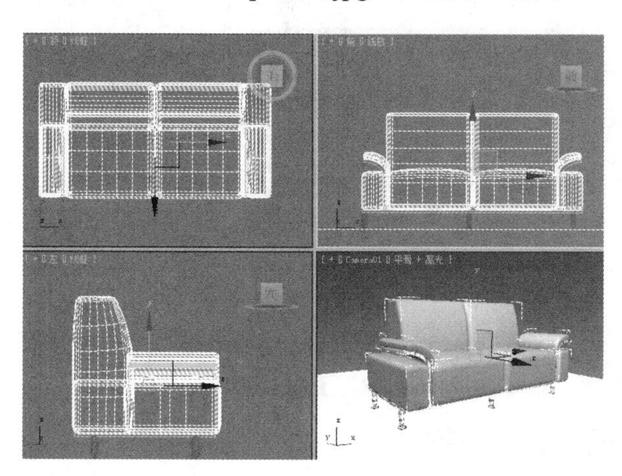

图 8.81　打开的场景文件

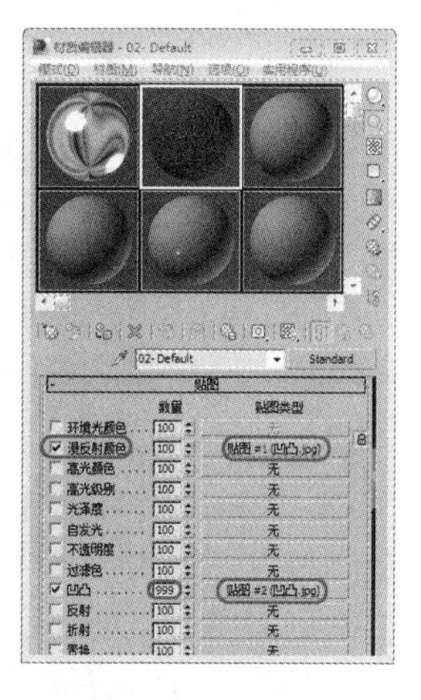

图 8.82　设置金属材质

(3) 单击【转到父对象】按钮，返回上一层级面板，并单击【将材质指定给选定对象】按钮，将材质赋予场景中选择的对象，最后对【摄影机】视图进行渲染。

8.7　思考与练习

1. 简述材质中贴图的作用。
2. 简单介绍【环境光】和【漫反射】的概念。
3. 简述光线跟踪贴图的原理。

第 9 章　摄影机与灯光

摄影机好比人的眼睛，创建场景对象、布置灯光、调整材质所创作的效果图都要通过这双眼睛来观察，如图 9.1 所示。通过对摄影机的调整可以决定视图中健身器械的位置和尺寸，影响到场景对象的数量及创建方法。光线是画面视觉信息与视觉造型的基础，没有光便无法体现物体的形状、质感和颜色。本章将介绍摄影机的参数控制、摄影机视图导航控制以及灯光照明的基础知识、灯光类型、灯光的共同参数卷展栏等基础知识与使用方法。

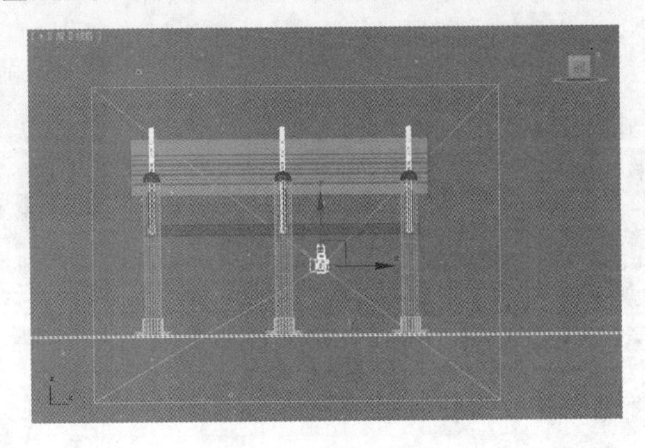

图 9.1　创建的摄影机

9.1　摄影机的参数控制

在【创建】命令面板中单击【摄影机】按钮，可以看到【目标】摄影机和【自由】摄影机两种类型，如图 9.2 所示。在使用过程中，它们各自都存在优缺点。

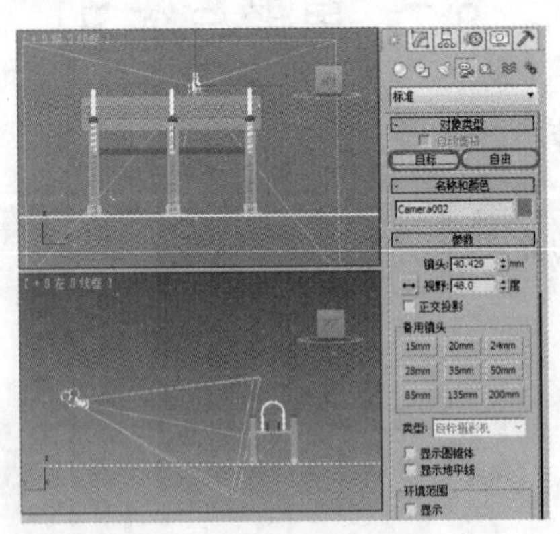

图 9.2　【摄影机】命令面板

创建目标摄影机如同创建几何体一样，当我们进入【摄影机】命令面板选择了【目标】摄影机后，在【顶】视图中要放置摄影机的位置上拖曳至目标所在的位置，释放左键即可。

自由摄影机的创建更简单，只要在【摄影机】命令面板中选择【自由】工具，然后在任意视图中单击就可以完成了。

目标摄影机包含两个对象：摄影机和摄影机目标。摄影机表示观察点，目标指的是你的视点。你可以独立地变换摄影机和它的目标，但摄影机被限制为一直对着目标。对于一般的摄像工作，目标摄影机是你理想的选择。摄影机和摄影机目标的可变换功能对设置和移动摄影机视野具有最大的灵活性。

自由摄影机只包括摄影机这个对象。由于自由摄影机没有目标，它将沿它自己的局部坐标系 Z 轴负方向的任意一段距离定义为它们的视点。因为自由摄影机没有对准的目标，所以比目标摄影机更难以设置和瞄准。自由摄影机在方向上不分上下，这正是自由摄影机的优点所在。自由摄影机不像目标摄影机那样因为要维持向上矢量，而受旋转约束因素的限制。自由摄影机最适于复杂的动画，在这些动画中自由摄影机被用来飞越有许多侧向摆动和垂直定向的场景。因为自由摄影机没有目标，它更容易沿着一条路径设置动画。

3ds Max 2014 中的摄影机与现实中的相机没有什么两样，其调节参数就是通过模仿真实的相机来设定的，如图 9.3 所示。

- 【镜头】：设置摄影机的焦距长度，以 mm(毫米)为单位，镜头焦距的长短决定镜头视角、视野、景深范围的大小，是摄影机调整的重要参数。3ds Max 2012 默认设置为 43.456mm，即人眼睛的焦距，其观察效果接近于人眼的正常感觉。
- 【视野】：它是指通过某个镜头所能够看到的一部分场景或远景。【视野】值定义摄影机在场景中所看到的区域。【视野】参数的值是摄影机视锥的水平角，以【度】为单位。

注 意

【镜头】和【视野】是两个相互储存的参数，摄影机的拍摄范围通过这两个值来确定。这两个参数描述同一个摄影机属性，所以改变了其中的一个值也就改变了另一个参数值。

- ↔ ↕ ⤢：这 3 个按钮分别代表水平、垂直、对角 3 种调节【视野】的方式，这 3 种方式不会影响摄影机的效果，一般使用水平方式。
- 【备用镜头】：可直接选择镜头参数，如图 9.4 所示。【备用镜头】与在【镜头】微调框中输入数值设置镜头参数起到的作用相同。在视图中场景相同，摄影机也不移动，只改变摄影机的镜头值就会展示出不同的场景。

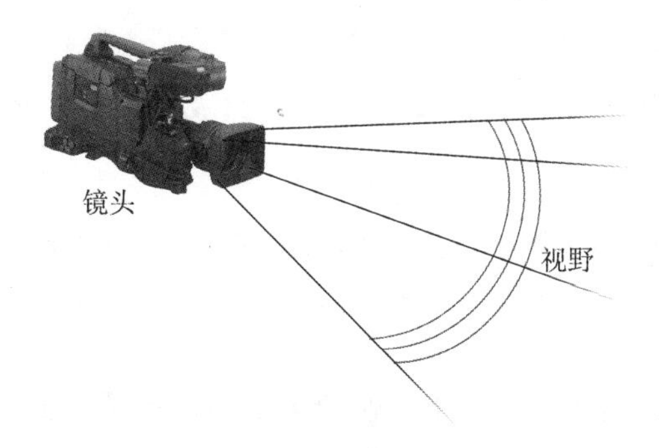

图 9.3　摄影机镜头与视野

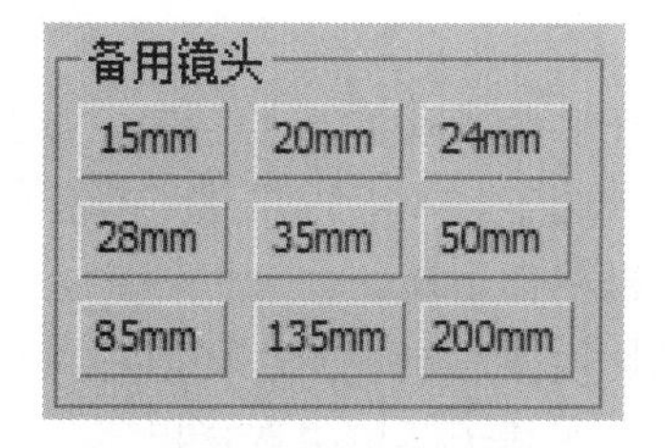

图 9.4　备用镜头

- 【类型】：用于选择摄影机的类型，包括【目标摄影机】和【自由摄影机】。在【修改】命令面板中，你随时可以对当前选择的摄影机类型进行选择，而不必再重新创建摄影机。
- 【显示圆锥体】：显示一个角锥。摄影机视野的范围由角锥的范围决定，这个角锥只能显示在其他视图中，但是不能在摄影机视图中显示。
- 【显示地平线】：显示水平线。在摄影机视图中显示出一条黑灰色的水平线。
- 【环境范围】：设置环境大气的影响范围，通过下面的近距范围和远距范围确定。
- 【显示】：以线框的形式显示环境存在的范围。
- 【近距范围/远距范围】：设置环境影响的近距距离和远距距离。
- 【剪切平面】：水平面是平行于摄影机镜头的平面，以红色交叉的矩形表示。
- 【手动剪切】：勾选该复选框将使用下面的数值自己控制水平面的剪切。
- 【近距剪切/远距剪切】：分别用来设置近距剪切平面与远距剪切平面的距离。
- 【剪切平面】：能去除场景几何体的某个断面，使你能看到几何体的内部。如果想产生楼房、车辆、人等的剖面图或带切口的视图，可以使用该选项组。

9.2 摄影机对象的命名

当我们在视图中创建多个摄影机时，系统会以 Camera001、Camera002 等名称自动为摄影机命名。在制作一个大型场景时，如一个大型建筑效果图或复杂动画的表现时，随着场景变得越来越复杂，要记住哪一个摄影机聚焦于哪一个镜头也变得越来越困难。这时如果按照其表现的角度或方位进行命名，如 Camera 正视、Camera 左视、Camera 鸟瞰等，在进行视图切换的过程中会减少失误，从而提高工作效率。

9.3 摄影机视图的切换

摄影机视图就是被选中的摄影机的视图。在一个场景中创造若干个摄影机，激活任意一个视图，按 C 键，从弹出的【选择摄影机】对话框中选择摄影机，如图 9.5 所示，这样该视图就变成当前摄影机视图。

注 意

如果场景中只有一个摄影机，那么这个摄影机将自动被选中，不会出现【选择摄影机】对话框。

在一个多摄影机场景中，如果其中的一个摄影机被选中，那么按 C 键，该摄影机会自动被选中，不会出现【选择摄影机】对话框；如果没有选择的摄影机，【选择摄影机】对话框将会出现。

切换摄影机视图也可以在某个视图标签上右击，在弹出的快捷菜单中选择【摄影机】选项，在其子菜单中选择摄影机，如图 9.6 所示。

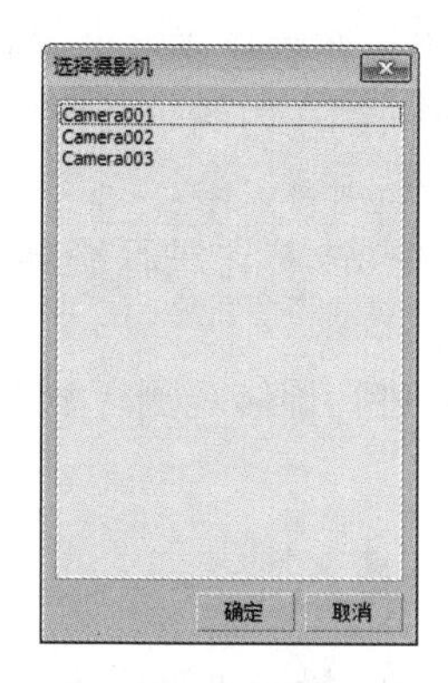

图 9.5　【选择摄影机】对话框

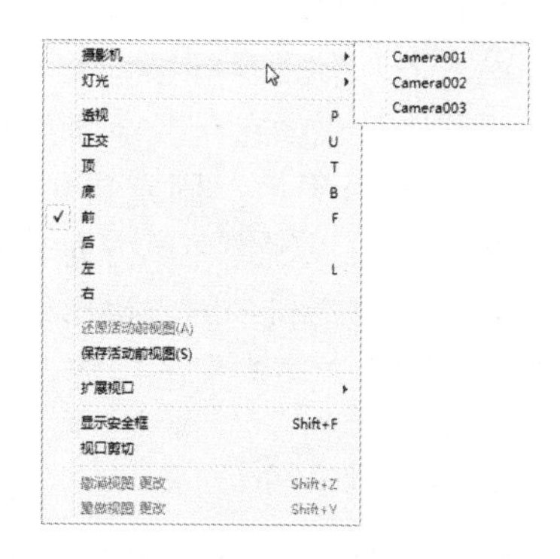

图 9.6　在【摄影机】菜单中选择摄影机

9.4　放置摄影机

创建摄影机后，通常需要将摄影机或其目标移到固定的位置。可以用各种变换给摄影机定位，但在很多情况下，在摄影机视图中调节会简单一些。下面将分别讲述使用摄影机视图进行导航控制和变换摄影机操作。

9.4.1　摄影机视图导航控制

对于摄影机视图，系统在视图控制区提供了专门的导航工具，用来控制摄影机视图的各种属性，如图 9.7 所示。使用摄影机导航控制可以提供许多控制功能和灵活性。

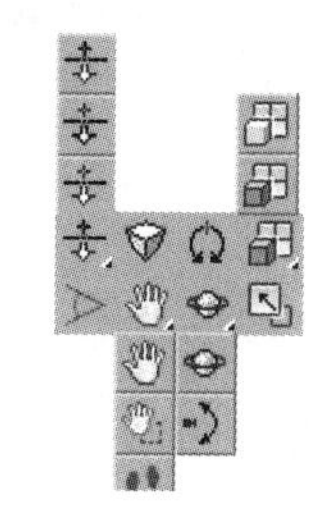

图 9.7　摄影机视图导航工具

摄影机导航工具的功能介绍如下。

- 推拉摄影机：沿视线移动摄影机的出发点，保持出发点与目标点之间连线的方向不变，使出发点在此线上滑动，这种方式不改变目标点的位置，只改变出发点的位置。
- 推拉目标：沿视线移动摄影机的目标点，保持出发点与目标点之间连线的方向不变，使目标点在此线上滑动，这种方式不会改变摄影机视图中的影像效果，但有可能使摄影机反向。
- 推拉摄影机+目标：沿视线同时移动摄影机的目标点与出发点，这种方式产生的效果与【推拉摄影机】方式相同，只是保证了摄影机本身形态不发生改变。
- 透视：以推拉出发点的方式来改变摄影机的【视野】镜头值，配合 Ctrl 键可以增加变化的幅度。
- 视野：固定摄影机的目标点与出发点，通过改变视野取景的大小来改变 FOV 镜头值，这是一种调节镜头效果的好方法，起到的效果其实与 Perspective(透视)+Dolly Camera(推拉摄影机)相同。
- 侧滚摄影机：沿着垂直于视平面的方向旋转摄影机的角度。
- 平移摄影机：在平行于视平面的方向上同时平移摄影机的目标点与出发点，配合 Ctrl 键可以加速平移变化，配合 Shift 键可以锁定在垂直或水平方向上平移。

- 穿行：使用穿行导航，可通过按下包括箭头方向键在内的一组快捷键，在视图中移动，正如在众多视频游戏中的 3D 世界中导航一样。
- 环游摄影机：固定摄影机的目标点，使出发点转着它进行旋转观测，配合 Shift 键可以锁定在单方向上的旋转。
- 摇移摄影机：固定摄影机的出发点，使目标点进行旋转观测，配合 Shift 键可以锁定在单方向上的旋转。

9.4.2 变换摄影机

在 3ds Max 2014 中所有作用于对象(包括几何体、灯光、摄影机等)的位置、角度、比例的改变都被称为变换。摄影机及其目标的变换与场景中其他对象的变换非常相像。正如前面所提到的，许多摄影机视图导航命令能用在其局部坐标中变换摄影机来代替。

虽然摄影机导航工具能很好地变换摄影机参数，但对摄影机的全局定位来说，一般使用标准的变换工具更合适。锁定轴向后，也可以像摄影机导航工具那样使用标准变换工具。摄影机导航工具与标准摄影机变换工具最主要的区别是，标准变换工具可以同时在两个轴上变换摄影机，而摄影机导航工具只允许沿一个轴进行变换。

注 意

① 在变换摄影机时不要缩放摄影机，缩放摄影机会使摄影机基本参数显示错误值。

② 目标摄影机只能绕其局部 Z 轴旋转。绕其局部坐标 X 或 Y 轴旋转没有效果。

③ 自由摄影机不像目标摄影机那样受旋转限制。

9.5 照明的基础知识

在设置灯光时，首先应当明确场景要模拟的是自然照明效果还是人工照明效果，然后在场景中创建灯光效果。下面将对自然光、人造光、环境光、标准的照明方式以及阴影进行介绍。

9.5.1 自然光、人造光和环境光

1. 自然光

自然光也就是阳光，它是来自单一光源的平行光线，照明方向和角度会随着时间、季节等因素的变化而改变。晴天时阳光的色彩为淡黄色(RGB=250、255、175)；而多云时发蓝色；阴雨天时发暗灰色，大气中的颗粒会将阳光呈现为橙色或褐色；日出或日落时的阳光发红或为橙色。天空越晴朗，物体产生的阴影越清晰，阳光照射中的立体效果越突出。

在 3ds Max 中提供了多种模拟阳光的方式，标准灯光中的“平行光”，无论是目标平行光还是自由平行光，一盏就足以作为日照场景的光源。如图 9.8 所示的效果就是模拟的晴天时的阳光照射。将平行光源的颜色设置为白色，亮度降低，还可以用来模仿月光效果。

2. 人造光

人造光，无论是室内还是室外效果，都会使用多盏灯光，如图 9.9 所示。人造光首先

要明确场景中的主题，然后单独为一个主题设置一盏明亮的灯光，称为“主灯光”，将其置于主题的前方稍稍偏上。除了“主灯光”以外，还需要设置一盏或多盏灯光用来照亮背景和主题的侧面，称为“辅助灯光”，亮度要低于“主灯光”。这些“主灯光”和“辅助灯光”不但能够强调场景的主题，同时还加强了场景的立体效果。用户还可以为场景的次要主题添加照明灯光，舞台术语称为“附加灯”，亮度通常高于“辅助灯光”，低于“主灯光”。在 3ds Max 2014 中，目标聚光灯通常是最好的“主灯光”，无论是聚光灯还是泛光灯，都适合作为“辅助灯光”，环境光则是另一种补充照明光源。

图 9.8　自然光效果

图 9.9　人造光效果

3. 环境光

环境光是照亮整个场景的常规光线。这种光具有均匀的强度，并且属于均质漫反射，它不具有可辨别的光源和方向。

在默认情况下，场景中没有环境光，如果在带有默认环境光设置的模型上检查最黑色的阴影，无法辨别出曲面，因为它没有任何灯光照亮。场景中的阴影不会比环境光的颜色暗，这就是通常要将环境光设置为黑色(默认色)的原因，如图 9.10 所示。

设置默认环境光颜色的方法有以下两种。

(1) 选择【渲染】|【环境】命令，在打开的【环境和效果】对话框中，可以设置环境光的颜色，如图 9.11 所示。

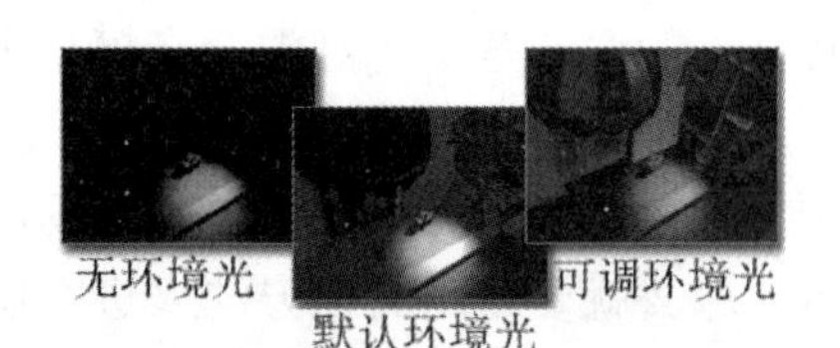

图 9.10　环境光的不同方式

图 9.11　【环境和效果】对话框

(2) 选择【自定义】|【首选项】命令，在打开的【首选项设置】对话框中切换到【渲染】选项卡，然后在【默认环境灯光颜色】选项组中的色块中设置环境光的颜色，如图 9.12 所示。

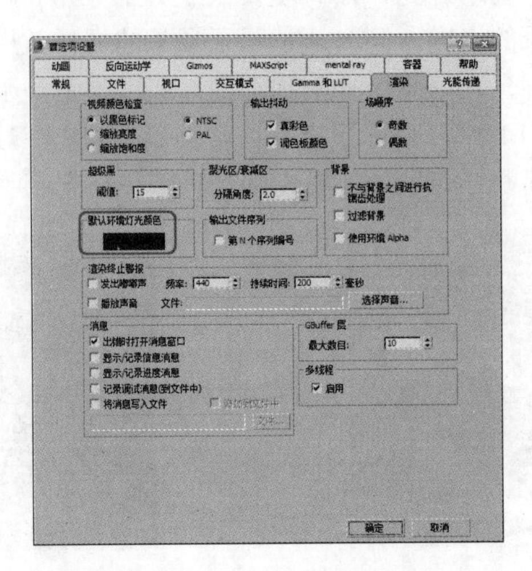

图 9.12　【首选项设置】对话框

9.5.2　标准的照明方法

在 3ds Max 中进行照明，一般使用标准的照明，也就是三光源照明方案和区域照明方案。所谓的标准照明就是在一个场景中使用一个主要的灯和两个次要的灯，主要的灯用来照亮场景，次要的灯用来照亮局部，这是一种传统的照明方法。

在场景中最好以聚光灯作为主光灯，一般使聚光灯与视平线之间的夹角为 30°～45°，与摄影机的夹角为 30°～45°，将其投向主物体，一般光照强度较大，能把主物体从背景中充分地凸显出来，通常将其设置为投射阴影。

在场景中，在主灯的反方向创建的灯光称为背光。这个照明灯光在设置时可以在当前对象的上方(高于当前场景对象)，并且此光源的光照强度要等于或者小于主光。背光的主要作用是在制作中使对象从背景中脱离出来，从而使得物体显示其轮廓，并且展现场景的深度。

最后要讲的是辅光源。辅光的主要用途是用来控制场景中最亮的区域和最暗区域间的对比度。应当注意的是，设置中亮的辅光将产生平均的照明效果，而设置较暗的辅光则增加场景效果的对比度，使场景产生不稳定的感觉。一般情况下，辅光源放置的位置要靠近摄影机，这样以便产生平面光和柔和的照射效果。另外，也可以使用泛光灯作为辅光源应用于场景中，而泛光灯在系统中设置的基本目的就是作为一个辅光而存在的。在场景中远距离设置大量的不同颜色和低亮度的泛光灯是非常常见的，这些泛光灯混合在模型中将弥补主灯所照射不到的区域。

如图 9.13 所示的场景显示的就是标准的照明方式，渲染后的效果如图 9.14 所示。

有时一个大的场景不能有效地使用三光源照明，那么就要使用其他方法来进行照明。当一个大区域分为几个小区域时，可以使用区域照明，这样每个小区域都会单独地被照明。可以根据重要性或相似性来选择区域，当一个区域被选择之后，可以使用基本三光源照明方法。但是，有些区域照明并不能产生合适的气氛，这时就需要使用一个自由照明方案。

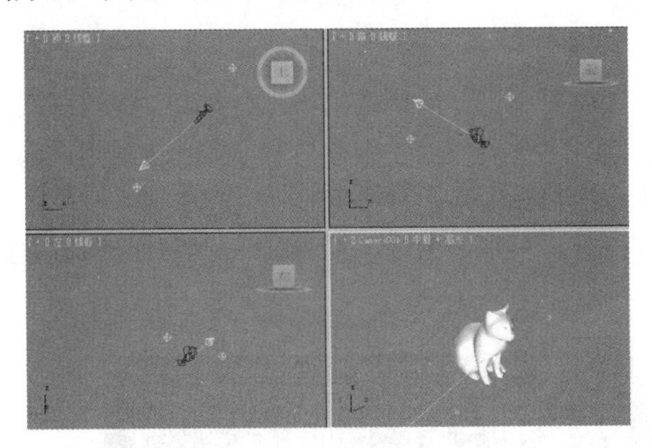

图 9.13　标准照明的灯光设置

图 9.14　标准照明效果

9.5.3　阴影

阴影是对象后面灯光变暗的区域。3ds Max 支持几种类型的阴影，包括区域阴影、阴影贴图和光线跟踪阴影等。

区域阴影基于投射光的区域创建阴影，不需要太多的内存，但是支持透明对象。阴影贴图实际上是位图，由渲染器产生并与完成的场景组合产生图像。这些贴图可以有不同的分辨率，但是较高的分辨率则要求有更多的内存。阴影贴图通常能够创建出更真实、更柔和的阴影，但是不支持透明度。

3ds Max 按照每个光线照射场景的路径来计算光线跟踪阴影。该过程会耗费大量的处理周期，但是能产生非常精确且边缘清晰的阴影。使用光线跟踪可以为对象创建出阴影贴图所无法创建的阴影，例如透明的玻璃。阴影类型下拉列表中还包括了一个高级光线跟踪阴影选项。另外，还有一个选项是 Ray 阴影。

如图 9.15 所示使用了不同阴影类型渲染的图像，左起第一个图没有设置阴影，然后依次为区域阴影、阴影贴图和光线跟踪阴影。

图 9.15　不同的阴影类型效果

9.6　灯光类型

在 3ds Max 中包括多种不同的灯光，不同灯光主要的差别是光线在场景中的表现。

9.6.1　聚光灯

聚光灯包括目标聚光灯、自由聚光灯和 mr 区域聚光灯 3 种。下面将对这 3 种灯光进行详细介绍。

1. 目标聚光灯

目标聚光灯产生锥形的照射区域，在照射区以外的物体不受灯光影响。创建目标聚光灯后，有投射点和目标点可以调节，它是一个有方向的光源，是可以独立移动的目标点投射光，可以产生优质静态仿真效果。它有矩形和圆形两种投影区域，矩形适合制作电影投影图像以及窗户投影等；圆形适合制作路灯、车灯、台灯、舞台跟踪灯等灯光照射。如果作为体积光源，它能产生一个锥形的光柱，如图 9.16 所示。

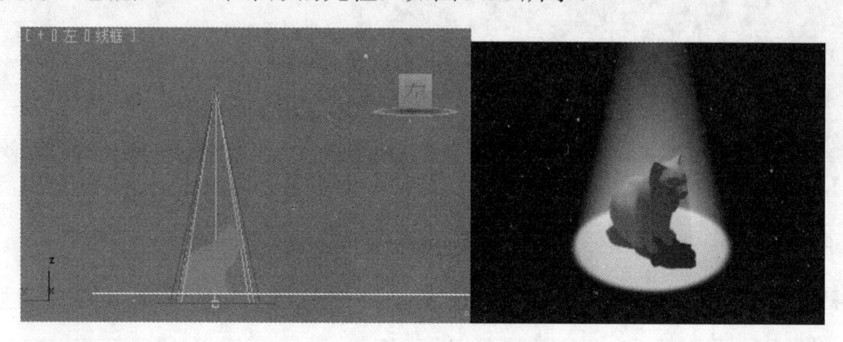

图 9.16　目标聚光灯效果

2. 自由聚光灯

自由聚光灯产生锥形照射区域，它是一种受限制的目标聚光灯，因为只能控制它的整个图标，而无法在视图中分别对发射点和目标点进行调节。它的优点是不会在视图中改变投射范围，特别适合用作一些动画的灯光，例如摇晃的船桅灯、晃动的手电筒、舞台上的投射灯等。

3. mr 区域聚光灯

mr 区域聚光灯在使用 mental ray 渲染器进行渲染时，可以从矩形或圆形区域发射光线，产生柔和的照明和阴影。而在使用 3ds Max 默认扫描线渲染器时，其效果等同于标准的聚光灯。

9.6.2　泛光灯

泛光灯包括泛光灯和 mr 区域泛光灯两种类型。下面将分别对它们进行介绍。

1. 泛光灯

泛光灯向四周发散光线，标准的泛光灯用来照亮场景，它的优点是易于建立和调节，不用考虑是否有对象在范围外而不被照射；缺点就是不能创建太多，否则显得无层次感。泛光灯用于将“辅助照明”添加到场景中，或模拟点光源。

泛光灯可以投射阴影和投影，单个投射阴影的泛光灯等同于 6 盏聚光灯的效果，从中心指向外侧。另外泛光灯常用来模拟灯泡、台灯等光源对象。如图 9.17 所示，在场景中创建了一盏泛光灯，它可以产生明暗关系的对比。

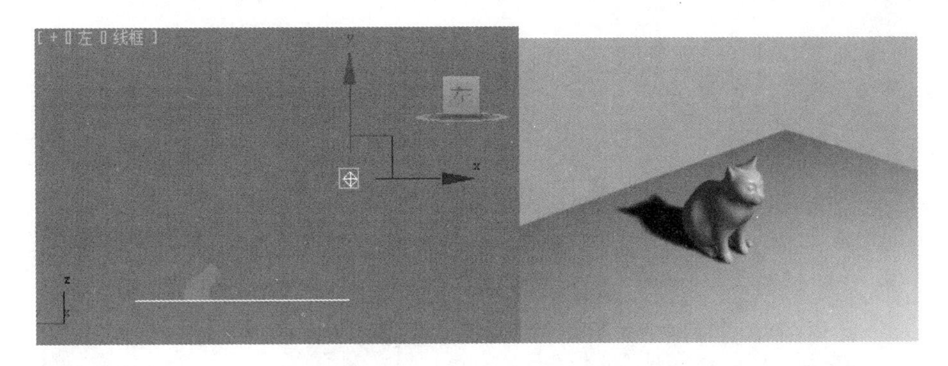

图 9.17　泛光灯照射效果

2. mr 区域泛光灯

当使用 mental ray 渲染器渲染场景时，区域泛光灯从球体或圆柱体体积发射光线，而不是从点源发射光线。使用默认的扫描线渲染器，区域泛光灯像其他标准的泛光灯一样发射光线。

图 9.18　【区域灯光参数】卷展栏

【区域灯光参数】卷展栏如图 9.18 所示。

- 【启用】：用于开关区域泛光灯。
- 【在渲染器中显示图标】：勾选该复选框，当使用 mental ray 渲染器进行渲染时，区域泛光灯将按照其形状和尺寸设置在渲染图片中并显示为白色。
- 【类型】：可以在下拉列表框中选择区域泛光灯的形状，可以是【球体】或者【圆柱体】形状。
- 【半径】：设置球体或圆柱体的半径。
- 【高度】：仅当区域灯光类型为【圆柱体】时可用，设置圆柱体的高。
- 【采样】：设置区域泛光灯的采样质量，可以分别设置 U 和 V 的采样数，越高的值，照明和阴影效果越真实细腻，当然渲染时间也会增加。对于球形灯光，U 值表示沿半径方向的采样值，V 值表示沿角度采样值；对于圆柱形灯光，U 值表示沿高度采样值，V 值表示沿角度采样值。

9.6.3　平行光

平行光包括目标平行光和自由平行光两种。

1. 目标平行光

目标平行光产生单方向的平行照射区域，它与目标聚光灯的区别是照射区域呈圆柱形或矩形，而不是“锥形”。平行光主要用于模拟阳光的照射，对于户外场景尤为适用。如果作为体积光源，可以产生一个光柱，常用来模拟探照灯、激光光束等特殊效果。与目标聚光灯一样，可以在运动面板中改变注视目标，如图 9.19 所示。

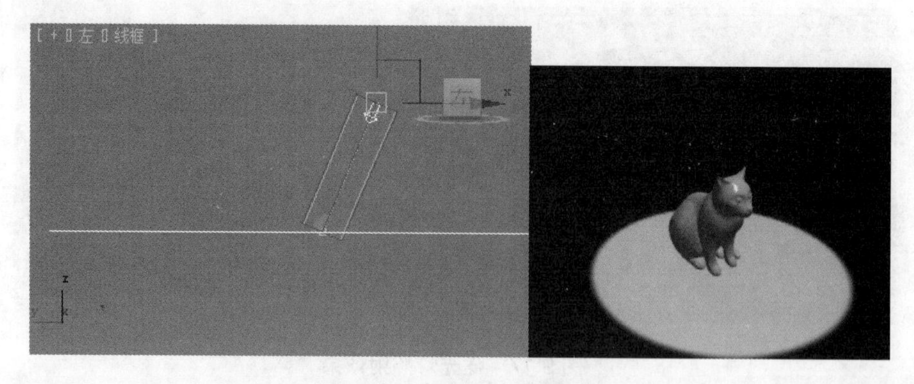

图 9.19 目标平行光效果图

提 示

只有当平行光处于场景几何体边界盒之外，且指向下方的时候，才支持【光能传递】计算。

2. 自由平行光

自由平行光产生平行的照射区域。它其实是一种受限制的目标平行光，在视图中，它的投射点和目标点不可分别调节，只能进行整体移动或旋转，这样可以保证照射范围不发生改变。如果对灯光的范围有固定要求，尤其是在灯光的动画中，这是一个非常好的选择。

9.6.4 天光

天光能够模拟日光照射效果。在 3ds Max 中有多种模拟日光照射效果的方法。但如果配合【照明追踪】渲染方式的话，天光往往能产生最生动的效果，如图 9.20 所示。关于与【照明追踪】渲染方式有关的使用技巧，将在渲染一章中详细介绍，这里只是简单介绍天光的参数，如图 9.21 所示。

图 9.20 天光与光跟踪渲染的模型

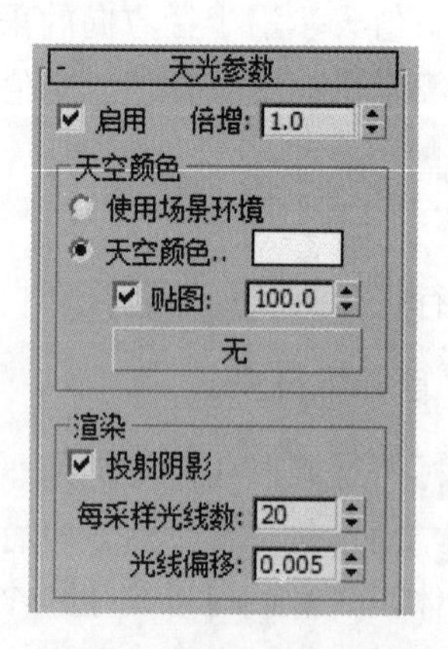

图 9.21 【天光参数】卷展栏

- 【启用】：用于开关天光对象。

- 【倍增】：指定正数或负数来增减灯光的能量，例如输入 2，表示灯光亮度增强两倍。使用这个参数提高场景亮度时，有可能会引起颜色过亮，还可能产生视频输出中不可用的颜色，所以除非是制作特定案例或特殊效果，否则选择 1。
- 【天空颜色】选项组：天空被模拟成一个圆屋顶的样子覆盖在场景上，如图 9.22 所示。用户可以在这里指定天空的颜色或贴图。

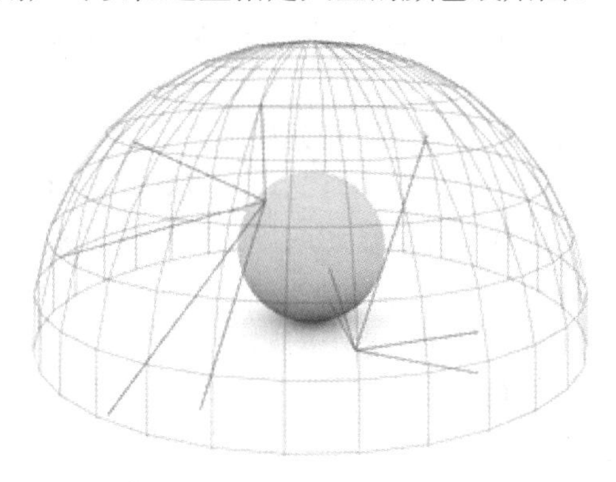

图 9.22　建立天光模型作为场景上方的圆屋顶

  - 【使用场景环境】：使用【环境和效果】对话框设置颜色为灯光颜色，只在【照明追踪】方式下才有效。
  - 【天空颜色】：单击右侧的色块显示颜色选择器，从中调节天空的色彩。
  - 【贴图】：通过指定贴图影响天空颜色。左侧的复选框用于设置是否使用贴图，下方的空白按钮用于指定贴图，右侧的文本框用于控制贴图的使用程度(低于 100%时，贴图会与天空颜色进行混合)。
- 【渲染】选项组：用来定义天光的渲染属性，只有在使用默认扫描线渲染器，并且不使用高级照明渲染引擎时，该组参数才有效。
  - 【投影阴影】：勾选该复选框使用天光可以投射阴影。
  - 【每采样光线数】：设置在场景中每个采样点上天光的光线数。较高的值使天光效果比较细腻，并有利于减少动画画面的闪烁，但较高的值会增加渲染时间。
  - 【光线偏移】：定义对象上某一点的投影与该点的最短距离。

9.7　灯光的共同参数卷展栏

在 3ds Max 中除了天光之外，所有不同的灯光对象都共享一套控制参数，它们控制着灯光的最基本特征，包括【常规参数】、【强度/颜色/衰减】、【高级效果】、【阴影参数】、【阴影贴图参数】和【大气和效果】等卷展栏。

9.7.1　【常规参数】卷展栏

【常规参数】卷展栏主要控制对灯光的开启与关闭、排除或包含以及阴影方式。在【修改】命令面板中，【常规参数】卷展栏还可以用于控制灯光目标物体，改变灯光类型，如图 9.23 所示。

- 【灯光类型】选项组
  - ◆ 【启用】：用来启用和禁用灯光。当【启用】复选框处于勾选状态时，使用灯光着色和渲染以照亮场景。当【启用】复选框处于未勾选状态时，进行着色或渲染时不使用该灯光。默认设置为选中。
  - ◆ 聚光灯 ：对当前灯光的类型进行改变，可以在聚光灯、平行灯和泛光灯之间进行转换。
  - ◆ 【目标】：勾选该复选框，灯光将成为目标。灯光与其目标之间的距离显示在复选框的右侧。对于自由灯光，可以设置该值。对于目标灯光，可以通过取消勾选该复选框或移动灯光或灯光的目标对象对其进行更改。
- 【阴影】选项组
  - ◆ 【启用】：开启或关闭场景中的阴影使用。
  - ◆ 【使用全局设置】：勾选该复选框，将会把下面的阴影参数应用到场景中全部投影灯上。
  - ◆ 光线跟踪阴影 ：决定当前灯光使用哪种阴影方式进行渲染，其中包括高级光线跟踪、阴影贴图、区域阴影、光线跟踪阴影、mental ray 阴影贴图和 Vray 阴影 6 种。
  - ◆ 【排除】：单击该按钮，在打开的【排除/包含】对话框中，设置场景中的对象不受当前灯光的影响，如图 9.24 所示。

图 9.23 【常规参数】卷展栏

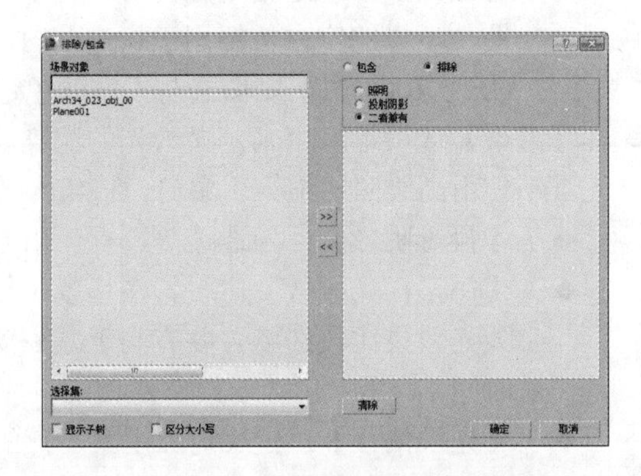

图 9.24 【排除/包含】对话框

在【排除/包含】对话框中，在【场景对象】列表中的所有对象都受当前灯光的影响。如果想不受当前灯光的影响，可以在【场景对象】列表中选择一个对象，单击 >> 按钮，将其排除灯光的影响。下面将对排除进行介绍。如图 9.25 所示，在该场景中有 1 盏目标聚光灯和 3 盏泛光灯，其中第二幅图中左侧对象未排除目标聚光灯的影响，第三幅图中右侧对象被排除了目标聚光灯的影响。

如果要设置个别物体不产生或不接受阴影。可以右击选择物体，在弹出的快捷菜单中选择【对象属性】命令，在弹出的【对象属性】对话框中取消勾选【接收阴影】或【投影阴影】复选框，如图 9.26 所示。

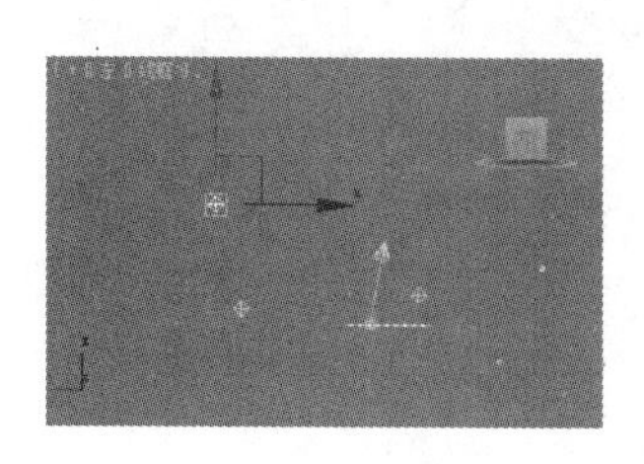

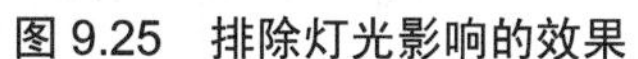

图 9.25　排除灯光影响的效果

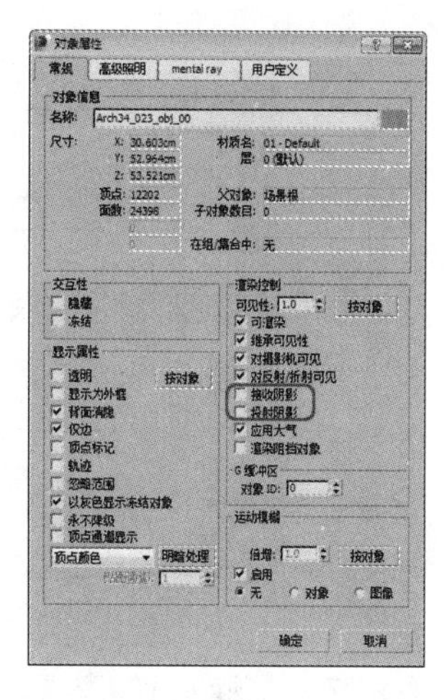

图 9.26　设置不接受阴影

9.7.2　【强度/颜色/衰减】卷展栏

【强度/颜色/衰减】卷展栏是标准的附加参数卷展栏，如图 9.27 所示。它主要对灯光的颜色、强度以及灯光的衰减进行设置。

- 【倍增】：对灯光的照射强度进行控制，标准值为 1，如果设置为 2，则照射强度会增加一倍。如果设置为负值，将会产生吸收光的效果。通过这个选项增加场景的亮度可能会造成场景曝光，还会产生视频无法接受的颜色，所以除非是特殊效果或特殊情况，否则应尽量设置为 1。
- 颜色块：用于设置灯光的颜色。
- 【衰退】选项组：用来降低远处灯光的照射强度。
  - ◆ 【类型】：在其下拉列表框中有 3 个衰减选项。
  - ◆ 【无】：不产生衰减。
  - ◆ 【倒数】：以倒数方式计算衰减，计算公式为 L(亮度)=RO/R，RO 为使用灯光衰减的光源半径或使用了衰减时的近距结束值，R 为照射距离。
  - ◆ 【平方反比】：计算公式为 L(亮度)=$(RO/R)^2$，这是真实世界中的灯光衰减，也是光度学灯光的衰减公式。
  - ◆ 【开始】：该微调框定义了灯光不发生衰减的范围。
  - ◆ 【显示】：显示灯光进行衰减的范围。
- 【近距衰减】选项组：用来设置灯光从开始衰减到衰减程度最强的区域。
  - ◆ 【使用】：决定被选择的灯光是否使用它被指定的衰减范围。
  - ◆ 【开始】：设置灯光开始衰减的位置。
  - ◆ 【显示】：如果勾选该复选框，在灯光的周围会出现表示灯光衰减开始和结束的圆圈，如图 9.28 所示。
  - ◆ 【结束】：设置灯光衰减结束的地方，也就是灯光停止照明的距离。在开始衰减和结束衰减之间灯光按线性衰减。

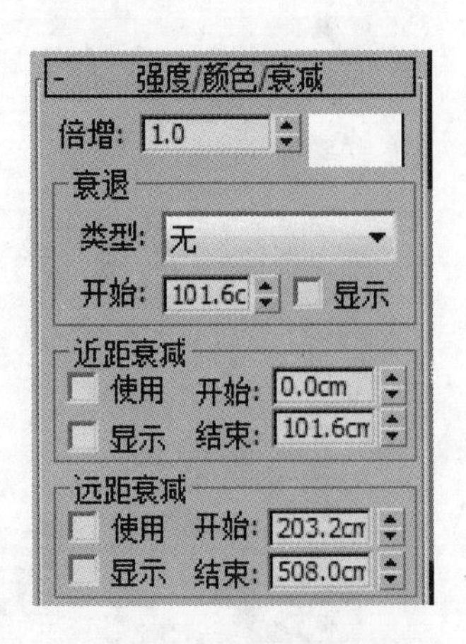

图 9.27 【强度/颜色/衰减】卷展栏

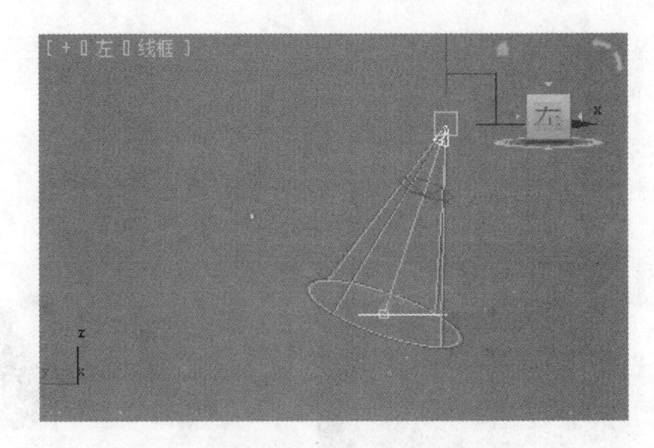

图 9.28 显示衰减区

- 【远距衰减】选项组：用来设置灯光从衰减开始到完全消失的区域。
  - ◆ 【使用】：决定灯光是否使用它被指定的衰减范围。
  - ◆ 【开始】：该微调框定义了灯光不发生衰减的范围，只有在比开始照明更远的照射范围灯光才开始发生衰减。
  - ◆ 【显示】：勾选该复选框会出现表示灯光衰减开始和结束的圆圈。
  - ◆ 【结束】：设置灯光衰减结束的地方，也就是灯光停止照明的距离。

9.7.3 【高级效果】卷展栏

【高级效果】卷展栏提供了灯光影响曲面方式的控件，也包括很多微调和投影灯的设置，如图 9.29 所示。

可以通过选择要投射灯光的贴图，使灯光对象成为一个投影。投射的贴图可以是静止的图像或动画，如图 9.30 所示。其各项参数功能介绍如下。

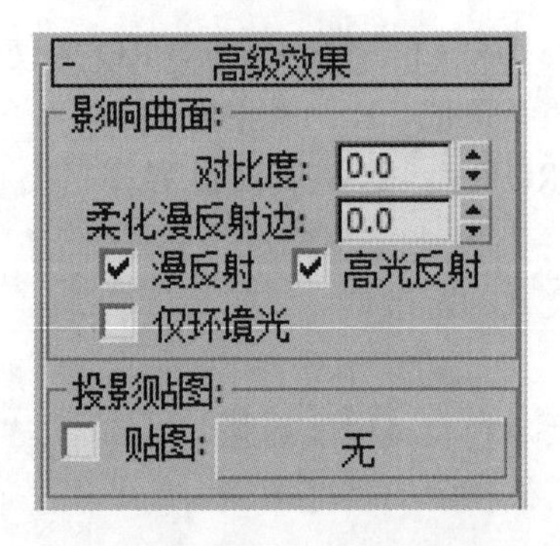

图 9.29 【高级效果】卷展栏

图 9.30 使用灯光投影

(1) 【影响曲面】选项组

- 【对比度】：光源照射在物体上，会在物体的表面形成高光区、过渡区、阴影区和反光区。
- 【柔化漫反射边】：柔化过渡区与阴影表面之间的边缘，避免产生清晰的明暗分界。

- 【漫反射】：漫反射区就是从对象表面的亮部到暗部的过渡区域。默认状态下，此复选框处于勾选状态。这样光线才会对物体表面的漫反射产生影响。如果复选框没有被勾选，则灯光不会影响漫反射区域。
- 【高光反射】：也就是高光区，是光源在对象表面上产生的光点。此复选框用来控制灯光是否影响对象的高光区域。在默认状态下，此复选框为勾选状态。如果取消勾选该复选框，灯光将不影响对象的高光区域。
- 【仅环境光】：勾选该复选框，照射对象将反射环境光的颜色。在默认状态下，该复选框为非勾选状态。

如图 9.31 所示是漫反射、高光反射和仅环境光 3 种渲染效果。

图 9.31　3 种渲染效果

(2) 【投影贴图】选项组

【贴图】：勾选该复选框，可以通过右侧的【无】按钮为灯光指定一个投影图形，它可以像投影机一样将图形投影到照射的对象表面。当使用一个黑白位图进行投影时，黑色将光线完全挡住，白色对光线没有影响。

9.7.4 【阴影参数】卷展栏

【阴影参数】卷展栏中的参数用于控制阴影的颜色、浓度以及是否使用贴图来代替颜色作为阴影，如图 9.32 所示。其各项目的功能说明如下。

- 【对象阴影】选项组：用于控制对象的阴影效果。
  - ◆ 【颜色】：用于设置阴影的颜色。
  - ◆ 【密度】：设置较大的数值产生一个粗糙、有明显的锯齿状边缘的阴影；相反阴影的边缘会变得比较平滑。如图 9.33 所示为不同的密度值所产生的阴影效果。
  - ◆ 【贴图】：勾选该复选框可以对对象的阴影投射图像，但不影响阴影以外的区域。在处理透明对象的阴影时，可以将透明对象的贴图作为投射图像投射到阴影中，以创建更多的细节，使阴影更真实。
  - ◆ 【灯光影响阴影颜色】：勾选该复选框，将混合灯光和阴影的颜色，如图 9.34 所示。

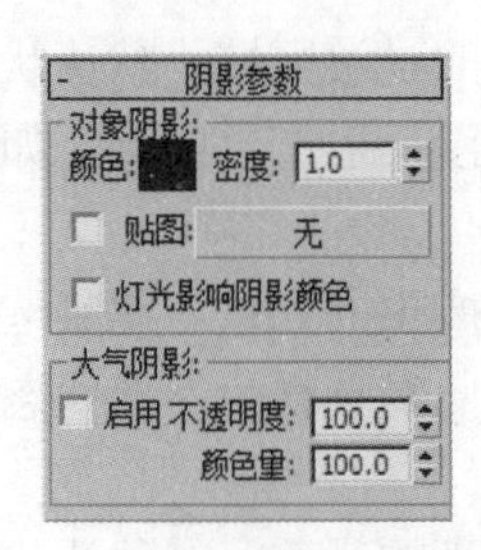

图 9.32 【阴影参数】卷展栏

图 9.33 设置不同的密度值效果

- 【大气阴影】选项组：用于控制允许大气效果投射阴影，如图 9.35 所示。
  - ◆ 【启用不透明度】：调节大气阴影的不透明度的百分比数值。
  - ◆ 【颜色量】：调节大气的颜色和阴影混合的百分比数值。

图 9.34 灯光影响阴影颜色效果

图 9.35 大气阴影

9.7.5 【阴影贴图参数】卷展栏

【阴影贴图参数】卷展栏主要是对阴影的大小、采样范围、贴图偏移等选项进行控制，如图 9.36 所示。其各项目的功能介绍如下。

- 【偏移】：该微调框通常用来确定阴影贴图与投射对象之间的精确性。偏移值越高，阴影与对象离得就越远；偏移值越低，阴影与对象靠得越近，如图 9.37 所示。

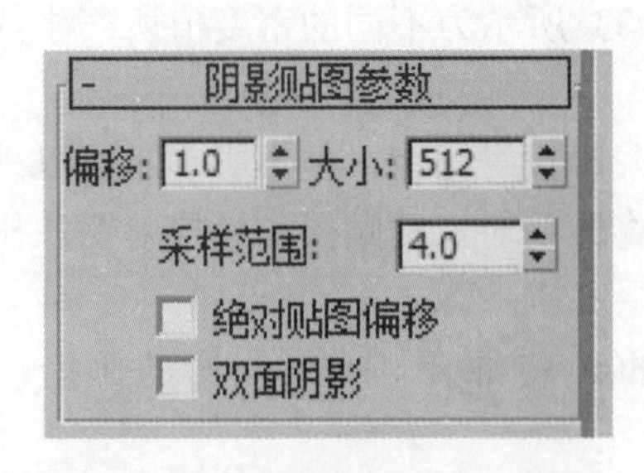

图 9.36 【阴影贴图参数】卷展栏

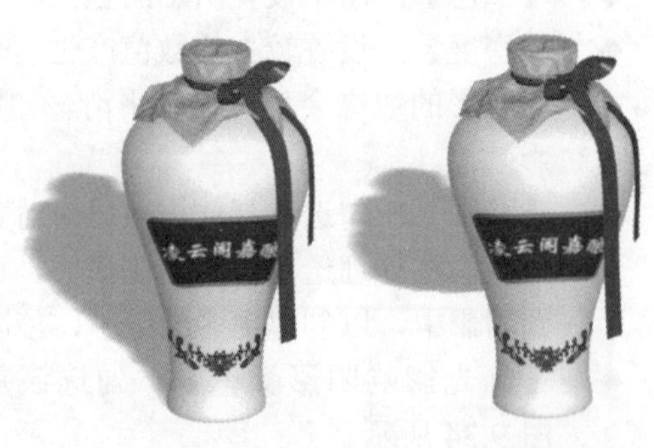

图 9.37 不同的【偏移】值产生的效果

- 【大小】：用来确定阴影贴图的大小，如果阴影面积较大，应提高此值，否则阴影将会像素化，边缘将会有锯齿。如图 9.38 所示，左图为【大小】设置为 50 的效果；设定一个较高的数值，可以优化阴影的质量，右图为【大小】设置为 782 的效果。

图 9.38　设置不同的【大小】值所得到的效果

- 【采样范围】：设置阴影中边缘区域的模糊程度，值越高，阴影边界越模糊。采样范围的原理就是在阴影边界周围的几个像素中取样，进行模糊处理，以便产生模糊的边界。因此阴影边界的质量是由阴影贴图偏移、大小和采样范围共同决定的。
- 【绝对贴图偏移】：勾选该复选框，阴影贴图的偏移未标准化，但是该偏移在固定比例上以 Max 为单位表示。在设置动画时，无法更改该值。
- 【双面阴影】：勾选该复选框，计算阴影时背面将不被忽略。从内部看到的对象不由外部的灯光照亮，这样将花费更多渲染时间。取消勾选该复选框后，将忽略背面，渲染速度更快，但外部灯光将照亮对象的内部。默认设置为勾选。

9.7.6　【大气和效果】卷展栏

【大气和效果】卷展栏用于指定、删除和设置与灯光有关的大气及渲染特效参数，如图 9.39 所示。单击【添加】按钮，会弹出【添加大气或效果】对话框，如图 9.40 所示，用于为灯光添加大气和效果。其中各项内容介绍如下。

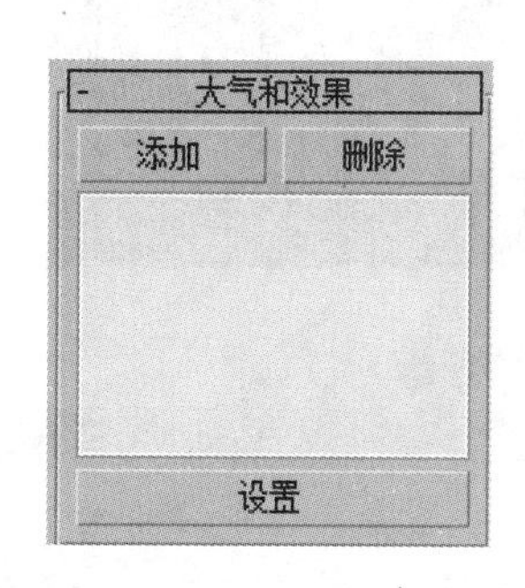

图 9.39　【大气和效果】卷展栏

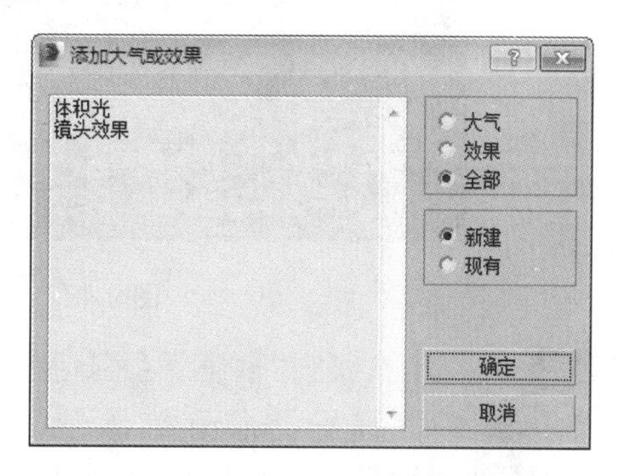

图 9.40　【添加大气或效果】对话框

- 【大气】：设置列表中只显示大气相关内容。
- 【效果】：设置列表中只显示渲染特效。

- 【全部】：设置列表中可以同时显示大气和渲染效果。
- 【新建】：设置列表中只显示新建的大气或渲染效果。
- 【现有】：设置列表中只显示已经指定给灯光的大气或渲染效果。

单击【删除】按钮可以删除列表中选中的大气或渲染效果。列表中会显示当前灯光所指定的所有大气和渲染效果。

单击【设置】按钮可以对列表中选中的大气或渲染效果进行设置。

9.8 光度学灯光

光度学灯光使用光度学(光能)值，通过这些值可以更精确地定义灯光，就像在真实世界一样。用户可以创建具有各种分布和颜色特性的灯光，或导入照明制造商提供的特定光度学文件。

注 意

光度学灯光使用平方反比衰减持续衰减，并依赖于使用实际单位的场景。

9.8.1 光度学灯光的类型

光度学灯光包含有【目标灯光】、【自由灯光】和【mr 天空入口】3 种类型，如图 9.41 所示。

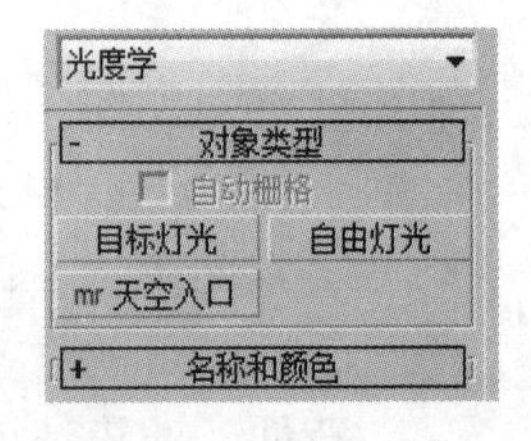

图 9.41 光度学灯光

1. 目标灯光

目标灯光具有可以用于指向灯光的目标子对象，可采用球形分布、聚光灯分布以及 Web 分布方式，如图 9.42 所示。

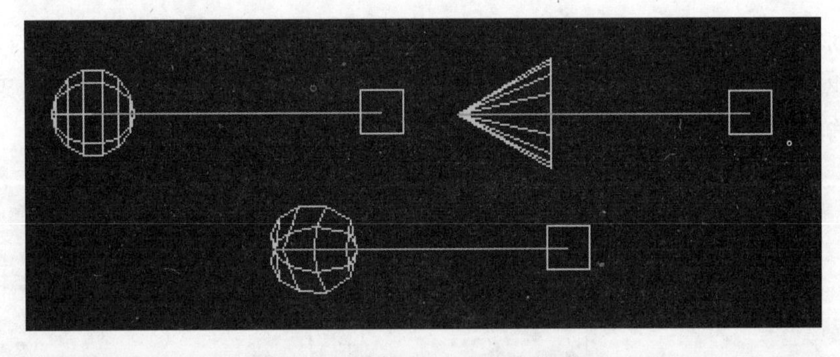
图 9.42 目标灯光的分布方式

注 意

当添加目标灯光时，3ds Max 会自动为其指定注视控制器，且灯光目标对象指定为“注视”目标。用户可以使用【运动】面板上的控制器设置将场景中的任何其他对象指定为“注视”目标。

2. 自由灯光

自由灯光不具备目标子对象，可以通过使用变换瞄准它。自由灯光采用球形分布、聚光灯分布以及 Web 分布，如图 9.43 所示。

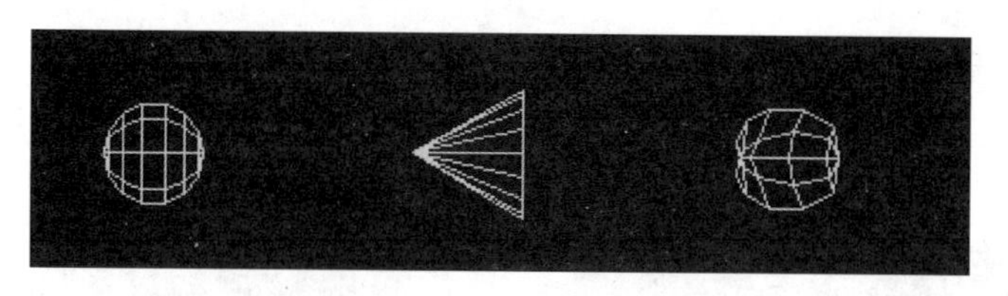

图 9.43　自由灯光分布方式

3. mr 天空入口

mr(mental ray)天空入口提供了一种“聚集”内部场景中的现有天空照明的有效方法，无须高度最终聚集或全局照明设置(这会使渲染时间过长)。实际上，门户就是一个区域灯光，从环境中导出其亮度和颜色。

提 示

为使 mr 天空入口正确工作，场景必须包含天光组件。此组件可以是 IES 天光、mr 天光，也可以是天光。

9.8.2　光度学灯光的分布功能

光度学灯光具有 4 种分布方式：【统一球形】、【统一漫反射】、【聚光灯】和【光度学 Web】，如图 9.44 所示。

1. 统一球形

统一球形分布，如其名称所示，可在各个方向上均匀分布灯光，如图 9.45 所示。

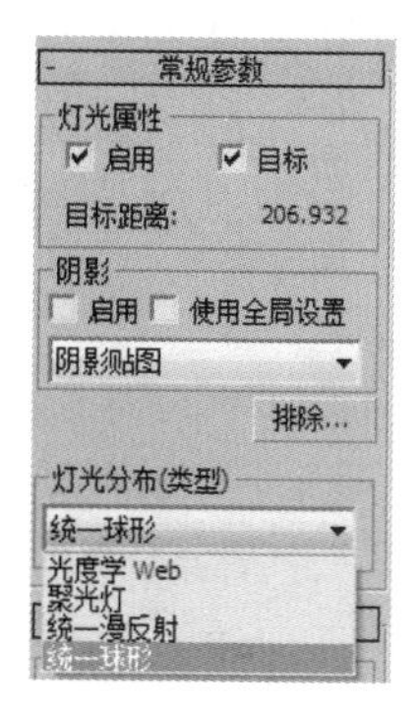

图 9.44　光度学灯光分布

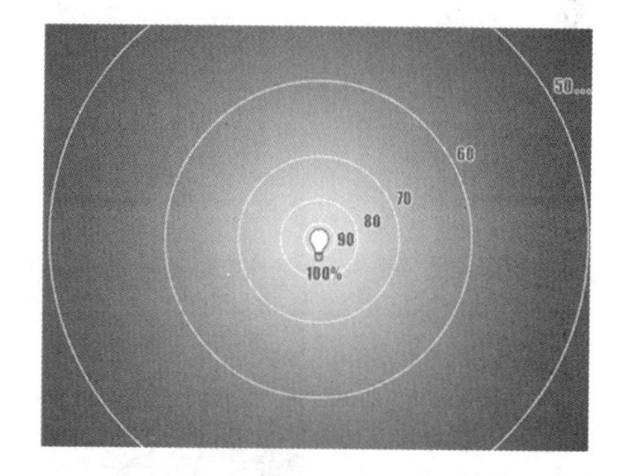

图 9.45　统一球形灯光示意图

2. 统一漫反射

统一漫反射分布仅在半球体中发射漫反射灯光，就如同从某个表面发射灯光一样，如图 9.46 所示。

统一漫反射分布遵循 Lambert 余弦定理：从各个角度观看灯光时，它都具有相同明显的强度。

3. 聚光灯

聚光灯分布像闪光灯一样投影集中的光束，在剧院中或桅灯投影下面的聚光，如图 9.47 所示，当灯光光束角度的强度衰减到 50%时，区域角度的强度值会逐渐减少并接近 0。

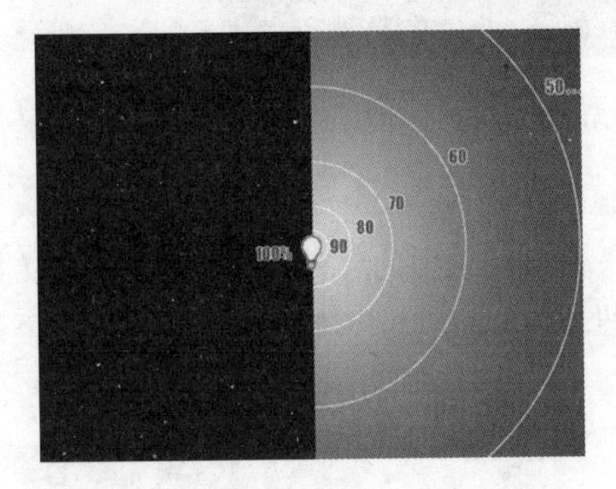

图 9.46　统一漫反射灯光示意图

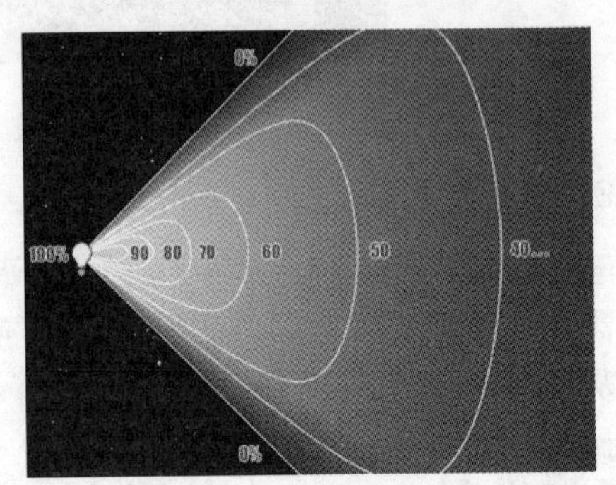

图 9.47　聚光灯示意图

注 意

光束角度与标准灯光的聚光角度相似，但所有聚光区的强度均为 100%。区域角度与标准灯光的衰减角度相似，但对于衰减角度，强度会减为零；由于光度学灯光使用的是较平滑的曲线，因此某些灯光可能投影在区域角度之外。

4. 光度学 Web

光度学 Web 分布使用光度学 Web 定义分布灯光，如图 9.48 所示。光域网是光源的灯光强度分布的 3D 表示。Web 定义存储在文件中。许多照明制造商可以提供为其产品建模的 Web 文件，这些文件通常在 Internet 上可用。Web 文件可以是 IES、LTLI 或 CIBSE 格式。指定 Web 文件的控件位于“分布(光度学文件)”卷展栏上。

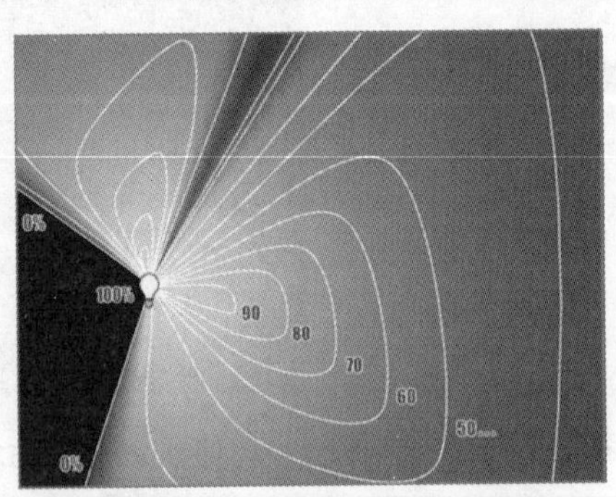

图 9.48　光度学 Web 示意图

9.8.3　用于生成阴影的灯光图形

如果所选分布影响灯光在场景中的扩散方式时，灯光图形会影响对象投影阴影的方

式。此设置需单独进行选择。通常，较大区域的投影阴影较柔和。在【图形/区域阴影】卷展栏中可以设置生成阴影的灯光图形，如图 9.49 所示。

- 点光源：效果就像几何点(如裸灯泡)在发射灯光一样，如图 9.50 所示。

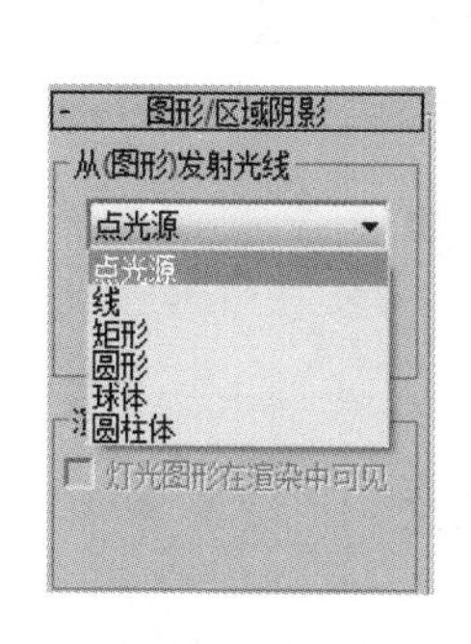

图 9.49　【图形/区域阴影】卷展栏

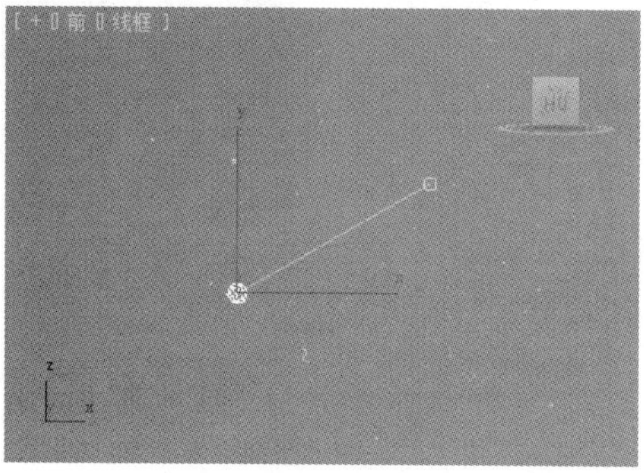

图 9.50　点光源

- 线：效果就像线形(如荧光灯)在发射灯光一样，如图 9.51 所示。
- 矩形：效果就像矩形区域(如天光)在发射灯光一样，如图 9.52 所示。

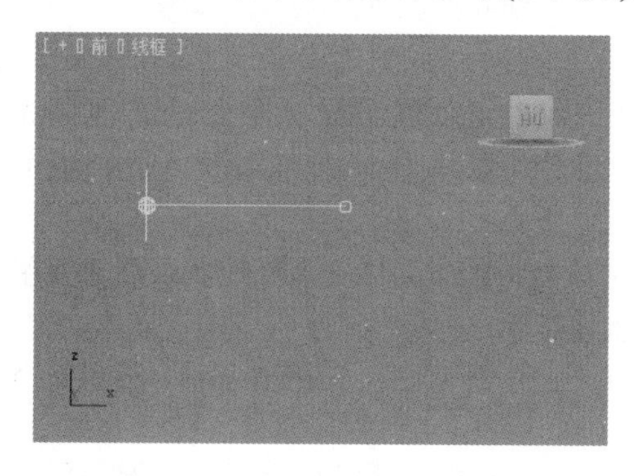

图 9.51　线

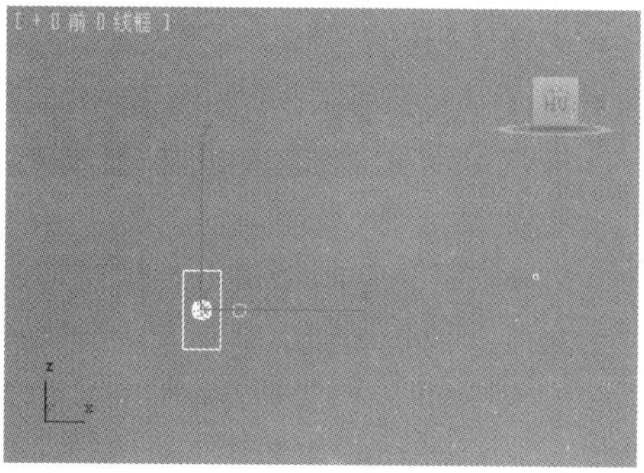

图 9.52　矩形

- 圆形：效果就像圆形(如圆形舷窗)在发射灯光一样，如图 9.53 所示。
- 球体：效果就像球体(如球形照明器材)在发射灯光一样，如图 9.54 所示。

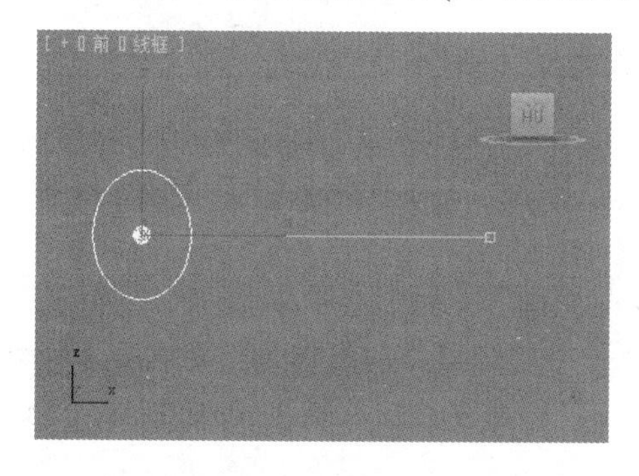

图 9.53　圆形

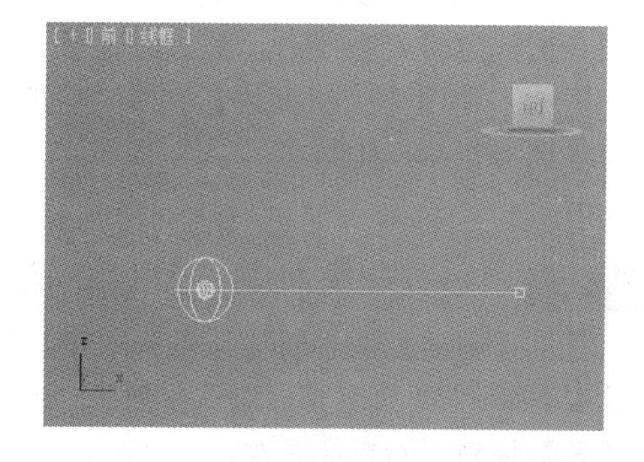

图 9.54　球体

- 圆柱体：效果就像圆柱体(如管形照明器材)在发射灯光一样，如图 9.55 所示。

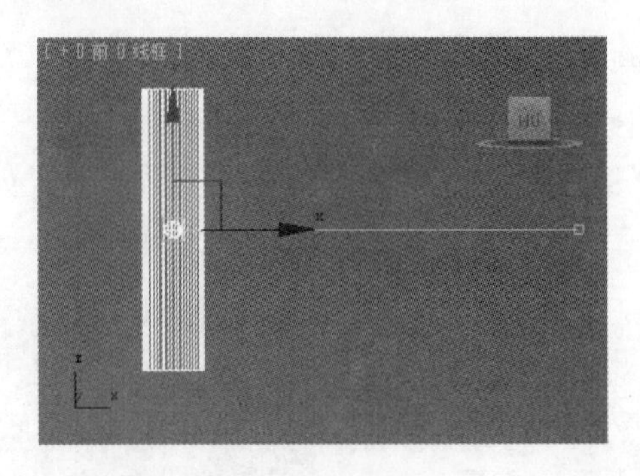

图 9.55　圆柱体

9.9　太阳光和日光系统

“太阳光和日光”系统可以使用系统中的灯光，该系统遵循太阳与地球之间的现实关系，符合地理学的角度和运动。用户可以选择位置、日期、时间和指南针方向，也可以设置日期和时间的动画。

【太阳光】和【日光】具有相似的用户界面，区别介绍如下。

- 【太阳光】使用平行光。
- 【日光】将太阳光和天光相结合。太阳光组件可以是 IES 太阳光、mr 太阳光，也可以是标准灯光(目标直接光)。天光组件可以是 IES 天光、mr 天光，也可以是天光。
  - ◆ IES 太阳光和 IES 天光均为光度学灯光。如果要通过曝光控制来创建使用光能传递的渲染效果，则最好使用上述灯光。
  - ◆ mr 太阳光和 mr 天光也是光度学灯光，但是专门在 mental ray 太阳和天空解决方案中使用。
  - ◆ 标准灯光和天光不是光度学灯光。如果场景使用标准照明(具有平行光的太阳光也适用于这种情况)，或者如果您要使用光跟踪器，则最好使用上述灯光。

最初创建日光系统时，默认创建参数被设置为夏至当天的正午。使用【控制参数】卷展栏中的【获取位置】按钮可以选择正确的地理位置。在视图中能够显示罗盘和灯光，如图 9.56 所示。

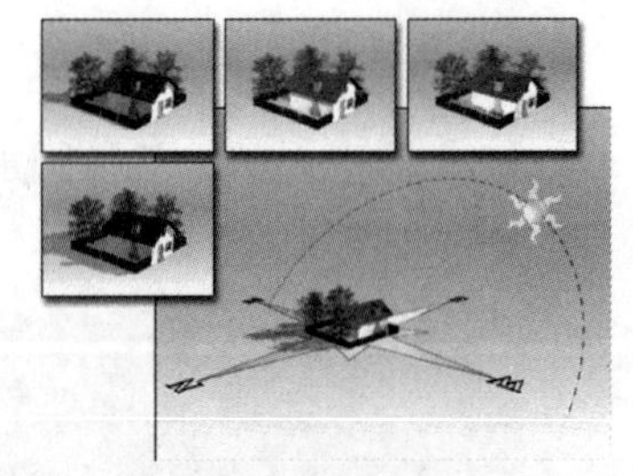

图 9.56　日光示意图

注 意

使用【创建】菜单创建日光系统时，会出现一个对话框，询问您是否要使用【对数曝光控制】，将渲染器设置为默认扫描线，还是将 mr 摄影曝光控制设置为 mental ray。建议单击【是】按钮，启用此更改。

通过【日光参数】卷展栏可以定义日光系统的太阳对象，并可以设置太阳光和天光行为。当选择了日光系统的灯光组件后，可以看到【日光参数】卷展栏，如图 9.57 所示。

- 【太阳光】：可以在其下面的下拉列表框中为场景中的太阳光选择一个灯光照射选项。
  - ◆ 【IES 太阳光】：使用 IES 太阳对象来模拟太阳。
  - ◆ mr Sun：使用 mr Sun 来模拟太阳。
  - ◆ 【标准】：使用目标直接光来模拟太阳。
  - ◆ 【无太阳光】：不模拟太阳光。
  - ◆ 【活动】：在视图中启用或禁用太阳光。

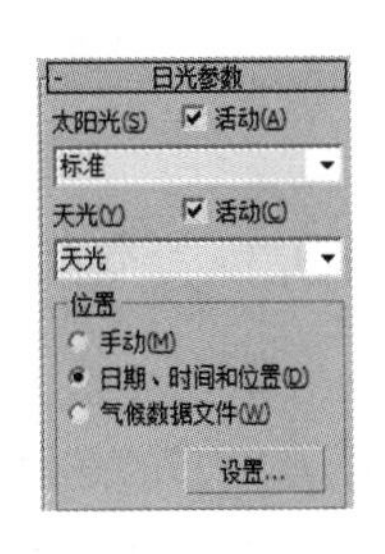

图 9.57 【日光参数】卷展栏

- 【天光】：可以在其下面的下拉列表框中为场景中的天光选择一个选项。

  - ◆ 【IES 天光】：使用 IES 天空对象来模拟天光。
  - ◆ mr Sky：使用 mr Sky 来模拟太阳。
  - ◆ 【天光】：使用天光对象来模拟天光。
  - ◆ 【无天光】：不模拟天光。
  - ◆ 【活动】：在视图中启用或禁用天光。
- 【位置】：用于设置灯光系统的位置。
  - ◆ 【手动】：选中此单选按钮后，可以手动调整日光对象在场景中的位置，以及太阳光的强度值。
  - ◆ 【日期、时间和位置】：选中此单选按钮后，可模拟设定太阳在地球上的某一特定位置，并使其符合地理学的角度和运动。

注 意

注意激活“日期、时间和位置”后，调整灯光的强度将不生效。

- 【气候数据文件】：选中该单选按钮，日光会从气候数据(PW)文件中导出太阳的角度和强度。
- 【设置】：当选中【日期、时间和位置】单选按钮时，单击该按钮，可以打开【控制参数】卷展栏，在该卷展栏中可以调整日光系统的时间、位置和地点，如图 9.58 所示。当选中【气候数据文件】单选按钮时，单击【设置】按钮，可打开【配置气候数据】对话框，如图 9.59 所示。在该对话框中可以选择日光系统可能要使用的气候数据。

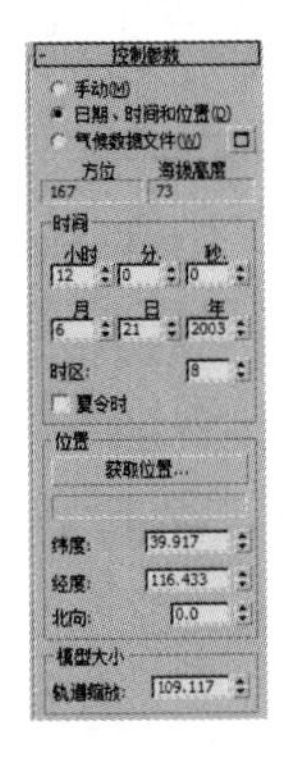

图 9.58 【控制参数】卷展栏

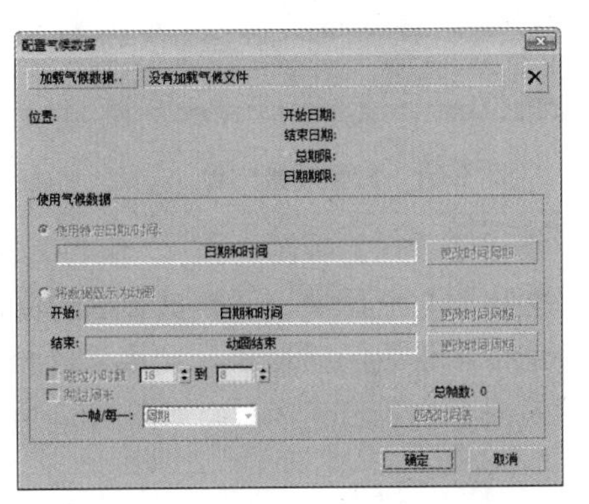

图 9.59 【配置气候数据】对话框

9.10 上机实践

9.10.1 添加摄影机

在制作完成的场景中，经常要添加摄影机并在【摄影机】视图中渲染输出文件。本例将在设置好的场景中添加一台摄影机，并切换到【摄影机】视图对场景进行渲染。渲染后的效果如图 9.60 所示。

图 9.60 渲染后的效果

(1) 打开随书附带光盘 CDROM\Scenes\Cha09\添加摄影机.max 场景文件，如图 9.61 所示。

(2) 选择【创建】|【摄影机】|【目标】按钮，在【顶】视图中创建一个摄影机，如图 9.62 所示。

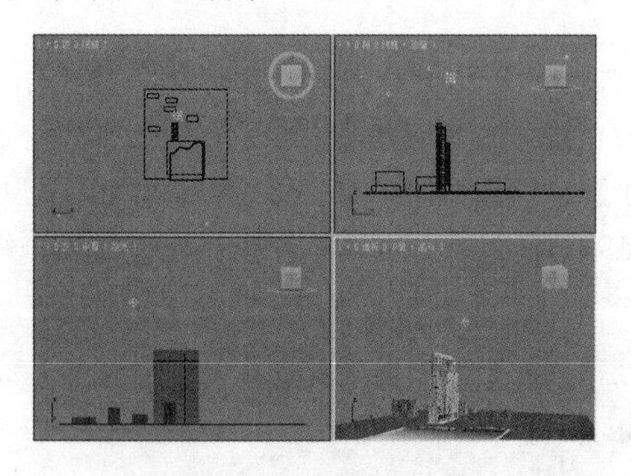

图 9.61 打开场景文件

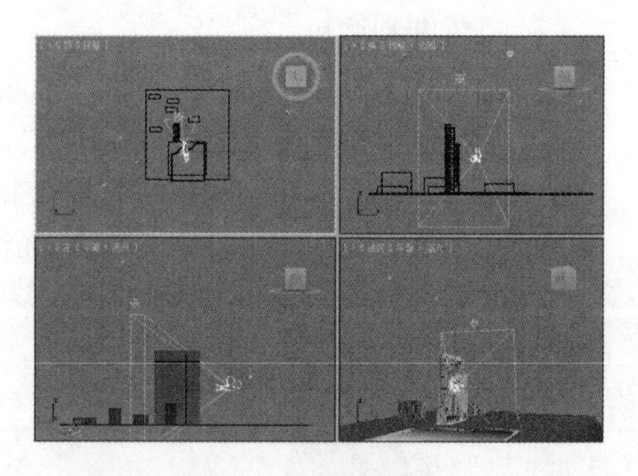

图 9.62 添加摄影机

(3) 激活【透视】视图，按 C 键将其转换为【摄影机】视图，然后在其他视图中使用【选择并移动】工具，调整摄影机的位置，如图 9.63 所示。

(4) 选中场景中的摄影机，切换到【修改】命令面板，在【参数】卷展栏中，单击【备用镜头】的 35mm 按钮，如图 9.64 所示。

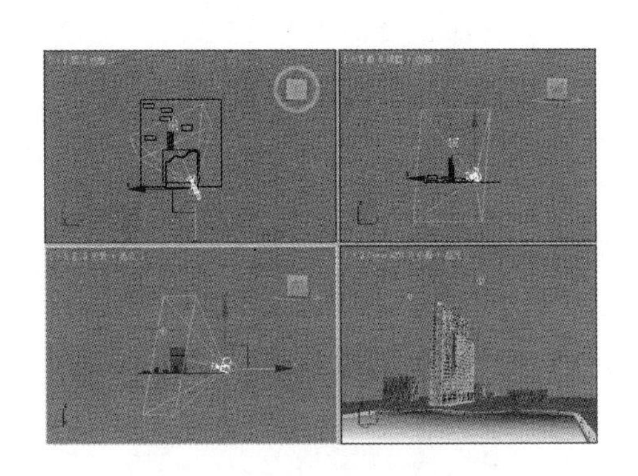

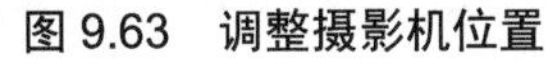

图 9.63 调整摄影机位置

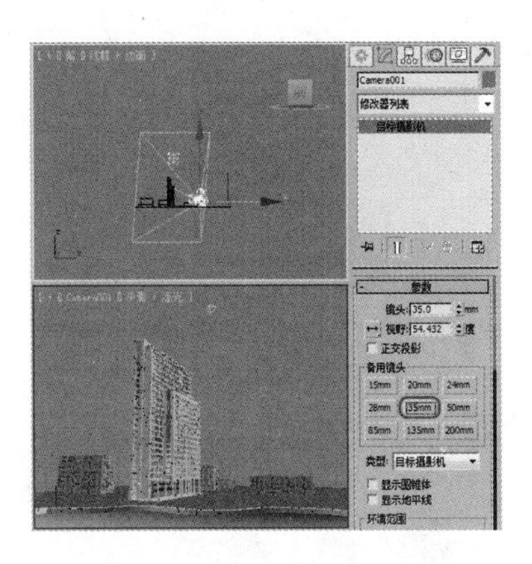

图 9.64 单击 35mm 按钮

(5) 激活【摄影机】视图，按 F9 快捷键渲染场景。

9.10.2 添加灯光

在场景中添加需要的灯光可以使场景效果更佳。本例将介绍【目标聚光灯】和【泛光】的添加，添加完成后的效果如图 9.65 所示。

图 9.65 渲染后的效果

(1) 打开随书附带光盘中的 CDROM\Scenes\Cha09\户外休闲摇椅.max 文件，对【透视】视图经行渲染，如图 9.66 所示。

(2) 选择【创建】 |【灯光】 |【标准】|【目标聚光灯】工具，在【顶】视图中创建一盏目标聚光灯，如图 9.67 所示。

(3) 在【左】视图中对【目标聚光灯】进行调整，切换到【修改】面板中，在【强度/颜色/衰减】卷展栏中将【倍增】设为 1，在【聚光灯参数】卷展栏中将【聚光区/光束】设为 43，【衰减区/区域】设为 88，如图 9.68 所示。

(4) 选择【创建】 |【灯光】 |【标准】|【泛光】工具，在【顶】视图中创建 1 盏泛光灯，并在【左】视图调整位置，如图 9.69 所示。

(5) 选择 omni001 泛光灯，切换到【修改】面板在【常规参数】卷展栏中将【阴影】

选项中的【启用】和【使用全局设置】取消勾选，在【常规参数】卷展栏中将【倍增】设为 0.2，如图 9.70 所示。

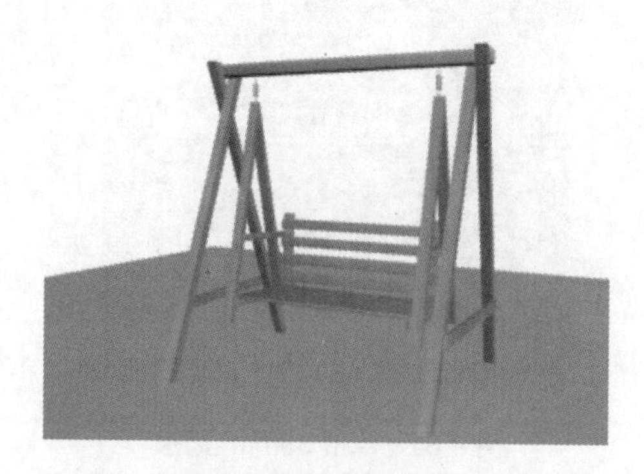

图 9.66　渲染效果

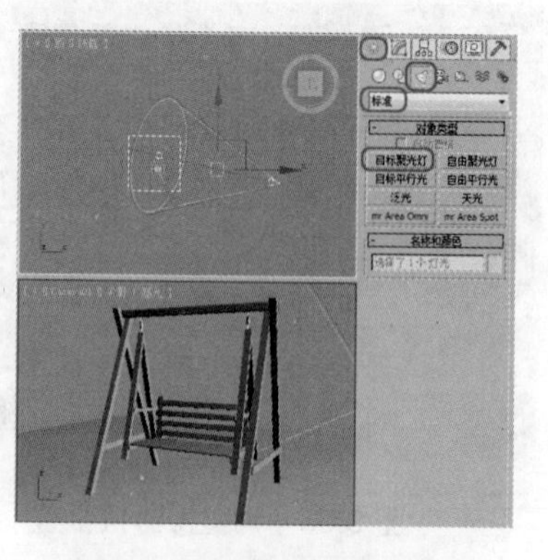

图 9.67　创建目标聚光灯

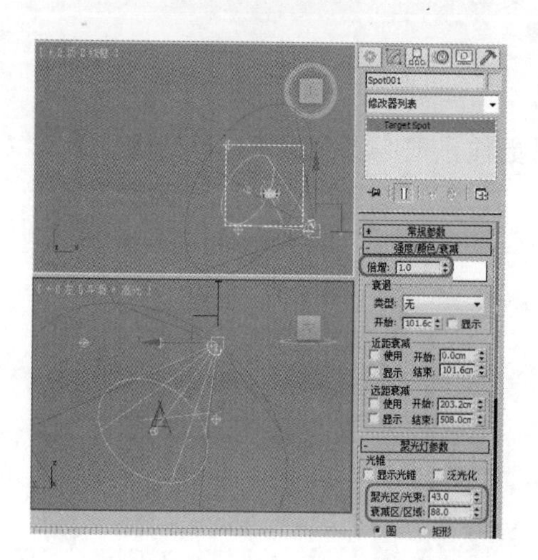

图 9.68　调整目标聚光灯

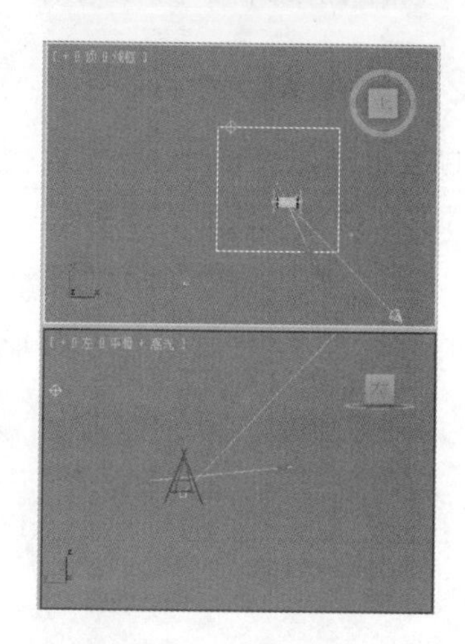

图 9.69　创建泛光灯

(6)　在【顶】视图中创建第 2 盏泛光灯，并在【左】视图中调整位置，如图 9.71 所示。

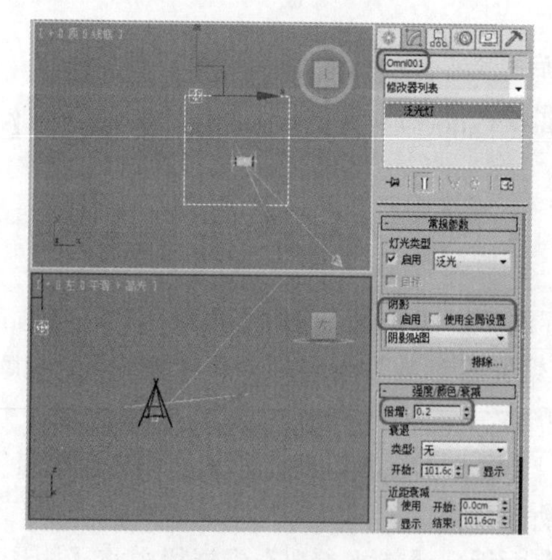

图 9.70　设置泛光灯

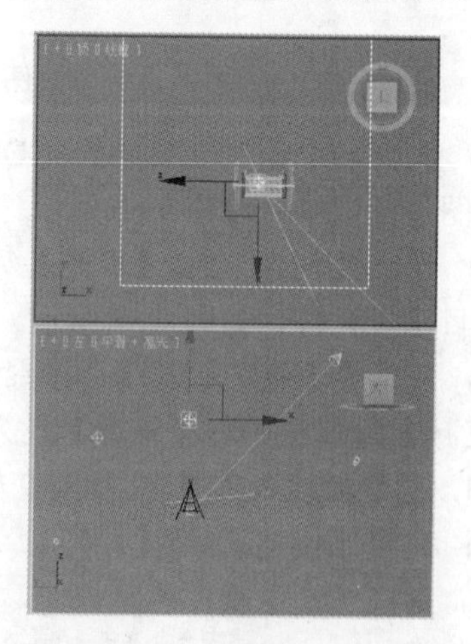

图 9.71　创建泛光灯

(7) 选择 omni002 泛光灯，切换到【修改】面板，在【常规参数】卷展栏中将【阴影】选项中的【启用】和【使用全局设置】取消勾选，然后单击【排除】按钮，弹出【排除/包含】对话框，选择除 Box01 以外的所有项目，单击【确定】按钮，如图 9.72 所示。

(8) 在【强度/颜色/衰减】卷展栏中将【倍增】设为 0.2，如图 9.73 所示。

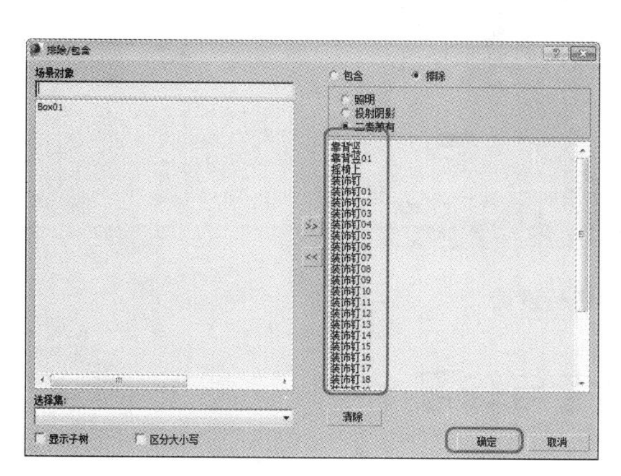

图 9.72　排除所选项目

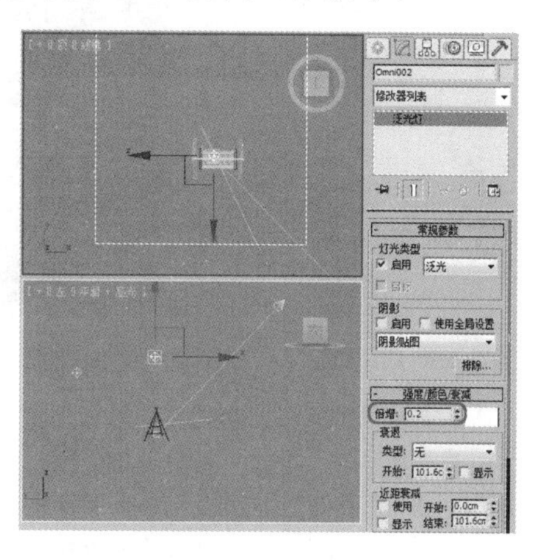

图 9.73　进行设置

(9) 在【顶】视图中创建第 3 盏泛光灯，并在【左】视图中调整位置，如图 9.74 所示。

(10) 选择 omni003 泛光灯，切换到【修改】面板，在【常规参数】卷展栏中将【阴影】选项中的【启用】和【使用全局设置】取消勾选，然后单击【排除】按钮，弹出【排除/包含】对话框，选择 Box01，单击【确定】按钮，如图 9.75 所示。

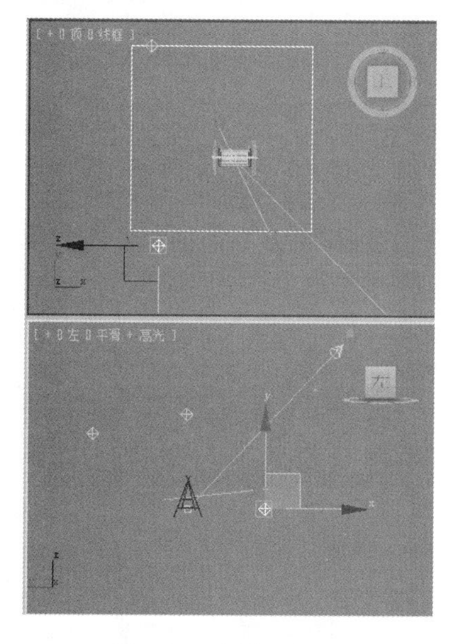

图 9.74　创建泛光灯

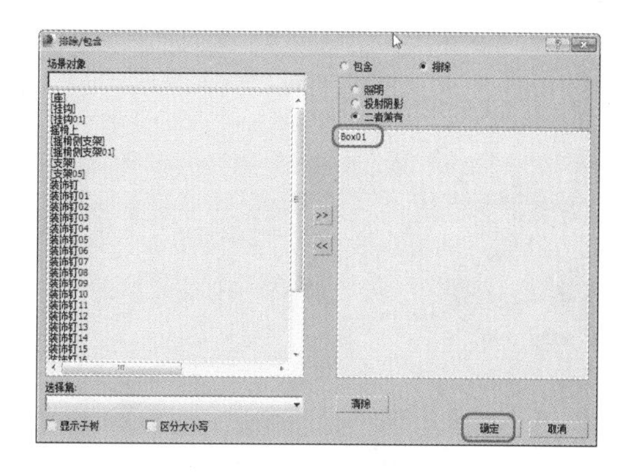

图 9.75　排除 Box01

(11) 在【强度/颜色/衰减】卷展栏中将【倍增】设为 0.5，如图 9.76 所示。

(12) 激活【摄影机】视图，按 F9 快捷键进行渲染。

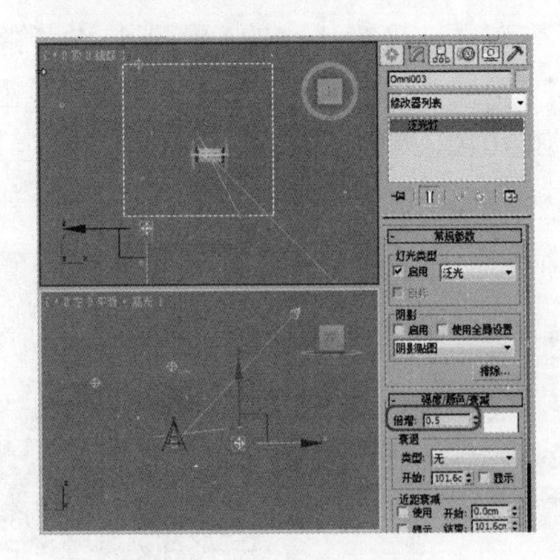

图 9.76　进行设置

9.11　思考与练习

1. 如何更有效地为摄影机命名？
2. 如何布置标准的照明方式？
3. 哪种灯光可以用来模拟日光照射效果？

第 10 章　渲染与特效

在渲染特效中，可以使用一些特殊的效果对场景进行加工和添色，来模拟现实中的视觉效果。用户可以快速地以交互形式添加各种特效，在渲染的最后阶段实现这些效果。

10.1　渲　　染

渲染在整个三维创作中是经常要做的一项工作。在前面所制作的材质与贴图、灯光的作用、环境反射等效果，都是在经过渲染之后才能更好地表达出来。渲染是基于模型的材质和灯光位置，以摄影机的角度利用计算机计算每一个像素着色位置的全过程。如图 10.1 所示为视图中的显示效果和经过渲染后显示的效果。

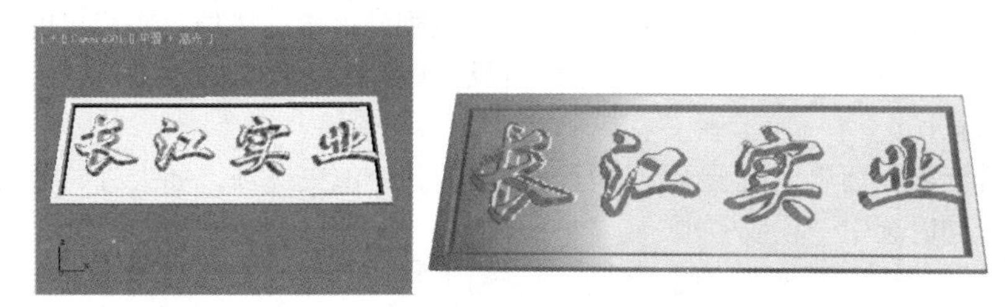

图 10.1　视图中和渲染后显示的效果

10.1.1　渲染输出

可以将图形文件或动画文件渲染并输出，根据需要存储为不同的格式。既可以作为后期处理的素材，也可以成为最终的作品。

在渲染输出之前，要先确定好将要输出的视图。渲染出的结果是建立在所选视图的基础之上的。选取方法是单击相应的视图，被选中的视图将以亮边显示。

提 示

通常选择【透视】图或 Camera 视图来进行渲染。可先选择视图再渲染，也可以在【渲染设置】对话框中设置视图。

在菜单栏中选择【渲染】|【渲染设置】命令，或者按快捷键 F10，也可单击工具栏上的【渲染设置】按钮，弹出如图 10.2 所示的【渲染设置】对话框，在【公用参数】卷展栏中有以下常用参数。

- 【时间输出】选项组用于确定所要渲染的帧的范围。
  - 选中【单帧】单选按钮表示只渲染当前帧，并将结果以静态图像的形式输出。
  - 选中【活动时间段】单选按钮表示可以渲染已经提前设置好时间长度的动画。系统默认的动画长度为 0～100 帧，在此时选中该单选按钮来进行渲染，就会渲染 100 帧的动画。这个时间的长度可以自己更改。

- ◆ 选中【范围】单选按钮表示可以渲染指定起始帧和结束帧之间的帧，在前面的微调框中输入起始帧帧数，在后面的微调框中输入结束帧帧数。如输入 5 至 95，这样可以对第 5 帧到第 95 帧之间的动画进行渲染。
- ◆ 选中【帧】单选按钮表示可以从所有帧中选出一个或多个帧来渲染。在后面的文本框中输入所选帧的序号，单个帧之间以逗号隔开，多个连续的帧以短线隔开。如 1,3,5-12 表示渲染第 1 帧、第 3 帧和第 5 帧～第 12 帧。

提 示

在选中【活动时间段】单选按钮或【范围】单选按钮时，【每 N 帧】微调框的值可以调整。选择的数字是多少就表示在所选的范围内，每隔几帧进行一次渲染。

- 【输出大小】选项组用于确定渲染输出的图像的大小及分辨率。在【宽度】微调框中可以设置图像的宽度值，在【高度】微调框中可以设置图像的高度值。右侧的 4 个按钮是系统根据【自定义】下拉列表框中的选项对应给出的常用图像尺寸值，可直接单击选择。调整【像素纵横比】微调框里的数值可以更改图像尺寸的长宽比。
- 【选项】选项组用于确定进行渲染时的各个渲染选项，如大气、效果、置换等，可同时选中一项或多项。
- 【渲染输出】选项组用于设置渲染输出时的文件格式。单击【文件】按钮，系统将弹出如图 10.3 所示的【渲染输出文件】对话框，选择输出路径，在【文件名】文本框中输入文件名，在【保存类型】下拉列表中选择想要保存的文件格式，然后单击【保存】按钮。

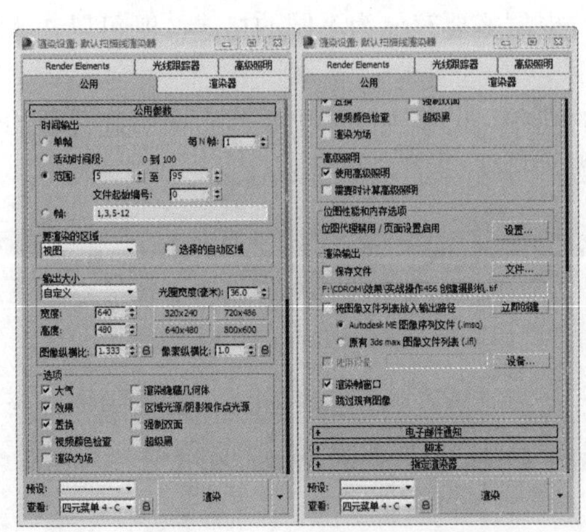

图 10.2 【渲染设置】对话框

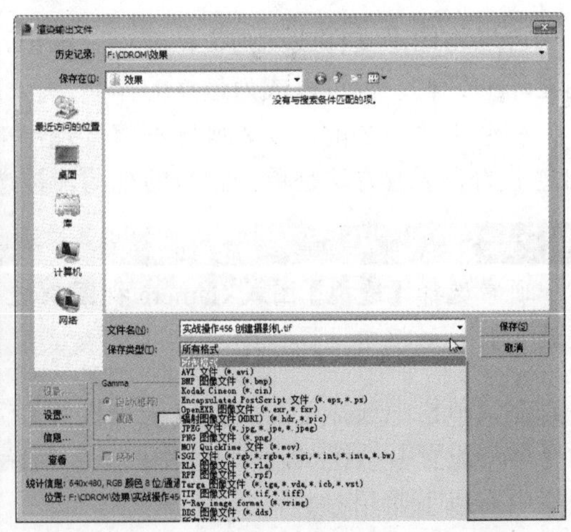

图 10.3 【渲染输出文件】对话框

在【渲染设置】对话框底部的【查看】下拉列表框中可以指定渲染的视图。然后单击【渲染】按钮，进行渲染输出。

10.1.2　渲染到材质

下面通过一个例子来学习材质烘焙的操作方法。本节在材质烘焙的场景中使用了光跟踪器渲染，如图 10.4 所示。进行烘焙的目标就是将这个光照效果烘焙下来，渲染到材质。

(1)　在场景中选择螳螂对象，然后选择菜单栏中的【渲染】|【渲染到纹理】命令，此时系统将弹出如图 10.5 所示的【渲染到纹理】对话框。下面将结合本例对该对话框中的主要选项进行介绍。

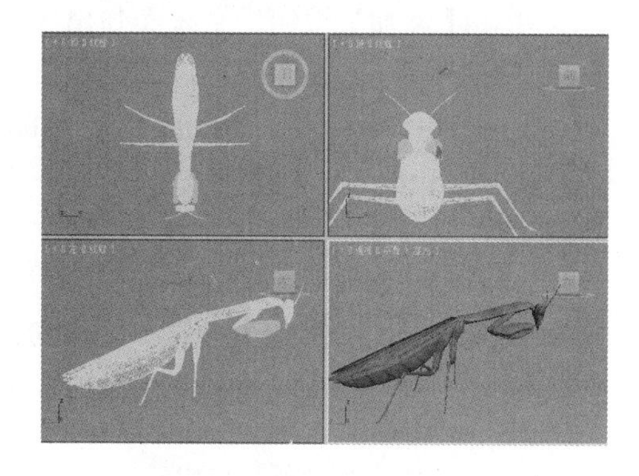

图 10.4　要进行烘焙的场景

(2)　在【常规设置】卷展栏中，可以利用【输出】选项组为渲染后的材质文件指定存储位置，【渲染设置】选项组用于设置渲染参数。【自动贴图】卷展栏中的【自动展开贴图】选项组用于设置平展贴图的参数，这一设置将会使物体的 UV 坐标被自动平展开；【自动贴图大小】选项组用于设置贴图尺寸以及如何根据物体需要自动计算被映射的所有表面。

提 示

如果物体已经编辑过或者想得到一个干净的场景，单击【烘焙材质】卷展栏中的【清除外壳材质】按钮将会清除所有的自动平展 UV 修改器。

(3)　单击【常规设置】卷展栏中的【设置】按钮，系统将弹出【渲染设置】对话框，可以进行渲染参数调整。

(4)　【渲染到纹理】对话框中的【烘焙对象】卷展栏用于设置要进行材质烘焙的物体。表中列出了被激活的物体，可以烘焙被选中的物体，也可以烘焙以前准备好的所有物体，如图 10.6 所示。

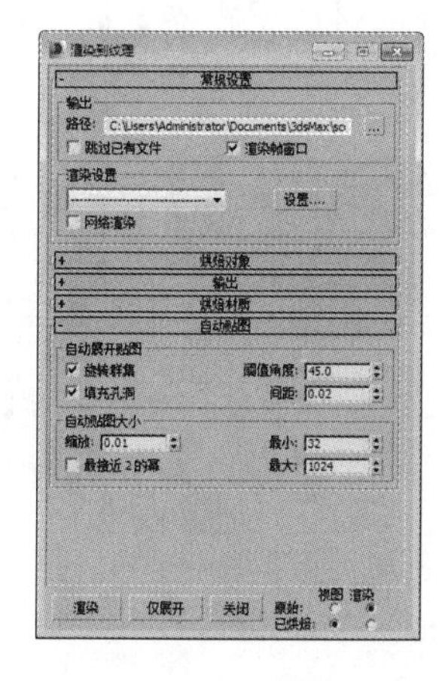

图 10.5　【渲染到纹理】对话框

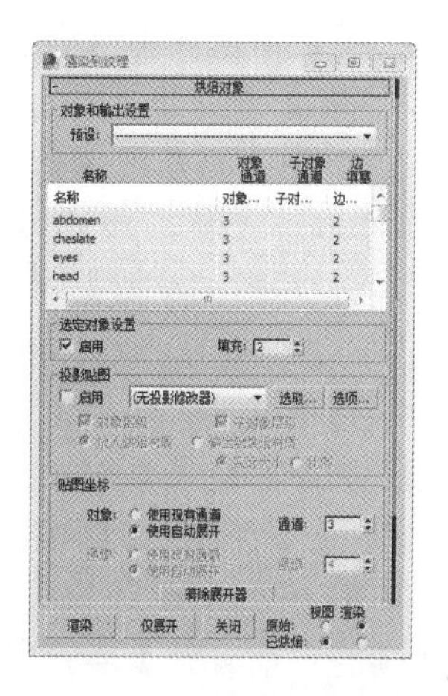

图 10.6　【烘焙对象】卷展栏

提 示

如果想烘焙个别物体，则应选中【单个】单选按钮；如果想烘焙列表中的全部物体，则要选中【所有选定的】单选按钮。

(5) 【输出】卷展栏用于设置烘焙材质时所要保存的各种贴图组件，如图 10.7 所示。单击【添加】按钮，系统会弹出【添加纹理元素】对话框，在列表中选择一个或多个想要添加的贴图。凡是添加过的贴图下次将不会在这里显示，而在【输出】卷展栏中会列出来。本例中只选择了 lightingMap 贴图，如图 10.8 所示。单击【文件名和类型】文本框右侧的...按钮，系统会弹出保存文件的对话框，在这里可以更改所生成的贴图的文件名和文件类型。如果【使用自动贴图大小】复选框没有被勾选，则还可以通过下面的【宽度】和【高度】微调框来调整各种贴图的尺寸。这样可以使场景中重要的物体生成更大和更细致的贴图，以及减小背景和边角物体贴图的尺寸。在【选定元素唯一设置】选项组中可以确定是否勾选【阴影】、【启用直接光】、【启用间接光】复选框。

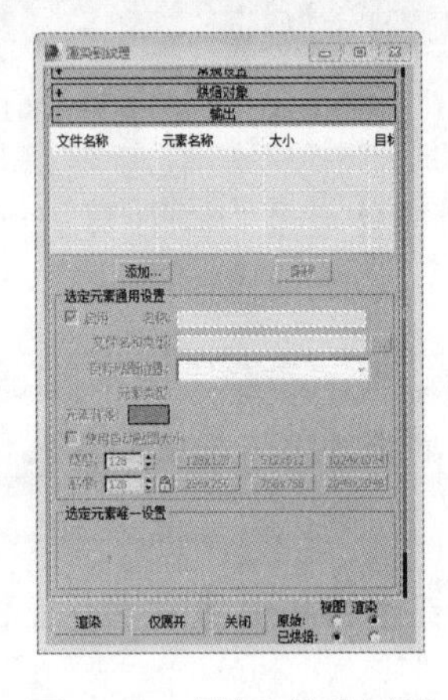

图 10.7 【输出】卷展栏

图 10.8 【添加纹理元素】对话框

(6) 在【渲染到纹理】对话框中单击【渲染】按钮，在弹出的渲染窗口会看到被渲染出来的贴图。这时，这个贴图已经被保存在前面设置好的路径内。

(7) 在菜单栏中选择【渲染】|【材质编辑器】|【精简材质编辑器】命令，也可以按快捷键 M，或者单击工具栏中的【材质编辑器】按钮，系统会弹出【材质编辑器】对话框，任意选择一个新的样本球，然后单击【获取材质】按钮，弹出【材质/贴图浏览器】对话框，在【场景材质】卷展栏中双击当前选择物体的材质。

(8) 返回到【材质编辑器】对话框，看到该材质是个【壳】类型的材质。它由一个原来指定给螳螂的原始材质和一个通过前面渲染贴图烘焙出来的材质组成，如图 10.9 所示。

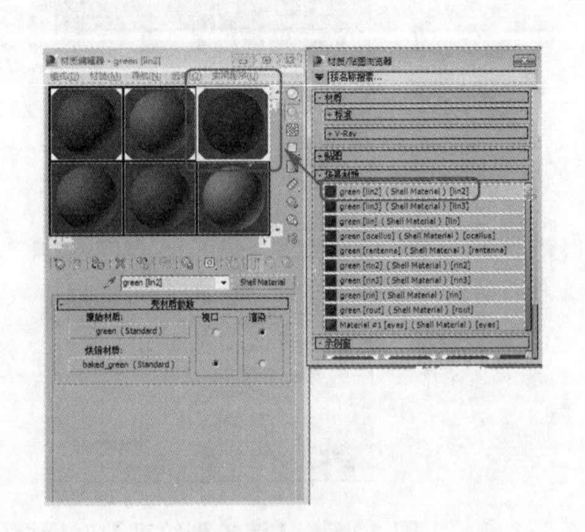

图 10.9 组成材质

(9) 在【壳材质参数】卷展栏中，可以设置在视图中和在渲染时查看是哪一种材质被赋予物体。默认时烘焙材质在视图中可见，原始材质被用于

渲染。

提 示

可以从场景中使用【从对象拾取材质】工具将【壳】材质选择加入到【材质编辑器】对话框中，并与其他材质一样进行编辑。

10.2 渲 染 特 效

在渲染特效中共有 11 种特效：毛发和毛皮、镜头效果、模糊、亮度和对比度、色彩平衡、景深、文件输出、胶片颗粒、照片分析图像叠加、运动模糊、VRayLensEffects。在这介绍其中的两种常用特效。

10.2.1　景深特效

景深特效就是使画面表现出层次感，例如可以将次要的前景或背景画面进行模糊处理，来烘托主体画面。下面来创建一个景深特效。

(1) 打开一个需要进行景深特效处理的场景，如图 10.10 所示。

(2) 在菜单栏中选择【渲染】|【效果】命令，系统会弹出如图 10.11 所示的【环境和效果】对话框，默认打开【效果】选项卡。在【效果】列表框中会显示已经选择的特效名称。在【预览】选项组中，【效果】右侧的两个单选按钮用于确定将景深特效加到所有帧上还是当前帧上。单击【显示原状态】按钮可以显示出加入特效以前的原始帧的画面；单击【更新场景】按钮将把加入了新特效的场景及时更新，显示出加了新特效后的场景；单击【更新效果】按钮可以将加入了新特效后的影响效果及时更新。

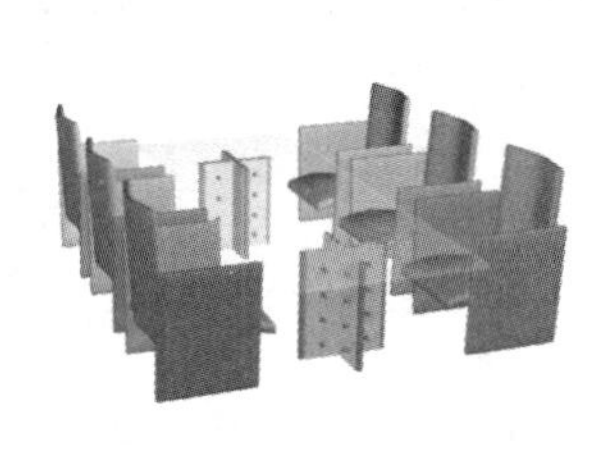

图 10.10　原场景

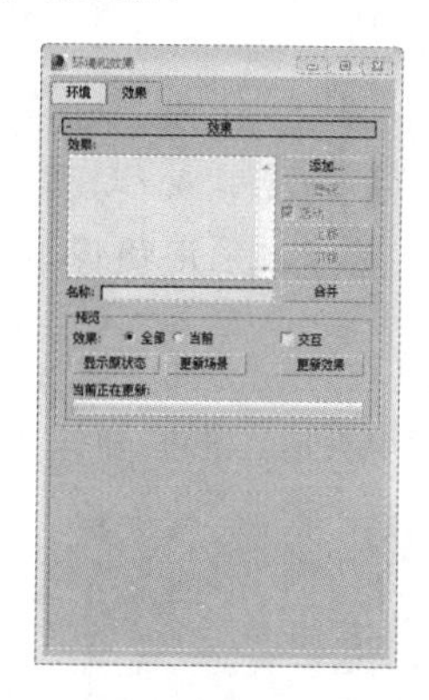

图 10.11　【环境和效果】对话框

提 示

单击【合并】按钮，可以将其他文件中使用过的特效结合进来，原有参数保留并可以进行修改，以提高工作效率。

(3) 单击【添加】按钮，系统将弹出【添加效果】对话框，如图 10.12 所示。列表中列出了可以使用的特效名称。选择其中的【景深】选项，单击【确定】按钮。

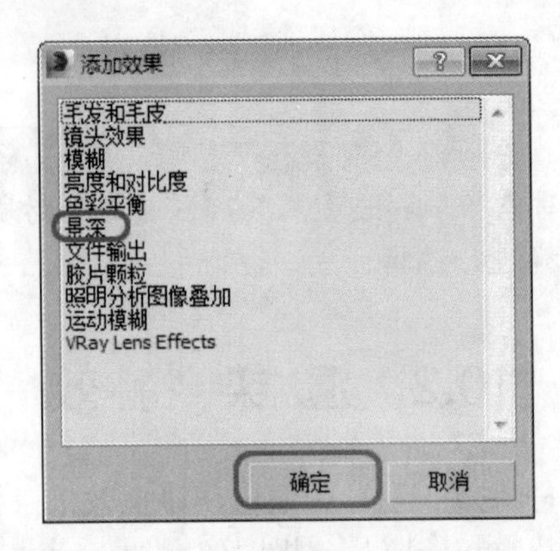

图 10.12　【添加效果】对话框

(4) 回到【环境和效果】对话框，会发现对话框底部增加了一个【景深参数】卷展栏，用来对景深的各项参数进行设置，如图 10.13 所示。

- 【摄影机】选项组用于设置哪些摄影机使用特效，单击【拾取摄影机】按钮，并在视图中单击准备设置特效的摄影机，可以选择多个摄影机。如果想取消某个摄影机的特效，可以单击【移除】按钮将其移除。
- 【焦点】选项组用于设置焦点位置，单击【拾取节点】按钮，并在视图中单击准备作为焦点的物体，可以选择多个物体。如果想取消某个物体，可以单击【移除】按钮将其移除。
- 【焦点参数】选项组用于对景深效果的焦点参数进行具体设置。其中【水平焦点损失】和【垂直焦点损失】两个微调框控制了沿着水平轴和垂直轴的虚化程度；【焦点范围】微调框用于设置焦点的范围，【焦点限制】微调框用于设置虚化处理的最大值。

提 示

在【焦点】和【焦点参数】选项组中的两个【使用摄影机】单选按钮指的是这两个选项组的参数设置可以采用摄像机的设置参数。

(5) 参数设置完成后，在菜单栏中选择【渲染】|【渲染】命令，对场景进行渲染，效果如图 10.14 所示。根据与作为焦点的物体的距离远近，画面出现不同层次的模糊特效。

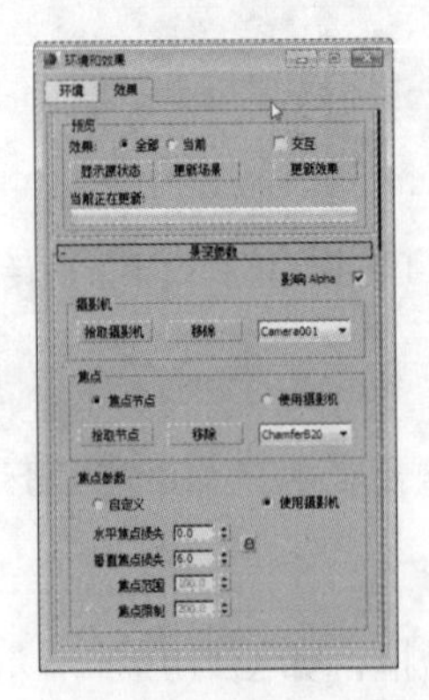

图 10.13　【景深参数】卷展栏

图 10.14　设置景深后的效果

10.2.2　运动模糊特效

运动模糊特效是为了模拟在现实拍摄当中，摄影机的快门因为跟不上高速度的运动而产生的模糊效果，会增加动画的真实感。在制作高速度的动画效果时，如果不使用运动模糊特效，最终生成的动画可能会产生闪烁现象。

下面通过一个例子来了解运动模糊特效。

(1)　打开一个需要进行运动模糊特效的场景，如图 10.15 所示。

(2)　在菜单栏中选择【渲染】|【效果】命令，弹出【环境和效果】对话框，单击【添加】按钮，弹出【添加效果】对话框，选择其中的【运动模糊】选项，如图 10.16 所示。

图 10.15　打开的场景文件

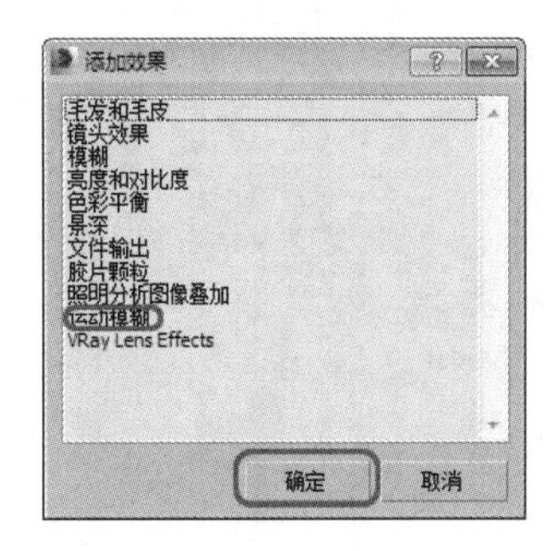

图 10.16　选择【运动模糊】选项

(3)　单击【确定】按钮，回到【环境和效果】对话框，会发现对话框底部增加了一个【运动模糊参数】卷展栏，如图 10.17 所示。勾选【处理透明】复选框后，透明物体后面的物体可以受运动模糊影响，否则将不对其进行运动模糊处理。【持续时间】微调框用于设置动画中帧与帧之间运动模糊的持续时间，这个数值越大，运动模糊的持续时间就越长，模糊效果就越强。

(4)　在场景中选择直升机对象并右击，在弹出的快捷菜单中选择【对象属性】命令，如图 10.18 所示。

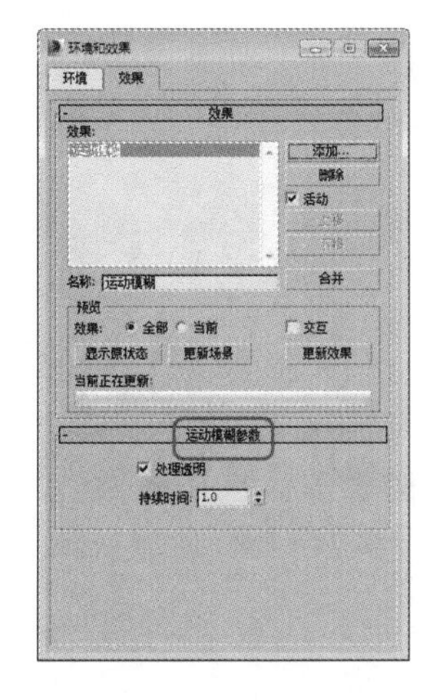

图 10.17　【运动模糊参数】卷展栏

图 10.18　选择【对象属性】命令

(5) 弹出【对象属性】对话框，在【运动模糊】选项组中选中【图像】单选按钮，如图 10.19 所示。

(6) 参数设置完成后，单击【确定】按钮，在菜单栏中选择【渲染】|【渲染】命令，对场景进行渲染，效果如图 10.20 所示。运动模糊特效的使用，使直升机产生动态模糊，给人一种高速飞行的感觉。

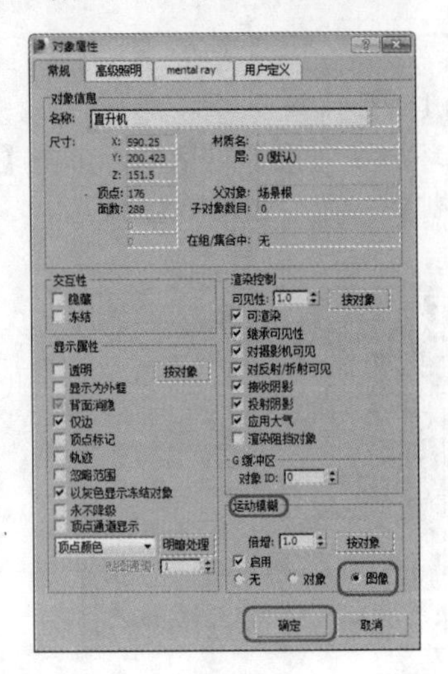

图 10.19 【对象属性】对话框

图 10.20 设置运动模糊后的效果

10.3 环 境 特 效

在三维场景中，经常要用到一些特殊的环境效果，例如对背景的颜色与图片进行设置、对大气在现实中产生的各种影响效果进行设置等。这些效果的使用会大大增强作品的真实性，无疑会增加作品的魅力。下面介绍这些环境特效的创建方法。

10.3.1 背景颜色设置

在渲染的时候见到的背景色是默认的黑色，但有时渲染主体为深颜色的场景时，就需要适当更改背景颜色。具体操作步骤如下。

(1) 打开一个制作好的场景文件。

(2) 对场景进行渲染，得到如图 10.21 所示的效果。

(3) 在菜单栏中选择【渲染】|【环境】命令，或者按快捷键 8，系统会弹出如图 10.22 所示的【环境和效果】对话框。

(4) 在【公用参数】卷展栏中设置渲染环境的一般属性。单击【背景】选项组中的【颜色】下方的颜色块，系统会弹出如图 10.23 所示的【颜色选择器】对话框，根据需要选择一种颜色，然后单击【确定】按钮。

(5) 再次渲染，更改背景颜色后的效果如图 10.24 所示。

图 10.21　渲染的场景

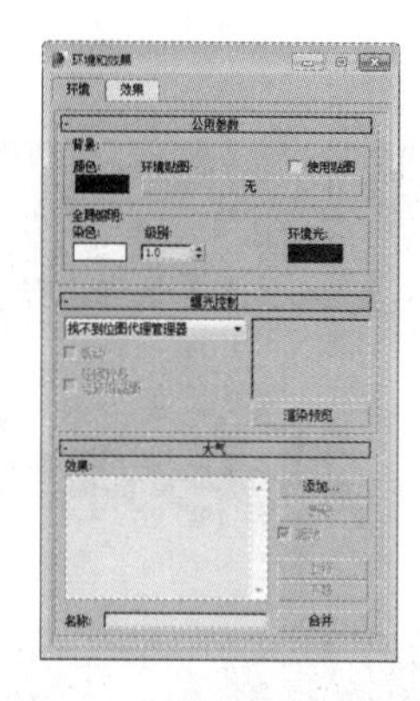

图 10.22　【环境和效果】对话框

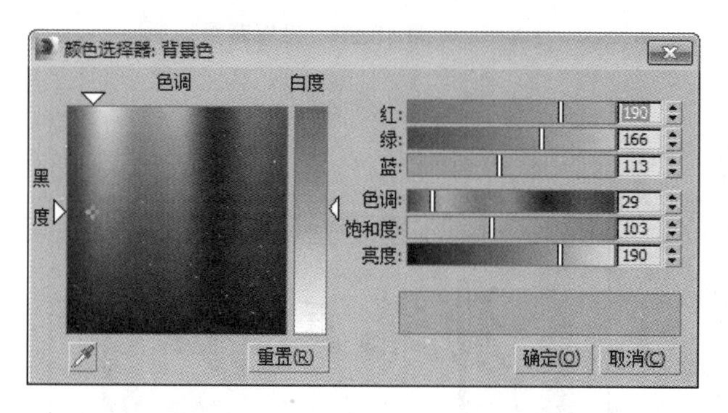

图 10.23　【颜色选择器】对话框

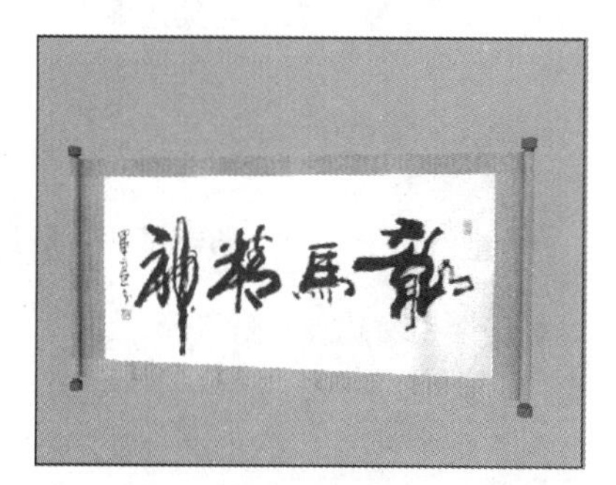

图 10.24　更改背景颜色后的效果

提 示

颜色可以在左侧的选色区中单击一点进行选择；也可以在右侧的微调框内调整或输入数值，通过 RGB 三种油墨的含量精确地选定颜色。

10.3.2　背景图像设置

在三维创作中，无论是静止的建筑效果图还是运动的三维动画片，除了主体的精工细作外，还要用一些图片来增加烘托效果。

(1) 打开随书附带光盘中的 CDROM\Scenes\Cha10\壁画.max 文件，激活【透视】视图，进行渲染，效果如图 10.25 所示。

(2) 在菜单栏中选择【渲染】|【环境】命令，或者按快捷键 8，在弹出的对话框中单击【背景】选项组中的【无】按钮，弹出【材质/贴图浏览器】对话框，双击【位图】选项，然后再在弹出的对话框中选择随书附带光盘中的 CDROM\Map\beijing.jpg 文件作为背景。如图 10.26 所示。

(3) 按 M 键打开【材质编辑器】对话框，在【环境和效果】对话框中选择刚刚创建好的背景贴图，并将其拖曳至【材质编辑器】对话框中的一个样本球中，在【坐标】参数卷展栏中将【贴图】设为【屏幕】，如图 10.27 所示。

(4) 激活【透视】视图，进行渲染，查看效果，如图 10.28 所示。

图 10.25　渲染效果

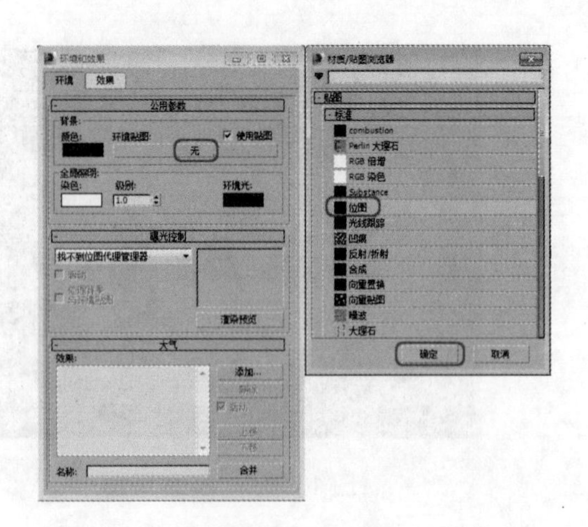

图 10.26　设置背景

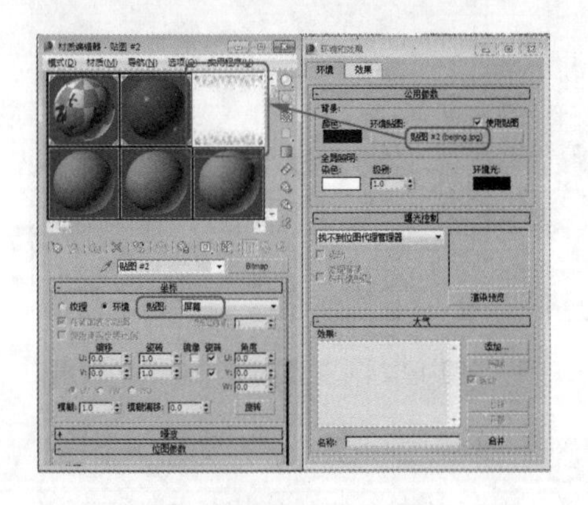

图 10.27　设置屏幕背景

图 10.28　完成后的效果

提 示

选择了一幅图片作为背景图像后，在【环境】选项卡中的【使用贴图】复选框将同时被勾选，表示将使用背景图片。如果此时取消勾选【使用贴图】复选框，渲染时将不会显示出背景图像。

10.4　火焰效果

在三维动画中，火焰效果是为了烘托气氛经常要用到的效果之一。可以利用系统提供的功能来设置各种与火焰有关的特效，如火焰、火炬、烟火、火球、星云和爆炸效果等。

下面制作一个燃烧的火焰效果。

(1)　选择【创建】|【辅助对象】|【大气装置】|【球体 Gizmo】工具，在【顶】视图中创建一个球体线框，在【球体 Gizmo 参数】卷展栏中将【半径】设置为 80，勾选【半球】复选框，如图 10.29 所示。

(2)　激活【前】视图，在工具栏中的【选择并均匀缩放】工具上右击，在弹出的对话框中将【绝对：局部】选项组中的 Z 设置为 295，如图 10.30 所示。

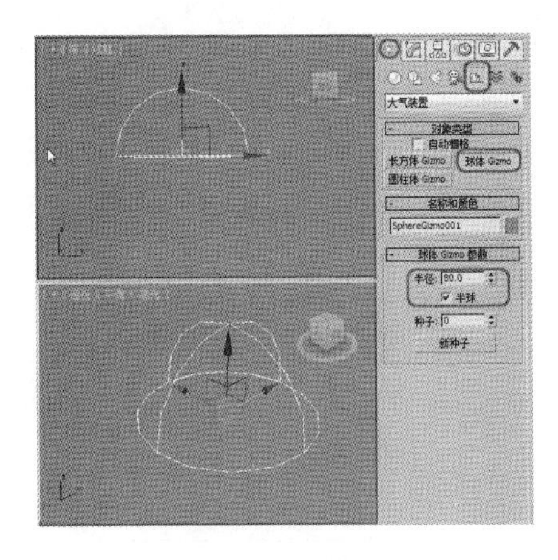

图 10.29　创建辅助对象

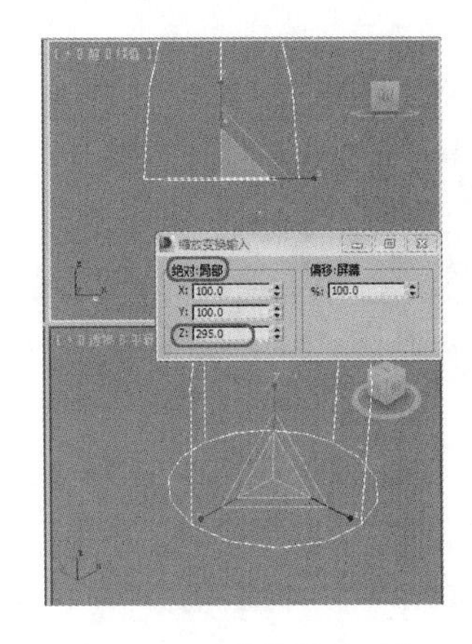

图 10.30　缩放辅助对象

(3) 确定前面所创建的辅助对象处于选择状态，选择工具栏中的【选择并移动】工具，并配合 Shift 键，对辅助对象进行复制，然后在视图中调整它们的大小和位置，如图 10.31 所示。

(4) 选择【创建】|【摄影机】|【目标】摄影机工具，在【顶】视图中创建一架摄影机，在【参数】卷展栏中将【镜头】设置为 26，并在其他视图中调整摄影机的位置，激活【透视】视图，然后按 C 键将其转换为【摄影机】视图，如图 10.32 所示。

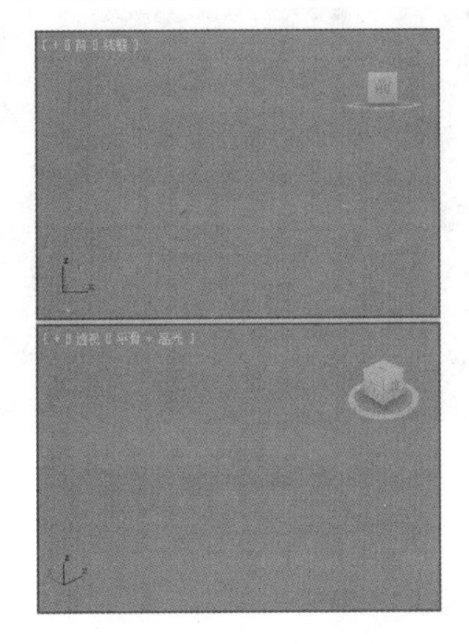

图 10.31　复制辅助对象

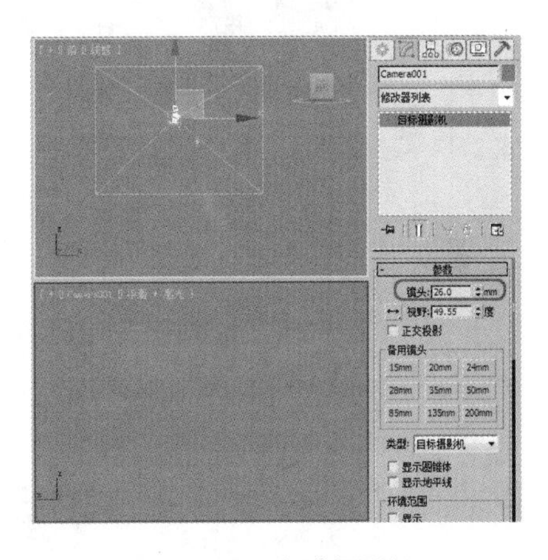

图 10.32　创建摄影机

(5) 在菜单栏中选择【渲染】|【环境】命令，弹出【环境和效果】对话框，在【大气】卷展栏中单击【添加】按钮，在弹出的【添加大气效果】对话框中选择【火效果】选项，单击【确定】按钮，如图 10.33 所示。

(6) 在【火效果参数】卷展栏中单击【拾取 Gizmo】按钮，按 H 键打开【拾取对象】对话框，在该对话框中依次选择辅助对象，选择完成后单击【拾取】按钮；在【颜色】选项组中将【内部颜色】的 RGB 设置为 255、60、0；将【外部颜色】的 RGB 设置为 255、50、0，如图 10.34 所示。

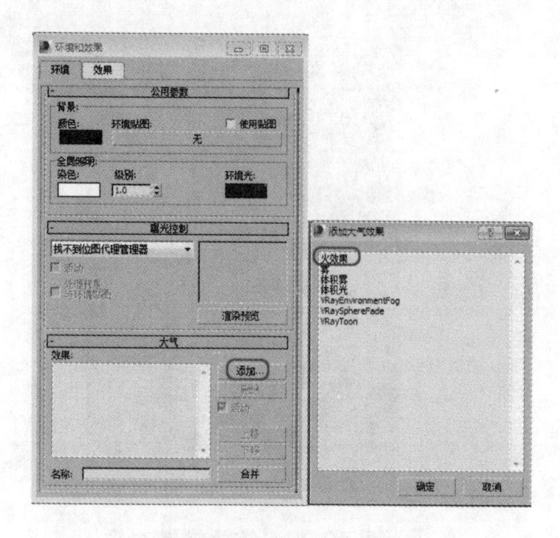

图 10.33 添加火效果

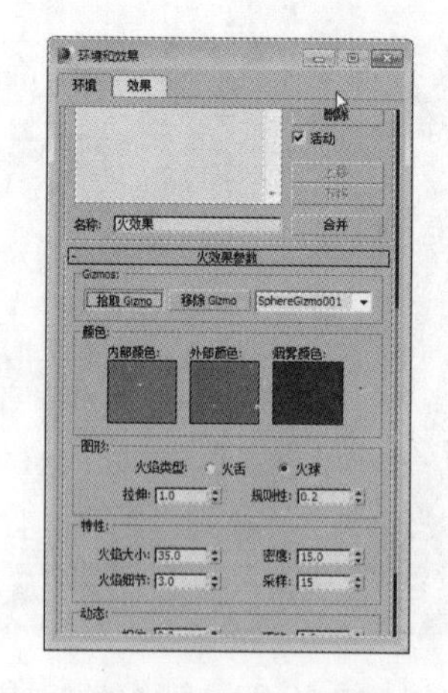

图 10.34 设置【火效果参数】

(7) 在【图形】选项组中选中【火舌】单选按钮，将【规则性】设置为 0；在【特性】选项组中将【火焰大小】、【密度】和【采样数】分别设置为 40、8 和 10；将【动态】选项组中的【相位】设置为 268，将【漂移】设置为 90，如图 10.35 所示。

(8) 激活【摄影机】视图，单击工具栏上的【渲染产品】按钮进行快速渲染，得到的效果如图 10.36 所示。

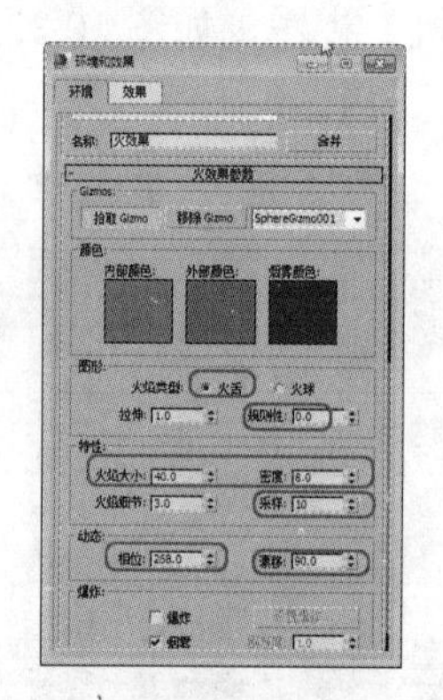

图 10.35 进行设置

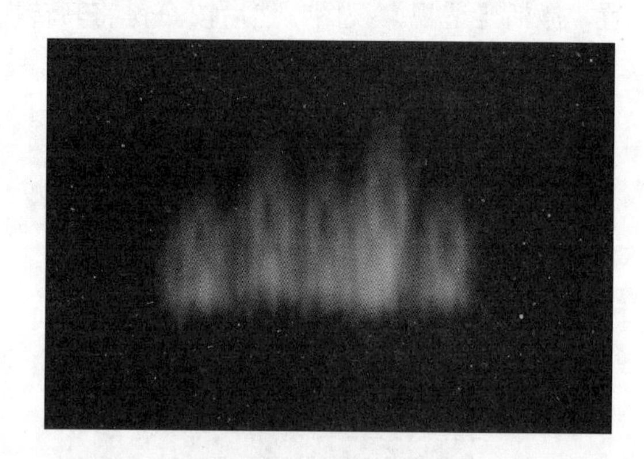

图 10.36 完成后的效果

10.5 雾 效 果

在大气特效中，雾是制造氛围的一种方法。系统中提供的雾效功能可以用来制作出弥漫于空中的浓淡不一的雾气，也可以制作出在天空中飘浮的云彩。具体操作步骤如下。

(1) 打开随书附带光盘中的 CDROM\Scenes\Cha10\雾效果.max 文件，并在场景中创建一个【目标】摄影机，如图 10.37 所示，激活【透视】视图，并将其转换为【摄影机】视图，进行渲染如图 10.38 所示。

(2) 选择创建的摄影机，切换到修改命令面板，在【参数】卷展栏中勾选【环境范围】选项组中的【显示】复选框，如图 10.39 所示。

(3) 选择菜单栏中的【渲染】|【环境】命令，或者按快捷键 8，系统会弹出【环境和

效果】对话框，在【大气】卷展栏中单击【添加】按钮。在系统弹出的【添加大气效果】对话框中选择【雾】选项，单击【确定】按钮，如图 10.40 所示。

图 10.37　创建【目标】摄影机

图 10.38　渲染的效果

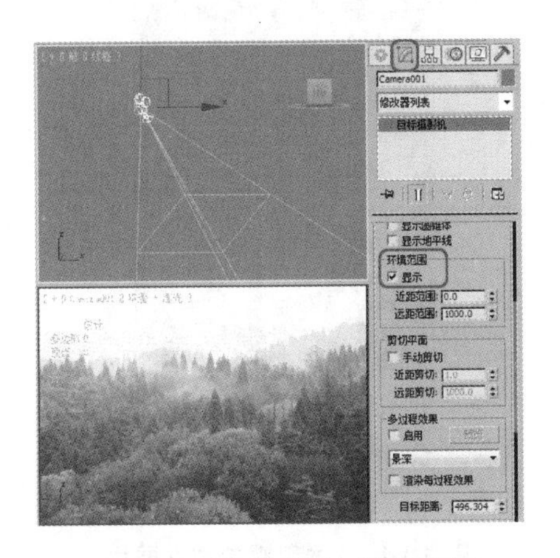

图 10.39　勾选【显示】复选框

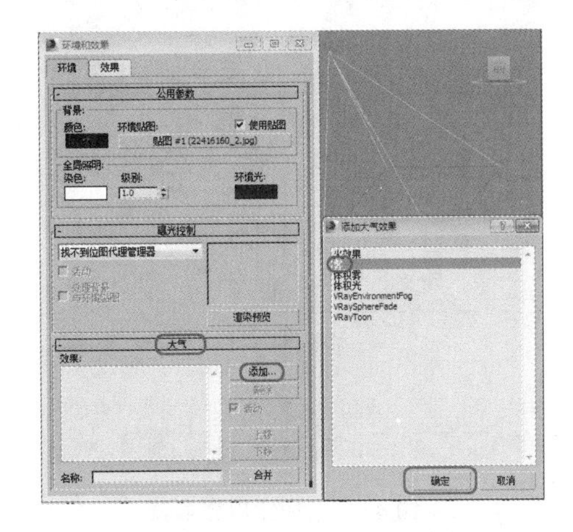

图 10.40　添加【雾】效果

(4)　在【雾参数】卷展栏中将【类型】设为【标准】，在【标准】选项组中将【近端】设为 2，将【远端】设为 26，如图 10.41 所示。

(5)　进行渲染，完成后的效果如图 10.42 所示。

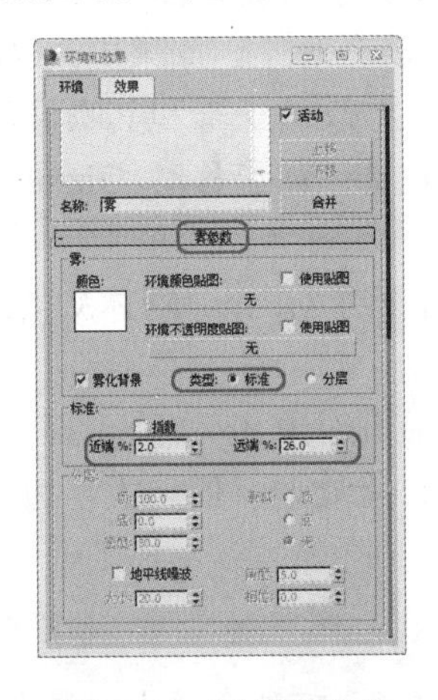

图 10.41　设置雾参数

图 10.42　渲染结果

10.6 体 积 雾

产生三维空间的云团，这是真实的云雾效果。在三维空间中它们以真实的体积存在，不仅可以飘动，还可以穿过它们。体积雾有两种使用方法，一种是直接作用于整个场景，但要求场景内必须有物体存在；另一种是作用于大气装置 Gizmo 物体，在 Gizmo 物体限制的区域内产生云团，这是一种更易控制的方法。

在【环境和效果】对话框中打开【大气】卷展栏，单击【添加】按钮，在弹出的【添加大气效果】对话框中选择【体积雾】选项，如图 10.43 所示，然后单击【确定】按钮。

添加完体积雾效果后，选择新添加的【体积雾】，在【环境和效果】对话框中会自动添加【体积雾参数】卷展栏，如图 10.44 所示。

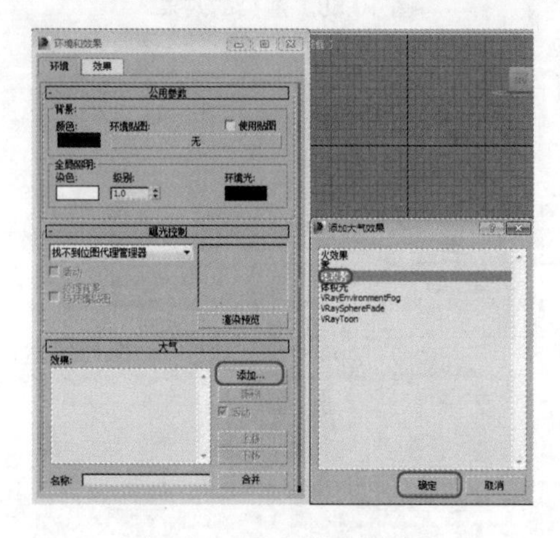

图 10.43　添加体积雾效果

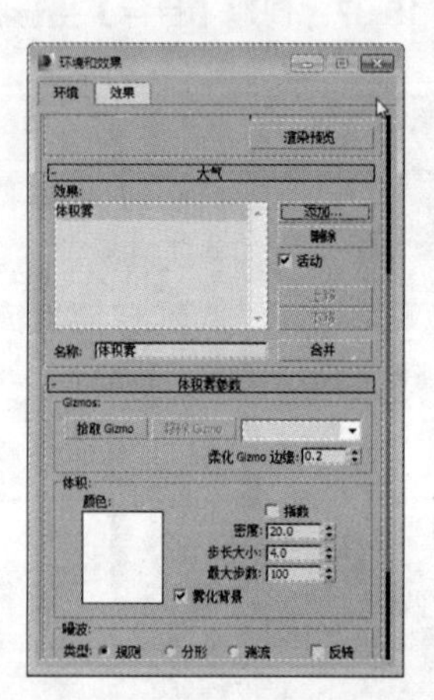

图 10.44　体积雾参数卷展栏

Gizmo 选项组中的参数介绍如下。

- 【拾取 Gizmo】：单击该按钮进入拾取模式，然后单击场景中的某个大气装置。在渲染时，装置会包含体积雾。装置的名称将添加到装置列表中。【拾取 Gizmo】可以拾取多个 Gizmo。单击【拾取 Gizmo】按钮，然后按 H 键，此时将显示【拾取对象】对话框，可以在列表中选择多个对象。如果更改 Gizmo 的尺寸，会同时更改体积雾影响的区域，但是不会更改体积雾和其噪波的比例。例如，如果减小球体 Gizmo 的半径，只裁剪体积雾；如果移动 Gizmo，只更改体积雾的外观。
- 【移除 Gizmo】：单击该按钮，可以将右侧当前的 Gizmo 物体从当前的体积雾中去除。
- 【Gizmo 列表】：列出了为体积雾效果指定的装置对象。
- 【柔化 Gizmo 边缘】：对体积雾的边缘进行柔化处理。值越大，边缘越柔化。范围为 0～1。

注 意

不要将此值设置为 0，如果设置为 0，“柔化 Gizmo 边缘”可能会造成边缘上出现锯齿。

【体积】选项组中的参数介绍如下。

- 【颜色】：设置体积雾的颜色，可以通过动画设置产生变幻的雾效果。
- 【指数】：随距离按指数增大密度。取消勾选该复选框时，密度随距离线性增大。只有在渲染体积雾中的透明对象时，才勾选此复选框。
- 【密度】：控制体积雾的密度。值越大，体积雾的透明度越低，
- 【步长大小】：确定体积雾采样的粒度。值越低，颗粒越细，体积雾效果越优质；值越高，颗粒越粗，体积雾效果越差。
- 【最大步数】：限制采样量，以便体积雾的计算不会永远执行。如果体积雾的密度较小时，此选项尤其有用。
- 【类型】：从 4 种噪波类型中选择要应用的一种类型。
    - 【规则】：标准的噪波图案。
    - 【分形】：迭代分形噪波图案。
    - 【湍流】：迭代湍流图案。
    - 【反转】：将噪波效果反向，厚的地方变薄，薄的地方变厚。
    - 【噪波阈值】：限制噪波效果。
    - 【高】：设置高阈值。
    - 【低】：设置低阈值。
    - 【均匀性】：范围为-1～1，作用与高通过滤器类似。
    - 【级别】：设置分形计算的迭代次数。值越大，雾越精细，运算也越慢。
    - 【大小】：设置雾块的大小。
    - 【相位】： 控制风的速度。如果进行了“风力强度”的设置，雾将按指定风向进行运动，如果没有风力设置，它将在原地翻滚。
    - 【风力强度】： 控制雾沿风向移动的速度，相对于相位值。如果相位值变化很快，而风力强度值变化较慢，雾将快速翻滚而缓慢漂移；如果相位值变化很慢，而风力强度值变化较快，雾将快速漂移而缓慢翻滚；如果只需雾在原地翻滚，将风力强度设为 0 即可。
- 【风力来源】：确定风吹来的方向，有 6 个正方向可选。

10.7　体　积　光

体积光是一种比较特殊的光线，它的作用类似于灯光和雾的结合效果。用它可以制作出各种光束、光斑、光芒等效果，而其他灯光只能起照亮的作用。

(1) 打开随书附带光盘中的 CDROM\Scenes\Cha10\体积光.max 文件，激活【摄影机】视图，进行渲染，如图 10.45 所示。

(2) 按 8 键，打开【环境和效果】对话框，在【大气】卷展栏中单击【添加】按钮，弹出【添加大气效果】对话框，在该对话框中选择【体积光】，并单击【确定】按钮，如图 10.46 所示。

(3) 在【体积光】参数卷展栏中单击【拾取灯光】按钮，在场景中拾取 Spot001 聚光灯，如图 10.47 所示。

图 10.45　渲染效果

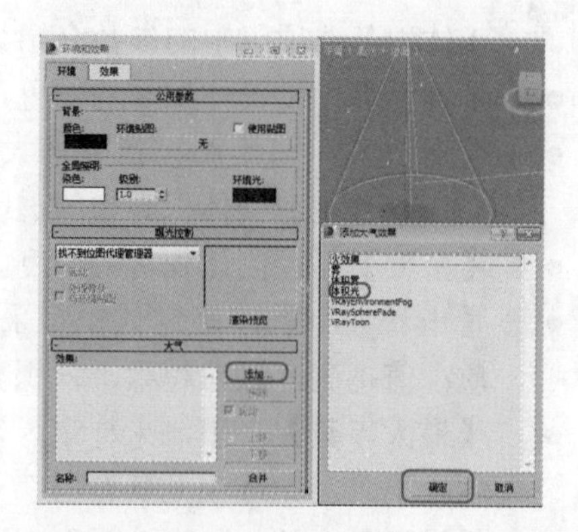

图 10.46　添加【体积光】效果

(4) 其他保持默认值，进行渲染，完成后的效果如图 10.48 所示。

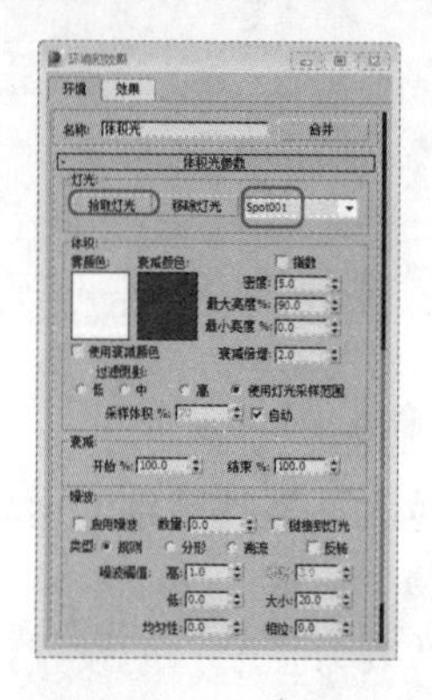

图 10.47　拾取灯光

图 10.48　完成后的效果

注 意

使用【体积光】效果时，必须确保场景中有灯光效果。

10.8　上 机 实 践

10.8.1　太阳耀斑

本例将介绍火焰特效——太阳耀斑的制作，效果如图 10.49 所示。该例通过为辅助对象添加【火效果】来制作太阳，然后将泛光灯光源作为产生镜头光斑的物体，最后通过 Vide Post 视频合成器中的【镜头效果光斑】特效过滤器来产生耀斑效果。

(1) 重置一个新的场景文件。然后按 8 键，打开【环境和效果】对话框，在【公用参数】卷展栏中单击【背景】区域中的【无】按钮，在弹出的【材质/贴图浏览器】对话框中选择【位图】贴图，单击【确定】按钮，再在弹出的对话框中选择随书附带光盘中的 CDROM\Map\002.jpg 文件，单击【打开】按钮，如图 10.50 所示。

图 10.49　太阳耀斑效果

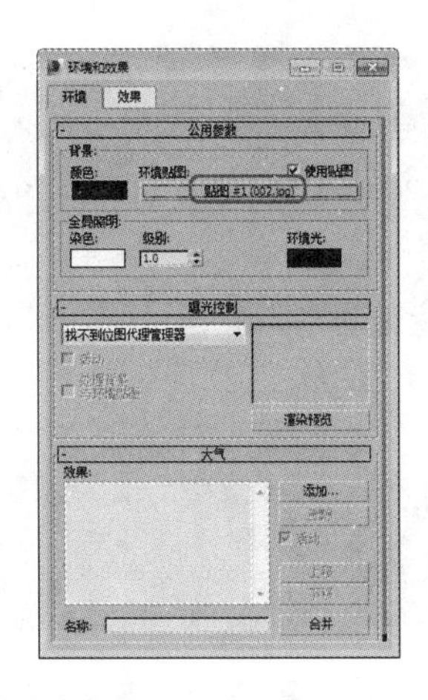

图 10.50　添加背景贴图

(2) 按 M 键，弹出【材质编辑器】对话框，选择一个样本球，在【环境和效果】对话框中，选择创建的贴图，并将其拖曳至样本球上，在【材质编辑器】对话框的【坐标】卷展栏将【贴图】设为【屏幕】，如图 10.51 所示。

(3) 激活【透视】视图，在菜单栏中选择【视图】|【视口配置】命令，打开【视口配置】对话框，在该对话框中选择【背景】选项，并选中【使用环境背景】单选按钮，如图 10.52 所示。

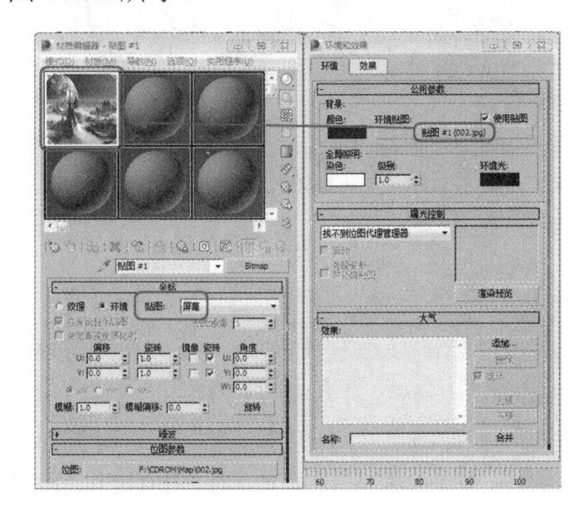

图 10.51　设置背景

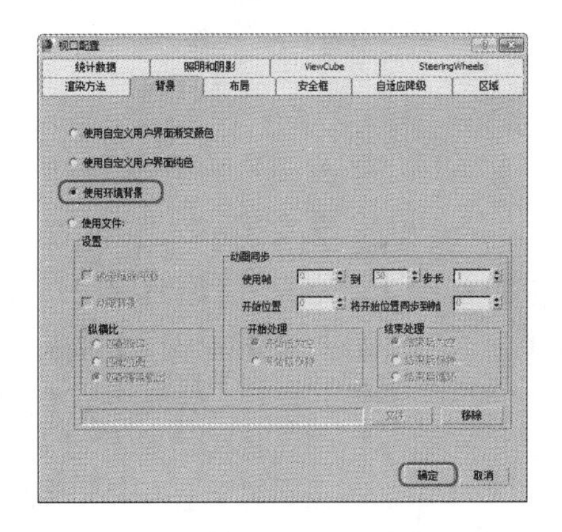

图 10.52　使用环境背景

(4) 单击【确定】按钮，即可在【透视】视图中显示出背景贴图，如图 10.53 所示。

(5) 选择【创建】 |【辅助对象】 |【大气装置】|【球体 Gizmo】工具，在【顶】视图中创建一个【半径】为 500 的球体线框，如图 10.54 所示。

(6) 在菜单栏中选择【渲染】|【环境】命令，打开【环境和效果】对话框，在【大气】卷展栏中单击【添加】按钮，在打开的对话框中选择【火效果】，单击【确定】按钮，添加一个火焰效果。在【火效果参数】卷展栏中单击【拾取 Gizmo】按钮，并在视图中选择球体线框，其他参数使用默认设置即可，如图 10.55 所示。

(7) 选择【创建】 |【灯光】 |【标准】|【泛光灯】工具，在【顶】视图中的球体线框中心处单击创建泛光灯对象，如图 10.56 所示。

图 10.53　显示背景贴图

图 10.54　创建球体 Gizmo

图 10.55　添加火效果

图 10.56　创建【泛光灯】

(8) 选择【创建】|【摄影机】|【目标】摄影机工具，在【顶】视图中创建一架摄影机，在【参数】卷展栏中将【镜头】设置为 40，激活【透视】视图，按 C 键将该视图转换为【摄影机】视图，然后在其他视图中调整摄影机的位置，如图 10.57 所示。

(9) 在菜单栏中选择【渲染】|【视频后期处理】命令，打开【视频后期处理】对话框，单击【添加场景事件】按钮，弹出【添加场景事件】对话框，在打开的对话框中使用默认的【摄影机】视图，单击【确定】按钮，如图 10.58 所示。

(10) 再单击【添加图像过滤事件】按钮，添加一个图像过滤事件，在打开的对话框中选择过滤器列表中的【镜头效果光斑】过滤器，单击【确定】按钮，如图 10.59 所示。

(11) 在事件列表中双击【镜头效果光斑】过滤器，在打开的对话框中单击【设置】按钮，进入【镜头效果光斑】控制面板，单击【预览】按钮和【VP 队列】按钮，在【镜头光斑属性】区域下单击【节点源】按钮，在打开的对话框中选择 Omni001 对象，单击【确定】按钮，将泛光灯作为发光源，如图 10.60 所示。

(12) 返回到【镜头效果光斑】对话框中，选择首选项，按图 10.61 所示进行设置。

(13) 单击【光晕】选项卡，将【径向颜色】左侧色标 RGB 值设置为 255、255、108；确定第二个色标在 93 的位置处，并将其 RGB 值设置为 45、1、27；将最右侧的色标 RGB 值设置为 0、0、0，如图 10.62 所示。

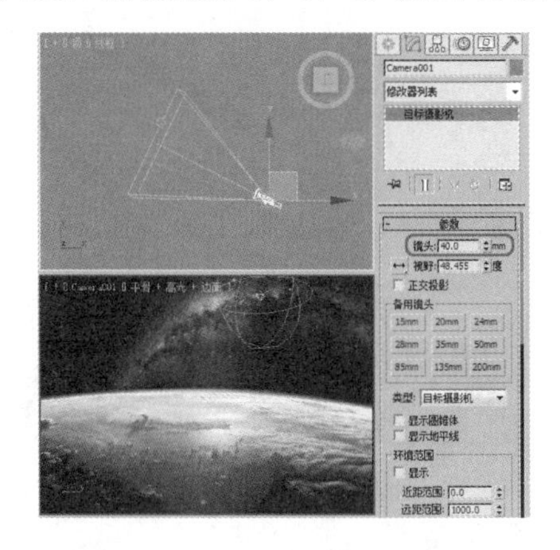

图 10.57　创建【目标】摄影机

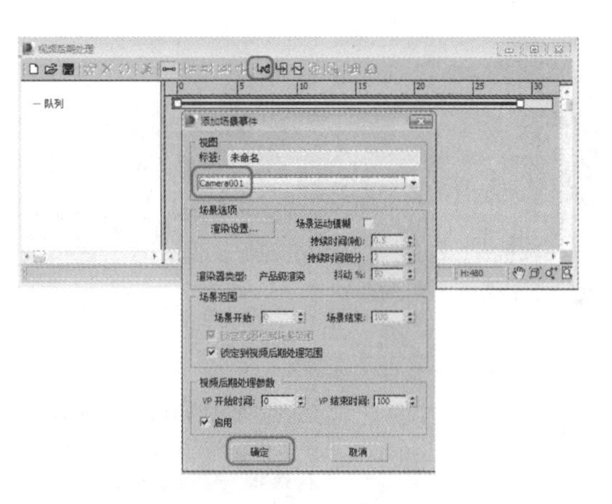

图 10.58　添加场景事件

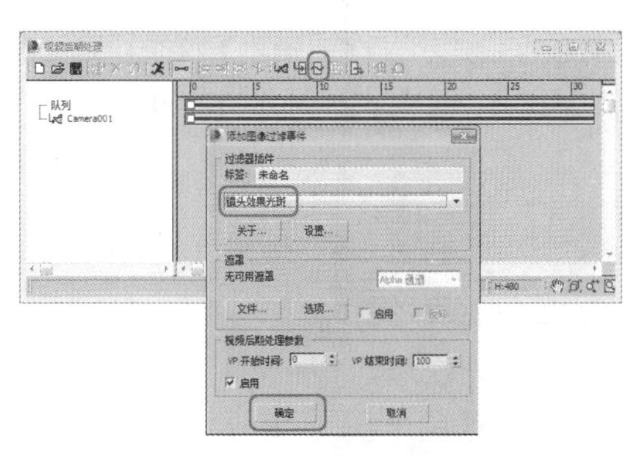

图 10.59　添加图像过滤事件

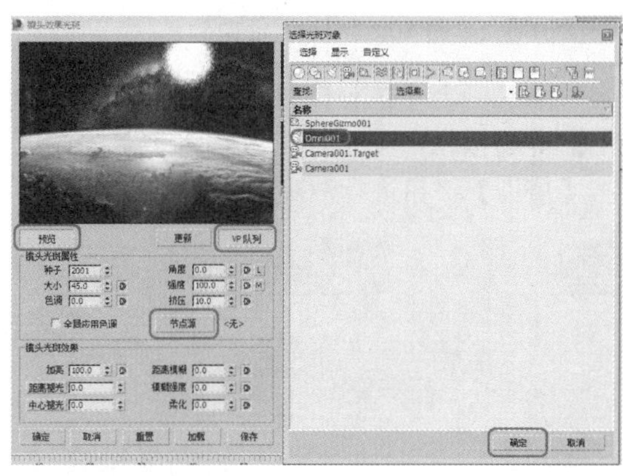

图 10.60　添加节点源

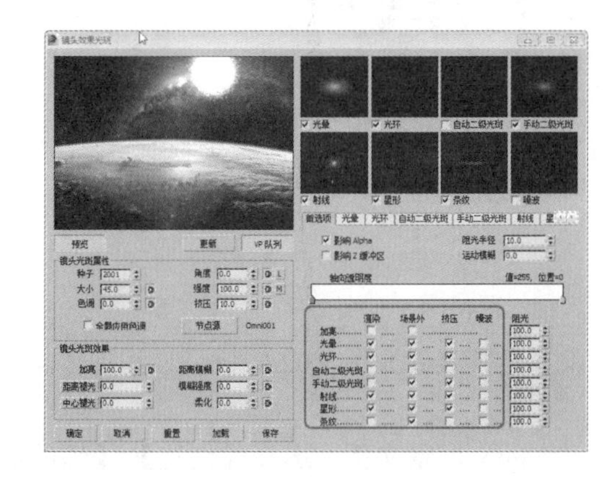

图 10.61　进行设置

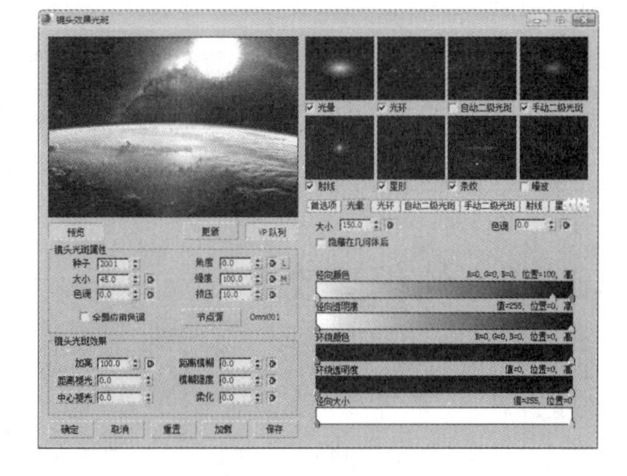

图 10.62　设置径向颜色

(14) 单击【射线】选项卡，将【径向颜色】两侧色标的 RGB 值都设置为 255、255、108，设置完成后单击【确定】按钮，如图 10.63 所示。

(15) 单击【添加图像输出事件】按钮，在打开的对话框中单击【文件】按钮，弹出【为视频后期处理输出选择图像文件】对话框，设置文件输出的路径和名称，然后单击

【保存】按钮，如图 10.64 所示。

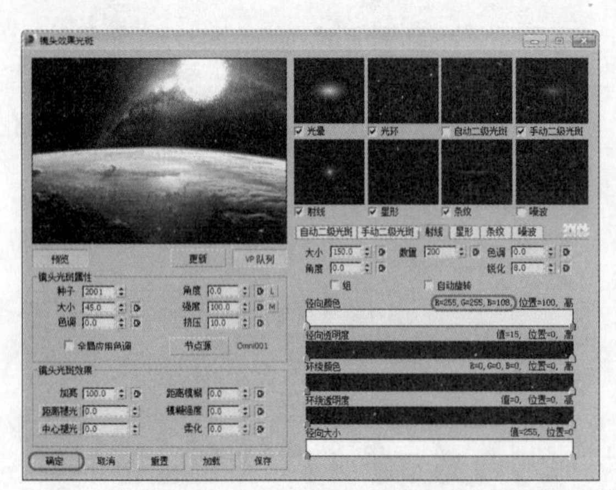

图 10.63　设置径向颜色

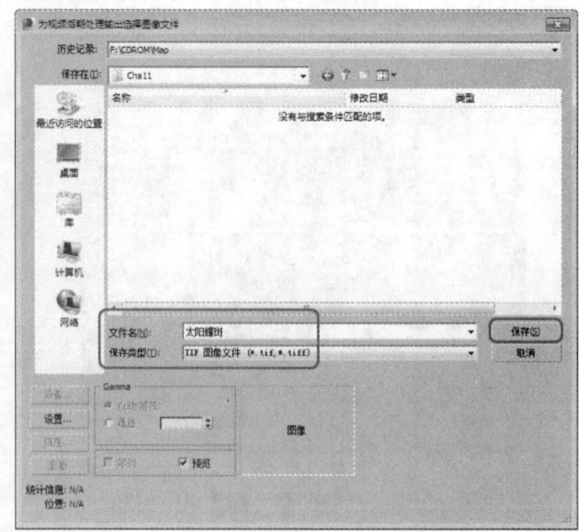

图 10.64　添加图像输出事件

(16) 单击【执行序列】按钮，在打开的对话框中选中【时间输出】区域中的【单个】单选按钮，在【输出大小】区域中将【宽度】和【高度】设置为 800×600，然后单击【渲染】按钮进行渲染，如图 10.65 所示。

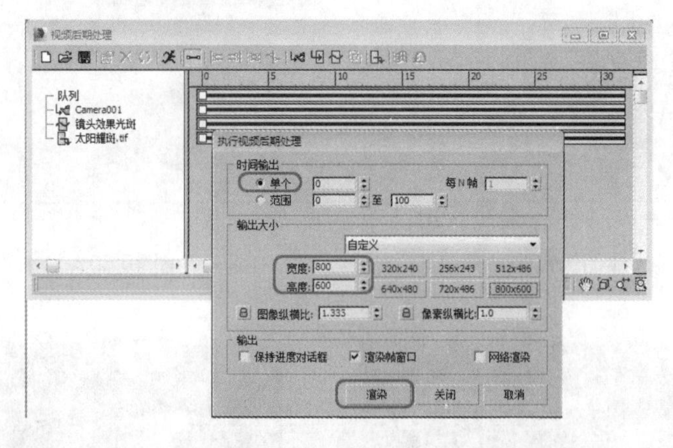

图 10.65　执行序列

10.8.2　体积雾效果

本案例将根据本章所介绍的内容来制作体积雾，其效果如图 10.66 所示。其具体操作步骤如下。

(1) 启动 3ds Max 2014 应用程序，新建一个 max 场景文件，选择【创建】|【辅助对象】|【大气装置】|【球体 Gizmo】工具，在【顶】视图中创建一个大气装置，在【参数】卷展栏中将【半径】设置为 100，勾选【半球】复选框，如图 10.67 所示。

(2) 创建完成后，在工具栏中单击【选择并均匀缩放】按钮，在【前】视图中沿 Y 轴对球体 Gizmo 进行缩放，效果如图 10.68 所示。

图 10.66　体积雾效果

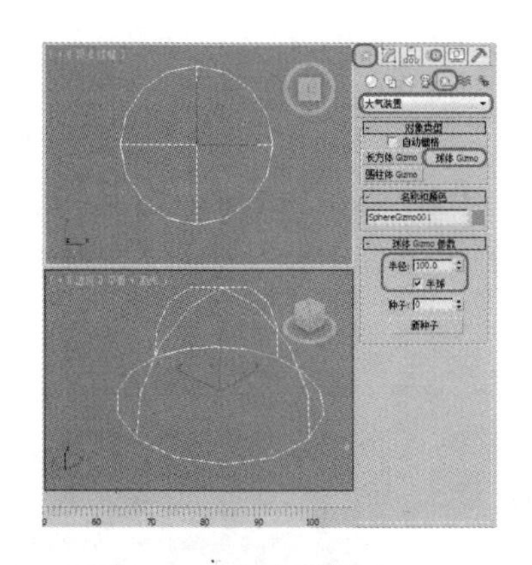

图 10.67　创建球体 Gizmo

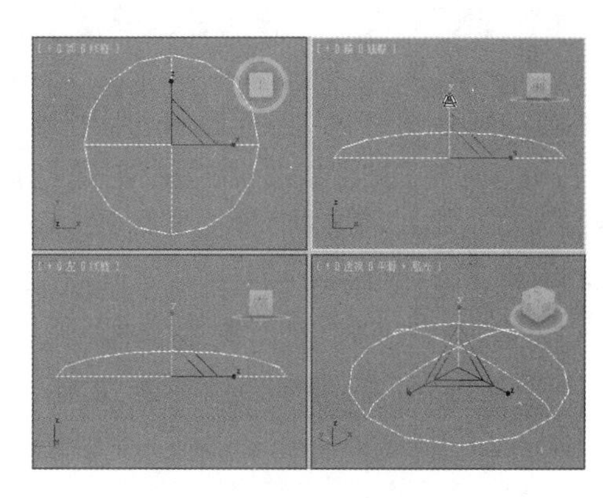

图 10.68　缩放球体 Gizmo

(3) 确认球体 Gizmo 处于选中状态，按 8 键打开【环境和效果】对话框，在该对话框中选择【环境】选项卡，在【大气】卷展栏中单击【添加】按钮，如图 10.69 所示。

(4) 在弹出的对话框中选择【体积雾】选项，如图 10.70 所示。

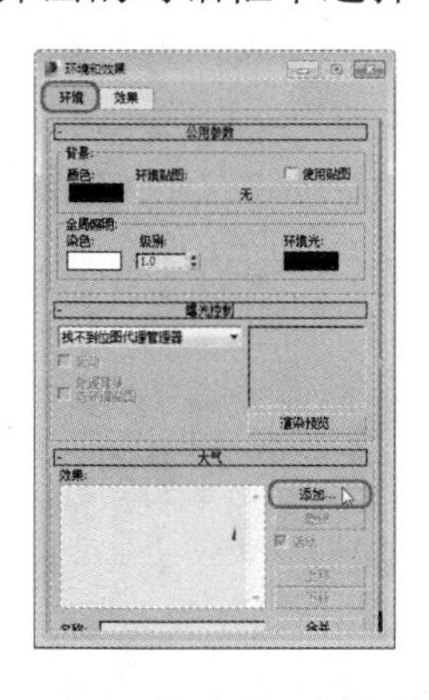

图 10.69　单击【添加】按钮

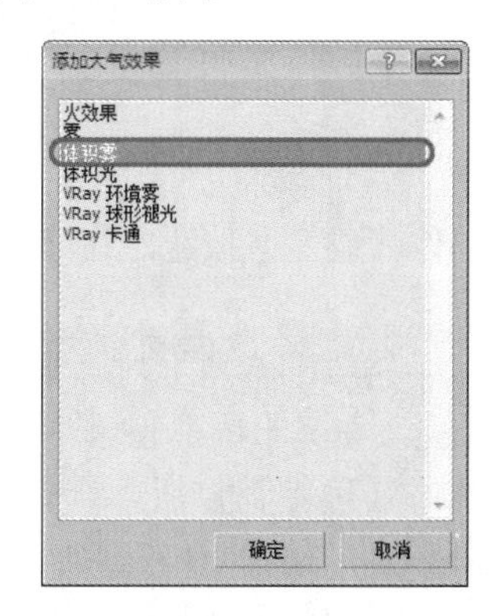

图 10.70　选择【体积雾】选项

(5) 单击【确定】按钮，在【体积雾】卷展栏中单击【拾取 Gizmo】按钮，在视图中进行拾取，如图 10.71 所示。

(6) 将【柔化 Gizmo 边缘】设置为 0.4，将【密度】设置为 32，选中【分形】单选按钮，将【级别】设置为 4，如图 10.72 所示。

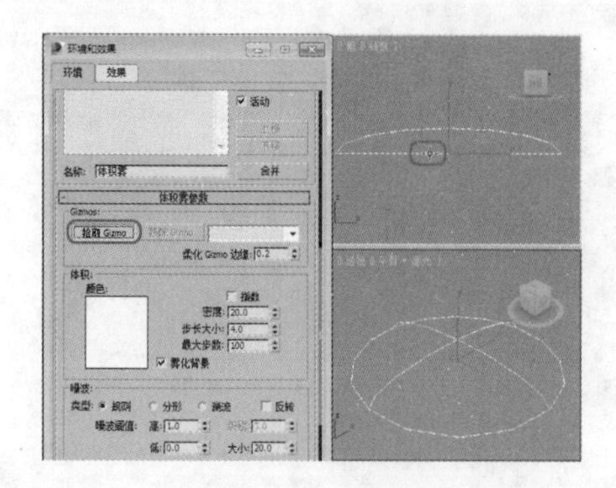

图 10.71　拾取 Gizmo

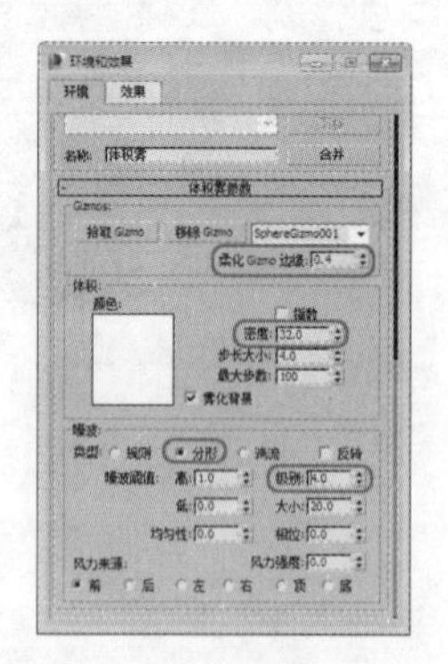

图 10.72　设置体积雾参数

(7) 设置完成后，在【公用参数】卷展栏中单击【环境贴图】下方的【无】按钮，在弹出的对话框中双击【位图】，再在弹出的对话框中选择随书附带光盘中的CDROM\Map\体积雾背景.jpg，如图 10.73 所示。

(8) 单击【打开】按钮，按 M 键打开【材质编辑器】对话框，按住左键将【环境贴图】拖曳至【材质编辑器】中的材质样本球上，在弹出的对话框中选中【实例】单选按钮，如图 10.74 所示。

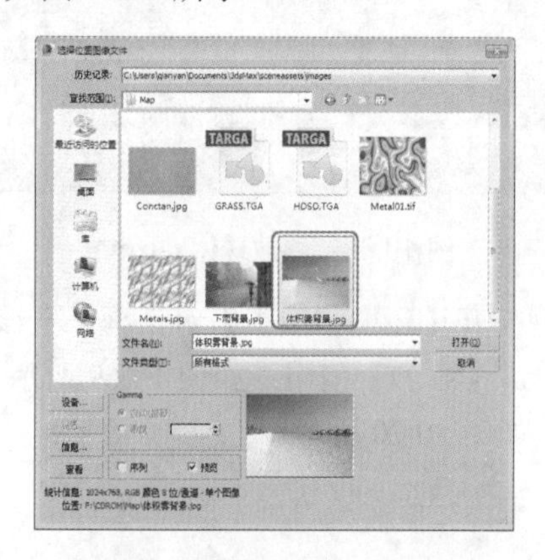

图 10.73　选择位图图像文件

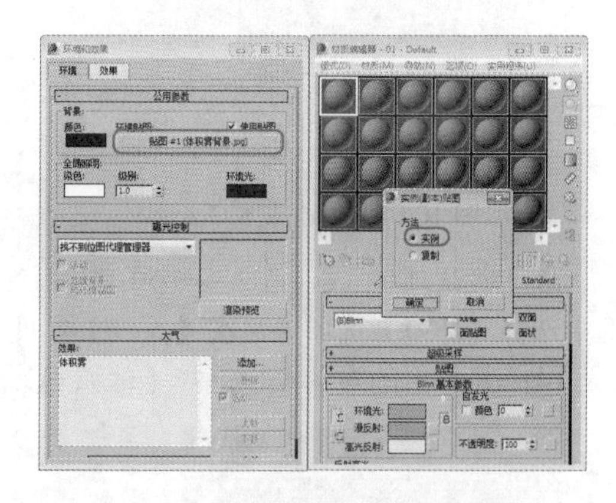

图 10.74　选中【实例】单选按钮

(9) 单击【确定】按钮，在【坐标】卷展栏中将【贴图】设置为【屏幕】，如图 10.75 所示。

(10) 将【材质编辑器】对话框和【环境和效果】对话框关闭，激活【透视】视图，按 Alt+B 组合键，在弹出的对话框中选中【使用环境背景】单选按钮，如图 10.76 所示。

(11) 单击【确定】按钮，选择【创建】|【摄影机】|【目标】工具，在【顶】视图中创建一架摄影机，如图 10.77 所示。

(12) 激活【透视】视图，按 C 键将其转换为【摄影机】视图，在其他视图中调整摄影机的位置，调整后的效果如图 10.78 所示。

(13) 在视图中选择球体 Gizmo 对象，对其进行复制，并使用【选择并均匀缩放】工具对其进行调整，然后调整其相应的位置，调整后的效果如图 10.79 所示。

(14) 调整完成后，激活【摄影机】视图，按 F9 快捷键对其进行渲染，效果如图 10.80 所示。

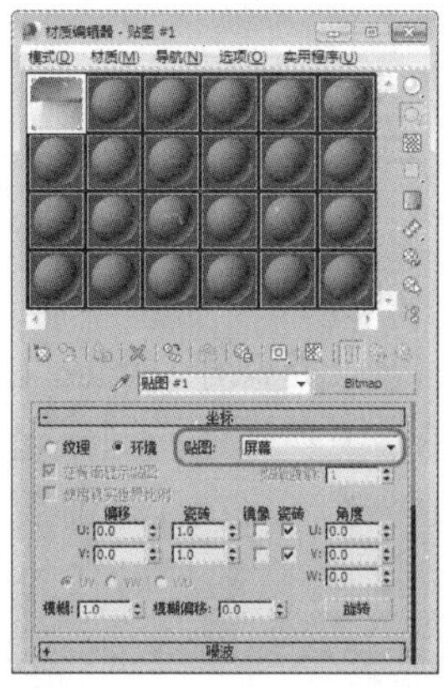

图 10.75　设置贴图类型

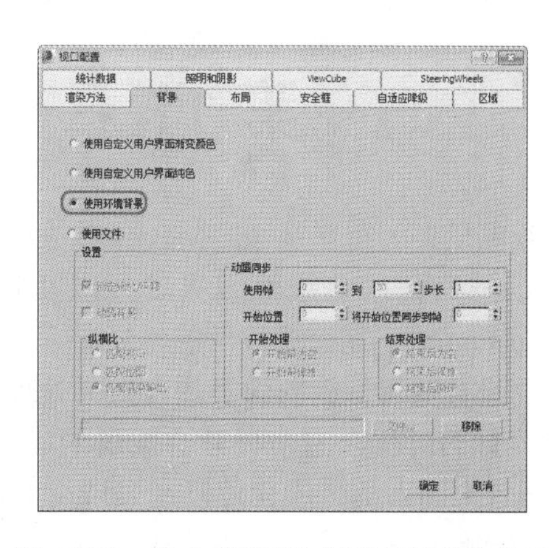

图 10.76　选中【使用环境背景】单选按钮

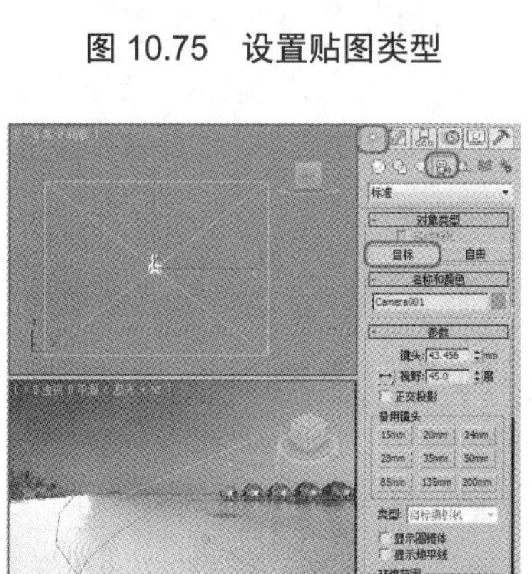

图 10.77　创建摄影机

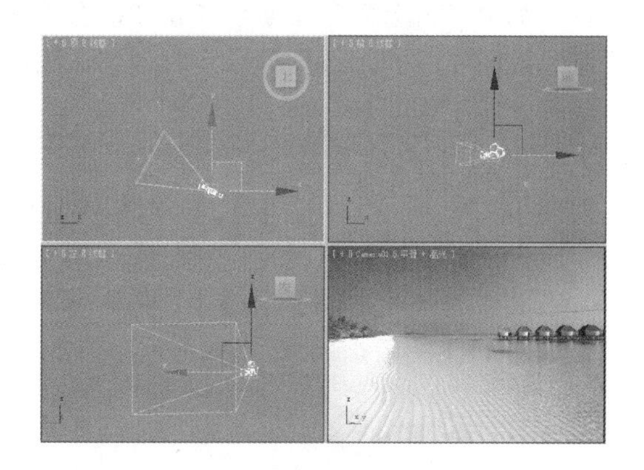

图 10.78　调整摄影机的位置

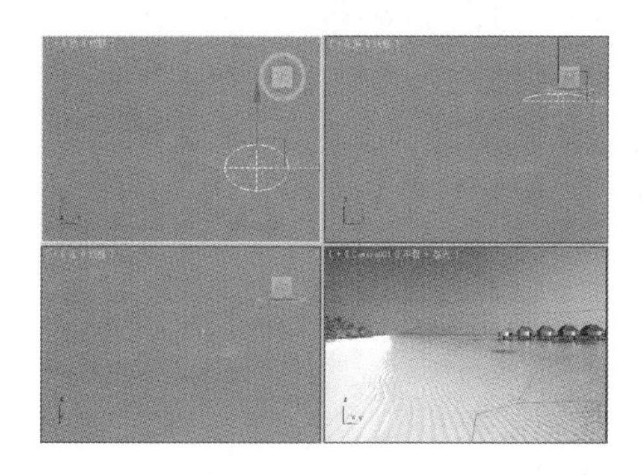

图 10.79　复制球体 Gizmo 并调整其位置

图 10.80　渲染后的效果

10.9　思考与练习

1. 如何对场景进行渲染输出？请简单说明。
2. 运动模糊特效的作用是什么？
3. 如何为场景添加背景图像？

第 11 章　后 期 合 成

视频后期处理器是 3ds Max 中独立的一大组成部分，相当于一个视频后期处理软件，包括动态影像的非线性编辑功能以及特殊效果处理功能，类似于 After Effects 或者 Combustion 等后期合成软件的性质。它可以将动画、文字、场景等连接到一起，并且可以对动画进行剪辑，给图像等加入效果处理，如光晕和镜头特效等。在几年前后期合成软件不太流行的时代，这个视频合成器的确起到了很大的作用。不过随着时代的发展，现在 PC 平台上的后期合成软件已经发展得非常成熟，一般工作流程已经将这个过程独立到后期合成软件中去进行了，因此 3ds Max 软件本身在第 2 版以后就没有再发展这个功能。当然这个视频合成器还是很好使用的，很多特殊效果都可以利用它来制作，只是制作效率比较低。如果有机会学习后期合成软件，会发现这些工作如果拿到后期合成软件里去执行几乎都是瞬间完成的，而且可以实时调节。因此，建议使用专业的后期合成软件来完成视频合成器里的工作。

11.1　视频后期处理窗口

在菜单栏中选择【渲染】|【视频后期处理】命令，即可打开【视频后期处理】窗口，如图 11.1 所示。

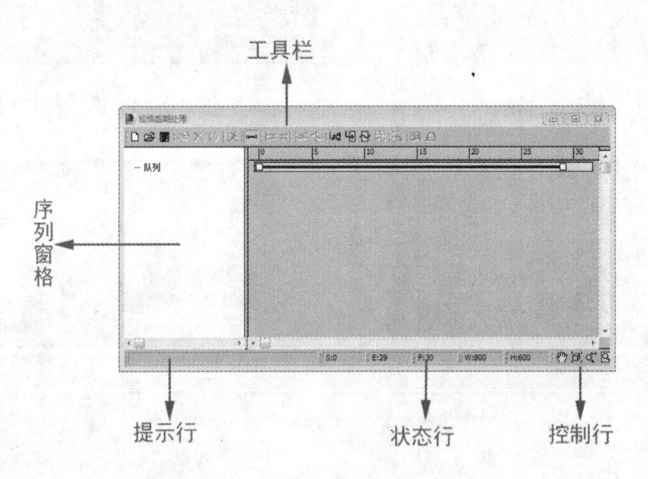

图 11.1　【视频后期处理】窗口

从外表上看，【视频后期处理】窗口由 4 个部分组成：顶端为工具栏，完成各种操作；左侧为序列窗格，用于加入和调整合成的项目序列；右侧为编辑窗格，以滑块控制当前项目所处的活动区段；底行用于提示信息的显示和一些显示控制工具。

1. 工具栏

在【视频后期处理】窗口顶端的工具栏，包含了【视频后期处理】窗口的全部命令按钮，用来对图像和动画资料事件进行编辑。各个命令按钮的功能介绍如下。

- 【新建序列】：新建一个序列，并将当前窗口中的所有序列删除。删除序列前会弹出提示对话框进行确认，如图 11.2 所示。
- 【打开序列】：窗口中的序列可以保存为 vpx 格式文件，保存过的 vpx 文件可以通过此窗口调入。
- 【保存序列】：将当前序列保存为 vpx 格式文件，将来可以应用于其他场景。
- 【编辑当前事件】：当窗口中有编辑事件时，该按钮可用，单击该按钮，可以打开当前被选择事件的编辑对话框。与双击事件相同。
- 【删除当前事件】：可将当前选中的事件删除。
- 【交换事件】：当两个相邻的事件同时被选中时，此按钮可用，单击此按钮，可将选中的两个相邻事件交换次序。对于根级目录，可以直接使用鼠标进行拖曳。
- 【执行序列】：对当前【视频后期处理】窗口中的序列渲染输出。单击该按钮，弹出【执行视频后期处理】话框，如图 11.3 所示，可进行参数设置。对话框中所有参数与【渲染设置】对话框中的参数基本相同，使用方法也相同。

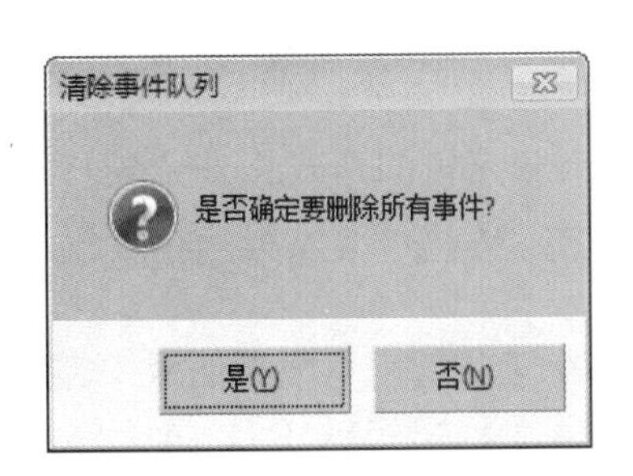

图 11.2　提示对话框

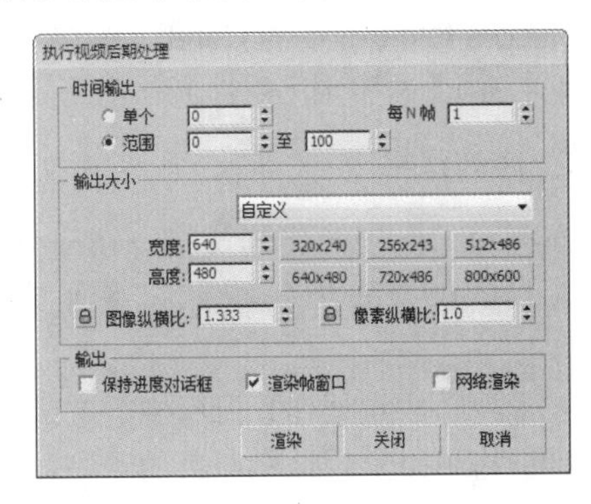

图 11.3　【执行视频后期处理】对话框

提 示

如图 11.3 所示的参数的设置与【渲染设置】对话框中参数的设置是各自独立的，互不影响。

- 【编辑范围栏】：这是【视频后期处理】窗口中的基本编辑工具，对序列窗格和编辑窗格都有效。
- 【将选定项靠左对齐】：将选中的多个事件范围栏左端对齐。在对齐时，用来作为基准的事件范围栏(即别的事件范围栏与之对齐的事件范围栏)要最后一个被选中，它的两端方块为红色，要与它对齐的事件范围栏两端的方块为白色。可以同时选择多个事件与一个事件对齐。
- 【将选定项靠右对齐】：将选中的多个事件范围栏右端对齐。使用方法参见【将选定项靠左对齐】按钮。
- 【使选定项大小相同】：将选中的多个事件范围栏长度与最后一个选中的范

围栏长度进行对齐。

- 【关于选定项】：可以用来对多个影片进行连接，单击该按钮，将选中的事件范围栏以首尾对齐的方式进行排列。选择事件范围栏时，不用考虑选择的先后顺序，对结果没有影响。
- 【添加场景事件】：在【视频后期处理】窗口中，添加新事件，事件来源于当前场景中的一个视图。
- 【添加图像输入事件】：利用该按钮，可将外部各种格式的图像文件作为一个事件添加到【视频后期处理】窗口中。就文件的格式而言，可输入的文件格式要比可输出的文件格式多一些。
- 【添加图像过滤器事件】：对前面的图像进行特殊处理，如光晕、星空等处理。
- 【添加图像输出事件】：可将最后合成的结果保存为图像文件。文件的格式与输入项目比，要少一些。
- 【添加图像层事件】：为两个项目指定特殊的合成效果，例如交叉衰减变换等。
- 【添加外部事件】：单击该按钮，可以为当前事件加入一个外部处理程序，如 Photoshop 和 CorelDraw 等。
- 【添加循环事件】：对指定事件进行循环处理。

2. 序列窗格

左侧空白区中为序列窗格，在序列窗格中以一个分支树的形式将各个项目连接在一起，项目的种类可以任意指定，它们之间也可以分层。这与材质分层、轨迹分层的概念相同。

在【视频后期处理】窗口中的大部分工作是在各个项目的自身设置面板中完成的。通过序列窗格可以安排这些项目的顺序，从上至下，越往上，层级越低，下面的层级会覆盖在上面的层级之上。所以对于背景图像，应该将其放置在最上层(即最底层级)。

对于序列窗格中的事件，双击可以直接打开它的参数控制面板，进行参数设置。单击可以将它选择，配合键盘上的 Ctrl 键可以单独加入或减去选择，配合 Shift 键可以将两个选择之间的所有事件选中。这对于编辑窗格中的操作也同样适用。

3. 编辑窗格

右侧是编辑窗格，它的内容很简单，以条柱表示当前事件作用的时间段，上面有一个可以滑动的时间标尺，由此确定时间段的坐标。时间条柱可以移动或放缩，多个条柱选择后可以进行各种对齐操作。双击事件条柱也可以直接打开它的参数控制面板，进行参数设置。

4. 状态行和显示控制工具

在【视频后期处理】窗口底部是信息栏和显示控制工具。

- S：当前选择项目的起始帧。
- E：当前选择项目的结束帧。

- F：当前选择项目的总帧数。
- W/H：显示最终输出的图像的尺寸，单位为 Pixel(像素)。

显示控制工具用来控制编辑窗格的显示大小，各按钮功能介绍如下。

- 平移：对编辑窗格进行左右移动。
- 最大化显示：针对左右宽度，将编辑窗格中的全部内容最大化显示，使它们都出现在屏幕上。
- 缩放时间：对时间标尺进行缩放。
- 缩放区域：可以使框选编辑窗格中的区域放大到满屏显示。

11.2　镜头特效过滤器

在 11.1 节中，介绍了【视频后期处理】窗口的组成，并知道了各按钮的功能。通过【视频后期处理】窗口，还可以给场景增加镜头特效。这就要使用【视频后期处理】窗口中模拟镜头特效的过滤器。镜头特效包含了 4 种过滤器，分别为镜头效果高光、镜头效果光斑、镜头效果光晕和镜头效果焦点。

11.2.1　基本使用方法

镜头特效过滤器使用的一般操作步骤如下。

(1) 打开随书附带光盘中的 CDROM\Scenes\Cha11\灯.max 文件，选择【摄影机】视图进行渲染，完成后效果如图 11.4 所示。

(2) 执行【渲染】|【视频后期处理】命令，随即弹出【视频后期处理】窗口，如图 11.5 所示。

图 11.4　渲染完成后的效果

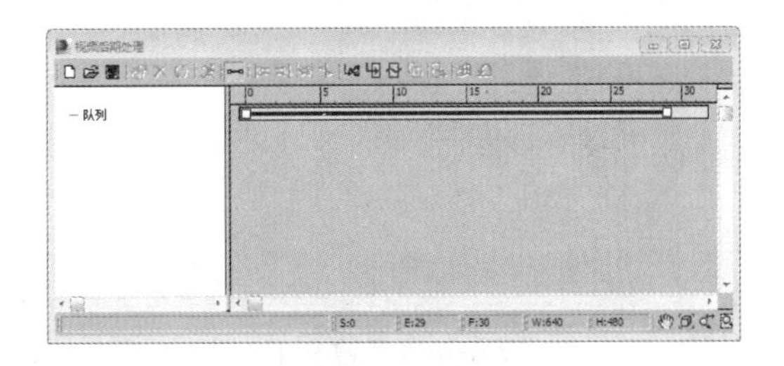

图 11.5　【视频后期处理】窗口

(3) 在【视频后期处理】窗口，单击【添加场景事件】按钮，弹出【添加场景事件】对话框，将场景事件设为【摄影机】视图，然后单击【确定】按钮，如图 11.6 所示。

(4) 返回到【视频后期处理】窗口，单击【添加图像过滤事件】按钮，弹出【编辑过滤事件】对话框，选择【镜头效果高光】效果，然后单击【确定】按钮，如图 11.7 所示。

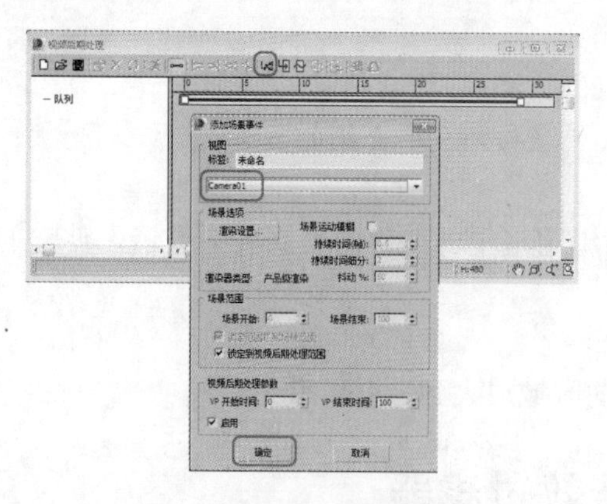

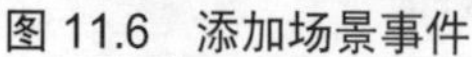

图 11.6 添加场景事件

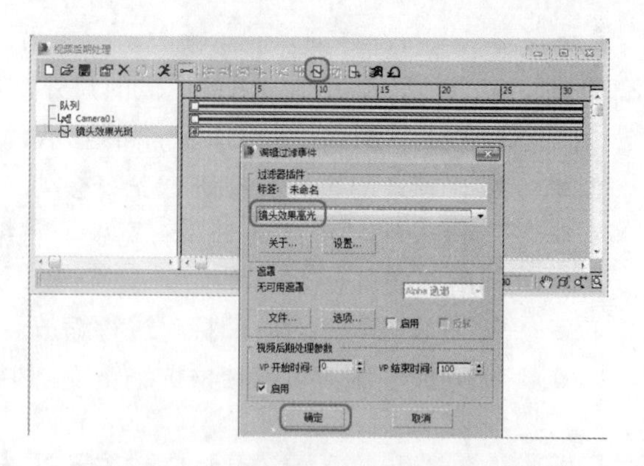

图 11.7 添加【镜头效果高光】效果

(5) 返回到【视频后期处理】窗口，选择【镜头效果高光】效果，弹出【编辑过滤事件】对话框，在该对话框中单击【设置】按钮，弹出【镜头效果高光】对话框，单击【VP 队列】和【预览】按钮，如图 11.8 所示。

(6) 在【属性】选项组中勾选【对象 ID】并在右侧输入 1，并勾选【周界】复选框，如图 11.9 所示。

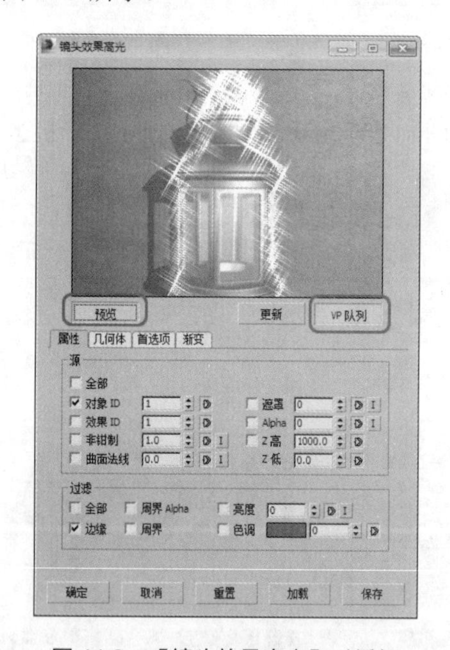

图 11.8 【镜头效果高光】对话框

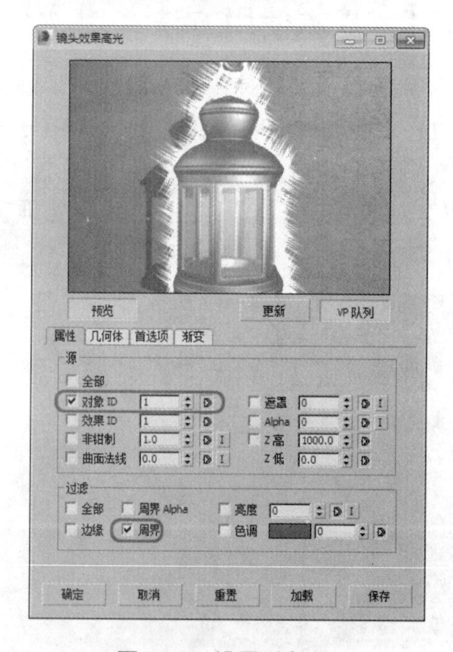

图 11.9 设置对象 ID

(7) 切换到【首选项】，在【效果】组中将【大小】设为 6，【点数】设为 4，在【颜色】组中，选中【用户】单选按钮，并单击其右侧的色块，弹出【颜色选择器】对话框，将 RGB 值设为 0、16、20，然后单击【确定】按钮，如图 11.10 所示。

(8) 返回到【视频后期处理】窗口中，单击【执行序列】按钮，弹出【执行视频后期处理】对话框，在【时间输出】选项组中选中【单个】单选按钮，在【输出大小】组中将【宽度】和【高度】分别设为 640、480，然后单击【渲染】按钮，如图 11.11 所示。

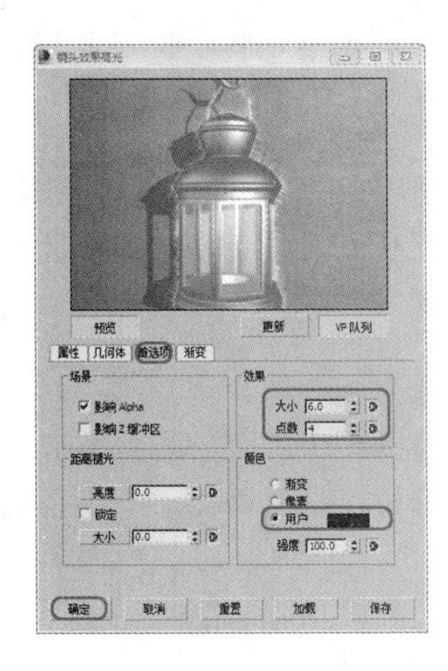

图 11.10　设置首选项

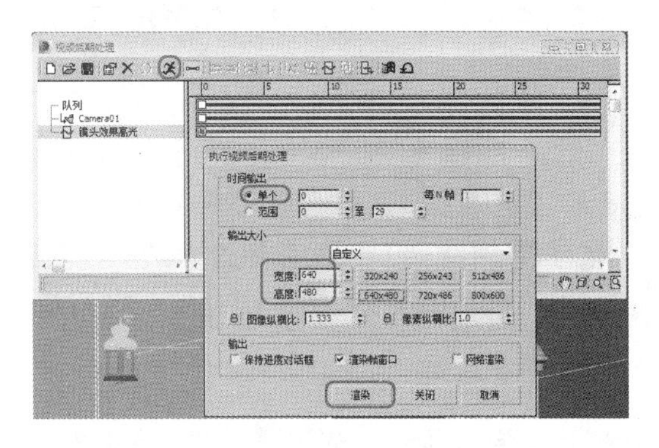

图 11.11　【执行视频后期处理】对话框

(9) 渲染完成后的效果，如图 11.12 所示。

图 11.12　完成后的效果

11.2.2　预览特效效果

可以通过预览窗口来观察当前【视频后期处理】窗口中的实际处理效果。它也可以显示系统预定义的一个场景的处理效果。预览窗口及命令按钮的作用如图 11.13 所示。

图 11.13　预览窗口及命令按钮

- 【预览】：此按钮为选中状态时，会对每一次参数的调节都自动进行更新显示，否则将不显示预览效果，也就意味着不进行预览计算。

提 示

如果每次调节完参数后，都要进行预览计算，如果要觉得预览计算慢的话，可以先取消选中【预览】按钮，直到需要观察效果时，再按下它，使它为预览状态。

- 【更新】：选中它会对整个场景的设置和效果进行更新计算。
- 【VP 队列】：此按钮没有选中时，预览窗口中将以一个内定的场景来显示预览效果，按下该按钮，会对整个序列发生作用，当前过滤器会作用于它上层的所有事件结果。

11.2.3 镜头效果光斑

镜头效果过滤器中，【镜头效果光斑】特效是最为复杂的一个过滤器。

【镜头效果光斑】对话框如图 11.14 所示。

这是最复杂的一个过滤器，面板也相当大，首先要理清头绪：左半部分和其他 3 个过滤器相似，属于正规的设置区，通过预览窗口，可以观察光斑效果；右半部是一个细部设置区，9 个选项卡为 9 个设置区，第一个用来设置后面 8 个的组合情况，后 8 个单独控制光斑的 8 个部分。

制作镜头光斑的一般操作步骤介绍如下。

(1) 在左半部分单击【节点源】按钮，选择光斑依附的对象。

(2) 在右半部分通过如图 11.15 所示的复选框，选中镜头光斑的组成部分。

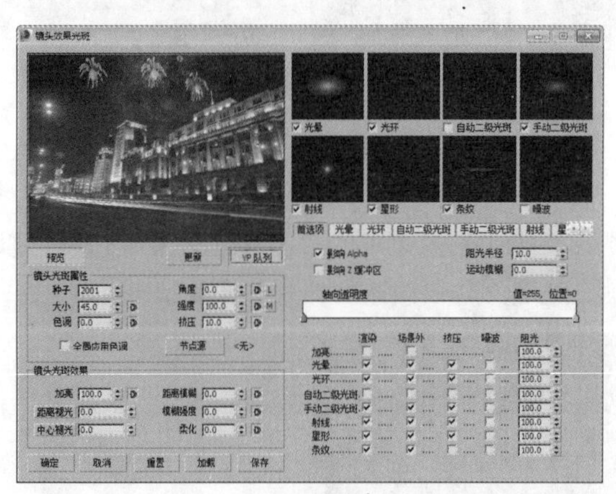

图 11.14 【镜头效果光斑】对话框

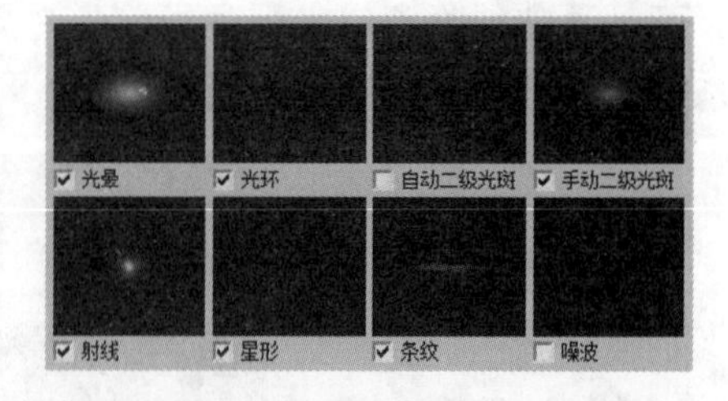

图 11.15 选中镜头光斑的组成部分

(3) 分别调节各部分的参数。主要调节颜色，大小等。

(4) 在左半部分的主面板上控制光斑的整体参数，如大小，角度等。

- 【镜头光斑属性】选项组
  - ◆ 【种子】：在不影响所有参数情况下对最后效果稍做更改，使具有相同参数的对象产生的光斑效果不同。而且这些变化是很细微的，不会破坏整体

效果。

- 【大小】：设置包括二级光斑及其他所有部分在内的整个光斑的大小。整个光斑尺寸的调节主要靠此微调框来完成，而每个部分的大小设置，只是为了表现出相对大小。
- 【色调】：控制整体光斑的色调。
- 【全局应用色调】：用来设置色调的全局效果。
- 【角度】：调节光斑从自身默认位置旋转的数量，从而控制光斑改变的位置，是相对于摄影机而言的。可以通过调节此参数制作动画。右侧的 L 按钮为锁定按钮，用来设置二级光斑是否旋转，不选中此按钮，二级光斑将不旋转。
- 【强度】：通过调整此微调框控制整个光斑的明亮程度和不透明程度，值越大，光斑越亮，越不透明；相反，值越小，光斑越暗，越透明。系统默认值为 100。
- 【挤压】：用于校正光斑的长宽比，以适合不同的屏幕比例需求。值大于 0 时，将在水平方向拉长，垂直方向缩短。可以通过此微调框制作椭圆形的光斑。
- 【节点源】：单击此按钮，弹出一个选择名称的对话框，可以选择任何类型的物体作为光芯来源，将光芯定位在物体的轴心点上。通常使用灯光作为光芯来源。

注 意

用户可能想选择粒子系统作为光芯来源，从而产生满天光斑的效果，不过无法通过这种途径实现此效果，它只会在系统物体的轴心点处产生一个光斑。

- 【镜头光斑效果】选项组
  - 【加亮】：通过调节此微调框的值，设置光斑对整个图像的照明影响，值为 0 时，没有照明效果，系统默认值为 100。
  - 【距离褪光】：根据光斑与摄影机的距离大小产生褪光效果。要求应用于 Camera 视图。
  - 【中心褪光】：沿光斑主轴，以主光斑为中心对二级光斑作褪光处理。通常用来模拟真实镜头光斑效果。

注 意

使用【距离褪光】与【中心褪光】按钮均是选中时有效，而且采用的都是 3ds Max 2014 的标准世界单位。

  - 【距离模糊】：根据光斑与摄影机的距离作模糊处理。采用 3ds Max 2014 的标准世界单位。
  - 【模糊强度】：通过此微调框的调节，对光斑的整体强度进行模糊处理，产生光晕效果。
  - 【柔化】：对整个光斑进行柔化处理。

11.2.4 镜头效果光晕

镜头特效过滤器中，【镜头效果光晕】是最为有用的一个过滤器。它可对物体表面进行灼烧处理，产生一层光晕，从而达到发光的效果。很多情况都可以使用发光特效，比如火球、金属字、飞舞的光团等。

【镜头效果光晕】对话框如图 11.16 所示。

图 11.16 【镜头效果光晕】对话框

该对话框共有 4 个选项卡，分别为【属性】、【首选项】、【渐变】和【噪波】，用户可以在该对话框中设置光斑参数，以达到想要的效果。

11.2.5 镜头效果高光

【镜头效果高光】特效过滤器可以在物体表面产生针状光芒，多用于带有强烈反光特性的材质。例如，在强烈阳光直射下的汽车，表面高光点会出现闪烁的光芒。另一个最能体现高光效果的较好示例是创建细小的灰尘。如果创建粒子系统，沿直线移动为其设置动画，并为每个像素应用微小的四点高光星形，这样它看起来很像闪烁的幻景。

【镜头效果高光】对话框如图 11.17 所示。

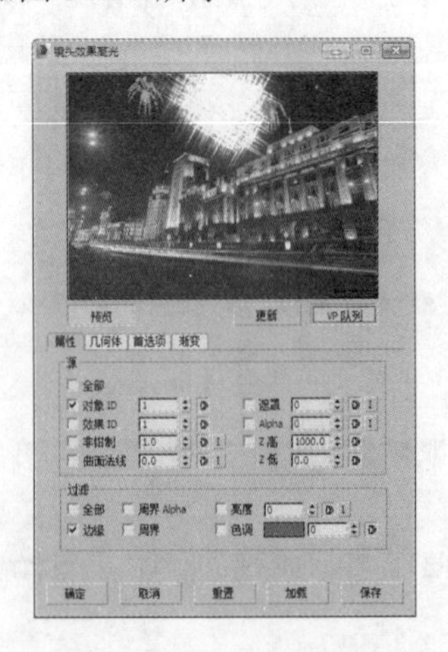

图 11.17 【镜头效果高光】对话框

11.2.6　镜头效果焦点

【镜头效果焦点】过滤器可以用来模拟镜头焦点以外发生散焦模糊的视觉效果，它通过物体与摄影机之间的距离进行模糊计算。在自然景观和室外建筑的场景中，常需要模糊远景，以突出图画主题，增加真实感，此种情况多使用此特效过滤器。

【镜头效果焦点】对话框如图 11.18 所示。

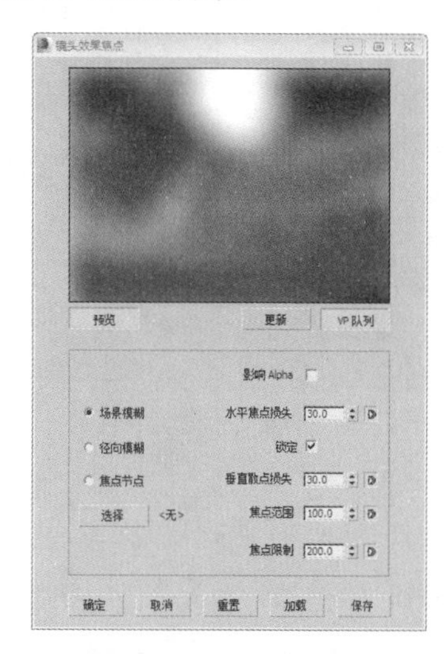

图 11.18　【镜头效果焦点】对话框

注 意

mental ray 渲染器不支持此过滤器。

11.3　上机实践——制作星光闪烁效果

下面将介绍星光闪烁的制作方法，其效果如图 11.19 所示，该例是使用【暴风雪】粒子系统制作星星，然后使用【视频后期处理】窗口中的【镜头效果光晕】过滤器和【镜头效果高光】过滤器使星星产生光芒和十字亮星效果。

图 11.19　星光闪烁效果

(1) 新建一个 max 场景文件，按 8 键打开【环境和效果】对话框，在【公用参数】

卷展栏中单击【环境贴图】下的【无】按钮，如图 11.20 所示。

(2) 在弹出的【材质/贴图浏览器】对话框中双击【位图】贴图，然后在弹出的【选择位图图像文件】对话框中选择随书附带光盘中的 CDROM\Map\XING.jpg 文件，单击【打开】按钮，如图 11.21 所示。

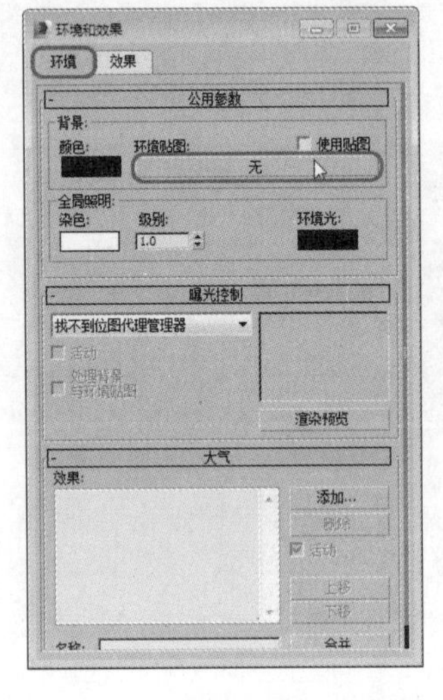

图 11.20 单击【无】按钮

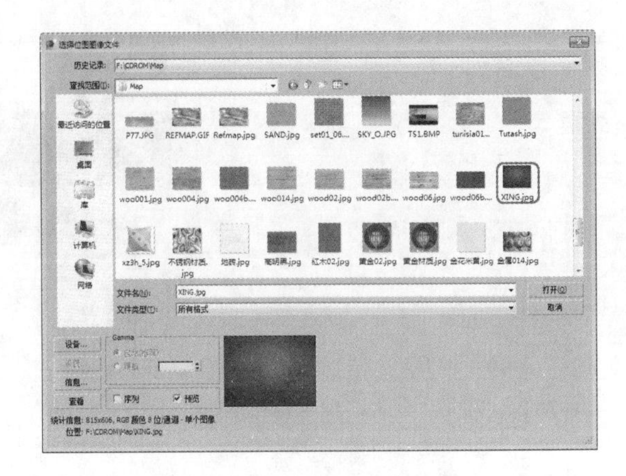

图 11.21 选择位图图像文件

(3) 按 M 键打开【材质编辑器】对话框，将【环境贴图】拖曳至材质编辑器中的材质样本球上，在弹出的对话框中选中【实例】单选按钮，如图 11.22 所示。

(4) 单击【确定】按钮，在【坐标】卷展栏中将【贴图】设置为【屏幕】，如图 11.23 所示。

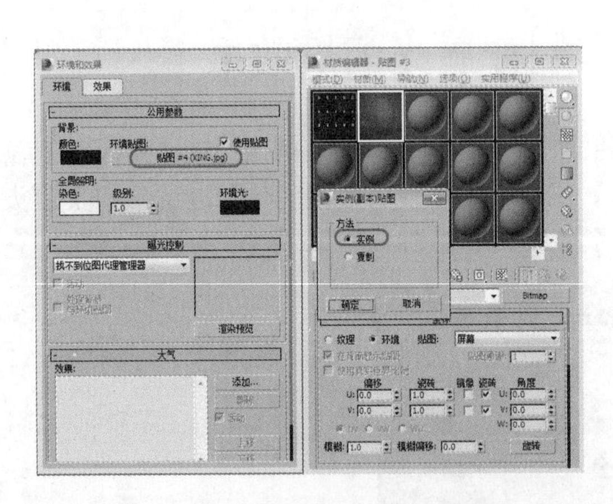

图 11.22 选中【实例】单选按钮

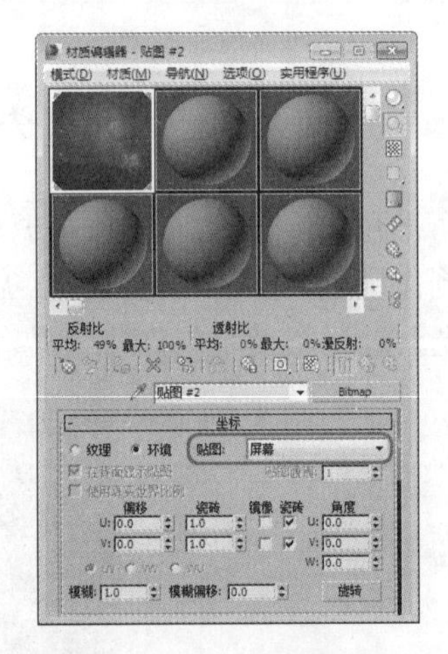

图 11.23 设置贴图

(5) 关闭【环境和效果】对话框，然后激活【透视】视图，在菜单栏中选择【视图】|【视口背景】|【环境背景】命令，如图 11.24 所示，即可在【透视】视图中显示出背景贴图。

(6) 选择【创建】 |【几何体】 |【粒子系统】|【暴风雪】工具，在【前】视图中

创建一个【暴风雪】粒子系统，如图 11.25 所示。

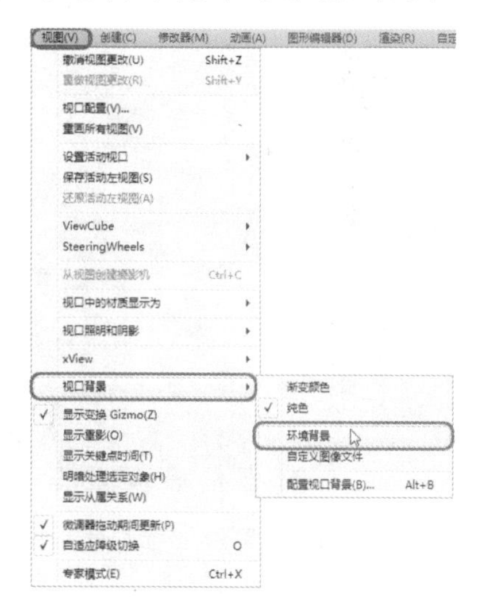

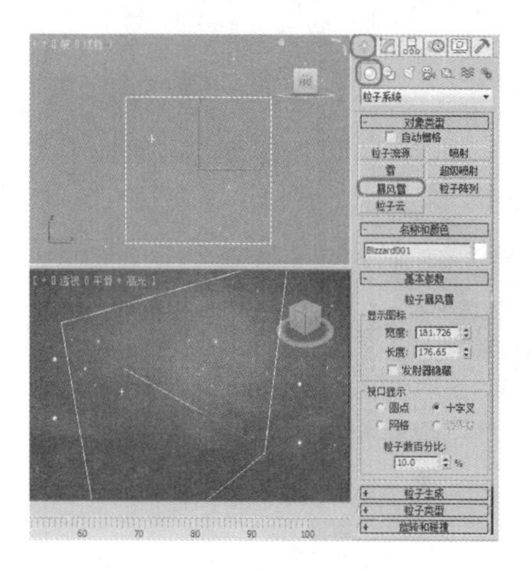

图 11.24　选择【环境背景】命令

图 11.25　创建粒子系统

(7) 切换到【修改】命令面板，在【基本参数】卷展栏中将【显示图标】区域下的【宽度】、【长度】值都设置为 500，在【视口显示】区域下选中【十字叉】单选按钮，将【粒子数百分比】设置为 25，如图 11.26 所示。

(8) 在【粒子生成】卷展栏中将【粒子数量】区域下的【使用速率】设置为 6，将【粒子运动】区域下的【速度】和【变化】分别设置为 100、20，将【粒子计时】区域下的【发射开始】、【发射停止】、【显示时限】和【寿命】分别设置为-100、100、100、100；将【粒子大小】区域下的【大小】设置为 1.5，如图 11.27 所示。

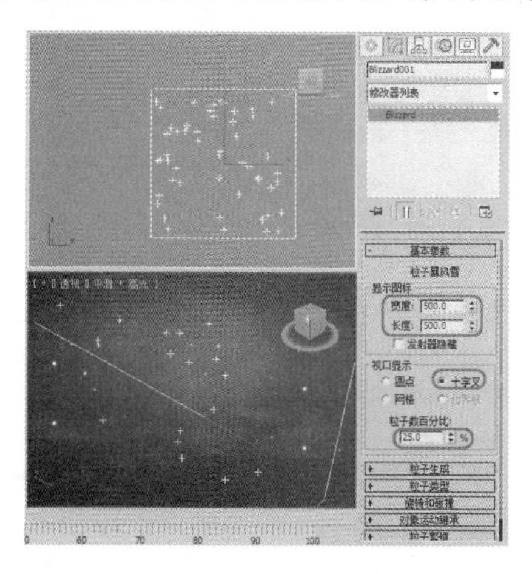

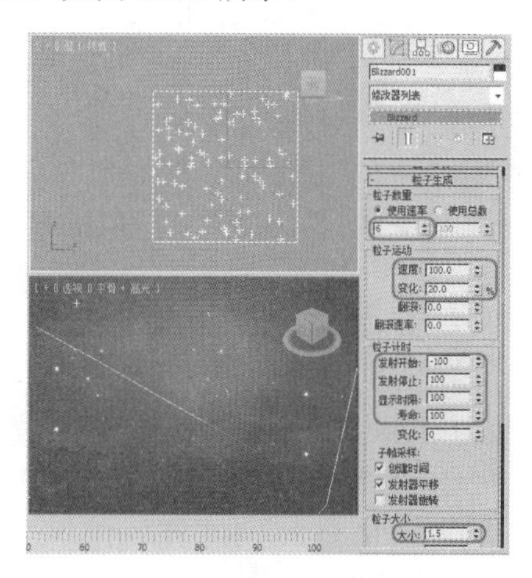

图 11.26　设置粒子系统的基本参数

图 11.27　设置粒子生成参数

(9) 在【粒子类型】卷展栏中选中【标准粒子】区域下的【球体】单选按钮，如图 11.28 所示。

(10) 激活【左】视图，在工具栏中单击【镜像】按钮，在弹出的【镜像：屏幕 坐标】对话框中使用默认设置，直接单击【确定】按钮即可，如图 11.29 所示。

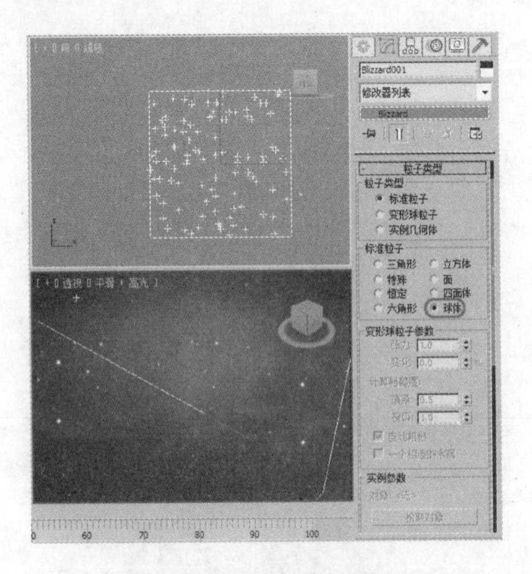

图 11.28 设置粒子类型

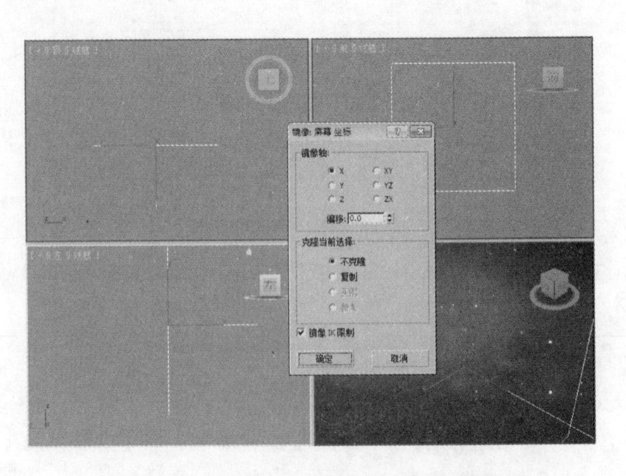

图 11.29 【镜像：屏幕 坐标】对话框

(11) 即可镜像创建的粒子系统，然后选择【创建】|【摄影机】|【目标】工具，在【顶】视图中创建一架摄影机，激活【透视】视图，按 C 键将该视图转换为【摄影机】视图，并在其他视图中调整其位置，如图 11.30 所示。

(12) 选择创建的粒子系统并右击，在弹出的快捷菜单中选择【对象属性】命令，在打开的对话框中将粒子系统的【对象 ID】设置为 1，然后单击【确定】按钮，如图 11.31 所示。

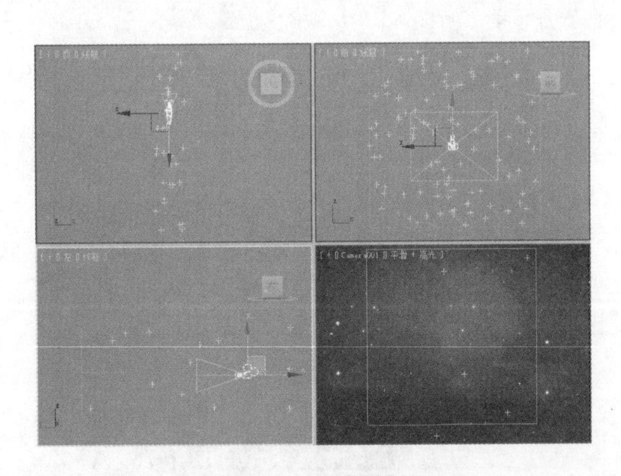

图 11.30 创建摄影机

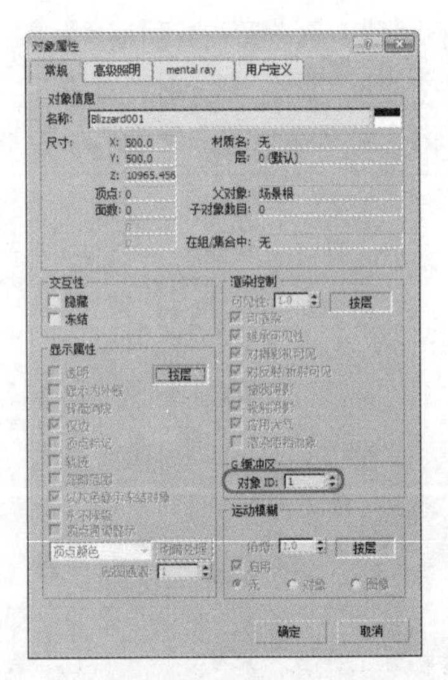

图 11.31 设置对象 ID

(13) 在菜单栏中选择【渲染】|【视频后期处理】命令，打开【视频后期处理】窗口，单击【添加场景事件】按钮，在打开的【添加场景事件】对话框中使用默认的【摄影机】视图，如图 11.32 所示。

(14) 单击【确定】按钮，返回到【视频后期处理】窗口中，单击【添加图像过滤事件】按钮，在打开的对话框中选择过滤器列表中的【镜头效果光晕】过滤器，如图 11.33 所示。

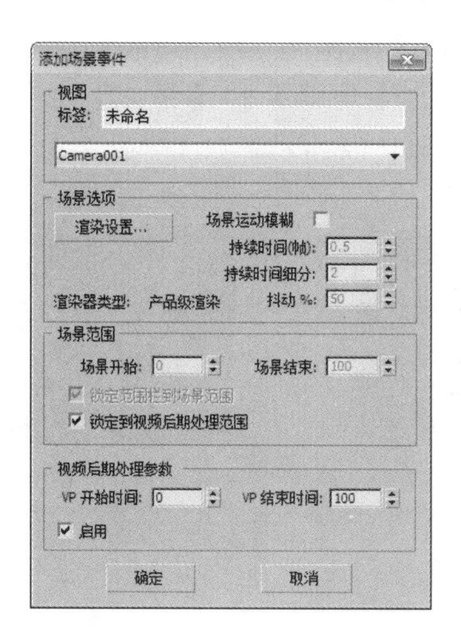

图 11.32　添加场景事件

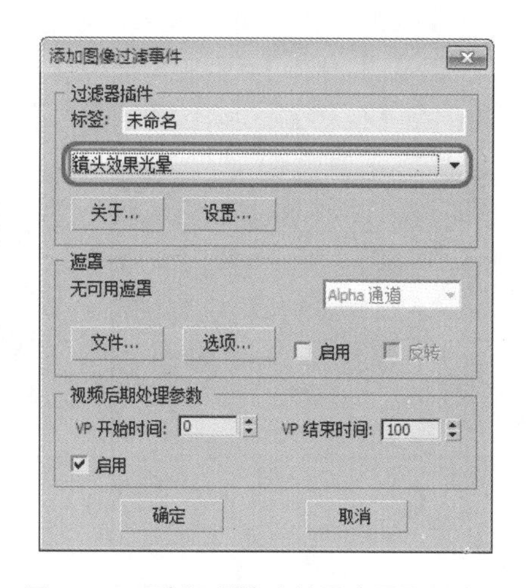

图 11.33　选择【镜头效果光晕】过滤器

(15) 单击【确定】按钮，返回到【视频后期处理】窗口中，在左侧列表中双击【镜头效果光晕】过滤器，在弹出的对话框中单击【设置】按钮，弹出【镜头效果光晕】对话框，单击【VP 队列】和【预览】按钮，在【属性】选项卡中将【对象 ID】设置为 1，并勾选【过滤】区域下的【周界 Alpha】复选框，如图 11.34 所示。

(16) 在【首选项】选项卡中将【效果】区域下的【大小】设置为 1.5，在【颜色】区域下选中【像素】单选按钮，并将【强度】设置为 80，如图 11.35 所示。

(17) 在【噪波】选项卡中勾选【红】、【绿】、【蓝】复选框，在【参数】区域下将【大小】和【速度】设置为 10、0.2，如图 11.36 所示。单击【确定】按钮，返回到【视频后期处理】窗口中。

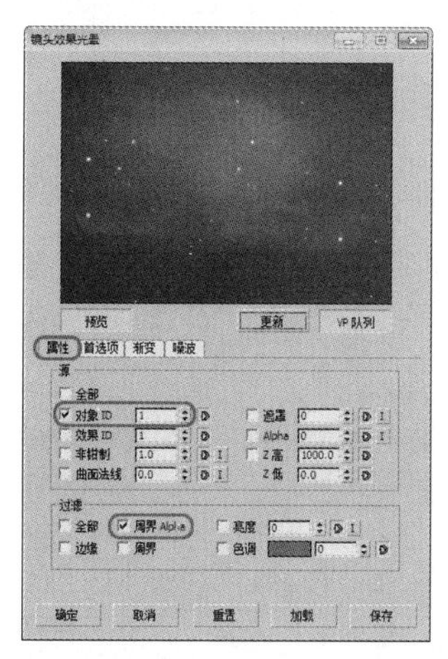

图 11.34　设置属性参数

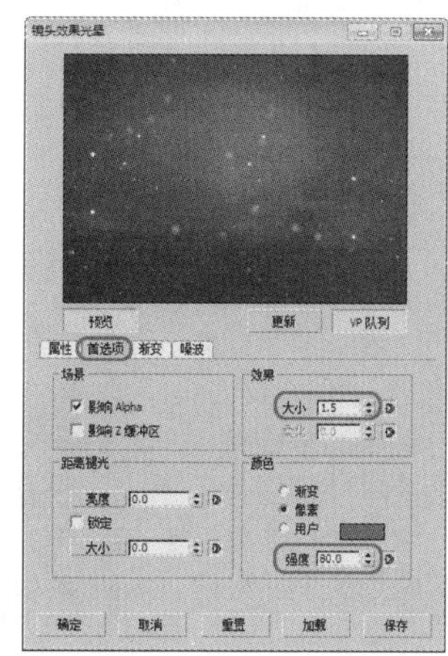

图 11.35　设置首选项参数

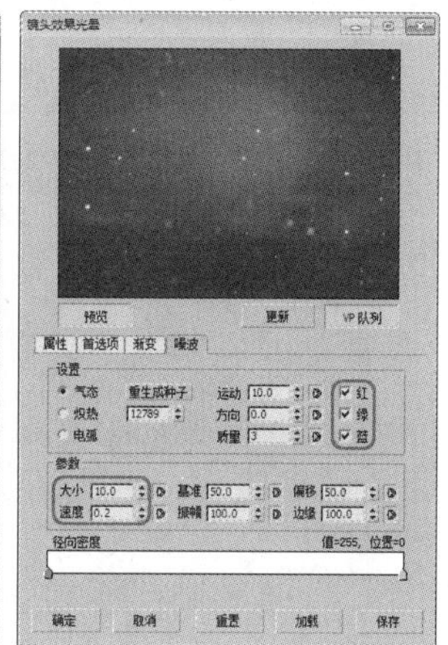

图 11.36　设置噪波参数

(18) 再次单击【添加图像过滤事件】按钮，在打开的对话框中选择过滤器列表中的【镜头效果高光】过滤器，单击【确定】按钮，如图 11.37 所示。

(19) 在左侧列表中双击【镜头效果高光】过滤器，在弹出的对话框中单击【设置】按钮，弹出【镜头效果高光】对话框，单击【VP 队列】和【预览】按钮，在【属性】选项卡中勾选【过滤】区域下的【边缘】复选框，如图 11.38 所示。

(20) 在【几何体】选项卡中将【效果】区域下的【角度】和【钳位】分别设置为 100、20，在【变化】区域下单击【大小】按钮，如图 11.39 所示。

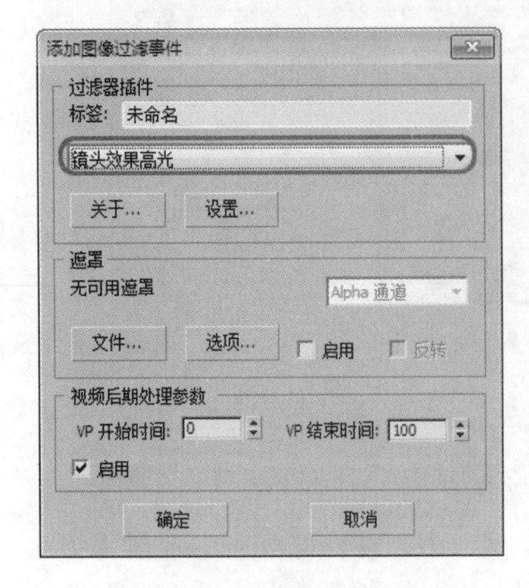

图 11.37　添加图像过滤事件

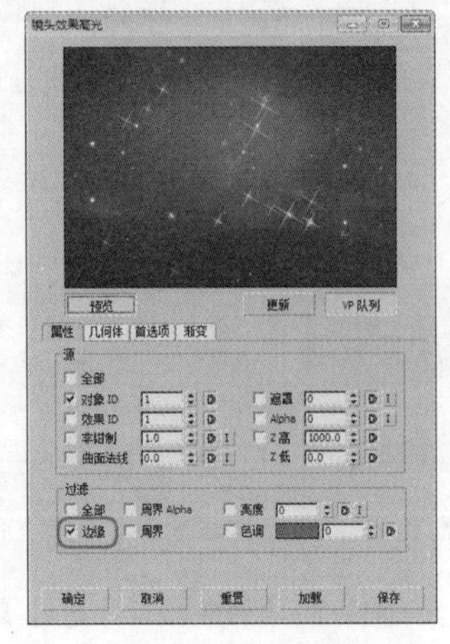

图 11.38　勾选【边缘】复选框

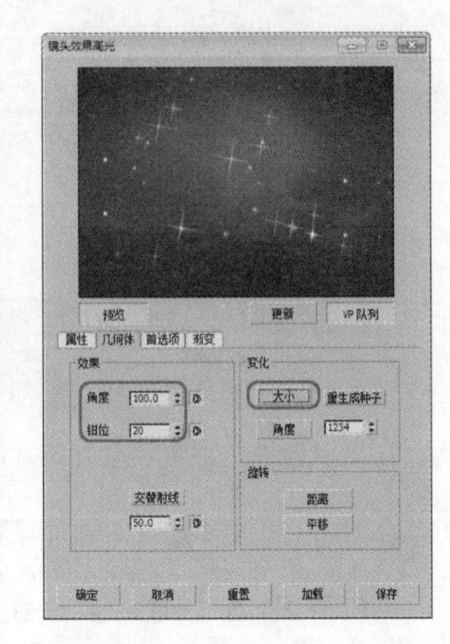

图 11.39　设置几何体参数

(21) 在【首选项】选项卡中将【效果】区域下的【大小】和【点数】分别设置为 12、4，在【距离褪光】区域下单击【亮度】和【大小】按钮，将它们的值设置为 4000，勾选【锁定】复选框，在【颜色】区域下选中【渐变】单选按钮，如图 11.40 所示。单击【确定】按钮，返回到【视频后期处理】窗口中。

(22) 在对话框中单击【添加图像输出事件】按钮，弹出【添加图像输出事件】对话框，单击【文件】按钮，在弹出的【为视频后期处理输出选择图像文件】对话框中设置输出路径及文件名，并将【保存类型】设置为 avi，单击【保存】按钮，如图 11.41 所示。

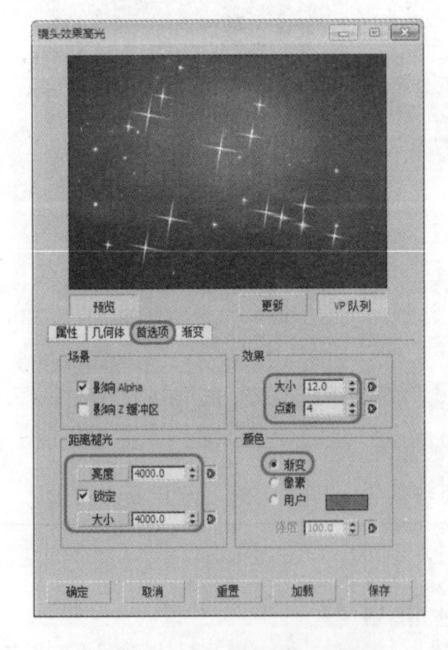

图 11.40　设置首选项参数

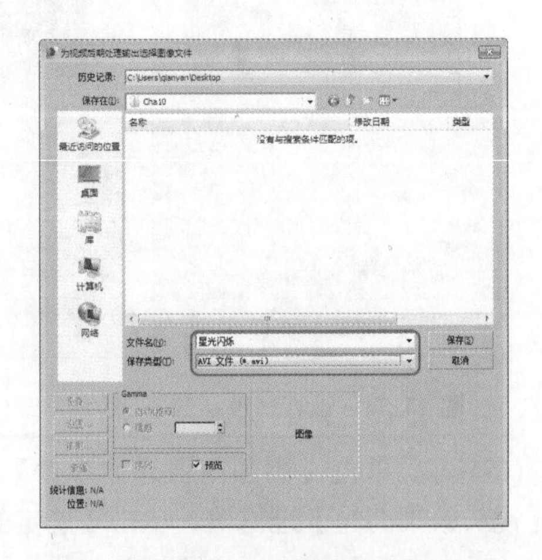

图 11.41　设置输出文件

(23) 单击【保存】按钮，再在弹出的对话框中单击【确定】按钮，再在【添加图像输出事件】对话框中单击【确定】按钮，返回到【视频后期处理】窗口中，在该对话框中单击【执行序列】按钮，打开【执行视频后期处理】对话框，在【时间输出】选项组中选中【范围】单选按钮，在【输出大小】选项组中将【宽度】和【高度】分别设置为 800 和 600，然后单击【渲染】按钮进行渲染。

11.4　思考与练习

1. 简述一下【视频后期处理】的工作顺序。
2. 简述一下制作镜头光斑的一般步骤。
3. 【镜头效果焦点】过滤器有什么作用？

第 12 章　动 画 技 术

动画在长期的发展过程中，基本原理未发生过很大的变化，不论是早期手绘动画还是现代的电脑动画，都是由若干张图片连续放映产生的。这样一部普通的动画片要绘制几十张图片，工作量相当的繁重，通常主动画师只绘制一些关键性图片，成为关键帧，关键帧之间的图片由其他动画助理人员来绘制。在三维电脑动画制作中，操作人员就是主动画师，电脑是动画助理，你只要设定关键帧。由电脑自动在关键帧之间生成连续的动画。关键帧动画是三维电脑动画制作中最基本的手段。在电影特技中，很多繁杂的动画都是通过关键帧这种最传统的方法来完成的。电脑不仅能设定关键帧动画，还能制作表达式动画。表达式动画和轨迹动画有助于动画师控制动画效果，但表达式和轨迹动画也必须在关键帧动画的基础上才能发挥作用。

12.1　动 画 概 述

学习 3ds Max 2014 的最终目的就是要制作三维动画。物体的移动、旋转、缩放，以及物体形状与表面的各种参数改变都可以用来制作动画。

要制作三维动画，必须要先掌握 3ds Max 2014 的基本动画制作原理和方法，掌握基本方法后，再创建其他复杂动画就简单多了。3ds Max 2014 根据实际的运动规律提供了很多的运动控制器，使制作动画变得简单容易。3ds Max 2014 还为用户提供了强大的轨迹视图功能，可以用来编辑动画的各项属性。

12.1.1　动画原理

动画的产生是基于人类视觉暂留的原理。人们在观看一组连续播放的图片时，每一幅图片都会在人眼中产生短暂的停留，只要图片播放的速度快于图片在人眼中停留的时间，就可以感觉到它们好像真的在运动一样。这种组成动画的每张图片都叫作“帧”，帧是 3ds Max 动画中最基本也是最重要的概念。

12.1.2　动画方法

1. 传统的动画制作方法

在传统的动画制作方法中，动画制作人员要为整个动画绘制需要的每一幅图片，即每一帧画面。这个工作量是巨大而惊人的，因为要想得到流畅的动画效果，每秒钟大概需要 12～30 帧的画面，一分钟的动画需要 720～1800 幅图片，如果低于这个数值，画面会出现闪烁。而且传统动画的图像依靠手工绘制，由此可见，传统的动画制作烦琐，工作量巨大。即使是现在，制作传统形式的动画通常也需要成百上千名专业动画制作人员来创建成千上万的图像。因此，传统动画技术已不适应现代动画技术的发展了。

2. 3ds Max 2014 中的动画制作方法

随着动画技术的发展，关键帧动画的概念应运而生。科技人员发现在组成动画的众多图片中，相邻的图片之间只有极小的变化。因此动画制作人员只绘制其中比较重要的图片(帧)，然后由计算机自动完成各重要图片之间的过渡，这样就大大提高了工作效率。由动画制作人员绘制的图片称为关键帧，由计算机完成的关键帧之间的各帧称为过渡帧。

如图 12.1 所示，在所有的关键帧和过渡帧绘制完毕之后，这些图像按照顺序连接在一起并被渲染生成最终的动画图像。

图 12.1　关键帧图像

3ds Max 基于此技术来制作动画，并进行了功能的增强，当用户指定了动画参数以后，动画渲染器就接管了创建并渲染每一帧动画的工作，从而得到高质量的动画效果。

12.1.3　帧与时间的概念

3ds Max 是一个基于时间的动画制作软件，最小的时间单位是 TICK(点)，相当于 1/4800 秒。系统中默认的时间单位是帧，帧速率为每秒 30 帧。用户可以根据需要设置软件创建的动画的时间长度与精度。设置的方法是单击动画播放控制区域中的【时间配置】按钮，打开【时间配置】对话框，如图 12.2 所示。

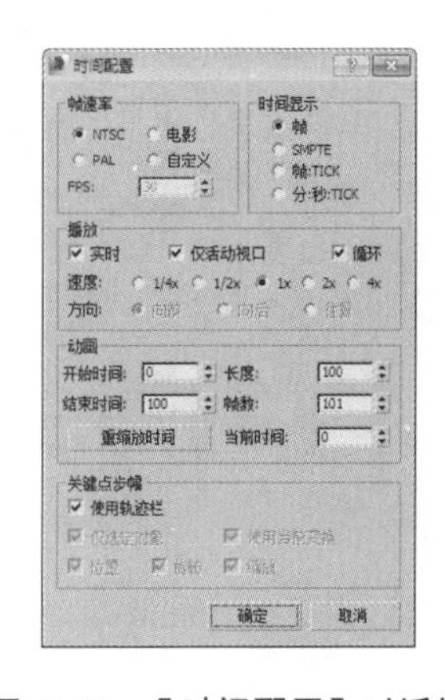

图 12.2　【时间配置】对话框

- 【帧速率】选项组用来设置动画的播放速度，可以在不同视频格式之间选择，其中默认的 NTSC 格式的帧速率是每秒 30 帧(30bps)，【电影】格式是每秒 24 帧，PAL 格式为每秒 25 帧，还可以选择【自定义】格式来设置帧速率，这会直接影响到最终的动画播放效果。
- 【时间显示】选项组提供了 4 种时间显示方式供选择。
    - ◆ 【帧】：帧是默认显示方式，时间转换为帧的数目取决于当前帧速率的设置。
    - ◆ SMPTE：用 Society of Motion Picture and Television Engineers(电影电视工程协会)格式显示时间，这是许多专业动画制作工作中使用的标准时间显示方式。格式为“分钟:秒:帧”。
    - ◆ 【帧：TICK】：使用帧和系统内部的计时增量(称为 tick)来显示时间。选择此方式可以将动画时间精确到 1/4800 秒。
    - ◆ 【分:秒:TICK】：以分钟(MM)、秒钟(SS)和 tick 显示时间，其间用冒号分隔。例如：02：16：2240 表示 2 分钟、16 秒和 2240tick。

- 【播放】选项组用来控制如何回放动画，并可以选择播放的速度。
- 【动画】选项组用于设置动画激活的时间段和调整动画的长度。
- 【关键点步幅】选项组用来控制如何在关键帧之间移动时间滑块。

12.2　三维动画基本制作方法

制作三维动画最基本的方法是使用自动帧模式录制动画。

创建一个简单动画的基本步骤是：设置场景，在场景中创建若干物体；单击选中【自动关键点】按钮开始录制动画；移动动画控制区中的时间滑块，修改场景中物体的位置、角度或大小等参数；重复前面的移动时间滑块和修改物体参数的操作；最后单击取消选中【自动关键点】按钮，关闭帧动画的录制。

下面通过制作一个例子，来体会这种动画制作的基本方法。

(1) 在视图中创建一个半径为 9 的球体和圈数为 5 的螺旋线，并在视图中调整其位置，如图 12.3 所示。

(2) 单击动画播放控制区域中的【时间配置】按钮，在弹出的对话框中的【结束时间】文本框中输入 50，如图 12.4 所示。

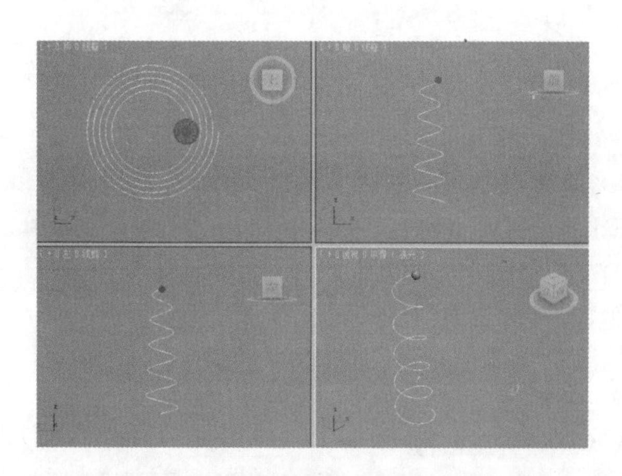

图 12.3　创建并调整模型

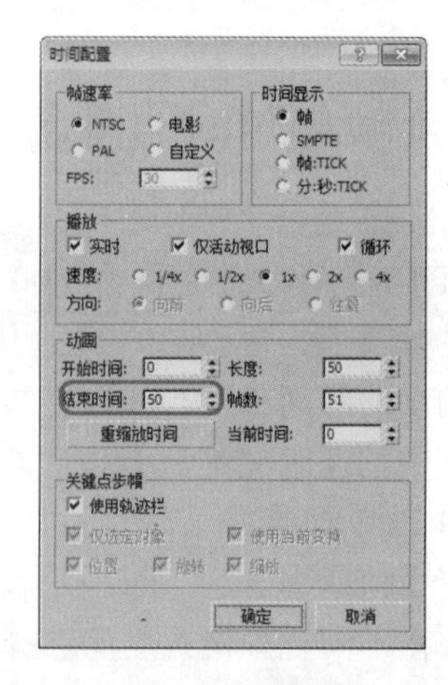

图 12.4　【时间配置】对话框

(3) 单击【确定】按钮，再单击【自动关键点】按钮，将时间滑块拖曳到第 5 帧的位置，在【顶】视图中沿螺旋线的边缘对球体进行拖曳，如图 12.5 所示。

提 示

时间滑块移到某一帧位置时，时间滑块会显示当前所在的帧位置和动画的总帧数。例如，将时间滑块移到第 25 帧时，时间滑块会显示 25/100。

(4) 再将时间滑块拖曳到第 10 帧的位置上，然后在【顶】视图中沿螺旋线的边缘对球体进行拖曳，如图 12.6 所示。

(5) 依次进行类推，设置完成后，单击【自动关键点】按钮，然后单击【播放动画】按钮进行播放即可。

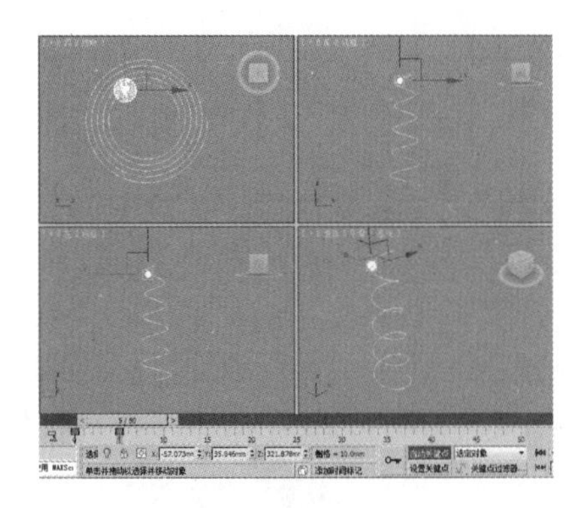
图 12.5　创建关键帧动画(1)

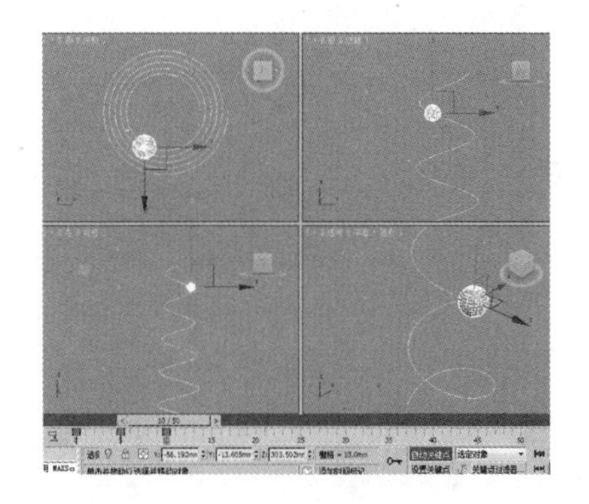
图 12.6　创建关键帧动画(2)

提 示

在场景中播放动画时，场景中只在激活的视图中播放动画。

12.3　运动命令面板与动画控制器

在动画创建过程中要经常使用【运动】命令面板 。该命令面板提供了对动画物体的控制能力，体现在可以为物体指定各种运动控制器、对各个关键点信息进行编辑以及对运行轨迹进行控制等。它为用户提供了现成的动画控制工具，可以制作更为复杂的动画效果。

打开【运动】命令面板，可以看到该命令面板中有两个按钮，【运动】命令面板就是通过这两个按钮切换功能的，如图 12.7 所示。

图 12.7　【运动】命令面板中的两个按钮

12.3.1　参数设置

进入【运动】命令面板后，默认的就是进入【参数】设置，在这部分中主要包括指定控制器、RGB 参数、位置 XYZ 参数、关键点信息(基本)、关键点信息(高级)。

1. 【指定控制器】卷展栏

在该卷展栏中，可以为选择的物体指定需要的动画控制器，完成对物体的运动控制。在该卷展栏的列表框中可以看到为物体指定的动画控制器项目，如图 12.8 所示。有一个主项目为变换，有 3 个子项目分别为位置、旋转和缩放。列表框左上角的【指定控制器】按钮用来给子项目指定不同的动画控制器，可以是一个，也可以是多个或没有。使用时要选择子项目，然后单击【指定控制器】按钮，会弹出指定动画控制器的对话框，选择其中一个动画控制器，单击【确定】按钮后可在列表框中看到新指定的动画控制器的名称。

注 意

在指定动画控制器时，选择的子项目不同，弹出的对话框也不同。选择【位置】子项目时，会弹出如图 12.9 所示的对话框；选择 Rotation 子项目时，会弹出如图 12.10 所示的对话框；选择【缩放】子项目时，会弹出如图 12.11 所示的对话框。

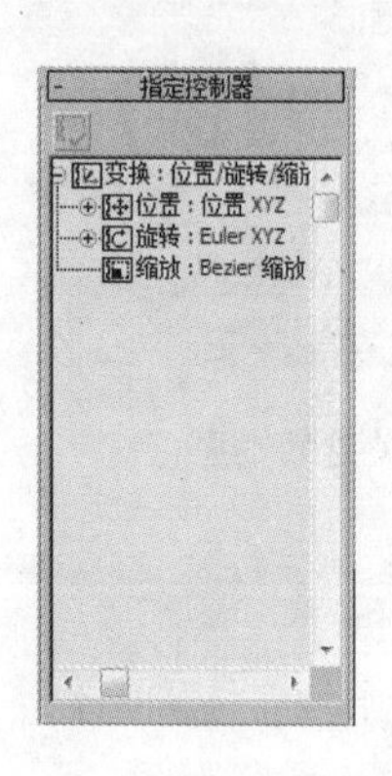

图 12.8　选择控制器名称

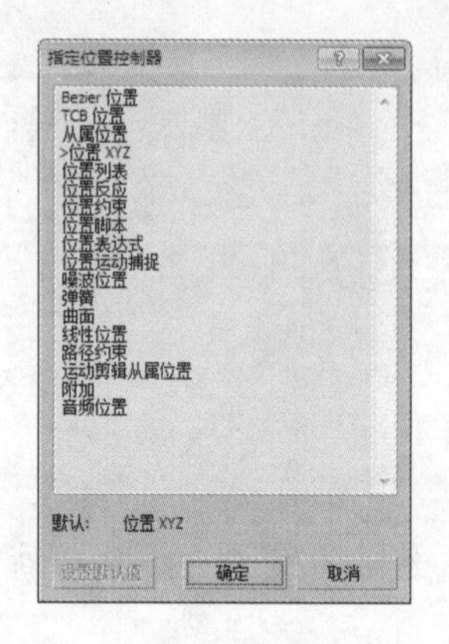

图 12.9　【指定位置控制器】对话框

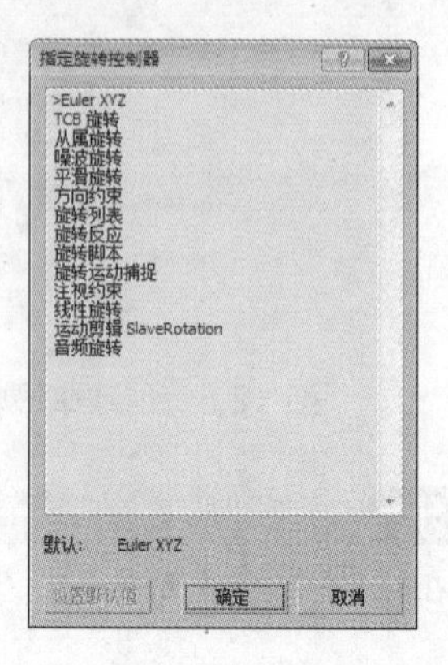

图 12.10　【指定旋转控制器】对话框

2. 【PRS 参数】卷展栏

【PRS 参数】卷展栏用于创建和删除关键帧，PRS 参数控制基于 3 种基本的动画变换控制器：【位置】、【旋转】角度和【缩放】比例，如图 12.12 所示。【位置】按钮用来创建或删除一个记录位置变化信息的关键帧。【旋转】按钮用来创建或删除一个记录旋转角度变化信息的关键帧。【缩放】按钮用来创建或删除一个记录缩放变形信息的关键帧。

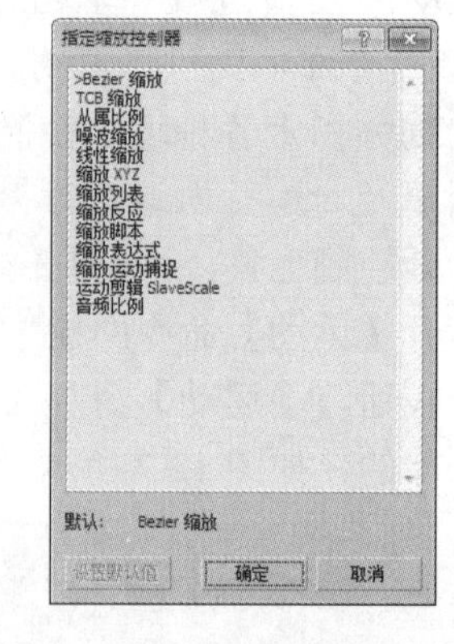

图 12.11　【指定缩放控制器】对话框

要创建一个变换参数关键帧，应首先在视图中选择物体，拖曳时间滑块到要添加关键帧的位置，在运动命令面板中展开【PRS 参数】卷展栏，单击其中的按钮即可创建相应类型的关键帧。

提 示

如果当前帧已经有了一个某种项目类型的关键点，那么【创建关键点】选项组中对应项目的按钮将变为不可用，而右侧【删除关键点】选项组中的对应按钮将变为可用。

3. 【关键点信息(基本)】卷展栏

用户可以通过【关键点信息(基本)】卷展栏查看当前关键帧的基本信息，如图 12.13 所示。

- 9 中显示的是当前关键帧的序号，单击左侧的按钮，可以定位到上一个关键帧，单击按钮，可以定位到下一个关键帧。
- 【时间】文本框中显示的是当前关键帧所在的帧号，可以通过右侧的微调按钮更改当前关键帧的位置。右侧的L按钮是一个锁定按钮，用来在轨迹视图编辑模式下使关键帧产生水平移动。

- 【值】文本框用于以数值的方式精确调整当前关键帧的数据。

4. 【关键点信息(高级)】卷展栏

通过【关键点信息(高级)】卷展栏可以查看和控制当前关键帧的更为高级的信息，该卷展栏如图 12.14 所示。

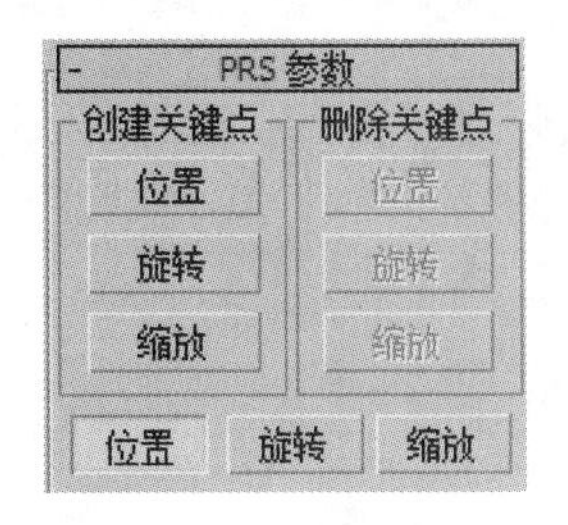

图 12.12　【PRS 参数】卷展栏

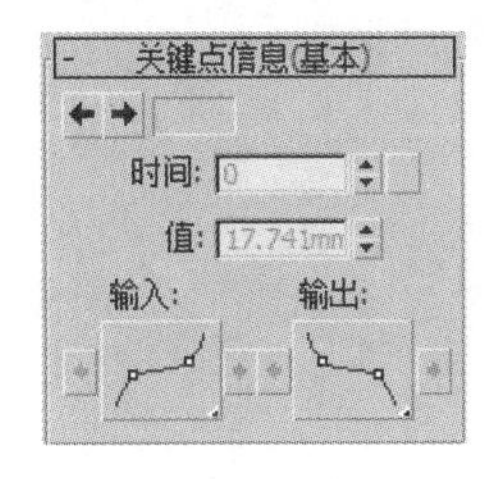

图 12.13　【关键点信息(基本)】卷展栏

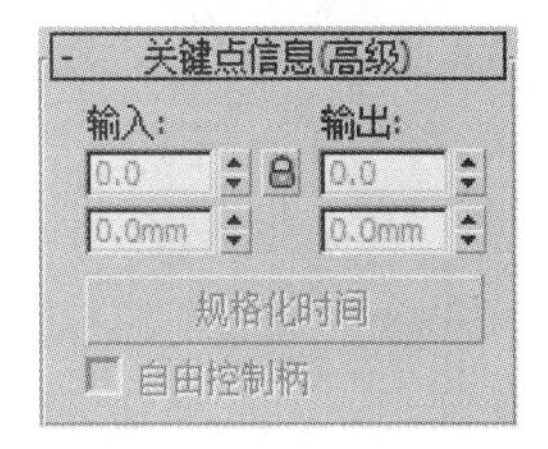

图 12.14　【关键点信息(高级)】卷展栏

在【输入】微调框中显示的是接近关键点时改变的速度；在【输出】微调框中显示的是离开关键点时改变的速度。要修改速度值时必须选择自定义插补方式。【规格化时间】按钮用来将关键帧的时间平均，得到光滑均衡的运动曲线。当关键帧的时间分配不均时，会出现加速或减速运动造成的顿点。勾选【自由控制柄】复选框时，切线的手柄会按时间长度自动更新，取消勾选时切线的手柄长度被自动锁定。

12.3.2　运动轨迹

创建了一个动画后，若想看一下物体的运动轨迹或要对轨迹进行修改，可在【运动】命令面板中单击【轨迹】按钮，展开【轨迹】卷展栏，如图 12.15 所示。只要在场景中选择要观察的物体，就能看到它的运动轨迹。使用物体运动轨迹可以显示选择物体位置的三维变化路径，对路径进行修改变换，实现对路径精确地控制。

下面介绍【轨迹】卷展栏中各选项的作用。

- 【删除关键点】和【添加关键点】按钮用来在运动路径中删除和增加关键点，关键点的增加和减少会影响到运动轨迹的形状。
- 【采样范围】选项组用于对【样条线转化】选项组进行控制，其中【开始时间】为采样开始时间，【结束时间】为采样结束时间，【采样数】用来设置采样样本的数目。
- 【样条线转化】选项组共有两个按钮，用来控制在运动轨迹和样条曲线之间进行转换。【转化为】按钮的作用是将运动轨迹转换为曲线，转换时依照【采样范围】选项组中设置的时间范围和采样样本数进行转换。【转化自】按钮的作用是将选择曲线转换为当前选择物体的运动轨迹，转换时同样受采样范围限制。
- 【塌陷变换】选项组中的【塌陷】按钮用来将当前选择物体进行塌陷变换，其下的 3 个复选框用来选择要进行塌陷的变换方式。

下面练习显示物体的运动轨迹。

打开【运动】命令面板，单击其中的【轨迹】按钮，然后单击场景中的球体，会看到小球运动的轨迹，如图 12.16 所示。

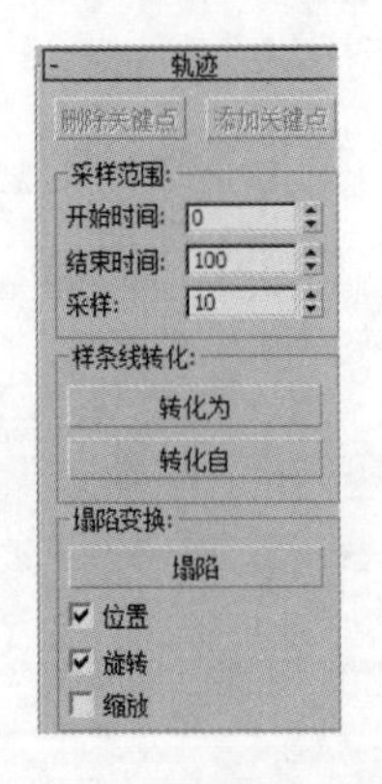

图 12.15 【轨迹】卷展栏

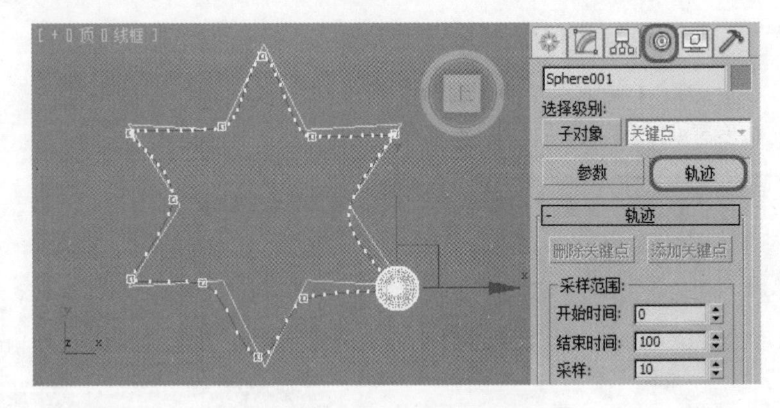

图 12.16 显示出的运动轨迹

12.3.3 动画控制器

利用前面的内容制作动画比较简单，制作完成后进行修改时需要在动画控制器中完成。动画控制器中存储着物体的各种变换动作和动画关键帧数据，并且能在关键帧之间计算出过渡帧。

添加关键帧后，物体所做的改变就被自动添加到相应的动画控制器。例如前面制作的小球运动动画，3ds Max 系统自动添加了位置 XYZ 动画控制器。

要查看并修改动画控制器时，可以通过以下两种方式。

- 单击工具栏中的【曲线编辑器】按钮，在打开的【轨迹视图】对话框中会显示动画控制器，并可以对其进行修改，如图 12.17 所示。

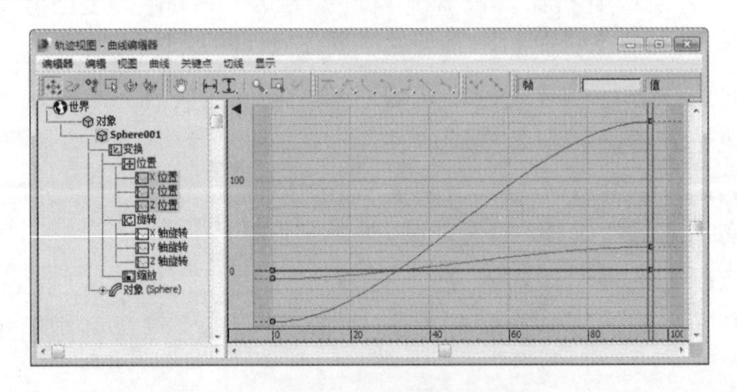

图 12.17 【轨迹视图】对话框

- 在【运动】命令面板的【指定控制器】卷展栏中对动画控制器进行修改和添加。

动画控制器分为单一属性的动画控制器和复合属性的动画控制器两种类型。单一属性的动画控制器只控制 3ds Max 2014 中物体的单一属性；复合属性的动画控制器结合并管理多个动画控制器，如 PRS 动画控制器、变换脚本动画控制器和列表动画控制器等都是复合属性的动画控制器。

每个参数都有与之对应默认的动画控制器类型，用户可以在设置动画之后修改参数的动画控制器类型，修改或指定动画控制器可以通过以下两种方式。

- 在【运动】命令面板中可以在【指定控制器】卷展栏内选择要修改的动画控制器，然后单击【指定控制器】按钮，在打开的对话框中选择其他动画控制器。注意这里只能为单一物体指定动画控制器。
- 如果使用【轨迹视图】对话框，同样可以选择控制器元素，在【轨迹视图】对话框中单击菜单栏中的【显示】按钮，在弹出的下拉菜单中选择【过滤器】选项，然后在打开的对话框中选择其他类型的控制器。

提 示

需要为多个参数选择相同的动画控制器时，可以将多个参数选中，然后再为它们指定相同的动画控制器类型。

12.4　常用动画控制器

3ds Max 2014 系统为用户提供了多种具有不同功能的动画控制器，按功能主要分为以下几种类型。

- Bezier 动画控制器：用于在两个关键帧之间进行插值计算，也可以通过调整关键点的控制手柄来调整物体的运动效果。
- 噪波动画控制器：用于可以模拟震动运动的效果。
- 位置 XYZ(位置)动画控制器：用于将原来的位置控制器细分为 X、Y、Z 3 个方向单独的选项，从而使用户可以控制场景中物体在各个方向上的细微运动。
- 浮点动画控制器：用于设置浮点数值变化的动画。
- 位置动画控制器：用于设置物体位置变化的动画。
- 旋转动画控制器：用于设置物体旋转角度变化的动画。
- 缩放动画控制器：用于设置物体缩放变形的动画。
- 变换动画控制器：用于设置物体位置、旋转和缩放变换的动画。

下面介绍一些常用的动画控制器。

12.4.1　Bezier 控制器

Bezier 控制器是一个比较常用的动画控制器。它可以在两个关键帧之间进行插值计算，并可以使用一个可编辑的样条曲线进行控制动作插补计算，也可以通过调整关键点的控制手柄来调整物体的运动效果。

下面通过一个例子来学习如何调整 Bezier 变换的切线类型。

(1) 单击【应用程序】按钮，在弹出的下拉列表中选择【打开】命令，在弹出的对话框中选择 12.1.max，单击【打开】按钮，即可打开素材文件，如图 12.18 所示。

(2) 单击【自动关键点】按钮，拖曳时间滑块到第 15 帧处，并在视图中调整球体的位置，如图 12.19 所示，将时间滑块拖曳到第 25 帧处，并在场景中调整球体的位置，如图 12.19 所示。

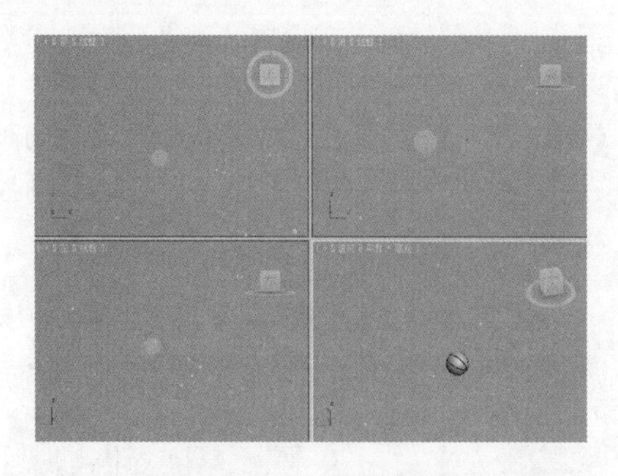

图 12.18　打开素材文件

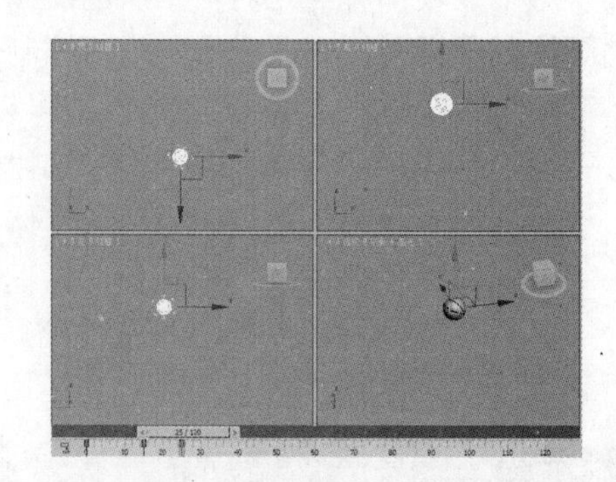

图 12.19　创建关键帧动画

(3) 依次进行类推，设置完成后单击【自动关键点】按钮，然后进入【运动】命令面板，单击【轨迹】按钮，即可显示运动轨迹，如图 12.20 所示。

(4) 单击【参数】按钮，将时间滑块拖曳到第 25 帧处，在【关键点信息(基本)】卷展栏中单击【输出】下方的切线方式按钮，在弹出的列表中选择如图 12.21 所示的切线方式。

图 12.20　显示运动轨迹

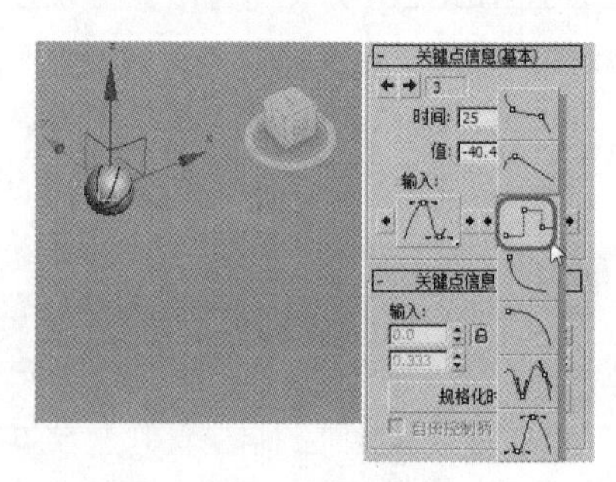

图 12.21　选择切线方式

(5) 执行操作后，再单击【轨迹】按钮，即可发现运动轨迹已经发生了变化，如图 12.22 所示。

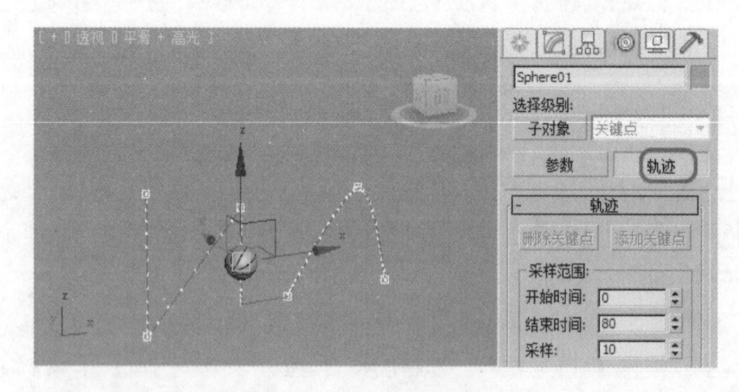

图 12.22　显示运动轨迹

12.4.2　线性动画控制器

线性动画控制器可以均匀分配关键帧之间的数值变化，从而产生均匀变化的插补过渡

帧。通常情况下使用线性控制器来创建一些非常机械的、规则的动画效果，例如匀速变化的色彩变换动画或类似球体、木偶等做出的动作。

注 意

使用线性动画控制器时并不会显示属性对话框，保存在线性关键帧中的信息只是动画的时间以及动画数值等。

下面通过一个例子来学习添加和使用线性控制器的方法。

(1) 重置一个新的场景文件，在视图中创建一个半径为 30 的球体，选择【运动】命令面板，单击【轨迹】按钮，然后单击【自动关键点】按钮，将时间滑块拖曳到第 15 帧处，在视图中拖曳球体，如图 12.23 所示。

(2) 在将时间滑块拖曳到第 30 帧处，再在视图中对球体进行拖曳，如图 12.24 所示。

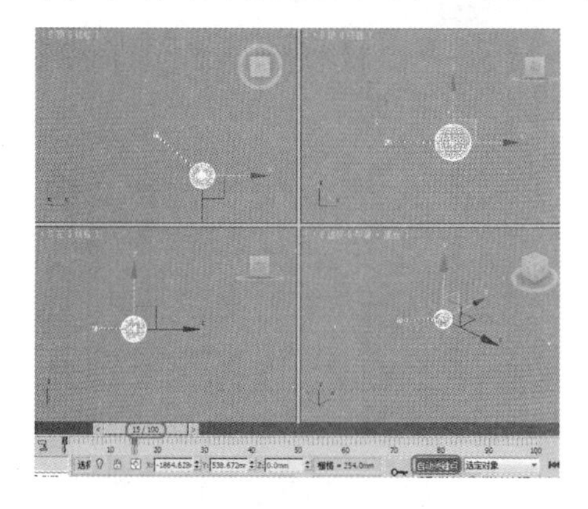

图 12.23　创建关键帧动画(1)

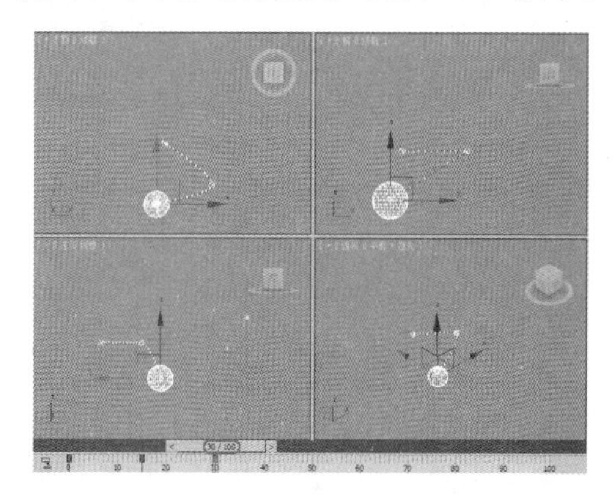

图 12.24　创建关键帧动画(2)

(3) 依次进行类推，设置完成后，单击【自动关键点】按钮，设置完成后的运动轨迹如图 12.25 所示。

(4) 在【运动】命令面板中单击【参数】按钮，在【指定控制器】卷展栏中选择【位置】，然后单击【指定控制器】按钮，在弹出的【指定位置控制器】对话框中选择【线性位置】，如图 12.26 所示。

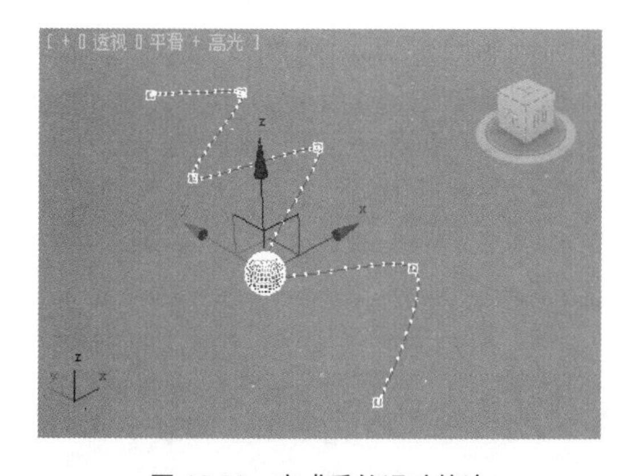

图 12.25　完成后的运动轨迹

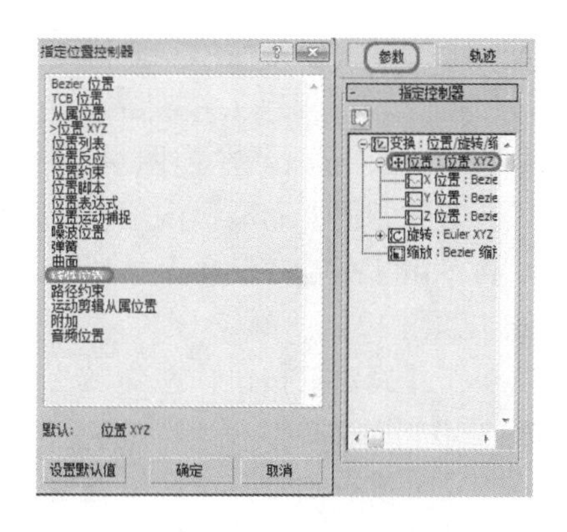

图 12.26　选择【线性位置】

(5) 单击【确定】按钮，在【运动】命令面板中单击【轨迹】按钮，即可发现运动轨迹变化，如图 12.27 所示。

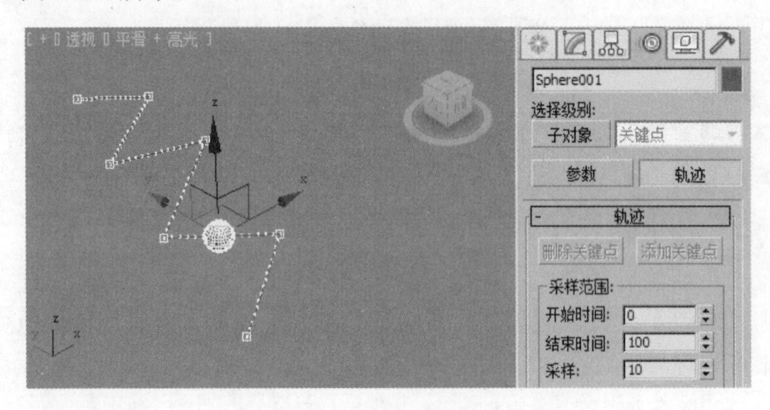

图 12.27 设置后的运动轨迹

12.4.3 噪波动画控制器——物体随机变形动画

使用噪波动画控制器可以模拟振动运动的效果。例如，用手上下移动物体产生的振动效果。噪波动画控制器能够产生随机的动作变化，用户可以使用一些控制参数来控制噪波曲线，模拟出极为真实的振动运动，如山石滑坡、地震等。噪波动画控制器的控制参数介绍如下。

- 【种子】：产生随机的噪波曲线，用于设置各种不同的噪波效果。
- 【频率】：设置单位时间内的振动次数，频率越大，振动次数越多。
- 【分形噪波】：利用一种叫作分形的算法计算噪波的波形，使噪波曲线更加不规则。
- 【粗糙度】：改变分形噪波曲线的粗糙度，数值越大，曲线越不规则。
- 【强度】：控制噪波波形在 3 个方向上的范围。
- 【渐入/渐出】：可以设置在动画的开始和结束处，噪波强度由浅到深或由深到浅的渐入渐出方式。对话框中的数值用于设置在动画的多少帧处达到噪波的最大值或最小值。
- 【特征曲线图】：显示所设置的噪波波形。

通过一个例子来学习使用噪波位置控制器创建物体随机变形动画。

(1) 单击【应用程序】按钮，在弹出的下拉列表中选择【打开】命令，在弹出的对话框中选择 12.1.max，在视图中选择球体，打开【运动】命令面板，单击【参数】按钮，在【指定控制器】卷展栏中单击【位置】，如图 12.28 所示。

(2) 再单击【指定控制器】按钮，在弹出的【指定位置控制器】对话框中选择【噪波位置】，如图 12.29 所示。

(3) 单击【确定】按钮，在弹出的【噪波控制器】对话框中的【种子】文本框中输入 2，如图 12.30 所示。

(4) 将【噪波控制器】对话框进行关闭，单击【播放动画】按钮进行播放，即可发现所创建的球体会进行不规则的运动。

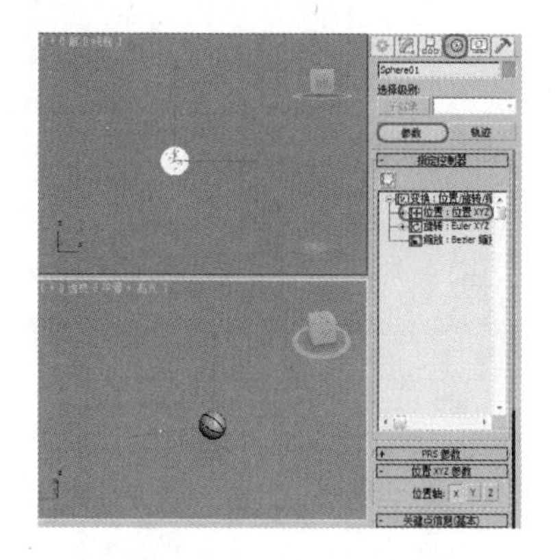

图 12.28　单击【位置】

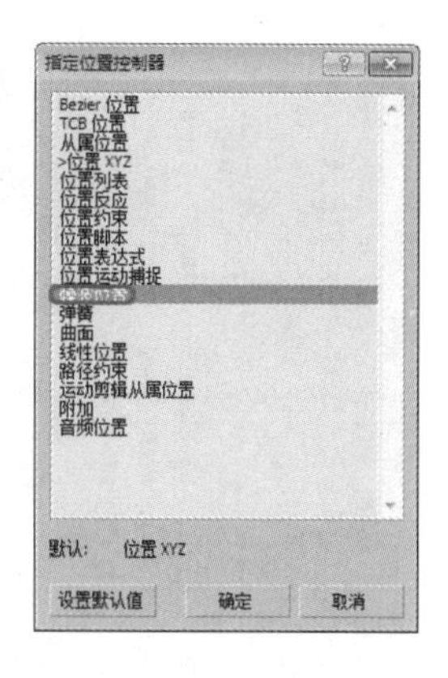

图 12.29　选择【噪波位置】

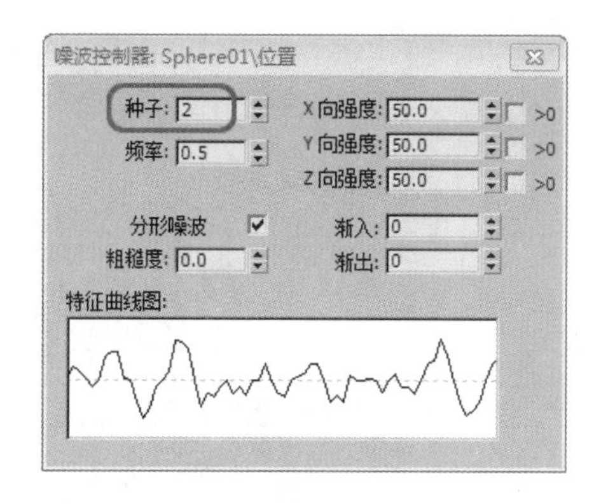

图 12.30　【噪波控制器】对话框

12.4.4　位置 XYZ 动画控制器

位置 XYZ 动画控制器是将原来的位置控制器细分为 X、Y、Z 3 个方向独立的选项，从而使用户可以实现控制场景中物体在各个方向上的细微运动。另外，对这 3 个选项同样也可以像原来的位置选项一样为它们指定其他各种可用的动画控制器。

下面通过一个例子来学习【位置 XYZ】控制器的使用方法。

(1) 重置一个新的场景，在视图中创建一个半径为 40 的球体。

(2) 进入【运动】命令面板，在【指定控制器】卷展栏中，单击【位置：位置 XYZ】位置控制器前的加号图标，将其展开，看到位置控制器可以分别对 3 个方向进行控制，从中选择 X 位置控制，如图 12.31 所示。

(3) 单击【指定控制器】按钮，在弹出的【指定浮点控制器】对话框中选择【波形浮点】，如图 12.32 所示。

(4) 单击【确定】按钮，弹出【波形控制器】对话框中，使用默认设置，直接将对话框关闭，如图 12.33 所示。

(5) 将【噪波控制】对话框进行关闭，单击【播放动画】按钮，可以看到球体在 X 轴方向上来回振动。

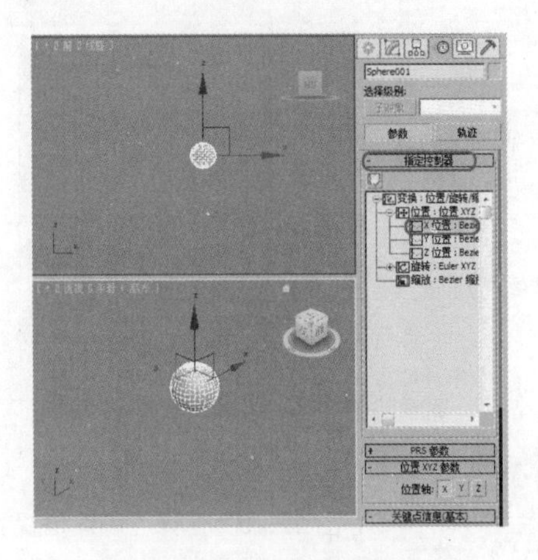

图 12.31　选择 X 位置控制

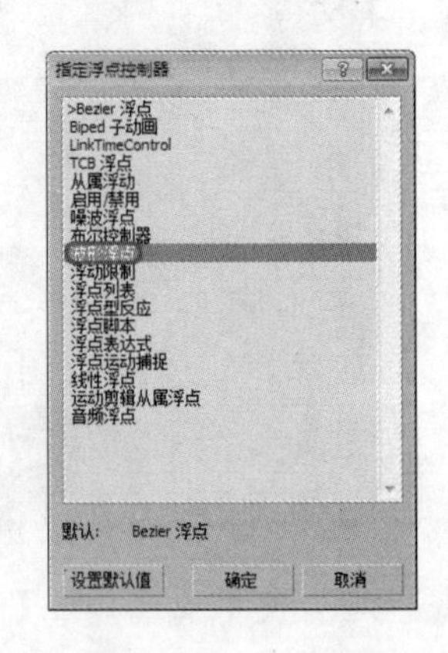

图 12.32　选择【噪波浮点】

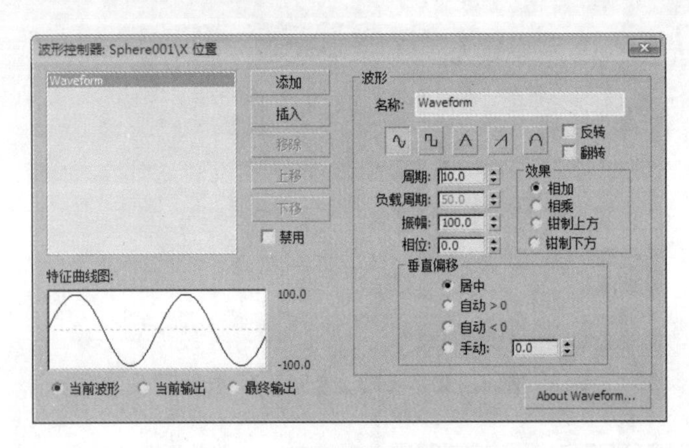

图 12.33　【噪波控制器】对话框

12.4.5　列表动画控制器

使用列表动画控制器可以将多个动画控制器结合成一个动画控制器，从而实现复杂的动画控制效果。

将列表动画控制器指定给属性后，当前的控制器就会被移动到列表动画控制器的子层级中，成为动画控制器列表中的第 1 个子控制器。同时还会生成一个名为【可用】的属性，作为向列表中添加的动画控制器占位准备。

下面通过一个例子来练习列表控制器的使用方法。

(1) 重置一个新的场景，在视图中创建一个半径为 30 的茶壶，单击【自动关键点】按钮，将时间滑块拖曳到第 90 帧处，在视图中对茶壶进行拖曳，如图 12.34 所示。

(2) 单击【自动关键点】按钮，选择【运动】命令面板，单击【轨迹】按钮，即可发现球体的运动轨迹如图 12.35 所示。

(3) 单击【参数】按钮，在【指定控制器】卷展栏中选择【位置】，然后单击【指定控制器】按钮，在弹出的对话框中选择【位置列表】，如图 12.36 所示。

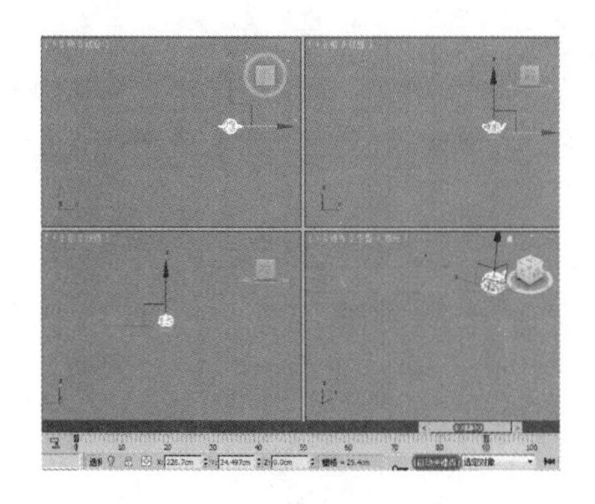

图 12.34　创建关键帧动画

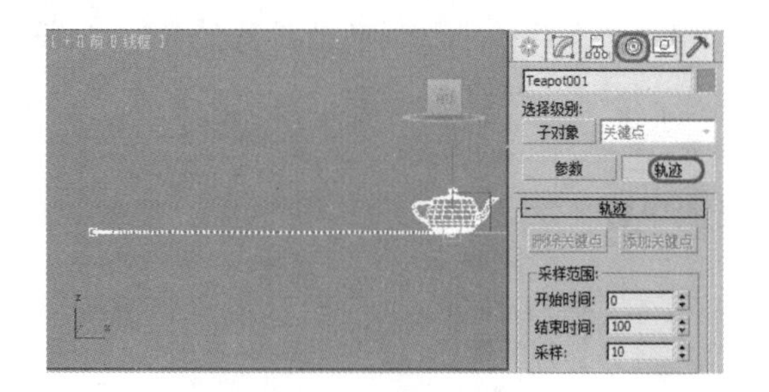

图 12.35　茶壶的运动轨迹

(4) 单击【确定】按钮，在【指定控制器】卷展栏中单击【位置】选项左侧的按钮，展开控制器层级，选择【可用】选项，如图 12.37 所示。

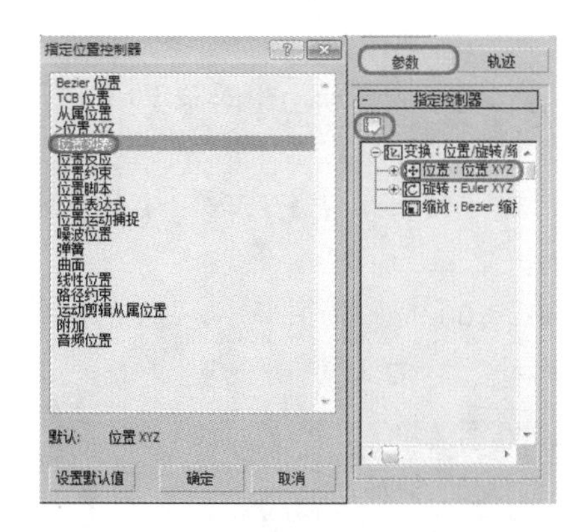

图 12.36　指定【位置列表】控制器

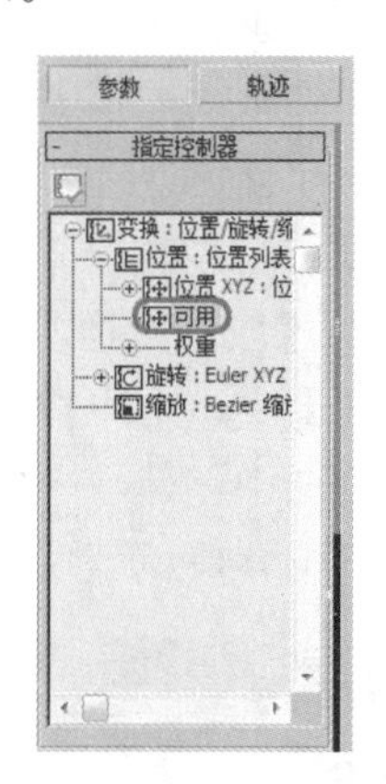

图 12.37　选择【可用】

(5) 单击【指定控制器】按钮，在弹出的【指定位置控制器】对话框中选择【噪波位置】，如图 12.38 所示。

(6) 单击【确定】按钮，将弹出的【噪波控制器】对话框进行关闭，单击【轨迹】按钮，即可发现球体的运动轨迹发生了变化，如图 12.39 所示。

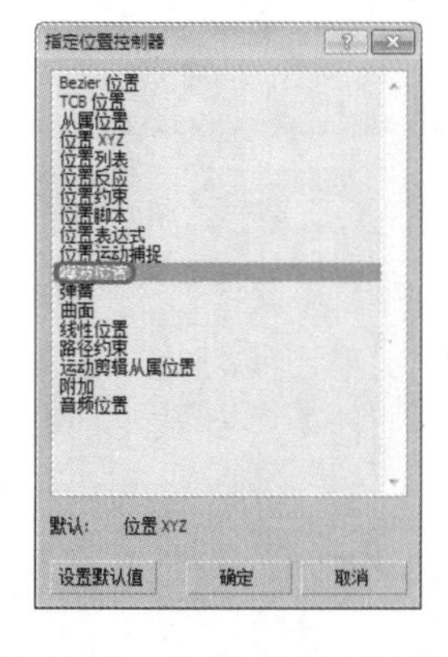

图 12.38　选择【噪波位置】

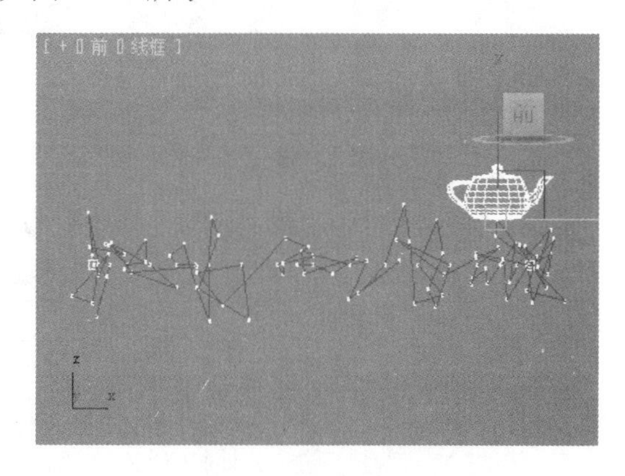

图 12.39　茶壶的运动轨迹

提 示

创建完成动画后，如果不满意可以对动画控制器的参数进行修改，方法是右击【指定控制器】卷展栏中相应的动画控制器，在弹出的快捷菜单中选择【属性】命令，就会打开相应的动画控制器对话框，可以设置各种参数。

12.4.6 弹簧动画控制器

使用弹簧动画控制器可以实现在指定一点或物体的某一位置上添加第 2 个动力学特效。将弹簧动画控制器应用到一个运动物体上以后，该物体原有的运动仍然保留，但同时还增加一个基于速率变化的动力学效果，结果产生弯曲的弹簧动力学效果。用户可以自行调整弹簧动画控制器的拉紧程度参数和阻尼参数。增加拉紧程度参数可以增强绷紧的弹簧的效果，而增加阻尼参数将会缓和运动的敏感性，使运动更加平缓。如果在场景中添加风效等动力学系统，也会对弹簧动画控制器产生影响，从而使物体模拟产生弹簧运动效果。

下面来介绍弹簧动画控制器的使用方法。

(1) 重置一个新的场景，选择【创建】|【几何体】|【动力学对象】|【弹簧】工具，在【顶】视图中创建一个高度为 25，直径和圈数分别为 30、8 的弹簧，在【弹簧参数】卷展栏中的【段数/圈数】文本框中输入 100，在【线框形状】选项组中的【圆形线框】下的【直径】文本框中输入 3，如图 12.40 所示。

(2) 再在视图中创建一个长度、宽度分别为 100、100 的平面和半径为 15 的球体，并在视图中调整其位置，调整后的效果如图 12.41 所示。

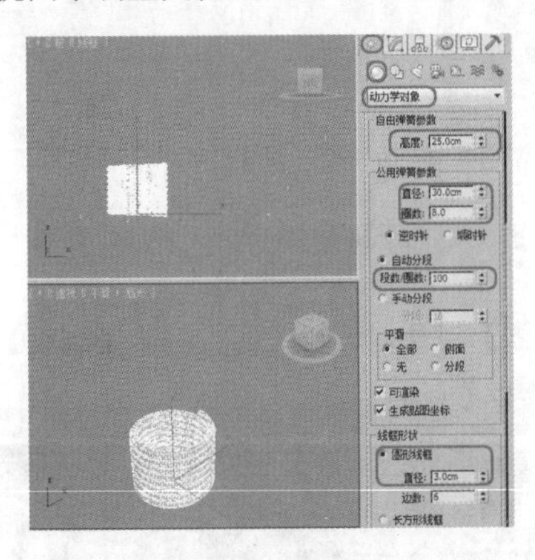

图 12.40 创建弹簧

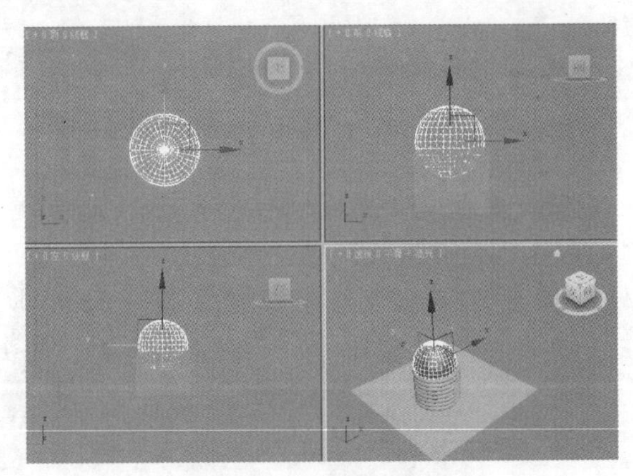

图 12.41 创建平面和球体

(3) 选择创建的弹簧，进入【修改】命令面板，在【弹簧参数】卷展栏的【端点方法】选项组中选中【绑定到对象轴】单选按钮，然后分别单击【绑定对象】选项组中的【拾取顶部对象】和【拾取底部对象】按钮，在视图中分别拾取球体和平面作为顶部对象和底部对象，如图 12.42 所示。

(4) 单击【自动关键点】按钮，将时间滑块拖曳到第 20 帧处，在【前】视图中选择球体，并沿 Y 轴向上拖曳，如图 12.43 所示。

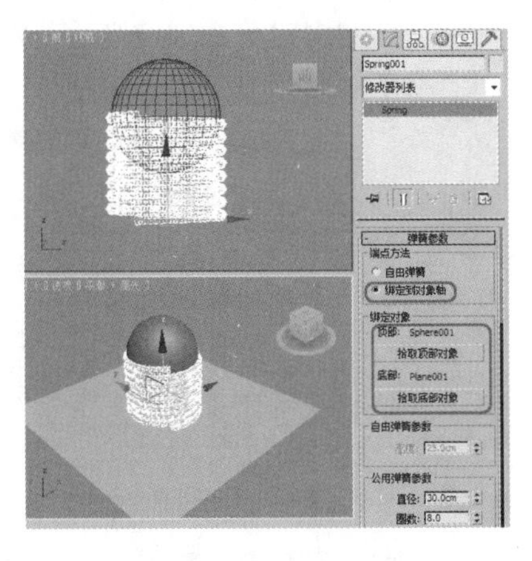

图 12.42　绑定对象

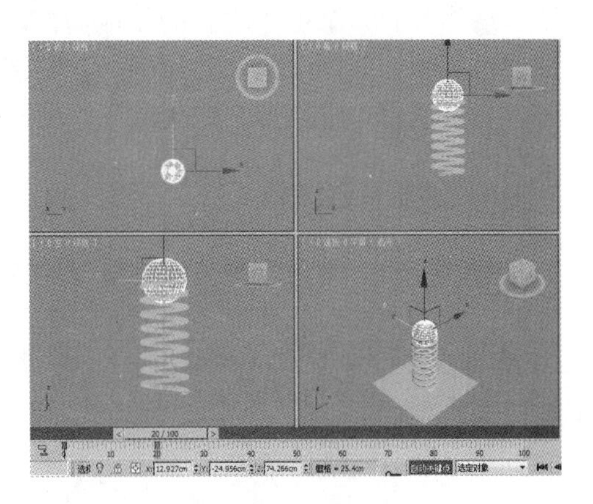

图 12.43　创建动画

注 意

绑定的目标应该是物体的轴心，因此如果绑定的物体轴心不正确可能得不到所需要的绑定效果。此时可以单击标签切换到命令面板，选择要调整轴心的物体。单击选中【仅影响轴】按钮，然后使用工具在视图中调整物体的轴心，使之位于与弹簧相接的位置。

(5) 单击【自动关键点】按钮，进入【运动】命令面板，在【指定控制器】卷展栏中选择【位置】，单击【指定控制器】按钮，在弹出的【指定位置控制器】对话框中选择【弹簧】，如图 12.44 所示。

(6) 单击【确定】按钮，在弹出的【弹簧属性】对话框中打开【弹簧动力学】卷展栏，在【点】选项组中的【质量】文本框中输入 10000，如图 12.45 所示。

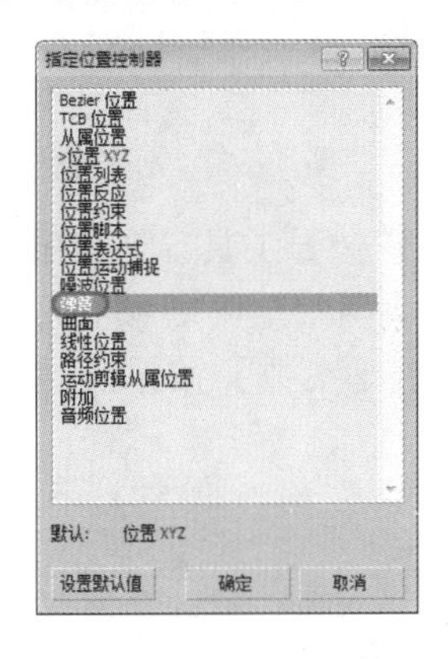

图 12.44　选择【弹簧】

图 12.45　【弹簧属性】对话框

(7) 将【弹簧属性】对话框进行关闭，然后单击动画控制区中的【播放动画】按钮，会看到球体开始做往复运动的动画。

12.5 约 束 动 画

动画约束是 3ds Max 2014 提供的又一种动画自动生成工具，创建约束动画至少需要

一个运动物体和一个用于约束的目标物体，利用与目标物体的绑定关系来控制运动物体的位置、角度和缩放等动画效果。例如，要创建一段一辆汽车按照预先定义好的路径行驶的动画，可以使用一段路径来约束汽车行驶的轨迹。

12.5.1 链接约束

使用链接约束来创建物体始终链接到其他物体上的动画，可以使物体继承其对应目标物体的位置、角度和缩放等动画属性。例如，创建一个球在两手之间传递的动画，假设在第 0 帧时球在左手上，当两手运动到第 30 帧时相遇，此时将球链接到右手上，继而随之继续运动。

下面来学习链接约束的方法。

(1) 单击【应用程序】按钮，在弹出的下拉列表中选择【打开】命令，弹出【打开文件】对话框，在该对话框中选择 12.2.max，单击【打开】按钮，打开的文件如图 12.46 所示。

(2) 在场景中选择吊绳，单击【自动关键点】按钮，将时间滑块拖曳至第 50 帧处，使用【选择并旋转】工具旋转吊绳至如图 12.47 所示的位置。

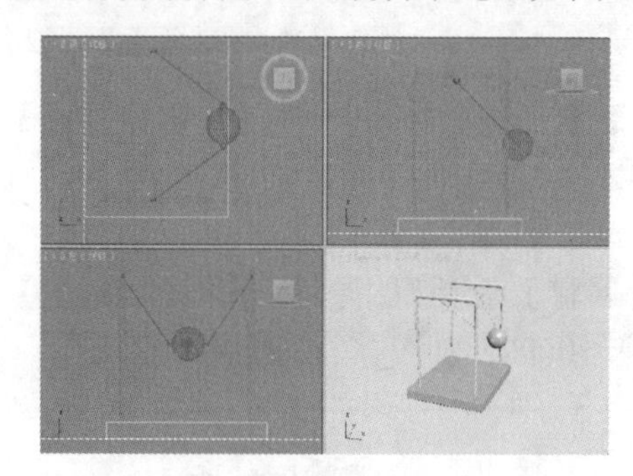

图 12.46 打开素材文件

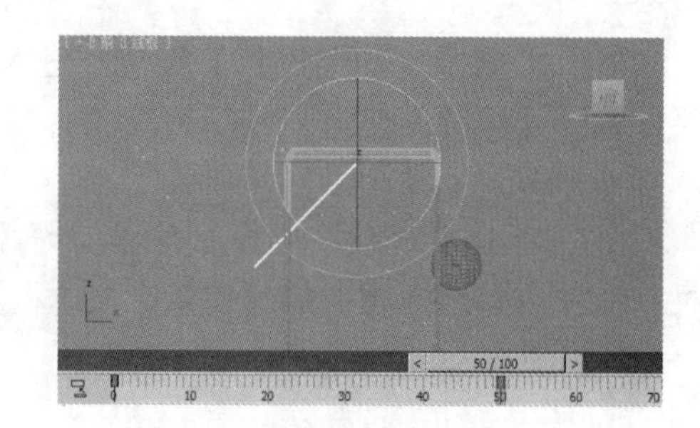

图 12.47 调整轴位置

(3) 将时间滑块拖曳至第 100 帧处，使用【选择并旋转】工具，调整吊绳至开始的位置，设置完成后，单击【自动关键点】按钮，将时间滑块调整至第 0 帧处，使用【选择并移动】工具选择【球】，选择【运动】命令面板，单击【参数】按钮，展开【指定控制器】卷展栏，选择【变换】，如图 12.48 所示。

(4) 单击【指定控制器】按钮，在弹出的【指定变换控制器】中选择【链接约束】，如图 12.49 所示。

(5) 单击【确定】按钮，单击【自动关键点】按钮，在【链接参数】卷展栏中单击【添加链接】按钮，在场景中选择吊绳，此时在【帧编号 目标】列表框中显示“0 吊绳”，如图 12.50 所示。

(6) 拖曳时间滑块至第 50 帧处，确定球处于选中状态，在【链接参数】卷展栏中单击【链接到世界】按钮，此时在【帧编号 目标】列表框中显示“50 World”，表示在第 50 帧处球受场景约束而不再运动，如图 12.51 所示。

(7) 再次单击【自动关键点】按钮和【添加链接】按钮，单击【播放动画】按钮，可以看到球在第 0 帧～第 50 帧处受吊绳的约束，随吊绳运动，在第 51 帧～第 100 帧处受场景的约束而不再运动。

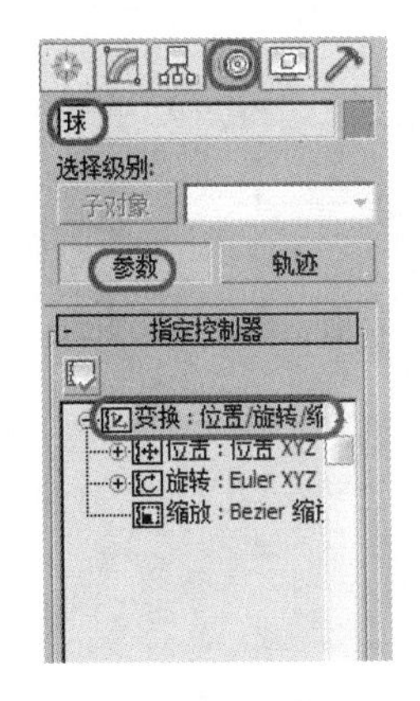

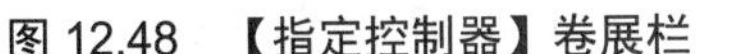
图 12.48　【指定控制器】卷展栏

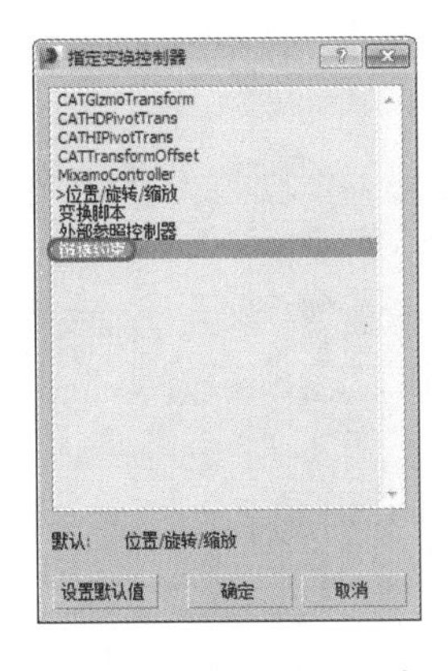

图 12.49　选择链接约束

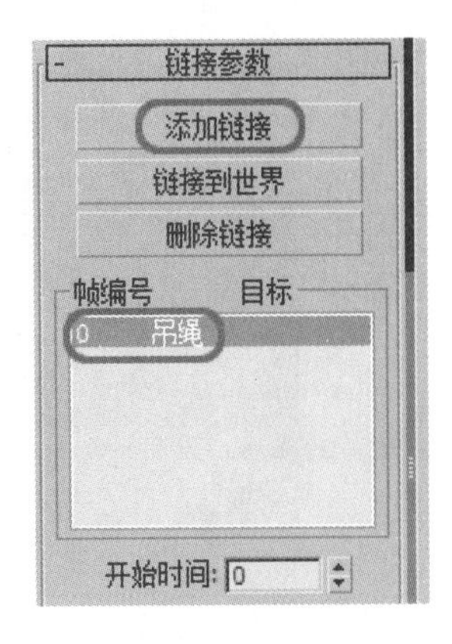

图 12.50　选择吊绳

12.5.2　表面约束动画

使用表面约束可以将一个物体的运动轨迹约束在另外一个物体的表面。可以用作约束表面的物体包括：球体、管状体、圆柱体、圆环、平面、放样物体、NURBS 物体。这些表面都是具有“可视化”参数的表面，不包括精确的网格表面。例如，使皮球在山路上滚动或者让汽车行驶在崎岖不平的路面上等。

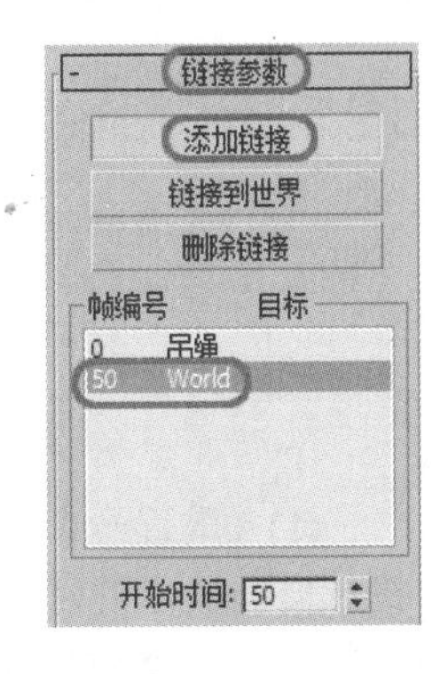

图 12.51　添加链接

下面通过一个小例子来学习表面约束的使用。

(1)　重置一个新的场景，在【顶】视图中创建一个半径 1、半径 2 分别为 600、40 的圆环，如图 12.52 所示。

(2)　再在视图中创建一个半径为 50 的圆，选择球体，打开【运动】命令面板，在【指定控制器】卷展栏中选择【位置】，单击【指定控制器】按钮，在弹出的对话框中选择【曲面】，如图 12.53 所示。

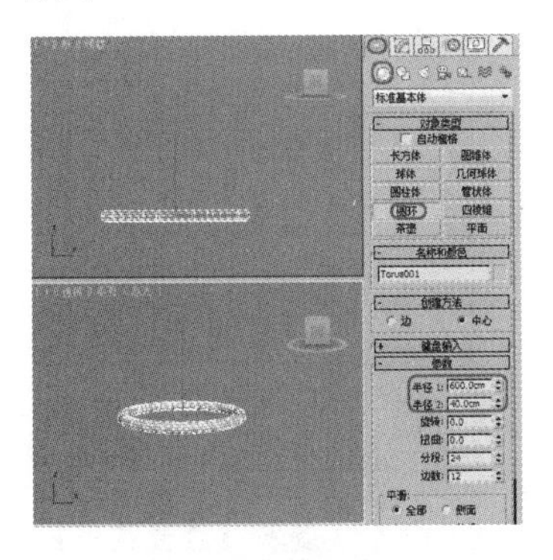

图 12.52　创建圆环

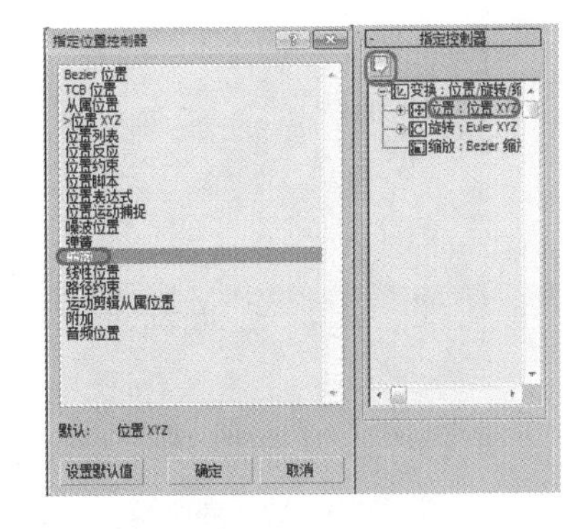

图 12.53　选择【曲面】

(3)　单击【确定】按钮，在【曲面控制器参数】卷展栏中单击【拾取曲面】按钮，在场景中拾取圆环，如图 12.54 所示。

(4)　单击【自动关键点】按钮，将时间滑块移动到第 100 帧处，在【曲面选项】选项组中将【U 向位置】设置为 100，将【V 向位置】设置为 100，如图 12.55 所示。

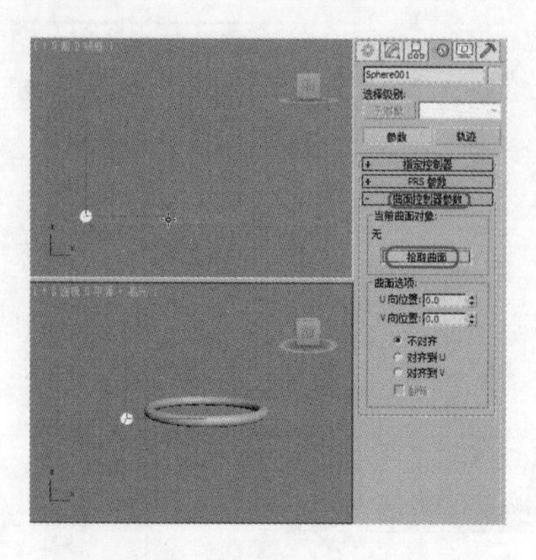

图 12.54　拾取圆环作为约束表面

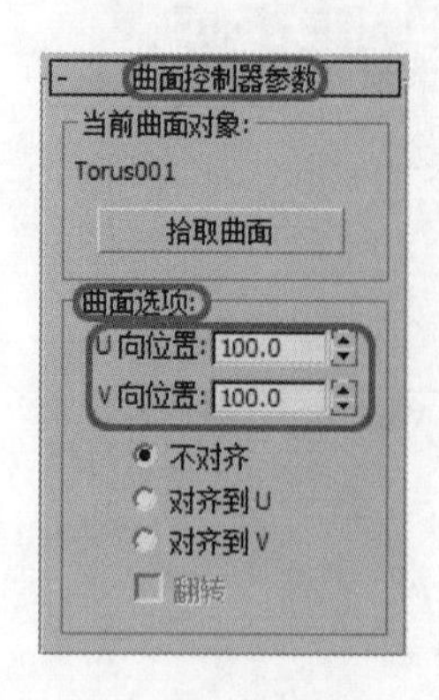

图 12.55　设置参数

(5) 单击【自动关键点】按钮，然后单击【运动】命令面板中的【轨迹】按钮，在场景中查看球运动的轨迹。单击【播放动画】按钮，观看球体因受到圆环的表面约束而环绕圆环的表面运动的动画。

12.5.3　路径约束动画

使用运动路径约束可以将物体的运动轨迹控制在一条曲线或多条曲线的平均距离位置上。其约束的路径可以是任何类型的样条线曲线，曲线的形状决定了被约束物体的运动轨迹。被约束物体可以使用各种标准的运动类型，如位置变换、角度旋转或缩放变形等。

下面通过一个小例子来学习路径约束的使用。

(1) 重置一个新的场景，在视图中创建一个半径 1 和半径 2 均为 150、高度为 300、圈数为 3 的螺旋线，如图 12.56 所示。

(2) 在【顶】视图中创建一个半径为 20 的球体，选择【运动】命令面板，单击【参数】按钮，在【指定控制器】卷展栏中选择【位置】，单击【指定控制器】按钮，在弹出的对话框中选择【路径约束】，如图 12.57 所示。

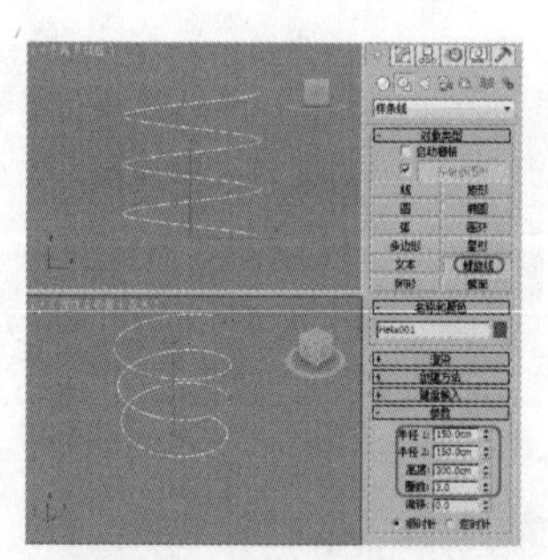

图 12.56　创建螺旋线

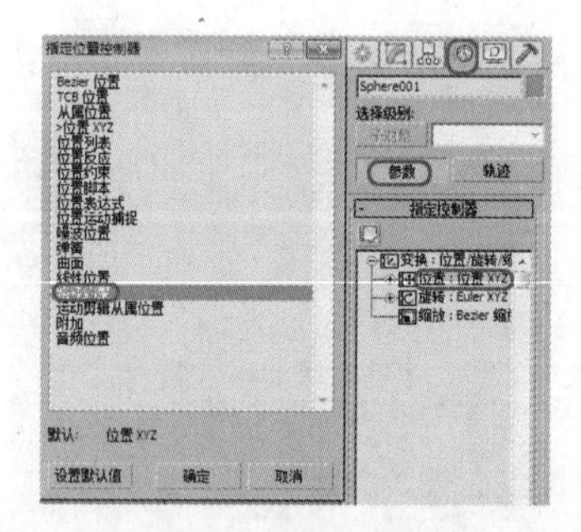

图 12.57　选择【路径约束】

(3) 单击【确定】按钮，在【路径参数】卷展栏中单击【添加路径】按钮，在视图中选择绘制的螺旋线为球体运动的路径，如图 12.58 所示。

(4) 选择球并右击，在弹出的快捷菜单中选择【对象属性】命令，在弹出的对话框【常规】选项卡中勾选【轨迹】复选框，单击【确定】按钮，即可发现球体的运动轨迹与绘制的线相同，如图 12.59 所示。

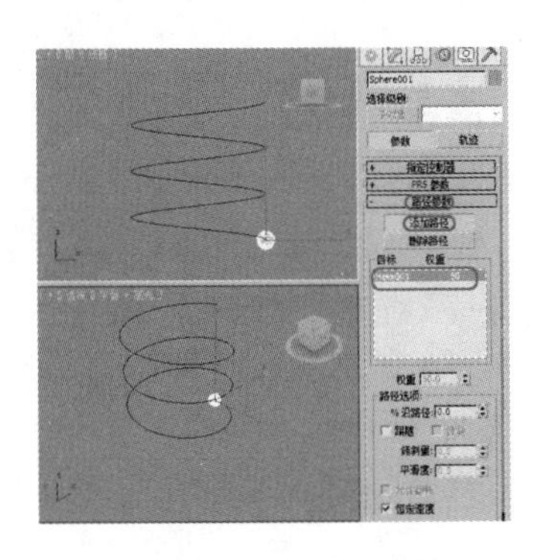

图 12.58　添加路径

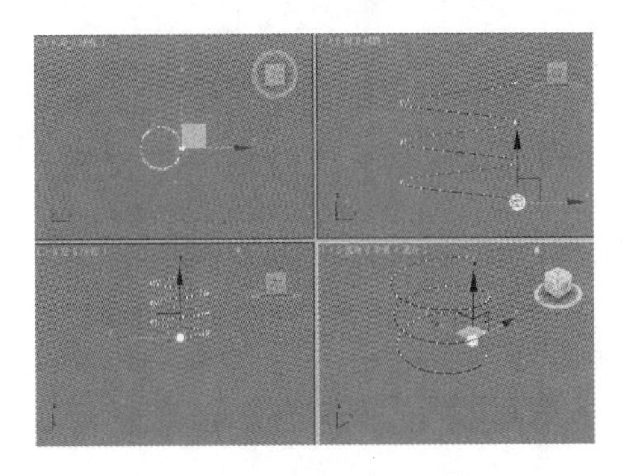

图 12.59　球体的运动轨迹

12.5.4　位置约束动画

使用位置约束可以迫使一个物体跟随另一个物体的位置或锁定在多个物体按照比重计算的平均位置。要设置位置约束，必须具备一个物体以及另外一个或多个目标物体。物体被指定位置约束后就开始被约束在目标物体的位置上。如果目标物体运动，会使当前物体跟随运动。每个目标物体都具有一个比重属性来决定它的影响程度，当比重为 0 时相当于没有影响，而任何大于 0 的比重都会使目标物体影响所约束的物体。利用这个比重参数甚至可以制作动态影响的动画，如击打一个棒球。

下面通过一个例子来学习位置约束的使用。

(1) 重置一个新的场景，在视图中创建一个半径为 20 的球体，如图 12.60 所示。

(2) 使用【选择并移动】工具，配合键盘上的 Shift 键，在【顶】视图中选择球体并向右进行拖曳，在弹出的【克隆选项】对话框中选中【复制】单选按钮，在【副本数】文本框中输入 2，如图 12.61 所示。

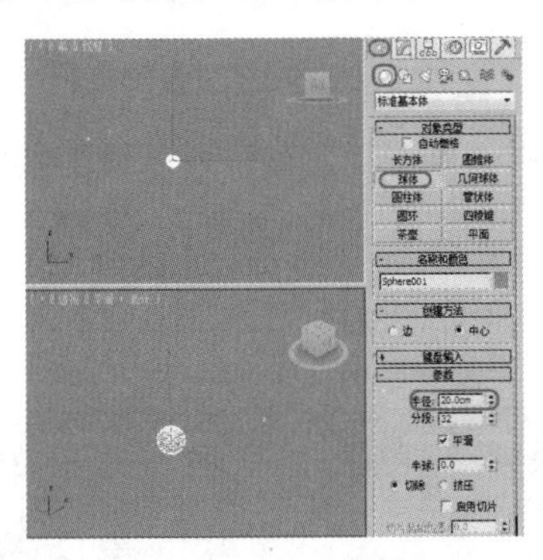

图 12.60　创建球体

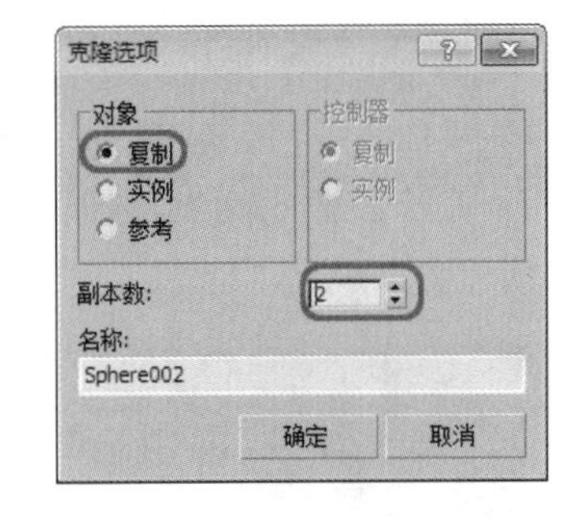

图 12.61　【克隆选项】对话框

(3) 单击【确定】按钮，即可复制两个球体，在【顶】视图中创建一个边数为 6、半径为 150 的多边形和长度、宽度为 250、300 的矩形，如图 12.62 所示。

(4) 在【顶】视图中选择最右边的球体，选择【运动】命令面板，在【指定控制器】卷展栏中选择【位置】，单击【指定控制器】按钮，在弹出的对话框中选择【路径约束】，如图 12.63 所示。

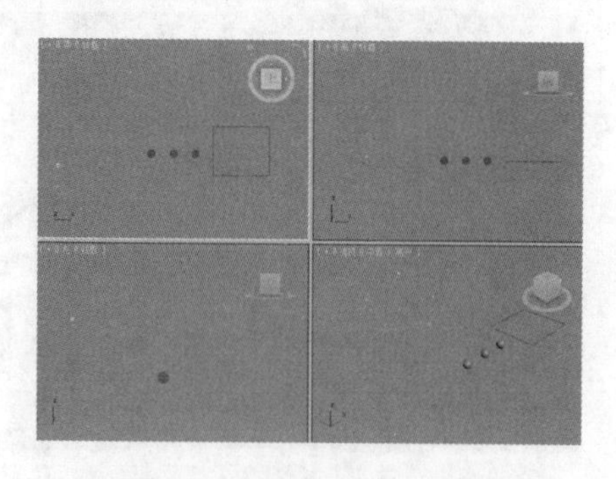

图 12.62 创建圆环和矩形

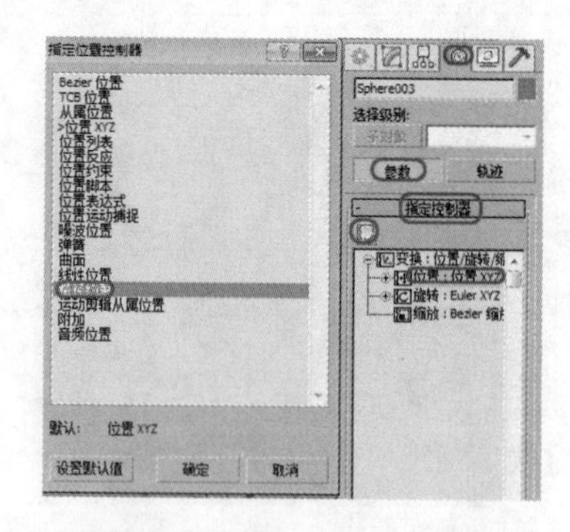

图 12.63 选择【路径约束】

(5) 单击【确定】按钮，在【路径参数】卷展栏中单击【添加路径】按钮，在所创建的矩形上单击，如图 12.64 所示。

(6) 使用同样的方法将最右侧的球体约束到矩形上，选择中间的球体，在【指定控制器】卷展栏中选择【位置】，单击【指定控制器】按钮，在弹出的对话框中选择【位置约束】，如图 12.65 所示。

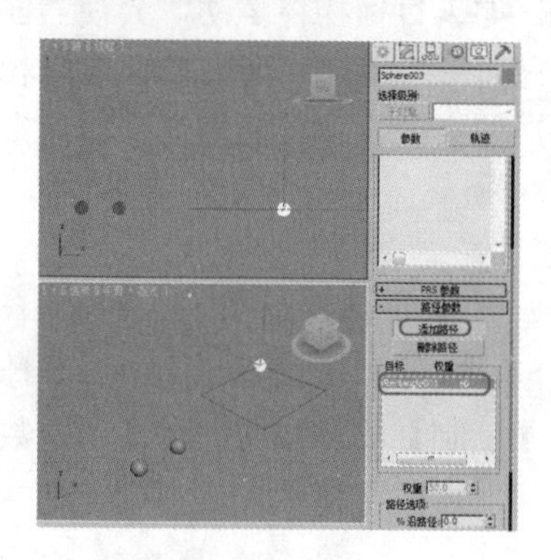

图 12.64 添加路径

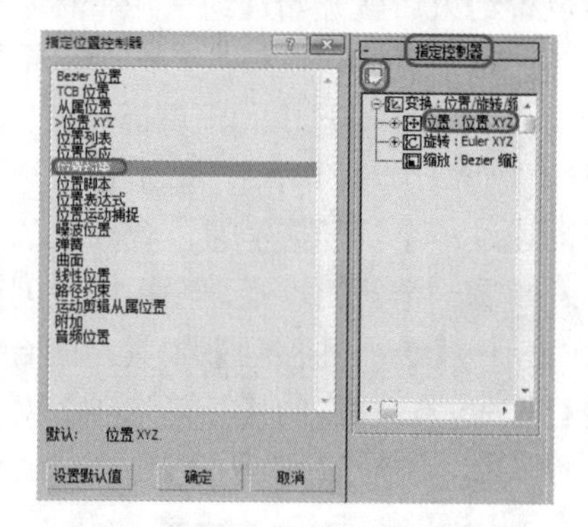

图 12.65 选择【位置约束】

(7) 单击【确定】按钮，在【位置约束】卷展栏中单击【添加位置目标】按钮，然后分别在两个球体上单击，如图 12.66 所示。

(8) 单击【播放动画】按钮，观察中间的球体受到左、右两个物体的位置约束，如图 12.67 所示。

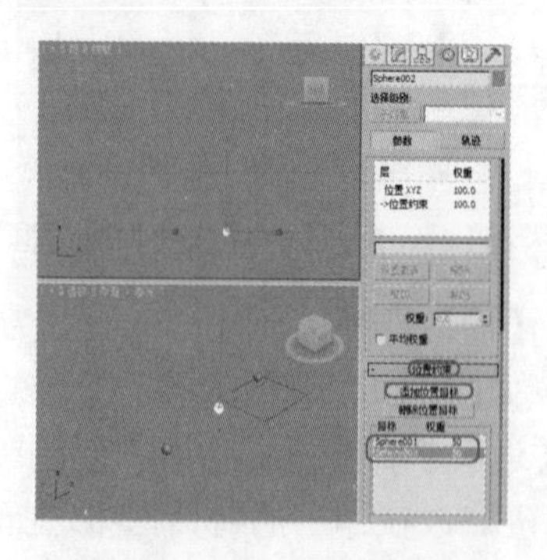

图 12.66 添加位置目标

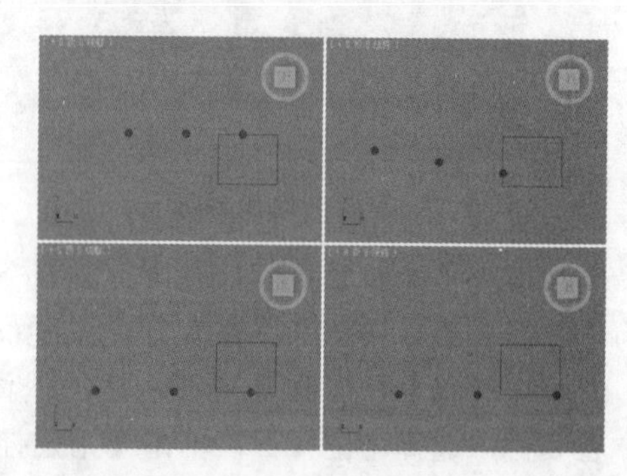

图 12.67 观看效果

12.5.5　方向约束动画

使用方向约束时，可以使物体方向始终保持与一个物体或多个物体方向的平均值相一致，被约束的物体可以是任何可转动物体。当指定方向约束后，被约束物体将继承目标物体的方向，但是此时就不能利用手动的方法对物体进行旋转了。

下面通过一个例子来学习方向约束的使用。

(1) 重置一个新的场景，在视图中创建两个半径 1、半径 2 分别为 150、100，高度为 200 的管状体，如图 12.68 所示。

(2) 使用【线】工具在【顶】视图中创建两条线，如图 12.69 所示。

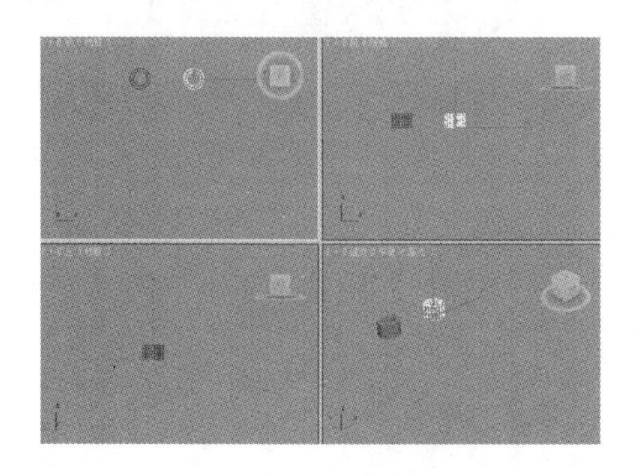

图 12.68　创建管状体

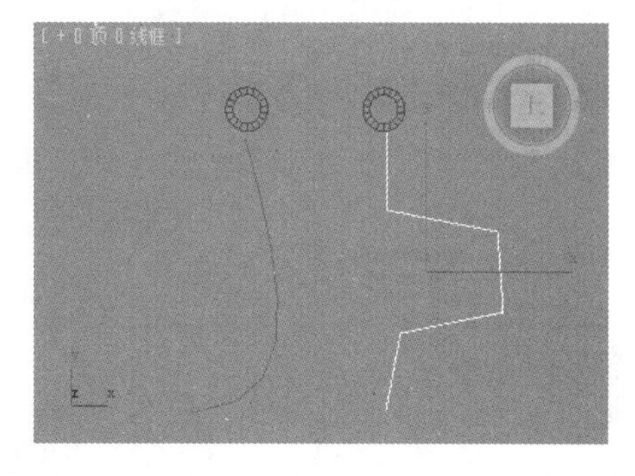

图 12.69　创建线

(3) 选择右侧的管状体，选择【运动】命令面板，在【指定控制器】对话框中选择【位置】，单击【指定控制器】按钮，在弹出的对话框中选择【路径约束】，如图 12.70 所示。

(4) 单击【确定】按钮，在【路径参数】卷展栏中单击【添加路径】按钮，在视图中拾取右侧的线为运动路径，再单击【添加路径】按钮，在【路径参数】卷展栏的【路径选项】选项组中勾选【跟随】复选框，并选中【轴】选项组中的 Z 单选按钮，如图 12.71 所示。

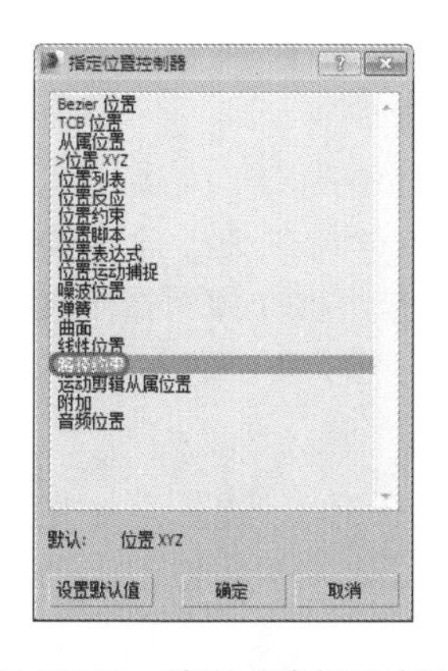

图 12.70　选择【路径约束】

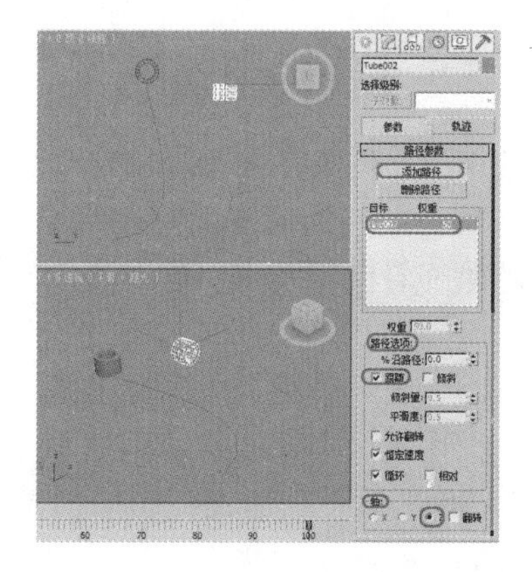

图 12.71　【路径参数】卷展栏

(5) 使用同样的方法为左侧的管状体添加路径约束并进行设置，再次选中左侧的管状体，在【指定控制器】卷展栏中选择【旋转】，单击【指定控制器】按钮，在弹出的对

话框中选择【方向约束】，如图 12.72 所示。

(6) 单击【确定】按钮，在【方向约束】卷展栏中单击【添加方向目标】按钮，在视图中单击右侧的管状体，如图 12.73 所示。

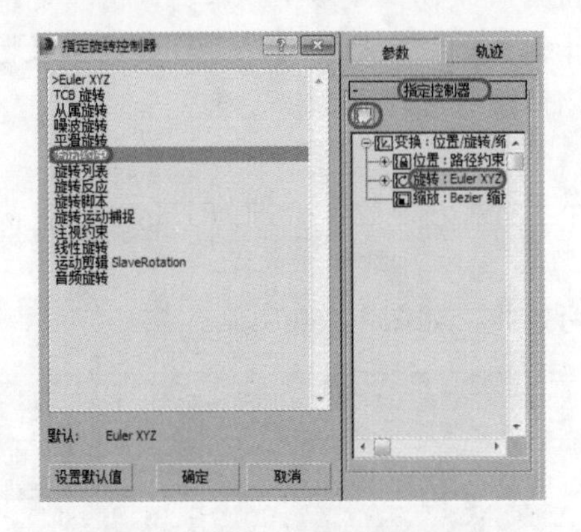

图 12.72 选择【方向约束】

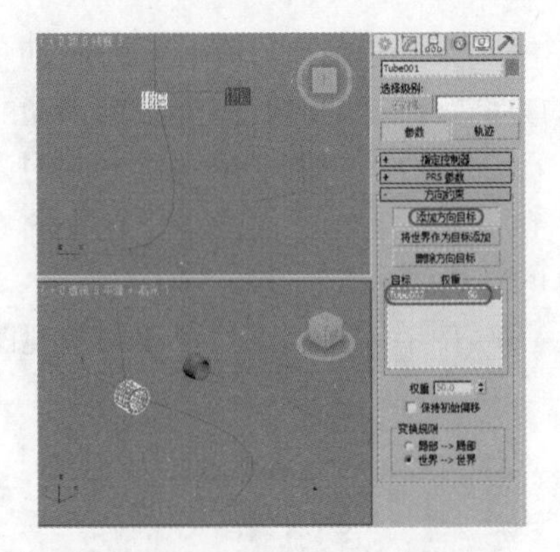

图 12.73 添加方向目标

(7) 在动画控制区中单击【播放动画】按钮，即可看到左侧的茶壶不仅沿着运动轨迹进行前进，而且还会受到右侧茶壶角度的影响，约束效果如图 12.74 所示。

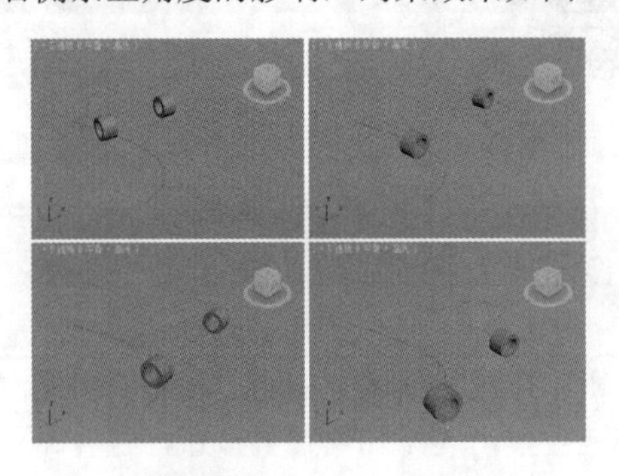

图 12.74 完成后的效果

12.5.6 注视约束动画

使用注视约束动画可以锁定一个物体的旋转，使它的某一轴向始终朝向目标物体。例如，向日葵始终面向太阳。在制作人物眼部的动画时，就可以为眼球设置一个辅助点，让眼球始终看向辅助点。这样只要制作辅助点的动画，就可以实现角色眼球始终盯住辅助点了。

下面通过一个例子来学习注视约束动画的使用。

(1) 重置一个新的场景，在【顶】视图中创建半径为 300、边数为 8 的多变形和一个半径为 30 的茶壶，再在视图中创建一个半径为 15 的球体，并在视图中调整其位置，如图 12.75 所示。

(2) 在视图中选择球体，选择【运动】命令面板，在【指定控制器】卷展栏中选择【位置】，单击【指定控制器】按钮，在弹出的对话框中选择【路径约束】，如图 12.76 所示。

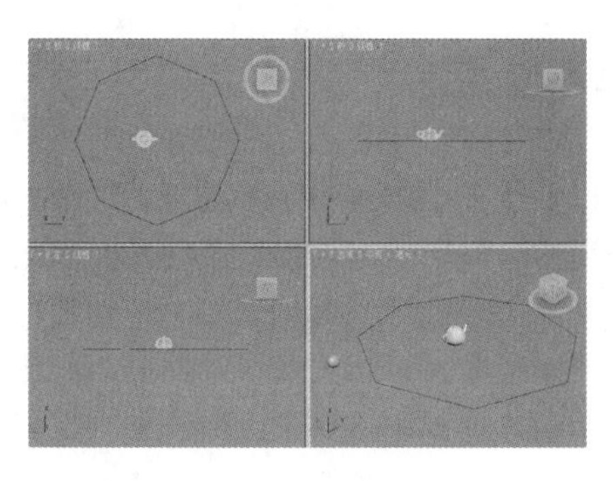

图 12.75　创建物体

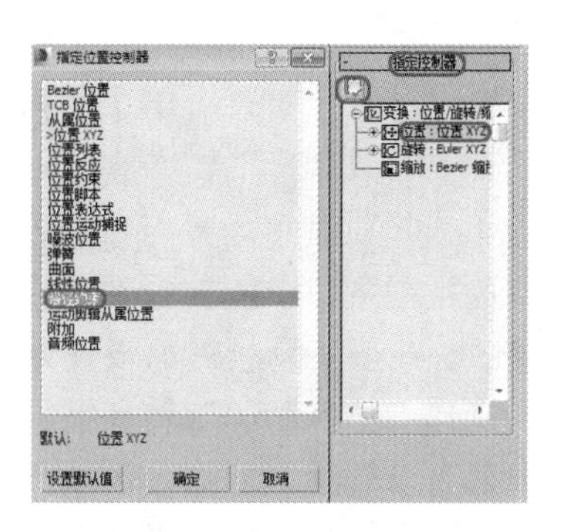

图 12.76　选择【路径约束】

(3) 单击【确定】按钮，在【路径参数】卷展栏中单击【添加路径】按钮，在所创建的多变形上单击，如图 12.77 所示。

(4) 再单击【添加路径】按钮，在视图中选择茶壶，在【指定控制器】卷展栏中选择【旋转】，单击【指定控制器】按钮，在弹出的对话框中选择【注视约束】，如图 12.78 所示。

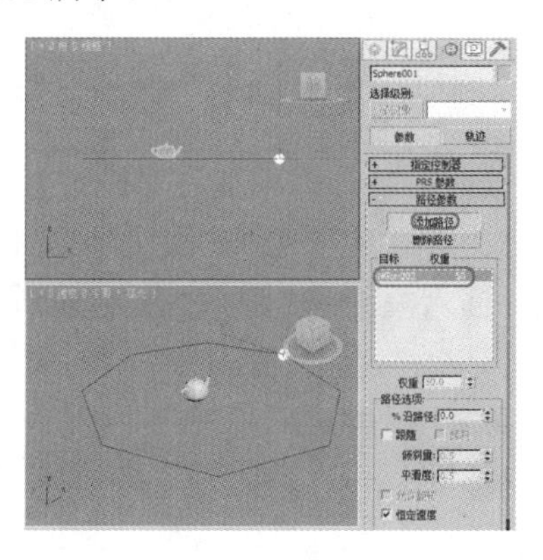

图 12.77　添加路径

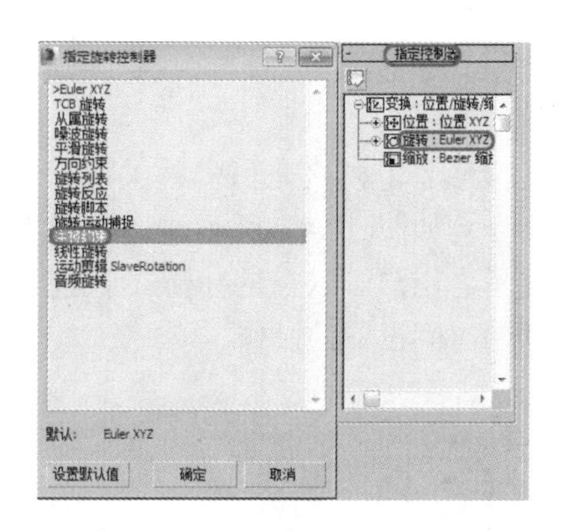

图 12.78　选择【注视约束】

(5) 单击【确定】按钮，在【注视约束】卷展栏中单击【添加注视目标】按钮，在场景中拾取球体，如图 12.79 所示。

(6) 在动画控制区中单击【播放动画】按钮，即可发现茶壶会随着球体的运动而改变方向，如图 12.80 所示。

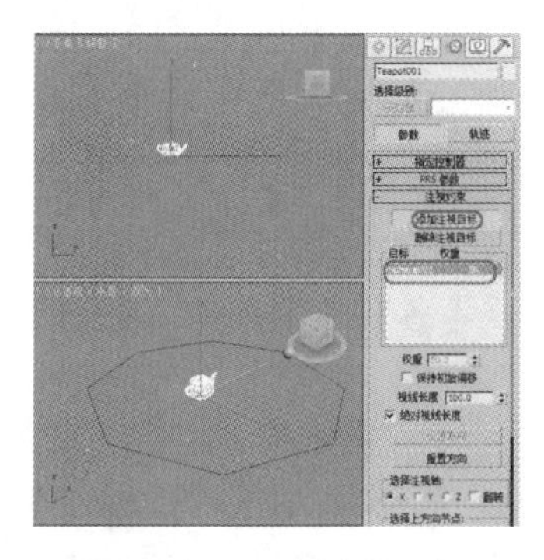

图 12.79　添加注视目标

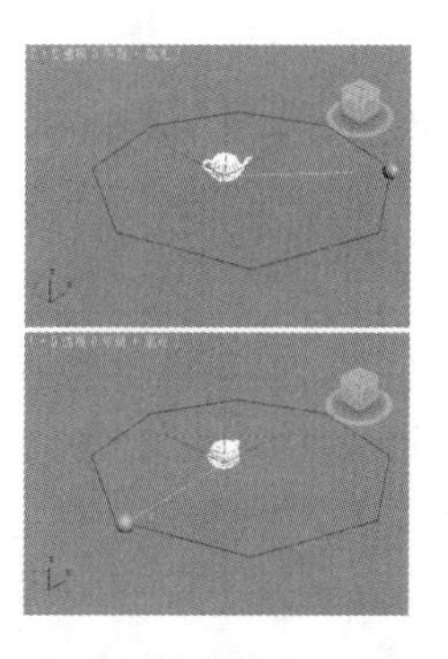

图 12.80　完成后的效果

12.6 轨 迹 视 图

3ds Max 提供了将场景对象的各种动画设置以曲线图表方式显示的功能。这种曲线图只有在轨迹视图窗口中能被看到和修改。在轨迹视图窗口中所有被设置了动画的参数都可以进行修改。一般将场景对象设置为动画的操作包含 3 个部分，即创建参数，如长、宽和高；变换操作，如移动、旋转和缩放；修改命令，如弯曲、锥化、变形。此外，其他所有可调参数都可以设置为动画，例如灯光、材质等。在轨迹视图窗口中，所有动画设置都可以找到。轨迹视图是一种层级列表式设计。

12.6.1 轨迹视图层级

单击工具栏中的【曲线编辑器】按钮，将打开当前场景的轨迹视图的【曲线编辑器】模式，如图 12.81 所示。

在轨迹视图的【曲线编辑器】模式中，允许用户以图形化的功能曲线形式对动画进行调整。用户可以很容易地查看并控制动画中的物体运动，设置并调整运动轨迹。【曲线编辑器】模式包含菜单栏、工具栏、控制器窗口和一个关键帧窗口，其中包括时间标尺、导航等。

【摄影表】模式是另一种关键帧编辑模式，可以在轨迹视图中选择【模式】|【摄影表】命令，如图 12.82 所示，切换到【摄影表】模式。在这种模式中，关键帧以时间块的形式显示。用户可以在这种模式下进行显示关键帧、插入关键帧、缩放关键帧及所有其他关于动画时间设置的操作。

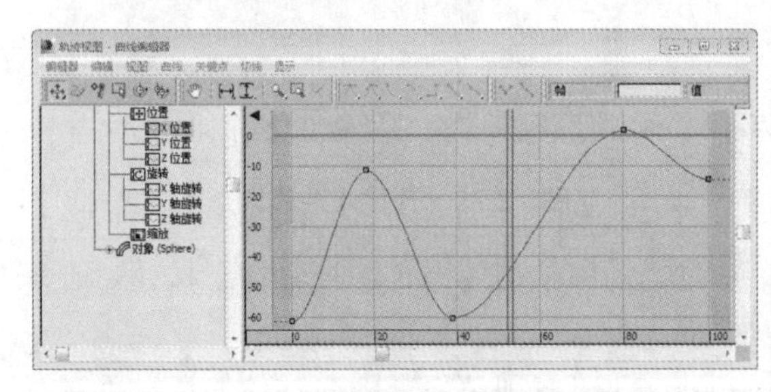

图 12.81 轨迹视图的【曲线编辑器】模式

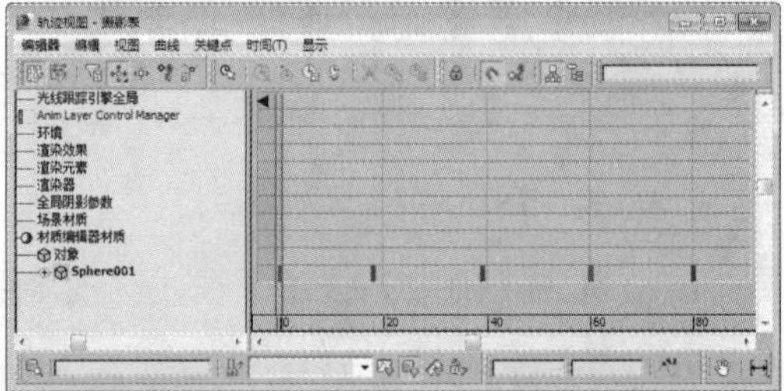

图 12.82 选择【摄影表】命令

摄影表又包含两种模式，编辑关键点和编辑范围。【摄影表】模式下的关键帧显示为矩形框，可以方便地识别关键帧。

12.6.2 轨迹视图工具

轨迹视图窗口上方含有操作项目、通道和功能曲线等各种工具。默认的【曲线编辑器】模式下的工具栏如图 12.83 所示。

选择【模式】|【摄影表】命令，切换到【摄影表】模式下的工具栏，如图 12.84 所示。

在【曲线编辑器】模式下的菜单栏中右击，在弹出的快捷菜单中选择【显示工具栏】，在弹出的子菜单中选择【全部】，如图 12.85 所示，即可显示全部的工具栏。

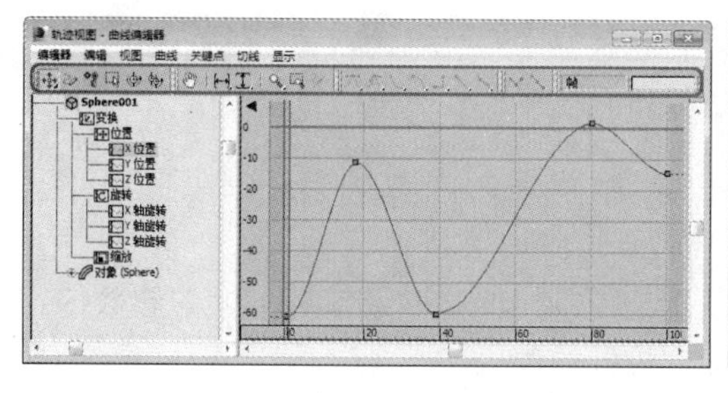

图 12.83　【曲线编辑器】模式下的工具栏

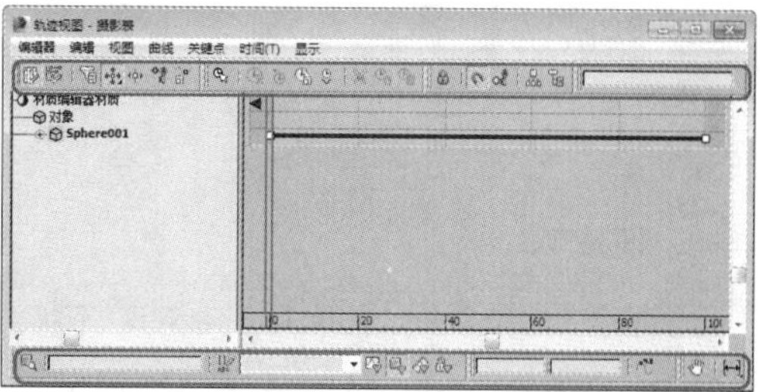

图 12.84　【摄影表】模式下的工具栏

下面学习在超出用户所定义关键帧范围以外的物体的运动情况，合理地选择参数曲线越界类型可以缩短制作周期。例如，制作物体周期循环运动的动画时，可以只创建若干帧的动画，而其他帧的动画可以根据参数曲线越界类型的设置选择如何继续运动下去。

在【曲线编辑器】模式下单击工具栏中的【参数曲线超出范围类型】按钮，将会弹出【参数曲线超出范围类型】对话框，如图 12.86 所示。在该对话框中可以看到所选关键帧的参数曲线越界类型，共有 6 种，可以选择其中的一种。

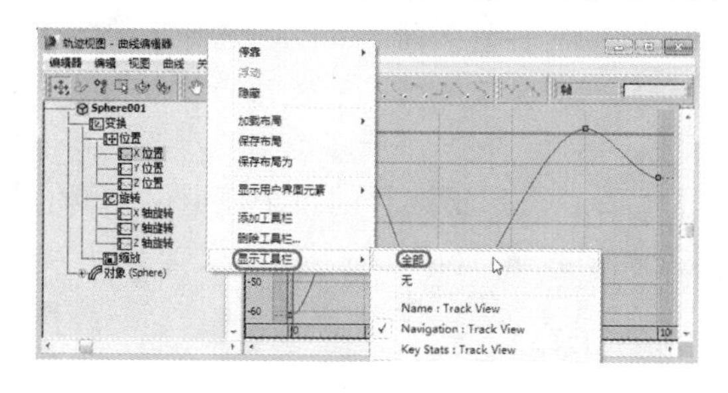

图 12.85　选择【全部】命令

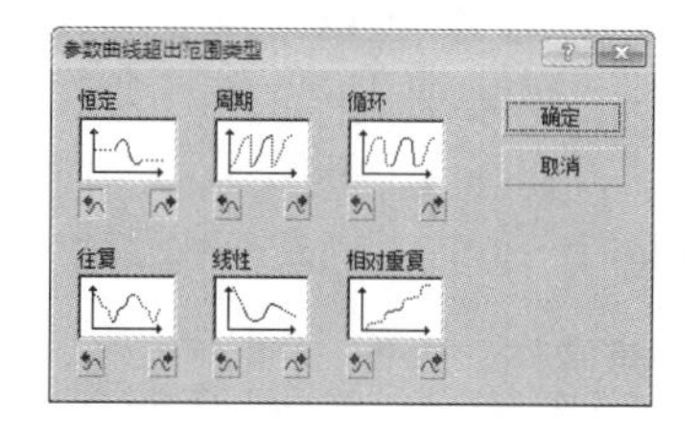

图 12.86　【参数曲线超出范围类型】对话框

- 【恒定】方式：把确定的关键帧范围的两端部分设置为常量，使物体在关键帧范围以外不产生动画。在系统在默认情况下，使用常量方式。
- 【周期】方式：使当前关键帧范围的动画呈周期性循环播放，但要注意如果开始与结束的关键帧设置不合理，会产生跳跃效果。
- 【循环】方式：使当前关键帧范围的动画重复播放，此方式会将动画首尾对称连接，不会产生跳跃效果。
- 【往复】方式：使当前关键帧范围的动画播放后再反向播放，如此反复，就像一个乒乓球被两个运动员以相同的方式打来打去。
- 【线性】方式：使物体在关键帧范围的两端成线形运动。
- 【相对重复】方式：在一个范围内重复相同的动画，但是每个重复会根据范围末端的值有一个偏移。使用相对重复来创建在重复时彼此构建的动画。

12.6.3　【编辑关键点】模式

在【编辑关键点】模式下可以对帧进行编辑。在【编辑关键点】模式下可以以方框的形式显示关键帧及范围条。在【编辑关键点】模式下由于可以显示所有通道的动画时间，所以便于对整个动画进行全局的控制和调整。

提 示

只有动画控制器项目可以显示为关键帧，而其他项目都只能显示范围条。

1. 捕捉帧

当开启关键帧捕捉选项后，所有关键帧以及范围条的移动增量都是 1 帧的整数倍。如果移动多个选择的帧，这些关键帧将自动捕捉到最近的帧上。

2. 锁定当前选择

单击【锁定当前选择】按钮，可以锁定当前选择对象，这样就不用担心会由于误操作而取消当前的选择目标了。当确认当前在关键帧编辑模式下时，选择一个或多个帧，单击【锁定当前选择】按钮，然后在窗口任意位置按住左键并拖曳，此时用户会发现原来的选择并没有被取消，而且会随着鼠标的移动而改变位置。

3. 关键帧对齐

使用关键帧对齐功能可以实现将选择的关键帧对齐到当前时间。当选择了很多比较分散的关键帧时，使用该工具可以将它们移动到同一时间位置上。当确认当前在关键帧编辑模式下时，拖曳时间滑块到需要对齐的时间上，然后选择一个或多个想要对齐到某一时间上的帧，再选择【关键点】|【对齐到光标】命令，此时所选择的每个通道最左侧的帧移动到当前时间位置，通道的中间帧保持与最左侧帧的相对位置。

4. 帧操作

在默认状态下，【移动关键点】按钮始终处于选中状态，因此可以直接用鼠标拖曳关键帧，并可以调整关键帧的时间位置。选择多个帧时，使用【缩放关键点】工具可以对关键帧进行缩放，单击【插入关键点】按钮，可以在通道中添加新的关键帧。

12.6.4 【编辑范围】模式

在【摄影表】模式的【编辑范围】模式下，所有通道均以范围条的形式显示，这种方式有助于快速地缩放或移动整段动画通道。

在【摄影表】模式下，单击轨迹视图窗口工具栏中的【编辑范围】按钮，进入【编辑范围】模式，如图 12.87 所示。单击【修改子树】按钮，可以拖曳范围条，该按钮处于选中状态时，将在 Objects 通道中显示一个范围条，它是默认的所有命名物体的父物体。如果拖曳这个父物体的范围条，将影响场景中所有的物体。

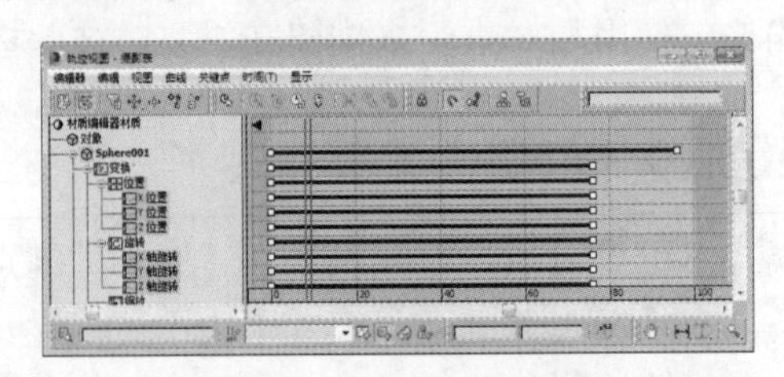

图 12.87 【编辑范围】模式

12.6.5　功能曲线

功能曲线可以将选择的动画控制器项目显示为曲线形式，以便于观察和编辑动画轨迹。

下面通过制作一个弹跳球动画，来了解功能曲线的作用。

(1) 重置一个新的场景，在视图中创建一个半径为 50 的几何球体，在动画控制区中单击【自动关键点】按钮，将时间滑块拖曳到第 10 帧处，在【前】视图中沿 X 轴向右移动球体，如图 12.88 所示。

(2) 将时间滑块拖曳到第 20 帧处，在【前】视图中沿 X 轴向左移动球体，如图 12.89 所示。

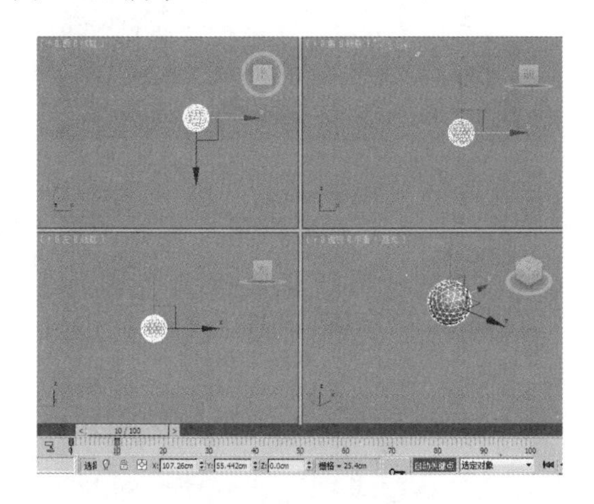

图 12.88　创建关键帧(1)

图 12.89　创建关键帧(2)

(3) 单击【自动关键点】按钮，在工具栏中单击【曲线编辑器】按钮，在弹出的对话框中单击【参数曲线超出范围类型】按钮，在弹出的对话框中选择【周期】，如图 12.90 所示。

(4) 单击【确定】按钮，此时功能曲线如图 12.91 所示。功能曲线由原来的直线变为与 0～20 相同的重复曲线，从这可以很形象地看出域外扩展方式的作用。

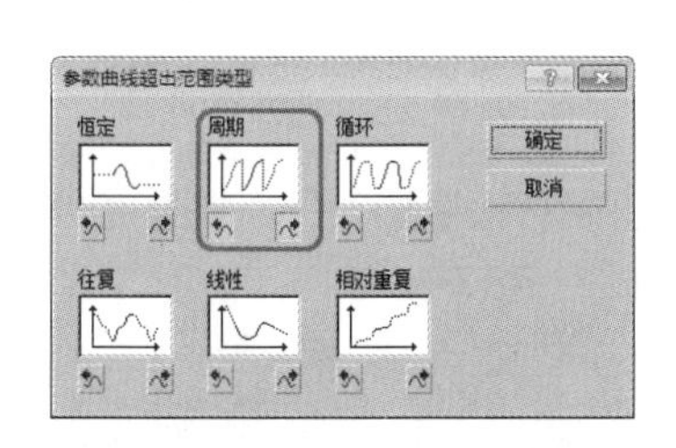

图 12.90　【参数曲线超出范围类型】对话框

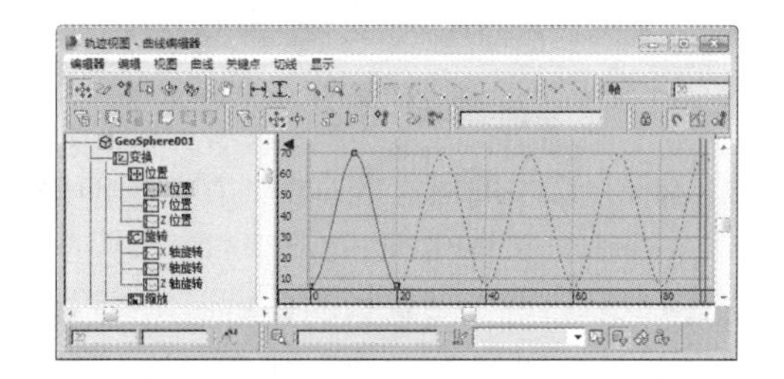

图 12.91　【轨迹视图】对话框

12.7　上机实践——制作跳动的篮球

下面将根据本章所学的知识制作一个跳动的篮球，效果如图 12.92 所示。其具体操作

步骤如下。

(1) 按 Ctrl+O 组合键，在弹出的对话框中选择随书附带光盘中的 CDROM\Scenes\Cha12\跳动的篮球.max。

(2) 单击【打开】按钮，即可将该文件打开，效果如图 12.93 所示。

图 12.92　跳动的篮球

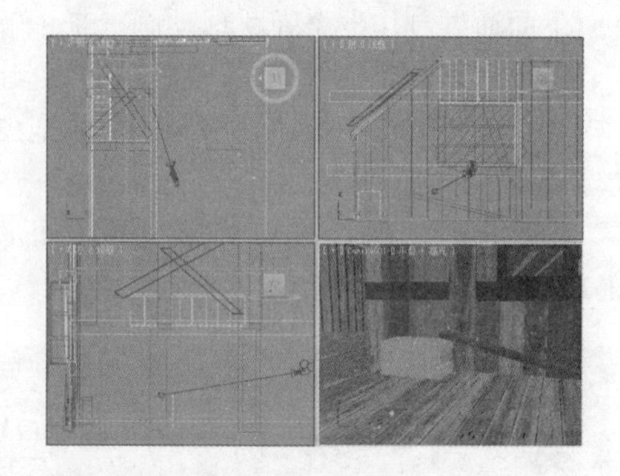

图 12.93　打开的素材文件

(3) 选择【创建】|【图形】|【线】工具，在【左】视图中绘制一条样条线，如图 12.94 所示。

(4) 切换至【修改】命令面板中，将当前选择集定义为【顶点】，在视图中选择如图 12.95 所示的顶点。

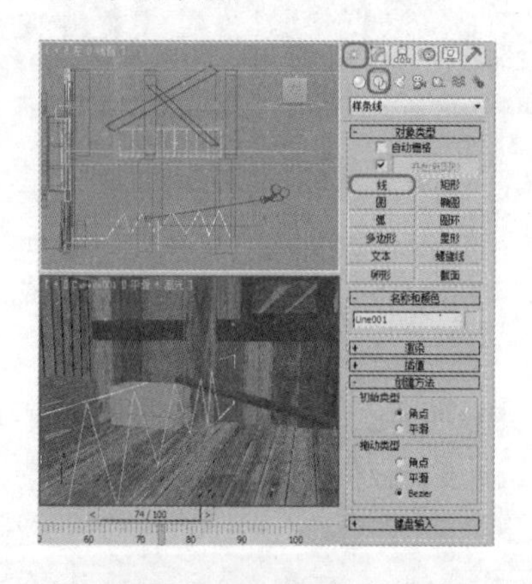

图 12.94　创建线

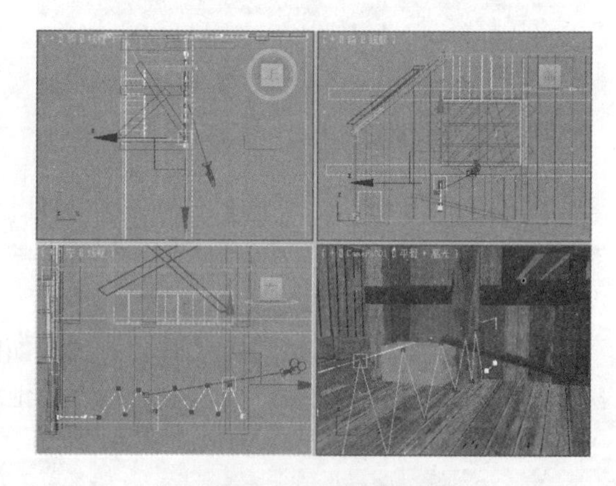

图 12.95　选择顶点

(5) 在选中的顶点上右击，在弹出的快捷菜单中选择【平滑】命令，如图 12.96 所示。

(6) 执行该操作后，即可将选中的顶点进行平滑，使用【选择并移动】工具在视图中调整顶点的位置，调整后的效果如图 12.97 所示。

(7) 关闭当前选择集，在视图中右击，在弹出的快捷菜单中选择【全部取消隐藏】命令，如图 12.98 所示。

(8) 在视图中选择篮球对象，切换至【运动】命令面板，在【指定控制器】卷展栏中选择【变换】，单击【指定控制器】按钮，如图 12.99 所示。

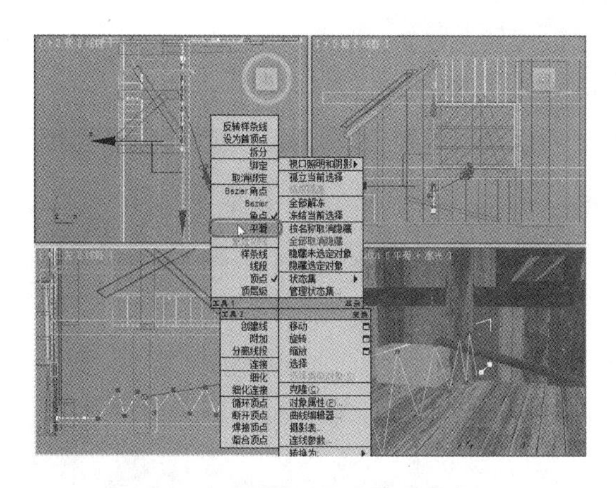

图 12.96　选择【平滑】命令

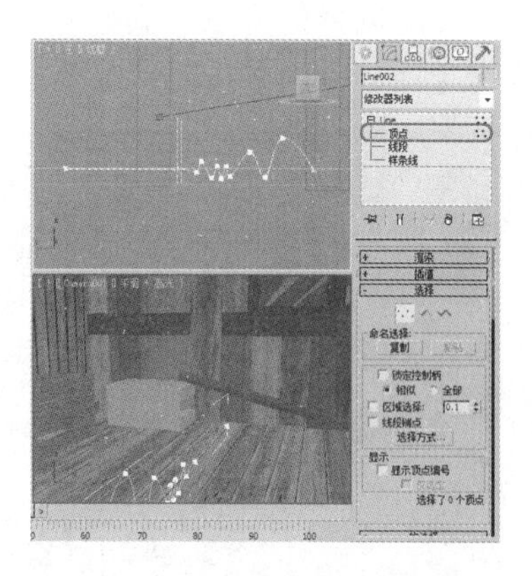

图 12.97　调整顶点的位置

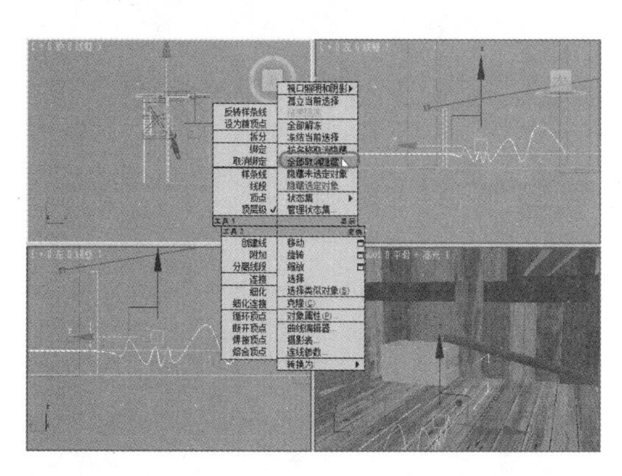

图 12.98　选择【全部取消隐藏】命令

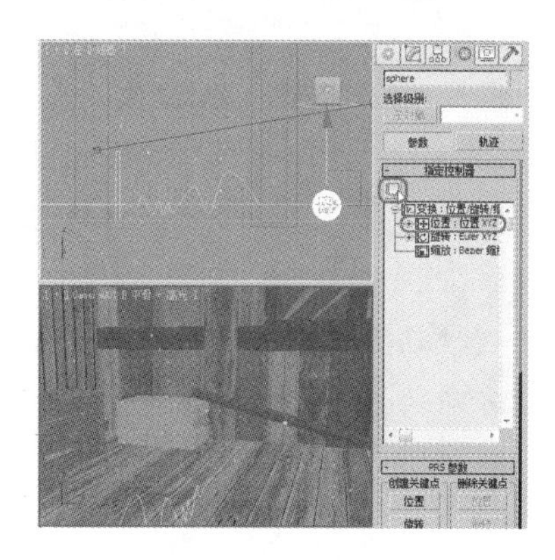

图 12.99　单击【指定控制器】按钮

(9) 在弹出的对话框中选择【路径约束】选项，如图 12.100 所示。

(10) 单击【确定】按钮，在【路径参数】卷展栏中单击【添加路径】按钮，在视图中选择上面所创建的样条线，如图 12.101 所示。

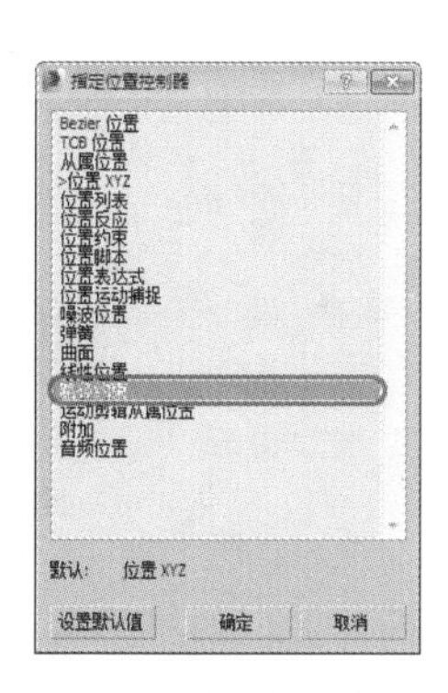

图 12.100　选择【路径约束】选项

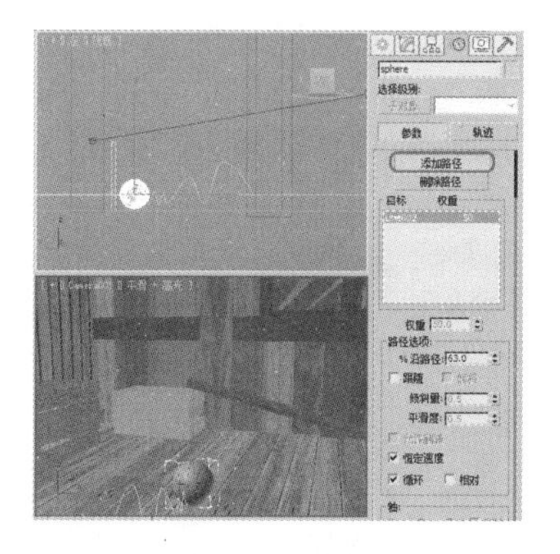

图 12.101　添加路径

(11) 添加完路径后，在工具栏中单击【选择并旋转】按钮，将时间滑块拖曳至第 68 帧处，按 N 键打开自动关键点记录模式，在【前】视图中沿 X 轴进行旋转，如图 12.102 所示。

(12) 使用同样的方法在其他帧上对球体进行旋转并添加关键帧，效果如图 12.103 所示，单击【播放动画】按钮预览效果，然后对完成后的场景进行保存即可。

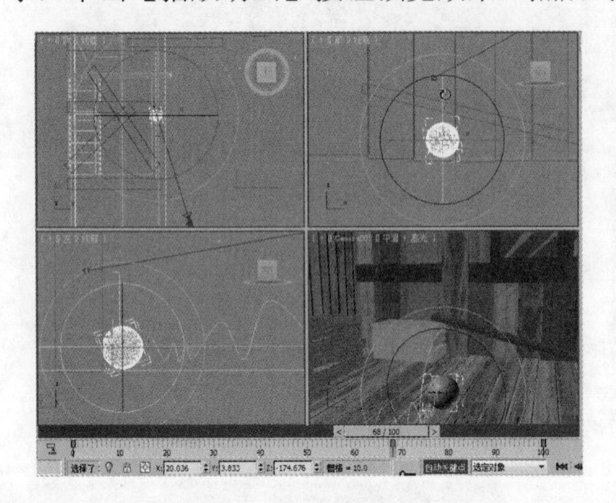

图 12.102 旋转对象

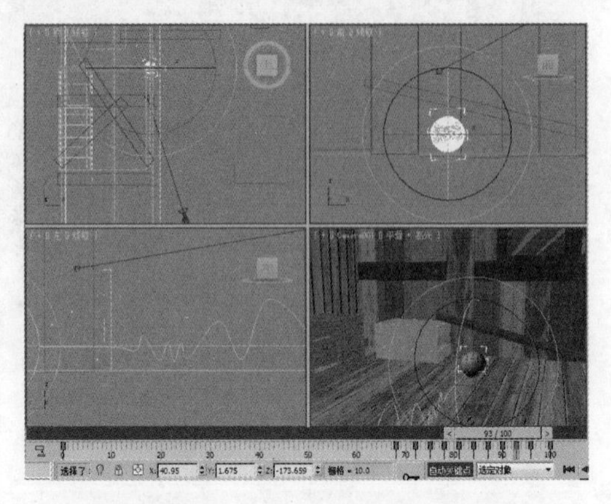

图 12.103 在其他帧上添加关键帧

12.8 思考与练习

1. 线性动画控制器的作用是什么？
2. 方向约束的运动原理是什么？
3. 注视约束的作用是什么？请举例说明。

第 13 章　空间扭曲与粒子系统

空间扭曲和粒子系统是附加的建模工具。空间扭曲是使其他对象变形的力场，从而创建出涟漪、波浪和风吹等效果。粒子系统能生成粒子子对象，从而达到模拟雪、雨、灰尘等效果的目的。粒子系统主要用于动画中。通过 3ds Max 2014 中的空间扭曲工具和粒子系统可以实现影视特技中更为壮观的爆炸、烟雾以及数以万计的物体运动等，使原本场景逼真、角色动作复杂的三维动画更加精彩。

13.1　空 间 扭 曲

空间扭曲是一类特殊的力场，施加了这类力场作用后的场景，可以用来模拟自然界的各种动力效果，使物体的运动规律与现实更加贴近，产生诸如重力、风力、爆发力、干扰力等作用效果。空间扭曲对象是一类在场景中影响其他物体的不可渲染的对象。它们能够创建力场使其他对象发生变形，可以创建涟漪、波浪、强风等效果。它是 3ds Max 2014 为物体制作特殊效果动画的一种方式。可以将其想象为一个作用区域，它对区域内的对象产生影响，对象移动所产生的作用也发生变化，而区域外的其他物体则不受影响。

提 示

虽然空间扭曲能够像编辑修改一样改变对象的内部结构，但它的效果却决定于对象在场景中的变换方式。一般情况下，编辑修改器和空间扭曲的作用效果是相同的。如果要使对象发生局部变化，且该变化依赖于在数据流中的其他操作时，应使用编辑修改器。如果要使许多对象产生全局效果，且该效果与对象在场景中的位置有关时，则要使用空间扭曲。

在 3ds Max 2014 中空间扭曲工具包括五大类，分别介绍如下。

- 力：用来模拟各种力的作用效果，如风、重力、推力和阻力等，可以对粒子系统和动力学系统产生影响。
- 导向器：用于改变粒子系统的方向，且只能作用于粒子系统，对其他物体没有影响。
- 几何/可变形：用于创建各种几何变形效果，共包含 7 种空间扭曲，分别是 FFD (长方体)、FFD (圆柱体)、波浪、涟漪、置换、配置变形、炸弹。
- 基于修改器：此类空间扭曲有 6 种，都是基于修改器的空间扭曲。
- 粒子和动力学：提供向量场功能，主要用来描述物体的方向速度等属性。

创建并使用空间扭曲的一般操作步骤如下。

(1) 创建一种需要的空间扭曲，它以框架形式显示在视图中，称其为控制器。

(2) 单击工具栏中的【绑定到空间扭曲】按钮，在要应用空间扭曲的物体上按住左键并拖曳到空间扭曲上，完成绑定操作。此时物体所受的影响效果会在视图中显示出来。

(3) 调整空间扭曲的参数，对空间扭曲进行移动、旋转和缩放等操作，影响被绑定的物体，以达到用户满意的程度。

(4) 用户可以利用空间扭曲的参数变化及转换操作创建动画，也可以用被绑定物体创建动画，以实现动态的效果。

当物体被绑定到空间扭曲上之后，才会受到它的影响，空间扭曲会显示在该物体的修改器堆栈中。一般在应用转换或修改器之后才应用空间扭曲，一个物体可以绑定多个空间扭曲，一个空间扭曲也可以同时应用在多个物体上。

13.1.1 力空间扭曲

力空间扭曲共有 9 种，在这里介绍其中比较常用的阻力、重力和风。

1. 阻力

阻力空间扭曲可以模拟空间中任意方向的力。下面通过【阻力】作用于【喷射】粒子系统来说明其具体使用方法。

(1) 选择【创建】|【几何体】|【粒子系统】|【喷射】工具，在【顶】视图中按住左键拖曳，此时会出现一个矩形区域控制器，如图 13.1 所示。

(2) 拖曳视图下方的时间滑块至第 100 帧处，此时的喷射粒子系统如图 13.2 所示。

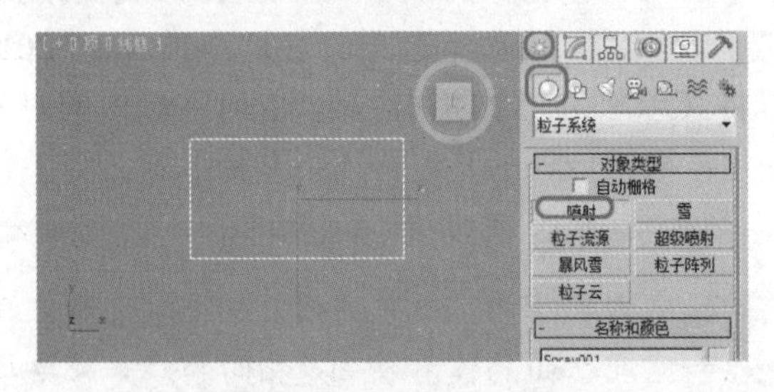

图 13.1　创建喷射粒子系统

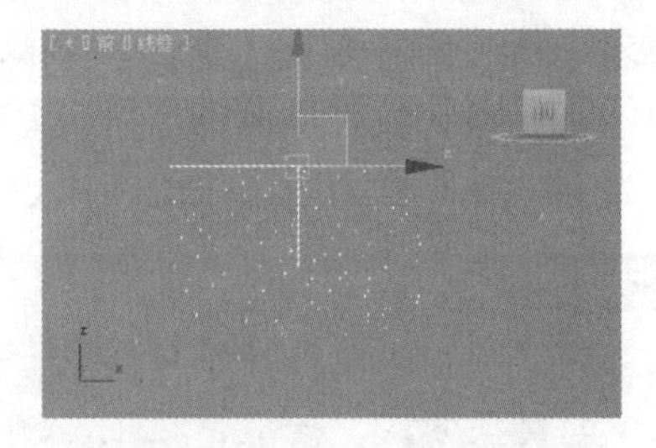

图 13.2　拖曳时间滑块后的效果

(3) 选择【创建】|【空间扭曲】|【力】|【阻力】工具，在视图中按住左键拖曳，此时会出现一个阻力控制器，如图 13.3 所示。

> **提 示**
>
> 阻力控制器的大小并不代表力的大小，只有改变阻力参数才可以实现力大小的改变。

(4) 单击工具栏中的【绑定到空间扭曲】按钮，拖曳喷射粒子系统到阻力控制器上，完成绑定操作，如图 13.4 所示。

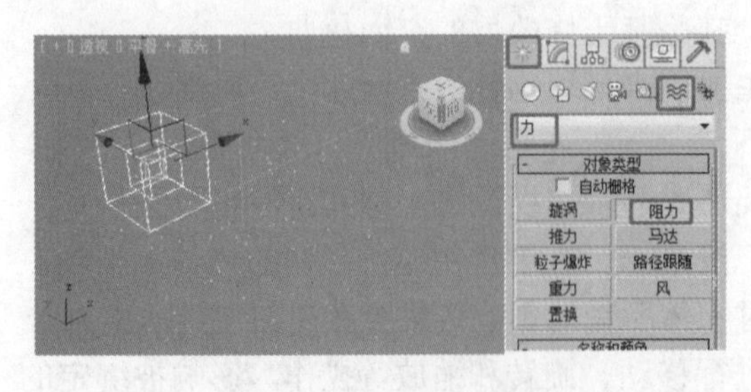

图 13.3　阻力控制器

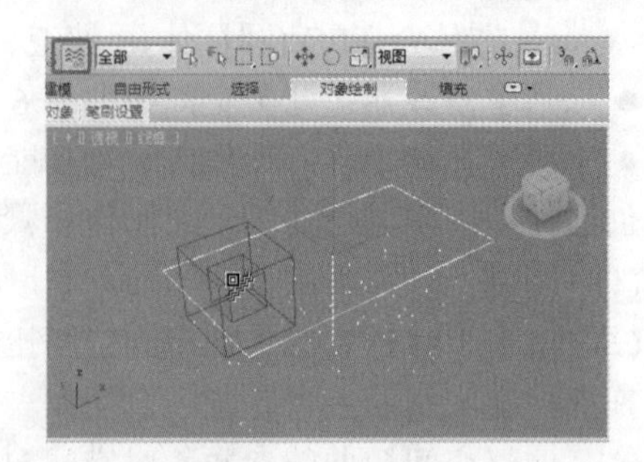

图 13.4　绑定操作

(5) 选择阻力控制器，单击【修改】按钮，切换到【修改】命令面板，在【参数】卷展栏中选中【线性阻尼】单选按钮，设置 Z 值为 50，按 Enter 键确认，如图 13.5 所示。这时的喷射粒子系统在 Z 轴上被施加了阻力，如图 13.6 所示。

图 13.5　修改阻力的参数

应用【线性阻尼】的各个粒子的运动被分离到空间扭曲的局部 X 轴、Y 轴和 Z 轴向量中。在它上面对各个向量施加阻尼的区域是一个无限的平面，其厚度由相应的【范围】值决定。

- X 轴/Y 轴/Z 轴：指定受阻尼影响粒子沿局部运动的百分比。
- 【范围】：设置垂直于指定轴的范围平面或者无限平面的厚度。仅在取消勾选【无限范围】复选框时生效。
- 【衰减】：指定在 X、Y 或 Z 范围外应用线性阻尼的距离。阻尼在距离为【范围】值时的强度最大，在距离为【衰减】值时线性降至最低，在超出的部分没有任何效果。【衰减】效果仅在超出【范围】值的部分生效，它是从图标的中心处开始测量的，并且其最小值总是和【范围】值相等。仅在取消勾选【无限范围】复选框时生效。

(6) 在工具栏中单击【选择并旋转】按钮，选择阻力控制器，对其进行旋转，喷射粒子系统将随着发生相应的变化，如图 13.7 所示。

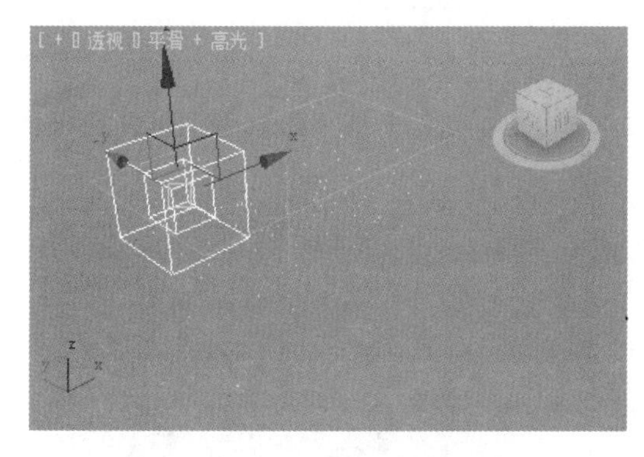

图 13.6　发生改变的粒子系统

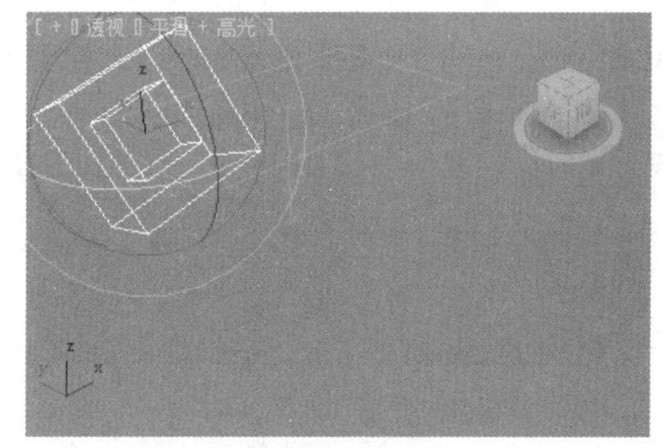

图 13.7　旋转阻力控制器

(7) 将阻力控制器的作用形式由【线性阻尼】转换为【球形阻尼】，并将【径向】和【切向】分别设置为 5 和 85，如图 13.8 所示，按 Enter 键，这时的喷射粒子系统变为如图 13.9 所示。

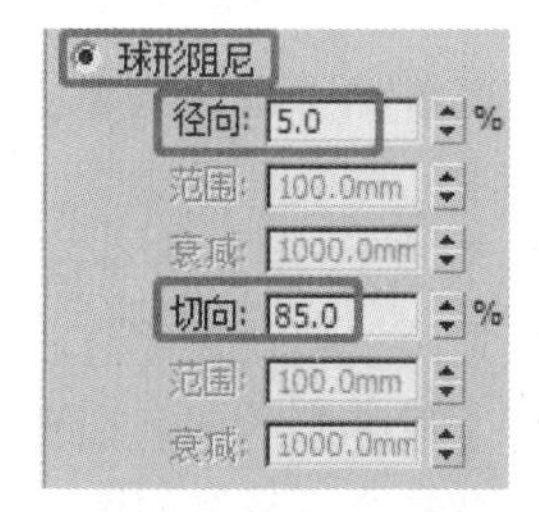

图 13.8　选中【球形阻尼】单选按钮

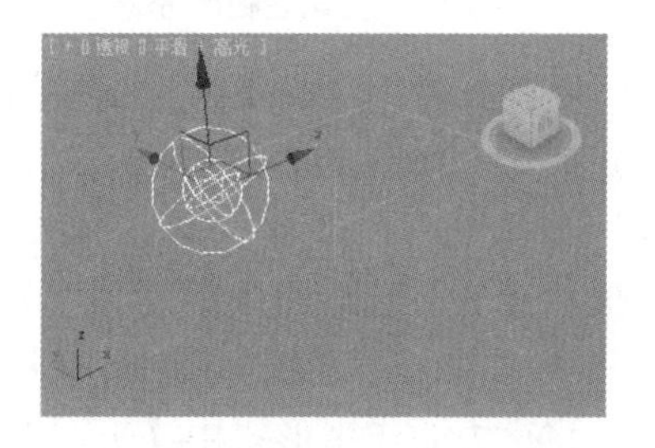

图 13.9　发生改变的粒子系统

当阻力作用于【球形阻尼】模式时，其图标是一个球体内的球体。粒子运动被分解到径向和切向向量中。阻尼应用于球形体积内的各个向量，取消勾选【无限范围】复选框时，该球形体的半径由【范围】微调框设置。

- 【径向/切向】：【径向】用来指定受阻尼影响粒子朝向或背离阻力图标中心运动的百分比。【切向】用来指定受阻尼影响粒子穿过阻力图标实体运动的百分比。
- 【范围】：以系统单位数指定距阻力图标中心的距离，该距离内的阻尼为全效阻尼。仅在取消勾选【无限范围】复选框时生效。
- 【衰减】：指定在径向/切向范围外应用球形阻尼的距离。阻尼在距离为【范围】值时的强度最大，在距离为【衰减】值时线性地降至最低，在超出的部分没有任何效果。【衰减】效果仅在超出【范围】的部分生效，它是从图标的中心处开始测量的，并且其最小值总是和【范围】值相等。仅在取消勾选【无限范围】复选框时生效。

2. 重力

重力空间扭曲可以在应用粒子系统时模拟重力作用的效果。它具有方向属性，即沿着重力空间扭曲的箭头方向将做加速运动，背向箭头方向将做减速运动。下面通过重力作用于雪粒子系统来说明重力的具体使用方法。

(1) 选择【创建】|【几何体】|【粒子系统】|【雪】工具，在视图中按住左键拖曳，此时会出现一个矩形区域控制器，如图 13.10 所示。

(2) 选择【创建】|【空间扭曲】|【力】|【重力】工具，在视图中按住左键拖曳，此时会出现一个重力控制器，如图 13.11 所示。

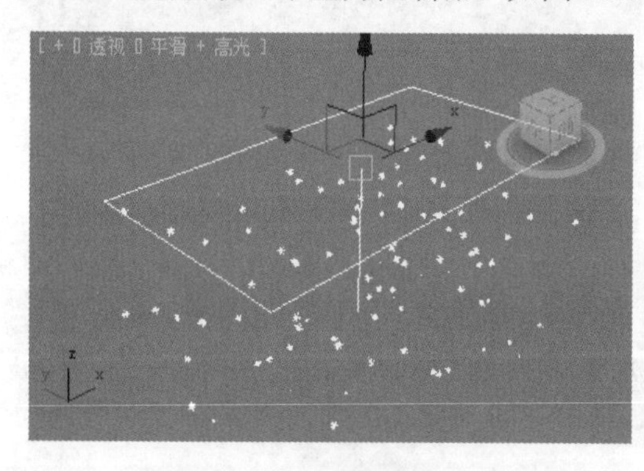

图 13.10 创建雪粒子系统

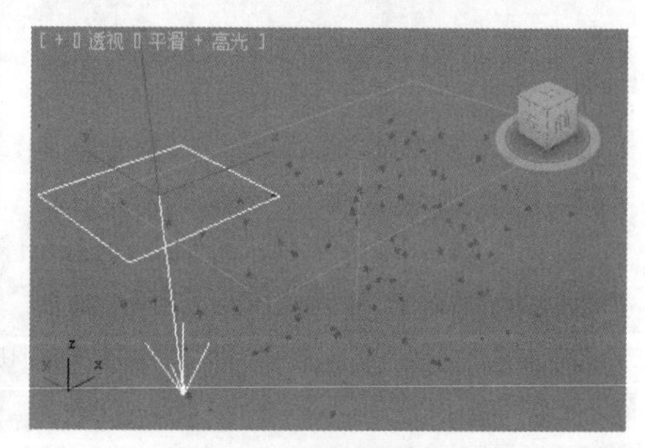

图 13.11 创建重力控制器

(3) 在工具栏中选择【绑定到空间扭曲】工具，拖曳雪粒子系统到重力控制器上，完成绑定操作，如图 13.12 所示。

(4) 选择重力控制器，单击【修改】按钮，切换到【修改】命令面板，将【参数】卷展栏【力】选项组中的【强度】修改为 5，这时的雪粒子系统如图 13.13 所示，而修改为-2 时的雪粒子系统如图 13.14 所示。由此可见改变【强度】的值可以改变重力影响的程度。将重力的作用形式由【平面】转换为【球形】时的雪粒子系统如图 13.15 所示。

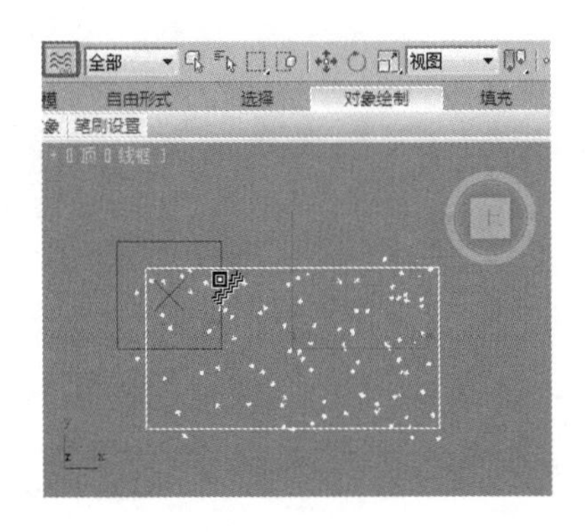

图 13.12　绑定到空间扭曲

图 13.13　增加【强度】参数的效果

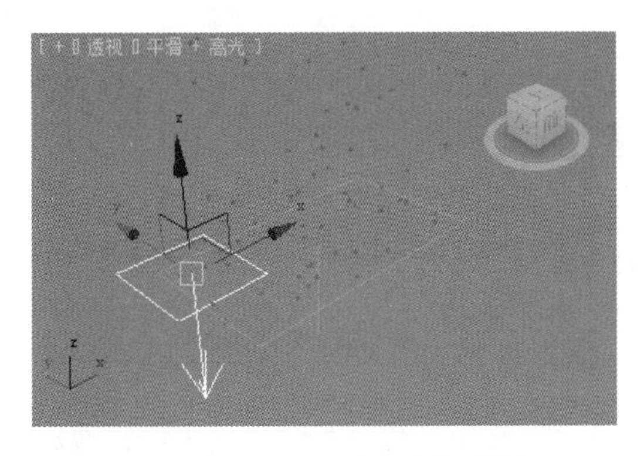

图 13.14　减少【强度】参数的效果

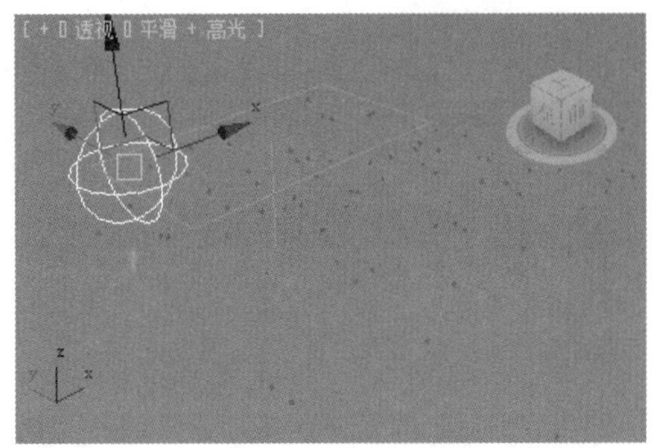

图 13.15　选择【球形】力后的粒子系统

- 【强度】：增加【强度】会增加重力的效果，即对象的移动与重力图标的方向箭头的相关程度。小于 0 的强度会创建负向重力，该重力会排斥以相同方向移动的粒子，并吸引以相反方向移动的粒子。设置【强度】为 0 时，【重力】空间扭曲没有任何效果。
- 【衰退】：设置【衰退】为 0 时，重力空间扭曲用相同的强度贯穿于整个世界空间。增加【衰退】值会导致重力强度从重力扭曲对象的所在位置开始随距离的增加而减弱。默认设置是 0。
- 【平面】：重力效果垂直于贯穿场景的重力扭曲对象所在的平面。
- 【球形】：重力效果为球形，以重力扭曲对象为中心。该选项能够有效地创建喷泉或行星效果。

3. 风

风空间扭曲可以模拟风吹粒子系统的效果。它具有方向属性，即沿着风空间扭曲控制器的箭头方向将做加速运动；如果背向箭头方向将做减速运动。

未施加任何力的雪粒子系统如图 13.16 所示，在侧面施加风空间扭曲后，该粒子系统会真的像受到风吹一样偏移，其效果如图 13.17 所示。

【风】空间扭曲的【参数】卷展栏如图 13.18 所示，通过修改该卷展栏中的各参数值可以改变风的强度、衰减程度以及类型等，从而实现更加逼真的效果。

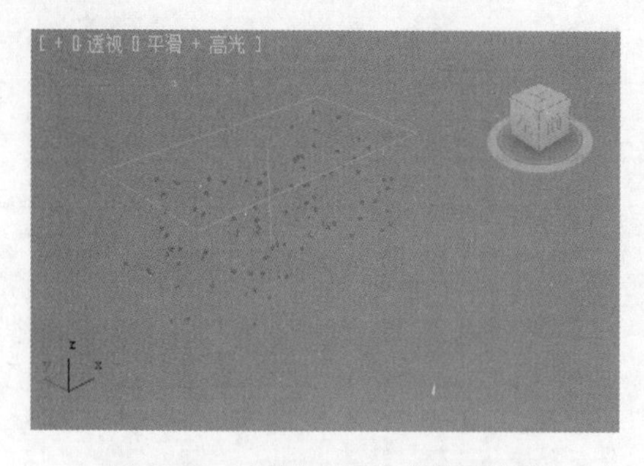

图 13.16　未施加【风】的粒子效果

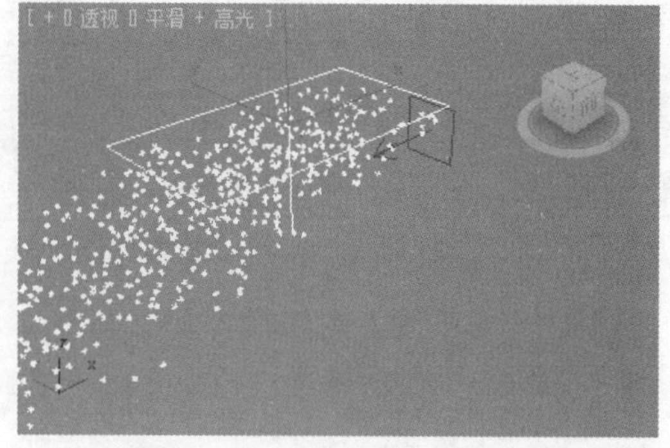

图 13.17　施加【风】的粒子效果

- 【力】选项组
  - ◆ 【强度】：增加【强度】会增加风力效果。小于 0 的强度会产生吸力。它会排斥以相同方向运动的粒子，而吸引以相反方向运动的粒子。强度为 0 时，风力扭曲无效。
  - ◆ 【衰退】：设置【衰退】为 0 时，风力扭曲在整个世界空间内有相同的强度。增加【衰退】值会导致风力强度从风力扭曲对象的所在位置开始随距离的增加而减弱。默认设置是 0。

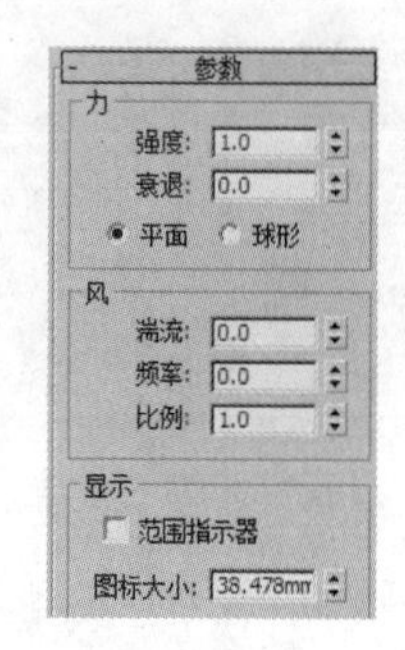

图 13.18　风的【参数】卷展栏

  - ◆ 【平面】：风力效果垂直于贯穿场景的风力扭曲对象所在的平面。
  - ◆ 【球形】：风力效果为球形，以风力扭曲对象为中心。
- 【风】选项组
  - ◆ 【湍流】：使粒子在被风吹动时随机改变路线。该数值越大，湍流效果越明显。
  - ◆ 【频率】：当其设置大于 0 时，会使湍流效果随时间呈周期变化。这种微妙的效果可能无法看见，除非绑定的粒子系统生成大量粒子。
  - ◆ 【比例】：缩放湍流效果。当比例值较小时，湍流效果会更平滑、更规则。当比例值增加时，紊乱效果会变得更不规则、更混乱。

13.1.2　导向器空间扭曲

导向器空间扭曲主要用于使粒子系统或动力学系统受阻挡而产生方向上的偏移，该类空间扭曲共有 6 种，其中最常用的是【导向板】空间扭曲。可以使用导向板模拟地面被雨水击打的效果，也可以将其与导向板结合使用创建瀑布或喷泉效果。

未施加任何导向器空间扭曲效果的雪粒子系统如图 13.19 所示。

在某区域上面施加了【导向板】空间扭曲的雪粒子系统如图 13.20 所示。则这部分粒子会偏离原来的运动方向，而沿着导向板指示的方向运动。

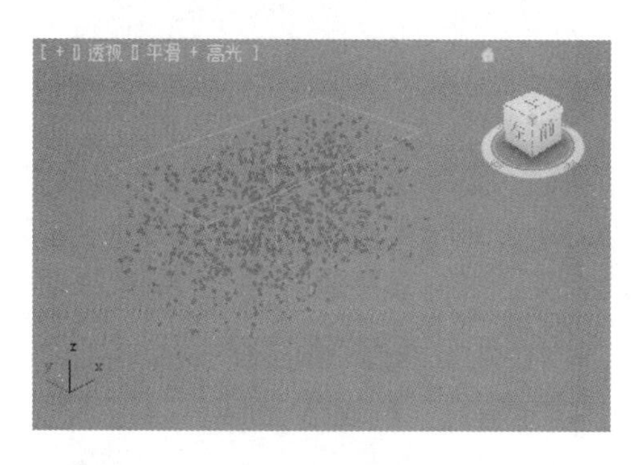

图 13.19　未施加任何空间扭曲的雪粒子系统

图 13.20　创建导向板后的雪粒子系统

提 示

导向板空间扭曲的导向效果主要由它的尺寸和方向以及绑定到它上面的粒子系统的相对大小来决定。

导向板空间扭曲的【参数】卷展栏如图 13.21 所示，通过修改该卷展栏中的各参数值可以改变导向板空间扭曲的反弹速度、反弹角度、摩擦力以及它的大小等，从而实现更加逼真的效果。

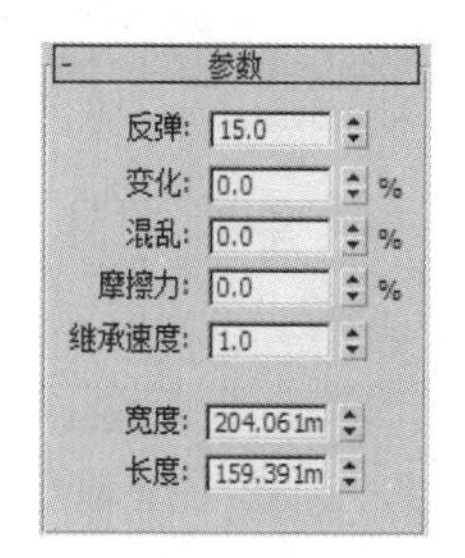

图 13.21　导向板空间扭曲的【参数】卷展栏

- 【反弹】：控制粒子从导向器反弹的速度。当设置为 1.0 时，粒子会以和撞击时相同的速度从导向器反弹。当设置为 0 时，粒子根本不反弹。当数值在 0 和 1.0 之间时，粒子会以比初始速度小的速度从导向器反弹。当数值大于 1.0 时，粒子会以比初始速度大的速度从导向器反弹。默认设置为 1.0。
- 【变化】：每个粒子所能偏离【反弹】设置的量。
- 【混乱】：偏离完全反射角度(当将【混乱度】设置为 0 时的角度)的变化量。设置为 100% 会导致反射角度的最大变化为 90°。
- 【摩擦力】：粒子沿导向器表面移动时减慢的量。数值为 0 表示粒子根本不会减慢。数值为 50%表示它们会减慢至原速度的一半。数值为 100%表示它们在撞击表面时会停止。默认值为 0。范围为 0～100%。
- 【继承速度】：当该值大于 0 时，导向器的运动会和其他设置一样对粒子产生影响。例如，如果想让一个经过粒子阵列的动画导向球影响这些粒子，则就要加大该值。
- 【宽度】：设定导向器的宽度。
- 【长度】：设定导向器的长度。

13.1.3　几何/可变形空间扭曲

几何/可变形空间扭曲包含最常用的 FFD(长方体)、波浪、涟漪、爆炸等，可以用来对场景中物体的形状产生影响。

1. FFD (长方体)

FFD(长方体)空间扭曲与【修改】命令面板中的【FFD(长方体)】修改器操作方法和原理基本相同，使用【FFD(长方体)】同样可以达到修改器的编辑效果。

网格框架为FFD(长方体)控制器，如图13.22所示，其卷展栏如图13.23所示。

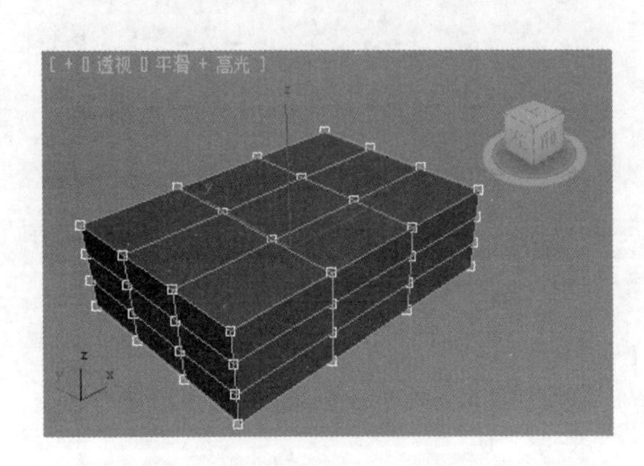

图13.22　FFD(长方体)控制器

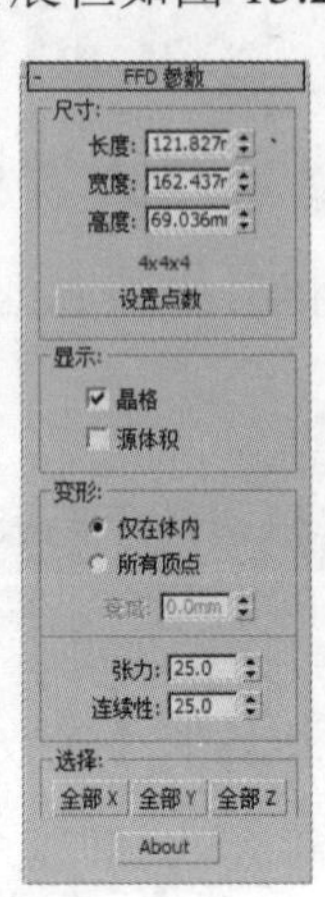

图13.23　FFD(长方体)的参数卷展栏

将如图13.22所示的长方体绑定在设置好参数的FFD(长方体)上。选中FFD(长方体)控制器，单击【修改】按钮，进入【修改】命令面板，打开【FFD(长方体)4×4×4】前面的+号，选择【控制点】，如图13.24所示，对控制器上的控制点进行调整，这时被绑定的长方体如图13.25所示。

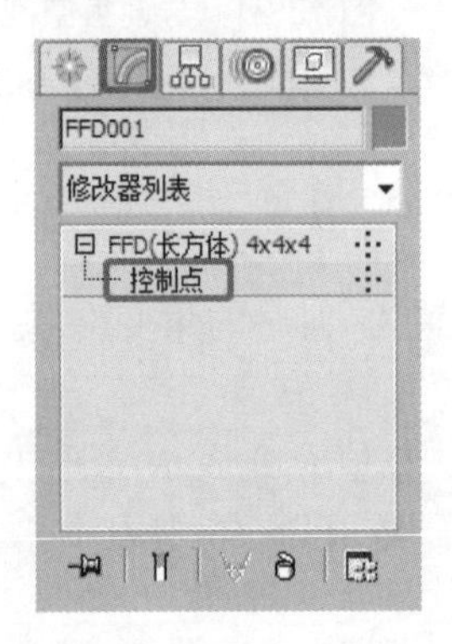

图13.24　选择【控制点】

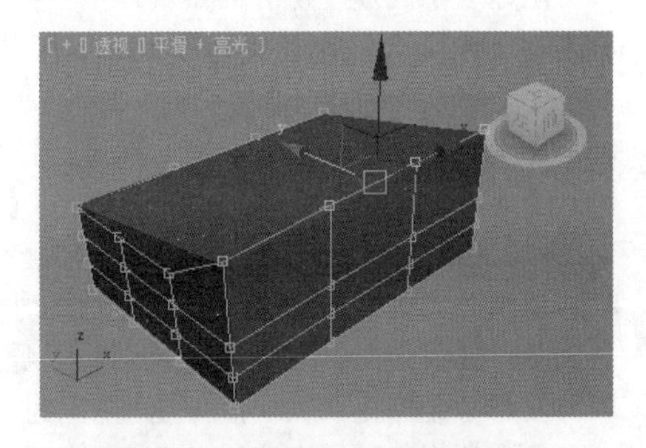

图13.25　调整控制点使模型变形

2. 波浪

【波浪】空间扭曲工具可以对物体进行波浪式的空间变形，从而使物体表面形成起伏的波浪造型。

波浪空间扭曲效果如图13.26所示。将一个文字绑定到波浪空间扭曲上的效果，如图13.27所示。用户可以修改波浪空间扭曲的参数，如图13.28所示，以达到更满意的效果。

选择被绑定的文字，单击【修改】按钮，进入【修改】命令面板，可以看到一个

【波浪绑定】选项，它也拥有一个【参数】卷展栏，改变【弹性】数值，可以设置物体受影响的程度更大或更小。

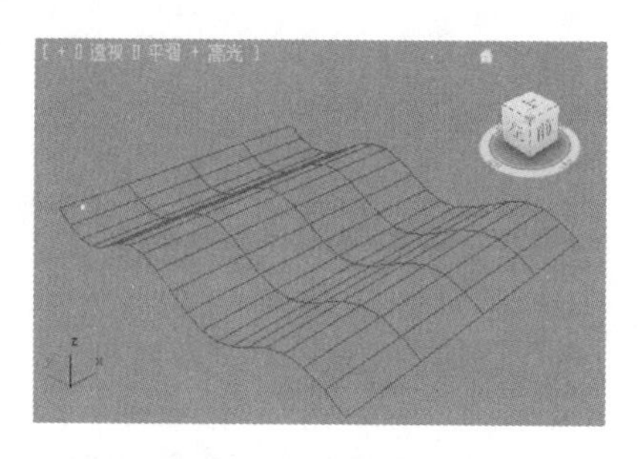

图 13.26　波浪空间扭曲效果

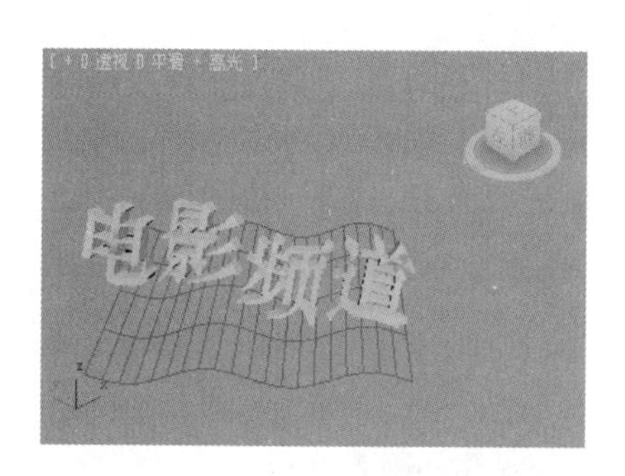

图 13.27　将一个文字绑定到波浪扭曲上

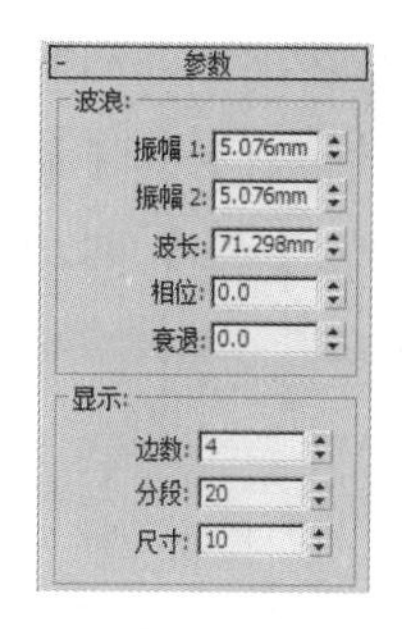

图 13.28　波浪空间扭曲的【参数】卷展栏

- 【振幅 1】：设置沿波浪扭曲对象的局部 X 轴的波浪振幅。
- 【振幅 2】：设置沿波浪扭曲对象的局部 Y 轴的波浪振幅。
  振幅用单位数表示。该波浪是一个沿其 Y 轴为正弦，沿其 X 轴为抛物线的波浪。认识振幅之间区别的另一种方法是，振幅 1 位于波浪轴的中心，而振幅 2 位于轴的边缘。
- 【波长】：以活动单位数设置每个波浪沿其局部 Y 轴的长度。
- 【相位】：从其在波浪对象中央的原点开始偏移波浪的相位。整数值无效，仅小数值有效。设置该参数的动画会使波浪看起来像是在空间中传播。
- 【衰退】：当其设置为 0 时，波浪在整个世界空间中有相同的一个或多个振幅。增加【衰退】值会导致振幅从波浪扭曲对象的所在位置开始随距离的增加而减弱。默认设置为 0。

提 示

可以将同一物体绑定到几个相同或不同波浪空间扭曲上以达到更丰富的造型效果。

3. 涟漪

(1) 单击【应用程序】按钮，在弹出的下拉列表中选择【打开】选项，在打开的对话框中打开素材文件“涟漪.max”，如图 13.29 所示。

(2) 选择【创建】|【空间扭曲】|【几何/可变形】|【涟漪】工具，在【顶】视图中单击并拖曳，定义涟漪的波长，如图 13.30 所示。

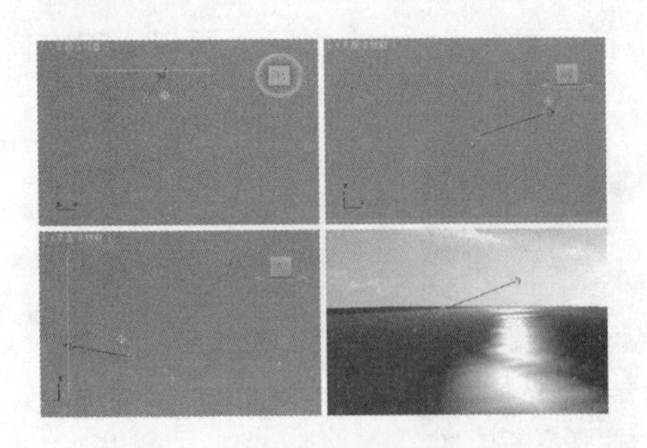

图 13.29　打开素材文件

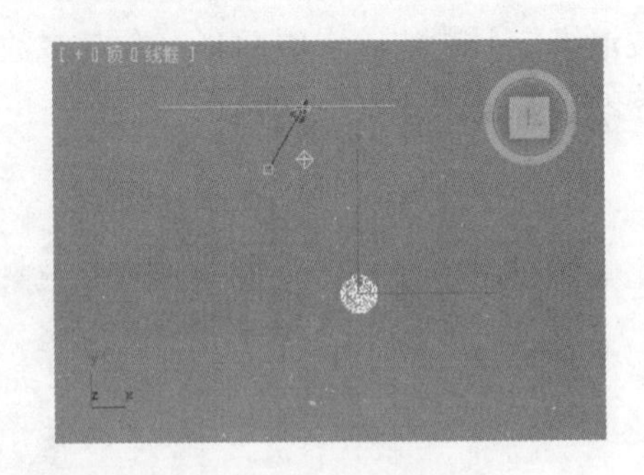

图 13.30　创建涟漪

(3) 释放并移动鼠标，定义涟漪的振幅，再次单击，完成涟漪的创建，效果如图 13.31 所示。

(4) 单击【修改】按钮，进入【修改】命令面板，在【参数】卷展栏中将【涟漪】选项组中的【振幅 1】、【振幅 2】、【波长】和【衰退】设置为 10、10、135、0.001，将【显示】选项组中的【圈数】、【分段】和【尺寸】设置为 25、20、10，如图 13.32 所示。

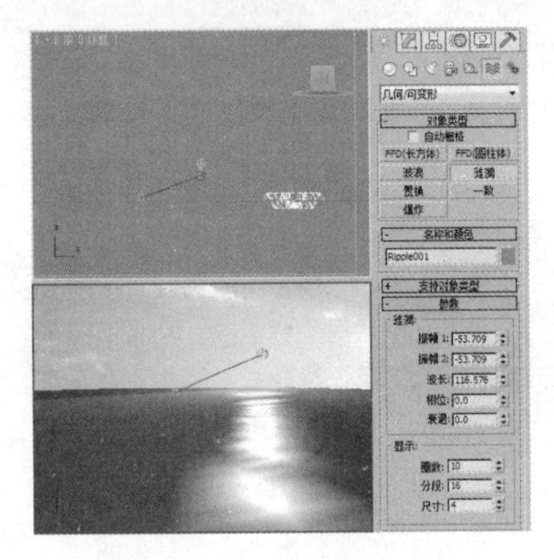

图 13.31　完成涟漪创建

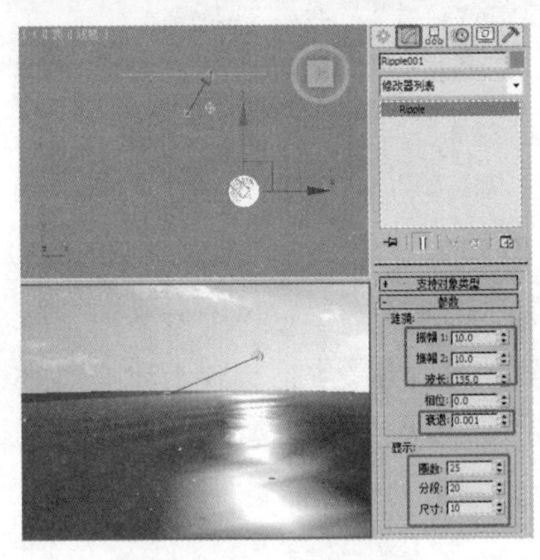

图 13.32　设置涟漪参数

(5) 在场景中选择【水面】对象，单击工具栏中的【绑定到空间扭曲】按钮，在【顶】视图中按住左键并将其拖曳至创建的【涟漪】空间扭曲上，如图 13.33 所示。

(6) 释放鼠标，即可将“水面”对象绑定到“涟漪”空间扭曲上，然后激活【摄影机】视图，按 F9 键进行渲染。渲染完成后的效果如图 13.34 所示。

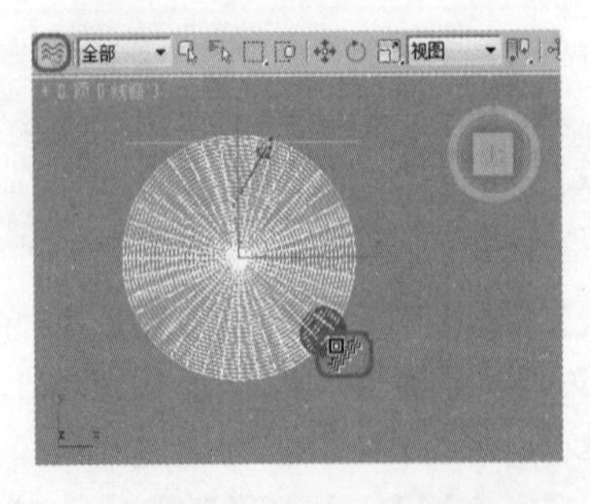

图 13.33　将【水面】绑定到【涟漪】空间扭曲上

图 13.34　渲染完成后的效果

提示

涟漪空间扭曲参数卷展栏的意义与用法和波浪空间扭曲的相同。

4. 爆炸

爆炸空间扭曲效果可以将物体爆炸为单独的碎片。

(1) 单击【应用程序】按钮，在弹出的下拉列表中选择【打开】选项，在打开的对话框中打开素材文件“爆炸.max”，如图 13.35 所示。

(2) 选择【创建】|【空间扭曲】|【几何/可变形】|【爆炸】工具，在【顶】视图中创建一个【爆炸】空间扭曲，如图 13.36 所示。

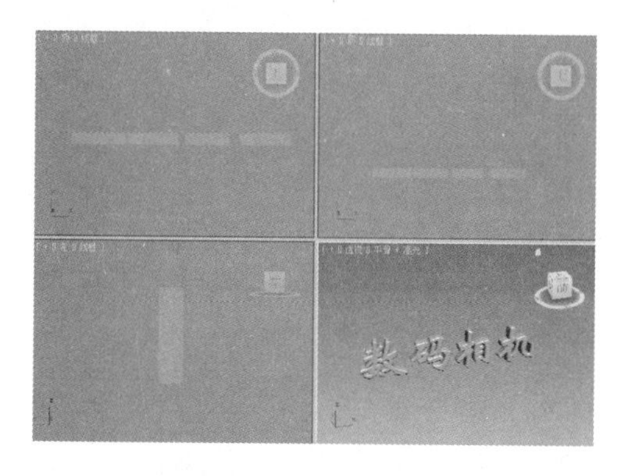

图 13.35　打开素材文件

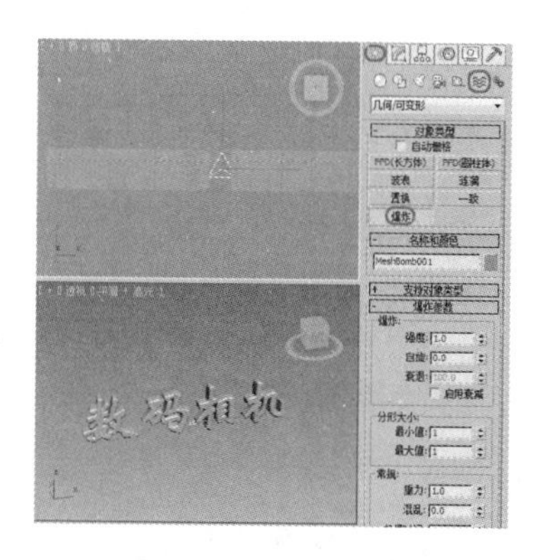

图 13.36　创建【爆炸】空间扭曲

(3) 单击【修改】按钮，进入【修改】命令面板，在【爆炸参数】卷展栏中将【爆炸】选项组中的【强度】和【自旋】设置为 2.0 和 2.0，将【分形大小】选项组中的【最小值】、【最大值】分别设置为 5、15，将【常规】选项组中的【混乱】设置为 2，如图 13.37 所示。

(4) 在场景中选择文字，单击工具栏中的【绑定到空间扭曲】按钮，在【顶】视图中按住左键并将其拖曳至创建的【爆炸】空间扭曲上，如图 13.38 所示。

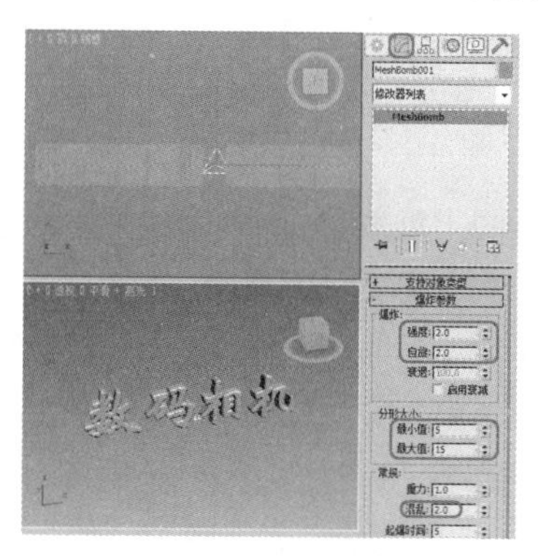

图 13.37　设置参数

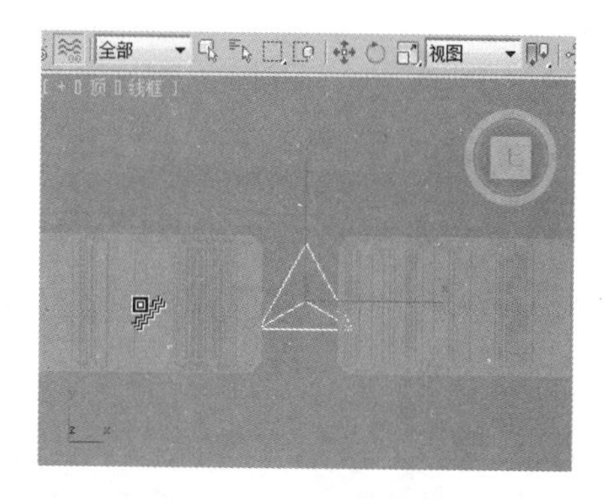

图 13.38　将文字绑定到空间扭曲

(5) 释放鼠标，即可将文字绑定到【爆炸】空间扭曲上，激活【透视】视图，将时间滑块调整到第 10 帧处，按 F9 键进行渲染，完成后的效果如图 13.39 所示。

(6) 将时间滑块调整到第 30 帧处，按 F9 键进行渲染，完成后的效果如图 13.40 所示。

图 13.39 渲染第 10 帧　　　　图 13.40 渲染第 30 帧

13.2 粒子系统

粒子系统可以动态地模拟一些自然气象或物质，在制作如风、火、雨等动画时，可以起到非常好的效果。下面将介绍粒子系统的相关概念。

13.2.1 粒子系统简介

粒子系统是一个相对独立的造型系统，用来创建雨、雪、灰尘、泡沫、火花、气流等。它还可以将造型作为粒子，例如用来表现成群的蚂蚁、热带鱼、吹散的蒲公英等动画效果。粒子系统主要用于表现动态的效果，与时间、速度的关系非常紧密，一般用于动画制作。

(1) 选择【创建】 |【几何体】 |【粒子系统】选项，在【对象类型】卷展栏中包括了多种粒子类型。

(2) 粒子系统除了自身特性外，还有一些共同的属性。

- 【发射器】：用于发射粒子，所有粒子都由它喷出，它的位置、面积和方向决定了粒子发射时的位置、面积和方向，在视图中不被选中时显示为橘红色，不可以被渲染。
- 【计时】：控制粒子的时间参数，包括粒子产生和消失的时间，粒子存在的时间，粒子的流动速度以及加速度。
- 【粒子参数】：控制粒子的大小、速度，不同类型的粒子系统设置也不同。
- 【渲染特性】：用来控制粒子在视图中和渲染时分别表现出的形态。由于粒子显示不一，所以通常以简单的点、线或交叉来显示，而且数目也只用于操作观察之用，不用设置过多；对于渲染效果，它会按真实指定的粒子类型和数目进行着色计算。

13.2.2 粒子系统的功能与创建

粒子系统可以分为多种类型。下面介绍粒子系统各个类型的功能与创建。

1. 粒子流源

选择【创建】 |【几何体】 |【粒子系统】|【粒子流源】工具，在视图中拖曳即

可创建一个【粒子流源】粒子系统，如图 13.41 所示。创建【粒子流源】粒子系统的卷展栏如图 13.42 所示。

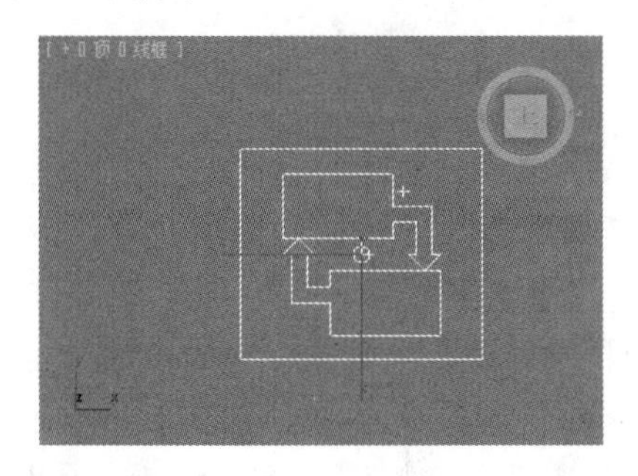

图 13.41　创建【粒子流源】粒子系统

图 13.42　创建粒子流源的卷展栏

在【设置】卷展栏中单击【粒子视图】按钮，系统将弹出设置粒子流的【粒子视图】对话框，如图 13.43 所示。在该对话框中，可以将下面的事件直接拖曳赋予上面的粒子系统，然后驱动粒子系统进行该事件的设置。设置方法是在粒子系统选项中选择驱动事件，然后在右面的事件选项中进行参数设置，渲染观察粒子效果即可。

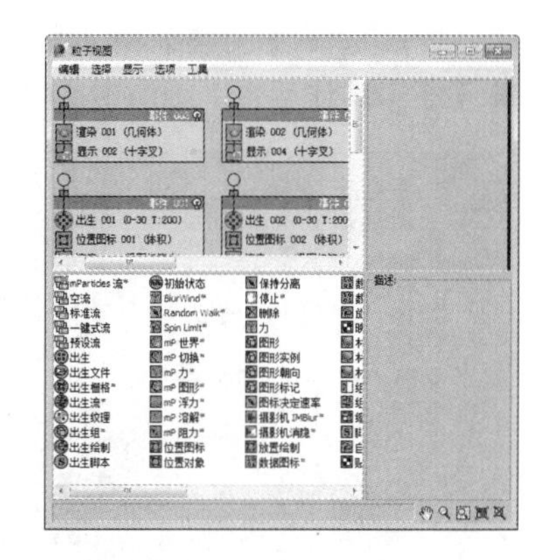

图 13.43　【粒子视图】对话框

2. 喷射

【喷射】粒子系统发射垂直的粒子流，粒子可以是四面体尖锥，也可以是四方形面片。用来模拟水滴下落效果，如下雨、喷泉、瀑布等，也可以表现彗星拖尾效果。这种粒子系统参数较少，易于控制。使用起来很方便，所有数值均可制作动画效果。

选择【创建】|【几何体】|【粒子系统】|【喷射】工具，在视图中拖曳即可创建一个粒子系统喷射器，将时间滑块进行拖曳，就可以看到从喷射器中喷射出来的粒子，如图 13.44 所示。创建喷射粒子系统的【参数】卷展栏如图 13.45 所示。

图 13.44　创建喷射粒子

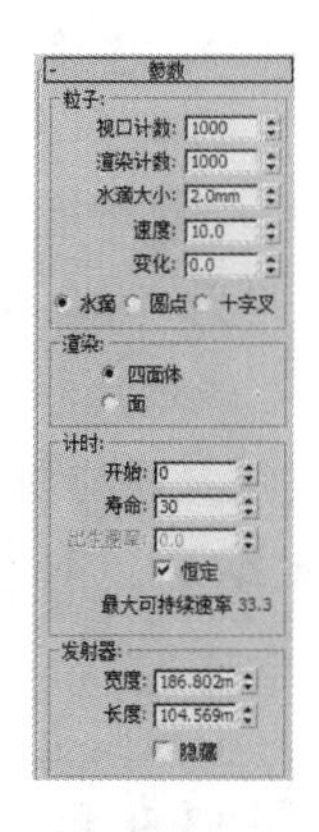

图 13.45　喷射粒子的【参数】卷展栏

提 示

粒子系统喷射器的方向是沿着当前平面 Z 轴负方向，因此它喷射出的粒子会向当前平面的 Z 轴负方向运动。

3. 雪

【雪】粒子系统可以模拟飞舞的雪花或者纸屑等效果。雪景与喷射几乎没有什么差别，其中【雪】粒子系统还具有一些附加参数控制雪花的旋转效果，而且渲染参数也不同。【雪】粒子的形态可以是六角形面片，以模拟雪花，而且增加了翻滚参数，控制每朵雪片在落下的同时进行翻滚运动。雪景系统不仅可以用来模拟下雪，还可以将多维材质指定给它，产生五彩缤纷的碎片下落效果，常用来增添节日的喜庆气氛。如果将雪花向上发射，可以表现从火中升起的火星效果。

(1) 单击【应用程序】按钮，在弹出的下拉列表中选择【打开】选项，在打开的对话框中打开素材文件“雪.max”，如图 13.46 所示。

(2) 选择【创建】|【几何体】|【粒子系统】|【雪】工具，在【顶】视图中创建【雪】粒子系统，如图 13.47 所示。

图 13.46 打开素材文件

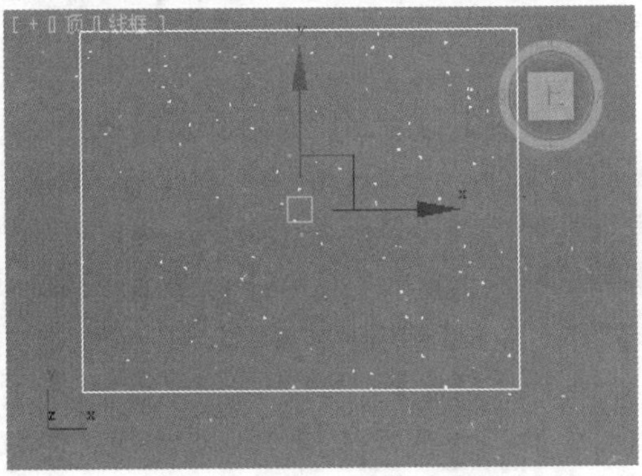

图 13.47 创建【雪】粒子系统

(3) 切换到【修改】命令面板，在【参数】卷展栏中，将【粒子】选项组中的【视口计数】、【渲染计数】、【雪花大小】、【变化】和【速度】分别设置为 2000、2000、4、3、15，选中【渲染】选项组中的【面】单选按钮，将【计时】选项组中的【开始】和【寿命】分别设置为-100、300。将【发射器】选项组中的【宽度】和【长度】都设置为 1000，并在视图中调整其位置，如图 13.48 所示。

(4) 按 M 键打开【材质编辑器】对话框，在该对话框中选择 01 – Default 材质，并单击【将材质指定给选定对象】按钮，将材质指定给【雪】粒子系统，如图 13.49 所示。

(5) 将时间滑块拖曳至第 50 帧处，激活【透视】视图，按 F9 键快速渲染一次，渲染完成后的效果如图 13.50 所示。

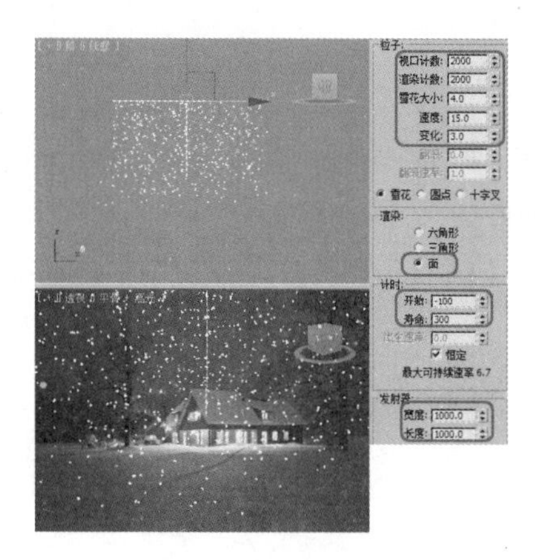

图 13.48　设置参数

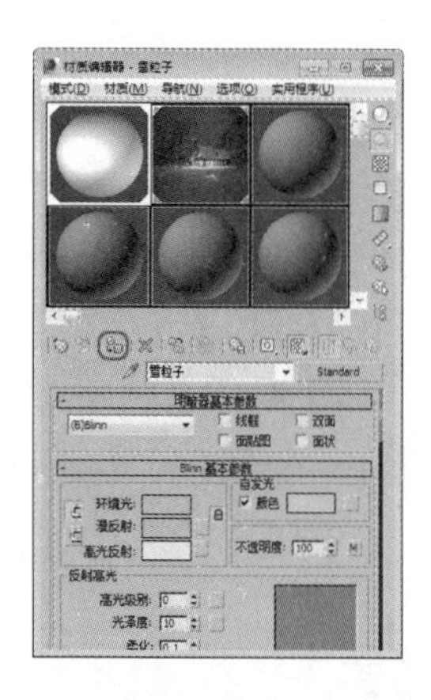

图 13.49　将材质指定给【雪】粒子系统

(6) 按 F10 键打开【渲染设置：默认扫描线渲染器】对话框，如图 13.51 所示。在该对话框中设置文件的输出路径，设置完成后保存渲染场景。

图 13.50　渲染场景

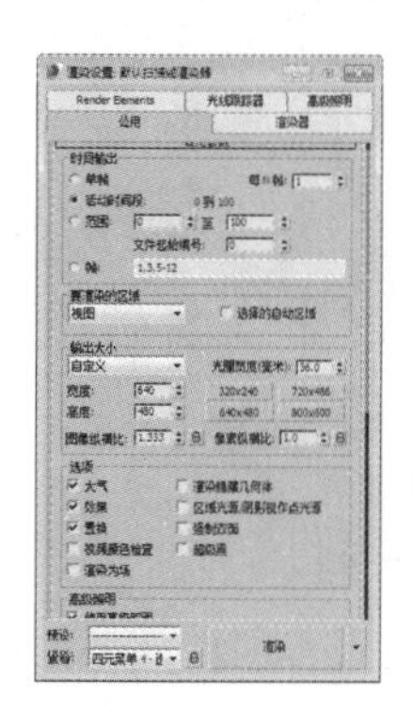

图 13.51　渲染设置

4. 暴风雪

【暴风雪】粒子系统是一种高级粒子系统，可以模拟更加真实的下雪效果。

选择【创建】 |【几何体】 |【粒子系统】|【暴风雪】工具，在视图中拖曳即可创建一个【暴风雪】粒子系统发射器，拖曳时间滑块，就可以看到从发射器中发射出的粒子，如图 13.52 所示。创建【暴风雪】粒子系统的【基本参数】卷展栏如图 13.53 所示。

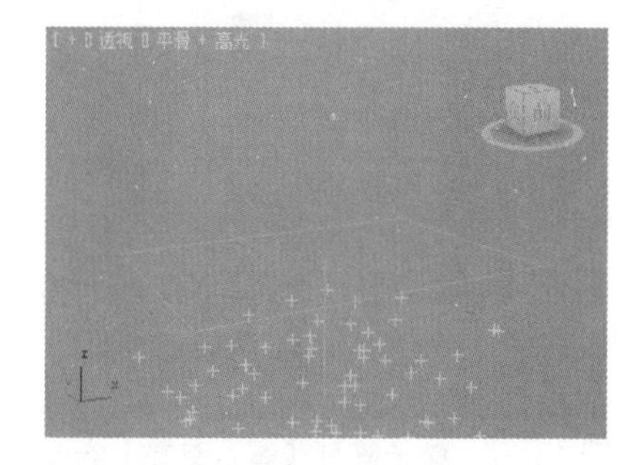

图 13.52　创建【暴风雪】粒子系统

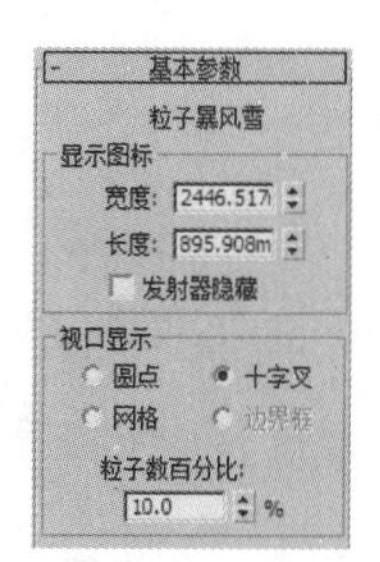

图 13.53　暴风雪【基本参数】卷展栏

5. 粒子云

【粒子云】粒子系统会限制一个空间，在空间内部产生粒子效果。通常空间可以是球形、柱体或长方体，也可以是任意指定的分布对象，空间内的粒子可以是标准基本体、变形球粒子或替身几何体。常用来制作堆积的不规则群体。

选择【创建】 |【几何体】 |【粒子系统】|【粒子云】工具，在视图中拖动即可创建一个【粒子云】粒子系统喷射器，拖曳时间滑块，就可以看到从喷射器中发射的粒子，如图 13.54 所示。创建粒子云中的【基本参数】卷展栏如图 13.55 所示。

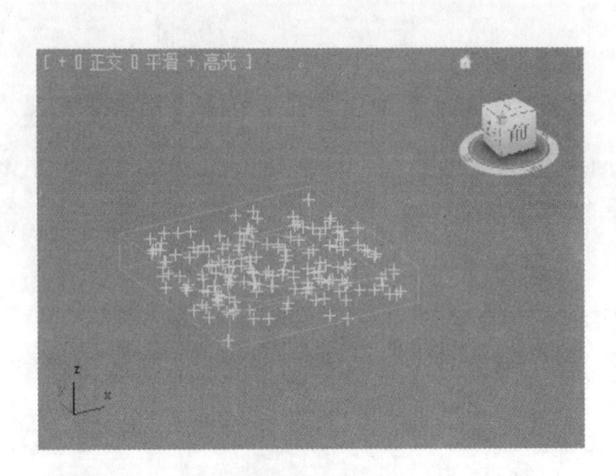

图 13.54　创建【粒子云】粒子系统

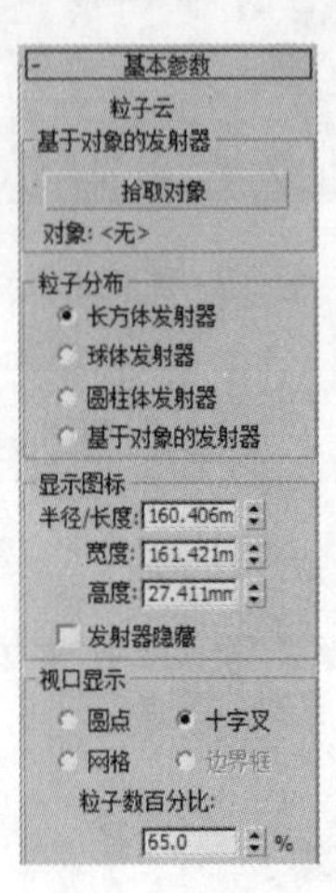

图 13.55　粒子云【基本参数】卷展栏

6. 粒子阵列

粒子阵列拥有大量的控制参数，根据粒子类型的不同，可以表现出喷发、爆裂等特殊效果。可以很容易地将一个对象炸成带有厚度的碎片，这是电影特技中经常使用的功能，计算速度非常快。

选择【创建】 |【几何体】 |【粒子系统】|【粒子阵列】工具，在视图中拖曳即可创建一个粒子阵列，单击【修改】按钮 进入【修改】命令面板，在【基本参数】卷展栏中单击【拾取对象】按钮，在场景中拾取对象，拖曳时间滑块，可以看到粒子在拾取对象上的粒子，如图 13.56 所示。粒子阵列的【基本参数】卷展栏如图 13.57 所示。

图 13.56　创建粒子阵列

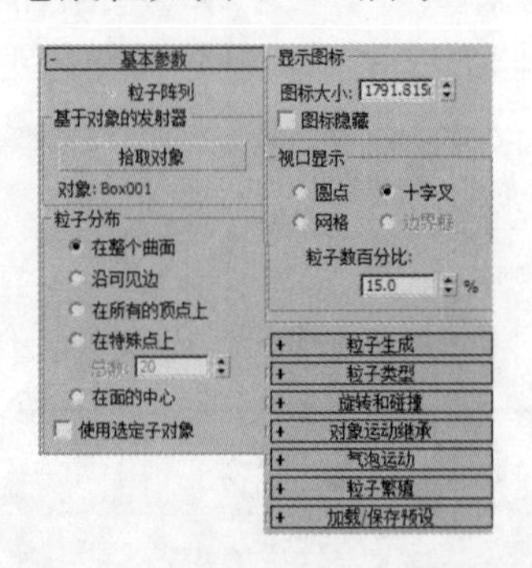

图 13.57　粒子阵列【基本参数】卷展栏

7. 超级喷射

【超级喷射】粒子系统可以喷射出可控制的水滴状粒子，它与简单的喷射粒子系统相似，但是其功能更为强大。

(1) 选择【创建】 | 【几何体】 | 【粒子系统】 | 【超级喷射】工具，在【顶】视图中创建【超级喷射】粒子系统，如图 13.58 所示。

(2) 单击【修改】按钮 ，进入【修改】命令面板，打开【基本参数】卷展栏，在【粒子分布】选项组中将【轴偏离】下的【扩散】设置为 3，将【平面偏离】下的【扩散】设置为 180，将【显示图标】选项组中的【图标大小】设置为 40，在【视口显示】选项组中选中【十字叉】单选按钮，如图 13.59 所示。

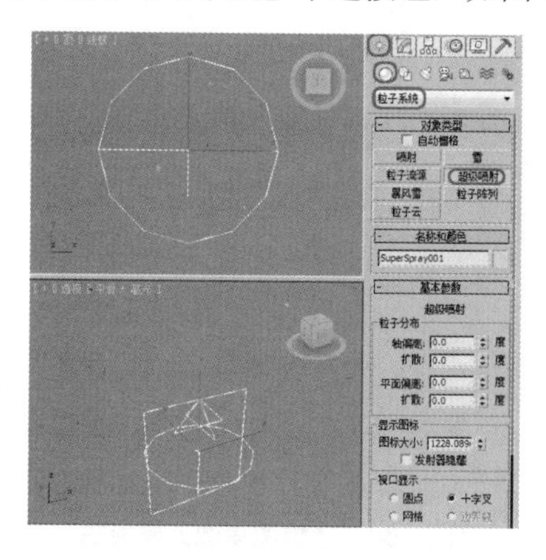

图 13.58　创建【超级喷射】粒子系统

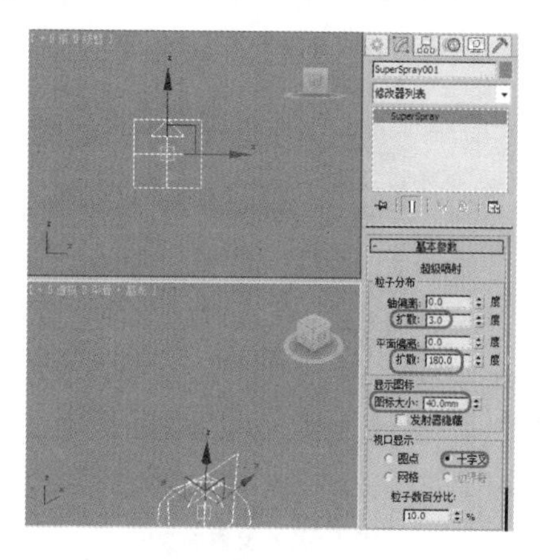

图 13.59　超级喷射【基本参数】卷展栏

(3) 打开【粒子生成】卷展栏，在【粒子数量】选项组中选中【使用速率】单选按钮，并将粒子总数目设置为 200，在【粒子运动】选项组中将【速度】设置为 4，在【粒子计时】选项组中将【发射停止】和【寿命】分别设置为 50、75，在【粒子大小】选项组中将【大小】、【变化】、【增长耗时】和【衰减耗时】分别设置为 4、25、6、10，如图 13.60 所示。

(4) 打开【粒子类型】卷展栏，在【粒子类型】选项组中选中【变形球粒子】单选按钮，如图 13.61 所示。

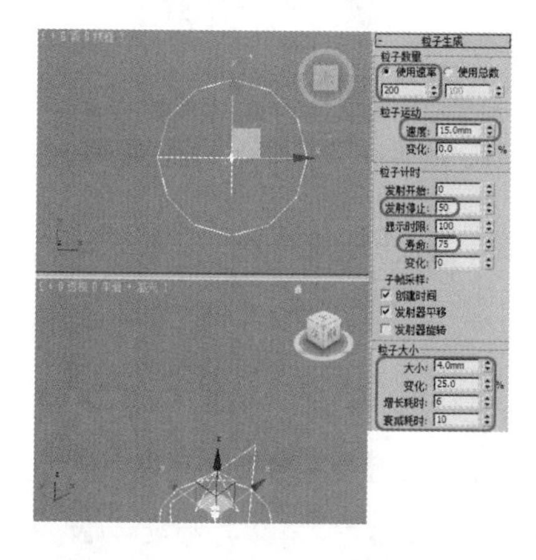

图 13.60　【粒子生成】卷展栏

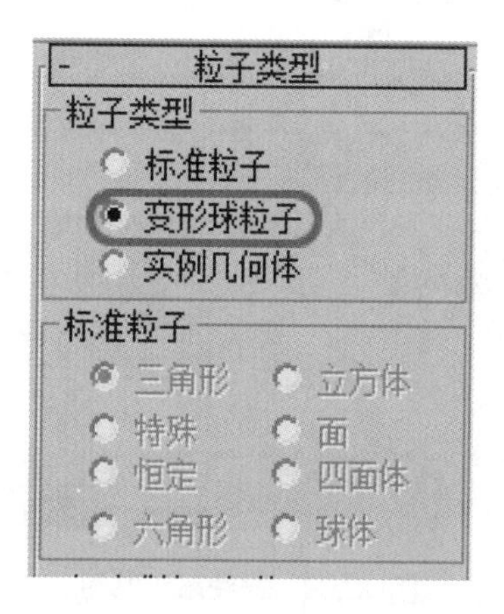

图 13.61　选中【变形球粒子】单选按钮

(5) 按 M 键打开【材质编辑器】对话框，选择一个新的材质样本球，在【明暗器基本参数】卷展栏中将明暗器类型设置为【金属】。在【金属基本参数】卷展栏中将【反射高光】选项组中的【高光级别】和【光泽度】设置为 34 和 76，如图 13.62 所示。

(6) 打开【贴图】卷展栏，将【反射】通道后的【数量】设置为 75，然后单击右侧的【无】按钮，在弹出的【材质/贴图浏览器】对话框中选择【位图】贴图，单击【确定】按钮，再在弹出的对话框中选择随书附带光盘中 CDROM\Map\水质.jpg，单击【打开】按钮，进入【反射】通道的位图层，在【坐标】卷展栏中将【模糊偏移】设置为 0.01，然后在【位图参数】卷展栏中勾选【裁剪/放置】选项组中的【应用】复选框，将 U、V、W、H 参数分别设置为 0.225、0.209、0.427 和 0.791，如图 13.63 所示。

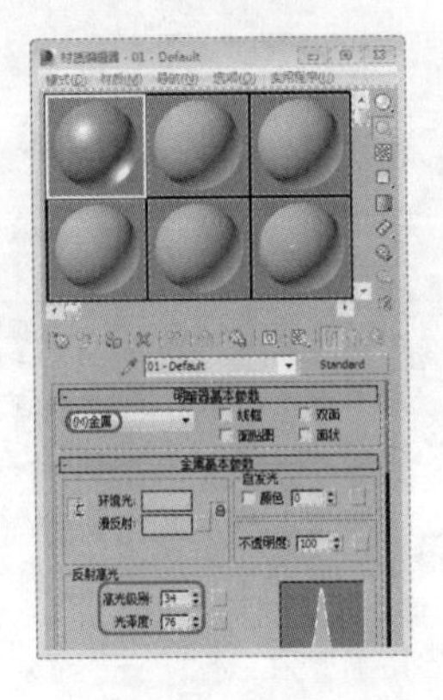

图 13.62　设置参数

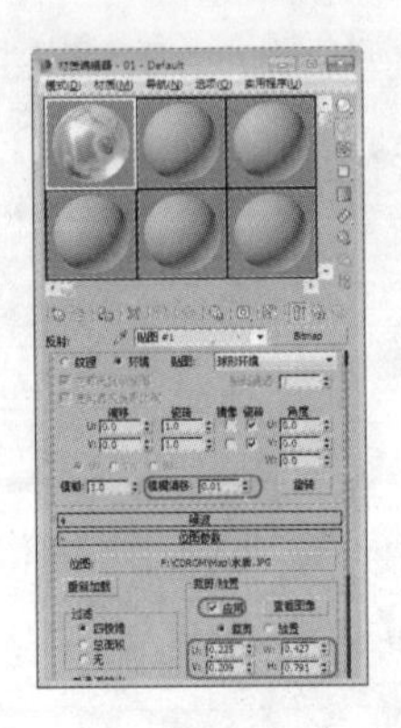

图 13.63　【位图参数】卷展栏

(7) 单击【转到父对象】按钮，返回到父级材质面板，然后单击【折射】通道后的【无】按钮，在打开的【材质/贴图浏览器】对话框中选择【光线跟踪】贴图，然后单击【确定】按钮，使用默认设置即可，如图 13.64 所示。

(8) 单击【转到父对象】按钮和【将材质指定给选定对象】按钮。在【透视】视图中调整【超级喷射】粒子系统的位置，然后将时间滑块调整到第 67 帧处，按 F9 键进行快速渲染，渲染完成后的效果如图 13.65 所示。

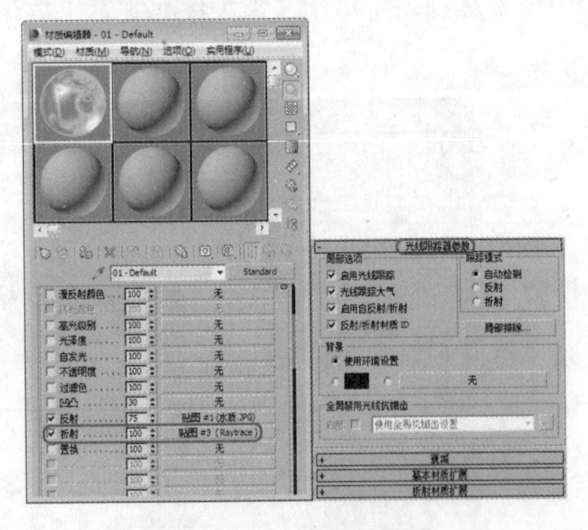

图 13.64　光线跟踪贴图

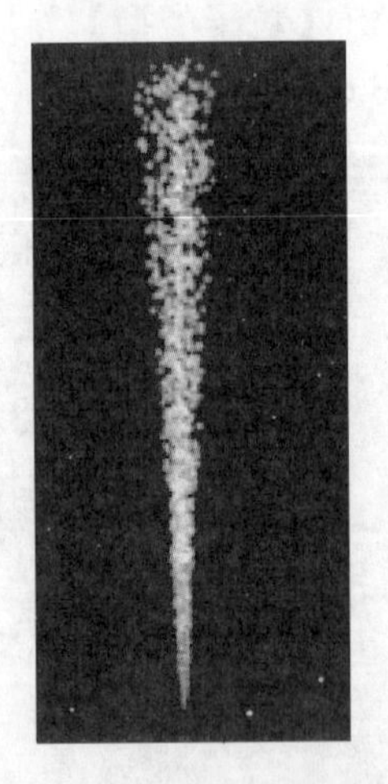

图 13.65　渲染完成后的效果

提 示

发射器初始方向取决于当前在哪个视图中创建粒子系统。在通常情况下，如果在【正】视图中创建该粒子系统，则发射器会朝向用户这一面；如果在【透视】视图中创建该粒子系统，则发射器会朝上。

13.3　上 机 实 践

13.3.1　制作上升的气泡

下面将根据本章的学习介绍上升的气泡的制作，其效果如图 13.66 所示。其具体操作步骤如下。

(1)　选择【创建】|【几何体】|【粒子系统】|【喷射】工具，在【顶】视图中创建粒子系统，在【参数】卷展栏中将【视口计数】、【渲染计数】、【水滴大小】、【速度】、【变化】分别设置为 1000、1000、1、0.5、0.5，选中【圆点】单选按钮，在【渲染】选项组中选中【面】单选按钮，在【计时】选项组中将【开始】、【寿命】分别设置为-400、500；在【发射器】选项组中将【宽度】和【长度】都设置为 300，如图 13.67 所示。

图 13.66　气泡上升的效果

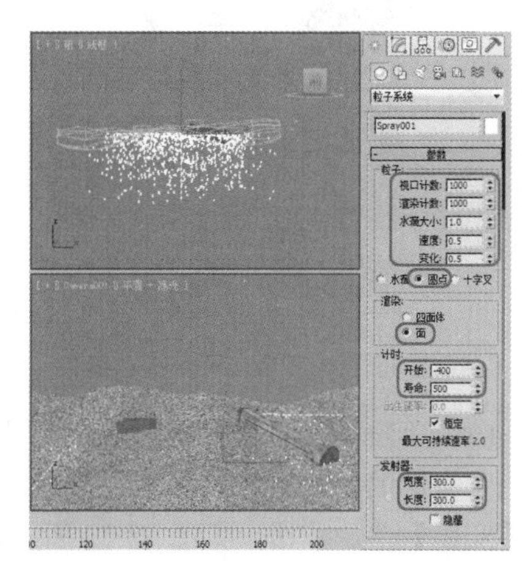

图 13.67　创建【喷射】粒子系统

(2)　设置完成后，在视图中调整粒子系统的位置，调整后的效果如图 13.68 所示。

(3)　确认该粒子系统处于选中状态，激活【前】视图，在工具栏中单击【镜像】按钮，在弹出的对话框中选中 Y 单选按钮，如图 13.69 所示。

(4)　确认该对象处于选中状态，按 M 键打开【材质编辑器】对话框，在弹出的对话框中选择一个材质样本球，在【Blinn 基本参数】卷展栏中单击【高光反射】左侧的按钮，在弹出的对话框中单击【是】按钮，将【环境光】的 RGB 值设置为 0、0、0，在【自发光】选项组中勾选【颜色】复选框，将颜色的 RGB 值设置为 255、255、255，如图 13.70 所示。

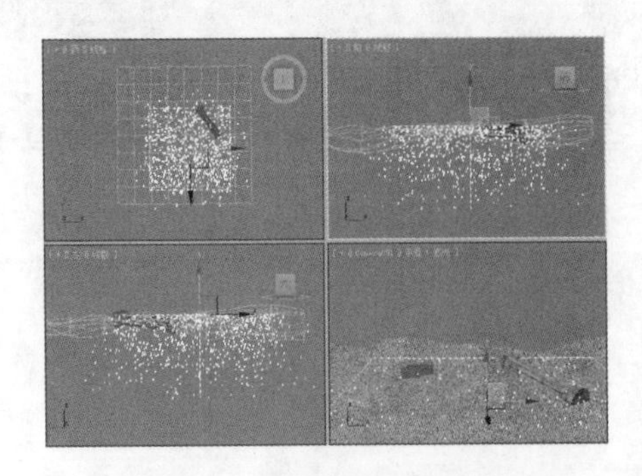

图 13.68　调整粒子系统的位置

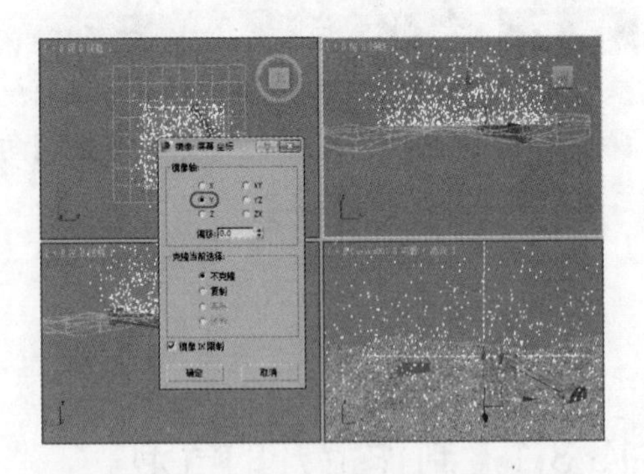

图 13.69　选中 Y 单选按钮

(5) 在【贴图】卷展栏中单击【漫反射颜色】右侧的【无】按钮，在弹出的对话框中双击【位图】，在弹出的对话框中选择随书附带光盘中的 CDROM\Map\BUBBLE3.TGA，如图 13.71 所示。

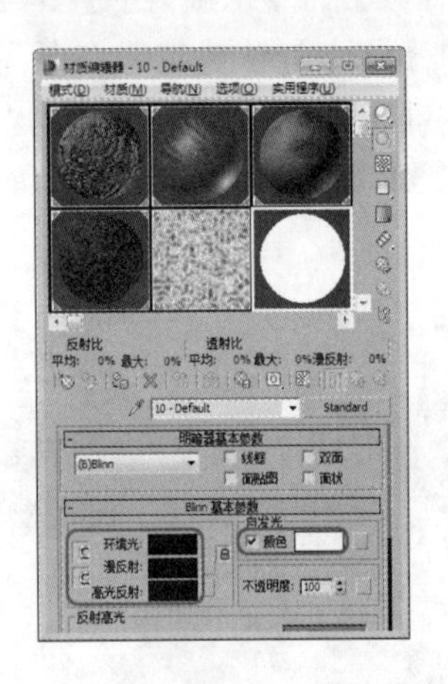

图 13.70　设置 Blinn 基本参数

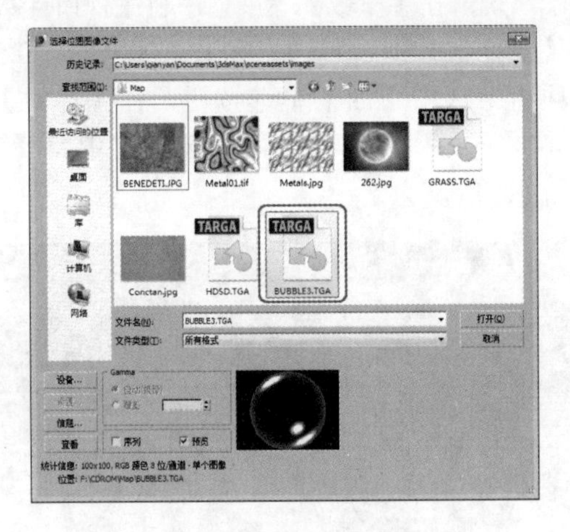

图 13.71　选择位图图像文件

(6) 单击【打开】按钮，单击【转到父对象】按钮，在【贴图】卷展栏中将【漫反射颜色】右侧的材质按住鼠标拖曳至【不透明度】右侧的材质按钮上，在弹出的对话框中选中【实例】单选按钮，如图 13.72 所示。

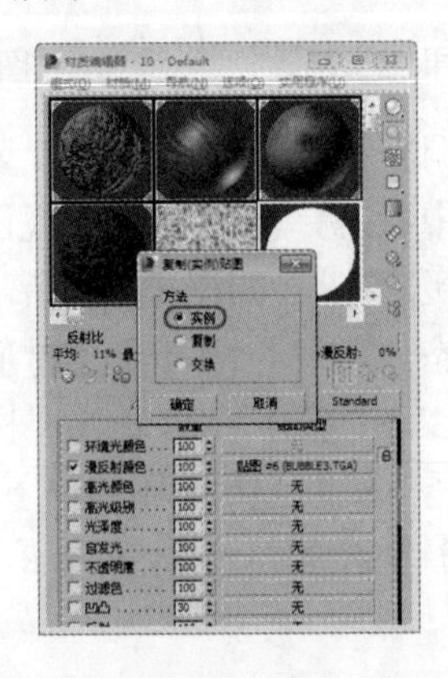

图 13.72　选中【实例】单选按钮

(7) 单击【确定】按钮，设置完成后单击【将材质指定给选定对象】按钮，关闭【材质编辑器】对话框即可，对完成后的场景进行保存。

13.3.2　下雨

本例将介绍如何使用喷射粒子系统制作下雨效果，并通过为它设置图像运动模糊来产生雨雾效果，效果如图 13.73 所示。其具体操作步骤如下。

图 13.73　下雨效果

(1) 新建一个 max 场景文件，在菜单栏中选择【渲染】|【环境】命令，打开【环境和效果】对话框，打开【公用参数】卷展栏，在【背景】选项组中单击【环境贴图】下面的【无】按钮，如图 13.74 所示。

(2) 在打开的【材质/贴图浏览器】对话框中选择【位图】贴图，单击【确定】按钮。再在打开的对话框中选择随书附带光盘 CDROM\Map\下雨背景.jpg 文件，如图 13.75 所示。

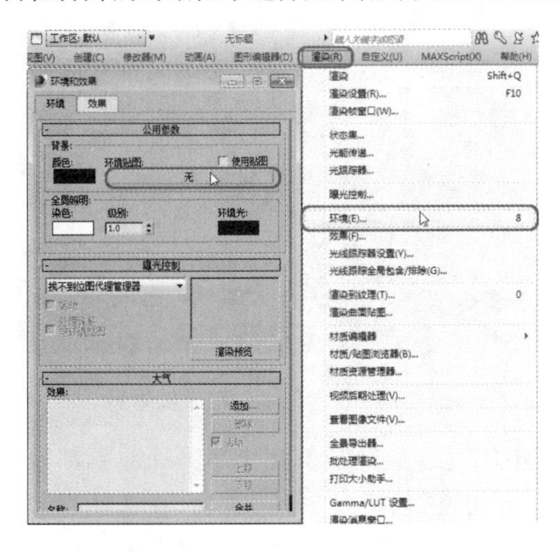

图 13.74　单击【无】按钮

图 13.75　选择位图图像文件

(3) 单击【打开】按钮，按 M 键打开【材质编辑器】对话框，按住左键将【环境贴图】拖曳至材质编辑器中的材质样本球上，在弹出的对话框中选中【实例】单选按钮，如

图 13.76 所示。

(4) 单击【确定】按钮，在【坐标】卷展栏中将【贴图】设置为【屏幕】，如图 13.77 所示。

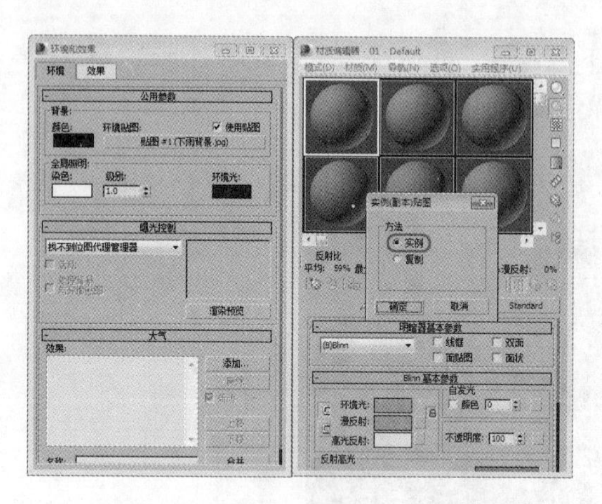

图 13.76 选中【实例】单选按钮

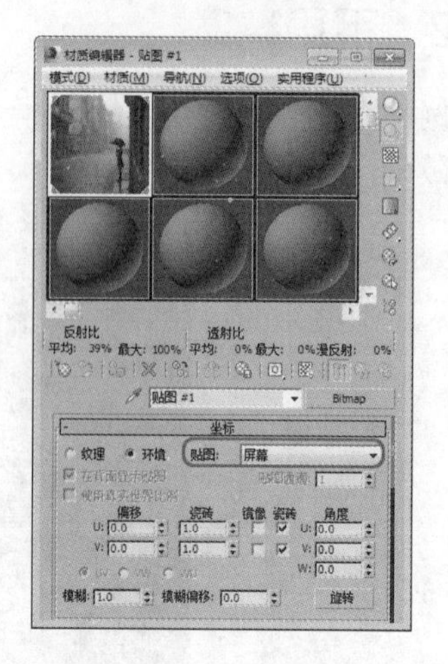

图 13.77 设置贴图类型

(5) 设置完成后，将该对话框关闭，然后将【环境和效果】对话框关闭，激活【透视】视图，按 Alt+B 组合键，在弹出的对话框中选中【使用环境背景】单选按钮，如图 13.78 所示。

(6) 单击【确定】按钮，选择【创建】 |【几何体】 |【粒子系统】|【喷射】工具，在【顶】视图中创建一个喷射粒子发射器，如图 13.79 所示。

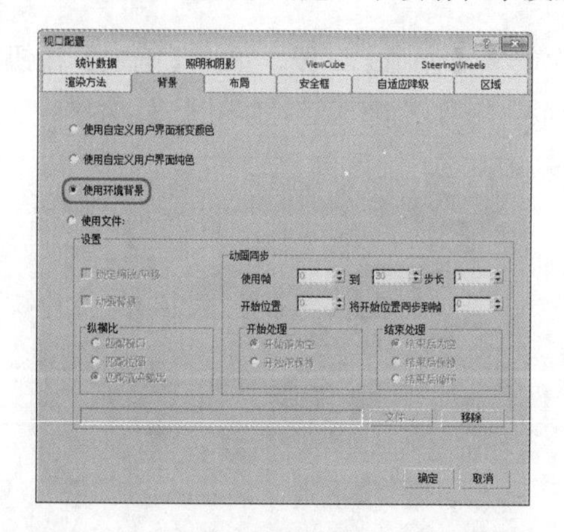

图 13.78 选中【使用环境背景】单选按钮

图 13.79 创建喷射粒子发射器

(7) 在【参数】卷展栏中将【粒子】选项组中的【视口计数】和【渲染计数】都设置为 8000，将【水滴大小】、【速度】和【变化】分别设置为 2.3、30 和 1，在【计时】选项组中将【开始】和【寿命】分别设置为-50 和 400，将【宽度】和【高度】分别设置为 800 和 500，如图 13.80 所示。

(8) 按 M 键打开材质编辑器对话框，在【Blinn 基本参数】卷展栏中将【环境光】的 RGB 值设置为 230、230、230；勾选【自发光】选项组中的【颜色】复选框，并将其

RGB 值设置为 240、240、240，将【不透明度】设置为 50，将【反射高光】选项组中的【光泽度】设置为 0，如图 13.81 所示。

图 13.80　设置粒子参数

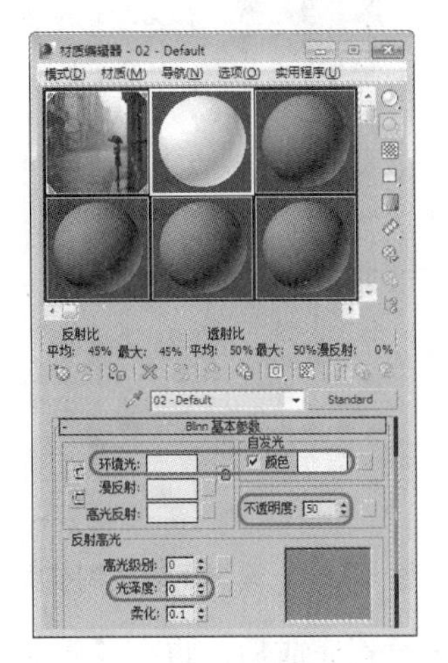

图 13.81　设置 Blinn 基本参数

(9) 打开【扩展参数】卷展栏，在【高级透明】选项组中选中【衰减】选项组中的【外】单选按钮，并将【数量】设置为 100，如图 13.82 所示。

(10) 设置完成后，将该材质指定给选定对象，并将【材质编辑器】对话框关闭，使用【选择并移动】工具选择粒子系统，在该对象上右击，在弹出的快捷菜单中选择【对象属性】命令，如图 13.83 所示。

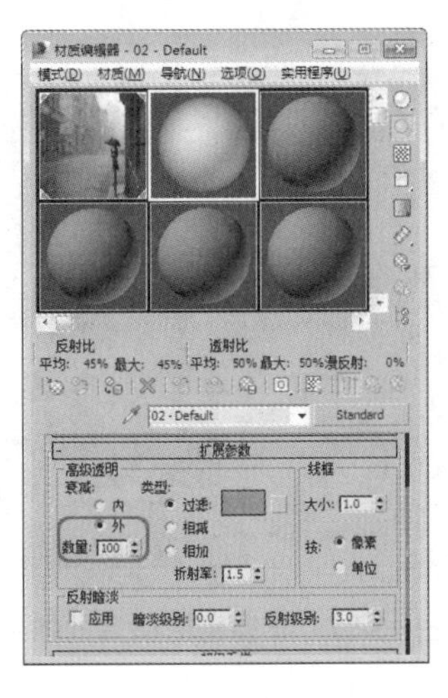

图 13.82　设置扩展参数

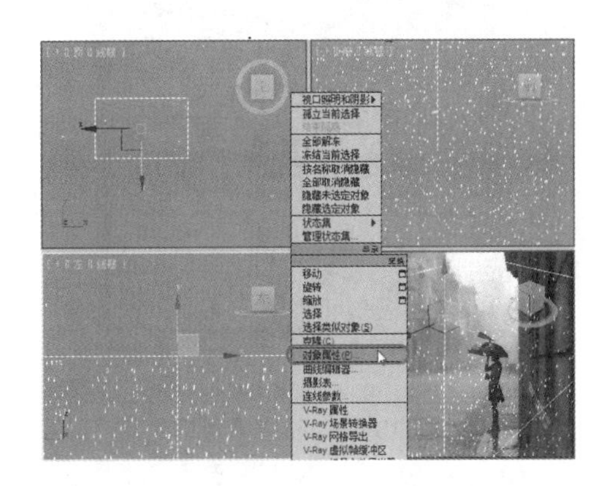

图 13.83　选择【对象属性】命令

(11) 在打开的对话框中单击【按对象】按钮，在【运动模糊】选项组中选中【图像】单选按钮，设置【倍增】为 1.8，单击【确定】按钮，如图 13.84 所示。

(12) 设置完成后，单击【确定】按钮，按 F10 键打开【渲染设置】对话框，在【公用参数】卷展栏中选中【活动时间段】单选按钮，将输出类型设置为【35mm 1.316∶1 全光圈(电影)】，将输出大小设置为 1536×1167，如图 13.85 所示。

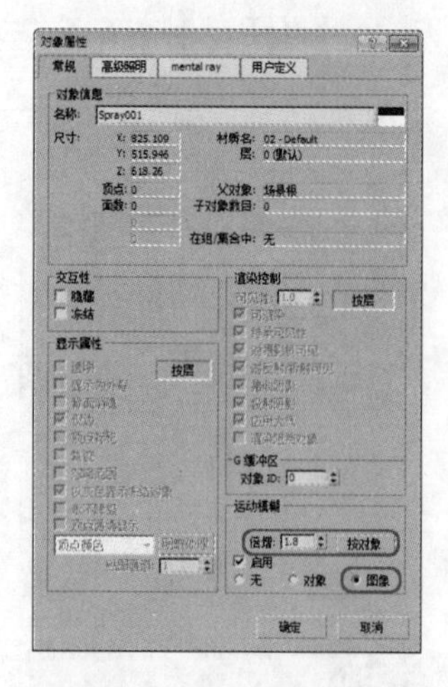

图 13.84　设置运动模糊参数

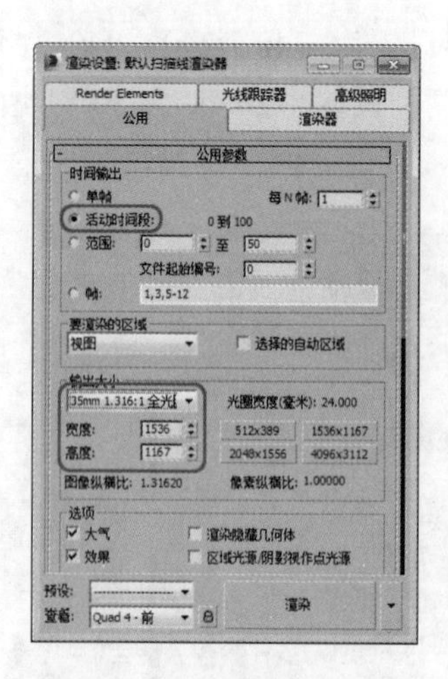

图 13.85　设置输出大小

(13) 设置完成后，再在【渲染输出】选项组中单击【文件】按钮，在弹出的对话框中指定保存路径、名称及保存类型，设置完成后，单击【保存】按钮，再在弹出的对话框中单击【确定】按钮，将该对话框关闭，激活【顶】视图，选择【创建】|【摄影机】|【目标】摄影机，在【顶】视图中创建一架摄影机，将摄影机的【镜头】大小设置为 28，如图 13.86 所示。

(14) 激活【透视】视图，按 C 键将其转换为【摄影机】视图，使用【选择并移动】工具调整摄影机的位置，调整后的效果如图 13.87 所示。

图 13.86　创建摄影机

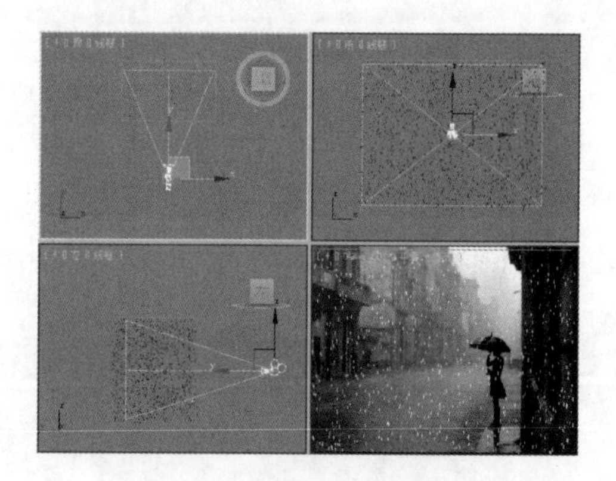

图 13.87　调整摄影机后的效果

13.4　思考与练习

1. 在场景中添加空间扭曲对象后，场景中的所有对象是否都受其影响？为什么？
2. 简述重力空间扭曲。
3. 简述【喷射】粒子系统的用途。

第 14 章　项目指导——常用三维文字的制作

本章主要介绍常用三维文字的制作方法，通过本章的学习，可以掌握金属质感、浮雕质感、玻璃质感、激光质感的制作、修改、编辑等操作。

14.1　沙砾金文字

本案例介绍沙砾金文字的表现方法，其效果如图 14.1 所示。本例使用前面所讲述的方法制作三维文字，其效果主要由质感和灯光来体现。通过对本案例的学习，用户可以学会沙砾金文字的制作，还可以掌握沙砾金材质的调节方法，同时理解【凹凸】通道的概念。

图 14.1　沙砾金文字

14.1.1　创建文字并设置倒角

下面简单地介绍一下文字的制作方法，并为其添加【倒角】修改器，了解倒角参数的设置理念。

(1) 选择【创建】|【图形】|【样条线】|【文本】工具，在【文本】文本框中输入“东美家居”，然后在【前】视图中单击创建文字，在【参数】卷展栏中的【字体】下拉列表框中选择【方正宋黑简体】，将【字间距】设置为 1.0，如图 14.2 所示。

(2) 切换至【修改】命令面板，在【修改器】下拉列表中选择【倒角】修改器，在【倒角值】卷展栏中将【起始轮廓】设置为 2.5，将【级别 1】下的【高度】设置为 10，勾选【级别 2】，将其下面的【高度】设置为 2.0，【轮廓】设置为-2，如图 14.3 所示。

(3) 选择【创建】|【几何体】|【长方体】工具，在【前】视图中创建一个【长度】、【宽度】、【高度】分别为 120.0、420.0、-1.0 的长方体，并在【名称和颜色】卷展栏中将其重命名为【背板】，如图 14.4 所示。

(4) 在其他视图中将背板调整至合适的位置，选择【创建】|【图形】|【样条线】|【矩形】工具，在【前】视图中沿着背板的边创建一个【长度】、【宽度】分别为

120.0、420.0 的矩形，并将其重命名为“边框”，如图 14.5 所示。

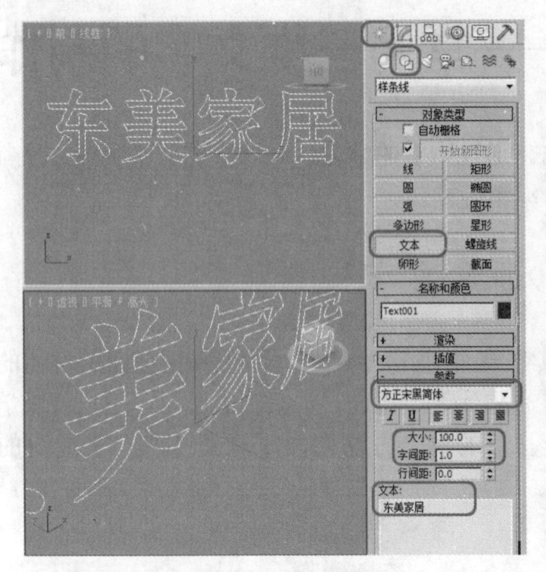

图 14.2　创建文本

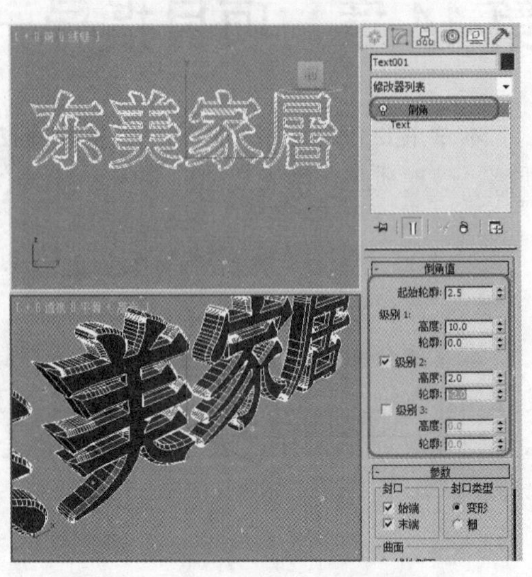

图 14.3　添加修改器并设置其参数

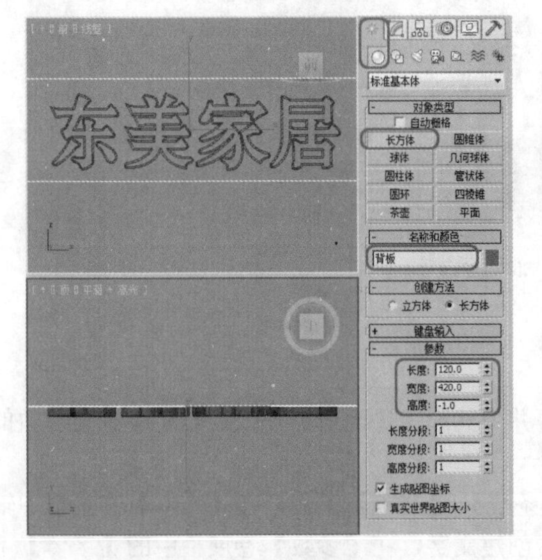

图 14.4　创建长方体

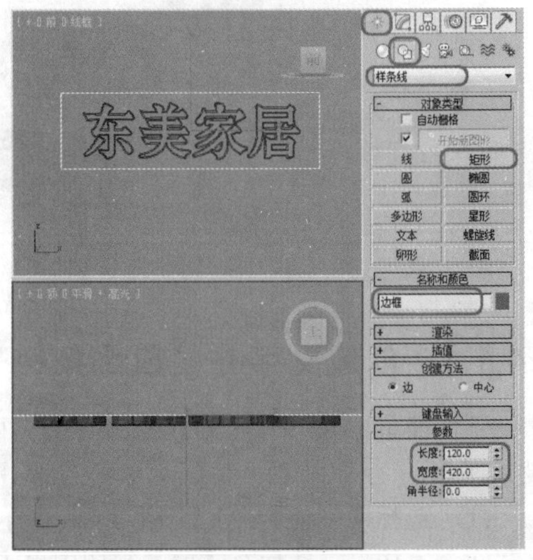

图 14.5　创建矩形

(5) 切换至【修改】命令面板，在【修改器】下拉列表中选择【编辑样条线】修改器，将当前选择集定义为【样条线】，在视图中选择样条曲线，在【几何体】卷展栏中将【轮廓】值设置为-12，如图 14.6 所示。

(6) 关闭当前选择集，在【修改器】下拉列表中选择【倒角】修改器，在【倒角值】卷展栏中将【起始轮廓】设置为 1.6，将【级别 1】下的【高度】和【轮廓】分别设置为 10.0、-8.0，勾选【级别 2】复选框，将其下面的【高度】和【轮廓】分别设置为 0.5、-3.8，如图 14.7 所示。

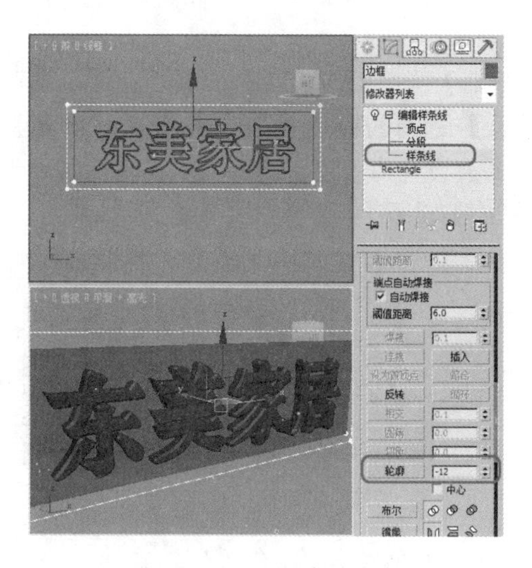

图 14.6　设置样条线参数

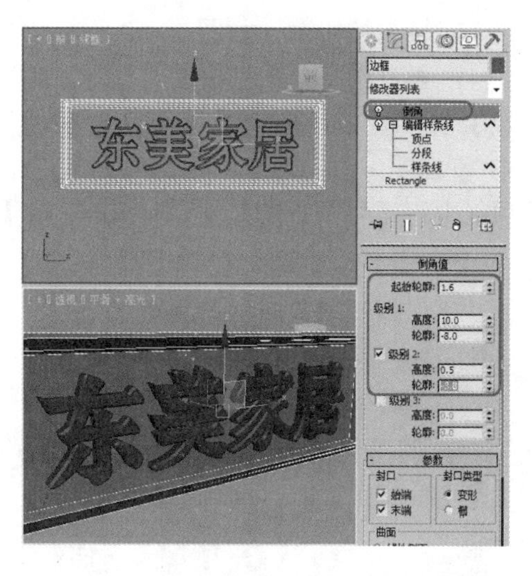

图 14.7　添加【倒角】修改器并设置其参数

14.1.2　设置材质

下面介绍一下沙砾金材质的设置。具体操作步骤如下。

(1) 按 M 键打开【材质编辑器】，选择一个空白的材质样本球，将【明暗器】类型设置为【金属】，在【金属基本参数】卷展栏中，取消【环境光】和【漫反射】之间的链接关系，并将【环境光】的 RGB 值设置为 0、0、0，将【漫反射】的 RGB 值设置为 255、240、5，在【反射高光】选项组中将【高光级别】设置为 100，将【光泽度】设置为 80，如图 14.8 所示。

(2) 展开【贴图】卷展栏，单击【反射】右侧的【无】按钮，在弹出的对话框中选择【位图】选项，单击【确定】按钮，打开随书附带光盘中的 CDROM\Map\Gold04.jpg 贴图，如图 14.9 所示。

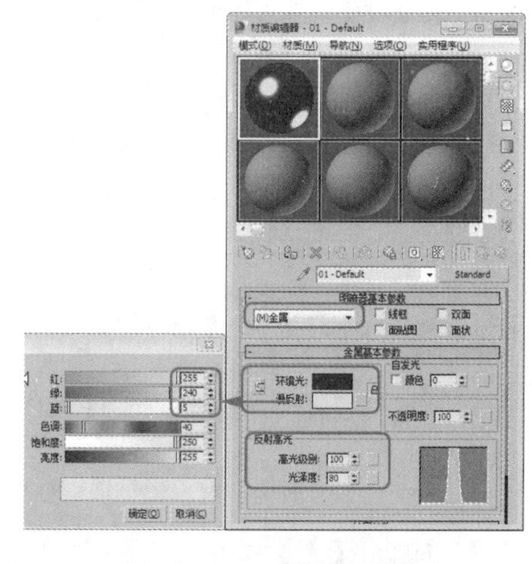

图 14.8　设置材质参数

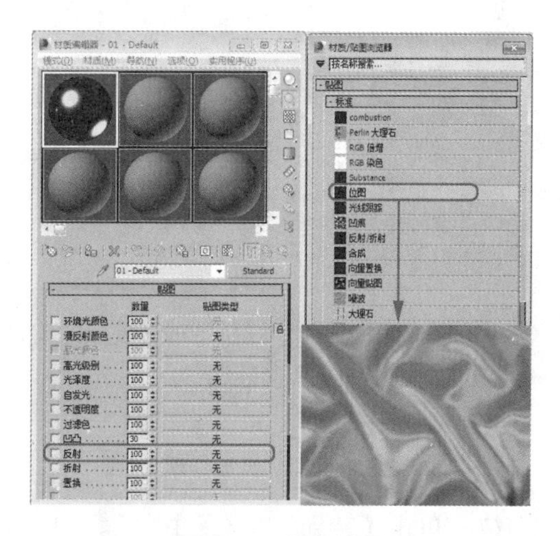

图 14.9　添加贴图

(3) 在场景中选择【边框】和【文字】对象，在【材质编辑器】中单击【将贴图指定

给选定对象】按钮，如图 14.10 所示。

(4) 再次选择一个空白的材质球，将【明暗器】类型设置为【金属】，在【金属基本参数】卷展栏中，取消【环境光】和【漫反射】之间的链接关系，并将【环境光】的 RGB 值设置为 0、0、0，将【漫反射】的 RGB 值设置为 255、240、5，在【反射高光】选项组中将【高光级别】设置为 100，将【光泽度】设置为 0，如图 14.11 所示。

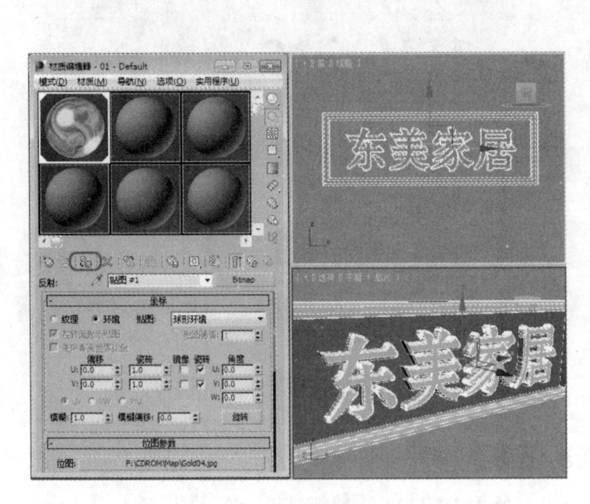

图 14.10 指定材质

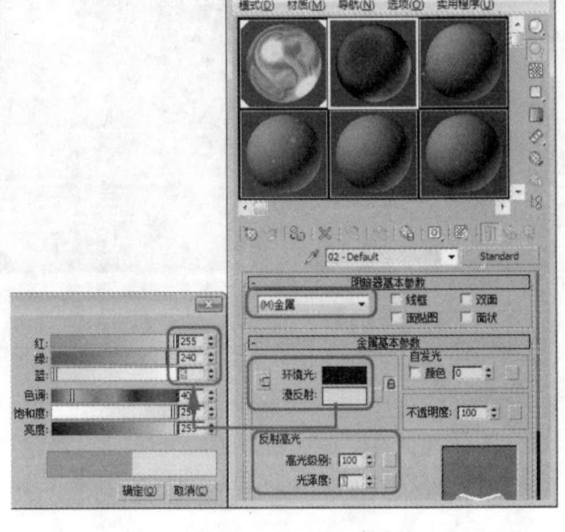

图 14.11 设置材质参数

(5) 展开【贴图】卷展栏，将【凹凸】数量设置为 120，单击该选项右侧的【无】按钮，在弹出的对话框中选择【位图】选项，单击【确定】按钮，在弹出的对话框中打开 CDROM\Map\SAND.jpg 贴图，如图 14.12 所示。

(6) 单击【打开】按钮，在【坐标】卷展栏中将【平铺】的 UV 值设置为 1.2，如图 14.13 所示。

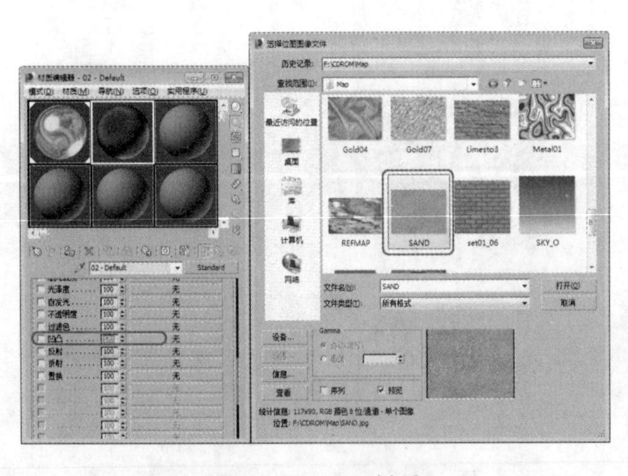

图 14.12 添加材质

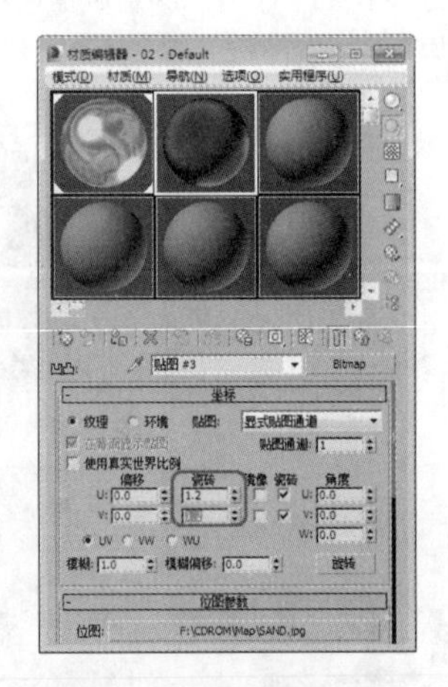

图 14.13 设置坐标值

(7) 单击【转到父对象】按钮，单击【反射】右侧的【无】按钮，在弹出的对话框中选择【位图】选项，单击【确定】按钮，在弹出的对话框中打开 CDROM\Map\Gold04.jpg 贴图，如图 14.14 所示。

(8) 将材质指定给场景中的【背板】对象，激活【前】视图，渲染设置材质后的效果，如图 14.15 所示。

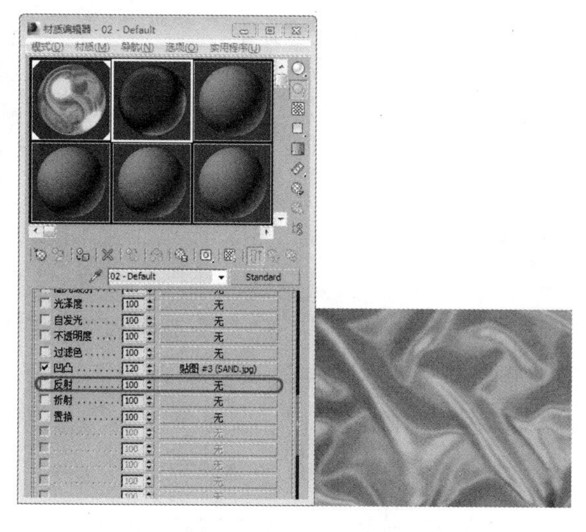

图 14.14　打开材质

图 14.15　渲染效果

14.1.3　创建摄影机与灯光

(1) 选择【创建】|【几何体】|【长方体】工具，在【前】视图中创建一个【长度】、【宽度】、【高度】分别为 500.0、650.0、0.0 的长方体，并将其颜色设置为白色，如图 14.16 所示。

(2) 在视图中将创建的长方体调整至合适的位置，激活【透视】视图，按 Ctrl+C 组合键，并在其他视图中调整摄影机的位置，如图 14.17 所示。

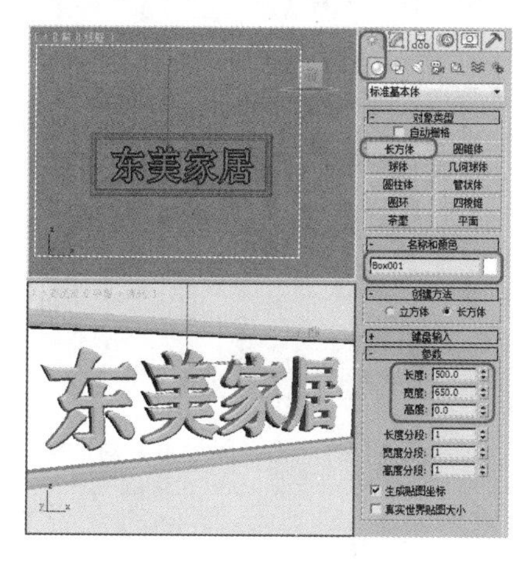

图 14.16　创建长方体

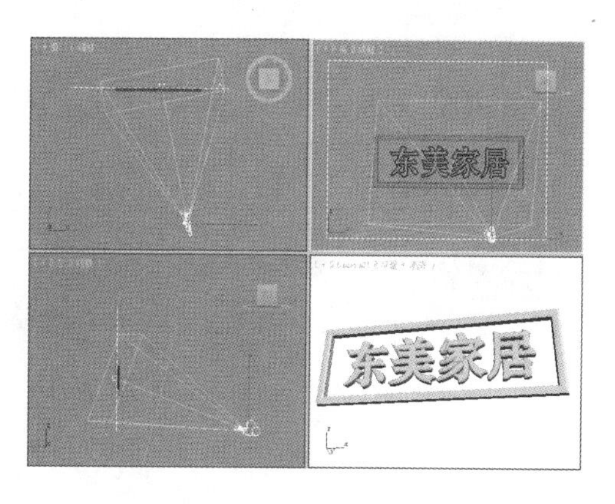

图 14.17　创建摄影机并调整其位置

(3) 选择【创建】|【灯光】|【标准】|【泛光】灯工具，在【顶】视图中创建一个泛光灯，在【强度/颜色/衰减】卷展栏中将【倍增】设置为 0.5，如图 14.18 所示。

(4) 在【常规参数】卷展栏中单击【排除】按钮，在弹出的对话框中将创建的长方体

排除，如图 14.19 所示。

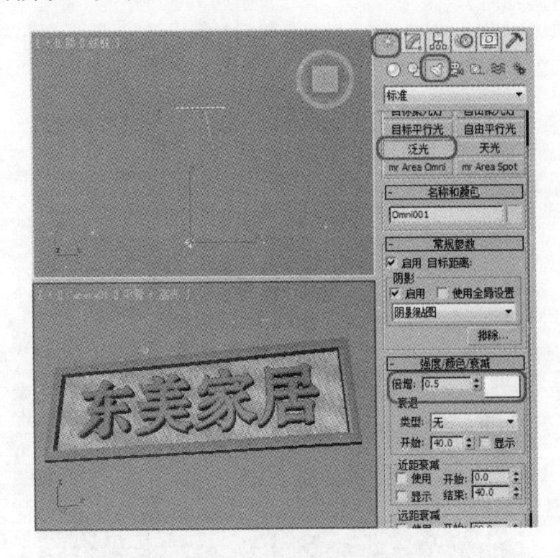

图 14.18　创建泛光灯

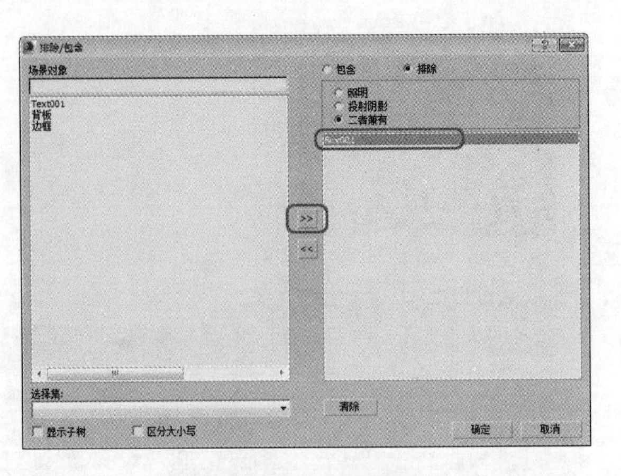

图 14.19　排除长方体

(5) 使用同样的方法创建一个【天光】，在【渲染】选项组中勾选【投射阴影】复选框，并将【天空颜色】的 RGB 值设置为 242、242、255，如图 14.20 所示。

(6) 设置完成后单击【确定】按钮，按 F10 键打开【渲染设置】对话框，在【输出大小】选项组中将其设置为【35mm 1.85∶1(电影)】，将【宽度】和【高度】分别设置为 1536、830，如图 14.21 所示。

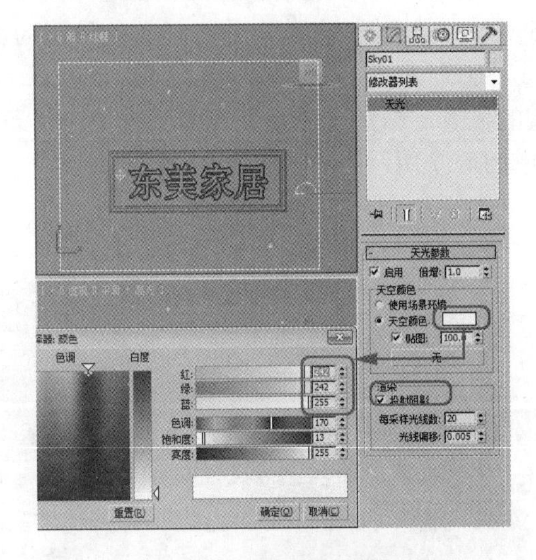

图 14.20　创建天光

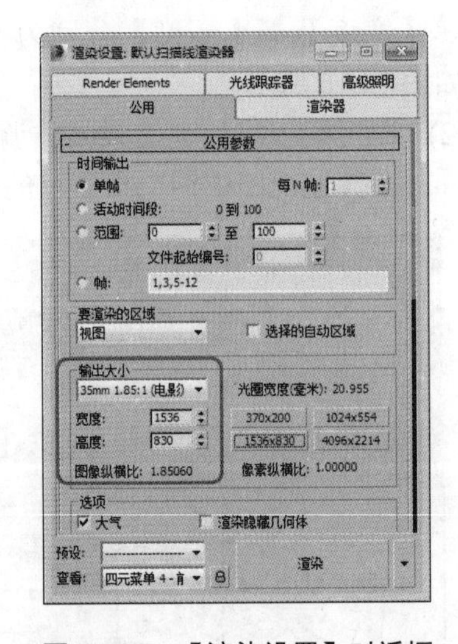

图 14.21　【渲染设置】对话框

(7) 设置完成后单击【渲染】按钮，即可渲染效果。

14.2　玻璃文字

本案例介绍玻璃文字的表现方法，其效果如图 14.22 所示。通过在【折射】通道指定【光线跟踪】贴图以及调节【高级透明】参数来表现透明效果及折射效果。

图 14.22　玻璃文字

14.2.1　创建文字

制作玻璃文字主要的是先创建文字，并为其添加【倒角】修改器，设置倒角值。具体操作步骤如下。

(1) 选择【创建】|【图形】|【样条线】|【文本】工具，在【文本】文本框中输入“WORLD”，然后在【前】视图中单击创建文字，在【参数】卷展栏中的【字体】下拉列表框中选择【华文中宋】，如图 14.23 所示。

(2) 切换至【修改】命令面板，在【修改器列表】中选择【倒角】修改器，在【倒角】卷展栏中将【级别 1】下的【高度】和【轮廓】都设置为 2.0，勾选【级别 2】复选框，将【高度】设置为 20，勾选【级别 3】复选框，将【高度】设置为 2，将【轮廓】设置为-2.0，如图 14.24 所示。

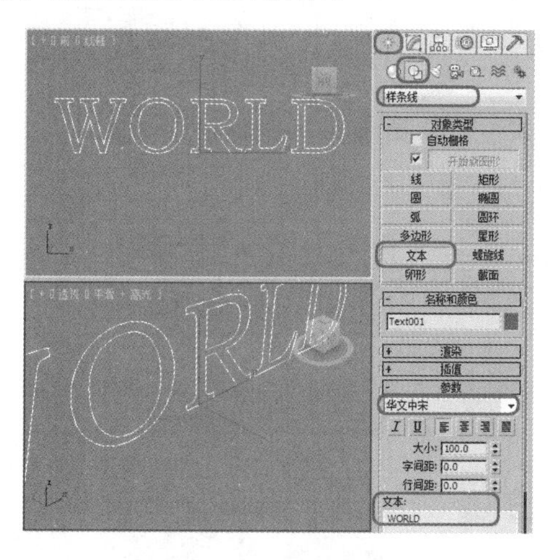

图 14.23　创建文字

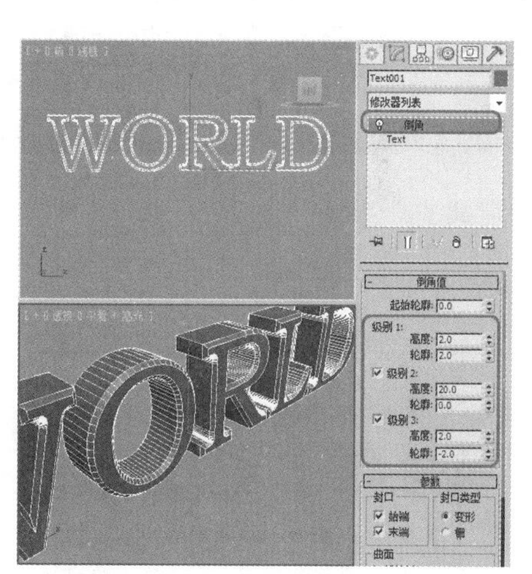

图 14.24　【渲染设置】对话框

14.2.2　设置材质

创建完文字后，下面为创建的文字设置材质。具体操作步骤如下。

(1) 按 M 键打开【材质编辑器】，选择一个空白的材质球，在【明暗器参数】卷展

栏中勾选【双面】复选框，取消【环境光】和【漫反射】之间的链接关系，将【漫反射】和【高光反射】锁定在一起，并将【环境光】颜色的 RGB 值设置为 200、200、200，将【漫反射】的颜色设置为白色，将【不透明度】设置为 50，将【反射高光】选项组中的【高光级别】设置为 100，将【光泽度】设置为 69，将【柔化】设置为 0.53，如图 14.25 所示。

(2) 展开【扩展参数】卷展栏，将【高级透明】下的【数量】设置为 100，如图 14.26 所示。

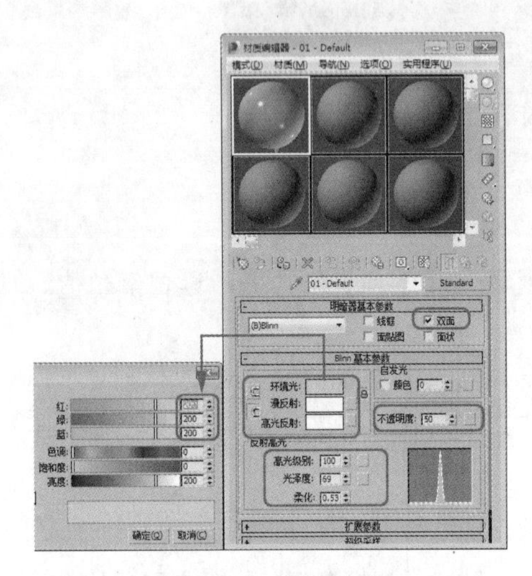

图 14.25 设置材质

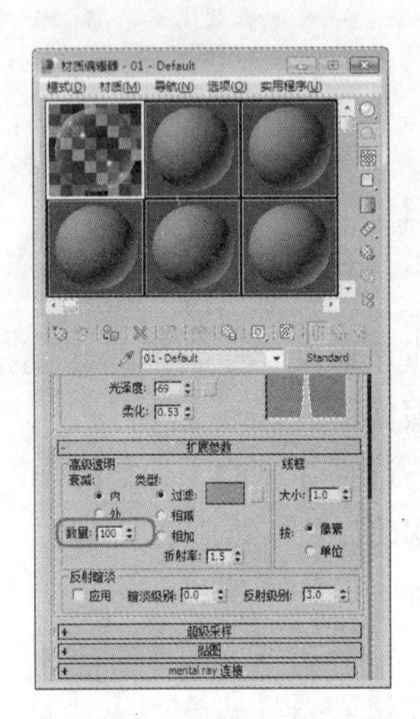

图 14.26 设置扩展参数

(3) 展开【贴图】卷展栏，将【折射】贴图的【数量】设置为 90，并单击【折射】右侧的【无】按钮，在弹出的快捷菜单中选择【光线跟踪】贴图，如图 14.27 所示。

(4) 单击【确定】按钮，在【光线跟踪器参数】卷展栏中取消勾选【局部选项】选项组中的【光纤跟踪大气】复选框和【反射/折射材质 ID】复选框，如图 14.28 所示。

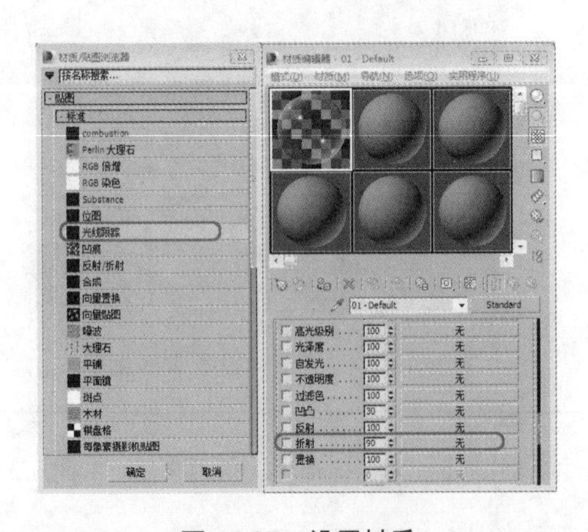

图 14.27 设置材质

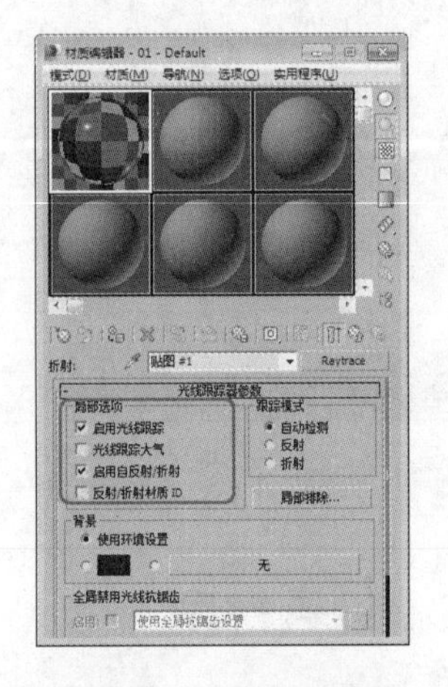

图 14.28 设置扩展参数

(5) 在场景中选择文字对象，单击【将材质指定给选定对象】按钮，将设定的材质

指定给场景中的对象，如图 14.29 所示。

(6) 按 8 键打开【环境和贴图】对话框，在【公用参数】卷展栏中单击【背景】下的【无】按钮，在弹出的对话框中选择【位图】选项，单击【确定】按钮，在弹出的对话框中选择随书附带光盘中的 CDROM\Map\Cloud001.jpg，如图 14.30 所示。

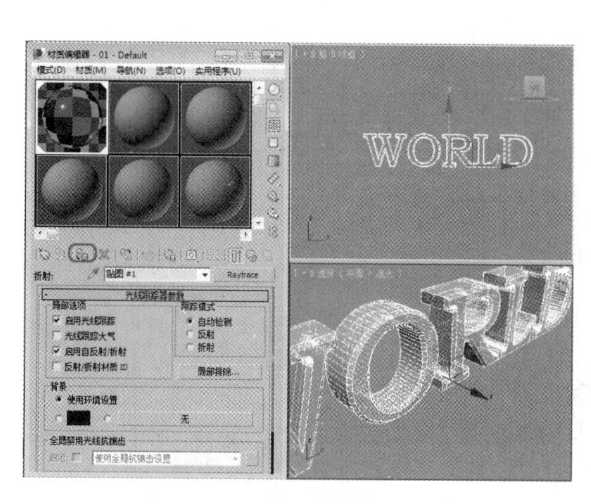

图 14.29　指定贴图

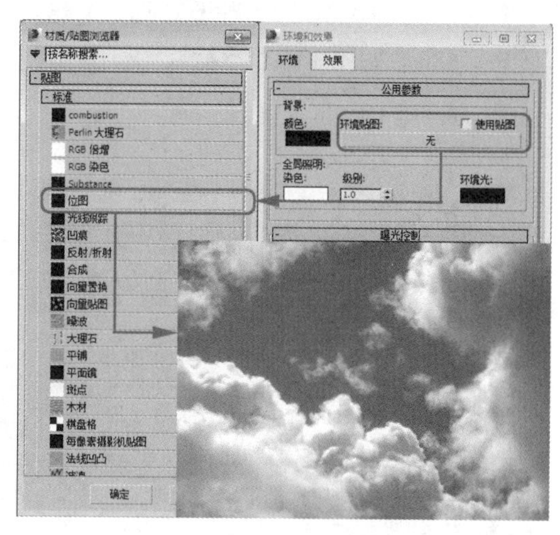

图 14.30　选择贴图

(7) 打开【材质编辑器】，将贴图拖曳至材质编辑器中的一个空白材质球上，释放鼠标，在弹出的对话框选择【实例】选项，如图 14.31 所示。

(8) 单击【确定】按钮，在【坐标】卷展栏中将【贴图】类型设置为【收缩包裹环境】，将【角度】UV 值设置为 29、19，如图 14.32 所示。

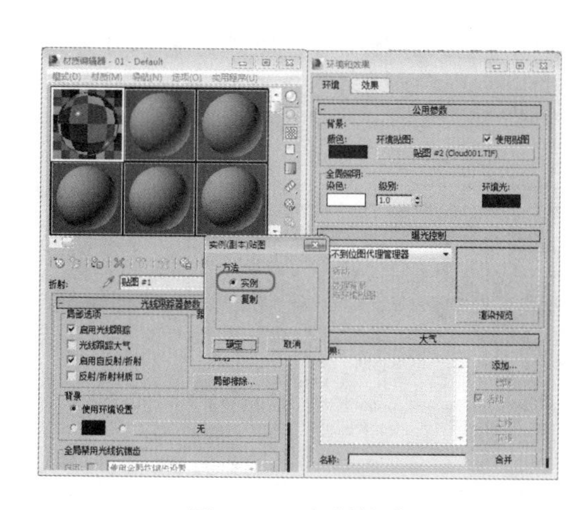

图 14.31　复制材质

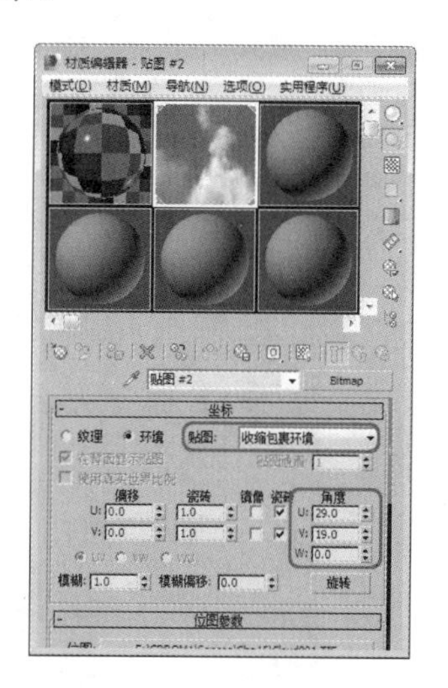

图 14.32　设置贴图类型

14.2.3　创建摄影机

一个好看的玻璃文字除了要有很好的材质之外，在渲染时角度也是一个很重要的因

素。下面介绍如何为玻璃创建摄影机。具体操作步骤如下。

(1) 激活【透视】视图，按 Ctrl+C 组合键，并在其他视图中调整摄影机的位置，如图 14.33 所示。

(2) 设置完成后单击【确定】按钮，按 F10 键打开【渲染设置】对话框，在【输出大小】选项组中将其设置为【35mm 1.85∶1(电影)】，将【宽度】和【高度】分别设置为 1536、830，如图 14.34 所示。

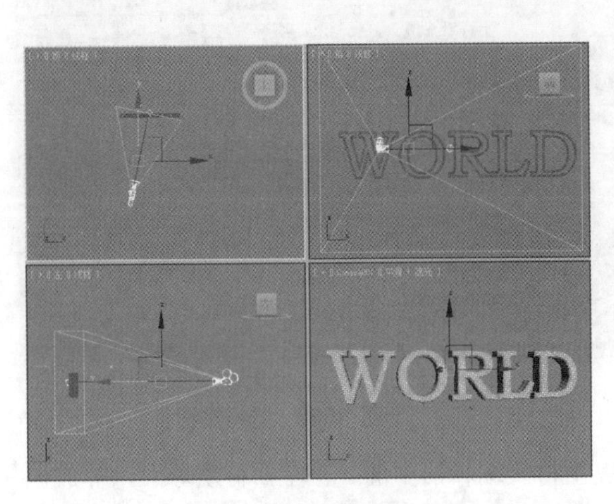

图 14.33 创建摄影机

图 14.34 设置【输出大小】

14.3 浮雕文字

本案例介绍一种简单实用的浮雕文字的制作方法。浮雕文字主要通过为长方体指定【置换】修改器来创建。通过本节的学习，用户能够更加熟悉【置换】修改器的使用方法。浮雕文字的效果如图 14.35 所示。

图 14.35 浮雕文字

14.3.1 创建边框

(1) 选择【创建】|【几何体】|【标准基本体】|【长方体】工具，在【前】视图中创建一个【长度】为 125.0、【宽度】为 380.0、【高度】为 5.0 的长方体，并将其【长

度分段】和【宽度分段】分别设置为 90、185，并将其重命名为“底板”，如图 14.36 所示。

(2) 切换至【修改】命令面板，在【修改器列表】中选择【置换】修改器，在【参数】卷展栏中将【置换】选项组中的【强度】设置为 8.0，勾选【亮度中心】复选框，如图 14.37 所示。

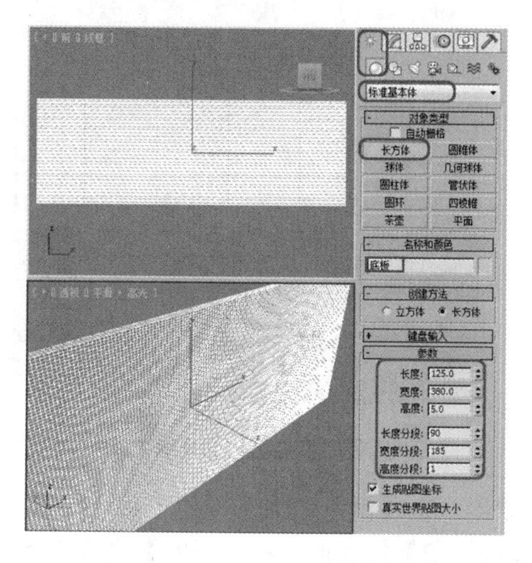

图 14.36　创建摄影机

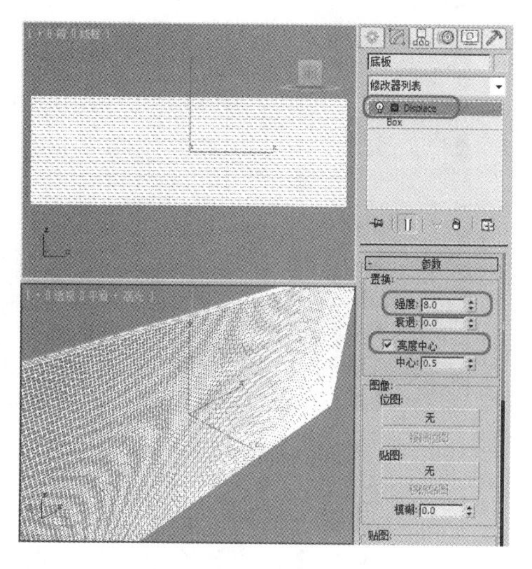

图 14.37　【渲染设置】对话框

(3) 在【图像】选项组中单击【位图】下方的【无】按钮，在弹出的“选择置换图像”对话框中选择随书附带光盘中的 CDROM\Map\文字.jpg 贴图，如图 14.38 所示。

(4) 单击【打开】按钮，即可创建文字，效果如图 14.39 所示。

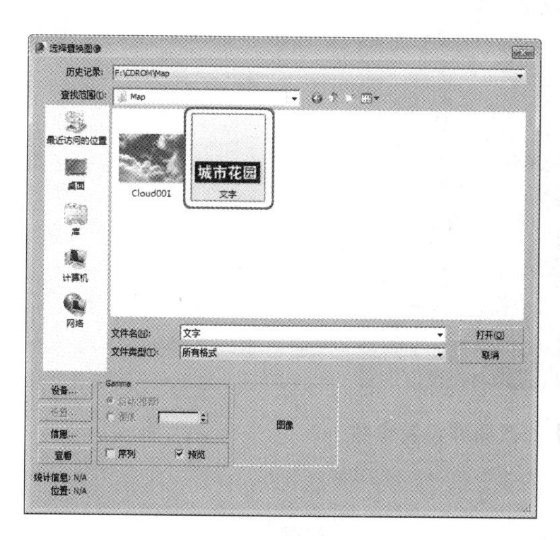

图 14.38　选择素材文件

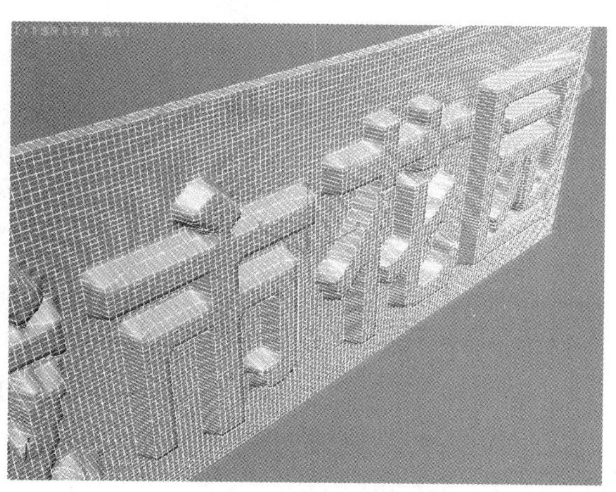

图 14.39　创建的文字效果

(5) 选择【创建】|【图形】|【样条线】|【矩形】工具，在【前】视图中沿长方体的边缘创建一个【长度】、【宽度】分别为 127.0、382.0 的矩形，并将其重命名为“边框”，如图 14.40 所示。

(6) 切换至【修改】命令面板，在【修改器】列表中选择【编辑样条线】修改器，将当前选择集定义为【样条线】，在【前】视图中选择样条线，在【几何体】卷展栏中将【轮廓】设置为 8，按 Enter 键确认该操作，如图 14.41 所示。

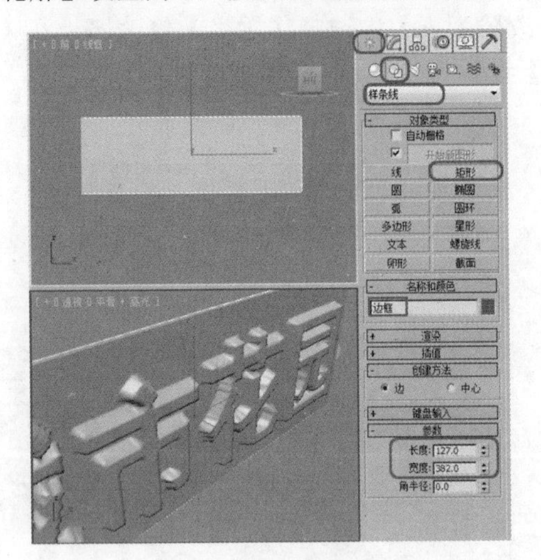

图 14.40　创建矩形

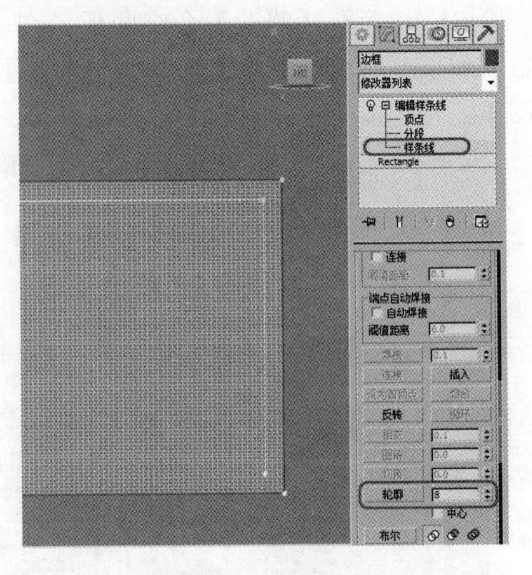

图 14.41　设置轮廓值

(7) 在【修改器列表】中选择【倒角】修改器，在【倒角值】卷展栏中将【级别 1】下的【高度】和【轮廓】均设置为 2.0，勾选【级别 2】复选框，将【高度】设置为 5.0，勾选【级别 3】复选框，将【高度】设置为 2.0、【轮廓】设置为-2.0，如图 14.42 所示。

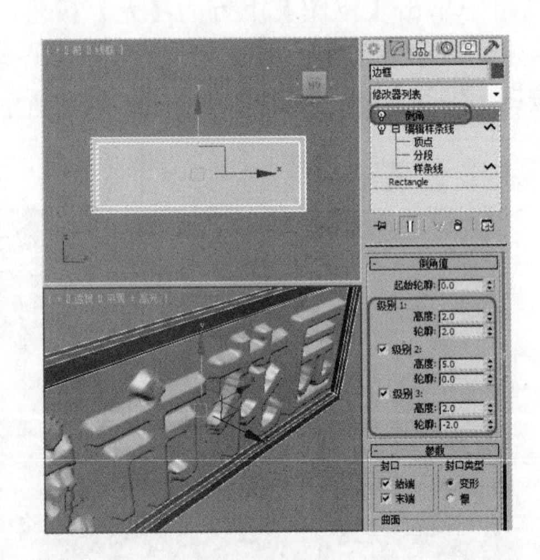

图 14.42　添加【倒角】修改器并设置参数

14.3.2　设置材质

下面将介绍如何为浮雕文字设置材质。具体操作步骤如下。

(1) 按 M 键打开材质编辑器，选择一个空白的材质球，将明暗器类型设置为【金属】，将【环境光】颜色的 RGB 值设置为 255、174、0，在【反射高光】选项组中将【高光级别】设置为 100，将【光泽度】设置为 80，如图 14.43 所示。

(2) 展开【贴图】卷展栏，单击【反射】右侧的【无】按钮，在弹出的对话框中选择【位图】按钮，单击【确定】按钮，在弹出的对话框中打开随书附带光盘中的 CDROM\Map\文字.jpg 贴图，如图 14.44 所示。

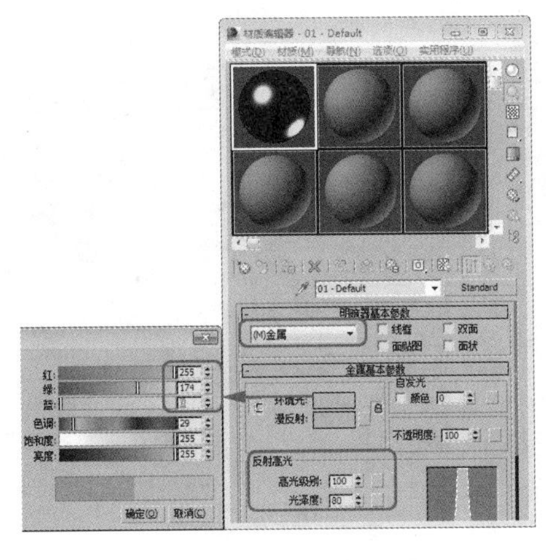

图 14.43　设置金属材质参数

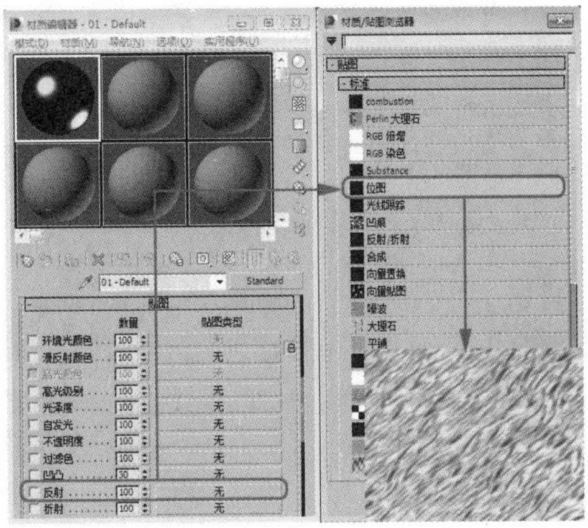

图 14.44　添加贴图

(3) 在【坐标】卷展栏中将【模糊偏移】设置为 0.09，如图 14.45 所示。

(4) 在场景中选择【底板】、【边框】对象，单击【将贴图指定给选定的对象】按钮，然后单击【在视口中显示标准贴图】按钮，将材质指定给场景中的对象，如图 14.46 所示。

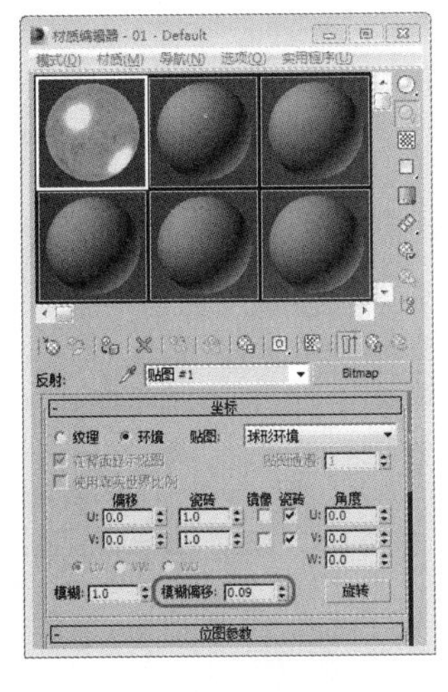

图 14.45　设置【模糊偏移】值

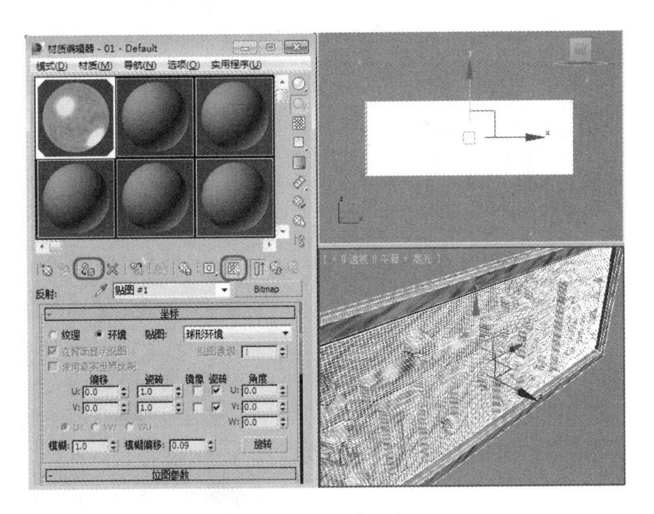

图 14.46　指定材质

14.3.3　创建摄影机

下面介绍如何创建摄影机。具体操作步骤如下。

(1) 激活【透视】视图，按 Ctrl+C 组合键，并在其他视图中调整摄影机的位置，如

图 14.47 所示。

(2) 按 8 键打开【环境和贴图】对话框，在【公用参数】卷展栏中设置【颜色】为白色，如图 14.48 所示。

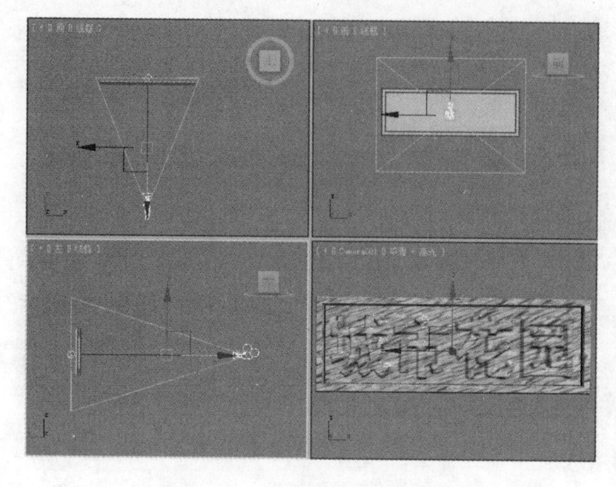

图 14.47 创建并调整摄影机

图 14.48 指定参数

(3) 设置完成后单击【确定】按钮，按 F10 键打开【渲染设置】对话框，在【输出】选项组中将其设置为【35mm 1.85∶1(电影)】，将【宽度】和【高度】分别设置为 1536、830，如图 14.49 所示。

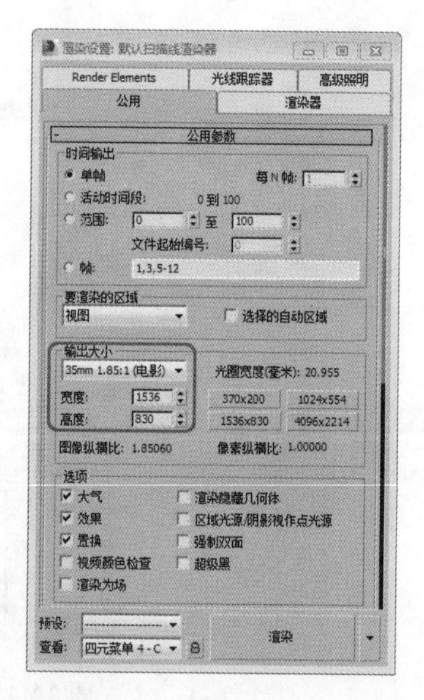

图 14.49 设置【输出大小】

14.4 激光文字

本案例将介绍如何创建激光文字。激光文字主要是通过添加【挤出】修改器和为其设

置关键帧动画来制作完成的，其效果如图 14.50 所示。

图 14.50　激光文字

14.4.1　创建文字

创建激光文字最关键的就是创建文字。下面将介绍如何创建文字。具体操作步骤如下。

(1) 选择【创建】 |【图形】 |【文本】工具，在【参数】卷展栏中单击【字体】右侧的下三角按钮，在弹出的菜单中选择【汉仪综艺体简】，在【文本】文本框中输入【盛大开业】，在【前】视图中单击创建文字，如图 14.51 所示。

(2) 选择【创建】 |【图形】 |【样条线】|【矩形】工具，在【前】视图中创建一个【长度】和【宽度】分别为 450.0、650.0 的矩形，如图 14.52 所示。

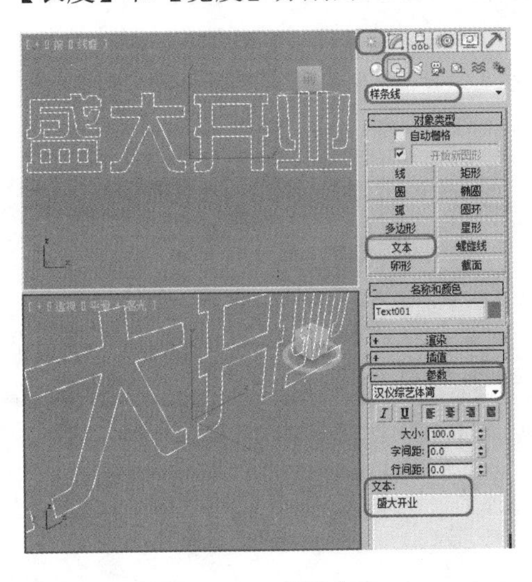

图 14.51　创建文字

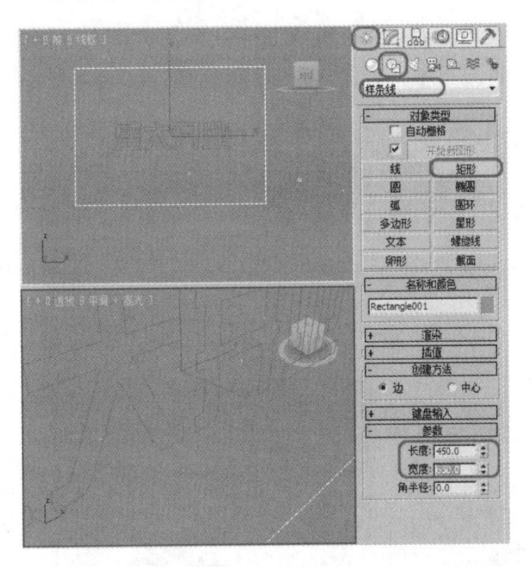

图 14.52　创建矩形

(3) 确认创建的矩形处于被选择的状态，单击右键，在弹出的快捷菜单中选择【转换为可编辑多边形】命令，将当前选择集定义为【线段】，单击【几何体】卷展栏下的【附加】按钮，在创建的文本上单击，对齐进行附加，如图 14.53 所示。

(4) 在【修改器列表】中选择【挤出】修改器，在【参数】卷展栏中将【数量】设置为 10，如图 14.54 所示。

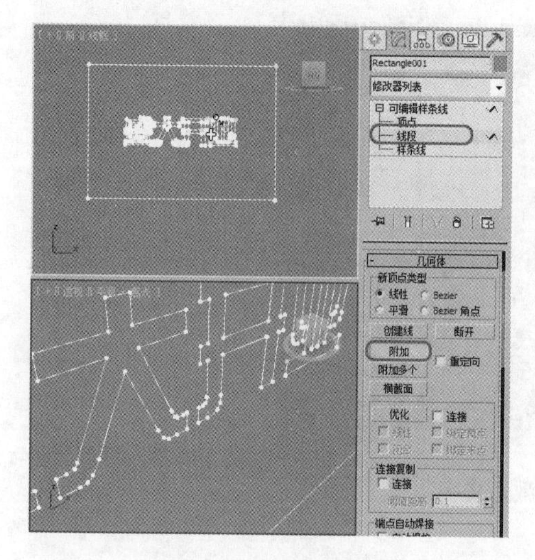

图 14.53　附加对象

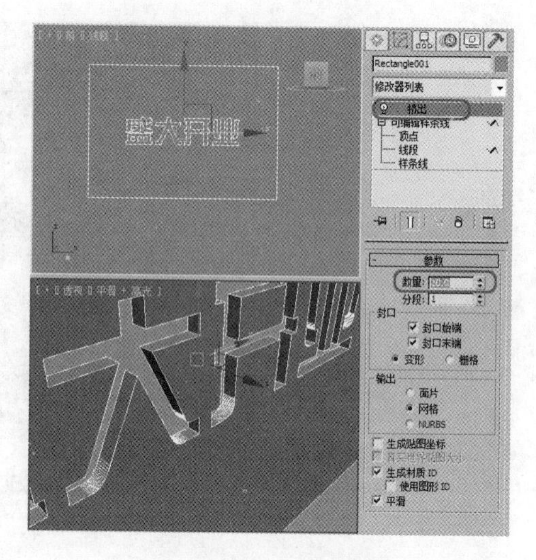

图 14.54　添加修改器

14.4.2　创建灯光

下面介绍如何在场景中创建摄影机和灯光。具体操作步骤如下。

(1) 选择【创建】|【摄影机】|【标准】|【目标】工具，在【前】视图中创建一个摄影机，如图 14.55 所示。

(2) 激活【透视】视图，按 C 键将其转换为【摄影机】视图，选择创建的摄影机，切换至【修改】命令面板，在【参数】卷展栏中将【镜头】设置为 40mm，在其他视图中调整摄影机的位置，完成后的效果如图 14.56 所示。

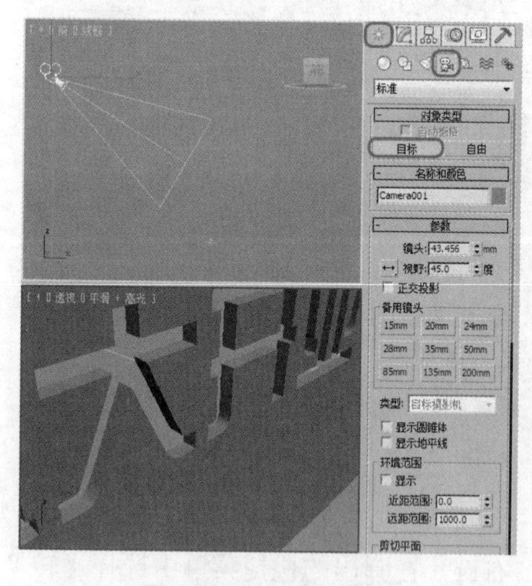

图 14.55　创建摄影机

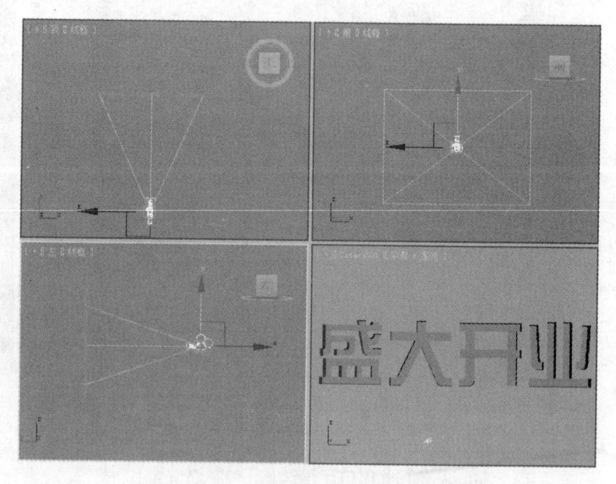

图 14.56　调整摄影机的位置

(3) 选择【创建】|【灯光】|【标准】|【目标聚光灯】工具，在【前】视图中创建一个目标聚光灯，如图 14.57 所示。

(4) 切换至【修改】命令面板，在【常规参数】卷展栏中勾选【阴影】选项组中的【启用】复选框，在【强度/颜色/衰减】卷展栏中单击【倍增】右侧的颜色框，在弹出的【颜色选择器】对话框中将【红】、【绿】、【蓝】分别设置为 253、131、0，如图 14.58 所示。

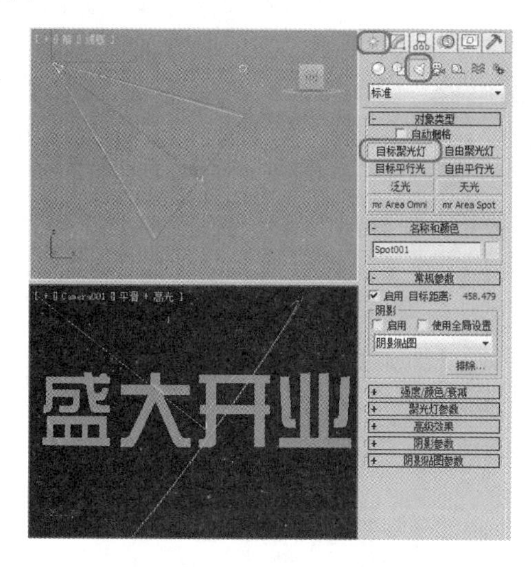

图 14.57　创建目标聚光灯

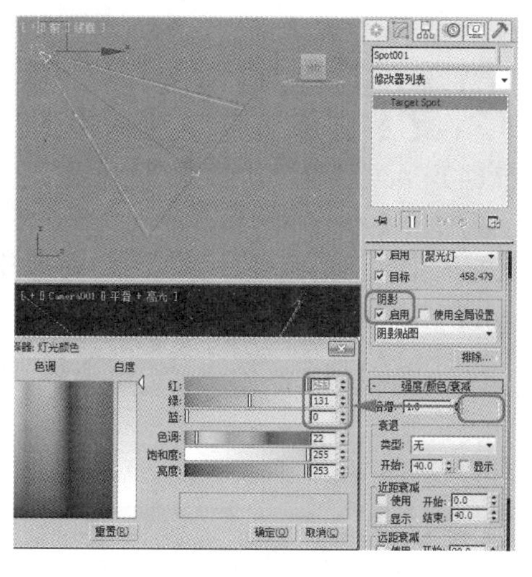

图 14.58　调整摄影机的位置

(5) 单击【确定】按钮，单击【远距衰减】选项组中的【使用】复选框，在【开始】文本框中输入 435.0，在【结束】文本框中输入 654.0，在【聚光灯参数】卷展栏中的【聚光区/光束】和【衰减区/区域】文本框中分别输入 2.4、37，如图 14.59 所示。

(6) 在【大气和效果】卷展栏中单击【添加】按钮，在弹出的【添加大气或效果】对话框中单击【体积光】，单击【确定】按钮，在视图中调整目标聚光灯的位置，调整后的效果如图 14.60 所示。

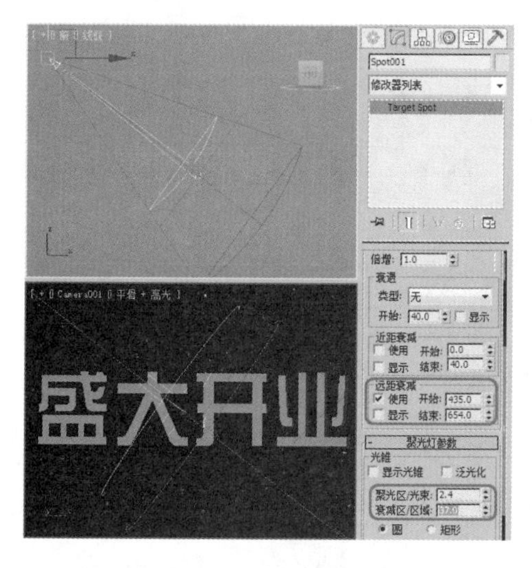

图 14.59　设置灯光参数

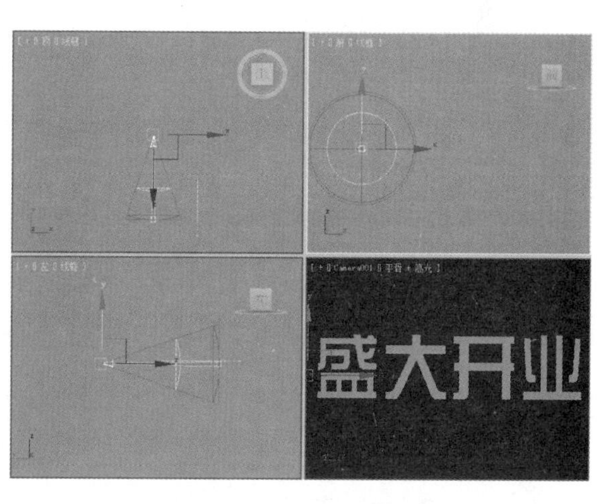

图 14.60　调整灯光的位置

14.4.3 设置动画与渲染输出

下面将介绍如何为激光文字设置动画和渲染输出。其具体操作步骤如下。

(1) 单击【自动关键点】按钮，将滑块从第 0 帧拖曳到第 100 帧处，在【前】视图中选择目标聚光灯沿 X 轴向右移动至合适的位置，如图 14.61 所示。

(2) 激活【摄影机】视图，按 F10 键打开【渲染设置】对话框，选择【公用参数】选项卡，在【公用参数】卷展栏中选中【活动时间段】单选按钮，在【输出大小】选项组中单击 640×480 按钮，如图 14.62 所示。

(3) 在【渲染输出】选项组中单击【文件】按钮，在弹出的【渲染输出文件】对话框中指定渲染输出的路径，将其命名为【激光文字】，将【保存类型】定义为【AVI 文件(*.avi)】，单击【保存】按钮，在弹出的【AVI 文件压缩设置】对话框中单击【确定】按钮，如图 14.63 所示。在【渲染设置】对话框中单击【渲染】按钮进行渲染输出即可。

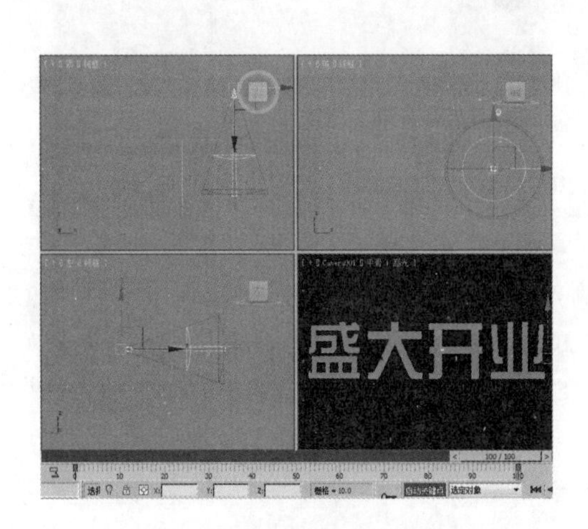

图 14.61 调整灯光的位置

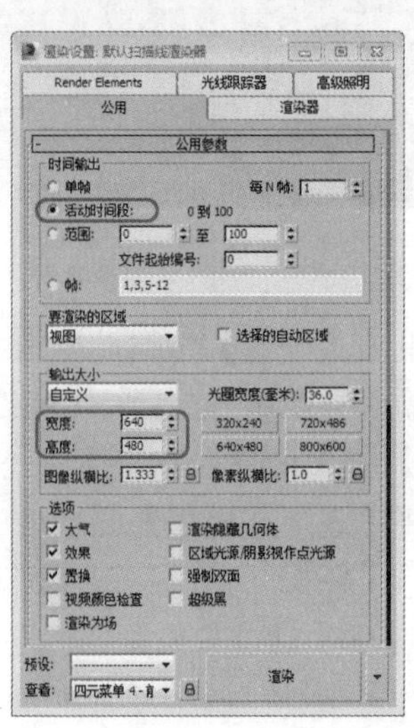

图 14.62 【渲染设置】对话框

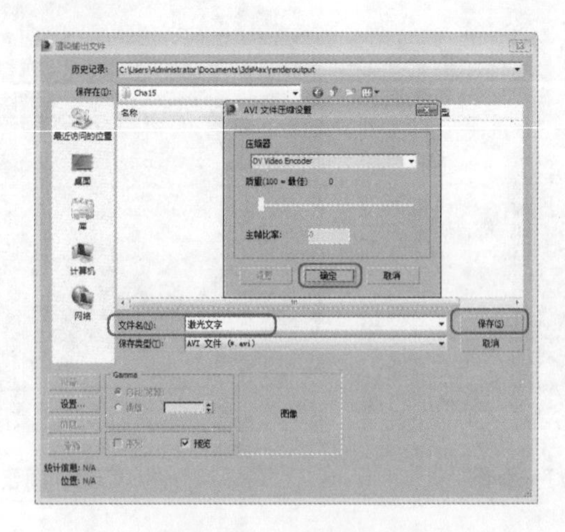

图 14.63 渲染输出设置

第 15 章　项目指导——常用材质的设置与表现

材质是对现实世界中各种材料视觉效果的模拟，材质的制作是一个相对复杂的过程。材质主要用于描述物体如何反射和传播光线，而材质中的贴图可以用于模拟物体的质地、提供文理图案、反射与折射等其他效果。

15.1　瓷器质感的表现

下面将介绍如何为模型添加瓷器质感，其效果如图 15.1 所示。具体操作步骤如下。

(1) 重置一个新的场景文件，打开随书附带光盘中的 CDROM\Sences\Cha15\餐具.max 素材文件，如图 15.2 所示。

图 15.1　完成后的效果

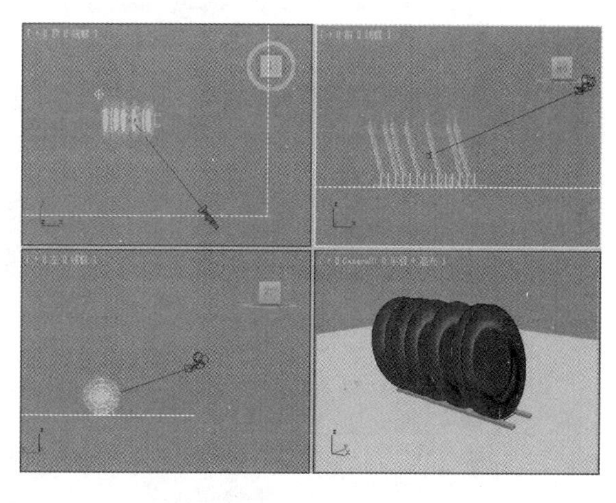

图 15.2　打开的素材文件

(2) 单击【按名称选择】按钮，打开【从场景选择】对话框，在该对话框中选择“盘子 01”，并按 Shift 键的同时选择“盘子 07”，如图 15.3 所示。

(3) 单击【确定】按钮，按 M 键打开【材质编辑器】对话框，选择一个空白的材质球，将其重命名为【白色瓷器】，将【环境光】的颜色的 RGB 值设置为 255、255、255，并在【自发光】选项组中将【颜色】设置为 40，在【反射高光】选项组中将【高光级别】设置为 48，将【光泽度】设置为 51，如图 15.4 所示。

(4) 展开【贴图】卷展栏，将【反射】右侧的数量设置为 8，单击数量右侧的【无】按钮，在弹出的对话框中选择【光线跟踪】贴图，单击【确定】按钮，进入【光线跟踪】层级面板，如图 15.5 所示。

(5) 在【光线跟踪器参数】卷展栏中单击【背景】选项组中的【无】按钮，在弹出的对话框中选择【位图】选项，单击【确定】按钮，在弹出的对话框中选择随书附带光盘中的 CDROM\Map\室内环境.jpg 贴图文件，如图 15.6 所示。

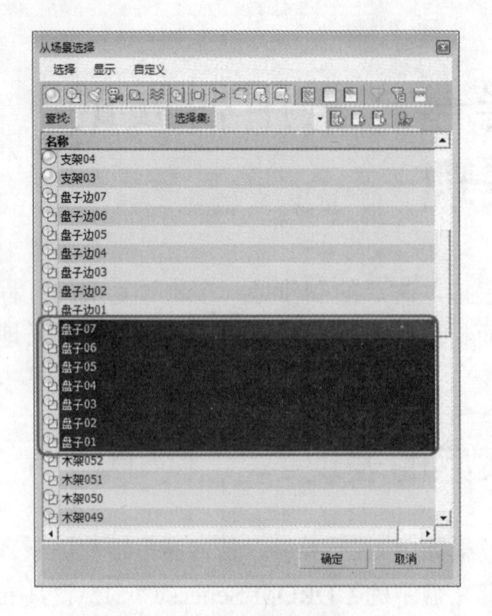

图 15.3　选择对象

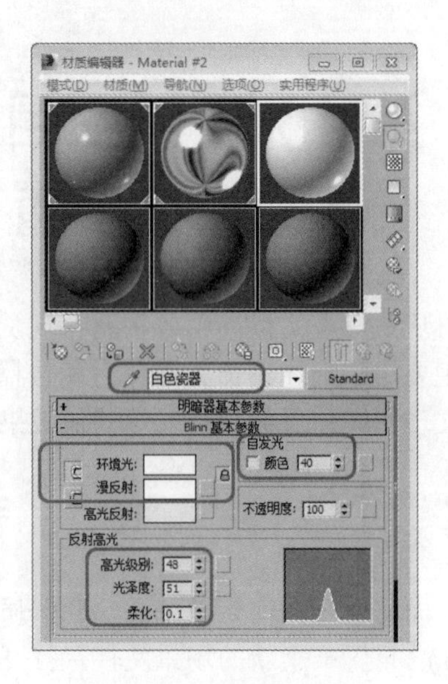

图 15.4　设置材质

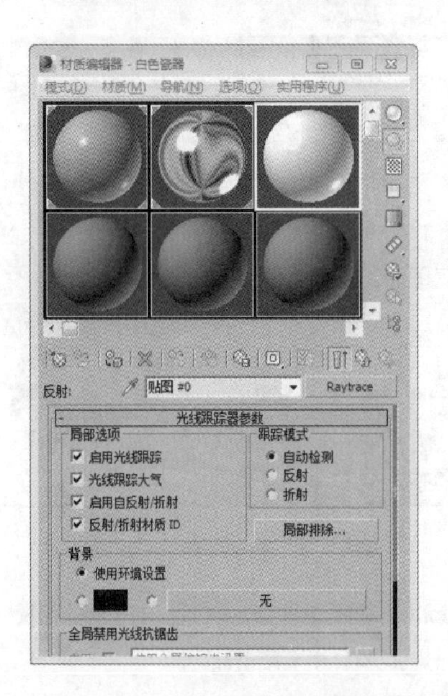

图 15.5　光线跟踪层级面板

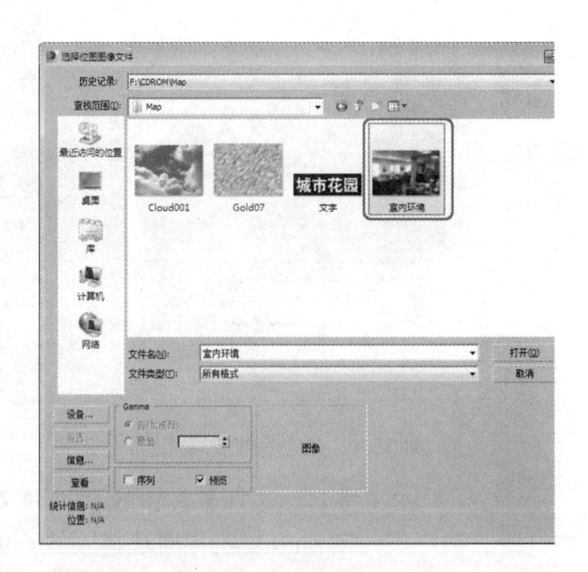

图 15.6　选择贴图文件

(6) 单击【打开】按钮，展开【位图参数】卷展栏，在【裁剪/放置】选项组中勾选【应用】复选框，然后单击【查看图像】按钮，在弹出的【指定裁剪/放置】对话框中将W 设置为 0.461，将 H 设置为 0.547，如图 15.7 所示。

(7) 设置完成后将【指定裁剪/放置】对话框关闭，设置完成后单击两次【转到父对象】按钮，然后单击【将材质指定给选定对象】按钮，将设置的材质指定给选定的对象，如图 15.8 所示。

(8) 将【材质编辑器】对话框关闭，按 H 键打开【从场景中选择】对话框，选择“盘子边 01”，按 Shift 键的同时选择“盘子边 07”，如图 15.9 所示。

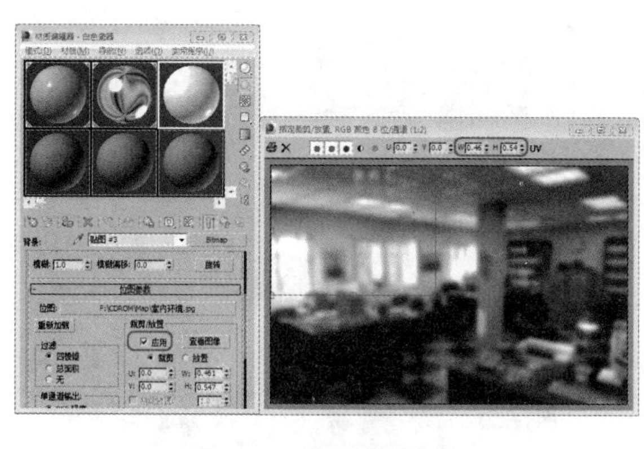

图 15.7　裁剪贴图文件

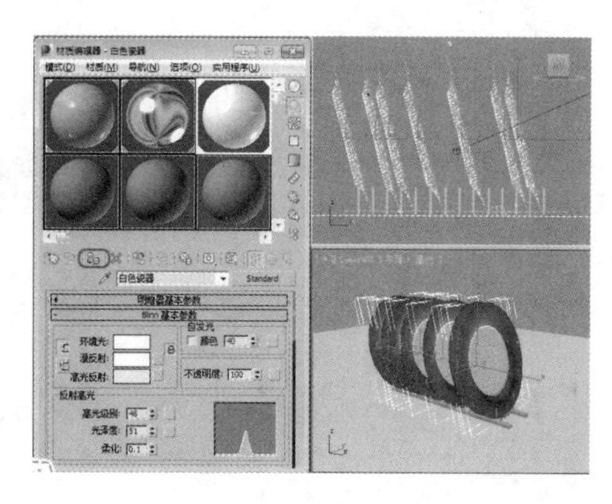

图 15.8　指定贴图

(9) 单击【确定】按钮，在场景中选择【盘子边】对象，按 M 键打开【材质编辑器】对话框，选择一个空白的材质球，并将其重命名为【绿色瓷器】，在【Blinn 基本参数】卷展栏中将【环境光】的颜色的 RGB 值设置为 165、209、0，并在【自发光】选项组中将【颜色】设置为 40，在【反射高光】选项组中将【高光级别】设置为 48，将【光泽度】设置为 51，如图 15.10 所示。

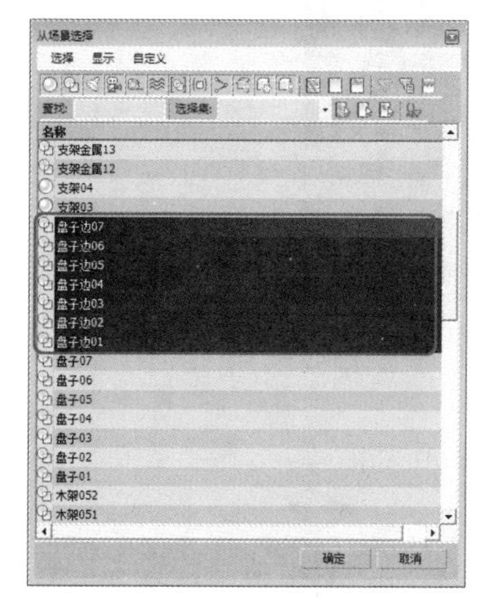

图 15.9　选择对象

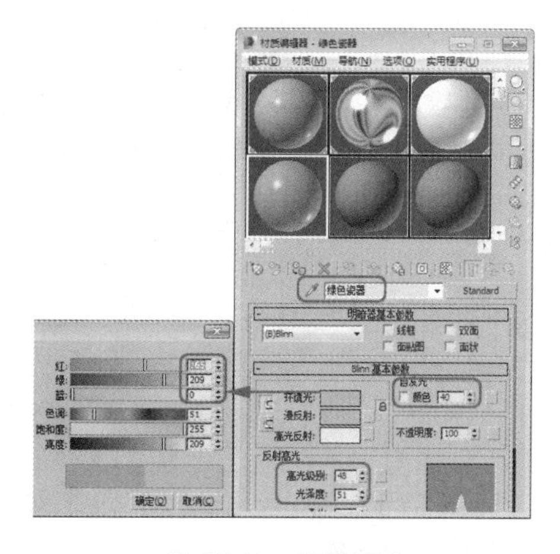

图 15.10　设置材质

(10) 使用同样的方法，在【贴图】卷展栏中将【反射】卷展栏中的【数量】设置为 8，并为其添加【光线跟踪】贴图，如图 15.11 所示。

(11) 在【光线跟踪器参数】卷展栏中单击【背景】选项组中的【无】按钮，为其添加室内环境.jpg 贴图文件，在【裁剪/放置】选项组中勾选【应用】复选框，然后单击【查看图像】按钮，在弹出的【指定裁剪/放置】对话框中将 W 设置为 0.461，将 H 设置为 0.547，如图 15.12 所示。

(12) 设置完成后将【指定裁剪/放置】对话框关闭，设置完成后单击两次【转到父对象】按钮，然后单击【将材质指定给选定对象】按钮，将设置的材质指定给选定的对象，如图 15.13 所示。

(13) 保存场景文件。按 F9 键进行渲染。

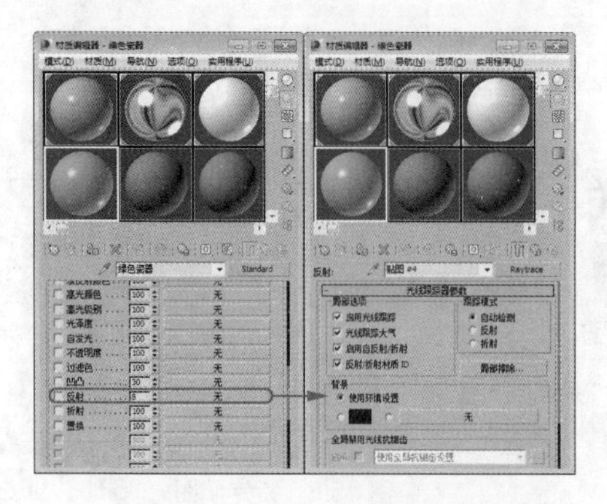

图 15.11　添加【光线跟踪】贴图

图 15.12　裁剪贴图

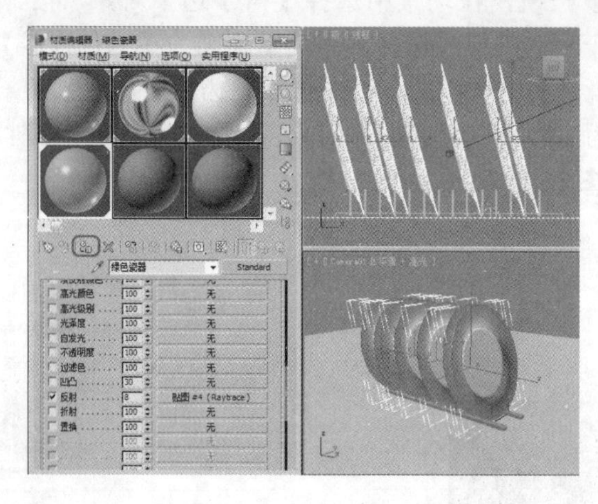

图 15.13　创建泛光灯

15.2　玻璃质感的表现

在日常生活中，玻璃质感的东西随处可见，本节将介绍玻璃质感的表现，效果如图 15.14 所示。其具体操作步骤如下。

(1)　重置一个新的场景文件，打开随书附带光盘中的 CDROM\Sences\Cha15\梳妆镜.max 素材文件，如图 15.15 所示。

(2)　在场景中选择【玻璃】对象，如图 15.16 所示。

(3)　按 M 键打开【材质编辑器】，选择一个空白的材质球，并将其重命名为【玻璃】，在【Blinn 基本参数】卷展栏中将【环境光】的 RGB 值设置为 215、236、255，将【自发光】选项组中的【颜色】设置为 5，将【不透明度】设置为 50，在【反射高光】选项组中将【高光级别】设置为 128，将【光泽度】设置为 47，展开【扩展参数】卷展栏，选中【扩展参数】选项组中的【外】单选按钮，如图 15.17 所示。

(4)　设置完成后单击【将材质指定给选定对象】按钮，将设置的材质指定给选定的对象，如图 15.18 所示。

图 15.14　完成后的效果

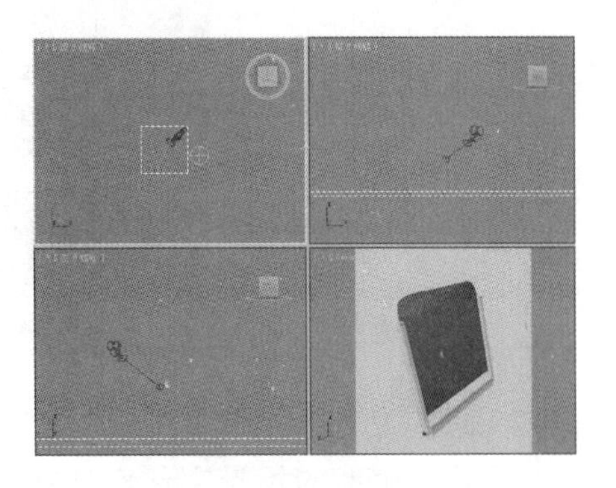

图 15.15　打开的素材文件

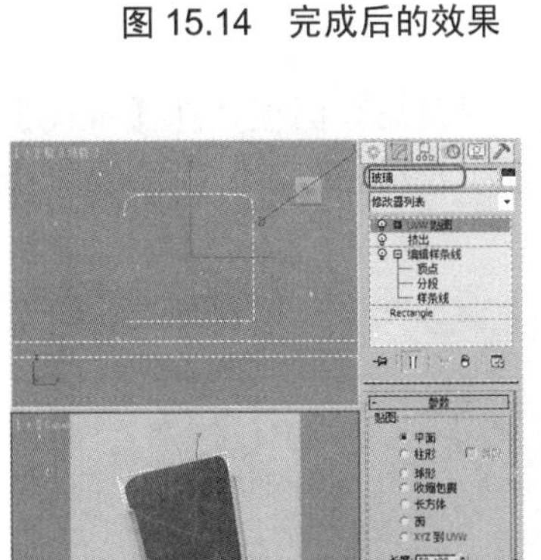

图 15.16　选择对象

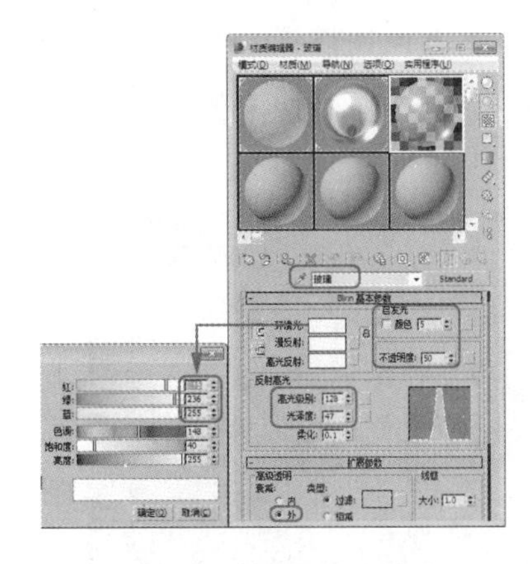

图 15.17　设置玻璃材质

(5) 此时会弹出一个【指定材质】对话框，在该对话框中选中【将其替换】单选按钮，如图 15.19 所示。单击【确定】按钮便可为其指定材质。

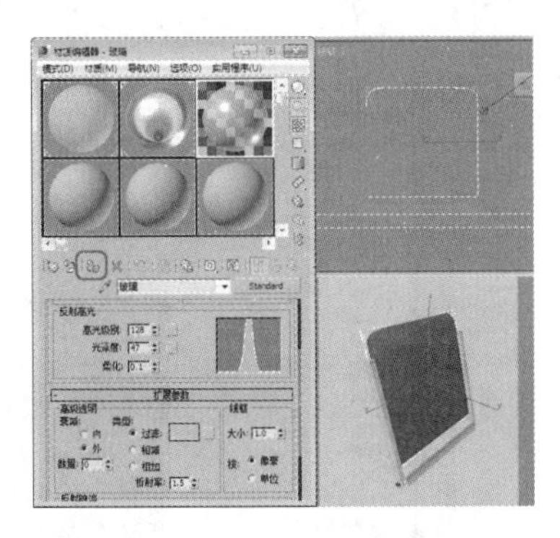

图 15.18　指定材质

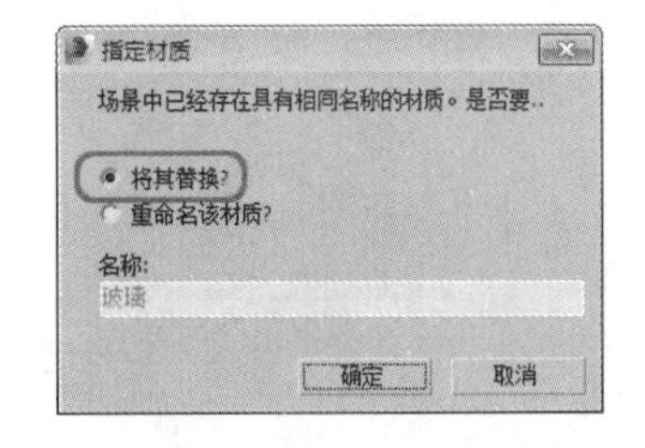

图 15.19　【指定材质】对话框

15.3　多维/子材质对象

本案例将介绍多维/子材质的调试，在指定材质之前，首先需要设置材质的 ID 号，然后通过材质来表现隔离墩的效果，如图 15.20 所示。

图 15.20 隔离墩效果

(1) 重置一个新的场景文件，打开随书附带光盘中的 CDROM\Sences\Cha15\隔离墩.max 素材文件，如图 15.21 所示。

(2) 在场景中选择“路锥 B002”对象，切换至【修改】命令面板，在【堆栈】修改器中选择【可编辑多边形】修改器，将当前选择集定义为【多边形】，在场景中选择如图 15.22 所示的对象。

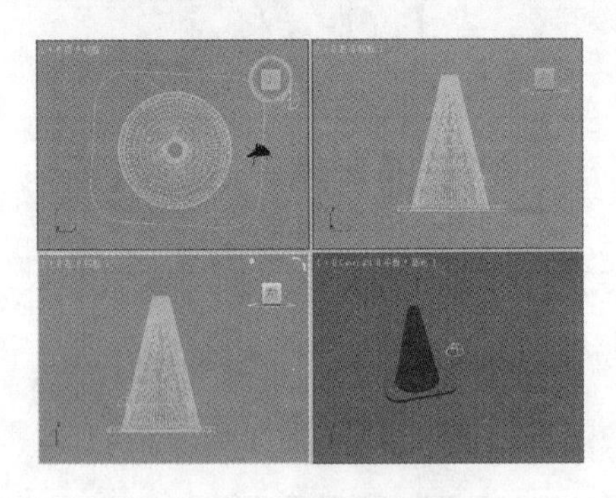

图 15.21 打开的场景文件

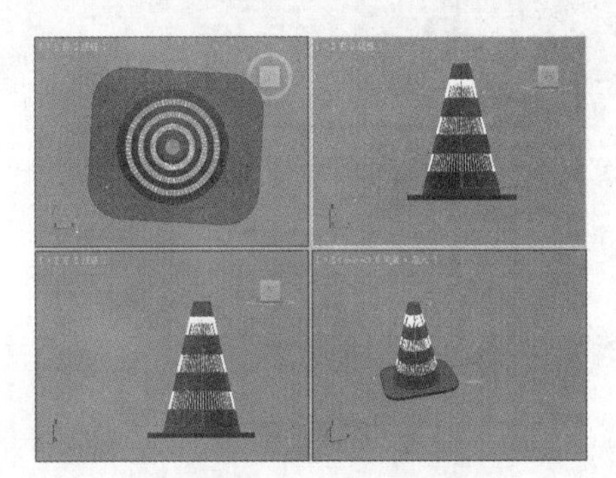

图 15.22 选择多边形

(3) 在【修改】命令面板中展开【多边形：材质 ID】卷展栏，可以看到 ID 已经设置为 1，在此我们需要重新设置一遍，如图 15.23 所示。

(4) 在菜单栏中选择【编辑】|【反选】命令，在场景中进行反选对象，如图 15.24 所示。

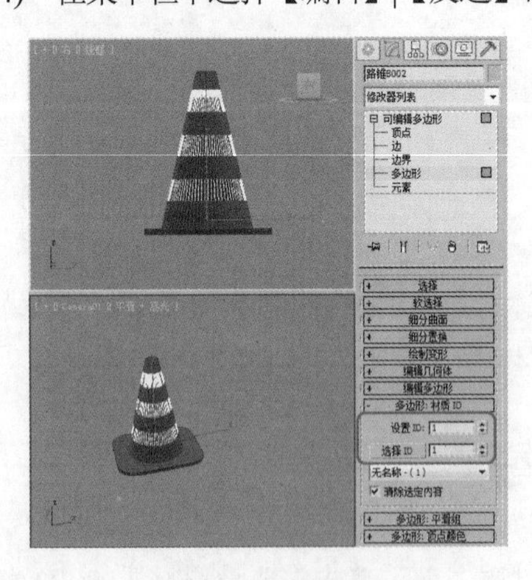

图 15.23 设置 ID 号

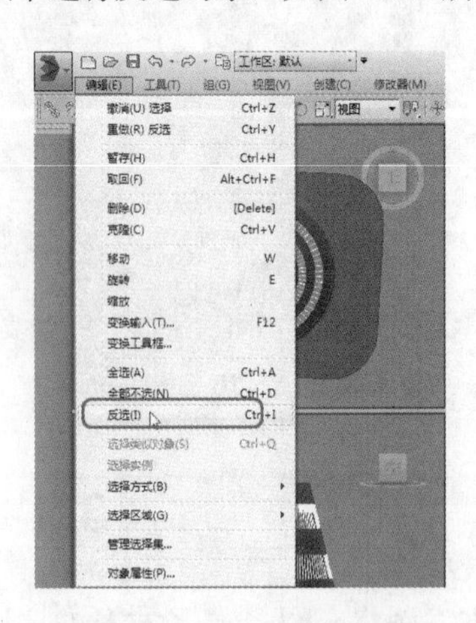

图 15.24 选择【反选】命令

(5) 反选后切换至【修改】命令面板，将材质 ID 设置为 2，如图 15.25 所示。

(6) 设置完成后退出当前选择集，按 M 键打开【材质编辑器】，选择一个空白的材质球，将其重命名为【隔离墩】，单击右侧的 Standard 按钮，在弹出的对话框中选择【多维/子对象】选项，如图 15.26 所示。

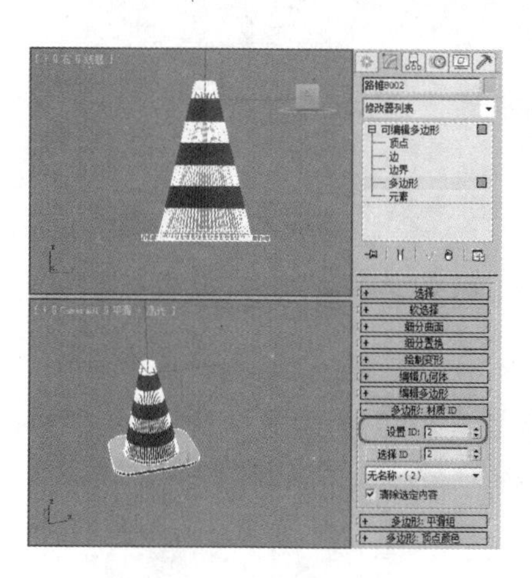

图 15.25　设置单选后的 ID

图 15.26　选择【多维/子对象】选项

(7) 单击【确定】按钮，此时会弹出一个【替换材质】的对话框，在该对话框中选中【丢弃旧材质】单选按钮，如图 15.27 所示。

(8) 设置完成后单击【确定】按钮，切换至【多维/子材质】参数面板，在该面板中单击【设置数量】按钮，在弹出的对话框中将【材质数量】设置为 2，如图 15.28 所示。

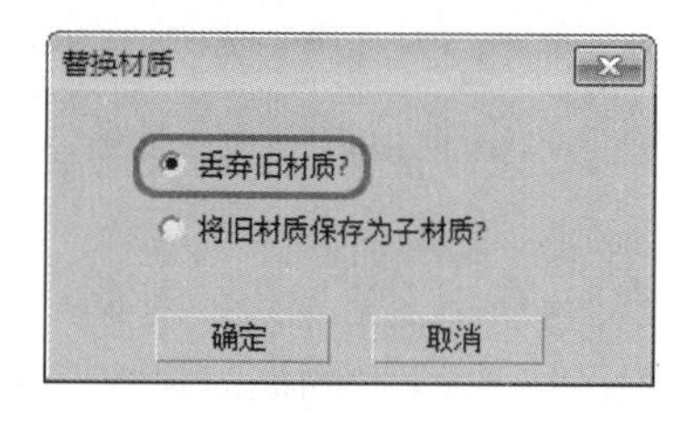

图 15.27　【替换材质】对话框

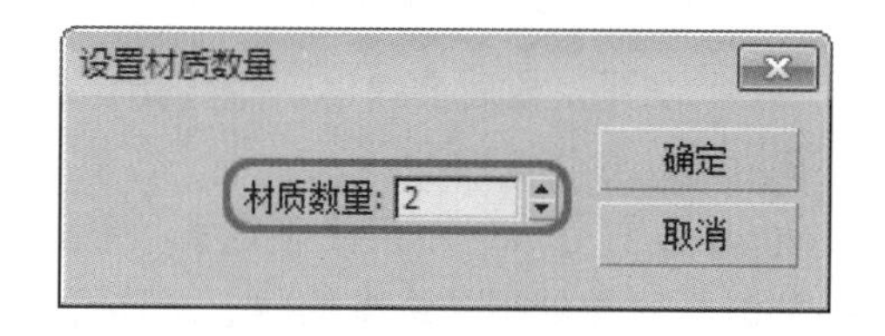

图 15.28　设置 ID 数量

(9) 设置完成后单击【确定】按钮，单击 ID1 右侧的【无】按钮，在弹出的对话框中选择【标准】选项，如图 15.29 所示。

(10) 设置完成后单击【确定】按钮，在【Blinn 基本参数】卷展栏中将【环境光】的 RGB 值设置为 255、0、0，如图 15.30 所示。

(11) 设置完成后单击【转到父对象】按钮，然后单击 ID2 右侧的【无】按钮，在弹出的对话框中选择【标准】选项，单击【确定】按钮，在【标准】参数面板中将【Blinn 基本参数】卷展栏中的【环境光】RGB 值设置为 255、255、255，如图 15.31 所示。

(12) 设置完成后单击【转到父对象】按钮，在场景中选择“路锥 B002”对象，单击【将材质指定给选定对象】按钮，如图 15.32 所示。

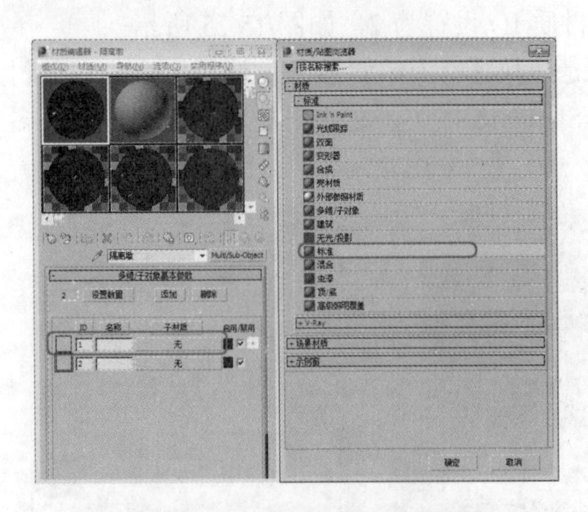

图 15.29　选择【标准】选项

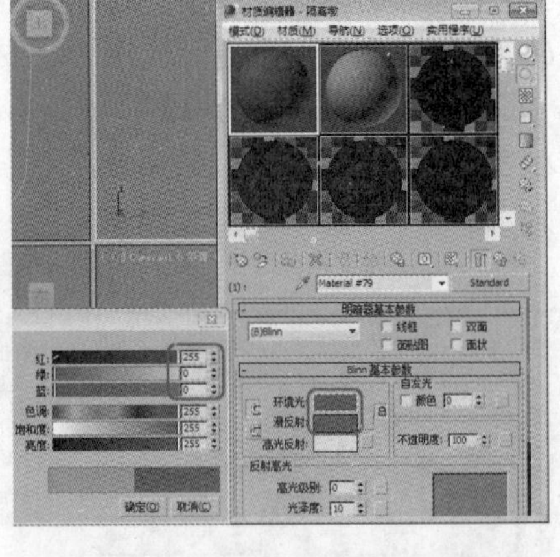

图 15.30　设置 ID1 的环境光颜色

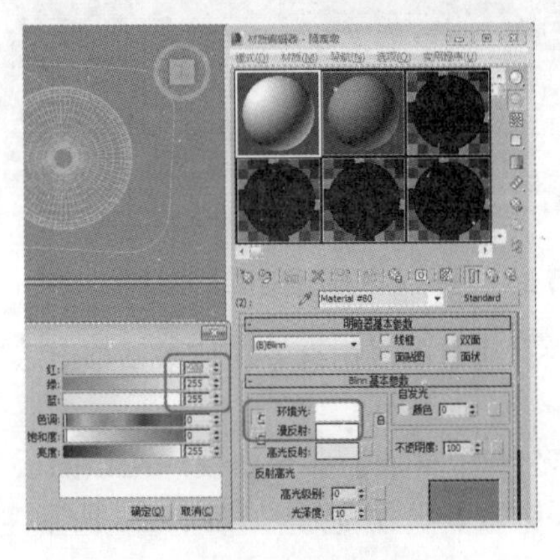

图 15.31　设置 ID2 的环境光颜色

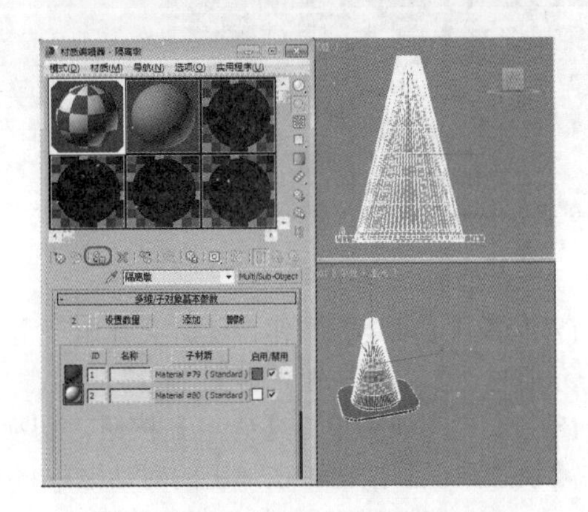

图 15.32　指定材质

(13) 设置完成后会弹出一个【指定材质】对话框，在该对话框中选中【将其替换】单选按钮，如图 15.33 所示。

(14) 设置完成后单击【确定】按钮，即可将设置的材质指定给选定的对象，确认“路锥 B002”对象处于被选中的状态下，激活【前】视图，按 Shift 键的同时沿 Y 轴进行复制对象，并将其旋转一定的角度，如图 15.34 所示。

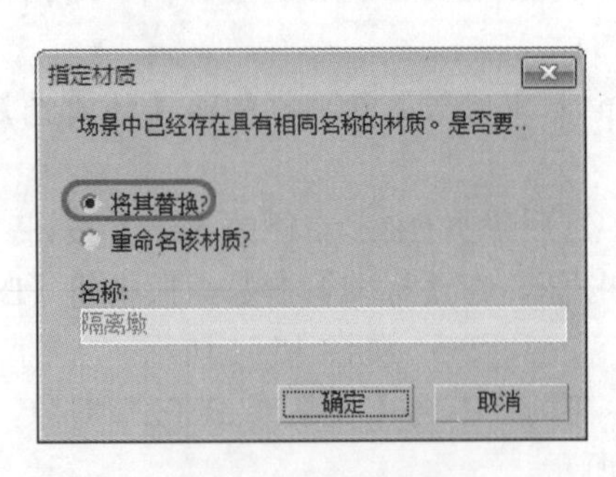

图 15.33　指定参数

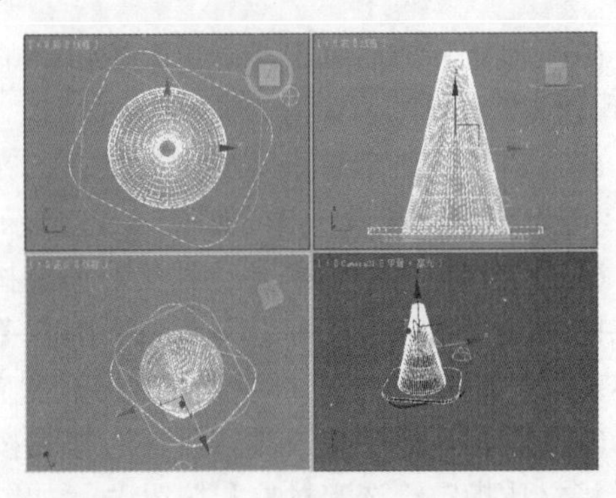

图 15.34　复制对象

(15) 使用同样的方法复制其他对象，并将其调整至合适的位置，旋转一定的角度，完成后的效果如图 15.35 所示。完成后渲染效果即可。

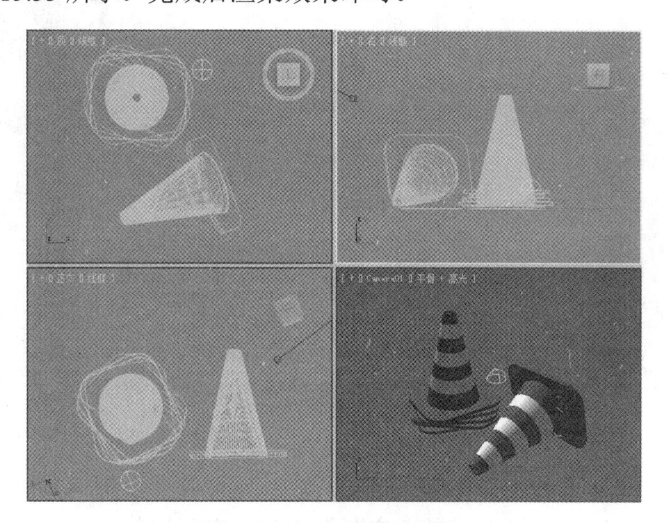

图 15.35　复制完成后的效果

15.4　大理石地面质感的表现

大理石质感在室内和室外效果图中较为常见。下面将介绍为地面设置大理石材质的具体操作步骤，其效果如图 15.36 所示。

图 15.36　大理石材质的效果

(1) 重置一个新的场景文件，打开随书附带光盘中的 CDROM\Sences\Cha15\大理石地面材质.max 素材文件，如图 15.37 所示。

(2) 在场景中选择【地面】对象，按 M 键打开【材质编辑器】，选择一个空白的材质球，并将其重命名为【地面】，在【Blinn 基本参数】卷展栏中将【环境光】的 RGB 值设置为 211、207、193，在【反射高光】选项组中将【高光级别】设置为 5，将【光泽度】设置为 25，如图 15.38 所示。

图 15.37　打开的场景文件

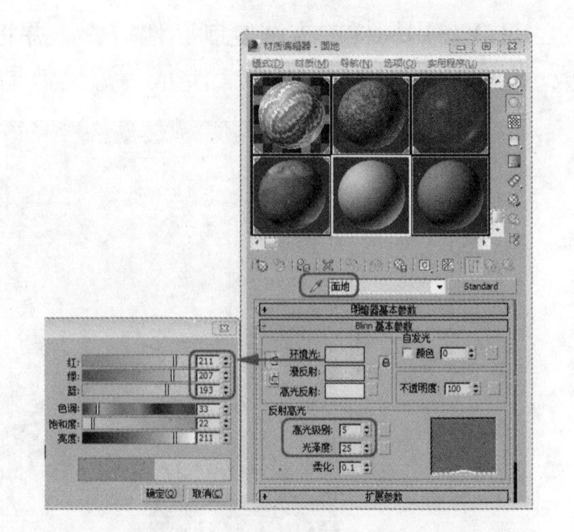

图 15.38　设置【Blinn 基本参数】

(3) 展开【贴图】卷展栏，将【漫反射颜色】的数量设置为 70，然后单击右侧的【无】按钮，在弹出的对话框中选择【位图】选项，在弹出的对话框中选择随书附带光盘中的 CDROM/Map/Floor05b.jpg 贴图，如图 15.39 所示。

(4) 单击【打开】按钮，在【坐标】卷展栏中将【瓷砖】U、V 值设置为 150.0、250.0，如图 15.40 所示。

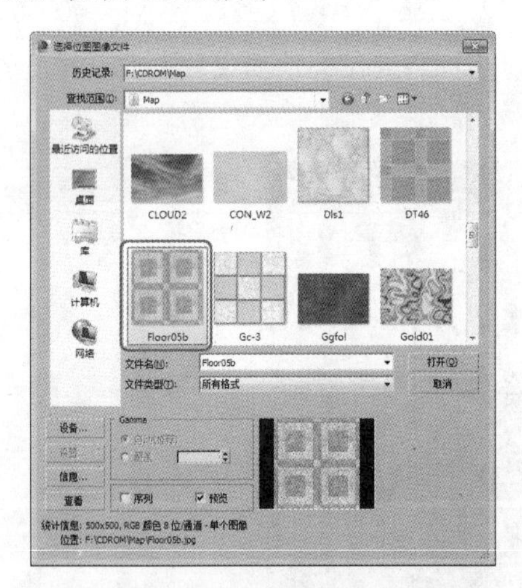

图 15.39　选择贴图文件

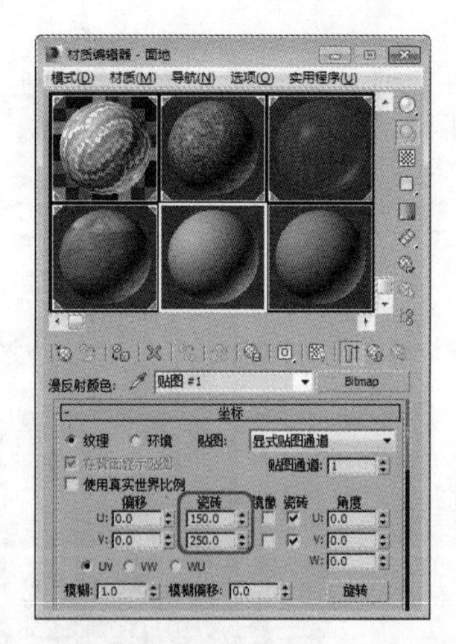

图 15.40　设置瓷砖数

(5) 单击【转到父对象】按钮，将【凹凸】设置为 60，使用同样的方法，添加贴图并设置其【瓷砖】UV 值，如图 15.41 所示。

(6) 单击【转到父对象】按钮，将【反射】数量设置为 6，单击右侧的【无】按钮，在弹出的对话框中选择【平面镜】选项，如图 15.42 所示。

(7) 单击【确定】按钮，在该面板中保持其默认设置，如图 15.43 所示。

(8) 设置完成后单击【将材质指定给选定对象】按钮，将设置好的材质指定给选定对象，如图 15.44 所示。

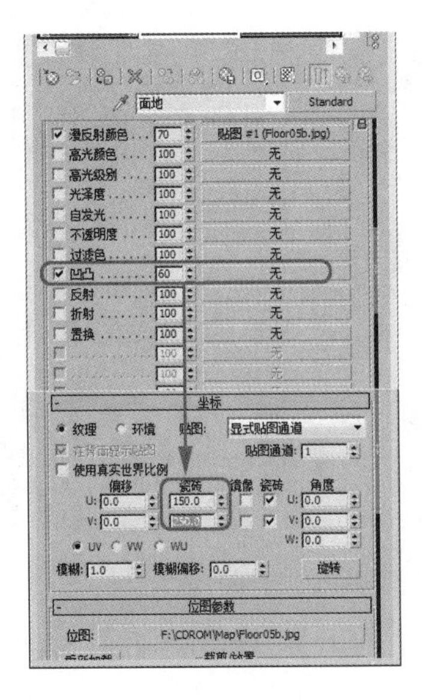

图 15.41　设置贴图

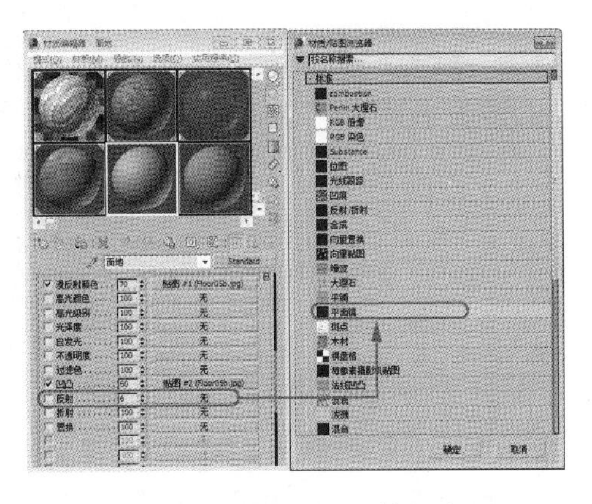

图 15.42　选择【平面镜】选项

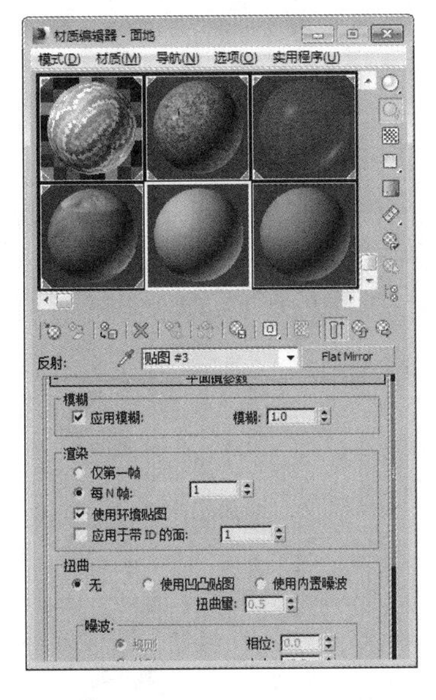

图 15.43　平面镜参数

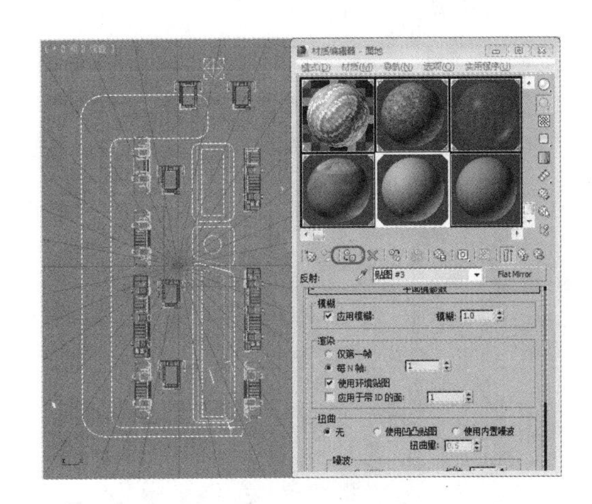

图 15.44　指定材质

15.5　木纹质感的表现

木纹质感的应用比较广泛，比如餐具、室外栅栏、木质桌椅以及木地板等。在生活中也可以看到木质的扇子。下面就通过一个例子来讲解木纹材质的设置方法，效果如图 15.45 所示。

(1)　重置一个新的场景文件，打开随书附带光盘中的 CDROM\Sences\Cha15\木纹质感.max 素材文件，如图 15.46 所示。

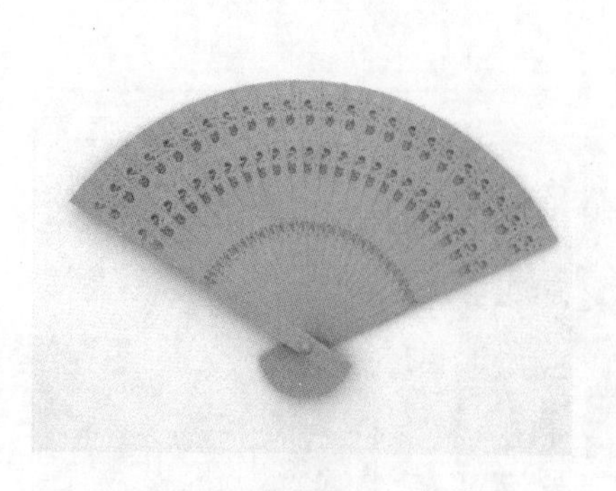

图 15.45 木质扇子的效果

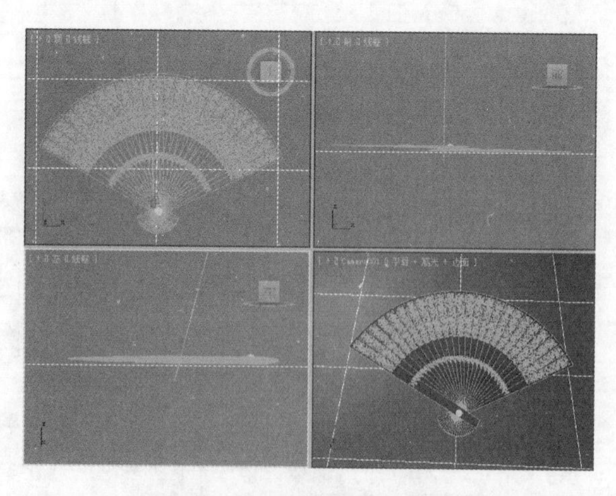

图 15.46 打开的场景文件

(2) 在工具栏中单击【按名称选择】按钮，在弹出的对话框中按 Shift 键的同时选择 Rectangle027～Rectangle050 对象，如图 15.47 所示。

(3) 单击【确定】按钮，按 M 键打开【材质编辑器】，选择一个空白的材质球，在【反射高光】卷展栏中将【高光级别】设置为 15，将【光泽度】设置为 10，如图 15.48 所示。

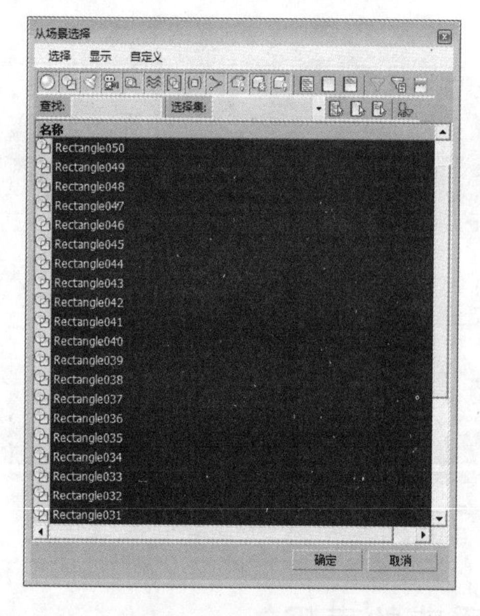

图 15.47 选择对象

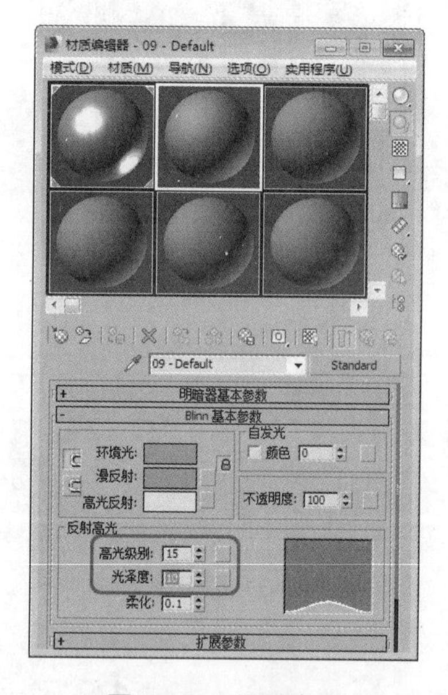

图 15.48 设置高光

(4) 展开【贴图】卷展栏，单击【漫反射颜色】右侧的【无】按钮，在弹出的对话框中选择【位图】选项，单击【确定】按钮，在弹出的对话框中选择随书附带光盘中的 CDROM/Map/A-d-018.jpg，贴图文件，如图 15.49 所示。

(5) 单击【打开】按钮，在【材质编辑器】中单击【将材质指定给选定对象】按钮，在弹出的对话框中选中【将其替换】单选按钮，如图 15.50 所示。单击【确定】按钮即可。

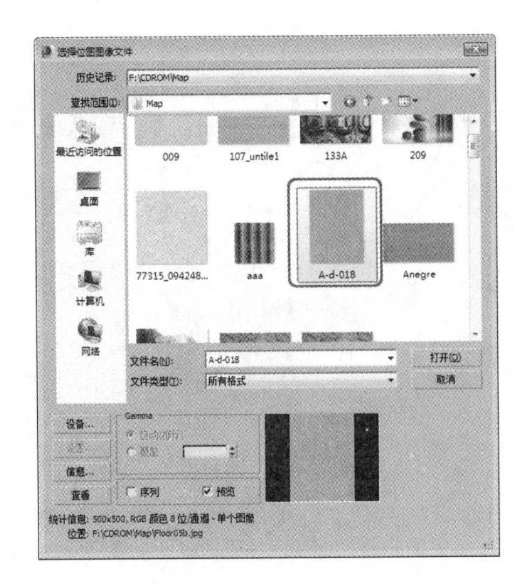

图 15.49　选择贴图

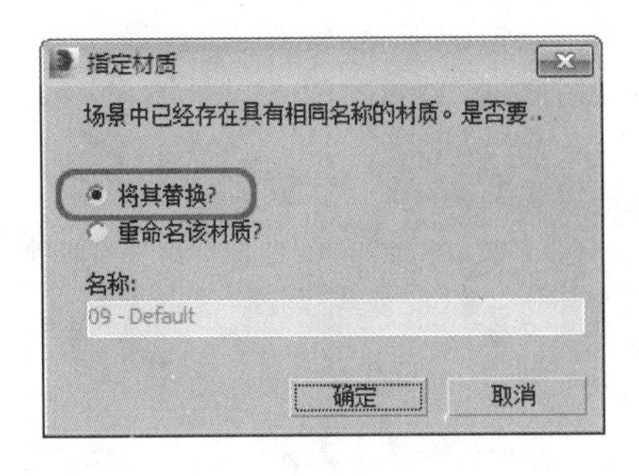

图 15.50　选中【将其替换】单选按钮

15.6　砖墙质感的表现

砖墙材质属于建筑物外表的常用材质。本例主要介绍砖墙材质的制作，通过在修改器列表中为【墙体】对象添加【UVW 贴图】修改器，然后设置砖墙贴图。砖墙材质的最终效果如图 15.51 所示。

图 15.51　砖墙材质效果

(1) 打开随书附带光盘 CDROM\Scenes\Cha15\砖墙材质.max 场景文件，如图 15.52 所示。

(2) 选中【墙体】对象，切换至【修改】命令面板，在修改器列表中选择【UVW 贴图】修改器。在【参数】卷展栏中，将【贴图】设置为长方体，在【对齐】中单击【适配】按钮，如图 15.53 所示。

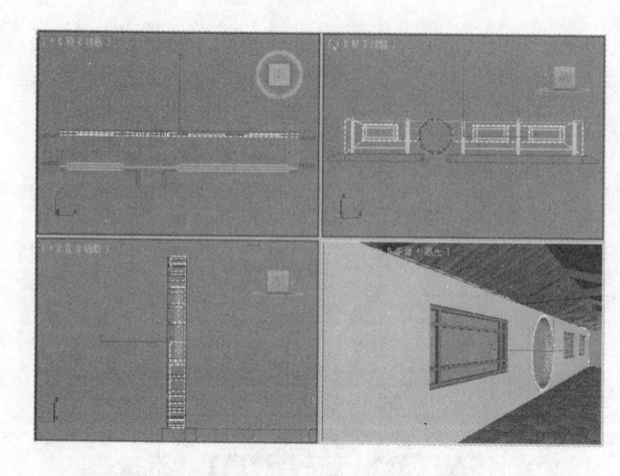

图 15.52 打开的场景文件

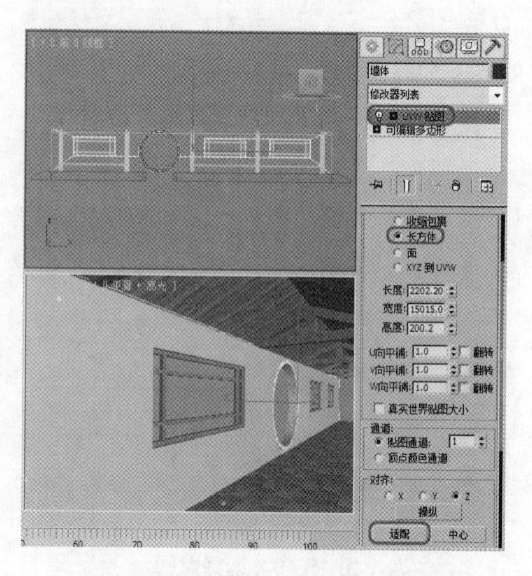

图 15.53 设置【UVW 贴图】修改器

(3) 按 M 键打开【材质编辑器】窗口，选中一个标准材质球，将其命名为墙体。单击【将材质指定给选定对象】按钮，将当前材质指定给场景中的【墙体】对象。在【贴图】卷展栏中，单击【漫反射颜色】右侧的【无】按钮。在弹出的【材质/贴图浏览器】窗口中，双击【标准】卷展栏中的【位图】贴图，如图 15.54 所示。

(4) 在弹出的【选择位图图像文件】窗口中，选择随书附带光盘 CDROM\Map\BR027.JPG 素材图片，单击【打开】按钮，如图 15.55 所示。

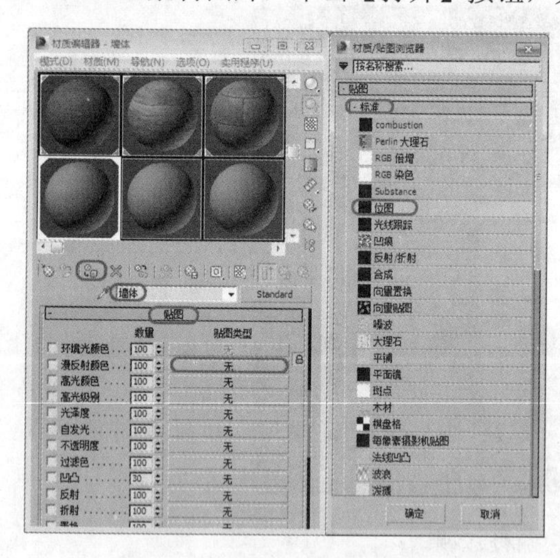

图 15.54 双击【位图】贴图

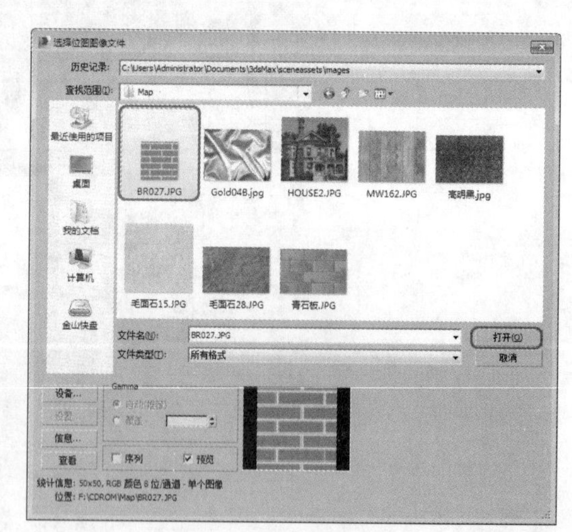

图 15.55 打开材质文件

(5) 进入【位图】贴图层，单击【在视口中显示标准材质】按钮。在【坐标】卷展栏中，将【瓷砖】的 U 值设置为 81，V 值设置为 8.2，如图 15.56 所示。

(6) 单击【转到父对象】按钮，在【贴图】卷展栏中拖曳【漫反射颜色】右侧的按钮，将其移动到【凹凸】右侧的【无】按钮，在弹出的【复制（实例）贴图】对话框中，选中【实例】单选按钮并单击【确定】按钮。将【凹凸】贴图通道中的【数量】设置为

50，如图 15.57 所示。

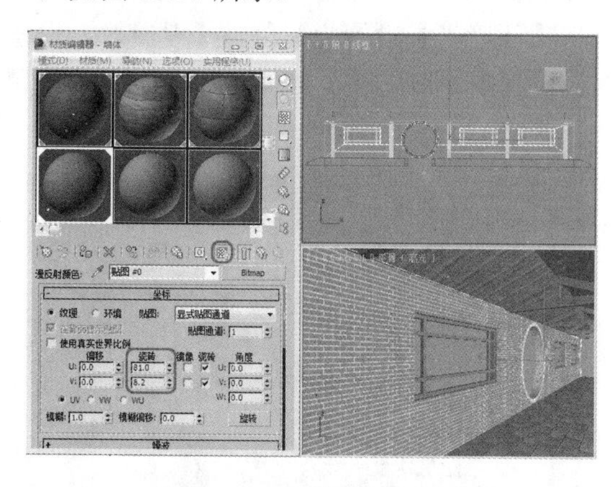

图 15.56　设置【瓷砖】值

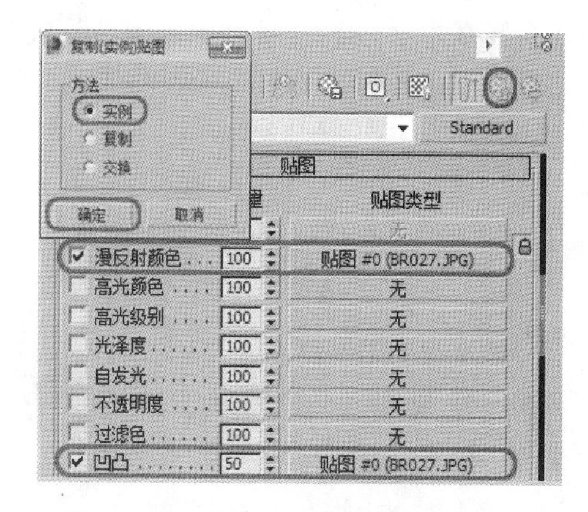

图 15.57　设置贴图通道中的参数

(7)　关闭【材质编辑器】窗口，按 F9 快捷键渲染场景。

15.7　金 属 材 质

在制作日常生活的物体时，金属材质是经常使用的一种材质。下面将要介绍不锈钢材质与黄金金属材质的设置。

15.7.1　不锈钢质感的表现

本例介绍为哑铃添加不锈钢材质，通过将材质的阴影模式设置为金属并进行相应的设置，可以调制出不锈钢材质。如图 15.58 所示为不锈钢材质的效果。

图 15.58　不锈钢材质的效果

(1)　打开随书附带光盘 CDROM\Scenes\Cha15\哑铃.max 场景文件，如图 15.59 所示。

(2)　选中场景中两个哑铃的中心轴对象，按 M 键打开【材质编辑器】窗口，选中一个标准材质球，将其命名为中心轴。单击【将材质指定给选定对象】按钮，将当前材质指定给场景中的中心轴对象。在【明暗器基本参数】卷展栏中，将阴影模式更改为金属。在【金属基本参数】卷展栏中，单击按钮，将【环境光】设置为黑色，【漫反射】设置为白色。在【反射高光】组中，将【高光级别】设置为 100，将【光泽度】设置为 80，如图 15.60 所示。

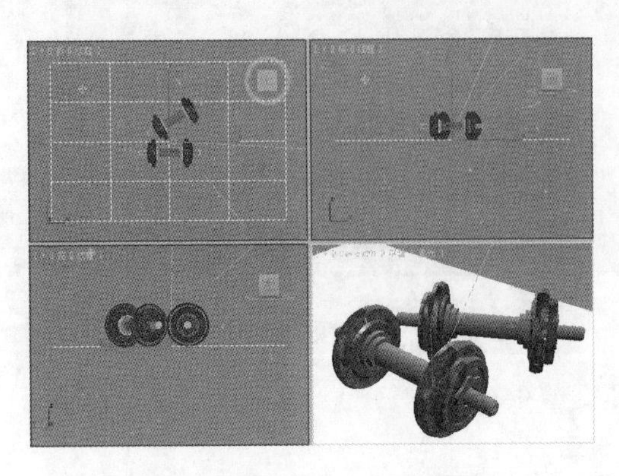

图 15.59　打开的场景文件

图 15.60　设置金属材质球

(3) 在【贴图】卷展栏中，单击【反射】右侧的【无】按钮。在弹出的【材质/贴图浏览器】窗口中，双击【标准】卷展栏中的【位图】贴图，如图 15.61 所示。

(4) 在弹出的【选择位图图像文件】窗口中，选择随书附带光盘 CDROM\Map\Gold04B.jpg 素材图片，单击【打开】按钮，如图 15.62 所示。

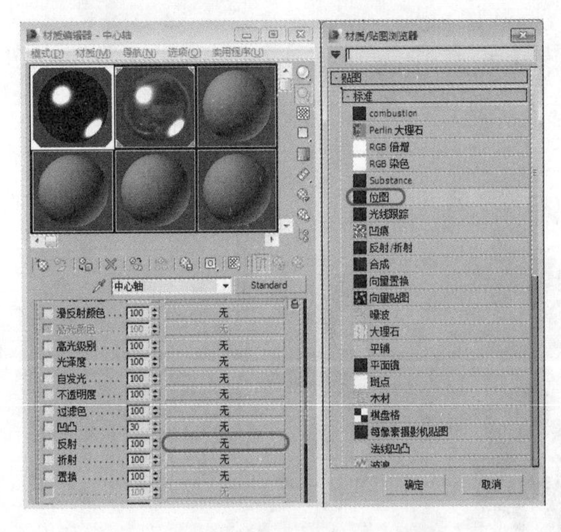

图 15.61　双击【位图】贴图

图 15.62　打开材质文件

(5) 进入【位图】贴图层，在【坐标】卷展栏中，将【模糊偏移】设置为 0.086，如图 15.63 所示。

(6) 关闭【材质编辑器】窗口，按 F9 快捷键渲染场景。

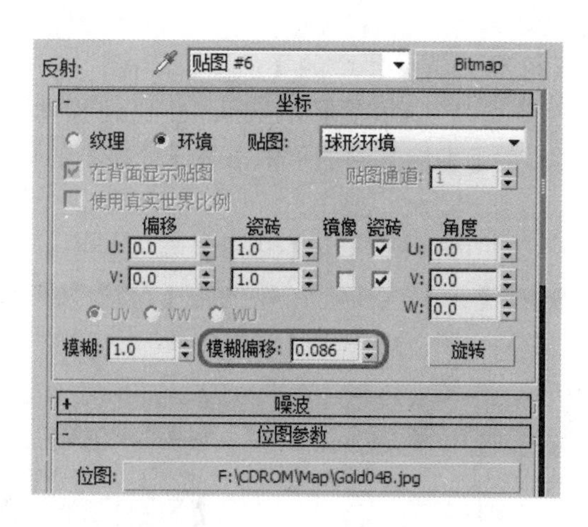

图 15.63　设置【模糊偏移】

15.7.2　黄金金属质感的表现

本例介绍黄金材质的调试，通过将材质的阴影模式设置为金属，然后添加【凹凸】和【反射】贴图，并进行相应的设置就可以调制黄金金属质感的材质。调制完成的效果如图 15.64 所示。

图 15.64　黄金材质效果

(1) 打开随书附带光盘 CDROM\Scenes\Cha15\黄金材质.max 场景文件，如图 15.65 所示。

(2) 选中场景中奖杯对象，按 M 键打开【材质编辑器】窗口，选中一个标准材质球，将其命名为【黄金材质】，单击【将材质指定给选定对象】按钮，将当前材质指定给场景中的奖杯对象。在【明暗器基本参数】卷展栏中，将阴影模式更改为金属。在【金属基本参数】卷展栏中，将【环境光】和【漫反射】的 RBG 值设置为 240、120、12；将【自发光】的【颜色】设置为 30；在【反射高光】组中，将【高光级别】设置为 100，【光泽度】设置为 70，如图 15.66 所示。

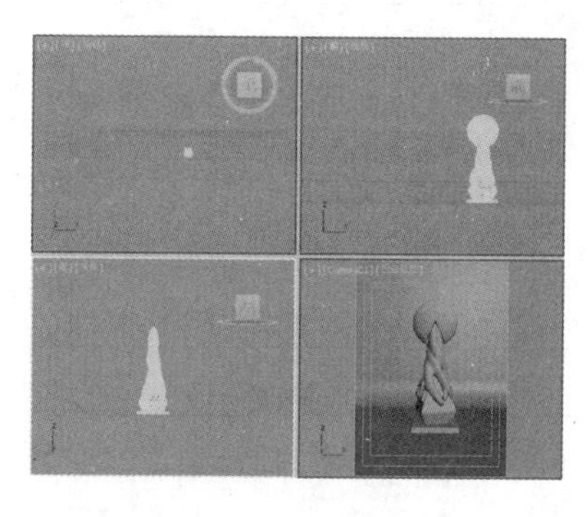

图 15.65　打开的场景文件

图 15.66　设置金属参数

(3) 在【贴图】卷展栏中，单击【凹凸】右侧的【无】按钮。在弹出的【材质/贴图浏览器】窗口中，双击【标准】卷展栏中的【位图】贴图，在弹出的【选择位图图像文件】窗口中，选择随书附带光盘 CDROM\Map\huangjin.jpg 素材图片，单击【打开】按钮，进入【位图】贴图层，在【坐标】卷展栏中，将【瓷砖】的 U 和 V 值都设置为 2.0，如图 15.67 所示。

(4) 单击【转到父对象】按钮，在【贴图】卷展栏中，将【凹凸】的数量设置为-8，单击【反射】右侧的【无】按钮。在弹出的【材质/贴图浏览器】窗口中，双击【标准】卷展栏中的【混合】贴图，如图 15.68 所示。

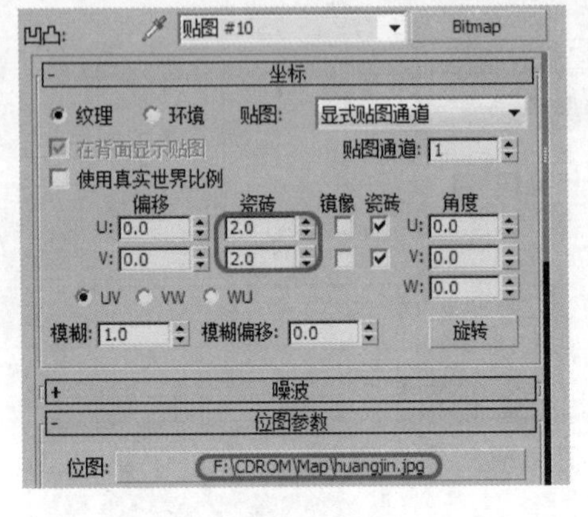

图 15.67 设置【瓷砖】参数

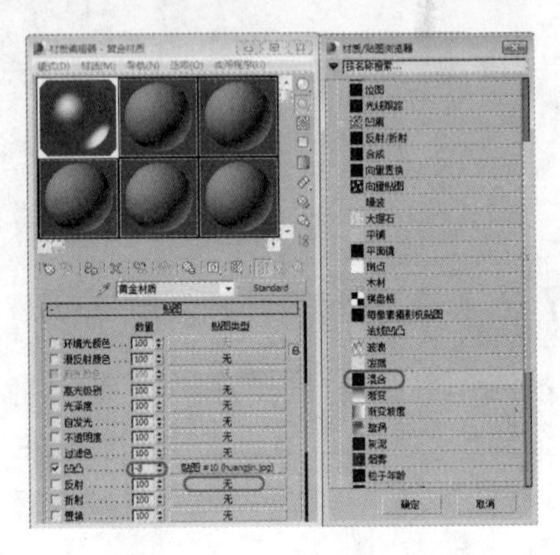

图 15.68 双击【混合】

(5) 在【混合参数】卷展栏中，将【混合量】设置为 90.0。单击【颜色#1】右侧的【无】按钮，在弹出的【材质/贴图浏览器】窗口中，双击【标准】卷展栏中的【光线跟踪】，如图 15.69 所示。

(6) 单击【转到父对象】按钮，单击【颜色#1】右侧的【无】按钮，在在弹出的【材质/贴图浏览器】窗口中，双击【标准】卷展栏中的【位图】贴图，在弹出的【选择位图图像文件】窗口中，选择随书附带光盘 CDROM\Map\黄金 02.jpg 素材图片，单击【打开】按钮，进入【位图】贴图层，在【坐标】卷展栏中，将【模糊偏移】设置为 0.05，如图 15.70 所示。

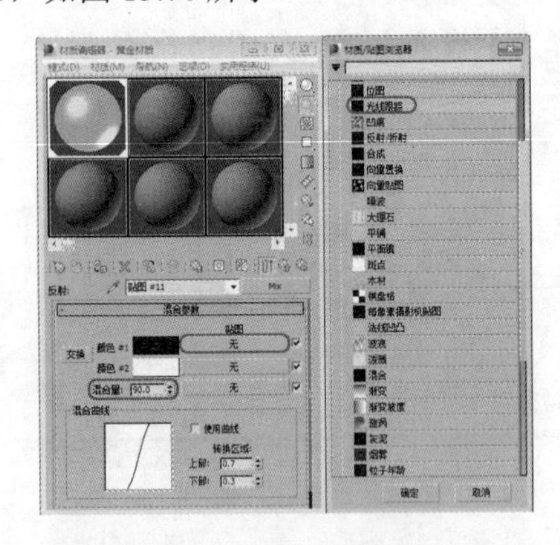

图 15.69 双击【光线跟踪】

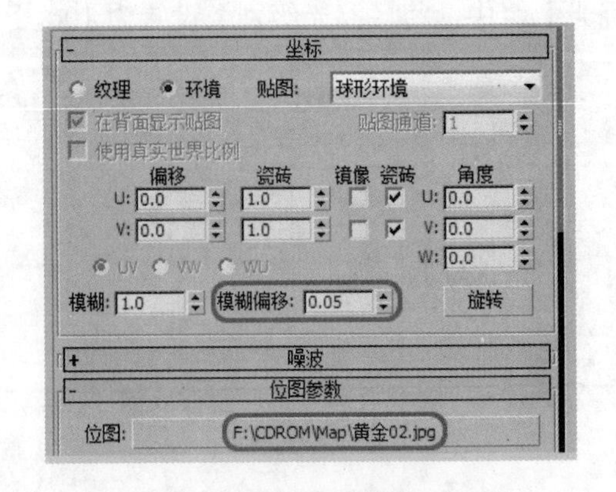

图 15.70 设置【模糊偏移】

(7) 关闭【材质编辑器】窗口，按 F9 快捷键渲染场景。

第 16 章　项目指导——动画制作入门练习

本章主要介绍文字动画的制作方法，通过对文字标版、光影文字、火焰崩裂字三个案例的学习，可以掌握关键帧的使用及各种材质的设置。

16.1　关键帧动画——文字标版

本例的制作非常简单，主要介绍材质动画和摄影机动画的结合，并且通过【视频后期处理】合成器进行合成。在本案例中用到了两个摄影机，并为其创建动画，在制作的过程中往往第一个摄影机和第二个摄影机动画在链接时表现得不真实，所以调整好摄影机的位置很关键，其文字标版的效果如图 16.1 所示。

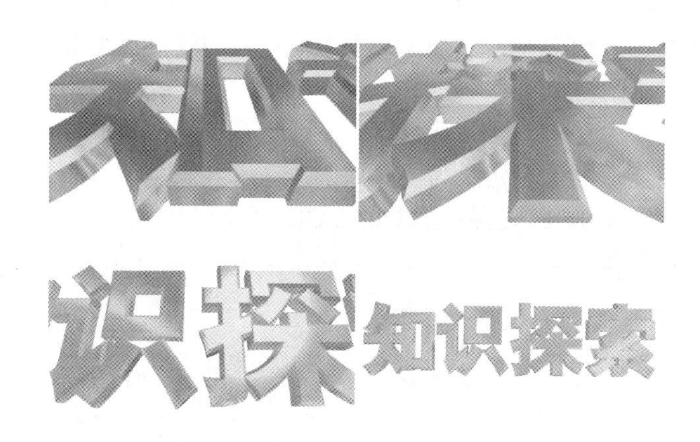

图 16.1　文字标版

16.1.1　设置材质动画

下面简单介绍一下文字的制作方法，并为其添加【倒角】修改器，了解倒角参数的设置理念。

(1) 重置一个新的 3ds Max 场景，单击【动画和时间】控件中的【时间配置】按钮，弹出【时间配置】对话框，将【动画】区域下的【长度】设置为 200，单击【确定】按钮，如图 16.2 所示。

(2) 选择【创建】|【图形】|【样条线】|【文本】工具，在【参数】卷展栏中将【字体】设置为【经典粗黑简】，在文本框中输入【知识探索】，然后在【顶】视图中单击创建文本，如图 16.3 所示。

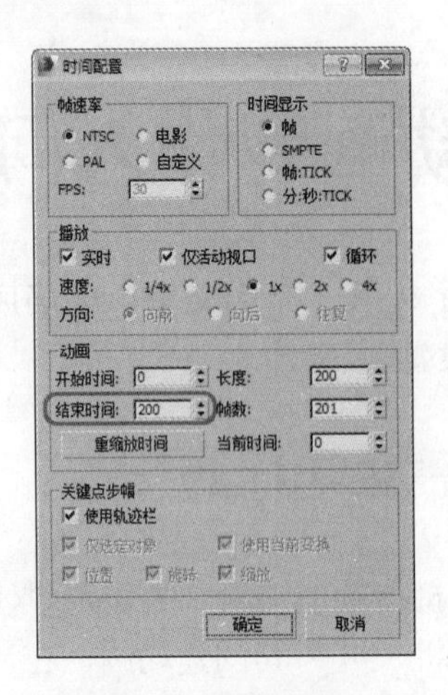

图 16.2　设置动画时长

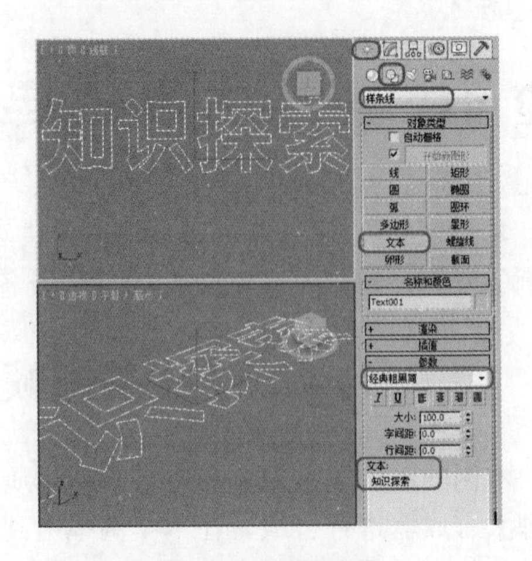

图 16.3　创建文本

(3) 切换到修改命令面板，在【修改器列表】中选择【倒角】修改器，在【倒角值】卷展栏中将【级别 1】下的【高度】和【轮廓】设置为 2.0、2.0，勾选【级别 2】复选框，将【高度】设置为 8.0，勾选【级别 3】复选框，将【高度】和【轮廓】分别设置为 2.0、-2.0，如图 16.4 所示。

(4) 按 M 键打开【材质编辑器】对话框，选择一个新的材质样本球，在【明暗器基本参数】卷展栏中将明暗器类型定义为【金属】；在【金属基本参数】卷展栏中将【环境光】的 RGB 值均设置为 0，将【漫反射】的 RGB 值分别设置为 255、162、0，将【反射高光】区域下的【高光级别】和【光泽度】分别设置为 100、68，如图 16.5 所示。

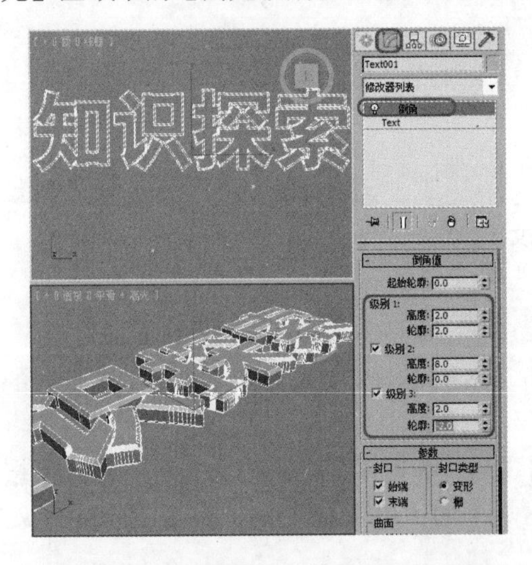

图 16.4　添加倒角修改器并设置其参数

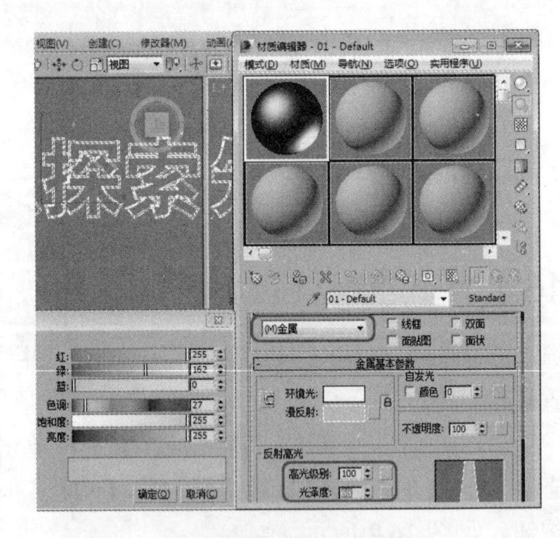

图 16.5　设置材质参数

(5) 在【贴图】卷展栏中单击【反射】通道后的【无】按钮，在打开的【材质/贴图浏览器】对话框中双击【位图】贴图，在打开的对话框中选择随书附带光盘中的 CDROM\Map\Gold04.jpg 文件，单击【打开】按钮，在【输出】卷展栏中将【输出量】的值设置为 1.4，如图 16.6 所示。单击【转到父对象】按钮和【将材质指定给选定对象】按钮，将材质指定给文本对象。

(6) 将时间滑块拖曳至第 200 帧处，单击【自动关键点】按钮，在【材质编辑器】对话框中将【反射高光】区域下的【高光级别】和【光泽度】分别设置为 60、100，如图 16.7 所示。再次单击【自动关键点】按钮，将其关闭。

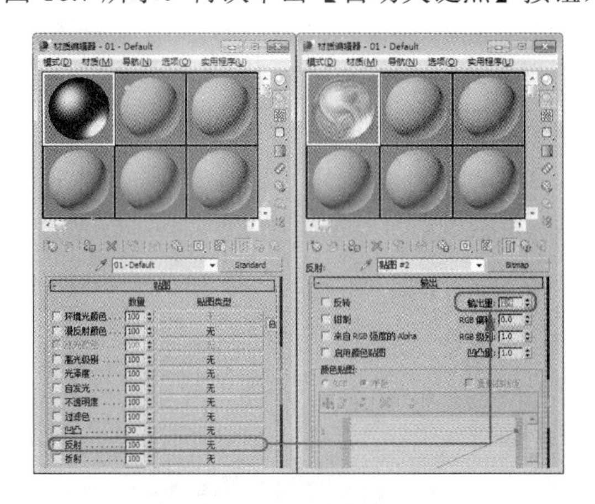

图 16.6　设置材质输出量

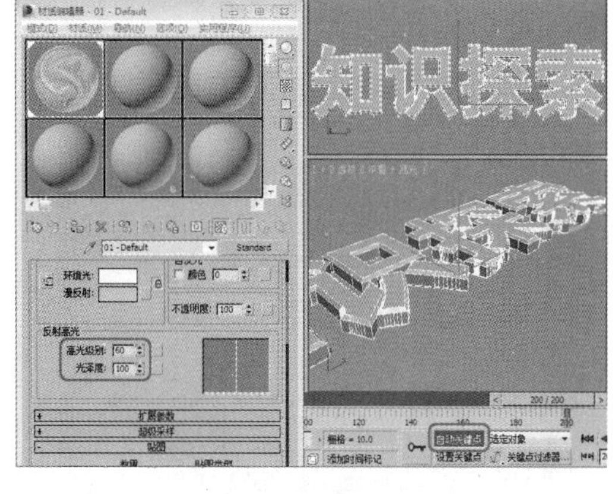

图 16.7　添加关键帧动画

16.1.2　摄影机与摄影机动画的设置

合理地使用摄影机对整个图像效果或动画影响非常大。本实例来介绍摄影机与摄影机动画的设置方法，具体操作步骤如下。

(1) 选择【创建】|【摄影机】|【目标】工具，在【顶】视图中创建一架摄影机，在【参数】卷展栏中将【镜头】参数设置为 23，激活【透视】视图，按 C 键将其转换为【摄影机】视图，并在其他视图中调整其位置，效果如图 16.8 所示。

(2) 选择【创建】|【辅助对象】|【虚拟对象】工具，然后在【顶】视图中创建一个虚拟对象，如图 16.9 所示。

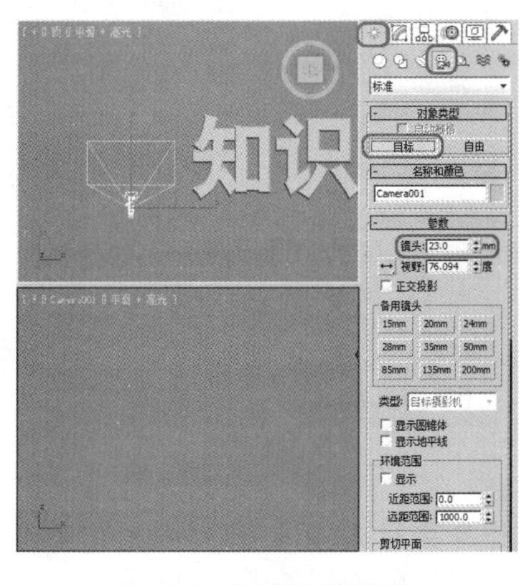

图 16.8　设置摄影机参数

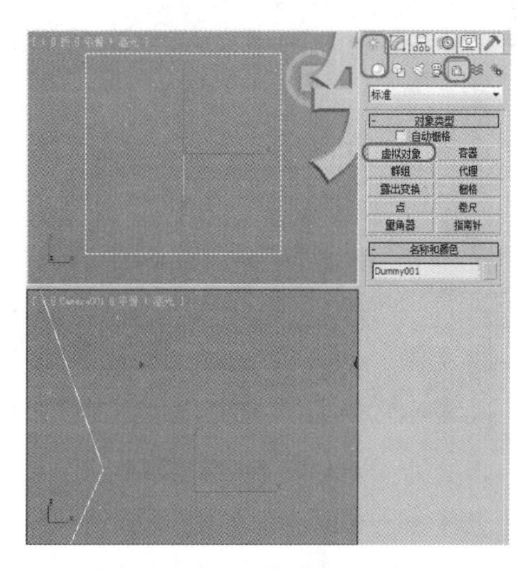

图 16.9　创建虚拟对象

(3) 在视图中选择摄影机，然后在工具栏中单击【选择并链接】按钮，在摄影机上按住鼠标左键并将其拖曳至虚拟对象上，效果如图 16.10 所示。

(4) 单击【自动关键点】按钮，将时间滑块拖曳至第 100 帧位置处，选择虚拟对象，将其拖曳至【探】字的右下方处，并通过【摄影机】视图观察最终的效果，如图 16.11 所示。再次单击【自动关键点】按钮，将其关闭。

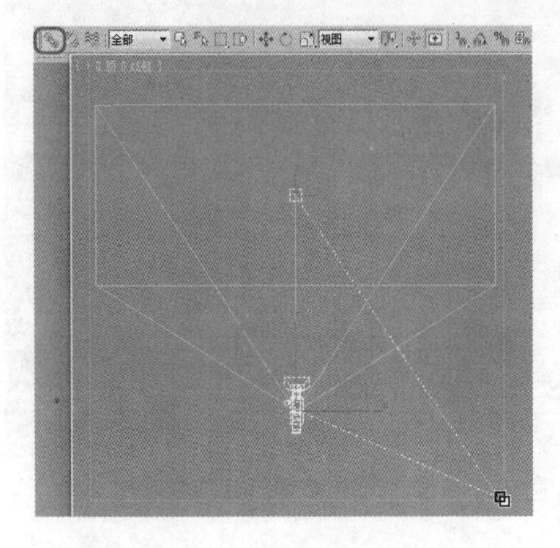

图 16.10 链接辅助对象

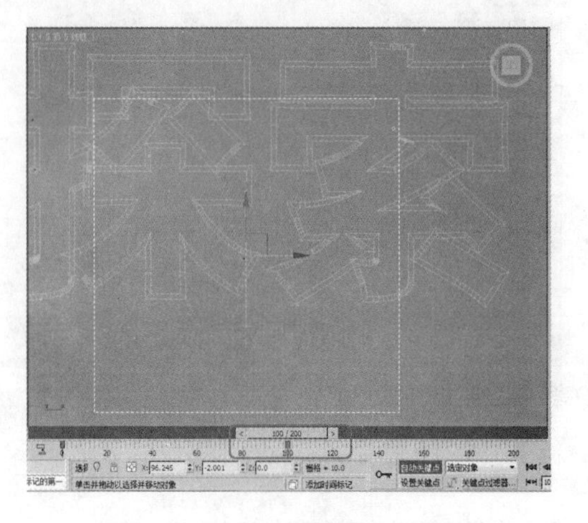

图 16.11 调整辅助对象的位置

(5) 单击【显示】按钮，进入显示命令面板，在【按类别隐藏】卷展栏中勾选【辅助对象】复选框，将虚拟对象隐藏，效果如图 16.12 所示。

(6) 选择【创建】|【摄影机】|【目标】工具，在【顶】视图中创建一架摄影机，在【参数】卷展栏中将【镜头】参数设置为 23.0，激活【前】视图，按 C 键将其转换为【摄影机】视图，并在其他视图中调整其位置，效果如图 16.13 所示。

图 16.12 隐藏辅助对象

图 16.13 创建摄影机

(7) 单击【自动关键点】按钮，将时间滑块拖曳至第 200 帧位置处，然后在视图中调整 Camera002 摄影机的位置，并在 Camera002 视图中观察效果，如图 16.14 所示。

(8) 在轨迹条中选择位于第 0 帧处的关键帧，将它移动至第 100 帧位置处，该操作的目的是使 Camera002 摄影机在第 100 帧的位置处开始移动，如图 16.15 所示。

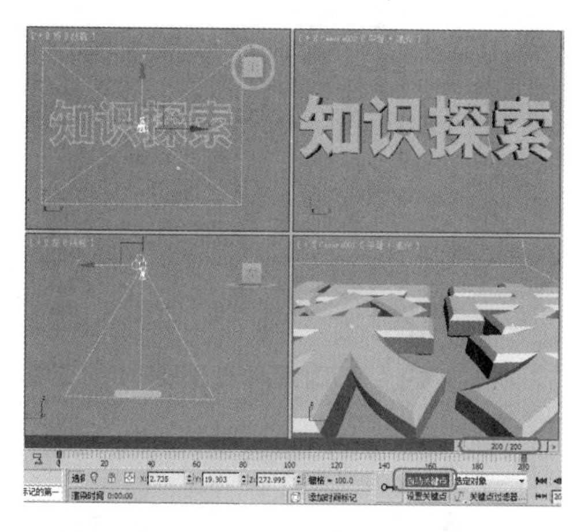

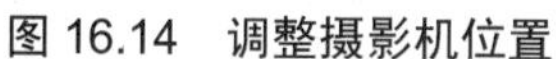

图 16.14　调整摄影机位置

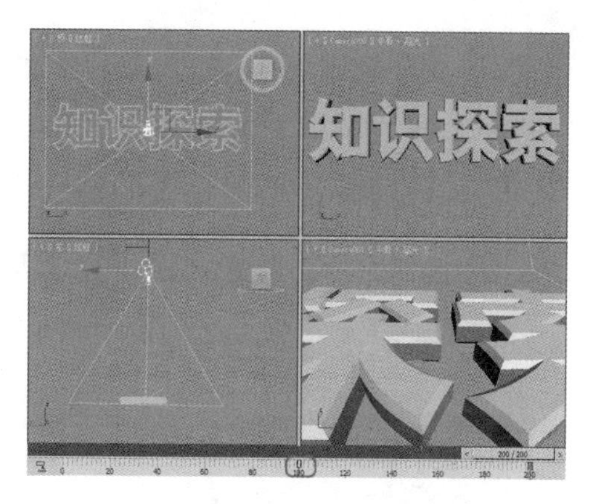

图 16.15　调整关键帧位置

(9) 完成设置后再次单击【自动关键点】按钮，将其关闭。激活 Camera001 视图，然后在菜单栏中选择【渲染】|【视频后期处理】命令，打开【视频后期处理】对话框，单击【添加场景事件】按钮，在打开的【添加场景事件】对话框中使用默认的【摄影机】视图，如图 16.16 所示。

(10) 设置完成后单击【确定】按钮，返回到【视频后期处理】对话框中，然后选择 Camera001 摄影机第 200 帧处的关键点，并将其拖曳至第 100 帧位置处，如图 16.17 所示。

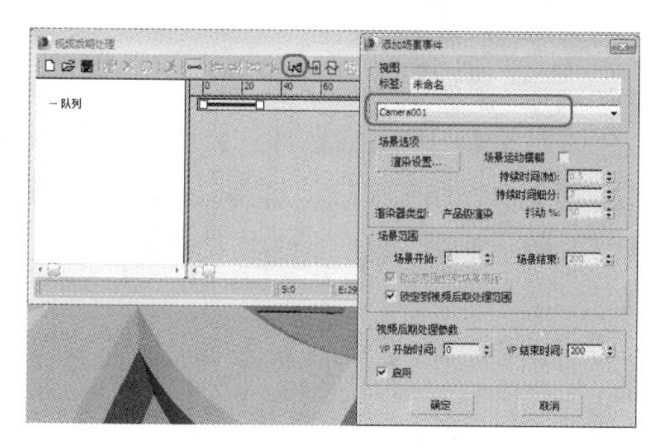

图 16.16　选择默认的场景事件

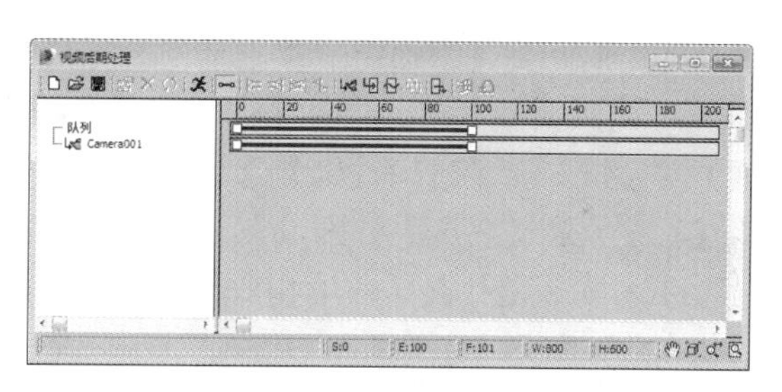

图 16.17　调整关键点位置

(11) 使用同样的方法将第 2 个摄影机对象添加到【视频后期处理】对话框中，完成添加后，将 Camera002 摄影机第 0 帧处的关键点移动至第 100 位置处，如图 16.18 所示。

(12) 在【视频后期处理】对话框中单击【添加图像输出事件】按钮，弹出【添加图像输出事件】对话框，如图 16.19 所示。

(13) 单击【文件】按钮，在弹出的【为视频后期处理输出选择图像文件】对话框中设置输出路径及文件名，并将【保存类型】设置为 avi，单击【保存】按钮，如图 16.20 所示。

(14) 弹出【AVI 文件压缩设置】对话框，在该对话框中将【主帧比率】设置为 0，然后单击【确定】按钮，如图 16.21 所示。

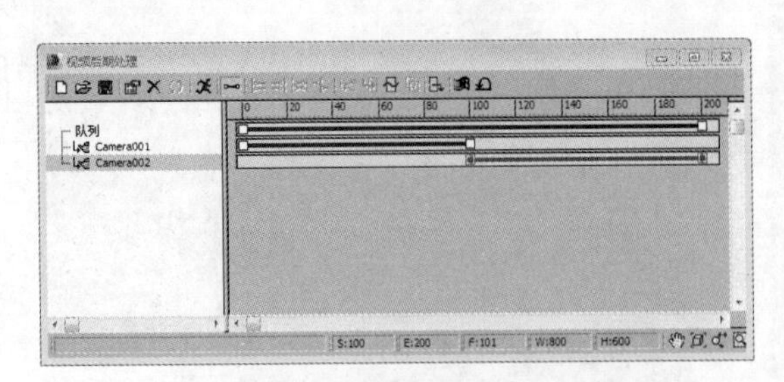

图 16.18　调整关键点

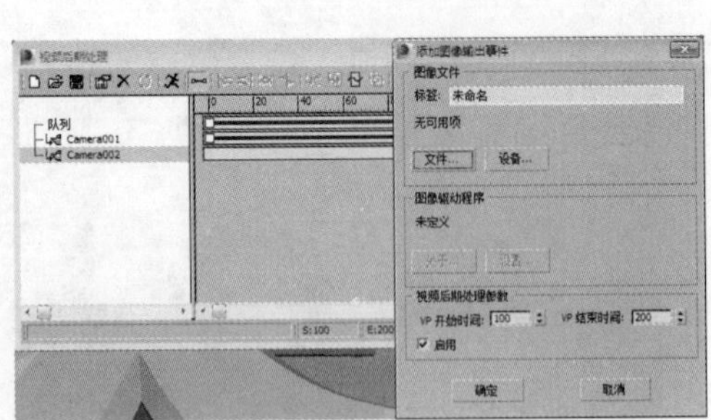

图 16.19　【添加图像输出事件】对话框

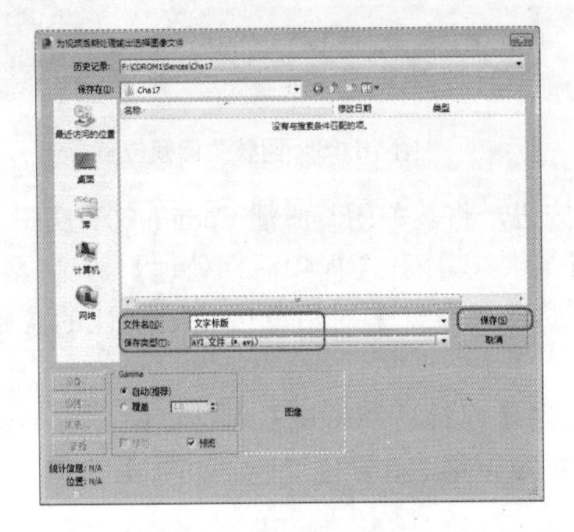

图 16.20　指定保存类型

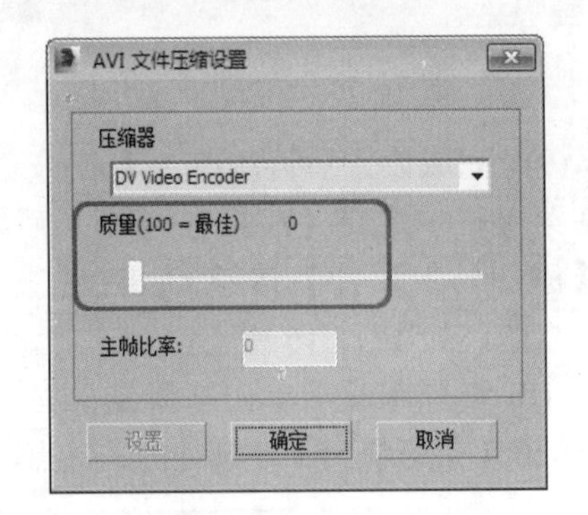

图 16.21　设置压缩大小

(15) 返回到【添加图像输出事件】对话框，在该对话框中单击【确定】按钮，即可返回到【视频后期处理】对话框中，单击【执行序列】按钮，打开【执行视频后期处理】对话框，在【时间输出】选项组中选中【范围】单选按钮，在【输出大小】选项组中将【宽度】和【高度】分别设置为 800 和 600，如图 16.22 所示。

(16) 按 8 键打开【环境和效果】对话框，在该对话框中将【背景】选项组中的颜色设置为白色，如图 16.23 所示。

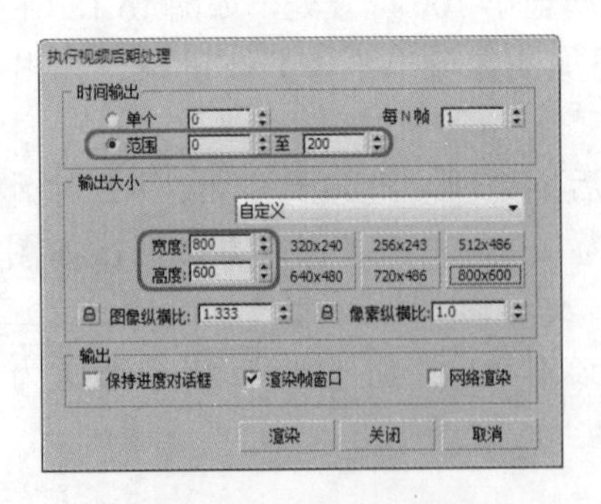

图 16.22　设置渲染参数

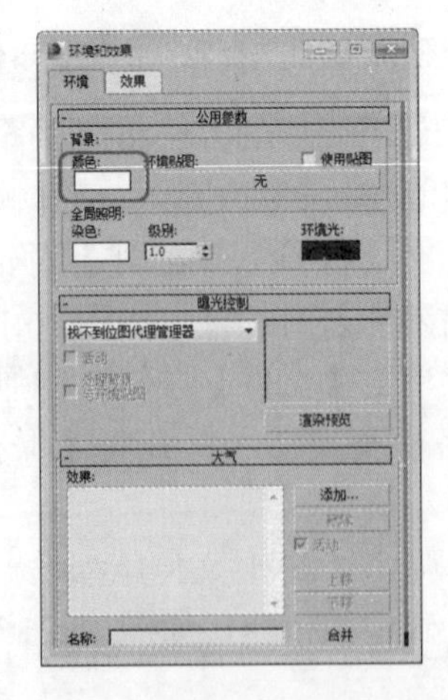

图 16.23　【环境和效果】对话框

(17) 设置完成后将其关闭，在【执行视频后期处理】对话框中单击【渲染】按钮，渲染效果。

16.2 光 影 文 字

本例将介绍光影动画的制作方法，其效果如图 16.24 所示。本例将通过文本工具制作一个文字图形并为文字设置厚度和倒角来制作产生光影的文字，再制作一个相同的文字图形为其指定【挤出】修改器和【锥化】修改器，通过材质来表现光影效果，再通过记录变换动画及修改器来完成最终的光影动画。

图 16.24　光影文字

16.2.1　标版字体的制作

制作玻璃文字主要的是先创建文字，并为其添加【倒角】修改器，设置其倒角值，具体操作步骤如下。

(1) 在场景中按 S 键打开三维捕捉，选择【创建】|【图形】|【样条线】|【文本】工具在【参数】卷展栏中的字体列表中选择【经典粗黑简】字体，在文本下面的输入框中输入“启峰传媒”，然后激活【前】视图，在【前】视图中 0 坐标处单击创建【启峰传媒】文字标题，如图 16.25 所示。

(2) 关闭【三维开关】，确定文本处于选择的状态下，进入【修改】命令面板，在修改器列表中选择【倒角】修改器，在【倒角值】卷展栏中将【起始轮廓】设置为 1，将【级别 1】下的【高度】设置为 12.0，勾选【级别 2】复选框，将它下面的【高度】和【轮廓】分别设置为 1.0 和-1.4，如图 16.26 所示。

(3) 选择【创建】|【摄影机】|【标准】选项，在【对象类型】卷展栏中选择【目标】工具，在【顶】视图中创建一架摄影机，切换至【修改】命令面板，在【参数】卷展栏中将【镜头】参数设置为 35，并在除【透视】视图外的其他视图中调整摄影机的位置，激活【透视】视图，按 C 键将当前视图转换成为【摄影机】视图。按 Shift+F 组合键为【摄影机】视图添加安全框，如图 16.27 所示。

(4) 确定“启峰传媒”对象处于选择状态。按 M 键打开【材质编辑器】，将第 1 个材质样本球命名为“启峰传媒”。在【明暗器基本参数】卷展栏中，将明暗器类型定义为【金属】。在【金属基本参数】卷展栏中，单击按钮，解除【环境光】与【漫反射】的颜色锁定，将【环境光】的 RGB 值设置为 0、0、0，单击【确定】按钮；将【漫反射】的 RGB 值设置为 255、255、255，单击【确定】按钮；将【反射高光】选项组中的【高光级别】、【光泽度】都设置为 100，单击【确定】按钮，如图 16.28 所示。

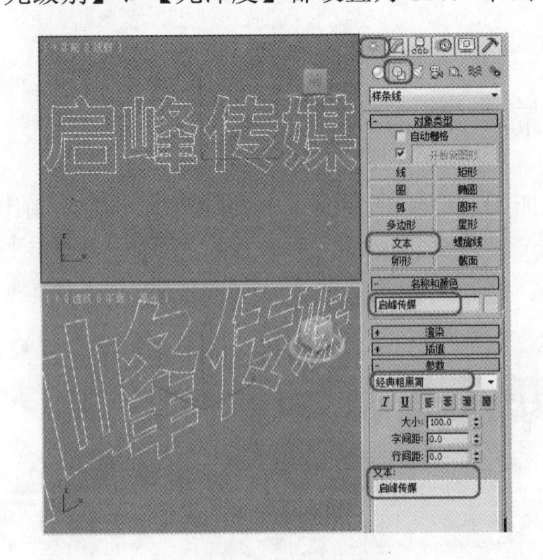

图 16.25　创建文字

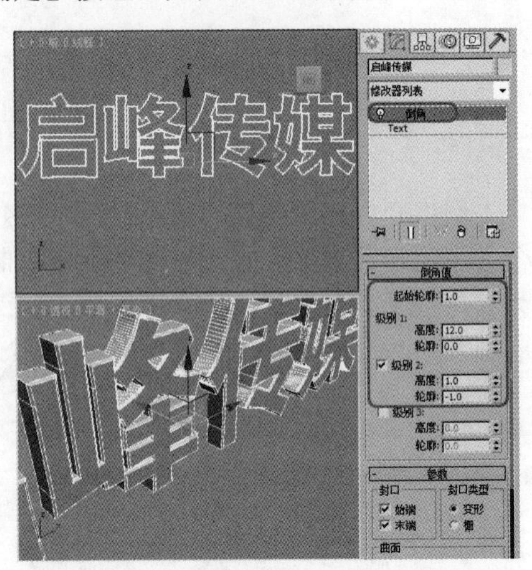

图 16.26　添加【倒角】修改器并设置其参数

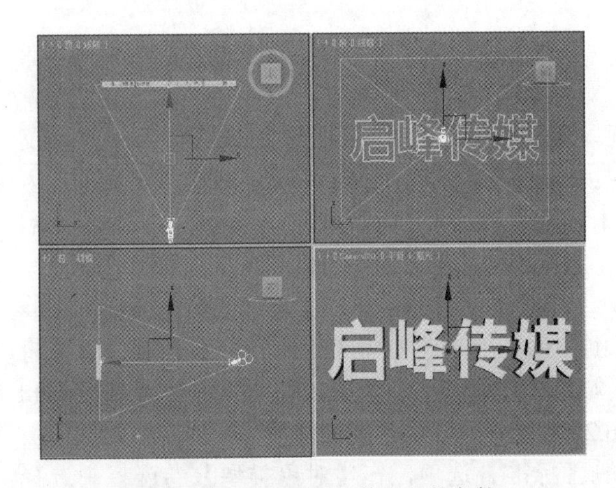

图 16.27　创建摄影机并设置其参数

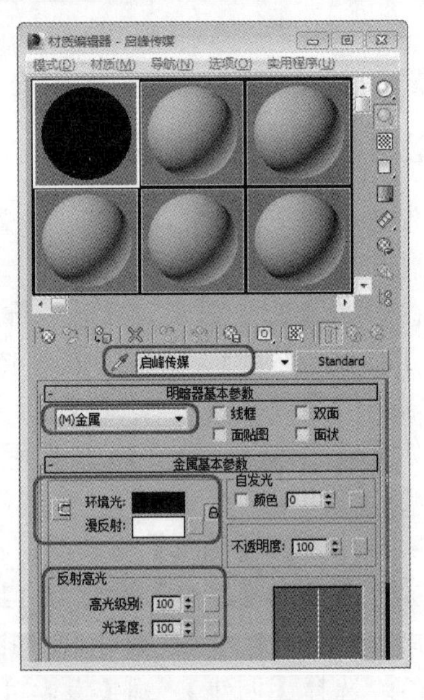

图 16.28　设置材质参数

(5) 打开【贴图】卷展栏，单击【反射】通道右侧的【无】按钮，在打开的【材质/贴图浏览器】对话框中选择【位图】贴图，单击【确定】按钮，然后在打开的对话框中选择随书附带光盘 CDROM\Map\Gold04.jpg 文件，单击【打开】按钮，打开位图文件，如图 16.29 所示。

(6) 在【输出】卷展栏中，将【输出量】设置为 1.2，按 Enter 键，然后在场景中选择“启峰传媒”对象，单击【将材质指定给选定对象】按钮，将材质指定给【启峰传媒】对象，如图 16.30 所示。

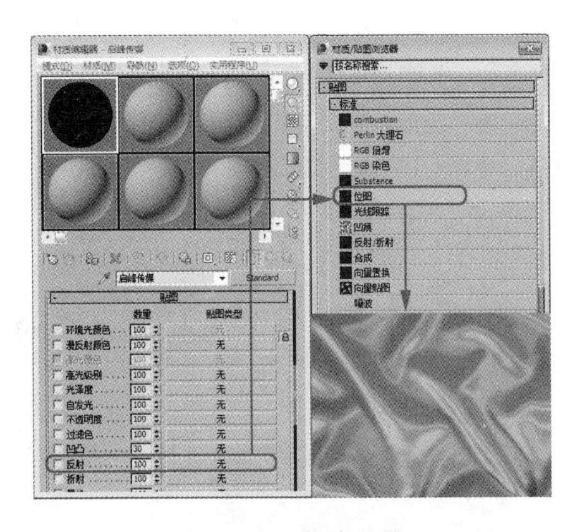

图 16.29 指定贴图

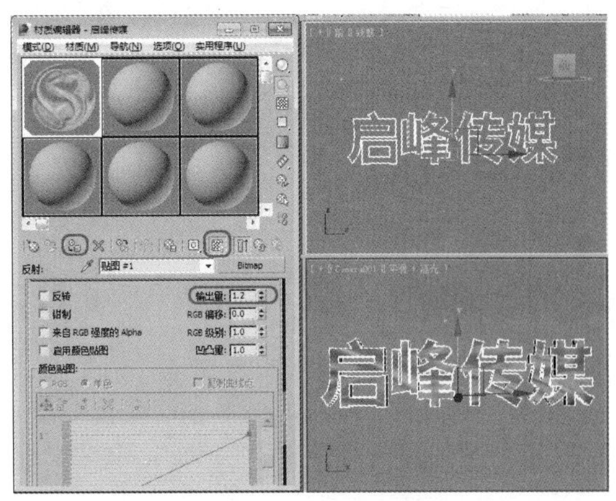

图 16.30 设置【输出量】并为对象指定贴图

(7) 将时间滑块拖曳至第 100 帧位置处，然后打开【自动关键点】按钮，开始记录动画。在【坐标】卷展栏中将【偏移】下的 U、V 值分别设置为 0.2、0.1，按 Enter 键，如图 16.31 所示。

(8) 勾选【位图参数】卷展栏中的【应用】复选框，并单击【查看图像】按钮，在打开的对话框中将当前贴图的有效区域进行设置，在设置完成后将其对话框关闭即可，并将【裁剪/放置】选项组中的 W、H 设置为 0.474、0.474, 如图 16.32 所示。设置完成后，关闭【自动关键点】按钮。

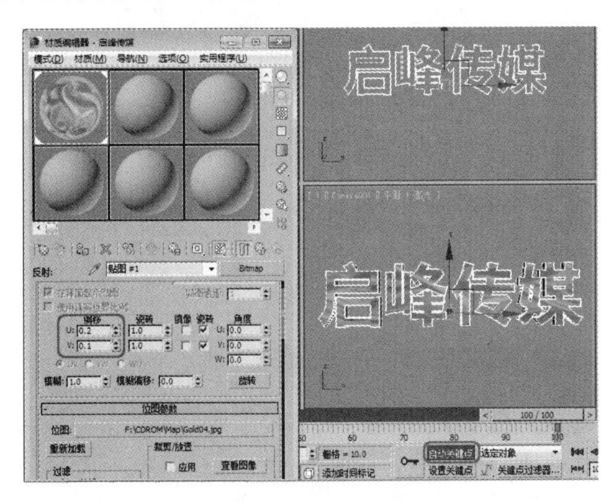

图 16.31 指定贴图

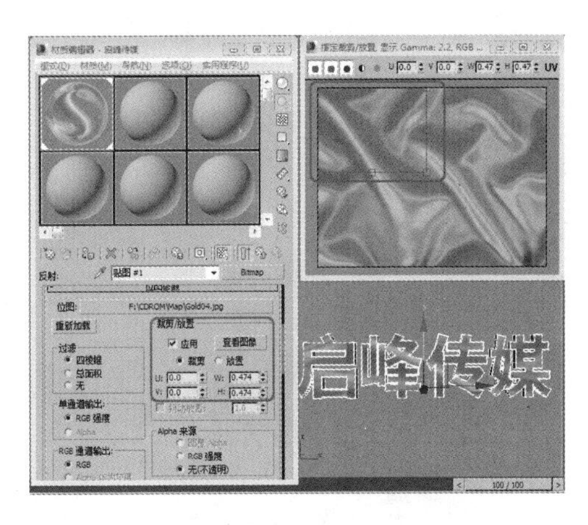

图 16.32 选择贴图

16.2.2 光影的制作

在完成标版字体的制作以后，为了更好地表现光影文字，需要为它添加光影。下面介绍光影的制作，具体操作步骤如下。

(1) 在场景中选择“启峰传媒”对象，按 Ctrl+V 组合键对它进行复制，在打开的【克隆选项】对话框中，选择【对象】选项组下的【复制】单选按钮，将新复制的对象重新命名为“启峰传媒光影”，单击【确定】按钮，如图 16.33 所示。

(2) 切换至【修改】命令面板，在堆栈中选择【倒角】修改器，然后单击堆栈下的【从堆栈中移除修改器】按钮，将【倒角】删除。然后在【修改器列表】中选择【挤出】修改器，在【参数】卷展栏中将【数量】设置为 500，按 Enter 键，将【封口】选项组中的【封口始端】与【封口末端】两个复选框取消勾选，如图 16.34 所示。

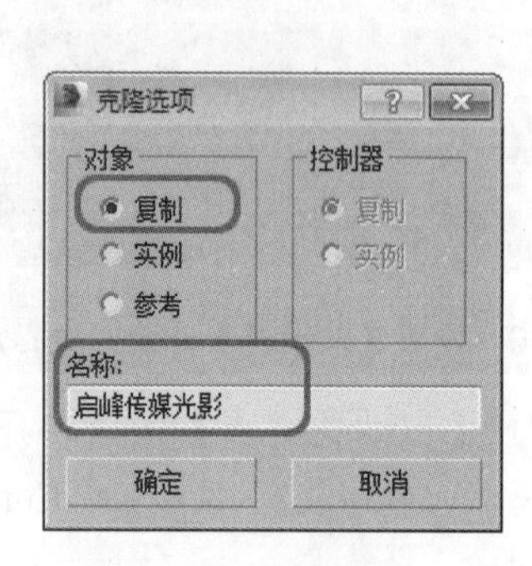

图 16.33 复制文字

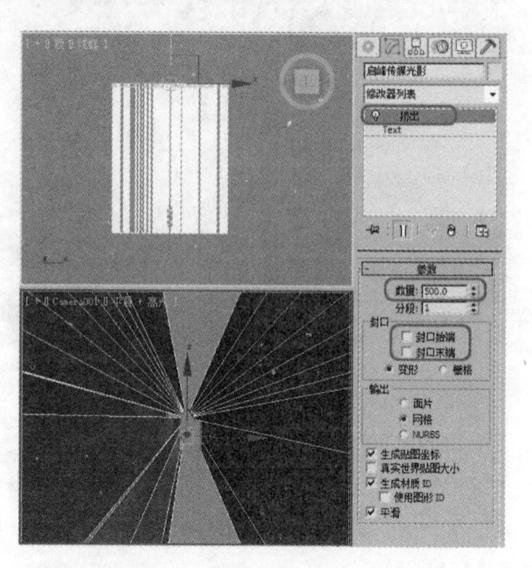

图 16.34 添加【挤出】修改器

(3) 确定【启峰传媒光影】对象处于选中状态下。激活第二个材质样本球，将当前材质名称重新命名为【光影材质】。在【明暗器基本参数】卷展栏中勾选【双面】复选框。在【Blinn 基本参数】卷展栏中，将【环境光】和【漫反射】的 RGB 值分别设置为 255、255、255，单击【确定】按钮；将【自发光】设置为 100，按 Enter 键；将【反射高光】选项组中的【光泽度】设置为 0，按 Enter 键，如图 16.35 所示。

(4) 打开【贴图】卷展栏，单击【不透明度】通道右侧的【无】按钮，打开【材质/贴图浏览器】对话框，在该对话框中选择【遮罩】贴图，单击【确定】按钮，如图 16.36 所示。

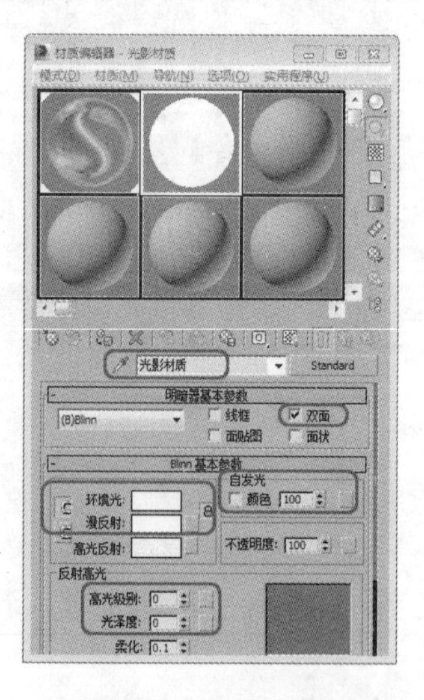

图 16.35 设置参数

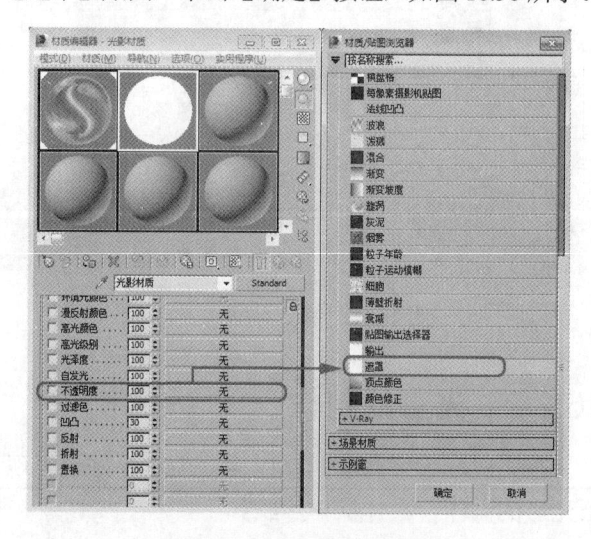

图 16.36 选择【遮罩】选项

(5) 进入到【遮罩】二级材质设置面板中，首先单击【贴图】右侧的【无】按钮，在打开的【材质/贴图浏览器】对话框中选择【棋盘格】选项，单击【确定】按钮，在打开

的【棋盘格】层级材质面板中，在【坐标】卷展栏中将【瓷砖】下的 U 和 V 分别设置为 250.0 和-0.001，打开【噪波】参数卷展栏，勾选【启用】复选框，将【数量】设置为 5.0，按 Enter 键，如图 16.37 所示。

(6) 打开【棋盘格参数】卷展栏，将【柔化】值设置为 0.01，按 Enter 键确认，将【颜色 #2】的 RGB 值设置为 156、156、156，单击【确定】按钮，如图 16.38 所示。

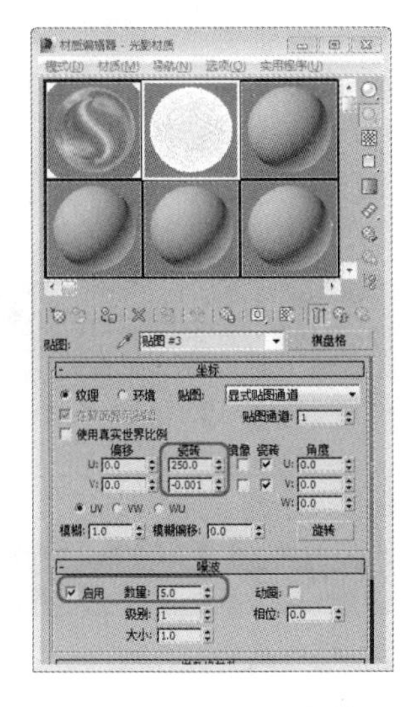

图 16.37　设置坐标值

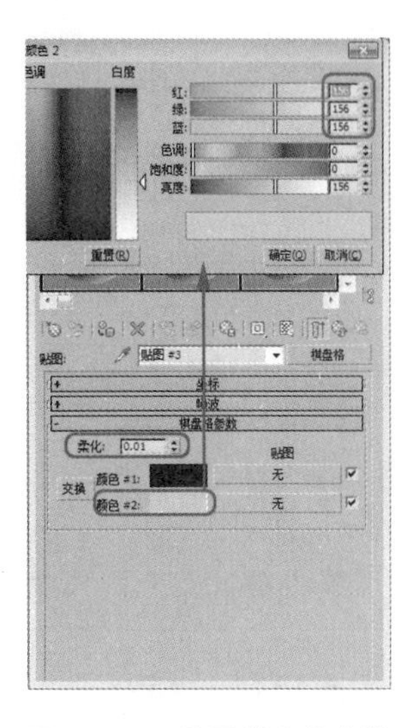

图 16.38　设置棋盘格参数

(7) 设置完毕后，选择【转到父对象】按钮，返回到遮罩层级。单击【遮罩】右侧的【无】按钮，在打开的【材质/贴图浏览器】对话框中选择【渐变】贴图，单击【确定】按钮，如图 16.39 所示。

(8) 在打开的【渐变】层级材质面板中，打开【渐变参数】卷展栏，将【颜色 #2】的 RGB 数值都设置为 0、0、0，按 Enter 键。将【噪波】选项组中的【数量】设置为 0.1，选中【分形】单选按钮，最后将【大小】设置为 5.0，按 Enter 键，如图 16.40 所示。

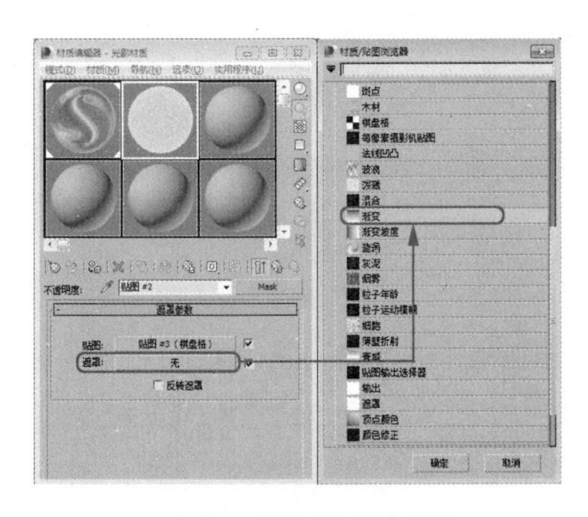

图 16.39　选择【渐变】选项

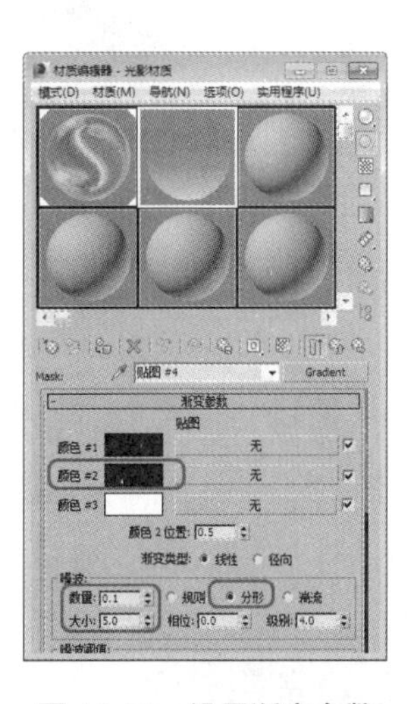

图 16.40　设置渐变参数

(9) 双击【转到父对象】按钮返回父级材质面板。在【材质编辑器】中单击【将材质指定给选定的对象】按钮，将当前材质赋予视图中的“启峰传媒光影”对象，如图 16.41 所示。

(10) 设置完材质后，将时间滑块拖曳至第 60 帧位置处，渲染该帧图像，效果如图 16.42 所示。

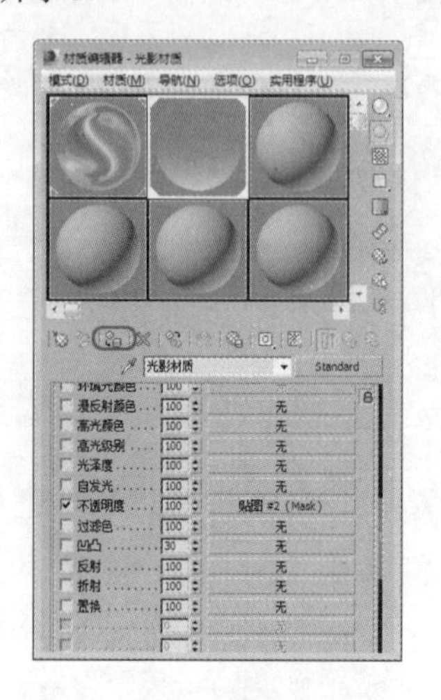

图 16.41　指定材质

图 16.42　渲染后的效果

(11) 继续在【贴图】卷展栏中将【反射】设置为 5，并单击其后面的【无】按钮，在打开的【材质/贴图浏览器】对话框中选择【位图】贴图，如图 16.43 所示。

(12) 在打开的对话框中选择随书附带光盘中的 CDROM\Map\Gold04.jpg 文件，单击【确定】按钮，进入【位图】层级面板，在【输出】卷展栏中将【输出量】设置为 1.35，如图 16.44 所示。

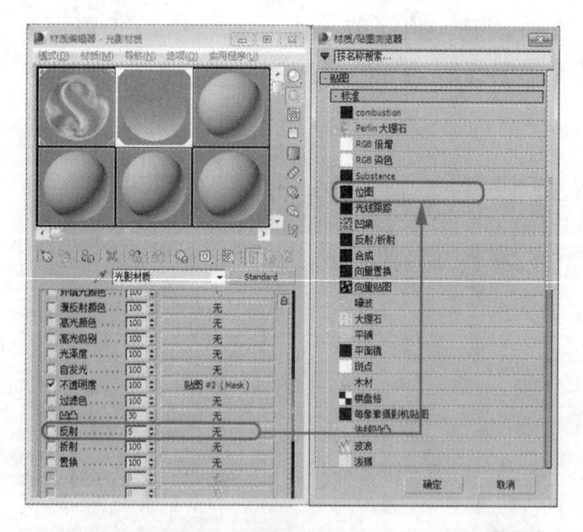

图 16.43　选择【位图】选项

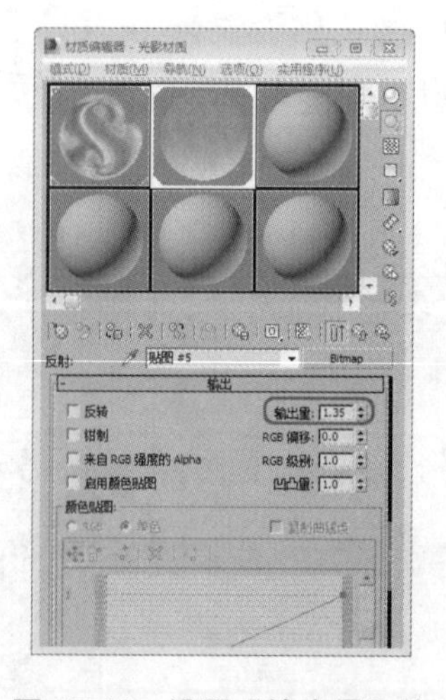

图 16.44　设置【输出量】值

16.2.3　光影动画

下面介绍如何创建摄影机，具体操作步骤如下。

(1) 在场景中选择“启峰传媒光影”对象，切换至【修改】命令面板，在【修改器列表】中选择【锥化】修改器，打开【参数】卷展栏，将【数量】设置为 1.0，按 Enter 键，如图 16.45 所示。

(2) 在场景中选择“启峰传媒”和“启峰传媒光影”对象，在工具栏中选择【选择并移动】工具，然后在【顶视图】中沿 Y 轴将选择的对象移动至摄影机下方，如图 16.46 所示。

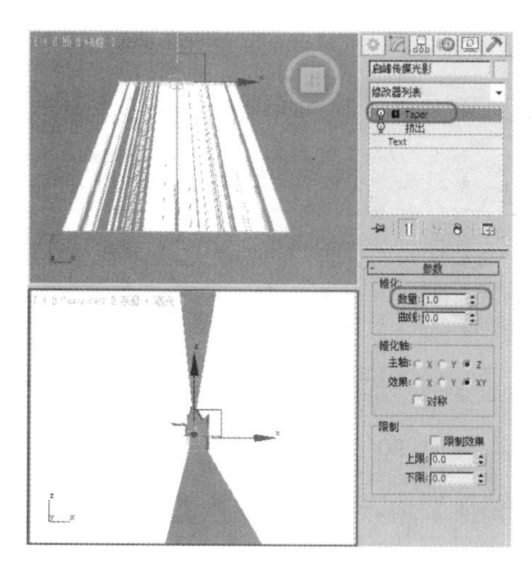

图 16.45　设置锥化数量

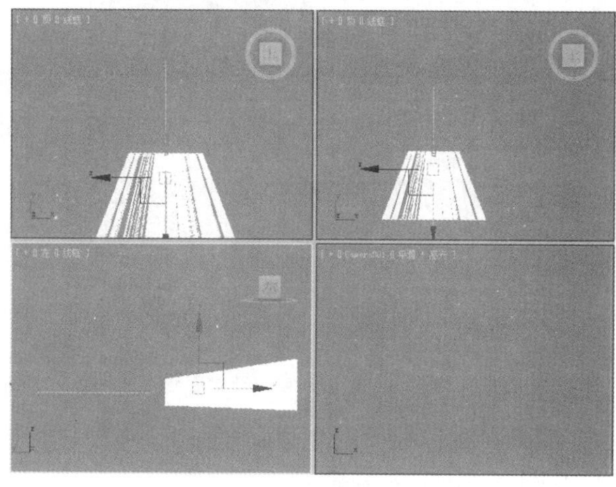

图 16.46　调整对象位置

(3) 将视口底端的时间滑块拖曳至第 60 帧位置处，单击【自动关键点】按钮，然后将选择的对象重新移动至移动前的位置处，如图 16.47 所示。

(4) 将时间滑块拖曳至第 80 帧位置处，选择“启峰传媒光影”对象，在【修改】命令面板中将【锥化】修改器的【数量】值设置为 0.0，按 Enter 键，如图 16.48 所示。

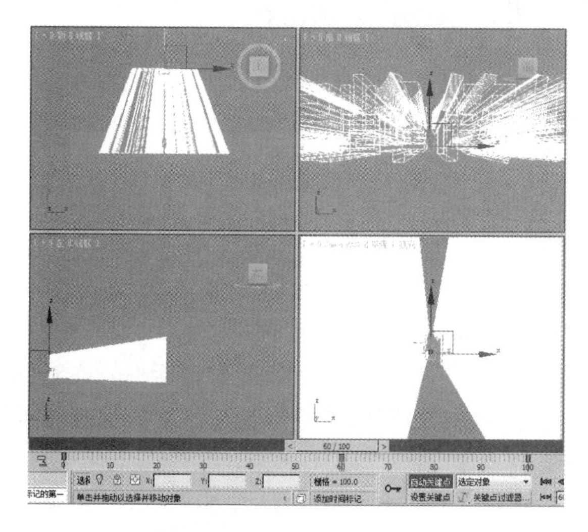

图 16.47　设置关键帧动画

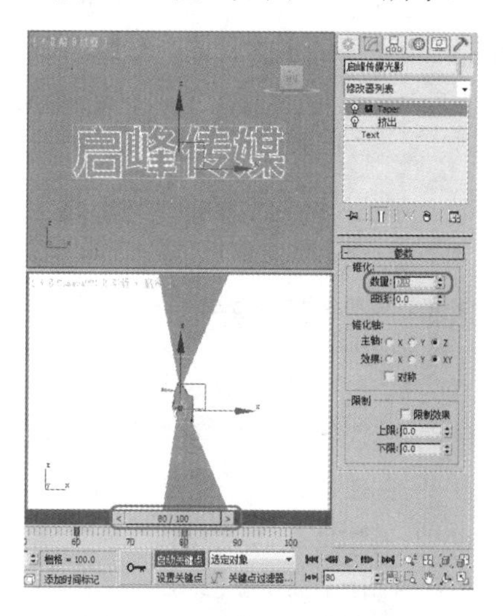

图 16.48　设置锥化数量

(5) 确定当前帧仍然为第 80 帧。激活【顶】视图，在工具栏中选择【选择并均匀缩放】工具并右击，在弹出的【缩放变换输入】对话框中设置【偏移：屏幕】选项组中的 Y

值为 1，如图 16.49 所示。

(6) 关闭【自动关键点】按钮。确定“启峰传媒光影”对象仍然处于选择状态。在工具栏中单击【曲线编辑器】按钮，打开【轨迹视图】对话框。选择【编辑器】|【摄影表】菜单命令，如图 16.50 所示。

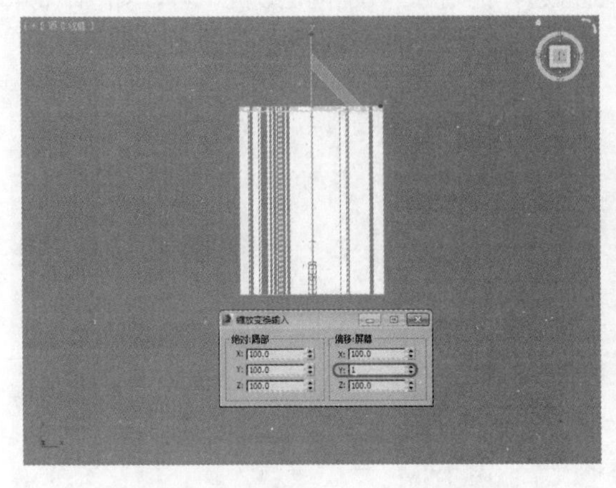

图 16.49 设置【偏移：屏幕】值

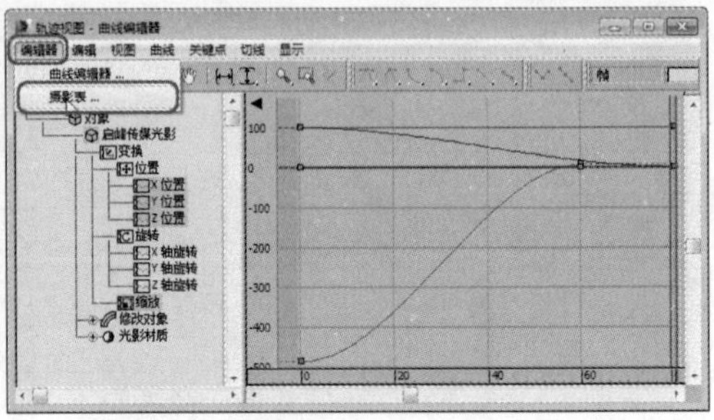

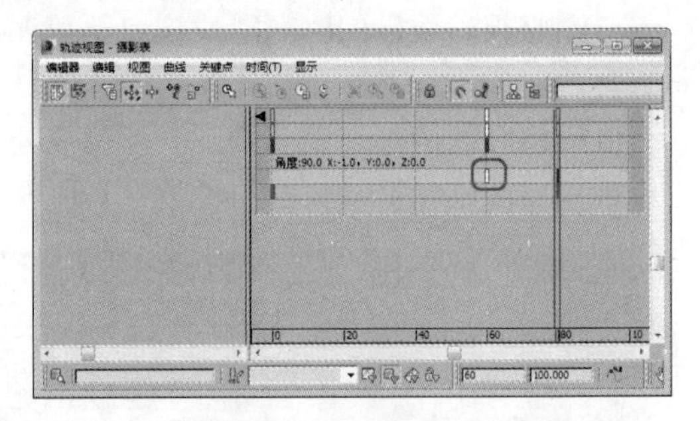

图 16.50 【轨迹视图】对话框

(7) 在打开的“启峰传媒光影”序列下选择【变换】选项，在【变换】选项下选择【缩放】，如图 16.51 所示。

(8) 将第 0 帧处的关键点移动至第 60 帧位置处，如图 16.52 所示。

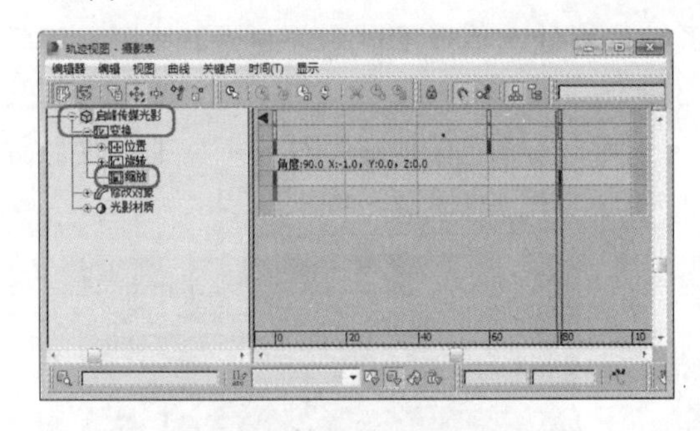

图 16.51 选择【缩放】选项

图 16.52 调整关键点的位置

16.2.4 设置背景

在完成前面的制作以后，需要为其设置背景，具体操作步骤如下。

(1) 在菜单栏中选择【渲染】|【环境】命令，打开【环境和效果】对话框。在对话框中单击【背景】选项组中的【无】按钮，打开【材质/贴图浏览器】对话框。选择【渐变】贴图，如图 16.53 所示。

(2) 单击【确定】按钮，打开材质编辑器，在【环境和效果】对话框中拖曳环境贴图按钮到材质编辑器中的一个新的材质样本球窗口中。在弹出的对话框中选中【实例】单选按钮，单击【确定】按钮。这样，改变材质编辑器中的贴图参数，就可以改变环境贴图背景，如图 16.54 所示。

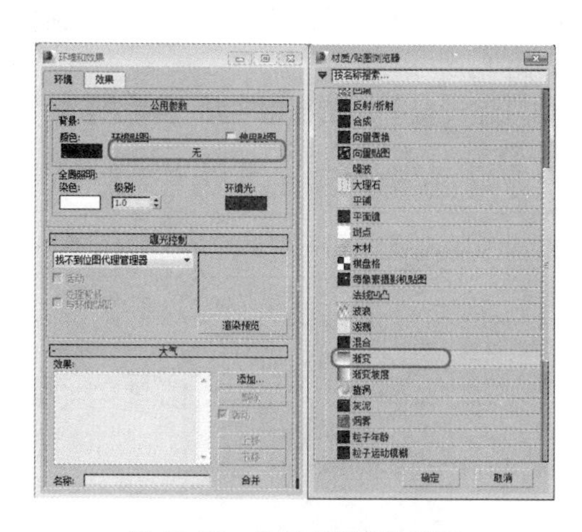

图 16.53　选择【渐变】贴图

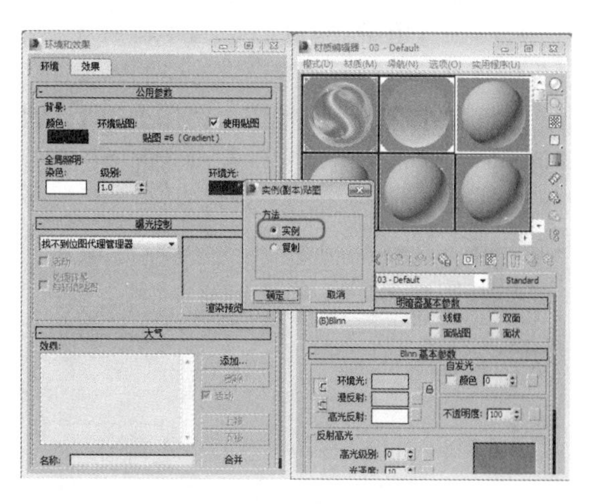

图 16.54　选中【实例】单选按钮

(3) 在材质编辑器中，将【渐变参数】卷展栏中的【颜色 1】的 RGB 值分别设置为 10、1、144，单击【确定】按钮；将【颜色 2】的 RGB 值设置为 150、141、252，单击【确定】按钮，将【颜色 3】的 RGB 值分别设置为 0、0、55，单击【确定】按钮，在【坐标】卷展栏中将【贴图】设置为【屏幕】，如图 16.55 所示。设置完成后将其对话框关闭即可。

(4) 激活【摄影机】视图，在工具栏中单击【渲染设置】按钮，打开【渲染场景】对话框，在【公用参数】卷展栏中选中【活动时间段】单选按钮，在【输出大小】选项组中设置【宽度】和【高度】值分别为 555 和 300，如图 16.56 所示。

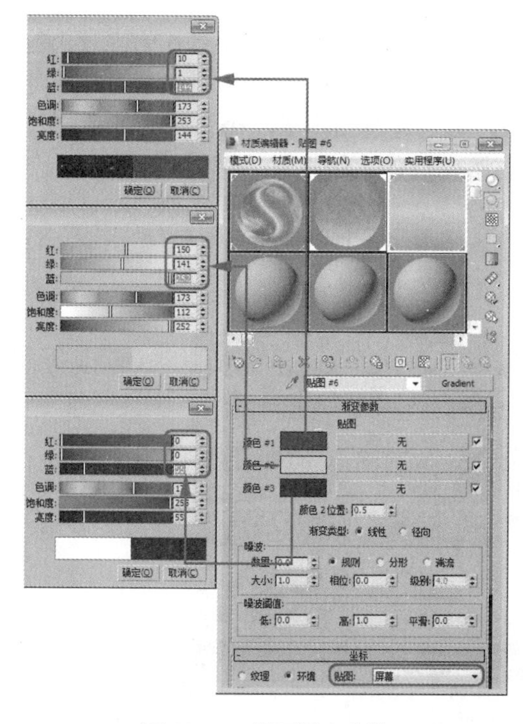

图 16.55　设置渐变参数

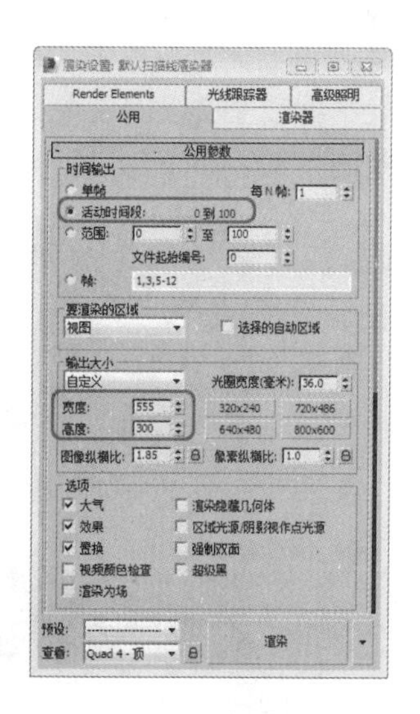

图 16.56　【渲染设置】对话框

(5) 在【渲染输出】选项组中单击【文件】按钮，在弹出的【渲染输出文件】对话框中为将要输出的动画设置一个正确的路径即可，如图 16.57 所示。

(6) 单击【保存】按钮，在弹出的【AVI 文件压缩设置】对话框中单击【确定】按钮即可，回到【渲染输出文件】对话框中，然后单击【渲染】按钮即可，如图 16.58 所示。至此，光影文字效果制作完成。

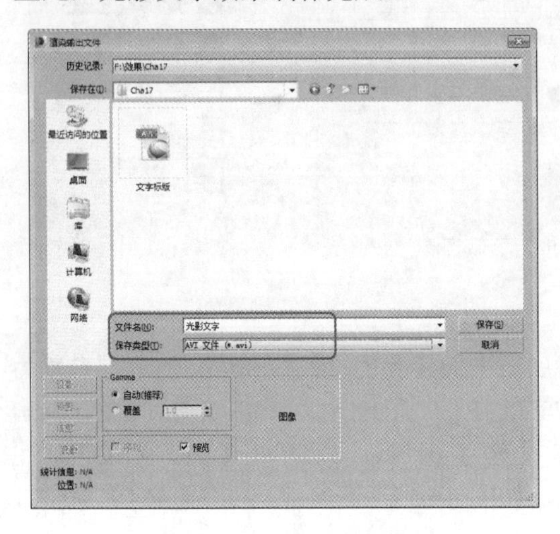

图 16.57　设置输出路径

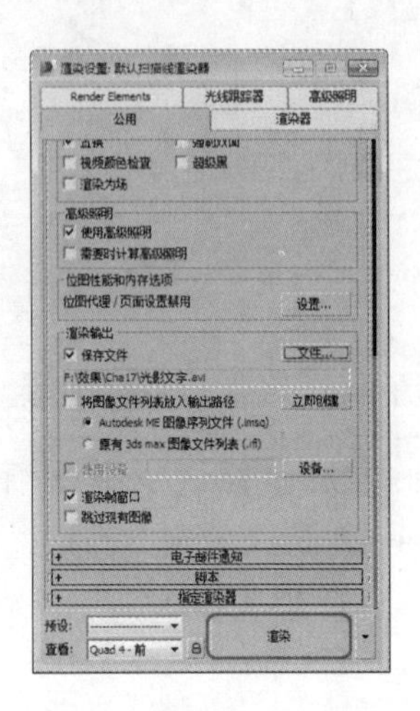

图 16.58　单击【渲染】按钮

16.3　火焰崩裂字

本例介绍火焰崩裂字的制作方法，其效果如图 16.59 所示。文字爆炸的碎片由粒子系统产生，对一个文字替身物体进行了分裂，裂解的碎块使用发光特效过滤器进行了处理，以产生燃烧效果。文字炸裂瞬间有光芒放射，这是通过指定了一个体积光的聚光灯产生的。除此之外，还在场景中为镂空字体制作了燃烧的火焰背景，并且使用了 4 个半球 Gizmo 物体来限制火焰的范围。通过对本例的学习，用户可以学会火焰崩裂特效字的制作方法，并能掌握镂空文字的设置、可视性轨迹的使用、粒子阵列的控制、体积光的设置以及发光特效的设置。

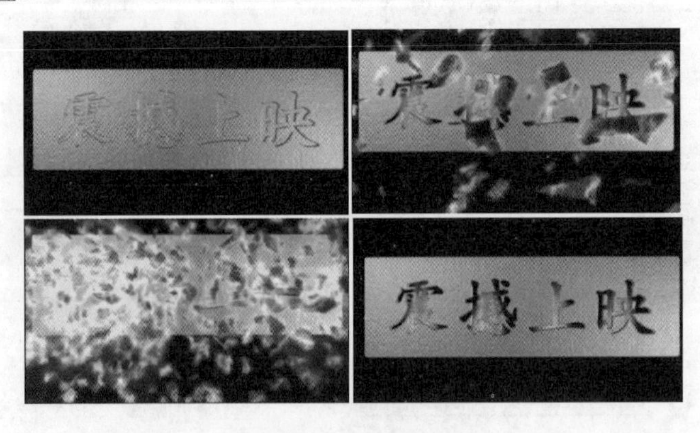

图 16.59　火焰崩裂字

16.3.1　创建文字并进行编辑

制作火焰崩裂字，首先要创建一个镂空的文字。这里的镂空文字是与矩形嵌套在一起的，此外还需要对常见的文字图形进行一定的设置。具体操作步骤如下。

(1) 在视窗底端的动画控制区域单击【时间配置】按钮，弹出【时间配置】对话框，在【帧速率】选项组中选择 PAL 制式，将【动画】选项组中【结束时间】设置为 125，如图 16.60 所示。

(2) 选择【创建】|【图形】|【样条线】|【文本】工具，在【参数】卷展栏中的字体列表中选择【汉仪中楷简】字体，在文本下面的输入框中输入【震撼上映】，将【字间距】设置为 5.0，然后激活【前】视图，在【前】视图中创建“震撼上映”文字标题，并将其命名为“镂空”，如图 16.61 所示。

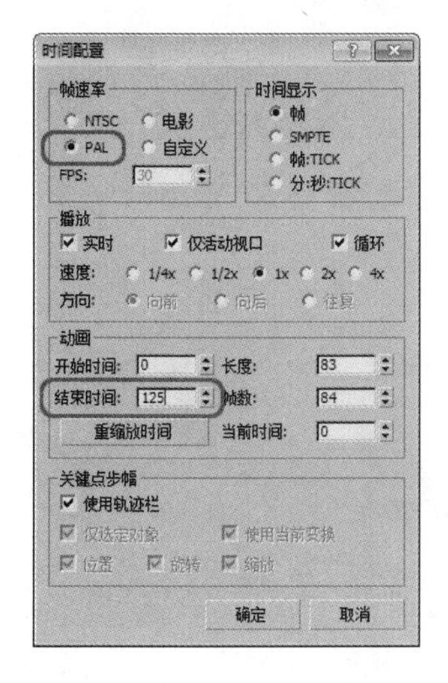

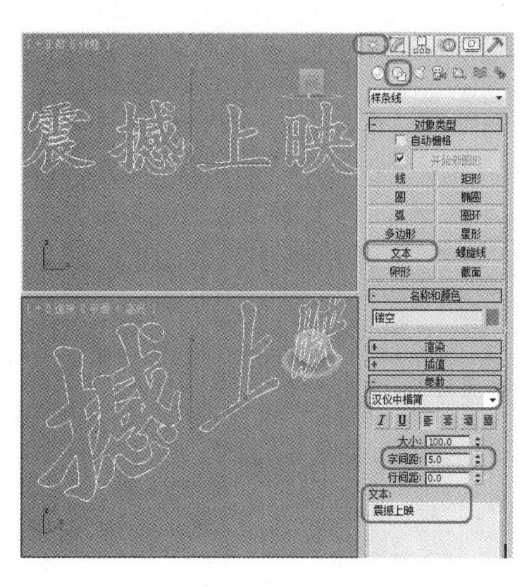

图 16.60　设置时间　　　　图 16.61　创建文字

(3) 选择【创建】|【图形】|【样条线】|【文本】工具，在【前】视图中创建一个【长度】、【宽度】和【角半径】分别为 150.0、480.0、5.0 矩形，并将其命名为【底板】，并调整其位置，如图 16.62 所示。

(4) 在视图中选择【镂空】对象，切换至【修改】命令面板，在修改器列表中选择【编辑样条线】修改器。然后在【修改】命令面板中打开【几何体】卷展栏，单击【附加】按钮，最后在视图中选择【底板】对象，将其附加在一起，如图 16.63 所示。

(5) 再在修改器列表中选择【倒角】修改器。在【参数】卷展栏【相交】选项组中勾选【避免线相交】复选框，在【倒角值】卷展栏中将【级别 1】下的【高度】设置为 10，勾选【级别 2】复选框，将其下方的【高度】和【轮廓】分别设置为 1 和-1，如图 16.64 所示。

(6) 按 M 键打开【材质编辑器】，选择一个空白的材质球，将其命名为“镂空”，在【明暗器基本参数】卷展栏中将明暗器基本类型定义为【金属】，单击【环境光】右侧的按钮，取消【环境光】与【漫反射】的锁定，在【金属基本参数】卷展栏中将【环境光】的 RGB 值设置为 64、41、0，将【漫反射】的 RGB 值设置为 212、117、0，将【反射高光】区域下的【高光级别】设置为 48，将【光泽度】设置为 74，如图 16.65 所示。

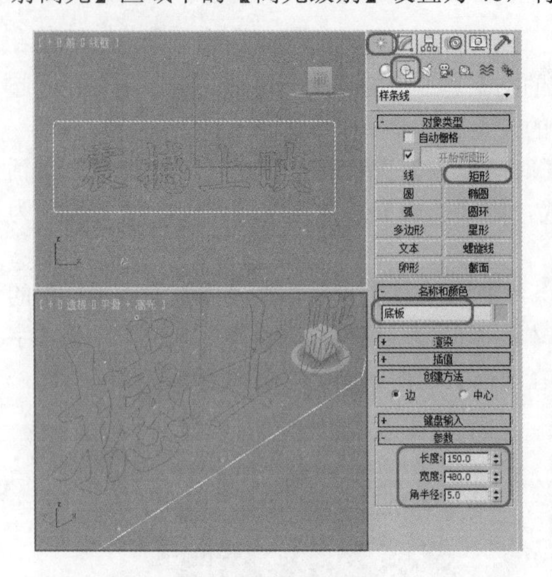

图 16.62 创建矩形

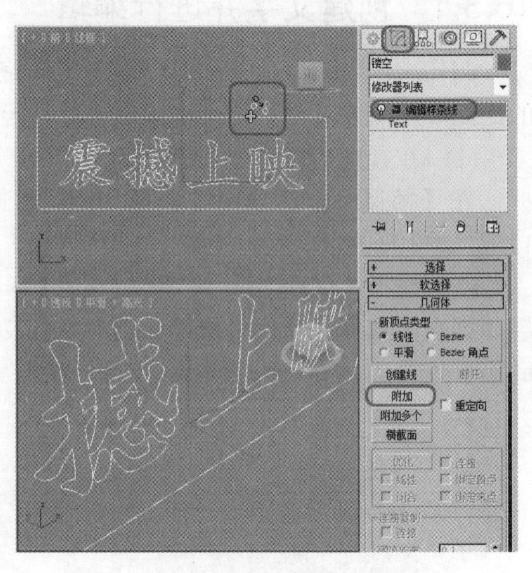

图 16.63 附加对象

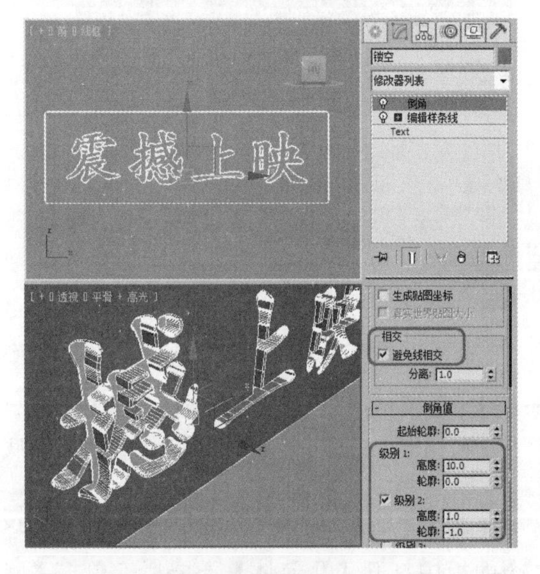

图 16.64 添加【倒角】修改器

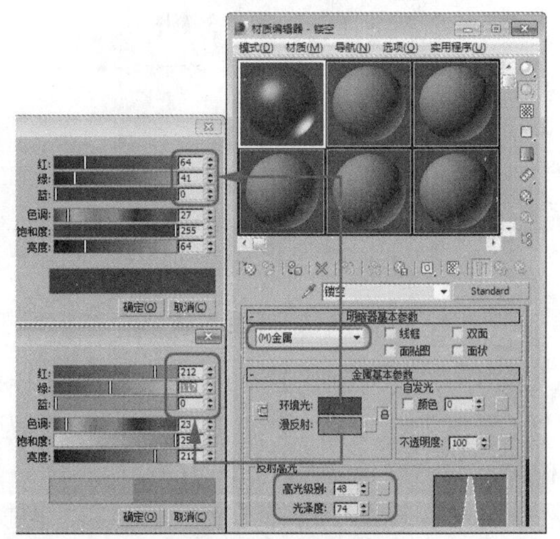

图 16.65 设置材质参数

(7) 在【贴图】卷展栏中将【凹凸】通道的【数量】值设置为 9，然后单击后面的【无】按钮，在打开的【材质/贴图浏览器】对话框中选择【噪波】贴图，如图 16.66 所示，单击【确定】按钮。

(8) 进入【凹凸】通道的贴图层级，在【坐标】卷展栏中将【瓷砖】下的 X、Y、Z 值设置为 4.0、4.0、4.0，按 Enter 键。在【噪波参数】卷展栏中选择噪波类型为【湍流】，如图 16.67 所示。然后单击【转到父对象】按钮，返回父材质层。

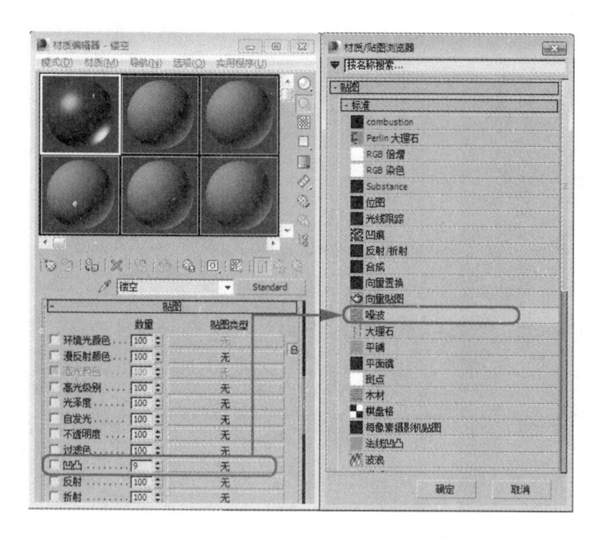

图 16.66　选择【噪波】贴图

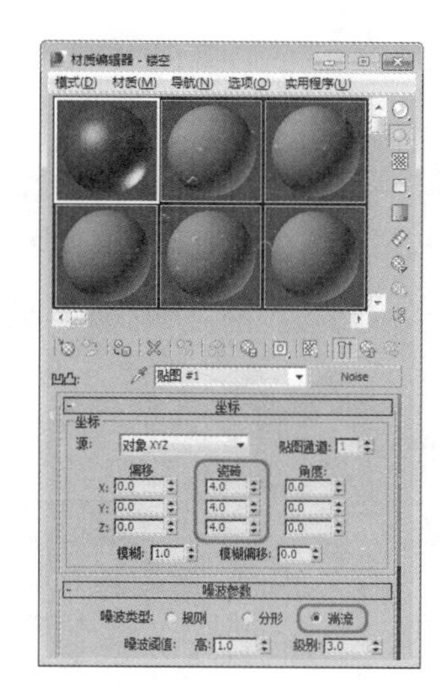

图 16.67　设置【坐标】值

(9) 在【贴图】卷展栏中将【反射】通道的数量值设置为 45，然后单击其后面的【无】按钮，在打开的【材质/贴图浏览器】对话框中选择【位图】贴图，如图 16.68 所示。

(10) 单击【确定】按钮，弹出【选择位图图像文件】对话框，在打开的对话框中选择随书附带光盘 CDROM\Map\Gold04.jpg，单击【打开】按钮，打开位图。完成设置后在视图中选择所有对象，单击【将材质指定给选定对象】按钮，将设置好的材质指定给选定对象，效果如图 16.69 所示，关闭该对话框。

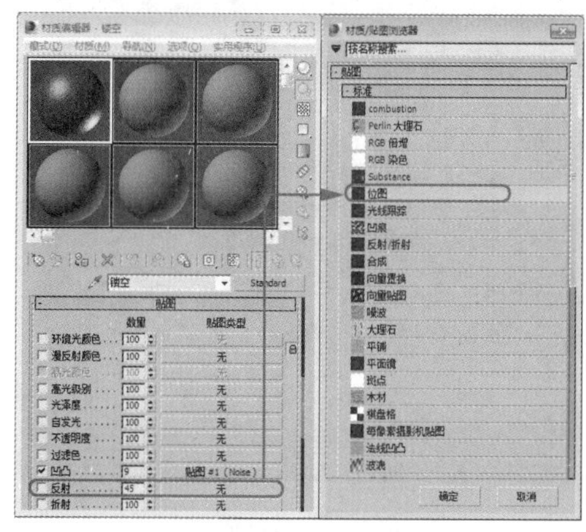

图 16.68　选择【位图】贴图

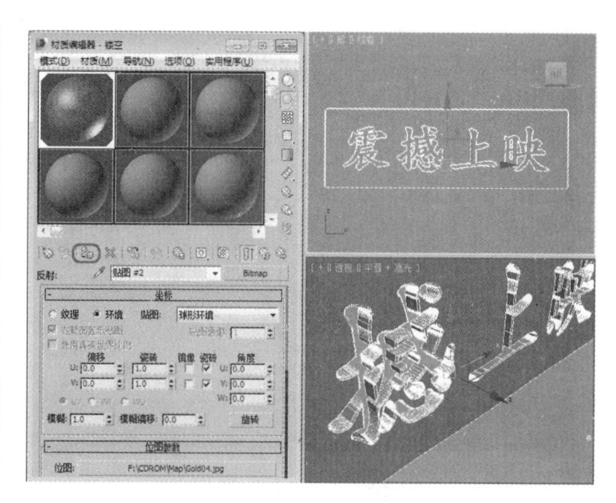

图 16.69　指定材质

(11) 按 Ctrl+V 组合键对当前选择的【镂空】对象进行复制，在弹出的对话框中选中【复制】单选按钮，将【名称】设置为“遮挡”，如图 16.70 所示。

(12) 单击【确定】按钮，返回【编辑样条线】堆栈层，将当前选择集定义为【样条线】，在视图中选择“遮挡”外侧的矩形样条曲线，如图 16.71 所示。

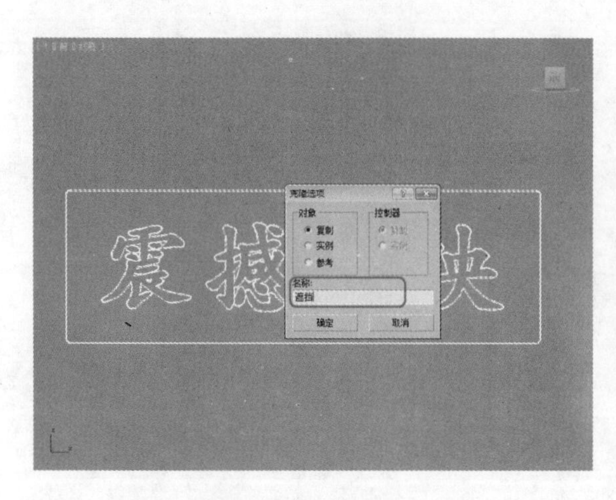

图 16.70　复制对象

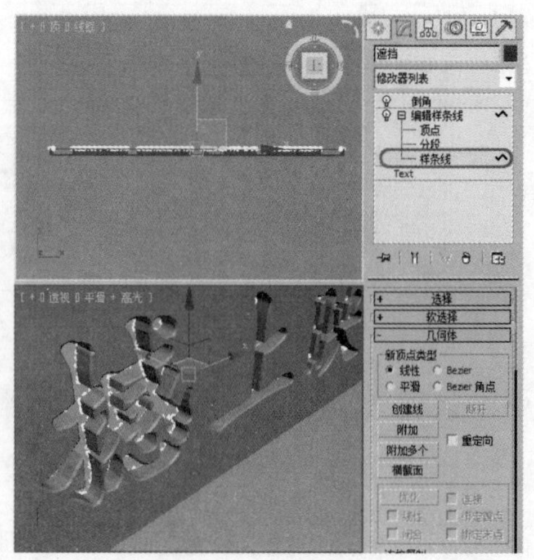

图 16.71　选择样条线

(13) 按 Delete 键将其删除，然后关闭当前选择集，返回【倒角】堆栈层，得到实体文字，如图 16.72 所示。

(14) 确定“遮挡”对象处于选中状态，选择并进入【倒角】修改器，然后将【倒角值】卷展栏下【级别 1】区域中的【高度】设置为 0，并取消勾选【级别 2】复选框，如图 16.73 所示。

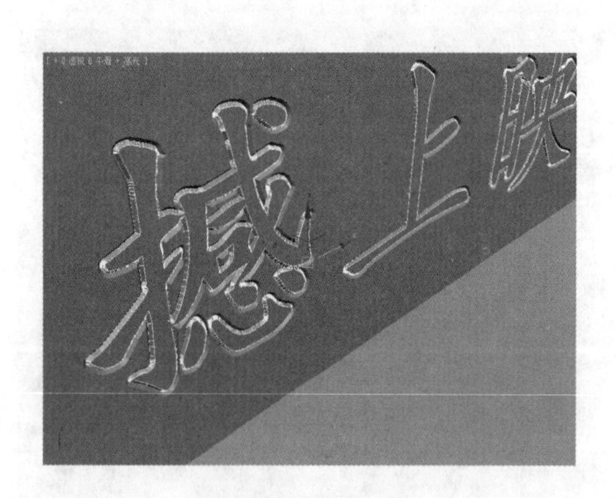

图 16.72　实体文字

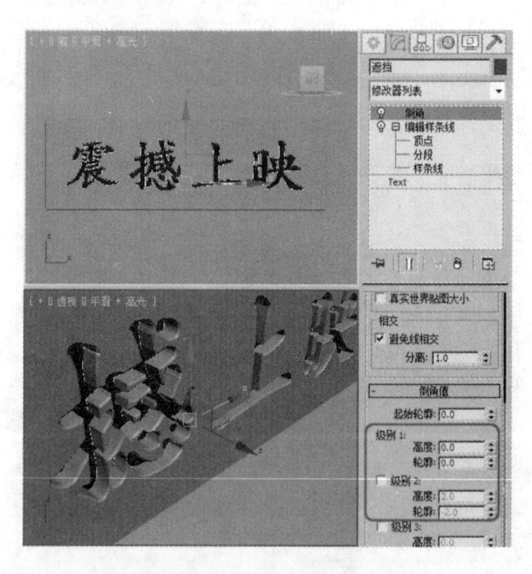

图 16.73　设置倒角值

(15) 确定“遮挡”对象处于选择状态，再次按 Ctrl+V 组合键，在打开的【克隆选项】对话框中将复制类型定义为【复制】，将新对象重新命名为“粒子”，如图 16.74 所示。

(16) 在视图中选择“遮挡”对象，在工具栏中单击【曲线编辑器】按钮，打开【轨迹视图】对话框，选择菜单栏中的【模式】|【摄影表】选项，然后在左侧的列表中选择【遮挡】，选择【编辑】|【可见性轨迹】|【添加】菜单命令，如图 16.75 所示。为“遮

挡”添加一个可视性轨迹控制器。

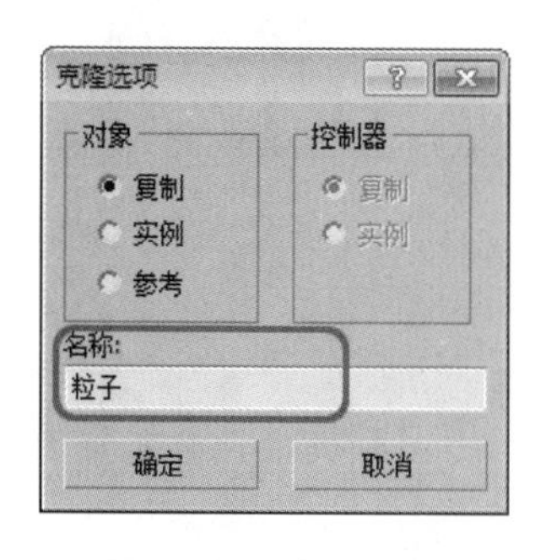

图 16.74　复制对象

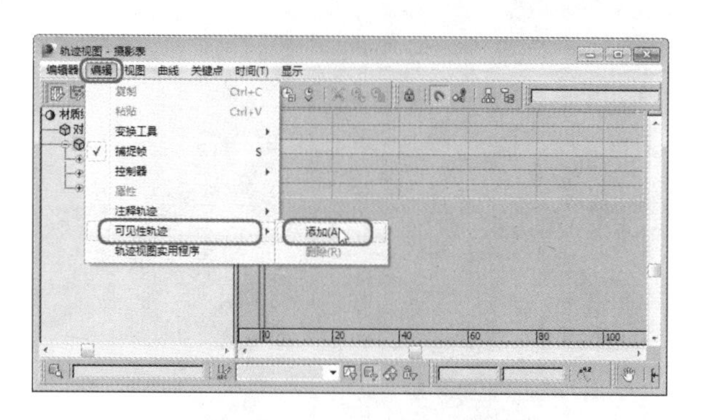

图 16.75　选择【添加】命令

(17) 在轨迹视图工具栏中选择【添加关键点】工具，在第 0 帧、第 10 帧和第 11 帧处各添加一个关键点，其中前两个关键点的值都是 1，表示物体可见。在添加完第 11 帧处的关键帧后，在轨迹视图底部的数值输入框中输入 0，按 Enter 键，如图 16.76 所示，将该对话框关闭。

(18) 选择【创建】|【摄影机】|【目标】工具，在【顶】视图中创建一架摄影机，将【透视】视图转换为【摄影机】视图，在【修改】命令面板中将【镜头】参数设置为 35mm，如图 16.77 所示。

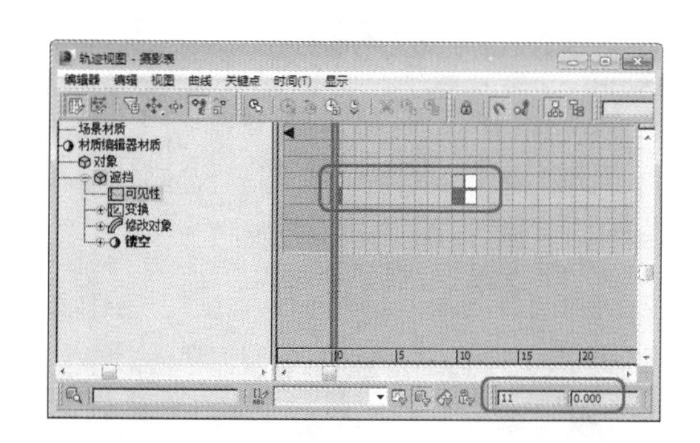

图 16.76　添加关键点

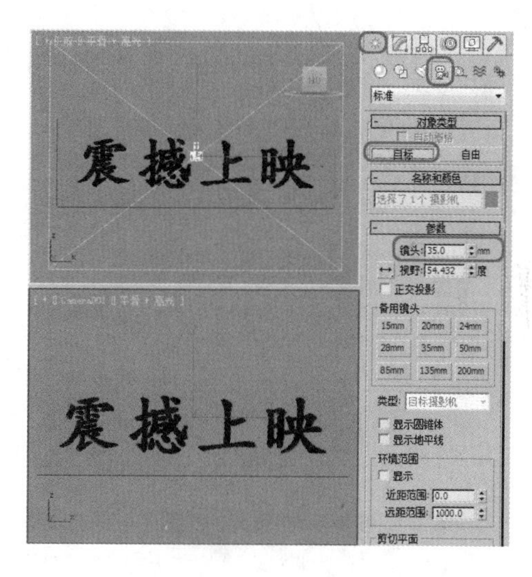

图 16.77　创建摄影机

(19) 选择【创建】|【几何体】|【粒子系统】|【粒子阵列】工具，在【顶】视图中创建一个粒子阵列系统，如图 16.78 所示。

(20) 切换至【修改】命令面板，在【基本参数】卷展栏中单击【拾取对象】按钮，然后按 H 键打开名称选择框，选择【粒子】对象，单击【拾取】按钮，将它作为粒子系统的替身，如图 16.79 所示。

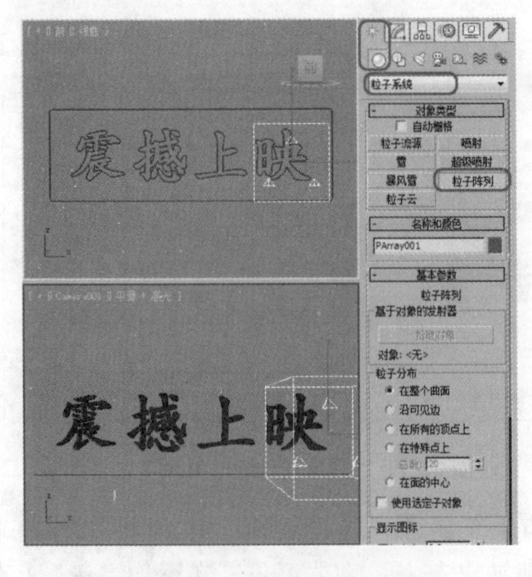

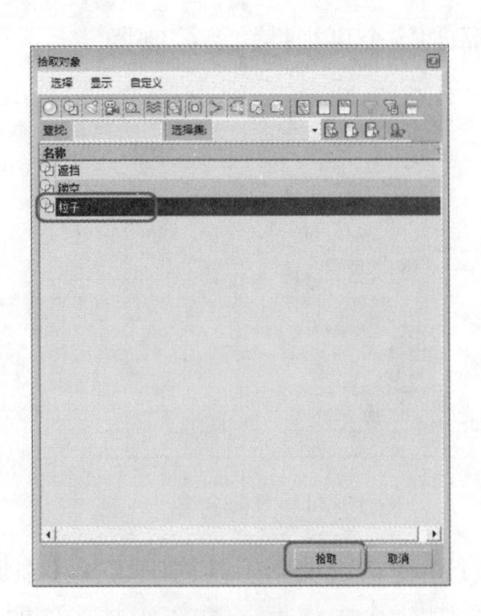

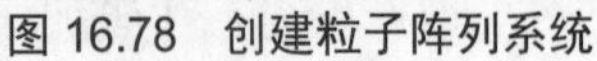

图 16.78　创建粒子阵列系统

图 16.79　拾取对象

(21) 在【显示图标】卷展栏中将【图标大小】设置为 73.034，在【视口显示】选项组中选择【网格】显示方式，这样在视图中会看到以网格物体显示的粒子碎块，如图 16.80 所示。

(22) 在【粒子生成】卷展栏中将【粒子运动】选项组中的【速度】、【变化】和【散度】分别设置为 8.0、45.0、32.0，将【发射开始】、【显示时限】和【寿命】分别设置为 10、125、125，按 Enter 键，将【唯一性】区域下的【种子】值设置为 24567，按 Enter 键，如图 16.81 所示。

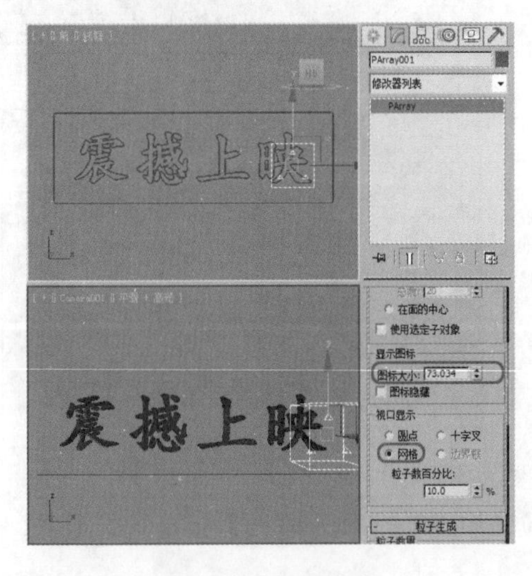

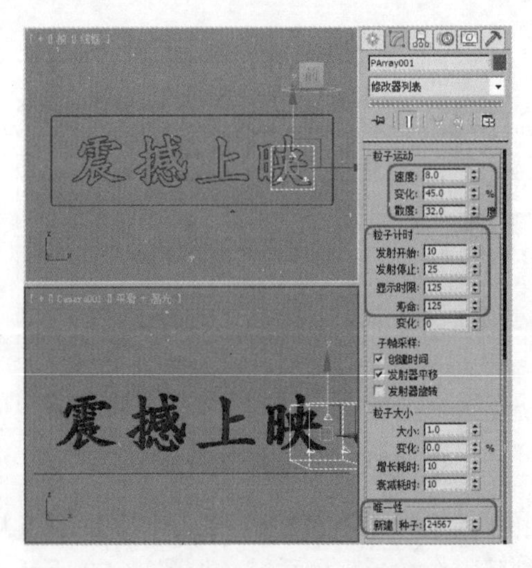

图 16.80　设置参数

图 16.81　设置粒子参数

(23) 打开【粒子类型】卷展栏，选择【对象碎片】类型。将【对象碎片控制】选项组中的【厚度】设置为 8.0，选中【碎片数目】单选按钮，并将其最小值设置为 100，如图 16.82 所示。

(24) 在【旋转和碰撞】卷展栏中将【自旋速度控制】选项组中的【自旋时间】设置为

40，将【变化】设置为 15.0，如图 16.83 所示。

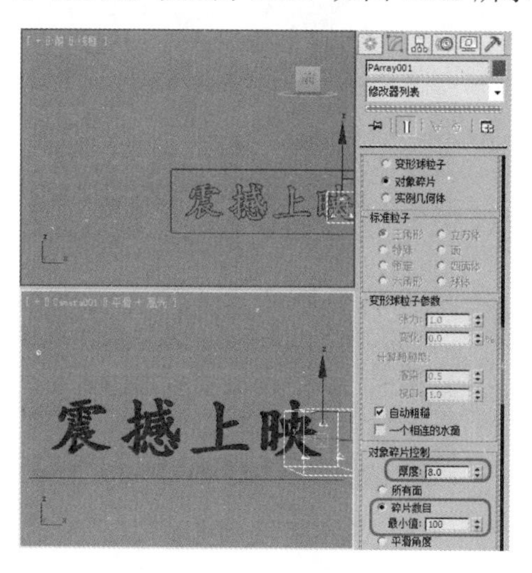

图 16.82　设置参数

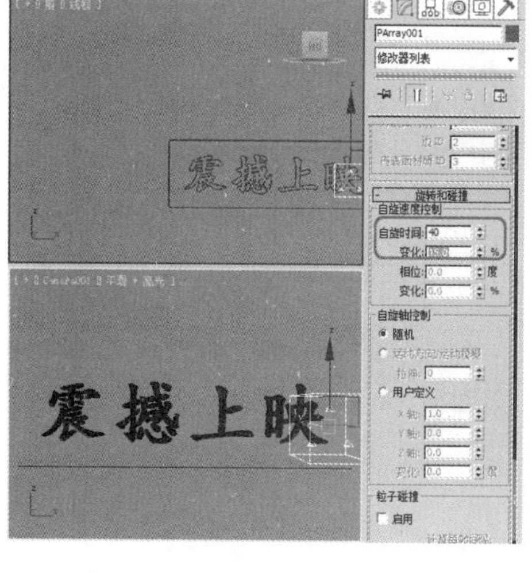

图 16.83　设置粒子参数

(25) 粒子系统设置完成后，在场景中选择【粒子】对象，然后在修改面板中单击【从堆栈中移除】按钮，将其【倒角】修改器删除，如图 16.84 所示。

(26) 选择粒子系统并右击，在弹出的快捷菜单中选择【对象属性】命令，在打开的对话框中将【对象 ID】设置为 1，在【运动模糊】选项组中选中【图像】单选按钮，单击【确定】按钮，为粒子系统设置 ID 号和图像运动模糊，如图 16.85 所示。

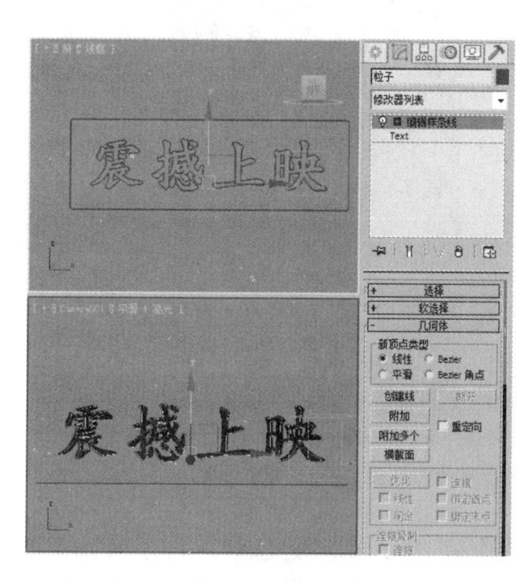

图 16.84　删除【倒角】修改器

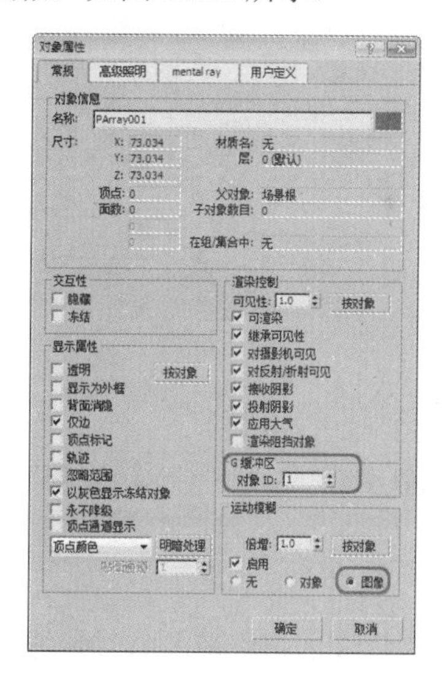

图 16.85　【对象属性】对话框

(27) 选择【创建】|【灯光】|【标准】|【泛光】工具，在场景中创建一盏泛光灯，在【强度/颜色/衰减】卷展栏中将【灯光】的 RGB 值设置为 211、211、211，如图 16.86 所示。

(28) 使用同样的方法，在【顶】视图中创建一盏泛光灯，将其调整至合适的位置，展开【强度/颜色/衰减】卷展栏，将【灯光】的 RGB 值设置为 237、237、110，如图 16.87

所示。

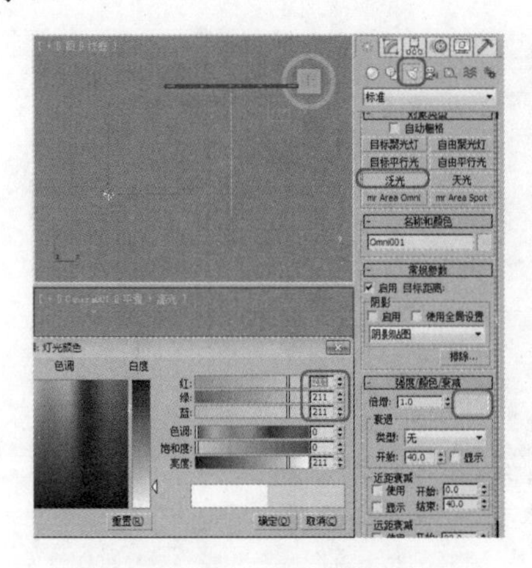

图 16.86　创建泛光灯

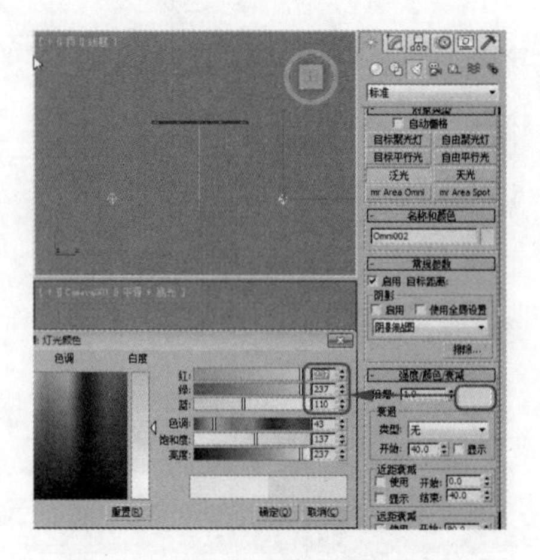

图 16.87　创建泛光灯

(29) 在视图中调整泛光灯的位置，并再次创建一个泛光灯，在【强度/颜色/衰减】卷展栏中将【灯光】的 RGB 值设置为 237、237、237，如图 16.88 所示。

(30) 选择【创建】 |【灯光】 |【标准】|【目标聚光灯】工具，在【顶】视图中创建一盏目标聚光灯，用于设置体积光。在【常规参数】卷展栏中勾选【阴影】选项组中的【启用】复选框，在【强度/颜色/衰减】卷展栏中将【倍增】值设置为 2.0，将灯光颜色的 RGB 值设置为 255、240、69，如图 16.89 所示。

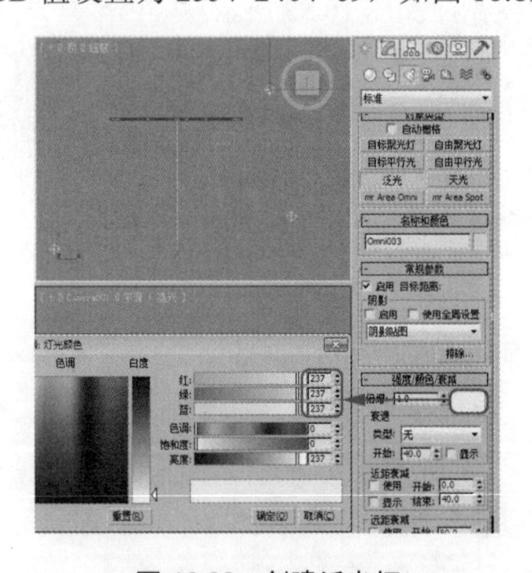

图 16.88　创建泛光灯

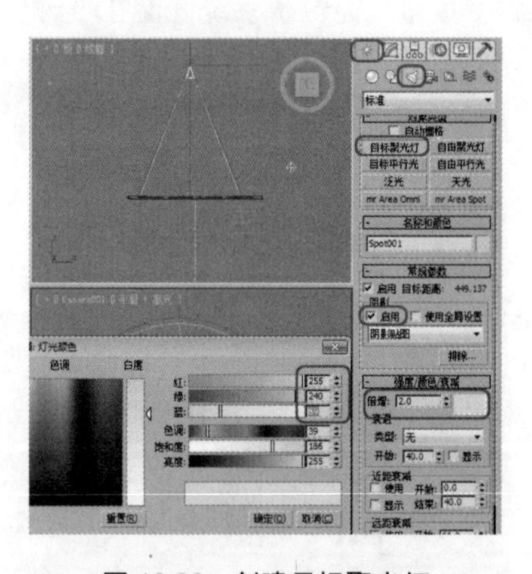

图 16.89　创建目标聚光灯

(31) 勾选【远距衰减】选项组中的【使用】和【显示】复选框，将【开始】和【结束】值分别设置为 394.231 和 729.705，在【聚光灯参数】卷展栏中将【聚光区/光束】和【衰减区/区域】分别设置为 15.6 和 22.1，选择【矩形】光锥类型，将【纵横比】设置为 3.52，如图 16.90 所示。

(32) 打开【高级效果】卷展栏，在【投影贴图】选项组中勾选【贴图】复选框，然后单击后面的【无】按钮，在打开的【材质/贴图浏览器】对话框中选择【噪波】，如图 16.91 所示。

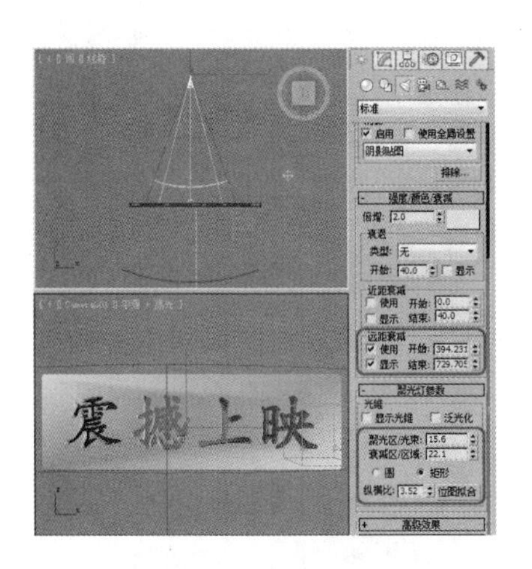

图 16.90　创建泛光灯

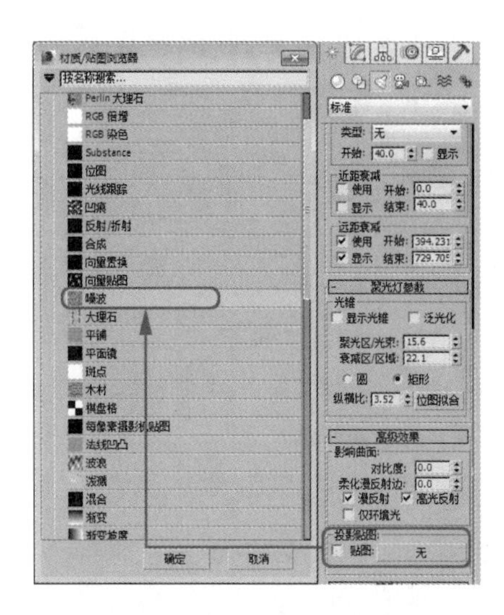

图 16.91　选择【澡波】贴图

(33) 打开材质编辑器，并激活第二个材质球，选择灯光控制面板中刚设置的噪波条形按钮并将其拖曳至材质编辑器中第二个材质样本球上，然后在打开的【实例(副本)贴图】对话框中选中【实例】单选按钮，如图 16.92 所示。

(34) 单击【确定】按钮，在【噪波参数】卷展栏中将【大小】设置为 25，将【颜色 #1】的 RGB 值设置为 255、48、0，将【颜色 #2】的 RGB 值设置为 255、255、90。在【坐标】卷展栏中将【模糊】设置为 2.5，将【模糊偏移】设置为 5.4，如图 16.93 所示。

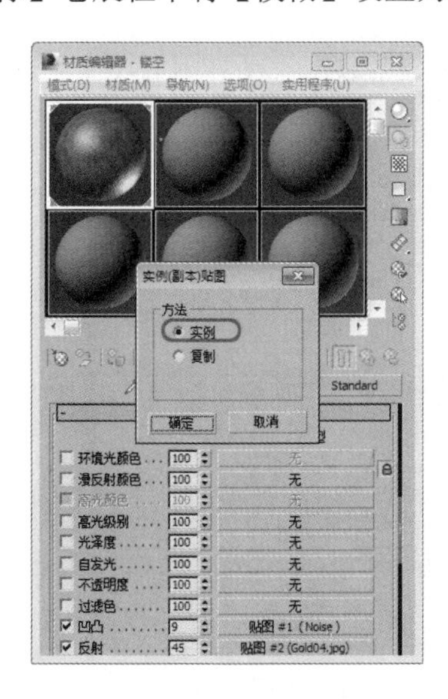

图 16.92　复制对象

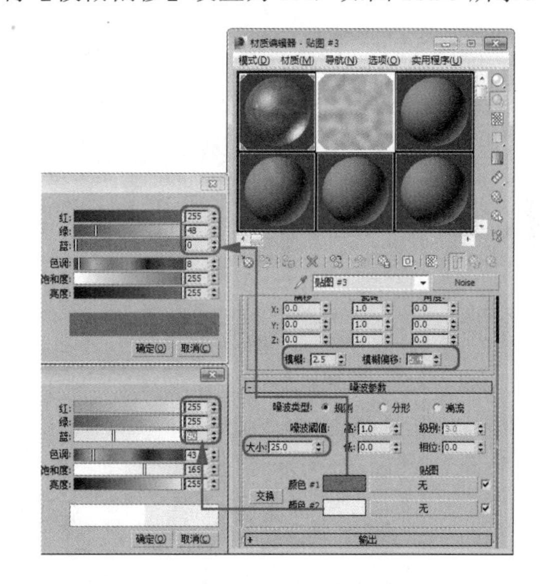

图 16.93　设置澡波参数

(35) 关闭材质编辑器。按 8 键打开【环境和效果】对话框，在【环境】选项卡【大气】卷展栏中单击【添加】按钮，在打开的对话框中选择【体积光】，如图 16.94 所示。

(36) 在【体积光参数】卷展栏中单击【拾取灯光】按钮，然后在场景中选择 Spot001。将【雾颜色】的 RGB 值设置为 255、242、135，按 Enter 键，将【衰减倍增】

设置为 0.0，如图 16.95 所示。

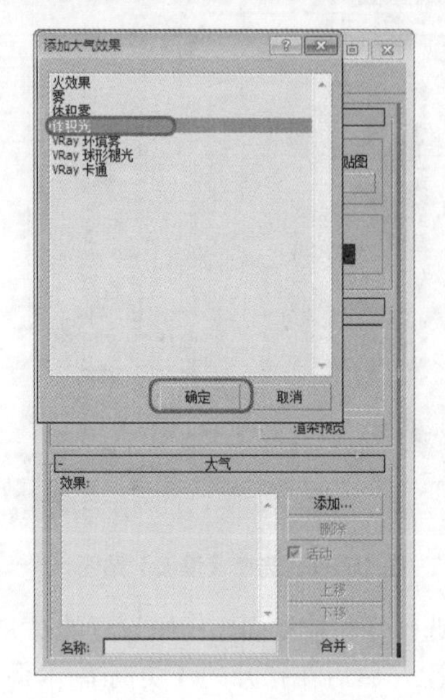

图 16.94　添加体积光

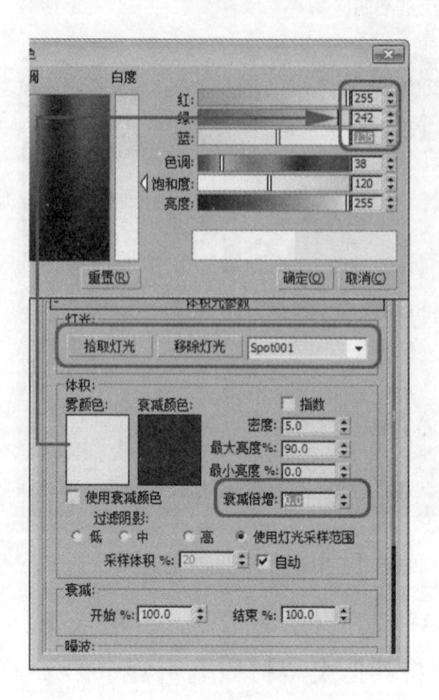

图 16.95　设置体积光参数

(37) 在视图中选择【目标聚光灯】，在动画控制区单击【自动关键点】按钮，将时间滑块移动到第 40 帧位置处，在【强度/颜色/衰减】卷展栏中将【远距衰减】下的【开始】和【结束】值分别设置为 480.0、900.0，如图 16.96 所示。

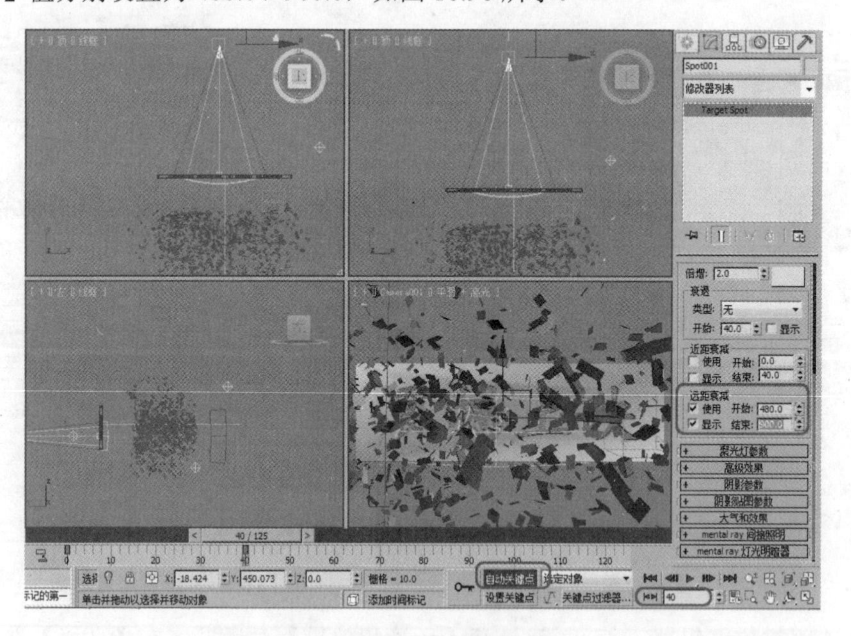

图 16.96　设置远距衰减参数

(38) 将时间滑块移动至第 65 帧位置处，将【开始】和【结束】值分别设置为 300.0、550.0，如图 16.97 所示。

(39) 将时间滑块移动至第 75 帧位置处，将【开始】和【结束】值都设置为 0.0，如

图 16.98 所示。然后关闭【自动关键点】按钮。

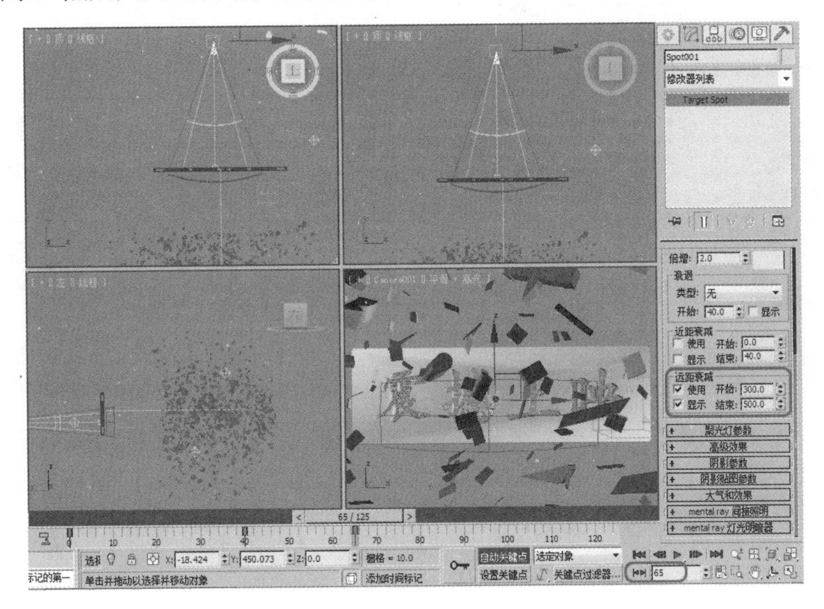

图 16.97　设置远距衰减参数

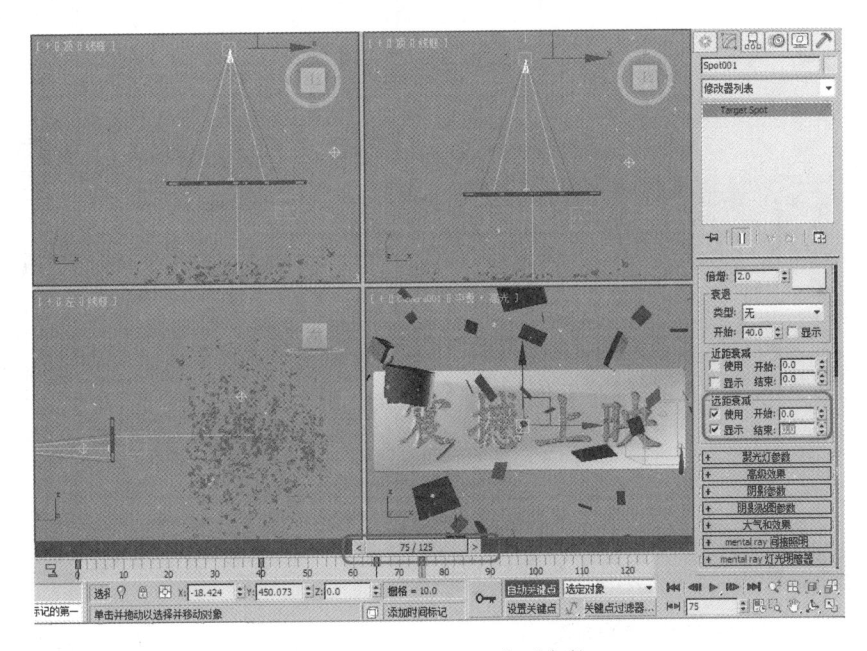

图 16.98　设置远距衰减参数

(40) 选择【创建】 |【辅助对象】 |【大气装置】|【球体 Gizmo】工具，在【顶】视图中文字对象后方右侧位置处创建创建一个圆球线框，并将【半径】设置为 47，勾选【半球】复选框，使当前所创建的【球体 Gizmo】形成一个半球，如图 16.99 所示。

(41) 选择【选择并移动】工具，调整线框的位置，再选择【选择并均匀缩放】工具，在视图中对球体 Gizmo 进行缩放，如图 16.100 所示。

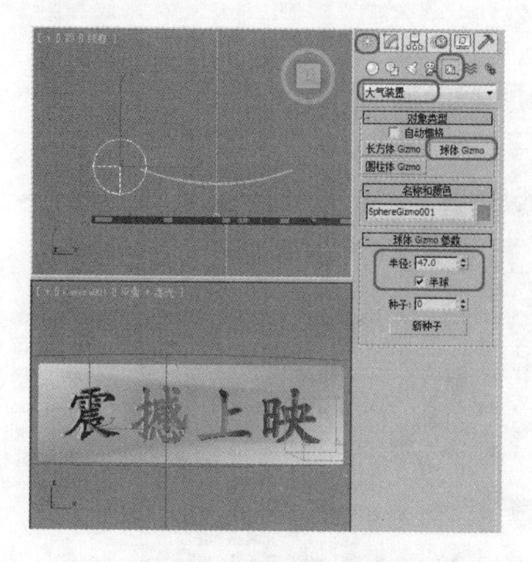

图 16.99　创建球体 Gizmo

图 16.100　调整球体 Gizmo 的大小

(42) 选择【选择并移动】工具，并按住 Shift 键，选择【球体 Gizmo】对象并将其向左方移动，并在打开的【克隆选项】对话框中选中【对象】选项组中的【复制】单选按钮，并将【副本数】设置为 3，如图 16.101 所示。

(43) 在菜单栏中选择【渲染】|【环境】命令，打开【环境和效果】对话框，在【环境】选项卡【大气】卷展栏中单击【添加】按钮，在打开的对话框中选择【火效果】，如图 16.102 所示。

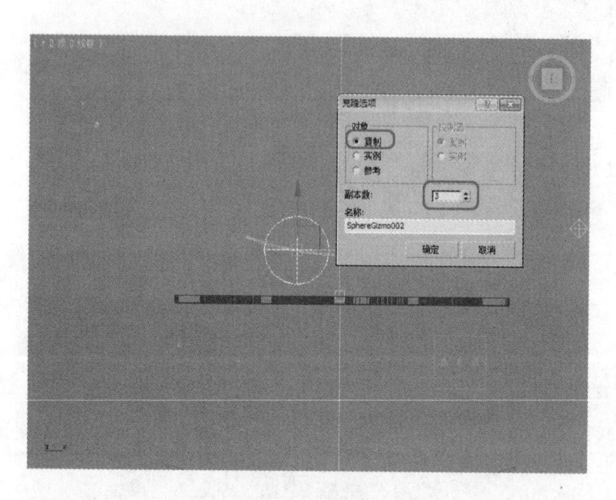

图 16.101　复制对象

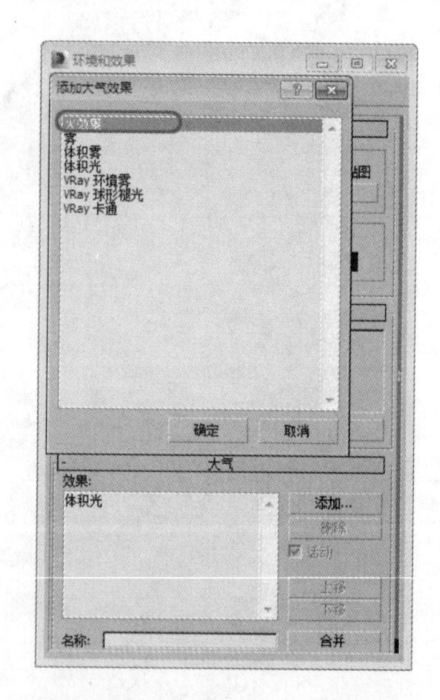

图 16.102　添加【火效果】

(44) 在【火效果参数】卷展栏中单击【拾取 Gizmo】按钮，然后在场景中选择 4 个半球线框。在【颜色】选项组中将【内部颜色】的 RGB 值设置为 242、233、0，将【外部颜色】的 RGB 值设置为 216、16、0，如图 16.103 所示。

(45) 在【图形】选项组中将【火焰类型】设置为【火舌】，将【规则性】设置 0.3，在【特性】选项组中将【火焰大小】设置为 18.0，将【火焰细节】设置为 10.0，将【采样】设置为 20，如图 16.104 所示。

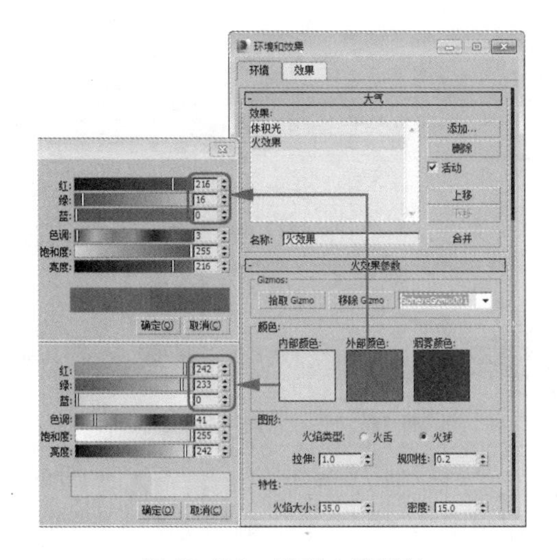

图 16.103　设置火焰颜色

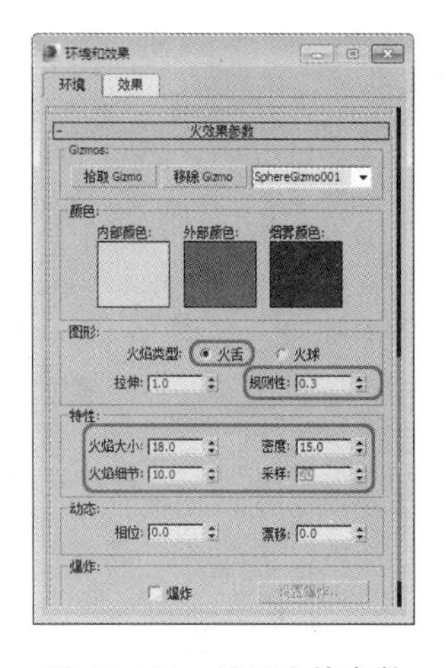

图 16.104　设置火焰参数

(46) 单击【自动关键点】动画记录按钮，将时间滑块移动至第 125 帧位置处，将【动态】区域下的【相位】值设置为 150.0，如图 16.105 所示。

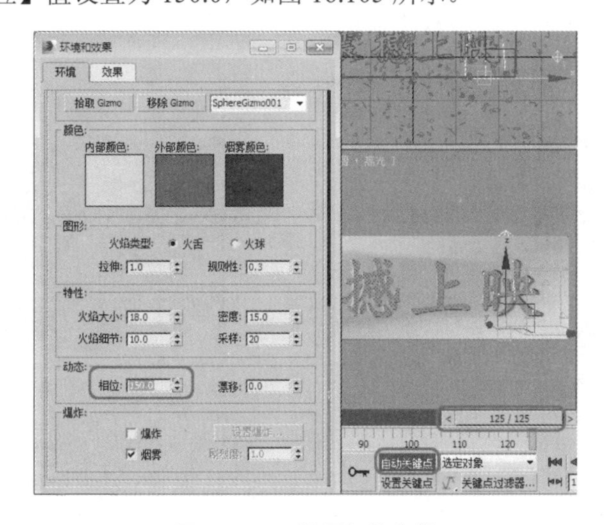

图 16.105　设置相位参数

16.3.2　视频后期处理

发光镜头特效过滤器是使用最多的过滤器。为了使动画的效果更为热烈，下面为粒子系统制作一个发光特效，具体操作步骤如下。

(1) 在菜单栏中选择【渲染】|【视频后期处理】命令，打开【视频后期处理】对话框，单击【添加场景事件】按钮，添加一个场景序列，弹出【添加场景事件】对话框，在打开的对话框中单击使用默认的 Camera01 视图，如图 16.106 所示。

(2) 单击【添加图像过滤事件】按钮，为场景添加一个过滤器事件，在打开的【添加图像过滤事件】对话框中选择过滤器事件下拉列表中的【镜头效果光晕】过滤器，如图 16.107 所示。

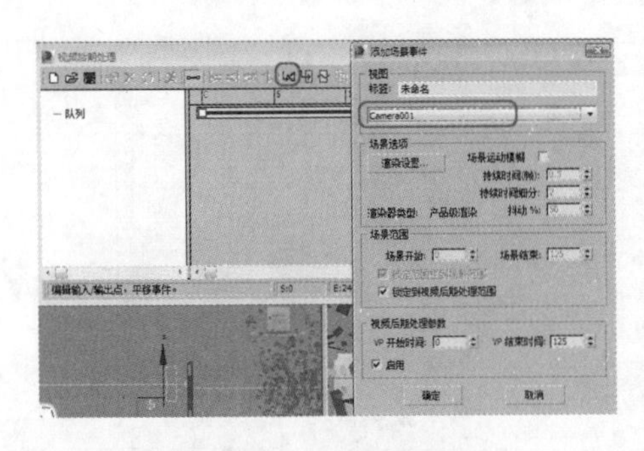

图 16.106　添加场景事件

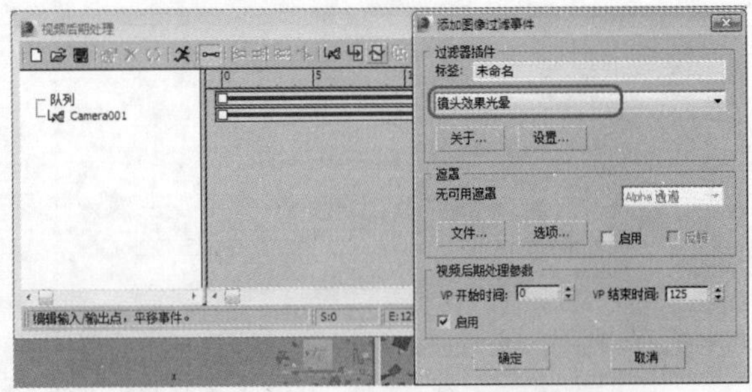

图 16.107　添加图像过滤事件

(3) 单击【设置】按钮，进入发光特效过滤器的控制面板，切换至【首选项】选项卡，将【大小】设置为 2，在【颜色】选项组中单击【用户】右侧的【颜色】按钮，将颜色的 RGB 值设置为 255、85、0，将【强度】设置为 40.0，如图 16.108 所示。

(4) 切换至【噪波】选项卡，将【设置】选项组中的噪波方式设置为【电弧】，将【运动】和【质量】分别设置为 0.0、10.0，勾选【红】、【绿】和【蓝】3 个复选框。在【参数】选项组中将【大小】和【速度】分别设置为 20.0、0.2，将【基准】设置为 65.0，如图 16.109 所示。

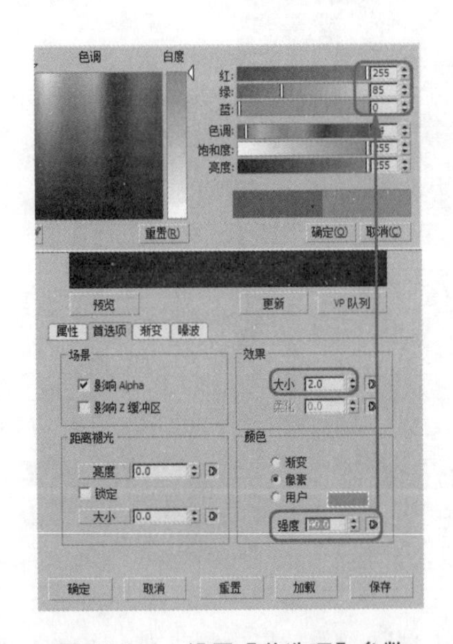

图 16.108　设置【首选项】参数

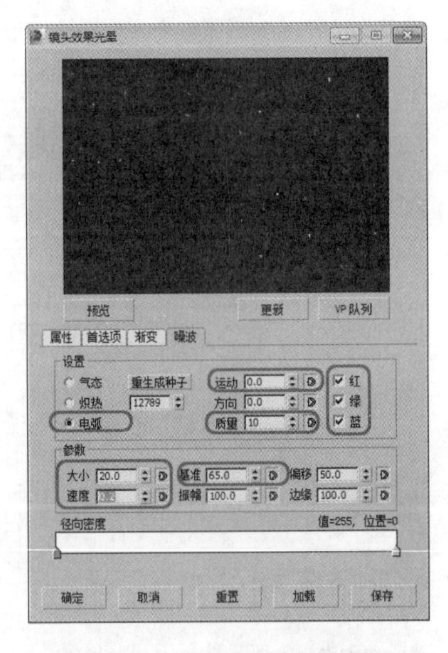

图 16.109　设置【噪波】参数

(5) 设置完成后单击【确定】按钮，返回到【视频后期处理】对话框，单击【添加图像输出事件】按钮，在打开的对话框中单击【文件】按钮，设置文件输出的路径和名称，如图 16.110 所示。

(6) 单击【保存】按钮，在打开的【AVI 文件压缩设置】对话框中使用其默认设置，如图 16.111 所示。

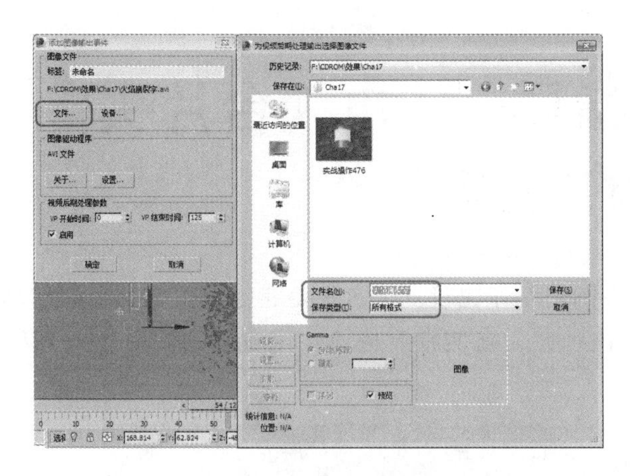

图 16.110　设置输出路径及保存名称

图 16.111　【AVI 文件压缩设置】对话框

(7)　完成设置后单击【确定】按钮，回到【视频合成器】窗口。单击【执行序列】按钮，在打开的对话框中将【输出大小】选项组中的【宽度】、【高度】分别设置为 320、240，如图 16.112 所示。

(8)　即可进入动画的渲染过程，渲染后的效果如图 16.113 所示。

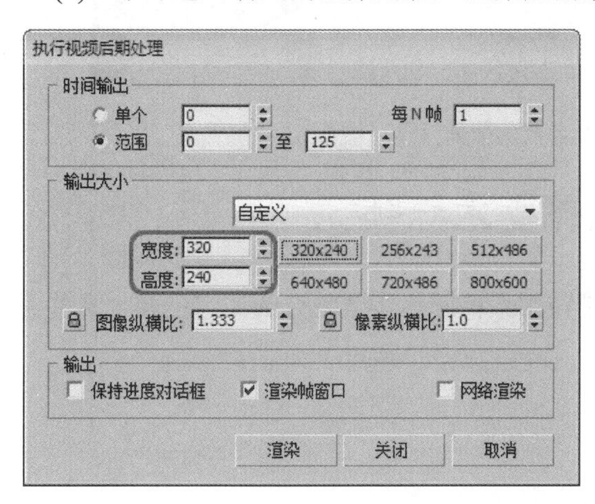

图 16.112　【指定视频后期处理】对话框

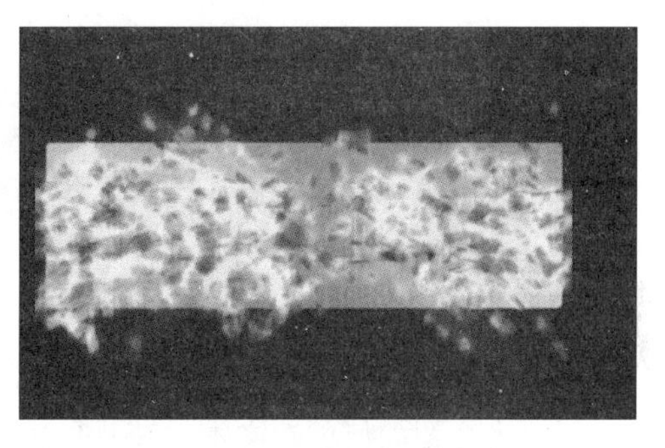

图 16.113　渲染效果

第 17 章　项目指导——电视台片头动画的制作

本例将介绍一个片头动画的制作。该例的制作比较复杂，主要通过为实体文字添加动画，并创建粒子系统和光斑作为发光物体，并为它们设置特效。完成后的效果如图 17.1 所示。

图 17.1　电视台片头动画效果

17.1　制作文本标题

在制作电视台片头动画之前，首先要制作文本标题。本节将介绍如何创建文本并为创建的文本添加材质等。

17.1.1　创建文本

下面将介绍如何创建文本。其具体操作步骤如下。

(1) 启动 3ds Max 2014，在动画控制区域中单击【时间配置】按钮，在打开的对话框中将【动画】选项组中的【长度】设置为 330，如图 17.2 所示。

(2) 设置完成后，单击【确定】按钮，选择【创建】|【图形】|【文本】工具，在【参数】卷展栏中将【字体】设置为【汉仪书魂体简】，在【文本】文本框中输入【财经时讯】，在【前】视图中单击创建文本，并将其命名为【财经时讯】，如图 17.3 所示。

(3) 选择【修改】命令面板，在修改器下拉列表中选择【倒角】修改器，在【参数】卷展栏中取消勾选【生成贴图坐标】复选框，在【相交】选项组中勾选【避免线相交】复选框，在【倒角值】卷展栏中将【级别 1】下的【高度】设置为 4，勾选【级别 2】复选框，将【高度】和【轮廓】分别设置为 1 和-1，如图 17.4 所示。

(4) 设置完成后，再在修改器下拉列表中选择【UVW 贴图】修改器，并使用其默认参数，效果如图 17.5 所示。

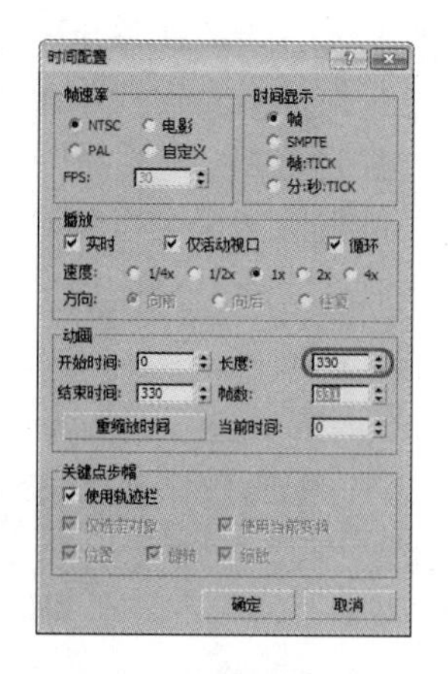

图 17.2　设置动画长度

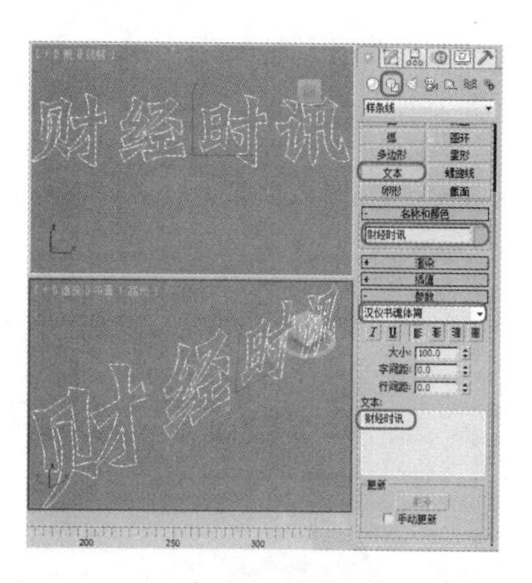

图 17.3　创建文本

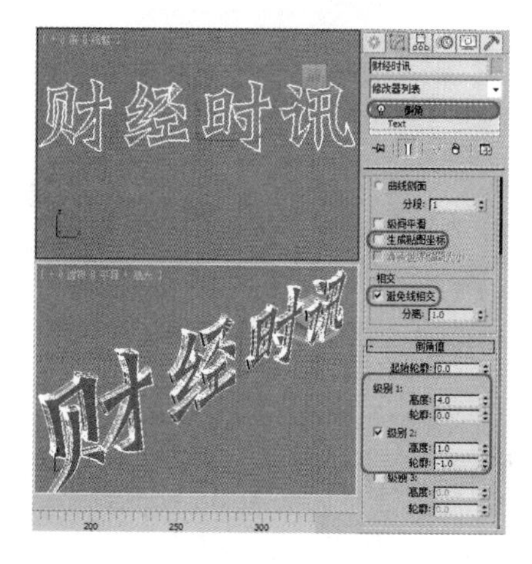

图 17.4　添加【倒角】修改器

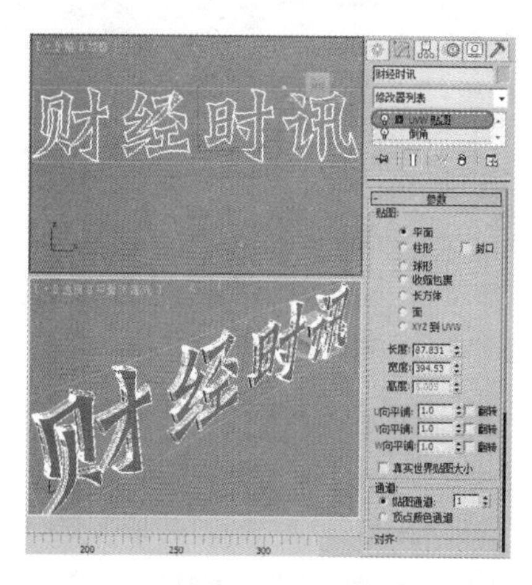

图 17.5　添加【UVW 贴图】修改器

(5) 确认该对象处于选中状态，按 Ctrl+V 组合键，在弹出的对话框中选中【复制】单选按钮，如图 17.6 所示。

(6) 单击【确定】按钮，确认复制后的对象处于选中状态，在【修改】命令面板中按住 Ctrl 键选择【UVW 贴图】和【倒角】修改器并右击，在弹出的快捷菜单中选择【删除】命令，如图 17.7 所示。

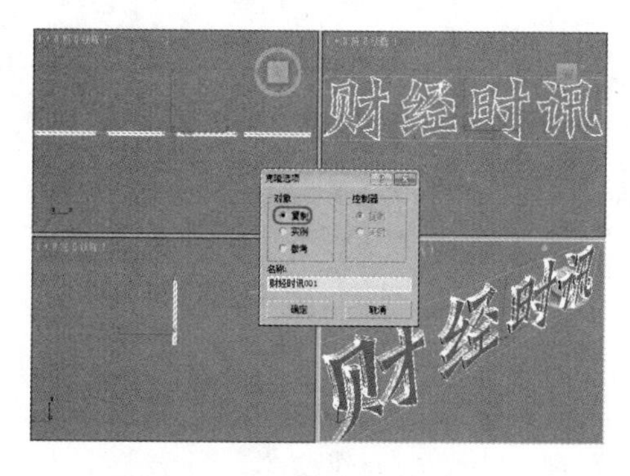

图 17.6　选中【复制】单选按钮

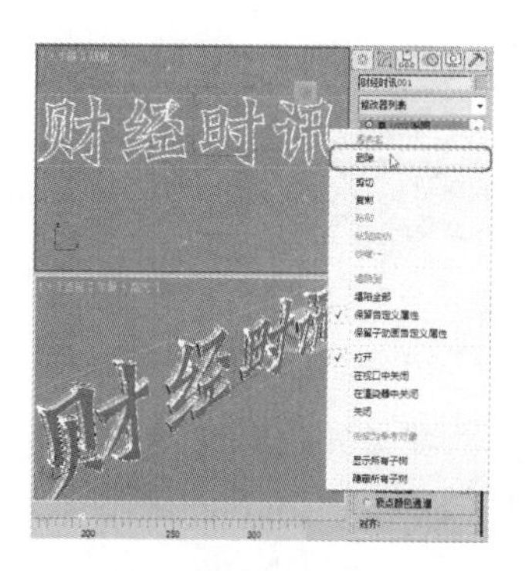

图 17.7　选择【删除】命令

(7) 在修改器下拉列表中选择【可编辑样条线】修改器，将当前选择集定义为【样条线】，在【前】视图中选择组成【财】字的样条线，在【几何体】卷展栏中单击【分离】按钮，在弹出的对话框中将【分离为】命名为“财”，如图 17.8 所示。

(8) 设置完成后单击【确定】按钮，使用同样的方法将其他文字进行分离，关闭当前选择集，将当前选择的对象进行删除，按 H 键打开【从场景选择】对话框选择“讯”，如图 17.9 所示。

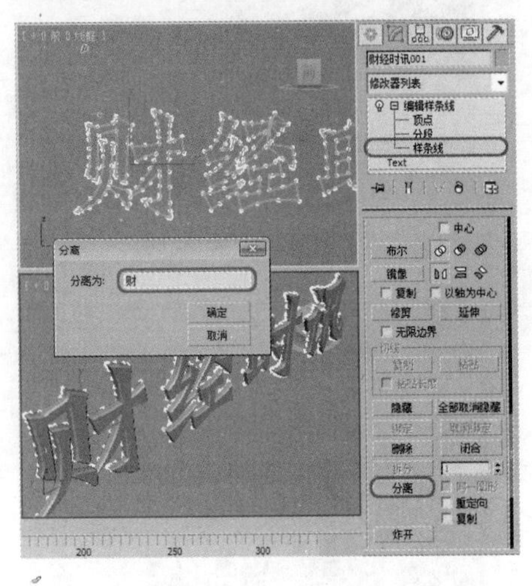

图 17.8　分离对象

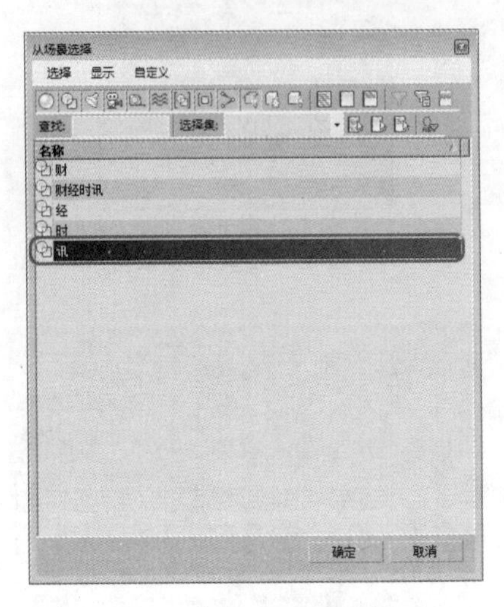

图 17.9　选择对象

(9) 单击【确定】按钮，在【渲染】卷展栏中勾选【在渲染中启用】和【在视口中启用】复选框，将【厚度】设置 2，如图 17.10 所示。

(10) 使用同样的方法为其他文字进行设置，设置后的效果如图 17.11 所示。

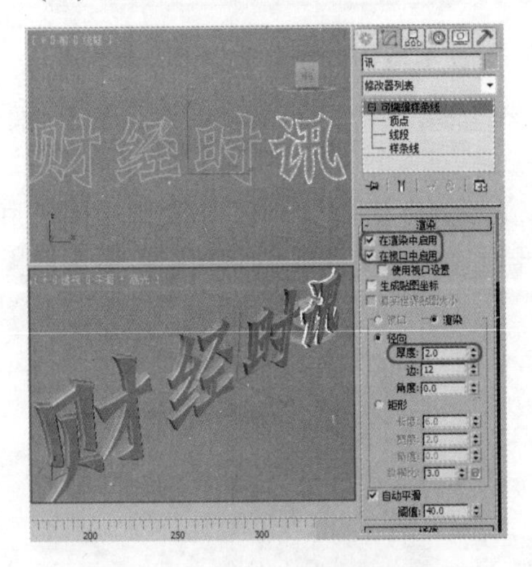

图 17.10　设置【渲染】卷展栏参数

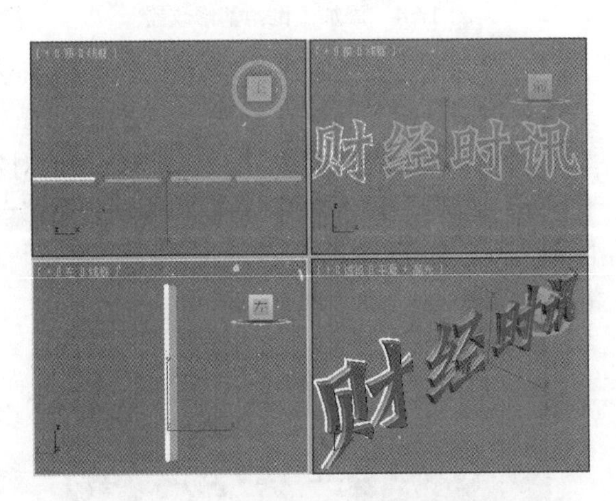

图 17.11　对其他文字设置后的效果

(11) 选择【创建】|【图形】|【文本】工具，在【参数】卷展栏中将【字体】设置为 TW Cen MT Bold Italic 将【大小】和【字间距】分别设置为 55、2，在【文本】文本框中输入“Finance Newsletter”，然后在【前】视图中单击创建文本，并调整文本的位置，将其命名为“字母”，如图 17.12 所示。

(12) 切换至【修改】命令面板中，在【渲染】卷展栏中取消勾选【在渲染中启用】和【在视口中启用】复选框，效果如图 17.13 所示。

图 17.12　创建文本

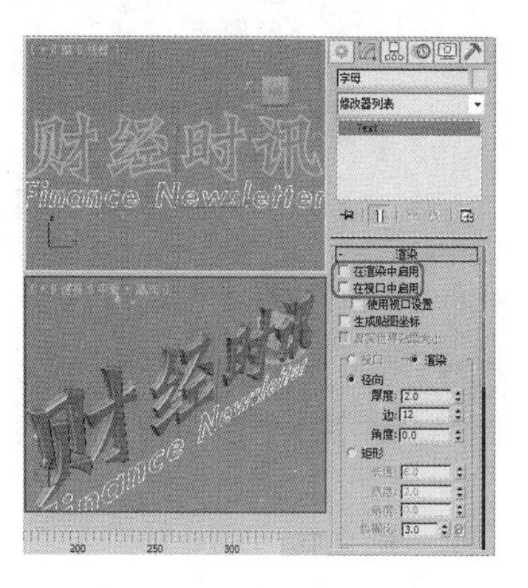

图 17.13　【渲染】卷展栏

(13) 在修改器下拉列表中选择【挤出】修改器，在【参数】卷展栏中将【数量】设置为 5，勾选【生成贴图坐标】复选框，如图 17.14 所示。

(14) 确认该对象处于选中状态，按 Ctrl+V 组合键，在弹出的对话框中选中【复制】单选按钮，如图 17.15 所示。

图 17.14　添加【挤出】修改器

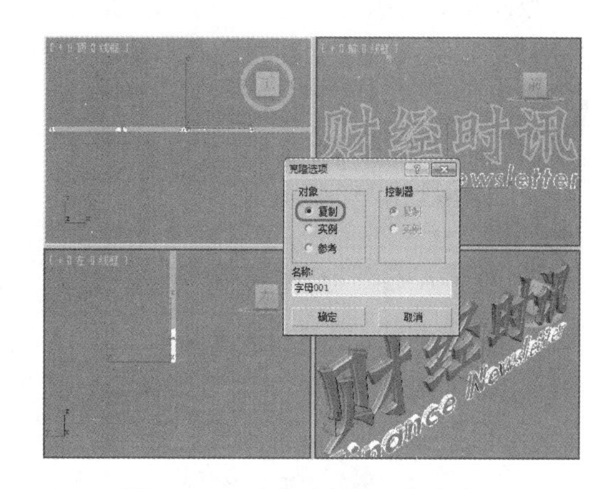

图 17.15　选中【复制】单选按钮

(15) 设置完成后，单击【确定】按钮，确认复制后的对象处于选中状态，在【修改】命令面板中选择 Text，在修改器下拉列表中选择【可编辑样条线】修改器，将当前选择集定义为【样条线】，在视图中选中样条线，在【几何体】卷展栏中将【轮廓】设置为-0.8，如图 17.16 所示。

(16) 关闭当前选择集，在【修改】命令面板中选择【挤出】修改器，至此文字就制作完成了，其效果如图 17.17 所示。

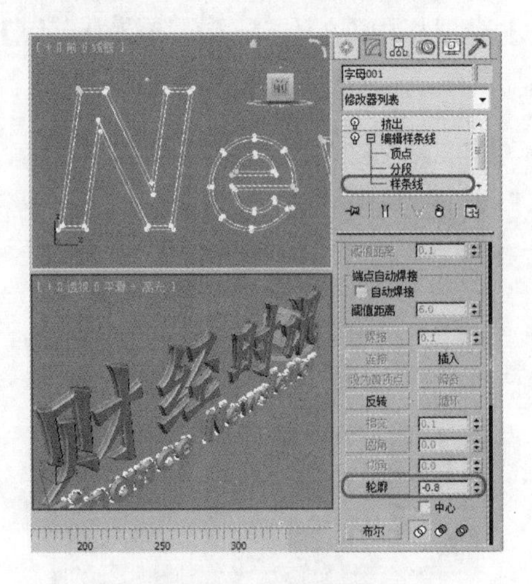

图 17.16　设置轮廓值

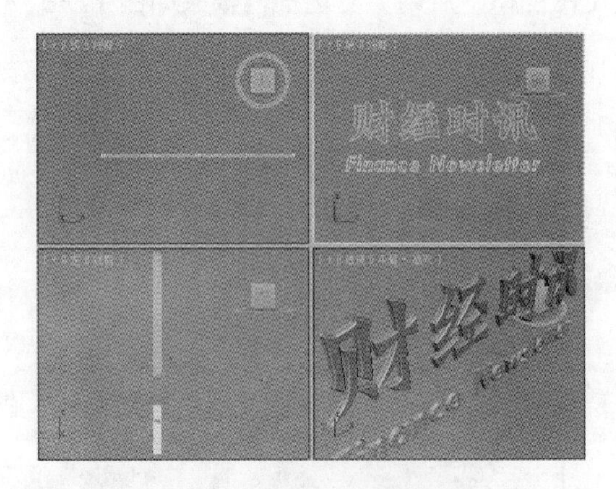

图 17.17　制作完成后的效果

17.1.2　为文本设置材质

下面将介绍如何为创建完成后的文本添加材质，然后再根据需要为设置后的材质添加动画效果。其具体操作步骤如下。

(1) 按 H 键，在弹出的对话框中选择“财经时讯”和“字母”对象，如图 17.18 所示。

(2) 单击【确定】按钮，按 M 键，打开【材质编辑器】对话框，选择一个新的材质样本球，将其命名为“标题”，然后单击右侧的 Standard 按钮，在弹出的对话框中选择【混合】贴图，如图 17.19 所示。

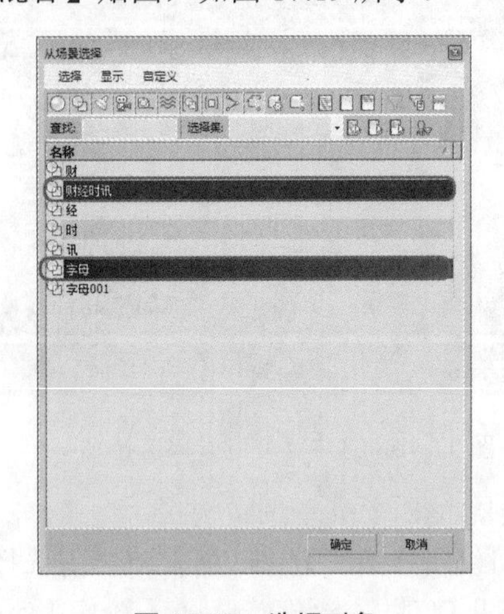

图 17.18　选择对象

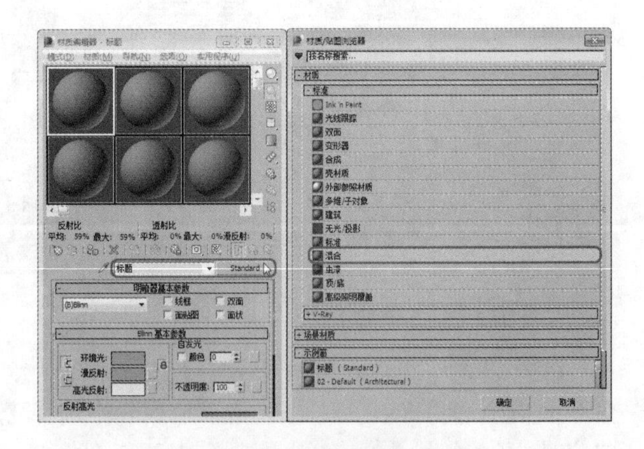

图 17.19　选择【混合】贴图

(3) 单击【确定】按钮，在弹出的【替换材质】对话框中选中【将旧材质保存为子材质】单选按钮，如图 17.20 所示。

(4) 单击【确定】按钮，在【混合基本参数】卷展栏中，单击【材质 1】通道后面的灰色条形按钮，进入材质 1 的通道。在【Blinn 基本参数】卷展栏中单击【环境光】左侧

的按钮，取消颜色的锁定，将【环境光】的 RGB 值设置为 0、0、0，将【漫反射】的 RGB 值设置为 128、128、128，将【不透明度】设置为 0；在【反射高光】选项组中将【光泽度】设置为 0，如图 17.21 所示。

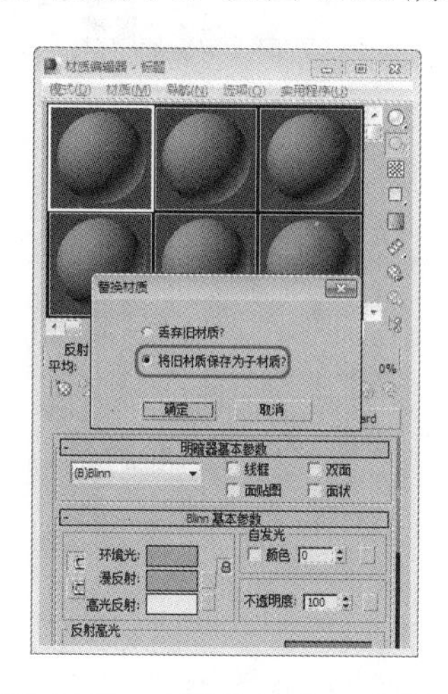

图 17.20　【替换材质】对话框

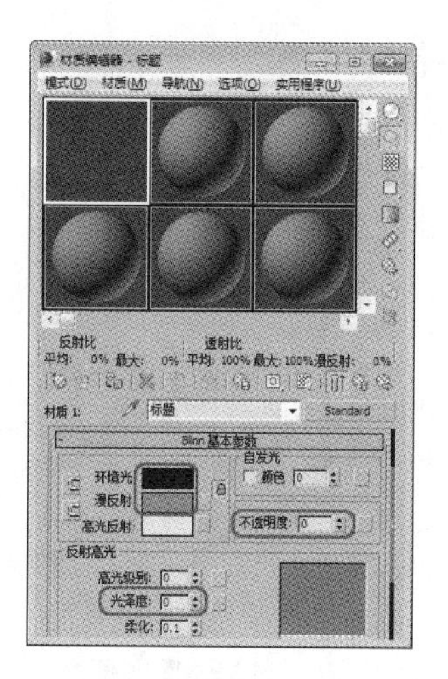

图 17.21　设置 Blinn 基本参数

(5) 单击【转到父对象】按钮，在【混合基本参数】卷展栏中单击【材质 2】右侧的材质通道按钮，在【明暗器基本参数】卷展栏中将【明暗器类型】设置为【金属】，如图 17.22 所示。

(6) 在【金属基本参数】卷展栏中单击【环境光】左侧的按钮，取消颜色的锁定，将【环境光】的 RGB 值设置为 118、118、118，将【漫反射】的 RGB 值设置为 255、255、255，将【不透明度】设置为 0；在【反射高光】选项组中将【高光级别】和【光泽度】分别设置为 120 和 65，如图 17.23 所示。

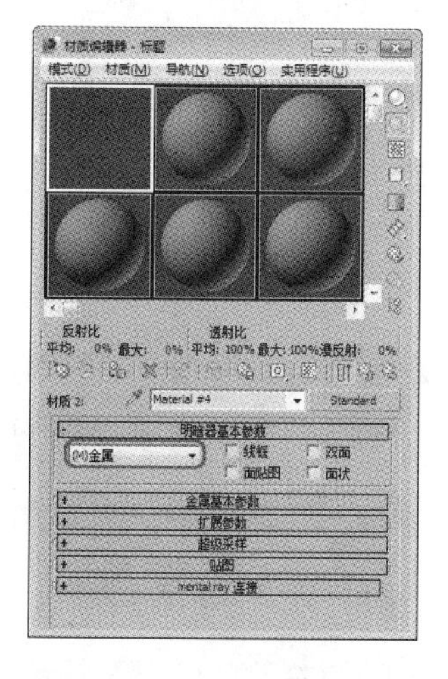

图 17.22　设置明暗器类型

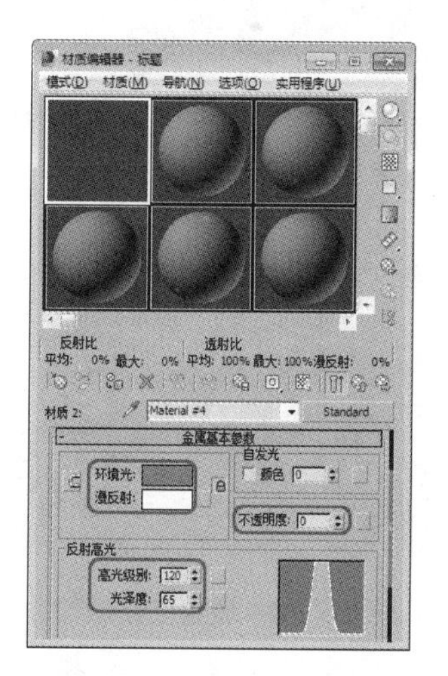

图 17.23　设置金属基本参数

(7) 在【贴图】卷展栏中单击【漫反射颜色】后面的【无】按钮，在打开的【材质/贴图浏览器】对话框中选择【位图】贴图，单击【确定】按钮。在打开的对话框中选择随书附带光盘中的 CDROM\Map\Metal01.tif 文件，如图 17.24 所示。

(8) 单击【打开】按钮，在【坐标】卷展栏中将【瓷砖】下的 U 和 V 都设置为 0.08，如图 17.25 所示。

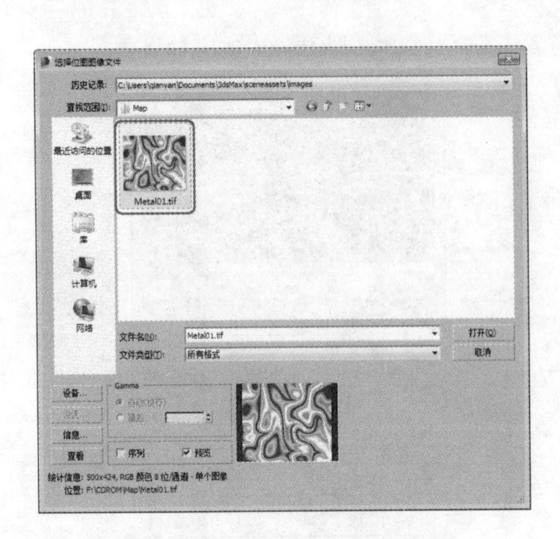

图 17.24　选择位图图像文件

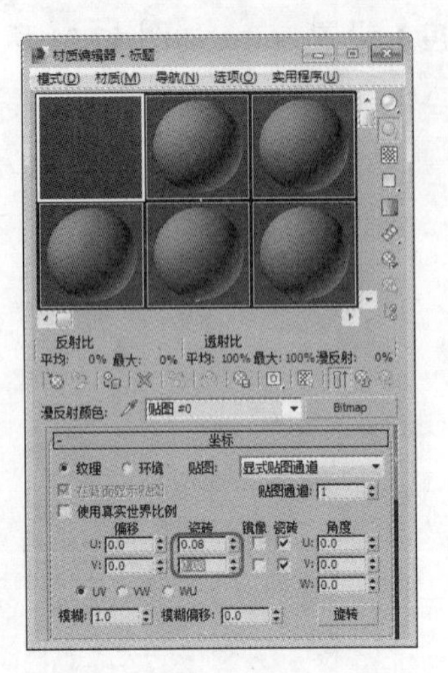

图 17.25　设置瓷砖下的 UV 参数

(9) 单击【转到父对象】按钮，将【凹凸】右侧的【数量】设置为 15，如图 17.26 所示。

(10) 单击其后面的【无】按钮，在打开的【材质/贴图浏览器】对话框中选择【噪波】贴图，进入【噪波】贴图层级。在【噪波参数】卷展栏中选中【分形】单选按钮，将【大小】设置为 0.5，将【颜色#1】的 RGB 值设置为 134、134、134，如图 17.27 所示。

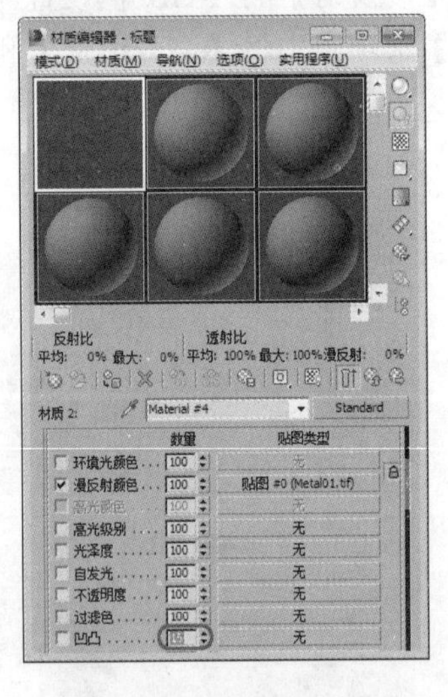

图 17.26　设置凹凸数量

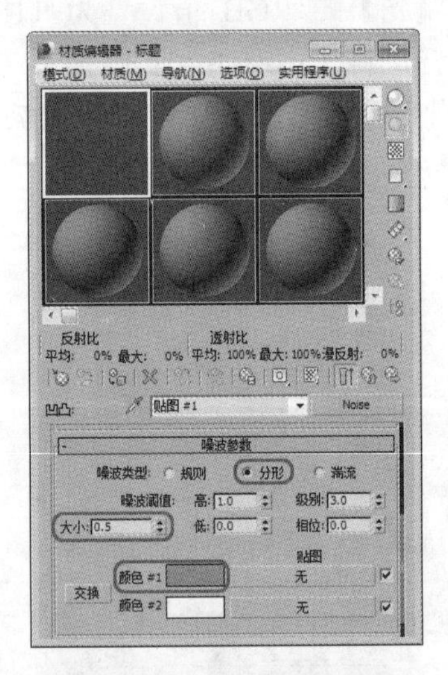

图 17.27　设置噪波参数

(11) 单击两次【转到父对象】按钮，单击【遮罩】通道右侧的【无】按钮，在弹出的【材质/贴图浏览器】对话框中选择【渐变坡度】选项，如图 17.28 所示。

(12) 单击【确定】按钮，在【渐变坡度参数】卷展栏中将【位置】为第 50 帧处的色标滑动到第 95 帧处，并将其 RGB 值设置为 0、0、0，在【位置】为第 97 帧处添加一个色标，并将其 RGB 值设置为 255、255、255；在【噪波】选项组中将【数量】设置为 0.01，选中【分形】单选按钮，如图 17.29 所示。

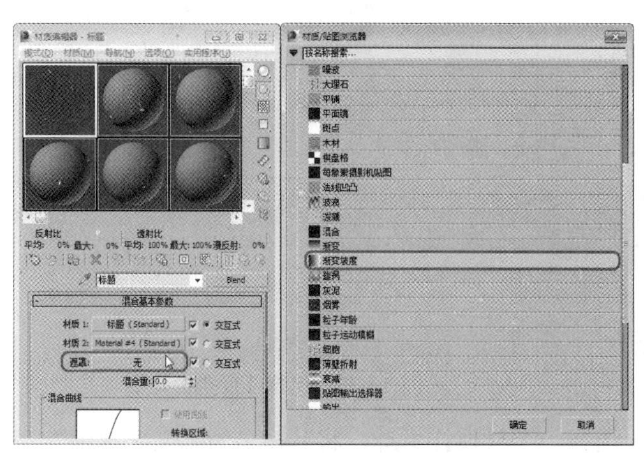

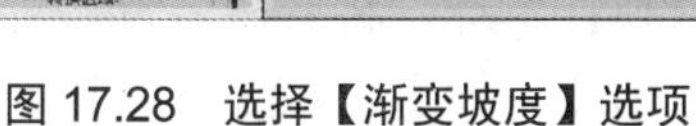

图 17.28　选择【渐变坡度】选项

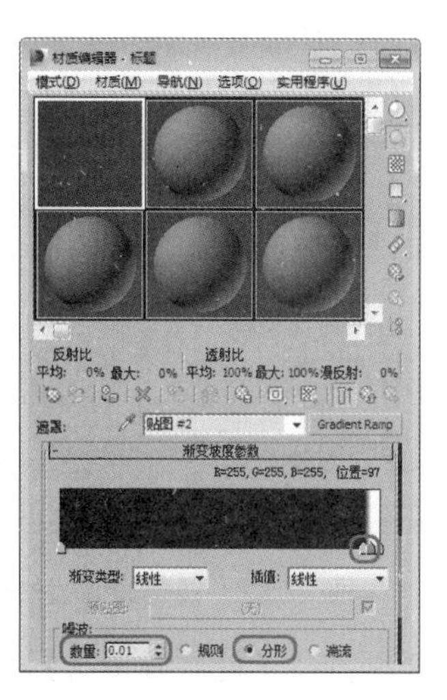

图 17.29　设置渐变坡度参数

(13) 设置完毕后，将时间滑块移动到第 150 帧处，单击【自动关键点】按钮，将【位置】为第 95 帧处的色标移动至第 1 帧处，将第 97 帧处的色标移动至第 2 帧处，如图 17.30 所示。

(14) 关闭自动关键点记录模式，选择【图形编辑器】|【轨迹视图-摄影表】命令，即可打开【轨迹视图-摄影表】对话框，如图 17.31 所示。

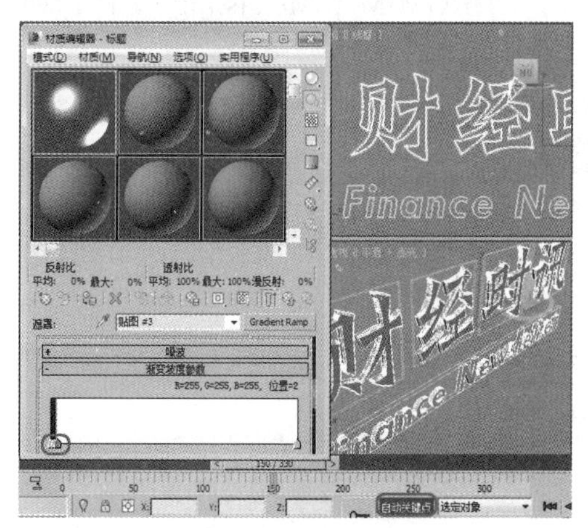

图 17.30　设置动态材质效果

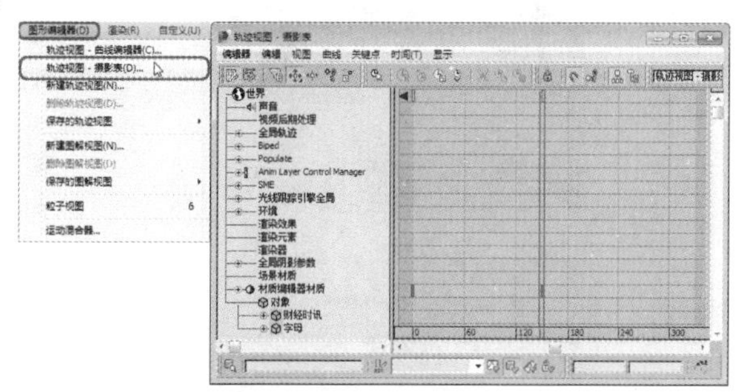

图 17.31　打开【轨迹视图-摄影表】对话框

(15) 在面板左侧的序列中打开【材质编辑器】|【标题】|【遮罩】|Gradient Ramp，将第 0 帧处的关键帧移动至第 95 帧处，如图 17.32 所示。

(16) 调整完成后，将该对话框关闭，在【材质编辑器】对话框中将设置完成后的材质指定给选定对象，指定完成后，在菜单栏中选择【编辑】|【反选】命令，如图 17.33 所示。

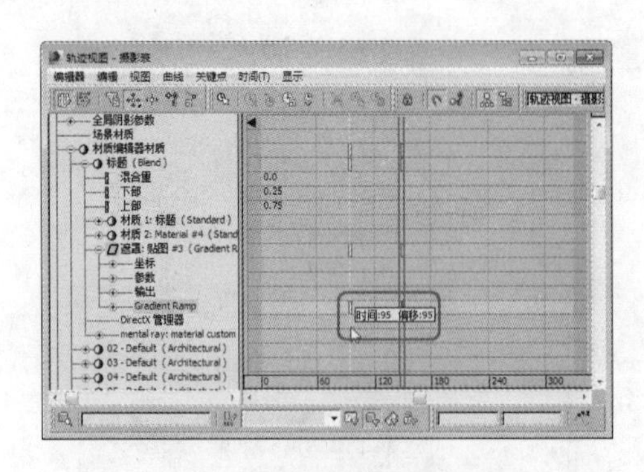

图 17.32　调整关键帧的位置

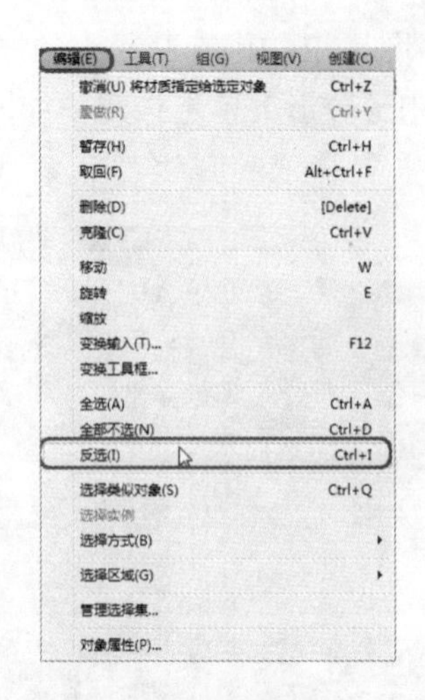

图 17.33　选择【反选】命令

(17) 再在【材质编辑器】对话框中选择一个材质样本球，将其命名为“文字轮廓”，在【明暗器基本参数】卷展栏中将明暗器类型设置为【金属】，在【金属基本参数】卷展栏中单击【环境光】右侧的按钮，取消颜色的锁定，将【环境光】的 RGB 值设置为 77、77、77，将【漫反射】的 RGB 值设置为 178、178、178；将【反射高光】选项组中的【高光级别】和【光泽度】分别设置为 75 和 51，如图 17.34 所示。

(18) 在【贴图】卷展栏中将【反射】后面的【数量】设置为 80，单击其右侧的【无】按钮，在打开的【材质/贴图浏览器】对话框中选择【位图】贴图，单击【确定】按钮。在打开的对话框中选择随书附带光盘中的 CDROM\Map\Metals.jpg 文件，如图 17.35 所示。

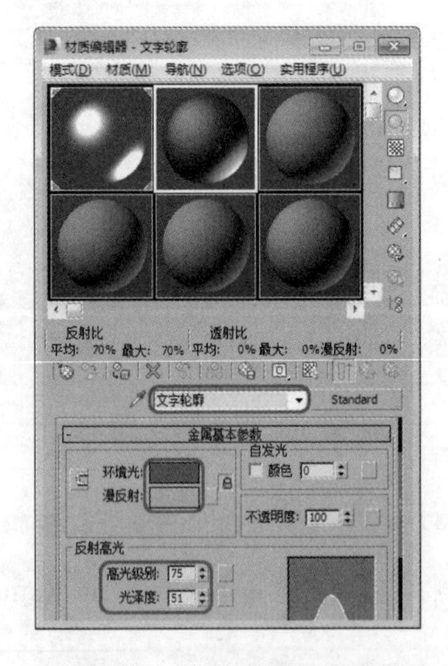

图 17.34　设置金属基本参数

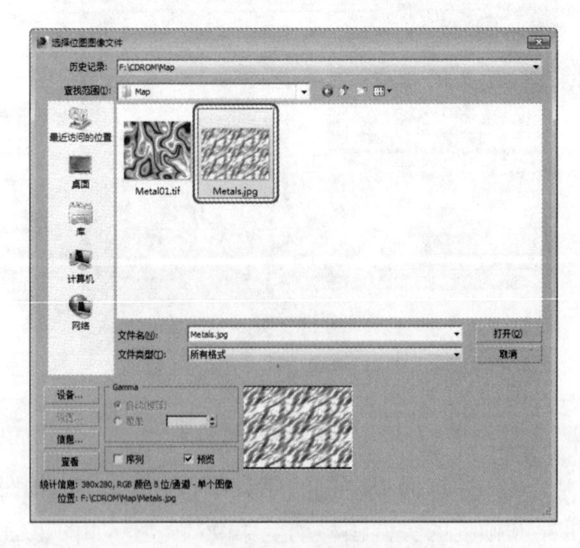

图 17.35　选择位图图像文件

(19) 单击【打开】按钮，在【坐标】卷展栏中将【瓷砖】下的 U 和 V 分别设置为 0.5 和 0.2，如图 17.36 所示。

(20) 单击【转到父对象】按钮，返回到上一层级，将设置完成后的材质指定给选定

对象，将【材质编辑器】对话框关闭，指定材质后的效果如图 17.37 所示。

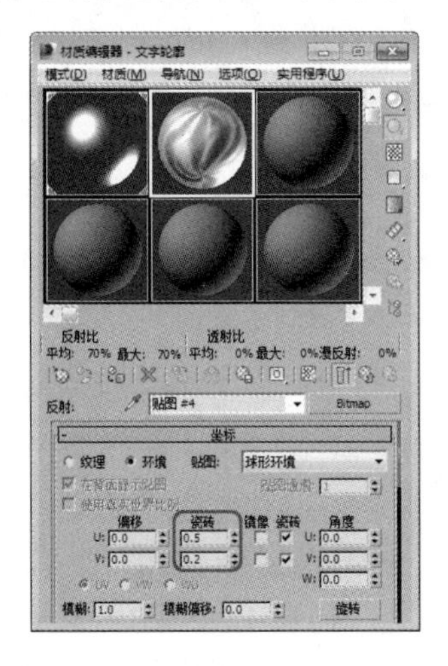

图 17.36　设置瓷砖下的 UV 参数

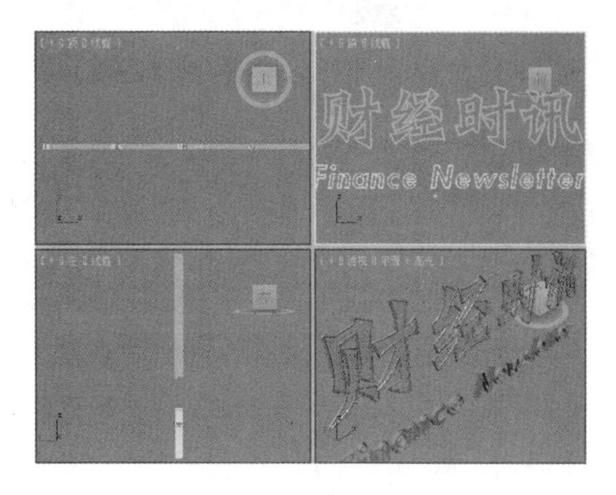

图 17.37　指定材质后的效果

17.2　创建摄影机和灯光

为了便于后面设置动画，先将前面创建的标题进行成组。

(1) 在视图中选择所有的【财经时讯】对象，选择【组】|【成组】命令，在弹出的对话框中将【组名】命名为“文字标题”，如图 17.38 所示，然后单击【确定】按钮。

(2) 按 Ctrl+I 组合键进行反选，选择【组】|【成组】命令，在弹出的对话框中将【组名】命名为“字母标题”，如图 17.39 所示，单击【确定】按钮。

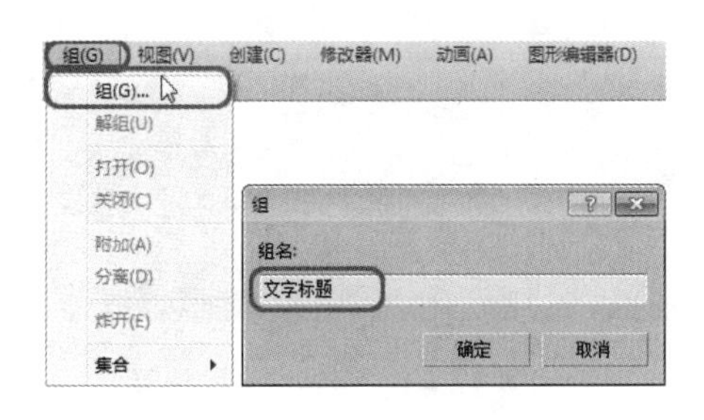

图 17.38　将选中的对象成组

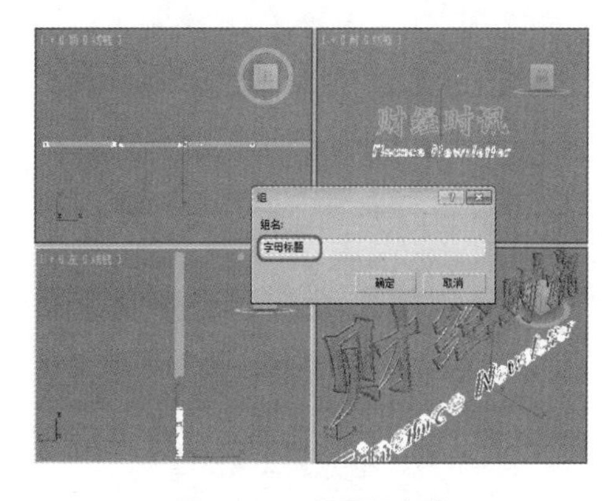

图 17.39　设置组名称

(3) 在视图中调整两个对象的位置，选择【创建】 |【摄影机】 |【目标】摄影机，在【顶】视图中创建一架摄影机，激活【透视】视图，按 C 键，将当前视图转换为【摄影机】视图，在【环境范围】选项组中勾选【显示】复选框，将【近距范围】和【远距范围】分别设置为 8 和 811，将【目标距离】设置为 533，然后在场景中调整摄影机的位置，如图 17.40 所示。

(4) 在菜单栏中选择【视图】|【视口配置】命令，如图 17.41 所示。

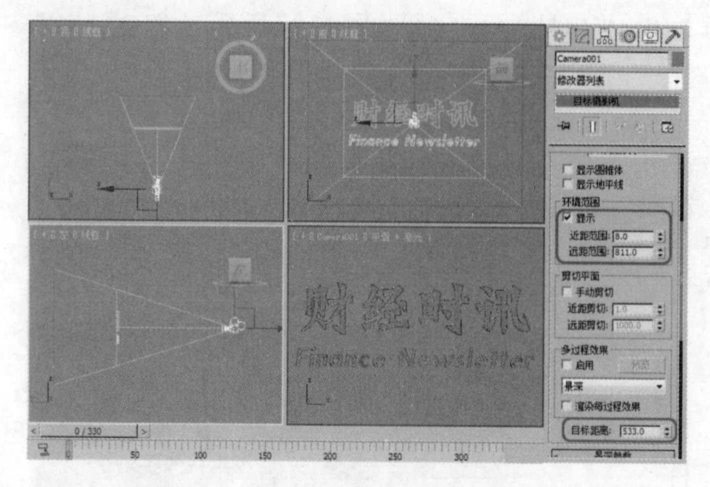

图 17.40 创建摄影机并调整摄影机的位置

图 17.41 选择【视口配置】命令

(5) 在弹出的对话框中选择【安全框】选项卡，勾选【动作安全区】复选框和【标题安全区】复选框，在【应用】选项组中勾选【在活动视图中显示安全框】复选框，如图 17.42 所示。

(6) 设置完成后，单击【确定】按钮，选择【创建】|【灯光】|【标准】|【泛光】工具，在【顶】视图中创建一盏泛光灯，在视图中调整灯光的位置，如图 17.43 所示。

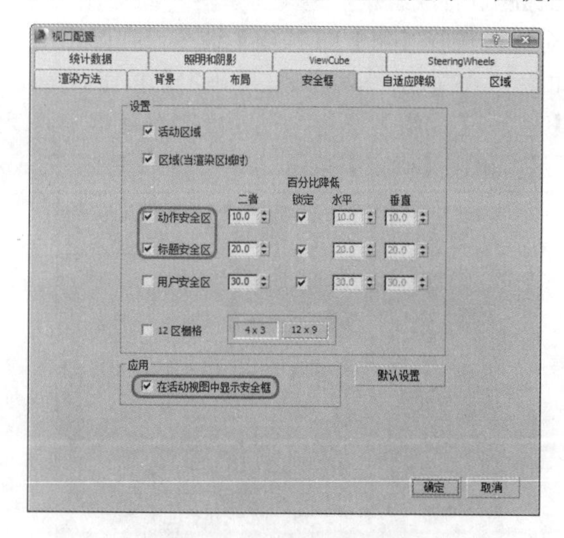

图 17.42 设置安全框选项

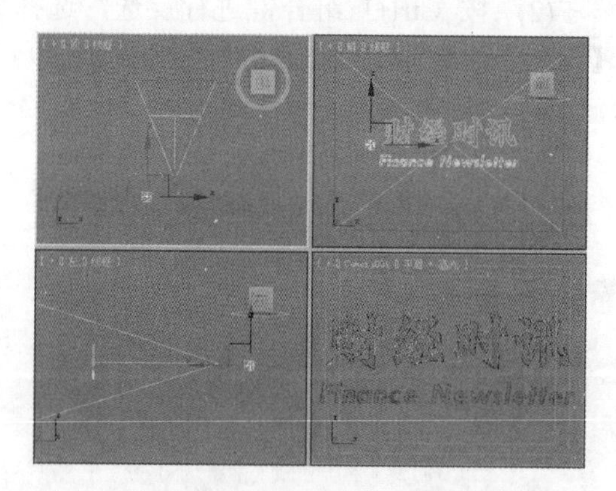

图 17.43 调整灯光的位置

(7) 确认该灯光处于选中状态，切换至【修改】命令面板中，在【常规参数】卷展栏中取消勾选【阴影】选项组中的【启用】复选框和【使用全局设置】复选框，将【阴影类型】设置为【阴影贴图】，如图 17.44 所示。

(8) 使用同样的方法继续创建一盏泛光灯，在【常规参数】卷展栏中取消勾选【阴影】选项组中的【启用】复选框和【使用全局设置】复选框，将【阴影类型】设置为【阴影贴图】，在【强度/颜色/衰减】卷展栏中将【倍增】设置为 0.6，并在视图中调整其位置，如图 17.45 所示。

图 17.44　设置灯光阴影

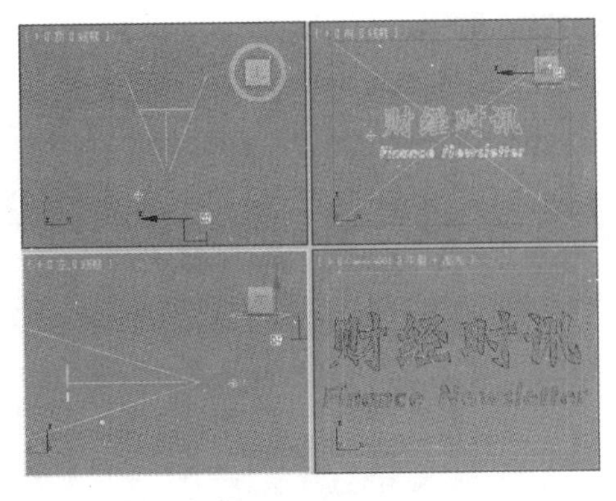

图 17.45　创建泛光灯并调整其参数和位置

17.3　添加并设置背景

下面将介绍如何添加并设置背景。其具体操作步骤如下。

(1)　按 8 键，弹出【环境和效果】对话框，在【背景】选项组中单击【环境贴图】下面的【无】按钮，在打开的【材质/贴图浏览器】对话框中选择【位图】贴图，单击【确定】按钮。再在打开的对话框中选择随书附带光盘 CDROM\Map\262.jpg 文件，如图 17.46 所示，单击【打开】按钮。

(2)　按 M 键打开【材质编辑器】对话框，将环境贴图拖曳到【材质编辑器】对话框中新的样本球上，在弹出的对话框中选中【实例】单选按钮，如图 17.47 所示，单击【确定】按钮。

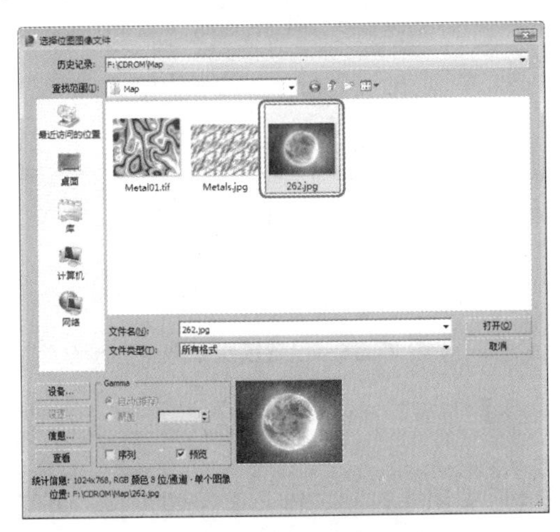

图 17.46　选择位图图像文件

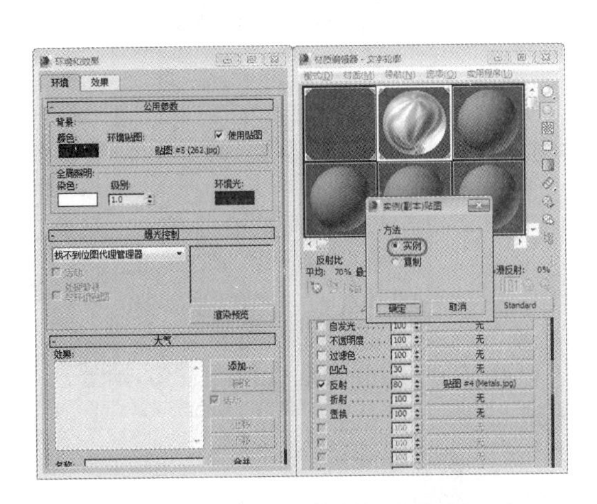

图 17.47　选中【实例】单选按钮

(3) 在【材质编辑器】对话框中的【坐标】卷展栏中将【贴图】设置为【屏幕】，如图 17.48 所示。

(4) 将时间滑块拖曳到第 0 帧处，按 N 键打开动画记录模式，勾选【裁剪/放置】选项组中的【启用】复选框，将 U、V、W、H 分别设置为 0.271、0.266、0.314、0.274，如图 17.49 所示。

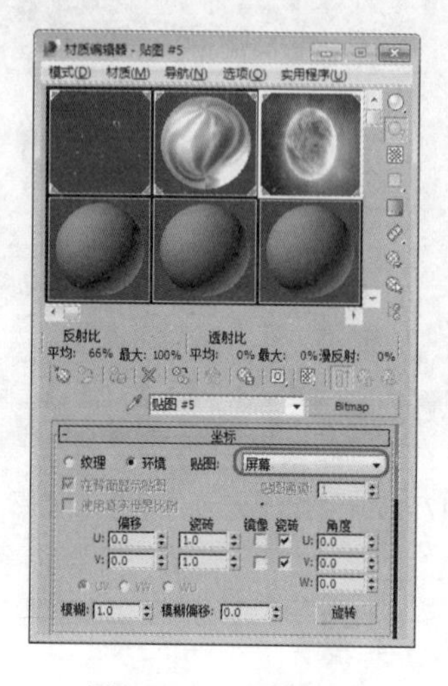

图 17.48 设置贴图

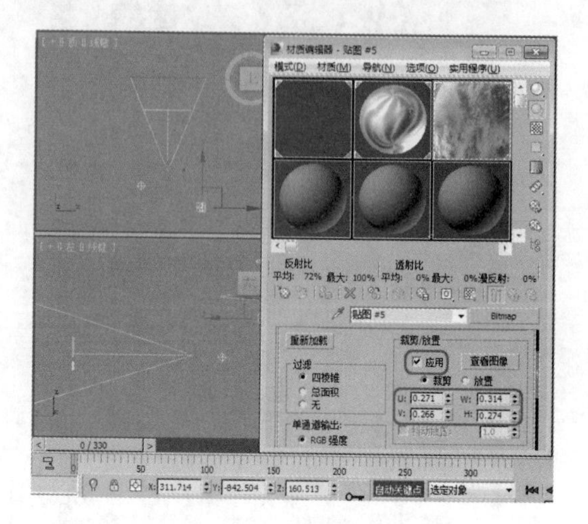

图 17.49 设置裁剪参数

(5) 将时间滑块拖曳到第 250 帧处，在【裁剪/放置】选项组中将 U、V、W、H 分别设置为 0、0、1、1，如图 17.50 所示。

(6) 将时间滑块拖曳到第 210 帧处，在【坐标】卷展栏中将【模糊】设置为 1.2，如图 17.51 所示。

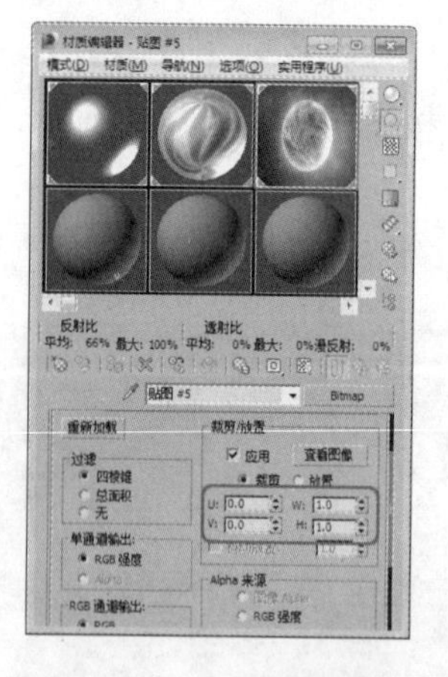

图 17.50 设置裁剪参数

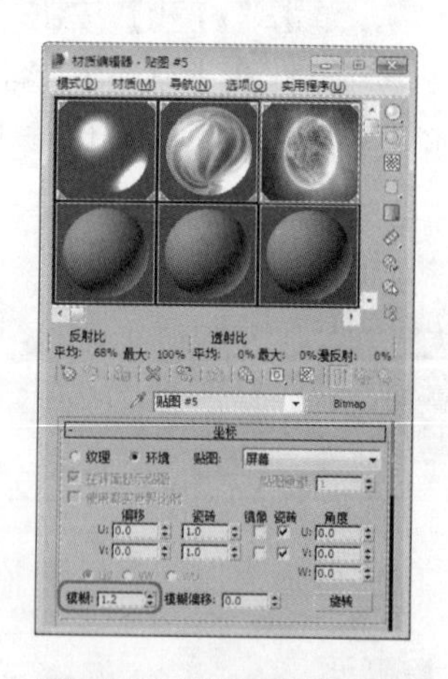

图 17.51 设置模糊参数

(7) 将时间滑块拖曳到第 250 帧处，在【坐标】卷展栏中将【模糊】设置为 50，如图 17.52 所示。

(8) 设置完成后，将该对话框关闭，设置完成后关闭【自动关键点】按钮，按 Alt+B 组合键，在弹出的对话框中选中【使用环境背景】单选按钮，设置完成后单击【确定】按钮，效果如图 17.53 所示。

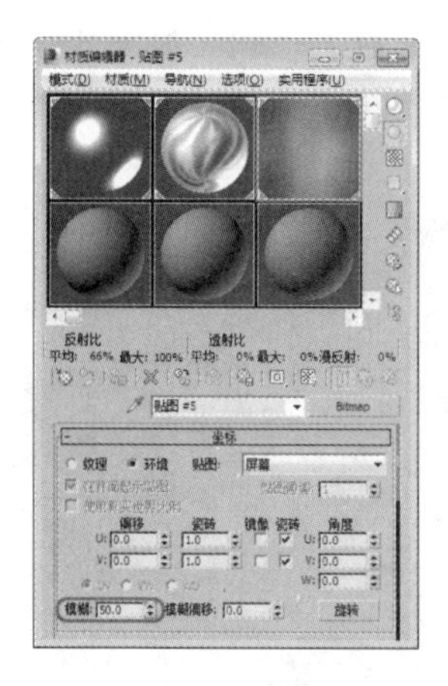

图 17.52　再次设置模糊参数

图 17.53　添加背景后的效果

17.4　为标题添加动画效果

至此，标题、材质、灯光、摄影机、背景等都添加完成了。下面将要介绍如何为标题添加动画效果。通过本节的操作可以增强整个动画的视觉效果。

17.4.1　为标题添加关键点

下面将介绍如何通过为标题添加关键点而产生动画效果。其具体操作步骤如下。

(1) 按 Shift+L 组合键，将场景中的灯光隐藏，再按 Shift+C 组合键将场景中的摄影机进行隐藏，在场景中选择【文字标题】对象，激活【顶】视图，在工具栏中右击【选择并旋转】工具，在弹出的对话框中将【偏移：屏幕】选项组中的 Z 设置为 90，如图 17.54 所示。

(2) 在工具栏中单击【选择并移动】工具，在【移动变换输入】对话框中将【绝对：世界】选项组中的 X、Y、Z 分别设置为 2.43、2813.511、29.299，如图 17.55 所示。

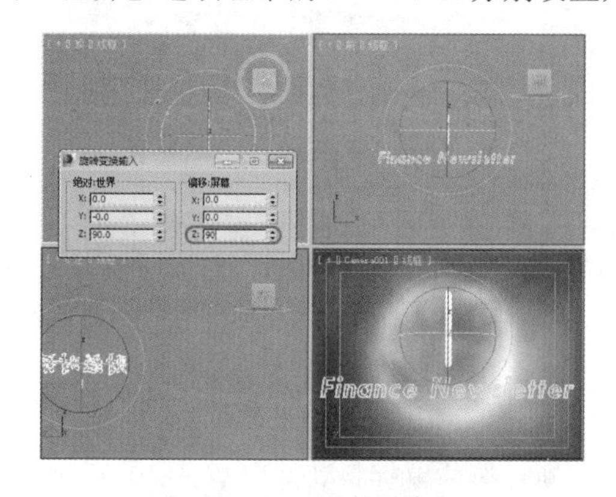

图 17.54　设置旋转参数

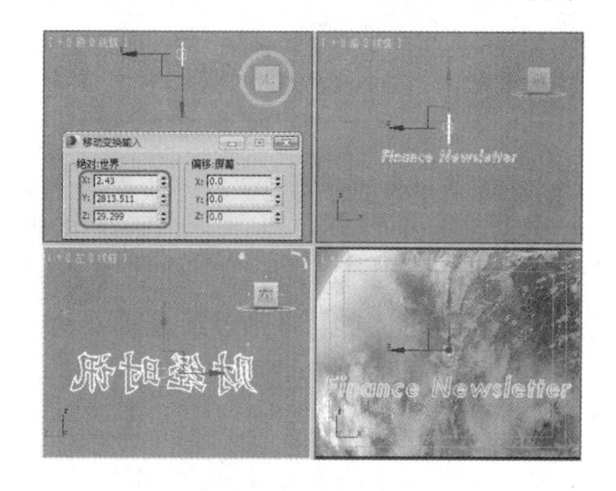

图 17.55　设置位置参数

(3) 在视图中选中【字母标题】对象，在【移动变换输入】对话框中将【绝对：世界】选项组中的 X、Y、Z 分别设置为-760.99、-584.03、-55.368，如图 17.56 所示。

(4) 将时间滑块拖曳到第 90 帧处，单击【自动关键点】按钮，确认【字母标题】对象处于选中状态，在【移动变换输入】对话框中将【绝对：世界】选项组中的 X、Y、Z 分别设置为 1.689、-0.678、-51.445，如图 17.57 所示。

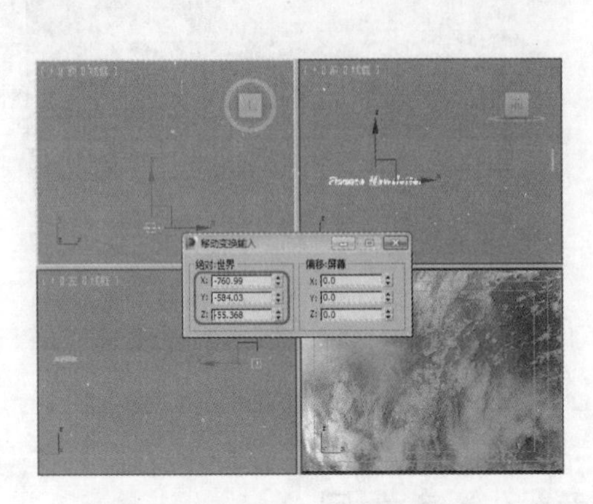

图 17.56 调整字母标题的位置

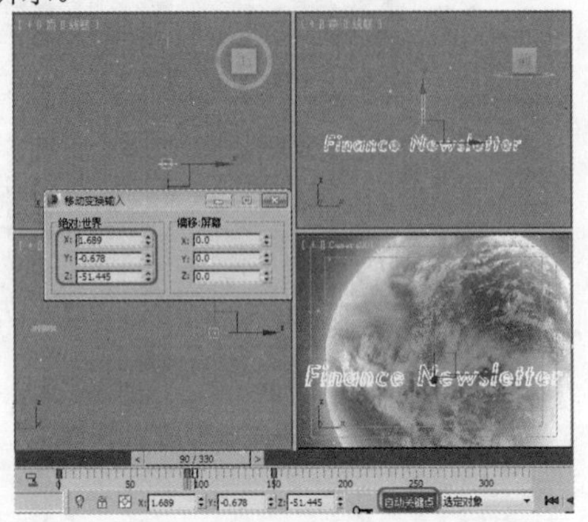

图 17.57 在第 90 帧处调整字母标题的位置

(5) 在视图中选择【文字标题】对象，在【移动变换输入】对话框中将【绝对：世界】选项组中的 X、Y、Z 分别设置为 2.43、-0.678、29.299，如图 17.58 所示。

(6) 在工具栏中单击【选择并旋转】工具，激活【顶】视图，在【旋转变换输入】对话框中的【偏移：屏幕】选项组中将 Z 设置为-90，如图 15.59 所示。

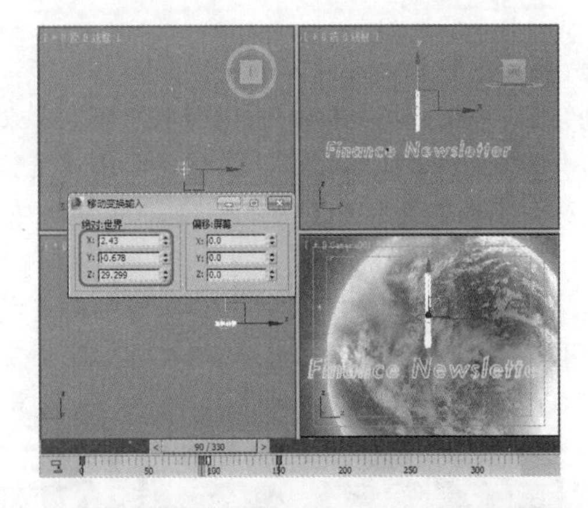

图 17.58 在第 90 帧处调整文字标题的位置

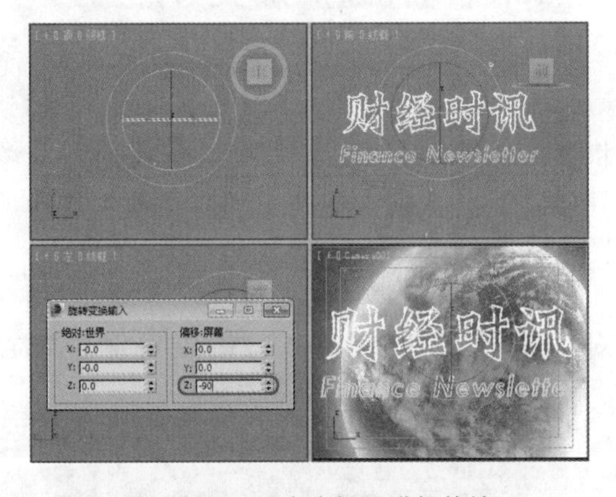

图 17.59 对文字标题进行旋转

(7) 设置完成后，将该对话框进行关闭，按 N 键关闭自动关键点记录模式，使用【选择并移动】工具在场景中选择【文字标题】和【字母标题】对象，打开【轨迹视图-摄影表】对话框，如图 17.60 所示。

(8) 选择【文字标题】右侧第 0 帧处的关键帧，按住鼠标将其拖曳至第 10 帧处，如图 17.61 所示。

(9) 选择【字母标题】右侧第 0 帧处的关键帧，按住鼠标将其拖曳至第 30 帧处，如图 17.62 所示。

(10) 调整完成后，将该对话框关闭，用户可以拖曳时间滑块查看效果，效果如图 17.63 所示。

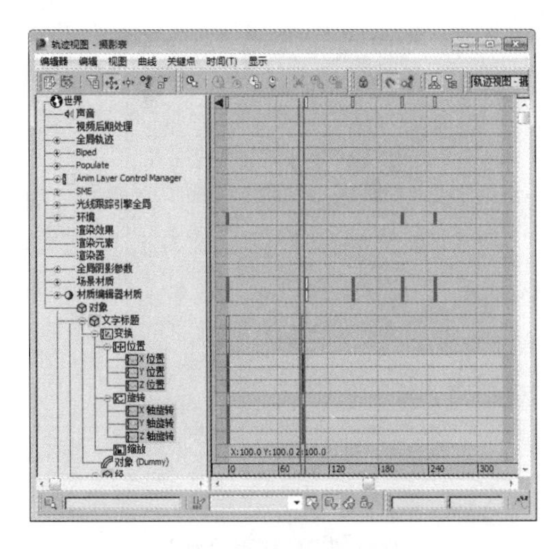

图 17.60　【轨迹视图-摄影表】对话框

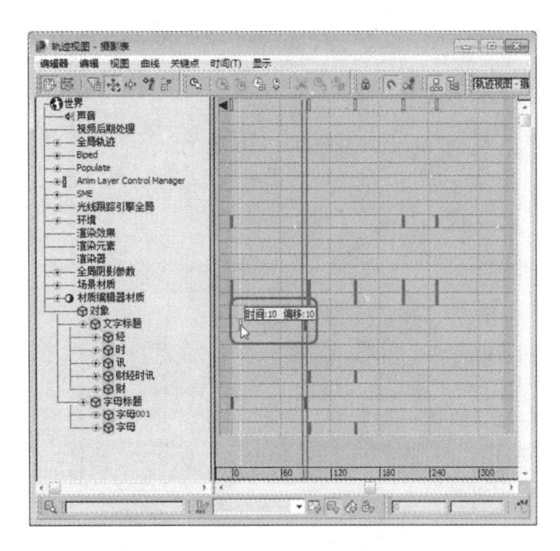

图 17.61　调整文字标题关键帧的位置

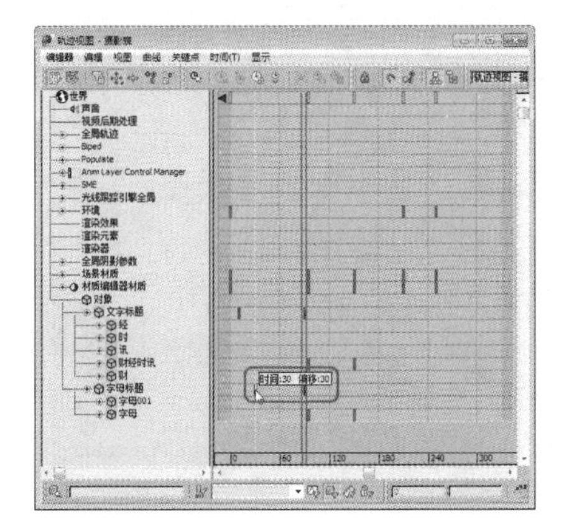

图 17.62　调整字母标题关键帧的位置

图 17.63　添加关键点后的效果

17.4.2　创建字体电光效果

下面将介绍如何为字体添加电光效果。其具体操作步骤如下。

(1) 激活【前】视图，选择【创建】|【图形】|【线】工具，创建一个与【财经时讯】高度相等的线段，在【渲染】卷展栏中勾选【在渲染中启用】复选框和【在视口中启用】复选框，如图 17.64 所示。

(2) 确定新创建的线段处于选中状态，单击右键，在弹出的快捷菜单中选择【对象属性】命令，在弹出的对话框中将【对象 ID】设置为 1，设置完成后单击【确定】按钮，如图 17.65 所示。

(3) 设置完成后，单击【确定】按钮，将时间滑块拖曳到第 150 帧处，单击【自动关键点】按钮，选择工具栏中的【选择并移动】工具，激活【前】视图，将线沿 X 轴向左移至【财】字的左侧边缘，如图 17.66 所示。设置完成后关闭【自动关键点】按钮。

(4) 确定线处于选择状态，打开【轨迹视图-摄影表】对话框，在左侧的面板中选择 Line001 下的【变换】，将其右侧第 0 帧处的关键帧移动至第 95 帧处，如图 17.67 所示。

图 17.64　创建线

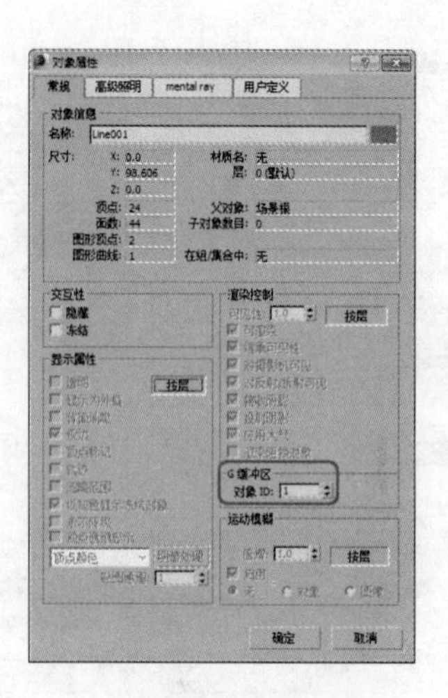

图 17.65　设置对象 ID

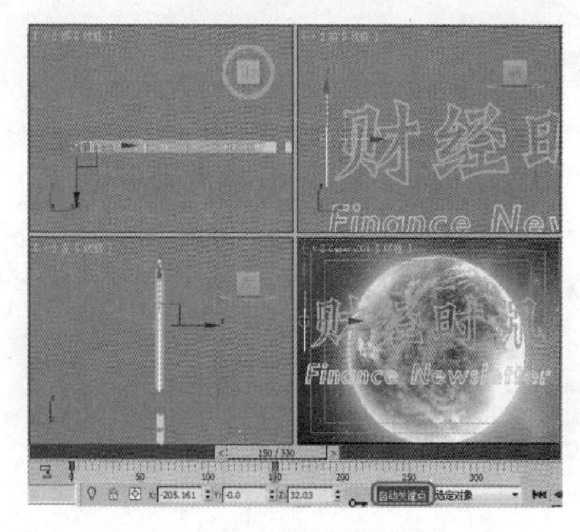

图 17.66　添加自动关键点

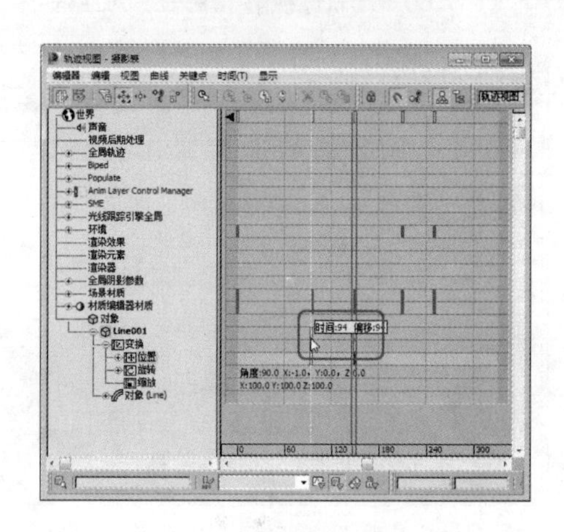

图 17.67　调整关键帧的位置

(5) 在【轨迹视图-摄影表】对话框左侧的选项栏中选择 Line001，在菜单栏中选择【编辑】|【可见性轨迹】|【添加】命令，为 Line001 添加一个可见性轨迹，如图 17.68 所示。

(6) 选择【可见性】选项，在工具栏中选择【添加关键点】工具，在第 94 帧处添加一个关键点，并将值设置为 0，表示在该帧时不可见，如图 17.69 所示。

(7) 继续在第 95 帧处添加关键点，并将其值设置为 1，表示在该帧时可见，如图 17.70 所示。

(8) 使用同样的方法，在第 150 帧处添加关键帧，并将值设置为 1，在第 150 帧位置处添加一个可见关键点，如图 17.71 所示。

(9) 继续在第 151 帧处添加关键帧，并将值设置为 0，在第 151 帧处添加一个不可见关键点，如图 17.72 所示。

(10) 添加完成后，将该对话框关闭，按 M 键，在弹出的【材质编辑器】中选择一个新样本球，将其命名为【线】，在【Blinn 基本参数】卷展栏中将【不透明度】设置为 0；在【反射高光】选项组中将【光泽度】设置为 0，如图 17.73 所示，设置完成后，将该材质指定给选定对象，并将该对话框关闭。

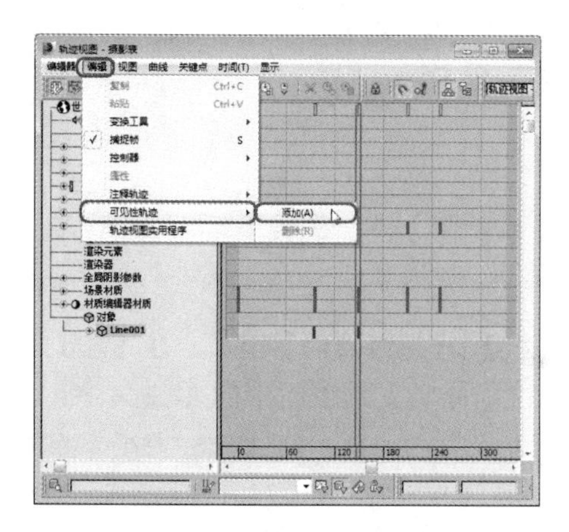

图 17.68　选择【添加】命令

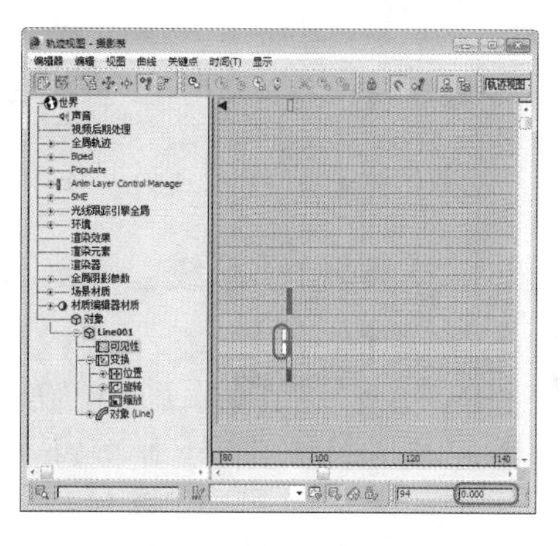

图 17.69　添加关键点

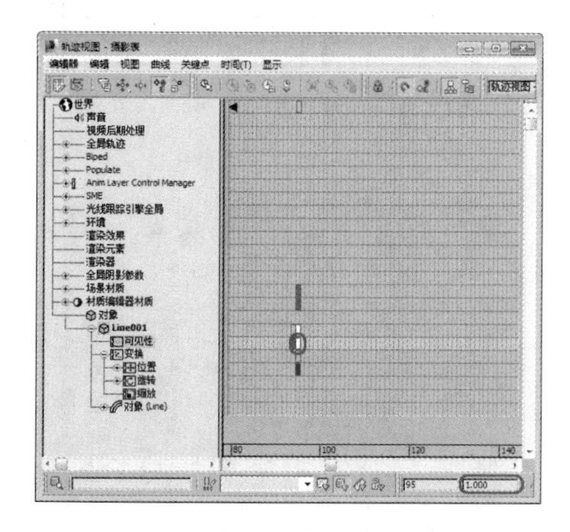

图 17.70　在第 95 帧处添加关键点

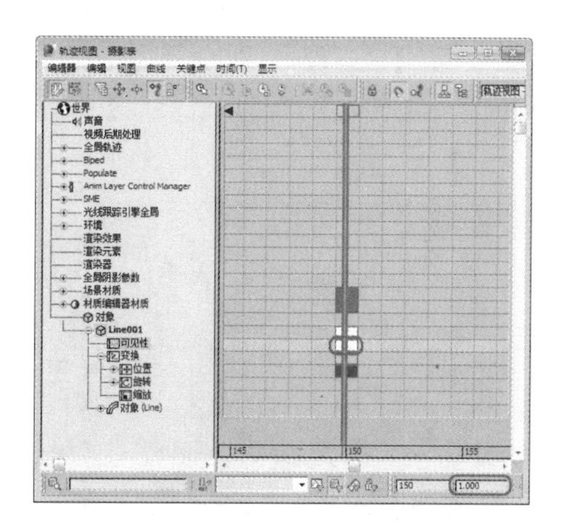

图 17.71　在第 150 帧处添加关键点

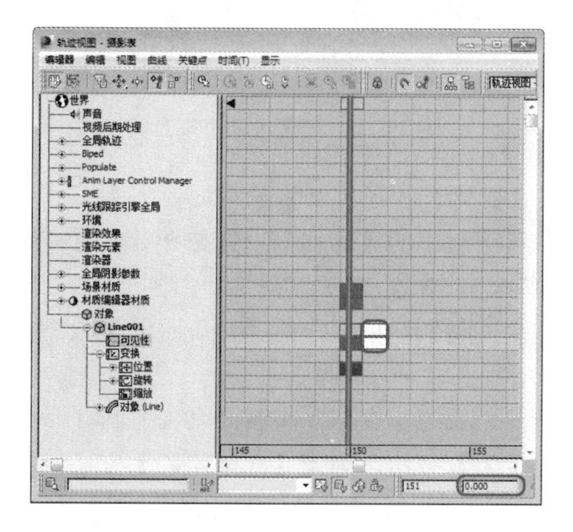

图 17.72　在第 151 帧处添加关键点

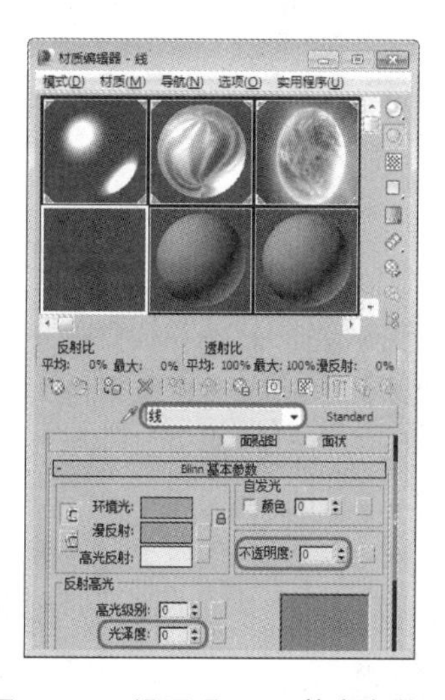

图 17.73　设置【Blinn 基本参数】

17.5 创建粒子系统和光斑

下面介绍粒子系统和光斑效果的制作。

17.5.1 创建粒子系统

(1) 选择【创建】|【几何体】|【粒子系统】|【超级喷射】工具，在【左】视图中创建粒子系统，在【基本参数】卷展栏中将【粒子分布】选项组中的【轴偏移】下的【扩散】设置为 15，将【平面偏离】下的【扩散】设置为 180；将【图标大小】设置为 45，在【视口显示】选项组中将【粒子数百分比】设置为 50%，如图 17.74 所示。

(2) 在【粒子生成】卷展栏中将【粒子运动】选项组中的【速度】和【变化】分别设置为 8 和 5，将【粒子计时】选项组中的【发射开始】、【发射停止】、【显示时限】、【寿命】和【变化】分别设置为 30、150、180、25 和 5；将【粒子大小】选项组中的【大小】、【变化】、【增长耗时】和【衰减耗时】分别设置为 8、18、5 和 8，如图 17.75 所示。

图 17.74 设置基本参数

图 17.75 设置粒子生成参数

(3) 在【气泡运动】卷展栏中将【幅度】、【变化】和【周期】分别设置为 10、0 和 45。在【粒子类型】卷展栏中选中【标准粒子】选项组中的【球体】单选按钮，在【材质贴图和来源】选项组中将【时间】下的参数设置为 60，如图 17.76 所示。

(4) 在【旋转和碰撞】卷展栏中将【自旋速度控制】选项组中的【自旋时间】设置为 60，如图 17.77 所示。

(5) 按 M 键，打开【材质编辑器】，选择一个新的样本球，将其命名为“粒子”，在【贴图】卷展栏中单击【漫反射颜色】后面的【无】按钮，弹出【粒子年龄】贴图，如图 17.78 所示。

(6) 单击【确定】按钮，进入【漫反射】贴图通道，在【粒子年龄参数】卷展栏中将【颜色#1】的 RGB 值设置为 255、255、255；将【颜色#2】的 RGB 值设置为 245、148、25；将【颜色#3】的 RGB 值设置为 255、0、0，如图 17.79 所示。

图 17.76　设置气泡运动参数和粒子类型

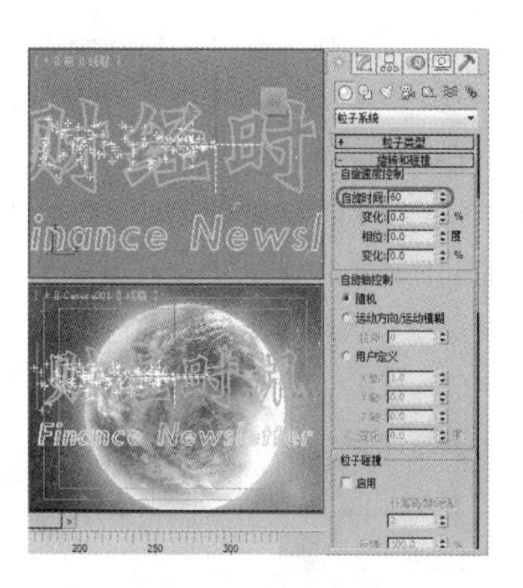

图 17.77　设置自旋时间

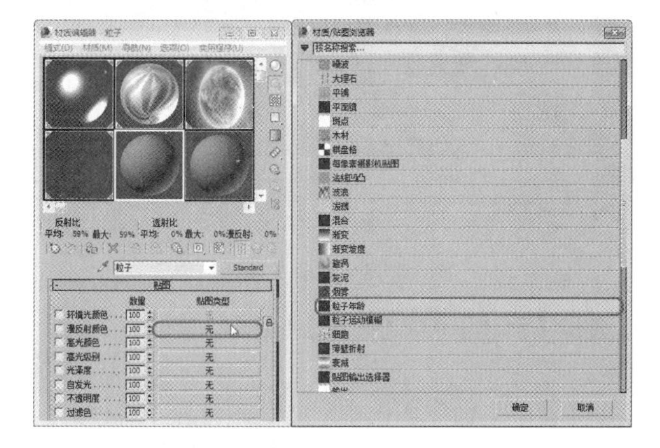

图 17.78　选择【粒子年龄】贴图

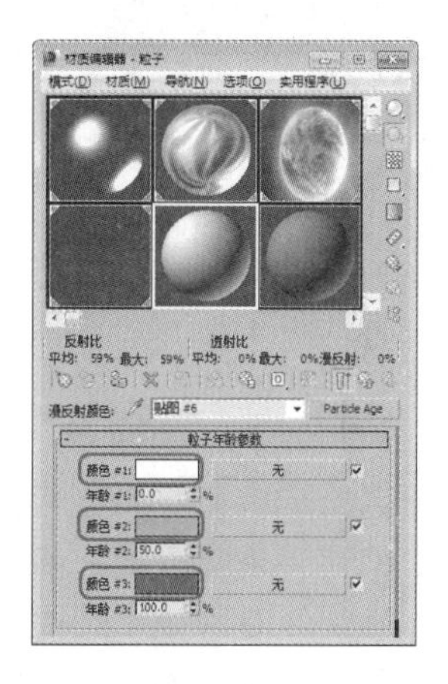

图 17.79　设置粒子年龄参数

(7) 单击【转到父对象】按钮，在【贴图】卷展栏中单击【不透明度】通道右侧的【无】按钮，在弹出的对话框中选择【渐变】贴图，如图 17.80 所示。

(8) 单击【确定】按钮，使用其默认参数，设置完成后，将材质指定给选定对象，并将该对话框关闭，将粒子移至【字母标题】对象的左侧，如图 17.81 所示。

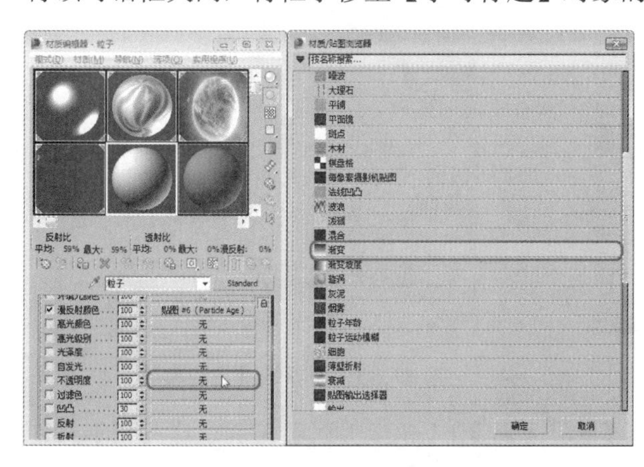

图 17.80　选择【渐变】贴图

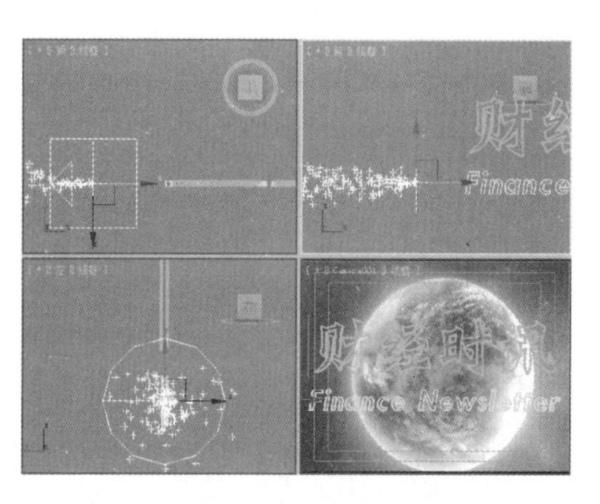

图 17.81　调整粒子系统的位置

(9) 将时间滑块拖曳到第 170 帧处，单击【自动关键点】按钮，激活【前】视图，选择工具栏中的【选择并移动】工具，确定当前作用轴为 X 轴，将粒子对象移动至【字母标题】对象的右侧，如图 17.82 所示，设置完成后关闭【自动关键点】按钮。

(10) 打开【轨道视图-摄影表】对话框，在对话框左侧选择 SuperSpray001 下的【变换】，将其右侧第 0 帧处的关键帧拖曳至第 80 帧处，如图 17.83 所示。

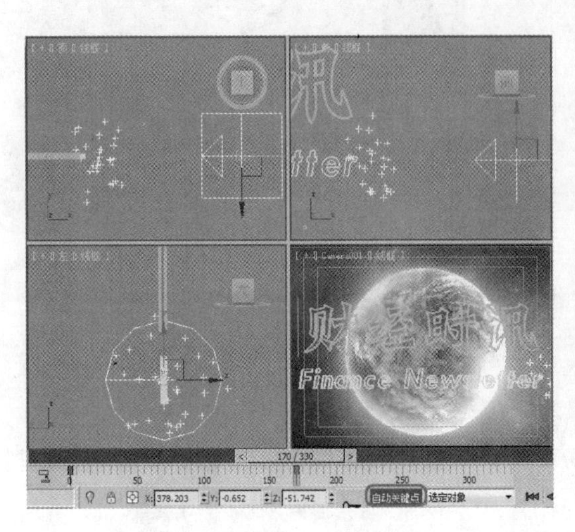

图 17.82　添加自动关键点

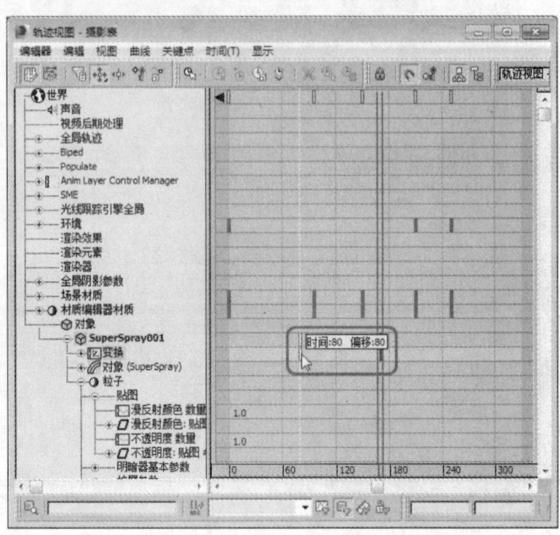

图 17.83　调整关键帧的位置

(11) 调整完成后，将该对话框关闭，选择【创建】|【图形】|【螺旋线】工具，在【左】创建一条螺旋线，如图 17.84 所示。

(12) 确认该对象处于选中状态，切换至【修改】命令面板中，将其命名为【路径】，在【渲染】卷展栏中取消勾选【在渲染中启用】复选框和【在视口中启用】复选框，在【参数】卷展栏中将【半径 1】、【半径 2】、【高度】、【圈数】、【偏移】分别设置为 60、50、492、5、-0.04，并在视图中调整其位置，如图 17.85 所示。

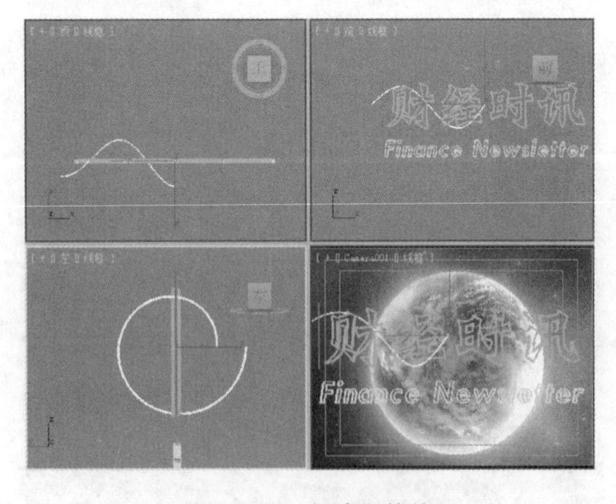

图 17.84　创建螺旋线

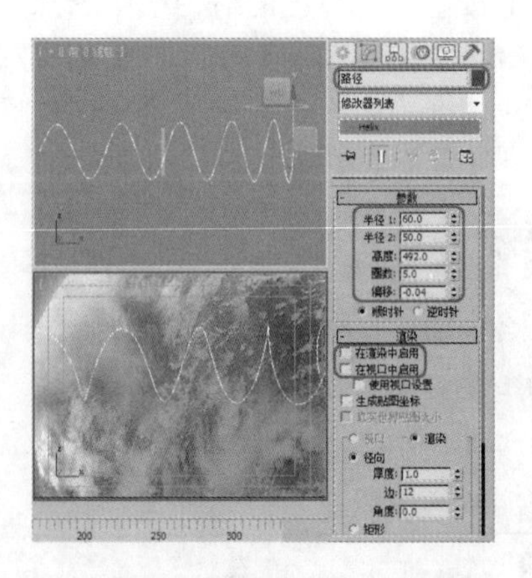

图 17.85　设置螺旋线的参数

(13) 选择【创建】|【几何体】|【粒子系统】|【超级喷射】工具，在【顶】视图中创建粒子系统，在【基本参数】卷展栏中将【粒子分布】选项组中的【轴偏移】和【扩

散】都设置为 180，将【平面偏离】下的【扩散】设置为 180；将【图标大小】设置为 3.9，在【视口显示】选项组中选中【网格】单选按钮，如图 17.86 所示。

(14) 在【粒子生成】卷展栏中选中【使用速率】单选按钮，并将其参数设置为 20，将【粒子运动】选项组中的【速度】和【变化】分别设置为 0.46 和 30，将【粒子计时】选项组中的【发射开始】、【发射停止】、【显示时限】、【寿命】和【变化】分别设置为 150、250、260、54 和 50；将【粒子大小】选项组中的【大小】、【变化】、【增长耗时】和【衰减耗时】分别设置为 6.976、26.58、8 和 50，如图 17.87 所示。

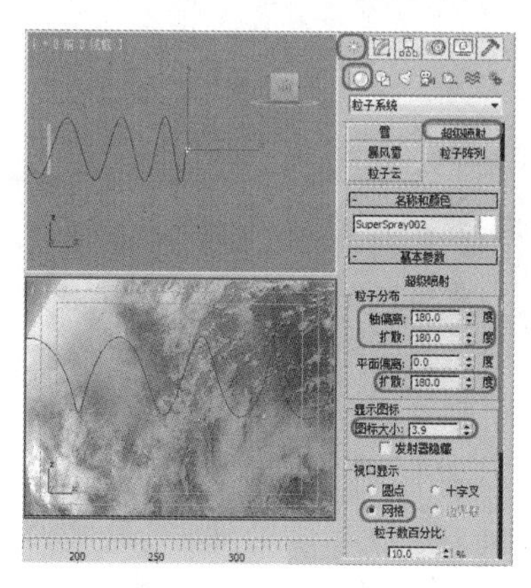
图 17.86　设置粒子的基本参数

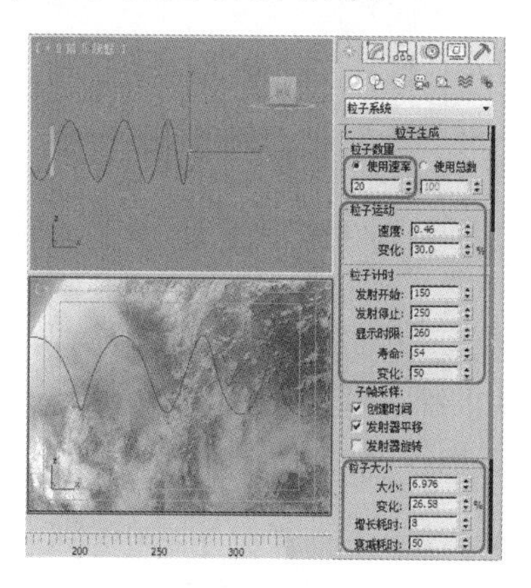
图 17.87　设置粒子生成参数

(15) 在【粒子类型】卷展栏中选中【标准粒子】选项组中的【面】单选按钮，在【材质贴图和来源】选项组中将【时间】下的参数设置为 45，如图 17.88 所示。

(16) 在【对象运动继承】卷展栏中将【倍增】设置为 0，在【旋转和碰撞】卷展栏中将【自旋速度控制】选项组中的【自旋时间】、【变化】、【相位】分别设置为 0、0、180，如图 17.89 所示。

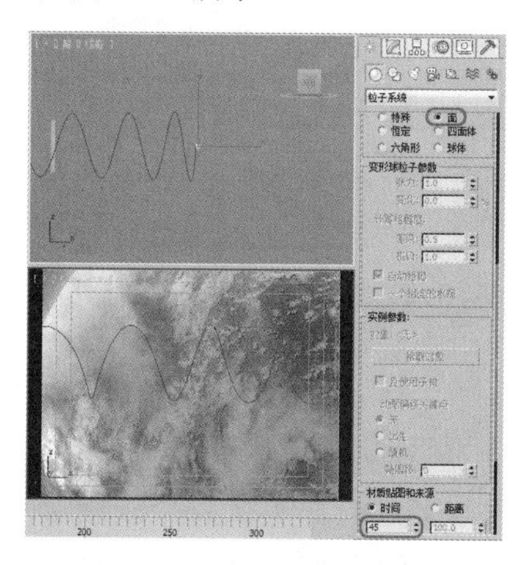
图 17.88　设置粒子类型

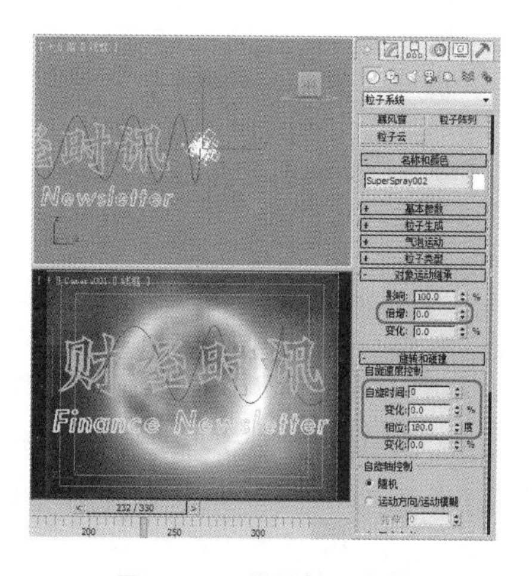

图 17.89　设置粒子参数

(17) 设置完成后，切换到【运动】命令面板，在【指定控制器】卷展栏中选择【变换】下的【位置：位置 XYZ】选项，然后单击【指定控制器】按钮，在打开的【指定位置控制器】对话框中选择【路径约束】选项，如图 17.90 所示，单击【确定】按钮。

(18) 在【路径参数】卷展栏中单击【添加路径】按钮，在视图中选择【路径】对象，在【路径选项】选项组中勾选【跟随】复选框，在【轴】选项组中选中 Z 单选按钮并勾选【翻转】复选框，如图 17.91 所示。

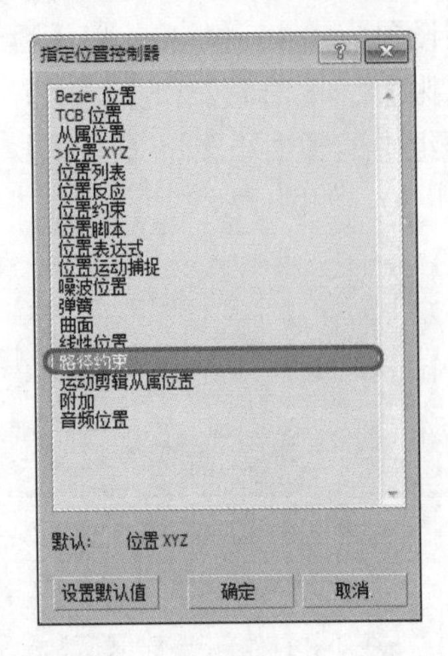

图 17.90　选择【路径约束】选项

图 17.91　拾取路径并进行设置

(19) 确认该对象处于选中状态，打开【轨迹视图-摄影表】对话框，在该对话框中选择左侧列表框中的 SuperSpray002，将其右侧第 0 帧处的关键帧拖曳至第 150 帧处，如图 17.92 所示。

(20) 再将 SuperSpray002 右侧第 330 帧处的关键帧拖曳至第 239 帧处，如图 17.93 所示。

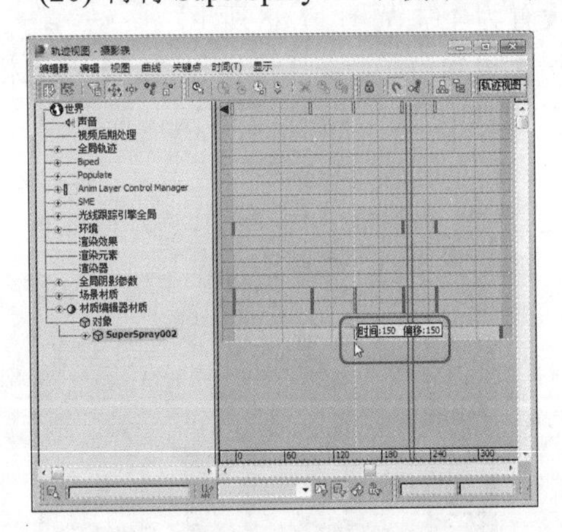

图 17.92　将关键帧拖曳至第 150 帧处

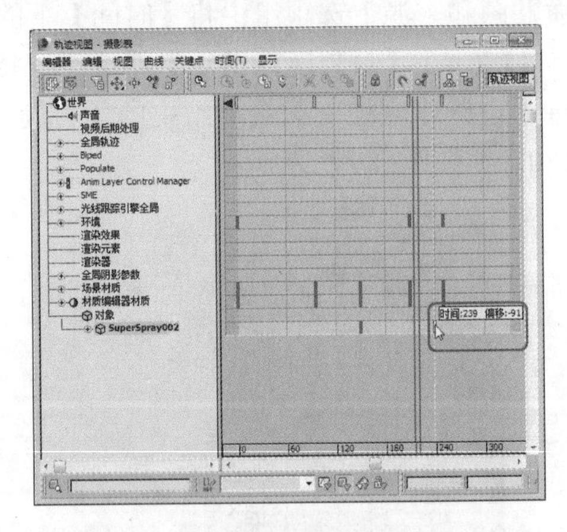

图 17.93　将关键帧拖曳至第 239 帧处

(21) 调整完成后，按 M 键打开【材质编辑器】对话框，将其命名为“粒子 02”，在【明暗器基本参数】卷展栏中勾选【面贴图】复选框，将【Blinn 基本参数】卷展栏中的【环境光】的 RGB 值设置为 189、138、2，如图 17.94 所示。

(22) 在【贴图】卷展栏中单击【不透明度】通道后面的【无】按钮，在打开的【材质/贴图浏览器】对话框中的双击【渐变】贴图。在【渐变参数】卷展栏中将【颜色 2 位置】设置为 0.3，将【渐变】类型定义为【径向】，将【噪波】选项组中的【数量】设置为 1，将【大小】设置为 4.4，选中【分形】单选按钮，在工具列表中将【采样类型】定义为，如图 17.95 所示。设置完成后，将该材质指定给选定对象即可。

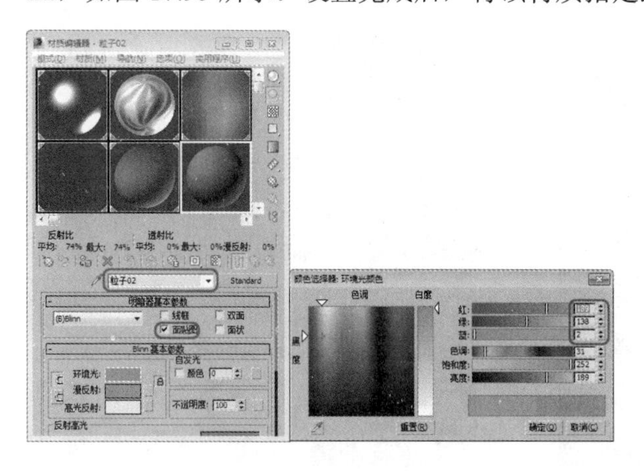

图 17.94　设置环境光参数

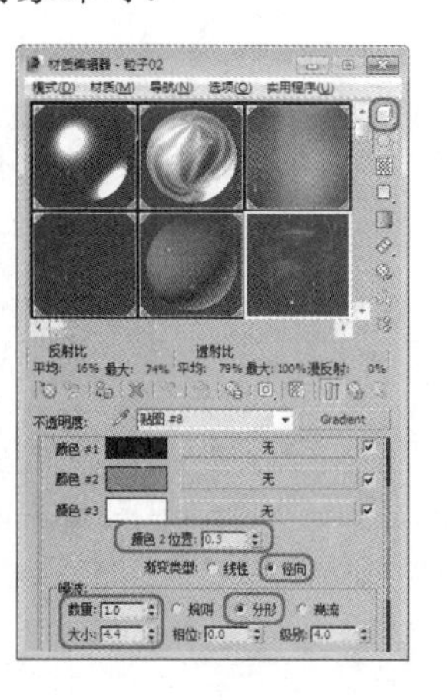

图 17.95　设置渐变参数

17.5.2　创建光斑

下面再来创建光斑效果。

(1)　选择【创建】|【辅助对象】|【点】工具，在【前】视图中单击，创建点对象，如图 17.96 所示。

(2)　确定点对象处于选中状态，选择工具栏中的【选择并链接】工具，然后在“点”对象上按左键，移动鼠标至“粒子”对象上，当光标顶部变色为白色时按左键确定，如图 17.97 所示。

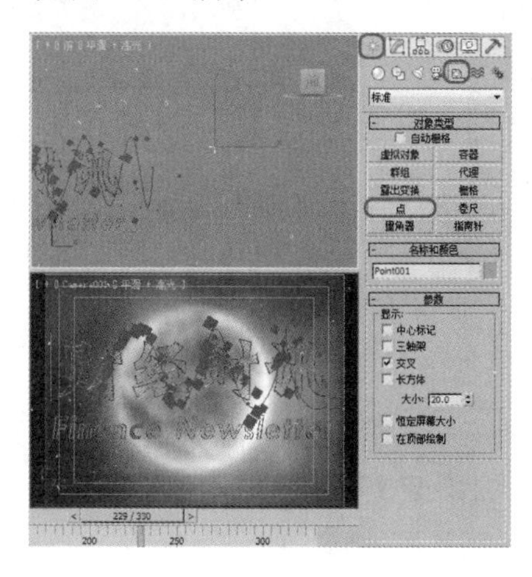

图 17.96　创建点

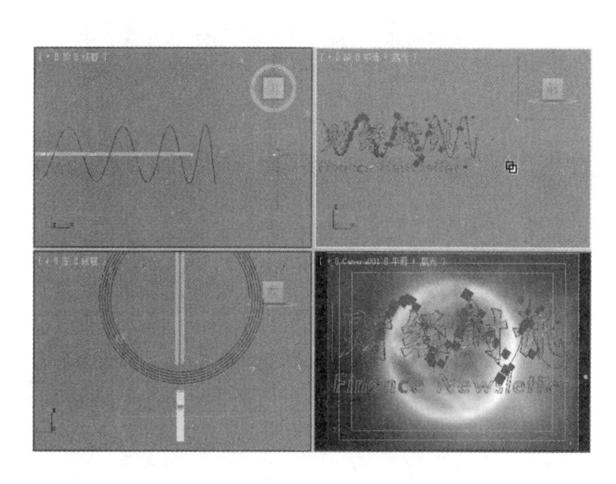

图 17.97　链接对象

(3)　选择工具栏中的【对齐】工具，在场景中选择“粒子”对象，在弹出的对话框中勾选【X 位置】、【Y 位置】和【Z 位置】三个复选框，然后选中【当前对象】和【目标对象】选项组中的【中心】单选按钮，如图 17.98 所示，设置完成后单击【确定】按钮，将视图中的“点”对象与“粒子”对象对齐。

(4)　选择【创建】|【辅助对象】|【点】工具，在【前】视图中“财经时讯”的

右上角单击，创建点对象，如图 17.99 所示。

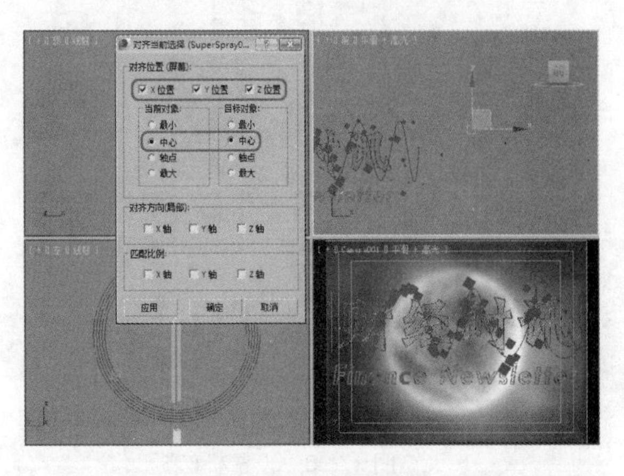

图 17.98 【对齐当前选择】对话框

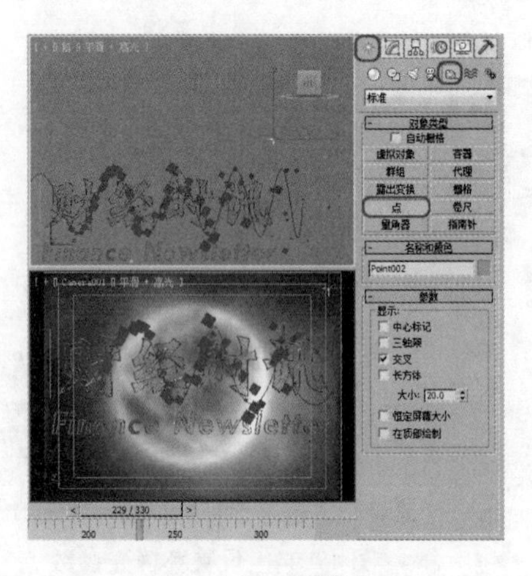

图 17.99 创建点

(5) 确定新创建的【点】对象处于选中状态，将时间滑块拖曳至第 310 帧处，单击【自动关键点】按钮，选择工具栏中的【选择并移动】工具，在视图中对其进行调整，如图 17.100 所示。设置完成后关闭【自动关键点】按钮。

(6) 打开【轨迹视图-摄影表】对话框，在对话框左侧选择 Point002 下的【变换】，将第 0 帧处的关键帧拖曳至第 261 帧位置处，如图 17.101 所示。调整完成后，将该对话框关闭即可。

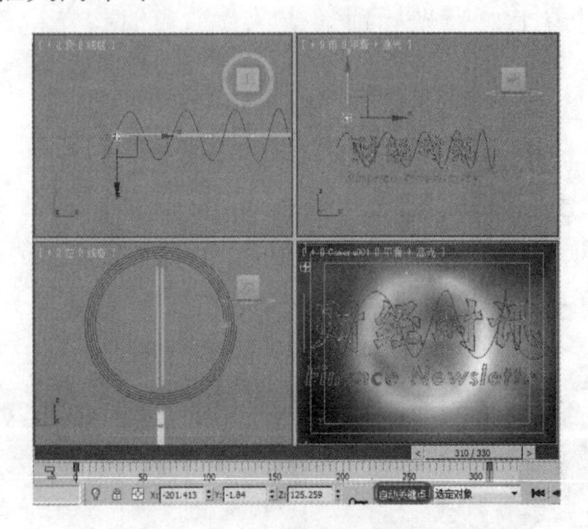

图 17.100 调整点的位置

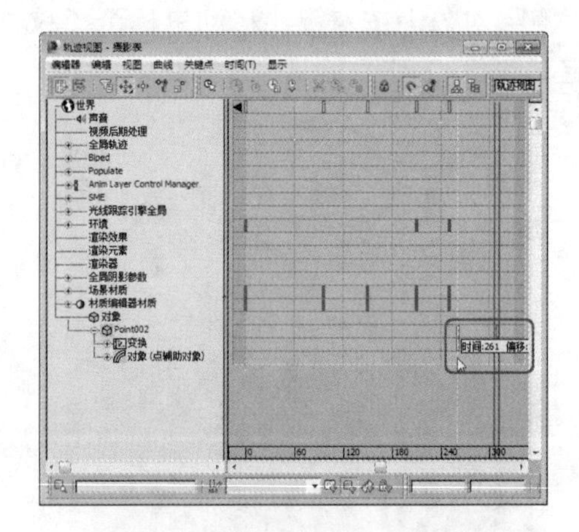

图 17.101 调整关键点的位置

17.6 设置特效

下面再来为动画设置特效。

(1) 在菜单栏中选择【渲染】|【视频后期处理】命令，打开【视频后期处理】对话框，如图 17.102 所示。

(2) 在该对话框中单击【添加场景事件】按钮，在弹出的【添加场景事件】对话框中使用默认的参数，如图 17.103 所示，单击【确定】按钮，添加场景事件。

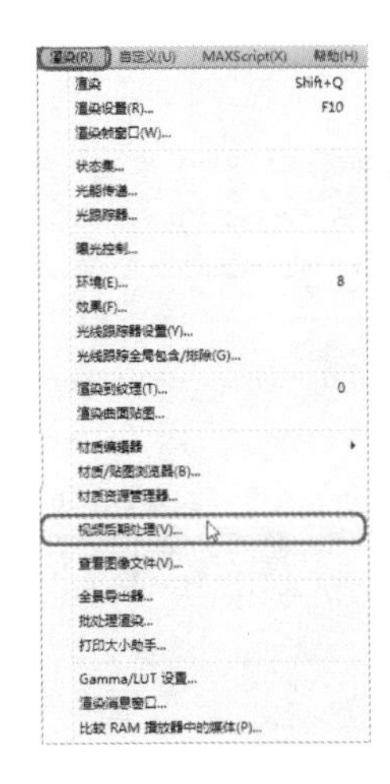

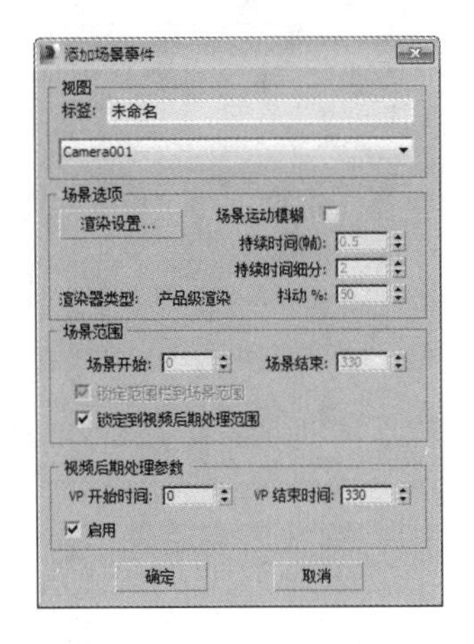

图 17.102　选择【视频后期处理】命令　　　图 17.103　【添加场景事件】对话框

(3) 单击工具栏中的【添加图像过滤事件】按钮，在弹出的对话框中选择【镜头效果光晕】选项，将【标签】命名为“线”，如图 17.104 所示。设置完成后单击【确定】按钮，添加光晕特效滤镜。

(4) 双击【线】选项，在弹出的对话框中单击【设置】按钮，打开【镜头效果光晕】对话框，单击【VP 队列】按钮和【预览】按钮，选择【首选项】选项卡，在【效果】选项组中将【大小】设置为 6，选中【颜色】选项组中选择【渐变】单选按钮，如图 17.105 所示。

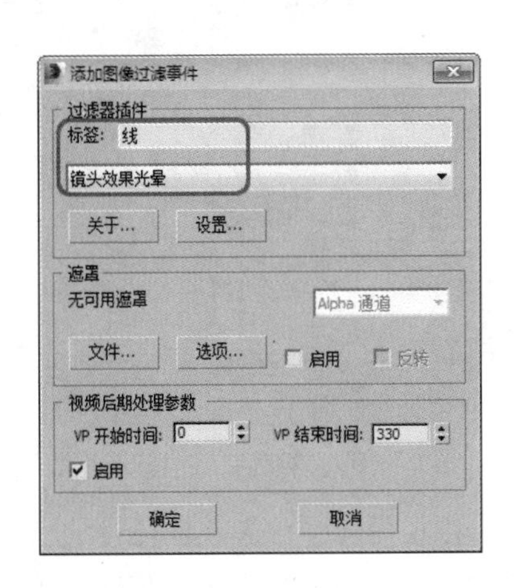

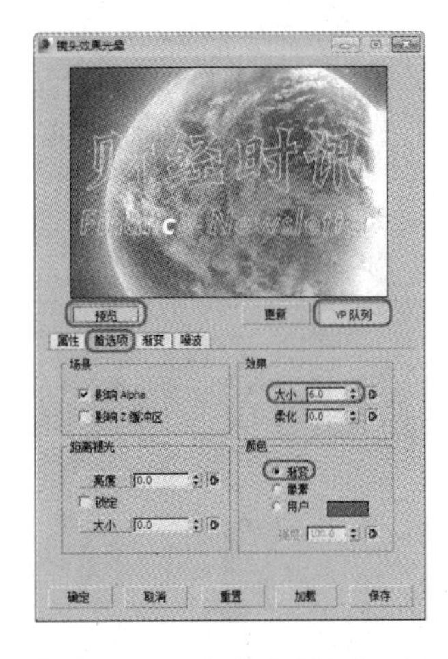

图 17.104　【添加图像过滤事件】对话框　　　图 17.105　【首选项】选项卡

(5) 选择【噪波】选项卡，将【设置】选项卡中的【运动】设置为 1，然后勾选【红】、【绿】和【蓝】3 个复选框；在【参数】选项组中将【大小】设置为 6，如图 17.106 所示。

(6) 单击工具栏中的【添加图像过滤事件】按钮，在弹出的对话框中将【标签】命名为“点 01”，选择【镜头效果光斑】选项，如图 17.107 所示。设置完成后单击【确定】按钮，添加光斑特效滤镜。

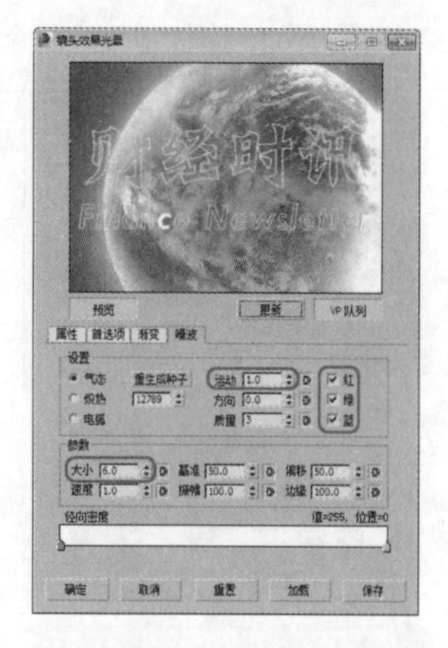

图 17.106 【噪波】选项卡

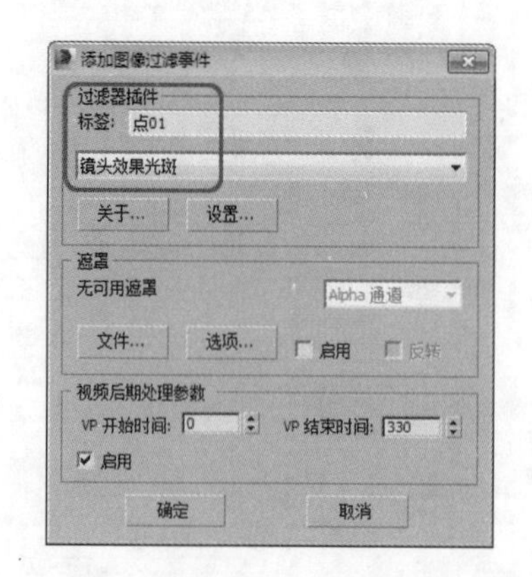

图 17.107 添加【镜头效果光斑】过滤器

(7) 在序列区域中双击“点 01”，在打开的【编辑过滤事件】对话框中单击【设置】按钮，打开【镜头效果光斑】面板，单击【VP 队列】和【预览】按钮，在【镜头光斑属性】选项组中将【大小】设置为 100，然后单击【节点源】按钮，在打开的对话框中选择 Point001，如图 17.108 所示，单击【确定】按钮。

(8) 再在【首选项】选项卡中勾选要应用的效果，如图 17.109 所示。

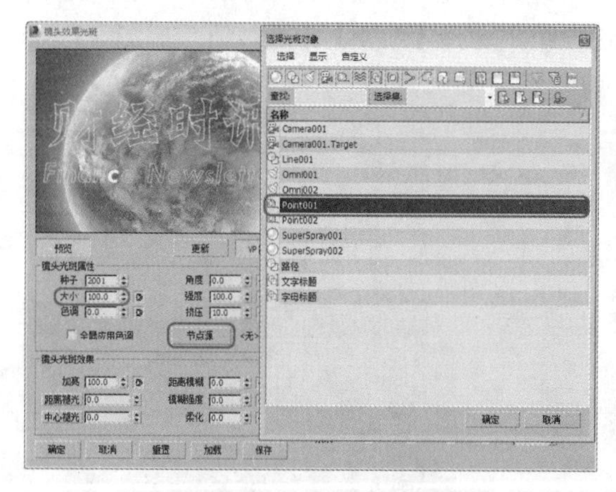

图 17.108 添加节点源

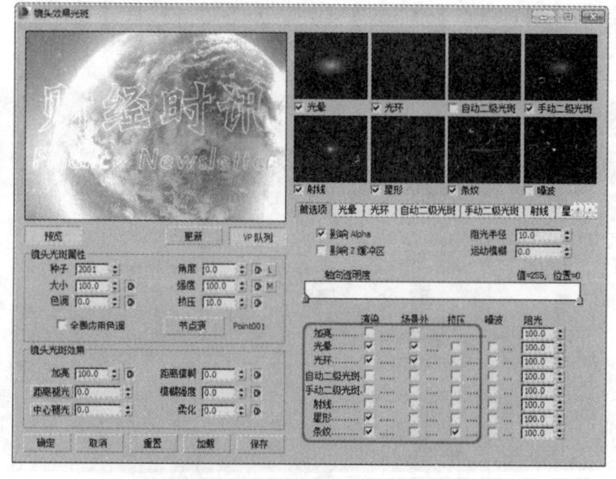

图 17.109 勾选要应用的效果选项

(9) 在【光晕】选项卡中将【大小】设置为 20，将【径向颜色】左侧色标的 RGB 值设置为 225、255、162；将第 2 个色标调整至【位置】为 19 位置处，并将 RGB 值设置为 174、172、155；在 36 位置处添加色标，并将 RGB 值设置为 5、3、155；在 55 位置处添加一个色标，并将 RGB 值设置为 132、1、68；将色标最右侧的 RGB 值设置为 0、0、0，如图 17.110 所示。

(10) 选择【光环】选项卡，将【大小】设置为 5，将【径向颜色】左侧色标的 RGB 值设置为 218、179、12，将右侧的色标 RGB 值设置为 255、244、18，将【径向透明度】的第 2 个色标调整至 45 位置处，将第 3 个色标调整至 55 的位置处，然后在位置为 50 处添加色标，并将其 RGB 值设置为 255、255、255，如图 17.111 所示。

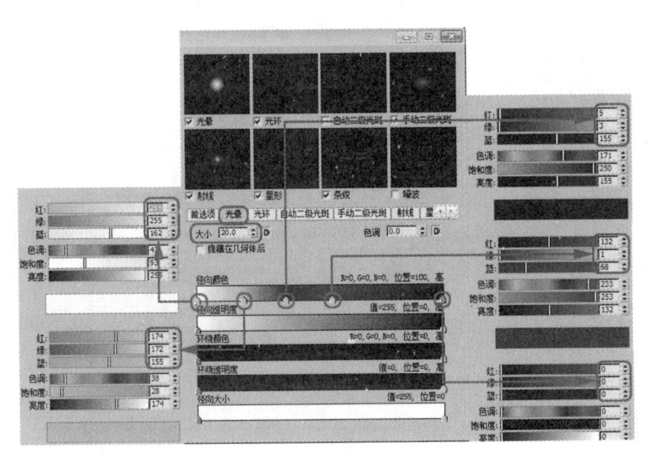

图 17.110　设置径向颜色

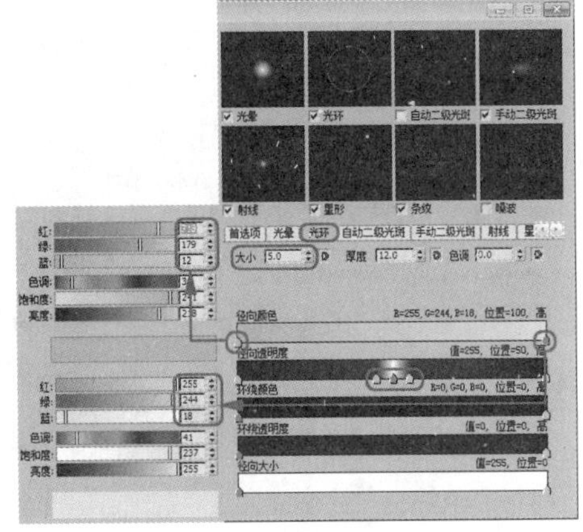

图 17.111　【光环】选项卡

(11) 选择【射线】选项卡，将【大小】设置为 250，如图 17.112 所示。

(12) 选择【星形】选项卡，将【大小】、【角度】、【数量】、【色调】、【锐化】和【锥化】分别设置为 50、0、4、100、8 和 0，在【径向颜色】区域中位置为 30 的位置处添加一个色标，并将其 RGB 值设置为 235、230、245；将最右侧色标的 RGB 值设置为 180、0、160，如图 17.113 所示。

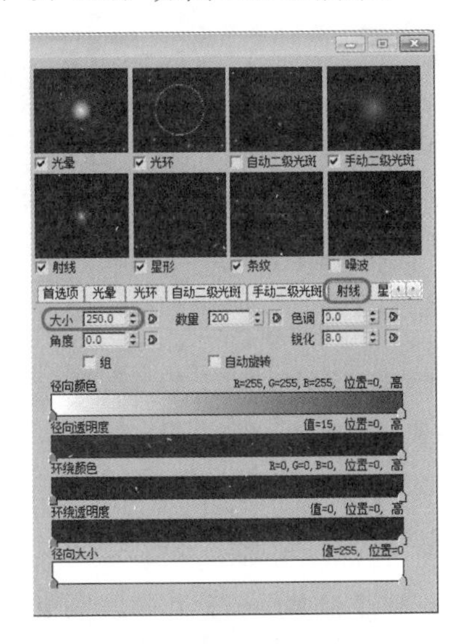

图 17.112　设置射线大小

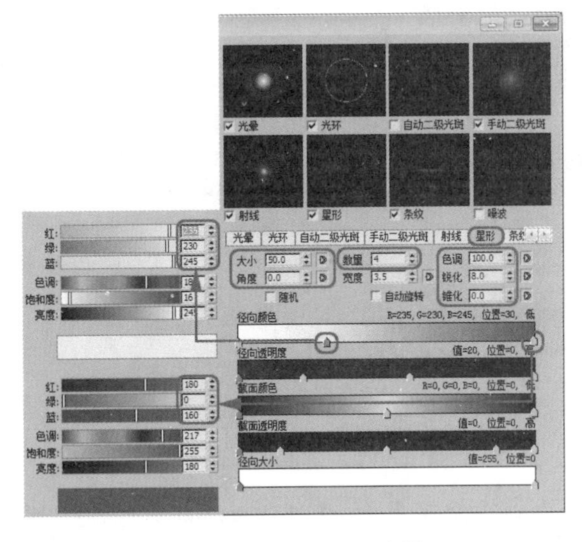

图 17.113　设置星形参数

(13) 选择【条纹】选项卡，将【大小】设置为 25，如图 17.114 所示，设置完成后单击【确定】按钮，返回到【视频后期处理】对话框。

(14) 单击工具栏中的【添加图像过滤事件】按钮，在弹出的对话框中将【标签】命名为“点 02”，选择【镜头效果光斑】选项，将【VP 开始时间】设置为 261，如图 17.115 所示。设置完成后单击【确定】按钮，添加光斑特效滤镜。

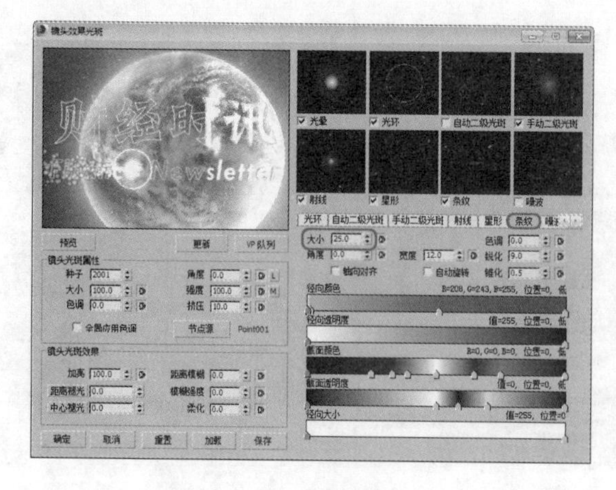

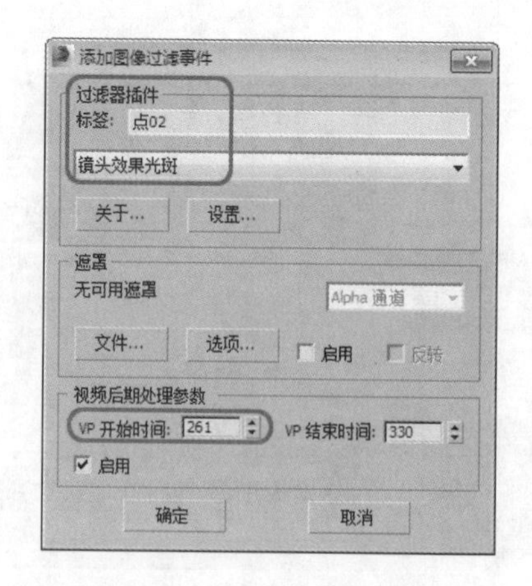

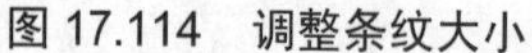

图 17.114　调整条纹大小

图 17.115　再次添加图像过滤事件

(15) 双击“点 02”，在打开的【编辑过滤器事件】对话框中单击【设置】按钮，在打开的【镜头效果光斑】对话框中单击【VP 队列】按钮和【预览】按钮，在【镜头光斑属性】选项组将【大小】设置为 50，单击【节点源】按钮，在打开的对话框中选择 Point002，如图 17.116 所示，单击【确定】按钮。

(16) 选择【首选项】选项卡，在该选项卡中勾选要应用的效果选项，如图 17.117 所示。

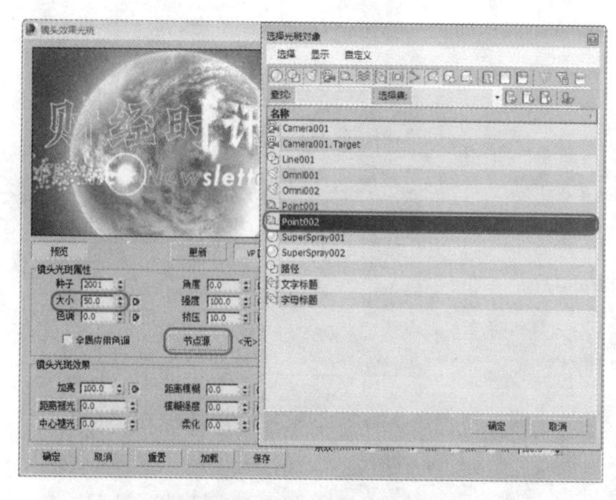

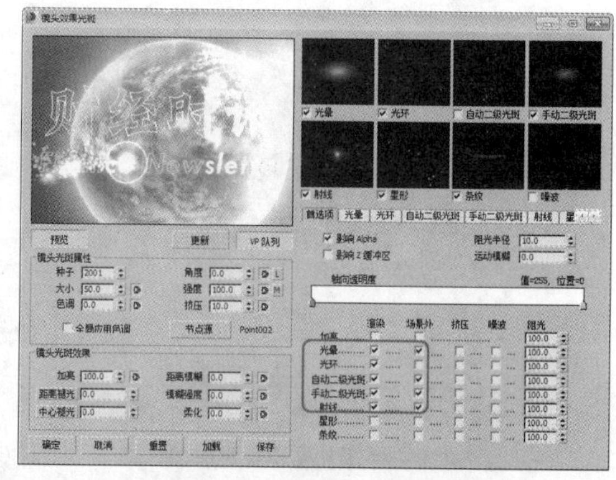

图 17.116　选择节点源

图 17.117　勾选要应用的效果选项

(17) 选择【光晕】选项卡，将【大小】设置为 95，将【径向颜色】左侧色标 RGB 值设置为 149、154、255；将第 2 个色标调整至 30 位置处，将 RGB 值设置为 202、142、102；在 54 位置处添加一个色标，并将其 RGB 值设置为 192、120、72；在 73 位置处添加一个色标，并将其 RGB 值设置为 180、98、32；将最右侧色标的 RGB 值设置为 174、15、15，将【径向透明度】左侧色标的 RGB 值设置为 215、215、215；在 7 位置处添加一个色标，并将其 RGB 值设置为 145、145、145，如图 17.118 所示。

(18) 选择【光环】选项卡；将【大小】设置为 20，在【径向颜色】区域中 50 位置处添加一个色标，并将 RGB 值设置为 255、124、18，将【径向透明度】区域中 50 位置处添加一个色标，并将 RGB 值设置为 168、168、168，将左侧的第二个色标调整至 35 位置处，将右侧的倒数第二个色标调整至第 65 帧处，如图 17.119 所示。

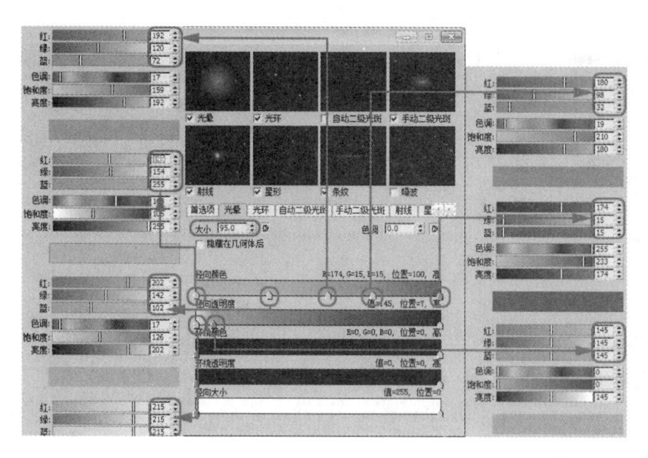

图 17.118　设置光晕参数

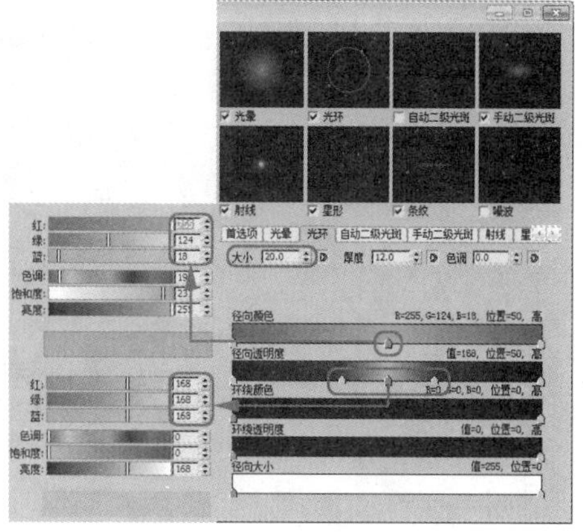

图 17.119　设置光环参数

(19) 选择【自动二级光斑】选项卡，将【最小】、【最大】和【数量】分别设置为 2、5 和 50，将【轴】设置为 0，并勾选【启用】复选框，然后将时间滑块拖曳至第 310 帧处，单击【自动关键点】按钮，并将【轴】设置为 5，如图 17.120 所示。

(20) 打开【轨迹视图-摄影表】对话框，选择【视频后期处理】下的“点 02”，将其右侧第 0 帧处的关键帧拖曳至第 261 帧处，如图 17.121 所示。

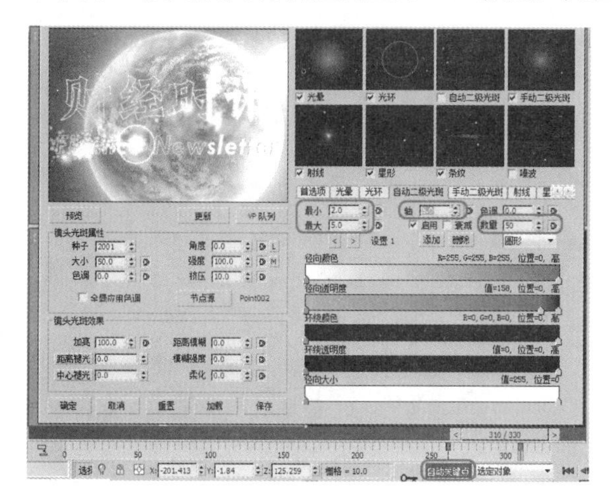

图 17.120　设置自动二级光斑的参数

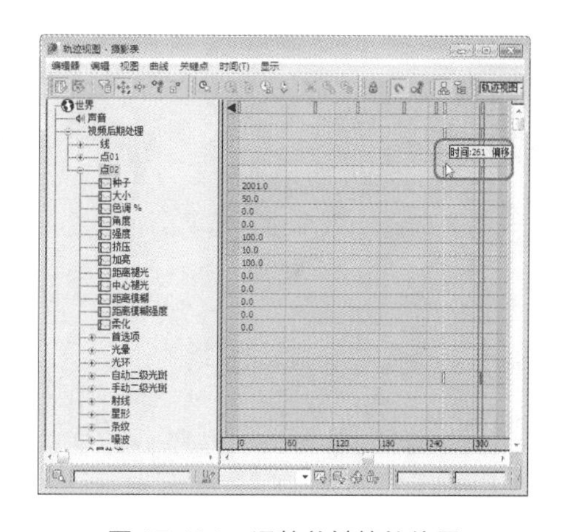

图 17.121　调整关键帧的位置

(21) 关闭自动关键帧记录模式，选择【手动二级光斑】选项卡，将【大小】和【平面】分别设置为 95 和 430，取消【启用】复选框的勾选，在【径向颜色】区域中将左侧色标的 RGB 值设置为 9、0、191；在第 89 帧位置处添加色标，并将其 RGB 值设置为 11、2、190；在第 92 帧位置处添加色标，并将其 RGB 参数设置为 0、162、54；在第 95 帧位置处添加色标，并将其 RGB 值设置为 14、138、48；在第 96 帧位置处添加色标，并将其 RGB 值设置为 126、0、0，如图 17.122 所示。

(22) 选择【射线】选项卡，将【大小】、【数量】和【锐化】分别设置为 125、175 和 10，在【径向颜色】区域中将最右侧色标的 RGB 值设置为 95、80、10，如图 17.123 所示。

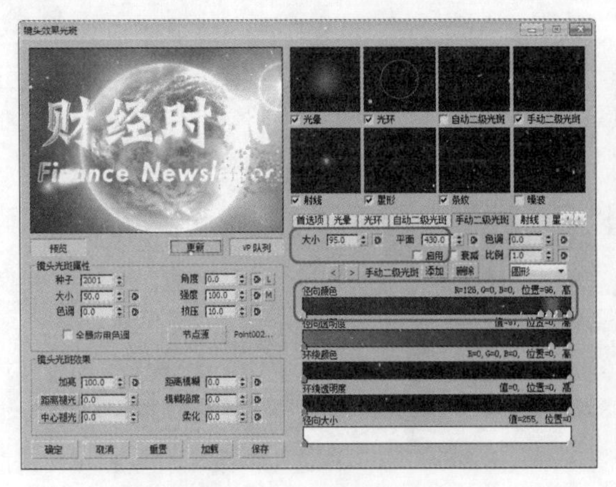

图 17.122　设置手动二级光斑

图 17.123　设置射线参数

(23) 设置完成后单击【确定】按钮，返回到【视频后期处理】对话框中，添加一个输出事件，在【视频后期处理】对话框中单击【执行序列】按钮，在弹出的【执行 Video Post】对话框中将【范围】定义为 0～330，将【宽度】和【高度】分别定义为 640 和 480，单击【渲染】按钮，即可对动画进行渲染。

第 18 章　项目指导——制作家装效果图

本章的制作学习过程可使用用户临摹与掌握室内效果图制作的思路与方法，并理论结合实际制作出大众化的简易室内模型，从而奠定了更深入化的室内空间制作思路。其效果如图 18.1 所示。

图 18.1　家装效果图

18.1　模型的制作

(1) 打开 3ds Max 软件，在菜单栏中选择【应用程序】按钮，在弹出的菜单中选择【打开】命名，在打开的对话框中选择随书附带光盘 CDROM\Scenes\Cha18\平面图.max 文件，如图 18.2 所示。

(2) 选择【创建】|【图形】|【线】工具，在工具栏中选择【捕捉开关】按钮，单击左键，在弹出的对话框中选中【顶点】单选按钮，激活【顶】试图，按着【平面图】对象来绘制图形，并将其命名为“墙体”，如图 18.3 所示。

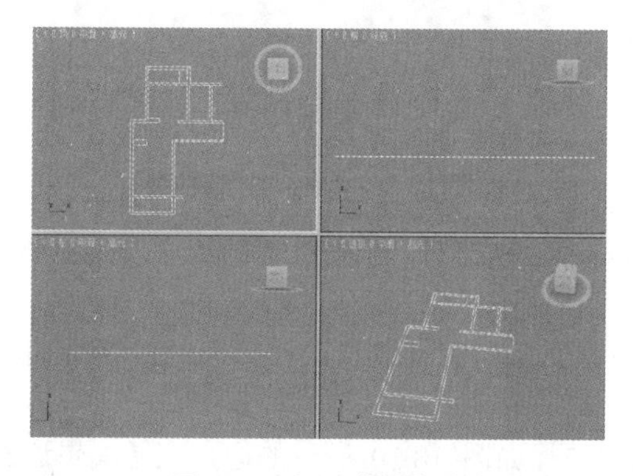

图 18.2　打开素材文件

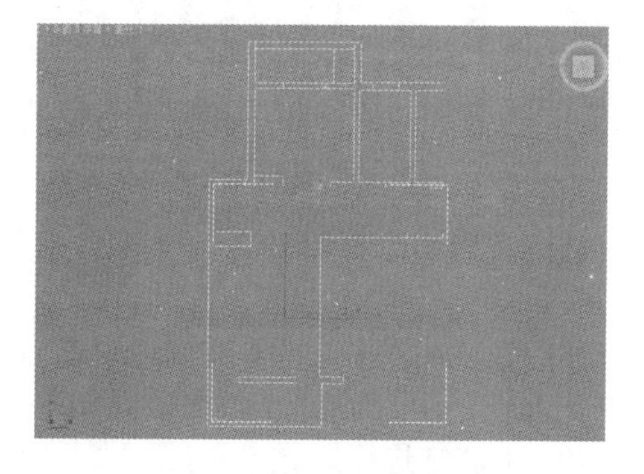

图 18.3　创建墙体

(3) 切换至【修改】命令面板，在修改器中选择【挤出】命令，在【参数】卷展栏中【数量】设置为 2800，如图 18.4 所示。

(4) 选择【创建】|【摄影机】命令，在视图中创建摄影机，将【镜头】设置为21，在视图中调整位置，将【透视】视图转换为【摄影机】视图，如图 18.5 所示。

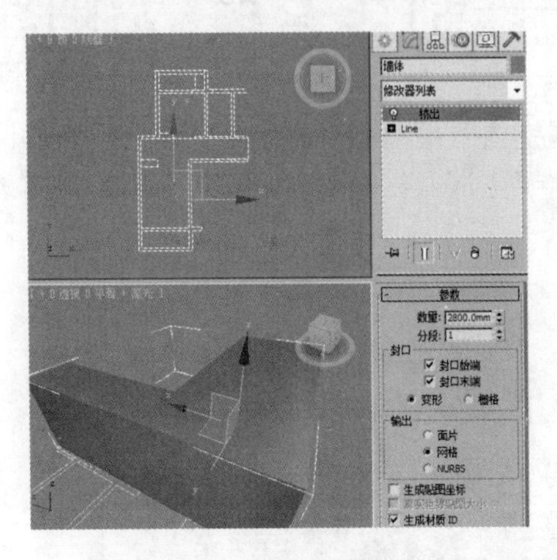

图 18.4 【挤出】命令

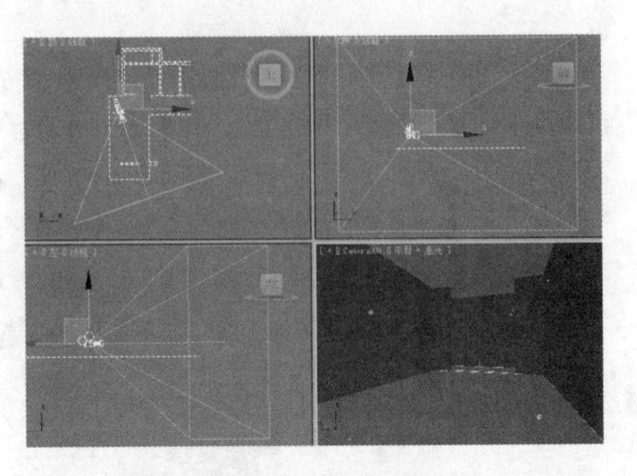

图 18.5 创建摄影机

(5) 在视图中选择【墙体】对象，单击右键，在弹出的快捷菜单中选择【转换为】|【转换为可编辑多边形】命令，在【修改】命令面板中，【可编辑多边形】选择集中选择【边】命令，在视图中选中对象的两条边，如图 18.6 所示。

(6) 在【编辑边】卷展栏中单击【连接】后面的按钮，在弹出的对话框中将【分段】设置为 1，将【滑块】设置为 50，如图 18.7 所示。

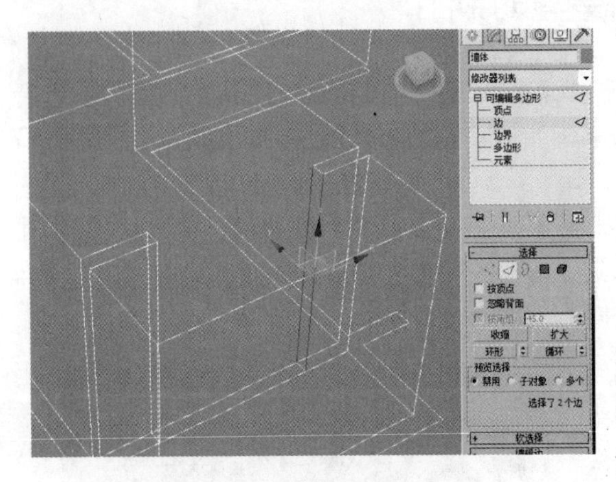

图 18.6 选择【边】

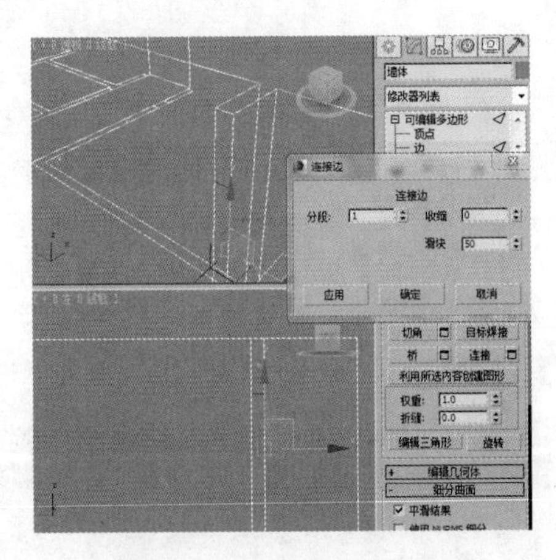

图 18.7 【连接边】对话框

(7) 将当前选择集定义为【多边形】，在视图中选择刚刚建立的面，如图 18.8 所示。

(8) 在【编辑多边形】卷展栏中单击【挤出】后面的按钮，在弹出的对话框中将【挤出高度】设置为-2100，如图 18.9 所示。

(9) 将当前选择集定义为【边】，在视图中选择如图 18.10 所示的边，在【编辑边】卷展栏中单击【连接】后面的按钮，在弹出的对话框中将【分段】设置为 1，将【滑块】设置为 78，单击【确定】按钮，效果如图 18.11 所示。

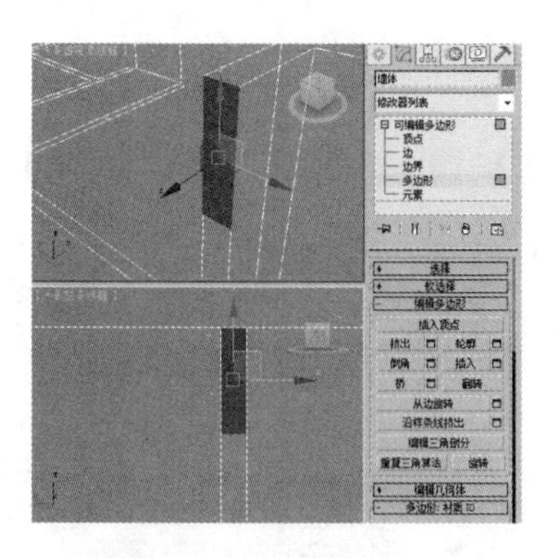

图 18.8　选择【多边形】

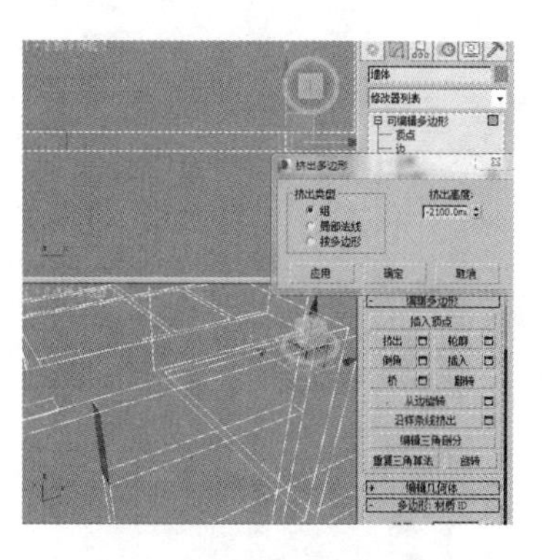

图 18.9　【挤出】命令

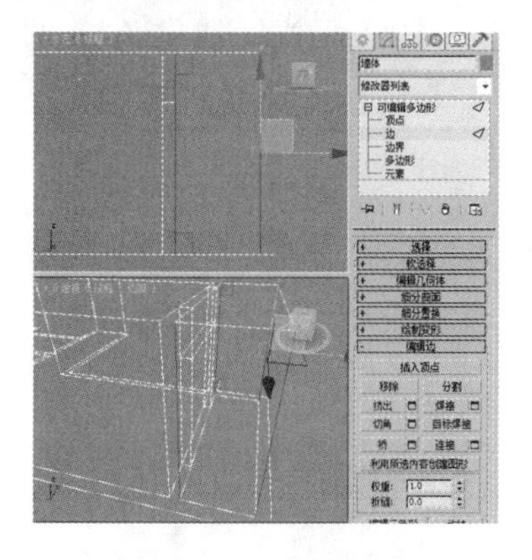

图 18.10　选择【边】

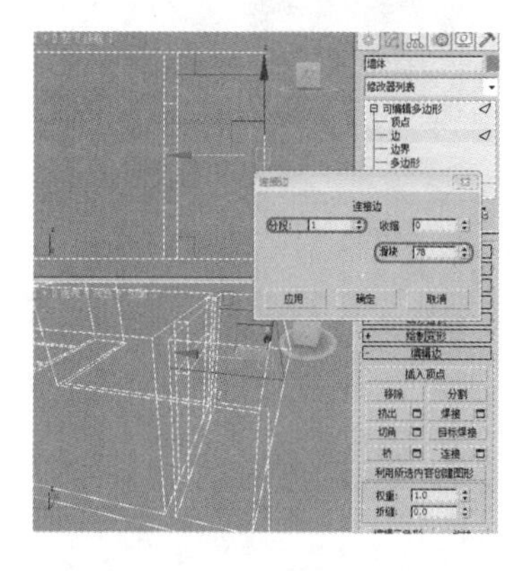

图 18.11　【连接边】对话框

(10) 重复上面的操作，选择 4 条边，在【编辑边】卷展栏中单击【连接】后面的□按钮，将【分段】设置为 1，将【滑块】设置为-76，单击【确定】按钮，如图 18.12 所示。

(11) 将当前选择集定义为【多边形】，选择如图 18.13 所示的 3 个面，在【编辑多边形】卷展栏中单击【挤出】后面的□按钮，打开【挤出多边形】对话框，在【挤出类型】选项组中选中【局部法线】单选按钮，将【挤出高度】设置为 240，单击【确定】按钮，将当前选择集定义为【顶点】，将挤出来的边进行调整。

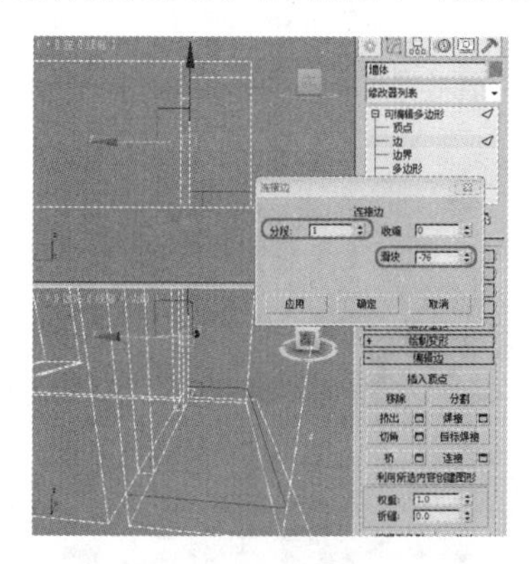

图 18.12　【连接边】对话框

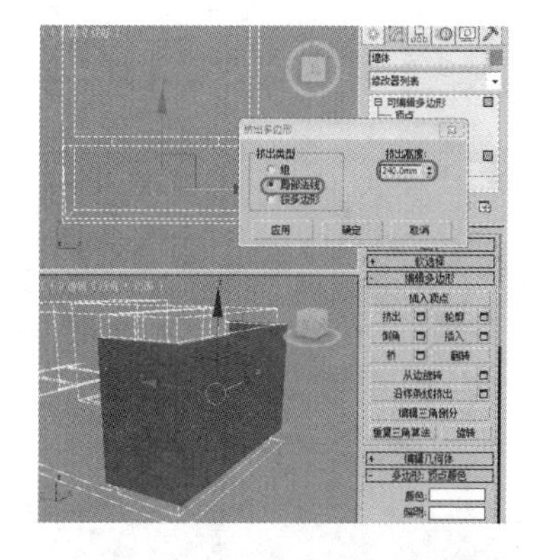

图 18.13　【挤出】命令

(12) 继续上面的操作，选择如图 18.14 所示的 3 个面，在【编辑几何体】卷展栏中单击【分离】，将三个面与【墙体】对象分离，在弹出的对话框中在【分离为】输入【窗台】，单击【确定】按钮。

(13) 选择【窗台】对象并右击，在弹出的快捷菜单中选择【隐藏未选定对象】命令，在视图中只保留【窗台】对象，如图 18.15 所示。

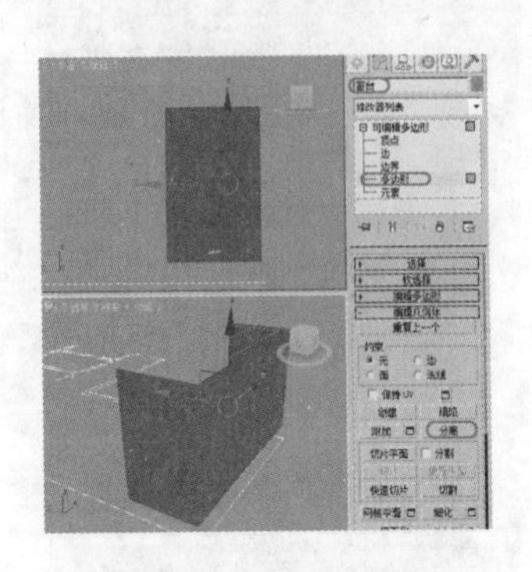

图 18.14　单击【分离】

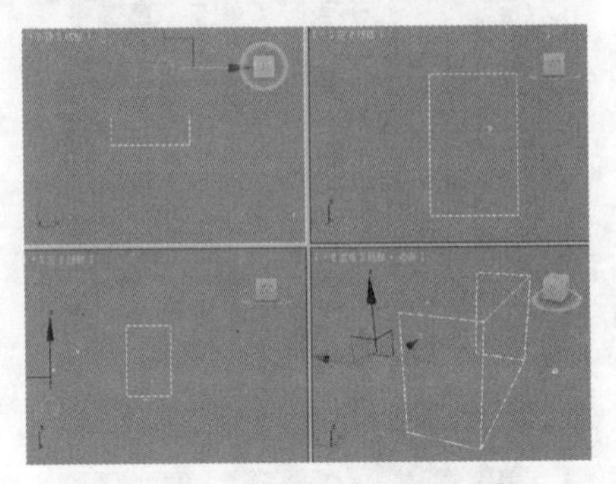

图 18.15　隐藏未选定对象

(14) 将【窗台】对象进行编辑，选择如图 18.16 所示的 4 条边，在【编辑边】卷展栏中单击【连接】后面的■按钮，将【分段】设置为 1，将【滑块】设置为 50，单击【确定】按钮，效果如图 18.17 所示。

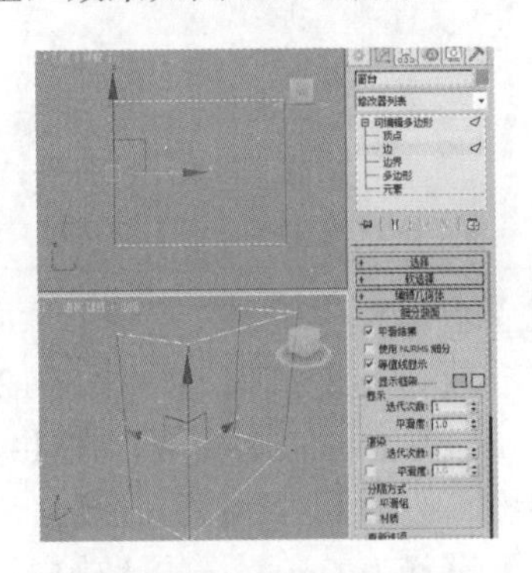

图 18.16　选择【边】

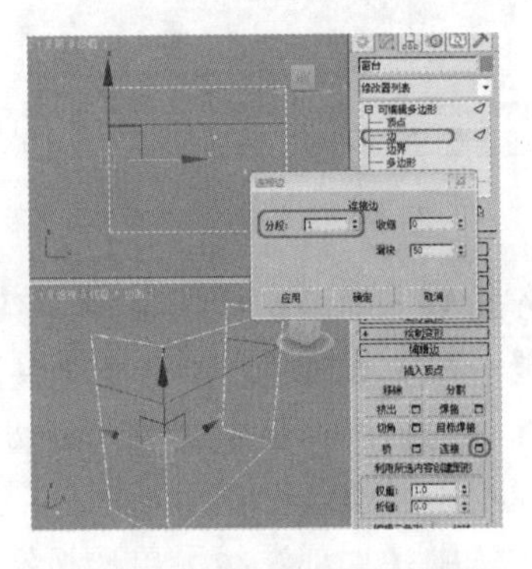

图 18.17　【连接边】对话框

(15) 选择如图 18.18 所示的 6 条边，在【编辑边】卷展栏中单击【连接】后面的■按钮，将【分段】设置为 1，将【滑块】设置为 0，单击【确定】按钮，效果如图 18.19 所示。

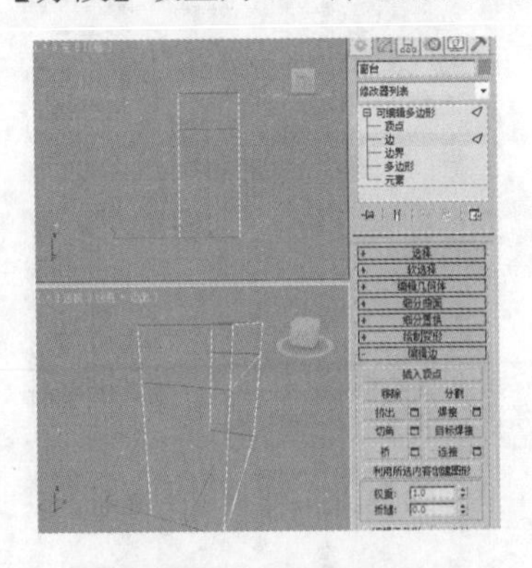

图 18.18　选择【边】

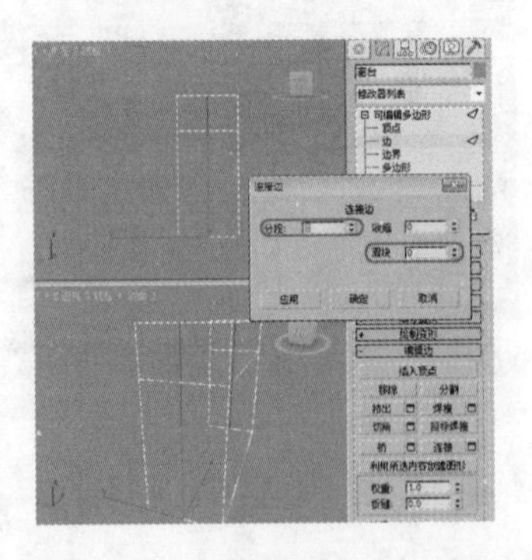

图 18.19　【连接边】对话框

(16) 选择如图 18.20 所示的 3 条边，在【编辑边】卷展栏中单击【连接】后面的按钮，将【分段】设置为 3，将【滑块】设置为 0，单击【确定】按钮，效果如图 18.21 所示。

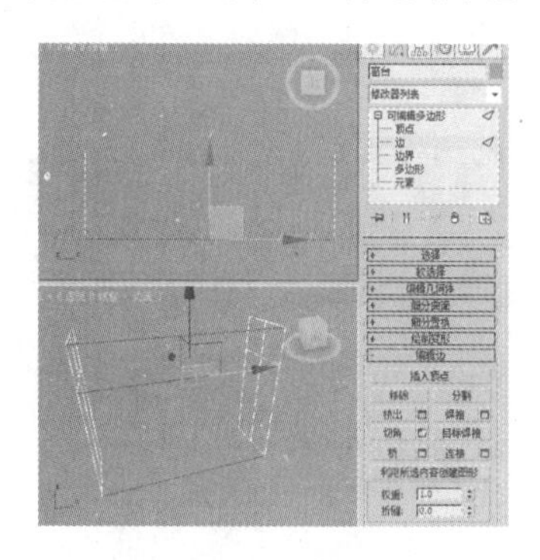

图 18.20　选择【边】

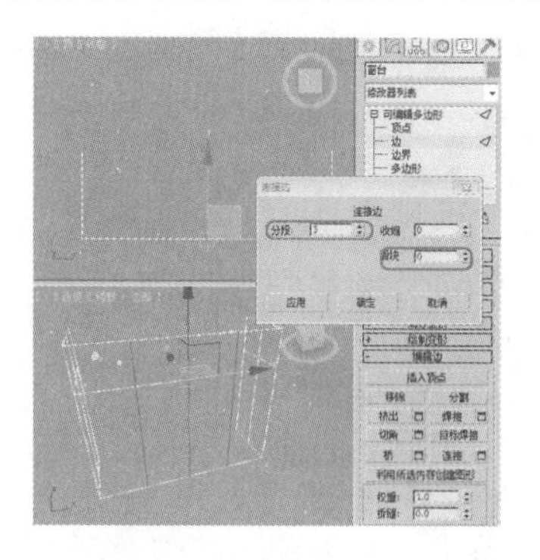

图 18.21　【连接边】对话框

(17) 将当前选择集定义为【多边形】，选择如图 18.22 所示的面，在【编辑多边形】卷展栏中单击【倒角】后面的按钮，打开【倒角多边形】对话框，将【高度】设置为 0，将【轮廓量】设置为-30，单击【确定】按钮。

(18) 使用同样的方法，将【窗台】对象中的多个矩形进行倒角，如图 18.23 所示。

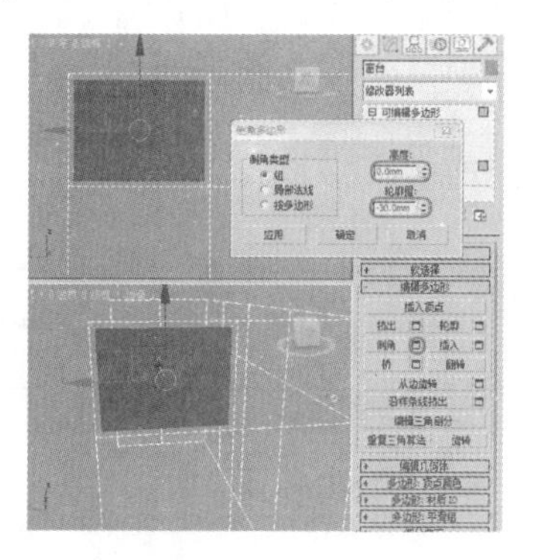

图 18.22　倒角多边形

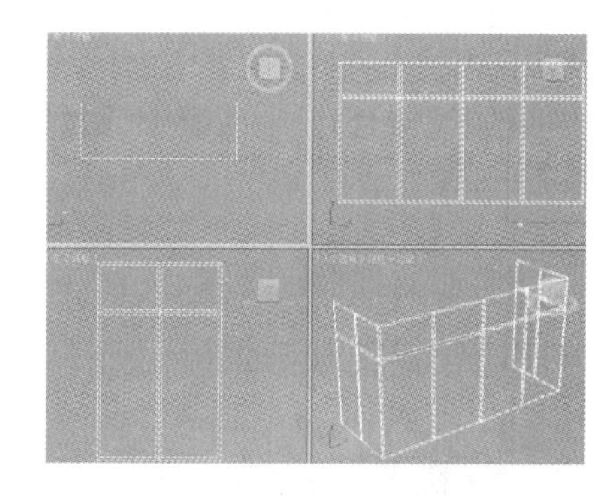

图 18.23　倒角多边形

(19) 选择如图 18.24 所示的面，在【编辑多边形】卷展栏中单击【挤出】后面的按钮，【挤出高度】设置为 20。

(20) 使用同样的方法，将多个矩形进行挤出，如图 18.25 所示。

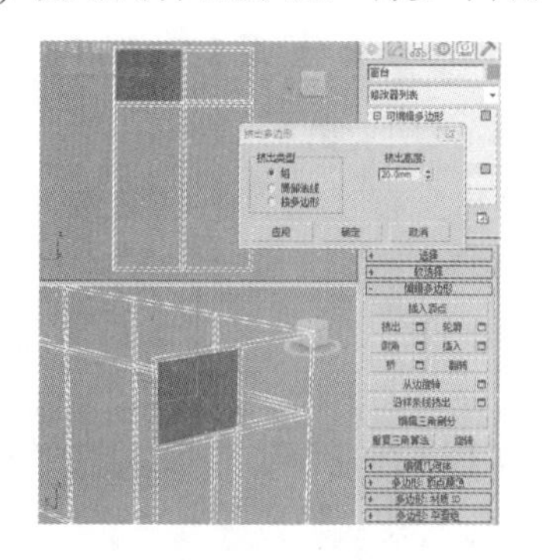

图 18.24　挤出多边形

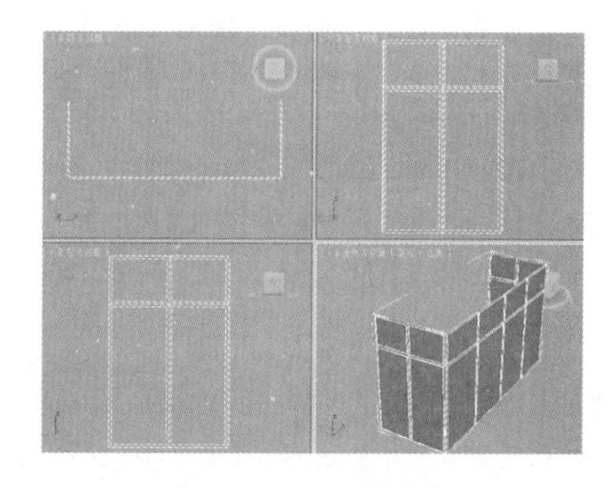

图 18.25　挤出多边形

(21) 选择【线】工具，在前视图中绘制图形，并命名为【门框】，如图 18.26 所示。

(22) 切换至【修改】命令面板，将当前选择集定义为【样条线】，在【几何体】卷展栏中【轮廓】后面输入-96，按 Enter 键，如图 18.27 所示。

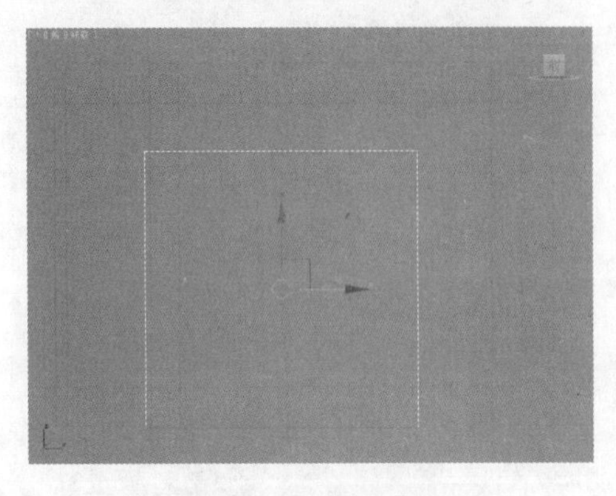

图 18.26 绘制图形

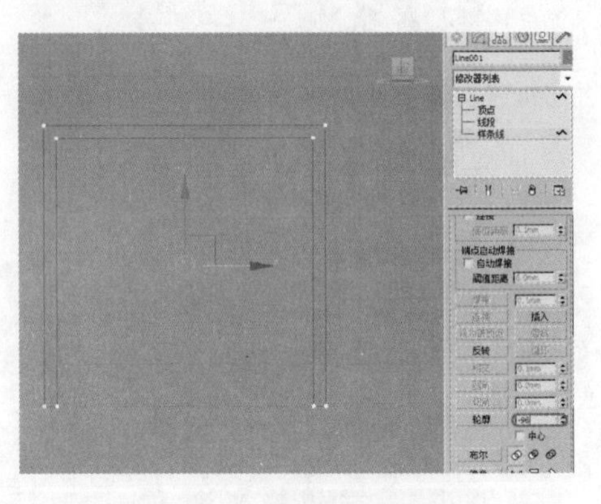

图 18.27 设置【轮廓】

(23) 在修改器中选择【挤出】，在【参数】卷展栏中将【数量】设置为 300，如图 18.28 所示。

(24) 选择【矩形】工具，在上面制作的对象里面绘制矩形，将其转换为【可编辑多边形】命令，当前选择集定义为【边】，在视图中选择如图 18.29 所示的两条边，在【编辑边】卷展栏中单击【连接】后面的按钮，在打开的对话框中将【分段】设置为 3，单击【确定】按钮。

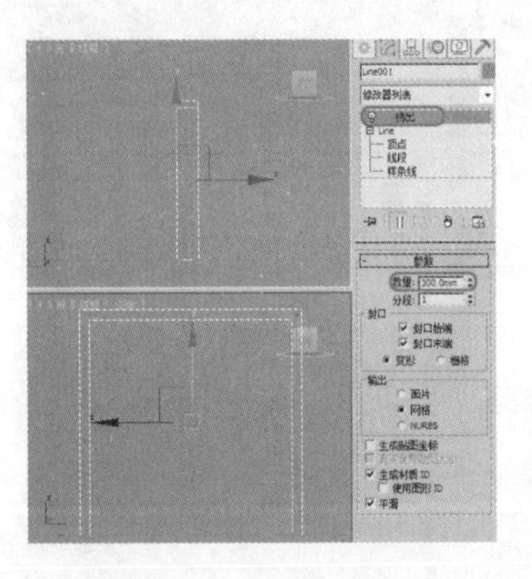

图 18.28 设置【数量】

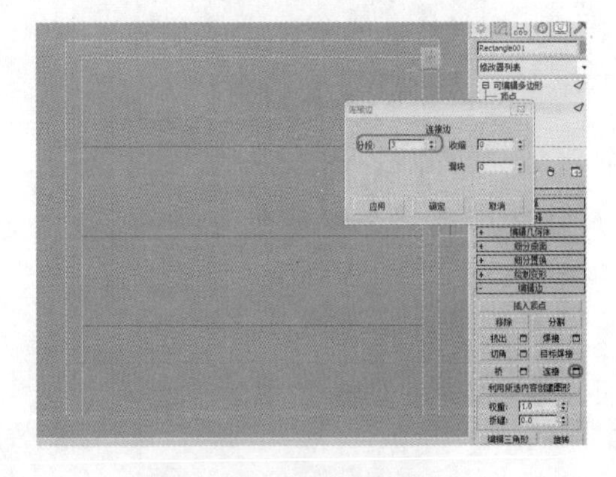

图 18.29 设置【连接边】

(25) 使用同样的方法，将另外的两条边进行连接，如图 18.30 所示。

(26) 使用前面已经讲过的方法，将每个矩形进行倒角，将【高度】设置为 0，将【轮廓量】设置为-20，效果如图 18.31 所示。

(27) 继续上面的操作，再次将每个多边形进行挤出，将【挤出高度】设置为 10，如图 18.32 所示。

(28) 选择如图 18.33 所示的对象，在菜单栏中选择【组】|【组】命令，在打开的对话框中输入【落地窗】，单击【确定】按钮，将两个对象进行组合。

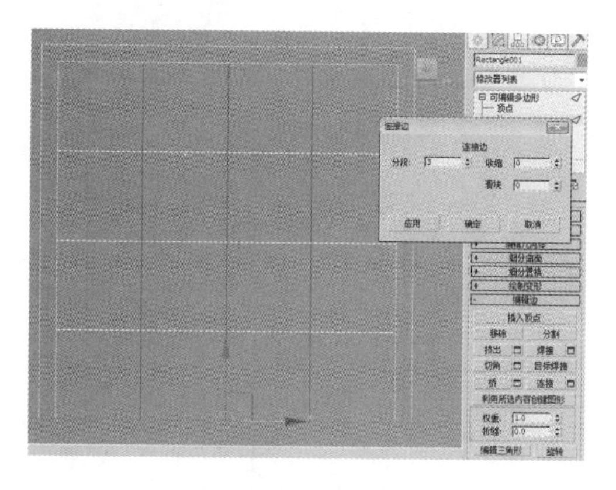

图 18.30　连接

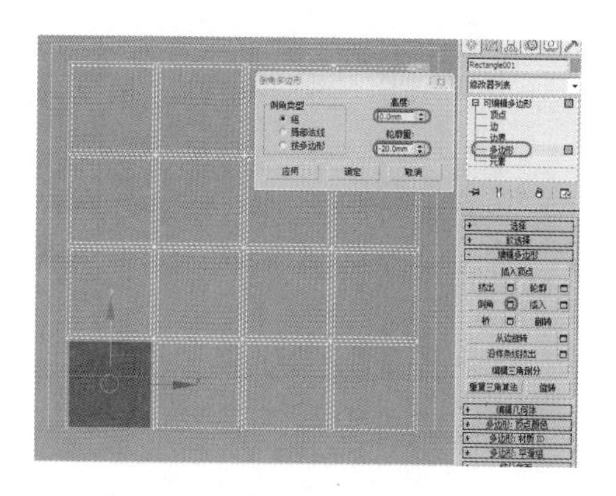

图 18.31　倒角

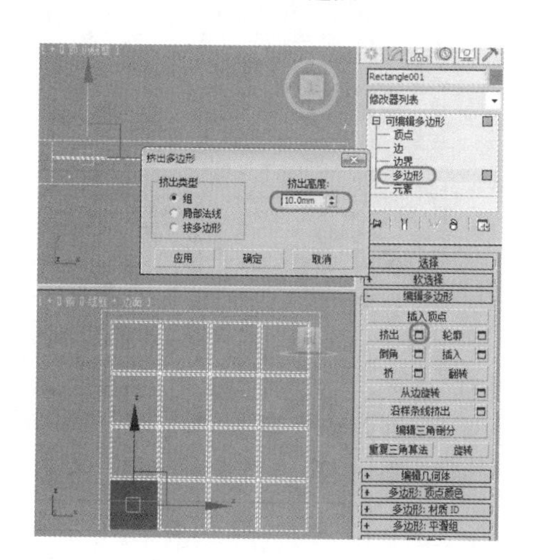

图 18.32　【挤出】命令

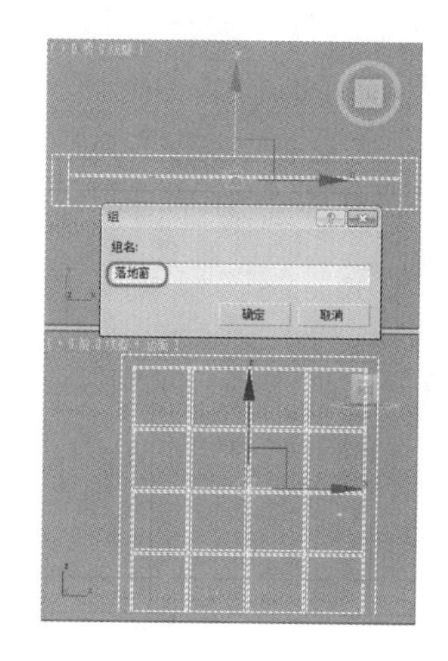

图 18.33　组合

(29) 确认【墙体】对象处于选中状态下，切换至【修改】命令面板，将当前选择集定义为【多边形】，在【摄影机】视图中选择左面的墙体，在【编辑几何体】卷展栏中单击【分离】按钮，在弹出的对话框中将其命名为“背景墙 1”，将对象与墙体进行分离，如图 18.34 所示。

(30) 选择“背景墙 1”对象并右击，选择【隐藏未选定对象】命令，将其他对象进行隐藏，切换至【修改】命令面板，将当前选择集中定义为【边】，在【左】视图中选择上下两条边，在【编辑边】卷展栏中单击【连接】后面的按钮，在弹出的对话框中将【分段】设置为 2，将【收缩】设置为 31，将【滑块】设置为-3，单击【确定】按钮，如图 18.35 所示。

(31) 选中连接出来的两条边，使用同样的方法，在弹出的对话框中将【分段】设置为 2，将【收缩】设置为 80，将【滑块】设置为-5，单击【确定】按钮，如图 18.36 所示。

(32) 将当前选择集定义为【多变形】，在【左】视图中选择中间的面，如图 18.37 所示，在【编辑几何体】卷展栏中单击【分离】按钮，在弹出的对话框中将其命名为“贴图”，单击【确定】按钮。

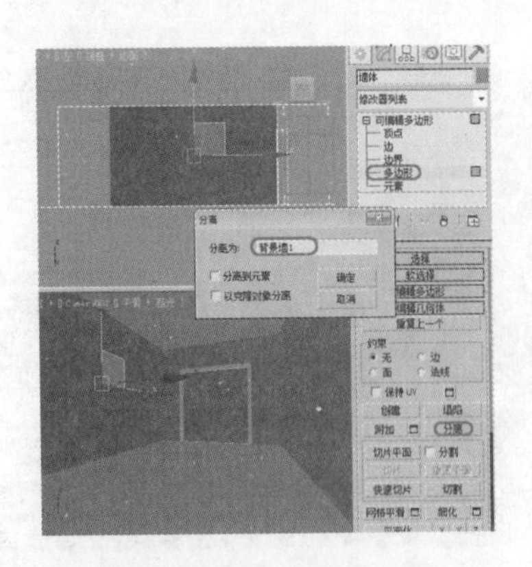

图 18.34　分离

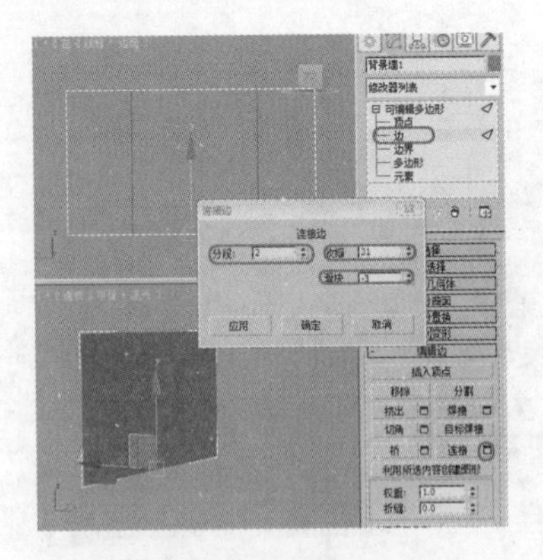

图 18.35　选择【边】

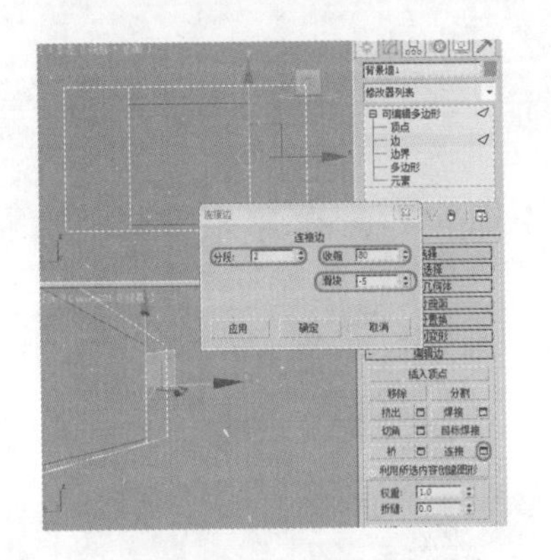

图 18.36　连接边

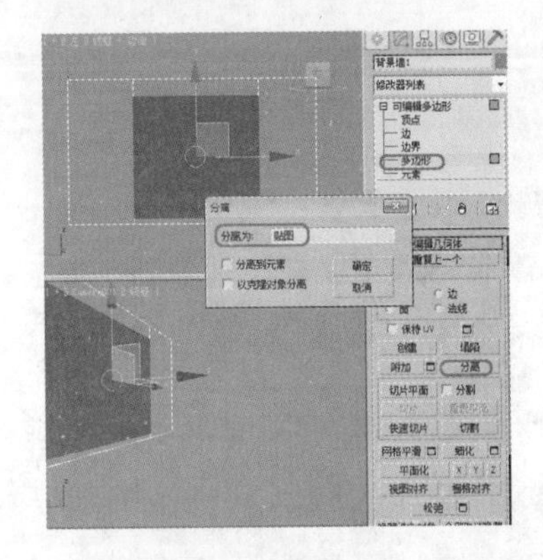

图 18.37　选择【多边形】

(33) 选择【线】工具，激活【左】视图，以“背景墙 1”为标准，绘制如图 18.38 所示的图形，并将命名为“背景墙 2”。

(34) 切换至【修改】命令面板，在修改器中选择【挤出】，在【参数】卷展栏中，将【数量】设置为 40，如图 18.39 所示。

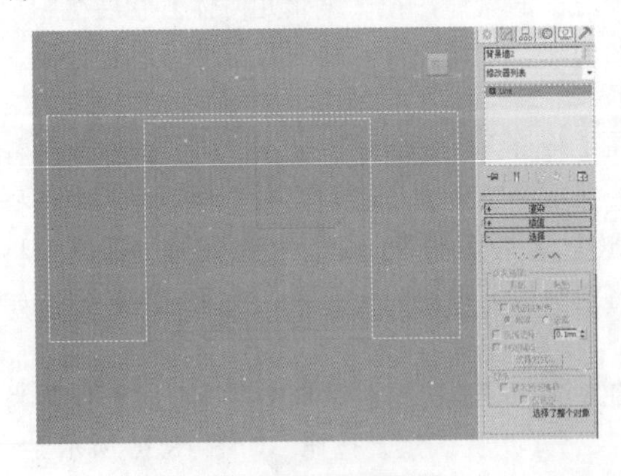

图 18.38　绘制图形

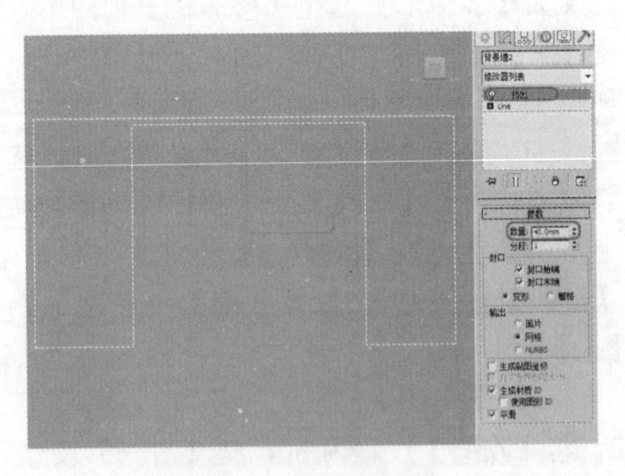

图 18.39　【挤出】命令

(35) 再次选择【线】工具，以“背景墙 2”为背景，绘制如图 18.40 所示的图形，并将其命名为“背景墙 3”。

(36) 切换至【修改】命令面板，在修改器中选择【挤出】命令，在【参数】卷展栏中，将【数量】设置为 60，如图 18.41 所示。

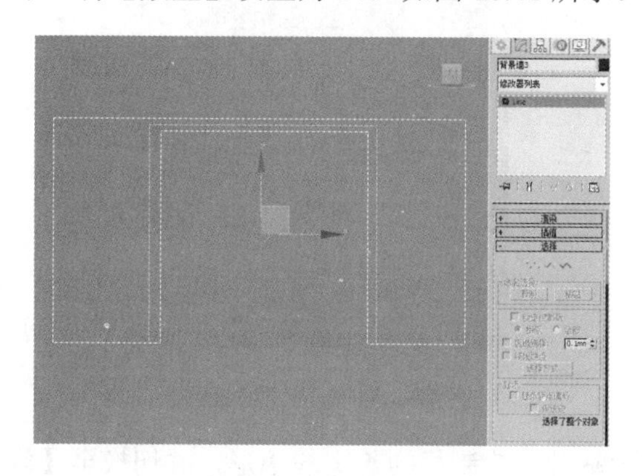

图 18.40　绘制图形

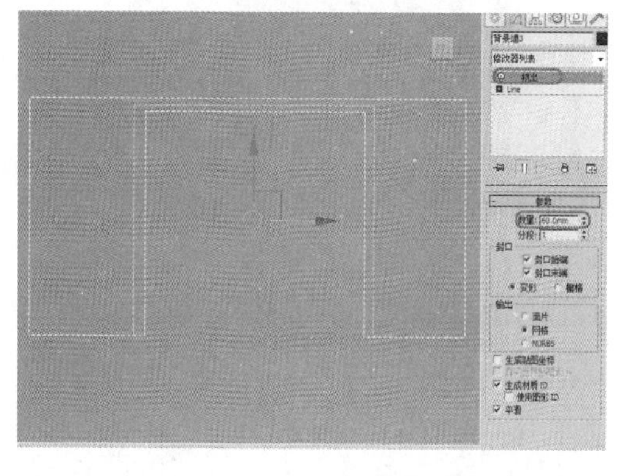

图 18.41　【挤出】命令

(37) 在每个视图中将“背景墙 1”、“背景墙 2”和“背景墙 3”位置进行排放，顺序依次是“背景墙 1”放置在最后面，“背景墙 2”放置在中间，“背景墙 3”放置在最上面，如图 18.42 所示。

(38) 显示所有的对象，确认【墙体】是被选中状态，切换至【修改】命令面板，将当前选择集定义为【多边形】，选择如图 18.43 所示的面，在【编辑几何体】卷展栏中单击【分离】按钮，在弹出的对话框中将其命名为“天花板 1”，单击【确定】按钮。

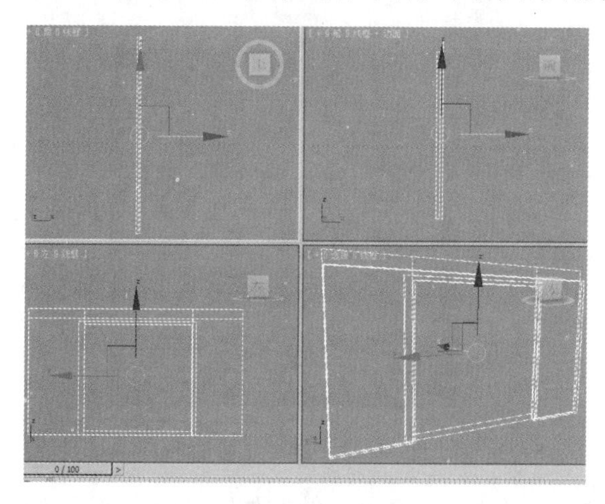

图 18.42　排放位置

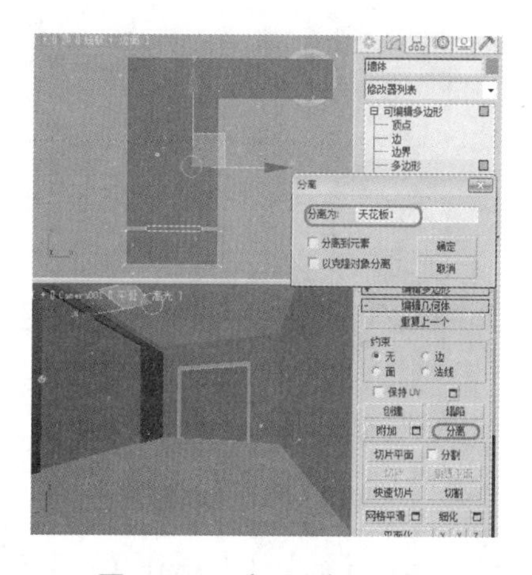

图 18.43　选择【多边形】

(39) 在视图中选择“天花板 1”对象，将其他对象进行隐藏，选择【线】工具，以“天花板 1”为基础，在【顶】视图中绘制如图 18.44 所示的矩形，并将命名为“天花板 2”。

(40) 切换至【修改】命令面板，将当前选择集定义为【样条线】，在【几何体】卷展栏中，在【轮廓】后面的文本框中输入 494，按 Enter 键，在修改器中选择【挤出】命令，在【参数】卷展栏中，将【数量】设置为 100，如图 18.45 所示。

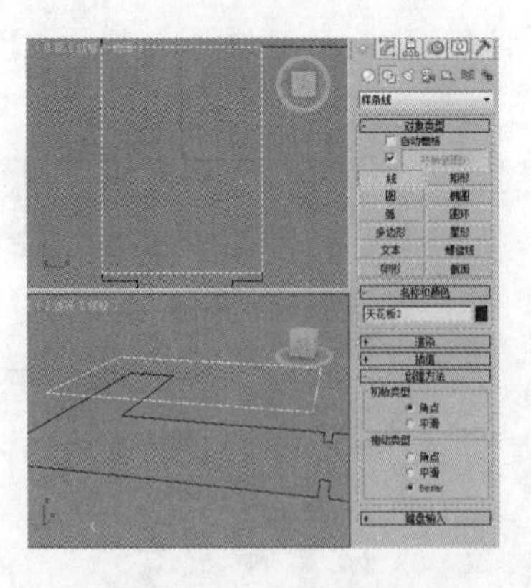

图 18.44 绘制矩形

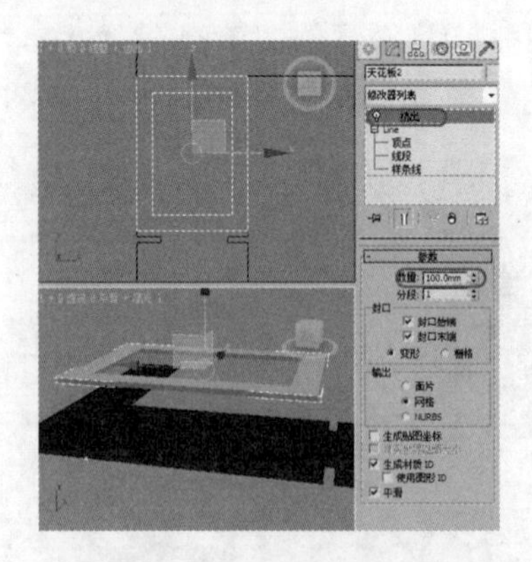

图 18.45 选择【样条线】

(41) 再次选择【线】，以“天花板 2”为基础，绘制相同长宽的矩形，并切换至【修改】命令面板，使用同样的方法，并命名为“天花板 3”，将【轮廓】后面的文本框中输入 600，按 Enter 键，在修改器中选择【挤出】命令，在【参数】卷展栏中将【数量】设置为 100，最后将“天花板 1”、“天花板 2”和“天花板 3”移动到合适的位置，最后将 3 个对象进行组合，并命名为“天花板”，如图 18.46 所示。

(42) 选择“墙体”对象，将当前选择集定义为【多边形】，在【摄影机】视图中选择如图 18.47 所示的面，并在【编辑几何体】中单击【分离】按钮，在弹出的对话框中输入“地板”，单击【确定】按钮。

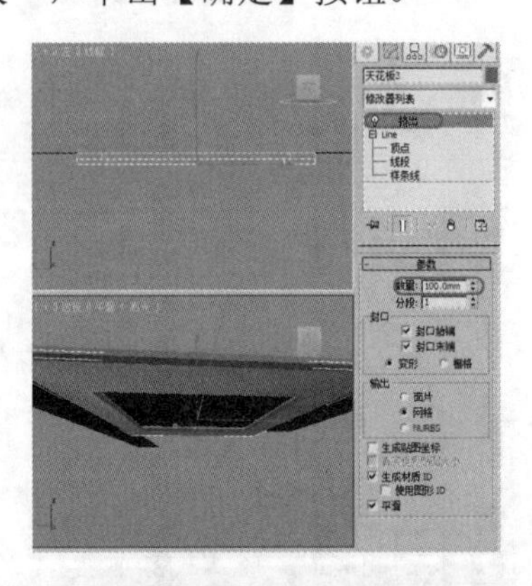

图 18.46 绘制矩形

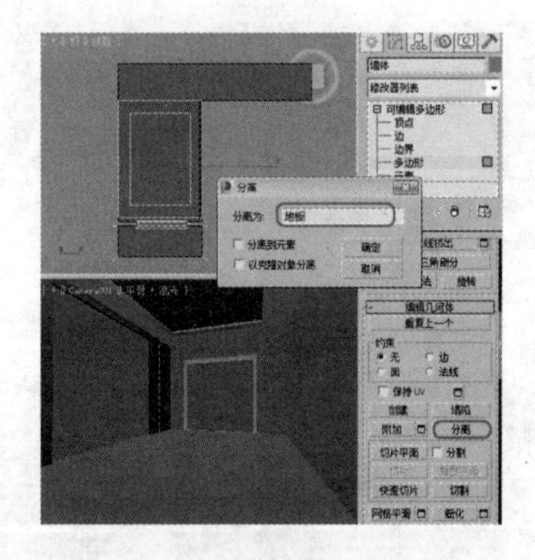

图 18.47 选择【多边形】

(43) 选择【线】工具，在【顶】视图中以“墙体”为基础，绘制如图 18.48 所示的图形，并在【几何体】卷展栏中【轮廓】文本框中输入 20，按 Enter 键。

(44) 在修改器中选择【挤出】命令，并在【参数】卷展栏中【数量】设置为 100，在视图中创建图形并将其命名为“踢脚线”，调整到合适的位置，如图 18.49 所示。

(45) 选择“背景墙 3”对象，将其他对象进行隐藏，将其转换为【可编辑多边形】，切换至【修改】命令面板，将当前选择集定义为【边】，是【左】视图中选择如图 18.50 所示的边，在【编辑边】卷展栏中单击【连接】后面的按钮，在弹出的对话框中将【分段】设置为 4，单击【确定】按钮。

(46) 将当前选择集定义为【顶点】，在【左】视图中进行调整，再次定义为【边】，

选择刚刚连接出来的边，在【编辑边】卷展栏中单击【挤出】后面的□按钮，在弹出的对话框中将【挤出高度】设置为-15，将【挤出基面宽度】设置为 20，如图 18.51 所示。

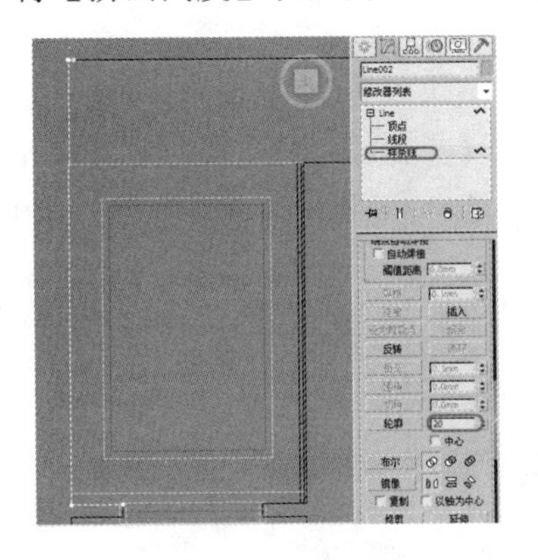

图 18.48　绘制图形

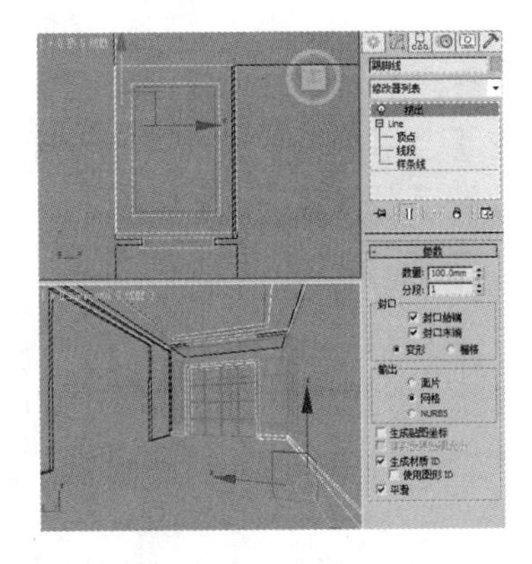

图 18.49　【挤出】命令

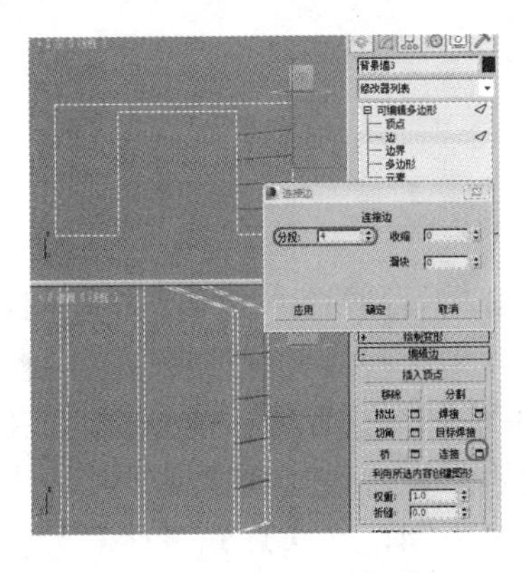

图 18.50　选择【边】

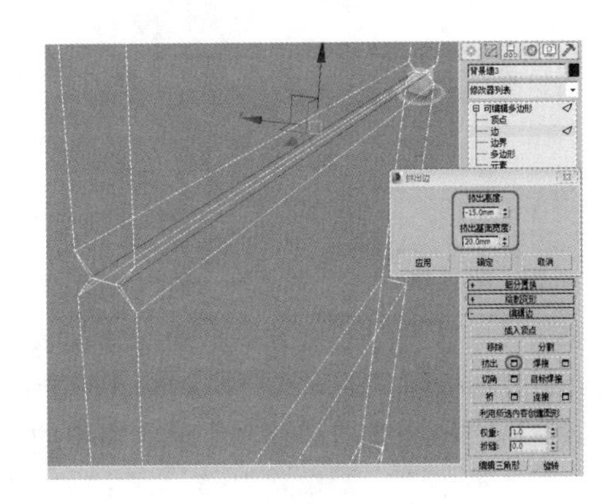

图 18.51　【挤出】命令

(47) 将每条线都进行调整，再次使用同样的方法在【左】视图中选择对象的左边的两条线，并进行连接、挤出，效果如图 18.52 所示。

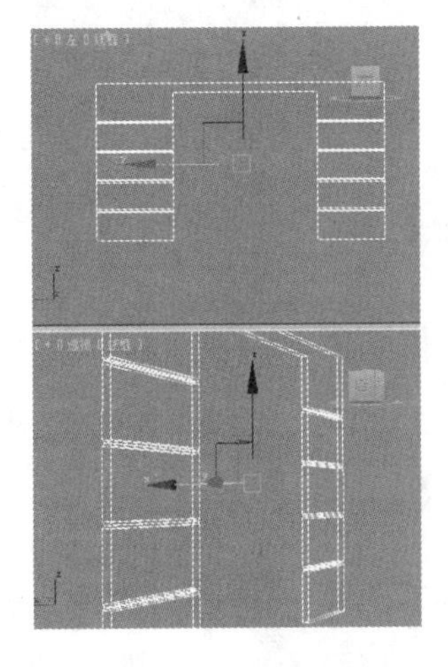

图 18.52　调整对象

18.2 材质的设置

(1) 在工具栏中单击【渲染设置】按钮，打开【渲染设置】对话框，单击【公用】选项卡，在【公用参数】卷展栏中设置宽度和高度，在【指定渲染器】卷展栏中单击【产品级】后面的【选择渲染器】按钮，在打开的对话框中选择 V-Ray Adv2.40.03，如图 18.53 所示。

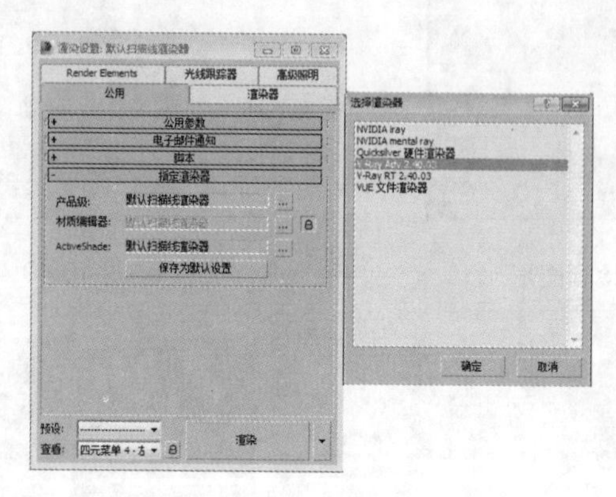

图 18.53 【渲染设置】对话框

(2) 单击 V-Ray 选项卡，在【V-Ray：图像采样器】卷展栏中，将【图像采样器】的类型设置为【自适应细分】，单击【间接照明】选项卡，在【间接照明】卷展栏中勾选【开】复选框，在【二次反弹】组中将【全局照明引擎】设置为【灯光缓存】，在【发光图】卷展栏中将【内建预置】选项组中的【当前预置】设置为【自定义】，将【基本参数】的【最小比率】设置为-5，将【最大比率】设置为-4，在【灯光缓存】卷展栏中将【计算参数】组中的【细分】设置为 299，将【采样大小】设置为 0.02，将【进程数】设置为 4，如图 18.54 所示。

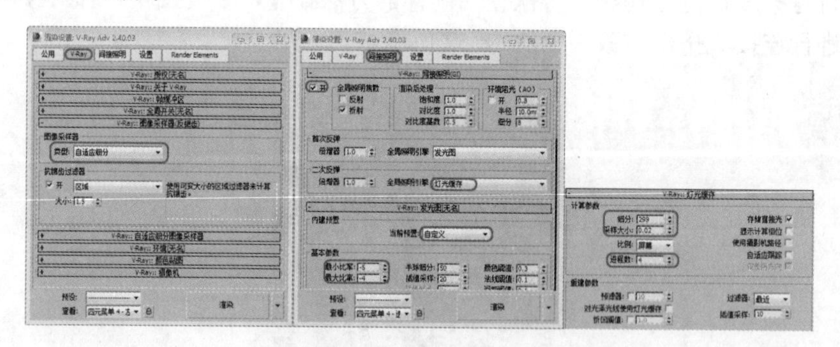

图 18.54 【渲染设置】对话框

(3) 在【设置】选项卡的【光线计算参数】选项组中将【最大树形深度】设置为 60，将【面/级别系数】设置为 2，将【动态内存限制】设置为 400，将【默认几何体】设置为【静态】，将【渲染区域分割】选项组中的【区域排序】设置为【上→下】，如图 18.55 所示。

(4) 在工具栏中单击【材质编辑器】按钮，打开【材质编辑器】对话框，选择一个新

的材质球，将材质球调制成 VRayMtl 材质，并命名为“墙纸”，在【基本参数】卷展栏中将【漫反射】的 RGB 设置为 252、238、252，将材质指定给视图中的“墙体”、“背景墙 1”和“背景墙 2”对象，如图 18.56 所示。

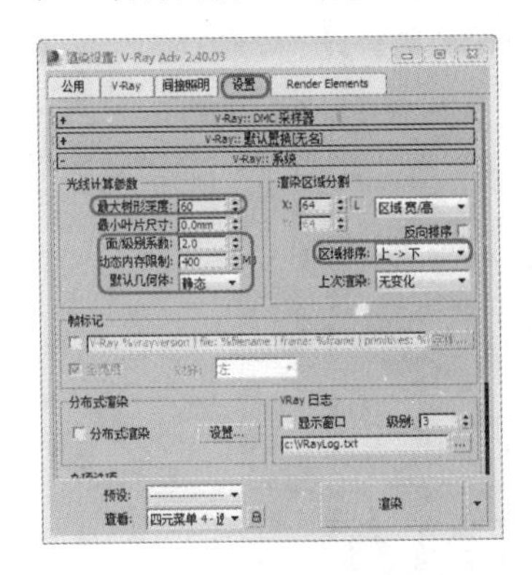

图 18.55　【渲染设置】对话框

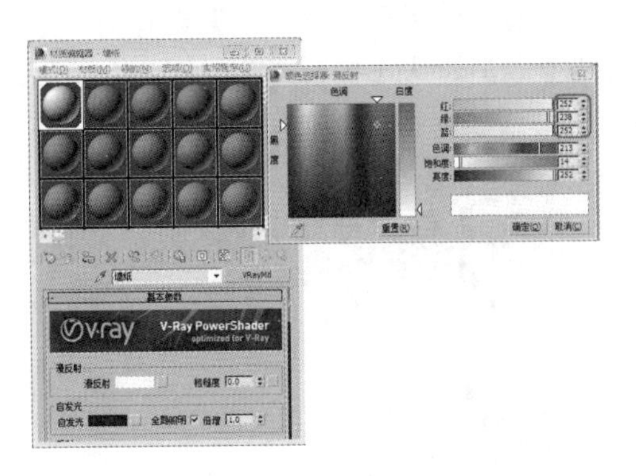

图 18.56　【材质编辑器】对话框

(5) 再次选择一个新的材质球，并将命名为“地板”，将材质球调制成 VRayMtl 材质，在【基本参数】卷展栏中，将【漫反射】的 RGB 值设置为 255、199、199，单击后面的按钮，选择【位图】在打开的【材质/贴图浏览器】对话框中选择【位图】贴图，单击【确定】按钮，在弹出的对话框中选择 CDROM\Map\地砖.jpg 文件，单击【打开】按钮，在【坐标】卷展栏中将【模糊】设置为 0.01，返回到上一层，单击【反射】后面的按钮，添加【衰减】，在【衰减参数】卷展栏中，将【衰减类型】设置为 Fresnel，返回到上一层，将【高光光泽度】设置为 0.7，将【反射光泽度】设置为 0.85，将【细分】设置为 15，将材质指定给场景中的“地板”和“踢脚线”对象，在如图 18.57 所示。

(6) 确认“地板”处于被选择的状态下，切换至【修改】命令面板，在修改器中选择【UVW 贴图】，在【参数】卷展栏中选中【长方体】单选按钮，将【长度】、【宽度】、【高度】分别都设置为 500，“踢脚线”使用同样的方法，如图 18.58 所示。

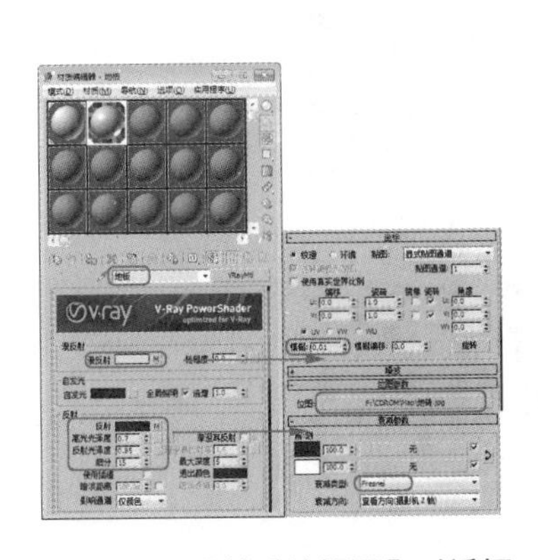

图 18.57　【材质编辑器】对话框

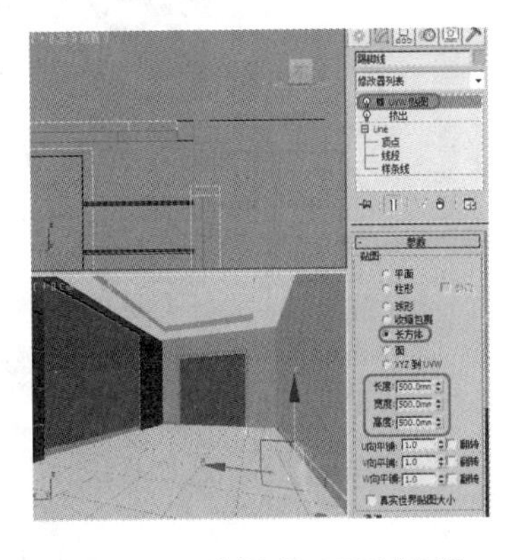

图 18.58　选择【UVW 贴图】

(7) 在【材质编辑器】对话框中，选择一个新的材质球，并命名为“白色乳胶漆”，将材质球调制成 VRayMtl 材质，将【漫反射】的 RGB 值设置为 255、255、255，将【反射】的 RGB 值设置为 12、12、12，将【高光光泽度】设置为 0.4，将【细分】设置为 15，在【选项】卷展栏中取消勾选【跟踪反射】复选框，取消勾选【双面】复选框，取消勾选【雾系统单位比例】，将材质指定给场景中的“天花板”对象，如图 18.59 所示。

(8) 选择一个新的材质球，并命名为“不锈钢”，并将材质球调制成 VRayMtl 材质，将【漫反射】的 RGB 值设置为 75、75、75，将【反射】的 RGB 值设置为 121、121、121，将【高光光泽度】设置为 0.7，将【反射光泽度】设置为 0.85，在【选项】卷展栏中取消勾选【雾系统单位比例】，如图 18.60 所示。

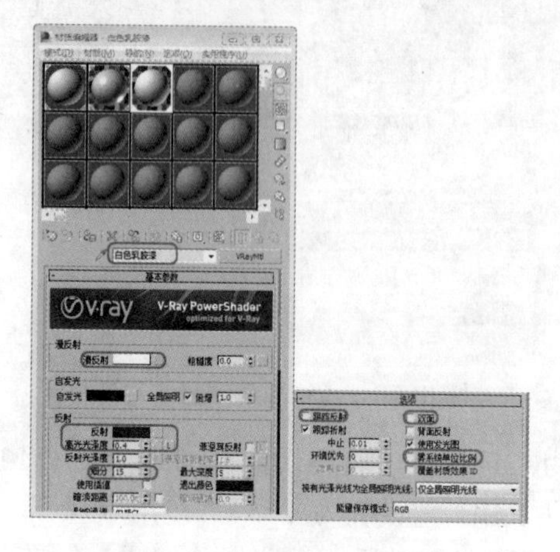

图 18.59 【材质编辑器】对话框

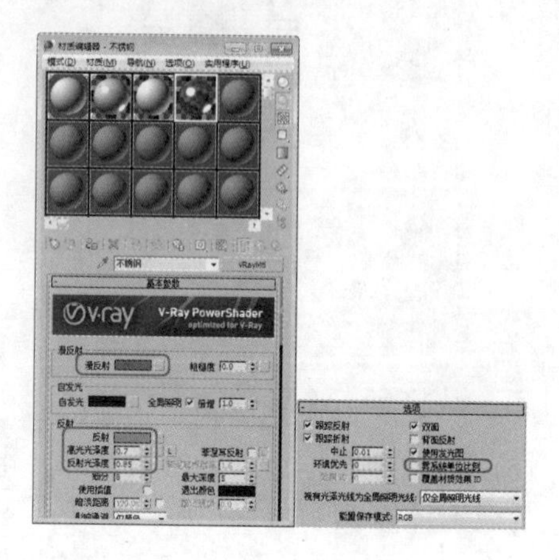

图 18.60 【材质编辑器】对话框

(9) 选择“落地窗”，将对象进行分组，选中外围的门框，添加【不锈钢】材质，再次选择里面的窗户，将当前选择集定义为【多边形】，在【透视】视图中选择里面的多个矩形，在【编辑几何体】卷展栏中，单击【分离】按钮，在弹出的对话框中输入名称“玻璃内”，将玻璃和窗框进行分离，并给窗框添加【不锈钢】材质，以同样的方法，将“窗台”对象进行分离，并输入名称为“玻璃外”，给窗台来指定【不锈钢】材质，如图 18.61 所示。

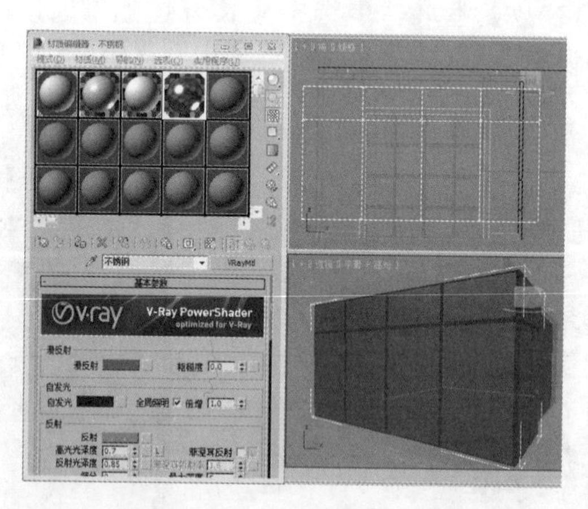

图 18.61 添加【不锈钢】材质

(10) 打开【材质编辑器】对话框，选择一个新的材质球，并命名为“玻璃”，将材质球调制成 VRayMtl 材质，将【漫反射】的 RGB 值设置为 128、173、255，在【反射】组中，将【反射】的 RGB 值设置为 30、30、30，将【高光光泽度】设置为 0.9，在【折射】组中，将【折射】的 RGB 值设置为 2400、240、240，将【折射率】设置为 1.3，选中【影响阴影】单选按钮，【影响通道】选择【颜色+Alpha】，在【选项】卷展栏中取消勾选【雾系统单位比例】复选框，将材质指定给场景中的“玻璃内”和“玻璃外”对象，如图 18.62 所示。

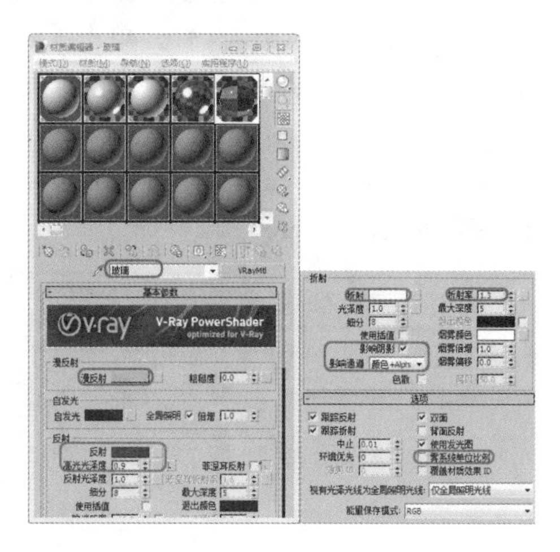

图 18.62　【材质编辑器】对话框

(11) 再次选择一个新的材质球，并命名为“黄色大理石”，将材质球调制成 VRayMtl 材质，将【漫反射】的 RGB 值设置为 255、209、128，单击后面的按钮，选择【位图】，在打开的【材质/贴图浏览器】对话框中选择【位图】贴图，单击【确定】按钮，在弹出的对话框中选择随书附带 CDROM\Map\金花米黄.jpg 文件，单击【确定】按钮，返回上一层，在【反射】组中将【反射】的 RGB 值设置为 45、45、45，将【高光光泽度】设置为 0.7，将【反射光泽度】设置为 0.9，将【细分】设置为 12，在【选项】卷展栏中取消勾选【雾系统单位比例】，将材质指定给场景中的“背景墙 3”，如图 18.63 所示。

(12) 确认“背景墙 3”处于被选择状态，在修改器中选择【UVW 贴图】在【参数】卷展栏中选中【长方体】单选按钮，并将【长度】、【宽度】和【高度】均设置为 600，如图 18.64 所示。

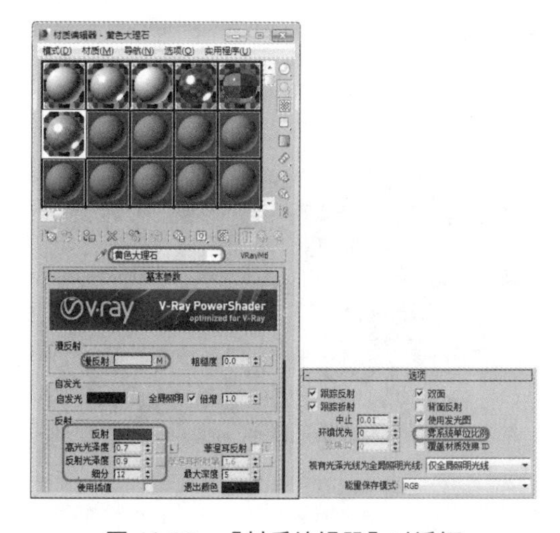

图 18.63　【材质编辑器】对话框

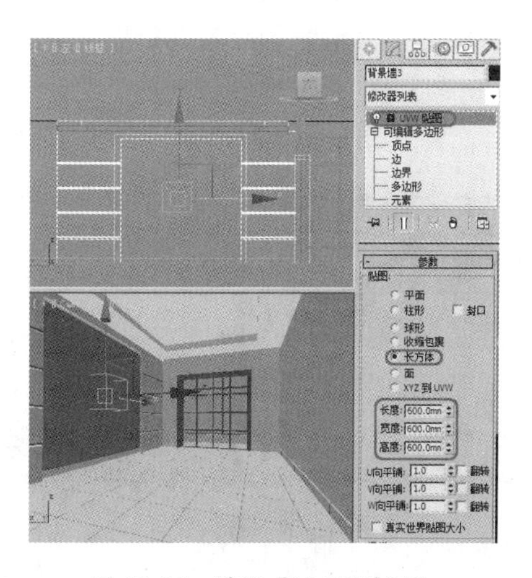

图 18.64　选择【UVW 贴图】

(13) 再次选择一个新的材质球，并命名为“贴图”，将材质球调制成 VRayMtl 材质，将【漫反射】的 RGB 值设置为 255、217、156，单击后面的按钮，选择【位图】，在打开的【材质/贴图浏览器】对话框中选择【位图】贴图，单击【确定】按钮，在弹出的对话框中选择随书附带 CDROM\Map\1234.jpg 文件，单击【确定】按钮，在【坐标】卷展栏中将【模糊】设置为 0.01，返回上一层，将材质指定给场景中的“贴图”对象，如图 18.65 所示。

(14) 确认“贴图”处于被选择的状态，在修改器中选择【UVW 贴图】，在【参数】卷展栏中选中【长方体】单选按钮，如图 18.66 所示。

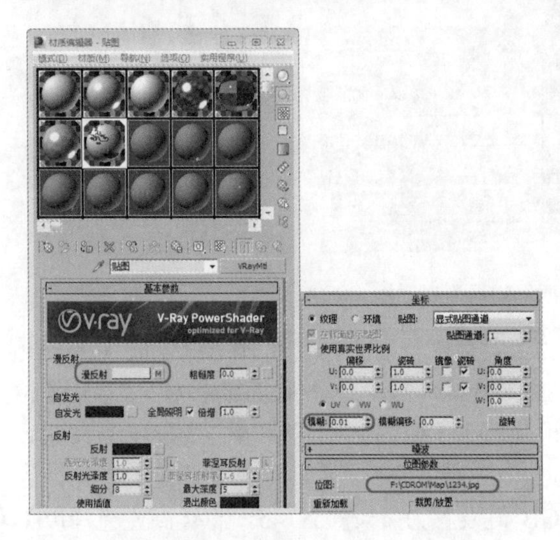

图 18.65 【材质编辑器】对话框

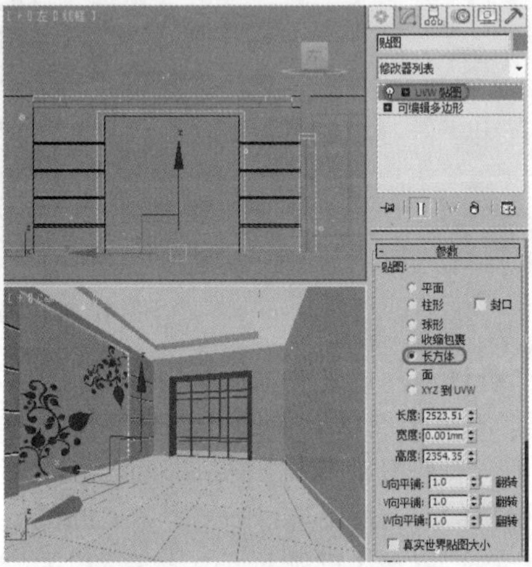

图 18.66 选择【UVW 贴图】

(15) 在菜单栏中单击【应用程序】按钮，在弹出的菜单中选择【导入】|【合并】命令，在弹出的对话框中选择随书附带 CDROM\Scenes\Cha18\家具图.max 文件，单击【确定】按钮，在弹出的对话框中单击【全部】，单击【确定】按钮，在弹出的对话框中单击【使用合并材质】按钮，如图 18.67 所示。

(16) 将合并进来的对象材质重新整理，如图 18.68 所示。

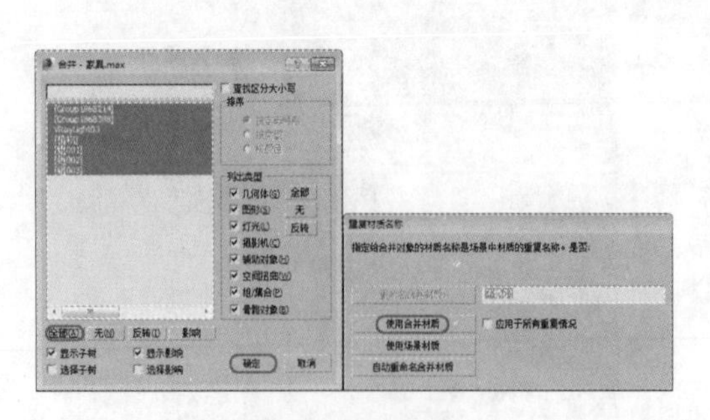

图 18.67 导入文件

图 18.68 导入后的效果

18.3　灯光的设置

(1) 创建一个泛光灯，在【常规参数】卷展栏中选择【VRay 阴影】，在【强度/颜色/衰减】卷展栏中，将【倍增】设置为 0.05，将 RGB 值设置为 240、252、255，在【远距衰减】组中勾选【使用】复选框，将【开始】设置为 100，将【结束】设置为 775，调整到合适的位置，如图 18.69 所示。

(2) 再次创建两个泛光灯，将 RGB 值均设置为 240、252、255，将【倍增】值分别设置为 0.065、0.08，如图 18.70 所示。

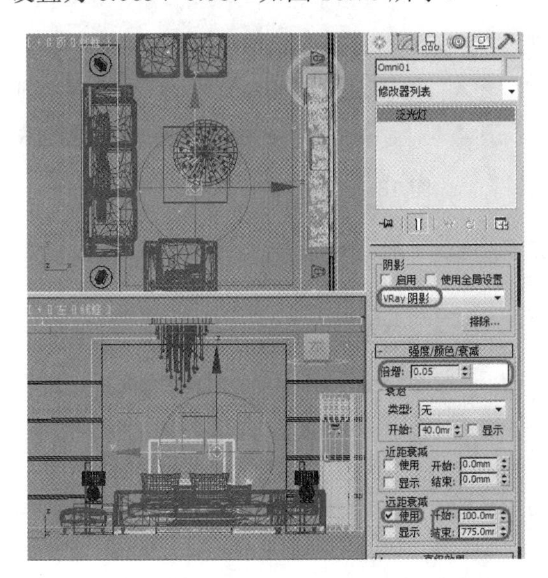

图 18.69　创建泛光灯

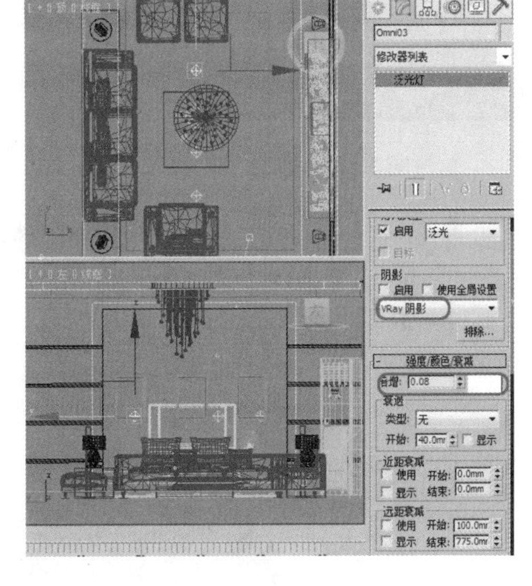

图 18.70　创建泛光灯

(3) 创建一个 VR 太阳，在【VRay 太阳参数】卷展栏中，将【臭氧】设置为 0.003，将【强度倍增】设置为 0.01，将【大小倍增】设置为 8，将【阴影细分】设置为 8，调整到合适的位置，如图 18.71 所示。

(4) 再次创建一个 VR 太阳，放置在合适的位置，如图 18.72 所示。

(5) 选择【平面】工具，在【前】视图创建平面，切换至【修改】命令面板，在修改器中选择【弯曲】，在【参数】卷展栏的【弯曲】选项组中，将【角度】设置为 70，打开【材质编辑器】对话框，选择一个新的材质球，将命名为“外景”，并将材质调制为【VR 灯光材质】，将【颜色】设置为 1.5，单击后面的按钮，添加图片，在打开的对话框中选择随书附带 CDROM\Map\外景.jpg 文件，勾选【背面发光】复选框，在场景中将对象移动到合适的位置，如图 18.73 所示。

(6) 将场景进行适当的调整，在工具栏中单击【渲染产品】按钮，将场景进行渲染，渲染后将场景进行保存即可。

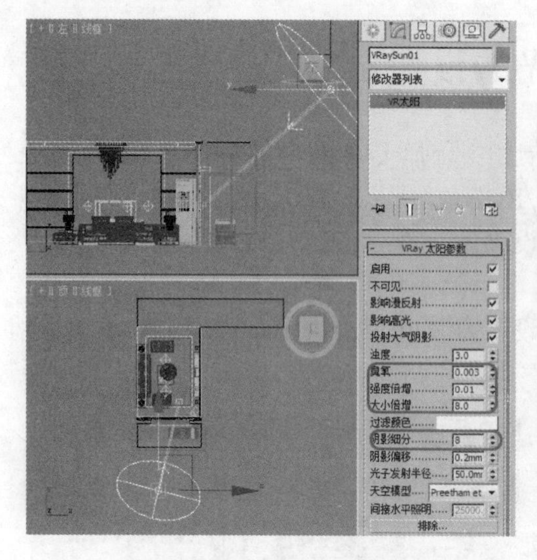

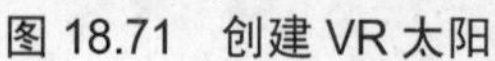

图 18.71　创建 VR 太阳

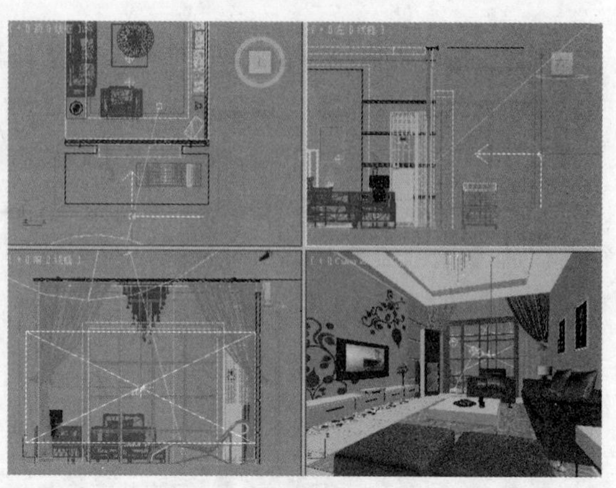

图 18.72　再次创建 VR 太阳

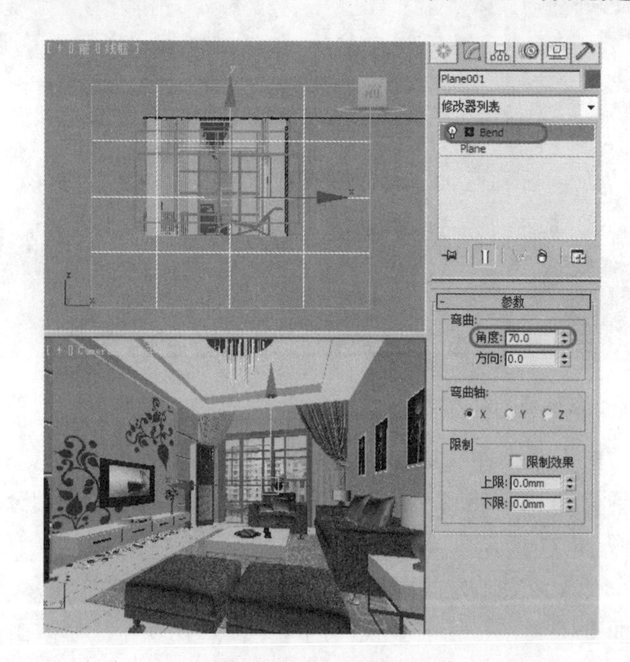

图 18.73　创建平面